Mounir
Khalil
El Debs

concreto pré-moldado

fundamentos e aplicações

1ª reimpressão 2019 revisada | 2ª reimpressão 2022

Grafia atualizada conforme o Acordo Ortográfico da Língua Portuguesa de 1990, em vigor no Brasil desde 2009.

Capa Malu Vallim
Projeto gráfico Alexandre Babadobulos
Diagramação Alexandre Babadobulos e Douglas da Rocha Yoshida
Preparação de figuras Alexandre Babadobulos
Preparação de textos Hélio Hideki Iraha
Revisão de textos Ana Paula Ribeiro
Impressão e acabamento Mundial gráfica

Dados Internacionais de Catalogação na Publicação (CIP)
(Câmara Brasileira do Livro, SP, Brasil)

El Debs, Mounir Khalil
Concreto pré-moldado : fundamentos e aplicações / Mounir Khalil El Debs. -- 2. ed. -- São Paulo : Oficina de Textos, 2017.

Bibliografia
ISBN: 978-85-7975-279-7

1. Concreto pré-moldado 2. Construção de concreto pré-moldado 3. Engenharia 4. Estruturas de concreto 5. Pavimentos de concreto I. Título.
17-06509 CDD-624.1834

Índices para catálogo sistemático:
1. Concreto pré-moldado : Engenharia 624.1834

Rua Cubatão, 798
CEP 04013-003 São Paulo SP
tel. (11) 3085 7933
www.ofitexto.com.br
atend@ofitexto.com.br

Aos meus professores, que foram fundamentais na minha formação, desde a Dona Ruth, primeira professora do primário, até o Professor Martinelli, orientador de mestrado e doutorado.

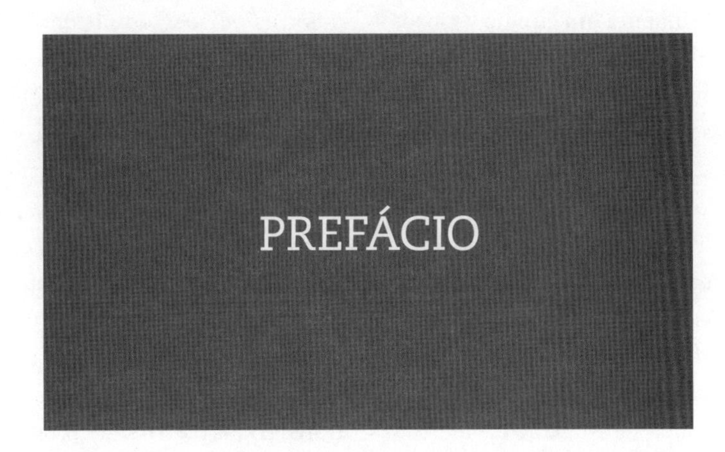

PREFÁCIO

Esta é a segunda edição, revista e ampliada, deste livro, cuja primeira edição foi publicada pela Escola de Engenharia de São Carlos da Universidade de São Paulo (EESC/USP), por meio do chamado Projeto Reenge, em 2000.

Pretendia-se fazer uma nova edição após dez anos de seu lançamento, revisando assuntos que ficaram desatualizados em virtude das pesquisas desenvolvidas, como o cálculo de cálice de fundação, e incorporando ou reforçando aspectos que foram ganhando importância, como as questões relacionadas à sustentabilidade. Porém, em razão de diversos fatores, profissionais e pessoais, somente no momento, após 17 anos, esta nova edição está sendo finalizada. Por outro lado, o momento é oportuno, pois está sendo possível levar em conta a última atualização da principal norma brasileira sobre o assunto, a NBR 9062 – *Projeto e execução de estruturas de concreto pré-moldado*, da Associação Brasileira de Normas Técnicas (ABNT).

A denominação *concreto pré-moldado* corresponde ao emprego de elementos pré-moldados de concreto, ou seja, de elementos de concreto moldados fora de sua posição definitiva de utilização, na construção.

O uso do concreto pré-moldado apresenta duas diretrizes. Uma aponta para a industrialização da construção, a outra para a racionalização da execução de estruturas de concreto. Neste livro procurou-se tratar o concreto pré-moldado no contexto dessas duas diretrizes.

Embora o concreto pré-moldado tenha acompanhado a evolução da tecnologia do concreto do final do século XIX até o início da Segunda Guerra Mundial, seu desenvolvimento é geralmente relacionado com o grande impulso no quarto de século que se seguiu à Segunda Guerra Mundial.

Hoje em dia já não há a euforia daquele período, mas o concreto pré-moldado tem ainda avançado, com o que pode ser chamado de *novo concreto pré-moldado*. Com essa nova filosofia, procuram-se soluções personalizadas, a fim de fugir das criticadas mesmices arquitetônicas das construções feitas de concreto pré-moldado nas décadas passadas, e maior flexibilidade de projeto e de produção.

Apesar dos avanços desde a primeira edição do livro, o concreto pré-moldado poderia ser mais explorado no Brasil. As principais razões que têm sido atribuídas para ele ser subutilizado são: o sistema tributário, que penaliza o emprego de elementos pré-moldados de fábricas; a instabilidade econômica, que dificulta o planejamento e os investimentos a longo prazo; o conservadorismo dos agentes e de procedimentos envolvidos na construção civil; o pouco conhecimento de alternativas em concreto pré-moldado; a oferta limitada de equipamentos; e a pouca disponibilidade comercial de dispositivos auxiliares para realizar as ligações e para manusear elementos. As duas primeiras razões são de natureza macroeconômica. As restantes são culturais ou consequência das primeiras.

Essa conjunção de fatores alimenta um círculo vicioso, responsável, em grande parte, pela não exploração da potencialidade do concreto pré-moldado, que é o de que não se constrói porque não se têm insumos tecnológicos (conhecimentos, experiência, equipamentos e dispositivos auxiliares) e não se têm os insumos tecnológicos porque não se constrói. Com este livro, pretende-se contribuir para minimizar os efeitos desse círculo, por meio do fornecimento de conhecimentos técnicos estruturados para profissionais da área da construção civil.

Nesta obra, procura-se motivar os leitores para a aplicação do concreto pré-moldado, sem deixar de alertar para as dificuldades inerentes ao processo. De fato, essas dificuldades fazem com que o concreto pré-moldado deva ser encarado com o "pé no chão". Mas, por outro lado, deve-se ter o "olho no futuro", pois, embora possam existir condições desfavoráveis, não se pode deixar de ter em vista que, à medida que aumenta o desenvolvimento tecnológico e social do país, aumentam as chances de emprego do concreto pré-moldado.

Este livro é direcionado a alunos e profissionais de Engenharia Civil, com ênfase no projeto das estruturas formadas por elementos pré-moldados. Também alunos de Arquitetura e arquitetos podem fazer uso de boa parte do material apresentado.

O livro nasceu de notas de aulas de uma disciplina de concreto pré-moldado do Departamento de Engenharia de Estruturas da EESC/USP. Procurou-se abordar a maior parte dos assuntos relacionados com o concreto pré-moldado, mas, devido a essa origem, houve aprofundamentos apenas em assuntos relacionados ao projeto estrutural.

Um dos objetivos desta obra é motivar os leitores para estudos sobre o concreto pré-moldado. Em razão desse objetivo, são fornecidas referências bibliográficas, em quantidade e qualidade, para facilitar o trabalho dos leitores interessados em aprofundar o conhecimento em tópicos de interesse. Também se procurou apresentar, além das alternativas construtivas usuais, outras pouco empregadas, de forma a varrer as possibilidades existentes, pois julga-se que o conhecimento das diversas alternativas e de suas características é importante para a escolha de soluções mais apropriadas em função das circunstâncias de cada obra, bem como para a concepção de alternativas inovadoras.

Outro objetivo desta edição é incorporar as pesquisas desenvolvidas junto ao programa de pós-graduação, sob a orientação do autor, de forma a disponibilizar os principais resultados para os profissionais envolvidos. Isso é feito ao longo do texto principal e de forma concentrada nos Anexos D e F.

Além disso, esta edição do livro traz também resultados das três edições do Encontro Nacional de Pesquisa-Projeto-Produção em Concreto Pré-Moldado, realizadas em 2005 (1PPP), 2009 (2PPP) e 2013 (3PPP) na EESC/USP, sob a coordenação do autor. Esses encontros tiveram o objetivo de promover a integração entre o setor acadêmico e o setor produtivo, muito importante para os dois setores. Por um lado, o setor produtivo toma conhecimento das pesquisas em desenvolvimento pelo setor acadêmico. Por outro lado, o setor acadêmico toma conhecimento das necessidades do setor produtivo. Dessa forma, as pesquisas geradas pelo setor acadêmico estariam em melhores condições de serem transferidas para o setor produtivo, com um grande benefício para a indústria nacional ou regional, conforme o caso.

Neste livro, considera-se que o leitor tenha conhecimentos básicos do concreto armado e protendido e de análise estrutural, que são tratados nos cursos de Engenharia Civil. Como esse conhecimento é bem menos comum no concreto protendido do que no concreto armado, foi incluído nesta edição um anexo com uma introdução ao assunto (Anexo F).

A maioria das aplicações do concreto pré-moldado apresentadas neste livro foram realizadas nos Estados Unidos e na Europa, que permaneceram da primeira edição. Nesta segunda edição foram incluídos vários exemplos de aplicações no Brasil, resultado dos citados encontros PPP e do fato de ter havido maior divulgação após a primeira edição. Nesse sentido, merece destacar as publicações da Associação Brasileira da Construção Industrializada de Concreto (Abcic), em particular a revista *Industrializar em concreto*.

Cabe salientar que as informações sobre os produtos aqui apresentadas servem de referência, uma vez que os valores mudam em função do mercado, e, além disso, uma parte das informações é oriunda de referências estrangeiras. Portanto, recomenda-se consultar os fabricantes para informações atualizadas dos produtos disponíveis no mercado nacional ou internacional, se for o caso.

O autor gostaria ainda de esclarecer e justificar os seguintes aspectos: a) nos símbolos utilizados, procurou-se seguir a NBR 6118 – *Projeto de estruturas de concreto: procedimento*, o que tornou necessário realizar ajustes em relação aos símbolos empregados na NBR 9062 – *Projeto e execução de estruturas de concreto pré-moldado*; b) na localização das referências bibliográficas, no final do livro, pode ser necessário, no caso de publicação feita por entidade, consultar primeiro a sigla na lista de símbolos e siglas; c) embora se tenha procurado utilizar as versões mais recentes das normas e códigos, não foi possível em certos casos usar a última versão, por isso, em determinadas situações, nas referências bibliográficas, foi colocado um aviso da existência de versão mais recente, mas naturalmente, pela dinâmica das atualizações, recomenda-se ao leitor verificar a possível existência de versões mais recentes; e d) o termo *deformação* é utilizado neste livro tanto para designar a mudança da configuração geométrica de uma estrutura ou elemento estrutural, conforme o sentido etimológico da palavra, quanto para designar a relação entre tensão e módulo de elasticidade, que tem sido comumente utilizada na grande maioria das publicações, devendo-se acrescentar para este último caso, se necessário, o complemento *específica*.

O livro está dividido em três partes. Na primeira parte, englobando a introdução e os cinco primeiros capítulos, estão apresentados os fundamentos do concreto pré-moldado, em que são fornecidas indicações gerais e específicas para o projeto, principalmente em relação às ligações entre os elementos. Na segunda parte, dos Caps. 6 a 12, estão incluídas as aplicações em edifícios, pontes e outras construções civis. Na terceira parte, com quatro capítulos, são tratados os elementos de produção especializada. O que está sendo aqui denominado *elementos de produção especializada* são elementos pré-moldados de uso intensivo na construção civil, disponíveis facilmente no mercado, em alguns casos podendo até ser encontrados para pronta entrega. Os tipos de elementos em questão são: vigotas pré-moldadas para lajes, painéis alveolares para lajes e paredes, tubos circulares de concreto, aduelas (galerias de seção retangular), estacas, postes, dormentes e barreiras. No final do livro são apresentados os anexos, que, entre outros assuntos, incluem exemplos numéricos.

São Carlos, fevereiro de 2017

Mounir Khalil El Debs

Professor Sênior
Departamento de Engenharia de Estruturas
Escola de Engenharia de São Carlos
Universidade de São Paulo

APRESENTAÇÃO

Da primeira edição

O presente livro abre um novo campo em nossa literatura técnica. Pela primeira vez, no Brasil, alguém se sente disposto a escrever algo sobre a maravilhosa técnica do pré-moldado.

A intenção não é introduzir o leitor no cálculo das estruturas pré-moldadas, que, na verdade, não é um cálculo diferente do que se faz para as estruturas de concreto moldadas no local. Os carregamentos são determinados do mesmo modo e os esforços solicitantes também. O dimensionamento é regido pelas mesmas regras, podendo ser usados os mesmos critérios e os mesmos *softwares*. Certas particularidades, entretanto, são acrescentadas. Os elementos pré-moldados são feitos em local diferente de sua utilização. Precisam, portanto, ser transportados até lá e depois montados em sua posição definitiva. Nessa fase, os elementos estão sujeitos a esforços não atuantes nas estruturas moldadas no local. Os cuidados e os controles de execução são, em geral, mais perfeitos do que nas estruturas tradicionais, porém a resistência deve ser admitida com seu valor prematuro, pois a execução em série, quer no canteiro de obra, quer na indústria, exige uma certa produtividade e reutilizações frequentes dos equipamentos e fôrmas. São particularidades muito bem explicadas e desenvolvidas no texto. As normas brasileiras que regulamentam a utilização dos elementos pré-moldados são explicadas e comentadas em cada citação, permitindo ao leitor familiarizar-se com elas. Tudo isso é abordado de modo simples e espontâneo, uma vez que o autor domina totalmente a matéria.

São colecionados exemplos de estruturas executadas em todo o mundo, abrangendo os tipos mais variados, como edifícios de um pavimento (galpões), edifícios de múltiplos pavimentos, coberturas (em cascas, folhas poliédricas e similares), pontes, galerias, canais de drenagem, muros de arrimo, reservatórios, arquibancadas e estádios, silos e torres. O leitor deve usar este livro não com o objetivo de dimensionar e detalhar um projeto, mas de concebê-lo. O principal objetivo deste livro é fornecer ao leitor subsídios para que possa criar uma estrutura nova. Entre as diversas alternativas possíveis, o leitor deverá escolher a mais fácil de ser executada, a mais econômica, a mais atraente e a mais segura. O livro ensina os cuidados que devem ser tomados na execução e na escolha das ligações, mostrando que, em certos casos, o uso da protensão pode ser indispensável.

Não obstante todas as maravilhosas sugestões mostradas no decorrer das mais de 400 páginas, com pouco texto e muitas ilustrações, o leitor deve ter sempre em mente que a melhor maneira de aprender é fazer. Nem sempre aquilo que teve sucesso em outro país, com outra mentalidade, outro apoio industrial e outras estradas para transporte pesado, terá igual sucesso no Brasil. O contrário também é verdadeiro: soluções aqui realizadas e adotadas com vantagem não teriam a menor chance de sucesso em países como a Holanda ou os Estados Unidos. A época é outro fator a ser considerado: soluções adotadas há 50 anos podem não ser mais válidas em nossos dias. A decisão deverá ser exclusivamente do leitor e seu sucesso dependerá de sua capacidade de saber usar o que aqui se descreve com grande maestria.

Além de tudo isso, o leitor encontrará em cada capítulo uma coletânea de referências que podem e devem ser consultadas, pois é impossível explicar tudo em detalhes em um livro tão abrangente como este.

Cumprimento o autor por esta iniciativa, em que ele tenta – com sucesso – colocar uma infinidade de ideias úteis na mente de qualquer engenheiro ainda não iniciado na técnica do pré-moldado e que ainda tem algum receio de não conseguir conceber algo exequível e seguro. Sugiro que o autor se estimule e continue a escrever esta obra, transformando cada capítulo em um livro especializado.

São Paulo, janeiro de 2000

Dr. Eng. Augusto Carlos de Vasconcelos

Da segunda edição

Já havia feito o prefácio da primeira edição deste livro em 2000. Agora, foi aceita minha sugestão de ampliar a edição, acrescentando outros tópicos ainda não desenvolvidos. Não sei se foi após essa sugestão que o autor decidiu aumentar o livro com novos acréscimos, que vieram a tornar a leitura muito mais útil e fácil de aplicar.

A intenção continua a mesma: esclarecer certas particularidades que não ocorrem no concreto armado executado no local, isto é, cura, transporte da peça pronta, montagem e execução das ligações.

As normas brasileiras atualizadas são explicadas e comentadas em cada item, facilitando o leitor a se familiarizar com elas.

Além disso, foram acrescentados vários capítulos com assuntos antes não abordados, incluindo uma parte com exemplos numéricos.

O Cap. 3 apresenta uma série de novidades resultantes de pesquisas feitas na Escola de Engenharia de São Carlos e publicadas em dissertações, como a introdução de apoios em almofadas de argamassa, com a adição de látex e fibras curtas.

O Cap. 5 aborda, como novidade não incluída na primeira edição, os casos especiais de estabilidade global, estabilidade lateral e tópicos esclarecedores para todos os engenheiros de décadas anteriores ainda não familiarizados com as alterações.

Enfim, trata-se de um livro útil não somente para as aplicações práticas, mas também para esclarecimentos das modificações introduzidas e das novidades descobertas. Em resumo, é um livro que todo profissional interessado no progresso deve ler com atenção e cuidado.

São Paulo, abril de 2017

Dr. Eng. Augusto Carlos de Vasconcelos

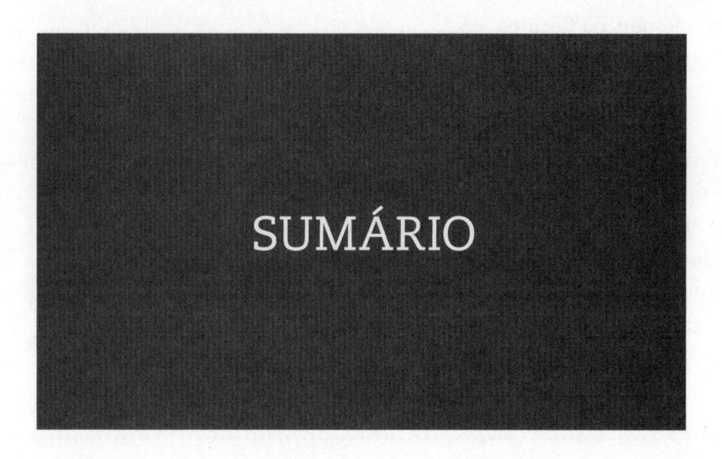

Parte 1 - Fundamentos **15**

I INTRODUÇÃO 17
- I.1 Considerações iniciais 17
- I.2 Formas de aplicação do CPM 29
- I.3 Materiais 31
- I.4 Particularidades do projeto de CPM 37
- I.5 Características do CPM 39
- I.6 Aceno histórico, situação atual e perspectivas 44

1 PRODUÇÃO DAS ESTRUTURAS DE CONCRETO PRÉ-MOLDADO 49
- 1.1 Execução dos elementos 49
- 1.2 Transporte 63
- 1.3 Montagem 65

2 PROJETO DOS ELEMENTOS E DAS ESTRUTURAS DE CONCRETO PRÉ-MOLDADO 71
- 2.1 Princípios e recomendações gerais 71
- 2.2 Forma dos elementos pré-moldados 76
- 2.3 Elementos para a análise estrutural 79
- 2.4 Recomendações para o projeto estrutural 83
- 2.5 Tolerâncias e folgas 90
- 2.6 Cobrimento da armadura 95
- 2.7 Situações transitórias 97
- 2.8 Análise da estabilidade global 102

3 LIGAÇÕES ENTRE ELEMENTOS PRÉ-MOLDADOS 107
- 3.1 Considerações iniciais 107
- 3.2 Princípios gerais 111
- 3.3 Elementos para a análise estrutural 113
- 3.4 Recomendações e detalhes construtivos 117
- 3.5 Componentes das ligações 125
- 3.6 Tipologia das ligações 145
- 3.7 Análise de alguns tipos de ligação 157

4 ELEMENTOS COMPOSTOS ... 173
4.1 Considerações iniciais ... 173
4.2 Comportamento estrutural ... 174
4.3 Cisalhamento na interface entre concreto pré-moldado e concreto moldado no local em elementos fletidos ... 176
4.4 Recomendações para o projeto e a execução ... 188

5 TÓPICOS ESPECIAIS ... 193
5.1 Colapso progressivo ... 193
5.2 Análise de estruturas com ligações semirrígidas ... 199
5.3 Estabilidade lateral de elementos pré-moldados ... 208
5.4 Comportamento do sistema de pavimento como diafragma ... 213
5.5 Dimensionamento de vigas delgadas de seção L ... 216
5.6 Outros tópicos de interesse ... 218

Parte 2 - Aplicações ... 221

6 COMPONENTES DE EDIFICAÇÕES ... 223
6.1 Componentes de sistemas de esqueleto ... 223
6.2 Componentes de sistemas de pavimentos ... 226
6.3 Componentes de sistemas de paredes ... 230
6.4 Componentes de cobertura ... 232
6.5 Outros componentes ... 233

7 EDIFÍCIOS DE UM PAVIMENTO ... 237
7.1 Considerações iniciais ... 237
7.2 Sistemas estruturais de esqueleto ... 238
7.3 Sistemas estruturais de parede portante ... 242

8 EDIFÍCIOS DE MÚLTIPLOS PAVIMENTOS ... 247
8.1 Considerações iniciais ... 247
8.2 Sistemas estruturais de esqueleto ... 248
8.3 Sistemas estruturais de parede portante ... 256
8.4 Sistemas estruturais mistos ... 259

9 COBERTURAS EM CASCAS, FOLHAS POLIÉDRICAS E SIMILARES ... 261
9.1 Considerações iniciais ... 261
9.2 Coberturas em casca ... 263
9.3 Coberturas em folha poliédrica ... 268
9.4 Coberturas com elementos lineares em forma de casca ou de folha poliédrica ... 268
9.5 Coberturas em pórticos e arcos ... 271
9.6 Coberturas com cabos de aço e elementos pré-moldados ... 272

10 PONTES ... 275
10.1 Considerações iniciais ... 275
10.2 Superestrutura ... 278
10.3 Infraestrutura ... 286
10.4 Tópicos adicionais sobre o assunto ... 287

11 GALERIAS, CANAIS, MUROS DE ARRIMO E RESERVATÓRIOS ... 291
11.1 Galerias ... 292

11.2 Canais de drenagem ... 300
11.3 Muros de arrimo ... 304
11.4 Reservatórios ... 307

12 APLICAÇÕES DIVERSAS ... 313
12.1 Arquibancadas e estádios ... 313
12.2 Silos ... 314
12.3 Torres ... 317
12.4 Revestimento de túneis ... 319
12.5 Metrôs e similares ... 319
12.6 Obras hidráulicas ... 321
12.7 Obras Industriais ... 321
12.8 Elementos complementares de estradas ... 321
12.9 Construções habitacionais ... 322
12.10 Mobiliário urbano ... 322
12.11 Construções rurais ... 323

Parte 3 - Elementos de produção especializada ... 325

13 LAJES FORMADAS POR VIGOTAS PRÉ-MOLDADAS ... 327
13.1 Considerações iniciais ... 327
13.2 Comportamento estrutural e indicações para o projeto ... 328
13.3 Particularidades das lajes com vigotas treliçadas ... 331
13.4 Particularidades das lajes com vigotas protendidas ... 333
13.5 Considerações adicionais ... 334

14 LAJES FORMADAS POR PAINÉIS ALVEOLARES ... 335
14.1 Considerações iniciais ... 335
14.2 Comportamento estrutural e diretrizes de projeto ... 337
14.3 Outros aspectos específicos ... 339

15 ELEMENTOS ENTERRADOS: TUBOS CIRCULARES E GALERIAS CELULARES ... 343
15.1 Considerações iniciais ... 343
15.2 Tubos circulares ... 343
15.3 Galerias celulares ... 350
15.4 Considerações adicionais ... 351

16 OUTROS ELEMENTOS: ESTACAS, POSTES, DORMENTES E BARREIRAS ... 353
16.1 Considerações iniciais ... 353
16.2 Estacas ... 353
16.3 Postes ... 355
16.4 Dormentes ... 358
16.5 Barreiras de obras rodoviárias ... 359

A EXEMPLOS NUMÉRICOS ... 363
A.1 Tolerâncias e folgas ... 363
A.2 Estabilidade global ... 365
A.3 Consolo e dente de concreto ... 369
A.4 Cálice de fundação ... 372

B PRINCÍPIOS E VALORES DA CONSIDERAÇÃO DA SEGURANÇA DO PCI ... 379

C DIMENSIONAMENTO DE APOIO DE ELASTÔMERO ... 381
C.1 Limite de tensão de compressão ... 382
C.2 Limite de tensão de cisalhamento ... 382
C.3 Limite de deformação de compressão (afundamento) ... 382
C.4 Verificação da deformação por cisalhamento ... 382
C.5 Verificação da segurança contra o deslizamento ... 383
C.6 Verificação da condição de não levantamento da borda menos comprimida ... 383
C.7 Verificação da estabilidade ... 383
C.8 Outras recomendações ... 383

D ALMOFADAS DE ARGAMASSA MODIFICADA ... 385
D.1 Considerações iniciais ... 385
D.2 Composição do material ... 386
D.3 Comportamento em relação à força uniformemente distribuída ... 388
D.4 Outros ensaios da almofada ... 390
D.5 Considerações finais ... 392

E LIGAÇÕES SEMIRRÍGIDAS: DESENVOLVIMENTO E PESQUISAS ... 393
E.1 Considerações iniciais ... 393
E.2 Ligação CAS (com armadura superior) ... 393
E.3 Ligação SAS (sem armadura superior) ... 404
E.4 Quadro-síntese das pesquisas ... 405

F INTRODUÇÃO AO DIMENSIONAMENTO DE ELEMENTOS DE CONCRETO PROTENDIDO COM PRÉ-TRAÇÃO ... 407
F.1 Considerações iniciais ... 407
F.2 Materiais e processos ... 408
F.3 Critérios de projeto ... 409
F.4 Estados-limite de serviço e determinação da força de protensão ... 412
F.5 Estados-limite últimos ... 415
F.6 Outros aspectos e considerações finais ... 417

LISTA DE SÍMBOLOS E SIGLAS ... 419
REFERÊNCIAS BIBLIOGRÁFICAS ... 423
ÍNDICE REMISSIVO ... 438
AGRADECIMENTOS E CRÉDITOS ... 453

Parte I

FUNDAMENTOS

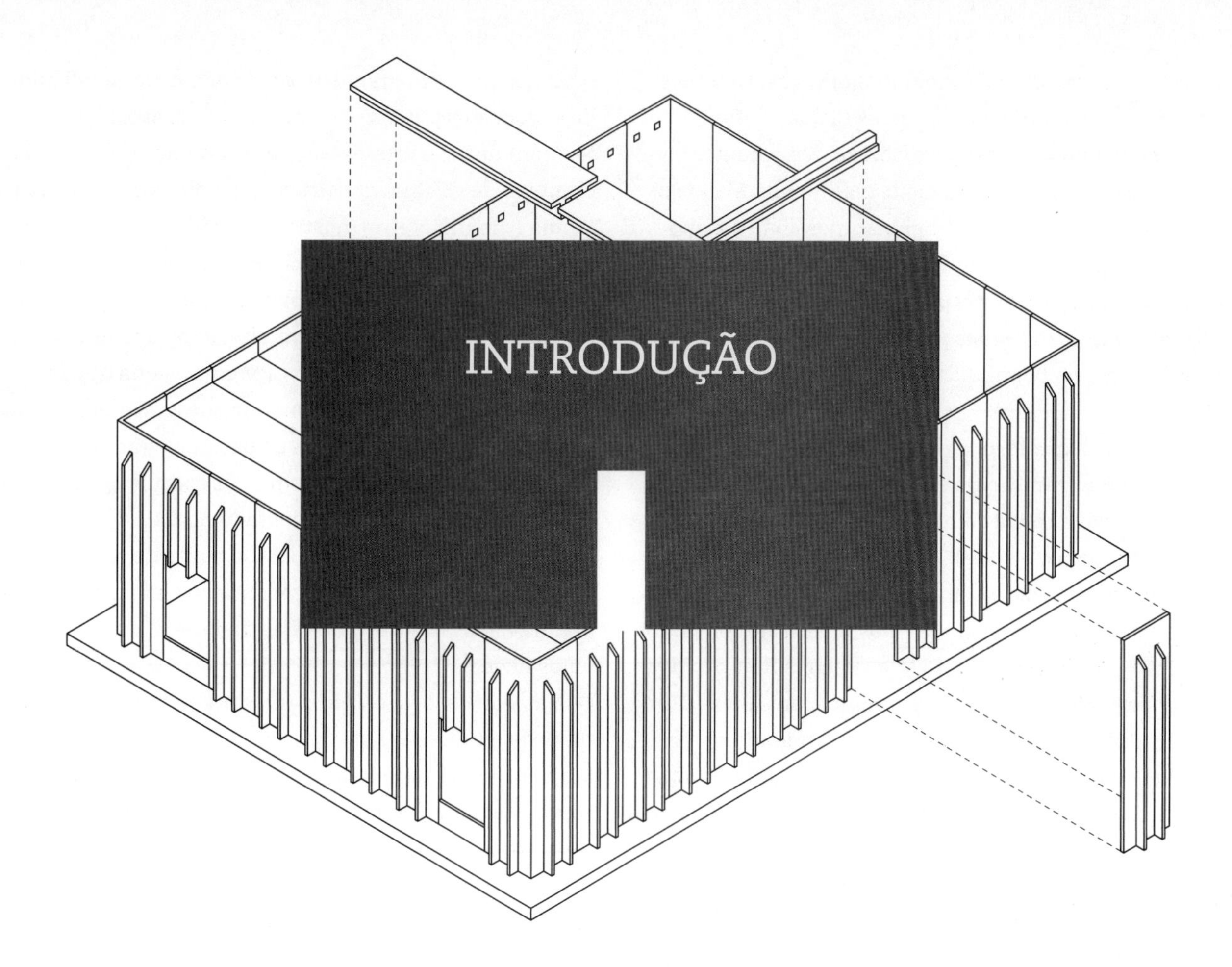

INTRODUÇÃO

I.1 Considerações iniciais

A construção civil tem sido considerada uma indústria atrasada quando comparada a outros ramos industriais. A razão de assim considerá-la é baseada no fato de ela apresentar, de maneira geral, baixa produtividade, grande desperdício de materiais, morosidade e baixo controle de qualidade.

Uma das formas de buscar a redução desse atraso é com técnicas associadas à utilização de elementos pré-moldados de concreto. O emprego dessas técnicas recebe a denominação de *concreto pré-moldado* (CPM), e as estruturas formadas pelos elementos pré-moldados são chamadas de *estruturas de concreto pré-moldado*. Desse modo, partes da construção seriam feitas em melhores condições que as do local e depois montadas, como parte do processo construtivo.

As características do CPM possibilitam benefícios bastante importantes para a construção, tais como: diminuição do tempo de construção, melhor controle dos componentes pré-moldados e redução do desperdício de materiais na construção.

Em princípio, o seu emprego aumenta com o grau de desenvolvimento tecnológico e social do país, pois acarreta as seguintes condições favoráveis: valorização da mão de obra e maior oferta de equipamentos.

De fato, isso pode ser constatado ao comparar o custo da hora de operário de regiões mais desenvolvidas e menos desenvolvidas. Por exemplo, o custo da hora de operário em canteiro de obra de alguns países da Europa chega a valer até cinco vezes o custo da hora de operário do Brasil. Outra comparação que ilustra essa questão é a relação do custo de um dia de trabalho especializado com o custo do metro cúbico de concreto em regiões mais desenvolvidas e menos desenvolvidas. Essa relação passa de 1,3 na Escandinávia para 0,2-0,3 em países do sudeste asiático, como a Malásia (Elliott, 2007). No Brasil, essa relação é da ordem de 0,4-0,6. Nesse sentido, vale também comparar a relação de custos de um dia de aluguel de um guindaste típico com o valor do dia de trabalho de um operário. Segundo Elliott (2007), comparando a Escandinávia com a Malásia, essa relação passa de 4-6 para 25-30. No Brasil, a relação está, *grosso modo*, na faixa de 20-30.

Merece destaque ainda o fato de que, com o CPM, estariam sendo melhoradas as condições de trabalho na construção civil. Esse aspecto afeta sobretudo os países mais desenvolvidos socialmente, e tem sido associada a essas condições de trabalho a chamada *síndrome dos três Ds*, dos termos em inglês *dirty* (sujo), *difficult* (difícil) e *dangerous* (perigoso). Mesmo em países em desenvolvimento, como o Brasil, existe uma acentuada tendência de escassez de mão de obra qualificada ou que se sujeitaria às condições de trabalho da construção civil tradicional.

Há ainda de considerar que o desenvolvimento tecnológico e social faz que as exigências da sociedade em relação à qualidade dos produtos fiquem mais rigorosas e que as construções levem em conta os aspectos de sustentabilidade. As melhores condições para fabricar os elementos pré-moldados acarretam, em princípio, melhor qualidade dos produtos. O emprego do CPM também possibilita atender melhor aos aspectos relacionados com a sustentabilidade, como a minimização dos desperdícios de material, a redução do consumo de materiais pelo uso de seções resistentes mais eficientes, e a possibilidade de reutilização de partes da construção.

Com base no exposto, pode-se assumir que as perspectivas são de que o emprego do CPM em países como o Brasil cresça progressivamente com o aumento do seu desenvolvimento tecnológico e social.

No sentido de fornecer uma noção quantitativa da sua utilização, são mostrados na Fig. I.1 os índices de consumo de cimento no emprego em CPM e de consumo de CPM por habitante em diversos países no início dos anos 1990.

Apesar das incertezas quanto à uniformidade nos critérios para sua obtenção e das variações nas últimas duas décadas, esses índices sinalizam que o emprego do CPM no Brasil é relativamente baixo comparado ao de países mais desenvolvidos. Merece ser observado que a Finlândia e a Holanda se destacam como os países que mais utilizam o CPM. Esses valores refletem também o fato de o CPM assumir uma grande importância em países de clima muito frio, nos quais em grande parte do ano haveria dificuldade de execução do concreto moldado no local (CML).

Além disso, é interessante a comparação da parcela do emprego de CPM na construção de edifícios novos na Finlândia e na Inglaterra, mostrada na Fig. I.2, na qual se nota que essa parcela pode ser bastante diferente mesmo entre países socialmente desenvolvidos. Essa diferença indica que fatores regionais também afetam o consumo do CPM.

Conforme foi adiantado, o CPM consiste na utilização de elementos pré-moldados na construção. A denominação dos elementos pré-moldados de uso mais comum é exibida no Quadro I.1. Uma abordagem mais completa e detalhada desses elementos será apresentada no Cap. 6.

O campo de aplicação do CPM é bastante amplo, abrangendo praticamente toda a construção civil: a) edificações, b) infraestrutura urbana e de estradas e c) diversas outras obras civis.

Nas edificações, o CPM pode ser empregado nas estruturas de edifícios industriais, comerciais e habitacionais, e também em equipamentos urbanos de uso múltiplo, tais como hospitais, terminais rodoviários e ferroviários etc. Destaca-se que a aplicação do CPM não se restringe à estrutura principal, podendo também ocorrer nos fechamentos. A título de ilustração, estão apresentados nas Figs. I.3 a 1.8 alguns sistemas estruturais com o uso do CPM em edificações. A Fig. I.9 mostra duas aplicações de CPM em

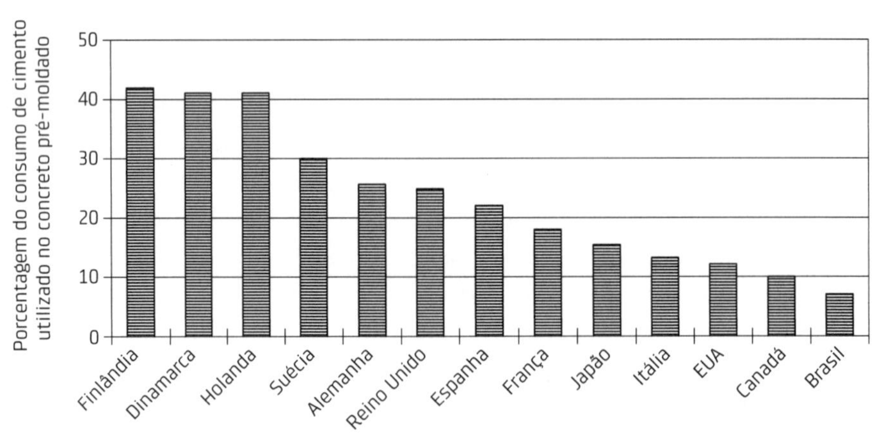

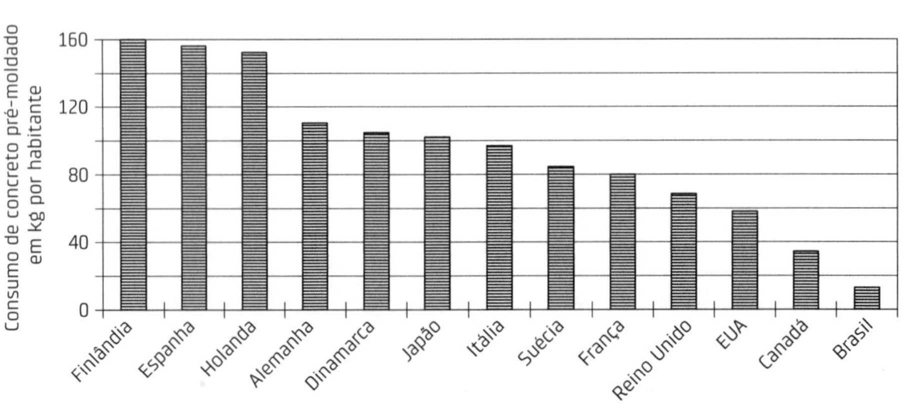

Fig. I.1 Índices de consumo de cimento utilizado no CPM e de consumo de CPM por habitante no início dos anos 1990
Fonte dos dados: Tupamaki (1992).

edifícios de múltiplos pavimentos apresentadas no Painel dos Projetistas do 2º Encontro Nacional de Pesquisa-Projeto-Produção em Concreto Pré-Moldado (2PPP): o Boulevard Shopping, em Belo Horizonte (MG) (Santos, 2009), e o prédio do bacharelado em Ciências e Tecnologia da Universidade Federal do Rio Grande do Norte (UFRN), em Natal (RN) (Maranhão, 2009). As apresentações com informações e detalhes dessas obras podem ser acessadas na parte *Painel dos Projetistas* do site do 2PPP (2009).

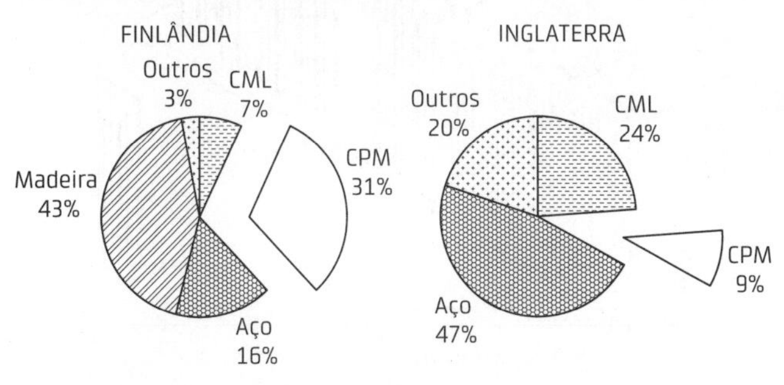

Fig. I.2 Utilização do CPM e de outros materiais na construção de edifícios novos na Finlândia e na Inglaterra
Fonte dos dados: Janhunen (1996) e Elliott (1996).

As construções escolares com sistemas estruturais de CPM têm sido bastante comuns no Brasil. Nessa linha, merecem destaque: a) as escolas feitas pela Fábrica de Equipamentos Comunitários (Faec), em Salvador (BA) (Latorraca, 1999), b) as construções dos Centros Integrados de Educação Pública (CIEPs), no Estado do Rio de Janeiro, c) as construções dos Centros de Atenção Integral à Criança e ao Adolescente (conhecidos pela sigla Ciac e depois Caic), em nível nacional, d) parte das construções dos Centros Educacionais Unificados (CEUs), em São Paulo (SP), e, mais recentemente, e) as construções da Fábrica de Escolas do Amanhã Governador Leonel Brizola, no Rio de Janeiro (RJ). A Fig. I.10 mostra este último caso, cujos detalhes podem ser obtidos em Importância... (2015).

Ainda como parte das aplicações em edificações, merece registro o emprego de elementos pré-moldados em coberturas. Na Fig. I.11 é apresentado um exemplo de construção com a aplicação de elementos pré-moldados com forma especial na cobertura. Trata-se dos terminais rodoviários urbanos de integração do BRT-BH, descritos em Rocha (2014).

Quadro I.1 DENOMINAÇÃO DOS ELEMENTOS PRÉ-MOLDADOS DE USO MAIS COMUM

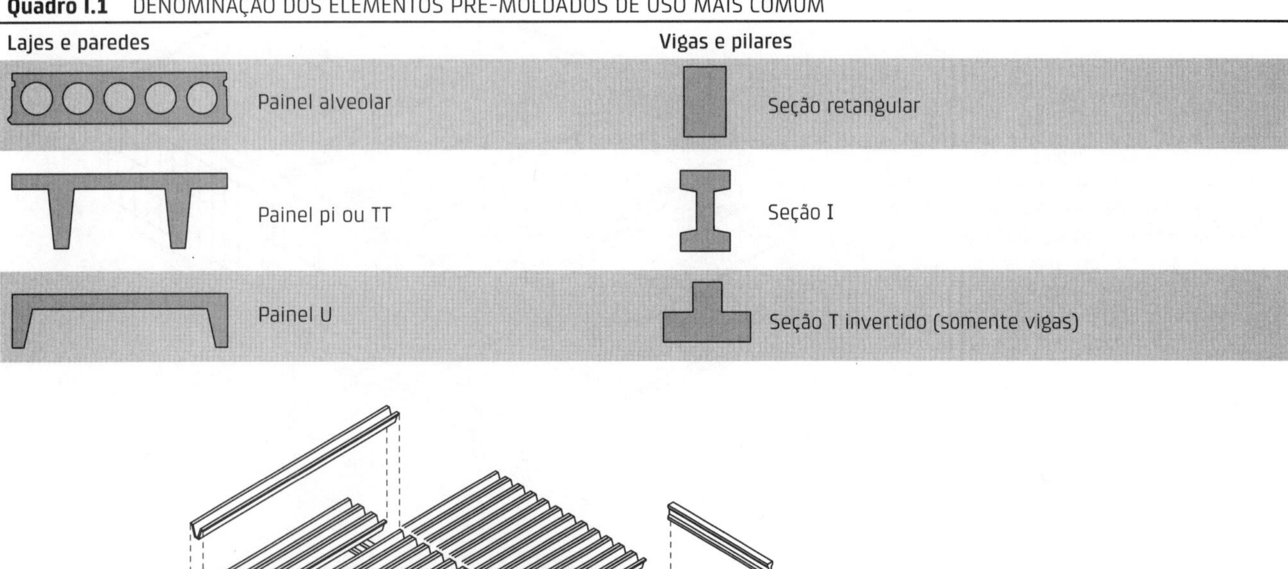

Lajes e paredes	Vigas e pilares
Painel alveolar	Seção retangular
Painel pi ou TT	Seção I
Painel U	Seção T invertido (somente vigas)

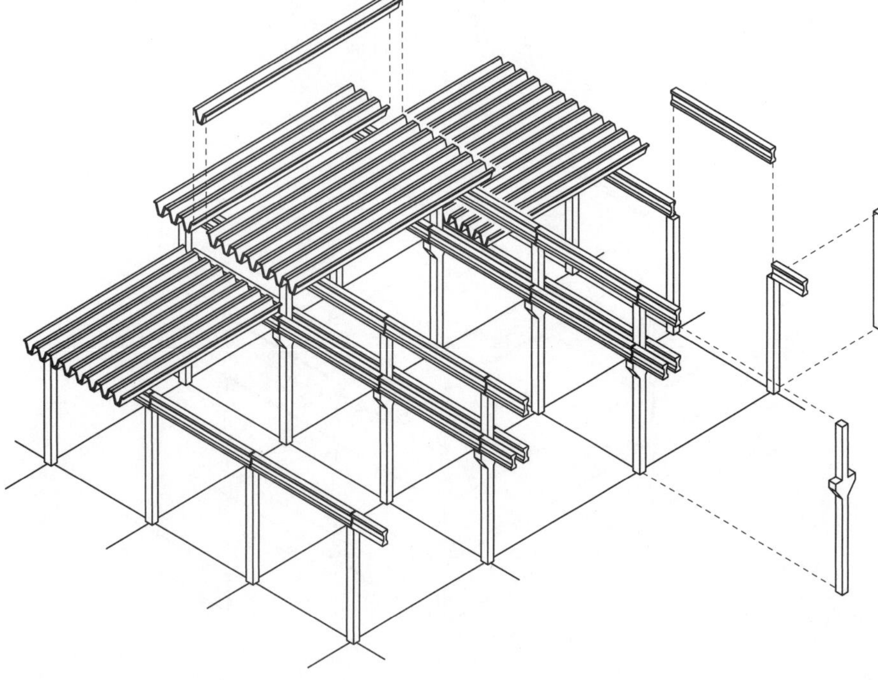

Esse tipo de edificação, correntemente denominado *galpão*, é normalmente utilizado com fins industriais ou comerciais. O sistema estrutural mostrado consiste em pilares engastados na fundação e vigas simplesmente apoiadas nos pilares, com ou sem o auxílio de consolos. A cobertura mostrada é em CPM. O fechamento pode ser também de painéis pré-moldados

Fig. I.3 Aplicação do CPM em estrutura de esqueleto para edificação de um pavimento
Fonte: adaptado de ABCI (1986).

Estrutura de edificação de um pavimento com parte externa de parede portante e parte interna com estrutura de esqueleto (sistema com pilares e vigas). A utilização das paredes externas, formadas com elementos pré-moldados com dupla finalidade, estrutural e de fechamento, resulta em um melhor aproveitamento dos materiais, podendo consequentemente ser mais econômica

Fig. I.4 Aplicação do CPM em estrutura de parede portante para edificação de um pavimento
Fonte: adaptado de PCI (1992).

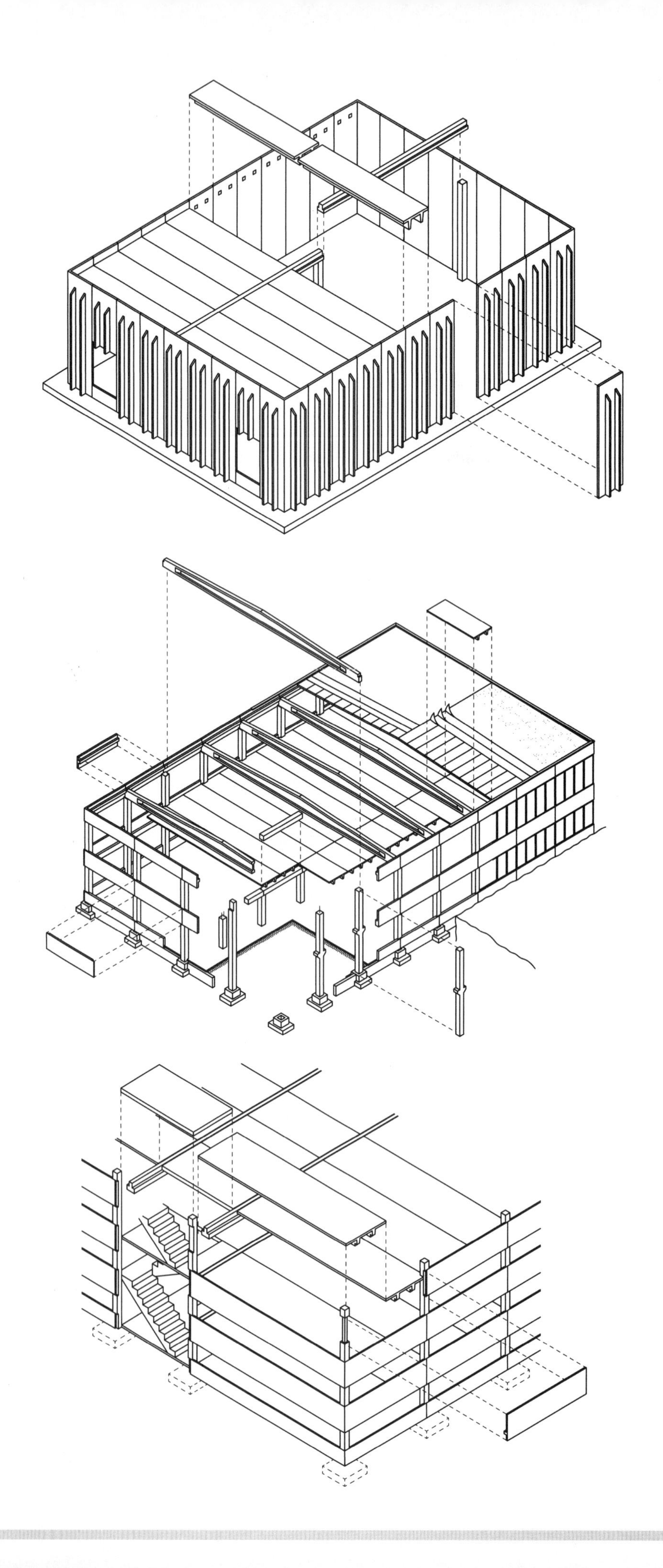

Sistema estrutural empregado em edifícios de pequena altura, com dois ou três pavimentos. Os pilares são contínuos e engastados na fundação, e as vigas, articuladas nos pilares. Observar a possibilidade de pavimento com vãos diferentes

Sistema estrutural similar ao anterior. Os pilares são contínuos e as vigas podem ser simplesmente apoiadas nos pilares, no caso de pequenas alturas, ou ter ligações rígidas com eles, no caso de grandes alturas. Observar nesse caso o grande espaçamento entre os pilares, possibilitando o seu emprego em edifícios para estacionamentos de veículos

Fig. I.5 Aplicação do CPM em estrutura de esqueleto para edificação de múltiplos pavimentos de pequena altura
Fonte: adaptado de FIP (1994) (figura superior) e PCI (1992) (figura inferior).

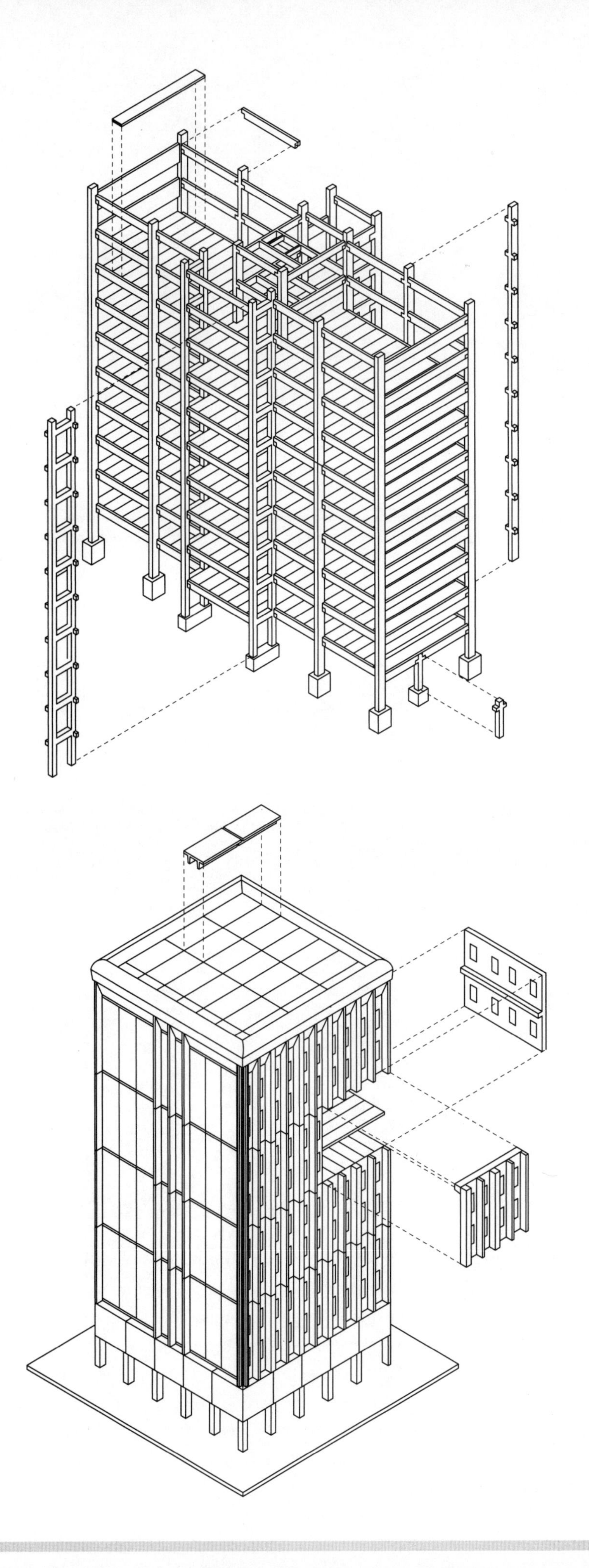

Sistema estrutural de esqueleto utilizado em edifícios de grande altura. Os pilares são contínuos e as vigas possuem ligações rígidas com os pilares. As lajes são de painéis alveolares

Fig. I.6 Aplicação do CPM em estrutura de esqueleto para edificação de múltiplos pavimentos de grande altura
Fonte: adaptado de ABCI (1986).

Estrutura de parede portante para edifício de grande altura. As paredes estruturais formadas por elementos pré-moldados são empregadas para resistir às forças tanto verticais como horizontais. Geralmente os painéis são da altura de um pavimento, mas alturas maiores, como a do exemplo, podem se utilizadas

Fig. I.7 Aplicação do CPM em estrutura de parede portante para edificação de múltiplos pavimentos de grande altura
Fonte: adaptado de PCI (1992).

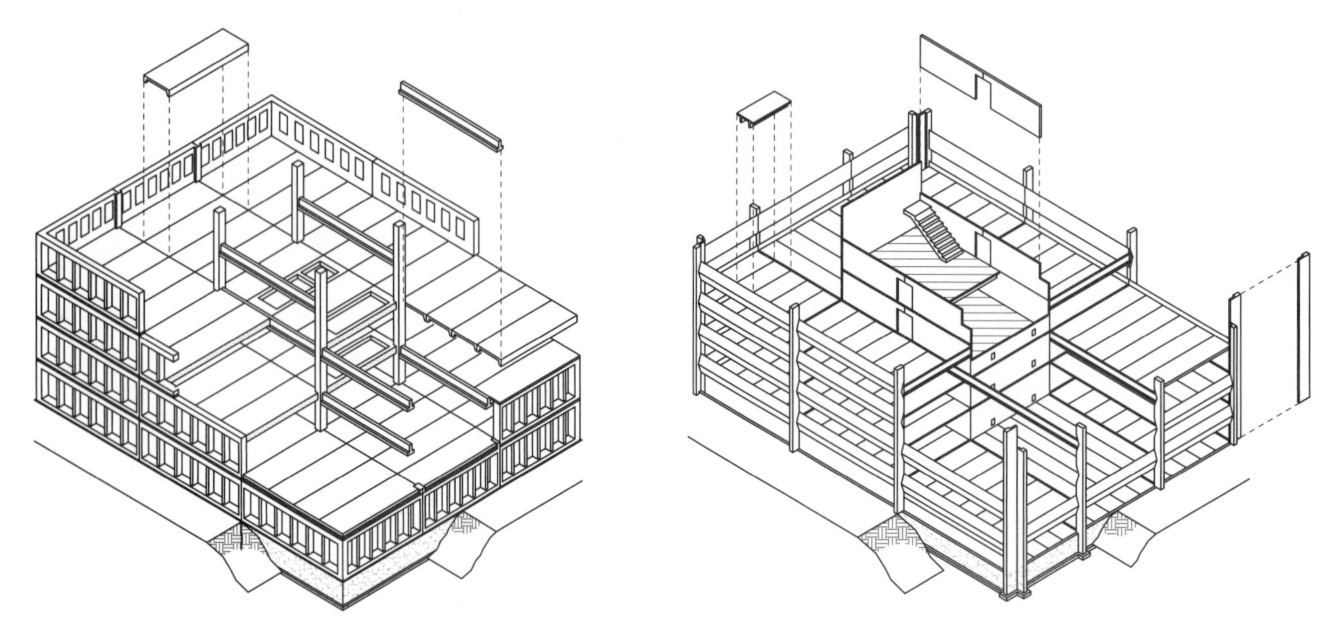

Sistema estrutural misto – sistema de esqueleto associado com paredes portantes. Nesse caso, as paredes externas são portantes e a parte interna é com estrutura de esqueleto

Fig. I.8 Aplicação do CPM em sistema estrutural misto para edificação de múltiplos pavimentos
Fonte: adaptado de PCI (1992).

Fig. I.9 Exemplos de aplicação do CPM em edifícios no Brasil apresentados no Painel dos Projetistas do 2PPP: a) Boulevard Shopping, em Belo Horizonte (MG), e b) prédio do bacharelado em Ciências e Tecnologia da Universidade Federal do Rio Grande do Norte (UFRN), em Natal (RN)
Fonte: a) Santos (2009) e b) Maranhão (2009).

Fig. I.10 Aplicação do CPM em edifícios escolares: caso da Fábrica de Escolas do Amanhã Governador Leonel Brizola
Fonte: Importância... (2015).

Na construção de infraestrutura urbana e de estradas, destacam-se as aplicações do CPM em pontes. O seu emprego é também comum em outras obras, tais como galerias, canais e muros de arrimo. Nas Figs. I.12 e I.13 são mostrados alguns exemplos de aplicação do CPM nesses tipos de obra.

Em relação a diversas outras obras civis, destaca-se a aplicação do CPM nos seguintes tipos de construção: estádios, silos torres e revestimento de túneis. Na Fig. I.14 estão ilustradas duas aplicações do CPM nesses tipos de construção. A primeira, na Arena Corinthians, foi objeto de apresentação no Painel dos Projetistas do 3PPP (Doniak, 2013), que pode ser acessada no site do evento para mais informações e detalhes da obra.

O CPM é caracterizado como um processo de construção em que a obra, ou parte dela, é moldada fora do seu local de utilização definitivo, sendo frequentemente relacionado a outros dois termos: o *concreto pré-fabricado* e a *industrialização da construção*.

Fig. I.11 Aplicação do CPM em coberturas: caso dos terminais rodoviários urbanos de integração do BRT-BH
Fonte: Rocha (2014).

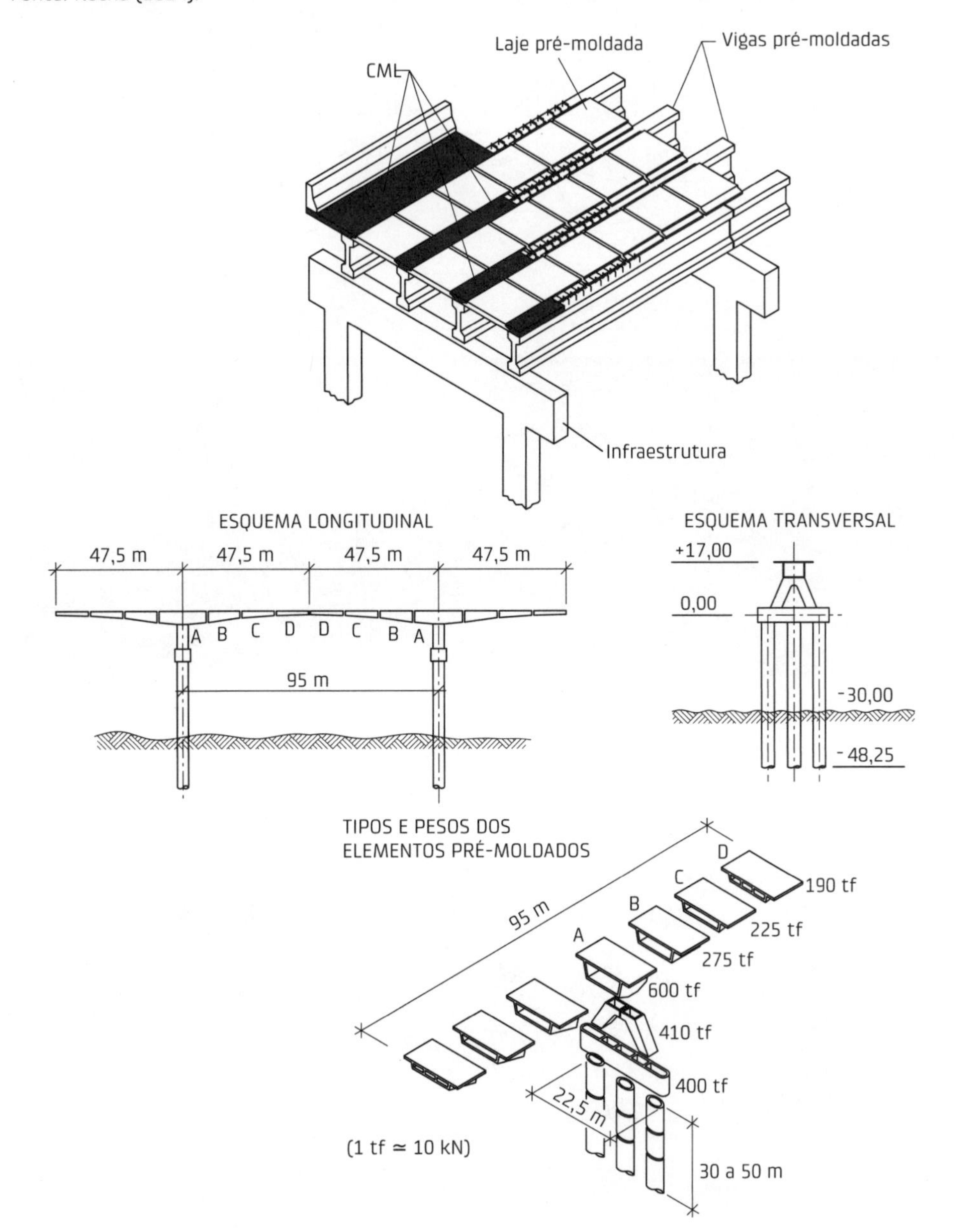

a) Aplicação em ponte de médios vãos

b) Aplicação em pontes de grandes vãos – esquema de ponte construída na Holanda, em 1965, compreendendo 50 vãos iguais de 95 m, totalmente feita em CPM

Fig. I.12 Exemplos de aplicação do CPM em pontes

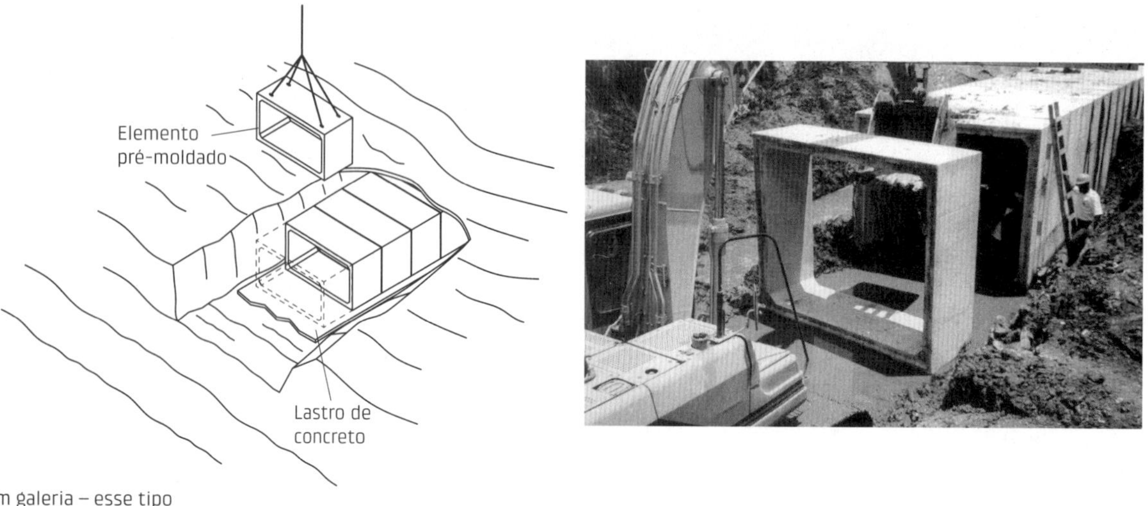

a) Aplicação em galeria – esse tipo de aplicação abrange as galerias utilizadas como passagem inferior de serviços ou como sistema de drenagem em infraestrutura urbana e em estradas

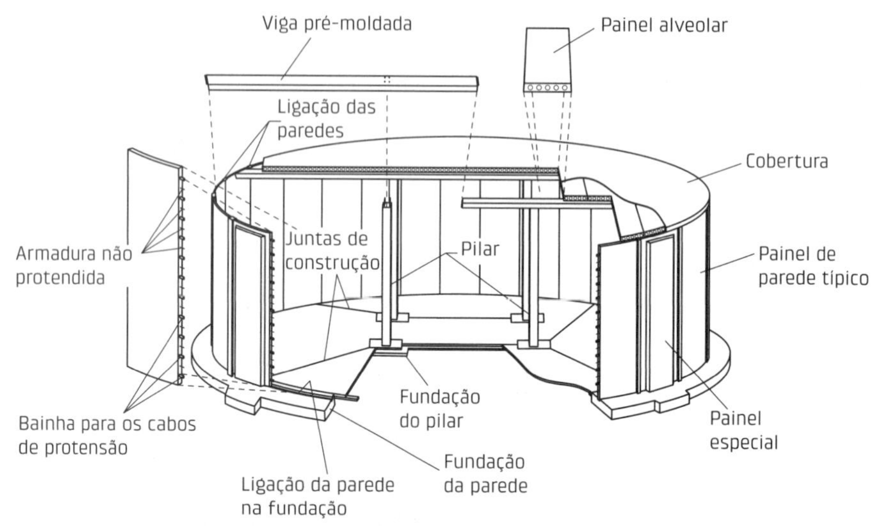

b) Aplicação em reservatório – esquema de aplicação de CPM em reservatório circular com protensão circunferencial para propiciar estanqueidade das paredes

Fig. I.13 Exemplos de aplicação do CPM em obras de infraestrutura urbana
Fonte: b) adaptado de PCI (1987).

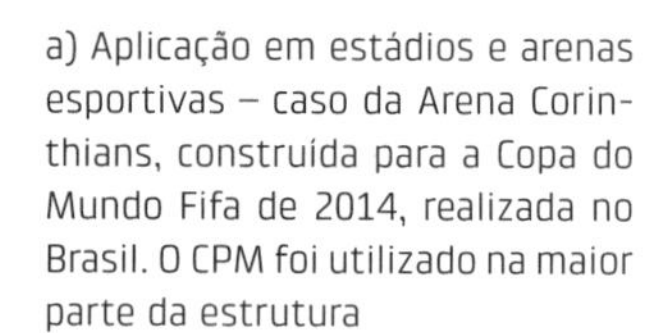
a) Aplicação em estádios e arenas esportivas – caso da Arena Corinthians, construída para a Copa do Mundo Fifa de 2014, realizada no Brasil. O CPM foi utilizado na maior parte da estrutura

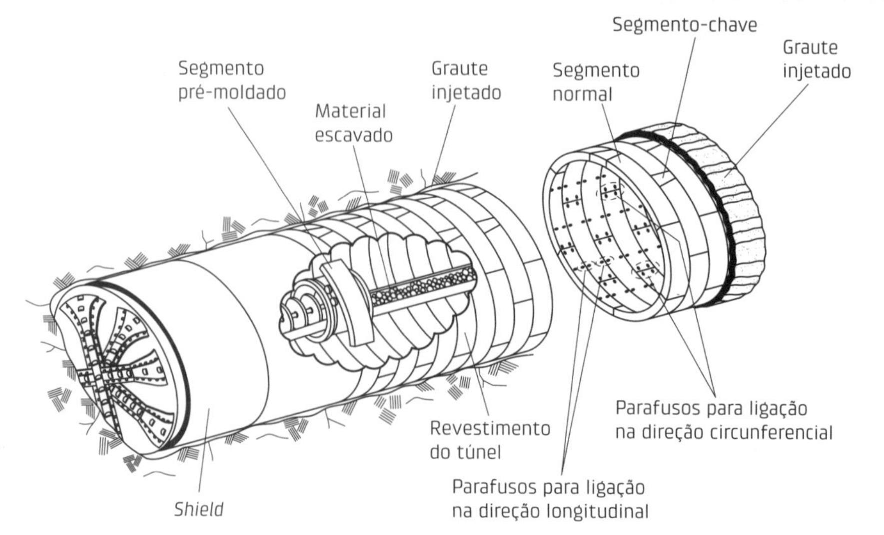

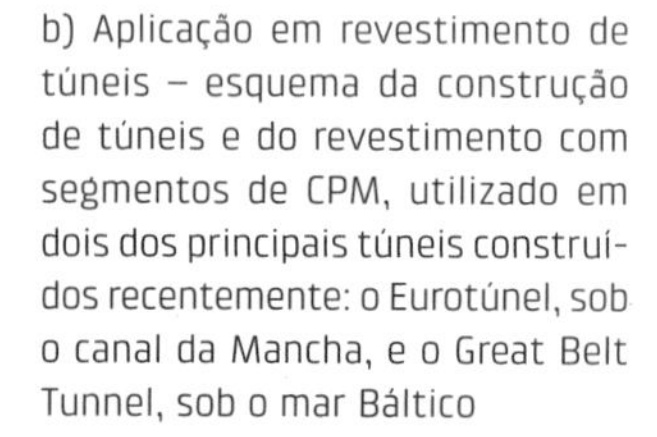
b) Aplicação em revestimento de túneis – esquema da construção de túneis e do revestimento com segmentos de CPM, utilizado em dois dos principais túneis construídos recentemente: o Eurotúnel, sob o canal da Mancha, e o Great Belt Tunnel, sob o mar Báltico

Fig. I.14 Exemplos de aplicação do CPM em obras civis
Fonte: a) Doniak (2013).

Entre as várias formas de definir a industrialização da construção reunidas em Fernández Ordóñez (1974), destaca-se aquela apresentada pelo Instituto Eduardo Torroja de la Construcción y del Cemento (IETcc), segundo o qual a "[...] industrialização da construção é o emprego, de forma racional e mecanizada, de materiais, meios de transporte e técnicas construtivas para se conseguir uma maior produtividade" (IETcc apud Fernández Ordóñez, 1974, v. 1, p. 31, tradução do autor). Vale registrar que tem sido empregado o termo *modernização da construção* para expressar, em linhas gerais, essa mesma ideia.

Aproveitando ainda a reunião de definições apresentada em Fernández Ordóñez (1974), para o concreto pré-fabricado é destacada a definição dada por T. Koncz. De acordo com esse autor, "[...] o concreto pré-fabricado é um método industrial de construção em que os elementos fabricados, em grandes séries, por métodos de produção em massa são montados na obra mediante equipamentos e dispositivos de elevação" (Koncz apud Fernández Ordóñez, 1974, v. 1, p. 32, tradução do autor).

Como se depreende dessas definições, a industrialização da construção, o concreto pré-fabricado e o concreto pré-moldado são conceitos distintos, ainda que relacionados entre si. *Grosso modo*, pode-se dizer que o conceito de CPM aplicado à produção em grande escala resulta no concreto pré-fabricado, que por sua vez é uma forma de buscar a industrialização da construção.

Salienta-se que a industrialização da construção se estende a todas as partes da construção e independe dos materiais empregados. Já os concretos pré-fabricado e pré-moldado correspondem a estruturas, fechamentos ou elementos acessórios em concreto.

Merece registro a denominação *componente pré-moldado* ou *pré-fabricado* para o que está sendo aqui chamado de elemento pré-moldado ou pré-fabricado. As técnicas associadas aos concretos pré-moldado e pré-fabricado também recebem os nomes, respectivamente, de pré-moldagem e pré-fabricação.

A NBR 9062 (ABNT, 2017a) faz distinção diferente da apresentada anteriormente entre os elementos pré-fabricado e pré-moldado. Essa diferenciação é realizada com base no controle de qualidade da execução do elemento. O elemento pré-fabricado, segundo a NBR 9062 (ABNT, 2017a, p. 4), é aquele "[...] executado industrialmente, em instalações permanentes de empresa destinada para este fim, que se enquadram e estejam em conformidade com as especificações de 12.1.2", estabelecidas no texto da referida norma. Já o elemento pré-moldado, segundo a mesma referência, é aquele "[...] moldado previamente e fora do local de utilização definitiva na estrutura, conforme especificações estabelecidas em 12.1.1", com controle de qualidade menos rigoroso que o do elemento pré-fabricado.

Ainda em termos de definições, cabe registrar a diferenciação feita no eurocódigo EN 13369 (CEN, 2004b) entre elemento pré-moldado e produto pré-moldado. Segundo essa publicação, o elemento pré-moldado é aquele curado em um local que não é a localização final da construção, ao passo que o produto pré-moldado é aquele fabricado de acordo com determinados padrões. Os produtos pré-moldados, como os painéis alveolares utilizados em lajes, estariam sujeitos a regulamentos específicos.

Em princípio, o custo do melhor controle de qualidade dos elementos pré-moldados é compensado, geralmente, com vantagens como controle dimensional dos componentes e da construção, melhor durabilidade e, inclusive, possibilidade de redução de coeficientes de ponderação relacionados com o dimensionamento estrutural. Esse assunto será retomado no Cap. 2.

A utilização do CPM pode ocorrer de forma que a construção apresente pouca diferença em relação a uma construção de CML, como nos exemplos mostrados na Fig. I.15. Esses exemplos foram escolhidos com o intuito de ilustrar situações extremas em que o elemento pré-moldado, por suas características, nunca atingirá o nível de pré-fabricado em termos de processo de produção.

Em determinadas situações, a complexidade da construção pode tornar o CPM uma melhor alternativa do que o CML. Esse é o caso da construção da Sydney Opera House, em Sydney (Austrália), em que 60% da estrutura é de CPM.

Na Fig. I.16 apresenta-se uma situação oposta àquelas mostradas na Fig. I.15. Trata-se de um sistema construtivo usado na Suécia e considerado o primeiro projeto sério de industrialização em obras públicas efetuado na Europa, segundo Fernández Ordóñez (1974). Esse sistema foi desenvolvido no final da década de 1960 com base nos seguintes princípios, válidos em grande parte até os dias atuais: a) os elementos pré-moldados devem ter dimensões e pesos tais de modo que possam ser executados em fábricas já existentes e possam ser transportados e montados com os meios disponíveis; b) o CML deve ser limitado ao preenchimento de juntas com cimento de alta resistência inicial (exceto nas fundações); c) o número de tipos de elemento deve ser reduzido e sua forma deve ser tal de modo que permita fôrmas idênticas com dimensões diferentes para os vários elementos; d) o concreto e a armadura devem ser de alta resistência; e) deve ser possível construir as pontes com ou sem encontros pré-moldados.

Na construção de edifícios concentram-se as aplicações de sistemas baseados em componentes de concreto pré-fabricados e, portanto, com características de industrialização da construção. Nesses casos, grande parte dos componentes são chamados de elementos ou produtos de catálogo. A Fig. I.17 exibe informações de catálogo de uma

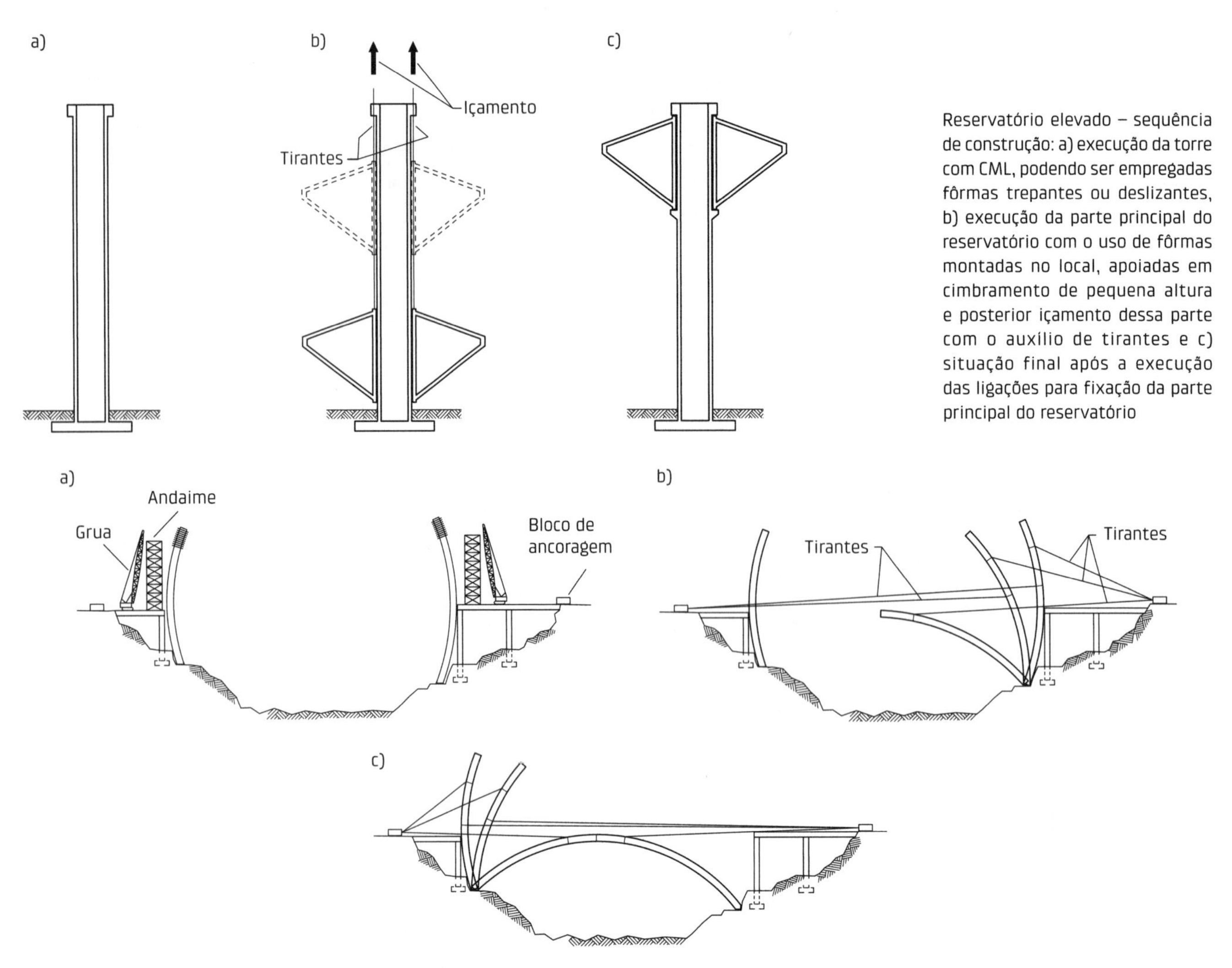

Reservatório elevado – sequência de construção: a) execução da torre com CML, podendo ser empregadas fôrmas trepantes ou deslizantes, b) execução da parte principal do reservatório com o uso de fôrmas montadas no local, apoiadas em cimbramento de pequena altura e posterior içamento dessa parte com o auxílio de tirantes e c) situação final após a execução das ligações para fixação da parte principal do reservatório

Ponte em arco – sequência de construção: a) execução dos segmentos de arco na posição vertical, b) montagem dos segmentos com o auxílio de cabos e c) continuação da montagem, concretagem do fechamento do arco e construção do restante da superestrutura da ponte

Fig. I.15 Exemplos de aplicação do CPM com pequena diferença em relação ao emprego de CML
Fonte: b) adaptado de Teshima et al. (2002).

viga de seção I, na qual se pode notar as seções padronizadas. Um exemplo típico de aplicação desse componente em construção que pode ser considerado como tendo alto grau de industrialização é aquele mostrado na Fig. I.3, pelo uso praticamente exclusivo de elementos de catálogo.

Existem ainda situações em que se faz emprego intensivo de elementos de CPM na construção, mas que não se enquadram nos casos anteriores. A Fig. I.18 mostra um exemplo em que painéis alveolares são utilizados em associação com CML, formando um sistema construtivo muito interessante para pavimentos de concreto. Essa obra fez parte da apresentação de palestra no 2PPP (Corres Peiretti, 2009).

Neste livro é abordado o uso do CPM englobando: a) as situações com características de industrialização, em que a maior parte dos elementos são os componentes ou produtos de catálogo; b) as situações com características de racionalização, em que a estrutura é decomposta em elementos visando especificamente ao caso em questão; e c) as situações com características intermediárias, como a adoção de componentes pré-fabricados associados com elementos estruturais de CML.

Por ser uma das diretrizes do emprego do CPM, são tecidas aqui algumas considerações sobre a industrialização da construção. Salienta-se, no entanto, que se trata de uma abordagem superficial, com o objetivo de fornecer uma ideia geral sobre o assunto.

Na construção civil, assim como em grande parte de outras atividades industrializadas, pode-se caracterizar três estágios de desenvolvimento: manufatura, mecanização e industrialização. As características principais de cada um deles são apresentadas no Quadro I.2. Contudo, ressalta-se que nem sempre as situações reais se enquadram perfeitamente nesses estágios.

A industrialização apresenta viabilidade econômica quando o custo dos elementos, constituído pela soma dos custos fixos e variáveis, resulta menor que o custo correspondente à produção com manufatura. Isso ocorre a partir de um determinado número de elementos, confor-

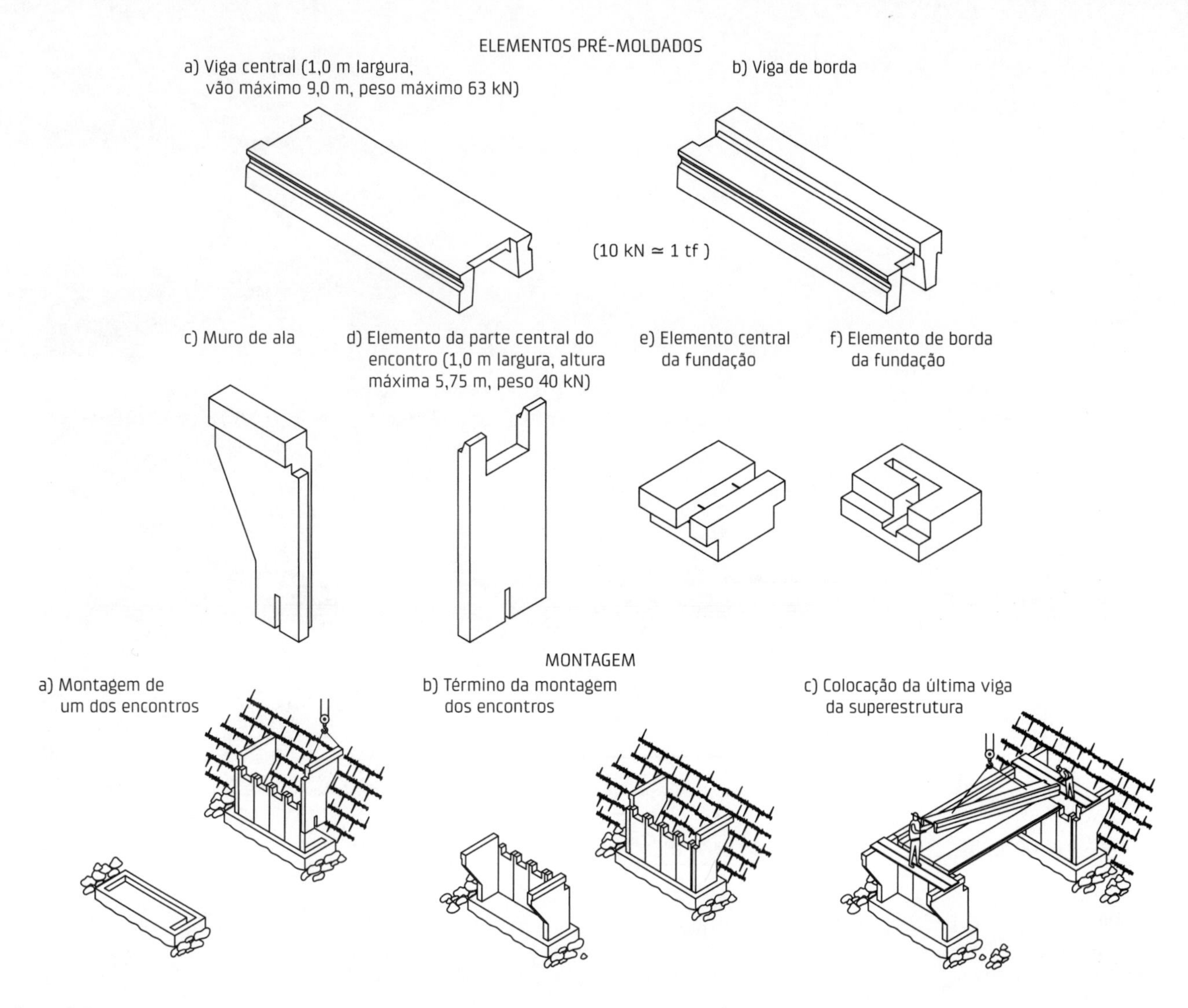

Fig. I.16 Exemplo de aplicação do CPM com elevado grau de industrialização para a construção de pontes de pequeno porte
Fonte: adaptado de Fernández Ordóñez (1974).

me mostrado na Fig. I.19, que caracterizaria uma produção mínima para viabilizar a produção industrial. Como consequência disso, a industrialização implica investimentos, que são função da produtividade que se deseja imprimir na produção.

Ao imaginar a implementação da industrialização na construção civil, inevitavelmente se procura estabelecer uma comparação com outros ramos da indústria, como a automobilística. Embora possua algumas semelhanças com outros ramos industriais, a produção industrializada da construção apresenta alguns aspectos peculiares que não podem ser desprezados, principalmente no caso da construção habitacional. Os principais aspectos em questão são: a maior ligação da construção com a natureza; a necessidade de fundação, que depende de fatores condicionantes locais; o grande número de fornecedores; o porte etc. Esses aspectos conferem à indústria da construção civil uma particular complexidade, distinguindo-a dos demais ramos industriais.

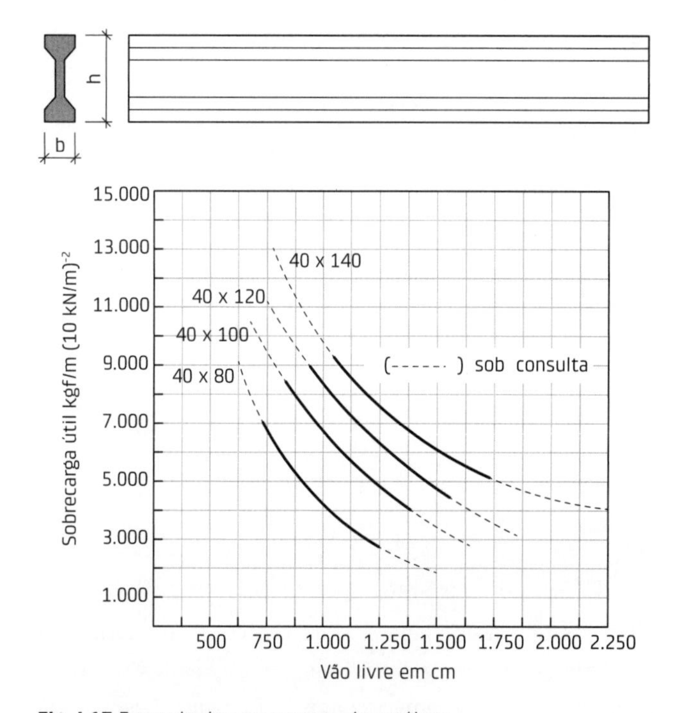

Fig. I.17 Exemplo de componente de catálogo
Fonte: adaptado de ABCI (1986).

Fig. I.18 Exemplo de construção com aplicação intensiva de componente pré-moldado em edifícios – ampliação do aeroporto Madrid-Barajas, em Madrid (Espanha): a) execução da viga de CML com cimbramento móvel; b) montagem dos painéis alveolares; c) vista da obra em construção; d) obra pronta
Fonte: Corres Peiretti (2009).

Quadro I.2 ESTÁGIOS DE DESENVOLVIMENTO DA CONSTRUÇÃO CIVIL

	Manufatura	Mecanização	Industrialização
Planejamento	Improvisação	Projeto	Planificação
Unidade produtiva	Individual	Empresa	Fábrica
Produção	Unitária	Unitária com máquinas	Massiva
Recursos/investimentos	Ferramentas manuais	Investimento em equipamentos	Investimento em máquinas

Fonte: adaptado de Koncz (1966).

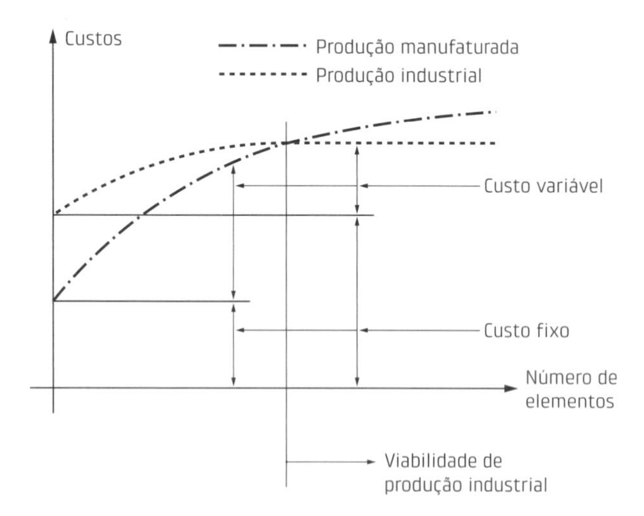

Fig. I.19 Composição de custos nas produções industrial e manufaturada

A pré-fabricação envolve sempre atividades no local, mesmo que seja só a montagem. Em virtude disso, pode-se definir alguns índices de pré-fabricação, em função de custos, que seria a relação entre o custo dos elementos pré-moldados e o custo da construção, ou de tempos, que seria a relação entre o tempo consumido em fábrica e o tempo total (fábrica + obra). Com esses índices é possível quantificar o grau de industrialização; quanto mais elevados forem esses índices, maior será o grau de industrialização de um determinado sistema construtivo.

Tempos atrás, havia dois conceitos relacionados à industrialização da construção. Quando a industrialização se realiza com base em elementos disponíveis no mercado, dizia-se que se tratava de *industrialização de ciclo aberto*. É o caso, por exemplo, da construção com painéis de laje do fabricante A, com painéis de fechamento do fabricante B etc. Caso contrário, quando um determinado sistema construtivo não permite a intercambialidade dos elementos, ou seja, não é possível utilizar outros elementos além daqueles do sistema construtivo, dizia-se que se tratava de *industrialização de ciclo fechado*.

A industrialização de ciclo aberto, tal como idealizada, não se concretizou. Por sua vez, a industrialização de ciclo fechado tem sido abandonada por limitar as demandas por uma arquitetura mais aberta. Em virtude disso, a industrialização tem sido praticada com o emprego de elementos ou produtos de catálogo, mas com uma flexibilização para atender às exigências de uma arquitetura mais aberta ou à exigência dos clientes. Por outro lado, o uso de componentes de CPM em projetos estruturais, como o da Fig. I.18, pode propiciar interessantes alternativas construtivas. Para isso, os profissionais envolvidos na construção devem encarar o emprego do CPM sem preconceito e procurar explorar o potencial das técnicas associadas à sua utilização.

Cabe destacar ainda que o uso de componentes de CPM pode acarretar importantes implicações em relação à responsabilidade sobre a construção. Embora não sejam voltadas para a situação nacional, indicações sobre o assunto podem ser vistas no manual do PCI (2010, seção 14.5) e no manual de CPM da Associação Australiana do Concreto Pré-Moldado (NPCAA, 2002, Cap. 12).

I.2 Formas de aplicação do CPM

Dependendo da forma como os elementos são concebidos e produzidos, o CPM pode ser enquadrado como mostra o Quadro I.3.

Quadro I.3 FORMAS DE APLICAÇÃO DO CPM

	Formas de aplicação do CPM	
Quanto ao local de produção dos elementos	Pré-moldado de fábrica	Pré-moldado de canteiro
Quanto à incorporação de CML para ampliar a seção resistente no local de utilização definitivo	Pré-moldado de seção completa	Pré-moldado de seção parcial
Quanto à categoria do peso dos elementos	Pré-moldado pesado	Pré-moldado leve
Quanto ao papel desempenhado pela aparência	Pré-moldado normal	Pré-moldado arquitetônico

O *pré-moldado de fábrica* é aquele executado em instalações permanentes distantes da obra. Esse tipo de pré-moldado pode ou não atingir o nível de pré-fabricado, segundo o critério da NBR 9062 (ABNT, 2017a) relacionado com o controle de qualidade. A capacidade de produção da fábrica e a produtividade do processo, que dependem sobretudo dos investimentos em fôrmas e equipamentos, podem ser pequenas ou grandes, com tendência maior para o último caso. Nessa situação, deve-se considerar a questão do transporte da fábrica até a obra, no que se refere tanto ao custo dessa atividade como, principalmente, à obediência aos gabaritos de transporte e às facilidades de transporte.

Em contrapartida ao tipo anterior, o *pré-moldado de canteiro* é executado em instalações temporárias nas proximidades da obra. Essas instalações podem ser mais ou menos sofisticadas, dependendo da produção e da produtividade desejadas. Em geral, existe certa propensão à baixa capacidade de produção e, consequentemente, à pequena produtividade. Para esse tipo de elemento não se tem o transporte a longa distância e, portanto, as facilidades de transporte e a obediência a gabaritos de transporte não são condicionantes para o seu emprego.

No Brasil, ao contrário do pré-moldado de canteiro, o pré-moldado de fábrica está sujeito a tributação específica, o que penaliza o seu uso e desestimula, assim, a industrialização da construção. Um estudo quantificando a tributação em caso de construção habitacional pode ser visto em FGV (2013).

Existe um tipo particular de pré-moldado de canteiro que é moldado junto ao local de utilização definitivo. Nessa situação, depois de o concreto atingir a resistência necessária, o elemento é montado com o auxílio de equipamento. Um caso representativo desse tipo de CPM é o processo chamado de *tilt-up*, em que as paredes são executadas na posição horizontal e, após o concreto atingir a resistência prevista, são levantadas para a sua posição definitiva. A Fig. I.20 ilustra esse processo, que é objeto de recomendações específicas na seção 5.6.

a) Esquema construtivo

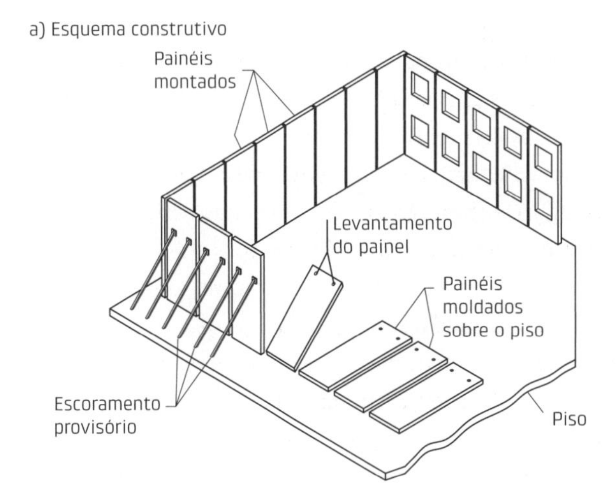

b) Levantamento do painel

Fig. I.20 Processo construtivo *tilt-up*
Fonte: b) cortesia de Vendramini Engenharia.

Quanto ao gênero da seção utilizada, têm-se o *pré-moldado de seção completa* e o *pré-moldado de seção parcial*. O pré-moldado de seção completa é aquele executado de modo que a sua seção resistente seja formada fora do local de utilização definitivo. Na sua aplicação, eventualmente pode ocorrer o emprego de CML, em ligações ou como regularização, mas não visando ampliar a seção resistente.

Já o pré-moldado de seção parcial é aquele inicialmente moldado apenas com parte da seção resistente final, que é depois completada na posição de utilização definitiva com CML (Fig. I.21a). Com o uso desse tipo de elemento, existe uma maior facilidade na realização das ligações, além de a concretagem no local propiciar certo monolitismo à estrutura. Com esse tipo de elemento, tem-se o *elemento composto*. Na Fig. I.21b são mostradas algumas situações típicas da sua aplicação.

Em relação ao peso do elemento, há a distinção entre *pré-moldado pesado* e *pré-moldado leve*. Embora seja subjetiva e circunstancial, essa distinção é importante no desenvolvimento de projetos em que se emprega o CPM, uma vez que está diretamente relacionada aos equipamentos de transporte e montagem.

No sentido de fornecer uma ordem de grandeza para o peso dos elementos, é possível citar os seguintes valores, encontrados em Haas (1983): a) elementos leves – até 0,3 kN (30 kgf); b) elementos de peso médio – entre 0,3 kN e 5 kN (30 kgf a 500 kgf); e c) elementos pesados – acima de 5 kN (500 kgf). Contudo, os valores em si não são importantes, o que importa é a filosofia de projeto.

Grosso modo, considera-se que o elemento é um pré-moldado pesado quando necessitar de equipamentos especiais para o seu transporte e montagem. Já o pré-moldado leve é aquele que não precisa de equipamentos especiais para o seu transporte e montagem, sendo possível improvisar os equipamentos ou até mesmo atingir a situação em que a montagem possa ser manual. Assim, por exemplo, as chamadas vigotas pré-moldadas, tratadas no Cap. 13, que são largamente utilizadas em lajes, podem ser consideradas pré-moldado leve.

Quanto ao papel desempenhado pela aparência, os elementos pré-moldados podem ser divididos em *normais* e *arquitetônicos*. O pré-moldado normal é aquele em que não existe nenhuma preocupação relativa à aparência do elemento. Por sua vez, o pré-moldado arquitetônico refere-se a qualquer elemento de forma especial ou padronizada que, mediante acabamento, forma, cor ou textura, contribui para a forma arquitetônica ou o efeito de acabamento da construção, conforme o PCI (2007). Esses elementos podem ou não ter finalidade estrutural.

A preocupação com a aparência geralmente existe no CPM e pode ocorrer em maior ou menor grau. Quando em menor grau, expressa-se basicamente por meio de dosagem adequada para evitar falhas superficiais e eventual maquiagem posterior. Em geral, as faces em contato com a fôrma apresentam boa aparência. Quando em maior grau, expressa-se pelo emprego, combinado ou não, dos recursos citados, como acabamentos com agregado exposto, polimento, tijolo cerâmico e pedra, bem como pelo uso de relevos.

A utilização do concreto arquitetônico normalmente ocorre nas fachadas, mediante painéis estruturais ou não estruturais. Destaca-se também a sua aplicação como fôrma permanente, na restauração de edifícios antigos e em esculturas. Na Fig. I.22 são mostrados alguns casos típicos de aplicação do concreto arquitetônico.

O concreto arquitetônico corresponde a uma fatia bastante grande do mercado de pré-moldados nos Estados Unidos e na Europa. Exemplos ilustrativos desse tipo de aplicação podem ser encontrados em PCI (2007) e fib (2014). Além disso, ainda que em menor nível, já existem vários exemplos no Brasil, podendo alguns deles ser vistos na publicação da Associação Brasileira da Construção Industrializada de Concreto (Abcic) e da Associação Brasileira de Cimento Portland (ABCP) (Abcic; ABCP, 2008).

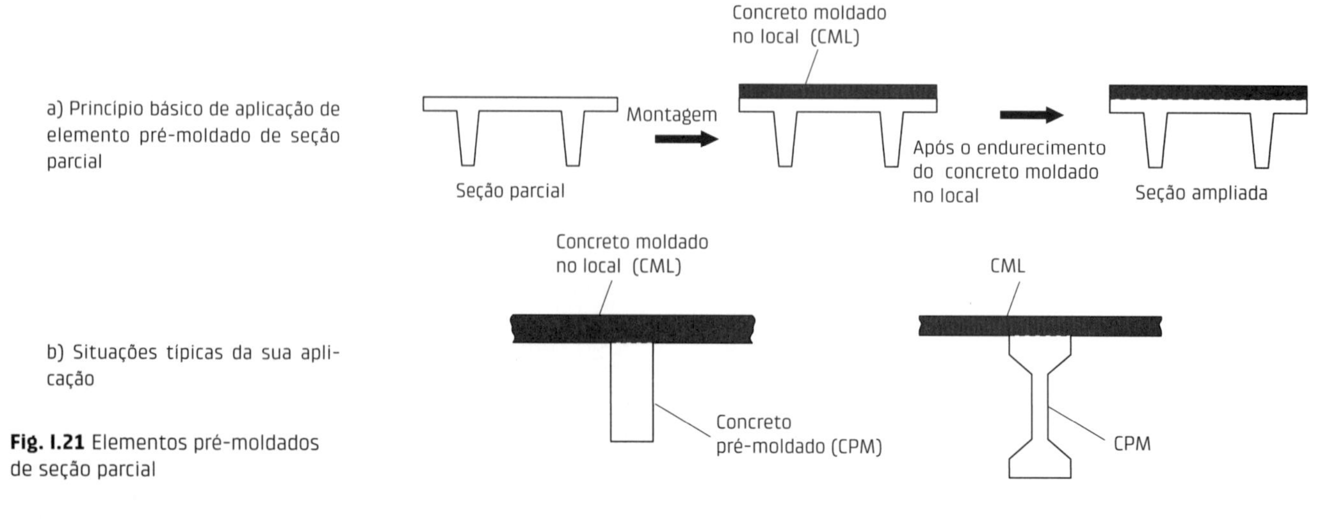

Fig. I.21 Elementos pré-moldados de seção parcial

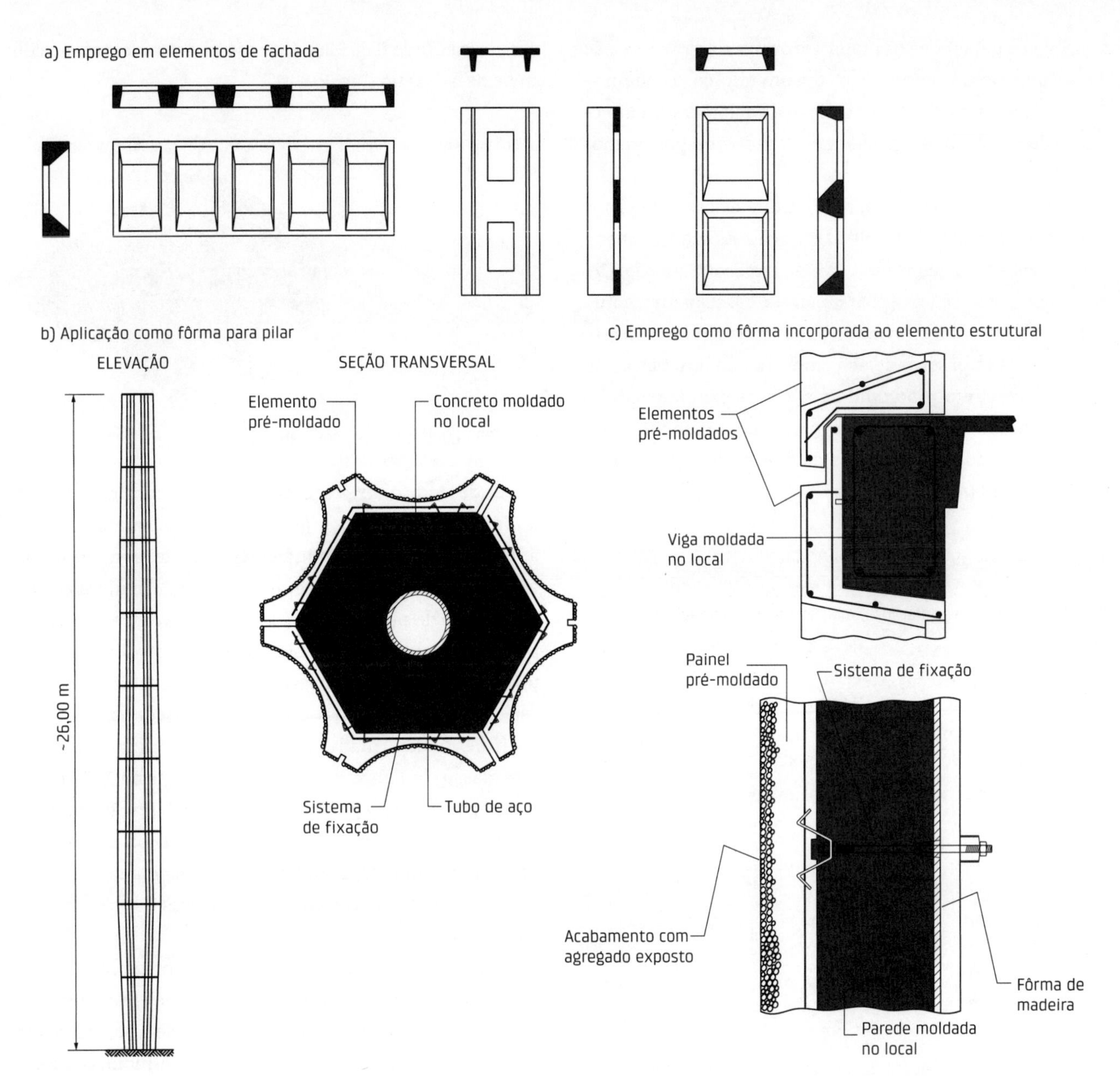

Fig. I.22 Exemplos de aplicação do CPM arquitetônico
Fonte: adaptado de b) Waddell (1974) e c) PCI (1989).

Pode-se ainda mencionar outros recursos mais sofisticados que os apresentados, como o concreto translúcido, que permite a passagem da luz, descrito em Fastag (2011). Outro exemplo que merece destaque é o concreto branco, com óxido de titânio para autolimpeza e preservação do brilho ao longo do tempo, empregado nos painéis pré-moldados da Igreja do Jubileu, em Roma (Itália).

As possibilidades de uso do CPM são realmente enormes e permitem a criação de verdadeiras obras de arte, como as que podem ser vistas em Bennett (2005).

I.3 Materiais

As qualidades desejáveis que os materiais usados na construção civil deveriam apresentar são as seguintes: a) ter grande durabilidade, b) não necessitar de grandes cuidados de manutenção, c) ser isolante térmico e hidrófugo, d) possuir resistência em situações de incêndio, e) ter estabilidade volumétrica e f) dispor de resistência mecânica elevada. Tendo em vista a industrialização das construções, seria interessante que os materiais exibissem ainda as seguintes características: g) ser executado com facilidade por meios mecânicos, h) possibilitar ligações de forma fácil e simples e i) desempenhar simultaneamente as funções de estrutura e de fechamento.

Apesar de não apresentar algumas das características apropriadas para a industrialização (g e h), o concreto armado, incluindo as suas variações discutidas nesta seção, possui grande parte das qualidades desejáveis para materiais de construção. Essas qualidades, combinadas com o custo, tornam-no um material bastante viável para a industrialização.

O CPM, naturalmente, está relacionado com o emprego do material concreto. Entretanto, pode-se estender essa denominação para todos os materiais oriundos da associação de um aglomerado cimentício com um reforço (armadura). São mostrados no Quadro I.4 os tipos de aglomerado cimentício e de reforço que têm sido empregados, ou pelo menos pesquisados, na construção civil.

Com base no Quadro I.4, nota-se que existe um grande número de possibilidades de associação. As mais conhecidas e mais empregadas em CPM são o *concreto armado* (CA) e o *concreto protendido* (CP). Tomando esse quadro como referência, o concreto armado é a associação de concreto com armadura passiva de aço em forma de fios, barras ou telas e o concreto protendido é a associação de concreto com armadura ativa, de elevada resistência, combinada ou não com armadura passiva. Esses dois casos são cobertos pela NBR 6118 (ABNT, 2014a).

Quadro I.4 TIPOS DE AGLOMERADO CIMENTÍCIO E DE REFORÇO PARA O CONCRETO ARMADO E SUAS VARIAÇÕES

Tipos de aglomerado cimentício e suas variações

Tipo	Resistência	Densidade
Pasta Argamassa Concreto de granulometria fina Concreto	Baixa Normal Alta	Alta Normal Baixa

Tipos de reforço (armadura) e suas variações

Tipo	Material	Arranjo	Introdução de força prévia	Resistência
Contínua	Aço Não metálica	Fios Barras Telas Perfis Cordoalhas	Passiva Ativa	Normal Elevada
Descontínua (fibras)	Aço – aço comum, aço inoxidável Poliméricas – polipropileno (PP), polietileno (PE), álcool de polivinila (PVA) etc. Minerais – vidro, amianto Vegetais – coco, sisal, piaçava etc. Outros – carbono			

As fibras de um mesmo material podem apresentar variação de características ou de geometria. Por exemplo, as fibras de aço podem ser retas, deformadas, torcidas, com ganchos na extremidade, ao passo que as fibras de polipropileno podem ser fibriladas, monofilamentos, multifilamento, torcidas etc.

As aplicações do CPM se concentram no concreto armado e no concreto protendido. A apresentação de outras associações e matérias se justifica pelo potencial atual e futuro do CPM.

Nesse sentido, merece registro a associação denominada *elemento misto*, que geralmente é relacionada à associação de concreto com perfis de aço. Esse termo poderia ser estendido para associações de outros materiais estruturais, entretanto se limita aqui ao caso da associação concreto-aço. Embora seja pouco utilizado, um exemplo da sua aplicação merece ser apresentado (Fig. I.23). Esse assunto será retomado com mais detalhes no Cap. 2.

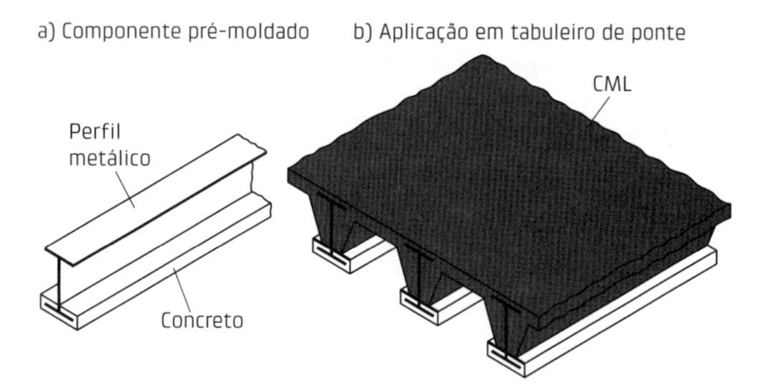

Fig. I.23 Elemento misto concreto-aço

Ainda com o emprego de armadura contínua, tem-se a *argamassa armada* ou *ferrocement*, que, numa primeira aproximação, corresponde à associação de argamassa com armadura de aço passiva, em forma de tela, empregada em elementos de pequena espessura. Esse tipo de associação possui as seguintes particularidades em relação ao concreto armado: pequena espessura das peças, sendo a máxima espessura convencional de 40 mm; pequenos valores de cobrimento da armadura, de 4 mm a 8 mm; qualidade da argamassa com máximo fator água/cimento de 0,45; diâmetro máximo do agregado, em geral, de 4,8 mm; emprego de telas de aço soldadas, tecidas, ou de metal expandido, com aberturas limitadas; e controle de execução mais rigoroso, principalmente em relação às espessuras e ao cobrimento da armadura.

Como os elementos resultantes do emprego da argamassa armada têm peso relativamente pequeno em comparação com os similares de concreto armado, esse tipo de associação é de grande interesse para o uso de pré-moldados leves. A título de ilustração, são mostrados na Fig. I.24 alguns exemplos da sua aplicação.

Uma apresentação detalhada da argamassa armada, na qual se pode notar a sua vocação para ser aplicada em elementos pré-moldados, pode ser vista em Hanai (1992). Também merecem destaque as aplicações da argamassa armada feitas no Brasil nas décadas de 1980 e 1990, projetadas pelo arquiteto João Figueiras Lima (Lelé), apresentadas em Latorraca (1999). A Fig. I.25 mostra alguns exemplos da sua aplicação nesse período.

As aplicações da argamassa armada, bem como de outras associações que são vistas nesta seção, resultam em componentes que podem ser enquadrados nos chamados elementos delgados de concreto. Esses elementos delgados resultariam em componentes pré-moldados leves e com menor consumo de materiais em comparação com os elementos de concreto armado. O conceito de elementos delgados de concreto pode ser visto com mais detalhes em Naaman (2000).

a) Viga de cobertura de pavilhão – uma das primeiras aplicações da argamassa armada no Brasil, em 1961, nas obras de ampliação do campus de São Carlos (SP) da Universidade de São Paulo (USP). As fotos mostram a fabricação de uma viga e a montagem das vigas na cobertura

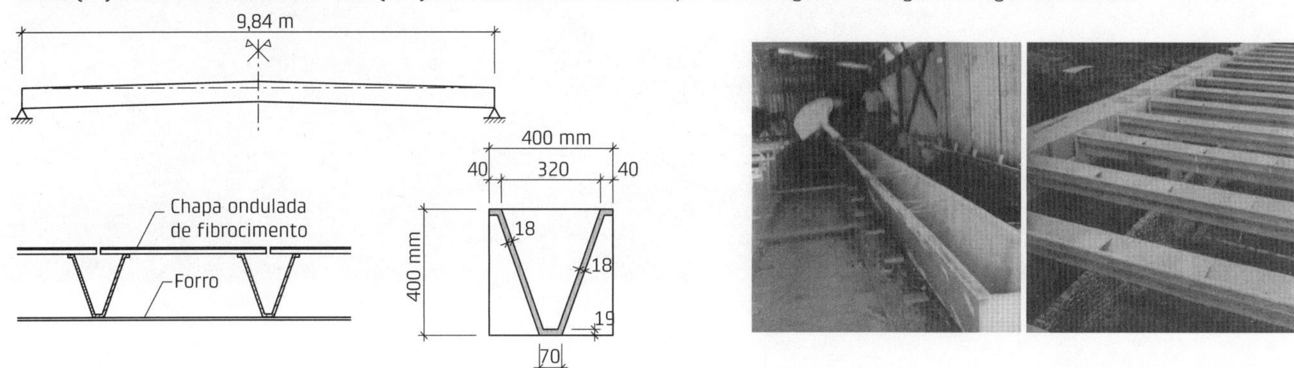

b) Viga de cobertura de terminal rodoviário – essa aplicação atípica da argamassa armada foi justificada por razões circunstanciais, com a redução do peso de 750 kN da alternativa originalmente prevista para 250 kN da viga de 35 m de comprimento

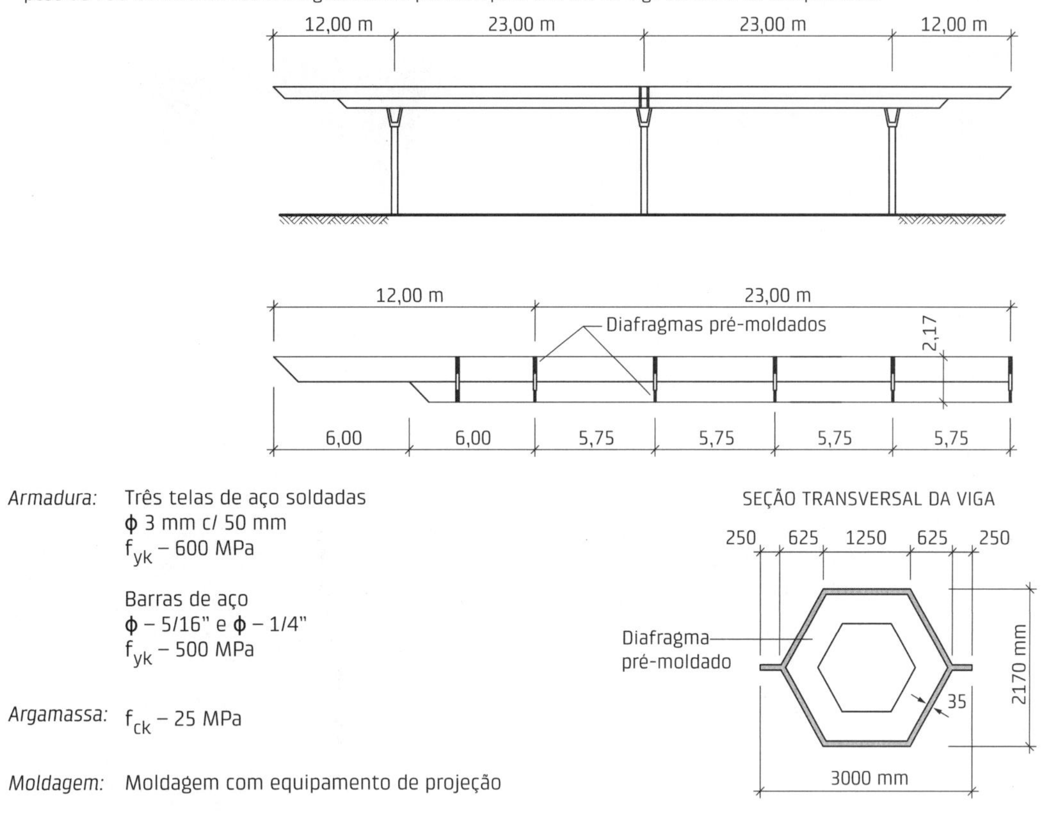

Fig. I.24 Exemplos da aplicação de elementos pré-moldados de argamassa armada
Fonte: desenhos adaptados de Hanai (1992).

Os aglomerados cimentícios associados à armadura descontínua são denominados genericamente *concreto com fibras*, *concreto reforçado com fibras* ou *concreto armado com fibras*. Existe uma enorme diversidade de concreto com fibras em função da sua composição. As taxas de fibras podem variar desde a situação em que as fibras têm apenas a função de combater a retração inicial até a situação em que elas propiciam alto desempenho estrutural.

O atual código-modelo MC-10, da fib (2013), apresenta critérios para o projeto de concreto com fibras. Com isso, espera-se que haja uma maior utilização do material, pois essa era uma das principais dificuldades para o seu emprego.

Um dos tipos de associação que têm sido adotados nos Estados Unidos e na Europa é o concreto com fibras de vidro (*glass reinforced cement/concrete*, GRC), principalmente em painéis de fachadas. Na Fig. I.26 são mostradas três aplicações de concreto com fibras de vidro, a última das quais corresponde a uma notável aplicação realizada na Alemanha em 1977. Merecem registro as aplicações de GRC no Brasil apresentadas em Barth e Vefago (2008). A Fig. I.27 mostra uma das obras descritas nesse livro, a ampliação da Catedral da Sé, em São Paulo (SP).

Cabe registrar ainda a possibilidade de associar armadura contínua com fibras. Desde o início da década de 1960, já

Fig. I.25 Aplicação de elementos pré-moldados de argamassa armada em construções escolares: a) escola transitória em Abadiânia (GO) e b) escolas de dois pavimentos construídas pela Fábrica de Equipamentos Comunitários (Faec) em Salvador (BA)
Fonte: Latorraca (1999).

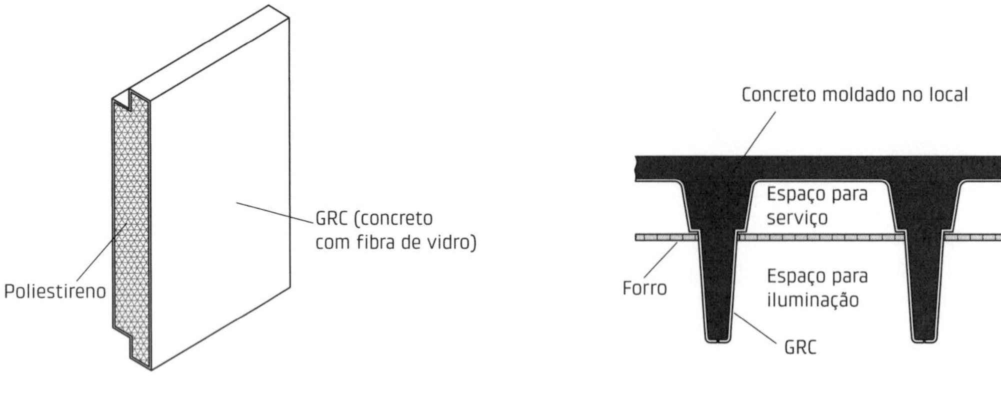

a) Painel pré-moldado com poliestireno expandido revestido com GRC projetado

b) Painel pré-moldado de GRC servindo como fôrma perdida

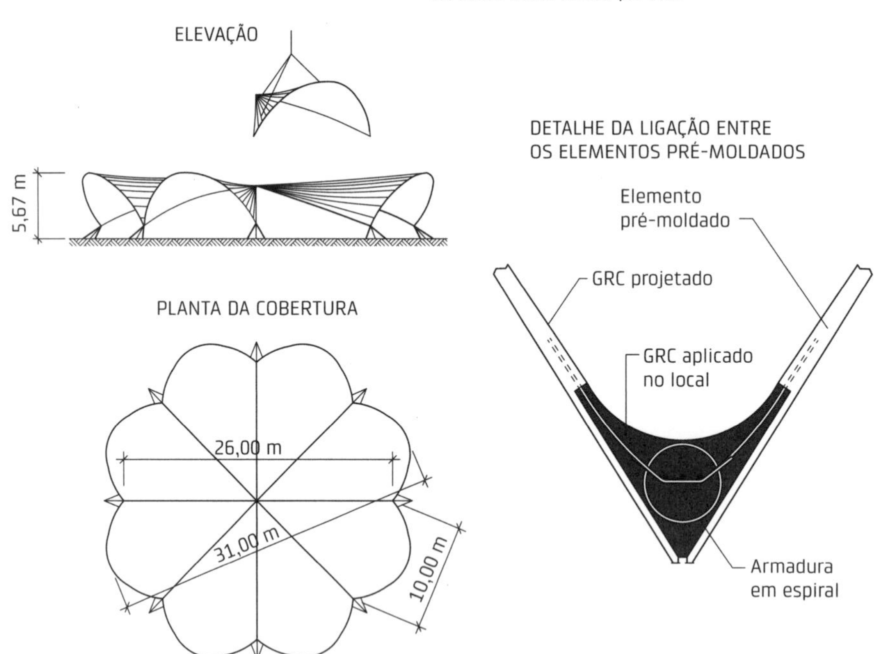

c) Cobertura em casca com 31 m de diâmetro e composta de oito paraboloides hiperbólicos pré-moldados de 15,5 m de comprimento, 10 m de largura e 5 m de altura, com espessura, em geral, de 10 mm, pesando 25 kN cada

Fig. I.26 Exemplos de aplicação do concreto armado com fibras de vidro (GRC)

se estudava o uso de fibras poliméricas em concreto armado com barras ou telas soldadas. Nesses casos, as fibras são utilizadas como armadura suplementar em elementos de concreto armado, podendo inibir a fissuração e melhorar a resistência à deterioração em relação a fadiga, impacto, retração e efeitos térmicos. O uso desse tipo de associação pode ser de grande interesse em elementos delgados de concreto, conforme o estudo apresentado por El Debs e Naaman (1995).

Essa associação também pode ser de grande interesse nas ligações entre os elementos pré-moldados. De fato, a ideia de melhorar as características do concreto com a utilização de fibras na região da ligação data dos anos 1980. Estudos e exemplos mostram o interesse pelo concreto com fibras para aumentar a ductilidade das ligações entre elementos pré-moldados para estruturas sujeitas a sismos e para reduzir o comprimento de traspasse de barras nas ligações, como pode ser visto em El Debs (2006).

Fig. I.27 Exemplo de aplicação de GRC no Brasil: ampliação da Catedral da Sé, em São Paulo (SP)
Fonte: cortesia de Fernando Barth.

O estudo e a aplicação de *armaduras não metálicas* (*fiber reinforced polymer*, FRP) têm merecido atenção desde a década de 1990 na tecnologia do concreto armado, devido ao fato de esse tipo de armadura, ao contrário das armaduras usuais de aço, não estar sujeito à corrosão. Essas armaduras podem ser em forma de telas (2D) e em forma espacial (3D). O já citado MC-10 (fib, 2013) apresenta critérios para o emprego de FRP, o que deve facilitar a sua utilização.

Os principais materiais que têm sido estudados são os com fibras de carbono (CFRP), os com fibras de vidro (GFRP) e os com fibras de aramida (AFRP). Para se ter uma noção da sua resistência, são apresentadas na Fig. I.28 as curvas tensão × deformação típicas desses materiais em comparação com as dos aços típicos de protensão e dos não destinados à protensão. Nessa figura, é possível observar que eles possuem elevada resistência, mas com ausência de patamares de escoamento, o que pode acarretar problemas de falta de ductilidade das seções resistentes.

A maior parte dos estudos e aplicações do FRP está relacionada com a reabilitação e o reforço de estruturas. No entanto, esse material está sendo viabilizado como armadura em elementos pré-moldados sujeitos a elevado grau de agressividade ambiente, tais como *brise-soleil*, postes e lajes de pontes.

Ainda em relação ao FRP, merecem destaque também o estudo e a aplicação do *textile reinforced concrete* (TRC), que corresponde a concreto de granulometria fina associado a telas 2D ou 3D de armadura não metálica. Esse tipo de associação está bastante próximo do que seria a argamassa armada, sendo a armadura de tela metálica substituída por uma tela de armadura não metálica. Com a armadura resistente à corrosão, estaria sendo superada uma das principais características desfavoráveis da argamassa armada e que tem restringido severamente a sua utilização.

Conforme indicado no Quadro I.4, uma das alternativas para o aglomerado cimentício é o concreto de alta resistência. Como valor de referência, pode-se admitir nessa categoria os concretos com resistência característica à compressão superior a 50 MPa.

O aumento da resistência à compressão é acompanhado por melhorias de algumas propriedades, como a durabilidade e a capacidade de proteção da armadura em relação à corrosão, o que leva a designar esse tipo de concreto como *concreto de alto desempenho* ou *concreto de elevado desempenho*. Por outro lado, o aumento da resistência acarreta fragilidade do material, com consequentes problemas de falta de ductilidade.

O estudo e a aplicação do concreto de alto desempenho têm sido feitos já há certo tempo, no entanto se intensificaram nas últimas décadas. O concreto de alto desempenho é de grande interesse para o CPM pelo fato de possibilitar a redução das seções transversais dos elementos. No caso de elementos fletidos, o benefício da redução das dimensões pode ser melhor aproveitado no CPM pelo emprego usual da protensão na produção de elementos pré-moldados.

A título de ilustração, mostra-se na Fig. I.29 um estudo comparativo de custos para uma superestrutura de ponte de 11 m de largura e 35 m de vão, quando se passa a resistência à compressão das vigas de 42 MPa para 69 MPa. Ainda que os valores possam estar desatualizados, pois já se passaram duas décadas, os resultados indicam uma significativa redução de custos, decorrente principalmente de mão de obra, serviços de protensão, transporte e montagem das vigas.

De fato, existe uma tendência atual de utilizar, nas fábricas, concreto com resistência à compressão de 40 MPa a

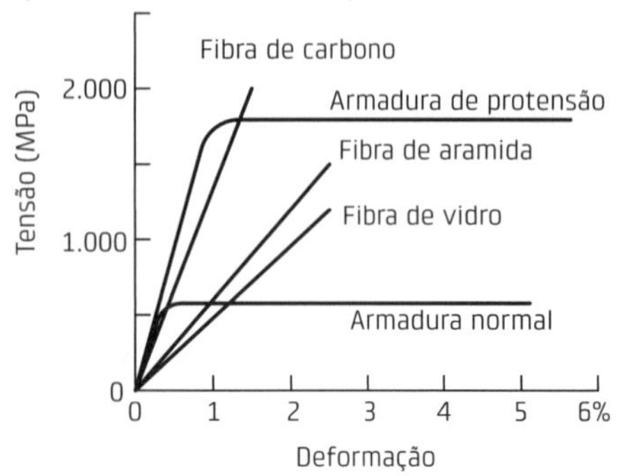

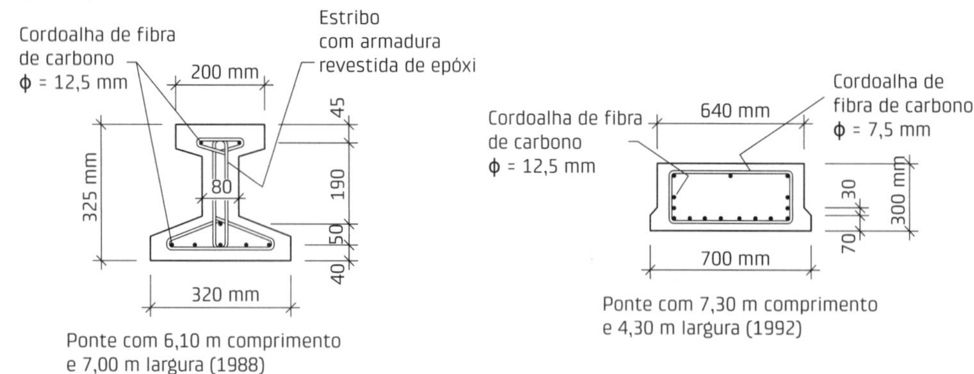

Fig. I.28 Armadura não metálica: curvas tensão × deformação e exemplos de aplicação
Fonte: adaptado de a) fib (2013) e b) Santoh et al. (1993).

70 MPa. Tem-se conhecimento de que houve aplicação comercial de resistência de 100 MPa em certos componentes fabricados na Finlândia e de que aplicações na Europa têm atingido resistência de 80 MPa, não ultrapassando esse valor por questões normativas. Também se sabe de aplicação de concreto com resistência de 84 MPa em vigas de pontes nos Estados Unidos, conforme relatado por Tadros (2005), no 1PPP, e de concreto com resistência de 150 MPa, com aços de resistência ao escoamento de 686 MPa, em edifício no Japão (Kimura et al., 2010).

A evolução do concreto também tem sido feita com o desenvolvimento do *concreto autoadensável* (CAA), que se iniciou no Japão no final da década de 1980 objetivando a moldagem de elementos de concreto com altas taxas de armadura. Essa tecnologia foi sendo apropriada pela indústria do CPM, tendo em vista, entre outras vantagens, a diminui-

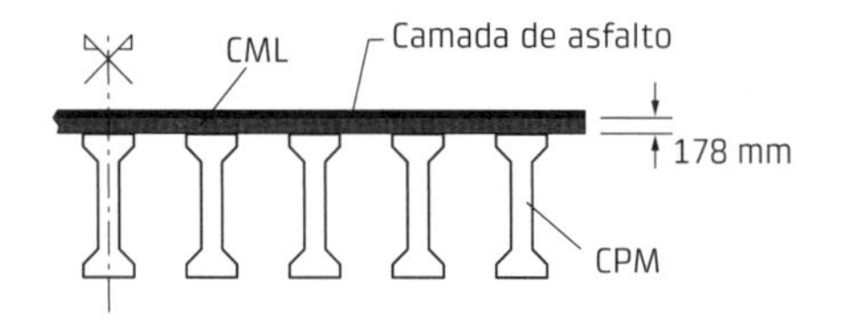

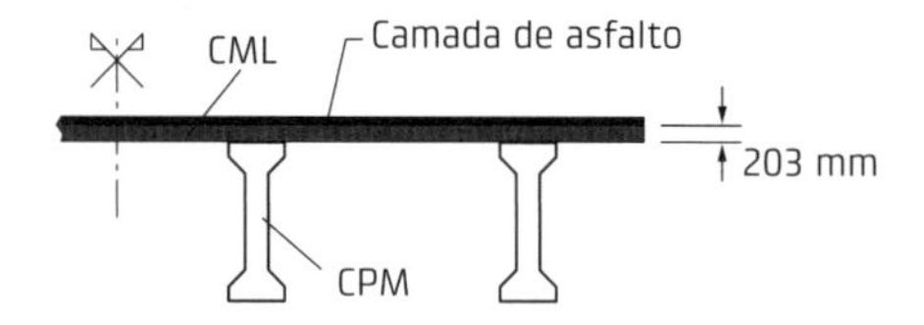

Custo por metro

Item	Alternativa com f_{ck} = 42 MPa	Alternativa com f_{ck} = 69 MPa
Tabuleiro	US$ 63,5 por metro quadrado × 10,97 m de largura = US$ 697	US$ 80,3 por metro quadrado × 10,97 m de largura = US$ 881
Cordoalhas [(a)]	9 × 30 × US$ 1,31 por metro de cordoalha = US$ 354	4 × 58 × US$ 1,31 por metro de cordoalha = US$ 304
Concreto das longarinas [(b)]	9 × 0,510 m³ × US$ 52 por metro cúbico = US$ 239	4 × 0,510 m³ × US$ 111 por metro cúbico = US$ 226
Outros custos das longarinas [(c)]	9 × US$ 153 = US$ 1.377	4 × US$ 153 = US$ 612
Total (US$/m)	2.667	2.023
Total (US$/m²)	243	184

Notas: a) esse custo inclui material, serviço de colocação e perdas; b) essa diferença de custos do metro cúbico do concreto é relativamente grande; existe hoje em dia uma tendência de que essa diferença não seja tão grande (nota do autor); c) nesse item estão englobados os custos com os serviços de protensão na fábrica, bem como os serviços de transporte e montagem.

Fig. I.29 Análise comparativa do emprego de concreto de alto desempenho
Fonte: adaptado de Durning e Rear (1993).

ção da mão de obra na operação de moldagem e a redução do barulho. Atualmente, o CAA tem se tornado padrão nas fábricas de CPM, exceto para elementos específicos.

Conforme já pode ser observado, nas últimas décadas tem havido uma grande evolução do concreto e de outros compósitos cimentícios, com a obtenção de materiais de melhores características. Esses compósitos incluem na sua composição fibras curtas com a finalidade de propiciar uma tenacidade ao material, uma vez que a fragilidade dos compósitos de cimento cresce com o aumento da resistência. Têm sido utilizadas várias denominações para esses compósitos, como concreto de altíssimo desempenho (*ultra-high performance concrete*, UHPC), que é a predominante ultimamente, e *ultra-high performance fiber reinforced concrete* (UHPFRC). De acordo com uma recente publicação do Departamento de Transporte dos Estados Unidos (DOT, 2013), o UHPC é definido como um compósito de material cimentício com fibras que exibe resistência à compressão acima de 150 MPa e resistência à tração, após fissuração, de 5 MPa.

Como possuem elevadas resistências, tenacidade e outras características importantes para os materiais estruturais, esses compósitos são de grande interesse para a fabricação de componentes pré-fabricados, seja pelo menor peso dos componentes, seja pelas facilidades de produção e de controle nas fábricas.

De fato, os exemplos relacionados a seguir já evidenciam esse potencial: a) a passarela em Sherbrooke (Canadá), b) o desenvolvimento de estaca-prancha na Holanda e c) a cobertura de estação ferroviária em Calgary (Canadá).

A passarela em Sherbrooke é considerada a primeira construção do mundo a utilizar um tipo de UHPC, o chamado *reactive powder concrete* (RPC), segundo Blais e Couture (1999). Trata-se de uma treliça tridimensional com os banzos de RPC e as diagonais com tubos de aço inoxidável preenchidos de RPC. Foram empregados componentes pré-moldados, solidarizados com armadura pós-tracionada, e o RPC tinha resistência à compressão de 200 MPa. A descrição dessa aplicação pode ser vista em Blais e Couture (1999).

O segundo exemplo corresponde a um estudo feito na Holanda para a aplicação do que foi chamado de *high strength fibre reinforced self-compacting concrete* (HSFRSCC) para estaca-prancha de concreto. Nesse estudo, apresentado em Jansze, Peters e Van der Veen (2002), a espessura da parede da estaca-prancha de seção trapezoidal passou de 120 mm para 40 mm, a armadura transversal pôde ser retirada, e a única armadura empregada foi a longitudinal de protensão.

Por fim, o terceiro exemplo, apresentado em Vicenzino et al. (2005), é a cobertura em casca de uma estação ferroviária em Calgary. Com 20 módulos de 5 m × 6 m, essa cobertura foi feita com 40 elementos pré-moldados medindo 5 m × 3 m, com espessura de 20 mm, sem armadura contínua.

O UHPC tem elevado consumo de cimento e aditivos e alta taxa volumétrica de fibras. Portanto, o seu custo por unidade de volume é bem maior que o do concreto convencional. Conforme palestra no 2PPP, Tue (2009) indica que o custo dos materiais por unidade de volume do UHPC é da ordem de 15 vezes o custo do material do concreto convencional. Portanto, para que a sua utilização seja viabilizada, o UHPC deve ser usado na forma de elementos delgados de concreto. Assim, a resistência e a rigidez relacionadas com a sua aplicação devem ser garantidas com o emprego de formas estruturais apropriadas. De fato, isso pode ser confirmado com os exemplos aqui apresentados, bem como naqueles exibidos em Resplendino e Toutlemonde (2013).

Outra possibilidade de emprego do UHPC, para atender de forma racionalizada às demandas estruturais, seria com a associação com concreto convencional, na forma de elemento composto ou mesmo com fôrma incorporada para acarretar melhor durabilidade para a estrutura de concreto convencional, conforme o exemplo apresentado em Shirai et al. (2008).

O UHPC possui ainda um grande potencial nas ligações de CPM, como pode ser visto em Perry e Seibert (2013). Nesses casos, a viabilidade é justificada pela pequena quantidade de material utilizado.

Ainda em relação aos materiais, merece destacar o emprego de aglomerado de baixa densidade (concreto leve ou argamassa leve). A sua utilização em CPM é de grande interesse por propiciar a redução do peso dos elementos. Destacam-se as aplicações desse tipo de aglomerado em elementos estruturais de concreto com agregado leve, com peso específico da ordem de 15 kN/m^3 a 18 kN/m^3, e em painéis de fechamento de concreto celular, com densidades da ordem de 10 kN/m^3.

1.4 Particularidades do projeto de CPM

Em relação à análise estrutural e ao dimensionamento, o CPM e o CML diferenciam-se, basicamente, pelas seguintes razões: a) necessidade de se considerarem outras situações de cálculo além da situação final da estrutura e b) particularidades do projeto das ligações entre os elementos pré-moldados que formam a estrutura.

Para o elemento pré-moldado, devem ser levadas em conta, além da situação final, *situações transitórias* correspondentes às fases de desmoldagem, transporte, armazenamento e montagem, que podem apresentar solicitações mais desfavoráveis que aquelas correspondentes à situação definitiva. Também a estrutura antes da efetivação das ligações definitivas deve ser objeto de verificação dessas situações transitórias.

Já as ligações entre os elementos são uma área específica do CPM que não é tratada nos cursos de estruturas de concreto e que constitui uma das principais partes do cálculo das estruturas de CPM.

Quando se considera o projeto das estruturas, a diferença entre o CPM e o CML tende a ser grande. A concepção da estrutura e dos elementos e a escolha do tipo de ligação têm características próprias para cada caso.

As ligações mais simples, normalmente articulações, acarretam elementos mais solicitados à flexão quando comparados com similares de CML, bem como estrutura com pouca capacidade de redistribuição de esforços. Já as ligações que possibilitam a transmissão integral de momentos fletores, denominadas ligações rígidas, tendem a produzir estruturas com comportamento próximo ao das estruturas de CML. Elas são, via de regra, mais difíceis de executar, ou então mais caras, ou reduzem uma das principais vantagens do CPM, que é a rapidez da construção.

Os sistemas estruturais devem ser concebidos tendo em vista os aspectos construtivos e os aspectos estruturais. Nos sistemas estruturais de CPM, deve-se levar em conta as facilidades de manuseio e transporte dos elementos pré-moldados, bem como as facilidades de montagem e execução das ligações desses elementos para formar a estrutura.

Como consequência da importância dos aspectos construtivos, os sistemas estruturais empregados em estruturas de CML nem sempre são os mais adequados para serem adotados em estruturas de CPM.

Um exemplo ilustrativo é o caso de vigas contínuas, normalmente usadas em estruturas de CML. No entanto, quando se utiliza o CPM, emprega-se muitas vezes uma sucessão de tramos simplesmente apoiados, com prejuízos em relação à distribuição dos momentos fletores, conforme mostrado na Fig. I.30. A sucessão de tramos simplesmente apoiados é mais comum com elementos pré-moldados, pois passa a ser possível aproveitar-se de outras características favoráveis do CPM.

À primeira vista, seria possível pensar que a distribuição dos momentos fletores mais desfavorável da alternativa em CPM levaria a um maior consumo de materiais e, portanto, seria economicamente desfavorável. No entanto, essa análise não seria correta, pois não ocorre uma correspondência direta entre a distribuição dos momentos fletores e o consumo de materiais, pelo fato de em geral existirem importantes diferenças entre as duas alternativas, tais como a resistência dos materiais e a forma da seção transversal. E, principalmente, também não ocorre uma correspondência direta entre o consumo de materiais e o custo da estrutura, pois no CPM há, por um lado, outras parcelas de custo, tais como o transporte e a montagem, mas, por outro, uma grande redução da parcela de custo relativa às fôrmas e ao cimbramento.

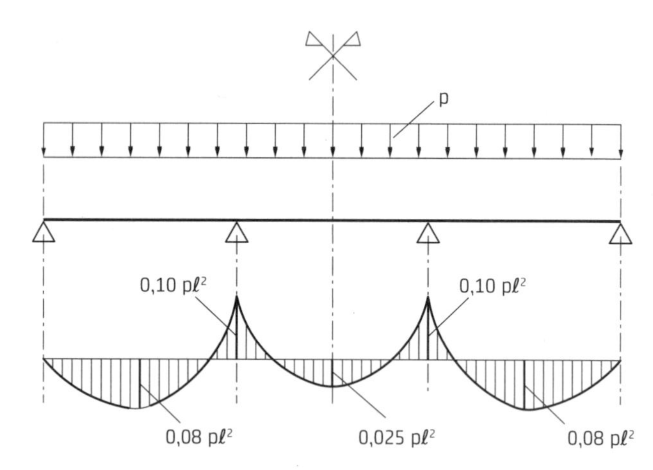

a) Viga contínua – alternativa usual em CML

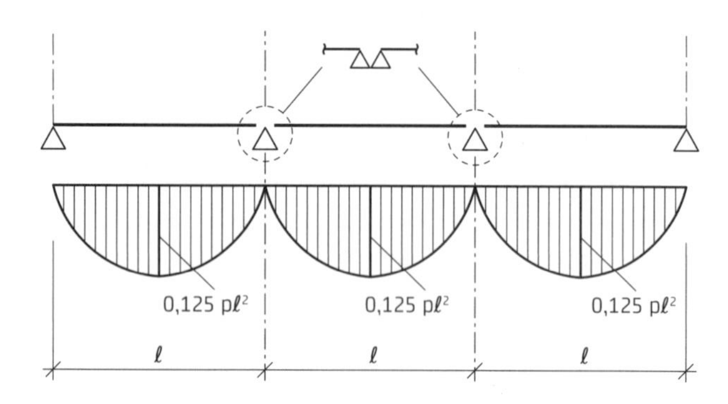

b) Sucessão de tramos – alternativa usual em CPM

Fig. I.30 Comparação de momentos fletores entre sucessão de tramos simplesmente apoiados e viga contínua

A execução de ligação para estabelecer a continuidade poderia ser realizada. Contudo, é necessário verificar se os benefícios dessa continuidade compensariam a sua realização. Tem-se observado que na maioria das vezes não se faz esse tipo de ligação, embora isso possa acarretar certos inconvenientes em alguns tipos de construção, como no caso de tabuleiros de pontes, nos quais resulta em um número excessivo de juntas.

Outro exemplo ilustrativo é o pórtico da Fig. I.31, em que ações laterais também são levadas em conta. O sistema estrutural para o CML é normalmente com ligação rígida entre o pilar e a viga, o que leva ao comportamento considerado monolítico. Já a alternativa normal para o CPM seria o sistema com ligação articulada. Como se pode observar, para a ação vertical uniformemente distribuída, o momento fletor no meio da viga passa de $0{,}0972p\ell^2$ para $0{,}125p\ell^2$, com um aumento de 28,6%, ao passo que, para a força horizontal aplicada no topo do pilar, o momento fletor na base passa de 0,26Hh para 0,5Hh, com um aumento de 92,3%. Apesar de a distribuição de momentos fletores ser mais desfavorável, sobretudo para ações laterais, o trabalho de fazer uma ligação rígida, que levaria ao comportamento da alternativa em CML, geralmente não seria interessante para as situações correntes.

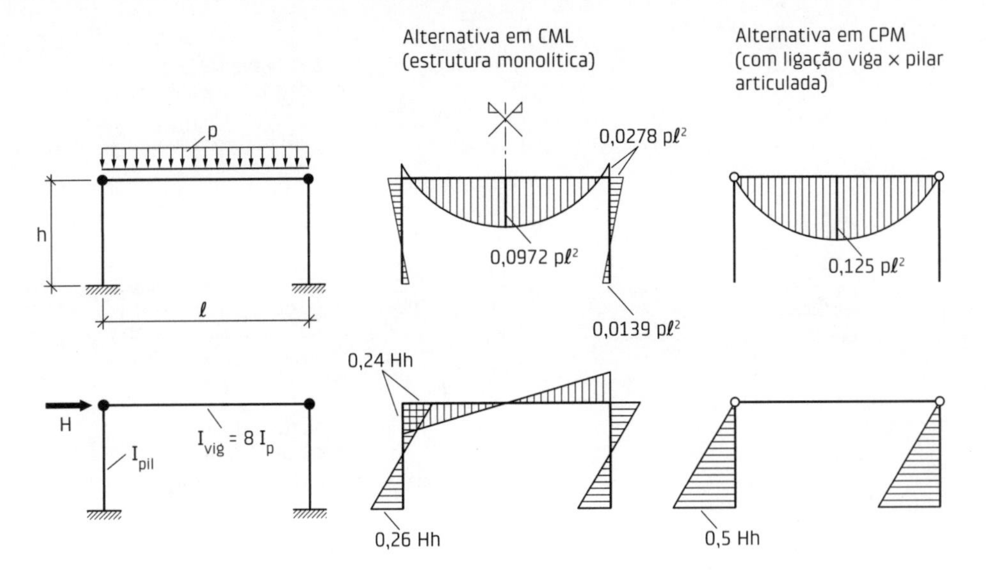

Os valores são para ℓ = 2h e I_{vig} = $8I_{pil}$, o que corresponde a uma altura da seção transversal da viga igual a duas vezes a altura da seção transversal do pilar.

Fig. I.31 Comparação de momentos fletores em pórticos de CPM e CML

No entanto, cabe destacar que, se a altura ou a intensidade da ação lateral forem elevadas, poderá valer a pena o maior trabalho em realizar a ligação rígida na alternativa em CPM, com a consequente redução dos esforços solicitantes. Outra possibilidade em CPM seria com o posicionamento das ligações nos pontos de momentos fletores nulos de uma estrutura monolítica correspondente para o carregamento preponderante. No Cap. 2 esse assunto será retomado com mais detalhes.

Na Fig. I.32 é apresentado um exemplo de construção de passarela em arco com o emprego do CPM. Esse sistema estrutural tem sido atualmente cada vez menos adotado em estruturas de CML, mas a utilização do CPM pode torná-lo viável economicamente. Ao contrário do caso anterior, em que o CPM é usado em um sistema estrutural desfavorável em relação à distribuição dos momentos fletores, nesse caso tem-se a utilização do CPM em um sistema estrutural que apresenta menores solicitações por flexão em relação à estrutura principal em viga ou em pórtico.

Observa-se, assim, que o emprego do CPM em sistemas estruturais com distribuição de momentos fletores mais desfavorável é bastante comum, no entanto não deve ser visto como alternativa exclusiva desse processo de construção.

Cabe destacar ainda que, nos projetos de estruturas de CPM, devem ser levadas em conta as *tolerâncias e folgas*, inerentes a toda construção por montagem.

Outro aspecto importante que deve ser considerado no projeto de estruturas de CPM é a necessidade de conhecer as etapas envolvidas na produção. De certa forma, essa particularidade na elaboração do projeto dessas estruturas já foi evidenciada quando se disse que na análise estrutural devem ser feitas verificações para as situações transitórias.

Evidentemente que o conhecimento da produção é interessante para a elaboração do projeto de estruturas de CML, mas a necessidade desse conhecimento não assume importância tão grande quanto no caso das estruturas de CPM.

Além de ser necessário para o cálculo estrutural em relação às situações transitórias, esse conhecimento é muito importante na concepção da estrutura, na sua divisão em elementos e na definição da seção transversal desses elementos.

No projeto das estruturas de CPM devem ser tomados cuidados, por meio de maior detalhamento dos desenhos e das especificações, visando reduzir as improvisações nas etapas envolvidas com a construção. Essas improvisações ocorrem e são normalmente assimiladas nas estruturas de CML, mas são incompatíveis com o uso do CPM, sobretudo em se tratando de industrialização das construções.

Em face do que foi dito, o projeto de estruturas de CPM tende a ser mais trabalhoso que o correspondente de estruturas de CML, quando se tem pouca experiência no assunto. Naturalmente, à medida que vai se adquirindo experiência, essa dificuldade tende a desaparecer. Por outro lado, a repetição de situações e detalhes pode facilitar a elaboração de projetos em CPM.

O projeto das estruturas de CPM deve ser preferencialmente feito por equipes multidisciplinares, envolvendo arquiteto, engenheiro estrutural e corpo técnico de empresas de CPM, para ser possível tirar os maiores benefícios do potencial desse material. O projeto pode também ser realizado por profissionais que tenham o conhecimento do processo de produção, mas a colaboração com outros profissionais das áreas envolvidas é sempre saudável.

I.5 Características do CPM

De forma simplista, pode-se considerar que o CPM apresenta as vantagens que resultam da execução de parte da estrutura fora do local de utilização definitivo, como consequência das facilidades da produção dos elementos e da eliminação ou da redução do cimbramento.

Levando em conta o caso atípico do emprego do CPM ilustrado na Fig. I.15 (reservatório), em que a construção é

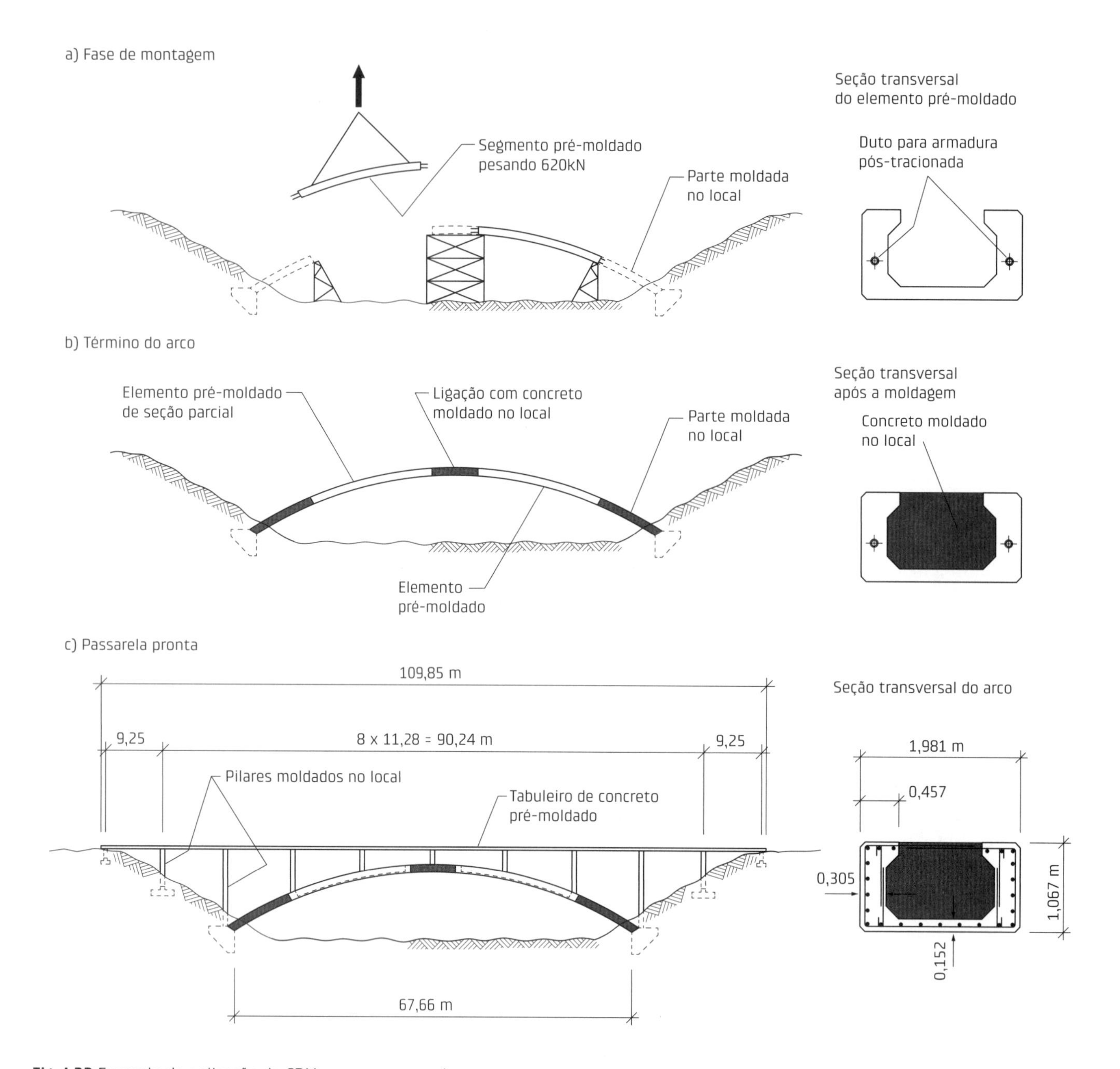

Fig. I.32 Exemplo de aplicação do CPM em uma passarela em arco
Fonte: adaptado de Levesque (1987).

feita com um único elemento pré-moldado, as vantagens seriam a redução do cimbramento, bastante significativa nesse caso, e as facilidades da execução da fôrma, da armação e da moldagem, no nível do solo.

No caso da produção em grandes séries, em fábricas, o CPM exibe uma série de características que conferem claras vantagens para o seu emprego. Conforme adiantado, entre outras, elas seriam: redução do tempo de construção, melhor controle dos componentes pré-moldados e diminuição do desperdício de materiais na construção.

As desvantagens do CPM são aquelas decorrentes da colocação dos elementos nos locais definitivos de utilização e da necessidade de prover a ligação entre os vários elementos para formar a estrutura. As desvantagens provenientes da colocação dos elementos nos locais definitivos de utilização estão relacionadas aos custos e às limitações do transporte e da montagem dos elementos. No caso do transporte, as limitações são, de maneira geral, os gabaritos de transporte, e, no caso da montagem, a disponibilidade e as condições de acesso de equipamentos para a sua realização.

As ligações entre os elementos podem constituir uma das dificuldades no emprego do CPM. Normalmente, ligações mais simples acarretam estruturas com esforços solicitantes mais desfavoráveis, ao passo que ligações que procuram reproduzir o monolitismo das estruturas de CML são, em geral, mais trabalhosas ou mais caras, conforme dito anteriormente. Esse aspecto não deve ser considerado uma restrição ao uso do CPM, mas sim o preço que se paga para ter as facilidades na execução dos elementos.

Na maior parte dos livros sobre CPM é relacionada uma série de vantagens desse material. No entanto, a consideração do que é vantagem e do que é desvantagem é um assunto que se torna muitas vezes polêmico, sujeito a condições circunstanciais. A avaliação mais importante para ver as vantagens ou desvantagens do CPM para um caso específico seria aquela com a análise do custo e a sua comparação com outras alternativas construtivas. Naturalmente, o custo não deve ser só aquele direto e imediato. É preciso levar em conta os custos ou benefícios indiretos, como o menor tempo de construção. Deve-se também considerar os custos de manutenção, uso e desativação da construção.

Esse tema é tratado de forma bastante abrangente em Fernández Ordóñez (1974), no qual estão reunidas e discutidas as citações encontradas nas publicações sobre o assunto, colocadas na forma de supostas vantagens e de supostos inconvenientes, segundo as características técnicas, sociais e econômicas. Com base nesse livro, mas com diferente enfoque, apresenta-se uma discussão das características do CPM para que se possa fazer avaliações que favoreçam ou não o seu emprego no âmbito da industrialização da construção, sendo essas características enquadradas em: a) relativas ao projeto, b) relativas à construção, c) relativas ao uso (construção, utilização, manutenção) e d) sociais.

I.5.1 Características relativas ao projeto

Essas características são de maior interesse para os profissionais envolvidos com o projeto e estão relacionadas e discutidas a seguir.

Restrição × liberdade de projeto

Por um longo tempo, as estruturas – mas principalmente as construções – de CPM foram consideradas muito rígidas em relação ao projeto, tolhendo a liberdade dos projetistas. De fato, até o final do anos 1970 houve uso intensivo de construções com muita repetição. Em virtude de questionamentos provocados por essa arquitetura, os projetos foram se tornando mais flexíveis, e os fabricantes de CPM têm procurado atender à demanda por projetos desse tipo. Além disso, o emprego dos recursos do CPM arquitetônico leva a uma melhor aparência e possibilita personalizar as construções. A Fig. I.33 mostra dois exemplos representativos de projetos mais flexíveis: o Bella Sky Comwell Hotel, em Copenhague (Dinamarca), e o Le Saint Jude Residence,

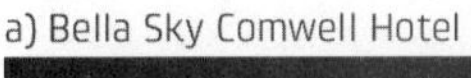
a) Bella Sky Comwell Hotel

b) Le Saint Jude Residence

Fig. I.33 Exemplos de aplicação de CPM em projetos mais flexíveis
Fonte: cortesia de a) Ramboll e b) Stamp Painéis Arquitetônicos.

na região de Quebec (Canadá). Informações adicionais e detalhes podem ser encontrados em Verticalização... (2014), para o primeiro caso, e em Gaion (2016), para o segundo caso.

Possibilidade de grandes vãos e grandes cargas

Os elementos pré-moldados de concreto protendido podem ser utilizados em grandes vãos e grandes cargas sem problemas de deformação excessiva. Por serem feitos em fábricas, em pista de protensão, existem facilidades na sua fabricação.

Respeito aos gabaritos de transporte

Conforme adiantado, os pré-moldados feitos em fábricas devem obedecer aos gabaritos de transporte. Dessa forma, no projeto com pré-moldados de fábrica deve-se estar atento a essa restrição.

Adaptação à topografia e aos tipos de terreno

O uso do CPM pode ser mais difícil em topografias muito irregulares e, principalmente, em virtude das condições de acesso de equipamentos de montagem, que podem inviabilizar o seu emprego.

Elaboração de projeto

Os erros e ajustes na construção com CML estão mais à vista dos profissionais envolvidos em comparação com a construção com CPM. Em virtude disso e por envolver mais etapas, o projeto de CPM precisa ser mais bem detalhado do que o projeto de CML. Essa tarefa tem sido facilitada pelos novos *softwares* ou pelas versões atualizadas de *softwares* já existentes para o projeto da construção. Nesse sentido, destaca-se o *building information modeling* (BIM), com a geração e o gerenciamento das informações da construção durante toda a sua vida útil. Com o BIM, os projetos de arquitetura, estrutura e instalações seriam automaticamente compatibilizados, possibilitando ainda a integração do gerenciamento da fabricação dos componentes e da montagem. Os benefícios para o emprego do CPM podem ser bastante significativos, conforme é mostrado em Sacks et al. (2005). De fato, o BIM traz benefícios para todos os tipos de construção, mas eles são potencializados em construções com CPM, como pode ser visto em El Debs e Ferreira (2014).

Eficiência estrutural

No CPM, pode ser viável o emprego de seções transversais, que levam a menor consumo de materiais, principalmente de concreto. Por exemplo, pode-se mencionar o uso de seção I em vez de seção transversal retangular, que é o padrão em CML. Também é possível a utilização de sistemas mais eficientes estruturalmente, conforme visto na Fig. I.32. Por outro lado, a presença muito comum de ligações que não reproduzem o comportamento monolítico, típico do CML, pode fazer com que se imagine que as estruturas de CPM sejam menos eficientes. De fato, caso não se tomem as devidas precauções, pode-se ter estruturas mais deformáveis ou menos resistentes a sismos ou explosões. No entanto, medidas podem ser tomadas para garantir rigidez equivalente à das estruturas de CML e adequada segurança contra sismos ou explosões. Tome-se o exemplo da Fig. I.31, do pórtico de CPM submetido à força horizontal. Naturalmente, para as mesmas rigidezes à flexão, a estrutura em CPM vai deformar mais que a correspondente em CML. Mas pode-se ter deslocamentos laterais iguais, para o CPM e o CML, no topo da estrutura, aumentando apropriadamente a rigidez à flexão dos pilares. Outra possibilidade seria com o projeto estrutural em CPM para se ter essencialmente o mesmo desempenho de uma estrutura de CML. Nesse caso, o projeto e o detalhamento seriam para emular a estrutura de CML, prática bastante comum no Japão e na Nova Zelândia.

I.5.2 Características relativas à construção

As características relativas à construção estão apresentadas e discutidas a seguir.

Tempo de construção

O emprego do CPM possibilita uma significativa redução no tempo de execução da estrutura, trazendo uma série de benefícios para a construção. No caso de edifícios, a estrutura feita mais rapidamente pode reduzir o tempo para cobrir a construção, e consequentemente os serviços ficariam menos dependentes do tempo.

Planejamento da construção e redução de desperdícios

Com o emprego do CPM, é possível melhorar o planejamento da construção, resultando em melhor gerenciamento dos recursos financeiros e da mão de obra. Além disso, o CPM acarreta uma construção mais limpa, com menor desperdício de materiais.

Controle de qualidade da construção

Em tese, a melhoria da qualidade seria nos componentes pré-moldados. No entanto, em geral, ela se estenderia ao resto da estrutura e da construção. Em virtude das tolerâncias na montagem dos componentes pré-moldados, é necessário ajustar também as tolerâncias às demais partes da construção. Os profissionais envolvidos com essa atividade devem estar atentos à necessidade de maior controle das tolerâncias da construção. Por outro lado, isso vai possibilitar melhorias no controle dimensional e, de forma geral, na qualidade da construção.

I.5.3 Características relativas ao uso

As características relativas ao uso são de maior interesse para os proprietários e são apresentadas e comentadas a seguir.

Tempo para entrada da construção em uso

A rapidez da construção é uma característica que se repete e assume maior importância aqui. A redução do tempo de construção possibilita o uso da construção mais rapidamente e, com isso, o retorno mais acelerado do investimento. Essa característica também pode ser explorada fazendo mais estudos, financeiros e técnicos, postergando o início da construção e ainda a terminando no tempo previsto. Por outro lado, se os recursos financeiros são capitalizados aos poucos, essa característica, sempre apontada como uma vantagem do CPM, deixa de existir por não poder ser aproveitada.

Durabilidade

As estruturas de concreto projetadas e construídas adequadamente têm durabilidade, com baixa manutenção. Em princípio, essa característica é potencializada pelo maior controle de qualidade de elementos pré-moldados feitos em fábricas.

Desmonte, ampliações e adaptações

Com o emprego do CPM, pode-se prever o desmonte da construção ou de partes dela. Esse aspecto tem merecido a atenção dos especialistas e viria a contornar uma das desvantagens das estruturas de concreto, que é a dificuldade de desmonte e reciclagem do material. Alguns exemplos de construções desmontáveis, tais como escolas, construções habitacionais, edifícios de escritórios, galpões, pontes e até torres, estão apresentados em Reinhardt e Bouvy (1985). Essa possibilidade se justifica em razão de a obsolescência das construções estar cada vez mais presente e em razão de fornecer uma alternativa de rearranjo do espaço construído, bem como a previsão de ampliações.

Custo de energia na utilização

No caso de edifícios, as facilidades de incorporar isolamento térmico nos componentes de paredes e lajes possibilitam menor custo de energia ao longo da vida útil da construção.

Seguro em relação a incêndio

As estruturas de concreto possuem, em geral, menor custo em relação ao seguro contra incêndios, o que reduz o custo do uso da construção em toda a sua vida útil.

I.5.4 Características sociais

Por fim, são apresentadas e comentadas a seguir as características de maior interesse para a sociedade.

Aspectos relacionados com a sustentabilidade

Algumas características do CPM já apresentadas neste capítulo são benéficas para a sustentabilidade. Elas estão relacionadas com: a) a redução do consumo do material, com o emprego de seções transversais ou formas estruturais mais eficientes ou ainda de materiais de alto desempenho; b) a redução de desperdícios na fábrica e na construção; c) a reciclagem dos materiais na fabricação dos componentes; d) possibilidades de reúso de partes da construção por meio de projetos com previsão de desmontabilidade; e e) o menor consumo de energia mediante a incorporação de isolamento térmico, o aumento da inércia térmica e a aplicação de acabamentos para minimizar a absorção da radiação solar.

Condições de trabalho dos operários

A manufatura dos componentes em fábricas proporciona aos operários melhores condições em comparação com as do canteiro de obras, tais como local protegido de intempéries e emprego menos instável, sendo uma resposta à síndrome dos três Ds. Por outro lado, no canteiro, torna-se necessário adotar uma mão de obra mais especializada para a montagem.

Produtividade e qualidade

O uso do CPM, dentro da diretriz da industrialização da construção, possibilita atender melhor às demandas da sociedade por maior produtividade e melhor qualidade das construções.

Construção em grande escala

Também nesse caso, a utilização do CPM, dentro da diretriz da industrialização da construção, é um meio bastante efetivo de atender às demandas de construção em grande escala com rapidez em regiões com crescimento acelerado.

Perturbação ao meio ambiente

A rapidez da construção é também uma característica importante para a minimização das perturbações ao meio ambiente no entorno da construção, como barulho e tráfego. No caso de construção de infraestrutura urbana e de estradas, a rapidez da construção assume um importante papel. No caso de construção de pontes, o menor tempo reduz os inconvenientes e riscos de obras de desvios. Um exemplo emblemático é mostrado na Fig. I.34, em que o tempo previsto da construção passou de 72 dias para 72 horas, conforme apresentado por Tadros (2005) no 1PPP. Nesse sentido, merece destaque o programa Accelerated Bridge Construction (ABC), do Departamento de Transporte dos Estados Unidos, para a redução do tempo de construção de pontes (ver mais informações no Cap. 10).

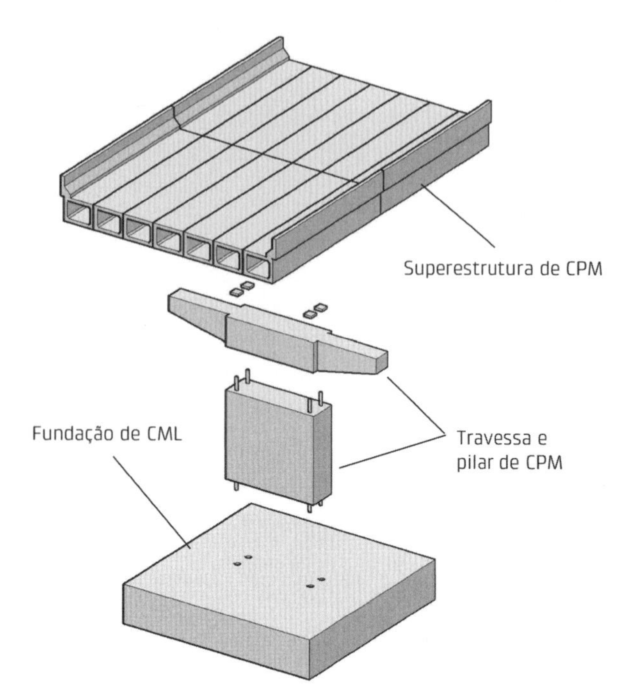

Fig. I.34 Exemplo de construção de ponte com prazo reduzido de 72 dias para 72 horas
Fonte: adaptado de Tadros (2005).

I.6 Aceno histórico, situação atual e perspectivas

Pode-se dizer que o CPM esteve sempre presente no desenvolvimento do concreto armado. As primeiras peças de concreto armado – o barco de Lambot, em 1848, e os vasos de Monier, em 1849 – foram elementos pré-moldados.

A primeira construção com o emprego de elementos pré-moldados foi, provavelmente, o cassino de Biarritz, na França, em 1891, no qual as vigas foram pré-moldadas.

O período correspondente ao final do século XIX e início do século XX foi marcado pelo grande incremento do uso do concreto armado na construção civil, e, como não poderia deixar de ser, pelo aparecimento de aplicações do CPM, conforme pode ser visto em Koncz (1966). Alguns marcos importantes dessa época estão relacionados a seguir:

1895	A construção de Weaver's Mill é considerada a primeira de uma estrutura aporticada com CPM na Inglaterra, de acordo com Elliott (1996).
1900	Surgem os primeiros elementos de grandes dimensões para coberturas nos Estados Unidos, com 1,20 m de altura, 5,10 m de largura e 0,05 m de espessura e colocados sobre estrutura metálica.
1905	São executados elementos de piso para um edifício de quatro andares nos Estados Unidos.
1906	Começam a ser executados na Europa os que podem ser considerados os primeiros elementos pré-fabricados – vigas treliça Visintini e estacas de concreto armado.
1907	Todas as peças para a construção de um edifício industrial nos Estados Unidos foram pré-moldadas no canteiro pela Edson Portland Co., pertencente ao célebre inventor Thomas Alva Edison.
1907	Surgem as pioneiras aplicações do processo *tilt-up* nos Estados Unidos, no qual as paredes são moldadas sobre o piso e depois levantadas para a posição vertical.

Uma experiência marcante dessa época que teve reflexos negativos no desenvolvimento do CPM foi realizada pelo arquiteto John Brodie, na Inglaterra, em 1904. Esse arquiteto projetou e construiu um edifício de três andares com estrutura de parede portante em CPM. Essa construção tornou-se polêmica e foi muito criticada. Conforme relatado em Fernández Ordóñez (1974, v. 1, p. 198, tradução do autor):

> [...] O governo, que havia patrocinado o sistema de Brodie querendo encontrar uma solução ao problema de *deficit* habitacional, obrigou-o a superdimensionar os painéis para obedecer aos códigos oficiais sobre as espessuras das paredes, resultando assim no triplo do custo previsto por Brodie, o que motivou a interrupção prematura do sistema proposto.

Dessa época até o final da Segunda Guerra Mundial, em 1945, o desenvolvimento do CPM acompanhou o desenvolvimento do concreto armado e protendido, havendo exemplos notáveis, principalmente na construção de galpões, como pode ser visto em Halász (1969).

Após o final da Segunda Guerra Mundial, ocorreu um grande impulso das aplicações do CPM na Europa, sobretudo em habitações, galpões e pontes. As principais razões desse impulso foram a necessidade de construção em grande escala, a escassez de mão de obra e o desenvolvimento da tecnologia do concreto protendido. Esse desenvolvimento concentrou-se inicialmente na Europa Ocidental e posteriormente se estendeu para a Europa Oriental.

No Brasil, pelo que se tem notícia, o emprego do CPM teve início em 1925, com a fabricação das estacas para a fundação do Jockey Clube do Rio de Janeiro, conforme Vasconcelos (1988).

No final da década de 1950 e na década de 1960, chegaram ao Brasil os reflexos do grande avanço do CPM na Europa, que fomentaram o seu emprego no País. Merecem destaque nesse período as aplicações de CPM na construção de Brasília (DF) e na construção da Cidade Universitária, em São Paulo (SP). Mais informações a respeito do histórico do CPM no contexto nacional podem ser vistas em Latorraca (1999), Bruna (2002) e, principalmente, Vasconcelos (2002).

Embora haja uma tendência de crescimento na aplicação do CPM no País, conforme comentado na seção I.1, as oscilações do mercado e da economia brasileira causam forte influência, assim como ocorre em outros ramos da construção civil, o que dificulta quantificar a evolução do CPM no Brasil.

Os estudos e as aplicações do CPM, que tendem a ser cada vez mais frequentes, podem ser enquadrados naqueles relacionados com: a) materiais, b) projeto e c) produção.

Em razão das condições de moldagem e controle, o CPM tem melhores condições de apropriar-se do desenvolvimento dos materiais. Dessa forma, pode-se prever o uso cada vez mais frequente de concreto com maior resistência. Também são de esperar mais aplicações do UHPC, como a que ocorreu na ponte Wild Bridge, na Áustria, mostrada na Fig. I.35. Apesar de a forma de arco com trechos retos receber críticas em relação à estética, o emprego de elementos pré-moldados de UHPC ligados por parafusos e com uma moderna técnica construtiva propiciou uma grande racionalização da construção.

As perspectivas quanto à elaboração de projetos são na área de *softwares* de análise estrutural, com mais recursos, dentro de sistemas integrados, como o BIM. De fato, já está se tornando comum o emprego do ambiente BIM na indústria do CPM. Além da garantia de melhor qualidade dos projetos e da integração com a produção, os benefícios do BIM se estendem para toda a vida útil da construção.

Mais especificamente no que se refere à análise estrutural, pode ser incorporado o comportamento de ligações semirrígidas, que apresenta características intermediárias em relação às características das ligações articuladas e rígidas. Na verdade, a maioria dos *softwares* de análise estrutural já dispõe desse recurso. A utilização desse recurso passaria por mais estudos das ligações para determinar parâmetros de projeto, como o desenvolvimento e as pesquisas para um tipo de ligação semirrígida apresentados no Anexo E.

Também se pode prever a integração nos projetos de ferramentas de otimização. De fato, como existe uma padronização de componentes, a otimização de elementos e sistemas pode ser feita sem grandes dificuldades, como pode ser visto em Castilho (2003) e Albuquerque (2007).

No que diz respeito à produção, a mecanização e a automatização da fabricação de determinados componentes de uso intensivo, principalmente aqueles de produção especializada, tendem a aumentar. Destacam-se ainda as possibilidades de melhoria do controle de qualidade dos elementos pré-moldados mediante, por exemplo, a utilização de ensaios não destrutivos e a verificação de precisão dimensional por *laser*.

Como todos os sistemas estruturais, o CPM vai ter de se adequar às demandas da sociedade em relação à sustentabilidade, ao meio ambiente e à segurança em eventos extremos, tais como sismos, explosões e incêndios. Portanto, os seus estudos e a sua aplicação cada vez mais devem levar em conta essas demandas.

O CPM apresenta várias características que favorecem, direta ou indiretamente, a sustentabilidade, conforme visto na seção anterior. Vale a pena também destacar o grande interesse do CPM para construções de concreto apresentado nas publicações do U.S. Green Concrete Council (USGCC) (Scholler, 2010a, 2010b). A tendência é de que a análise de projetos contemple cada vez mais critérios de sustentabilidade, o que deve favorecer o emprego do CPM – ver, por exemplo, Schmidt e Jerebic (2008). As características desse material que reduzem a perturbação ambiental devem também estar cada vez mais presentes.

No caso de eventos extremos, mais especificamente em relação à resistência a sismos, merece registro o programa de cooperação entre os Estados Unidos e o Japão para o estudo do assunto, denominado Precast Seismic Structural System (PRESSS), desenvolvido na década de 1990, com o envolvimento de um grande número de centros de pesquisa dos dois países, que tem norteado algumas aplicações recentes. Esse assunto tem também merecido atenção na

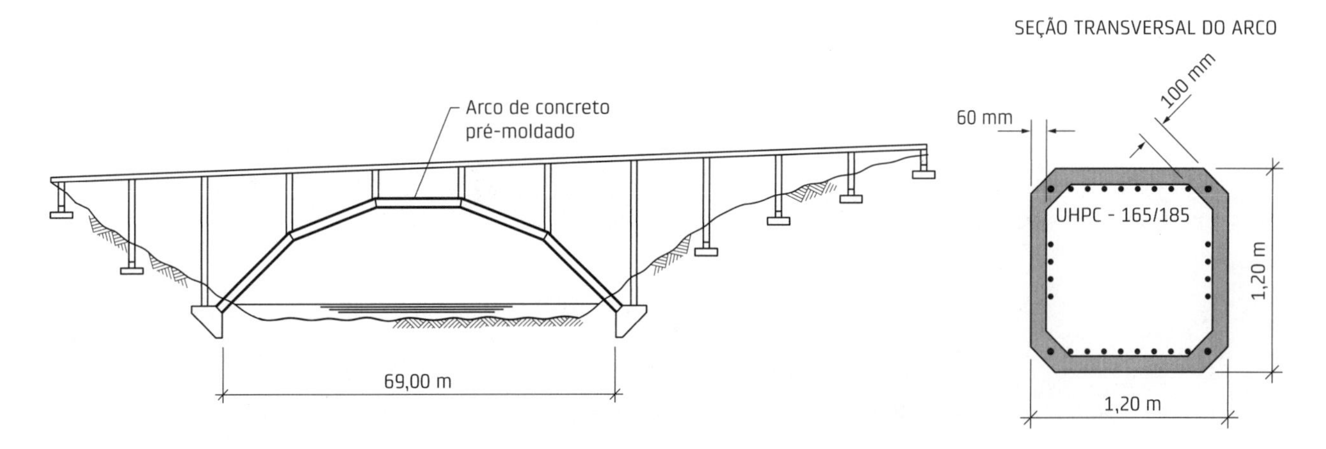

Fig. I.35 Exemplo de ponte em arco na Áustria com o uso de UHPC
Fonte: adaptado de Tue (2009).

Europa, com o programa Safecast, como pode ser visto em Negro, Bournas e Molina (2012).

Ao mesmo tempo, é de esperar uma elevação do emprego de componentes pré-moldados de concreto arquitetônico e associações do CPM com o CML ou outros materiais estruturais, visando à racionalização da construção.

O aumento do uso do CPM depende de vários fatores, tais como econômicos, culturais e técnicos. Não se pretende discorrer sobre o assunto neste livro em razão da sua abrangência e complexidade. No entanto, cabe registrar aqui algumas iniciativas para o meio técnico aproveitar o potencial do CPM e desmistificar o seu emprego. Uma forma seria com a maior divulgação de informações técnicas para os profissionais envolvidos. A outra seria no ensino de Engenharia Civil e Arquitetura, com a inclusão de conceitos nas disciplinas de concreto.

O desenvolvimento do CPM exige também pesquisas diretamente relacionadas com o seu emprego e em sintonia com o meio técnico. Nesse sentido, merece registrar as três edições do Encontro Nacional de Pesquisa-Projeto-Produção em Concreto Pré-Moldado, realizadas em 2005, 2009 e 2013 na Escola de Engenharia de São Carlos da Universidade de São Paulo (USP), cujas capas dos anais são mostradas na Fig. I.36. Esses encontros tiveram o objetivo de promover a integração entre os setores acadêmico e produtivo em relação ao CPM. O material produzido neles está disponível nos respectivos anais (1PPP, 2005; 2PPP, 2009; 3PPP, 2013).

As informações sobre as estruturas de CPM encontram-se em publicações específicas e também espalhadas em grande parte das publicações sobre estruturas de concreto. No sentido de facilitar a obtenção dessas informações, fornecem-se aqui algumas indicações.

As principais entidades que têm promovido o uso do CPM são relacionadas a seguir.

PCI (Precast/Prestressed Concrete Institute)

Esse instituto americano tem se especializado na promoção e na divulgação da aplicação do CPM e do concreto protendido, constituindo um importante elo entre as necessidades de conhecimento da indústria e os centros de pesquisa. O nome anterior desse instituto era Prestressed Concrete Institute. Por essa razão, esse nome aparece em algumas referências mais antigas.

fib - International Federation for Structural Concrete (Comissão 6)

Essa federação, cuja sigla resultou do seu nome inicial Fédération Internationale du Béton, nasceu recentemente, em 1998, da fusão do Comité Euro-International du Béton (CEB) com a Fédération Internationale de la Précontrainte (FIP). A FIP, em particular, era mais voltada à promoção do concreto protendido, mas o CPM era também tratado em uma série de publicações, coordenadas pela Comissão de Pré-Fabricação (Comissão 6), que se manteve após a fusão.

Estão apresentadas a seguir algumas das principais publicações sobre o assunto.

Alguns livros importantes

- *Manual de projeto*, do PCI (2010), sétima edição

Fig. I.36 Capas dos anais dos encontros nacionais de Pesquisa-Projeto-Produção em Concreto Pré-Moldado
Fonte: 1PPP (2005), 2PPP (2009) e 3PPP (2013).

- *Pré-fabricação com concreto*, de A. Bruggeling e G. Huyghe (1991)
- *Estruturas de esqueleto de múltiplos pavimentos de concreto pré-moldado*, de K. Elliott e C. K. Jolly (2013), que corresponde à segunda edição do livro de K. Elliott (1996)
- *Manual da construção industrializada*, de T. Koncz, em alemão (1966) e em espanhol (1975)
- *Manual de projeto de estruturas de concreto pré-moldado de edifícios*, da fib (2014), que corresponde à segunda edição do manual publicado pela FIP (1994)
- Boletim 43 da fib (2008) sobre ligações para CPM

Periódicos e magazines mais relacionados ao tema

- *PCI Journal*, revista publicada pelo PCI
- CPI – *Concrete Plant International*, publicada pela ad-media GmbH, com versões em várias línguas, inclusive em português, em que recebe o nome de FCI – *Fábrica de Concreto Internacional*

Códigos e normas de maior interesse

- NBR 9062: *projeto e execução de estruturas de concreto pré-moldado*, da Associação Brasileira de Normas Técnicas (ABNT, 2017a)
- EN 1992-1-1 – *Eurocódigo 2 – parte 1: regras gerais e regras para edifícios; cap. 10: regras adicionais para elementos e estruturas de concreto pré-moldado*, do Comitê Europeu de Normalização (CEN, 2004a)
- EN 13369: *regras comuns para o concreto pré-moldado*, do Comitê Europeu de Normalização (CEN, 2004b)

Cabe destacar que a edição anterior deste livro incluía, nessa parte, o MC-CEB/90 (CEB, 1991), pois esse documento contém um capítulo exclusivo para o CPM, o de número 14. Na versão atual, o MC-10 (fib, 2013) não tem um capítulo específico para o CPM, embora possua várias partes que tratam do tema. Assim, optou-se por não incluir o MC-10 na lista. Por outro lado, o MC-CEB/90 é largamente citado ao longo do livro, pois algumas indicações não constam do MC-10.

Recomenda-se ainda a visita a sites relacionados com o CPM. Nesse sentido, destacam-se os apresentados a seguir.

- Associação Associação Brasileira da Construção Industrializada de Concreto (Abcic), que reúne os principais fabricantes de CPM no Brasil: http://site.abcic.org.br/
- Bureau International du Béton Manufacturé (BIBM) (Associação Internacional dos Fabricantes de Elementos Pré-Moldados, com sede na Bélgica), em cujo site podem ser encontradas as principais associações da Europa: http://www.bibm.eu/
- Canadian Precast/Prestressed Concrete Institute (CPCI) (Instituto do Concreto Pré-Moldado/Protendido do Canadá): http://www.cpci.ca/
- National Precast Concrete Association (NPCA) (Associação dos Fabricantes de Elementos Pré-Moldados dos Estados Unidos): http://www.precast.org/
- National Precast Concrete Association of Australia (NPCAA) (Associação do Concreto Pré-Moldado da Austrália): http://nationalprecast.com.au/
- Precast/Prestressed Concrete Institute (PCI) (Instituto do Concreto Pré-Moldado/Protendido dos Estados Unidos): https://www.pci.org/

1 PRODUÇÃO DAS ESTRUTURAS DE CONCRETO PRÉ-MOLDADO

A produção das estruturas de concreto pré-moldado (CPM) engloba todas as atividades compreendidas entre a execução dos elementos pré-moldados e a realização das ligações definitivas.

As etapas envolvidas na produção dependem da forma de aplicação do CPM. No caso de pré-moldado de fábrica, a produção envolve as seguintes etapas: execução do elemento, transporte da fábrica à obra, montagem e realização das ligações. Em relação aos pré-moldados de canteiro, pode ser feita uma distinção entre dois casos. O primeiro corresponde à execução dos elementos literalmente ao pé da obra e para o qual a produção se resume praticamente à execução e à montagem. O segundo é aquele em que a execução é feita em local apropriado e para o qual, em comparação ao pré-moldado de fábrica, apenas não se inclui a etapa de transporte da fábrica à obra.

Por se tratar de assunto específico, o detalhamento da execução das ligações será apresentado no Cap. 3. Também as especificações das tolerâncias de execução e montagem, que afetam a produção das estruturas de CPM, serão tratadas posteriormente, no Cap. 2.

A produção das estruturas é aqui abordada de maneira relativamente superficial, pois o objetivo principal de sua apresentação é fornecer subsídios para a elaboração do projeto das estruturas de CPM.

1.1 Execução dos elementos

1.1.1 Atividades envolvidas

No caso de pré-moldado de fábrica, a execução dos elementos pré-moldados pode, em linhas gerais, ser subdividida em três fases – atividades preliminares, execução propriamente dita, e atividades posteriores –, cada qual englobando as etapas descritas a seguir (Fig. 1.1).

Atividades preliminares

- *Preparação dos materiais*: incluem-se nessa fase o armazenamento das matérias-primas, a dosagem e a mistura do concreto, o preparo da armadura (corte e dobramento) e a sua montagem, quando for o caso.
- *Transporte dos materiais ao local de trabalho*: transporte do concreto recém-misturado e da armadura, montada ou não, até o local da moldagem.

Execução propriamente dita

- *Preparação da fôrma e da armadura*: limpeza da fôrma, aplicação de desmoldante, colocação da armadura montada ou montagem da armadura, colocação de peças complementares, como insertos metálicos, fechamento da fôrma, e aplicação da pré-tração na armadura, quando for o caso.

- *Colocação do concreto (moldagem)*: lançamento do concreto e o seu adensamento, quando se tratar de concreto vibrado, seguidos de eventuais acabamentos.
- *Cura do concreto*: operação correspondente ao período em que o elemento moldado fica na fôrma até atingir a resistência adequada.
- *Desmoldagem*: liberação da força de protensão, quando for o caso, e retirada do elemento da fôrma. Em certas situações, é necessário retirar inicialmente parte da fôrma antes da liberação da protensão.

Atividades posteriores

- *Transporte interno*: transporte dos elementos do local da desmoldagem até a área de armazenamento ou a área de acabamentos, em certos casos.
- *Acabamentos finais*: inspeção, tratamentos finais, eventuais remendos e maquiagem.
- *Armazenamento*: período em que os elementos permanecem em local apropriado até o envio à obra.

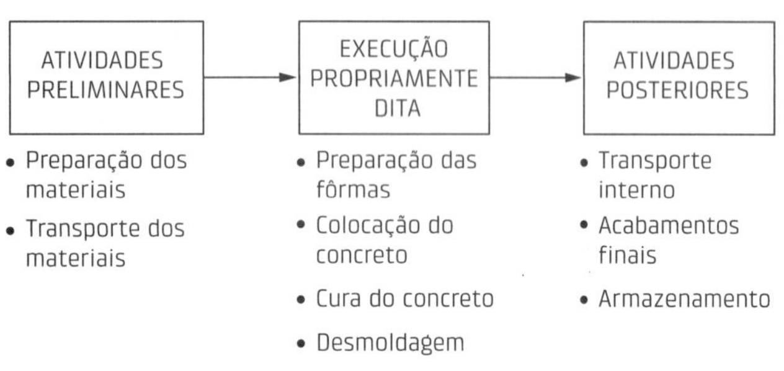

Fig. 1.1 Etapas envolvidas na execução de pré-moldados de fábrica

Na Fig. 1.2 são mostradas algumas etapas envolvidas na execução de elementos de CPM de fábrica.

1.1.2 Processos de execução

Os processos de execução, que correspondem à fabricação propriamente dita dos elementos de CPM, podem ser enquadrados, em linhas gerais, nos seguintes tipos: a) execução com fôrma estacionária, b) execução com fôrma móvel (carrossel) e c) execução em pista de concretagem.

A execução com *fôrma estacionária* corresponde àquela em que os trabalhos de execução propriamente dita se desenvolvem em torno das fôrmas, que permanecem na mesma posição em todas as atividades envolvidas.

Em oposição ao tipo anterior, tem-se a execução com *fôrma móvel*, também chamada de *carrossel*. Esse tipo de execução é caracterizado pela movimentação da fôrma, na qual as várias atividades (limpeza de fôrma, montagem de armadura na fôrma, moldagem, desmoldagem etc.) são feitas em estações por equipes estacionárias. Na Fig. 1.3 está ilustrado esquematicamente um tipo de ciclo de execução com fôrma móvel, e na Fig. 1.4, um esquema de produção de painéis.

A execução em *pista de concretagem* apresenta a peculiaridade de a execução ocorrer ao longo de uma linha, denominada pista de concretagem, na qual os elementos são produzidos sequencialmente, de forma contínua ou descontínua. Esse processo de execução é normalmente empregado em elementos protendidos mediante pista de protensão. Um exemplo representativo desse tipo de execução é o dos pai-

Fig. 1.2 Exemplos de etapas envolvidas na execução de pré-moldados de fábrica: a) montagem da armadura; b) transporte do concreto até a fôrma; c) moldagem com concreto vibrado; d) moldagem com concreto autoadensável; e) desmoldagem; f) armazenamento

néis alveolares feitos por extrusão ou fôrma deslizante, no qual um equipamento lança, conforma, adensa e faz o acabamento do concreto, e, movendo-se ao longo de uma pista de concretagem, vai deixando o produto acabado (Figs. 1.5 e 1.6).

Cabe destacar ainda que existem situações que não se enquadram nos casos anteriores, como a execução altamente mecanizada com equipamento para produção contínua de painéis. Uma fábrica com oito unidades desse tipo de equipamento, desenvolvido na ex-União Soviética no final da década de 1950, chegava a produzir 13.000 unidades habitacionais por ano, conforme Fernández Ordóñez (1974).

Por outro lado, existem situações que reúnem mais de um processo de execução, como o processo de fabricação de painéis alveolares, em que as pistas de concretagem são móveis e o equipamento de conformação é fixo, o que possibilita uma maior produtividade (Fig. 1.7).

A escolha do processo de execução depende, entre outros fatores, dos seguintes aspectos: produtividade desejada, investimentos, especialização da produção, emprego ou não da pré-tração da armadura e da forma do elemento, se é linear ou superficial.

Cabe destacar que os processos de execução que, em princípio, possibilitam maiores ganhos de produtividade são com a execução em pista de concretagem e com a execução com fôrma móvel. No sentido de fornecer uma comparação entre esses dois processos, apresentam-se no Quadro 1.1 as características favoráveis e desfavoráveis da execução com fôrma móvel em relação à execução em pista de concretagem. Esse quadro foi feito com base nas indicações de Fogarasi, Nijhawan e Tadros (1991), direcionadas para elementos de concreto protendido.

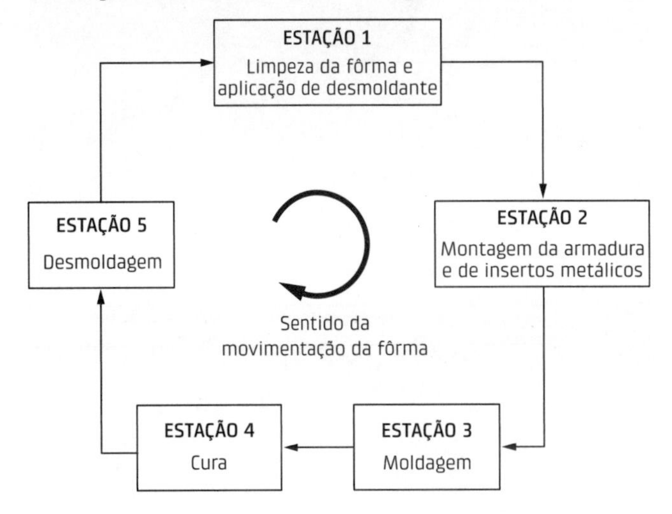

Fig. 1.3 Ciclo de execução com fôrma móvel

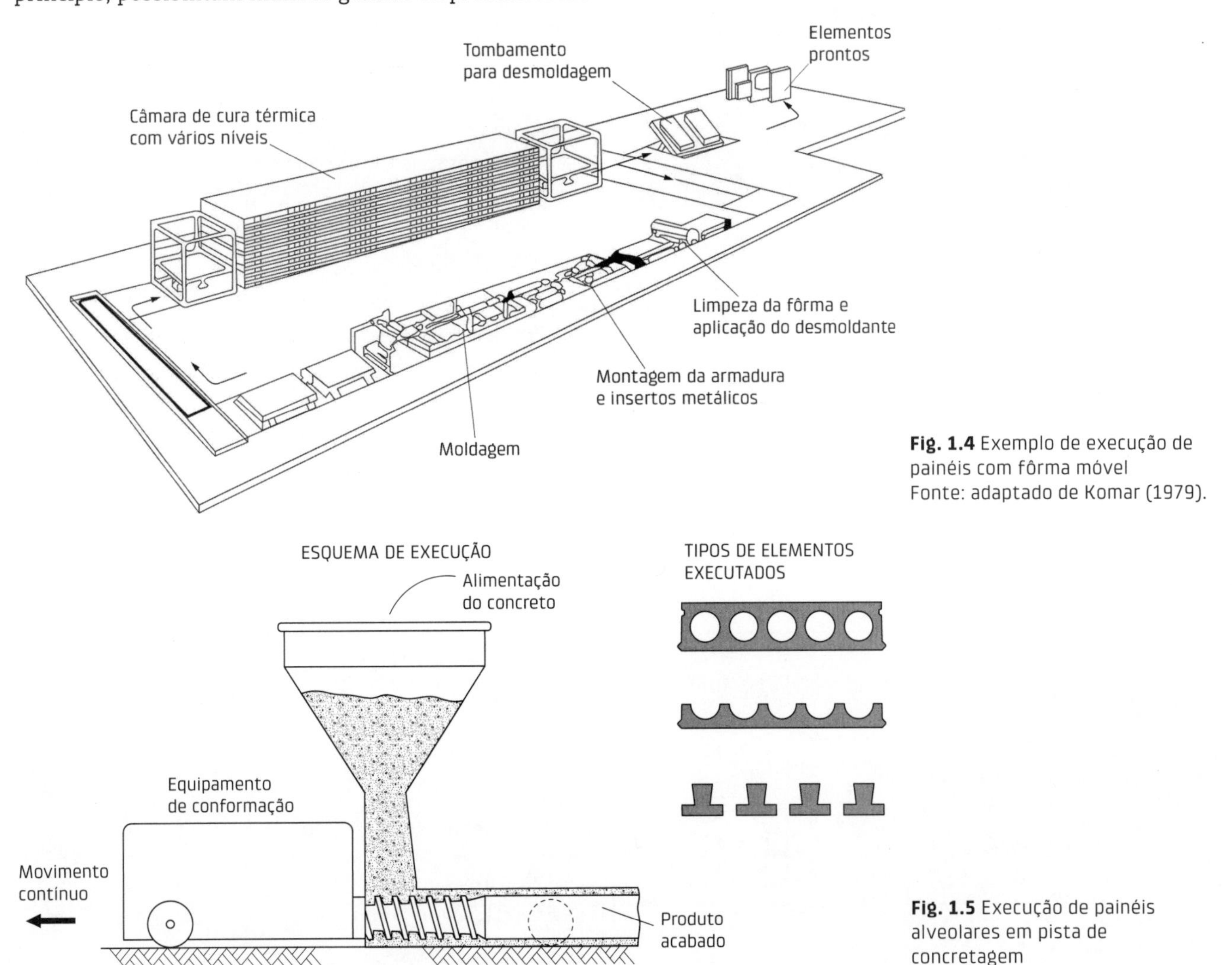

Fig. 1.4 Exemplo de execução de painéis com fôrma móvel
Fonte: adaptado de Komar (1979).

Fig. 1.5 Execução de painéis alveolares em pista de concretagem

Fig. 1.6 Exemplo de execução de painéis alveolares em pista de concretagem

Fig. 1.7 Execução de painéis alveolares em pista de concretagem móvel

1.1.3 Fôrmas

As fôrmas são de fundamental importância na execução dos pré-moldados, pois são elas que determinam a qualidade do produto e a produtividade do processo.

As qualidades desejáveis para as fôrmas são: a) estabilidade volumétrica, para que as dimensões dos elementos obedeçam às tolerâncias especificadas; b) possibilidade de serem reutilizadas um grande número de vezes sem gastos excessivos de manutenção; c) fácil manejo e que facilitem a colocação e a fixação tanto da armadura no seu interior quanto dos elementos especiais, se for o caso; d) pouca aderência com o concreto e fácil limpeza; e) facilidade de desmoldagem, sem pontos de presa; f) estanqueidade, para que não ocorra fuga de nata de cimento, com prejuízo na resistência e no aspecto do produto; g) versatilidade, de forma que o seu uso seja possível em várias seções transversais; e h) transportabilidade, no caso de execução com fôrma móvel.

Em relação à versatilidade, cita-se o caso das fôrmas para elementos de seção TT, que podem ser adaptadas para executar as variações mostradas na Fig. 1.8.

Normalmente, nas fábricas de CPM, as fôrmas são de aço. Em geral, as fôrmas feitas desse material garantem um grande número de reutilizações e precisão dimensional dos elementos executados. No caso de pequenas séries, o investimento nesse tipo de fôrma não se justifica, podendo ser feitas de madeira. Em situações específicas, as fôrmas podem ser de alvenaria ou concreto, bem como de plástico. Mais detalhes sobre esse assunto podem ser encontrados em Fernández Ordóñez (1974).

No sentido de facilitar a execução dos elementos, merecem destaque os seguintes detalhes, importantes na elaboração do projeto de elementos de CPM:

- para facilitar a desmoldagem sem a necessidade de desmontar as fôrmas, deve ser prevista uma inclinação das nervuras de no mínimo 1:10 para fôrmas de madeira e 1:15 para fôrmas de aço (Fig. 1.9a), ou então, no caso de fôrma de aço, deve-se recorrer à flexibilidade da fôrma (Fig. 1.9b);
- devem ser evitados os cantos vivos, que são susceptíveis a danos durante o manuseio dos elementos (Fig. 1.9c);
- deve-se evitar bordas especiais e ângulos agudos, pela mesma razão comentada no item anterior (Fig. 1.9d).

Um aspecto importante na execução de elementos pré-moldados é o que diz respeito à realização de vazios,

Quadro 1.1 CARACTERÍSTICAS FAVORÁVEIS E DESFAVORÁVEIS DA EXECUÇÃO COM FÔRMA MÓVEL COMPARADA COM A EXECUÇÃO EM PISTA DE CONCRETAGEM

Características favoráveis	Características desfavoráveis
Possibilidade de mudar a produção do tipo de elemento de um dia para o outro	Maiores investimentos iniciais, especialmente em fôrmas
Produção simultânea de diferentes elementos Instalações físicas de menor área	Maior custo de manutenção
Menor consumo de energia no caso de cura térmica Mais adaptável à automação	Protensão medida por força, e não por alongamento
Possibilidade de utilizar mão de obra menos qualificada	Desmoldagem e aplicação da protensão mais trabalhosas
Especialmente vantajosa para elementos não protendidos	Maior desperdício de cordoalhas, especialmente em fôrmas curtas

Fonte: adaptado de Fogarasi, Nijhawan e Tadros (1991).

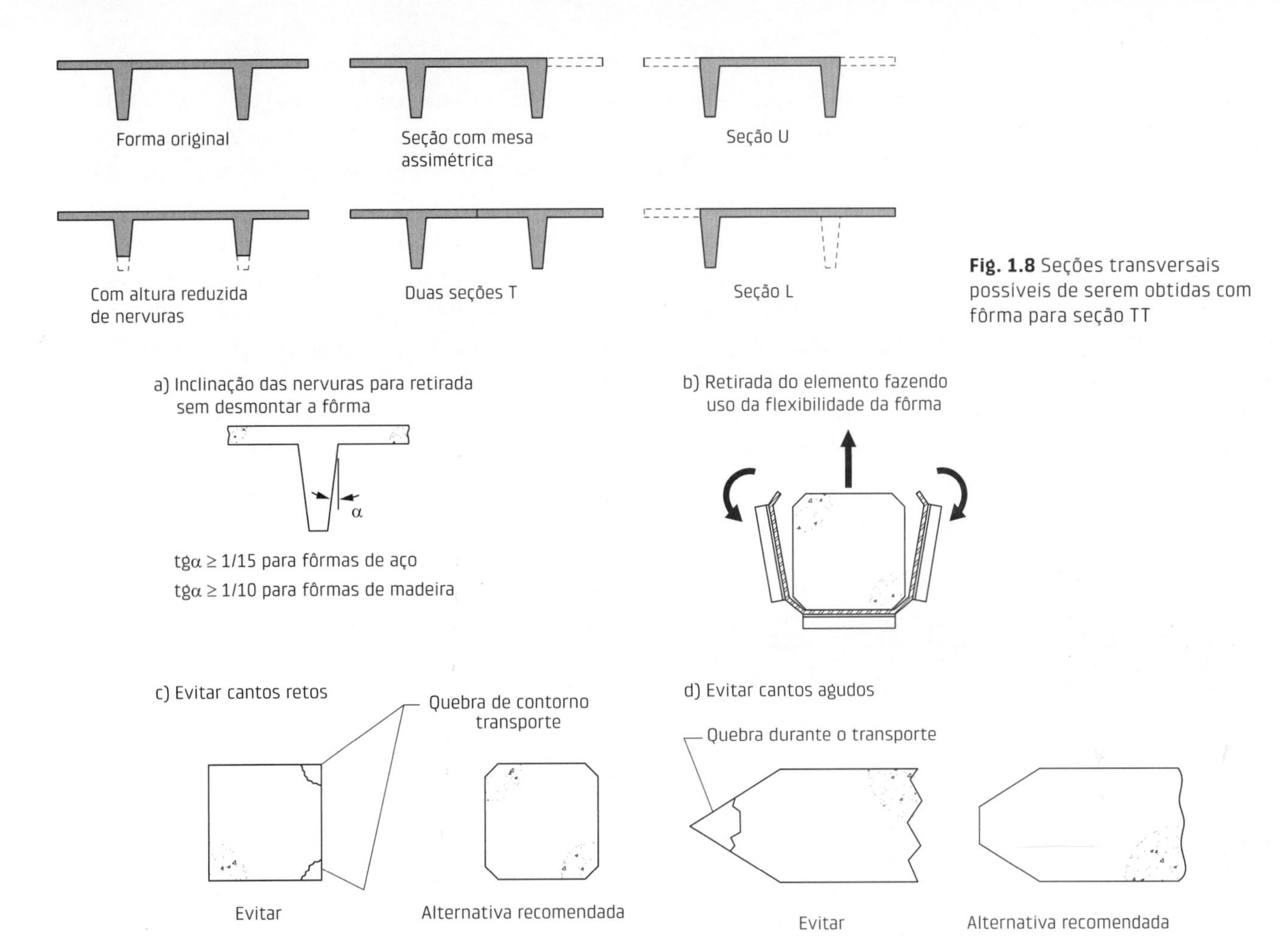

Fig. 1.8 Seções transversais possíveis de serem obtidas com fôrma para seção TT

Fig. 1.9 Detalhes diversos relativos à execução dos elementos

uma vez que se busca reduzir o consumo de materiais, particularmente o concreto. A redução do consumo de materiais leva à diminuição do peso dos elementos, o que é interessante em se tratando de CPM. Esse assunto mereceria ser ainda mais valorizado, tendo em vista a questão da sustentabilidade.

As formas de realizar esses vazios são as comentadas a seguir:

- *Vazio com acesso*: empregado em elementos de grandes dimensões, como vigas de seção caixão para pontes. Não oferece dificuldades de execução, mas, no caso de concreto vibrado, resulta em concretagem em etapas distintas, o que acarreta morosidade na produção.
- *Tipo fôrma perdida*: utilizado em vazios de pequenas dimensões. Pode ser feito com tubos de papelão, poliestireno expandido (EPS), poliuretano expandido etc. Deve-se tomar as devidas precauções para que o material não flutue durante a concretagem e, no caso de cura térmica, não ocorram pressões internas que danifiquem o elemento.
- *Tipo fôrma recuperável*: nesse caso, pode-se recorrer a tubos de aço que são retirados após o início de pega do cimento, de uma a duas horas após a mistura do concreto. Outra possibilidade é o emprego de tubos infláveis de água ou de ar, em que se deve tomar precauções contra a sua tendência de flutuar durante a moldagem. Esse procedimento pode ser feito com recursos mais sofisticados, conforme o exemplo apresentado em Basso (2011).

Ainda em relação a esse assunto, cabe salientar os casos particulares de realização de vazios por extrusão e com fôrma deslizante, mostrados na Fig. 1.5, bem como por centrifugação, que é um processo de adensamento que será visto posteriormente.

1.1.4 Trabalhos de armação e de protensão

Armadura não protendida

Os trabalhos de armação nos elementos pré-moldados são basicamente os mesmos das estruturas de concreto moldado no local (CML). No entanto, a produção em série e as facilidades de execução em local apropriado possibilitam uma racionalização dos trabalhos, em maior ou menor grau, dependendo das circunstâncias.

Em decorrência da produção em série, há maior chance de viabilizar o emprego de equipamentos que possibilitem aumentar a produtividade dos trabalhos de armação. Os equipamentos utilizados para esse fim destinam-se à execução de corte e de dobra de fios, barras e telas, com maior ou menor grau de automatização. Existem também equipamentos para a retificação de fios, para o caso de fornecimento do produto em bobina.

Destaca-se também a viabilidade de empregar solda para facilitar a armação e possibilitar ancoragens mecânicas, como na ancoragem da armadura principal de consolos, apresentada no Cap. 3. Em virtude das condições em fábricas, esse recurso é bem mais confiável que a solda de campo, mas sua qualidade deve ser verificada periodicamente. Esse tipo de recurso é também adotado para a fixação dos insertos metálicos utilizados nas ligações. A Fig. 1.10 mostra o emprego de solda na ancoragem da armadura principal e na fixação de chapa metálica em armação de consolo.

Fig. 1.10 Armação de consolo com o emprego de solda

Sempre que possível, a montagem da armadura é feita em bancadas com o auxílio de gabaritos, sendo a armadura posteriormente colocada nas fôrmas (ver Fig. 1.2a). Nesse caso, devem ser tomadas as devidas precauções no armazenamento e no manuseio das armações prontas, para que o ajuste na fôrma não seja prejudicado.

No caso de elementos grandes, em que o procedimento descrito anteriormente seria trabalhoso devido ao peso e ao manuseio da armação, a montagem é realizada na própria fôrma ou junto a ela, com certo prejuízo na racionalização dos trabalhos.

Armadura protendida

A protensão em elementos pré-moldados de fábrica é, via de regra, com pré-tração da armadura, resultando no chamado concreto protendido com aderência inicial (CPAI). Geralmente, utilizam-se pistas de protensão de 80 m a 200 m de comprimento para a execução de vários elementos, com blocos de reação independentes ou usando a própria fôrma como estrutura de reação. Na Fig. 1.11 está esquematizado o caso típico de pista de protensão com blocos independentes.

Como indicado nessa figura, nas pistas de protensão é mais comum o emprego de cabos retos. Para essas situações, uma redução da força de protensão pode ser feita nas proximidades do apoio por meio do isolamento dos cabos com mangueira plástica. Outra possibilidade, menos usual, é a combinação de cabos retos com poligonais para reduzir o efeito dos momentos fletores da protensão junto aos apoios, com um trabalho adicional para desviar a trajetória dos cabos. No Anexo F são apresentadas mais informações sobre o assunto.

Além da execução em pistas de protensão (*long line pretensioning method*), tem-se o emprego do processo de execução com fôrma móvel (*flow line pretensioning method*), já comentado anteriormente. Nesse caso, a protensão é feita para os elementos individualmente, utilizando-se a fôrma para aplicar a força de protensão. Esse modo de execução tem sido utilizado sobretudo na Europa e na Ásia, na execução de lajes, postes, estacas, dormentes etc.

Cabe salientar ainda a utilização, pouco usual, de armaduras pré-tracionadas por cintamento contínuo, processo desenvolvido na ex-União Soviética que possibilita conformar a armadura de protensão num plano (mesa de protensão) de diversas maneiras, sendo adotado na execução de lajes e treliças.

O emprego da pós-tração praticamente se restringe ao caso de pré-moldados de canteiro de grandes dimensões, como vigas de pontes.

A pós-tração também é utilizada para solidarizar segmentos pré-moldados ou antes da montagem, ou para fazer a ligação entre os elementos no local de utilização definitivo, como pode ser visto no Cap. 3.

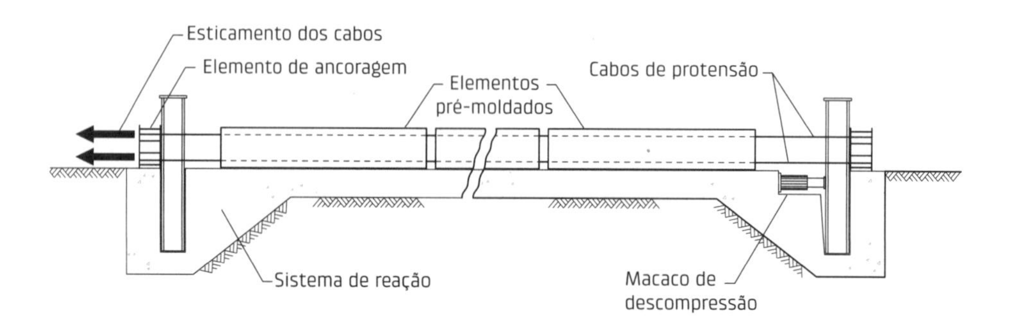

Fig. 1.11 Esquema de pista de protensão com blocos independentes

1.1.5 Colocação e adensamento do concreto

Até há pouco tempo, geralmente o concreto era colocado nas fôrmas e em seguida era feito o seu adensamento. O adensamento constituía uma atividade importante na execução do CPM, pois tinha uma forte implicação na qualidade do concreto e na produtividade do processo. No entanto, com o emprego intensivo do concreto autoadensável (CAA) na fabricação de elementos pré-moldados, conforme adiantado na seção I.3, o adensamento deixou de ter a importância de tempos atrás. Apesar disso, esse assunto ainda merece atenção na tecnologia do CPM.

As principais formas de adensamento utilizadas podem ser enquadradas em: a) autoadensamento (correspondente ao CAA), b) vibração, c) centrifugação e d) prensagem.

Existe a possibilidade de combinação dessas formas, como vibração e prensagem, empregada em tubos de concreto e painéis, denominada vibrolaminação.

O adensamento por vibração pode ser de duas formas: vibração interna, feita normalmente com vibradores de agulha, e vibração externa, comumente empregada em fábricas e realizada com vibradores de fôrma. Mais detalhes sobre o adensamento por vibração no CPM podem ser vistos em Kuch, Schwabe e Palzer (2010).

Pelo fato de a vibração produzir ambiente de trabalho desfavorável, o concreto autoadensável foi introduzido e rapidamente se tornou padrão nas fábricas de CPM nos países mais desenvolvidos socialmente, por reduzir o desconforto dos trabalhadores. Contribuiu também para intensificar o uso desse tipo de concreto no CPM a redução de mão de obra e de energia na colocação do concreto. A Fig. 1.12 mostra uma comparação entre os concretos vibrado e autoadensável no que se refere à sua colocação e adensamento.

A centrifugação, que é um tipo de adensamento específico para a execução de elementos pré-moldados, é empregada principalmente em estacas, postes e tubos de concreto. Em geral, são necessários grandes investimentos em equipamentos, o que limita o seu uso a poucas empresas. Na Fig. 1.13 é mostrado um esquema de adensamento por centrifugação.

1.1.6 Aceleração do endurecimento e da cura

Na execução de elementos pré-moldados, procura-se sempre liberar a fôrma e o elemento moldado o mais rápido possível, ou seja, procura-se reduzir o chamado *tempo morto*, para aumentar a produtividade do processo.

Fig. 1.12 Colocação e adensamento do concreto na fabricação de elementos: a) e b) com concreto vibrado e c) e d) com concreto autoadensável

As possíveis maneiras de acelerar o endurecimento do concreto são as seguintes:

- utilizar cimento de alta resistência inicial (cimento ARI);
- aumentar a temperatura;
- utilizar aditivos.

As maneiras mais comuns são as duas primeiras, que podem inclusive ser combinadas.

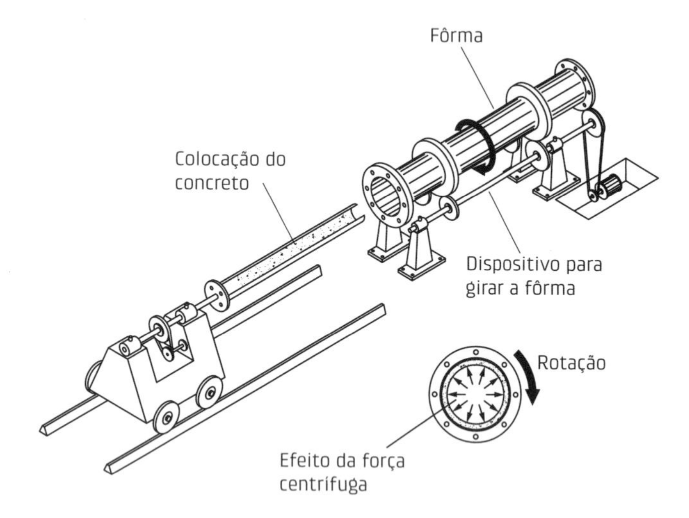

Fig. 1.13 Esquema de adensamento por centrifugação
Fonte: adaptado de Dyachenko e Mirotvorsky (s.d.).

A elevação de temperatura atua aumentando a velocidade das reações químicas entre o cimento e a água. Embora seja uma forma bastante interessante de acelerar o endurecimento do concreto, devem ser tomados cuidados em sua realização. Esses cuidados referem-se ao perigo de perda de água necessária para a hidratação do cimento, em virtude da vaporização, e ao perigo de elevados gradientes térmicos provocarem microfissuração e consequentemente perda de resistência.

A utilização de aditivos para acelerar o endurecimento é ainda pouco comum. Uma das razões está relacionada ao fato de os primeiros aditivos aceleradores de endurecimento terem sido à base de cloreto de cálcio, que provoca a corrosão da armadura. Hoje em dia já existem aditivos que não apresentam esse inconveniente, mas mesmo assim essa é uma alternativa de uso restrito no CPM. Naturalmente, o desenvolvimento de novos aditivos que possibilitem reduzir o tempo morto deve merecer grande atenção, pelo seu grande impacto na fabricação de CPM.

Em relação à cura propriamente dita, ela pode ser feita das seguintes formas:

- *cura por aspersão*, em que as superfícies expostas são mantidas úmidas;
- *cura por imersão*, que corresponde à colocação dos elementos em tanques de água;
- *cura* térmica, que equivale a aumentar a temperatura do concreto;
- *cura com película impermeabilizante*, que corresponde a aplicar pinturas que impeçam a saída de água pela superfície exposta.

As maneiras de proceder à cura térmica são as apresentadas a seguir:

- com vapor atmosférico;
- com vapor e pressão (autoclave);
- com circulação de água ou óleo em tubos junto às fôrmas;
- com resistência elétrica (utilização de armadura ou fios especiais como resistência elétrica).

A maneira mais difundida nos pré-moldados de concreto é a cura com vapor atmosférico, para a qual a NBR 9062 (ABNT, 2017a) estabelece alguns parâmetros, como 70 °C de temperatura máxima. Na Fig. 1.14 é ilustrado um caso típico de ciclo desse tipo de cura. Por sua vez, a cura com vapor e pressão é adotada em elementos de concreto celular, ao passo que os demais casos citados não são muito disseminados.

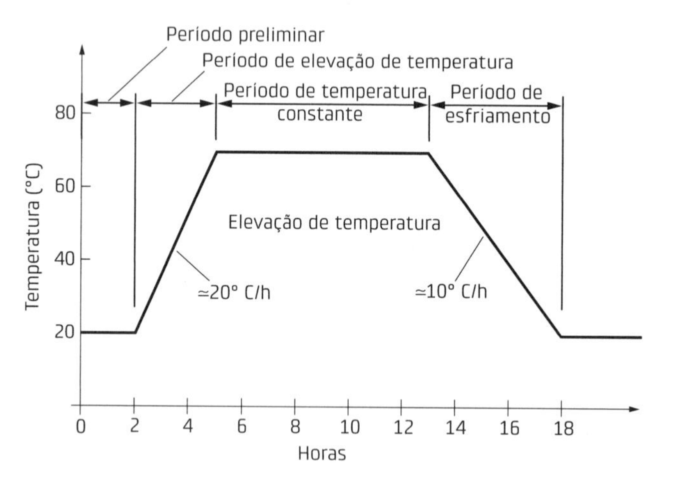

Fig. 1.14 Ciclo típico de cura com vapor

Existem outras formas de aumentar a temperatura, tais como aquecer a água e os agregados antes da mistura ou utilizar raios infravermelhos, mas também não são usuais. Merecem registro ainda experiências que usam o mesmo princípio de fornos de micro-ondas.

1.1.7 Desmoldagem

Os procedimentos adotados na desmoldagem dependem basicamente da fôrma. Pode-se realizar a desmoldagem das seguintes maneiras:

- *direta*: equivale à retirada dos elementos por levantamento, com a retirada ou não de partes laterais da fôrma (Fig. 1.15a);
- *por separação dos elementos*: corresponde ao procedimento envolvendo as fôrmas tipo bateria utilizadas na execução de painéis (Fig. 1.15b);
- *por tombamento da fôrma*: nesse procedimento, também direcionado à execução de painéis, o elemento é mol-

dado com a fôrma na posição horizontal e colocado na posição vertical para a desmoldagem mediante o uso de mesa de tombamento (Fig. 1.15c). Desse modo, as tensões geradas pelo levantamento dos painéis seriam bem menores que as causadas se o painel estivesse na posição horizontal e fosse levantado.

No caso de concreto protendido, a desmoldagem é usualmente realizada de forma natural, com a transferência da força de protensão para o elemento. Se a fôrma, ou parte dela, puder restringir a livre deformação do elemento quando a força de protensão for transferida, a sua retirada deve ser feita previamente.

A desmoldagem é normalmente realizada mediante meios mecânicos. Para isso, via de regra são necessários dispositivos de içamento, os quais serão apresentados na seção seguinte. Existe também a possibilidade de recorrer, nessa operação, a macacos hidráulicos ou a ar comprimido.

Na desmoldagem deve ser considerada certa aderência entre o concreto e a fôrma, que depende, entre outros fatores, do material da fôrma, da eficiência do desmoldante e da existência e inclinação das nervuras. Alguns parâmetros para o projeto serão abordados no Cap. 2.

A resistência do concreto para a desmoldagem depende das solicitações a que o elemento possa ser submetido em seguida. Há a indicação prática de que o seu valor deva ser igual à metade da resistência de projeto. No entanto, esse valor pode ser reduzido, tendo em vista o que foi dito anteriormente e com base em experiência preliminar. A NBR 9062 (ABNT, 2017a) estabelece os seguintes valores mínimos para a resistência à compressão para saque: 15 MPa para concreto armado e 21 MPa para concreto protendido. O termo *saque* corresponde à retirada do elemento da fôrma, que na maior parte das vezes coincide com a desmoldagem.

Quando a desmoldagem e o manuseio da peça são feitos com resistências baixas, podem ocorrer os seguintes problemas: a) deformações excessivas, b) perda de resistência proveniente de fissuração prematura e c) quebra de cantos e bordas.

Em se tratando de fôrma móvel e para certos tipos de elemento, pode-se proceder à desmoldagem imediatamente após a moldagem. Esse modo de desmoldagem é comumente utilizado na execução de tubos de concreto. Outro exemplo dessa técnica é ilustrado na Fig. 1.16, na qual o elemento é removido, mediante a rotação da fôrma, com o concreto ainda fresco. Essa alternativa deve ser usada com muito cuidado, uma vez que o concreto ainda está em estado fresco.

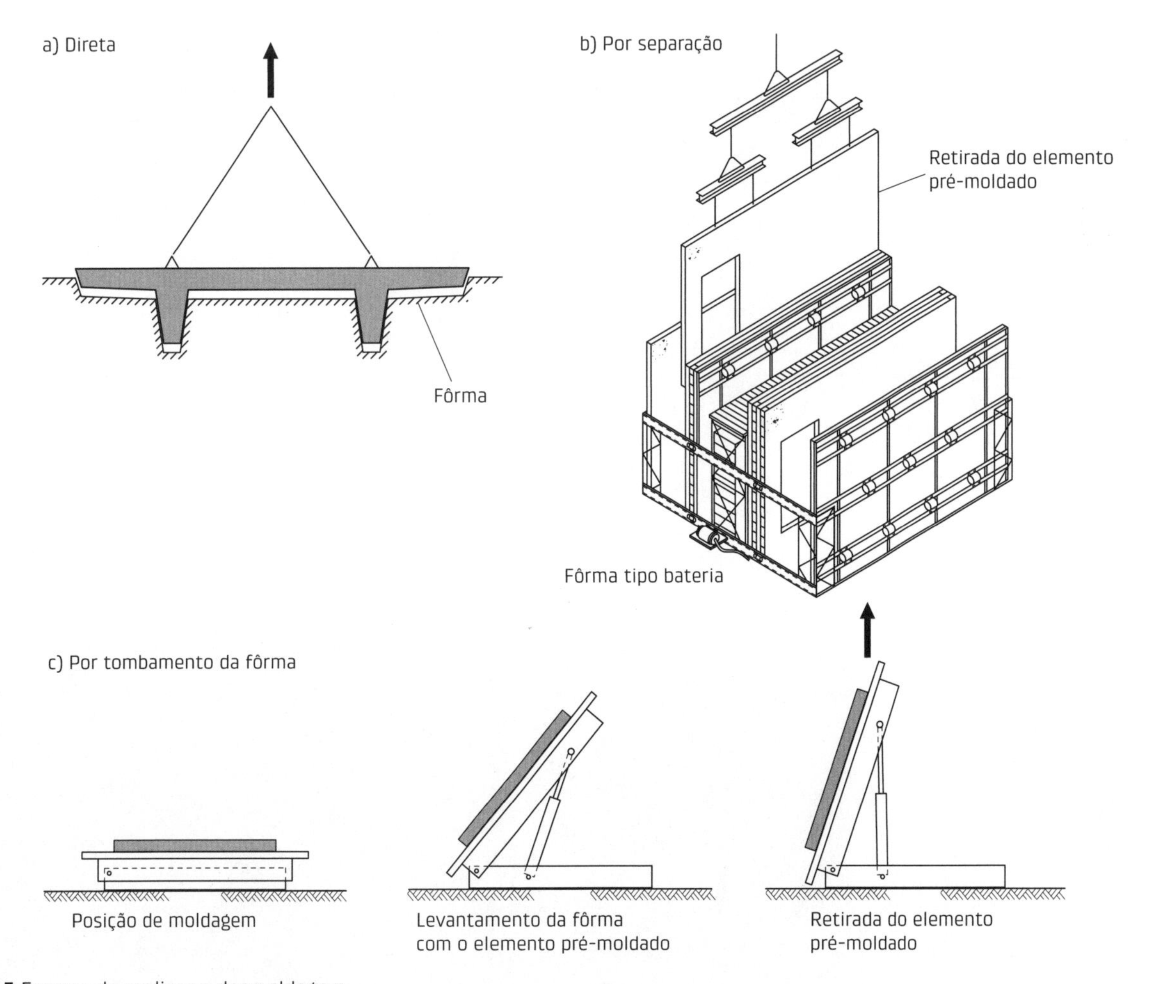

Fig. 1.15 Formas de realizar a desmoldagem

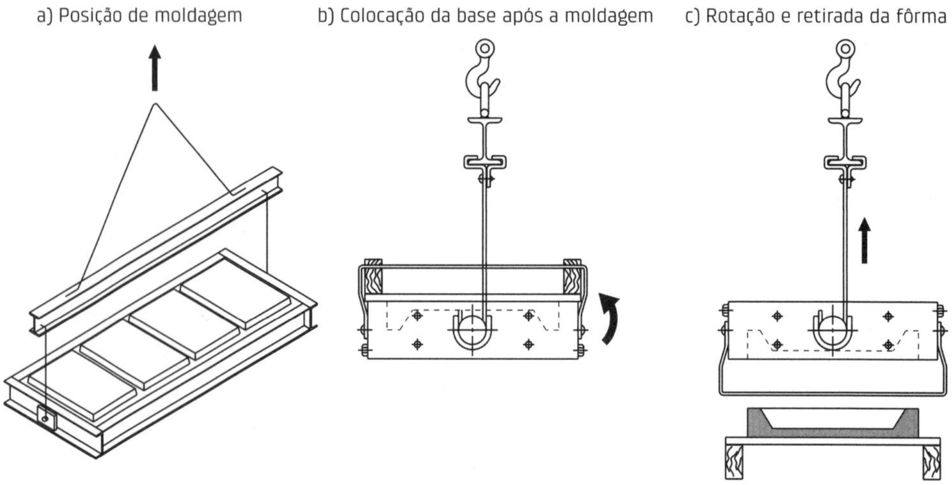

a) Posição de moldagem

b) Colocação da base após a moldagem

c) Rotação e retirada da fôrma

Fig. 1.16 Exemplo de desmoldagem imediatamente após a moldagem
Fonte: adaptado de Dyachenko e Mirotvorsky (s.d.).

1.1.8 Dispositivos auxiliares para o manuseio

Da desmoldagem à sua colocação no local definitivo de utilização, os elementos estão sujeitos a movimentação. Para realizar essa movimentação, são necessários equipamentos e dispositivos auxiliares, exceto nos casos de elementos muito pequenos, em que essa operação é feita manualmente. Os equipamentos para transporte e montagem serão vistos na sequência deste capítulo, limitando-se esta seção a apresentar os dispositivos auxiliares.

Os dispositivos auxiliares empregados para o manuseio dos elementos são, na maior parte das vezes, destinados ao içamento. Esses dispositivos são divididos em internos e externos. Os internos, mostrados nas Figs. 1.17 e 1.18, podem ser dos seguintes tipos:

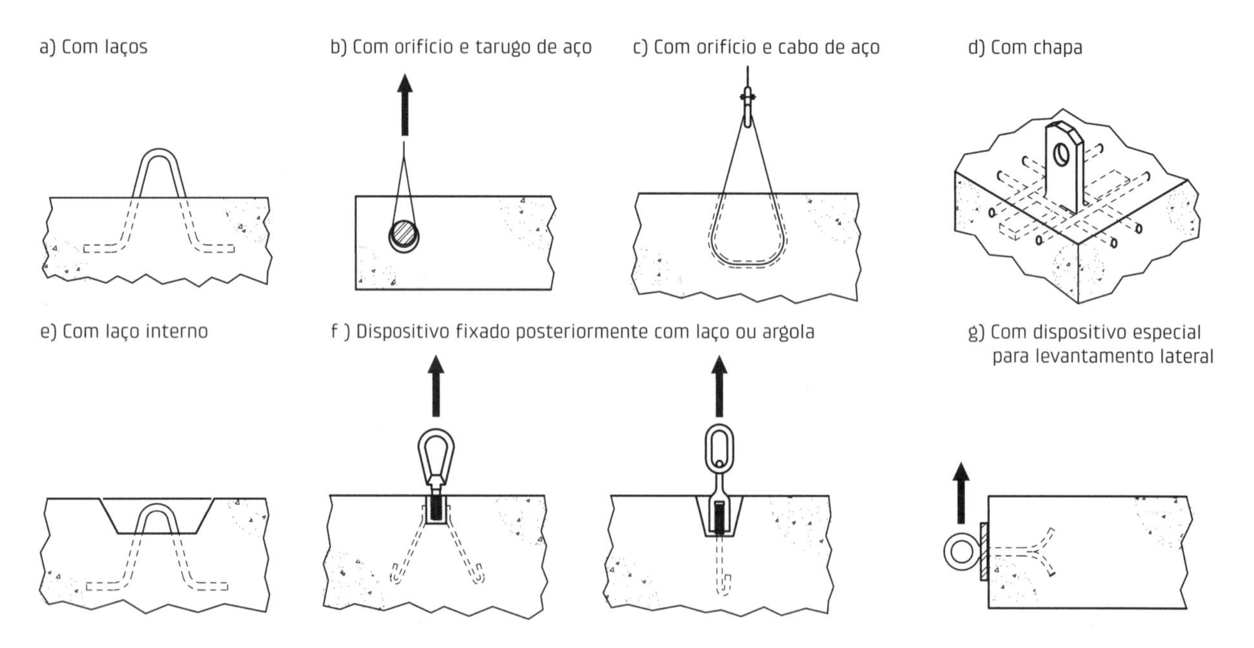

Fig. 1.17 Exemplos de dispositivos internos para o manuseio dos elementos

Fig. 1.18 Exemplos de dispositivos internos: a) alça de içamento com cordoalhas de protensão e b) com orifício para posterior colocação de tarugo

- laços ou chapas chumbados;
- orifícios;
- laços ou argolas rosqueados posteriormente;
- dispositivos especiais.

Os laços chumbados, também chamados de alças de içamento, são os mais empregados, mas possuem o inconveniente de terem que ser cortados, e as suas pontas são protegidas contra a corrosão ou dispostas em cavidades, que são posteriormente preenchidas de concreto.

Cabe registrar que existem vários dispositivos internos disponíveis comercialmente, com diversos graus de sofisticação.

Já os dispositivos externos podem ser divididos em:

- balancins;
- prensadores transversais;
- braços mecânicos;
- ventosas.

O tipo mais comum são os balancins. Com esses dispositivos, procura-se reduzir os esforços solicitantes introduzidos nas situações transitórias. Na Fig. 1.19 são ilustradas algumas possibilidades para vigas e para lajes.

Os prensadores transversais são empregados quando a colocação de dispositivos de içamento acarretar dificuldades na execução. Esse é o caso típico de painéis alveolares feitos por extrusão ou por fôrma deslizante. O uso de ventosas é reservado para situações particulares e tem como característica o fato de não necessitar de dispositivos internos. Na Fig. 1.20 são mostrados esquemas de prensadores transversais, braços metálicos e ventosas. Exemplos desses dispositivos podem ser vistos na Fig. 1.21.

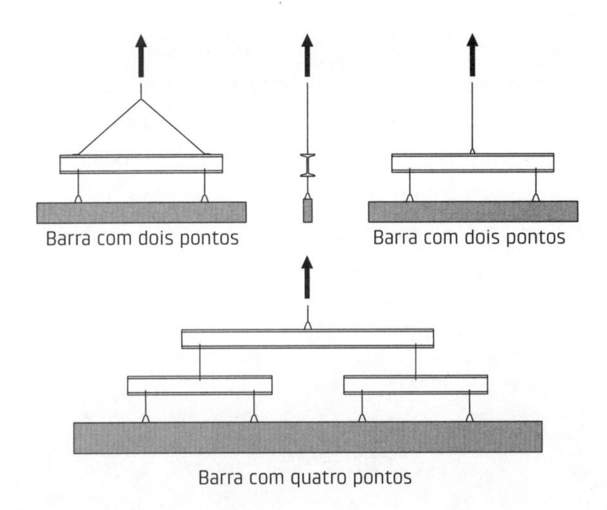

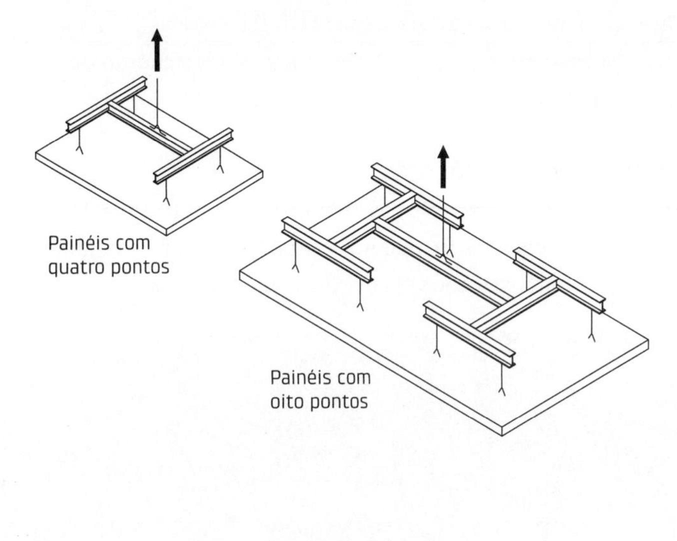

Fig. 1.19 Exemplos de balancins para o manuseio dos elementos

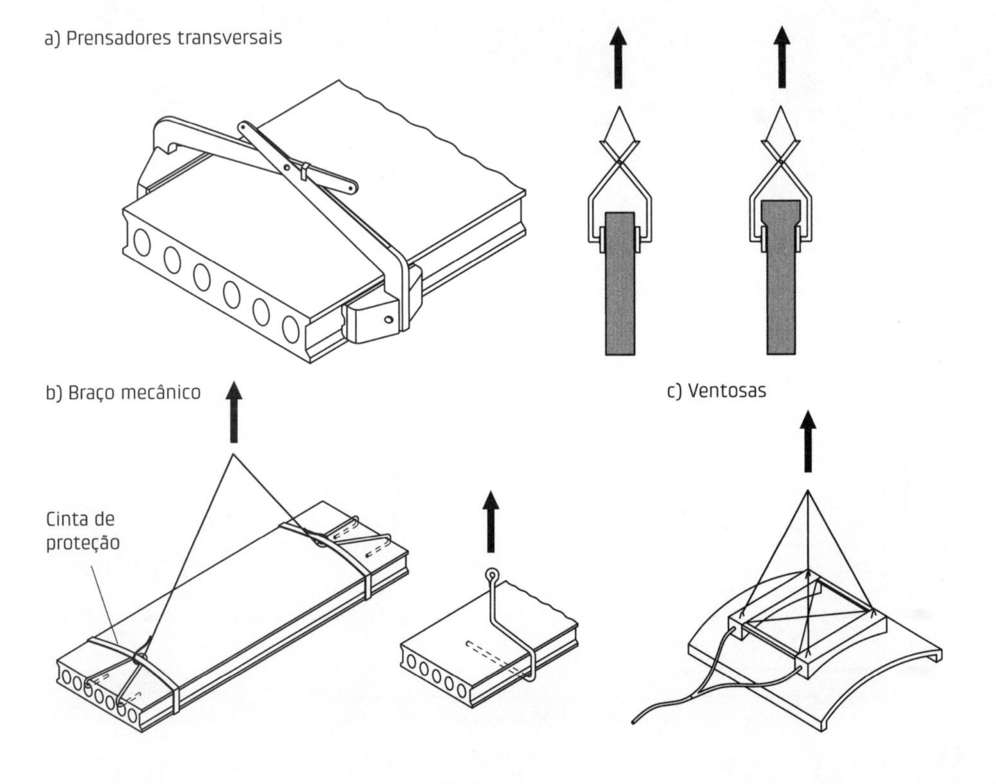

Fig. 1.20 Exemplos de dispositivos especiais externos para o manuseio dos elementos

Ainda em relação aos dispositivos externos, cabe registrar o uso de reforços para a movimentação dos elementos. Esse tipo de dispositivo, geralmente de metal ou madeira, é utilizado também para reduzir as solicitações por ocasião do seu manuseio, como indicado na Fig. 1.22.

1.1.9 Transporte interno

No transporte interno na fábrica, podem ser utilizados pórticos rolantes, carrinhos de rolamento, pontes rolantes, monotrilhos e outros equipamentos do gênero. Os equipamentos mais comumente empregados são as pontes rolantes e os pórticos rolantes, pois dessa forma utiliza-se o mesmo equipamento para a desmoldagem, o transporte interno, o empilhamento e o carregamento dos elementos.

No Quadro 1.2 são indicadas algumas possibilidades para o transporte dos elementos da área de execução para a área de armazenamento e as suas características principais. Por sua vez, na Fig. 1.23 são apresentados exemplos de transporte interno.

1.1.10 Armazenamento

Em geral, após a execução, os elementos são retirados da área de fabricação e armazenados em área apropriada. Eventualmente, de modo transitório, alguns tipos de elemento podem ir para uma área de acabamento superficial ou mesmo de retoques. Este último tipo de operação, que também pode ser feito na área de armazenamento, deve ser sempre minimizado.

O armazenamento ocorre fundamentalmente pelas seguintes razões: a) por uma questão de planejamento da produção e b) para que se aumente a resistência do concreto, até atingir, preferencialmente, a resistência de projeto.

A parte destinada ao armazenamento ocupa uma área considerável da fábrica e depende sobretudo da produção, dos tipos de elemento e dos equipamentos de transporte interno.

No armazenamento dos elementos pré-moldados, recomenda-se não utilizar mais do que duas linhas de apoio e armazenar os elementos na posição correspondente à de utilização definitiva.

Nessa etapa, devem ser objeto de atenção os seguintes aspectos: a) possibilidade de deformações excessivas em razão da pouca idade do concreto e b) estufamentos em virtude da variação de temperatura e das retrações diferenciadas nas faces de painéis.

Na Fig. 1.24 são mostrados alguns esquemas de armazenamento, e na Fig. 1.25, exemplos de armazenamento de painéis.

Fig. 1.21 Exemplos de dispositivos especiais externos: a) prensador transversal e b) ventosa

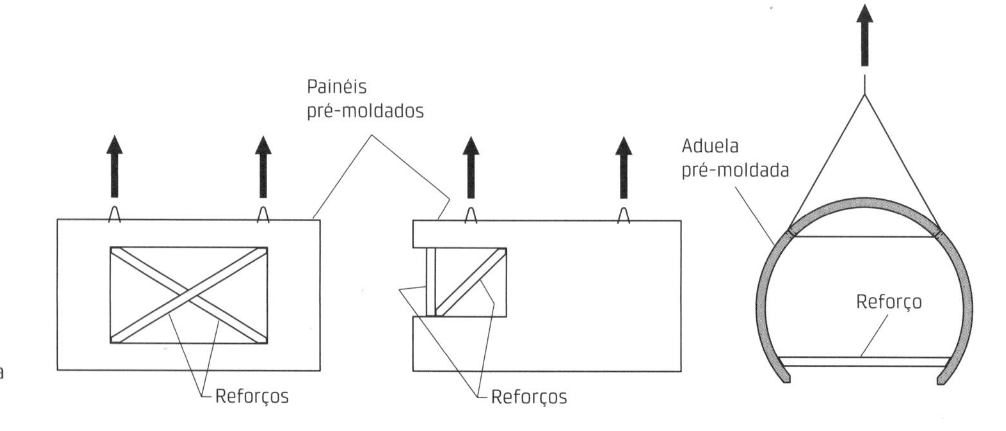

Fig. 1.22 Exemplos de reforço para o manuseio dos elementos

Quadro 1.2 EQUIPAMENTOS PARA O TRANSPORTE INTERNO E SUAS CARACTERÍSTICAS PRINCIPAIS

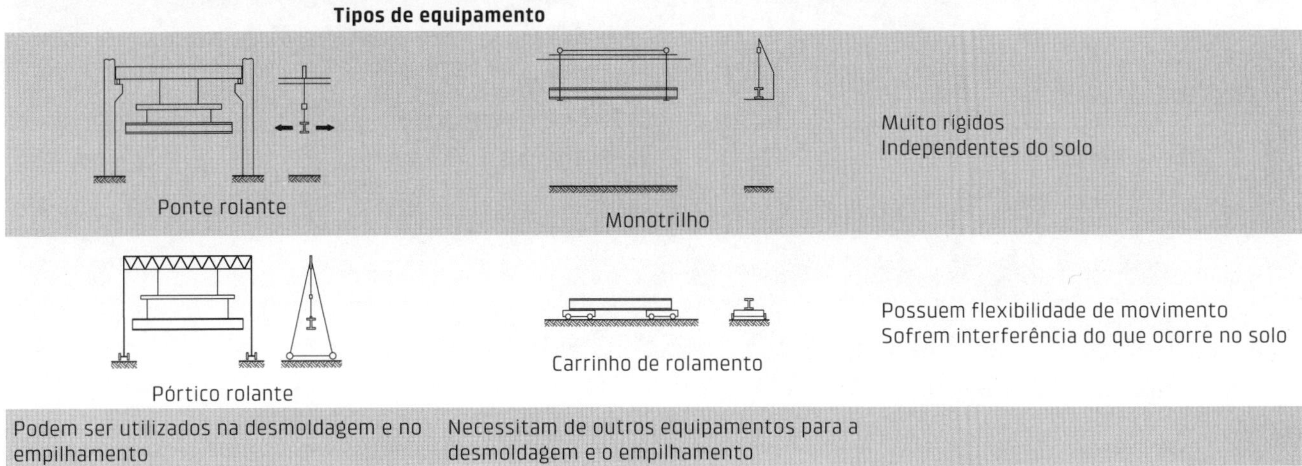

Fonte: adaptado de Fernández Ordóñez (1974).

Fig. 1.23 Exemplos de transporte interno: a) pórtico rolante e b) carrinho de rolamento

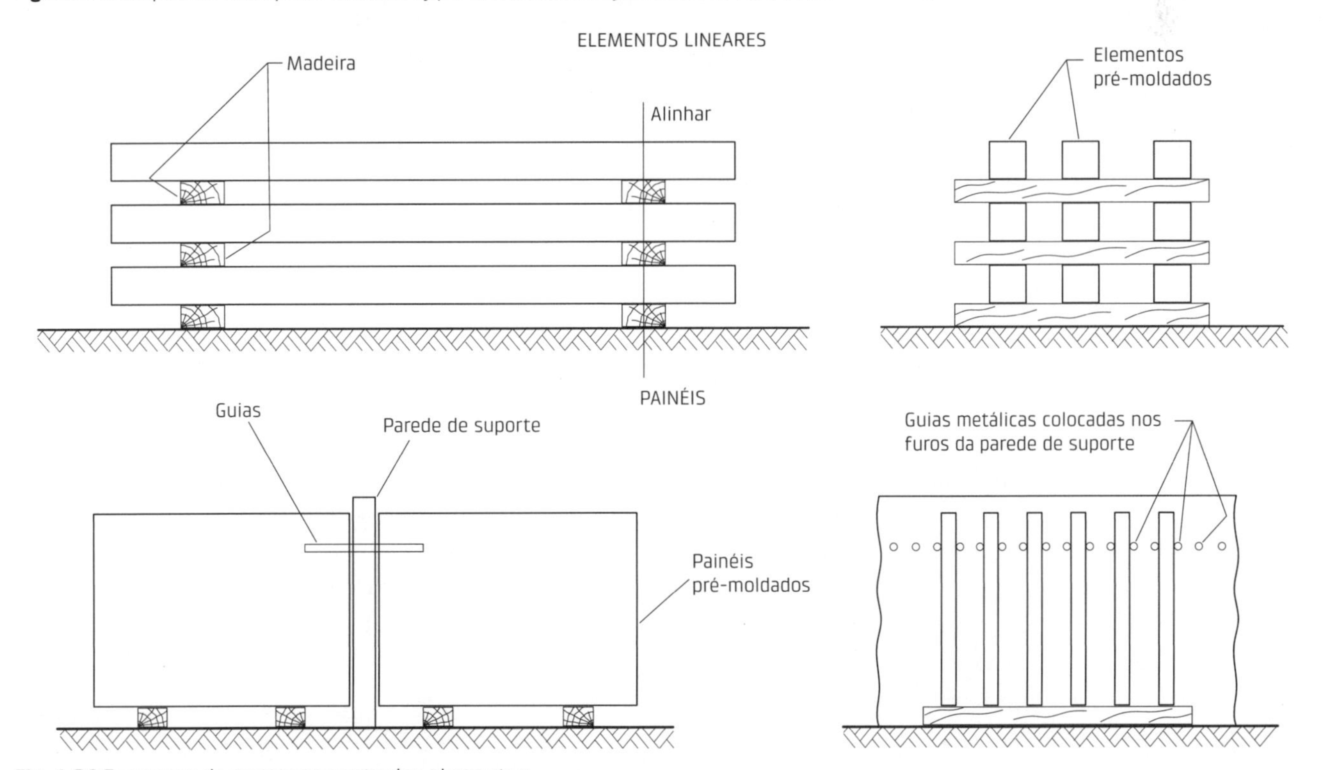

Fig. 1.24 Esquemas de armazenamento dos elementos

Fig. 1.25 Exemplos de armazenamento de painéis

1.1.11 Controle de qualidade

O controle de qualidade e a sua extensão conceitual para a garantia da qualidade merecem atenção em todo o processo de produção do CPM, mas é na execução dos elementos que assumem maior importância.

O nível desse controle pode passar daquele equivalente ao das construções de concreto moldadas no local para níveis de produção industrial.

Esta seção diz respeito ao caso de concreto pré-fabricado, pois grande parte das características favoráveis do CPM está relacionada com o controle de qualidade dos elementos pré-moldados. Vale a pena lembrar que no Brasil a NBR 9062 (ABNT, 2017a) faz a diferenciação entre elemento pré-moldado e elemento pré-fabricado com base no controle de qualidade, cujo detalhamento é apresentado na seção 12 da referida norma.

Assim, a fabricação estaria sujeita a um sistema de qualidade, que pode ter certificação, como no caso do PCI, nos Estados Unidos. No Brasil, a Associação Brasileira da Construção Industrializada de Concreto (Abcic) possui um programa de qualidade específico para as fábricas de CPM.

Conforme o manual do PCI (1999a) para o controle de qualidade para fábricas e fabricação de elementos pré-moldados estruturais, o controle de qualidade envolve: a) inspeção, b) ensaios e c) documentação.

A inspeção pode ser dividida em antes e depois da moldagem. Antes da moldagem, destacam-se duas verificações pela relação que possuem com o projeto estrutural: a) o posicionamento da armadura e de insertos metálicos e b) o controle da força de protensão. A inspeção após a moldagem englobaria, entre outras, as verificações de dimensões dos elementos e da presença de fissuras, quebras, falhas e acabamentos.

Em princípio, os ensaios devem estender-se a todos os materiais utilizados na fabricação. Destacam-se os materiais para o concreto, em particular para o cimento e os agregados, e, para a armação, os aços empregados. Incluem-se ainda ensaios em concreto no estado fresco, como o da trabalhabilidade, e em concreto endurecido. No caso do concreto endurecido, o ensaio para determinar a resistência à compressão é obrigatório. De forma geral, esses ensaios são objeto de normalização. No Brasil, a NBR 9062 (ABNT, 2017a) estabelece como deve ser o controle tecnológico do concreto, incluindo o controle da resistência.

A documentação deve contemplar as atividades realizadas na fabricação, para possibilitar a verificação da conformidade dos elementos. Ela serve também para o aprimoramento do projeto. Em princípio, devem fazer parte da documentação as inspeções e os ensaios realizados na fábrica e os apresentados pelos fornecedores. Merece particular atenção a resistência do concreto e as informações de forças de protensão. Os elementos pré-fabricados devem ser identificados individualmente.

Cabe salientar algumas imperfeições, objeto da inspeção pós-moldagem, que fazem parte do boletim 41 da fib (2007), sobre o tratamento de imperfeições em elementos estruturais de CPM, relativas a: a) acabamento superficial, b) controle dimensional, c) flechas e contraflechas e d) fissuração.

A verificação do acabamento superficial envolve a inspeção da textura superficial, da variação da cor e de fissuras superficiais. No citado boletim da fib (2007) são apresentadas indicações quantitativas e qualitativas para o tratamento dessas imperfeições. Já o controle dimensional é feito de forma a verificar se os desvios geométricos atendem às tolerâncias especificadas. Os valores das tolerâncias de fabricação serão detalhados no Cap. 2.

Por fim, embora sejam variações dimensionais, as flechas e as contraflechas, em geral produzidas pela protensão, merecem um tratamento à parte. Deve-se levar em conta na verificação que elas variam com o tempo devido, basicamente, à fluência do concreto. O controle desses parâmetros é importante em virtude de limitações normativas, bem como para a comparação com estimativas do projeto estrutural.

De acordo com o boletim 41 da fib (2007), a fissuração nos elementos pré-moldados pode ser dividida nos seguintes tipos: a) fissuras de origem térmica, b) fissuras de adensamento plástico e retração autógena, c) fissuras de retração por secagem e d) fissuras mecânicas. Embora não seja limitado a fissuras na etapa de fabricação, pode-se encontrar nesse boletim, para vários tipos de imperfeição relacionados com elementos pré-moldados, as causas, a prevenção, os efeitos e os reparos recomendados.

1.1.12 Organização dos trabalhos de execução

A execução dos elementos pré-moldados nas fábricas, de maneira geral, constitui um conjunto de operações que necessitam de um cuidadoso planejamento.

No desenvolvimento e na otimização do processo, bem como no dimensionamento das instalações físicas, aplicam-se os procedimentos relativos à organização das fábricas em geral.

As fábricas de pré-moldados podem ser fixas, semifixas ou móveis. As fábricas fixas são aquelas previstas para um tempo indeterminado, para as quais o planejamento é feito a longo prazo e pode-se tirar maior proveito da racionalização dos trabalhos. As fábricas semifixas são previstas para um tempo determinado, para atender a determinadas situações, limitando assim os investimentos para a melhoria da produtividade. As fábricas móveis constituem fábricas instaladas nos canteiros visando atender a uma obra.

Em relação ao investimento, as fábricas podem ser classificadas em quatro categorias, cujas características básicas são as seguintes (Salas Serrano, 1988):

- *fábrica de produção artesanal*: central de concreto simples, barracão de obra, cobertura na área da moldagem, fôrmas simples, pórtico rolante, adensamento por vibração de imersão, cura natural (por aspersão ou imersão), corte de aço por guilhotina;
- *fábrica de média mecanização*: dosagem do concreto por peso, galpões de moldagem, execução de armadura em oficinas, silos de matérias-primas, cura térmica, laboratório de materiais, pontes rolantes, instalações de ar comprimido;
- *fábrica de alta mecanização*: classificação de agregados, central automática de concreto, distribuição do concreto por meios semiautomáticos, oficinas de armadura com solda, laboratório de materiais bem equipado e os outros equipamentos do caso anterior;
- *fábrica automatizada*: comando à distância, circuito fechado de TV, emprego de robôs, projeto, produção e controle de qualidade assistidos por computador, incluindo ferramentas BIM, além dos outros equipamentos dos casos anteriores.

As fábricas automatizadas, que podem incluir o uso de robótica, necessitam de grandes investimentos e caracterizam-se pelo emprego de muito pouca mão de obra e pela especialização de produção. Esse tipo de fábrica está se tornando cada vez mais acessível em países bastante desenvolvidos tecnologicamente e com escassez de mão de obra.

No caso de execução em canteiro, cujo elemento resultante é chamado de pré-moldado de canteiro, as características de produção podem variar desde as correspondentes às fábricas de produção artesanal até aquelas correspondentes às fábricas de média mecanização. Conforme já destacado no capítulo introdutório, a produtividade e o controle de qualidade desse processo tendem a ser inferiores aos da execução de pré-moldados de fábrica.

Já a execução do pré-moldado no local da construção, como aquela mostrada na Fig. I.15 (reservatório), tem características próximas às da execução de estruturas de CML. Nesse caso, a organização dos trabalhos de execução é praticamente a mesma que a das estruturas moldadas no local, mas deve ser feito um planejamento vinculando a posição de execução dos elementos com a forma da sua montagem.

Esse tipo de execução é normalmente recomendado para elementos de grandes dimensões para os quais o transporte é pouco indicado, seja pelo peso dos elementos, seja pelas suas dimensões, seja por tratar-se de pequena produção.

Um exemplo típico dessa forma de emprego do CPM é o chamado processo *tilt-up*, já comentado no capítulo introdutório.

1.2 Transporte

O transporte aqui abordado refere-se ao traslado dos elementos pré-moldados das fábricas até o local de montagem e é específico dos pré-moldados de fábrica.

É possível dividi-lo em rodoviário, ferroviário e marítimo. No Brasil, praticamente só se utiliza o transporte rodoviário, que pode ser feito por caminhões, carretas ou carretas especiais. Conforme mostra o esquema da Fig. 1.26, as carretas especiais são empregadas para elementos muito longos. Exemplos de transporte de elementos de CPM são apresentados na Fig. 1.27.

No transporte, principalmente rodoviário, há a possibilidade de ocorrerem ações dinâmicas de grande magnitude, que podem danificar os elementos. Por essa razão, e também por questão de segurança, recomenda-se uma cuidadosa fixação dos elementos para o transporte. Na definição da posição dos apoios dos elementos, aplicam-se, em geral, as mesmas regras utilizadas para o armazenamento. Cabe destacar o alerta da NBR 9062 (ABNT, 2017a) de verificar o posicionamento do elemento sobre os apoios no veículo de modo que a frequência natural de vibração do elemento fique afastada da frequência de excitação do sistema de transporte.

As limitações que podem acontecer nessa etapa são decorrentes dos gabaritos de transporte, do comprimento e do peso dos elementos e da distância a percorrer. A obediência aos gabaritos geralmente é a principal delas. No caso de transporte rodoviário, recomenda-se obedecer às limitações de 2,5 m na largura e 4,5 m na altura (Fig. 1.28). Dimensões maiores podem ser empregadas, mas devem ser verificadas caso a caso.

Quanto ao comprimento, é possível transportar elementos com até 30 m. Esse é um valor de referência, e, em certos casos, quando o percurso é feito em rodovias e grandes avenidas, existe a possibilidade de valores bem maiores serem alcançados. Por outro lado, o acesso a determinadas regiões urbanas pode limitar o comprimento a valores de até 20 m.

Em relação ao peso, devem ser satisfeitas as limitações de carga por eixo do transporte rodoviário. A Tab. 1.1 apresenta os valores das máximas cargas por eixo normalmente utilizados no Brasil.

A modernização das estradas e o aumento de potência dos veículos de transporte possibilitaram uma elevação no comprimento e no peso dos elementos transportados. De fato, existe a informação de que, entre 1950 e 1990, o comprimento e o peso das vigas de pontes passaram de 15 m e 500 kN para 50 m e 1.150 kN, respectivamente.

No que se refere à distância máxima para a qual o transporte ainda é viável, é difícil estabelecer valores, pois os custos dependem dos mais variados fatores e circunstâncias. Em situações normais, os valores indicados para os custos envolvidos com o transporte são de 5% a 15% do custo total.

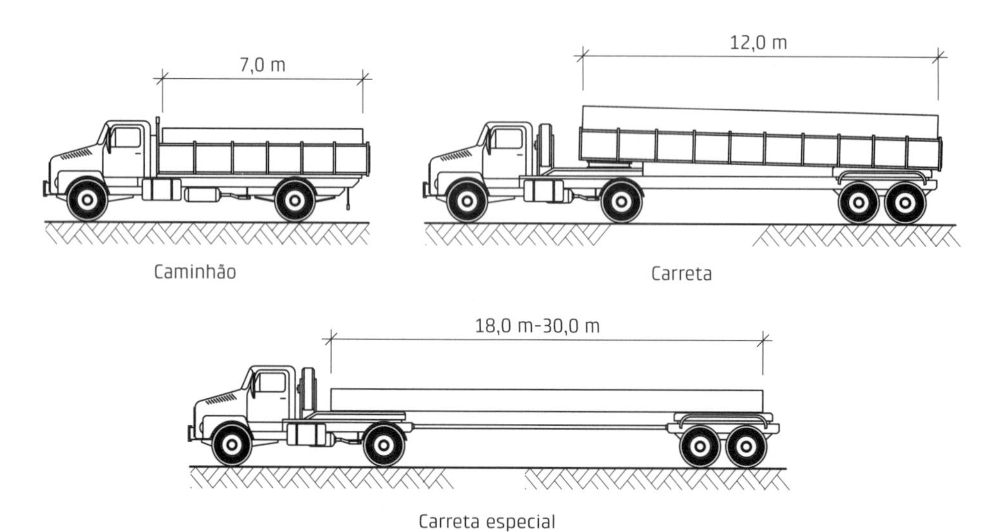

Fig. 1.26 Veículos para o transporte dos elementos

Fig. 1.27 Exemplos de transporte de elementos pré-moldados: a) painéis e b) pilares

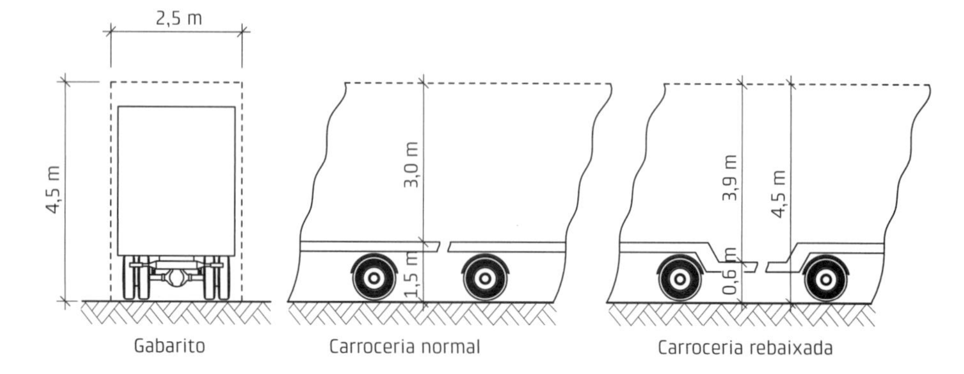

Fig. 1.28 Gabarito de transporte rodoviário para situações usuais

Tab. 1.1 VALORES DAS MÁXIMAS CARGAS POR EIXO NORMALMENTE UTILIZADOS NAS RODOVIAS NACIONAIS

Situação	Carga por eixo
Eixo isolado com dois pneus (a)	60 kN (6 tf)
Eixo isolado com quatro pneus (a)	100 kN (10 tf)
Conjunto de dois ou três eixos com quatro pneus por eixo (b)	85 kN (8,5 tf)

Notas: a) distância entre eixos superior a 2,0 m e b) distância entre eixos de 1,2 m a 2,0 m.

1.3 Montagem

1.3.1 Planejamento e segurança

A montagem dos elementos para formar a estrutura de CPM deve ser objeto de planejamento, que pode ter importante reflexo no projeto estrutural. Esse estudo deve ser realizado com antecedência, de modo que possam ser consideradas no projeto situações inevitáveis que acarretem solicitações críticas.

De acordo com o manual de montagem do PCI (1999b), esse planejamento envolve, entre outros, os seguintes aspectos: a) determinação das condições de acesso, direção de montagem e sequências, b) identificação dos riscos, c) determinação de tamanhos e limitação de pesos, d) plano de montagem, e) seleção do equipamento de montagem, f) elaboração de plano de segurança de montagem, e g) verificações em campo, que devem ser feitas antes do início da montagem, particularmente no que se refere à precisão dimensional da fundação.

Esses aspectos estão detalhados no manual mencionado, que, apesar de ser direcionado aos profissionais envolvidos somente com a montagem, reúne informações que podem ser úteis para a melhoria do projeto estrutural.

Na montagem dos elementos, pode ser preciso utilizar escoramentos, bem como realizar ligações provisórias ou definitivas para garantir a estabilidade dos elementos individualmente ou do conjunto de elementos montados. Além disso, é necessário prever as condições de acesso à medida que a estrutura vai sendo montada. Em determinadas situações, em virtude das condições de acesso dos equipamentos de montagem, pode ser preciso deixar a montagem da parte central da estrutura para uma segunda etapa.

Para se ter uma avaliação da produtividade da montagem de CPM, apresentam-se a seguir alguns índices presentes no manual do Canadian Precast/Prestressed Concrete Institute (CPCI, 2007). De acordo com esse manual, para uma equipe de dois ou três operários e um operador de guindaste, em um dia de trabalho seriam montados: a) 300 m² de painéis alveolares em lajes, b) 8 pilares, c) 15 vigas, d) 20 painéis de seção TT em lajes e e) 7 painéis para paredes.

Um aspecto bastante importante relacionado com a montagem é a segurança, em particular a do trabalho. Naturalmente, a segurança do trabalho deve ser garantida em todas as etapas envolvidas na produção das estruturas de CPM, mas é na fase de montagem que recebe maior atenção.

Informações sobre a segurança na fase de montagem podem ser vistas na publicação do PCI (1985), que, juntamente com o manual de montagem da mesma instituição (PCI, 1999b), fornece suporte técnico para a montagem de CPM.

Em comparação com as versões anteriores, a NBR 9062 (ABNT, 2017a), na sua seção 11, apresenta um detalhamento bem melhor das atividades relacionadas com a montagem dos elementos, o que reflete a importância do assunto e a necessidade de um cuidadoso planejamento.

1.3.2 Equipamentos

A montagem dos elementos pré-moldados é constituída por uma série de operações governadas, basicamente, pelo equipamento de montagem. Pode-se dividir os equipamentos empregados na montagem desses elementos nos seguintes tipos:

- *de uso comum*
  - autogrua (guindaste sobre plataforma móvel);
  - grua de torre (guindaste de torre).
- *de uso restrito*
  - grua de pórtico (guindaste de pórtico);
  - *derrick* (guindaste *derrick*).

As autogruas constituem o principal tipo de equipamento utilizado hoje em dia, sobretudo as autogruas com capacidade de 30 t a 100 t, e sua característica mais importante é a grande mobilidade. Elas podem ser sobre pneus (Fig. 1.29) ou sobre esteiras (Fig. 1.30) e ainda com lança fixa ou telescópica. A restrição ao seu uso limita-se ao caso de edifícios altos.

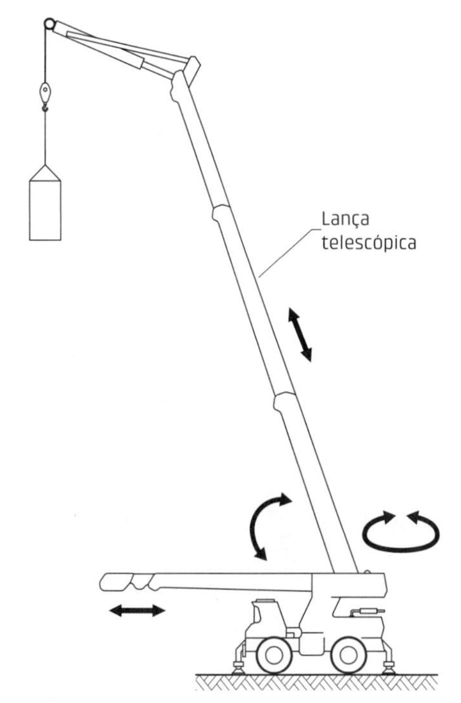

Fig. 1.29 Autogrua sobre pneus

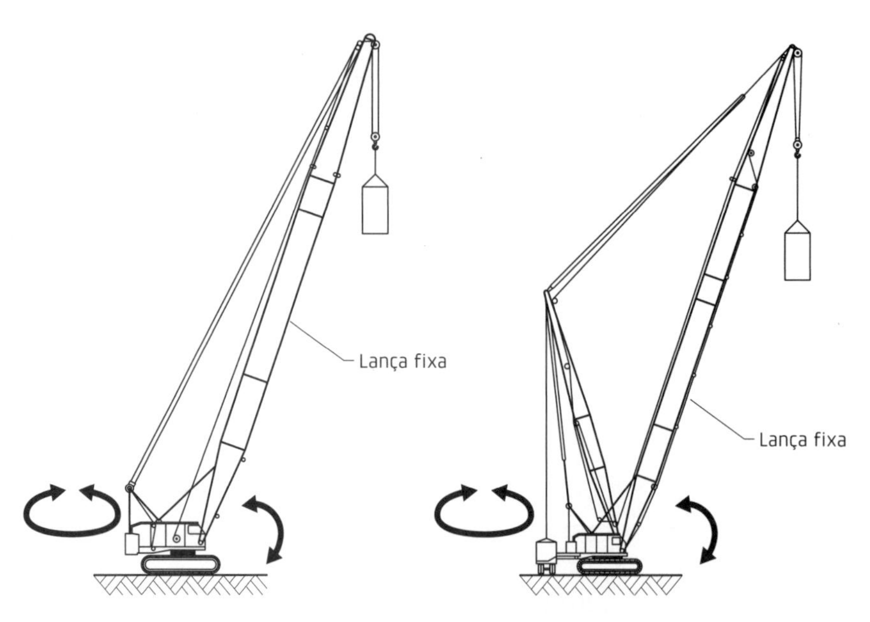

Fig. 1.30 Autogrua sobre esteiras

As gruas de torre são normalmente utilizadas em edifícios altos e podem ser fixas ou móveis (Fig. 1.31). Por sua vez, as gruas de pórtico consistem em pórtico rolante de grandes dimensões que passa por fora e por cima da construção a ser montada (Fig. 1.32).

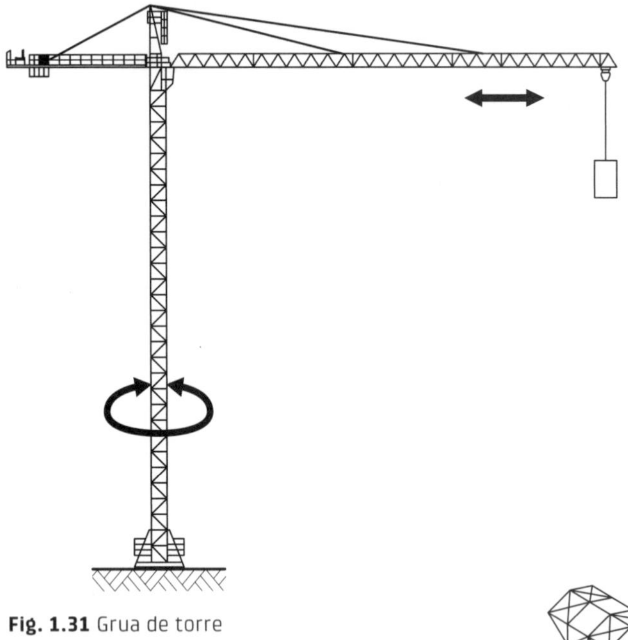

Fig. 1.31 Grua de torre

Por fim, os *derricks* são equipamentos de grande capacidade de carga, mas de pequena mobilidade, que podem ser fixos ou móveis e que têm uso indicado para casos muito específicos.

Exemplos desses equipamentos de montagem são apresentados na Fig. 1.33 e algumas das suas principais características encontram-se reunidas no Quadro 1.3. Nesse quadro estão incluídos também dados referentes a outro equipamento de montagem, os guindastes acoplados a caminhão, que apresentam baixa capacidade de carga, mas são bastante versáteis, podendo ser utilizados para pré-moldados leves (Fig. 1.34).

Para a montagem de painéis de fechamento, é possível recorrer a sistemas de monotrilho e a dispositivos de levantamento fixados diretamente na estrutura. Esses tipos de equipamento são especialmente indicados em edifícios de grande altura.

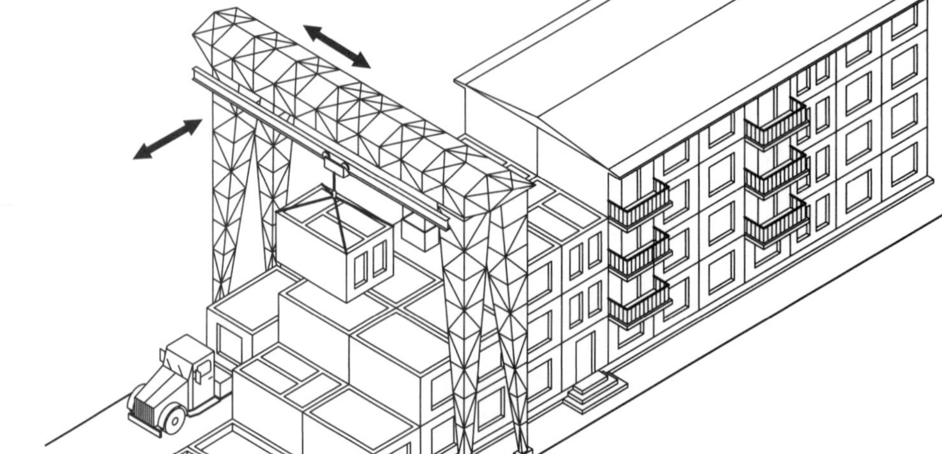

Fig. 1.32 Grua de pórtico
Fonte: adaptado de Ataev (1980).

Fig. 1.33 Exemplos de equipamentos de montagem: a) autogrua sobre pneus; b) autogrua sobre esteiras; c) grua de torre; d) grua de pórtico

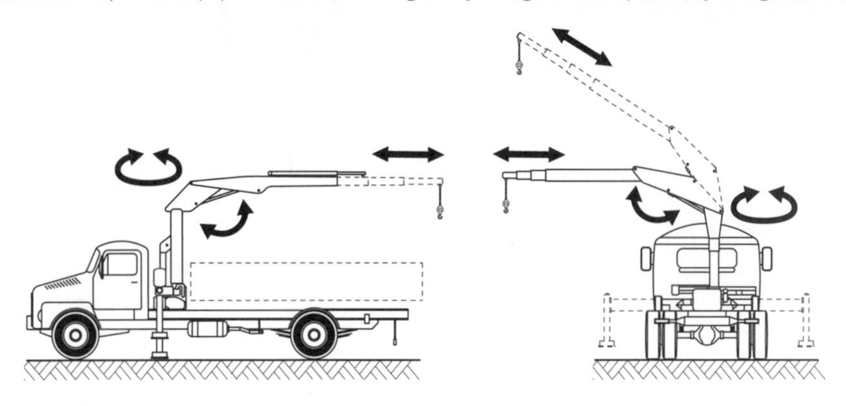

Fig. 1.34 Guindaste acoplado a caminhão

Quadro 1.3 CARACTERÍSTICAS DOS EQUIPAMENTOS DE MONTAGEM

	Características favoráveis	Características desfavoráveis
Autogrua sobre pneus	Grande mobilidade Grande capacidade de carga	Pouca precisão Necessidade de piso estável
Autogrua sobre esteiras	As mesmas do caso anterior	Falta de estabilidade Efeito prejudicial ao pavimento
Grua de torre	Facilidade para a repetição de movimentos	Necessidade de montar e desmontar Pouca capacidade de carga
Grua de pórtico	Grande capacidade de carga Precisão de montagem	Movimentação limitada Necessidade de montar e desmontar Lentidão de movimentos
Derrick	Grande capacidade de carga	Limitação de movimentos Transporte custoso
Guindaste acoplado a caminhão	Grande mobilidade Baixo custo	Limitação de peso Alcance limitado

Fonte: adaptado de Fernández Ordóñez (1974).

Em determinadas situações de construção de obras civis (galerias, canais, muros de arrimo etc.), podem ser empregados equipamentos destinados a outros fins, como dragas e retroescavadeiras.

Outro tipo de equipamento empregado na montagem de elementos pré-moldados é a treliça de lançamento de vigas e aduelas, que tem uso restrito à construção de pontes de grande porte.

Os fatores que influenciam a escolha do equipamento e da sua capacidade são, entre outros, os seguintes:

- pesos, dimensões e raios de levantamento das peças mais pesadas e maiores;
- número de levantamentos a serem feitos e frequência das operações;
- mobilidade requerida, condições de campo e espaço disponível.

1.3.3 Dispositivos auxiliares

Na montagem dos elementos, muitas vezes são necessários outros dispositivos. Além dos citados na seção 1.1.8, sobre dispositivos auxiliares para o manuseio, cabe destacar os dispositivos necessários para a fixação provisória e para ajustes do posicionamento.

Entre outros, esses dispositivos são: escora rosqueada, sistema de grampos, parafusos de nivelamento, dispositivos para contraventamento provisório, como cabos de aço e elementos metálicos, e cimbramento. Alguns deles estão mostrados na Fig. 1.35. A Fig. 1.36 apresenta um exemplo de dispositivo para a fixação provisória de pilar pré-moldado, pois a sua ligação com a fundação demanda aguardar o endurecimento do graute.

1.3.4 Procedimentos gerais

A montagem apresenta particularidades conforme o tipo de elemento. Os procedimentos de montagem podem ser divididos, em função das especificidades de cada caso, em: a) montagem de pilares, b) montagem de vigas e arcos, c) montagem de painéis de parede e d) montagem de painéis de laje.

Os casos que necessitam de maior atenção envolvem os pilares e os painéis de parede, pelo fato de chegarem

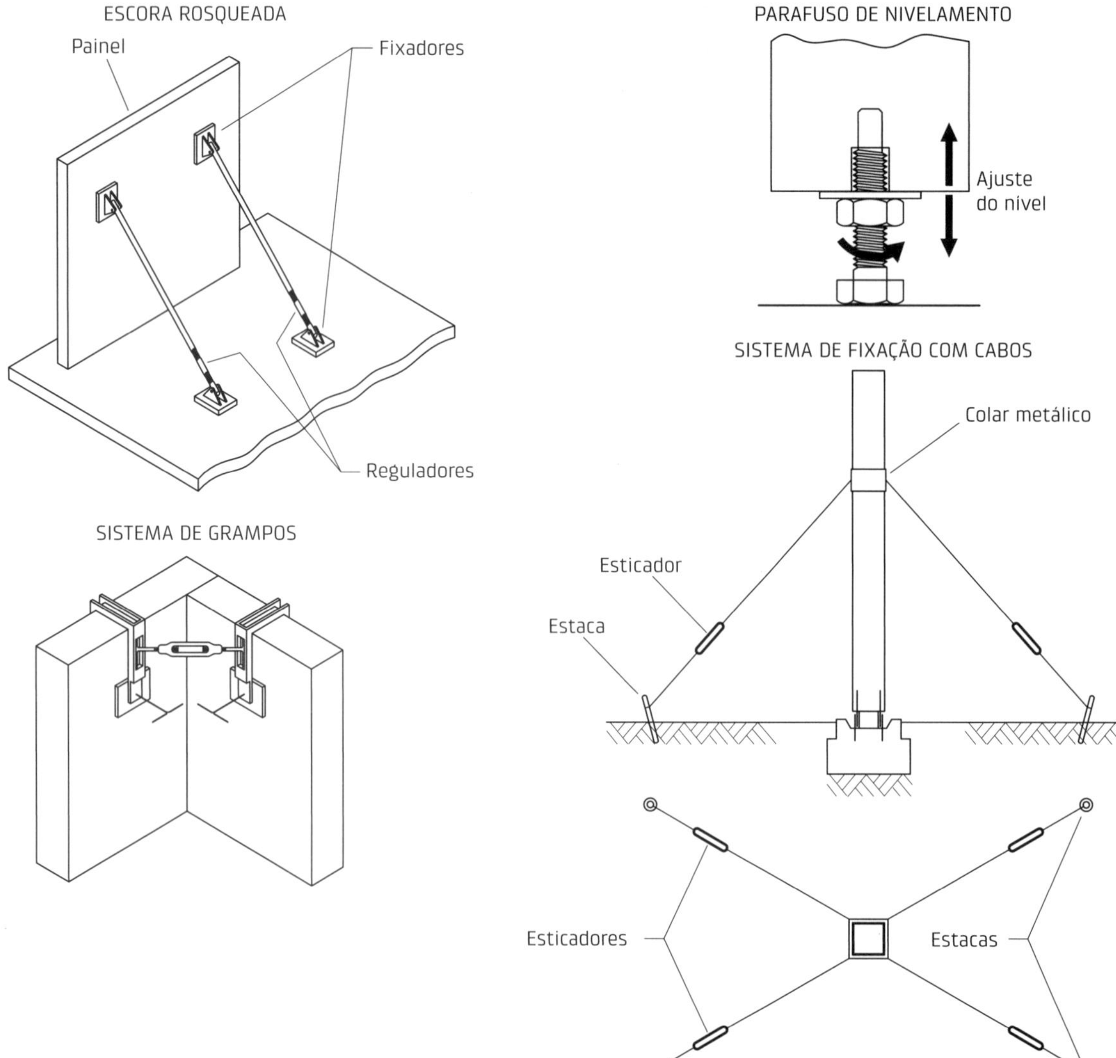

Fig. 1.35 Dispositivos auxiliares de montagem

na obra, em geral, em posição diferente da de serviço. Nesse caso, é comum ter que fazer a rotação do elemento à medida que ele é levantado. Algumas formas de realizar a rotação estão indicadas na Fig. 1.37.

Uma regra geral que se deve ter em mente no manuseio é que os pontos de içamento devem ficar acima do centro de gravidade dos elementos, para que o seu equilíbrio seja estável.

Os sistemas estruturais de paredes portantes apresentam características especiais de montagem, pois, via de regra, é necessário prever escoramentos para os painéis. Esse procedimento é esquematizado na Fig. 1.38. Os painéis devem permanecer escorados até a efetivação das ligações. Para edifícios de múltiplos pavimentos, essa sequência se repete para cada andar.

A montagem de painéis alveolares, feitos por extrusão ou fôrma deslizante, constitui um caso à parte, pelo fato de os dispositivos internos de manuseio serem evitados.

Cabe registrar ainda que em determinadas situações é feita, no canteiro, a montagem de elementos estruturais a partir de segmentos. Posteriormente, esses elementos são colocados na posição de utilização definitiva.

Naturalmente, existem situações que não se enquadram nas anteriores e que exigem estudos específicos, como a mostrada em Isozaki et al. (1999), sobre a montagem de painéis curvos.

Fig. 1.36 Exemplo de dispositivo auxiliar de montagem de pilar: a) montagem com o dispositivo e b) montagem com o dispositivo fixado

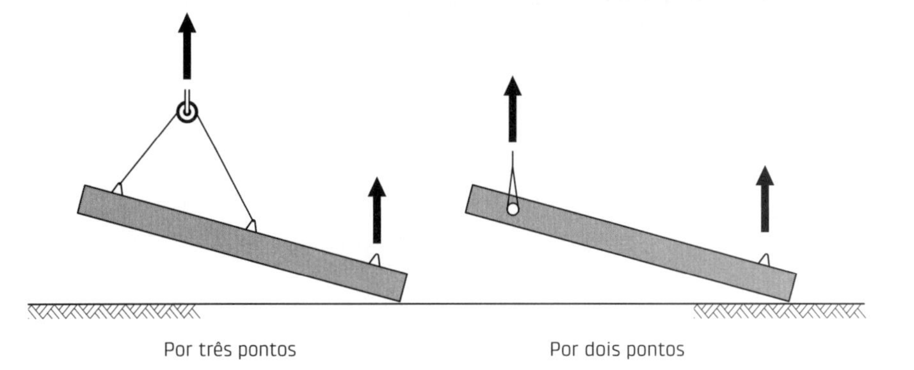

Fig. 1.37 Possibilidades de levantamento e rotação de elementos

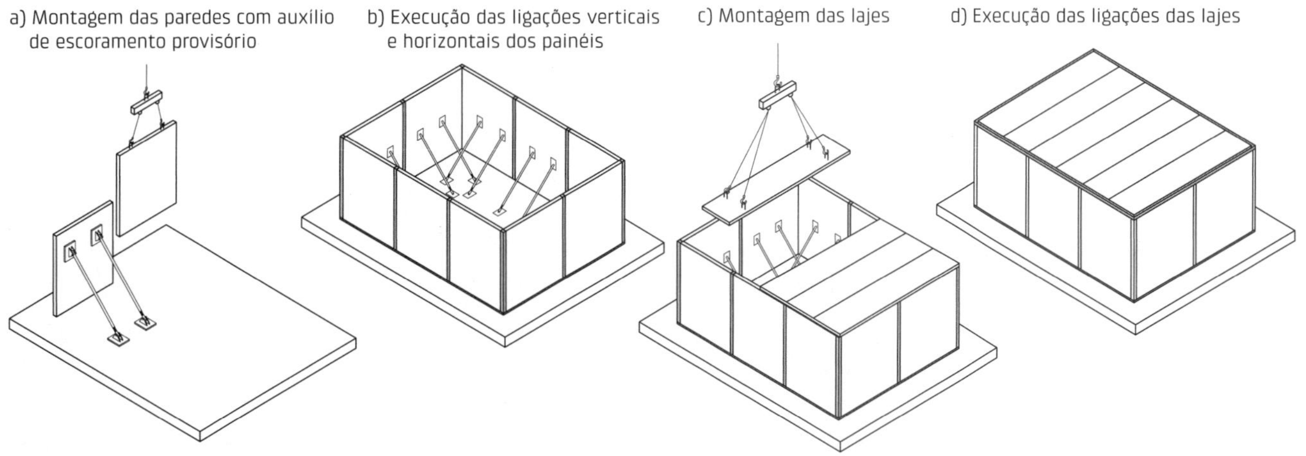

Fig. 1.38 Sequência de montagem de um andar de estrutura de parede portante

2 PROJETO DOS ELEMENTOS E DAS ESTRUTURAS DE CONCRETO PRÉ-MOLDADO

Este capítulo trata das indicações para o projeto dos elementos e das estruturas de concreto pré-moldado (CPM), abordando inicialmente tópicos gerais e posteriormente tópicos específicos. Nesse sentido, são fornecidas indicações enfocando os seguintes tópicos gerais: princípios gerais, forma dos elementos pré-moldados, elementos para a análise estrutural e recomendações para o projeto estrutural. Nos tópicos específicos são tratados dos seguintes assuntos: tolerâncias e folgas, cobrimento da armadura, situações transitórias e procedimentos para a análise da estabilidade global das estruturas de CPM de edifícios. Outros tópicos específicos são ainda apresentados no Cap. 5.

2.1 Princípios e recomendações gerais

2.1.1 Princípios gerais

Os princípios gerais que devem nortear o projeto das estruturas formadas por elementos pré-moldados são exibidos no Quadro 2.1. A discussão de cada um deles é realizada nas seções que se seguem.

Deve-se encarar os princípios apresentados não como metas, mas sim como diretrizes gerais, pois devem ser analisadas as situações específicas de cada caso. A não obediência a alguns deles não resulta necessariamente numa solução inadequada nem inviabiliza o emprego do CPM. No entanto, não levá-los em conta fará com que o emprego do CPM seja provavelmente muito difícil de ser viabilizado.

Destaca-se também que esses princípios estão direcionados para a industrialização da construção. Por esse motivo, eles deixam de ser importantes no caso de empregar-se o CPM como uma forma de racionalizar a construção.

Quadro 2.1 PRINCÍPIOS GERAIS PARA O PROJETO DE ESTRUTURAS DE CPM

Conceber o projeto da obra visando à utilização do CPM
Resolver as interações da estrutura com as outras partes da construção
Minimizar o número de ligações
Minimizar o número de tipos de elemento
Utilizar elementos de mesma faixa de peso

Conceber o projeto da obra visando à utilização do CPM

O ideal seria que a construção fosse projetada, desde a sua fase inicial, já prevendo a aplicação do CPM. Dessa forma, em função das características da obra, como vãos, alturas e cargas de utilização, seria possível tirar melhor partido da potencialidade do CPM.

Nesse princípio está implícito que na concepção do projeto da construção deve ser considerada a forma da sua produção. Esse princípio, que é válido para qualquer forma de construção, é particularmente importante quando se pretende utilizar o CPM. Desse modo, no projeto de estruturas de CPM, devem ser levadas em conta as características favoráveis e desfavoráveis nas várias etapas da produção: a execução dos elementos, o transporte, a montagem e a realização das ligações.

A elaboração de projetos dessa forma pode ser mais trabalhosa, pois englobaria o planejamento da construção, o que normalmente não ocorre quando se projetam as estruturas de concreto moldado no local (CML). No entanto, é dessa maneira que se pode melhor aproveitar os recursos do CPM. Por outro lado, conforme adiantado no capítulo introdutório, a experiência e a repetição de situações facilitam a elaboração do projeto.

Mesmo que não tenha sido previsto no projeto da construção, o CPM pode ser empregado, mas existe sempre um certo prejuízo, maior ou menor dependendo do caso. Essa prática é comum no Brasil e mesmo no exterior, em países mais desenvolvidos tecnologicamente.

Um exemplo emblemático de vantagem da alternativa da construção em CPM é o empreendimento Panamericana Park, em São Paulo (SP) (Prelorentzou, 2004). Trata-se da construção de um conjunto de nove blocos, conforme mostrado na Fig. 2.1. Nesse empreendimento foi feito um estudo comparativo entre as alternativas em CML e CPM. Uma comparação entre as etapas de concepção e construção é exibida na Fig. 2.2. Pode-se observar que na alternativa em CPM a etapa de concepção, principalmente a parte de desenvolvimento do projeto, demandou mais tempo, ao passo que o tempo de construção ficou menor. A previsão para a alternativa em CML era de seis meses para a concepção e de 30 meses para a construção. Com a alternativa em CPM, a concepção demandou 12 meses e o tempo de construção caiu para 12 meses, e com isso houve uma antecipação de receitas em 12 meses. Esse exemplo mostra claramente que foi possível aumentar o tempo e o esforço no planejamento, postergando o início da construção, e, com o emprego do CPM, terminar em um prazo bem menor em comparação com a alternativa em CML. A Fig. 2.3 apresenta as fases inicial e final da execução da estrutura.

Resolver as interações da estrutura com as outras partes da construção

No projeto estrutural, devem ser previstas as interações com outras partes que formam a construção, tais como as instalações (hidráulicas, sanitárias, elétricas, de águas pluviais, de ar condicionado etc.) e as esquadrias, ou ainda com outros elementos, como a impermeabilização e o isolamento térmico. No caso de se empregar o CPM, essa previsão é mais importante, pois, como já foi comentado, as improvisações não são compatíveis com ele.

Na Fig. 2.4 são mostrados exemplos de como pode ser prevista a passagem de instalações (elétrica, de ar condicionado etc.) em um pavimento de edifício.

Mais que resolver essas interações, deve-se procurar tirar proveito do CPM para racionalizar os serviços correspondentes às outras partes da construção. Isso depende de cada tipo de construção. Por exemplo, no caso de galpões, a iluminação zenital, os caminhos de rolamentos ou ainda os condutos para águas pluviais podem estar integrados na estrutura. Na Fig. 2.5 é ilustrado como os condutos para o escoamento de águas pluviais podem ser incorporados à estrutura com o emprego de pilar vazado. Embora essa alternativa possa ser vista com ressalvas no que diz respeito à manutenção, é comumente empregada em galpões no Brasil.

Minimizar o número de ligações

Outro princípio que deve nortear o projeto de estruturas de CPM é o de minimizar o número de ligações. Considerando que um dos principais obstáculos para o uso das estruturas de CPM é a realização das ligações entre os elementos, esse princípio aponta para a redução da divisão da estru-

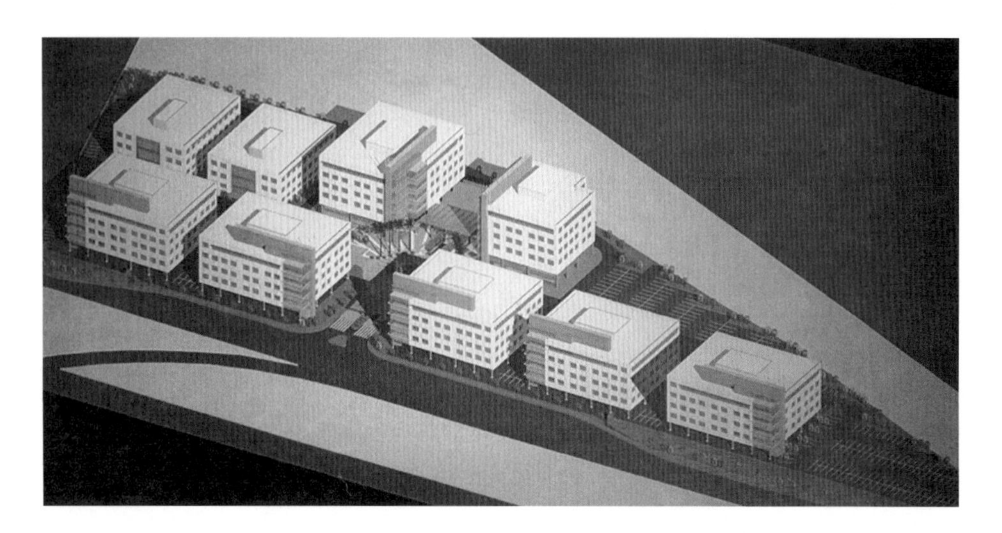

Fig. 2.1 Maquete eletrônica do Panamerica Park
Fonte: Prelorentzou (2004).

tura em elementos. Evidentemente, isso está vinculado às limitações de transporte, quando houver, à disponibilidade de equipamento de montagem e aos custos relacionados a essas etapas. Nesse princípio, deve-se ter também em conta o tipo de ligação. De forma geral, as ligações articuladas são mais simples, mas é necessário aumentar a rigidez dos elementos pré-moldados, ao passo que as ligações que transmitem momento fletor são mais trabalhosas.

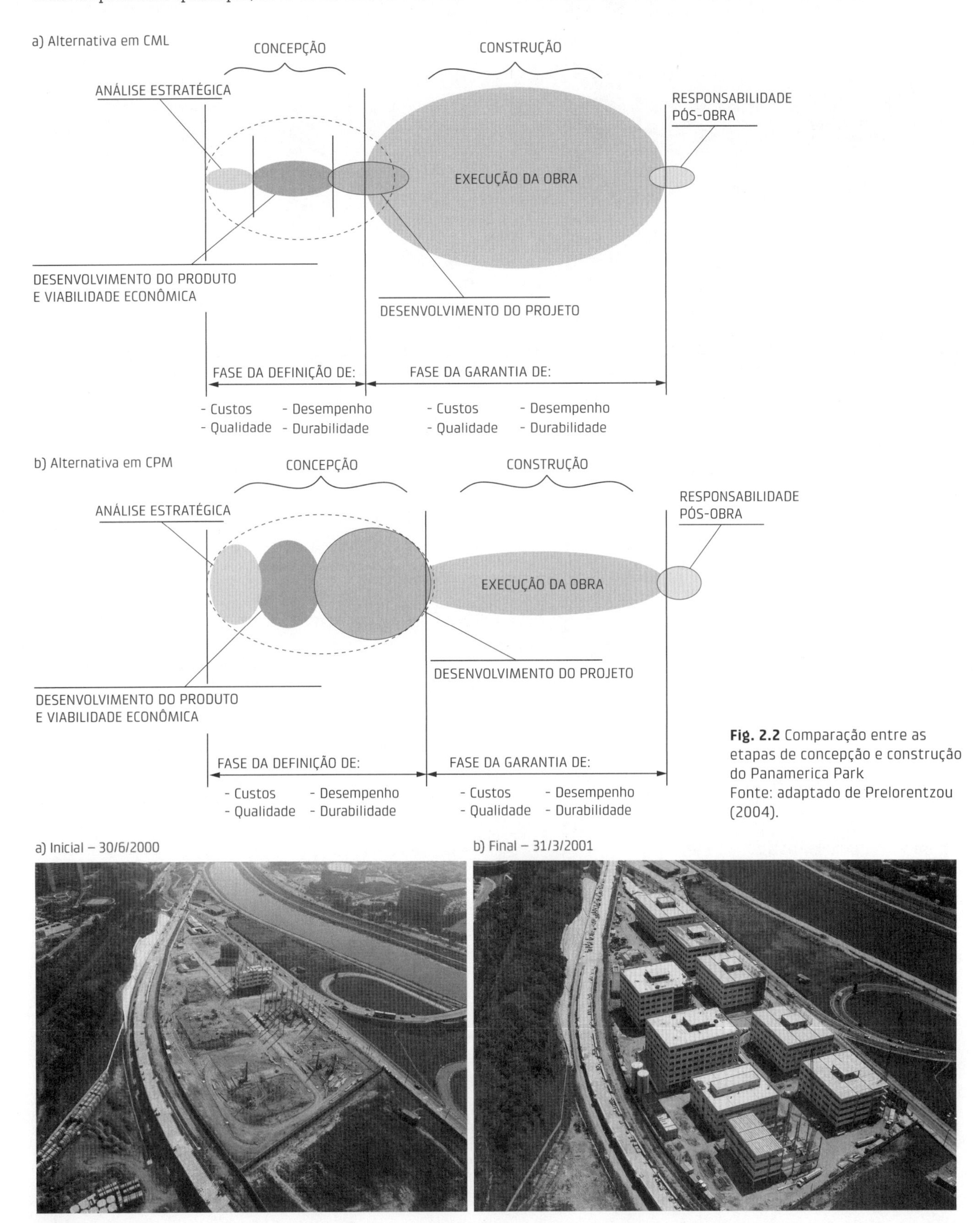

Fig. 2.2 Comparação entre as etapas de concepção e construção do Panamerica Park
Fonte: adaptado de Prelorentzou (2004).

Fig. 2.3 Fases inicial e final da execução da estrutura do Panamerica Park
Fonte: Prelorentzou (2004).

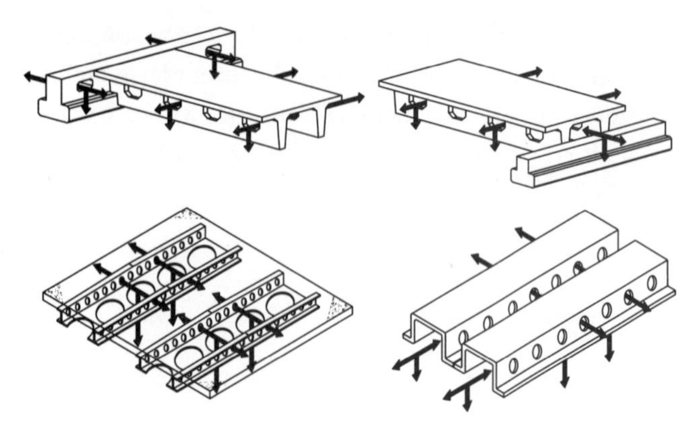

Fig. 2.4 Exemplos de elementos com previsão de passagem de instalações

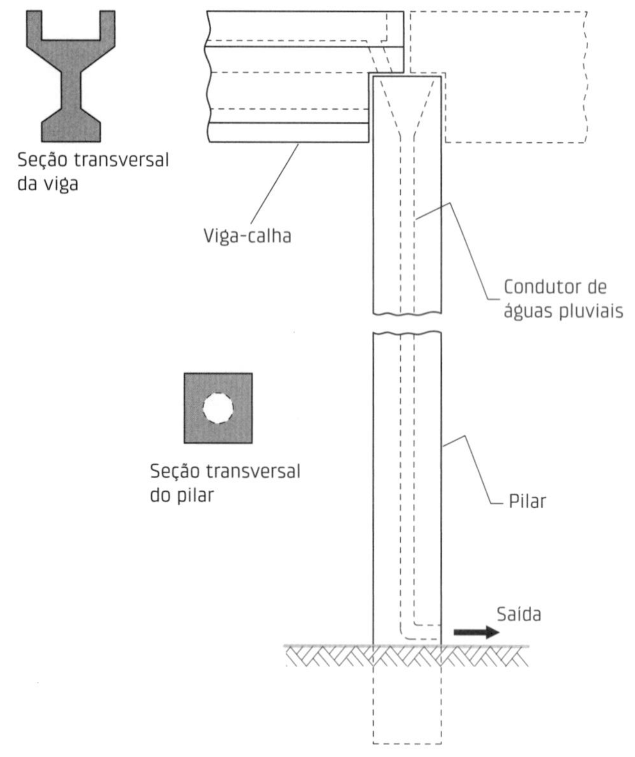

Fig. 2.5 Utilização de pilar vazado no sistema de escoamento de águas pluviais

Minimizar o número de tipos de elemento

Deve-se procurar utilizar um número reduzido de tipos de elemento e também limitar as suas variações. Esse princípio está relacionado à padronização da produção, que se deve sempre ter em vista em uma produção seriada, e à possibilidade de uso de mesmas fôrmas para elementos de tamanhos diferentes. Esse tipo de padronização não implica padronizar a estrutura ou a construção, o que se tem procurado evitar ultimamente, conforme já foi comentado no capítulo introdutório.

Está englobado também nesse princípio um aspecto bastante importante, que é o de utilizar elementos que desempenhem mais de uma função. Por essa razão, painéis alveolares, de seção TT e de seção U, que podem ser utilizados tanto em lajes quanto em paredes, conforme ilustrado na Fig. 2.6, são de uso intensivo no CPM.

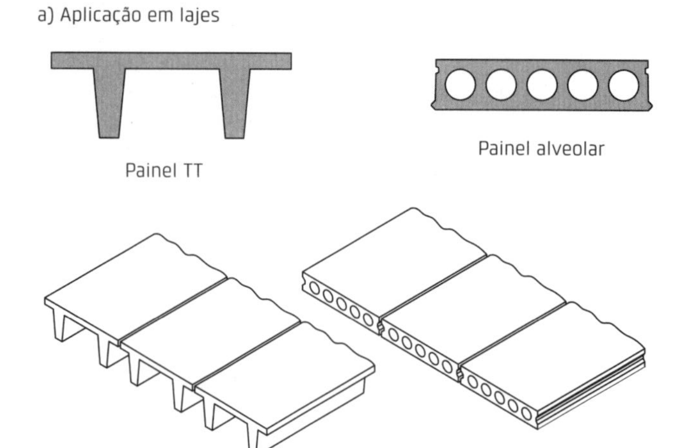

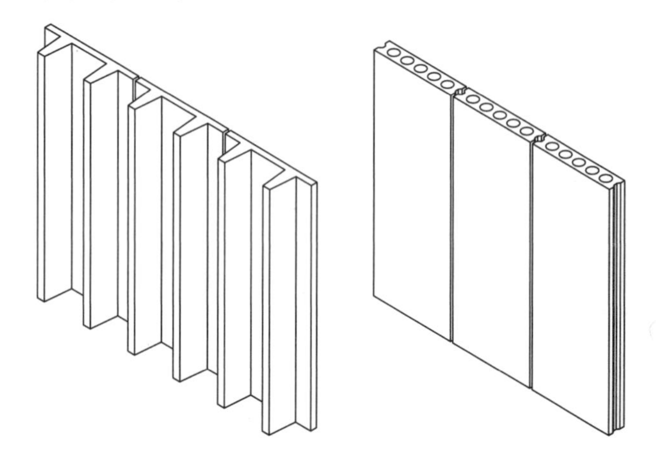

Fig. 2.6 Exemplos de elementos com mais de uma finalidade

Utilizar elementos de mesma faixa de peso

Esse princípio está relacionado à racionalização da montagem dos elementos. Elementos com diferentes categorias de peso obrigam a dimensionar o equipamento para a montagem dos elementos mais pesados, aproveitando-o mal para os elementos leves. Com a utilização de equipamentos de mais de uma capacidade, esse princípio pode deixar de ser válido.

2.1.2 Recomendações gerais

Ainda merecem destaque os assuntos discutidos a seguir.

Coordenação modular

A coordenação modular corresponde ao relacionamento entre as dimensões dos elementos e a dimensão da construção por meio de uma dimensão básica. O seu objetivo é criar uma ordem dimensional para a padronização, facilitando assim a compatibilização do arranjo desses elementos, no que se refere tanto à estrutura como às demais partes da construção.

O projeto da construção é desenvolvido utilizando uma malha de projeto, feita com base em uma malha modular, cuja unidade básica é o módulo. As dimensões dos componentes devem se ajustar a essa malha, conforme ilustrado na Fig. 2.7. Cabe salientar que existem algumas complicações na compatibilização das dimensões dos componentes nas interseções de mais de dois elementos e nos cantos, mas que podem ser satisfatoriamente resolvidas. Na Fig. 2.8 são mostradas algumas possibilidades de solução para os casos de canto e de cruzamento de paredes.

A coordenação modular teria as seguintes consequências favoráveis: a) promoção de uma padronização dos componentes da estrutura, b) redução ou eliminação de adaptações de componentes e c) possibilidade de escolha do componente mais apropriado entre os similares existentes.

Com base no exposto, pode-se concluir que a coordenação modular apresenta uma grande importância para o desenvolvimento da industrialização da construção e, por conseguinte, para a pré-fabricação. Destaca-se ainda que ela é de fundamental importância no conceito da industrialização de ciclo aberto, pois a combinação e a substituição de elementos só são possíveis se as medidas obedecerem a uma certa coordenação modular.

No Brasil, a maioria das fábricas de pré-moldados tem utilizado uma malha de projeto para galpões com base na distância entre eixos e vãos de tramos dos edifícios industriais fixada nas normas alemãs, que é de 2,50 m.

A malha de projeto pode assumir várias formas, como pode ser visto na Fig. 2.9. Alguns exemplos de plantas de formato não retangular podem ser encontrados no manual da fib (2014).

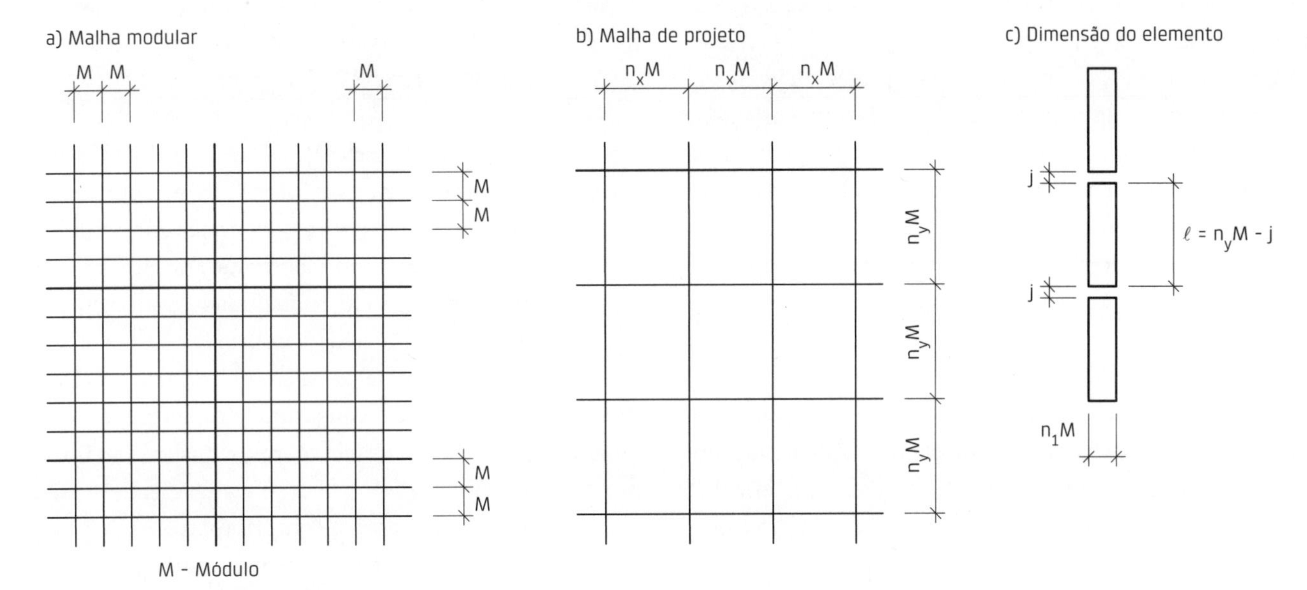

Fig. 2.7 Aplicação da coordenação modular

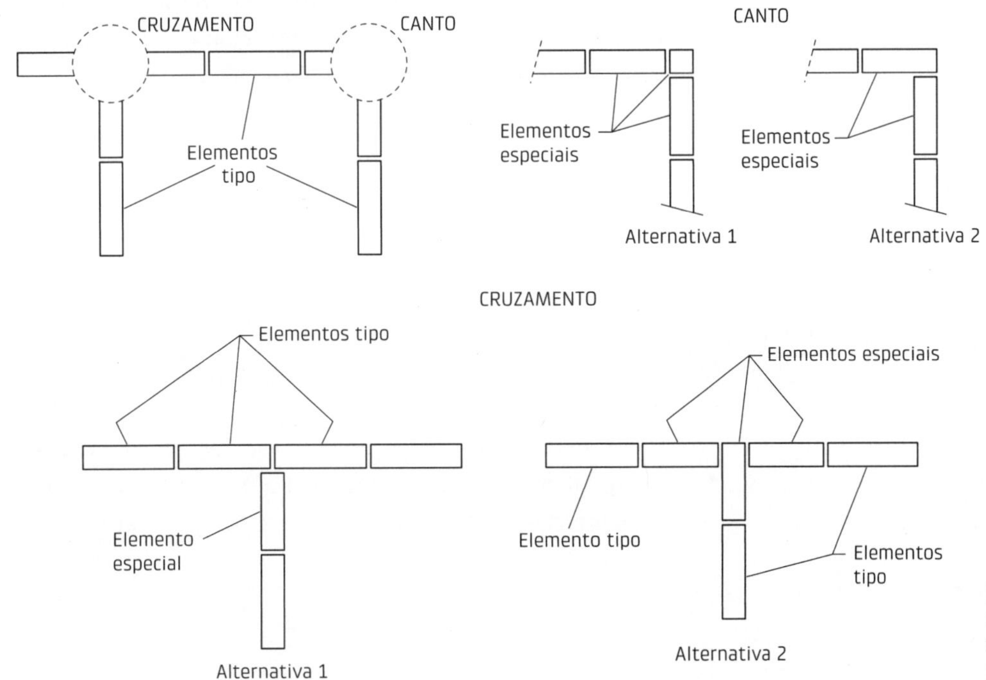

Fig. 2.8 Possibilidades de arranjo nos cantos e nas interseções quando se utiliza a coordenação modular

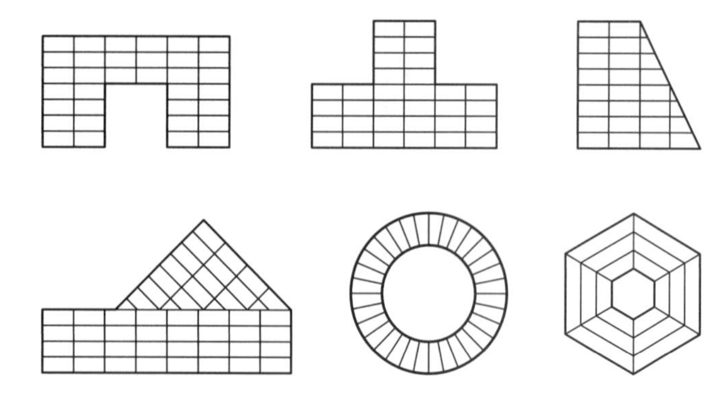

Fig. 2.9 Malhas de projeto

Utilização de balanços

A utilização de balanços em vigas ou sacadas pode representar certas dificuldades nas estruturas de CPM. Para vigas no último pavimento não existe dificuldade, mas para vigas em níveis intermediários o problema aparece. Possíveis formas de enfrentá-lo são o emprego de vigas paralelas juntas ou de elementos compostos de trechos de eixo reto (ver Cap. 8), além da possibilidade de lançar mão de cimbramento. Quando se utiliza balanço com lajes formadas por elementos de concreto protendido, como painéis alveolares, fica-se limitado a pequenas dimensões.

Desmontabilidade da estrutura

Quando da elaboração do projeto de certas estruturas, vale a pena lembrar a possibilidade de prever a sua demolição ou reforma após um certo tempo. Essa é uma característica do CPM que pode ser explorada nesses casos. Informações adicionais sobre esse assunto podem ser vistas nos anais do congresso citado no capítulo introdutório (Reinhardt; Bouvy, 1985).

Estruturas mistas

O emprego de mais de um material estrutural na construção pode resultar em alternativas de grande interesse. Em princípio, seria possível tirar proveito das características favoráveis de cada material estrutural. O boletim 19 da fib (2002) apresenta um estado da arte sobre o assunto.

Pode-se identificar duas possibilidades de emprego do CPM com outros materiais: a) na estrutura e b) no elemento estrutural. Para fins dos conceitos aqui expostos, o CML é considerado como outro material. Para esses casos, de CPM associado com CML, tem sido também utilizada a denominação *estrutura híbrida*.

No primeiro caso, os elementos estruturais teriam um único material, como na estrutura de galpões com pilares pré-moldados e cobertura metálica. Nessa situação, as seções resistentes seriam feitas de um mesmo material.

No segundo caso, o elemento estrutural teria mais de um material para compor a seção resistente, como vigas pré-moldadas com laje de CML. Essa ideia já foi apresentada na seção I.2, com a denominação de pré-moldado de seção parcial.

Na Fig. 2.10 é mostrado um exemplo representativo de elemento misto, com a associação de viga metálica com painéis pré-moldados e CML, cujo pavimento resultante é denominado *slim-floor*. Outro exemplo que merece ser citado é o estudo apresentado em Bezerra, El Debs e El Debs (2011), em que tubos de aço preenchidos de CML foram associados com vigas de CPM, sendo a proposta e o detalhe dessa ligação mostrados na seção 3.6.1.6.

O citado boletim da fib (2002) apresenta vários exemplos de estruturas mistas, enquadrando-as em associações de CPM com: a) CML, b) aço, c) madeira e d) alvenaria.

Cabe também destacar a possibilidade de utilizar elementos metálicos para contraventamento de estrutura de CPM e travamento transversal de pontes de CPM.

2.2 Forma dos elementos pré-moldados

Naturalmente, a forma do elemento pré-moldado tem como objetivo atender à sua funcionalidade, com níveis de segurança estabelecidos. No entanto, como a produção é seriada e existe facilidade de execução, é interessante procurar formas apropriadas para eles.

Em princípio, ao projetar os elementos pré-moldados, procura-se minimizar o consumo de materiais e, consequentemente, o peso dos elementos, cujas variáveis mais importantes são a forma da seção transversal e a forma do elemento ao longo do seu comprimento.

A análise da forma da seção transversal de elementos submetidos predominantemente à flexão, conjuntamente com a resistência e o peso específico dos materiais, pode ser feita em função de um parâmetro m. Desenvolvido para o estudo de seções de concreto protendido, esse parâmetro está diretamente relacionado ao peso do elemento e é definido pela seguinte expressão:

$$m = \frac{M_{res}}{hg} \tag{2.1}$$

em que:

M_{res} = momento resistente da seção;

h = altura da seção transversal;

g = peso próprio do elemento por unidade de comprimento.

Admitindo-se comportamento elástico linear do material composto e sendo a capacidade resistente determinada com tensão admissível, o valor de m pode ser expresso da seguinte forma:

$$m = \frac{1}{2}\kappa\frac{\sigma_{adm}}{\gamma} \tag{2.2}$$

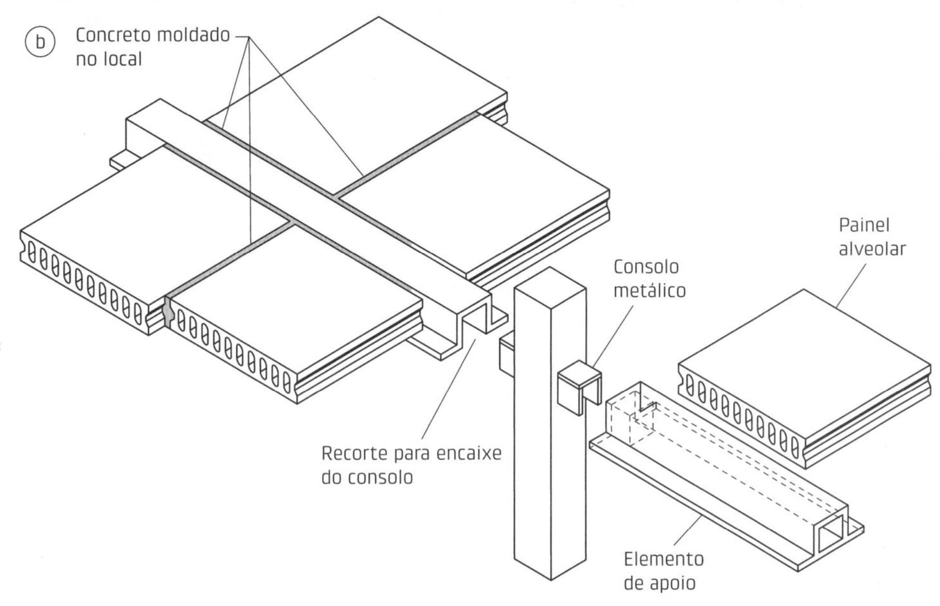

Fig. 2.10 Exemplo de elemento misto em pavimento *slim-floor*: a) vistas da estrutura e b) esquema do pavimento

sendo

$$\kappa = \frac{k_{inf} + k_{sup}}{h} \quad \textbf{(2.3)}$$

em que:

κ = coeficiente de rendimento mecânico da seção;

k_{inf} e k_{sup} = distâncias das extremidades do núcleo central ao centroide da seção;

σ_{adm} = tensão admissível determinada em função da resistência do concreto;

γ = peso específico do material composto.

O coeficiente κ depende somente da geometria da seção transversal. A Fig. 2.11 mostra a sua variação para alguns tipos representativos de seção transversal.

Cabe observar que nas seções sem simetria em relação ao plano perpendicular aos momentos fletores, como a seção T, está sendo considerada a média dos momentos com sentidos opostos.

Para reduzir o peso do elemento, deve-se procurar elevar o valor de m, o que pode ser obtido com o aumento do valor do rendimento da seção, κ, relacionado apenas com o consumo de material, o aumento da resistência do concreto, a redução do peso específico do concreto ou ainda a combinação dessas variáveis.

Ainda tendo em vista a redução do consumo de materiais, a forma do elemento ao longo do seu comprimento pode variar conforme mostrado na Fig. 2.12. Um exemplo representativo desses casos, em que a forma da viga com abertura entre os banzos, além da redução de materiais, possibilitou a criação de um andar técnico para a passagem das instalações, pode ser visto em Levy e Yoshizawa (1992).

Cabe destacar que os avanços dos materiais, discutidos no capítulo introdutório, têm reflexos importantes no assunto em questão. Nesse sentido, merece salientar o concreto autoadensável (CAA), que possibilita a moldagem de formas mais complexas que as tradicionalmente empregadas. Outro destaque é o emprego de UHPC, que, para ser viabilizado, exige que se recorra a formas que resultem em baixo consumo do material. Na Fig. 2.13 é exibido um estudo de aplicação de UHPC realizado por Tue (2009) em que a treliça foi feita de barras moldadas isoladamente.

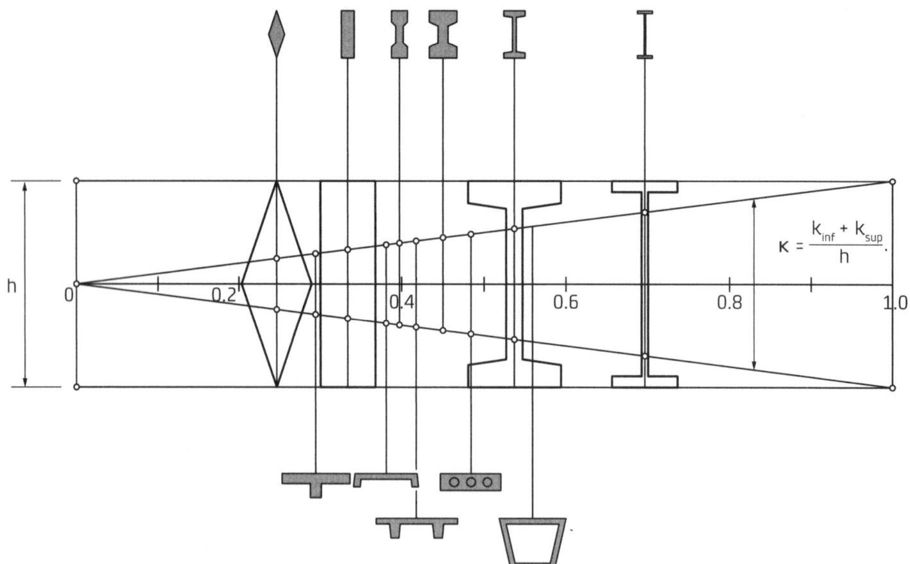

Fig. 2.11 Rendimento mecânico de seções transversais representativas
Fonte: adaptado de Koncz (1966).

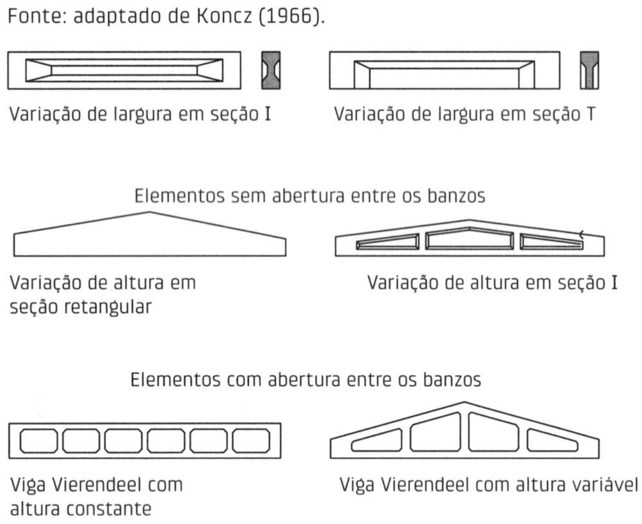

Fig. 2.12 Forma dos elementos ao longo do seu comprimento

Em relação ao peso e à forma dos elementos pré-moldados, vale comentar também a possibilidade de executar elementos com armadura externa rígida. Esse caso corresponde a elementos pré-moldados, em geral de seção parcial, com parte da armadura externa rígida, de forma que pelo menos nas situações transitórias tem-se elemento misto concreto-aço. Um caso típico são as vigotas com armadura em forma de treliça, em que a armação externa permite uma significativa resistência aos esforços externos nas situações transitórias. Desse modo, pode-se atender às solicitações dessas situações com elementos pré-moldados bastante leves. Na Fig. 2.14 são apresentadas algumas possibilidades dessa alternativa.

O parâmetro m e a forma do elemento ao longo do seu comprimento devem, para efeitos práticos, ser considerados em conjunto com outros fatores. Tais fatores necessitam considerar o custo do concreto, o custo da armadura (que depende da sua resistência e do seu custo unitário) e, principalmente, o custo da execução (que depende do número de elementos, do grau de dificuldade de execução de cada um deles, do seu tamanho e do seu peso), do transporte e da montagem. Além disso, deve ser salientado que no parâmetro m não foi considerada a influência da força cortante nem a limitação de flecha, que corresponde ao estado-limite de deformações excessivas. Está sendo utilizada a denominação *estado-limite de deformações excessivas* em vez da denominação *estado-limite de deslocamentos excessivos*, empregada na atual NBR 6118 (ABNT, 2014a), em virtude da terminologia adotada, como pode ser visto ao longo do livro.

Um estudo sobre a otimização estrutural de pavimentos de concreto apresentado em Albuquerque (2007) indica que, para o caso de um estacionamento de supermercado com pavimento composto de lajes de painéis alveolares e vigas de seção T invertido solidarizadas com CML, o custo dos materiais foi de 58%, sendo os 42% restantes divididos em 24% de despesas operacionais na fábrica, 10% de transporte e 8% de montagem. Trata-se de um caso particular, mas serve para indicar que o custo dos materiais foi igual a aproximadamente metade do custo da estrutura.

Ressalta-se ainda a eventual necessidade de considerar a forma dos elementos tendo em vista o atendimento de aspectos não estruturais, como no caso de vigas-calhas. Quando for conveniente, devem ainda ser consideradas as indicações referentes às inclinações das faces para a retirada da fôrma e as indicações quanto a evitar ângulos agudos, vistas no Cap. 1.

Em relação a esse último aspecto, salienta-se que não se pode perder de vista que o *projeto de menor custo* nem sempre é aquele *de menor peso* ou *de menor consumo de materiais*. De certo modo isso já foi abordado, mas julga-se oportuno reforçar esse conceito, por se tratar de um princípio básico válido para os projetos de estruturas em geral.

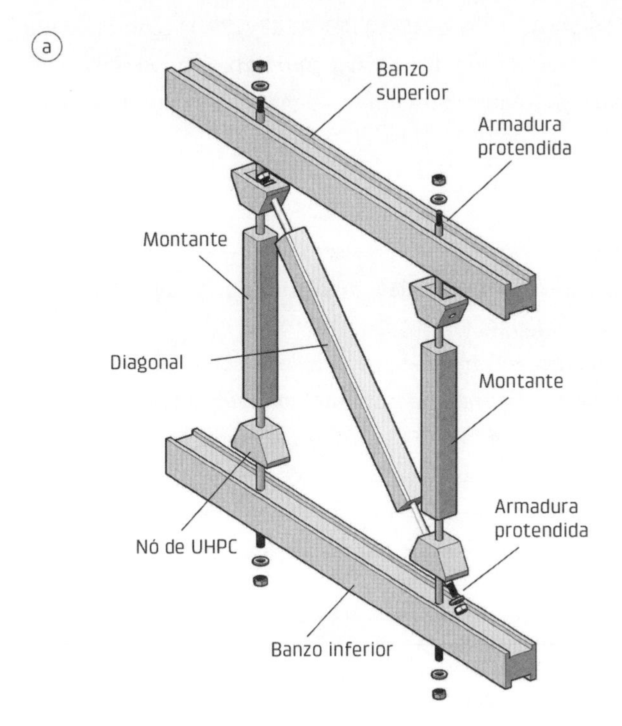

Fig. 2.13 Exemplo de vigas com abertura entre banzos de UHPC: a) componentes e b) treliça montada para ensaios
Fonte: a) adaptado de Tue (2009) e b) Tue (2009).

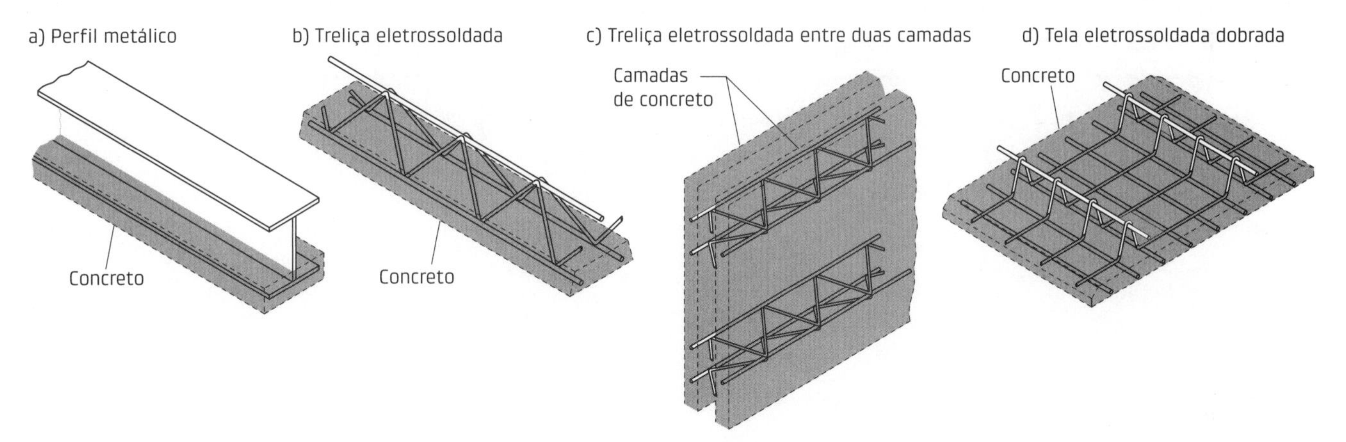

Fig. 2.14 Exemplos de aplicação de armadura externa rígida em elementos pré-moldados

Esse assunto ainda tem grande importância quando se levam em conta aspectos da sustentabilidade das construções, pois está diretamente relacionado com a redução do consumo de materiais. Assim, o que se discute nesta seção vai além do custo direto e indica um efeito favorável para o CPM em relação à sustentabilidade da construção.

2.3 Elementos para a análise estrutural

No projeto e na análise das estruturas formadas de elementos pré-moldados, devem ser considerados os aspectos apresentados no Quadro 2.2, que serão discutidos nas seções a seguir.

Quadro 2.2 ASPECTOS QUE DEVEM SER CONSIDERADOS NO PROJETO E NA ANÁLISE ESTRUTURAIS

Análise do comportamento da estrutura pronta
Incertezas na transmissão de forças nas ligações
Ajustes na introdução de coeficientes de segurança
Disposições construtivas específicas
Possíveis mudanças do esquema estático
Situações transitórias

2.3.1 Análise do comportamento da estrutura pronta

Após as ligações definitivas serem efetivadas, dois aspectos merecem ser comentados: a modelagem do comportamento da estrutura e a modelagem das ligações.

No cálculo da estrutura pronta, aplicam-se os mesmos procedimentos adotados para as estruturas de CML, levando em conta a presença de ligações. Normalmente, são feitas análises considerando o comportamento elástico linear do material. Assim como nas estruturas de CML, a análise estrutural considerando a não linearidade física do material pode ser empregada, mas não é usual.

Em geral, as ligações são idealizadas com vinculação ideal, como articulações e ligações perfeitamente rígidas.

Entretanto, o comportamento real das ligações pode distanciar-se dessas idealizações, o que pode ser simulado considerando a deformação das ligações. Esse assunto tem sido estudado para alguns tipos de ligação e colocado em prática em algumas situações. No Cap. 5 ele será abordado com mais detalhes.

2.3.2 Incertezas na transmissão de forças nas ligações

As incertezas na transmissão de forças nas ligações são consequência direta dos desvios da geometria e do posicionamento dos elementos e dos apoios, das variações volumétricas que ocorrem nos elementos, bem como da falta de conhecimento do comportamento de certos tipos de ligação. Essas incertezas afetam o dimensionamento tanto das ligações como dos elementos.

Com o intuito de ilustrar esse aspecto, considere-se o pórtico apresentado na Fig. 2.15a. A viga, idealizada como simplesmente apoiada, deve ter vínculos que promovam restrição à rotação ao longo do seu eixo para resistir às ações que produzam momentos de torção, tais como vento e cargas assimétricas. Como consequência, os desvios na montagem da viga também produzem esse tipo de solicitação. Dessa forma, os apoios da viga devem ser projetados para os esforços adicionais em virtude dessas incertezas no posicionamento da viga.

Nesse sentido, o MC-CEB/90 (CEB, 1991) recomenda que os apoios, tanto para vigas como para pilares e paredes, sejam projetados para um momento de torção acidental de:

$$T_{ad} \geq V_d \, \ell/300 \quad \textbf{(2.4)}$$

em que:

V_d = componente vertical da reação de apoio;

ℓ = vão da viga.

Destaca-se ainda a necessidade de considerar os desvios também no dimensionamento dos elementos. No caso da viga, o MC-CEB/90 (CEB, 1991) recomenda que a estabilidade lateral devida à flexão e à torção seja estudada levando em conta um desalinhamento não intencional no meio do vão, como apresenta a Fig. 2.15b, de:

$$e \geq \ell/500 \quad \textbf{(2.5)}$$

A transmissão das forças nas ligações é também afetada pelas ações que produzem variações volumétricas, como retração, variação de temperatura e fluência. Na Fig. 2.15c é mostrado como a variação de comprimento da viga de um pórtico introduz força horizontal entre a viga e o pilar. As forças que ocorrem por causa dessas ações dependem do grau de restrição ao movimento do elemento que a ligação promove. Recomenda-se considerar uma força horizontal

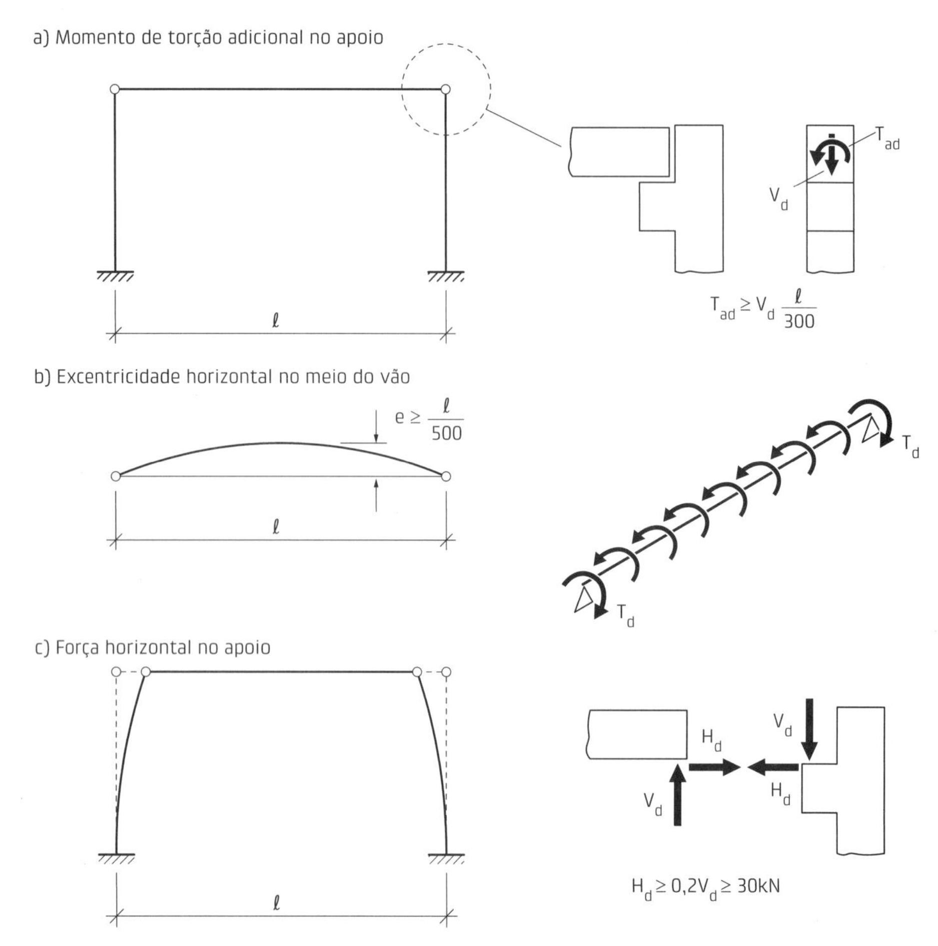

Fig. 2.15 Solicitações adicionais devido a incertezas na transmissão de forças

mínima no dimensionamento do apoio da viga. O valor indicado no MC-CEB/90 (CEB, 1991) é:

$$H_d \geq 0{,}2\,V_d \geq 30\,\text{kN} \quad (2.6)$$

2.3.3 Ajustes na introdução de coeficientes de segurança

Em relação à segurança, as estruturas de CPM estão sujeitas aos mesmos princípios, regras e níveis das estruturas de CML. Uma abordagem atual sobre os princípios do projeto de concreto estrutural pode ser vista no MC-10 (fib, 2013). A análise aqui apresentada considera a introdução da segurança por meio de coeficientes parciais.

Devido às particularidades do CPM, os níveis de segurança podem ser alcançados com valores diferentes dos coeficientes parciais do CML, tendo em vista as melhores condições e o controle da execução dos elementos de CPM. Em princípio, os coeficientes que afetam a resistência dos materiais (concreto e aço) e a ação devida ao peso próprio poderiam ser reduzidos. Naturalmente, essas possíveis reduções só valeriam para os elementos pré-moldados, e não para partes moldadas no local.

Já no MC-CEB/90 (CEB, 1991) era indicado que, quando a produção fosse industrializada e continuamente monitorada e um completo sistema de garantia da qualidade fosse supervisionado e certificado por um órgão independente (o que implicaria rejeições sistemáticas no caso de não conformidade), os coeficientes parciais de segurança γ_c e γ_s poderiam ser escolhidos entre 1,5 e 1,4 e entre 1,15 e 1,10, para o concreto e para o aço, respectivamente, contra os valores de 1,5 e 1,15 para as estruturas de CML. Nesse código-modelo era permitida ainda outra redução do γ_c para o caso de produção de elementos idênticos, fazendo uma avaliação estatística direta do desempenho de toda a produção possível. O valor de γ_c podia ser dividido por $1{,}1\eta$, se a relação η entre a resistência de corpos de prova extraídos e a resistência de corpos de prova padronizados fosse maior que 0,9.

Um estudo apresentado em Hietanen (1996) mostra que pode ser feita uma redução nos coeficientes de minoração da resistência dos materiais. Essa redução, de γ_c = 1,4 e γ_s = 1,10 contra os valores gerais de 1,5 e 1,15, é justificada pela diminuição de dois fatores que influenciam o cálculo do coeficiente de minoração da resistência dos materiais. Em um desses fatores são consideradas as variações geométricas, como a posição da armadura e a altura da seção transversal. No outro é levada em conta a variação da resistência dos materiais da estrutura com aquela medida em corpos de prova padronizados. Esses dois fatores podem ser reduzidos nos elementos pré-moldados, quando houver um melhor controle de execução.

Ainda segundo esse estudo de Hietanen (1996), é também possível uma redução do coeficiente de ponderação do peso próprio. A justificativa dessa redução é o melhor controle de execução e a menor variabilidade no processo. Desde que esse controle seja feito, a redução do coeficiente para o peso próprio pode passar de 1,35, nas situações gerais, para 1,20. A Tab. 2.1 mostra uma síntese das indicações desse autor.

Tab. 2.1 SÍNTESE DAS RECOMENDAÇÕES DE HIETANEN (1996)

	Coeficiente de ponderação dos materiais		Coeficiente de ponderação para o peso próprio
	Concreto	Aço	
Concreto moldado no local	1,50	1,15	1,35
Concreto pré-moldado	1,40	1,10	1,20

O relatório de um estudo bastante detalhado feito com base no eurocódigo EN 1990 (CEN, 2002) apresenta os resultados baseados em informações de fábricas de CPM da Europa (European..., 2002). As principais conclusões estão indicadas a seguir: a) o coeficiente γ_s seria mantido para o caso geral e somente poderia ser reduzido para elementos muito sensíveis às incertezas geométricas, b) o coeficiente γ_c poderia ser multiplicado por 0,95, ou seja, passaria de 1,5 do CML para 1,42, e c) o coeficiente de majoração do peso próprio seria multiplicado por 0,95 para CPM em geral e 0,90 para CPM com tolerância mais rigorosa. Considerando um coeficiente de ponderação do peso próprio de 1,35 para CML, os valores passariam para 1,28 para CPM em geral e 1,21 para CPM com tolerância mais rigorosa.

O eurocódigo EN 13369 (CEN, 2004b) indica reduções nos citados coeficientes parciais de segurança. Em razão de controle de qualidade e tolerâncias, poderiam ser utilizados γ_c = 1,4 e γ_s = 1,1, sendo possível ainda haver maior redução em função do controle de qualidade. A redução do coeficiente de majoração do peso próprio seria basicamente o que consta do citado relatório da comunidade europeia.

A NBR 9062 (ABNT, 2017a) indica, para elementos pré-fabricados, conforme especificação da norma baseada no controle de qualidade, os valores do coeficiente de ponderação da resistência do concreto γ_c = 1,3, e do aço, γ_s = 1,10. Já para elementos pré-moldados, segundo a mesma norma, seriam mantidos os valores do CML, ou seja, γ_c = 1,4 e γ_s = 1,15. A NBR 8681 (ABNT, 2003) estabelece que, para ações permanentes diretas consideradas separadamente, o coeficiente de ponderação do peso próprio de estruturas de

CPM é de 1,30 em vez de 1,35 para CML. A Tab. 2.2 mostra uma síntese das indicações da normalização brasileira.

Tab. 2.2 SÍNTESE DAS RECOMENDAÇÕES DA ABNT (2003, 2017a)

	Coeficiente de ponderação dos materiais		Coeficiente de ponderação para o peso próprio
	Concreto	Aço	
Concreto moldado no local	1,40	1,15	1,35
Concreto pré-moldado	1,40	1,15	1,30
Concreto pré-fabricado	1,30	1,10	1,30

O coeficiente de ponderação das ações pode também ser reduzido para as situações transitórias, devido à própria natureza dessas etapas. O valor do coeficiente para essas etapas será visto na sequência deste capítulo.

Ainda em relação à segurança, salienta-se o emprego de coeficiente de ajustamento γ_n nas ligações, em razão de incertezas no comportamento e também do risco de ruptura frágil, previsto na NBR 8681 (ABNT, 2003). A NBR 9062 (ABNT, 2017a) fornece valores para determinados casos, como para consolos, o que será visto no Cap. 3.

2.3.4 Disposições construtivas específicas

Para disposições construtivas, tais como dimensões mínimas, armaduras mínimas, espaçamentos máximos e mínimos da armadura, cobrimento da armadura etc., aplicam-se, em geral, as regras das estruturas de CML. Entretanto, podem ser consideradas algumas particularidades, justificando tratamento à parte, com base em estudos específicos.

Algumas dessas particularidades estão incluídas em normas e regulamentos. Assim, por exemplo, o MC-CEB/90 (CEB, 1991) indica que, para pilares de concreto protendido, não há limitações para o diâmetro da armadura longitudinal. Nesse caso, também não tem sentido limitar o espaçamento dos estribos para impedir a flambagem dessa armadura.

Um exemplo representativo de tratamento diferenciado entre o CML e o CPM é o reservado aos painéis alveolares empregados nas lajes. Nesse tipo de elemento, não existe usualmente armadura transversal e a resistência à força cortante pode ter recomendações específicas. Essa diferenciação se justifica com base num grande número de estudos e ensaios.

O cobrimento da armadura merece um tratamento à parte e a sua apresentação será feita na sequência deste capítulo.

Destaca-se que alguns tipos de elemento pré-moldado, como tubos, postes e dormentes, são também objeto de recomendações específicas.

2.3.5 Possíveis mudanças do esquema estático

Em determinadas situações, torna-se necessário levar em conta no dimensionamento estrutural a possível mudança do esquema estático de elementos ou estruturas de CPM. Essa mudança está relacionada à ocorrência de diferentes estágios de construção e ao fato de as ligações poderem ser realizadas por etapas.

Assim, por exemplo, no caso do estabelecimento de continuidade estrutural em vigas apoiadas em pilares, ocorre o esquema estático de viga simplesmente apoiada, no qual atua parte das cargas, e, após o estabelecimento da continuidade estrutural, o esquema estático de viga contínua, no qual atuam as outras parcelas das cargas. Na Fig. 2.16 está ilustrado o caso em questão.

Nesses casos, o peso próprio de elementos estruturais (g_{pre}) e o peso próprio do CML para ampliar a seção resis-

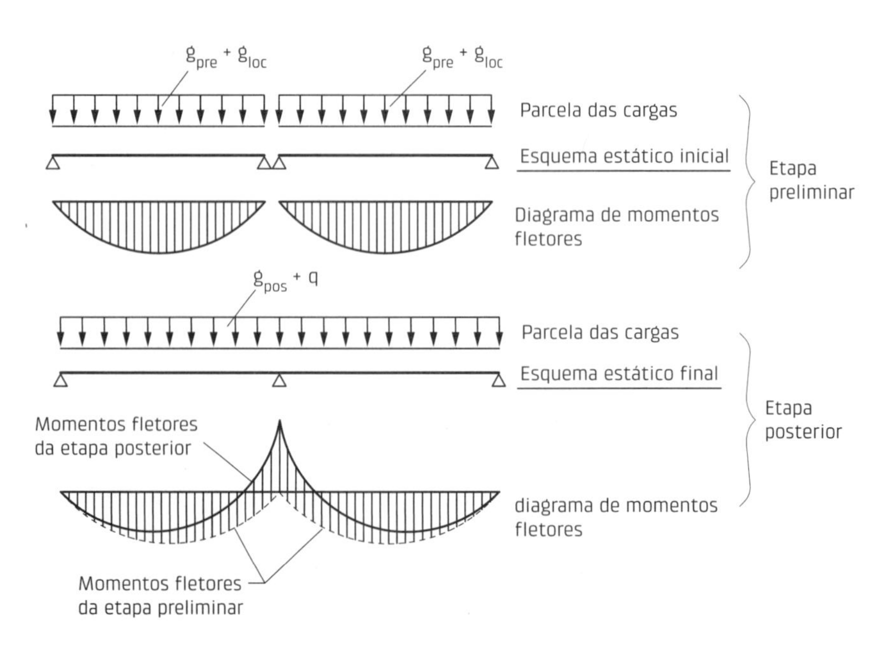

Fig. 2.16 Exemplo de mudança de esquema estático durante a construção

tente (g_{loc}) atuariam no esquema estático inicial. As ações, como revestimento (g_{pos}) e carga acidental (q), que agiriam após o endurecimento do concreto da ligação, seriam aplicadas no sistema estático final.

2.3.6 Situações transitórias

Conforme adiantado no capítulo introdutório, a análise estrutural do CPM diferencia-se da do CML, em geral, por ter que considerar outras situações além da definitiva. Dessa forma, no dimensionamento estrutural deve ser considerado o comportamento dos elementos isoladamente e da estrutura durante a montagem, com ligações provisórias ou só parte das ligações definitivas.

A consideração do comportamento dos elementos isoladamente é consequência direta da necessidade de verificação de situações transitórias.

Em relação aos elementos isoladamente, deve ser feita a verificação para as etapas do processo produtivo: desmoldagem, armazenamento, transporte e montagem. Nessas situações, devem ser consideradas as resistências efetivas do concreto, e, no caso de concreto protendido, a força de protensão, nas respectivas datas. Deve-se dedicar atenção especial para a fase de desmoldagem devido ao fato de o concreto não ter, geralmente, atingido a resistência de projeto.

Nessas etapas, é preciso levar em conta o efeito dinâmico advindo da movimentação dos elementos. Esse efeito é usualmente considerado por meio de um coeficiente que afeta o peso do elemento e que pode ser maior ou menor que 1. Naturalmente, considera-se sempre a situação mais desfavorável. Indicações para o valor desse coeficiente serão fornecidas ainda neste capítulo.

É necessário também fazer verificações de situações durante a montagem da estrutura, em que as ligações definitivas ainda não se efetivaram, principalmente quando ocorrem grandes assimetrias.

2.4 Recomendações para o projeto estrutural

Assim como em outros sistemas estruturais, no projeto das estruturas de CPM visa-se garantir a rigidez e a estabilidade da construção.

No caso de estruturas de CML, a continuidade entre os elementos estruturais é estabelecida naturalmente, o que não ocorre no CPM. Em virtude disso, a rigidez e a estabilidade merecem, em geral, maior atenção, devido à existência das ligações. No arranjo e na interação entre os elementos pré-moldados, devem ser tomados os devidos cuidados para garantir tais requisitos.

Em função do exposto, as estruturas de CPM podem ter uma natural susceptibilidade às explosões e às ações sísmicas, razão pela qual estudos sobre esse assunto têm merecido atenção, como se pode notar no boletim 78 da fib (2016). Naturalmente, os estudos e publicações sobre a resistência às ações sísmicas estão concentrados nos países onde há maior intensidade desses fenômenos, como o Japão, a Nova Zelândia e os Estados Unidos. No entanto, no Brasil esse assunto já está merecendo atenção, como mostra o trabalho publicado no 3PPP por Mota e Mota (2013), tendo em vista a introdução da NBR 15421 (ABNT, 2006b).

Ainda em consequência do exposto, no projeto das estruturas de CPM deve-se ter maior atenção em relação ao colapso progressivo, também chamado de ruína em cadeia. Devem ser tomados cuidados especiais no arranjo dos elementos e nos detalhes construtivos, de forma a minimizar a possibilidade desse tipo de colapso. Esse assunto será abordado com mais detalhes na seção 5.1.

De forma geral, a concepção e a análise estrutural são feitas com base no denominado *caminho das forças*, ou seja, como as forças aplicadas são transferidas para a fundação.

A Fig. 2.17a mostra uma unidade básica do que seria uma estrutura de CPM. Essa estrutura é analisada em relação às forças verticais e às forças horizontais, em duas direções. A laje composta de elementos pré-moldados dispostos na direção y comporta-se basicamente como laje armada em uma direção. Desse modo, as forças verticais aplicadas à laje são transferidas para os pórticos do plano x-z. Os dois pórticos desse plano transferem as forças verticais para a fundação, cujos esforços solicitantes dependem do tipo de ligação utilizada.

Em geral, a laje, mesmo composta de elementos pré-moldados, tem a capacidade de transferir as forças horizontais, H_x e H_y, no plano x-y, com a chamada ação de diafragma. As forças na direção x são conduzidas para os dois pórticos da direção x-z, cujo comportamento também é fortemente influenciado pelo tipo de ligação. As forças na direção y são transferidas para os pilares, conforme mostra a Fig. 2.17b, e dos pilares para a fundação. Em se tratando de estrutura de pequena altura, normalmente se utiliza ligação articulada, apesar dos momentos fletores relativamente altos na base dos pilares, como já foi discutido no capítulo introdutório (Fig. I.31).

Essa análise, bastante simplificada, buscando estabelecer um paralelo com as estruturas de concreto moldadas no local, mostra que: a) as lajes transferem as forças verticais praticamente em uma direção, b) de modo perpendicular a essa direção formam-se pórticos, que conduzem praticamente a totalidade das forças verticais e horizontais atuantes no seu plano, c) ocorre uma significativa diferença no comportamento da estrutura nas direções perpendiculares e d) a utilização de ligações articuladas produz momentos elevados na base dos pilares e torna mais importante analisar a estabilização da estrutura, nas duas direções (x e y).

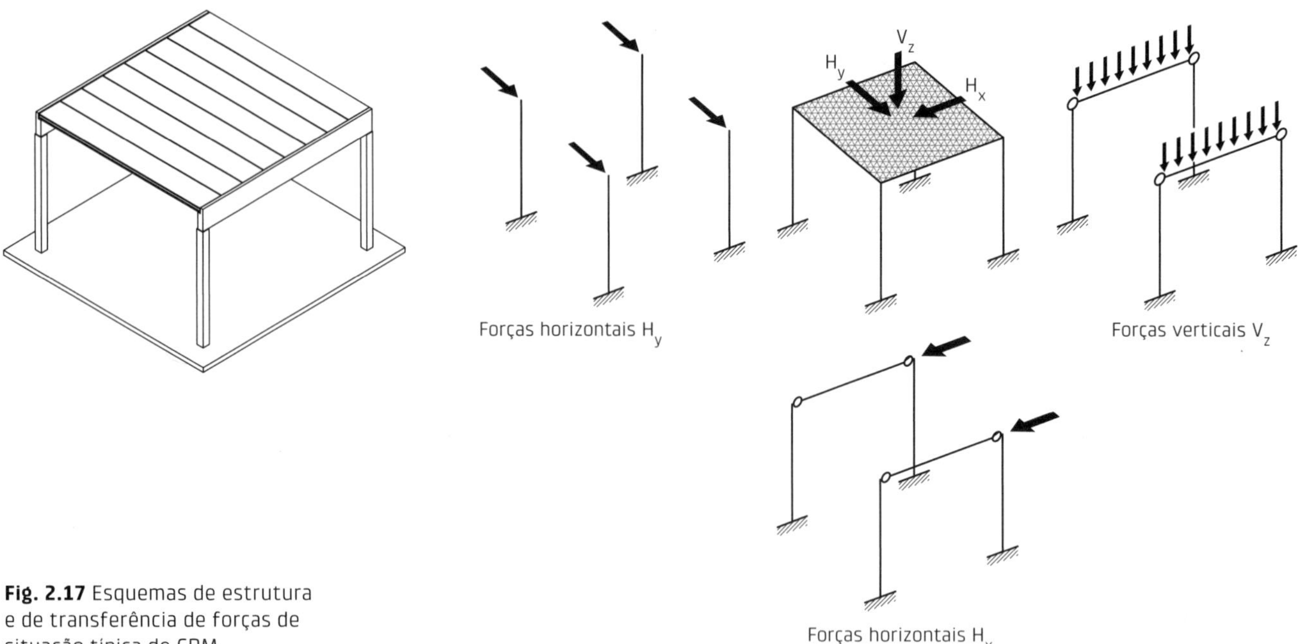

Fig. 2.17 Esquemas de estrutura e de transferência de forças de situação típica de CPM

Ao conceber a estrutura a partir de elementos pré-moldados, deve-se ponderar, por um lado, as facilidades das atividades nas várias etapas englobadas na sua produção (execução, transporte, montagem e realização das ligações) e, por outro, os gastos de materiais, basicamente o concreto e o aço.

As facilidades de execução dos elementos pré-moldados referem-se sobretudo às etapas de execução propriamente dita, como montagem das armaduras, moldagem e desmoldagem. Essas facilidades estão relacionadas ao tipo de elemento, à forma de execução e, principalmente, às características das fôrmas. Assim, deve-se, na medida do possível, buscar soluções que promovam a mecanização e a automação da execução.

As facilidades no manuseio, no armazenamento, no transporte e na montagem estão relacionadas ao peso e, principalmente, à forma do elemento. Por exemplo, um elemento em forma de L ou com eixo curvo (tipo arco) apresenta maiores dificuldades nessas etapas em comparação com um elemento de eixo reto.

As facilidades de montagem e de execução das ligações são importantes para reduzir o tempo de mobilização do equipamento de montagem e, principalmente, o tempo da construção. Lembrando-se do que foi dito, em geral as ligações que não transmitem momentos fletores são de execução mais simples, ao passo que as ligações que os transmitem são de execução mais trabalhosa.

Na Fig. 2.17 foi mostrada uma das possibilidades de formar uma estrutura com elementos pré-moldados, com o intuito de fornecer uma primeira noção do comportamento estrutural de um edifício com laje. Apresenta-se agora outra abordagem, em que a ideia é decompor uma estrutura em elementos pré-moldados. Para isso, serão discutidas na sequência as possibilidades de divisão de um pórtico simples em elementos pré-moldados, conforme apresentado no Quadro 2.3, considerando as forças verticais e horizontais na direção do pórtico.

A alternativa com um elemento é limitada a aplicações com pré-moldados de canteiro, assim como a alternativa com dois elementos, e por esse motivo é pouco empregada, mas não deixa de ser interessante para certas situações.

As alternativas mais utilizadas, não limitadas a pré-moldados de canteiro, são as correspondentes ao emprego de três e quatro elementos, sendo as suas características sintetizadas a seguir:

- *elementos de eixo reto com ligações articuladas* (alternativa com quatro elementos e ligações articuladas junto aos pilares): a) facilidade na execução, no transporte e na montagem dos elementos, b) facilidade na realização das ligações junto ao pilar e c) distribuição desfavorável de momentos fletores;
- *elementos de eixo reto com ligações rígidas* (alternativa com quatro elementos e ligações rígidas junto aos pilares): a) facilidade na execução, no transporte e na montagem dos elementos, b) distribuição favorável de momentos fletores e c) ligações junto ao pilar mais trabalhosas;
- *elementos compostos de trechos de eixo reto com ligações articuladas próximas ao ponto de momento nulo* (alternativa com três elementos): a) distribuição favorável de momentos fletores para as ações verticais e b) ligações mais simples, mas execução, transporte e montagem dos elementos mais trabalhosos.

Quadro 2.3 EXEMPLO DE DIVISÃO DE ESTRUTURA EM ELEMENTOS PRÉ-MOLDADOS

Alternativa	Características
Um elemento	• Apenas duas ligações, que em geral são articulações • Limitações de transporte, que geralmente condicionam o seu emprego apenas a pré-moldados de canteiro
Dois elementos	• Três ligações, que em geral são articulações • Limitações de transporte para aplicações práticas • Não existem facilidades de execução e manuseio dos elementos
Três elementos (a)	• Quatro ligações, sendo normalmente duas articulações e dois engastamentos na base • Não existem maiores problemas de gabaritos de transporte, mas os elementos não têm facilidade de manuseio • A posição das articulações é normalmente próxima do ponto de momento fletor nulo correspondente às ações verticais, numa estrutura hipotética sem ligações
Quatro elementos (b) (a)	• Cinco ligações, sendo necessariamente duas rígidas • Elementos de eixo reto, de mais fácil produção e manuseio Alternativa da esquerda: ligações rígidas no topo dos pilares • As ligações dos pilares na fundação podem ser articuladas ou engatadas • Distribuição favorável de momentos fletores Alternativa da direita: ligações articuladas no topo dos pilares • As ligações dos pilares na fundação devem ter engasgamento • Distribuição desfavorável de momentos fletores, o que praticamente obriga ao emprego do tirante

Notas: a) tirante junto ao topo dos pilares e b) esse tipo de representação corresponde à ligação com transmissão de momento fletor.

Essas três alternativas podem ser extrapoladas para outros tipos estruturais. Considerando o caso mostrado na Fig. 2.17, pode-se também identificar as três alternativas. As duas primeiras alternativas seriam com as ligações da viga com os pilares articuladas e rígidas, respectivamente. A terceira alternativa seria obtida deslocando as ligações da posição junto ao pilar para o ponto de momento fletor nulo da estrutura monolítica equivalente para as forças verticais, de forma que um dos elementos, que seria composto de trechos de eixo reto, corresponderia ao pilar e a uma parte da viga. Com alguns ajustes, essas alternativas também poderiam ser aplicadas às estruturas de múltiplos pavimentos.

Para o caso típico de lajes com planta retangular, a divisão em elementos pré-moldados pode ser, conforme esquematizado na Fig. 2.18, com vários elementos dispostos segundo uma direção ou com elementos dispostos segundo duas direções. A primeira alternativa seria a natural e a normalmente utilizada, como já mostrado na Fig. 2.17. A segunda alternativa é limitada a pequenos vãos, por questões de transporte ou de montagem, devido ao peso e ao tamanho dos elementos.

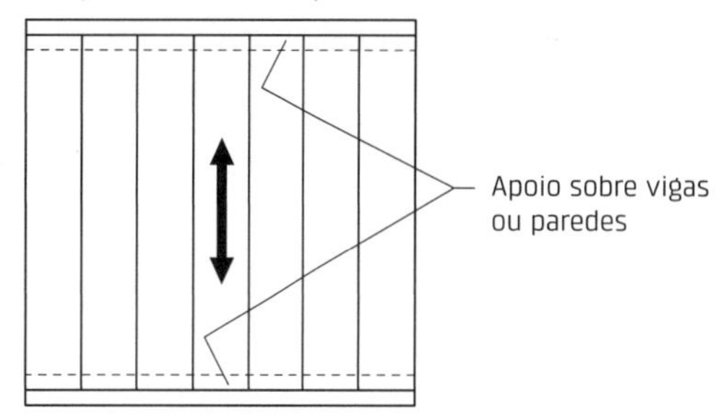

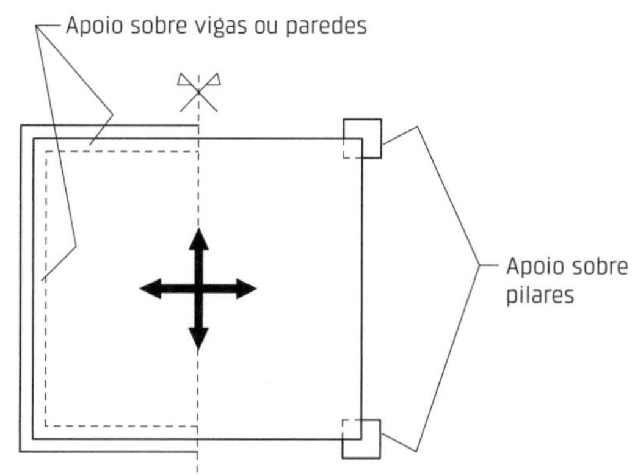

Fig. 2.18 Formas de dividir as lajes em elementos pré-moldados

Merece registro ainda a prática pouco usual de subdividir mais os elementos estruturais, como dividir uma viga em dois ou mais segmentos. Nesse sentido, podem ser utilizadas, por exemplo, as divisões de elementos pré-moldados mostradas na Fig. 2.19. Para essas situações, nas quais o emprego da pós-tração é praticamente obrigatório, a divisão pode ser feita de duas formas: a) com a montagem do elemento no local de utilização definitivo com o auxílio de cimbramento e b) com a montagem do elemento estrutural no canteiro e a sua posterior colocação no local de utilização definitivo. Essas possibilidades seriam reservadas para situações particulares, pois são contra o princípio de menor número de ligações.

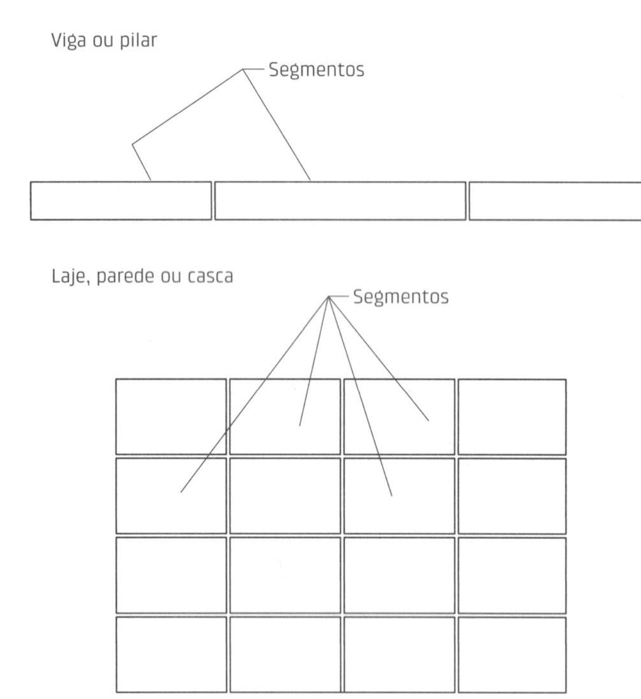

Fig. 2.19 Subdivisão de elementos estruturais em segmentos pré-moldados

Apesar de existirem padrões nas alternativas recomendadas, é sempre bom levar em conta que a divisão da estrutura em elementos possibilita várias alternativas, que devem ser equacionadas tendo em vista o que foi dito anteriormente e que podem resultar em soluções apropriadas para cada caso específico.

Na concepção da estrutura, deve-se ter em mente a necessidade de levar em conta a estabilidade global. Embora esse assunto deva ser considerado nas estruturas em geral, recebe maior atenção nas estruturas de edifícios utilizando CPM.

A estabilidade global da estrutura é associada à sua capacidade de transmitir com segurança – incluindo os efeitos de segunda ordem – as ações laterais, como vento e desaprumo, para a fundação e apresentar rigidez suficiente para limitar os movimentos devidos a essas mesmas ações.

Tendo em vista a estabilidade global, os arranjos estruturais de esqueleto em edifícios com o emprego de CPM podem ser classificados nos seguintes casos básicos:

- *Pilares engastados na base e vigas articuladas*: nesse caso, os pilares se comportam como vigas em balanço em relação às ações laterais. A sua utilização é limitada aos edifícios de pequena altura. Esse caso tem como principais características a facilidade das ligações entre as vigas e os pilares e o fato de os pilares serem contínuos e engastados na fundação (Fig. 2.20a).
- *Pilares e vigas formando pórticos*: essas situações ocorrem com o emprego de ligações entre as vigas e os pilares que transmitem momento fletor (Fig. 2.20b) ou com o emprego de elementos compostos de trechos de eixo reto, como elementos tipo cruz, T e similares (Fig. 2.20c).
- *Com o emprego de paredes de contraventamento ou núcleos*: nesse caso, as paredes de contraventamento ou núcleos constituem a estrutura principal para garantir a estabilidade global, contraventando os demais pilares (Fig. 2.20d). Esses elementos podem ser de CML ou feitos de painéis pré-moldados. Pode-se recorrer a sistemas de contraventamento com elementos metálicos dispostos em X, com alvenaria de enchimento ou com painéis pré-moldados de enchimento (ver seção 8.2.5).

Naturalmente, a vinculação dos pilares ou elementos de contraventamento com a fundação considerada como engastamento pode distanciar-se bastante da situação real. Em virtude disso, pode ser necessário considerar a deformação da fundação, principalmente no primeiro caso básico.

Cabe destacar a possibilidade de utilizar mais de um sistema básico. Por exemplo, é possível usar ligações rígidas em alguns andares e ligações articuladas em outros, ou seja, uma combinação do primeiro e do segundo caso básico.

No caso de estruturas de painéis portantes, a transferência das forças horizontais ocorre basicamente da forma mostrada na Fig. 2.21. Recorrendo a algumas paredes para resistir às ações laterais, pode-se prover a estrutura de grande rigidez a essas ações nesse sistema estrutural.

Em todas as situações, as lajes desempenham um papel importante, que é a transferência dos esforços no seu plano para os vários elementos que compõem o sistema de contraventamento, como ilustrado na Fig. 2.22. A fim de que as lajes formadas de elementos pré-moldados desempenhem adequadamente esse papel, devem ser tomadas as devidas precauções para que ocorra a citada transferência de esforços entre os elementos pré-moldados que formam a laje, bem como entre eles e a estrutura de contraventamento. Esse assunto é tratado com mais detalhes no Cap. 5.

Um aspecto importante em relação ao projeto de CPM é a escolha do material, o que foi discutido no capítulo introdutório, em que se mostrou de forma geral o desenvolvimento de novos materiais. Considerando as aplicações normais, os elementos de CPM são de concreto armado ou protendido, com pré-tração.

Em geral, os elementos submetidos predominantemente à compressão são de concreto armado, ao passo que os submetidos predominantemente à flexão podem ser de concreto armado ou concreto protendido.

Discutem-se a seguir as características que levariam à escolha do concreto armado ou do concreto protendido e da resistência do concreto, para elementos submetidos predominantemente à flexão.

O emprego do concreto armado, via de regra, conduz a elementos pré-moldados relativamente pesados. Concretos com altas resistências podem ser utilizados, entretanto o interesse prático dessa medida é relativamente restrito no caso de elementos fletidos, devido às limitações dos estados-limite de deformações excessivas e de abertura de fissuras. Em geral, a resistência do concreto fica próxima da resistência mínima de 35 MPa.

No concreto protendido, a protensão promovida pela armadura ativa viabiliza-se com o emprego de aços de alta resistência e vice-versa, a protensão viabiliza o emprego de aços de alta resistência. Via de regra, justifica-se adotar concreto de elevadas resistências no concreto protendido, que possui melhores relações custo/resistência. Normalmente, a resistência utilizada tem sido igual ou superior a 40 MPa. Ao aliar esses fatores (aço e concreto mais resistentes) com o emprego de seções de maior rendimento mecânico, conforme mostrado com o parâmetro m, os elementos pré-moldados de concreto protendido apresentam pesos menores que os correspondentes ao concreto armado, além de melhores condições no que se refere aos estados-limite de formação e de abertura de fissuras e ao estado-limite de deformações excessivas.

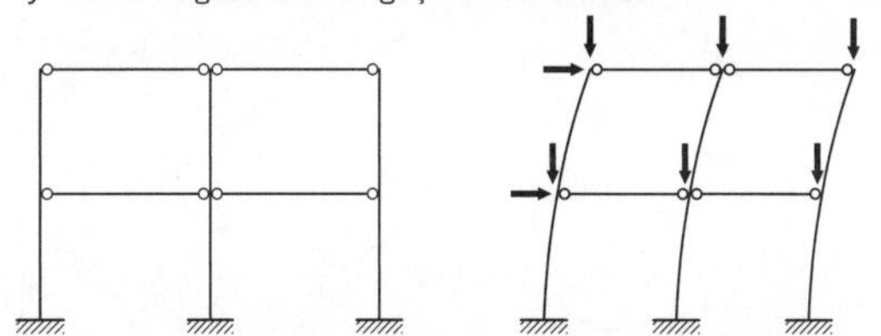

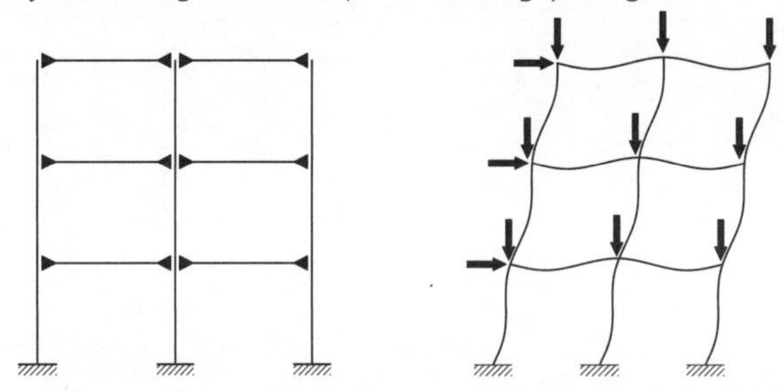

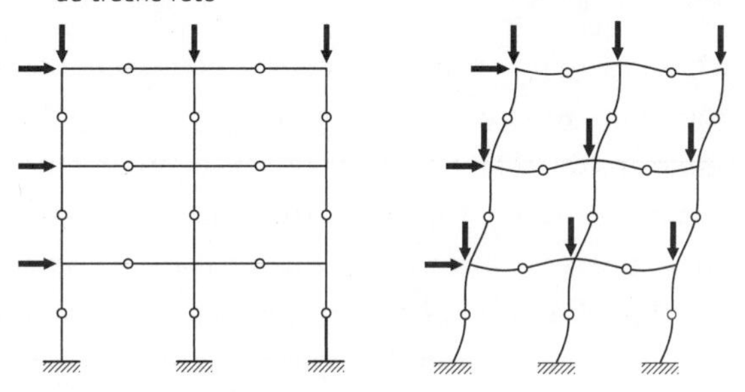

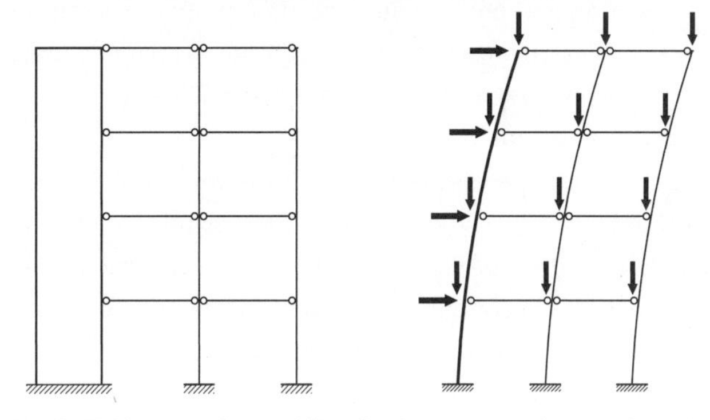

Fig. 2.20 Sistemas de estabilização de estrutura de esqueleto de edifícios

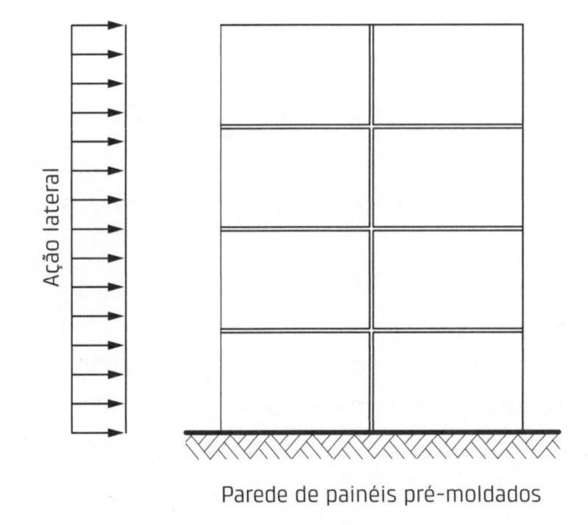

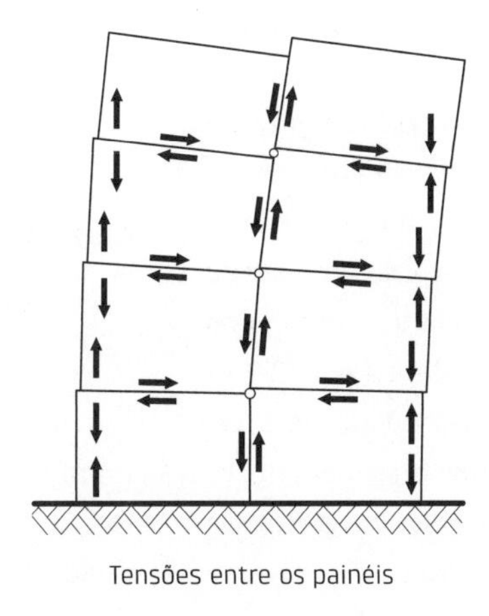

Fig. 2.21 Transferência de tensões em paredes compostas de elementos pré-moldados devido à ação lateral

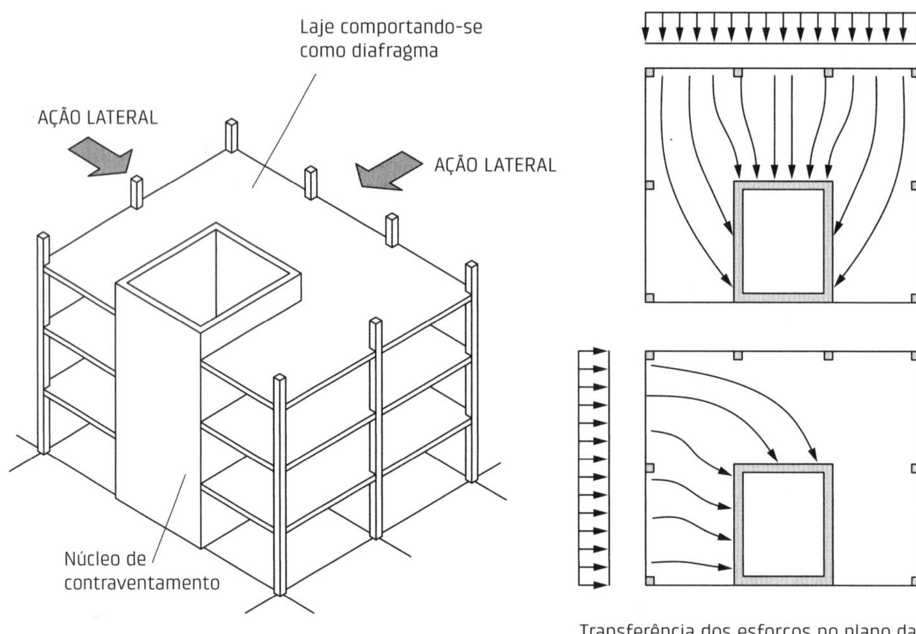

Fig. 2.22 Comportamento do pavimento como diafragma

Com base no exposto, pode-se concluir que o concreto protendido constitui uma associação bastante apropriada para o emprego do CPM, tendo em vista principalmente a pré-fabricação. No entanto, o seu uso é mais indicado para elementos lineares e são necessários investimentos em equipamentos. No caso de elementos compostos de trechos de eixo reto, comentados anteriormente, a protensão com pré-tração fica praticamente inviável.

Dessa forma, em princípio, à medida que aumentam os vãos da estrutura, o concreto protendido torna-se mais viável e, consequentemente, o emprego do CPM torna-se mais competitivo.

Com a análise efetuada, procurou-se mostrar a importância, no CPM, da utilização de concretos com alta resistência, de protensão com armadura pré-tracionada e de formas que conduzam a elementos de menor peso.

Um aspecto importante no projeto das estruturas de CPM é o espaçamento das juntas de dilatação. As estruturas de concreto devem ser projetadas considerando as deformações por temperatura, retração e fluência do concreto. Em princípio, a retração do concreto nos elementos de CPM, que importa nessa análise, é menor quando comparada com a de equivalentes de CML, devido ao fato de parte da retração já ter ocorrido quando da sua utilização na estrutura. Assim, as juntas de dilatação nas estruturas de CPM podem ser mais espaçadas. De acordo com Mokk (1969), nas normas da ex-União Soviética são indicados valores de espaçamento de juntas de dilatação de 60 m para estruturas de CPM e de 40 m para estruturas de CML. Esses espaçamentos não implicam que devam ser negligenciados os efeitos da retração e da variação da temperatura na análise da estrutura.

A relação do espaçamento máximo das juntas de dilatação com a variação equivalente da temperatura anual, incluindo o efeito da retração, é mostrada na Fig. 2.23. Conforme o boletim 43 da fib (2008), os valores dessa figura referem-se a edifícios aquecidos e pilares articulados na base. Esse boletim recomenda ainda reduzir o espaçamento máximo de juntas em 33% para edifícios sem aquecimento, em 15% para pilares engatados na base e em 25% quando o sistema de estabilização é concentrado nas extremidades do edifício.

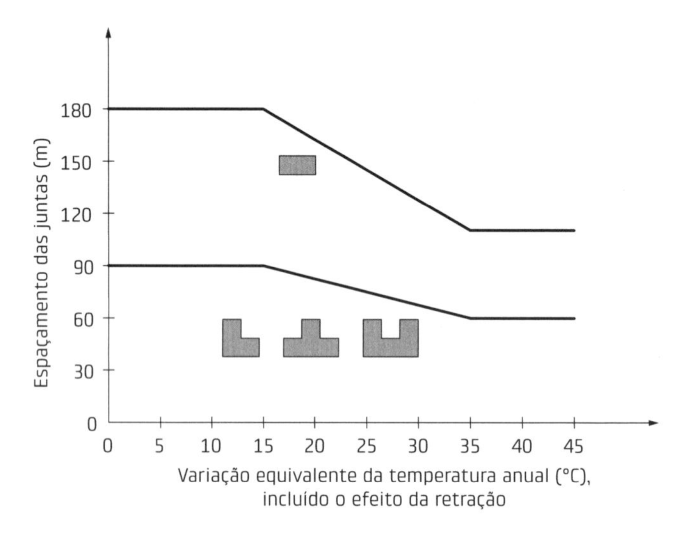

Fig. 2.23 Recomendação para espaçamento máximo de juntas de dilatação
Fonte: adaptado de fib (2008).

Outro aspecto que merece atenção é a transferência de momento de torção nas extremidades do pavimento. A torção nas vigas de extremidade dos pavimentos pode ser dividida em torção necessária ao equilíbrio e torção de compatibilidade (não necessária ao equilíbrio). No caso de estruturas de CML, em geral acontece torção de compatibilidade nas vigas de extremidade. No caso de estruturas de CPM, normalmente ocorre uma excentricidade da reação da laje na viga, que resulta em torção na viga. Conforme o boletim já mencionado, existem duas formas fundamentais de tratar essa excentricidade: a) a laje é simplesmente apoiada na viga (Fig. 2.24a) e b) uma ligação entre a laje e a viga é realizada, de forma a transferir esforços de compressão e tração (Fig. 2.24b). Na primeira situação, a viga deve ser projetada para o momento de torção resultante da excentricidade da reação da laje, e o vão da laje é definido pela linha de apoio da laje na viga. Na segunda situação, a ligação laje × viga é calculada para a excentricidade da reação, e o vão da laje se estende até a linha de apoio da viga. A Fig. 2.25 mostra dois exemplos de ligação laje × viga que se enquadram no segundo caso.

Na seção 5.5 apresentam-se indicações para um caso particular de vigas de extremidade, chamadas de vigas delgadas de seção L.

A ocorrência de momentos fletores em situações assimétricas leva à necessidade de calcular o elemento ou a estrutura para os esforços solicitantes gerados, tendo em vista os estados-limite envolvidos. Nesses casos, é necessário destacar a importância da verificação do estado-limite de deformações excessivas levando em conta, principalmente, os efeitos ao longo do tempo. Esse alerta cabe para situações como a mostrada na Fig. 2.24a, bem com para aquelas que resultam em elevados momentos fletores nos pilares devido a ações permanentes. Ainda em relação ao estado-limite de deformações excessivas, merece registro que a NBR 9062 (ABNT, 2017a) estabelece alguns limites específicos para deformações na direção horizontal da estrutura e para deformações na direção vertical de elementos de cobertura e de piso.

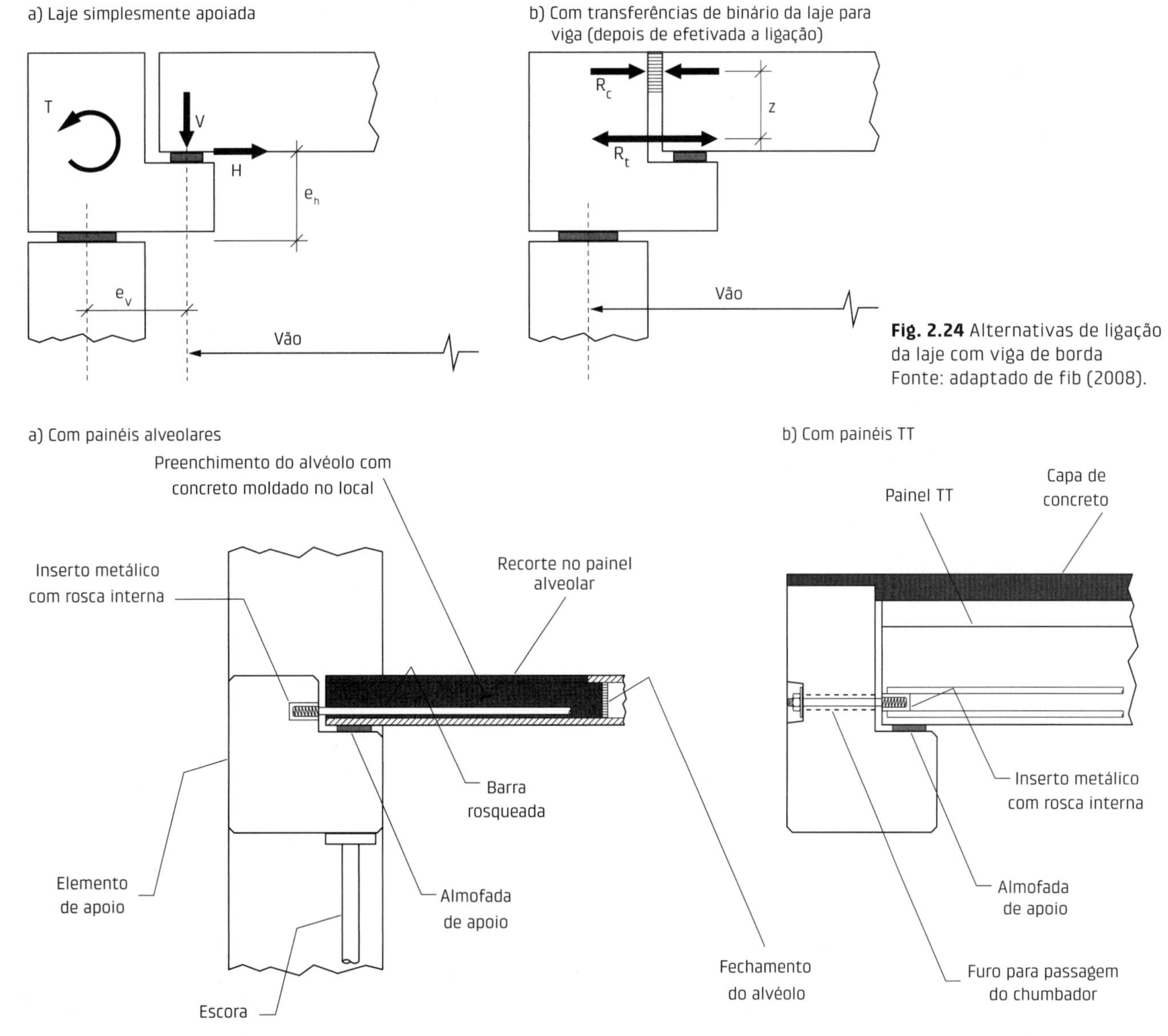

Fig. 2.24 Alternativas de ligação da laje com viga de borda
Fonte: adaptado de fib (2008).

Fig. 2.25 Exemplos de ligação de laje com viga de borda com restrição de rotação
Fonte: adaptado de fib (2008).

Por serem mais esbeltas e também por causa da existência das ligações, as estruturas de CPM são mais suscetíveis a vibrações excessivas. Esse tipo de problema tem sido objeto de maiores preocupações em pavimentos e arquibancadas de estádios. Indicações básicas para a verificação desse estado-limite podem ser vistas no manual do PCI (2010).

Alguns tipos de elemento pré-moldado podem estar sujeitos a aspectos específicos de projeto, por exemplo, vigas com grandes aberturas na alma para a passagem de instalações, assim como vigas esbeltas, com baixa rigidez lateral, que estariam sujeitas à instabilidade lateral. Esse último caso será tratado com detalhes no Cap. 5.

Uma particularidade relacionada com o dimensionamento estrutural do CPM é o fato, conforme adiantado, de que se pode recorrer ao dimensionamento e à verificação experimental dos elementos e das ligações. Essa possibilidade é prevista na NBR 9062 (ABNT, 2017a), na seção "Projeto acompanhado por verificação experimental", bem como no citado MC-10 (fib, 2013), para estruturas de concreto em geral.

De fato, quando se emprega um número muito grande de repetições de um elemento ou de um tipo de ligação, pode ser interessante, em relação tanto à garantia do comportamento estrutural como à economia, fazer uma verificação ou um dimensionamento com base em resultados experimentais.

Esse assunto torna-se ainda mais relevante para determinados componentes pré-moldados, que são projetados para atender a critérios de desempenho. Por exemplo, no caso de tubos de concreto circulares de concreto armado que são projetados para atender a um ensaio padronizado, o dimensionamento estrutural pode ser otimizado com base em resultados de ensaio.

Atualmente, o projeto estrutural é realizado com *softwares*. Há vários deles disponíveis no mercado para o projeto das estruturas de CPM, e alguns aspectos do seu emprego são discutidos a seguir.

Os resultados dos *softwares* devem passar por análise de consistência. Para isso, o projetista pode contar com experiência e alguma forma de verificação manual. O emprego da plataforma BIM, entre outras vantagens, minimizaria a possibilidade de erros no projeto estrutural.

A maioria dos *softwares* já possibilita a análise estrutural tridimensional, o que permite calcular estruturas mais complexas e, em princípio, chegar a melhores resultados que a análise bidimensional. Recomenda-se, no entanto, bastante precaução na definição da rigidez dos elementos, principalmente a rigidez à torção.

Os *softwares* devem permitir a análise estrutural considerando as particularidades discutidas na seção 2.3, como ligações semirrígidas e etapas construtivas.

Em determinadas situações, quando existem incertezas no comportamento das ligações ou na interação CPM e CML, o projetista pode adotar as seguintes estratégias: a) considerar envoltórias para situações-limite ou situações confiáveis e b) fazer análise diferenciada para os estados -limite últimos (ELU) e os estados-limite de serviço (ELS), com limites mais seguros para os ELU.

Em relação aos desenhos de execução, o CPM precisa de alguns detalhes adicionais em comparação com o CML. Os principais detalhes necessários ou recomendáveis seriam: a) especificação da resistência do concreto para a desmoldagem, o transporte e, se for o caso, a aplicação da protensão, b) especificação das tolerâncias envolvidas nas etapas construtivas (ou remeter à documentação normativa), c) especificação das posições de armazenamento, transporte e montagem, como o desenho mostrado na Fig. 2.26, d) sistema de içamento e e) cuidados necessários, quando for o caso, para o manuseio e o transporte dos elementos, a execução das ligações e principalmente a montagem, conforme realçado na versão atual da NBR 9062 (ABNT, 2017a).

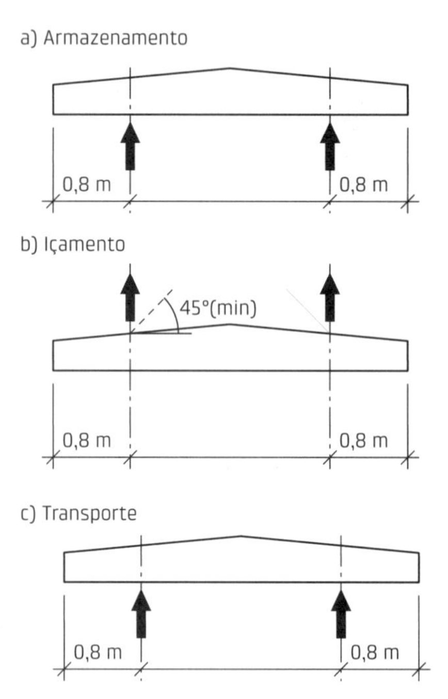

Fig. 2.26 Exemplo de especificações de apoio e suspensão para situações transitórias

2.5 Tolerâncias e folgas

Considerando a situação representada na Fig. 2.27, referente à colocação de uma viga sobre dois pilares, podem ocorrer dois tipos de problema:

- o espaço reservado para a colocação da viga é pequeno, devendo-se prever um comprimento adequado para a viga;
- o espaço reservado para a colocação da viga é grande, devendo-se prever um comprimento adequado para o consolo.

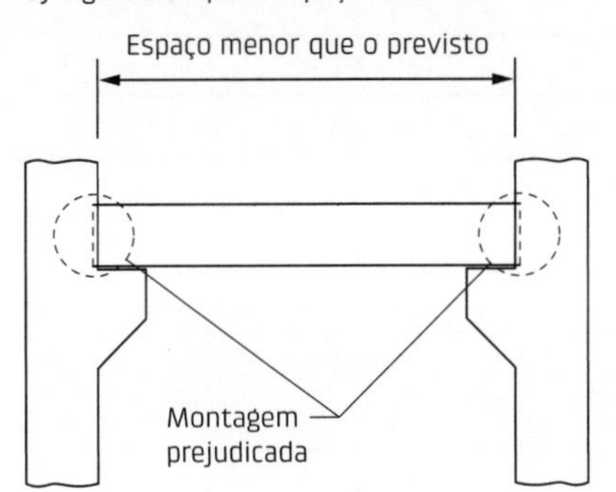

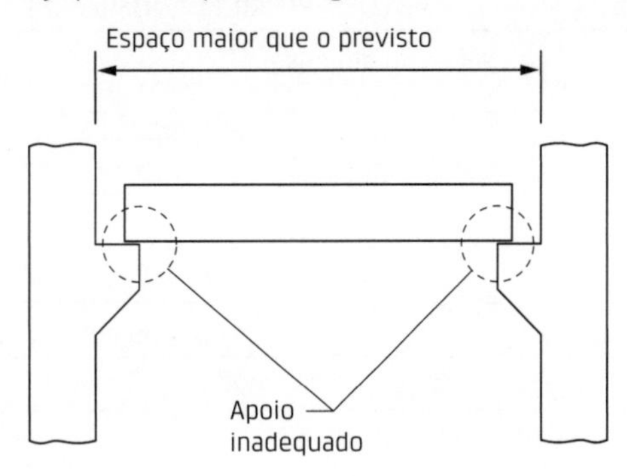

Fig. 2.27 Problemas que podem ocorrer na colocação de uma viga sobre dois pilares

Observa-se, assim, a necessidade de serem consideradas, na definição do comprimento dos elementos, as inevitáveis discrepâncias entre as medidas previstas e as medidas reais, por uma questão básica de montagem.

Esse caso típico de estrutura de CPM é apenas uma parte do assunto. De forma geral, todas as dimensões e posições devem estar dentro de limites estabelecidos.

Inicialmente, cabe definir dois parâmetros relacionados ao assunto: a) *desvio*, que é a diferença entre a dimensão básica e a correspondente executada, e b) *tolerância*, que é o valor máximo aceito para o desvio.

As tolerâncias envolvidas podem ser das seguintes naturezas: a) dimensões das medidas dos elementos, b) distorções, linearidade e esquadro, c) flechas e contraflechas, absolutas e relativas, d) planicidade das superfícies, e) posição dos elementos da armadura passiva, f) posicionamento dos cabos de protensão, g) posicionamento dos insertos metálicos, h) dimensões e verticalidade na montagem e i) locação dos elementos da fundação.

Esse assunto é tratado de forma bastante completa no manual de tolerâncias do PCI (2000), no qual são discutidos os conceitos, a natureza das tolerâncias mais importantes, as responsabilidades e as suas implicações.

Em função da origem, as tolerâncias podem ser divididas em: a) tolerâncias de fabricação e b) tolerâncias de montagem.

As tolerâncias são fixadas com base em padrões consensuais entre os agentes envolvidos e é objeto de normalização. As principais razões para o seu estabelecimento são as seguintes:

- *construtibilidade*: para assegurar a adequada montagem da construção, conforme visto na Fig. 2.27;
- *estrutural*: para ser possível considerar no projeto estrutural as possíveis variações da posição das forças nas ligações e nos elementos, por meio de indicações normativas;
- *visual*: para assegurar que a construção seja aceitável em relação à estética;
- *contratual*: para estabelecer uma faixa de aceitabilidade, bem como estabelecer responsabilidade para a obediência dos valores especificados.

Os valores das tolerâncias indicados pela NBR 9062 (ABNT, 2017a) estão sintetizados nas Tabs. 2.3 a 2.5.

Tab. 2.3 TOLERÂNCIAS DE FABRICAÇÃO PARA ELEMENTOS PRÉ-MOLDADOS

Grupo de elementos pré-moldados	Seção ou dimensão		Tolerância
Pilares, vigas, pórticos e elementos lineares	Comprimento	$\ell \leq 5$ m	±10 mm
		5 m < $\ell \leq 10$ m	±15 mm
		$\ell > 10$ m	±20 mm
	Seção transversal		−5 mm e +10 mm
	Distorção		±5 mm
	Linearidade		±ℓ/1.000
Painéis, lajes, escadas, e elementos em placa	Comprimento	$\ell \leq 5$ m	±10 mm
		5 m < $\ell \leq 10$ m	±15 mm
		$\ell > 10$ m	±20 mm
	Espessura		−5 mm, +10 mm
	Planicidade	$\ell \leq 5$ m	±3 mm
		$\ell > 5$ m	±ℓ/1.000
	Distorção	Largura ou altura ≤ 1 m	±3 mm a cada 300 mm
		Largura ou altura > 1 m	±10 mm
	Linearidade		±ℓ/1.000

Tab. 2.3 TOLERÂNCIAS DE FABRICAÇÃO PARA ELEMENTOS PRÉ-MOLDADOS (cont.)

Grupo de elementos pré-moldados	Seção ou dimensão		Tolerância
Telhas e/ou elementos delgados	Comprimento	$\ell \leq 5$ m	±10 mm
		5 m < $\ell \leq$ 10 m	±15 mm
		ℓ > 10 m	±20 mm
	Espessura	≤ 50 mm	−1 mm e +5 mm
		> 50 mm	−3 mm e +5 mm
	Distorção		±5 mm
	Linearidade		±ℓ/1.000
Estacas	Comprimento		±ℓ/300
	Seção transversal (ou diâmetro)		±5%
	Espessura da parede para seções vazadas		+13/−6 mm
	Linearidade		±ℓ/1.000

em que: ℓ é o comprimento do elemento pré-moldado.

Fonte: adaptado de ABNT (2017a).

Tab. 2.4 TOLERÂNCIAS DE FABRICAÇÃO PARA O POSICIONAMENTO DE CABOS DE PROTENSÃO E DE INSERTOS CONCRETADOS NOS ELEMENTOS PRÉ-MOLDADOS

Tolerância do posicionamento individual do cabo de protensão	±10 mm
Tolerância do posicionamento do centro resultante da protensão	±5 mm
Tolerância da locação de insertos concretados na peça	±15 mm

Fonte: adaptado de ABNT (2017a).

Tab. 2.5 PRINCIPAIS TOLERÂNCIAS DE MONTAGEM

Tolerância para montagem em planta entre apoios consecutivos[a]	±10 mm
Tolerância em relação à verticalidade	1/300 da altura ≤ 25 mm
Tolerância em relação ao nível dos apoios[b]	±10 mm
Tolerância em planta e em elevação para montagem dos pilares	±10 mm
Tolerância em planta para montagem dos blocos pré-moldados sobre a fundação	±40 mm

Notas: a) não podendo exceder ao valor acumulado de 0,1% do comprimento da estrutura; b) não podendo exceder ao valor acumulado de 30 mm, quaisquer que sejam as dimensões longitudinal e transversal da estrutura, exceto para caminhos de rolamento, quando esse valor é de 20 mm.

Fonte: adaptado de ABNT (2017a).

No citado manual do PCI (2000), são apresentadas as tolerâncias, de forma bastante detalhada, para os diversos tipos de elemento pré-moldado. A Tab. 2.6 mostra as tolerâncias típicas de fabricação, e a Tab. 2.7, as tolerâncias de algumas situações típicas de montagem de elementos pré-moldados. Ambas as tolerâncias são baseadas no manual do PCI (2010), no qual o assunto é tratado de forma mais compacta.

Apresentam-se a seguir indicações para a determinação do comprimento dos elementos pré-moldados levando em conta as tolerâncias das dimensões, para evitar os problemas mostrados na Fig. 2.27.

Para fazer essa análise, é necessário superpor as tolerâncias. As formas de considerar essa superposição são as seguintes:

- *Superposição determinística*

$$t = \sum_{i=1}^{n} t_i \tag{2.7}$$

Ou seja, a tolerância resultante de várias tolerâncias é a soma aritmética das parcelas, o que conduz a uma avaliação pessimista da tolerância resultante.

- *Superposição estatística*

$$t = \sqrt{\sum_{i=1}^{n} t_i^2} \tag{2.8}$$

Superposição em que se admite que as n parcelas são independentes e que a variação das tolerâncias obedece à distribuição normal.

Tab. 2.6 TOLERÂNCIAS TÍPICAS DE FABRICAÇÃO DE ELEMENTOS PRÉ-MOLDADOS

Tolerância[a]	Produto
Comprimento[b]	
±12 mm	6, 7, 8, 9, 13
±20 mm	3, 5
±25 mm	1, 2, 4, 11, 12
Largura[b]	
±6 mm	1, 2, 3, 5, 6, 7, 8, 9, 12
+10/−6 mm	4
±10 mm	11, 13
Altura	
+6/−3 mm	10
±6 mm	1, 2, 3, 5, 6, 7, 8, 9, 12
+12/−6 mm	4
±10 mm	11
±12 mm	13
Espessura da mesa	
+6/−3 mm	1, 2, 8, 10, 12
±6 mm	3, 4, 13
Espessura da alma	
±3 mm	1, 8, 10, 12
±6 mm	2, 3
+10/−6 mm	4
±10 mm	5
Posição dos cabos de protensão	
±6 mm	1, 2, 3, 4, 5, 6, 8, 9, 11, 12
Variação do valor estimado da flecha	
±6 mm por 3,05 m	1, 2, 12
Máximo de 20 mm	
±3 mm por 3,05 m	
Máximo de 25 mm	4
Máximo de 20 mm	3
Máximo de 12 mm	5
Diferença entre flechas	
6 mm por 3,05 m	1, 2, 5
Máximo de 20 mm	
Posição da placa de apoio	
±12 mm	1, 2, 3, 12
±16 mm	4
em que:	7. painel alveolar
1. painel de seção TT	8. painel nervurado
2. painel de seção T	9. painel-sanduíche
3. viga retangular ou L de edifício	10. painel arquitetônico
4. viga I	11. estaca
5. viga de seção caixão	12. viga secundária
6. pilar	13. degrau

Notas: a) mais informações podem ser encontradas em publicações específicas do PCI; b) existem valores específicos mais restritos para elementos de concreto arquitetônico.

Fonte: adaptado de PCI (2010).

Devem ser previstos espaços mínimos (e_{min}) para a realização da montagem e das ligações. Com base no estabelecimento das tolerâncias e do e_{min} e considerando as variações volumétricas devidas à retração, à variação de temperatura e à fluência, que ocorrem no elemento desde a sua produção até a sua montagem, podem ser determinadas as dimensões de projeto dos elementos pré-moldados. Cabe salientar que está sendo feita uma adequação de nomenclatura em relação à edição anterior do livro, em

Tab. 2.7 TOLERÂNCIAS DE ALGUMAS SITUAÇÕES TÍPICAS DE MONTAGEM DE ELEMENTOS PRÉ-MOLDADOS

Situação	Tolerância
Variação de locação no plano	12 mm para pilares 25 mm para vigas
Diferenças de posição relativa de pilares, em qualquer nível	12 mm
Variação de verticalidade	6 mm a cada 3,05 m de altura, com 25 mm no máximo
Variação do comprimento de apoio	±20 mm
Variação da largura de apoio	±12 mm
Variação do alinhamento em extremidade com encaixe	12 mm no máximo

Fonte: adaptado de PCI (2010).

virtude da mudança feita na atual NBR 9062 (ABNT, 2017a). Na edição anterior, o e_{min} era denominado folga.

Levando em conta o caso típico da colocação de viga sobre consolos entre dois pilares, mostrado na Fig. 2.27, devem ser determinados o comprimento nominal da viga e o comprimento do consolo. Tomando por base a Fig. 2.28 e as denominações nela incluídas, pode-se estimar as variações de comprimento com base em hipótese para avaliar situações extremas entre a fabricação e a montagem com:

$$\Delta\ell \cong (\ell_m - b)(\varepsilon_{cs} + \varepsilon_{cc} + \varepsilon_{te}) \quad \textbf{(2.9)}$$

possibilitando o cálculo de:

$\Delta\ell^+$ = alongamento ou encurtamento mínimo;

$\Delta\ell^-$ = encurtamento máximo.

Sendo ε_{cs}, ε_{cc} e ε_{te} as deformações por retração, fluência e temperatura, respectivamente. O alongamento ou encurtamento mínimo é calculado com os mínimos valores absolutos de ε_{cs} e ε_{cc} e o aumento de temperatura. No encurtamento máximo, considera-se a situação oposta.

Por serem em geral pequenas em relação aos outros parâmetros intervenientes, as variações de comprimento $\Delta\ell^+$ e $\Delta\ell^-$ da viga podem, nos casos de elementos não protendidos de comprimentos usuais, ser desprezadas para o cálculo dos comprimentos dos elementos.

O comprimento nominal da viga e o comprimento mínimo do consolo podem ser determinados conforme apresentado a seguir.

- *Tolerância do pilar*

$$t_{pil} = \sqrt{t_{pil,loc}^2 + t_{pil,v}^2 + \left(\frac{t_{pil,t}}{2}\right)^2} \quad \textbf{(2.10)}$$

em que:

$t_{pil,loc}$ = tolerância de locação do pilar;

$t_{pil,v}$ = tolerância de verticalidade do pilar;

$t_{pil,t}$ = tolerância da dimensão transversal do pilar.

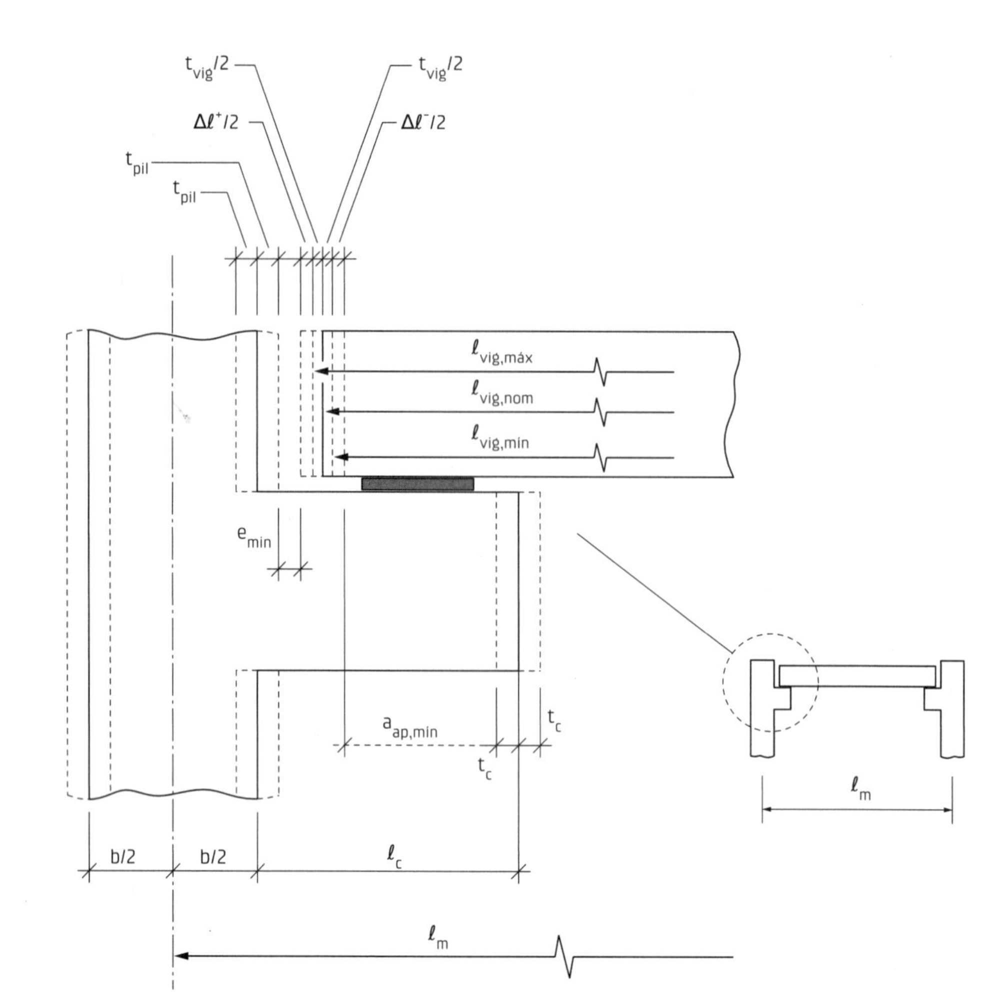

em que:

$a_{ap,min}$ = comprimento mínimo do apoio;

b = largura do pilar;

e_{min} = espaço mínimo para montagem;

ℓ_m = distância nominal (modular) entre o eixo dos pilares;

$\ell_{vig,nom}$ = comprimento nominal da viga;

ℓ_c = comprimento do consolo;

$\Delta\ell$ = variação de comprimento devido à retração, à fluência e à variação de temperatura ($\Delta\ell^+$ = alongamento, se houver, e $\Delta\ell^-$ = encurtamento máximo);

t_{pil} = tolerância do pilar;

t_{vig} = tolerância da viga;

t_c = tolerância do consolo, que em geral é considerada igual a t_{pil} em virtude de o comprimento do consolo ser pequeno.

Fig. 2.28 Variações de posição de viga apoiada sobre pilar em consolo

- *Tolerância da viga*

$$t_{vig} = \sqrt{t^2_{vig,com} + t^2_{vig,esq}} \tag{2.11}$$

em que:

$t_{vig,com}$ = tolerância de fabricação do comprimento da viga;

$t_{vig,esq}$ = tolerância de esquadro na extremidade da viga.

- *Comprimento máximo da viga*

$$\ell_{vig,max} = \ell_m - b - 2t_{pil} - 2e_{min} - \Delta\ell^+ \tag{2.12}$$

- *Comprimento nominal da viga*

$$\ell_{vig,nom} = \ell_{vig,max} - t_{vig} = \ell_m - b - 2t_{pil} - 2e_{min} - \Delta\ell^+ - t_{vig} \tag{2.13}$$

- *Comprimento mínimo do consolo*

$$\ell_c = 2t_{pil} + e_{min} + \frac{\Delta\ell^+}{2} + \frac{\Delta\ell^-}{2} + t_{vig} + a_{ap,min} \tag{2.14}$$

Pode-se observar nas expressões do comprimento nominal da viga e do comprimento mínimo do consolo que ocorre uma superposição da tolerância do pilar e da viga. Considerando essas superposições com a soma estatística, mediante o conceito de tolerância global, haveria uma melhor estimativa dos valores procurados. Nesse caso, resultaria em:

- *Comprimento nominal da viga*

$$\ell_{vig,nom} = \ell_m - b - 2e_{min} - t_g - \Delta\ell^+ \tag{2.15}$$

- *Comprimento mínimo do consolo*

$$\ell_c = a_{ap,min} + e_{min} + \frac{\Delta\ell^+}{2} + \frac{\Delta\ell^-}{2} + t_g \tag{2.16}$$

em que t_g é a tolerância global, que vale:

$$t_g = \sqrt{t^2_{vig,com} + 2\left(\frac{t_{pil,t}}{2}\right)^2 + 2(t_{pil,loc})^2 + 2(t_{pil,v})^2} \tag{2.17}$$

Conforme a definição da NBR 9062 (ABNT, 2017a), a folga corresponde à diferença entre a medida da dimensão de projeto reservada para a colocação de um elemento e a medida da dimensão correspondente ao elemento. Destaca-se que, na edição anterior deste livro, a folga era denominada ajuste. Novamente, está sendo realizada uma adequação de nomenclatura em virtude da mudança feita na versão atual da norma mencionada.

A folga leva em consideração a soma dos efeitos das tolerâncias, dos espaços mínimos para montagem e das variações volumétricas. Para o caso analisado, têm-se:

- *Comprimento nominal da viga*

$$\ell_{vig,nom} = (\ell_m - b) - f_{vig} \tag{2.18}$$

em que f_{vig} é a folga para a viga, que vale:

$$f_{vig} = t_g + 2e_{min} + \Delta\ell^+ \tag{2.19}$$

Cabe destacar que o valor a ser reduzido de cada lado da viga equivaleria à metade do calculado dessa forma.

- *Comprimento mínimo do consolo*

$$\ell_c = a_{ap,min} + f_c \tag{2.20}$$

em que f_c é a folga para o consolo, que é igual a:

$$f_c = t_g + e_{min} + \frac{\Delta\ell^+}{2} + \frac{\Delta\ell^-}{2} \tag{2.21}$$

No Anexo A é exibido um exemplo numérico do caso da Fig. 2.27.

O cálculo dos comprimentos dos elementos feito com base no que foi apresentado pode conduzir a um resultado excessivamente seguro, pois não estão sendo levadas em conta medidas de autoajuste, intencionais e não intencionais, que são realizadas durante a montagem. No entanto, a consideração desse efeito só pode ocorrer após um período experimental. Dessa forma, a consideração de folgas menores do que as obtidas com essas indicações só vale a pena ser empregada após efetiva experiência de produção.

A fixação das tolerâncias e espaços mínimos para montagem deve ser realizada por meio de análise realista de todo o processo envolvido, cabendo revisões após experiência acumulada. Destaca-se que a fixação desses valores tem as seguintes implicações: a) valores altos de tolerâncias e espaços mínimos para montagem acarretam problemas estéticos e maiores gastos nas ligações e b) valores baixos resultam em dificuldades de execução dos elementos pré-moldados e de montagem da estrutura.

2.6 Cobrimento da armadura

O cobrimento tem a finalidade de proteger a armadura e de garantir a transferência adequada de tensões da armadura para o concreto.

A transferência de tensões da armadura para o concreto pode acontecer de forma inadequada se o cobrimento da armadura for muito reduzido. Nessas situações, podem ocorrer fissuras na direção da armadura ou mesmo a ruptura do cobrimento na região da ancoragem. Por essa razão, é necessário um cobrimento mínimo da armadura. Assim, por exemplo, é recomendado um cobrimento mínimo da armadura de protensão para painéis alveolares, em função do diâmetro e da tensão da armadura de protensão e da resistência do concreto.

Em relação à proteção da armadura, pode-se realizar uma distinção entre as proteções química e física.

A *proteção física* é aquela contra ações mecânicas, como danos devidos a choques, e ações térmicas. A proteção contra ações térmicas é de grande importância na resistência das estruturas de concreto em situações de incêndios, em virtude da redução da resistência da armadura com a elevação da temperatura.

A *proteção química* é relacionada com a proteção da armadura contra corrosão e, consequentemente, com a durabilidade da estrutura. Os fatores de maior influência na proteção da armadura contra corrosão são os valores do cobrimento e da qualidade do concreto do cobrimento, tendo em vista o ataque de agentes agressivos externos. Essa qualidade está relacionada, entre outros fatores, com a relação água/cimento e o adensamento do concreto. Na Fig. 2.29 está ilustrado qualitativamente como esses fatores influem na proteção química da armadura. Os valores do cobrimento e da qualidade do concreto devem ser escolhidos em função do grau de agressividade do ambiente ou microambiente a que os elementos estão expostos.

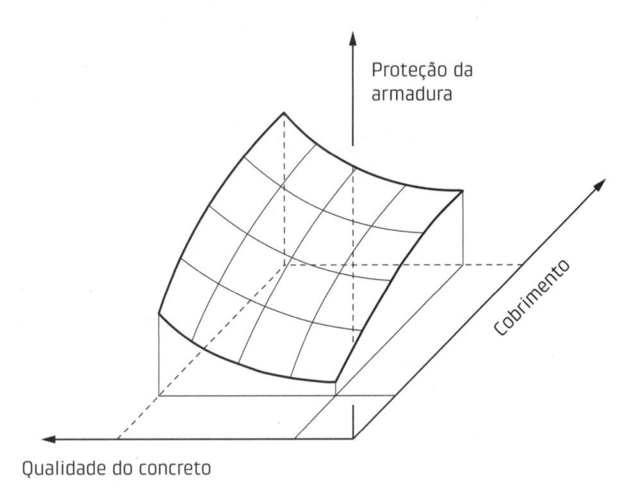

Fig. 2.29 Influência do cobrimento e da qualidade do concreto na proteção da armadura

As particularidades do CPM em relação ao CML são as condições de emprego de concretos de melhor qualidade (maior resistência e melhor adensamento), melhor controle de execução das dimensões dos elementos e melhor controle dos desvios da posição da armadura.

Em virtude do exposto, seria possível reduzir o cobrimento da armadura de elementos de CPM mantendo os mesmos níveis de proteção química. Os benefícios para o CPM decorrentes dessa redução seriam: a) diminuição do consumo de concreto, que poderia ser significativa no caso de lajes, e b) diminuição do peso dos elementos pré-moldados.

Em linhas gerais, a redução do cobrimento da armadura pode ser realizada considerando os seguintes aspectos: a) melhor controle da posição da armadura, b) melhores condições de adensamento e cura do concreto, bem como o emprego de concreto de maiores resistências, e c) proteção diretamente aplicada na armadura ou na superfície do concreto.

A redução devida ao melhor controle da posição da armadura seria feita acrescentando ao cobrimento mínimo, especificado para as várias classes de exposição e tipos de elemento, a tolerância de posicionamento da armadura.

A NBR 9062 (ABNT, 2017a) permite a redução do cobrimento nominal de elementos de CPM somando o valor de tolerância de posicionamento da armadura de 5 mm aos valores de cobrimento mínimos indicados na NBR 6118 (ABNT, 2014a), para as várias classes de agressividade ambiental e tipos de elemento. Dessa forma, o cobrimento nominal de elementos pré-moldados seria 5 mm menor que o correspondente de CML, cuja tolerância da posição da armadura é de 10 mm.

Ainda segundo a NBR 9062 (ABNT, 2017a), em se tratando de elemento pré-fabricado, portanto sujeito a controle de qualidade mais rigoroso, com concreto de resistência igual ou superior a 40 MPa e relação água/cimento igual ou inferior a 0,45, pode-se fazer uma redução de 5 mm em relação aos valores referentes à primeira redução. No entanto, não são permitidos cobrimentos menores que os indicados na Tab. 2.8, com a ressalva a telhas de concreto, nervuras de peças com painéis TT, terças e painéis alveolares protendidos. Esses casos, sem a realização de ensaios e/ou sem a aplicação de revestimento posterior protetor, estão sujeitos a limitações para classes de agressividade mais elevadas.

Tab. 2.8 COBRIMENTOS NOMINAIS MÍNIMOS CONFORME A NBR 9062

Situação	Cobrimento (mm)
Lajes em concreto armado	15
Demais peças em concreto armado (vigas/pilares)	20
Peças em concreto protendido	25
Peças delgadas protendidas (telhas/nervuras/terças)	15
Lajes alveolares protendidas	20

Fonte: ABNT (2017a).

A norma europeia de produtos pré-moldados EN 13369 (CEN, 2004b), com base no Eurocódigo 2, parte 1, EN 1992-1-1 (CEN, 2004a), fornece indicações mais detalhadas para os cobrimentos mínimos, os quais são mostrados na Tab. 2.9. Esses valores podem ser reduzidos para os seguintes casos: a) aço com proteção à corrosão, em 5 mm, b) concreto de classe ≥ C40 e absorção de água < 5%, em 5 mm, e c) concreto de classe ≥ C50 e absorção de água < 4%, em 10 mm. No entanto, essa redução está limitada ao valor mínimo de 10 mm. O cobrimento nominal deve ser fixado somando a tolerância do posicionamento da armadura ao cobrimento mínimo.

De acordo com a EN 1992-1-1 (CEN, 2004a), o cobrimento da armadura para garantir a transferência das tensões entre a armadura e o concreto deve ser no mínimo do diâmetro da barra e, no caso de concreto protendido, equivalente a duas vezes o diâmetro da cordoalha.

Para estruturas que devam ser projetadas para situações de incêndios, o cobrimento da armadura deve atender também às especificações das normas direcionadas a essa finalidade. Na seção 5.6 serão fornecidas mais informações sobre o assunto.

Tab. 2.9 COBRIMENTOS MÍNIMOS EM MILÍMETROS CONFORME A EN 13369

			Lajes		Demais elementos		Cabo de protensão em laje		Cabo de protensão nos demais elementos	
Agressividade ambiental	C_{min}	C	≥ C	< C	≥ C	< C	≥ C	< C	≥ C	< C
Nula	C20	C30	10	10	10	10	10	10	10	10
Baixa	C20	C30	10	10	10	10	15	15	15	20
Moderada	C25	C35	10	15	15	20	20	25	25	30
Normal	C30	C40	15	20	20	25	25	30	30	35
Alta	C30	C40	20	25	25	30	30	35	35	40
Muito alta	C30	C40	25	30	30	35	35	40	40	45
Extrema	C35	C45	30	35	35	40	40	45	45	50

Notas:
1) A agressividade ambiental é detalhada na EN 1992-1-1 (CEN, 2004a).
2) C_{min} é a resistência mínima do concreto para a agressividade ambiental.
3) C é a classe do concreto, com a resistência medida em corpo de prova cilíndrico.

Fonte: CEN (2004b).

2.7 Situações transitórias

Como já foi dito, devem ser feitas as verificações da segurança estrutural dos elementos pré-moldados nas situações transitórias, desde a fase de desmoldagem até aquela que antecede a situação de efetivação das ligações definitivas. Nessas verificações, deve-se ater ao fato de que o elemento pode apresentar solicitações diferentes daquelas da situação final e ao fato de que a resistência do concreto pode ser menor que a resistência de projeto.

Os aspectos que devem ser considerados nas várias etapas são apresentados no Quadro 2.4 e discutidos em detalhe nas linhas que se seguem.

Quadro 2.4 ASPECTOS A SEREM CONSIDERADOS NAS SITUAÇÕES TRANSITÓRIAS

Efeito dinâmico devido à movimentação do elemento
Valores específicos relativos à segurança
Esforços solicitantes que ocorrem nas situações transitórias
Tombamento e estabilidade lateral de vigas por causa de vínculos incompletos
Dimensionamento dos dispositivos de içamento

2.7.1 Efeito dinâmico devido à movimentação do elemento

A análise estrutural dos elementos submetidos a movimentação durante as fases transitórias deve ser feita com base na dinâmica das estruturas. Na falta dessa análise, usualmente se emprega um coeficiente para considerar o efeito dinâmico das ações, como indicado a seguir:

$$g_{eq} = \phi g \quad (2.22)$$

em que:

g_{eq} = força equivalente, considerada estática;

ϕ = coeficiente de ação dinâmica;

g = força estática.

Os valores gerais indicados pela NBR 9062 (ABNT, 2017a) e pelo MC-CEB/90 (CEB, 1991) para o coeficiente de ação dinâmica são apresentados na Tab. 2.10.

Na NBR 9062 (ABNT, 2017a) são indicadas ainda as seguintes particularidades em relação ao coeficiente de ação dinâmica: a) sob circunstâncias desfavoráveis, tais como formato ou detalhes do elemento que dificultem a sua extração da fôrma, ou ainda superfície de contato com a fôrma maior que 50 m², deve ser usado um coeficiente de 1,4, e, b) para elementos de peso superior a 300 kN (30 tf), permite-se utilizar um valor inferior a 1,3, de acordo com a experiência local, em função da forma do elemento e do equipamento de levantamento.

Tab. 2.10 VALORES DO COEFICIENTE DE AÇÃO DINÂMICA INDICADOS NA NBR 9062 E NO MC-CEB/90

	Quando o aumento da força g é desfavorável	Quando o alívio da força g é desfavorável
ABNT	1,3, em geral	0,8
CEB	1,2	0,8

Fonte: ABNT (2017a) e CEB (1991).

O alívio da força pode resultar em situação mais desfavorável em elementos de concreto protendido, pois, ao reduzir a força correspondente ao peso próprio do elemento, a combinação de ações com o peso próprio e a força de protensão torna-se mais crítica.

O manual do PCI (2010) fornece o coeficiente de ação dinâmica de forma mais detalhada, conforme mostrado na Tab. 2.11. Destaca-se que, nesse caso, estão sendo fornecidos os valores específicos para a fase de desmoldagem, que inclui o efeito da aderência do elemento na fôrma.

Tab. 2.11 VALORES DO COEFICIENTE DE AÇÃO DINÂMICA INDICADOS PELO PCI

Tipo do produto	Tipo de acabamento	
	Agregado exposto com retardador	Molde liso (apenas desmoldante)
Desmoldagem (incluindo a aderência na fôrma)		
Plano, com lateral removível	1,2	1,3
Plano	1,3	1,4
Fôrma com inclinação apropriada	1,4	1,6
Fôrma complexa	1,5	1,7
Manuseio e montagem		
Todos os produtos	1,2	
Transporte		
Todos os produtos	1,5	

Fonte: adaptado de PCI (2010).

2.7.2 Valores específicos relativos à segurança

Assim como para a situação final, a verificação da segurança para as situações transitórias deve incluir as verificações tanto dos estados-limite últimos como dos estados-limite de serviço.

No caso dos estados-limite de serviço, ela geralmente se limita às verificações do estado-limite de formação de fissuras e do estado-limite de abertura de fissuras. No entanto, em certos casos pode ser necessário fazer a determinação de deformações tendo em vista a obediência às tolerâncias, ou então a deformação ser incluída como parcela inicial na verificação do estado-limite de deformações excessivas da situação definitiva.

Quando se deseja evitar o aparecimento de fissuras, exigência normalmente requerida no caso de faces de concreto aparente, deve-se limitar os momentos solicitantes ao valor do momento de fissuração dividido por um coeficiente de segurança. O momento de fissuração deve ser calculado com a resistência característica do concreto da data considerada. O coeficiente de segurança pode ser o indicado no manual do PCI (2010), que é de 1,5.

Em relação aos estados-limite últimos, deve-se, assim como no caso anterior, considerar a resistência do concreto na época da situação prevista e fazer o ajuste do coeficiente de ponderação das ações. Nesses casos, é possível determinar a ação de cálculo, incluindo o efeito da ação dinâmica, mediante a seguinte expressão:

$$F_d = \gamma_f \, \phi F_g \tag{2.23}$$

A nova versão da NBR 9062 (ABNT, 2017a) indica γ_f igual a 1,3. Já segundo a NBR 8681 (ABNT, 2003), para combinação de ações permanentes diretas consideradas separadamente e combinação especial de construção, o valor de γ_f poderia ser tomado como 1,2 para o peso próprio de CPM.

Por se tratar de ação de curta duração, não é necessário reduzir a resistência do concreto em 15% para considerar o efeito de ação de longa duração na resistência.

O manual do PCI (2010) recomenda, no caso de insertos e dispositivos, os coeficientes de segurança apresentados na Tab. 2.12.

Tab. 2.12 COEFICIENTES DE SEGURANÇA PARA SITUAÇÕES TRANSITÓRIAS

Insertos para montagem moldados em elementos pré-moldados	3
Dispositivos de içamento	4
Dispositivos reutilizáveis	5

Fonte: adaptado de PCI (2010).

2.7.3 Esforços solicitantes que ocorrem nas situações transitórias

Durante as situações transitórias, podem ocorrer solicitações diferentes daquelas que acontecem nas situações definitivas. Essa diferença pode ser em intensidade e, o que pode ser mais crítico, em sentido.

As solicitações nas situações transitórias dependem basicamente da forma de içamento do elemento. No sentido de orientar a localização dos pontos para o manuseio e de auxiliar no cálculo dos momentos fletores, são apresentadas nas Figs. 2.30 e 2.31 algumas situações típicas para elementos lineares e painéis, respectivamente.

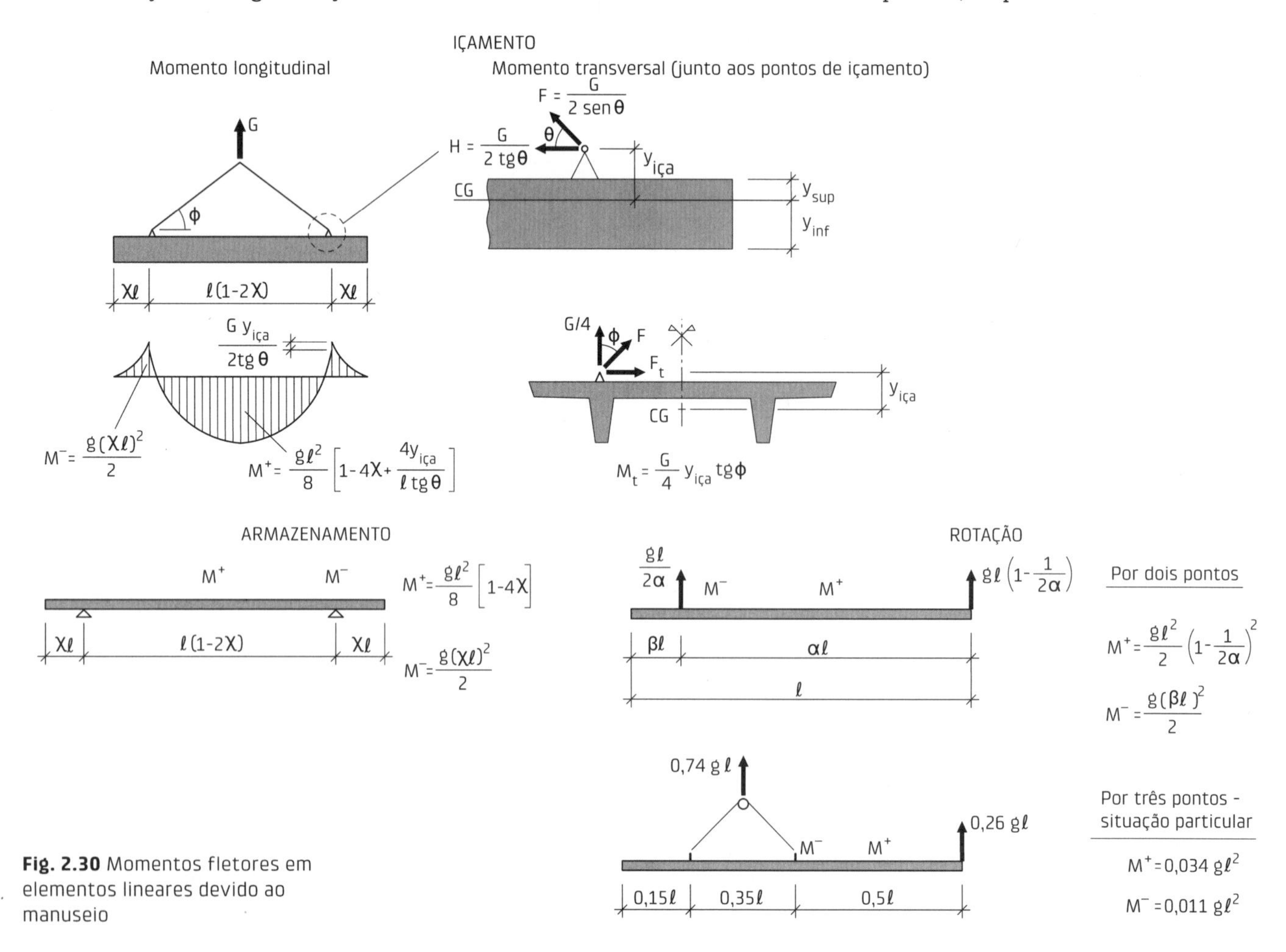

Fig. 2.30 Momentos fletores em elementos lineares devido ao manuseio

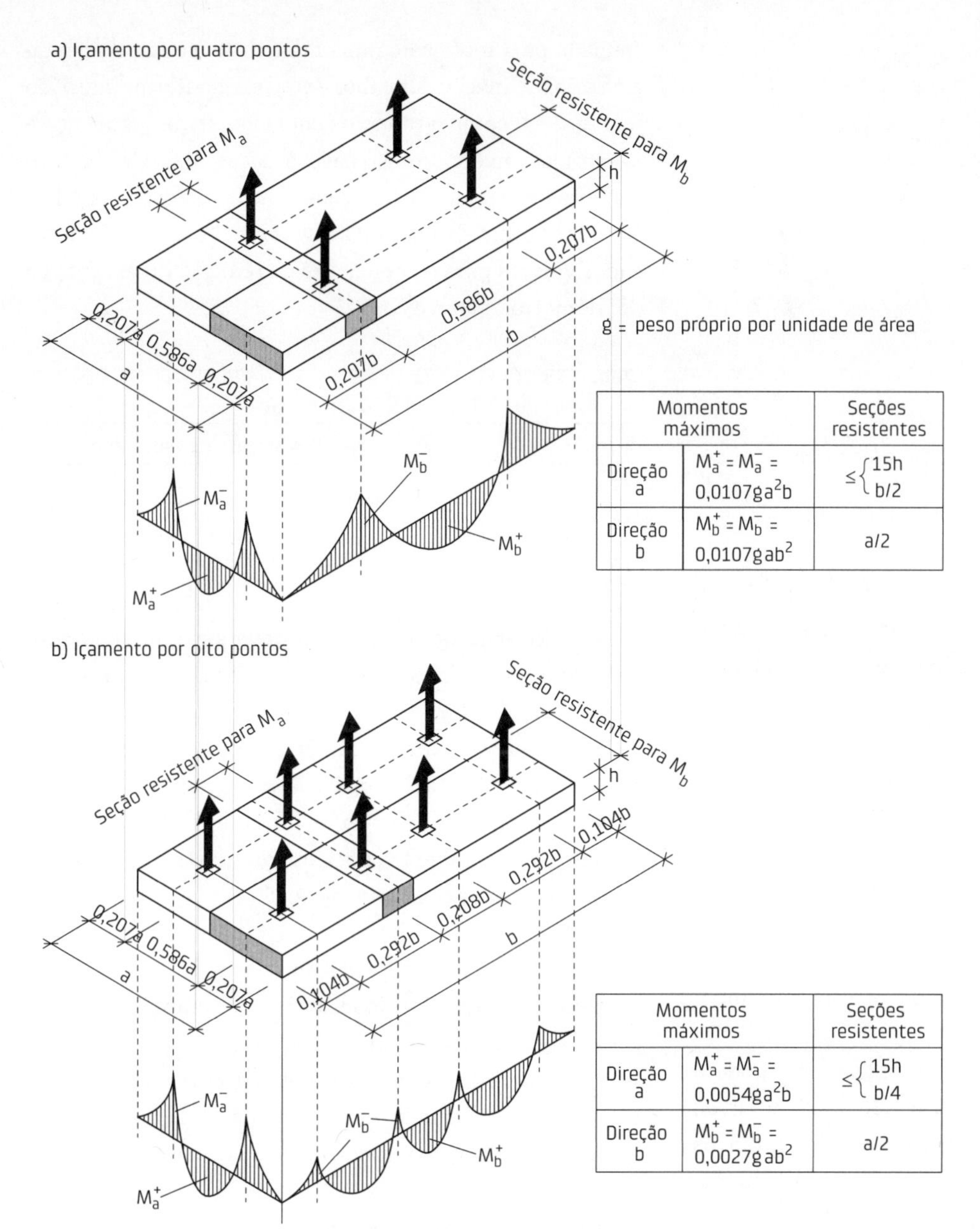

	Momentos máximos	Seções resistentes
Direção a	$M_a^+ = M_a^- = 0{,}0107 g a^2 b$	$\leq \begin{cases} 15h \\ b/2 \end{cases}$
Direção b	$M_b^+ = M_b^- = 0{,}0107 g a b^2$	a/2

	Momentos máximos	Seções resistentes
Direção a	$M_a^+ = M_a^- = 0{,}0054 g a^2 b$	$\leq \begin{cases} 15h \\ b/4 \end{cases}$
Direção b	$M_b^+ = M_b^- = 0{,}0027 g a b^2$	a/2

Fig. 2.31 Momentos fletores em painéis devido ao içamento
Fonte: adaptado de PCI (1992).

2.7.4 Tombamento e estabilidade lateral de vigas por causa de vínculos incompletos

Devido ao fato de que, no levantamento dos elementos pré-moldados, normalmente não há vínculos que restringem o giro à torção nos pontos de içamento e também de que podem existir desvios de linearidade, deve ser verificada a possibilidade de tombamento e estabilidade lateral em vigas. Esses problemas podem ocorrer também na fase de transporte, por causa da rotação de apoio, como no caso de superelevação da pista de rolamento. As vigas susceptíveis a esse tipo de problema são aquelas altas com pouca rigidez lateral.

É possível ter uma noção do problema ao observar a Fig. 2.32, que mostra a posição deformada de uma viga esbelta durante a fase de içamento. Uma abordagem mais detalhada da análise da estabilidade lateral será apresentada no Cap. 5.

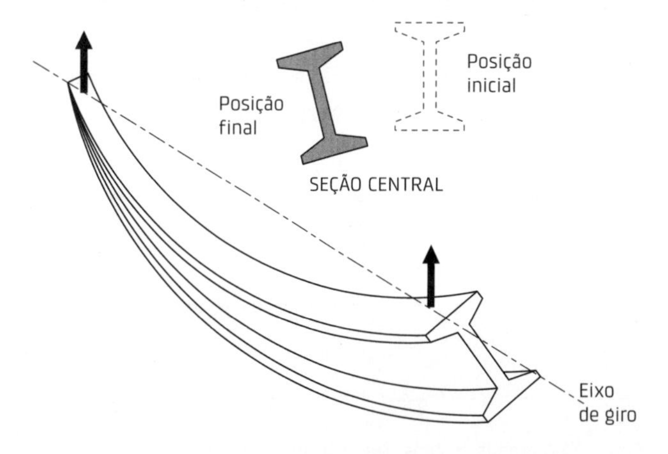

Fig. 2.32 Deformação de viga esbelta durante o içamento

A segurança contra o tombamento deve ser verificada com base na análise de equilíbrio de corpo rígido, conforme exibido na Fig. 2.33, considerando o efeito do vento, a não linearidade da viga, choques etc.

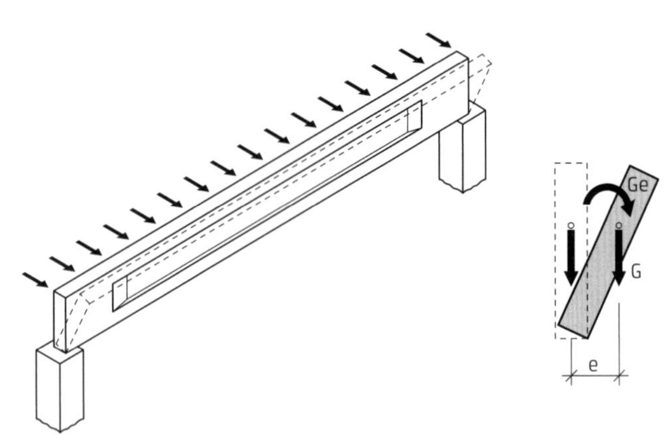

Fig. 2.33 Exemplo de perda de equilíbrio de corpo rígido

2.7.5 Dimensionamento dos dispositivos de içamento

Os dispositivos de içamento foram apresentados no Cap. 1. Em linhas gerais, o seu dimensionamento deve ser realizado considerando a resistência do dispositivo e a transferência da força para a peça de concreto.

Esses dispositivos têm valores relativos à segurança específicos, maiores que os relativos ao dimensionamento, refletindo a sua importância no manuseio dos elementos pré-moldados. Conforme visto, o manual do PCI (2010) indica o coeficiente de segurança de 4, que praticamente coincide com a recomendação da NBR 9062 (ABNT, 2017a), cujo produto do coeficiente dinâmico com o coeficiente de ponderação vale 3,9 para dispositivos de içamento ancorados no concreto.

Segundo a mesma NBR, nas alças de içamento podem ser empregadas barras de aço ASTM A36, cordoalhas de protensão e cabos de aço. Também se prevê o uso de outros materiais, desde que apresentem a ductilidade adequada. É vetada a utilização de aços do tipo CA-25, CA-50 e CA-60. Algumas formas de alça feitas com barras são mostradas na Fig. 2.34.

As alças feitas com cordoalhas de aço são de uso comum em empresas que utilizam a protensão.

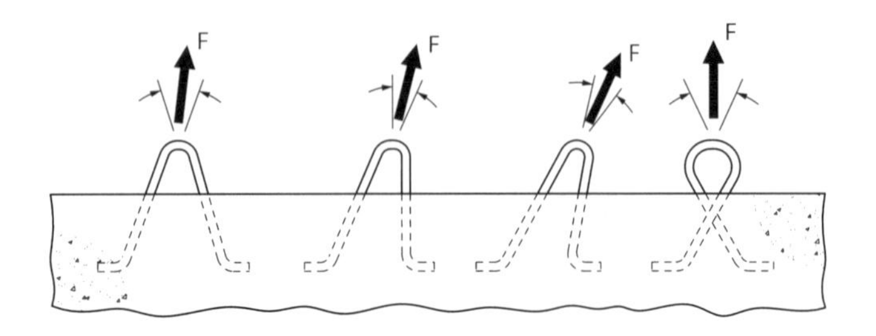

Fig. 2.34 Algumas formas das alças de içamento

O dimensionamento das alças engloba a verificação da resistência do material e o detalhamento para garantir a sua ancoragem no concreto. A resistência é verificada comparando a resistência do material da alça com a tensão causada pela força calculada a partir da configuração da alça e da inclinação dos cabos externos, conforme sugerido na Fig. 2.34, considerando os coeficientes de segurança e dinâmicos envolvidos. No caso de alças com barras, deve ser feita uma redução da resistência do material, devido à forte curvatura da barra na região. Na Tab. 2.13 são indicados valores para o coeficiente de redução (α) em função do diâmetro da barra.

Tab. 2.13 COEFICIENTE DE REDUÇÃO DA RESISTÊNCIA DEVIDO AO DOBRAMENTO DA BARRA

ϕ (mm)	Coeficiente de redução α
<12,5	1,0
16	0,95
20	0,9

A verificação da ancoragem deve ser realizada com base nas resistências de aderência fornecidas pela NBR 6118 (ABNT, 2014a).

Recomenda-se que no detalhamento das alças sejam obedecidas as indicações da Fig. 2.35a. Chama-se a atenção para a possibilidade de rompimento superficial do concreto para o caso de elementos de pequena espessura, como nas lajes, conforme exibido na Fig. 2.35b.

2.7.6 Outras recomendações

Algumas particularidades das várias etapas que merecem atenção são discutidas a seguir.

Na etapa de desmoldagem, dois aspectos valem ser destacados: a) a resistência do concreto na data em que ocorre a desmoldagem e b) as tensões de sucção e de aderência do elemento na fôrma.

A estimativa da resistência do concreto na data de desmoldagem pode ser avaliada com base em corpos de prova curados nas mesmas condições dos elementos. As ordens de grandeza da resistência, para os casos usuais, com o emprego de cimento ARI (cimento de alta resistência inicial), com cura e temperatura normais, e de cura com vapor estão indicadas na Tab. 2.14.

Em relação às tensões de aderência, pode-se recorrer aos valores indicados em Richardson (1991): 1,3 kPa para fôrma de aço e 2,4 kPa para fôrma de madeira plana lisa.

Tab. 2.14 ESTIMATIVA DE RESISTÊNCIA DO CONCRETO PARA A DESMOLDAGEM

Cimento ARI, com cura normal				
Dias	1	3	7	28
f_{cj}/f_{ck}	0,3-0,5	0,6-0,8	0,8-0,9	1
Cura com vapor				
0,6 a 0,8 de f_{ck} para um ciclo usual de 15 a 20 horas de cura com vapor				

a) Indicações para detalhamento

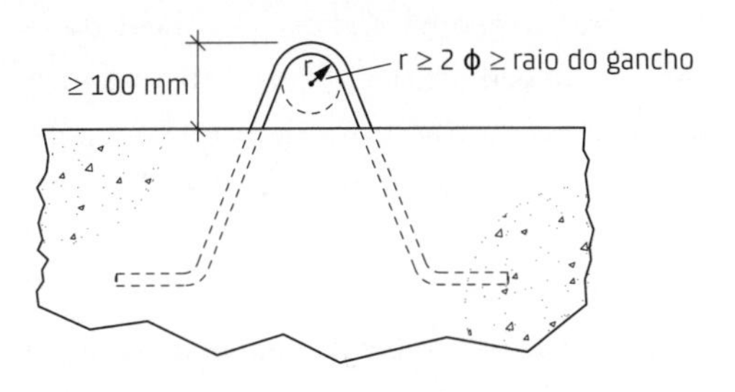

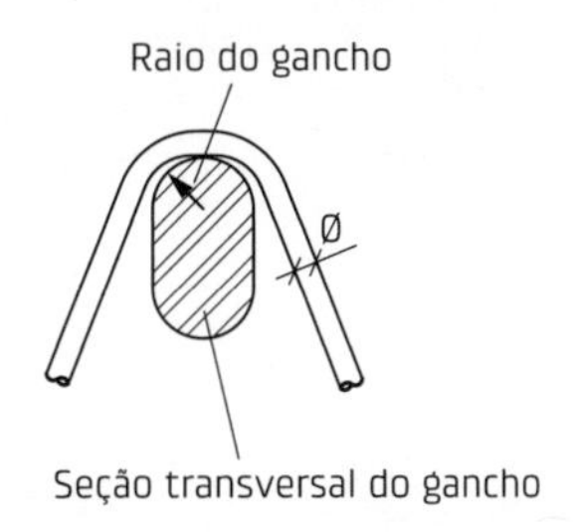

b) Ruptura localizada devida a dobramentos nas proximidades da superfície

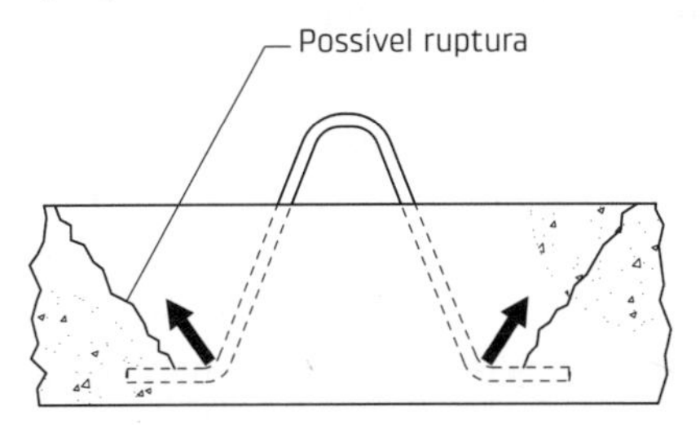

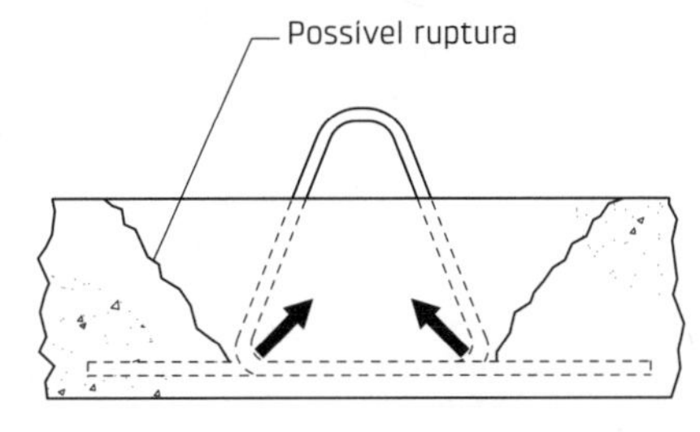

Fig. 2.35 Detalhamento das alças de içamento e possíveis formas de ruptura localizada

Na etapa de armazenamento, normalmente não ocorrem solicitações mais desfavoráveis do que na fase de desmoldagem. No entanto, pode ser necessário calcular as deformações, como já foi comentado. Um fator agravante nesse caso é o fato de o elemento ser solicitado com idade muito baixa, fazendo com que o efeito da fluência do concreto seja mais pronunciado.

Na etapa de transporte, principalmente no transporte externo, deve-se ater aos seguintes aspectos: a) maior efeito dinâmico comparado com as outras formas de movimentação e b) rotação da carroceria devido a buracos e superelevação.

A necessidade de considerar maior intensidade da ação dinâmica já foi evidenciada quando da apresentação dos coeficientes indicados no manual do PCI (2010). Esse efeito depende das condições da via em que o elemento for transportado. Quanto piores elas forem, maior será esse efeito.

O segundo aspecto, a rotação da carroceria, depende também das condições da via em que o elemento for transportado e do tipo de veículo de transporte. Esse problema torna-se crítico para o caso de vigas longas protendidas. Esse assunto será abordado com mais detalhes no Cap. 5.

A etapa de montagem de estruturas de CPM deve ser objeto de grande atenção devido principalmente à atuação de cargas não simétricas, à ação do vento, a desvios de execução dos elementos e de montagem, e ao fato de as ligações não serem, em muitos casos, efetivadas logo após a colocação dos elementos pré-moldados. De fato, existe a indicação de que *três quartos dos problemas* das estruturas de CPM ocorrem nessa etapa. Conforme Osborn e Hong (2009), das lições aprendidas com os acidentes em estruturas de CPM, a primeira delas está relacionada com a montagem.

Durante a fase de montagem, devem ser verificadas as condições de segurança levando em conta a ação do vento e os desvios dos elementos. Se for necessário, pode-se recorrer a ligações provisórias ou então a escoramentos provisórios. Além da segurança em relação à resistência, deve-se ater também às deformações, que podem trazer problemas na colocação do restante dos elementos pré-moldados.

Um caso típico da necessidade de verificação dessa natureza corresponde ao da colocação de painéis de laje sobre viga, mostrado na Fig. 2.36. Como normalmente os painéis são colocados não simetricamente, é preciso considerar uma excentricidade da carga para um certo número de painéis que seja compatível com o esquema de montagem previsto. Essa excentricidade da carga produz torção na viga e na sua ligação com o pilar. Também o pilar e a sua ligação com a fundação são submetidos à flexão correspondente à torção introduzida na viga. Essa situação de montagem deve ser considerada no projeto ou um cimbramento adequado deve ser previsto para que não sejam introduzidos esforços significativos durante a montagem.

Na Fig. 2.37 é apresentada outra situação que pode trazer problemas de segurança e de montagem, pois em geral a colocação de elementos é inicialmente feita em uma das faces do edifício.

Cabe ainda destacar o problema da estabilidade de edifícios de múltiplos pavimentos na fase construtiva. Um estudo realizado por Mota (2009) confirmou a recomendação de que, de forma geral, não é prudente a montagem de mais de dois níveis acima do último pavimento com ligações efetivadas.

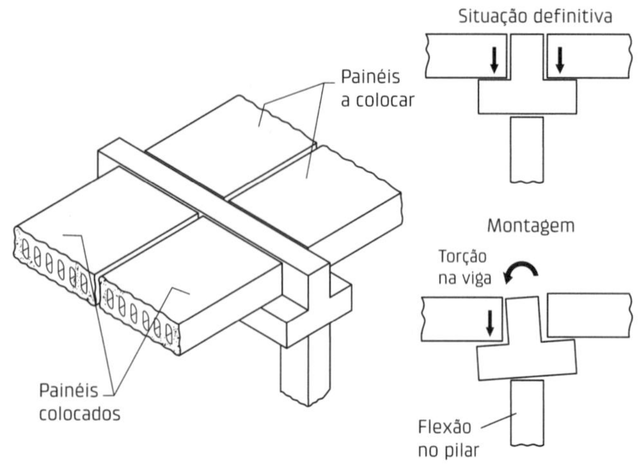

Fig. 2.36 Efeito de cargas não simétricas durante a montagem de painéis de laje

2.8 Análise da estabilidade global

Conforme adiantado, a estabilidade global da estrutura é associada à sua capacidade de transmitir com segurança, incluindo os efeitos de segunda ordem, as ações laterais para a fundação. Os efeitos de segunda ordem são aqueles decorrentes da posição deformada das estruturas. Analisando a situação mostrada na Fig. 2.38, pode-se observar que as forças verticais produzem momentos de segunda ordem nos pilares, quando se considera a posição deformada da estrutura, que se somam aos momentos de primeira ordem produzidos pelas forças horizontais.

Ao considerar os efeitos de segunda ordem, deve-se ter em vista a não linearidade geométrica e a não linearidade física. A não linearidade geométrica refere-se à mudança de geometria da posição da estrutura deformada, como exibido na Fig. 2.38. Por sua vez, a não linearidade física refere-se às mudanças de comportamento do concreto estrutural em função do nível de solicitação.

A tendência é que essas não linearidades sejam levadas em conta nos *softwares*. Já existem *softwares* que incorporam a não linearidade geométrica na análise estrutural, de forma precisa. Por outro lado, a não linearidade física depende dos níveis de solicitação e, consequentemente, da armadura dos elementos estruturais. Portanto, ela deve resultar em processo iterativo, o que leva a um maior esforço computacional. Normalmente, a não linearidade física é levada em conta de forma simplificada mediante um coeficiente redutor aplicado à rigidez integral da seção, a ser visto na sequência.

Em princípio, na verificação da estabilidade global de edifícios pode-se empregar os mesmos procedimentos adotados para as estruturas de CML. De fato, após a montagem, a particularidade das estruturas de CPM em relação às estruturas de CML consiste no uso de articulação ou ligações com certa rigidez, que podem ser consideradas nos procedimentos de verificação da estabilidade global. Mais informações sobre as ligações semirrígidas serão

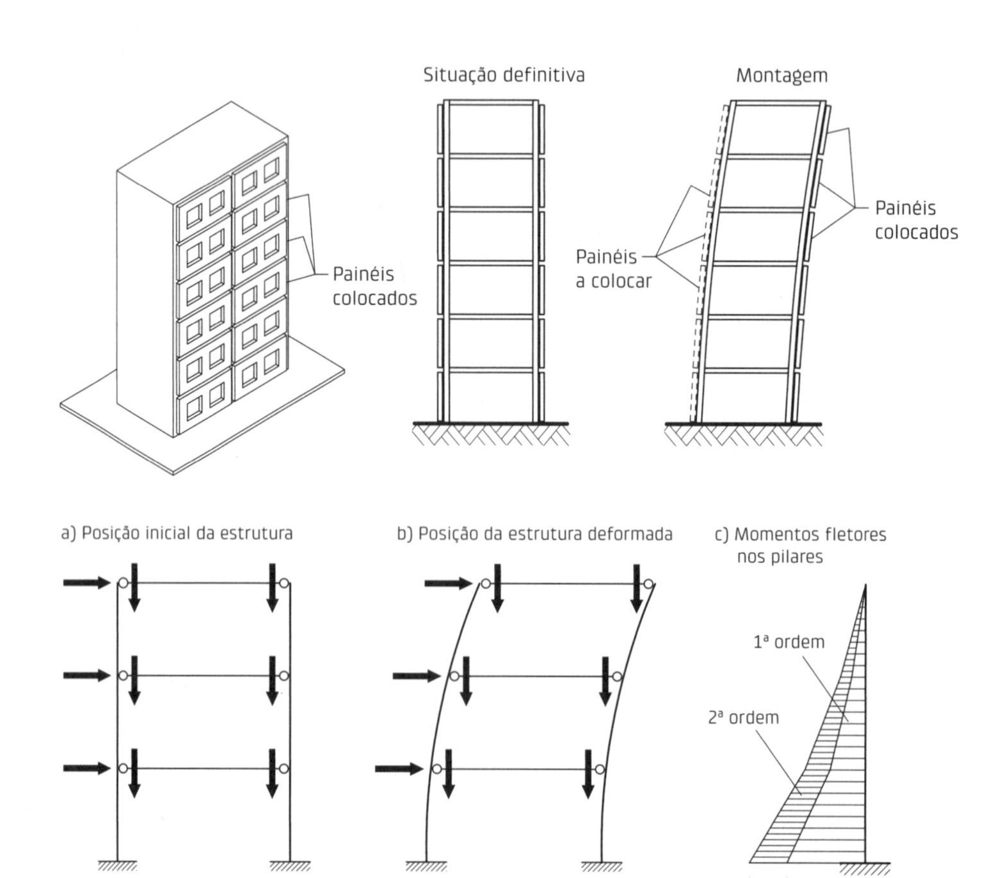

Fig. 2.37 Efeito de carregamento não simétrico em pilares

Fig. 2.38 Efeitos de segunda ordem

apresentadas no Cap. 5 e no Anexo E. Salienta-se também que a NBR 9062 (ABNT, 2017a) permite levar em conta o comportamento semirrígido das ligações viga × pilar na análise da estabilidade global. No caso da utilização de ligações rígidas, praticamente não existem diferenças em relação ao caso das estruturas de CML.

Para a análise simplificada da verificação da estabilidade global, destacam-se dois procedimentos: a) o parâmetro α, com o qual se verifica a necessidade de considerar os efeitos de segunda ordem, e b) o coeficiente γ_z, que vai além e possibilita considerar os efeitos de segunda ordem, de forma simplificada.

A verificação da estabilidade por meio do parâmetro α consiste na verificação da seguinte condição:

$$\alpha = h\sqrt{\frac{\sum N_k}{(EI)_{eq}}} \leq \alpha_{lim} \quad \textbf{(2.24)}$$

em que:

h = altura total do edifício, medida do topo da fundação;

ΣN_k = soma de todas as cargas verticais atuantes na estrutura;

$(EI)_{eq}$ = rigidez à flexão equivalente na direção considerada.

Os limites para o valor de α, conforme a NBR 6118 (ABNT, 2014a), são os seguintes (n é o número de pavimentos):

- $\alpha_{lim} = 0{,}2 + 0{,}1n$ para $n \leq 3$;
- $\alpha_{lim} = 0{,}6$ para $n \geq 4$ (caso o contraventamento seja feito apenas por pórticos, esse limite deve ser reduzido para 0,5).

Chama-se a atenção para o fato de que o comportamento das ligações afeta diretamente a rigidez $(EI)_{eq}$. Se as ligações viga × pilar forem articuladas, essa rigidez tenderá a ser baixa. À medida que aumenta a rigidez da ligação, aumenta a rigidez $(EI)_{eq}$ e, consequentemente, diminui o parâmetro α.

Se o valor de α for menor que os limites indicados, não será necessário considerar os efeitos globais de segunda ordem. Caso contrário, os efeitos deverão ser levados em conta. Esses limites foram estabelecidos com base na limitação dos acréscimos dos momentos de segunda ordem em 10% dos momentos de primeira ordem.

Embora sirva de referência, o parâmetro α apresentado é direcionado a estruturas monolíticas. Um estudo realizado por Lins (2013) para situações típicas de estruturas de CPM de múltiplos pavimentos indica, para um sistema estrutural de pórtico, o valor do limite com a seguinte expressão:

$$\alpha_{lim} = \sqrt{0{,}456\beta\,(n^{1{,}11} - 0{,}43)/n} \quad \textbf{(2.25)}$$

em que β é o coeficiente redutor de rigidez das vigas e dos pilares do pórtico, tratado na sequência deste capítulo, e n é o número de pavimentos.

Para o caso de pórtico com ligações articuladas com coeficiente redutor de rigidez de vigas e pilares de 0,4, chega-se aos valores particulares de α_{lim} de 0,32 e 0,44 para um e quatro pavimentos, respectivamente. São, portanto, bem menores que os indicados pela NBR 6118 (ABNT, 2014a), que correspondem a estruturas de CML.

O processo do coeficiente γ_z, proposto por Franco e Vasconcelos (1991), consiste, em linhas gerais, em calcular esse coeficiente, que multiplica os momentos que tendem a produzir o tombamento da estrutura, por meio de:

$$\gamma_z = \frac{1}{1 - \frac{\Delta M_d}{M_{1d}}} \quad \textbf{(2.26)}$$

em que:

M_{1d} = momento de primeira ordem na base da estrutura devido às ações que tendem a produzir o seu tombamento;

ΔM_d = primeira avaliação do momento de segunda ordem, calculado com a estrutura deslocada pelo momento de primeira ordem.

A Fig. 2.39 mostra como podem ser calculadas as parcelas M_{1d} e ΔM_d e, consequentemente, o valor do coeficiente γ_z. Conforme a nomenclatura dessa figura, tem-se:

$$M_{1d} = \sum F_{hi}\, h_i \quad \textbf{(2.27)}$$

$$\Delta M_d = \sum F_{vi}\, a_i \quad \textbf{(2.28)}$$

a) Estrutura

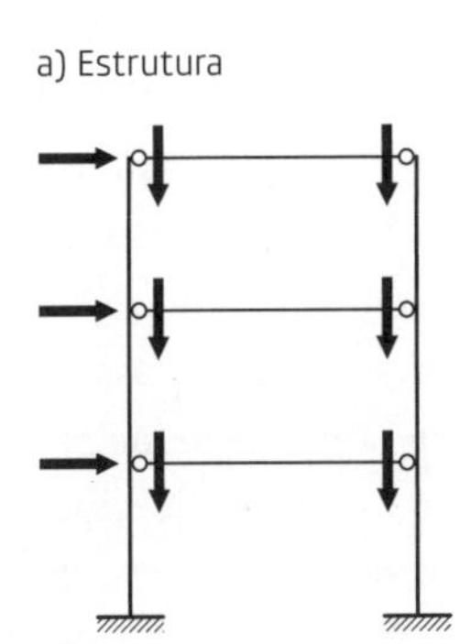

b) Barra com $(EI)_{eq}$

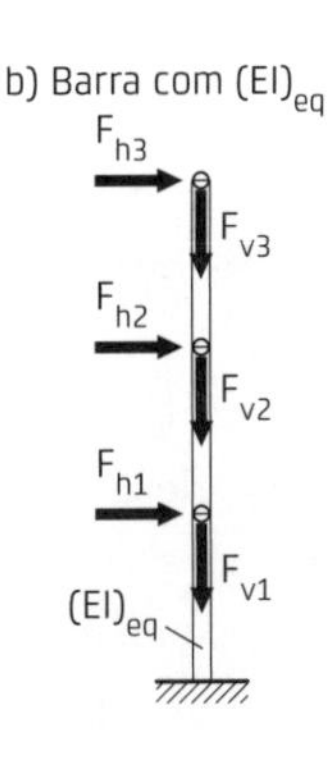

c) Forças e deslocamentos na barra equivalente

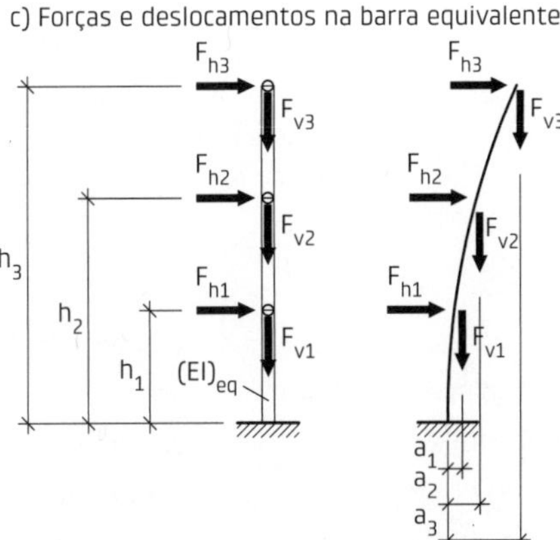

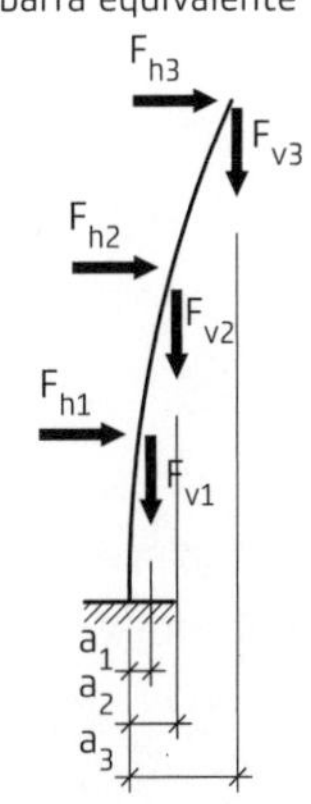

Fig. 2.39 Cálculo dos efeitos de segunda ordem

De acordo com a proposta original de Franco e Vasconcelos (1991), se γ_z for menor que 1,1, não será necessário considerar os efeitos globais de segunda ordem. Para γ_z menor que 1,2 e maior que 1,1, multiplicam-se os esforços devidos aos momentos de primeira ordem por γ_z.

A NBR 6118 (ABNT, 2014a) limita a validade do coeficiente γ_z para estruturas reticuladas de no mínimo quatro andares e fornece as seguintes indicações: a) se γ_z for menor que 1,1, não será necessário considerar os efeitos globais de segunda ordem; b) para γ_z menor que 1,3 e maior que 1,1, multiplicam-se os esforços devidos aos momentos de primeira ordem por $0{,}95\gamma_z$; e c) se o valor de γ_z for maior que 1,3, o processo deixará de valer.

Já a NBR 9062 (ABNT, 2017a) indica que o coeficiente γ_z pode ser aplicado mesmo para estruturas com menos de quatro andares, desde que a sua geometria apresente regularidade. E o coeficiente que multiplica os esforços devidos aos momentos de primeira ordem vale: a) $0{,}95\gamma_z$ para $1{,}10 \leq \gamma_z \leq 1{,}20$ e b) γ_z para $1{,}20 \leq \gamma_z \leq 1{,}30$.

Ao empregar esses procedimentos, deve-se calcular os deslocamentos da estrutura considerando a não linearidade física. Conforme adiantado, normalmente a rigidez à flexão é determinada aplicando-se um coeficiente redutor à rigidez integral da seção. As indicações para o coeficiente redutor apresentam uma significativa diferença entre si. Essas indicações apontam para valores fixos ou variáveis, levando em conta o valor da força normal, taxas de armaduras, o índice de esbeltez e a fluência do concreto.

Com base em um estudo desenvolvido para situações típicas de CPM de edifícios de múltiplos pavimentos, Marin (2009) apresenta os valores do coeficiente de redução de rigidez para pilares em função da força normal adimensional e da armadura.

A NBR 6118 (ABNT, 2014a) fornece valores constantes para o coeficiente redutor, o que simplifica a análise. Os valores indicados, que em princípio valem para o CML, restritos a estruturas reticuladas de no mínimo quatro pavimentos, são:

Lajes: $$(EI)_{sec} = 0{,}3\,E_c\,I_c \quad (2.29)$$

Vigas: $$(EI)_{sec} = 0{,}4\,E_c\,I_c \text{ para } A'_s = A_s \quad (2.30)$$

$$(EI)_{sec} = 0{,}5\,E_c\,I_c \text{ para } A'_s = A_s \quad (2.31)$$

Pilares: $$(EI)_{sec} = 0{,}8\,E_c\,I_c \quad (2.32)$$

em que:

I_c = momento de inércia da seção bruta de concreto, incluindo, quando for o caso, as mesas colaborantes;

E_c = módulo de elasticidade secante, que pode ser majorado em 10%;

A_s = área da seção transversal da armadura longitudinal de tração;

$A_{s'}$ = área da seção transversal da armadura longitudinal de compressão.

Em se tratando de CPM com ligações rígidas entre as vigas e os pilares, em princípio pode-se empregar os valores da NBR 6118 (ABNT, 2014a).

No caso de CPM com ligações articuladas, em que os pilares funcionam basicamente como vigas em balanço, seria possível pensar em utilizar o valor de 0,5 da NBR 6118 (ABNT, 2014a), correspondente à viga com armação simétrica, pois em geral os pilares têm armadura simétrica. No entanto, indicação específica para esse caso, como Hogeslag (1990), recomenda o valor de 0,33. Na falta de estudos específicos, sugere-se a utilização do valor de 0,4, para pilares e vigas, para esse caso.

Mais recentemente, a NBR 9062 (ABNT, 2017a), na forma de anexo informativo, sugere para a análise dos efeitos globais de segunda ordem nas estruturas em CPM, com deslocabilidade moderada ($\gamma_z < 1{,}3$) e outras ressalvas explicitadas no texto, os seguintes valores do coeficiente de rigidez secante:

- lajes: 0,25;
- vigas em concreto armado: 0,5;
- vigas em concreto protendido, considerando toda a seção composta: 0,8;
- pilares, valores médios ao longo da altura:
  - » 0,4 para estruturas com ligação viga × pilar articulada com um pavimento ou galpões;
  - » 0,55 para estruturas com ligações semirrígidas com até quatro pavimentos;
  - » 0,7 para estruturas com ligações semirrígidas com cinco ou mais pavimentos.

A NBR 9062 (ABNT, 2017a) recomenda ainda, nesse anexo informativo, que, no caso de estruturas com ligações rígidas, deve ser aplicada a NBR 6118 (ABNT, 2014a).

Na análise da deformação da estrutura para a avaliação do momento de segunda ordem, pode ser prudente, em determinados casos, considerar a deformação da fundação. Esse assunto merece mais atenção no caso de ligações viga × pilar articuladas. A Fig. 2.40 mostra uma situação com fundação deformável e uma forma de tratar o assunto, dividindo a deformação da estrutura equivalente em duas parcelas: a) deformação da estrutura engastada na base e b) estrutura infinitamente rígida e fundação deformável.

Outra forma de considerar, simplificadamente, os efeitos de segunda ordem é por meio do método da amplificação dos momentos (*moment magnification method*). Esse método consiste também em multiplicar os momentos de primeira ordem que tendem a produzir o tombamento da estrutura pelo coeficiente γ, conforme a seguinte expressão:

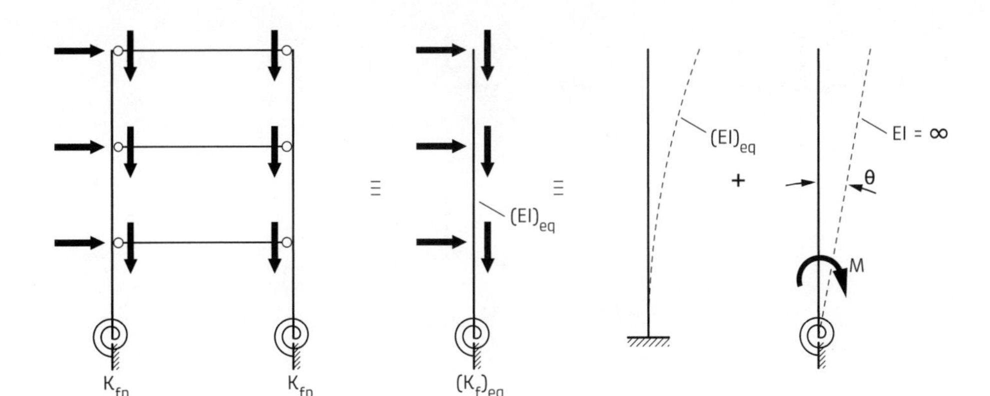

Fig. 2.40 Consideração da deformação da fundação

$$M_d = \gamma M_{1d} \tag{2.33}$$

sendo

$$\gamma = \frac{1}{1 - 1/\beta} \tag{2.34}$$

em que:

M_{1d} = momento de primeira ordem devido às ações que tendem a produzir o tombamento da estrutura;

β = relação entre a força de flambagem e o somatório das forças verticais.

Cabe observar que o procedimento é similar ao do coeficiente γ_z, mas, em vez de ser função dos momentos fletores na base, o amplificador é função da relação entre as forças verticais atuantes e a força de flambagem.

Um procedimento baseado nesse método e direcionado para estruturas de CPM é apresentado em Hogeslag (1990). Tomando por base a Fig. 2.41, o valor de β é calculado por:

$$\beta = \frac{F_{ref}}{\sum F_{vd}} \tag{2.35}$$

em que:

$$\frac{1}{F_{ref}} = \frac{1}{F_e} + \frac{1}{F_f} \tag{2.36}$$

sendo F_e a parcela correspondente a considerar a fundação indeformável, que vale:

$$F_e = \frac{\pi^2 (EI)_{eq}}{\ell_e^2} \tag{2.37}$$

em que:

ℓ_e = comprimento de flambagem.

Por sua vez, F_f é a parcela correspondente à deformação da fundação e vale:

$$F_f = \frac{K_f}{h} \tag{2.38}$$

em que:

h = altura dos pilares;

K_f = rigidez da fundação (momento para produzir giro unitário).

No cálculo do comprimento de flambagem de pilares de pórticos de um pavimento com pilares engastados e vigas apoiadas, como é o caso da Fig. 2.41, pode-se recorrer aos valores indicados na Tab. 2.15.

Tab. 2.15 COMPRIMENTO DE FLAMBAGEM DE PILARES DE PÓRTICOS DE UM PAVIMENTO COM PILARES ENGASTADOS E VIGAS APOIADAS

Número de vãos	0[a]	1	2	3	4	5
Comprimento de flambagem[b]	2h	1,8h	1,6h	1,4h	1,2h	1,0h

Notas: a) pilar isolado em balanço; b) h é a altura dos pilares.

Fonte: Hogeslag (1990).

Para considerar a não linearidade física do material, é sugerida a seguinte rigidez à flexão reduzida:

$$(EI)_{red} = \frac{EI}{3} \tag{2.39}$$

sendo EI a rigidez à flexão com o momento de inércia da seção integral.

O valor de β fornece uma indicação da situação da estrutura em relação à estabilidade, conforme indicado na Tab. 2.16.

Tab. 2.16 SITUAÇÃO DE PROJETO EM FUNÇÃO DO PARÂMETRO β

Valor de β	Situação
$\beta \geq 10$	Correta
$10 > \beta \geq 5$	Aceitável
$\beta < 5$	Desaconselhável
$\beta \leq 1$	Incorreta

Fonte: Hogeslag (1990).

Para a consideração do efeito global de segunda ordem, é possível recorrer à análise da estrutura levando-se em conta o efeito P – Δ, que é feito por meio de cálculo iterativo. Exemplos de aplicação desse efeito podem ser vistos nas publicações sobre o assunto.

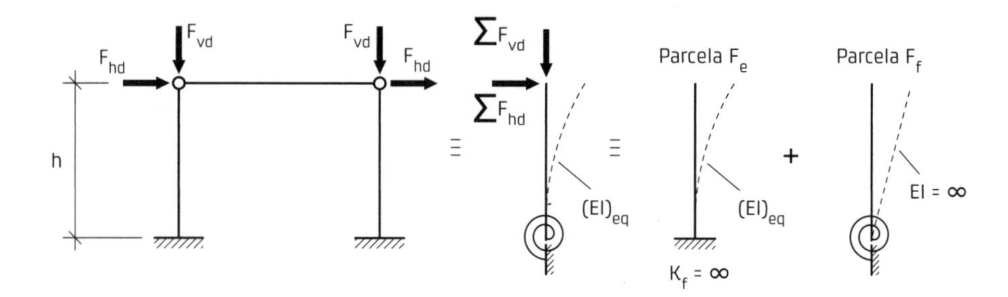

Fig. 2.41 Nomenclatura e características do procedimento apresentado em Hogeslag (1990)

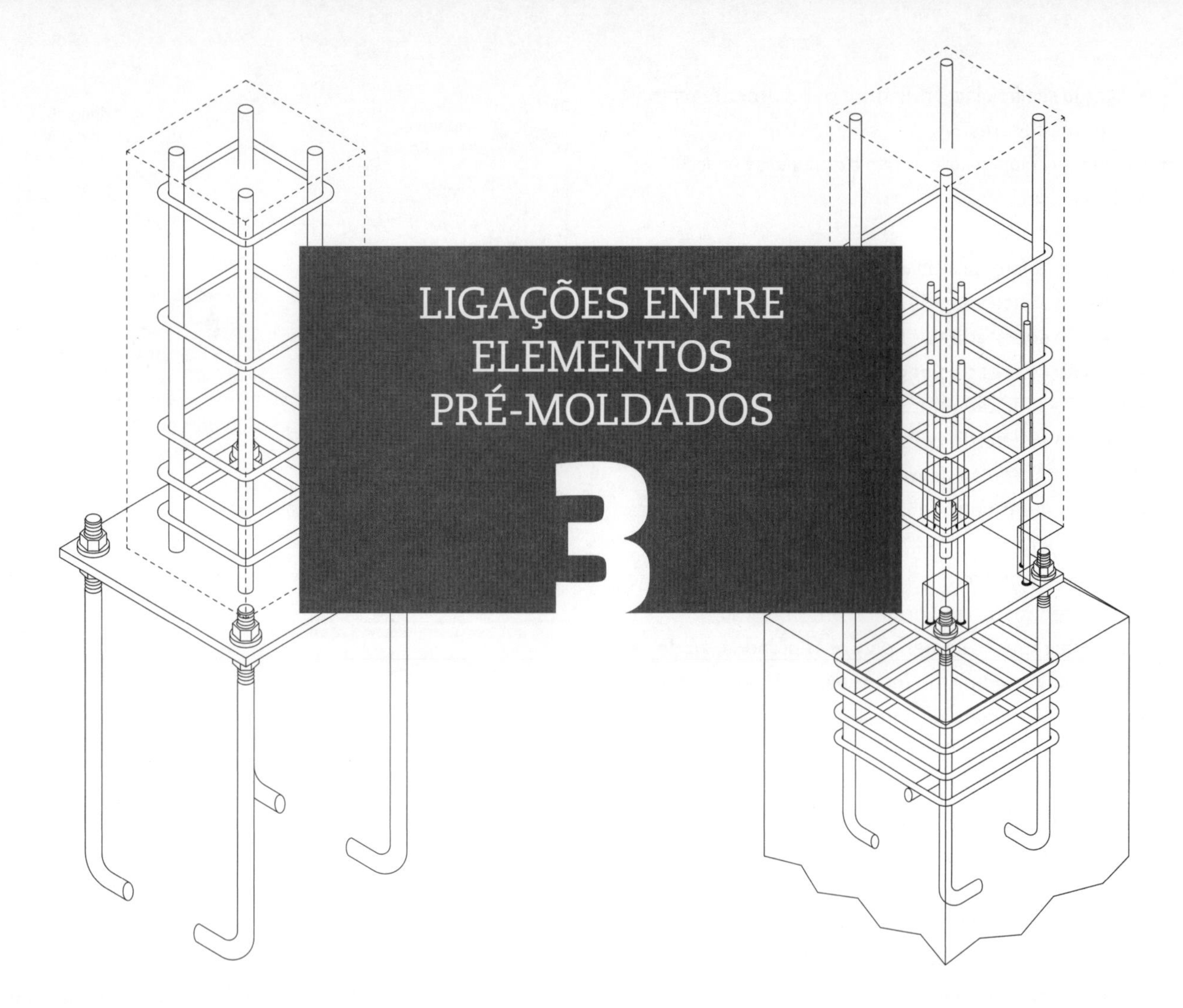

3 LIGAÇÕES ENTRE ELEMENTOS PRÉ-MOLDADOS

3.1 Considerações iniciais

As estruturas de concreto pré-moldado (CPM) caracterizam-se por apresentar facilidade de execução e de controle de qualidade dos elementos pré-moldados. Por outro lado, a necessidade de realizar as ligações entre os elementos constitui um dos principais problemas a serem enfrentados no seu emprego.

Em geral, as ligações são as partes mais importantes no projeto das estruturas de CPM. Elas são de fundamental importância tanto para a produção da estrutura (execução de parte dos elementos adjacentes às ligações, montagem da estrutura e execução das ligações propriamente ditas) como para o comportamento da estrutura finalizada, e ainda para a manutenção.

Conforme dito anteriormente, ligações mais simples normalmente acarretam estruturas mais solicitadas aos momentos fletores. Em contrapartida, ligações que tendem a reproduzir o comportamento das estruturas de concreto moldado no local (CML), pela transmissão de momentos fletores entre os elementos, requerem mais trabalho, reduzindo em parte as vantagens do CPM. As dificuldades da execução deste último tipo de ligação são devidas às necessidades de fazer a ligação tanto do concreto como do aço, pelo fato de o concreto armado ser um material composto, de ter que acomodar as tolerâncias que intervêm nas várias fases e, ainda, pelo fato de o concreto ser um material relativamente frágil.

As ligações têm recebido uma abordagem distinta das principais entidades que promovem o CPM, o PCI e a Comissão 6 da fib. O PCI tem uma publicação específica sobre o assunto, o manual de ligações (PCI, 2008), que mostra ligações típicas, com algumas indicações de cálculo, sendo a parte conceitual exibida no seu manual de CPM (PCI, 2010). Já a Comissão 6 da fib apresenta uma forte conceituação do assunto no boletim 43 (fib, 2008), mas não tem uma publicação sobre ligações típicas. De certa forma, a publicação da Society for Studies on the Use of Precast Concrete (Stupré, 1978) preenche a lacuna dos detalhes das ligações junto à comunidade europeia.

Neste livro apresenta-se tanto a conceituação do assunto como algumas ligações típicas, com maior ênfase na conceituação, que é tratada na parte inicial deste capítulo.

No sentido de fornecer uma primeira noção dos vários tipos de ligação, bem como de introduzir certas denominações, são mostradas a seguir algumas formas de classificar as ligações.

a. *Quanto ao tipo de vinculação com o momento fletor*
   - *ligação articulada*: não transmite momento fletor;
   - *ligação rígida*: transmite momento fletor;

- *ligação semirrígida*: transmite parcialmente os momentos fletores.

b. *Quanto ao emprego de concreto e argamassa no local*
- ligação seca;
- ligação úmida.

c. *Quanto ao esforço principal transmitido*
- ligação solicitada por compressão;
- ligação solicitada por tração;
- ligação solicitada por cisalhamento;
- ligação solicitada por momento fletor;
- ligação solicitada por momento de torção.

d. Quanto à colocação de material de amortecimento
- *ligação dura*: com solda ou CML (do original em inglês *hard*);
- *ligação macia*: com a intercalação de material de amortecimento (do original em inglês *soft*).

Nas ligações entre elementos pré-moldados, pode-se recorrer a uma variedade de recursos, com variadas finalidades, sendo os principais apresentados a seguir.

a. *Armadura saliente e CML*

Esse caso consiste em deixar parte da armadura dos elementos saliente e, após a montagem, executar a concretagem da ligação, como ilustrado na Fig. 3.1. Com esse recurso, é possível obter ligações rígidas, mas o trabalho de campo é significativo e é necessário aguardar o endurecimento do concreto para a efetivação da ligação.

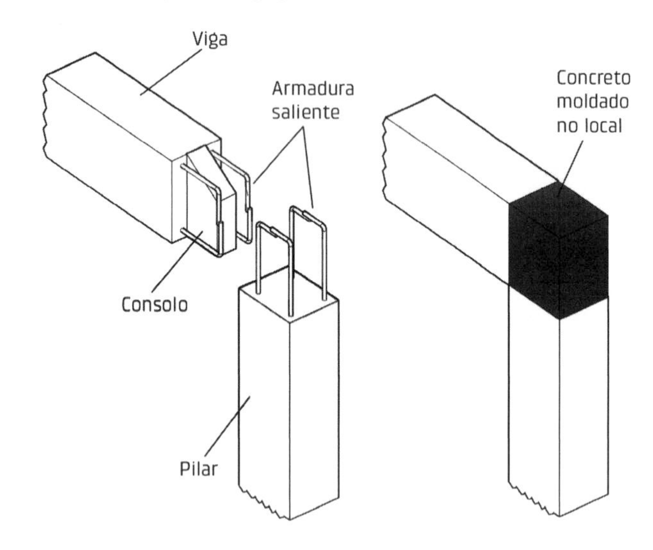

Fig. 3.1 Armadura saliente e CML

b. *Conformação por recortes, chaves de cisalhamento e encaixes*

Em várias situações recorre-se à conformação das extremidades dos elementos, tendo em vista diversos objetivos, como disfarçar a ligação (Fig. 3.2a), impedir deslocamentos relativos (Fig. 3.2b) e proporcionar restrição ao tombamento da viga, já na fase de montagem (Fig. 3.2c).

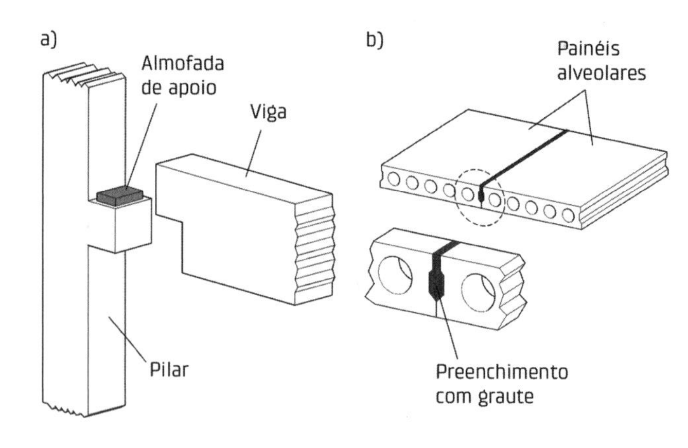

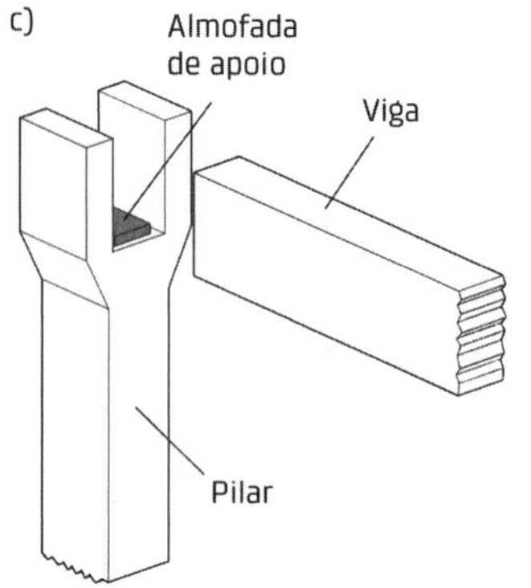

Fig. 3.2 Recortes, chaves de cisalhamento e encaixes

c. *Cabos de protensão*

No sentido de promover uma eficiente solidarização entre os elementos pré-moldados, pode-se empregar a protensão mediante cabos colocados em bainhas, conforme mostrado na Fig. 3.3. Normalmente, esse tipo de recurso acaba envolvendo a colocação de concreto ou argamassa no local, sendo necessário aguardar o endurecimento do material, além do trabalho para realizar a protensão dos cabos no local. Cabe destacar, no caso de estruturas sujeitas a ações sísmicas importantes, a utilização de cabos não aderentes nas ligações.

d. *Conectores metálicos, solda e parafusos*

Esse caso corresponde ao emprego de elementos metálicos, tais como perfis e chapas de aço. Esses elementos são fixados nas faces externas dos elementos, normalmente ligados à armadura principal por meio de solda. Com esses conectores metálicos, também chamados de insertos metálicos, pode-se recair em alguns tipos de ligação empregados nas estruturas metálicas, por solda e por parafusos.

Na Fig. 3.4a é mostrada uma ligação em que são utilizados conectores metálicos e solda. Quando se usa solda, deve-se ter em conta possíveis dificuldades de montagem devido às deformações produzidas pela solda, redução de resistência, no caso de ações com grande número de repetições, e prejuízo na aderência da barra com o concreto junto à solda. O emprego de parafusos, que, em tese, facilitaria o trabalho de campo, deve ser visto com cuidado em virtude das tolerâncias envolvidas. Quando a ligação é realizada por apenas uma extremidade do elemento, como na ligação de pilar na base mostrada na Fig. 3.4b, o problema das tolerâncias é menos difícil. Já quando a ligação é feita pelas duas extremidades, como na ligação de viga entre dois pilares, o emprego de parafusos é bem mais complicado, embora existam exemplos de aplicação, conforme apresentado em Englekirk (1995).

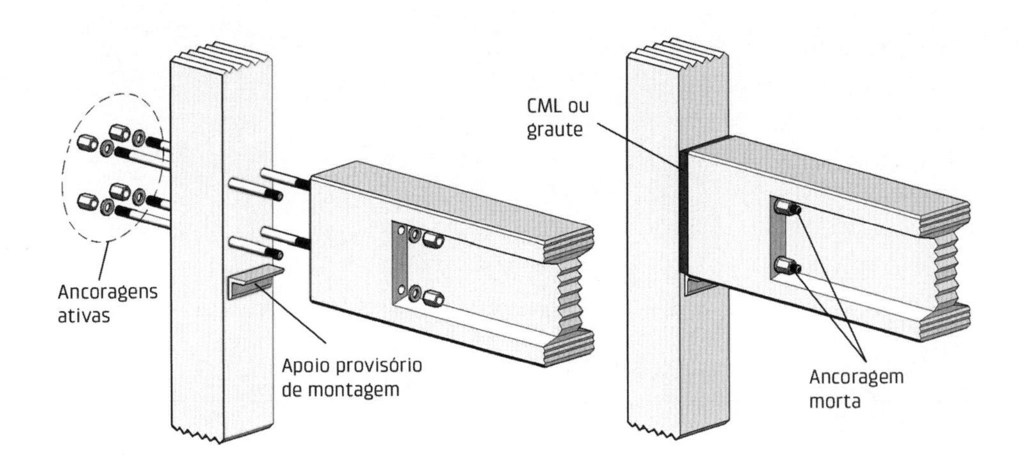

Fig. 3.3 Cabos de protensão

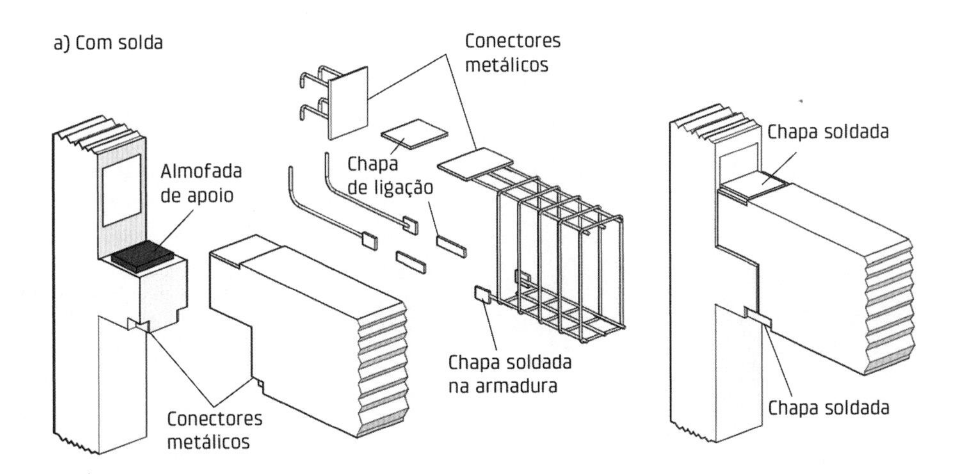

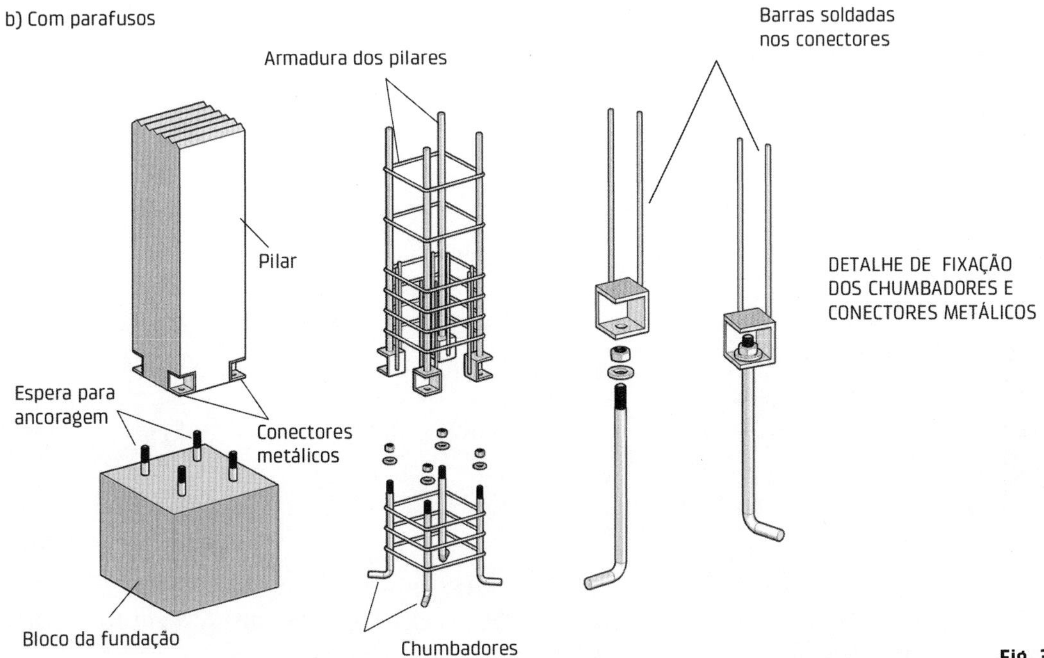

Fig. 3.4 Conectores metálicos

e. *Almofadas de apoio*

As almofadas de apoio servem para evitar a concentração de tensões na transferência de forças de compressão entre elementos de CPM. Comumente, as almofadas de apoio de elementos fletidos são de elastômero. As almofadas de elastômero são empregadas para promover uma distribuição mais uniforme das tensões de contato no apoio entre os elementos, bem como para possibilitar deslocamentos horizontais e rotações nos apoios, como mostrado na Fig. 3.5. O elastômero normalmente adotado é o policloropreno, denominado comercialmente neoprene.

a) Montagem da ligação

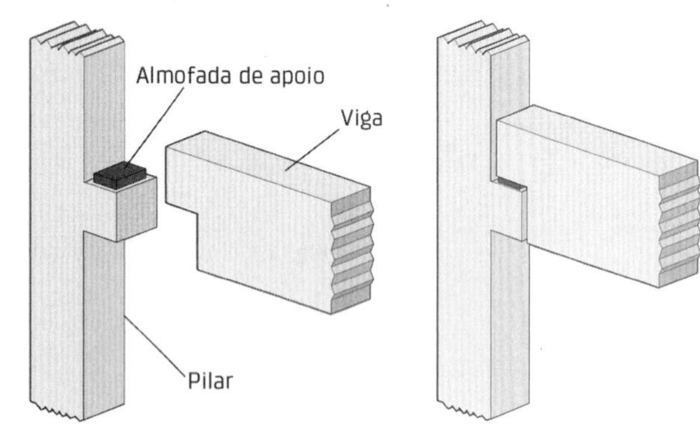

b) Comportamento do elastômero

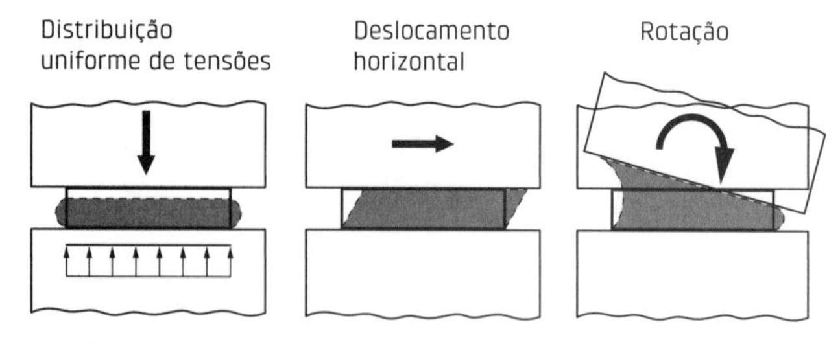

Fig. 3.5 Apoios de elastômero

f. *Argamassa e concreto de granulometria fina*

A argamassa e o concreto de granulometria fina são empregados para uniformizar tensões de contato entre elementos ou para preencher espaços. Esses materiais podem ser utilizados com consistência fluida (graute) ou não. Na Fig. 3.6 apresenta-se o emprego desse recurso em duas situações típicas.

g. *Material de alto desempenho*

Conforme adiantado no capítulo introdutório, o uso de material de alto desempenho, como o UHPC, na região da ligação possui grande potencial, por possibilitar melhor comportamento estrutural com pouco material. Esse tipo de recurso ainda não é muito difundido, mas tem merecido bastante atenção em pesquisas recentes.

A Fig. 3.7 exibe um estudo para a execução de consolos com material de alto desempenho. Nesse estudo, o consolo foi feito com concreto com fibras, moldado em etapa diferente da do pilar. Detalhes do estudo e seus resultados podem ser vistos em Costa (2009) e El Debs e Costa (2010).

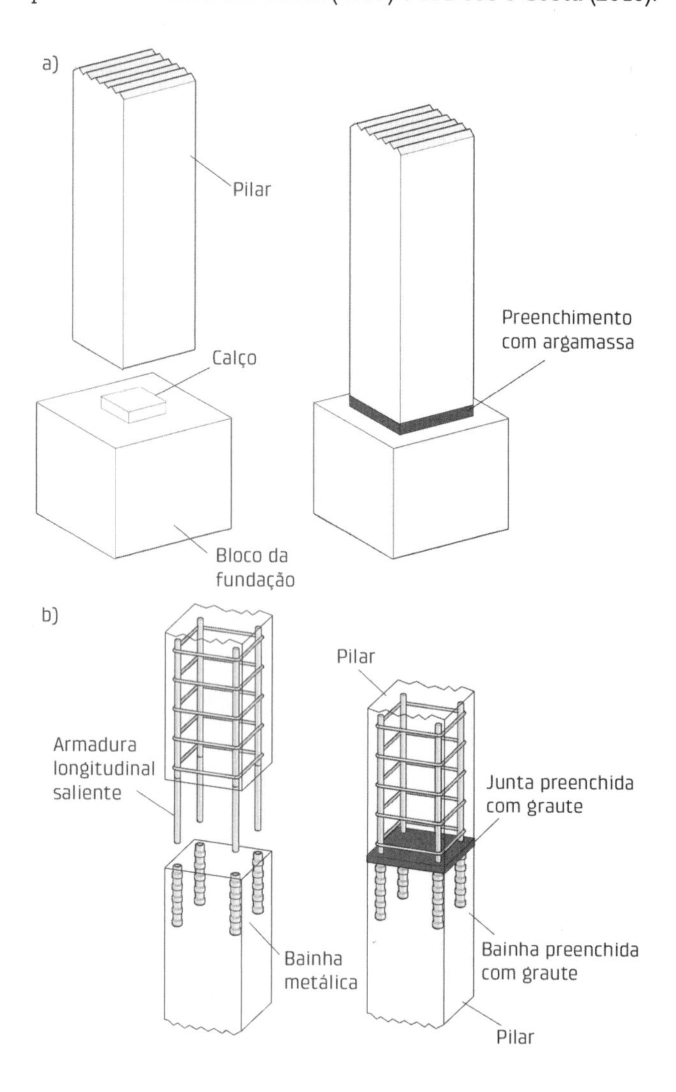

Fig. 3.6 Argamassa e concreto de granulometria fina

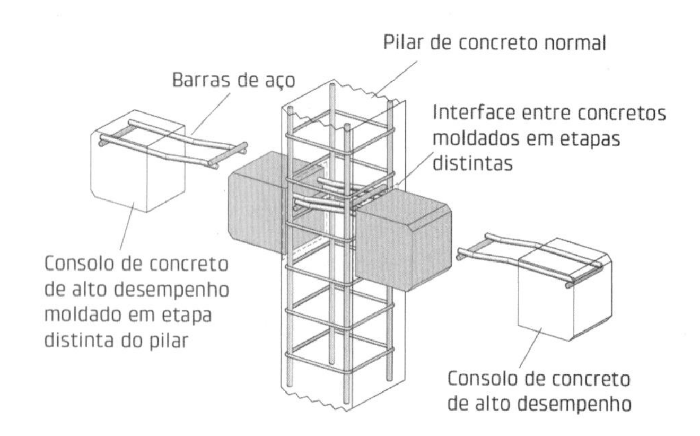

Fig. 3.7 Estudo de aplicação de material de alto desempenho em consolos

As ligações têm a responsabilidade de transferir as forças entre os elementos feitos separadamente quando a estrutura formada é submetida a ações. A transferência de forças nas ligações pode ser dividida em três formas básicas, comentadas a seguir.

a. *Transferência de forças de compressão*

A transferência de forças de compressão pode ser realizada por meio de: i) contato direto, ii) argamassa de assentamento ou de enchimento, iii) elastômeros ou iv) elementos metálicos, como chapas ou cantoneiras fixadas nas partes em contato. A transferência por contato direto só é permitida quando as tensões de contato forem baixas e houver um grande controle de execução para que as superfícies em contato sejam efetivamente planas.

b. *Transferência de forças de tração*

Como, em geral, a resistência à tração do concreto não é considerada nos estados-limite últimos (ELU) nas seções de concreto armado, a transmissão de forças de tração pelas ligações é feita emendando-se a armadura. As formas de realizar as emendas da armadura são apresentadas em outra seção ainda neste capítulo. Existe também o caso de transmissão de forças de tração por meio de elementos mergulhados no concreto, que são os dispositivos metálicos de içamento ou fixadores.

c. *Transferência de forças de cisalhamento*

As forças de cisalhamento podem ser transferidas através do concreto ou da armadura. A transferência pelo concreto pode ser por adesão, atrito ou chaves de cisalhamento. Por sua vez, a transferência pela armadura pode ser com barras cruzando a ligação ou com conectores metálicos, unidos por solda ou parafusos.

3.2 Princípios gerais

No Quadro 3.1 são apresentados os princípios gerais que devem nortear projetos de ligações segundo o MC-CEB/90 (CEB, 1991).

Quadro 3.1 PRINCÍPIOS GERAIS PARA PROJETOS DE LIGAÇÕES

As ligações devem assegurar a rigidez e a estabilidade global da estrutura
Devem ser levadas em conta as tolerâncias de fabricação e montagem
A ligação deve resistir às solicitações da análise da estrutura, incluindo a verificação da transferência nas partes dos elementos pré-moldados junto às ligações
Devem ser previstas acomodações da ligação até ela atingir a sua capacidade

Fonte: CEB (1991).

Os dois primeiros princípios já foram comentados anteriormente, no Cap. 2. O terceiro princípio pode ser mais bem compreendido por meio da análise do caminho das forças que ocorrem junto às ligações. Considerando a ligação mostrada na Fig. 3.8, a transferência das forças verticais da viga até o pilar ocorre, em linhas gerais, da seguinte forma:

- do vão da viga para a região do seu apoio por flexão;
- da parte inferior da viga para o dente através da armadura de suspensão;
- do dente para o aparelho de apoio;
- do aparelho de apoio para o elemento metálico embutido no pilar;
- da parte embutida do elemento metálico para o concreto através das tensões de contato.

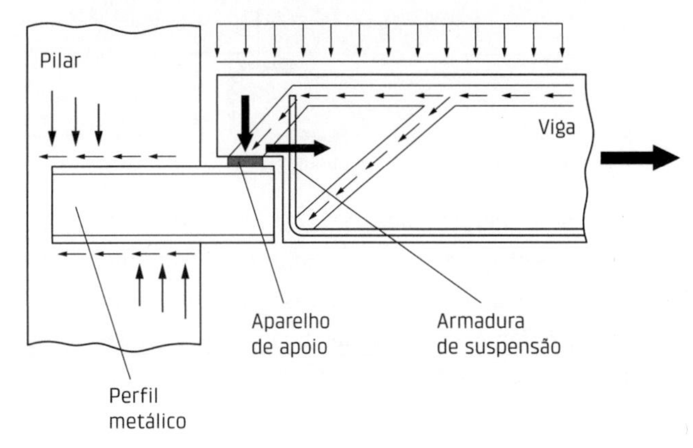

Fig. 3.8 Exemplo de caminho das forças em uma ligação

A força de tração, que tende a ocorrer devido ao encurtamento do comprimento da viga em razão das variações volumétricas, é transferida, em linhas gerais, da seguinte forma:

- do concreto da viga para o dente;
- do dente para o aparelho de apoio;
- dependendo da deformação do apoio, parte da força que ocorreria é aliviada;
- o restante da força é transferido do aparelho de apoio para o elemento metálico embutido no pilar;
- a força no elemento metálico é transferida para o concreto do pilar por aderência.

Nota-se, assim, que o dimensionamento da ligação se estende aos elementos a serem unidos, nas adjacências da ligação.

Da análise do caminho das forças é possível também observar que as ligações podem ser consideradas como uma associação de componentes. No caso abordado, podem ser identificados três componentes básicos, indicados na Fig. 3.9: a) consolo com perfil de aço, b) aparelho de apoio e c) dente de concreto. Os componentes de ligações são tratados em uma seção específica na continuidade deste capítulo.

Em relação ao último princípio, cabe destacar que a acomodação ocorre em alguns tipos de ligação, como em ligações com parafusos ou pinos não ajustados ou elastômeros e chumbadores. Esse tipo de comportamento corresponde à situação de ligação com fraca rigidez inicial, apresentada na Fig. 3.10, na qual são mostrados alguns diagramas momento fletor × deformação (ϕ) das ligações.

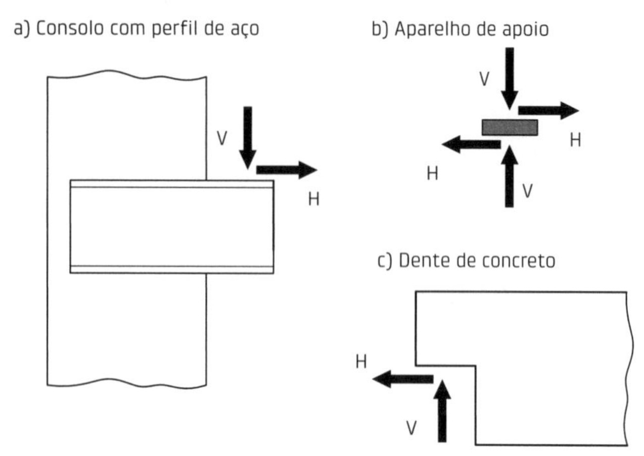

Fig. 3.9 Componentes da ligação da Fig. 3.8

No projeto das ligações, deve-se levar em conta os seguintes aspectos: resistência, rigidez, ductilidade, movimentos de variações volumétricas e durabilidade.

A resistência e a rigidez das ligações podem ser feitas por formulação analítica, que existe para alguns casos, ou por meio de testes de laboratório, conforme comentado no capítulo anterior. Destaca-se, no entanto, que neste último caso devem ser previstas as imperfeições de montagem quando se passa das condições de laboratório para as condições em campo.

Em geral, no projeto das ligações, aplicam-se os mesmos princípios do dimensionamento do concreto armado, tais como não considerar a resistência à tração do concreto nos estados-limite últimos (ELU), verificar a ancoragem e a emenda das barras da armadura etc.

Devido às incertezas no comportamento das ligações, podem ser empregados coeficientes de ajustamento, como já foi mencionado. No manual do PCI (2010) é relatado que esses coeficientes têm sido adotados entre 1,0 e 1,33, dependendo da experiência. Na utilização de coeficientes dessa natureza, deve-se considerar: a) a forma de ruína, de maneira a reduzir a possibilidade de ruptura frágil, que se dá quando a ruína ocorre por ruptura do concreto ou deficiência de ancoragem da armadura ou de insertos metálicos, b) as consequências da ruína e c) a sensibilidade da ligação aos desvios. Cabe registrar que versões anteriores desse manual incluíam a relação entre as ações permanentes e as variáveis como um fator que afetaria a adoção do coeficiente de ajustamento.

Uma situação típica na qual é recomendável utilizar um coeficiente dessa natureza é a ligação de pilares nas fundações de sistemas estruturais com pilares engastados e vigas articuladas (Fig. 2.20a). Em virtude da grande responsabilidade estrutural da ligação, recomenda-se a aplicação de um coeficiente de ajustamento $\gamma_n = 1{,}2$ para o dimensionamento desse tipo de ligação. A NBR 9062 (ABNT, 2017a) fornece os valores de coeficientes de ajustamento para o caso de consolos curtos, conforme será visto na sequência deste capítulo.

A ductilidade da ligação, assim como a ductilidade das outras seções da estrutura, é caracterizada como a capacidade da ligação de sustentar grandes deformações inelásticas, sem perda significativa de resistência, antes de atingir a ruína, como ilustra a Fig. 3.11. A quantificação da ductilidade pode ser feita em termos da relação de área sob a curva do diagrama momento fletor × deformação ou em termos da relação entre a rotação última e a rotação de início de escoamento. Essa é uma característica importante em relação à capacidade de redistribuição de esforços da estrutura.

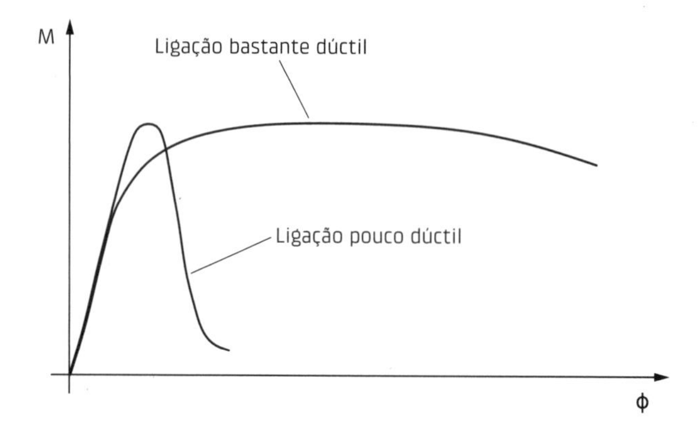

Fig. 3.11 Diagramas momento fletor × deformação de ligações bastante e pouco dúctil

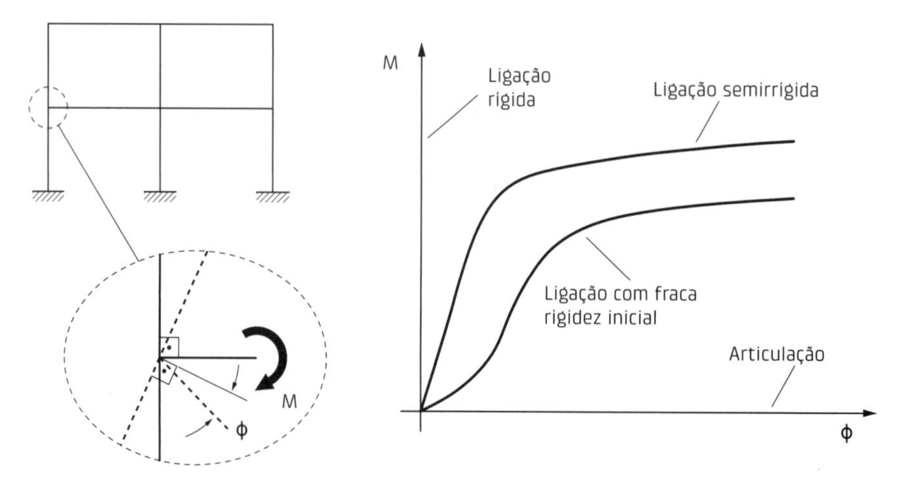

Fig. 3.10 Tipos de diagrama momento fletor × deformação das ligações

No projeto, é preciso considerar os movimentos provenientes das variações volumétricas devidas à retração e à fluência do concreto e à temperatura. Como apresentado no boletim 43 da fib (2008), deve-se procurar uma estratégia para esses movimentos e prever o dimensionamento das ligações e dos elementos estruturais. Cabe observar que algumas indicações sobre esse aspecto já foram tratadas no Cap. 2.

Outro aspecto a levar em conta é a durabilidade. Ela é importante em toda construção e merece particular atenção nas ligações quando são empregados conectores metálicos e outros materiais diferentes do concreto armado.

3.3 Elementos para a análise estrutural

As forças transferidas entre os elementos através das ligações produzem, em geral, esforços localizados no concreto. A região da ligação constitui um trecho de descontinuidade, em que não valem as hipóteses da teoria técnica de flexão. Em função da sua importância no projeto das ligações, apresentam-se as formas e os modelos de transferência de esforços localizados nas direções normal e transversal.

3.3.1 Transferência de esforços localizados

Bloco parcialmente carregado

Nas ligações entre elementos pré-moldados, pode ocorrer transmissão de forças em áreas reduzidas (Fig. 3.12). Esse fenômeno recebe a denominação genérica de bloco parcialmente carregado.

A aplicação de forças em áreas reduzidas, normais às superfícies, introduz um estado tridimensional de tensões nos elementos, dando origem a tensões de tração e de compressão. A determinação dessas tensões pode ser realizada de várias formas, como por método analítico com base na teoria da elasticidade, por métodos numéricos, como o método dos elementos finitos, e por ensaios de fotoelasticidade.

Essa perturbação acarreta tensões de tração transversais à direção de aplicação da força, chamadas de tensões de fendilhamento, e tensões de tração junto aos cantos, se eles não forem chanfrados. A intensidade e a distribuição dessas tensões dependem da relação das dimensões da área de aplicação da força e das dimensões do elemento.

As tensões de fendilhamento desenvolvem-se nas direções x e y, concentrando-se numa região limitada à ordem de grandeza das dimensões transversais do elemento, conforme mostrado na Fig. 3.12c.

Em determinadas situações, o estudo pode ser reduzido a uma análise bidimensional, como em vigas-paredes e em certos casos de introdução de força de protensão nas almas de vigas.

O dimensionamento dos blocos parcialmente carregados engloba a verificação da tensão de compressão no concreto e o cálculo da armadura para combater as tensões de fendilhamento, chamada de armadura de cintamento (Fig. 3.13). Essa armadura pode ser em forma de malha, estribos ou espiral.

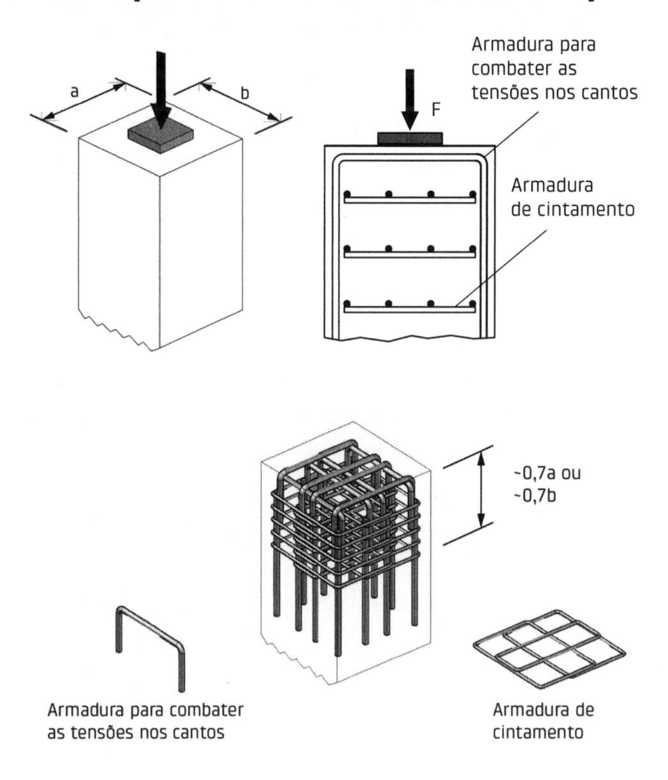

Fig. 3.13 Possível arranjo da armadura em um bloco parcialmente carregado

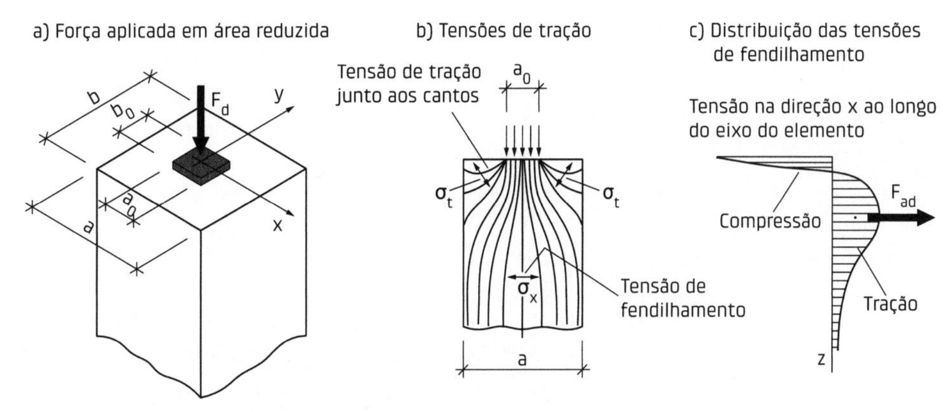

Fig. 3.12 Desenvolvimento das tensões principais devido à aplicação de força em área reduzida

Pode-se recorrer às seguintes indicações para fazer o dimensionamento:

a. *Verificação da tensão de compressão*

$$\sigma_c = \frac{F_d}{A_0} \leq \beta f_{cd} \quad (3.1)$$

O valor de β depende da geometria das áreas a_0b_0 e ab e se elas correspondem ou não a figuras homotéticas. As indicações para o valor de β encontradas nas publicações sobre o assunto não são convergentes. O boletim 43 da fib (2008) apresenta a indicação para algumas situações. No caso de figuras homotéticas e mesmo centroide, o valor sugerido no boletim é de:

$$\beta \leq \begin{cases} \sqrt{A/A_0} \\ 4 \end{cases} \quad (3.2)$$

em que:

$A_0 = a_0b_0$;

$A = ab$.

b. *Área da armadura de cintamento (direções de a e b)*

$$A_{st,a} = \frac{F_{ad}}{f_{yd}} \quad (3.3)$$

$$A_{st,b} = \frac{F_{bd}}{f_{yd}} \quad (3.4)$$

em que:

$$F_{ad} = \alpha F_d(1 - \frac{a_0}{a}) \quad (3.5)$$

e

$$F_{bd} = \alpha F_d(1 - \frac{b_0}{b}) \quad (3.6)$$

sendo f_{yd} a resistência de cálculo do aço à tração.

O valor de α encontrado nas publicações sobre o assunto tem variado de 0,32, indicado em Bruggeling e Huyghe (1991) com base em modelo de biela e tirante (a ser visto na sequência deste capítulo), a 0,25, indicado em Leonhardt e Mönnig (1978a).

Uma formulação mais completa do assunto, incluindo o caso de força excêntrica em relação ao bloco e a ocorrência de força horizontal, pode ser vista no boletim 43 da fib (2008).

Quando a força for pequena ou a área for pouco reduzida, as tensões de tração poderão ser muito baixas e a colocação da armadura de cintamento levará a uma segurança exagerada. Para esses casos, em Bruggeling e Huyghe (1991) é indicado que, em geral, a armadura de cintamento poderá ser dispensada quando a maior tensão de tração for menor que uma tensão admissível do concreto. A tensão de tração pode ser calculada por meio da seguinte expressão:

$$\sigma_t = 2{,}1\frac{F_k}{A}(1 - \frac{a_0}{a}) \quad (3.7)$$

Essa tensão deve ser menor que a resistência à tração do concreto, com um coeficiente de segurança de no mínimo 2, ou seja:

$$\sigma_t \leq f_{tk}/2 \quad (3.8)$$

Punção

Outro caso de introdução de forças parcialmente distribuídas que pode ocorrer nas ligações é o da punção, conforme ilustrado na Fig. 3.14a. Ao contrário do caso anterior, este se caracteriza pelo destacamento de parte do elemento.

Os modelos para a avaliação da força de ruptura por punção podem ser encontrados nas publicações sobre o assunto. O modelo normalmente utilizado é o da superfície de controle, no qual uma tensão de referência calculada com essa superfície é comparada com o valor último da tensão convencional de punção (Fig. 3.14b) da seguinte forma:

$$\tau_d = \frac{F_d}{ud} \leq \tau_{pu} \quad (3.9)$$

em que:

F_d = força de cálculo;

u = perímetro da superfície de controle;

d = altura útil;

τ_{pu} = valor último da tensão convencional de punção.

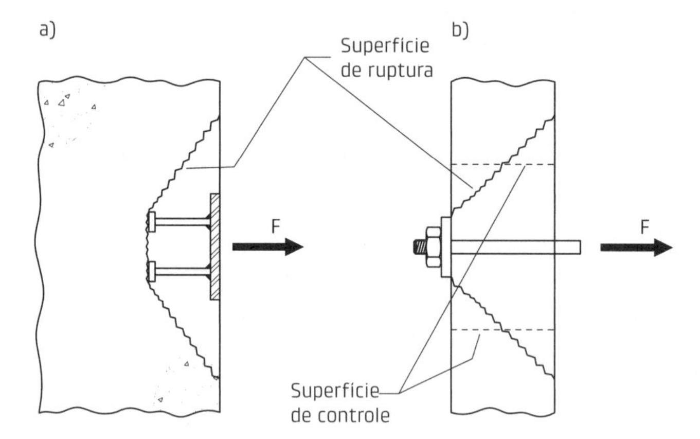

Fig. 3.14 Punção devido à introdução de forças em áreas reduzidas

As indicações para o cálculo do perímetro da superfície de controle e os valores últimos da tensão convencional de punção são fornecidos nas publicações sobre o assunto, bem como nas normas e regulamentos, como o MC-10 (fib, 2013).

Embora o arrancamento de chumbadores com cabeça resulte em ruína tipo punção, esses chumbadores recebem um tratamento específico. Um abordagem bastante abrangente sobre o assunto pode ser vista em Eligehausen, Mallée e Silva (2006).

Efeito de pino

Ainda em relação à aplicação de esforços localizados, destaca-se o caso da introdução de forças tangenciais mediante barras de aço, com o chamado efeito de pino.

O comportamento de pino corresponde ao de uma barra mergulhada em um meio contínuo, sujeita a uma força paralela à superfície. Na Fig. 3.15 é mostrada a distribuição das forças de contato ao longo do pino e as tensões que ocorrem no concreto na direção perpendicular ao pino.

Devido às altas tensões que acontecem próximo às bordas, pode haver a ruptura do concreto junto à superfície. Destaca-se também que a capacidade de transmissão de forças desse tipo é reduzida próximo às bordas e cantos dos elementos. Para melhorar a capacidade resistente, pode-se recorrer a chapas de aço para confinar o concreto junto à superfície (Fig. 3.16).

Esse assunto, apresentado para completar as formas de introdução de forças, é tratado com mais detalhes e de forma quantitativa na sequência deste capítulo.

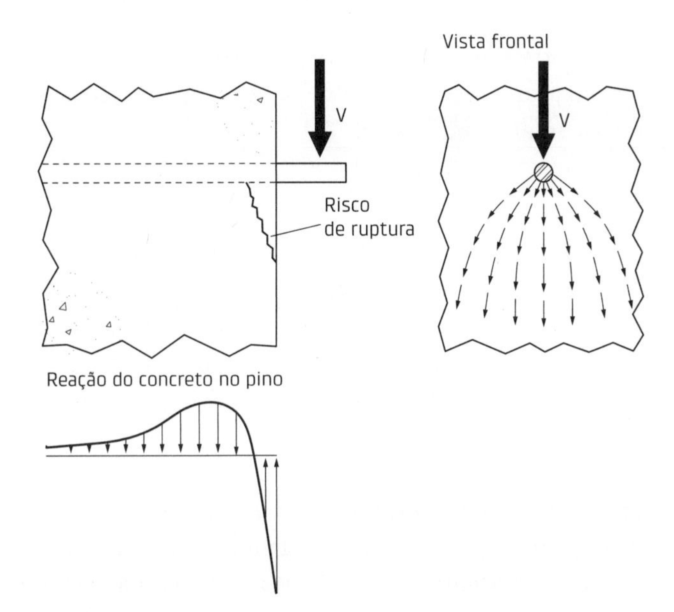

Fig. 3.15 Tensões junto ao pino embutido no concreto sem proteção de borda

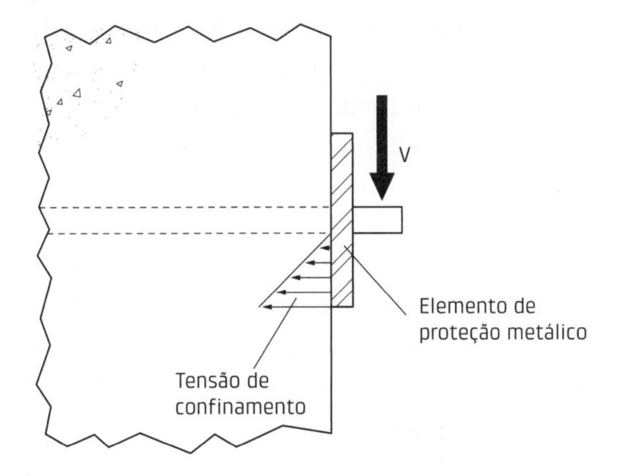

Fig. 3.16 Proteção de borda em pino embutido no concreto

3.3.2 Modelos para a análise da transferência

Modelo de biela e tirante

O modelo de biela e tirante, também chamado de modelo de treliça ou ainda de modelo de escora e tirante (*strut-and-tie model*), consiste em idealizar o comportamento do concreto, nos trechos de descontinuidade, através de escoras (elementos comprimidos) e tirantes (elementos tracionados). Esses elementos são interconectados nos nós, resultando na formação de uma treliça idealizada, como na situação mostrada na Fig. 3.17. A posição das escoras e dos tirantes é escolhida a partir do fluxo de tensões que ocorre na região.

Os esforços nas escoras são resistidos pelo concreto. A capacidade resistente é limitada em função da resistência à compressão do concreto e da seção fictícia da escora. Além da capacidade resistente da escora, deve ser feita a verificação da resistência dos nós.

Os esforços nos tirantes são resistidos pela armadura e a sua capacidade é função da área da armadura e da tensão de escoamento do aço.

Esse modelo é uma ferramenta bastante útil não só para avaliar a resistência de partes dos elementos nos estados-limite últimos (ELU), mas também para auxiliar no detalhamento da armadura.

Cabe destacar ainda que esse modelo se aplica também a situações tridimensionais, como o caso já mencionado de um bloco parcialmente carregado e o exemplo mostrado na Fig. 3.18.

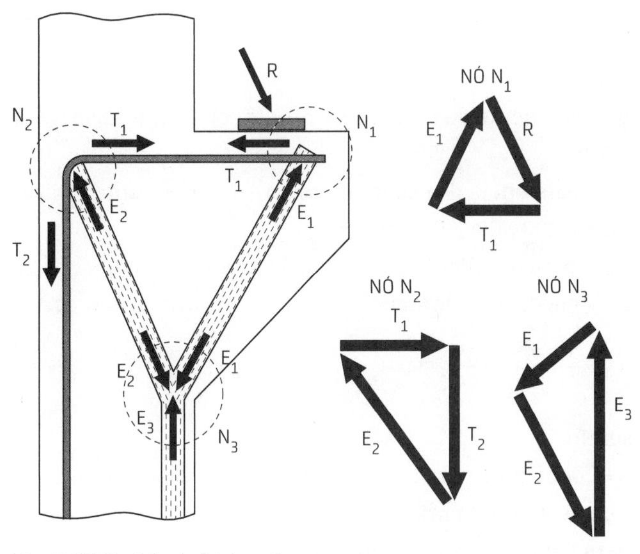

Fig. 3.17 Modelo de biela e tirante

Modelo de atrito-cisalhamento

Essa idealização, desenvolvida e comumente empregada nos Estados Unidos, é uma ferramenta de grande interesse para o projeto de ligações entre elementos pré-moldados, apesar de receber críticas de ser conceitualmente pouco consistente.

A ideia básica consiste em assumir que o concreto submetido a tensões de cisalhamento desenvolve uma fissura no plano dessas tensões. A integridade das partes separadas por essa fissura potencial é garantida pela colocação de uma armadura cruzando a superfície definida

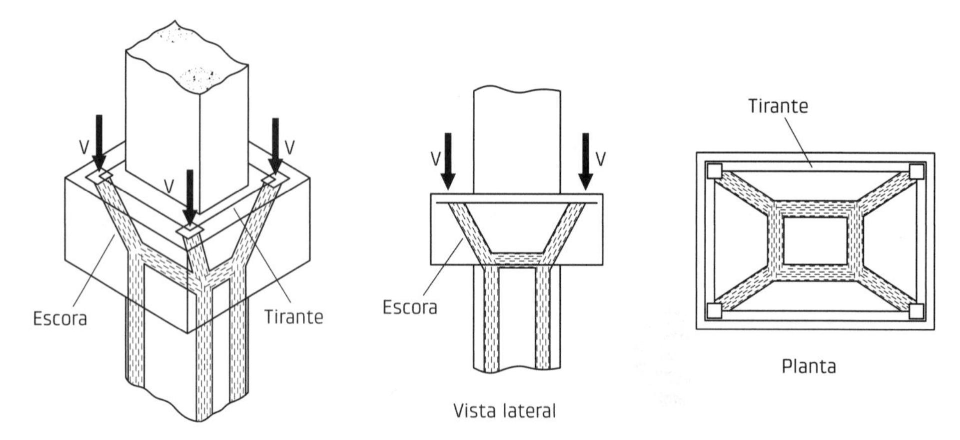

Fig. 3.18 Modelo de biela e tirante em situação tridimensional

pela fissura, que, na tendência de separação das partes, produz força normal a ela. Essa força normal mobiliza força de atrito, de forma a equilibrar o cisalhamento atuante. Assim, com base na teoria de atrito de Coulomb, pode-se determinar a armadura necessária para garantir a transferência do cisalhamento. Na Fig. 3.19 está ilustrada a idealização em questão e é indicada a forma de cálculo da armadura.

Com a introdução da segurança conforme o PCI (2010) (ver Anexo B), a área da armadura perpendicular ao plano da fissura é calculada por meio de:

$$A_{st} = \frac{V_d}{\phi f_y \mu_{ef}} \quad (3.10)$$

em que:

ϕ = coeficiente de redução de resistência, nesse caso igual a 0,75;

f_y = resistência de escoamento do aço da armadura, limitada a 420 MPa (60 kpsi);

V_d = força de cálculo paralela à fissura potencial;

μ_{ef} = coeficiente de atrito efetivo, fornecido pela expressão:

$$\mu_{ef} = \frac{\phi 6.904 \lambda A_{cr} \mu}{V_d} \leq \max \mu_{ef} \text{ (conforme a Tab. 3.1)} \quad (3.11)$$

sendo:

λ = coeficiente para levar em conta a densidade do concreto, que vale 1,0 para concreto de densidade normal e 0,75 para concreto de densidade baixa;

μ = coeficiente de atrito, indicado na Tab. 3.1;

A_{cr} = área da superfície da fissura potencial;

com V_d em kN e A_{cr} em m^2.

A força V_d deve estar limitada ao valor último fornecido na Tab. 3.1.

A ocorrência de força de tração normal N_d à fissura potencial acarreta uma armadura adicional, que, acrescentada à anterior, resulta em:

$$A_{st} = \frac{1}{\phi f_y}\left(\frac{V_d}{\mu_{ef}} + N_d\right) \quad (3.12)$$

Cabe observar que, se se considerar $\phi\mu_{ef} = 1$, ou seja, o coeficiente relativo à segurança $\phi = 1$ e um ângulo de 45°, o resultado, com esse modelo, é a mesma armadura que se obteria com a chamada "regra de costura", utilizada antigamente no cálculo de armadura transversal para a resistência à força cortante.

Um aspecto que merece ser ressaltado no modelo de atrito-cisalhamento é que não entra a posição da armadura, sugerindo-se que ela seja distribuída uniformemente ao longo da fissura potencial. Dessa forma, não estaria sendo considerado o momento fletor na seção da fissura potencial, devido à excentricidade da força V, que implicaria uma armadura mais concentrada na parte tracionada da seção. Naturalmente, no caso do consolo mostrado na Fig. 3.19, a distribuição da armadura deve ser mais concentrada na parte superior.

3.3.3 Modelos numéricos e físicos

Embora não sejam usuais para o projeto, os modelos numéricos estão cada vez mais disponíveis, o que pode viabilizar a sua aplicação no desenvolvimento ou no aperfeiçoamento de ligações entre elementos de CPM, como pode ser visto em Canha et al. (2014).

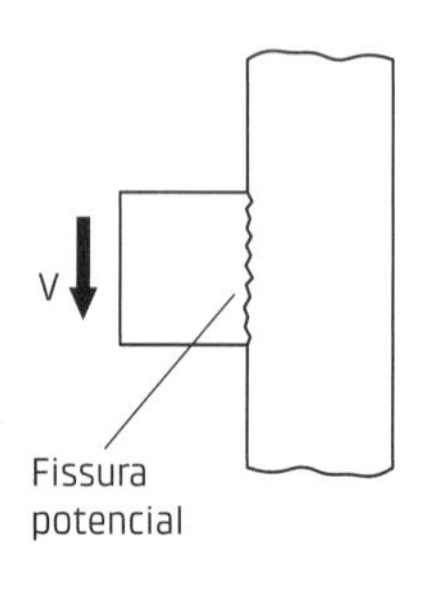

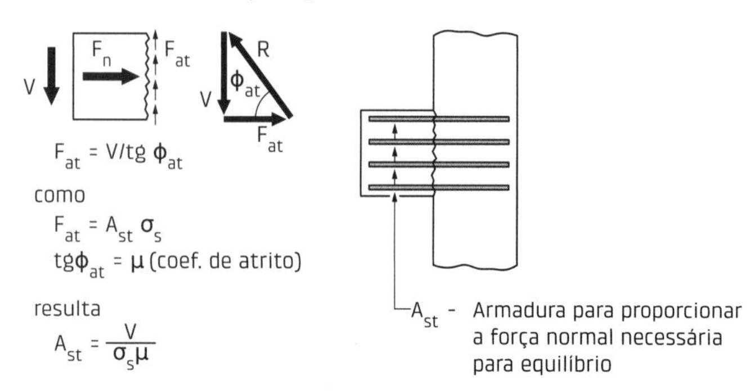

Fig. 3.19 Modelo de atrito-cisalhamento

Tab. 3.1 VALORES DO COEFICIENTE DE ATRITO DO MODELO DE ATRITO-CISALHAMENTO

Tipos de interface	μ recomendado	μ_{ef} máximo	V_u/ϕ (força última em kN)
Concreto × concreto, moldados monoliticamente	$1{,}4\lambda$	3,4	$0{,}30\lambda f_{ck}A_{cr} \leq 6.904\lambda A_{cr}$
Concreto × concreto endurecido, com superfície rugosa	$1{,}0\lambda$	2,9	$0{,}25\lambda f_{ck}A_{cr} \leq 6.904\lambda A_{cr}$
Concreto × concreto endurecido, com superfície não rugosa	$0{,}6\lambda$	Não aplicável	$0{,}20\lambda f_{ck}A_{cr} \leq 5.523\lambda A_{cr}$
Concreto × aço	$0{,}7\lambda$	Não aplicável	$0{,}30\lambda f_{ck}A_{cr} \leq 5.523\lambda A_{cr}$

Fonte: adaptado de PCI (2010).

No desenvolvimento, principalmente, e no aperfeiçoamento das ligações, os modelos físicos e os ensaios em protótipos são ferramentas extremamente importantes. A Fig. 3.20 mostra o ensaio de protótipos de ligação pilar-fundação por meio de cálice de fundação. Nesse ensaio, o pilar está submetido à flexocompressão aplicada pelo atuador e pela estrutura de reação. O ensaio foi empregado em um extenso programa experimental realizado no Laboratório de Estruturas da Escola de Engenharia de São Carlos da USP, cujos principais resultados são apresentados na seção 3.7.1.

Nas pesquisas, sobretudo, e no projeto, pode-se associar modelos numéricos e físicos para validar ou aprimorar modelos para o projeto, como o modelo de biela e tirante, tanto para a transferência de esforços localizados como para as ligações.

3.4 Recomendações e detalhes construtivos

3.4.1 Diretrizes para o projeto e a execução

As publicações específicas sobre ligações de CPM, como o manual do PCI (2010), a publicação da Stupré (1978) sobre detalhes das ligações de CPM e o boletim 43 da fib (2008), trazem uma série de recomendações e detalhes para o projeto e a execução das ligações, incluindo as partes dos elementos adjacentes a elas.

Com base principalmente nessas publicações, esse assunto é colocado na forma das diretrizes descritas a seguir.

a. *Padronizar os tipos de ligação e dispositivo nelas utilizados e usar poucas variações deles*
   A padronização das ligações é recomendada como parte da padronização do sistema construtivo industrializado, cuja importância já foi destacada no Cap. 2.
b. *Evitar congestionamento da armadura e dos dispositivos metálicos junto às ligações*
   Em geral, na região das ligações ocorre uma concentração de armadura. Caso não se tomem precauções, pode haver um congestionamento de armadura e dispositivos metálicos, quando for o caso. Esse congestionamento pode dificultar a concretagem do local, podendo acarretar falhas. Esse problema é menos grave com o emprego do concreto autoadensável (CAA), mas mesmo assim deve ser levado em conta. Para evitar o congestionamento, é necessário fazer

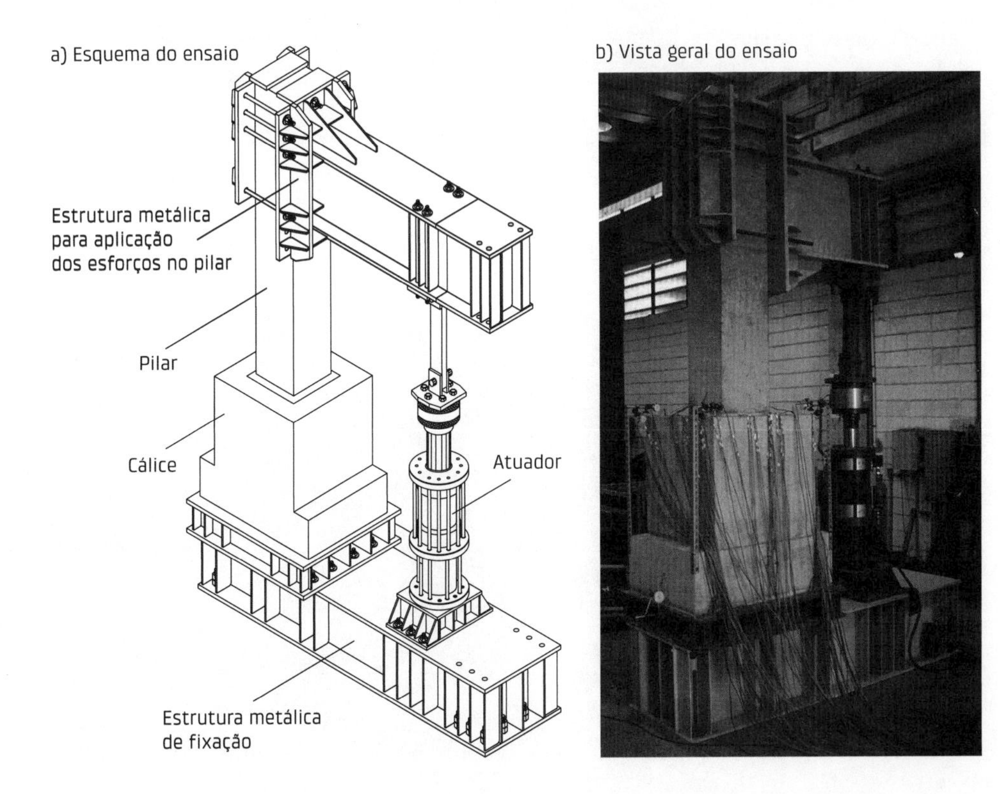

Fig. 3.20 Exemplo de ensaio de ligação de pilar em cálice de fundação

um detalhamento da região da ligação, considerando os raios de dobramento e o fato de as barras ocuparem um espaço maior que o diâmetro nominal. Em geral, vale a pena recorrer a desenhos com maiores escalas. No Anexo A essa questão é realçada em dois exemplos numéricos. Em princípio, a utilização da plataforma BIM, com desenhos em 3D, facilita o detalhamento e minimiza esse tipo de problema. A Fig. 3.21 mostra um exemplo de concentração de armadura junto ao dente de concreto de apoio de viga.

c. *Levar em conta os raios de dobramento das barras*

Deve-se estar alerta para cuidados no detalhamento em relação à execução de dobras na armadura principal na ligação, para não acarretar situação crítica nos cantos dos apoios entre os elementos, devido à limitação prática dos raios de dobramento. Novamente, desenhos em maiores escalas, com o detalhamento dos raios de dobramento, evitam problemas construtivos.

d. *Reduzir os trabalhos após a desmoldagem*

Por uma questão de produtividade, os trabalhos adicionais após a execução do elemento pré-moldado devem ser reduzidos. O ideal seria que, após a desmoldagem, o elemento fosse diretamente para a área de armazenamento.

e. *Usar simetria dos detalhes*

Na medida do possível, deve-se fazer o detalhamento das ligações utilizando simetria, para minimizar a possibilidade de erros pela inversão de lados.

f. *Evitar o uso de solda de várias barras*

Deve-se evitar o emprego de solda entre barras com traspasse, principalmente quando existem várias barras em uma mesma seção em campo, como na situação da Fig. 3.22, pois dificilmente se obtém um alinhamento das barras.

g. *Cuidados com preenchimentos de graute e CML*

Deve-se preparar as superfícies e conformações que recebem graute e CML. Mesmo com esses cuidados, em princípio, as juntas entre elementos de CPM com graute ou CML devem ser consideradas, para o projeto, fissuradas em decorrência de eventual retração do material, baixa adesão e repetição de ações. Pois, conforme destacado em La Varga e Graybeal (2015), pode ocorrer instabilidade dimensional em grautes comercializados com "retração compensada".

h. *Evitar partes susceptíveis de serem danificadas durante o manuseio*

Deve-se evitar partes que tenham susceptibilidade de serem danificadas durante o transporte e a montagem.

i. *Cuidados na fixação de insertos metálicos*

Deve-se tomar bastante cuidado na fixação dos insertos metálicos de forma a garantir o seu correto posicionamento, para não acarretar prejuízos na montagem e no comportamento da ligação.

j. *Cuidados na concretagem próxima aos insertos metálicos, junto às superfícies*

Essa precaução deve ser tomada no sentido de evitar a formação de falhas de concretagem devido ao aprisionamento de ar, podendo-se, por exemplo, recorrer a furos para a sua saída.

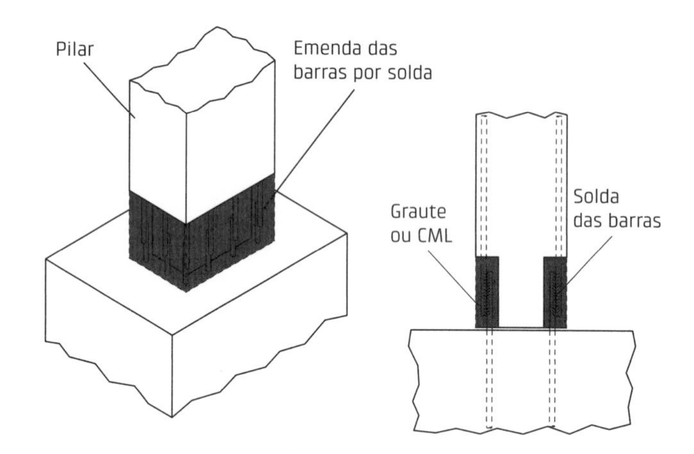

Fig. 3.22 A emenda de várias barras por solda na mesma seção deve ser evitada

Fig. 3.21 Exemplo de concentração de armadura na região da ligação

k. *Prever dilatação térmica devido à solda de campo*
Ao utilizar solda de campo, deve-se prever espaços entre os elementos metálicos e o concreto para a deformação térmica (Fig. 3.23).

l. *Procurar minimizar o tempo necessário que os elementos ficam suspensos*
Por questões de produtividade e segurança, as ligações devem ser projetadas para minimizar o tempo que os elementos ficam suspensos pelos equipamentos de montagem.

3.4.2 Ancoragens e emendas de barras

Embora ancoragens e emendas de barras sejam assuntos normalmente tratados na tecnologia do concreto armado, apresentam-se aqui alguns casos que são de particular interesse quando se emprega o CPM.

Cabe destacar também que a garantia das ancoragens e emendas de barras tem fundamental importância para a ductilidade das ligações. Dessa forma, esse tipo de ruptura deve ser evitada, pois, se ela for governada por esses fenômenos, haverá baixa ductilidade na ligação.

Os tipos de ancoragem de maior interesse para os estudos das ligações, como alternativas às ancoragens retas com ou sem ganchos devido a espaços ou áreas de apoio reduzidos, são: a) ancoragem por laços, b) ancoragem com dispositivos metálicos, c) ancoragem com barras transversais soldadas e d) ancoragem por meio de duto e graute.

a. *Ancoragem por meio de laços*
O raio de dobramento do laço deve ser tal de forma a não produzir fendilhamento do concreto em virtude da ocorrência de tensões de tração perpendiculares ao plano do laço. A capacidade total das duas pernas só é mobilizada a partir da distância de $3\phi + r$ da extremidade do laço. Com a nomenclatura da Fig. 3.24 e fazendo a adaptação da resistência do concreto de corpos de prova cúbicos para cilíndricos, pode-se calcular o raio de dobramento da seguinte forma, conforme indicado por Leonhardt e Mönnig (1978b):

$$r \geq 2{,}1\frac{f_{yk}}{f_{ck}}\phi\sqrt{\frac{\phi}{a}} \qquad (3.13)$$

(laços sem armadura transversal)

$$r \geq (0{,}55+1{,}10\frac{\phi}{a})\phi\frac{f_{yk}}{f_{ck}} \qquad (3.14)$$

(laços com armadura transversal)

em que:
ϕ = diâmetro da barra;
a = distância indicada na Fig. 3.24;
f_{yk} = resistência característica do aço à tração;
f_{ck} = resistência característica do concreto à compressão.

A armadura transversal deve ser de no mínimo:

$$A_{st} = \frac{2}{5}\frac{F_d}{f_{yk}} \qquad (3.15)$$

sendo F_d a força de cálculo de uma das pernas do laço.

Quando houver compressão transversal resultante de placa de apoio, o termo $1{,}10\phi/a$ pode ser desprezado. Para esse tipo de ancoragem, deve-se utilizar cobrimentos mínimos de 3ϕ ou 30 mm. Recomenda-se que o raio de dobramento seja limitado a $7{,}5\phi$.

b. *Ancoragem de barras por meio de dispositivos metálicos*
Esse tipo de ancoragem, ilustrado na Fig. 3.25, é empregado quando o comprimento reservado para a ancoragem é muito reduzido. Embora se possa recorrer a dispositivos especiais com rosca e porca, normalmente se emprega solda. A barra a ser ancorada é soldada a um dispositivo metálico, que pode ser em chapa, cantoneira ou similar.

Ainda nessa linha, vale destacar a ancoragem mecânica pela execução de cabeças na extremidade das barras, como mostrado na Fig. 3.26.

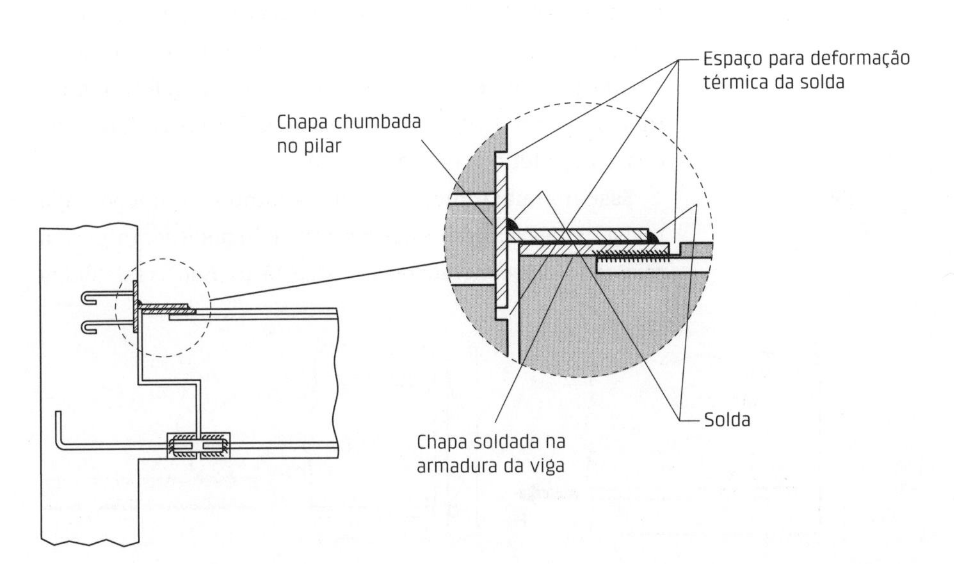

Fig. 3.23 Minimização do problema de solda de chapas decorrente da deformação térmica

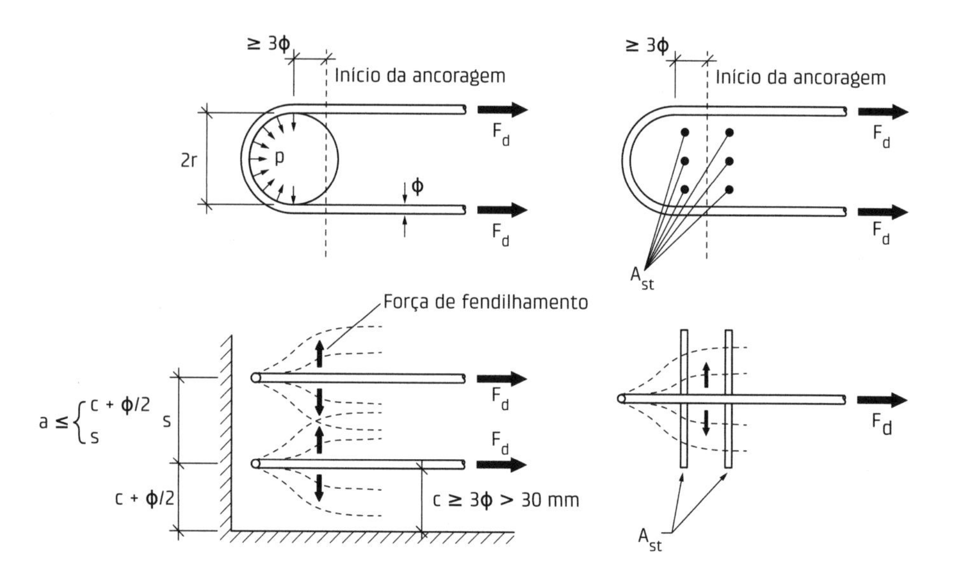

Fig. 3.24 Ancoragem de barras por meio de laços
Fonte: adaptado de Leonhardt e Mönnig (1978b).

No dimensionamento desse tipo de ancoragem, deve-se empregar uma avaliação analítica, considerando o comportamento de bloco parcialmente carregado, ou uma avaliação com teste de laboratório. Conforme o ACI 318 (ACI, 2011), a área da chapa de ancoragem deve equivaler a quatro vezes a área da barra. Dessa forma, se a chapa de ancoragem for circular, deve ter duas vezes o diâmetro da barra.

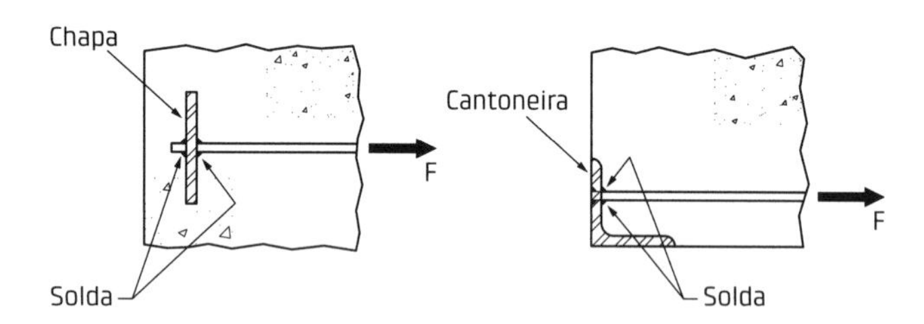

Fig. 3.25 Ancoragem de barras por meio de placa de ancoragem

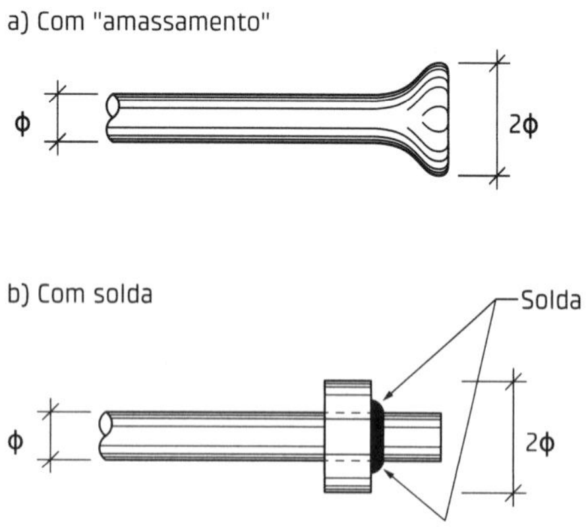

a) Com "amassamento"

ϕ

2ϕ

b) Com solda

Solda

ϕ

2ϕ

Fig. 3.26 Ancoragem mecânica de barras

c. *Ancoragem de barra por meio de barra transversal soldada*
Esse tipo de ancoragem, apresentado na Fig. 3.27, pode ser visto como um caso particular do anterior. Salienta-se, no entanto, que, assim como no caso da ancoragem por laços, ocorrem elevadas tensões de tração perpendiculares ao plano das barras. Recomendações para o dimensionamento desse tipo de ancoragem podem ser vistas na seção de detalhamento da armadura do Eurocódigo 2, EN 1992-1-1 (CEN, 2004a). Quando houver uma elevada compressão transversal, como no caso de consolos, existem indicações de que a soldagem de barra transversal, de igual ou maior diâmetro que a barra longitudinal, propicia uma ancoragem adequada.

d. *Ancoragem por meio de duto e graute*
O manual do PCI (2010) fornece o detalhamento e o comprimento de ancoragem para esse caso. Na Fig. 3.28 é apresentada uma adaptação das informações para o aço CA-50.

No manual mencionado, a resistência de escoamento do aço é de 42 MPa. Na falta de indicações específicas para o aço CA-50, os valores indicados para o comprimento de ancoragem, correspondente ao embutimento, foram multiplicados por 1,19, ou seja, pela relação das resistências dos aços, e feito arredondamento.

Esse manual indica ainda as seguintes limitações: a) a resistência à compressão do graute não pode ser inferior à resistência do concreto ou a 35 MPa; b) quando a resistência

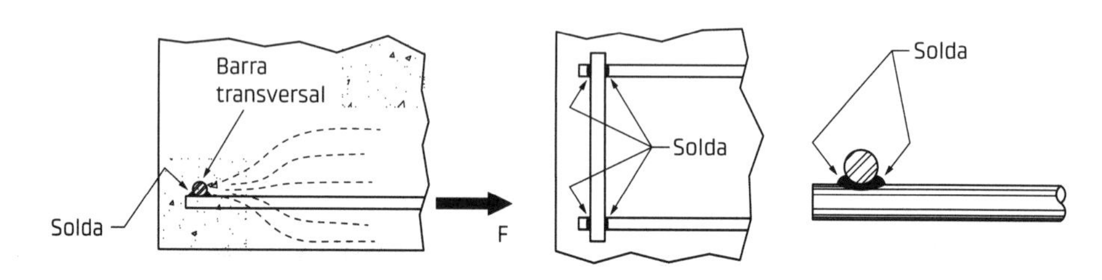

Fig. 3.27 Ancoragem de barras por meio de barra transversal soldada

à compressão do graute for maior que 35 MPa, poderá ser feita uma redução nos valores da tabela da Fig. 3.28 diretamente proporcional à resistência à compressão, mas a ancoragem não poderá ser menor que 300 mm; c) a bainha metálica deve ter espessura mínima de 0,58 mm e o espaço entre a barra e a bainha não deve ser menor que 12,5 mm; e d) o cobrimento mínimo do concreto em relação à bainha metálica é de 75 mm.

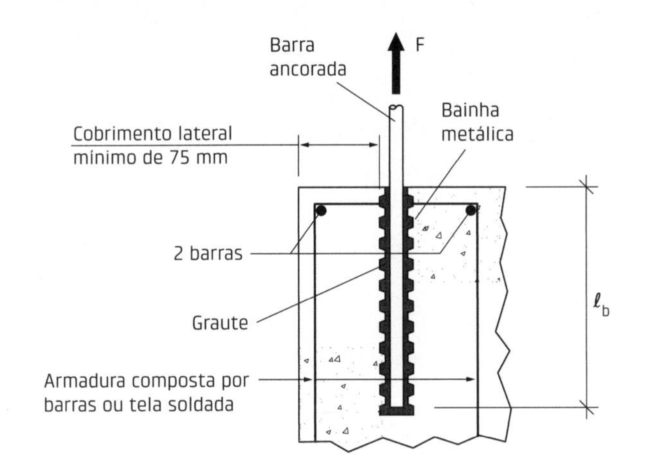

Bitola da barra (mm)	Comprimento da ancoragem (mm)
10	370
12,5	370
16	370
20	460
25	820

Fig. 3.28 Ancoragem de barras por meio de duto e graute
Fonte: adaptado de PCI (2010).

Em relação a esse assunto, merece registro o estudo de Matsumoto et al. (2008) focando o emprego de ancoragem mecânica na extremidade da barra, nesse tipo de ancoragem, similar ao mostrado na Fig. 3.26a. Naturalmente, seria necessário bainhas de maiores diâmetros, mas poderia ser de interesse para barras de grande diâmetro.

Os tipos de emenda de barras de maior interesse para as ligações são: a) com conectores mecânicos, b) com solda, c) com tubo preenchido por graute e d) por laços.

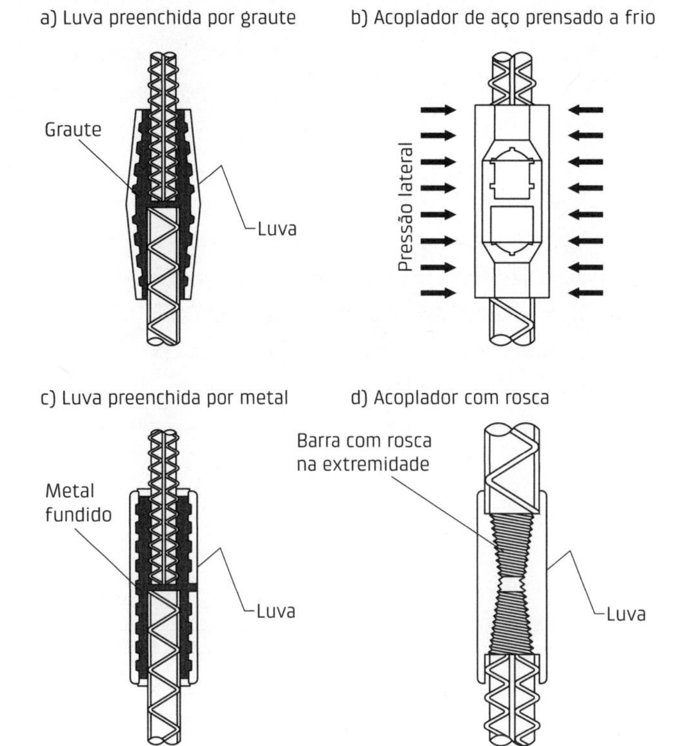

Fig. 3.29 Emenda de barras com conectores mecânicos
Fonte: adaptado de PCI (1988).

a. *Emenda com conectores mecânicos*

Para a emenda de barras, pode-se recorrer a dispositivos denominados conectores mecânicos ou acopladores, disponíveis comercialmente. Alguns desses dispositivos são mostrados na Fig. 3.29.

Em Silva (2008) apresentam-se resultados experimentais de emendas feitas com luvas preenchidas por graute, mostrando a viabilidade técnica desse tipo de emenda.

b. *Emenda com solda*

As emendas com solda nas ligações são com traspasse das barras ou com cobrejunta. Algumas possibilidades e recomendações para fazer emendas de barras com solda estão esquematizadas na Fig. 3.30, com base em Leonhardt e Mönnig (1978b).

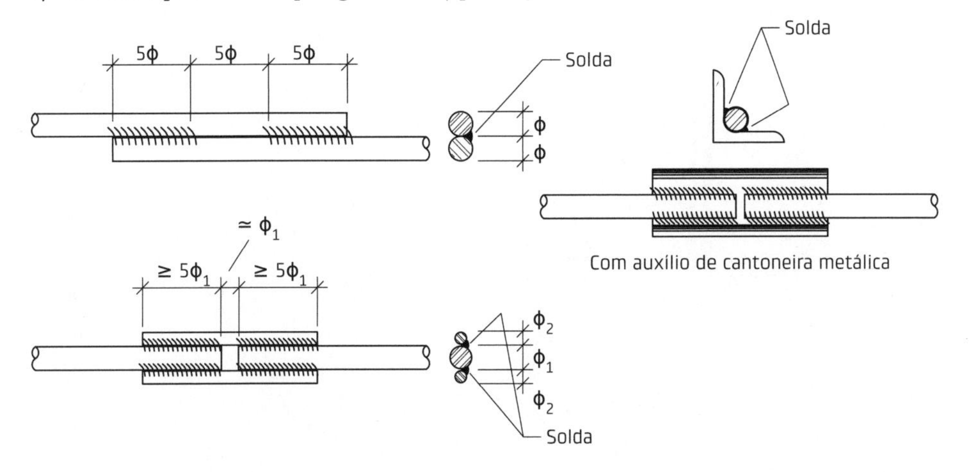

Fig. 3.30 Emenda de barras com solda

c. *Emenda com tubo preenchido por graute*

Na emenda de barras por meio de tubo e graute, mostrada na Fig. 3.31, pode-se utilizar os mesmos valores da emenda de barras por traspasse.

d. *Emenda por laços*

Deve ser feita uma diferenciação entre o caso de emenda das duas pernas do laço sujeitas à tração e o caso de emenda de uma perna do laço sujeita à tração.

No primeiro caso, a transferência da força das duas pernas do laço é realizada como indicado na Fig. 3.32. Deve-se atender às especificações para a ancoragem já apresentadas, com um comprimento de traspasse de 20ϕ. Recomenda-se ainda que a área da armadura transversal, para espaçamentos entre laços de no máximo 4ϕ, seja de:

$$A_{st} \geq 0{,}2\pi\phi^2 \tag{3.16}$$

Já no segundo caso, quando somente uma das pernas do laço está submetida à tração, recomenda-se que seja prevista no mínimo a ancoragem de cada uma das pernas do laço. Esse procedimento também se aplica ao caso de emendas por laço nos cantos, como ligações laje × parede.

Um caso similar a esse último, em que a emenda é feita com ganchos grandes, é apresentado na Fig. 3.33.

Vale destacar que, nessas emendas por laços, é necessário ter espaços mínimos para garantir não só a resistência, mas também a ductilidade da ligação, conforme salientado em Ma et al. (2012).

Recentemente, têm sido estudadas e aplicadas algumas alternativas com a mesma ideia desse último tipo de emenda, que é a minimização do espaço a ser preenchido no local. Essas alternativas incluem a utilização do preenchimento com concreto de alto desempenho, incluindo o UHPC, com barras retas e com ancoragem mecânica na extremidade das barras, e maior confinamento transversal. Para mais informações sobre o assunto, recomendam-se as publicações de Yamada et al. (2002), Ma e Hanks (2011) e Araújo, Curado e Rodrigues (2014).

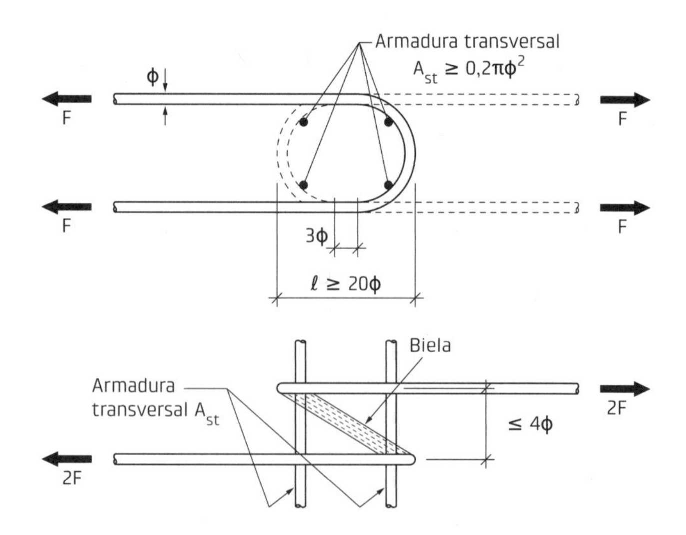

Fig. 3.32 Emenda de barras por meio de laços com as duas pernas solicitadas à tração

3.4.3 Comprimentos de apoio e detalhamento da extremidade dos elementos

O comprimento do apoio pode ser definido com base nas indicações do Eurocódigo 2, EN 1992-1-1 (CEN, 2004a), no seu capítulo 10, referente ao CPM. De acordo com esse código, o comprimento nominal de apoio, mostrado na Fig. 3.34, pode ser calculado por:

$$a = a_1 + a_2 + a_3 + \sqrt{\Delta a_2^2 + \Delta a_3^2} \tag{3.17}$$

em que:

a_1 = comprimento do apoio, que deve atender à tensão-limite do apoio e não deve ser menor que os valores da Tab. 3.2, sendo determinado por meio de $a_1 = V_d/b_1 f_{ad}$ (V_d é o valor de projeto da reação do apoio, b_1 é a largura efetiva do apoio – ver Fig. 3.34 – e f_{ad} é o valor de projeto da resistência do apoio, sendo possível, na falta de valores mais específicos,

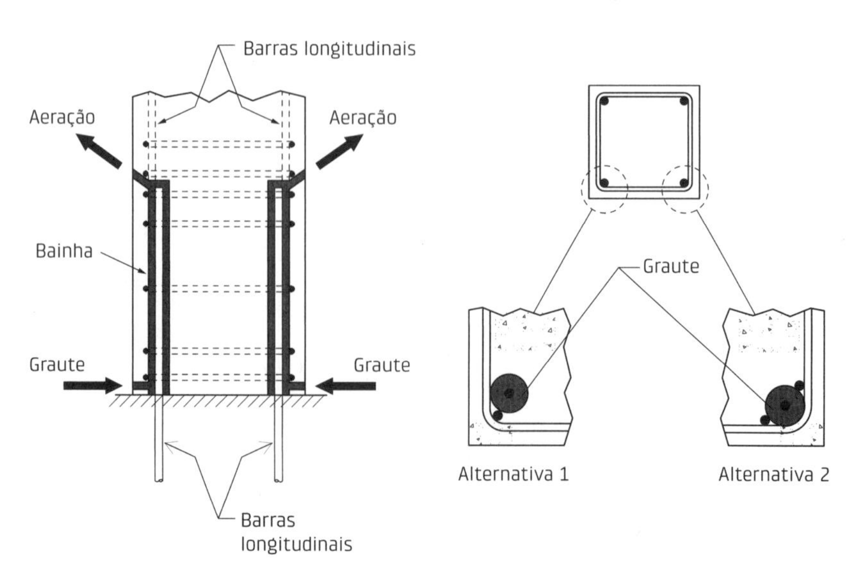

Fig. 3.31 Emenda de barras com tubo preenchido por graute

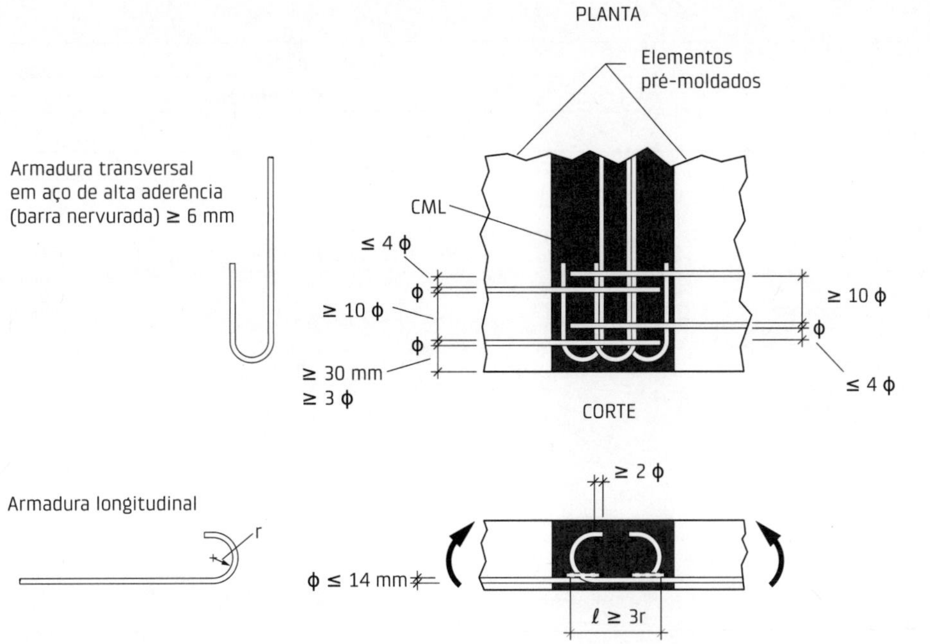

Fig. 3.33 Detalhes do arranjo da armadura em emenda de barras com ganchos grandes
Fonte: adaptado de Leonhardt e Mönnig (1978b).

considerar $0{,}4f_{cd}$ para contato a seco ou o valor de projeto da resistência do material da almofada de apoio, mas não superior a $0{,}85f_{cd}$; o valor de f_{cd} corresponde à menor resistência do concreto dos elementos de apoio e apoiado);

a_2 = distância livre até a extremidade do elemento de apoio, conforme mostra a Fig. 3.34, sendo seus valores fornecidos na Tab. 3.3;

a_3 = distância livre até a extremidade do elemento apoiado, conforme mostra a Fig. 3.34, sendo seus valores fornecidos na Tab. 3.4;

Δa_2 = tolerância da distância livre até a extremidade do elemento de apoio, cujos valores são fornecidos na Tab. 3.5;

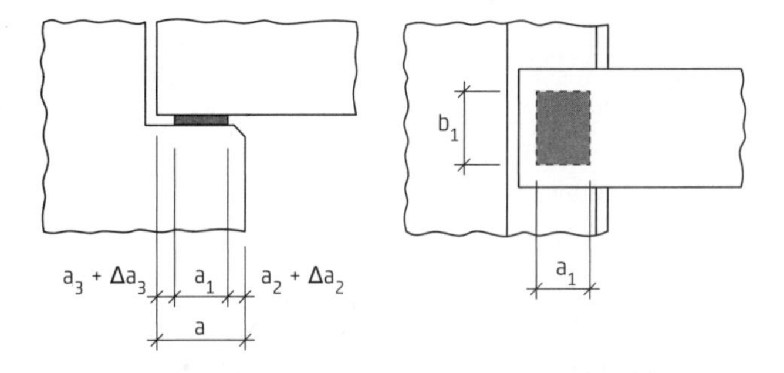

Fig. 3.34 Definição dos parâmetros relacionados com o cálculo do comprimento de apoio
Fonte: adaptado de CEN (2004a).

Tab. 3.2 VALORES MÍNIMOS DE a_1 EM MILÍMETROS

Tensão relativa de contato σ_d/f_{cd}	≤ 0,15	0,15-0,4	> 0,4
Apoio contínuo (lajes)	25	30	40
Apoio discreto por nervuras	55	70	80
Apoios concentrados (viga)	90	110	140

Fonte: adaptado de CEN (2004a).

Tab. 3.3 DISTÂNCIA a_2 EM MILÍMETROS

		σ_d/f_{cd}		
Material de apoio e forma		≤ 0,15	0,15-0,4	> 0,4
Aço	Contínuo	0	0	10
	Concentrado	5	10	15
Concreto armado ≥ C30	Contínuo	5	10	15
	Concentrado	10	15	25
Concreto simples e concreto armado < C30	Contínuo	10	15	25
	Concentrado	20	25	35
Alvenaria	Contínua	10	15	-
	Concentrada	20	25	-

Fonte: adaptado de CEN (2004a).

Tab. 3.4 DISTÂNCIA a_3 EM MILÍMETROS

Detalhe da armadura	Tipo de apoio	
	Contínuo	Concentrado
Barra contínua sobre o apoio (com ou sem restrição)	0	0
Barra reta e laço horizontal, próximo à extremidade do elemento	5	15, mas não menor que o cobrimento da armadura
Cabo de protensão ou barra reta exposta na extremidade do elemento	5	15
Laço vertical	15	Cobrimento da armadura + raio de dobramento

Fonte: adaptado de CEN (2004a).

Tab. 3.5 TOLERÂNCIA Δa_2 DA DISTÂNCIA LIVRE ATÉ A EXTREMIDADE DO ELEMENTO DE APOIO

Material do apoio	Δa_2
Aço ou CPM	$10 \leq \ell/1.200 \leq 30$ mm
Alvenaria ou CML	$15 \leq \ell/1.200 + 5 \leq 40$ mm

Fonte: adaptado de CEN (2004a).

Δa_3 = tolerância da distância livre até a extremidade do elemento apoiado, cujo valor é $\ell/2.500$, sendo ℓ o comprimento do elemento.

Em relação às indicações apresentadas, cabe destacar que:

- são para elementos não isolados; no caso de elemento isolado, o comprimento nominal de apoio deve ser 20 mm maior que aquele de elementos não isolados;
- a tolerância de comprimento dos elementos apoiados difere dos valores indicados no Cap. 2;
- o comprimento efetivo do apoio é controlado pela distância d_i da extremidade dos respectivos elementos, com i igual a 2 ou 3, conforme mostra a Fig. 3.35, sendo essa distância calculada por:

$d_i = c_i + \Delta a_i$ para laço horizontal na extremidade de uma barra ancorada

$d_i = c_i + \Delta a_i + r_i$ para barra dobrada verticalmente

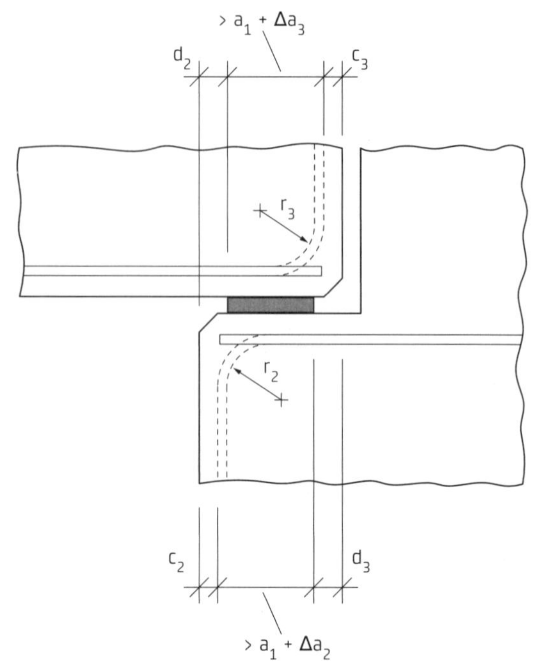

Fig. 3.35 Exemplo de detalhamento da armadura na região do apoio
Fonte: adaptado de CEN (2004a).

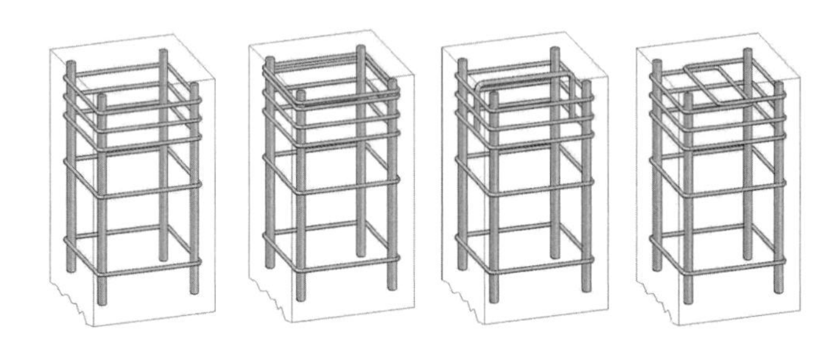
Fig. 3.36 Exemplos de detalhamento da armadura na extremidade de um pilar
Fonte: adaptado de fib (2008).

As regiões dos elementos pré-moldados junto a ligações devem ser detalhadas levando em conta as forças transferidas, com as possíveis concentrações de tensões, bem como ancoragens e emendas de armaduras. Deve-se considerar também as incertezas e tolerâncias envolvidas, assim como possíveis esforços induzidos pelas restrições dos apoios. Grande parte desse assunto já foi abordado e algumas indicações já foram fornecidas.

De forma geral, as extremidades de vigas e pilares devem ser detalhadas com armaduras adicionais em função dos aspectos apontados. Assim, por exemplo, a armadura da extremidade de pilares deve ser detalhada para uma possível concentração de esforço, como mostra a Fig. 3.36.

Recomenda-se ainda considerar que a rotação de elementos fletidos nos apoios provoca um deslocamento da posição da reação de apoio. Por exemplo, a posição da força vertical em consolo tende a se deslocar para a extremidade, conforme exibido na Fig. 3.37.

Nos elementos de concreto protendido com pré-tração, a região de apoio assume um maior grau de complexidade em virtude da introdução da força de protensão. A interação da força de protensão, que é introduzida de forma gradual, com a reação de apoio provoca um comportamento bastante complexo, afetando a resistência à força cortante, que depende do tipo de elemento, por exemplo, um painel alveolar ou uma viga de seção I. Indicações para o projeto podem ser encontradas em algumas normas e códigos, mas o assunto ainda tem sido objeto de pesquisa.

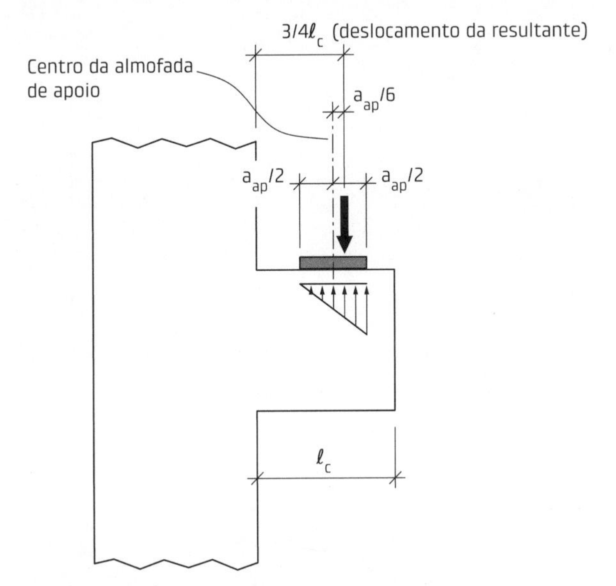

Fig. 3.37 Deslocamento da resultante da reação vertical no consolo devido à rotação do elemento apoiado

3.5 Componentes das ligações

Conforme foi visto na seção 3.2, as ligações podem ser analisadas por meio da sua decomposição em componentes. Nesta seção são apresentadas indicações para o projeto estrutural dos seguintes componentes: consolos de concreto, dentes de concreto, consolos e dentes metálicos, chumbadores sujeitos a força transversal, juntas de argamassa e almofadas de apoio. Estes dois últimos componentes são empregados para transferir, predominantemente, força de compressão. As características de cada componente, bem como o caso particular de contato direto, são abordadas no final desta seção.

3.5.1 Consolos de concreto

Os consolos são elementos estruturais que se projetam de pilares ou paredes para servir de apoio para outras partes da estrutura ou para cargas de utilização.

Os consolos constituem-se em balanços bastante curtos, merecendo um tratamento à parte do dispensado às vigas, pois, em geral, não vale a teoria técnica de flexão.

Uma primeira noção do comportamento dos consolos pode ser entendida a partir da Fig. 3.38. Nela são mostradas as trajetórias das tensões principais em regime elástico para consolos com relação $a/h = 0,5$, obtidas com base em um trabalho experimental desenvolvido por Franz e Niedenhoff (1963 apud Leonhardt; Mönnig, 1978b).

As principais conclusões a que os autores do trabalho experimental chegaram foram:

- a parte inferior do consolo retangular praticamente não é solicitada, de forma que o chanfro nessa parte do consolo não influi na resistência;
- as isostáticas de tração na parte superior são aproximadamente horizontais, com tensão constante desde o ponto de aplicação da força até a seção junto ao pilar, sendo sugerido assim o emprego de armadura junto à face superior, que seria a armadura principal do consolo, chamada de armadura do tirante;
- as tensões de compressão partem do ponto de aplicação da força e vão até a base do consolo, sendo sugerida a formação de biela entre o ponto de aplicação da força e a base do consolo;
- os estribos verticais, como normalmente utilizados nas vigas, não funcionam e as resultantes das demais tensões de tração podem ser absorvidas por estribos horizontais.

Com base nos resultados obtidos, os autores recomendavam o emprego de um modelo de treliça simples, formada por barra tracionada, o tirante, e por uma diagonal comprimida, a biela de compressão, conforme indicado na Fig. 3.39a.

Cabe observar que a direção do tirante que melhor acompanha o fluxo de tensões de tração é um pouco inclinada em relação à face superior do consolo. Além da armadura do tirante, chamada de armadura principal,

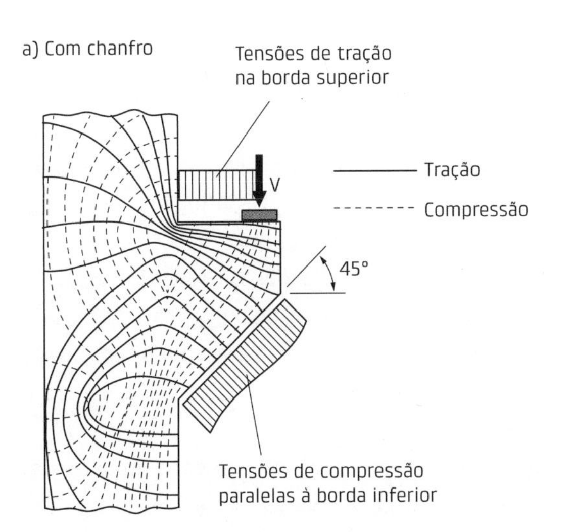

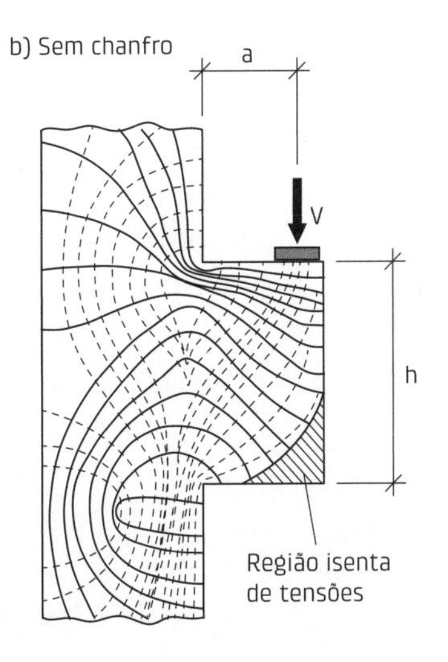

Fig. 3.38 Trajetória das tensões principais em um consolo curto de concreto com $a/h = 0,5$
Fonte: adaptado de Leonhardt e Mönnig (1978b).

Fig. 3.39 Idealização do comportamento do consolo curto de concreto e esquema das armaduras principais

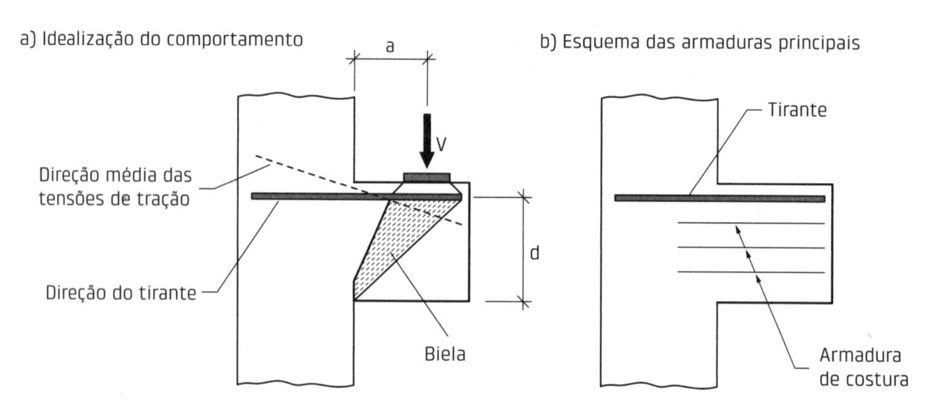

existe uma outra armadura importante disposta na direção horizontal, que recebe o nome de armadura secundária ou armadura de costura (Fig. 3.39b).

Também é importante conhecer as formas de ruína que podem ocorrer nos consolos. Os tipos básicos de ruína que podem acontecer são:

- deformação excessiva da armadura do tirante, levando ao esmagamento do concreto na parte inferior do consolo (Fig. 3.40a);
- fissuração diagonal que parte do ponto de aplicação da força e vai até o canto do consolo, indicando o esmagamento do concreto (Fig. 3.40b);
- escorregamento do consolo acompanhado por fissuração junto à face do pilar, caracterizando uma ruptura por corte direto (Fig. 3.40c).

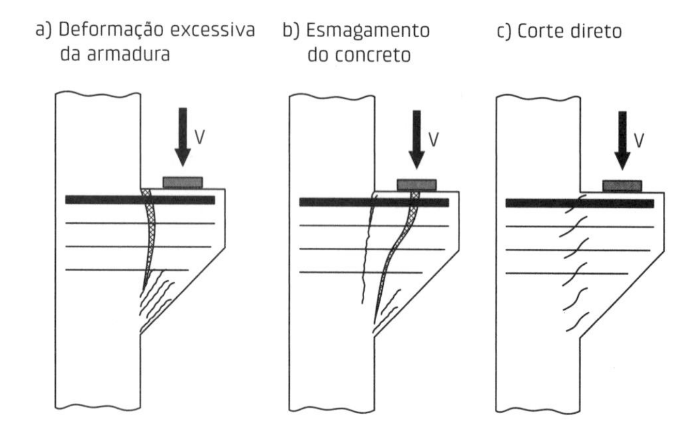

Fig. 3.40 Tipos básicos de ruína de consolos de concreto

Além desses tipos básicos, podem ocorrer a) ruína por detalhamento incorreto, como ruptura localizada junto à borda por causa da deficiência da ancoragem da armadura do tirante, b) ruína em virtude de a força estar muito próxima à borda, ou c) análise incorreta, como ruína devido à ocorrência não prevista de força horizontal.

Os tipos básicos de ruína apontam para dois modelos para o cálculo dos consolos:

- modelo de biela e tirante, associado aos dois primeiros tipos básicos;
- modelo de atrito-cisalhamento, associado ao terceiro tipo básico.

O modelo de biela e tirante já teve seu emprego evidenciado anteriormente e é o mais comumente utilizado para o cálculo das forças de tração e compressão. Cabe destacar que a aplicação completa desse modelo, incluindo a verificação da resistência dos nós, prevista na teoria de biela e tirante, não é usual no cálculo dos consolos. Em virtude disso, será feita uma diferenciação entre o modelo completo, que inclui a verificação dos nós, e o modelo simplificado, que não inclui a verificação dos nós nem indicações específicas para a geometria do modelo.

O uso do modelo de atrito-cisalhamento em consolos também já foi adiantado, quando da apresentação do modelo.

Esses dois modelos correspondem a dois mecanismos resistentes sugeridos pelas formas de ruína. Quando a altura relativa do consolo for pequena, o mecanismo resistente de treliça, que equivale aos dois primeiros tipos básicos de ruína, será preponderante. No entanto, à medida que aumenta a altura relativa do consolo, cresce a participação do mecanismo de cisalhamento, que equivale ao terceiro tipo básico de ruína.

A NBR 9062 (ABNT, 2017a) indica os seguintes procedimentos para o cálculo dos consolos, em que a é a distância da força até a face do pilar (ver Fig. 3.39) e d é a altura útil do consolo:

- para $1{,}0 < a/d < 2{,}0$, cálculo como viga;
- para $0{,}5 \leq a/d \leq 1{,}0$ (consolo curto), cálculo baseado em modelo de biela e tirante;
- para $a/d < 0{,}5$ (consolo muito curto), cálculo baseado em modelo de atrito-cisalhamento.

As recomendações para o projeto de consolos do manual do PCI (2010) são baseadas no ACI 318 de 2005. De acordo com esse manual, podem ser empregados dois métodos: a) biela e tirante geral e b) viga em balanço. O modelo de viga em balanço, válido para relações $a/d < 1$ e predominância de força vertical, consiste em calcular a armadura de duas formas, por um modelo de biela e tirante simplificado e por atrito e cisalhamento. A armadura a ser utilizada é a maior delas.

O MC-10 (fib, 2013) não trata diretamente do assunto. Por sua vez, o Eurocódigo 2, EN 1992-1-1 (CEN, 2004a), em suas recomendações, sugere o modelo de biela e tirante com indicações específicas.

Cabe registrar que existem modelos baseados na teoria da plasticidade, que, embora não sejam usuais, não deixam de ser de interesse. Uma aplicação desse tipo de modelo para consolos curtos e dentes de concreto pode ser vista em Olin, Hakkarainen e Rämä (1985).

Além da força vertical, que normalmente é o principal esforço a ser transmitido, deve-se levar em conta obrigatoriamente a ocorrência de força horizontal decorrente da variação volumétrica, conforme adiantado no Cap. 2, e eventualmente de outras ações, como a frenagem de pontes rolantes.

O cálculo da força horizontal deve ser feito a partir das ações e com esquema estático compatível com o dos elementos e com os vínculos impostos pelas ligações. O seu valor não deve ser considerado menor que 20% da reação vertical.

Destaca-se ainda a possível ocorrência de momento de torção devido às incertezas na posição da força vertical. Desde que tenham sido obedecidas as tolerâncias padronizadas de execução e montagem, esse momento de torção não é, em geral, considerado no cálculo. No entanto, quando a força é aplicada com excentricidade inicial ou quando se tem frenagem em pontes rolantes, o momento de torção no consolo precisa ser levado em conta.

Recomenda-se considerar a variação da posição da resultante da reação vertical (distância a da Fig. 3.39) devido a desvios e rotações dos elementos junto ao apoio, conforme visto na seção anterior. Na falta de cálculo mais preciso, sugere-se considerar a resultante da reação vertical a três quartos do comprimento do consolo (ver Fig. 3.37).

No cálculo do consolo, é recomendada a introdução do coeficiente de ajustamento γ_n, afetando o coeficiente de ponderação das ações. Os valores indicados pela NBR 9062 (ABNT, 2017a) são apresentados na Tab. 3.6.

Tab. 3.6 VALORES DO COEFICIENTE DE AJUSTAMENTO PARA CONSOLOS CONFORME A NBR 9062

	Valores de γ_n	
	Quando a força permanente for preponderante	**Caso contrário**
Elemento pré-fabricado	1,0	1,1
Demais casos	1,1	1,2

Fonte: ABNT (2017a).

No caso de estruturas de CPM, a aplicação da força no consolo é, em geral, direta. Quando ocorrer aplicação de força indireta, é preciso ater-se às particularidades na verificação do esmagamento da biela e no arranjo da armadura.

Considerando que a região crítica para as tensões de compressão é a base do consolo, o esmagamento do concreto depende pouco da área de aplicação da força. Portanto, é razoável fixar uma largura da biela para a verificação do esmagamento do concreto e da posição do eixo da biela, conforme sugerido por Leonhardt e Mönnig (1978b). Dessa forma, tem-se o modelo de biela e tirante simplificado para o cálculo da armadura e a verificação do esmagamento da biela conforme mostrado na Fig. 3.41.

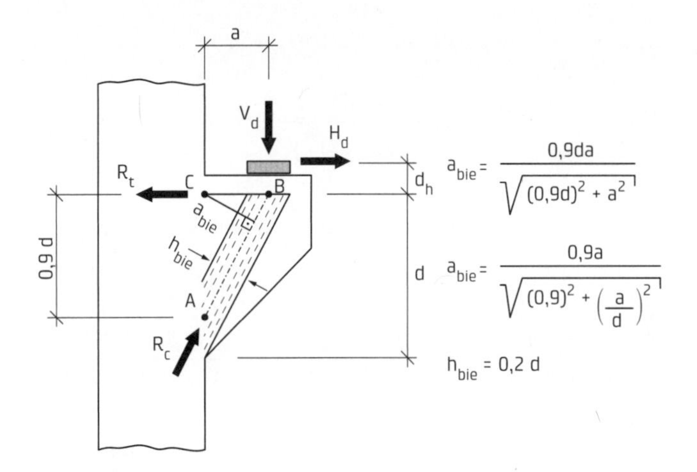

Fig. 3.41 Modelo de análise e características geométricas de consolo
Fonte: adaptado de Leonhardt e Mönnig (1978b).

A área da armadura do tirante pode ser determinada com base na Fig. 3.41, fazendo o equilíbrio de momentos em relação ao ponto A, o que resulta em:

$$A_{s,tir} f_{yd} = \frac{V_d a + H_d (0{,}9d + d_h)}{0{,}9d} \quad \textbf{(3.18)}$$

Admitindo que d_h/d é aproximadamente igual a 0,2:

$$A_{s,tir} = \frac{V_d}{0{,}9 f_{yd}} \frac{a}{d} + 1{,}2 \frac{H_d}{f_{yd}} \quad \textbf{(3.19)}$$

Ainda com base na Fig. 3.41, do equilíbrio de momentos em relação ao ponto C tem-se:

$$R_c = \frac{V_d a + H_d d_h}{a_{bie}} \quad \textbf{(3.20)}$$

Substituindo o valor de a_{bie}:

$$R_c = \frac{V_d a + H_d d_h}{\frac{0{,}9a}{\sqrt{(0{,}9)^2 + (\frac{a}{d})^2}}} \quad \textbf{(3.21)}$$

A tensão de compressão na biela é calculada por meio de:

$$\sigma_c = \frac{R_c}{0{,}2bd} = \frac{V_d}{bd}\left(1 + \frac{H_d}{V_d}\frac{d_h}{a}\right) 5{,}55 \sqrt{0{,}9^2 + (\frac{a}{d})^2} \quad \textbf{(3.22)}$$

Desprezando o valor da parcela $H_d\ d_h/(V_d\ a)$, que para os casos usuais é menor que 0,06, chega-se a:

$$\sigma_c = \frac{V_d}{bd} 5{,}55 \sqrt{(0{,}9)^2 + (\frac{a}{d})^2} \quad (3.23)$$

Limitando o valor da tensão na biela em βf_{cd} e colocando-o em termos de tensão de referência, tem-se:

$$\tau_{wd} = \frac{V_d}{bd} \leq \tau_{wu} \quad (3.24)$$

com

$$\tau_{wu} = \frac{0{,}18\beta f_{cd}}{\sqrt{(0{,}9)^2 + (\frac{a}{d})^2}} = \chi f_{cd} \quad (3.25)$$

O valor de β pode ser assumido como igual a 1,0 para forças diretas e como igual a 0,85 para forças indiretas, de acordo com a NBR 9062 (ABNT, 2017a). Considerando o valor de β igual a 1, tem-se o χ variando de 0,135 a 0,175 para a/d variando de 1,0 a 0,5, que seriam os limites para o consolo curto.

De forma geral, os valores da armadura principal (do tirante) utilizando as diferentes recomendações para o seu cálculo, com o modelo de biela e tirante simplificado, resultam muito próximos entre si. Mesmo em modelos mais sofisticados, como o apresentado em Bachmann e Steinle (2011), em que a posição do eixo da biela é função de um bloco de compressão calculado com o momento fletor na seção do consolo junto ao pilar, a diferença da área de armadura é relativamente baixa.

Por outro lado, a verificação da resistência do concreto nos consolos curtos resulta em diferenças significativas conforme o procedimento utilizado. De fato, algumas publicações sobre o assunto indicam valores mais altos para a tensão de referência com a formulação apresentada. Por exemplo, em Bachmann e Steinle (2011) é fornecido o valor da altura mínima do consolo, que corresponde a limitar a tensão de referência em $0{,}279f_{cd}$.

Já o ACI 318 (ACI, 2011), com o método de viga em balanço, de forma indireta indica como um dos limites da tensão de referência o valor de $0{,}2f_{cd}$, considerando o ajuste da segurança de modo que a minoração da resistência do concreto do ACI seja aproximadamente igual à da normalização brasileira para esse caso.

Para a verificação do esmagamento da biela, segundo a NBR 9062 (ABNT, 2017a) para consolos curtos, é necessário determinar a largura da biela, que é função da posição da força e do comprimento do apoio. Assim, não há um limite explícito de tensão de referência.

No caso de consolos muito curtos, em que o modelo de biela e tirante não representa bem o comportamento, a armadura do consolo pode ser calculada pelo modelo de atrito-cisalhamento, apresentado na seção 3.3.

Para essa situação, a NBR 9062 (ABNT, 2017a), com base no modelo de atrito-cisalhamento, fornece a seguinte expressão para o cálculo da armadura do tirante:

$$A_{s,tir} = \frac{1}{f_{yd}} (\frac{0{,}8V_d}{\mu} + H_d) \quad (3.26)$$

em que o valor de μ é igual a:

- 1,4 para concreto lançado monoliticamente;
- 1,0 para concreto lançado sobre concreto endurecido intencionalmente rugoso (5 mm de profundidade a cada 30 mm);
- 0,6 para concreto lançado sobre concreto endurecido com interface lisa.

Ainda segundo a NBR 9062 (ABNT, 2017a), para consolos muito curtos, a verificação da resistência do concreto é feita com os limites de tensão de referência τ_{wu} de $3{,}0 + 0{,}9\,\rho f_{yd} \leq 0{,}27(1 - f_{ck}/250)f_{cd}$ e 8 MPa. Cabe destacar que com esses limites pode-se atingir o limite de verificação da biela de compressão, na formulação de cisalhamento de vigas pelo modelo I da NBR 6118 (ABNT, 2014a).

Cabe destacar que existem incertezas quanto à definição da transição dos modelos de biela e tirante e atrito-cisalhamento.

Como se pode observar, há bastante divergência nas recomendações para a verificação do esmagamento do concreto. Na falta de estudos mais conclusivos, recomenda-se, para consolos com relação $0{,}4 \leq a/d \leq 1{,}0$, que a verificação do esmagamento do concreto seja feita limitando-se a tensão de referência em $0{,}2f_{cd}$, com base no ACI 318 (ACI, 2011).

Apresenta-se no Quadro 3.2 uma síntese das recomendações, para a verificação do concreto e o cálculo da armadura, relativa ao dimensionamento de consolos com relação $0{,}4 \leq a/d \leq 1{,}0$. A tensão da armadura deve ser limitada em 435 MPa.

Quadro. 3.2 VALORES RECOMENDADOS PARA A VERIFICAÇÃO DO CONCRETO E O CÁLCULO DA ARMADURA EM CONSOLOS COM $0{,}4 \leq a/d \leq 1{,}0$

	Força de cálculo	
	Vertical	Horizontal
Força	$V_d = \gamma_n(\gamma_g V_g + \gamma_q V_q)$	$H_d \geq 0{,}2V_d$
Armadura do tirante e verificação do esmagamento do concreto		
	Consolos com $0{,}4 \leq a/d \leq 1{,}0$	
Verificação do esmagamento do concreto	$\tau_{wd} = \frac{V_d}{bd} < 0{,}2f_{cd}$	
Armadura do tirante	$A_{s,tir} = \frac{1}{f_{yd}}\left(\frac{V_d a}{0{,}9d} + 1{,}2H_d\right)$	

Observação: $f_{yd} \leq 435$ MPa.

Na Fig. 3.42 apresenta-se o esquema geral do arranjo da armadura do consolo, ao passo que na Fig. 3.43 são exibidos detalhes da ancoragem do tirante.

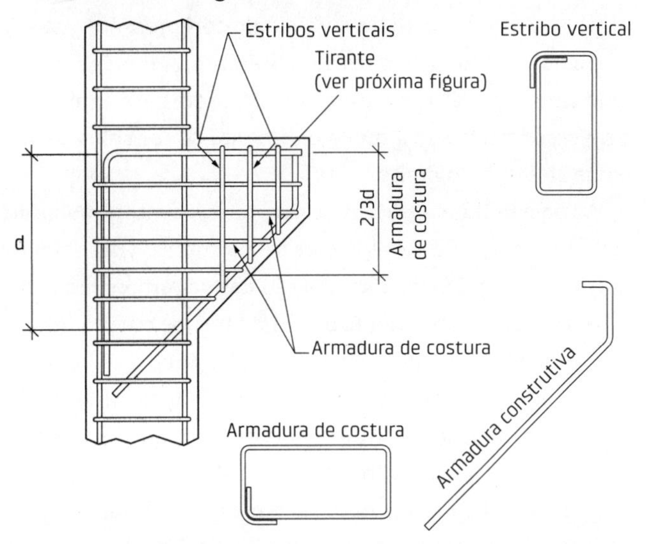

Fig. 3.42 Arranjo da armadura de consolo de concreto

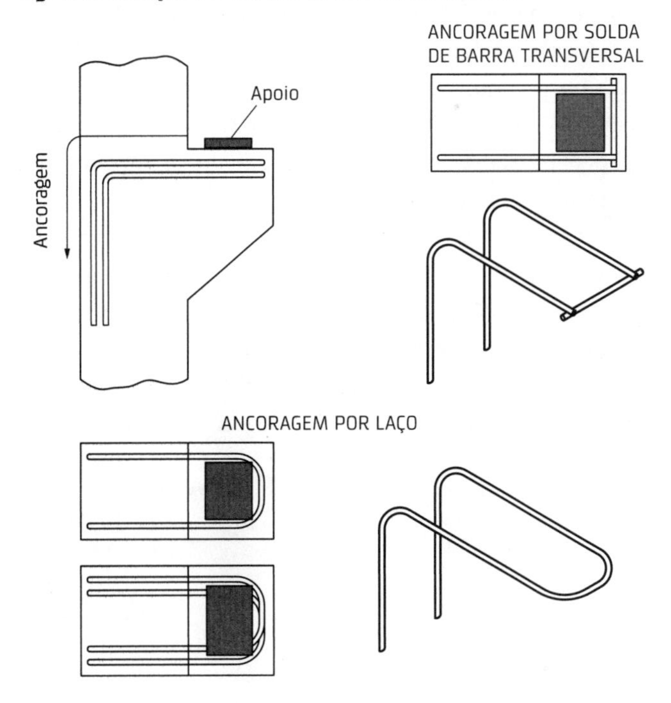

Fig. 3.43 Ancoragem do tirante dos consolos de concreto por solda de barra transversal e por laço

Conforme adiantado, além da armadura principal, deve ser prevista uma armadura horizontal, também chamada de armadura secundária ou armadura de costura. A sua finalidade é reduzir a abertura de fissuras junto à face do pilar e propiciar uma certa ductilidade para a biela comprimida. O valor recomendado para essa armadura é de 0,5 vez a armadura do tirante, sendo possível descontar a parcela da armadura proveniente da força horizontal H_d. Dessa forma, tem-se:

$$A_{sh} \geq 0{,}5 \frac{1}{f_{yd}} \left(\frac{V_d a}{0{,}9d} \right) \quad \textbf{(3.27)}$$

Destaca-se que a indicação da NBR 9062 (ABNT, 2017a) para a armadura de costura é diferente desta aqui apresentada, que está baseada no manual do PCI (2010).

Cabe salientar ainda dois aspectos relacionados à armadura de costura: a) com o modelo de biela e tirante geral, em tese não seria necessário armadura de costura, embora, conforme destacado no manual do PCI (2010), recomende-se colocar alguma armadura; e b) é possível levar em conta a participação da armadura de costura na resistência do consolo, de forma a reduzir a armadura do tirante, como pode ser visto em Canha e El Debs (2005a).

No detalhamento dos consolos, é recomendado ater-se às seguintes disposições construtivas e verificações adicionais:

a. *Altura mínima do consolo*

No caso de consolo trapezoidal, a altura do consolo na face oposta ao pilar não deve ser inferior à metade da sua altura na seção junto ao pilar.

b. *Ancoragem da armadura do tirante*

Para evitar a possibilidade de ruptura do concreto na extremidade do consolo, que pode ocorrer quando se faz o dobramento das barras, a armadura do tirante deve ser ancorada utilizando laço ou com barra transversal soldada na extremidade, conforme indicado na Fig. 3.43.

Existe a indicação prática, para o caso de consolo, de que a barra do tirante estará suficientemente ancorada se houver uma barra transversal soldada de diâmetro igual ou superior ao do tirante. Isso se deve às fortes tensões de compressão transversais. Pela mesma razão, o raio de dobramento da ancoragem por laço pode chegar a 5ϕ para barras com $\phi \leq 20$ mm, contra a indicação geral de 7,5ϕ, vista anteriormente.

As barras do tirante podem ser ancoradas dobrando a armadura para baixo quando o consolo for muito largo (Fig. 3.44). Nesse caso, recomenda-se que sejam satisfeitas as condições tanto de ancoragem da armadura quanto de distância entre a extremidade da placa de transmissão de força e o início do dobramento.

c. *Posição da armadura do tirante*

A armadura do tirante deve ser localizada na região distante em até h/5 do topo do consolo. No entanto, é possível chegar a h/4, desde que se utilize a altura útil efetiva, o que deve ser feito por cálculo iterativo.

d. *Armadura mínima do tirante*

A armadura mínima do tirante deve atender à condição de armadura mínima de vigas, com a seção transversal junto ao pilar.

e. *Armadura transversal*

Os estribos verticais podem ser escolhidos tomando por base os valores mínimos para vigas. No entanto, a quantidade total deve ser maior que $0{,}2A_{s,tir}$.

f. *Detalhes construtivos*

Devem ser tomados os devidos cuidados no detalhamento da almofada de apoio e da armadura dos consolos. A NBR 9062 (ABNT, 2017a) fornece uma série de indicações a esse respeito.

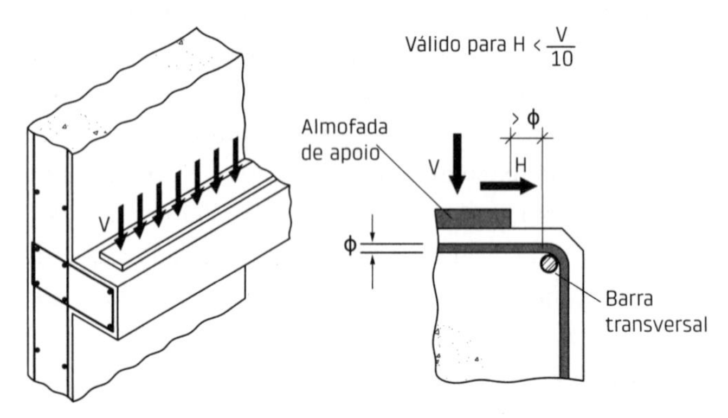

Fig. 3.44 Ancoragem da armadura do tirante dobrando a armadura para baixo (com exceção para consolos muito largos e força horizontal de pequena magnitude)
Fonte: adaptado de Leonhardt e Mönnig (1978b).

3.5.2 Dentes de concreto

Assim como os consolos, o emprego de dentes de concreto é bastante comum no CPM. Esse tipo de elemento também é chamado de dente Gerber e apoio em viga com recorte. Alguns casos de dentes de concreto são mostrados na Fig. 3.45.

Nesses casos, ocorrem elevadas tensões de cisalhamento devido à redução da altura do elemento na região do apoio, resultando em um complexo mecanismo de transferência, bem como uma elevada concentração de armadura.

O comportamento dos dentes pode ser considerado, numa primeira aproximação, como o dos consolos mais a parte de transferência dos esforços nas adjacências da viga. No entanto, o apoio da biela de compressão, que sai da posição da força, é de forma diferente, sendo menos rígido se comparado com o consolo. Mas, em geral, aplica-se o mesmo critério de dimensionamento de consolos para a parte saliente do dente.

As possibilidades de ruína são praticamente aquelas do consolo, conforme mostrado na seção anterior, mais aquelas junto à viga. Estas últimas são das seguintes formas:

- ruína por escoamento da armadura que cruza a fissura que sai do canto reentrante (Fig. 3.46b);
- ruína segundo a fissura que sai do canto inferior, por falta ou deficiência de ancoragem das armaduras que chegam ao canto inferior (Fig. 3.46c).

A inclinação dessas fissuras depende da relação entre a altura do consolo (h_d) e a altura da viga (h_{vig}), conforme indicado na Fig. 3.47. Quanto menor a relação h_d/h_{vig}, mais as fissuras tendem à direção horizontal. Observa-se também nessa figura que a existência do chanfro no canto reentrante evita a formação de uma fissura principal que sai do canto, além do que a existência do chanfro retarda o aparecimento da fissuração.

Assim como nos consolos, deve ser prevista força horizontal no dimensionamento dos dentes. Também se aplicam as indicações para consolos relativas à introdução de coeficientes adicionais de segurança.

As formas de transmissão dos esforços nos dentes de concreto, bem como a disposição das armaduras, podem

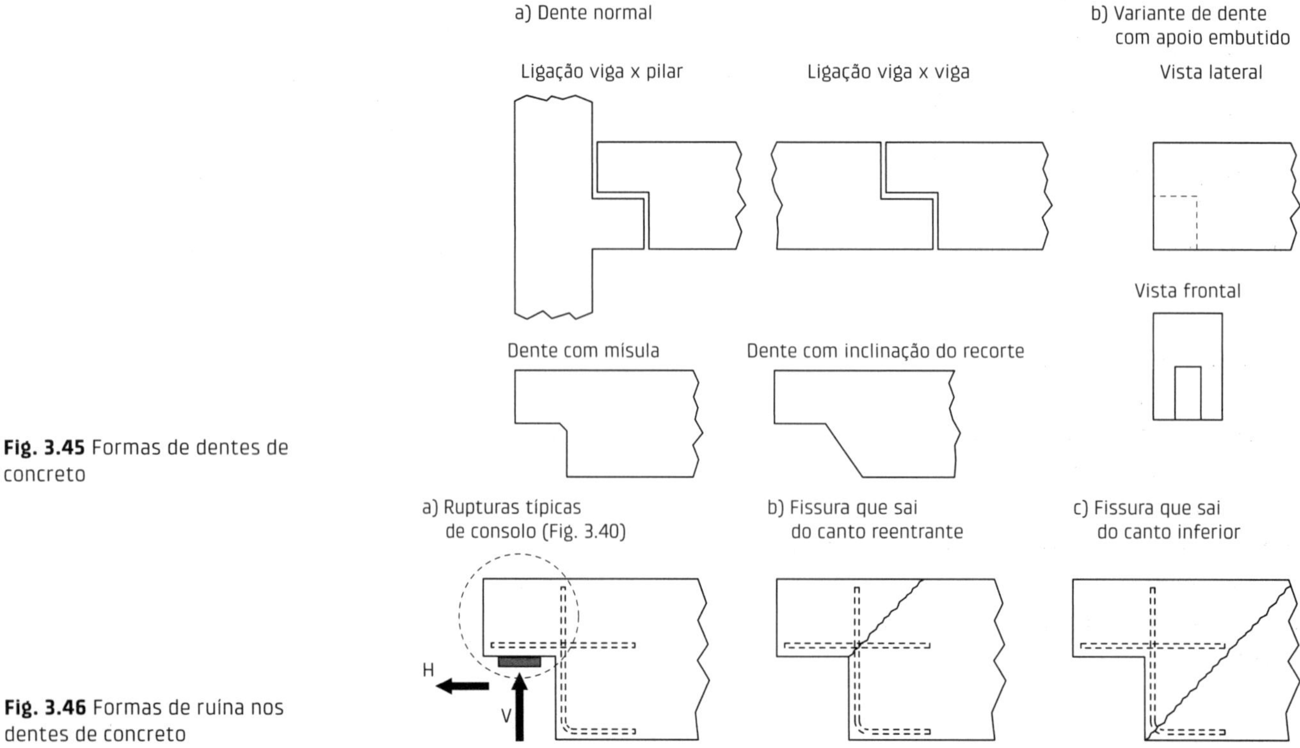

Fig. 3.45 Formas de dentes de concreto

Fig. 3.46 Formas de ruína nos dentes de concreto

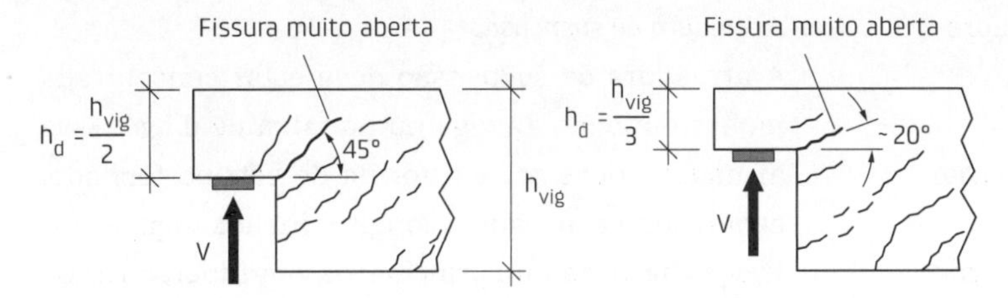
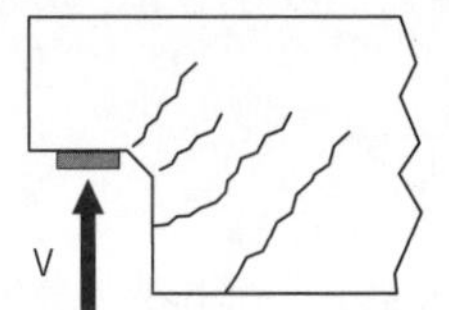

Fig. 3.47 Influência da relação h_d/h_{vig} no comportamento do dente de concreto
Fonte: adaptado de Leonhardt e Mönnig (1978b).

ser como indicado na Fig. 3.48. Com base nessa figura, as verificações de tensão no concreto e o cálculo da armadura podem ser feitos conforme exposto a seguir.

a. *Disposição da armadura tipo a (alternativa a)*

A verificação do concreto pode ser feita como para o consolo. Destaca-se, no entanto, que a NBR 9062 (ABNT, 2017a) recomenda limitar a tensão de compressão na biela em $0{,}85f_{cd}$, o que equivale, com a formulação apresentada para o consolo, baseada nas indicações de Leonhardt e Mönnig (1978b), a $\tau_{wu} = 0{,}149f_{cd}$ para $a/d = 0{,}5$. Por outro lado, existem indicações, como Leonhardt e Mönnig (1978b) e Bachmann e Steinle (2011), que correspondem aproximadamente ao limite de $\tau_{wu} = 0{,}25f_{cd}$, que é sensivelmente maior. Já ao considerar a redução da tensão de compressão na biela em $0{,}85f_{cd}$ e o limite da tensão de referência de $0{,}2f_{cd}$, do ACI 318 (ACI, 2011), para consolos, o resultado seria um limite de tensão de referência para os dentes de concreto de $0{,}17f_{cd}$.

As áreas das armaduras principais, conforme indicado na Fig. 3.48a, podem ser calculadas por:

$$A_{s,sus} = \frac{V_d}{f_{yd}} \tag{3.28}$$

E, com algumas adaptações da expressão deduzida para consolos, por:

$$A_{s,tir} = \frac{1}{f_{yd}}\left(\frac{V_d a_{ref}}{0{,}85d_d} + 1{,}2H_d\right) \tag{3.29}$$

em que a_{ref} é a distância do ponto de aplicação da reação vertical até o centro de gravidade da armadura de suspensão.

Como apresentado em Bachmann e Steinle (2011), resultados experimentais indicam que a força na armadura de suspensão é menor que a calculada pela expressão apresentada. No entanto, como a diferença não é grande, não vale a pena fazer a redução dessa armadura.

Nas publicações sobre o assunto, existem vários modelos de biela e tirante para esse arranjo de armadura. No entanto, Mattock (2012) mostra que o modelo aqui indicado (Fig. 3.48a), que foi por ele chamado de modelo simplificado, é recomendado para essa situação.

b. *Disposição da armadura tipo b (alternativa b)*

Em princípio, a verificação da tensão no concreto nesse caso pode ser a mesma do caso anterior (alternativa a).

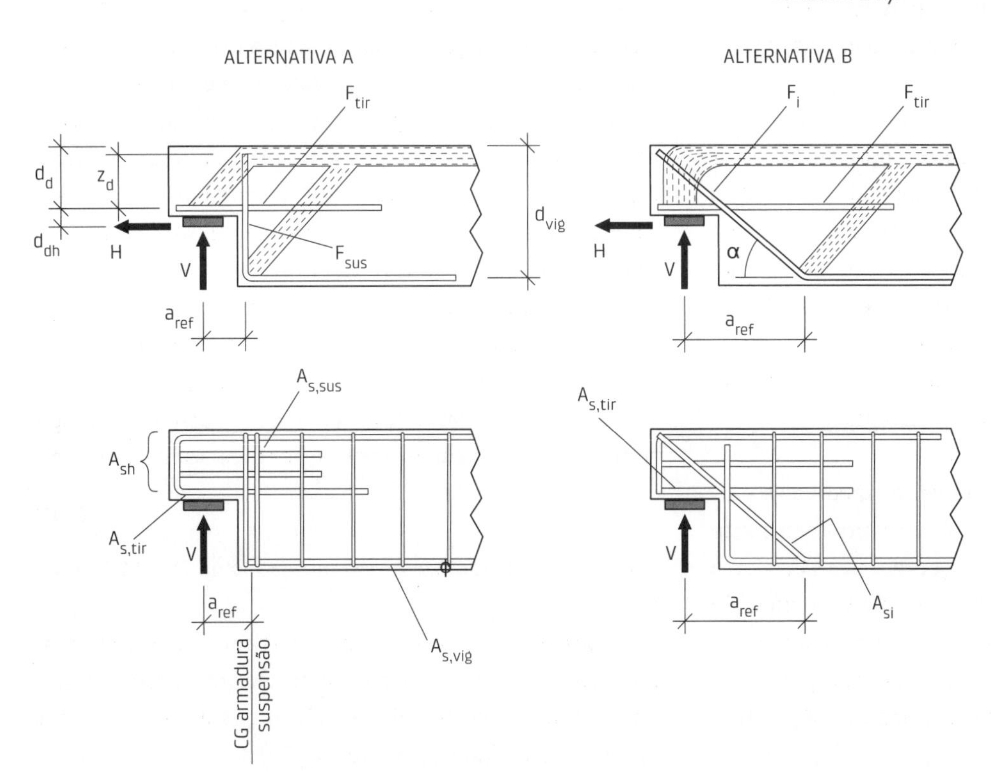

Fig. 3.48 Esquema de transmissão das forças e da armadura nos dentes de concreto

O cálculo das armaduras principais, como apresentado na Fig. 3.48b, pode ser feito com:

$$A_{si} = \frac{V_d}{\text{sen}\alpha f_{yd}} \quad \textbf{(3.30)}$$

E, com base nas indicações de Leonhardt e Mönnig (1978b) e considerando $z_d = 0{,}85d_d$ e $d_{dh} = 0{,}2d_d$, com:

$$A_{s,tir} = \frac{1}{f_{yd}}\left(0{,}3\frac{d_{vig}}{d_d}\frac{a_{ref}}{d_d}V_d + 1{,}2H_d\right) \quad \textbf{(3.31)}$$

Existe ainda a possibilidade de fazer a armadura de suspensão ligeiramente inclinada, conforme indicado na Fig. 3.49, que corresponderia a uma situação intermediária entre as apresentadas.

Pode-se também recorrer a uma combinação dos dois arranjos. Aliás, segundo Leonhardt e Mönnig (1978b), a maior capacidade resistente de resultados experimentais foi obtida com a combinação dos arranjos.

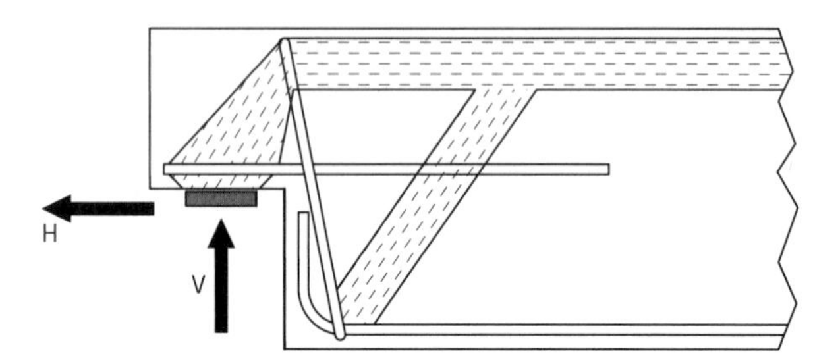

Fig. 3.49 Alternativa com armadura de suspensão pouco inclinada nos dentes de concreto

O arranjo da armadura dos dentes pode ser conforme indicado na Fig. 3.50, devendo-se também levar em conta as indicações sobre o consolo, no que couber, e as indicações apresentadas a seguir.

a. *Ancoragem do tirante*

   O início da ancoragem do tirante na viga deve ser considerado a partir da fissura potencial que sai do canto inferior da viga (ver Fig. 3.46c). A NBR 9062 (ABNT, 2017a) recomenda que esse ponto seja a partir de $(d_{vig}-d_d)$, contado a partir do primeiro estribo da armadura de suspensão, o que corresponde a admitir que a fissura potencial tenha, aproximadamente, uma inclinação de 45° com a horizontal.

b. *Ancoragem da armadura de costura*

   A armadura de costura Ash deve ser ancorada a partir da fissura potencial que sai do canto reentrante (Fig. 3.46b). Admitindo que a fissura seja a 45°, o ferro mais afastado da armadura do tirante terá início de ancoragem a partir, aproximadamente, da distância $2d_d/3$ do canto reentrante. Cabe destacar que a NBR 9062 (ABNT, 2017) indica a ancoragem de $1{,}5\ell_b$ a partir do canto reentrante.

c. *Armadura de suspensão*

   A armadura de suspensão deve estar concentrada na extremidade da viga numa faixa de $d_{vig}/4$. Essa armadura deve ser em forma de estribo fechado, envolvendo a armadura longitudinal da viga. A utilização da armadura principal da viga, dobrada a 90°, para fazer parte da armadura de suspensão, deve ser evitada, embora a NBR 9062 (ABNT, 2017a) permita considerar que a armadura dessa forma resista a uma fração de até 40% da força a ser transmitida.

d. *Armadura especial para reduzir fissuração*

   No caso do emprego da disposição da armadura tipo a, existe a recomendação de Bruggeling e Huyghe (1991) de utilizar uma armadura adicional de 0,3% bh_d, colocada em forma de estribo inclinado, na mesma direção da armadura A_{si} do arranjo tipo b, para evitar a tendência de fissura muito aberta junto ao canto reentrante. A adoção dessa armadura deve ser feita após estudar as condições de alojamento e montagem da armadura resultante. Naturalmente, nesse caso vale a pena considerar no cálculo das armaduras a contribuição dessa armadura especial, ou seja, calcular as armaduras considerando a combinação dos arranjos a e b.

Há dois casos especiais de dentes que apresentam certas particularidades: a) vigas ou painéis de seção T e TT e b) vigas de seção L e T invertido que recebem elementos nas suas mesas.

O caso das vigas ou painéis de seção T e TT pode ser com o apoio pela nervura ou com o apoio pela mesa. Para o apoio feito pela nervura, tem-se praticamente a situação tratada anteriormente. Já para o apoio feito pela mesa, a sua largura fica limitada à largura da alma mais a espessura da mesa. Essa limitação ocorre devido ao fato de os esforços na biela, que sai do ponto de aplicação da reação e vai até a armadura de suspensão, que está disposta na alma, não se propagarem além disso. Em virtude da altura reduzida do apoio, nesse caso é praticamente necessário recorrer a insertos metálicos, com as possibilidades a serem vistas na seção seguinte.

No caso do apoio nas mesas de vigas de seção L e T invertido, mostrado na Fig. 3.51, pode-se considerar a largura fictícia do dente indicada na Fig. 3.52, sugerida pelo PCI (2010). Nesse caso, deve ser colocada armadura longitudinal nas faces superior e inferior com o seguinte valor:

$$A_{s\ell} = 1{,}4\frac{\ell_c d_f}{f_{yk}} \quad \textbf{(3.32)}$$

com os significados de ℓ_c e d_f indicados na Fig. 3.52 e com f_{yk} em MPa.

Cabe observar que a armadura do tirante não precisa ser em forma de laço ou barra soldada. No entanto, devem ser observadas as recomendações para consolos muito largos apresentadas anteriormente.

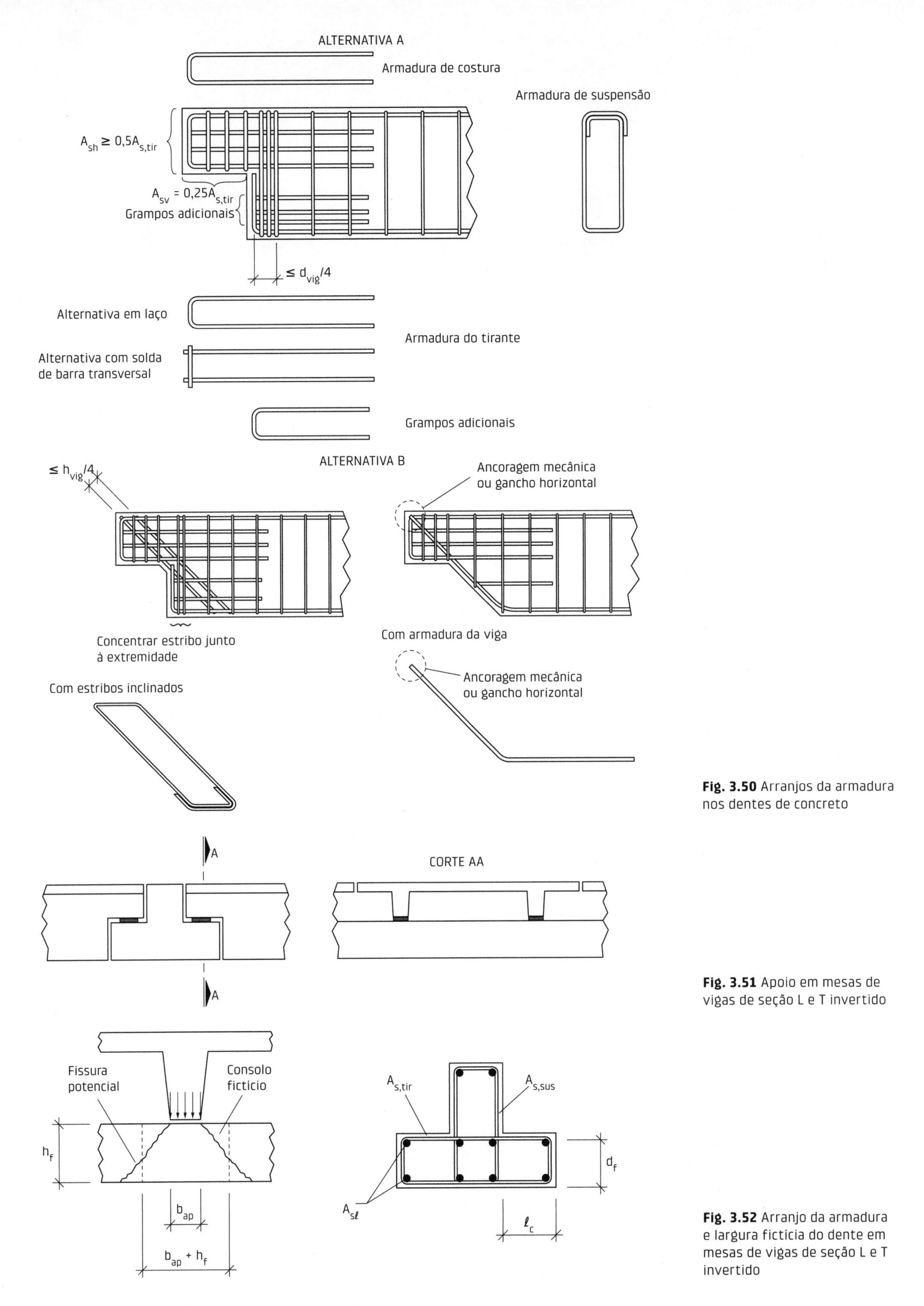

Fig. 3.50 Arranjos da armadura nos dentes de concreto

Fig. 3.51 Apoio em mesas de vigas de seção L e T invertido

Fig. 3.52 Arranjo da armadura e largura fictícia do dente em mesas de vigas de seção L e T invertido

3.5.3 Consolos e dentes metálicos

Pode-se recorrer ao emprego de perfis metálicos para desempenhar o mesmo papel dos consolos de concreto. Algumas possibilidades são mostradas na Fig. 3.53.

Uma variante usada no caso de seções tubulares, mas que poderia também ser estendida aos outros casos, é o preenchimento com concreto ou graute. O preenchimento melhora a resistência à flambagem do perfil metálico e as condições de apoio. A Fig. 3.54 mostra um exemplo de modelo com tubo preenchido. A aplicação dessa variante de consolo metálico pode ser vista em Bachega, Jeremias Jr. e Ferreira (2013).

No dimensionamento desses elementos, devem ser verificadas a resistência do perfil, de acordo com procedimentos empregados nas estruturas metálicas, e a resistência do concreto.

Tendo em vista essa última verificação, apresentam-se na Fig. 3.55 as deformações e tensões normais de contato que ocorrem devido à aplicação de força vertical. A distribuição das deformações varia em função da rigidez relativa do perfil e do concreto. Para os casos usuais, pode-se admitir que essas distribuições são lineares, com valores-limite da deformação do concreto de 2×10^{-3}, para consolos simétricos, e de $3{,}5 \times 10^{-3}$, para consolos assimétricos.

Para o caso de consolo assimétrico, a capacidade resistente pode ser calculada, admitindo distribuição de tensões com blocos retangulares, com base nas três seguintes condições: a) compatibilidade de deformações, b) equilíbrio de forças verticais e c) equilíbrio de momentos (Fig. 3.56).

No caso de armadura adicional soldada no perfil, como mostra a Fig. 3.57, o procedimento descrito pode ser empregado considerando a contribuição da armadura na formulação. Em princípio, a contribuição da armadura ocorre nos dois lados, acima e abaixo do perfil, em um dos lados como armadura tracionada e no lado oposto como armadura comprimida.

Para um cálculo expedito, pode-se recorrer às expressões fornecidas no manual do PCI (2010):

$$V_{cu} = \frac{0{,}85 f_{cd} b_{ef} \ell_{emb}}{1 + 3{,}6(e/\ell_{emb})} \quad \textbf{(3.33)}$$

(parcela resistida pelo concreto)

$$V_{su} = \frac{2A_s f_{yd}}{1 + \dfrac{6(e/\ell_{emb})}{4{,}8(s/\ell_{emb}) - 1}} \quad \textbf{(3.34)}$$

(parcela resistida pela armadura)

em que:

A_s = área da armadura adicional soldada de cada um dos lados do perfil;

b_{ef} = largura efetiva, que pode ser considerada igual à da região interna da armadura do pilar, se o espaçamento for menor que 75 mm, mas não deve ser superior a 2,5 vezes a largura do consolo;

s, e ℓ_{emb} = com os significados indicados na Fig. 3.57.

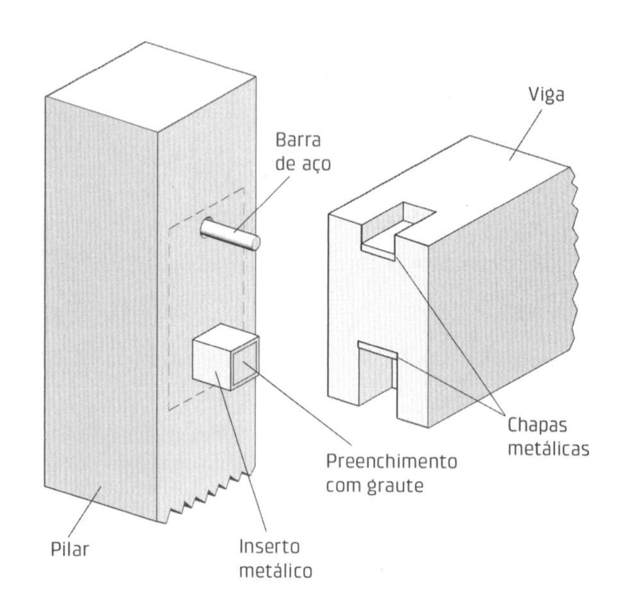

Fig. 3.54 Exemplo de ligação com consolo metálico preenchido
Fonte: adaptado de Engström (2008).

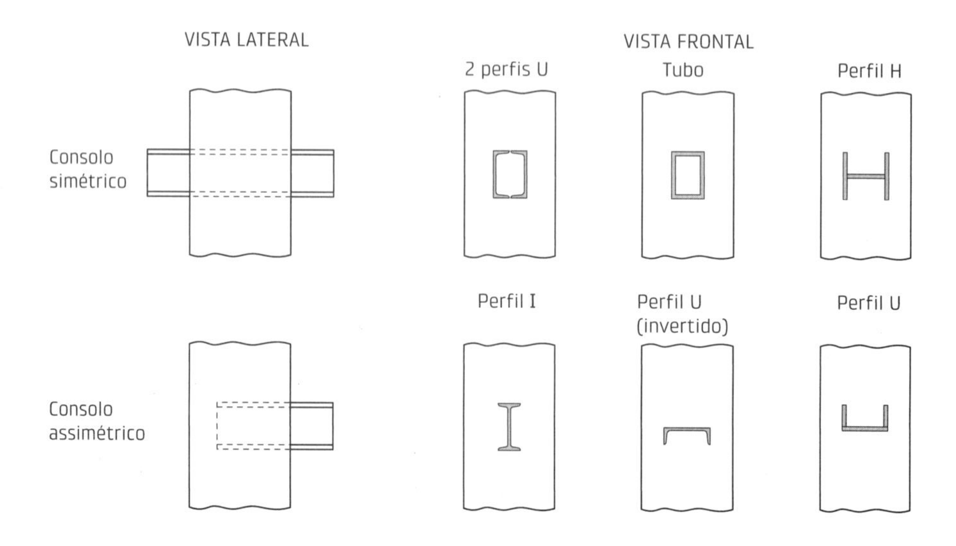

Fig. 3.53 Possibilidades de consolos metálicos

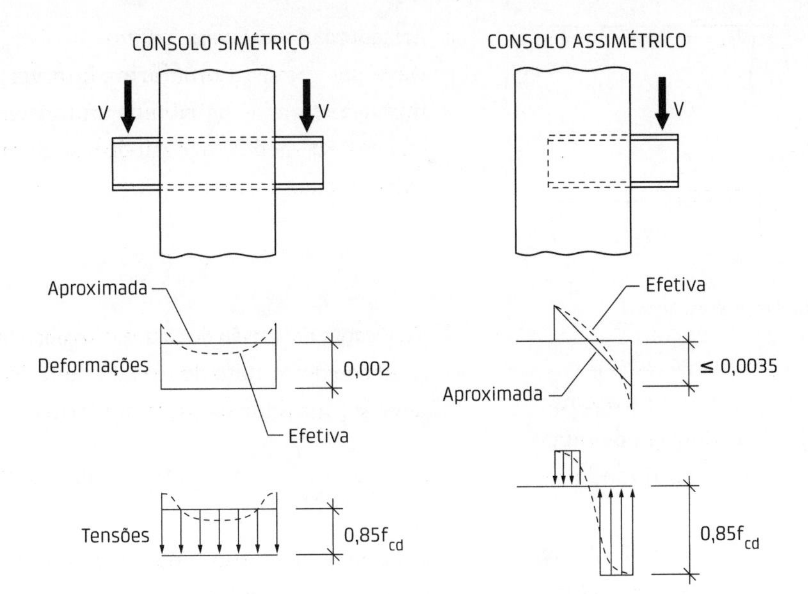

Fig. 3.55 Distribuição das deformações e das tensões de contato em consolo metálico

Para esse tipo de consolo, o manual do PCI (2010) recomenda ainda que:

- no dimensionamento do perfil, seja considerado o momento fletor da força aplicada a uma distância $\ell_{eng} = a + 0{,}5V_d/0{,}85f_{cd}b_{ef}$; ou seja, que a seção de engaste esteja a uma distância da face do pilar correspondente à segunda parcela;
- a força horizontal pode ser resistida por aderência, considerando a superfície de contato do elemento metálico, até uma tensão última de aderência de 1,72 MPa.

Cabe destacar que, para que seja atingida a totalidade da parcela resistida pela armadura, conforme a formulação do manual do PCI (2010), é necessário haver uma grande deformação. Os resultados experimentais obtidos por Prado (2014) indicam que as deformações dessa armadura são relativamente baixas. Em razão do exposto e na falta de estudos comprobatórios, recomenda-se não levar em conta a parcela referente à armadura na formulação do manual do PCI (2010).

Recomenda-se ainda que seja verificada a possibilidade de fendilhamento do pilar junto ao consolo. Mesmo que a armadura de cintamento não seja necessária, deve ser providenciada uma quantidade maior de estribos junto ao consolo.

Podem também ser empregados elementos metálicos para desempenhar o mesmo papel dos dentes de concreto. Alguns desses elementos de suspensão são esquematizados na Fig. 3.58.

A seguir, apresentam-se as formulações baseadas no manual do PCI (2010) para dois tipos de elemento dessa forma: a) a suspensão com elemento metálico embutido, denominada Cazaly Hanger (Fig. 3.59), e b) a suspensão com elemento metálico curto, que recebe o nome de Loov Hanger (Fig. 3.61).

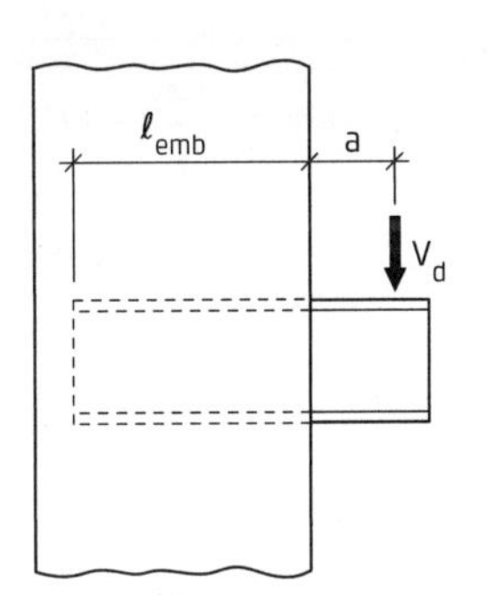

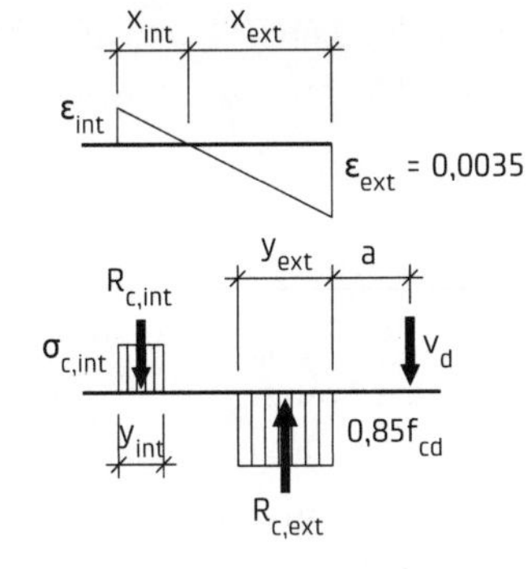

em que:

$y_{ext} = 0{,}8x_{ext}$;

$y_{int} = 0{,}8x_{int}$;

$R_{c,ext} = 0{,}85f_{cd}\, b_{ef}\, y_{ext}$;

$R_{c,int} = 0{,}85f_{cd}\, b_{ef}\, y_{int}$;

$\varepsilon_{int} = \varepsilon_{ext}\, x_{ext}/x_{int}$.

sendo:

$\sigma_{c,int} = \alpha f_{cd}$, com α função da deformação ε_{int}; b_{ef} = largura fictícia para levar em conta o efeito de bloco parcialmente carregado (como na formulação da Cazaly Hanger, apresentada a seguir).

Fig. 3.56 Deformações e tensões em consolo metálico assimétrico

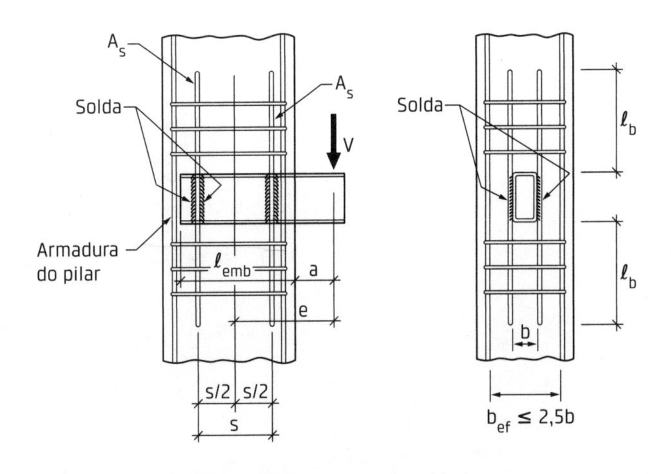

Fig. 3.57 Armadura adicional soldada em consolo metálico
Fonte: adaptado de PCI (1988).

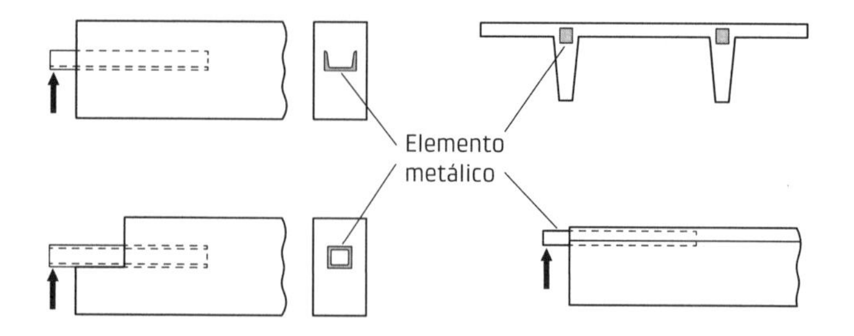

Fig. 3.58 Esquemas de dentes com elementos metálicos

A Cazaly Hanger corresponde ao emprego de um elemento metálico em forma de barra preso em uma cinta metálica, como indicado na Fig. 3.59a. Com as devidas precauções, a formulação pode ser adotada quando se utilizam barras em vez de cinta.

De acordo com a Fig. 3.59b, o dimensionamento desse tipo de componente pode ser feito com a sequência apresentada a seguir.

a. *Cálculo da área da cinta metálica*

Considerando a disposição construtiva de 3AB = BC:

$$A_{s,sus} = \frac{4}{3}\frac{V_d}{f_{yd,cin}} \quad \textbf{(3.35)}$$

em que $f_{yd,cin}$ é a resistência de projeto do aço da cinta metálica.

b. *Cálculo do inserto metálico*

O inserto metálico é calculado como uma barra de aço em balanço para resistir às seguintes solicitações:

$$M_d = V_d\left(\frac{a_{ap}}{2} + a_j + c + \frac{a_{cin}}{2}\right) \quad \textbf{(3.36)}$$

$N_d = H_d$ (força horizontal)

c. *Armadura vertical junto à cinta*

Deve ser prevista uma armadura vertical, devidamente ancorada, distribuída uniformemente no trecho de 0,8d, medido a partir do eixo da cinta metálica, calculada conforme:

$$A_v = \frac{4}{3}\frac{V_d}{f_{yd}} \quad \textbf{(3.37)}$$

d. *Verificação da tensão de contato no concreto*

A tensão de contato do inserto metálico no concreto deve ser limitada da seguinte forma:

$$\sigma_c = \frac{V_d}{3b_{bar}y} \le \sigma_u = 0{,}85f_{cd}\sqrt{b_w/b_{bar}} \le 1{,}1f_{cd} \quad \textbf{(3.38)}$$

em que b_w é a largura da alma do elemento em que a suspensão é embutida.

Resulta, portanto, em:

$$y = \frac{V_d}{3b_{bar}\sigma_u} \quad \textbf{(3.39)}$$

e. *Comprimento mínimo do inserto metálico*

O comprimento mínimo do inserto metálico, considerando a condição BC = 3AB, vale:

$$\ell_{bar} = \frac{5a_{ap}}{2} + 4a_j + 2a_{cin} + \frac{y}{2} \quad \textbf{(3.40)}$$

f. *Área da armadura $A_{s,sup}$ soldada no inserto metálico*

A área da armadura soldada na parte superior do inserto metálico vale:

$$A_{s,sup} = \frac{H_d}{f_{yd}} \quad \textbf{(3.41)}$$

a) Componentes básicos

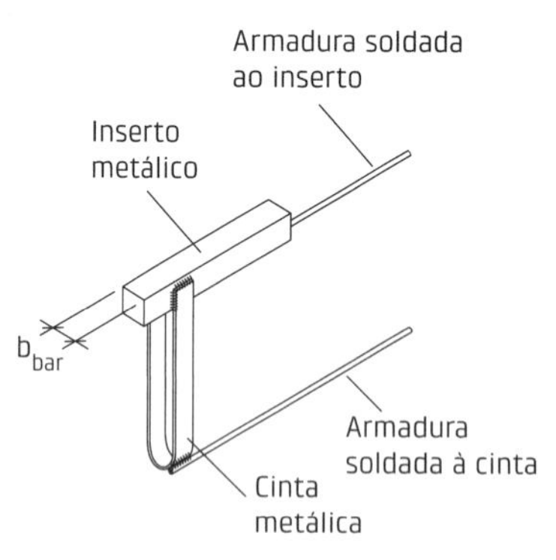

b) Geometria

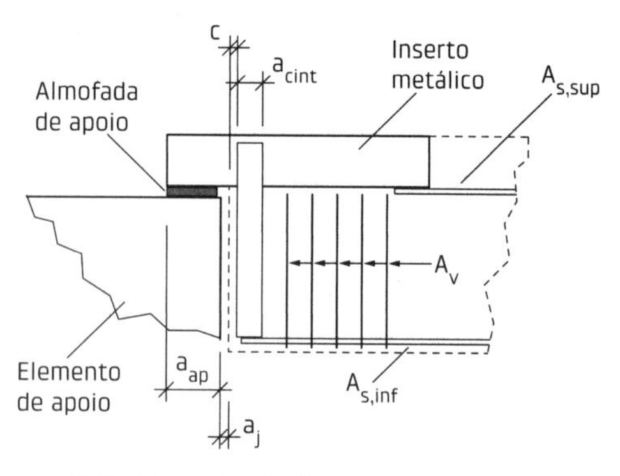

c) Vista da extremidade da viga apoiada

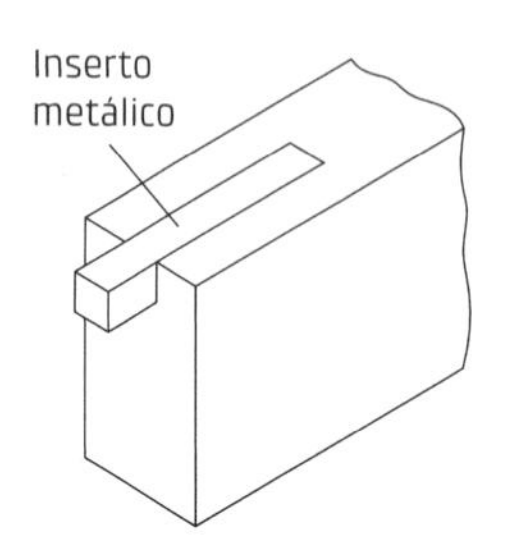

d) Hipóteses de cálculo

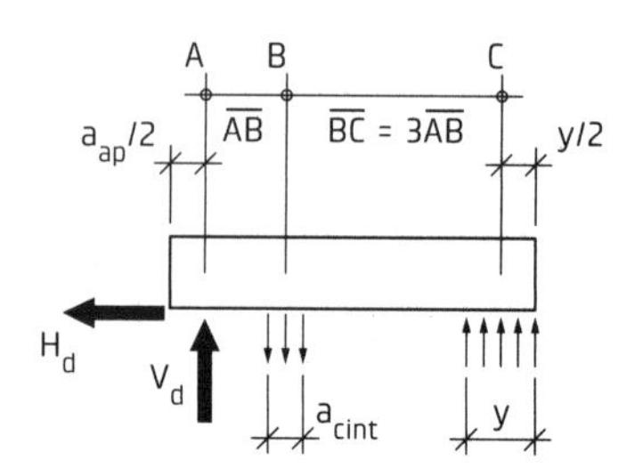

Fig. 3.59 Esquema da Cazaly Hanger e hipóteses de distribuição das tensões e das forças
Fonte: adaptado de PCI (1988).

g. Área *da armadura longitudinal soldada na cinta*

A área da armadura soldada na cinta pode ser calculada pelo modelo de atrito-cisalhamento, com:

$$A_{s,inf} = \frac{4}{3}\frac{V_d}{f_{yd}\,\mu_{ef}} \quad (3.42)$$

em que o valor de μ_{ef} é dado na seção "Modelo de atrito-cisalhamento" (Eq. 3.11).

A seção transversal do inserto metálico e o formato da cinta metálica podem ter variações, como os formatos apresentados em Joy, Dolan e Meinheit (2010). Existe também a possibilidade de substituir a cinta metálica por barras soldadas no inserto metálico, empregada no estudo realizado por Prado (2014). A Fig. 3.60 mostra o formato desses elementos.

A Loov Hanger pode ser dimensionada, conforme a nomenclatura da Fig. 3.61, da forma exposta a seguir.

As áreas das armaduras soldadas no bloco metálico podem ser calculadas por:

$$A_{si} = \frac{V_d}{\text{sen}\alpha f_{yd}} \quad (3.43)$$

e

$$A_{sh} = \frac{H_d}{f_{yd}}\left(1 + \frac{h-d}{d-y/2}\right) \quad (3.44)$$

O bloco metálico e as armaduras nele soldadas podem ser detalhados de forma que V_d, V_d/sen α e a resultante R_c concorram a um ponto, como mostrado na Fig. 3.61b.

Limitando a tensão no concreto em $\sigma_c = 0{,}6f_{ck}$, a altura y pode ser calculada por:

$$y = \frac{R_c}{0{,}6f_{ck}b_{blo}} \quad (3.45)$$

sendo

$$R_c = \frac{V_d}{\text{tg}\,\alpha} + H_d\left(\frac{h-d}{d-y/2}\right) \quad (3.46)$$

Essa formulação resulta em um cálculo iterativo. No entanto, na maioria dos casos práticos, $h \cong d$, de forma que as últimas parcelas de A_{sh} e de R_c podem ser desprezadas.

Recomenda-se ainda que se utilizem estribos na extremidade da viga para resistir à totalidade da força cortante V_d.

3.5.4 Chumbadores sujeitos a força transversal

Numa primeira aproximação, o comportamento de chumbadores sujeitos a força transversal aplicada na superfície do concreto, adiantado na seção "Efeito de pino" (ver Fig. 3.15), corresponde ao de uma viga sobre apoio elástico. Esse comportamento é descrito nas publicações sobre o assunto já há bastante tempo, como se pode notar em Tanaka e Murakoshi (2011).

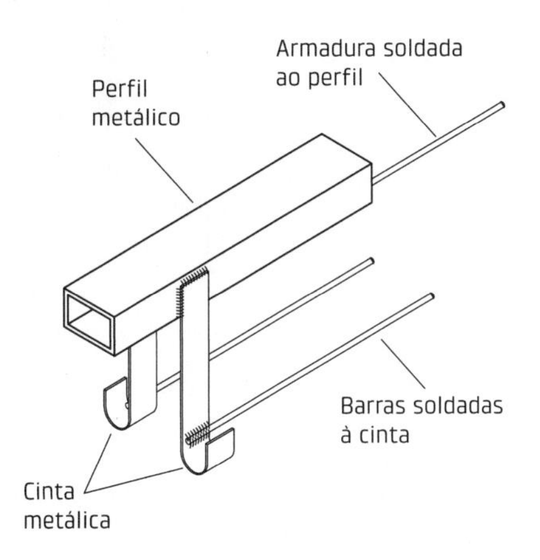

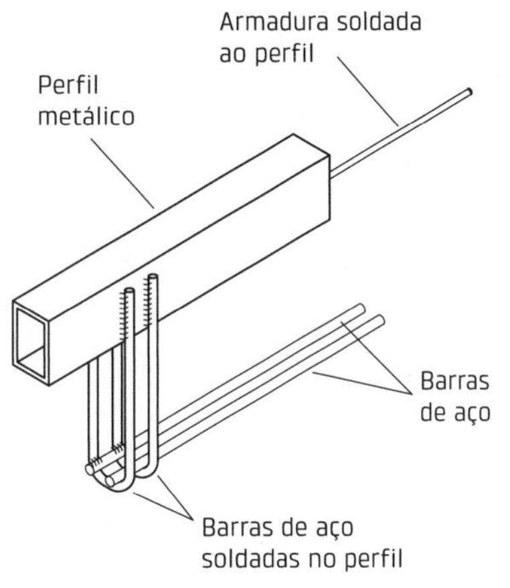

Fig. 3.60 Variações de formato do inserto metálico e da cinta metálica da Cazaly Hanger
Fonte: a) adaptado de Joy, Dolan e Meinheit (2010).

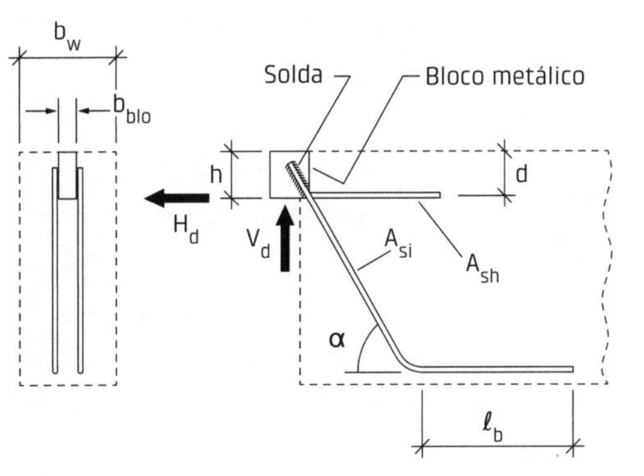

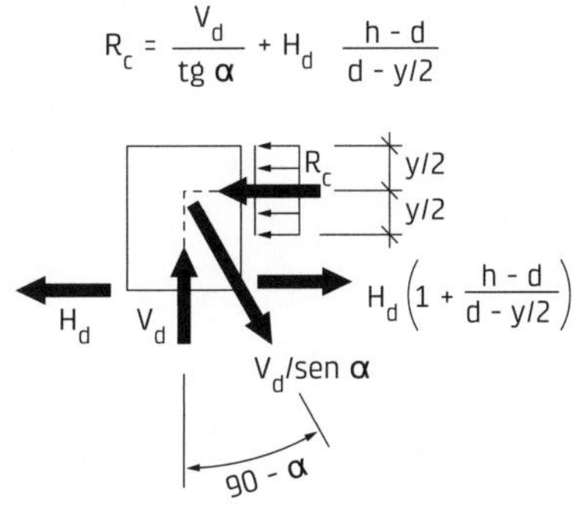

Fig. 3.61 Esquema da Loov Hanger e hipóteses de distribuição das tensões e das forças
Fonte: adaptado de PCI (1988).

Conforme o boletim 43 da fib (2008), os chumbadores podem ter os seguintes modos de ruína: a) por cisalhamento do aço, b) por esmagamento/lascamento do concreto e c) por combinação do escoamento do aço e do esmagamento/lascamento do concreto. A Fig. 3.62 apresenta os dois últimos modos.

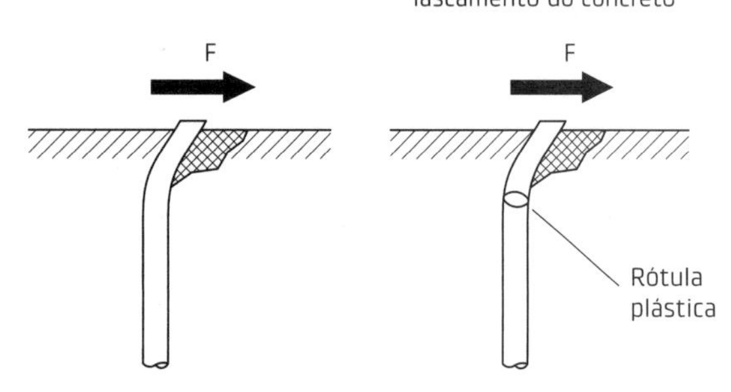

Fig. 3.62 Modos de ruína
Fonte: adaptado de fib (2008).

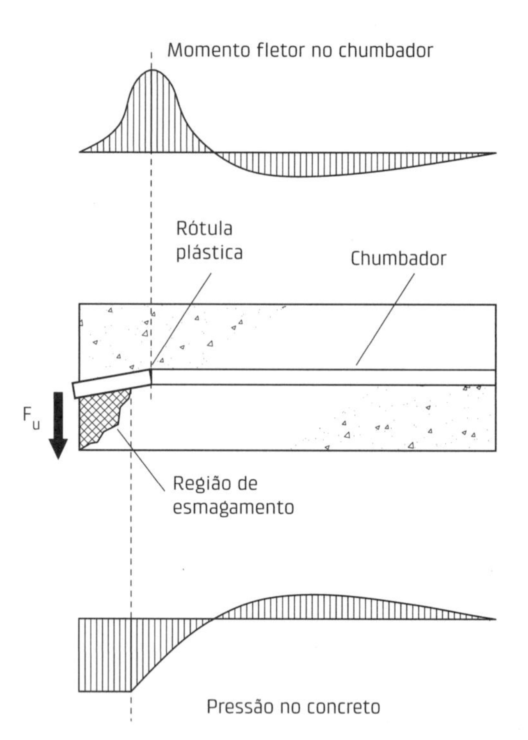

Fig. 3.63 Ruína por combinação do escoamento do aço, pela formação de rótula plástica, e do esmagamento/lascamento do concreto

Ainda de acordo com esse boletim, a resistência para o modo de ruína por cisalhamento do aço pode ser calculada, para os casos normais, por:

$$F_u = 0{,}6 f_{yd} A_s \quad (3.47)$$

em que:

f_{yd} = resistência de cálculo do aço à tração;

A_s = área da seção transversal.

A ruína apenas pelo concreto ocorre quando o chumbador está nas proximidades das bordas. Em geral, o modo de ruína é pela combinação do escoamento do aço e do esmagamento do concreto. A Fig. 3.63 ilustra o comportamento do chumbador para esse modo de ruína.

Conforme o modelo baseado em comportamento plástico apresentado no boletim 43 da fib (2008), a capacidade resistente pode ser determinada com:

$$F_u = \alpha_0 \phi^2 \sqrt{f_{cd} f_{yd}} \quad (3.48)$$

Podendo o valor de α_0 ser considerado igual a 1,0 para o projeto.

Essa capacidade resistente é atingida com um deslocamento transversal da ordem de 0,05ϕ. No boletim mencionado, é apresentada uma formulação para o cálculo desse deslocamento.

No caso de haver uma excentricidade na aplicação da força, como mostra a Fig. 3.64, a capacidade resistente pode ser calculada, conforme esse boletim, por:

$$F_u = \alpha_e \alpha_0 \phi^2 \sqrt{f_{cd} f_{yd}} \quad (3.49)$$

E o coeficiente redutor que leva em conta a excentricidade vale:

$$\alpha_e = \sqrt{1 + (\varepsilon\, \alpha_0)^2} - \varepsilon \alpha_0 \quad (3.50)$$

com

$$\varepsilon = 3 \frac{e}{\phi} \sqrt{\frac{f_c}{f_y}} \quad (3.51)$$

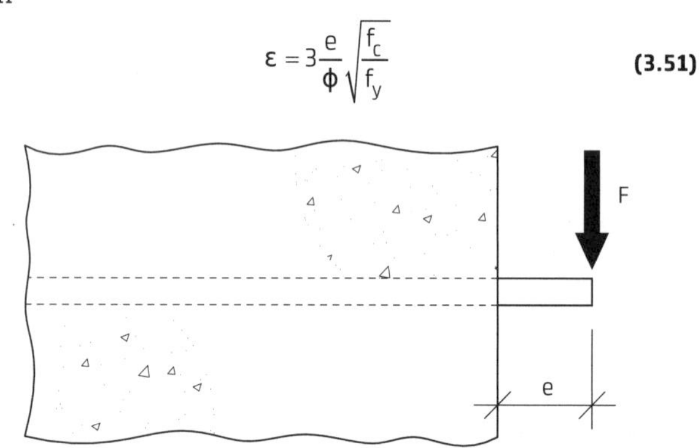

Fig. 3.64 Chumbador sujeito a força transversal com força excêntrica

No boletim 43 da fib (2008), são apresentadas formulações para a situação em que a ruína é governada pela distância do chumbador até a borda livre e para diversas situações de chumbador atravessando dois elementos de concreto, que geralmente ocorrem nas ligações de CPM.

Uma situação bastante comum é quando o chumbador é grauteado em um dos lados, como mostra a Fig. 3.65. Nesse caso, o chumbador estaria em uma situação assimétrica, pois a resistência à compressão do graute é geralmente menor que a do concreto. Para esse caso, a capacidade do chumbador pode ser calculada considerando a maior das resistências dos materiais, que é geralmente a do concreto.

A explicação para considerar a maior resistência é baseada no fato de a capacidade resistente ser determinada pela formação da segunda rótula plástica, na região do material mais resistente. O deslocamento transversal do chumbador nesse caso é de 0,1ϕ, pois seria da ordem de duas vezes o deslocamento para o caso do chumbador isolado. Uma formulação para o cálculo do deslocamento transversal do chumbador para essa situação é apresentada no boletim 43 da fib (2008).

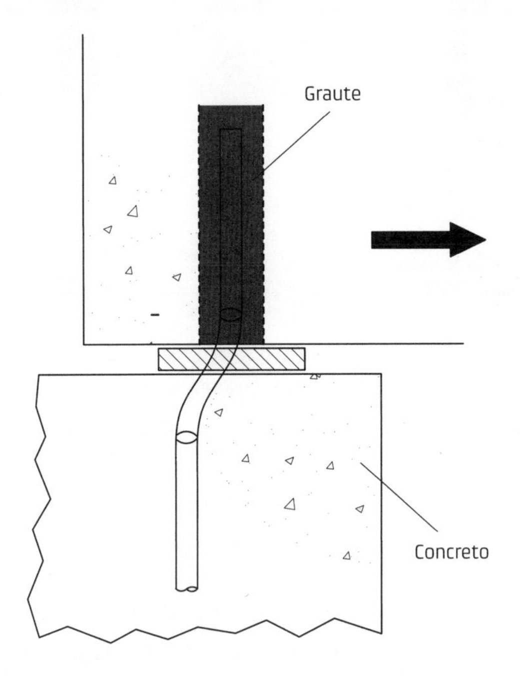

Fig. 3.65 Chumbador grauteado em ligações
Fonte: adaptado de fib (2008).

Quando houver restrição à deformação axial do chumbador, ocorrerá a mobilização de tensões normais na ligação, que por sua vez mobilizarão o atrito. Esse fenômeno já foi descrito no modelo de atrito-cisalhamento. Nesse caso, a capacidade do chumbador, segundo o boletim citado, vale:

$$F_u = \alpha_0 \phi^2 \sqrt{f_{cd,max}(f_{yd} - \sigma_n)} + \mu \sigma_n A_s \quad \textbf{(3.52)}$$

em que:

$f_{cd,max}$ = maior das resistências de cálculo à compressão do concreto ou do graute;

μ = coeficiente de atrito na interface;

σ_n = tensão de compressão na interface correspondente à força última;

A_s = área da seção transversal do chumbador.

Os chumbadores grauteados usados em ligações de CPM foram objeto do estudo desenvolvido por Aguiar (2010) e descrito em Aguiar, Bellucio e El Debs (2012). Esse estudo teórico-experimental englobou o caso de chumbadores perpendiculares e inclinados em relação às superfícies da junta da ligação. As suas principais contribuições e conclusões foram:

- Uma formulação semiempírica para a determinação de curvas forças × deslocamento para chumbadores perpendiculares e inclinados, com base em comportamento trilinear. A Fig. 3.66 mostra a comparação de resultados experimentais e a formulação proposta para chumbadores com diâmetro de 25 mm, perpendiculares e com inclinação de 60°, para concreto com resistência prevista de 35 MPa.
- A comprovação de que ocorre a formação de rótulas plásticas em ambos os lados do chumbador, conforme pode ser visto na Fig. 3.67. Já no caso de chumbador inclinado, esse fenômeno não ocorreu.
- A verificação de que os chumbadores perpendiculares apresentam grande ductilidade, ao passo que os chumbadores inclinados têm maior capacidade resistente, mas uma ductilidade bem menor.

Ainda para a avaliação da resistência de chumbadores grauteados utilizados nas ligações, vale registrar a indicação de Olin, Hakkarainen e Rämä (1985), em que a capacidade resistente é avaliada levando em conta também a proximidade da borda. Segundo essa referência, a capacidade resistente do chumbador é determinada, de acordo com a Fig. 3.68, com o menor dos valores:

$$F_u = 1{,}2\phi^2 \sqrt{f_{cd} f_{yd}} \quad \textbf{(3.53)}$$

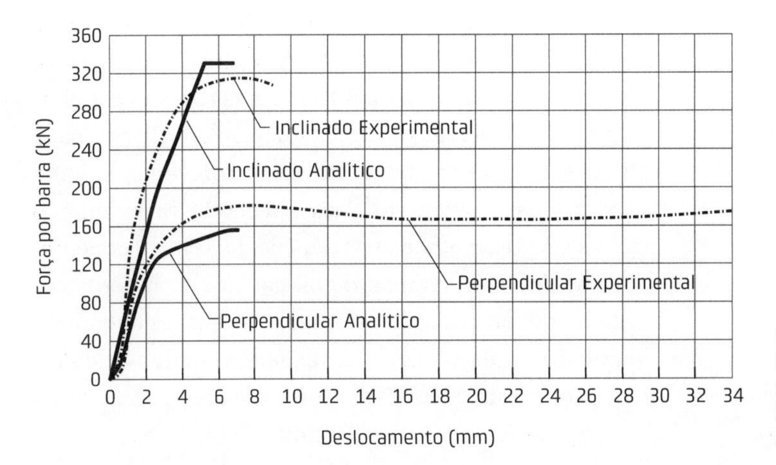

Fig. 3.66 Comparação entre resultados experimentais e resultados com formulação proposta para chumbadores com diâmetro de 25 mm, perpendiculares e com inclinação de 60°, para concreto com resistência prevista de 35 MPa
Fonte: adaptado de Aguiar (2010).

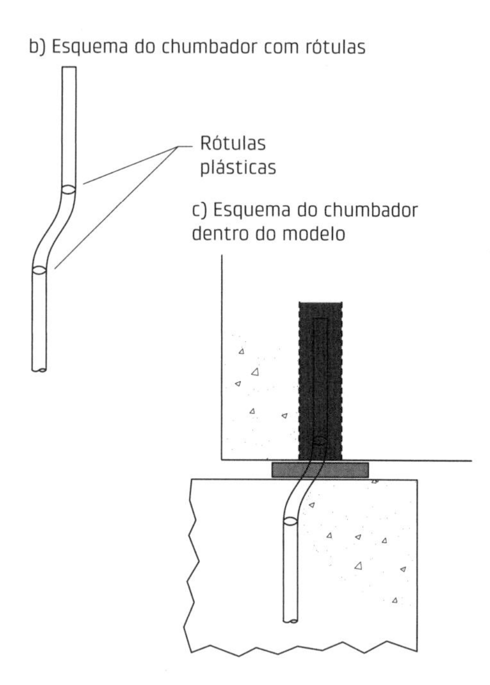

Fig. 3.67 Deformação do chumbador perpendicular após ensaio
Fonte: adaptado de Aguiar (2010).

ou

$$F_u = 0{,}85 a_b^2 f_{ctd} \quad \textbf{(3.54)}$$

em que:

a_b = distância da borda do elemento até o limite do furo;

f_{ctd} = resistência de cálculo do concreto à tração.

Segundo os mesmos autores, se as forças transmitidas pelo chumbador forem estabilizantes, o valor de F_u na primeira expressão deverá ser reduzido pelo fator 0,8.

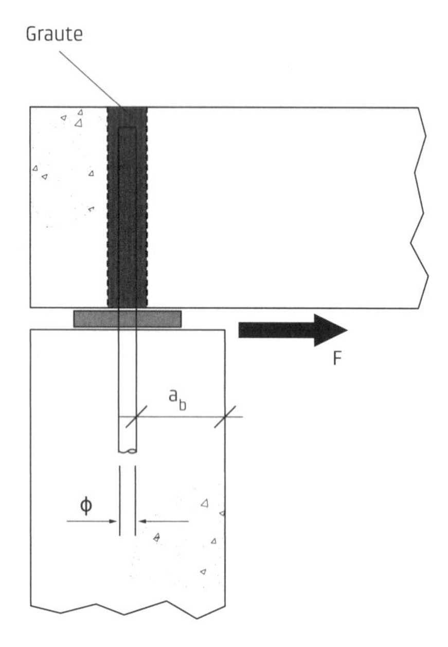

Fig. 3.68 Chumbador grauteado junto à borda do elemento pré-moldado em ligação viga × pilar

3.5.5 Apoios de elementos fletidos

Esta seção trata dos apoios de elementos fletidos, basicamente vigas e lajes. Nesses tipos de apoio, as tensões de compressão não são elevadas e é necessário permitir certos movimentos, em geral, a rotação do elemento apoiado.

Os apoios das vigas e lajes podem ser das seguintes formas: a) com contato direto, b) com argamassa de assentamento, c) com preenchimento com graute, d) com chapas metálicas e e) com almofadas de apoio.

O contato direto é empregado em situações em que as tensões de compressão, a rotação do elemento apoiado e a força horizontal são bastante baixas. A NBR 9062 (ABNT, 2017a) admite o apoio com contato direto para uma tensão de compressão não maior que $0{,}042f_{cd}$, para o caso do concreto de menor resistência dos elementos em contato. Essa norma recomenda ainda limitar a tensão de contato a 1 MPa. Esse limite poderia ser ultrapassado se fosse assegurada a não rotação no apoio, mas deve ser menor que os seguintes valores: $0{,}06f_{cd}$ e 1,5 MPa. O limite indicado no boletim 43 da fib (2008) é também bastante restritivo, pois a tensão de contato não deve ultrapassar a faixa de 0,2-0,3 MPa e os cantos do apoio devem ser chanfrados.

O apoio com argamassa de assentamento é também limitado a tensões de contato e rotações do elemento apoiado bastante baixas. A NBR 9062 (ABNT, 2017a, p. 34) permite essa forma de apoio para "corrigir pequenas imperfeições, bem como evitar a transmissão de cargas por poucos pontos de contato". A tensão de contato não deve ultrapassar 5 MPa e a tensão de cisalhamento também deve ser limitada a 10% da tensão de contato. Naturalmente, o assentamento não pode ser executado após o início da pega do cimento.

Os apoios com chapas metálicas nos elementos em contato possibilitam a transferência de tensões de contato relativamente elevadas, mas requerem muitos cuidados para garantir uma razoável uniformidade de apoio. Essa forma de apoio é pouco empregada.

O preenchimento com graute do espaço entre a viga e o seu apoio, realizado com algum dispositivo, possibilita transmitir tensões de compressão elevadas, mas praticamente não permite movimentos após o endurecimento do graute, além de exigir um certo trabalho de campo. Esse assunto é relacionado com as juntas de argamassa, tratadas na seção seguinte.

A forma mais comum de apoio de elementos fletidos é com almofada de apoio. Com as almofadas de apoio têm-se, em princípio, uma distribuição mais uniforme das tensões de contato, em comparação com o contato direto, e a liberação total ou parcial de certos movimentos, além da praticidade executiva.

Normalmente, o material das almofadas de apoio é o elastômero. O policloropreno, chamado comercialmente de neoprene, é o elastômero mais comum empregado nas estruturas de CPM e pode ser empregado na forma de camada simples ou em múltiplas camadas intercaladas de material mais rígido. Outros tipos de apoio, como aparelhos de apoio de teflon formados por camadas de policloropreno e teflon, são utilizados mais raramente.

O policloropreno possui as seguintes características: a) módulos de elasticidade transversal e longitudinal muito baixos, b) tensão normal de compressão para situação em serviço relativamente alta e c) grande resistência às intempéries. Essas características fazem com que ele tenha uma grande liberdade de movimentos de translação e rotação, com dimensões compatíveis com as dos elementos de concreto e uma razoável durabilidade.

Quando as reações de apoio são de pequena intensidade, emprega-se apoio com camada simples. No entanto, quando elas são de grande intensidade, como em geral ocorre nas pontes, emprega-se apoio com múltiplas camadas intercaladas com chapas de aço, vulcanizadas no policloropreno, de forma a aumentar a rigidez e a resistência do aparelho de apoio, formando o chamado aparelho de apoio cintado.

O dimensionamento do apoio de elastômero consiste em determinar as dimensões em planta a e b (Fig. 3.69) e a espessura da camada, no caso de apoio simples, ou o número e as espessuras das camadas de policloropreno e das chapas de aço, no caso de aparelho de apoio cintado.

Normalmente, de início, é feito um pré-dimensionamento que possibilita realizar uma primeira estimativa das dimensões do aparelho. Com esse pré-dimensionamento, determinam-se as dimensões em planta (a na direção do eixo da viga e b na direção perpendicular ao eixo, no plano horizontal), limitando a tensão de compressão, conforme mostra a Fig. 3.69, com uma área A tal que:

$$A = ab \geq \frac{N_{max}}{\sigma_{adm}} \quad (3.55)$$

em que:

N_{max} = valor característico da máxima força normal de compressão (reação do apoio);

σ_{adm} = tensão admissível.

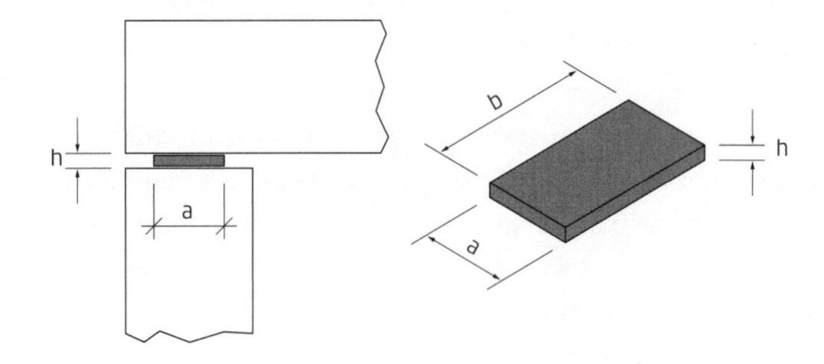

Fig. 3.69 Dimensões do apoio de elastômero

O valor da tensão admissível recomendado na NBR 9062 (ABNT, 2017a) é de 7,0 MPa para elastômero simples.

Em geral, o valor de b é fixado em função da largura da viga, de forma que se pode determinar o valor de a. A espessura da camada ou a somatória da espessura das várias camadas do elastômero pode ser estimada por:

$$h = 2a_{h,lon} \quad (3.56)$$

em que:

$a_{h,lon}$ = deslocamento horizontal devido às ações de longa duração (retração, fluência, temperatura, protensão).

Em geral, o dimensionamento do apoio de elastômero engloba as seguintes verificações: a) limitar as tensões de compressão e cisalhamento, b) limitar as deformações de compressão (afundamento) e por cisalhamento e c) assegurar que não haja descolamento por deslizamento e por levantamento da borda menos comprimida.

No Anexo C apresentam-se mais indicações para o dimensionamento das almofadas de apoio de elastômero, bem como bibliografia adicional sobre o assunto.

Se, por um lado, a grande deformação do policloropreno possibilita liberar com eficiência os movimentos, por outro traz alguns inconvenientes: a) grande deformação lateral da almofada e b) elevadas deformações nas ligações. Existe ainda questionamento em relação à sua durabilidade e à sua resistência a incêndios.

Para reduzir a deformação lateral, podem ser empregados reforços com fibras e tecidos, conforme apresentado no manual do PCI (2010), além de chapas de aço, como adiantado, no caso de almofadas cintadas. A grande deformação lateral do elastômero simples pode produzir elevadas tensões de tração no concreto, na região do apoio, o que pode reduzir a resistência dos elementos apoiados.

Outros materiais que poderiam ser utilizados nas almofadas de apoio, segundo o boletim 43 da fib (2008), por serem mais deformáveis que o concreto, são: papelão de construção, feltro, *hardboard* (literalmente chapa dura, um tipo de MDF, mas com alta densidade), plásticos e chumbo. De acordo com o mesmo boletim, mas em uma categoria de material menos deformável, há também um "plástico duro" (*ultrahigh weight polyethylene*), que seria uma variação mais rígida do *hardboard*.

Ainda na linha de almofadas de apoio de outros materiais, merece registro uma argamassa modificada, que tem sido estudada e aplicada experimentalmente, proposta pelo autor. Essa argamassa inclui fibras curtas, látex e agregado leve, para aumentar a deformabilidade e propiciar uma maior tenacidade em relação à argamassa normal, de cimento e areia.

Comparadas às almofadas de policloropreno, as almofadas de argamassa modificada (AAM) não possibilitam movimentos horizontais, e a capacidade de rotação é bem mais limitada. Portanto, efeitos de variações volumétricas precisam ser levados em conta com mais cuidado. Por outro lado, por serem bem mais rígidas que as almofadas de policloropreno, resultam em ligações mais rígidas e, portanto, estruturas menos deformáveis. Outras características favoráveis decorrem do fato de serem um material à base de cimento. Dessa forma, em princípio, essas almofadas teriam a mesma durabilidade do concreto e poderiam ser embutidas nos componentes pré-moldados, além de possuírem maior resistência em situação de incêndio.

A Fig. 3.70 mostra um exemplo de aplicação de almofadas de argamassa modificada em um apoio de viga de rolamento para uma ponte rolante de 600 kN da ampliação do Laboratório de Estruturas da EESC-USP. No Anexo D apresentam-se mais detalhes desse tipo de almofada.

3.5.6 Juntas de argamassa

As juntas de argamassa são empregadas para transferir tensões de compressão entre elementos pré-moldados ou entre elementos pré-moldados e CML. Essas juntas ocorrem nas ligações de pilares e paredes sujeitas predominantemente à compressão e na região de compressão de ligações sujeitas predominantemente à flexão.

Na execução das ligações, é previsto um espaço, preenchido posteriormente por argamassa, que será responsável pela transferência das tensões de compressão, conforme já adiantado.

A transferência de forças de compressão é governada pela deformabilidade relativa da argamassa da junta em relação à do concreto dos elementos pré-moldados e pela ocorrência de estrangulamento da seção na junta.

Como, em geral, a argamassa apresenta módulo de elasticidade mais baixo que os elementos pré-moldados, tende a se deformar como indicado na Fig. 3.71a, produzindo tensões de tração no elemento pré-moldado. Ainda devido ao fato de a argamassa ser mais deformável, a parte externa, como não é confinada, praticamente não trabalha, o que acarreta, para efeitos de transmissão de tensões, um estrangulamento da seção. Assim, as tensões de compressão transmitidas na junta têm o aspecto mostrado na Fig. 3.71b. Em virtude desse efeito, também ocorrem tensões de tração nos elementos pré-moldados, como consequência do comportamento de bloco parcialmente carregado (Fig. 3.71c).

O dimensionamento de uma junta de argamassa em relação aos esforços de compressão consiste em verificar as tensões de compressão na junta e os elementos pré-moldados considerando as citadas tensões de tração. Para a verificação dos elementos pré-moldados pode-se, simplificadamente, levar em conta o efeito de bloco parcialmente carregado, com a seção da junta reduzida em duas vezes a sua espessura, já que a parte externa não trabalha (Fig. 3.71c).

Para que a junta tenha o comportamento descrito, a sua espessura deve ser a menor possível. Recomenda-se que a espessura da junta não seja maior que 10% da menor dimensão da seção transversal dos elementos a serem conectados, levando em conta limites para sua execução.

Os valores recomendados para a espessura da junta são: a) junta horizontal – não menor que 10 mm e não maior que 40 mm, e b) junta vertical – não menor que 20 mm e não maior que 40 mm.

Fig. 3.70 Aplicação de almofadas de argamassa modificada (AAM) em um apoio de viga de rolamento para uma ponte rolante de 600 kN: a) moldagem da almofada; b) almofada pronta; c) almofada sobre o consolo para apoio da viga

Um estudo realizado por Barboza (2002) para juntas horizontais indicou que espessuras menores que 20 mm resultam em redução de resistência. Com base nesse estudo, recomenda-se que a abertura da junta não seja inferior a 20 mm.

O preenchimento da junta com pequenas espessuras pode ser feito de duas formas (Fig. 3.72):

- com a colocação de argamassa seca, socando manualmente o material no espaço a ser preenchido, denominada *dry packed joint*;
- com a colocação de argamassa em forma de graute por pressão ou por gravidade, conforme mostrado na Fig. 3.73.

a) Tensões de cisalhamento em virtude de o módulo de elasticidade da argamassa ser menor do que o do concreto

b) Distribuição de tensões na junta devido à ineficiência da argamassa junto às faces externas

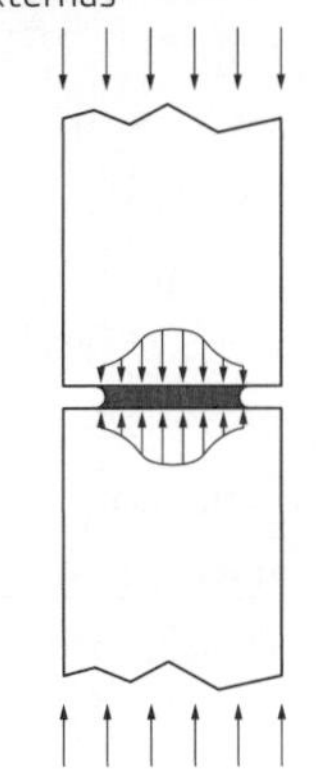

c) Distribuição de tensões nos elementos pré-moldados, com a ocorrência de tensões de tração próximas à junta

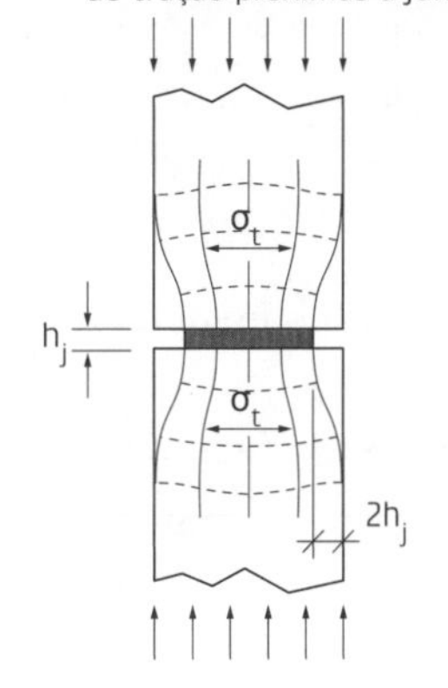

Fig. 3.71 Comportamento de uma junta de argamassa submetida à compressão

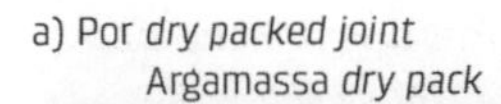
a) Por *dry packed joint*

Argamassa *dry pack*

Preenchimento da junta

Junta preenchida

b) Com graute por gravidade

Fôrma de madeira na região da junta

Colocação do graute

Saída de ar para evitar o aprisionamento de bolhas

Fig. 3.72 Exemplos de preenchimento de junta
Fonte: Barboza (2002).

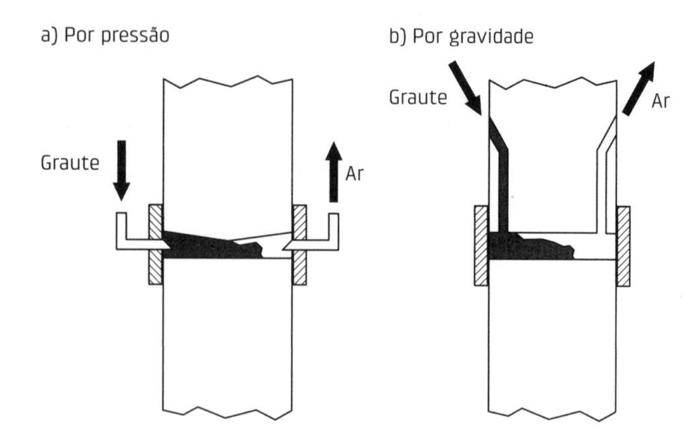

Fig. 3.73 Junta feita por meio de graute

A verificação das tensões de compressão pode ser feita com as recomendações de Vambersky (1990), apresentadas a seguir. Para a resistência à compressão da junta, é indicada a seguinte expressão:

$$f_{mcj} = \eta_0 \alpha f_{ck,adj} \quad (3.57)$$

em que:

$f_{ck,adj}$ = menor resistência à compressão do concreto dos elementos adjacentes à junta;

η_0 = coeficiente de redução da área, de forma a considerar a área efetiva da junta, cujos valores recomendados serão apresentados posteriormente;

α = coeficiente de eficiência da junta, definido como a relação entre a capacidade de suporte de elemento com junta e a capacidade de suporte de elemento similar sem junta.

De acordo com resultados experimentais, o coeficiente de eficiência pode ser calculado por:

$$\alpha = \kappa \frac{5(1-\kappa)+\delta^2}{5(1-\kappa)+\kappa\delta^2} \quad (3.58)$$

em que:

δ = relação entre a altura da parte comprimida da área da junta e a espessura da junta, sendo que a altura da parte comprimida coincide com a altura da seção transversal da junta no caso de compressão centrada; para compressão excêntrica, a altura da parte comprimida é calculada considerando comportamento elastoplástico perfeito do material com valor máximo da tensão de f_{mck} (definido a seguir);

κ = relação entre a resistência à compressão da argamassa da junta e a resistência do concreto dos elementos adjacentes à junta.

O valor de κ pode ser calculado por:

$$\kappa = \eta_m \frac{f_{mck}}{f_{ck,adj}} \quad (3.59)$$

em que:

η_m = coeficiente de redução que leva em conta a diferença entre a qualidade da argamassa da obra e a qualidade da argamassa feita em condições laboratoriais;

f_{mck} = resistência característica da argamassa à compressão.

Os valores indicados para o coeficiente η_m são:

- 0,75, se o controle de qualidade for feito por meio de corpos de prova padronizados, ensaiados após permanecerem em condições controladas de umidade e temperatura;
- 1,0, se o controle for feito por meio de testemunhos extraídos de juntas e curados nas mesmas condições de campo.

Para o coeficiente de redução da área η_0, são indicados os seguintes valores:

- 0,9, para argamassa autoadensável;
- 0,7, para argamassa seca (*dry packed mortar*);
- 0,3, se o elemento for colocado sobre um berço de argamassa.

Recomenda-se ainda levar em conta as conclusões do estudo de juntas horizontais feito por Barboza e El Debs (2006):

- utilizar argamassa de resistência da ordem de 0,8 da resistência do concreto para elementos pré-moldados com resistência usual de 35 MPa;
- para elementos pré-moldados de alta resistência, o material de preenchimento da junta também deve ser de alta resistência;
- o uso de uma armadura de reforço em forma de malha na região do elemento pré-moldado adjacente à junta não altera a capacidade resistente do sistema, mas aumenta a ductilidade e reduz a região de danificação da ligação;
- para o cálculo da área efetiva da junta, considerar uma redução nas dimensões da seção transversal igual ao cobrimento de concreto no segmento pré-moldado.

As juntas de argamassa estão sujeitas a esforço principal de compressão, que pode ser acompanhado de cisalhamento. A resistência ao cisalhamento que acompanha os esforços de compressão pode ser verificada, de forma simplificada e a favor da segurança, pela teoria de atrito de Coulomb. Nesse sentido, em Bruggeling e Huyghe (1991) é recomendada a seguinte tensão admissível para elementos tipo barra com coeficiente de segurança de 2,5:

$$\tau_{m,adm} \leq \begin{cases} 0{,}3\sigma_c, \text{ para superfície lisa} \\ 0{,}5\sigma_c, \text{ para superfície rugosa} \end{cases} \quad (3.60)$$

em que σ_c é a tensão de compressão na junta.

No manual da Stupré (1978) são também fornecidos valores de juntas de concreto: a) junta horizontal – não menor que 150 mm, e b) junta vertical – não menor que 120 mm. Naturalmente as juntas de concreto não teriam o mesmo comportamento das juntas de argamassa feitas com espessuras dentro dos limites recomendados.

3.6 Tipologia das ligações

Apresentam-se nesta seção, em linhas gerais, as principais formas de executar as ligações entre os elementos pré-moldados.

As ligações são aqui divididas em dois tipos: a) ligações em elementos tipo *barra*, que incluem as ligações típicas de pilares e vigas, e b) ligações em elementos tipo *folha*, que incluem as ligações típicas de lajes e paredes.

Também são abordadas, de forma resumida, algumas ligações entre elementos não estruturais e a estrutura principal.

3.6.1 Ligações em elementos tipo barra

As ligações em elementos tipo barra podem ser agrupadas conforme mostrado no Quadro 3.3 e na Fig. 3.74. Nessa classificação, procurou-se agrupar ligações com características semelhantes, o que significa uma certa repetição de detalhes dentro dos grupos. A ligação viga × pilar recebe uma ênfase maior por ser a mais comum e importante nas estruturas de esqueleto.

Embora sejam parte do mesmo grupo, as ligações pilar × fundação e pilar × pilar estão apresentadas em diferentes seções. Nessa mesma linha, estão também exibidas em seções distintas as ligações viga × viga fora do pilar e viga principal × viga secundária. Já as ligações viga × pilar e viga × viga junto ao pilar aparecem em uma única seção.

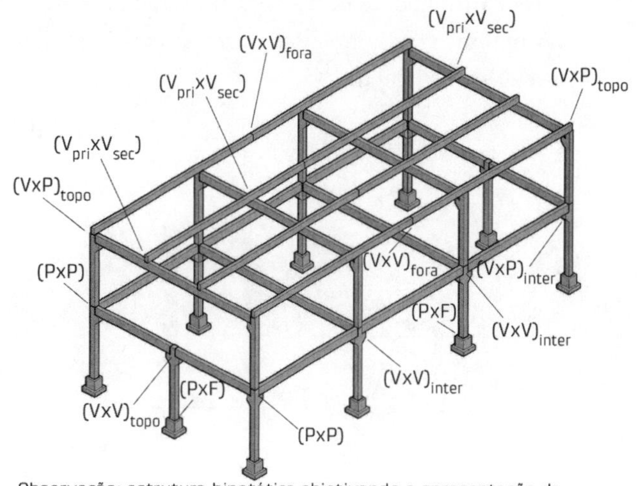

Observação: estrutura hipotética objetivando a apresentação da classificação das ligações

Fig. 3.74 Classificação das ligações em elementos tipo barra em uma estrutura hipotética

Quadro 3.3 CLASSIFICAÇÃO DAS LIGAÇÕES EM ELEMENTOS TIPO BARRA

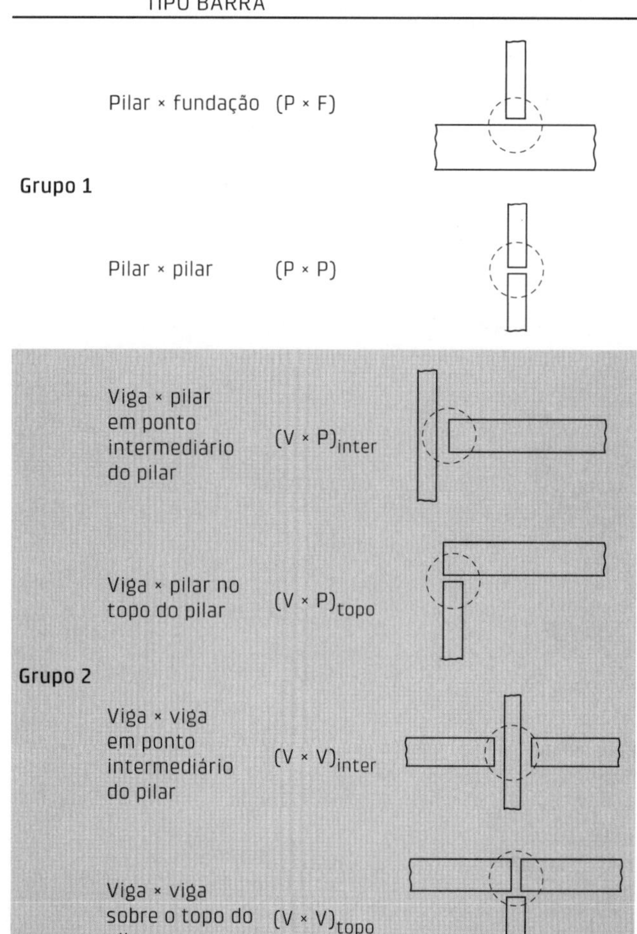

Grupo	Ligação	Notação
Grupo 1	Pilar × fundação	(P × F)
	Pilar × pilar	(P × P)
Grupo 2	Viga × pilar em ponto intermediário do pilar	$(V \times P)_{inter}$
	Viga × pilar no topo do pilar	$(V \times P)_{topo}$
	Viga × viga em ponto intermediário do pilar	$(V \times V)_{inter}$
	Viga × viga sobre o topo do pilar	$(V \times V)_{topo}$
Grupo 3	Viga × viga fora do pilar	$(V \times V)_{fora}$
	Viga principal × viga secundária	$(V_{pri} \times V_{sec})$ 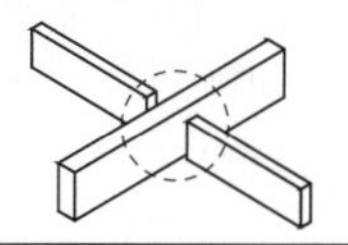

Ligações pilar × fundação

As ligações dos pilares nas fundações podem ser divididas nos tipos básicos apresentados a seguir.

a. *Por meio de cálice (Fig. 3.75)*

A ligação por meio de cálice, que é o tipo de ligação mais utilizado no país, é feita recorrendo-se à conformação do elemento de fundação que possibilite o encaixe do pilar. Posteriormente à colocação do pilar, realiza-se o preenchimento do espaço entre o pilar e o cálice com concreto ou graute. Pode-se usar dispositivos auxiliares para facilitar e agilizar o posicionamento do pilar em relação ao nível e à posição em planta. A fixação temporária e o prumo são feitos por meio de cunhas de madeira.

As características desse tipo de ligação são a facilidade de montagem, a facilidade de ajuste aos desvios e o fato de transmitir bem os momentos fletores. A sua principal desvantagem é que a fundação se torna mais onerosa. Como alternativa ao cálice moldado no local, pode-se adotar a pré-moldagem do colarinho ou mesmo do cálice inteiro, no caso de fundação direta.

Na continuidade deste capítulo serão apresentadas algumas variantes e indicações para o projeto desse tipo de ligação.

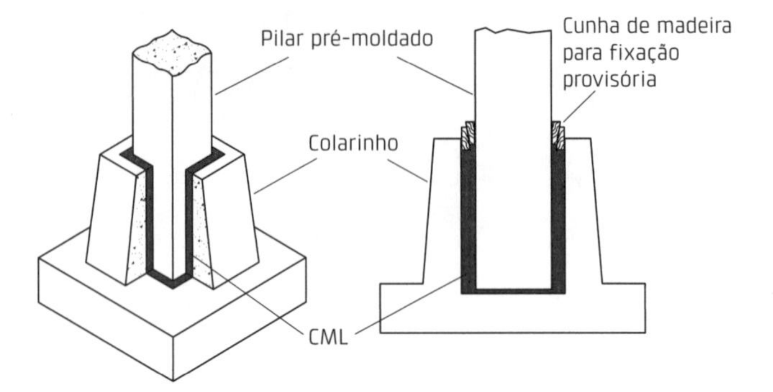

Fig. 3.75 Ligação pilar × fundação por meio de cálice

b. *Por meio de chapa de base (Fig. 3.76)*
Esse tipo de ligação é feito basicamente por meio de chapa devidamente unida à armadura principal do pilar, chumbadores, porcas e argamassa de enchimento. A chapa de base pode ter as dimensões transversais do pilar, o que possibilita disfarçar a ligação, ou ser maior. O nível e o prumo do pilar são ajustados com o auxílio de porcas e contraporcas. O espaço entre a chapa e a fundação é preenchido, após a montagem, com argamassa seca ou graute.

Esse tipo de ligação apresenta facilidade de montagem e de ajuste de prumo. A transmissão de momentos fletores é limitada quando a chapa possui as mesmas dimensões da seção transversal do pilar. Já para chapas de dimensões maiores, existe a possibilidade de uma boa transmissão desses momentos. No entanto, esta última alternativa dificulta o manuseio do pilar, e a chapa fica sujeita a danos durante a montagem.

Serão também fornecidas algumas variantes e indicações de projeto para esse tipo de ligação na continuidade deste capítulo.

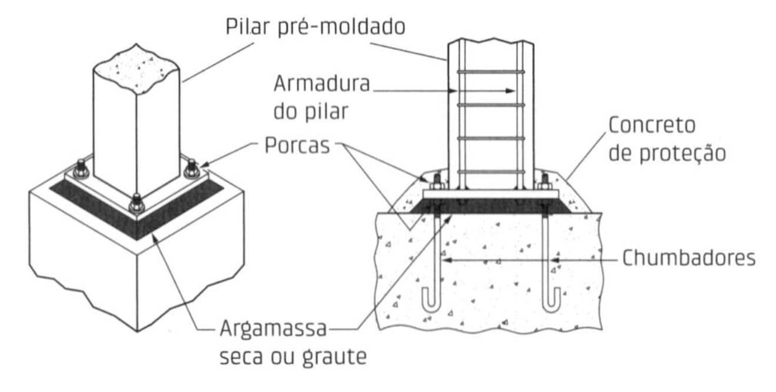

Fig. 3.76 Ligação pilar × fundação por meio de chapa de base

c. *Por emenda das barras longitudinais dos pilares*
Enquadram-se nesse caso as ligações em que as barras longitudinais dos pilares são emendadas individualmente. Em tese, as variações das emendas de barras apresentadas na seção 3.4.2 poderiam ser utilizadas. Algumas variações dessa forma de ligação do pilar com a fundação são discutidas a seguir.

i) *Com graute e bainha (Fig. 3.77)*
Nesse caso, a armadura do pilar ou da fundação projeta-se para fora do elemento. Na montagem, essa armadura é introduzida em bainha previamente colocada no elemento adjacente. O espaço entre a barra e a bainha, bem como entre o pilar e a fundação, é preenchido por graute.

Esse tipo de ligação tem boa capacidade de transmitir momento fletor. As suas principais desvantagens são a necessidade de manter o pilar escorado até o endurecimento do graute, a dificuldade de ajuste aos desvios e a susceptibilidade da armadura saliente a danos no manuseio.

Na Fig. 3.77b é mostrada uma variante sem o uso de bainha e com a armadura saliente em forma de laço, podendo o preenchimento ser com concreto ou graute.

ii) *Com estrangulamento da seção do pilar e emenda das barras (Fig. 3.78)*
Nessa alternativa, é realizado um estrangulamento da seção transversal do pilar, no qual seriam emendadas as barras longitudinais do pilar. A emenda das barras pode ser feita por solda, acopladores ou laços. Posteriormente se efetua a concretagem da região estrangulada. Com esse tipo de ligação, praticamente se estaria reproduzindo a situação das estruturas de CML.

Esse tipo de ligação apresenta dificuldades de montagem, de realização de solda de campo, quando for o caso, e de concretagem adequada na emenda. Por essas razões, o seu emprego só é recomendado em casos especiais.

iii) *Com conectores metálicos (Fig. 3.79)*
Esse caso corresponde ao emprego de conectores metálicos para emendar as barras longitudinais dos pilares, antecipado na Fig. 3.4, e pode ser visto como uma variante da ligação por chapa de base. No entanto, em vez de uma única chapa de espessura elevada, há várias chapas com menores dimensões. Assim, essa forma de ligação tem as características favoráveis da ligação por chapa de base sem necessitar de consumo elevado de aço. O seu emprego tem aumentado ultimamente.

Normalmente, as ligações pilar × fundação são projetadas para transmitir momentos fletores, conforme já comentado. O uso de articulação só é de interesse em situações especiais, podendo ser feito a partir de adaptações dos casos apresentados.

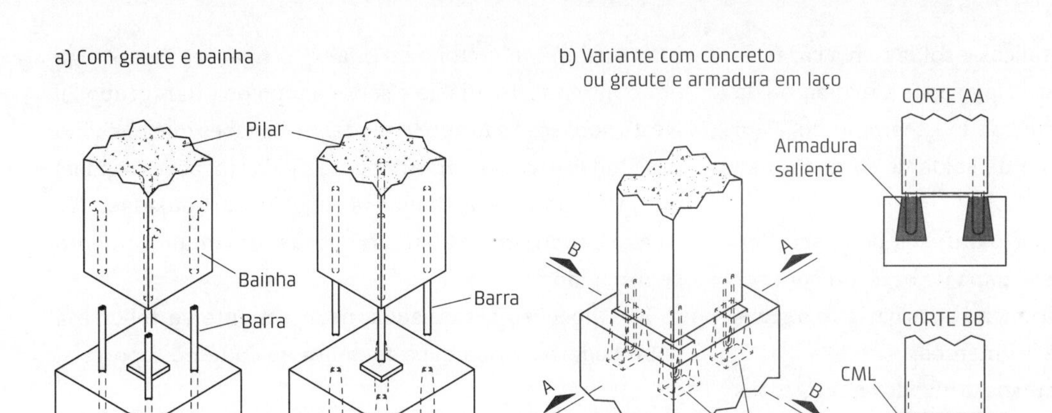

Fig. 3.77 Ligação pilar × fundação com emenda das barras com graute e bainha e variante com concreto ou graute e armadura em laço

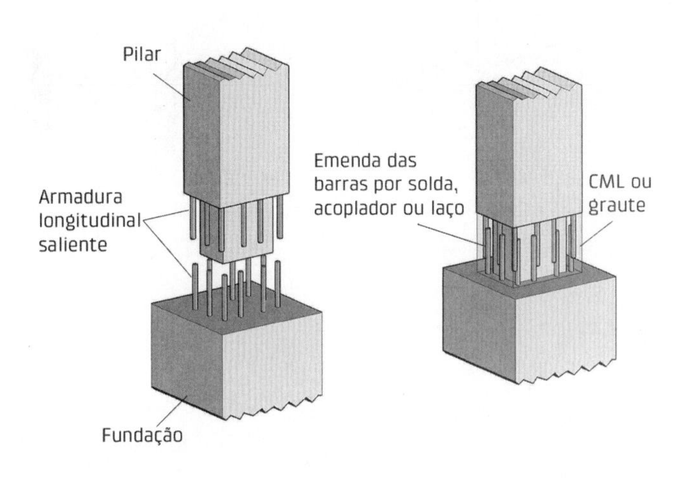

Fig. 3.78 Ligação pilar × fundação com estrangulamento do pilar e emenda das barras

Ligações pilar × pilar

Esse tipo de ligação é normalmente restrito a construções de grande altura ou situações com limitações relacionadas à montagem, devido ao peso ou ao acesso, pois em geral exibe dificuldades para o posicionamento e o prumo dos elementos. Contudo, merece registro a existência de sistemas construtivos em que os pilares são emendados em cada pavimento.

As ligações pilar × pilar podem ser executadas das seguintes maneiras:

- com emenda das barras da armadura do pilar (Fig. 3.80a-c);
- com chapa ou conectores metálicos e solda ou parafusos (Fig. 3.80d-f).

As características dessas ligações seguem, em linhas gerais, aquelas mostradas para as ligações pilar × fundação.

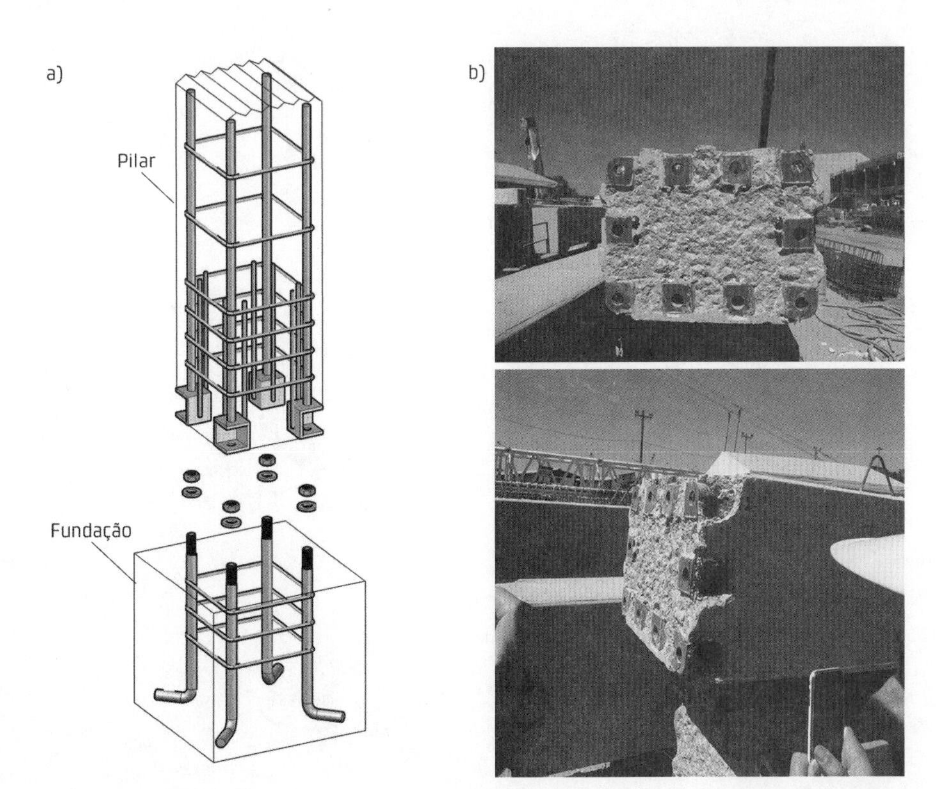

Fig. 3.79 Ligação pilar × fundação com conectores metálicos para a emenda da armadura: a) esquema da armadura e dos conectores e b) exemplo de base de pilar com dez conectores

A ligação por conectores metálicos e solda tem a característica de apresentar resistência logo após a realização da solda, dispensando ou minimizando escoramento. Tem como desvantagens necessitar de solda de campo e não possibilitar ajustes.

A alternativa de ligação por parafusos pode ser com chapa metálica, equivalente à chapa de base, ou com conectores metálicos fazendo a emenda das barras e o grauteamento do espaço entre os segmentos.

A Fig. 3.81 mostra dois recursos utilizados nas ligações pilar × pilar. A primeira alternativa ilustra o emprego de tubo metálico, cuja finalidade é facilitar o posicionamento e o prumo do pilar. Nesse caso, os dois segmentos do pilar precisam ser moldados na mesma posição em que são montados, utilizando o topo de um como fôrma para o outro, com o tubo metálico posicionado. Em geral, a ligação é completada com a emenda das barras e a concretagem do espaço, conforme indicado na Fig. 3.81a. Na segunda alternativa, a emenda da armadura longitudinal é feita por nichos. A Fig. 3.81b mostra o recurso para nichos nos cantos e o emprego de cabos de protensão.

Ligações viga × pilar e viga × viga junto ao pilar

Enquadram-se nesse caso as ligações viga × pilar em ponto intermediário e no topo do pilar e as ligações viga × viga em ponto intermediário e sobre o topo do pilar (grupo 2). Nesta subseção são apresentadas as ligações que têm sido projetadas para ser perfeitamente rígidas (ligações rígidas) ou perfeitamente articuladas (ligações articuladas). No Anexo E abordam-se algumas ligações de comportamento semirrígido.

Nas ligações articuladas, normalmente se recorre a chumbadores ou a chapa metálica soldada no topo para

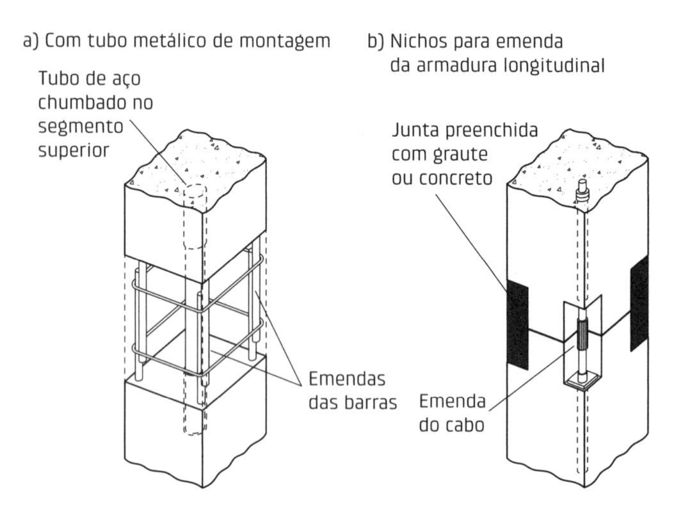

Fig. 3.81 Outros recursos empregados em ligações pilar × pilar

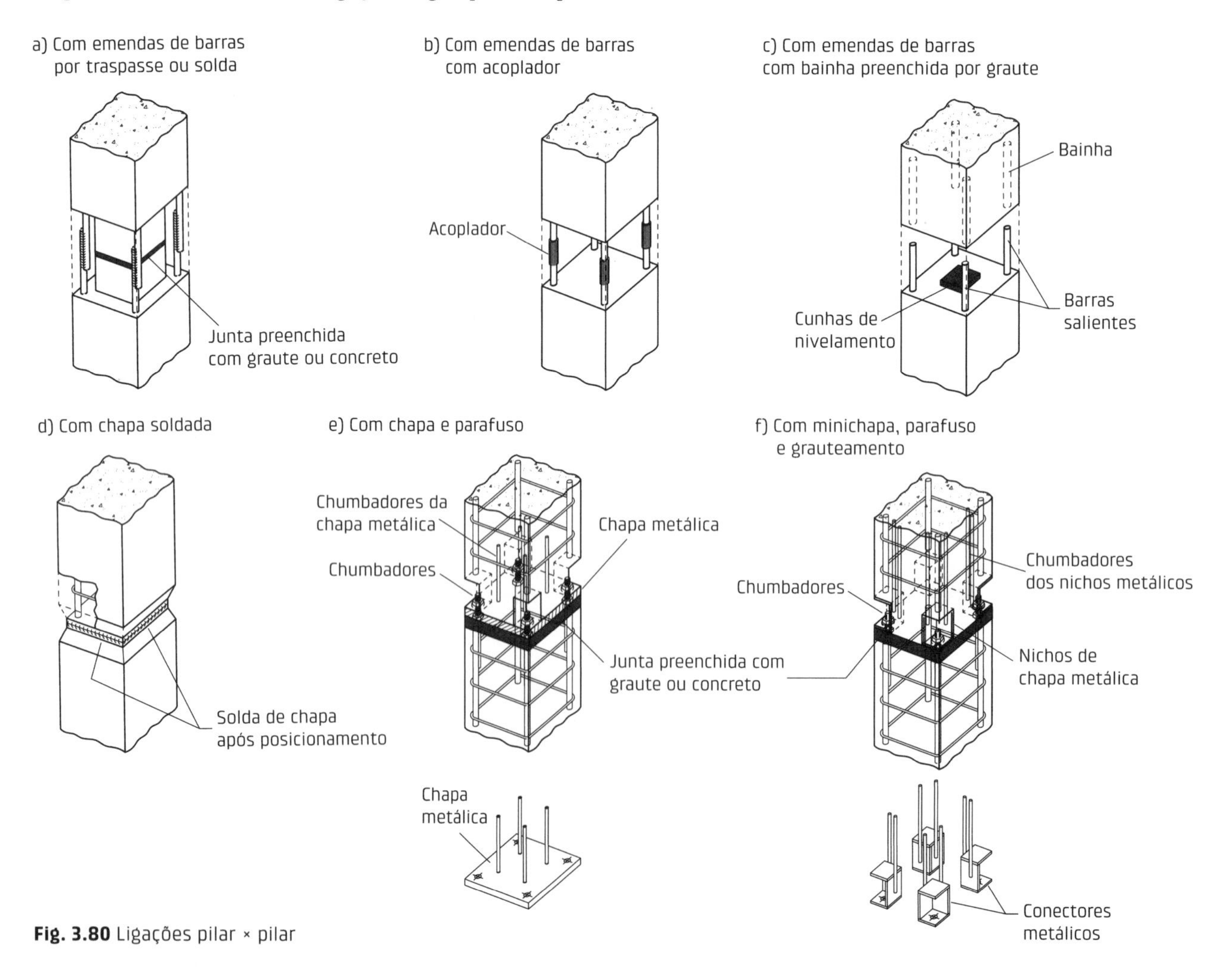

Fig. 3.80 Ligações pilar × pilar

promover a segurança em relação à estabilidade lateral da viga. Alguns casos típicos são mostrados na Fig. 3.82. Quando se trata de ligações com mais de uma viga chegando ao mesmo ponto do pilar, e mesmo no caso de ligação sobre o topo do pilar, repetem-se basicamente os mesmos artifícios.

As ligações rígidas, em que é prevista a transmissão de momentos fletores, podem ser realizadas mediante conectores metálicos e solda (Fig. 3.83), com emenda das armaduras da viga e do pilar (Fig. 3.84) ou com cabos de protensão (Fig. 3.85).

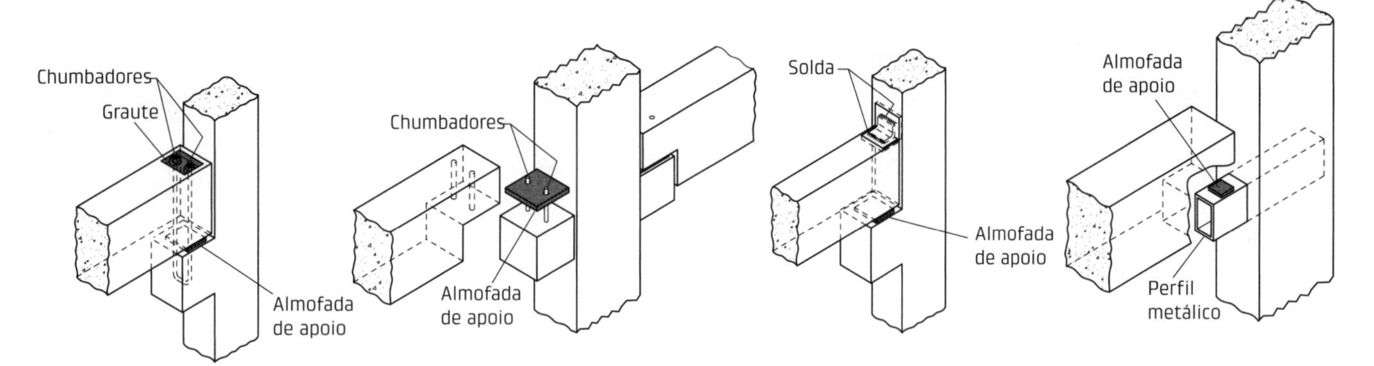

Fig. 3.82 Ligações viga × pilar articuladas

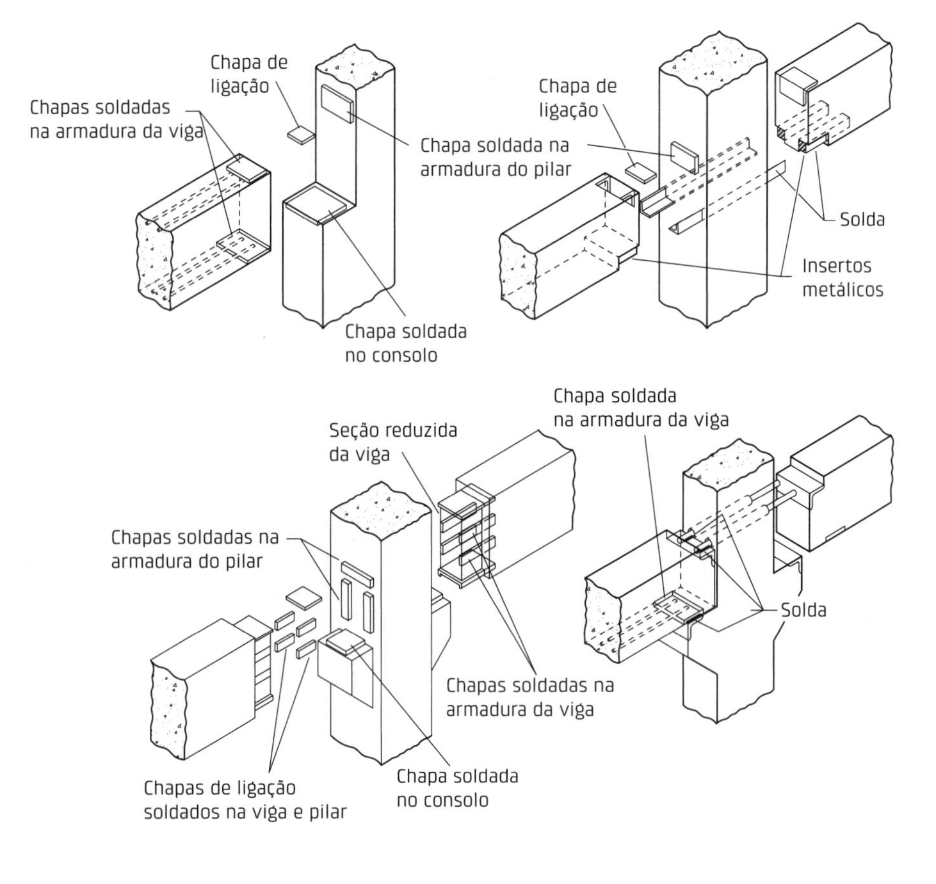

Fig. 3.83 Ligações viga × pilar rígidas com conectores metálicos e solda

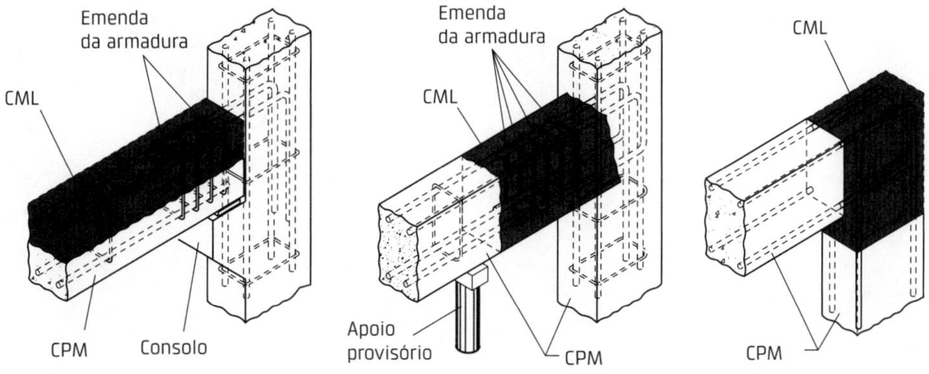

Fig. 3.84 Ligações viga × pilar rígidas com emenda da armadura e CML

Outros tipos de interesse, em que se procura estabelecer a continuidade estrutural com a transmissão de momentos fletores, são apresentados na Fig. 3.86.

Ligações viga × viga fora do pilar

As ligações viga × viga fora do pilar articuladas podem ser conforme mostrado na Fig. 3.87a. Em geral, procura-se colocar esse tipo de ligação próximo ao ponto de momento fletor nulo da estrutura monolítica correspondente.

As ligações viga × viga fora do pilar rígidas, exibidas na Fig. 3.87b, são menos frequentes. Assim como no caso da ligação pilar × fundação, a alternativa com emendas de barras por solda só deve ser usada em condições especiais, em função da dificuldade da execução. Na segunda alternativa (ligações rígidas) enquadram-se as ligações em aduelas pré-moldadas, em geral empregadas na construção de pontes com balanços sucessivos. Nesse caso, adotam-se normalmente as chamadas juntas conjugadas, em que as partes que compõem a ligação são moldadas utilizando a parte adjacente como fôrma. Coloca-se cola ou argamassa entre os elementos e, posteriormente, aplica-se protensão.

Ligações viga principal × viga secundária

As ligações viga principal × viga secundária ocorrem em pisos e coberturas, como entre as terças e a estrutura principal de galpões. Esse tipo de ligação é usualmente uma articulação. Para evitar o aumento da altura do piso ou da cobertura, em geral recorre-se a recortes nas vigas. Alguns exemplos desse tipo de ligação são mostrados na Fig. 3.88.

Considerações adicionais sobre as ligações viga × pilar

Apresentam-se aqui algumas considerações adicionais sobre as ligações viga × pilar, por serem as mais comuns e as mais importantes nas estruturas de esqueleto.

Em princípio, os tipos de ligação que foram mostrados sem lajes podem ser empregados com lajes em edifícios de múltiplos pavimentos. Nesse caso, têm-se algumas particularidades, por exemplo, pode-se passar parte da armadura de continuidade pela laje.

Cabe também destacar a possibilidade de combinação dos recursos dos tipos de ligação apresentados. Por exemplo, no caso de ligação rígida, é possível recorrer a emenda das barras e concretagem na parte superior e conectores metálicos e solda na parte inferior. Na Fig. 3.89 é mostrado um exemplo de ligação com a combinação dos recursos em edifícios de múltiplos pavimentos.

Como é possível observar nessa figura, quando se trata de edifícios de múltiplos pavimentos, existe uma ligação que não foi abordada, a ligação laje × laje sobre viga, que será apresentada na seção seguinte.

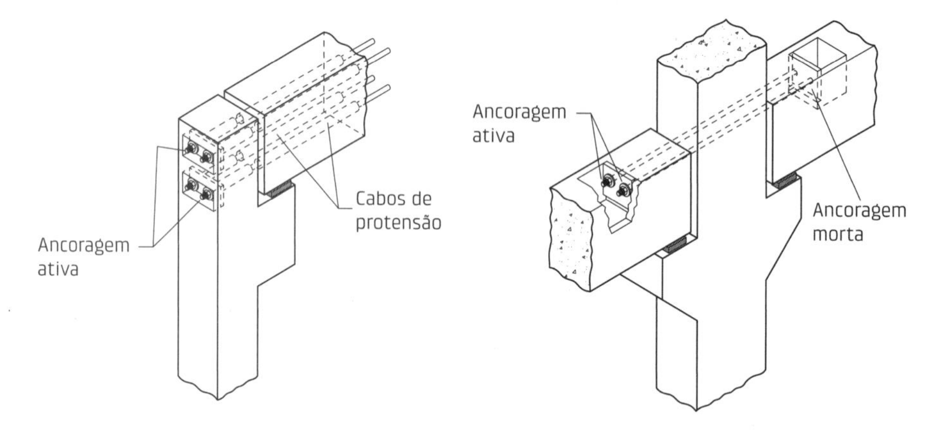

Fig. 3.85 Ligações viga × pilar rígidas com cabo de protensão

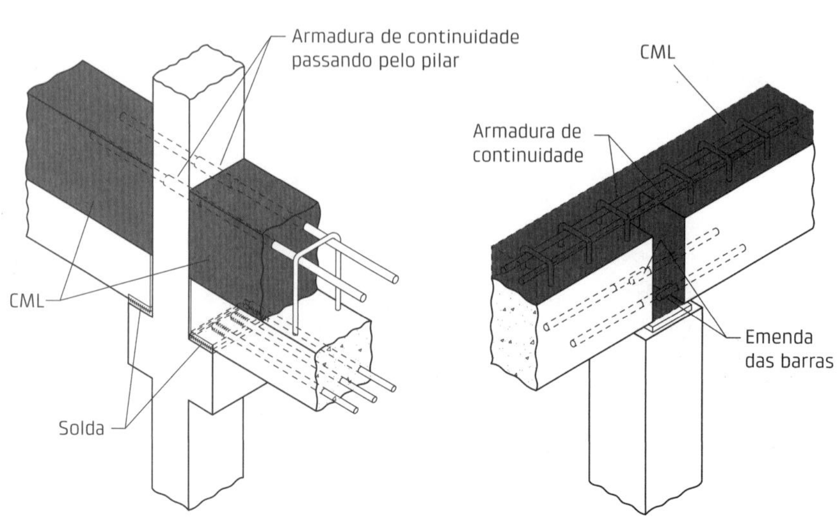

Fig. 3.86 Ligações viga × viga sobre pilar com o estabelecimento de continuidade para o momento fletor

A Fig. 3.90 exibe uma ligação que também utiliza a combinação de recursos. Na parte superior emprega-se passagem de barras pelo pilar e concretagem de capa estrutural, e na parte inferior, chapas metálicas e parafusos. Essa ligação fez parte do estudo descrito em Bezerra, El Debs e El Debs (2011) de associar tubos de aço preenchidos de CML com vigas de CPM.

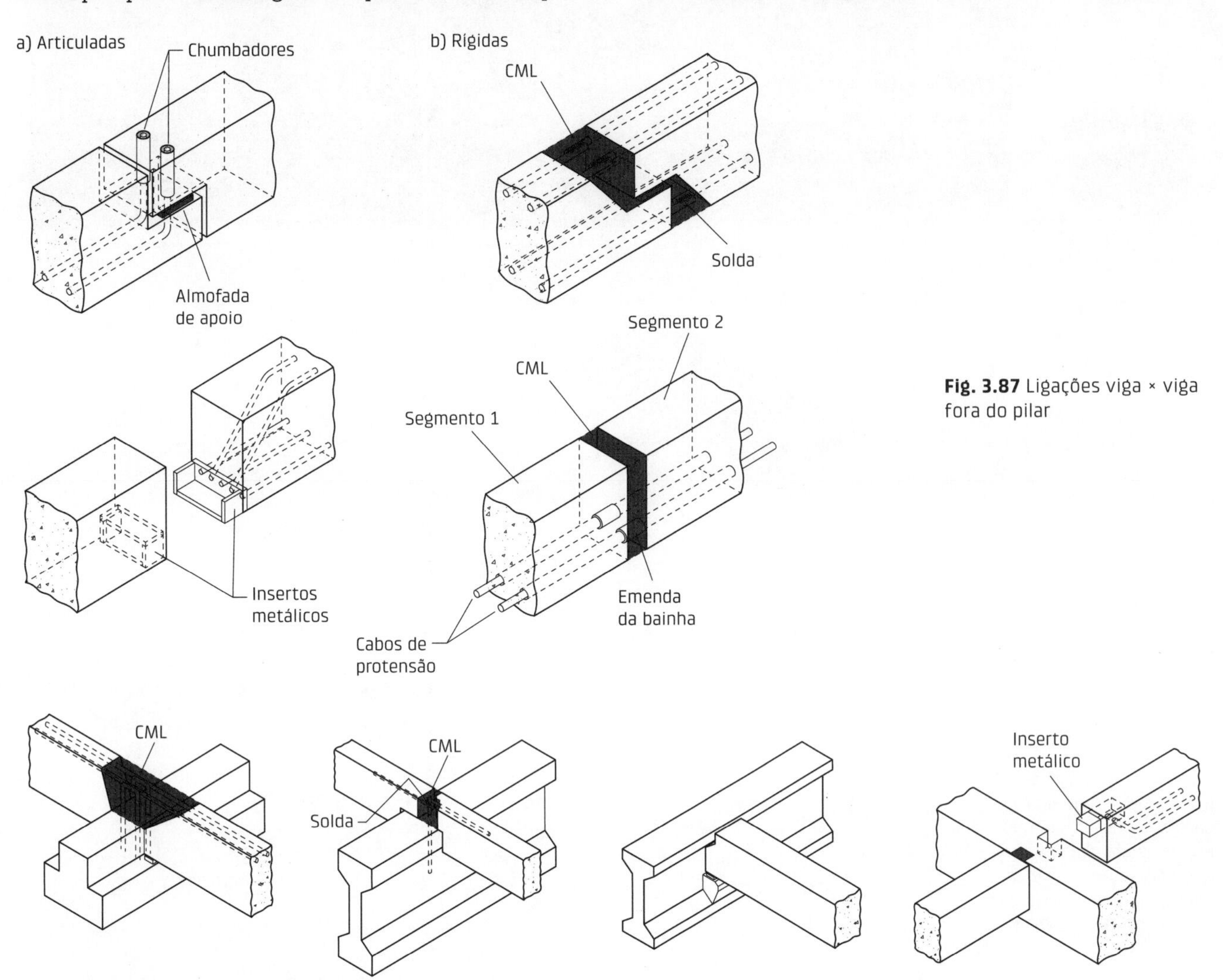

Fig. 3.87 Ligações viga × viga fora do pilar

Fig. 3.88 Ligações viga principal × viga secundária

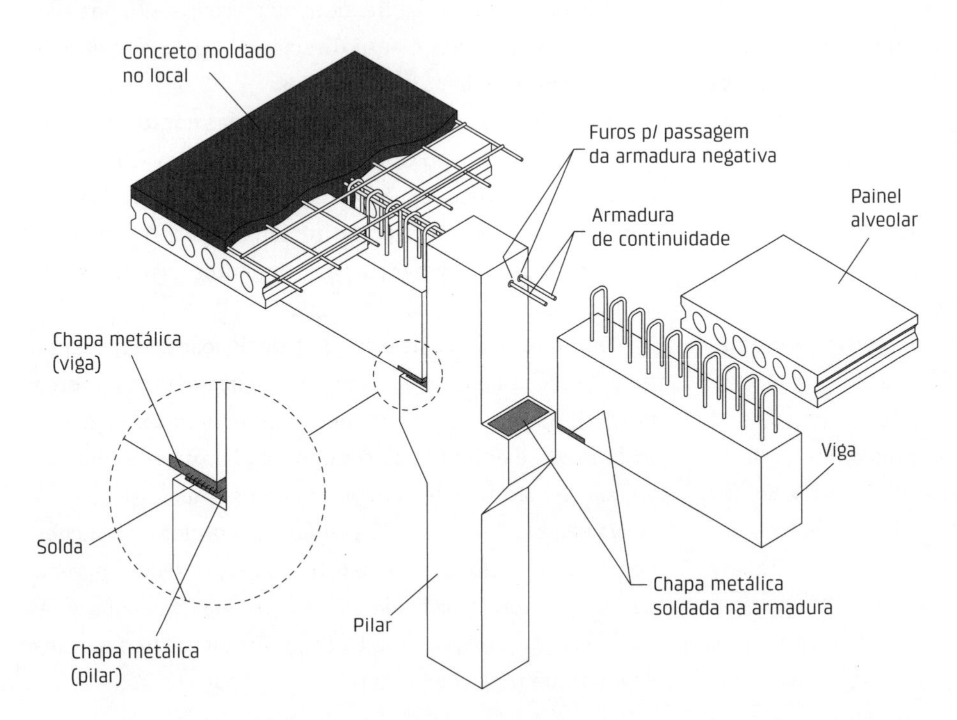

Fig. 3.89 Exemplo de ligação com a combinação dos recursos

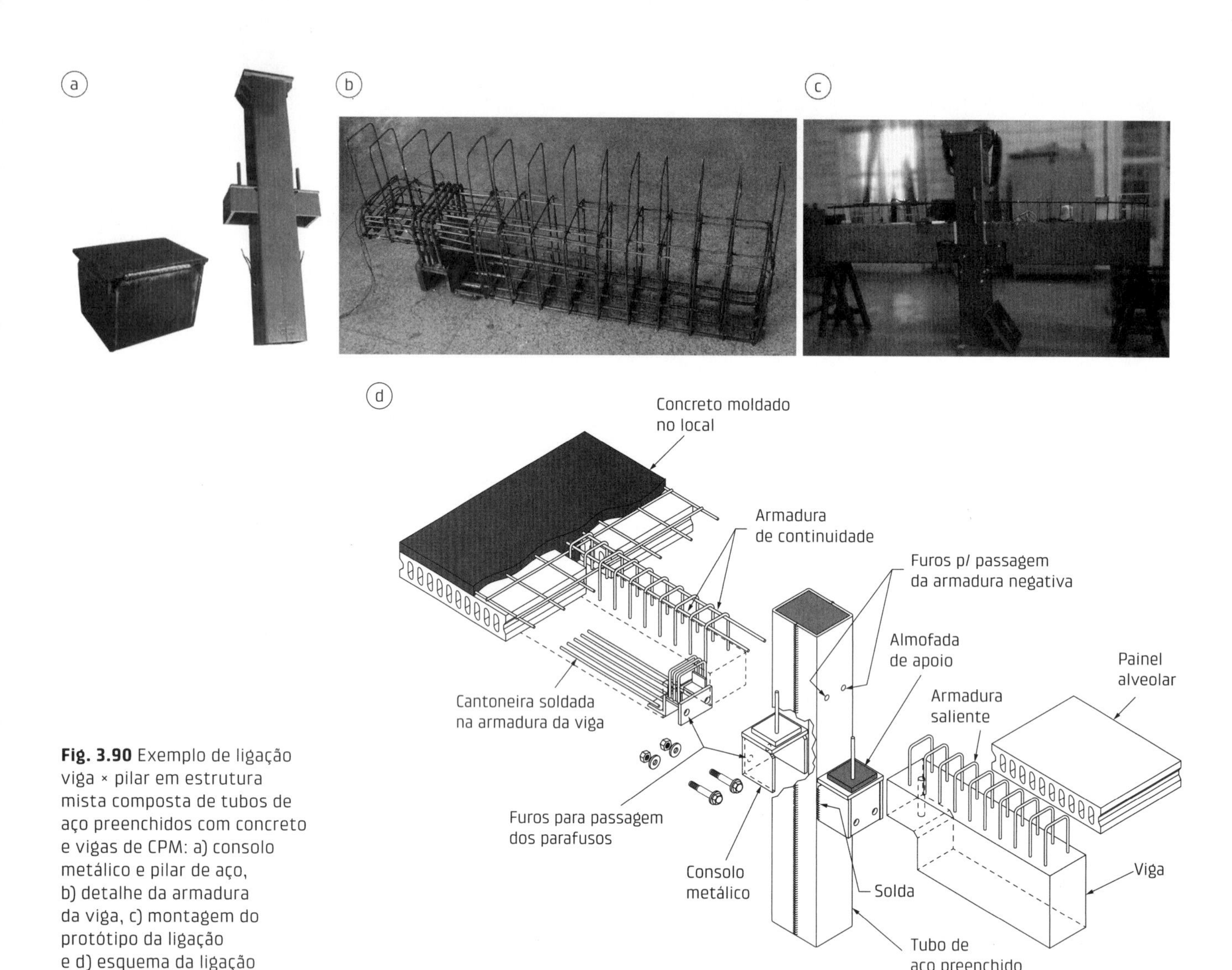

Fig. 3.90 Exemplo de ligação viga × pilar em estrutura mista composta de tubos de aço preenchidos com concreto e vigas de CPM: a) consolo metálico e pilar de aço, b) detalhe da armadura da viga, c) montagem do protótipo da ligação e d) esquema da ligação
Fonte: adaptado de Bezerra, El Debs e El Debs (2011).

Em algumas alternativas de ligação viga × pilar rígida, são feitos estrangulamentos nos pilares. Com esse artifício, pode-se obter uma ligação viga × pilar com características bastante próximas das de estruturas de CML. Cabe observar, no entanto, que os estrangulamentos devem ser realizados de forma a garantir a resistência do pilar em face das solicitações nas situações transitórias. Algumas alternativas de estrangulamento nos pilares, junto à ligação com as vigas ou as lajes, são mostradas na Fig. 3.91.

Devido à sua utilização em grande número, à importância na montagem e à estética, têm sido constantemente procuradas novas alternativas para a ligação viga × pilar. Essa busca tem resultado, em geral, em dispositivos que visam esconder o consolo e promover uma montagem rápida. Existem várias alternativas para ligações articuladas e para ligações rígidas. Alguns dispositivos podem ser vistos em publicações sobre o assunto, como El-Ghazaly e Al-Zamel (1991), Englekirk (1995), Mohamed (1995), Reinhardt e Stroband (1978) e Walraven (1991). Geralmente, esses dispositivos são patenteados.

3.6.2 Ligações em elementos tipo folha

Os elementos tipo folha incluem as placas, as chapas e as cascas. Esse assunto é aqui direcionado para as ligações de elementos de lajes e de paredes.

Essas ligações podem ser classificadas conforme mostrado na Fig. 3.92 e no Quadro 3.4, em que estão indicadas ainda as principais tensões ou esforços transmitidos nas ligações. Essa classificação é direcionada para o caso mais comum de lajes formadas por elementos dispostos em uma direção.

De maneira geral, nesses tipos de ligação são transmitidas tensões de cisalhamento e tensões devidas à força normal. As tensões de cisalhamento podem ser segundo o plano dos elementos ou segundo o plano perpendicular ao dos elementos que concorrem na ligação.

Nas Figs. 3.93 a 3.98 são exibidos exemplos de ligações dos seguintes tipos: parede × fundação, parede × parede na direção horizontal, laje × laje sobre viga, laje × parede, laje × laje na direção longitudinal dos elementos e parede × parede na direção vertical.

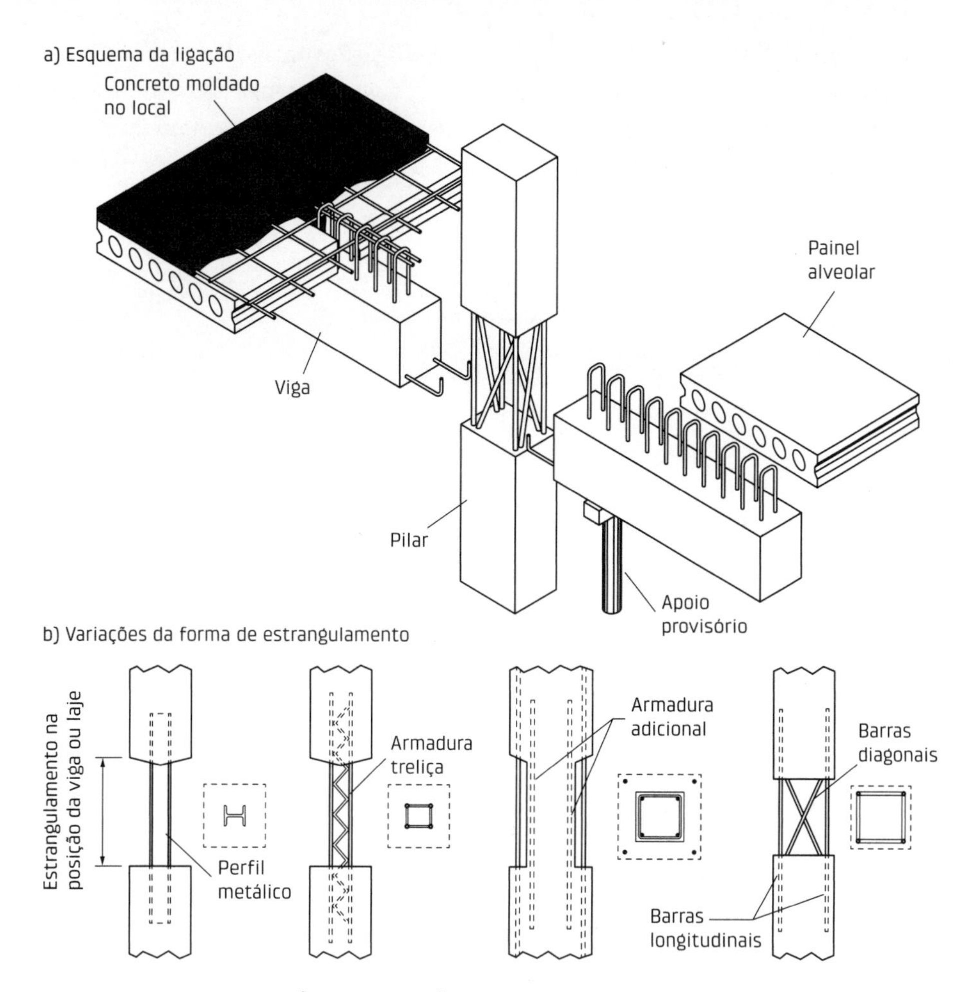

Fig. 3.91 Ligação com estrangulamento dos pilares

Quadro 3.4 CLASSIFICAÇÃO DAS LIGAÇÕES EM ELEMENTOS TIPO FOLHA

	Principais tipos de ligação		Principais tensões ou esforços transmitidos
Grupo 1	Parede × fundação Parede × parede na direção horizontal	(PAR × F) $(\text{PAR} \times \text{PAR})_h$	Força normal e cisalhamento
Grupo 2	Laje × laje sobre viga ou sobre parede Laje × parede	$(\text{L} \times \text{L})_{vig}$ ou $(\text{L} \times \text{L})_{par}$ (L × PAR)	Reação de apoio e eventualmente momento fletor
Grupo 3	Laje × laje na direção longitudinal dos elementos Parede × parede na direção vertical	$(\text{L} \times \text{L})_\ell$ $(\text{PAR} \times \text{PAR})_v$	Cisalhamento
	Outros tipos de ligação		
	Laje × parede ou laje × viga na direção paralela ao eixo dos elementos de laje	$(\text{L} \times \text{PAR})_p$ ou $(\text{L} \times \text{V})_p$	Cisalhamento
	Parede × pilar em estrutura de contraventamento	(PAR × P)	Tensões normais e cisalhamento

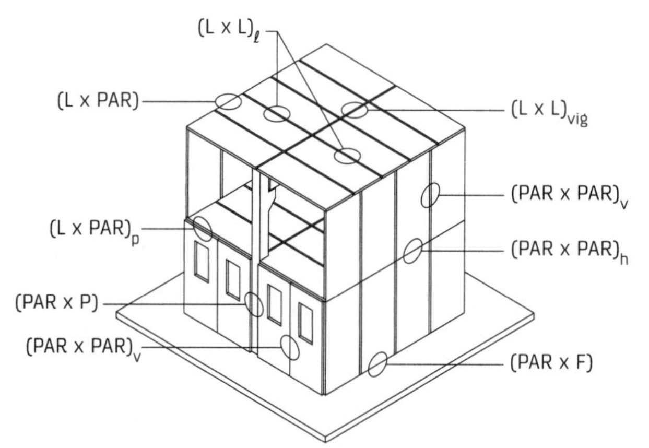

Fig. 3.92 Classificação das ligações em elementos tipo folha (laje e paredes) em uma estrutura hipotética

Chama-se a atenção para o fato de que as ligações parede × fundação e parede × parede na direção horizontal normalmente não são projetadas para transferir momentos fletores, ao contrário das equivalentes nas estruturas de esqueleto.

As ligações laje × laje sobre parede ou sobre viga podem ser com ou sem a transmissão de momentos fletores. Essa característica se repete, com certas particularidades, na ligação laje × parede. Já a transmissão de momentos fletores nas ligações laje × laje na direção longitudinal dos elementos e parede × parede na direção vertical só é prevista em situações particulares. Conforme adiantado, esse tipo de ligação ocorre com frequência nas estruturas de esqueleto.

As ligações laje × laje na direção longitudinal dos elementos e parede × parede na direção vertical são bastante semelhantes, mas a primeira permite recorrer a uma camada de CML.

Cabe salientar que as ligações entre elementos de laje e de viga, que formam os pavimentos, necessitam transferir forças no seu plano para garantir o comportamento como diafragma. No Cap. 5 serão apresentados mais detalhes sobre esse assunto.

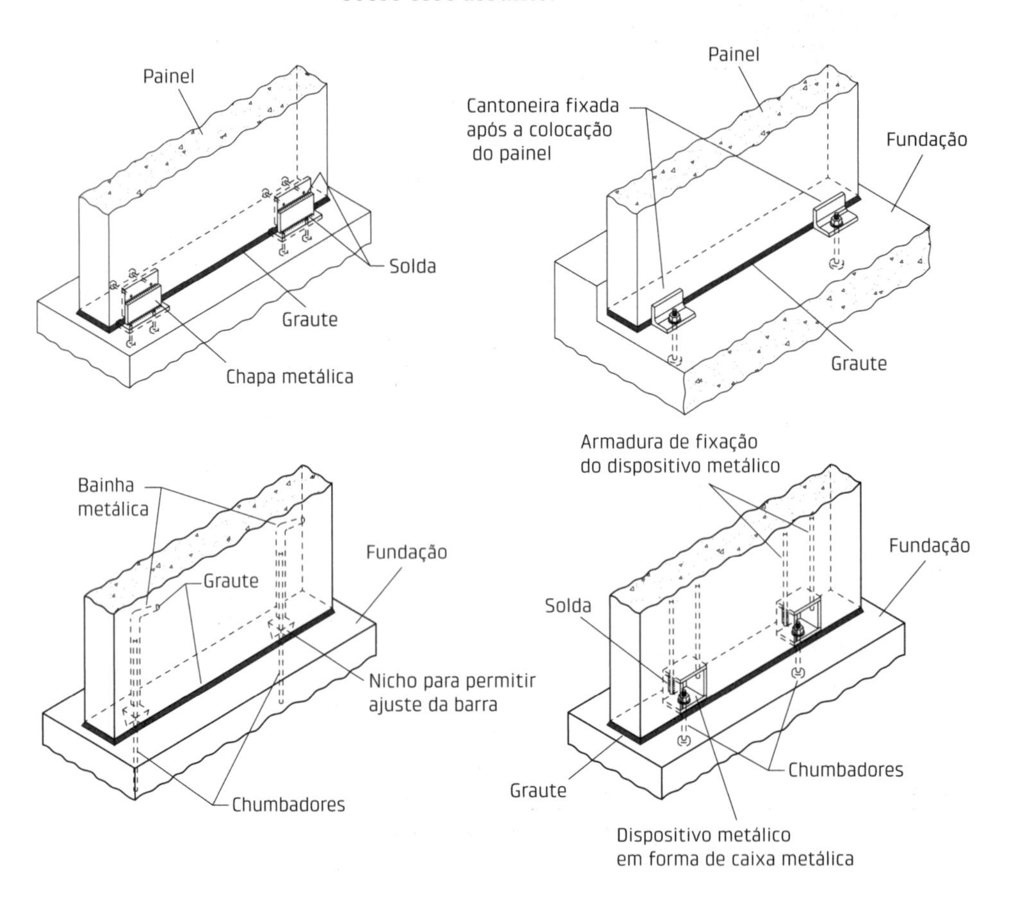

Fig. 3.93 Ligações parede × fundação

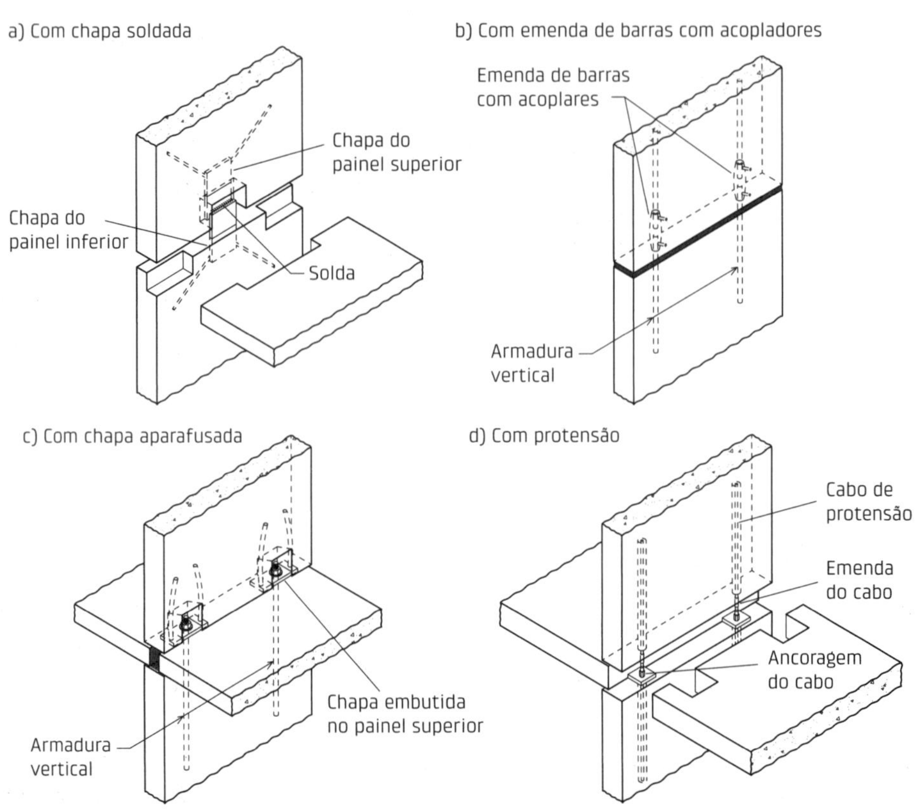

Fig. 3.94 Ligações parede × parede na direção horizontal

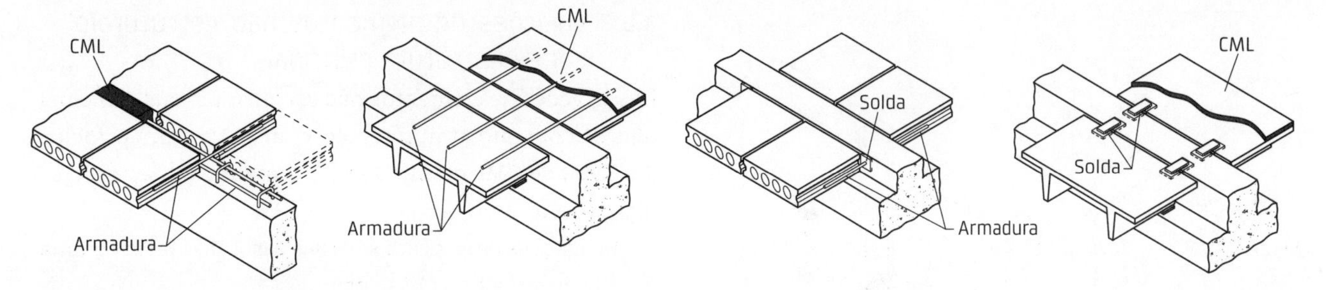

Fig. 3.95 Ligações laje × laje sobre viga

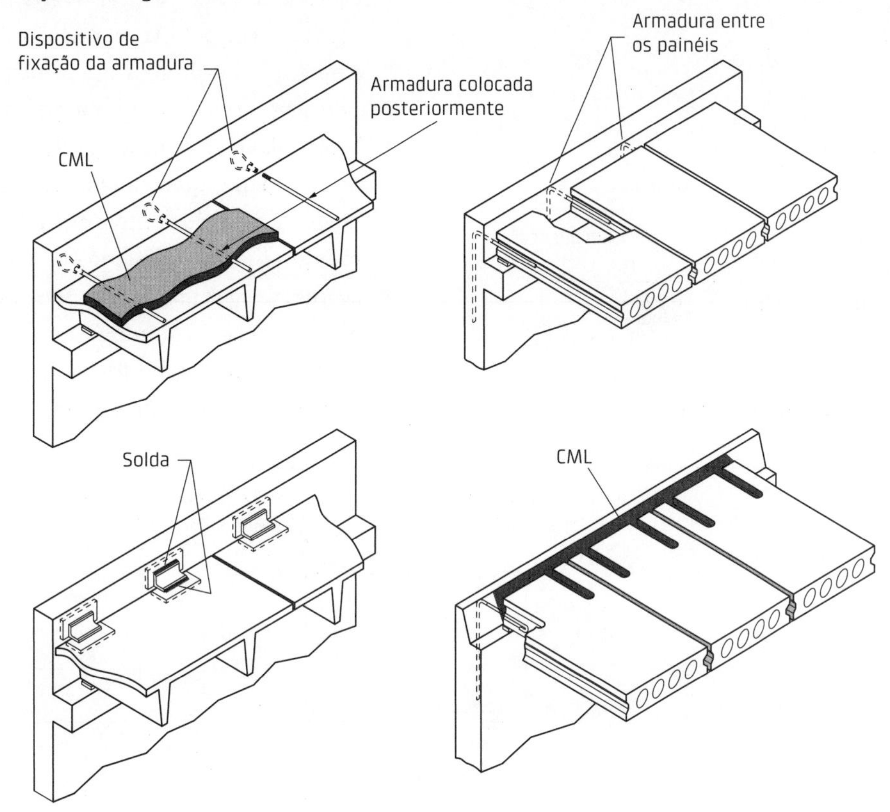

Fig. 3.96 Ligações laje × parede

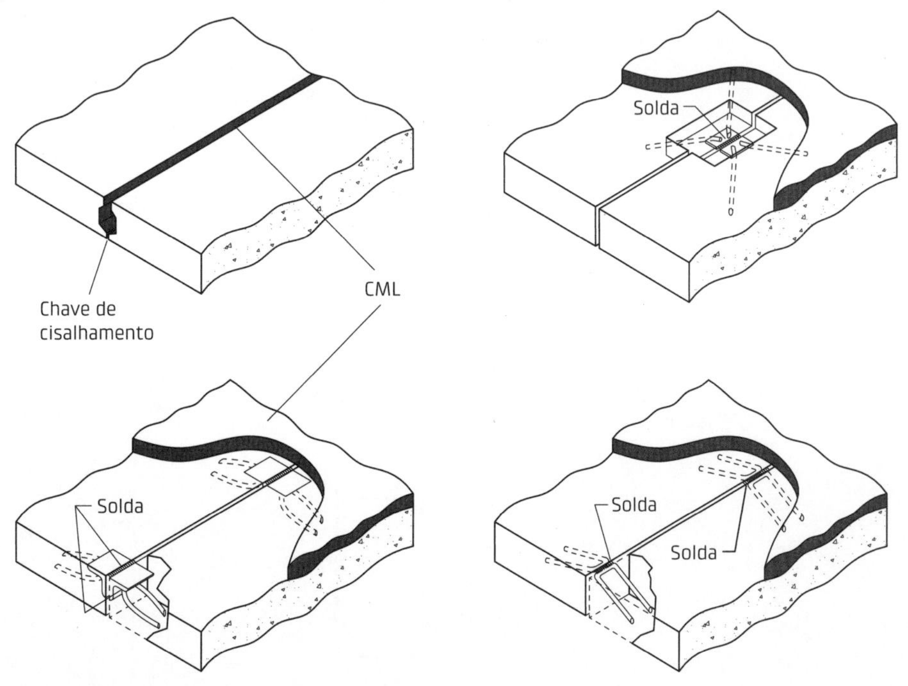

Fig. 3.97 Ligações laje × laje na direção longitudinal dos elementos

3.6.3 Ligações de elementos não estruturais com a estrutura principal

Nas ligações de elementos não estruturais, tais como painéis de concreto arquitetônico, com a estrutura principal (de CPM, de CML ou metálica), normalmente se recorre a dispositivos metálicos.

As ligações empregadas nesses casos podem ser enquadradas em três tipos básicos:

a. *ligações de apoio vertical* (Fig. 3.99a): essa ligação é responsável pela transmissão do peso próprio do elemento para a estrutura principal, podendo ou não permitir o movimento horizontal;

b. *ligações de apoio lateral* (Fig. 3.99b): esse caso corresponde às ligações que transmitem as forças horizontais devido à ação do vento e que permitem, em geral, os movimentos no plano do elemento;

c. *ligações de alinhamento* (Fig. 3.99c): esse tipo de ligação é empregado para impedir o deslocamento relativo entre os painéis, de forma que o esforço principal transmitido é o cisalhamento.

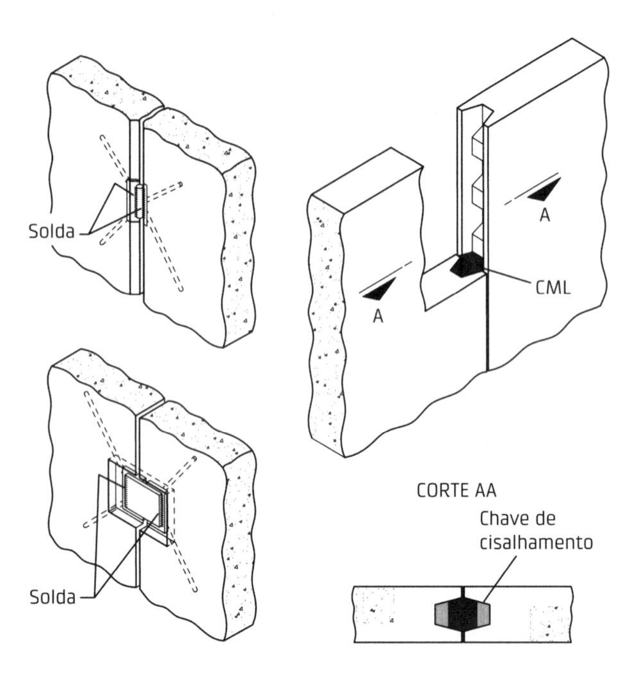

Fig. 3.98 Ligações parede × parede na direção vertical

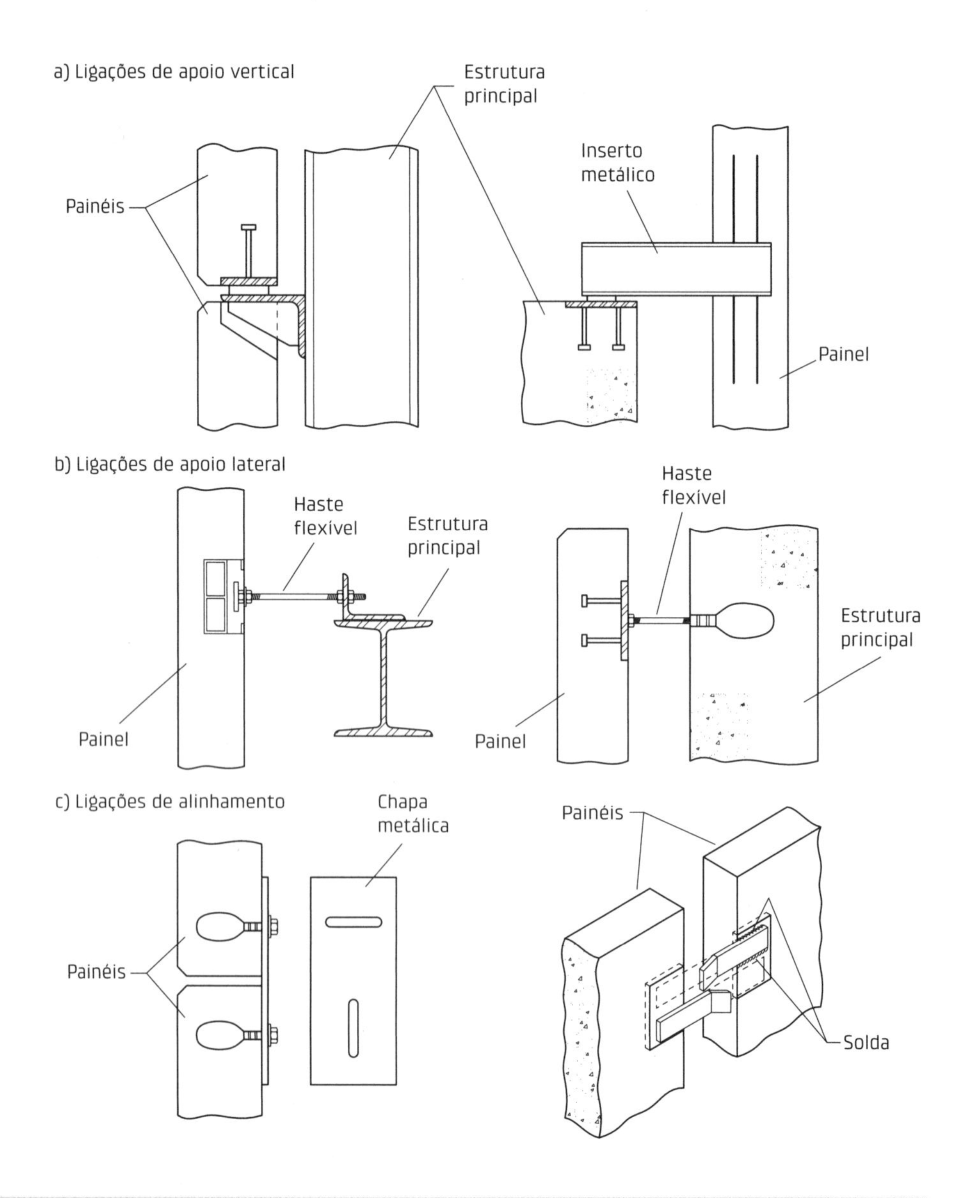

Fig. 3.99 Tipos de ligação de elementos não estruturais com a estrutura principal
Fonte: adaptado de PCI (1988).

3.7 Análise de alguns tipos de ligação

3.7.1 Ligação pilar × fundação por meio de cálice de fundação

Conforme foi adiantado, a ligação pilar × fundação por meio de cálice de fundação consiste no embutimento de uma parte do pilar no elemento estrutural da fundação. Esse tipo de ligação apresenta facilidades de montagem e de ajuste aos desvios de execução, além de transmitir de forma eficiente os momentos fletores. Por outro lado, a ligação fica bastante pronunciada, exceto quando embutida na fundação. Por esse motivo, ela é usualmente escondida e a sua utilização em divisa é praticamente inviável. Algumas variantes desse tipo de ligação são mostradas na Fig. 3.100.

Em função da superfície interna da cavidade e da superfície da base do pilar no trecho de embutimento, as ligações por meio de cálice podem apresentar as seguintes situações extremas: cálices de interfaces lisas e cálices de interfaces com chaves de cisalhamento. Naturalmente, existem situações intermediárias, em que as superfícies do cálice e da base do pilar apresentam uma rugosidade entre lisa e com chave de cisalhamento. Tomando as interfaces lisas como referência, a transferência dos esforços melhora com o emprego de rugosidade e se torna mais eficiente com as chaves de cisalhamento, mas a ligação vai se tornando mais trabalhosa.

Como a rugosidade pode ter um espectro muito amplo e a situação mais desfavorável corresponde à das interfaces lisas, convém, para projeto, fazer a classificação em a) cálices de interfaces lisas e rugosas e b) cálices de interfaces com chaves de cisalhamento, conforme apresentado na Fig. 3.101.

O cálice é considerado de interfaces rugosas quando há uma rugosidade mínima. Como referência, sugerem-se os valores mínimos de 3 mm a cada 30 mm, na superfície interna do cálice e na superfície da base do pilar, ao longo de toda a altura de embutimento. Quando essa condição não é atingida, o cálice é classificado como de interfaces lisas. Por sua vez, ocorre cálice de interfaces com chaves de cisalhamento quando a configuração das chaves apresenta uma profundidade mínima de 10 mm a cada pelo menos 100 m, na superfície interna do cálice e na superfície da base do pilar, ao longo de toda a altura de embutimento.

No caso de cálices de interfaces lisas e rugosas, a transferência dos esforços na ligação, quando há a predominância de flexão, ocorre basicamente da seguinte forma (Fig. 3.102): a) as solicitações M_d e V_d são transmitidas do pilar, através do concreto de enchimento, para as paredes transversal frontal (face frontal) e transversal posterior (face posterior) do cálice; b) as pressões nas paredes mobilizam também forças de atrito; e c) a força normal do pilar, reduzida pelas forças de atrito, é transmitida para o fundo do cálice com uma excentricidade e também tende a mobilizar atrito.

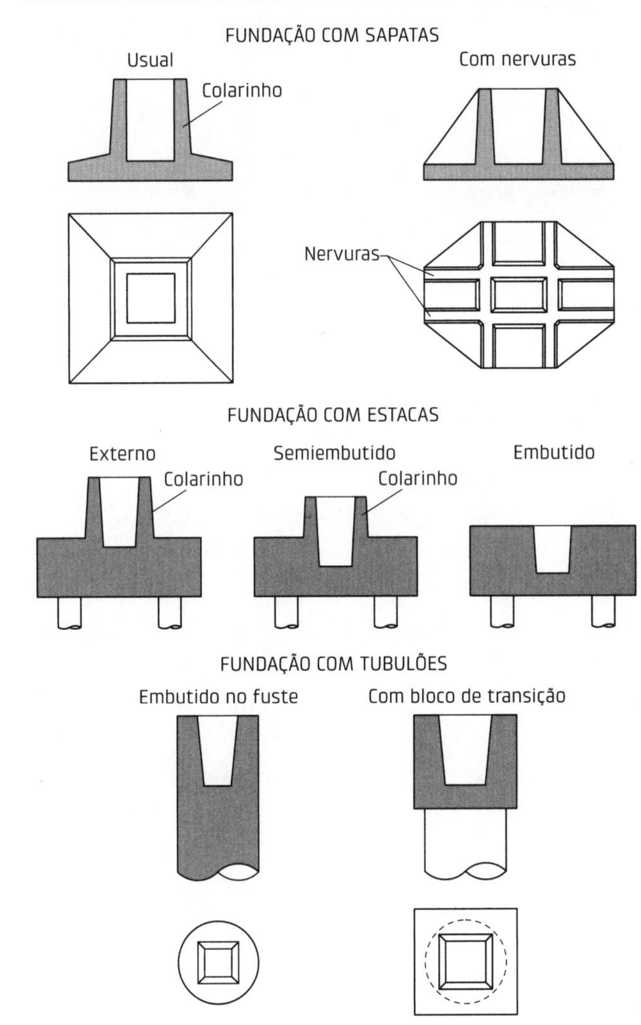

Fig. 3.100 Formas de cálice de fundação

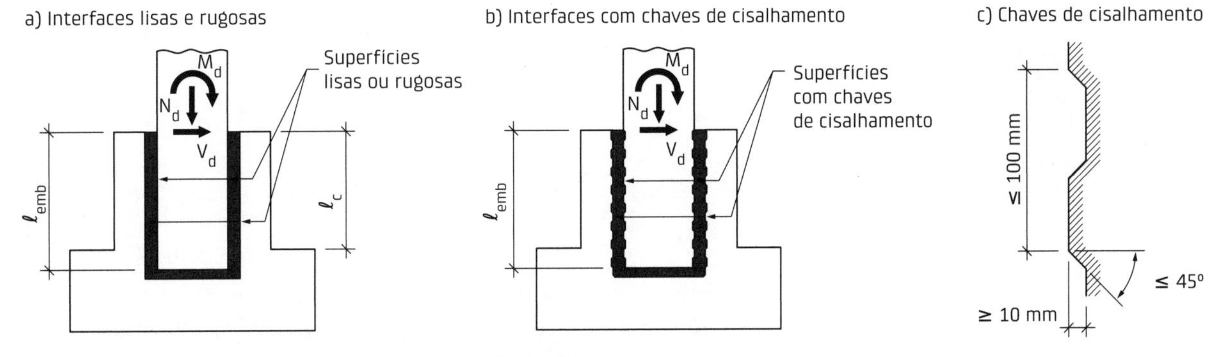

Fig. 3.101 Classificação dos cálices e detalhes da chave de cisalhamento

Quando a excentricidade da força normal for reduzindo, ou seja, não houver predominância da flexão, as pressões horizontais vão sendo reduzidas. Em consequência, as solicitações nas paredes do cálice vão sendo reduzidas e o sentido da força de atrito na face posterior pode se inverter. Por outro lado, a redução das pressões diminui a intensidade das forças de atrito, o que faz com que a resultante da força que chega à base do pilar tenda a ser a força normal no pilar ao nível do topo do cálice.

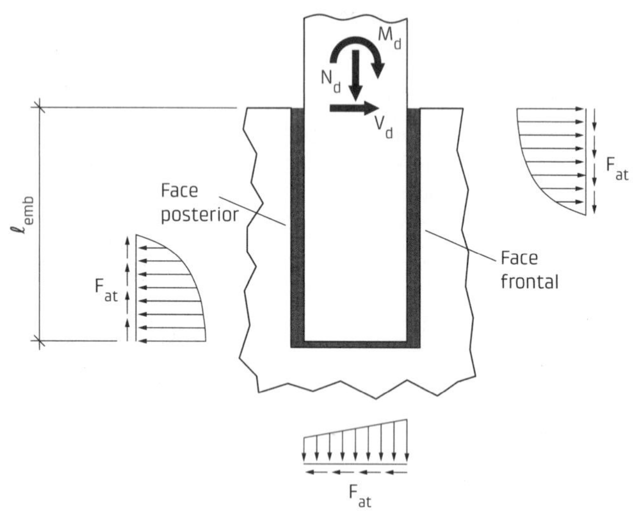

Fig. 3.102 Transferência dos esforços em cálice de interfaces lisas e rugosas

No caso de cálices de interfaces com chaves de cisalhamento, a transferência dos esforços de cisalhamento entre o pilar e as paredes internas do cálice é feita por bielas de compressão, como mostrado na Fig. 3.103 para uma situação com predominância de flexão. À medida que a excentricidade da força normal vai sendo reduzida, as tensões nas bielas da parede posterior vão sendo igualmente reduzidas, mudando de direção quando houver somente tensões normais de compressão na base do pilar.

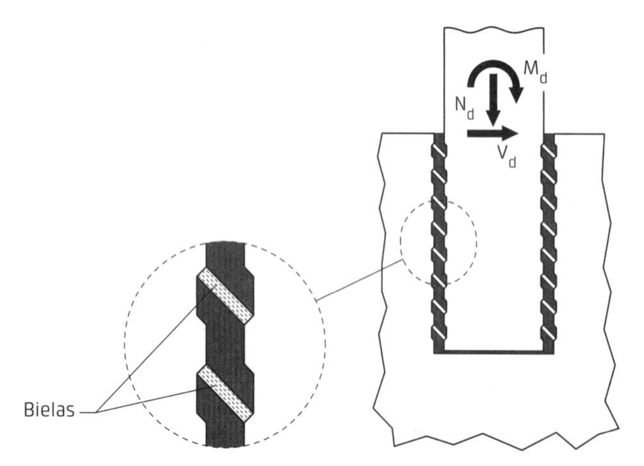

Fig. 3.103 Transferência dos esforços em cálice de interfaces com chaves de cisalhamento

Chama-se a atenção para o fato de que a transferência de cisalhamento por biela só será garantida quando existirem chaves de cisalhamento na superfície interna do cálice e do pilar. Em virtude disso, a configuração das chaves deve apresentar espaçamento e profundidade mínimos. Cabe também destacar que a transição de interfaces lisas para interfaces com chaves de cisalhamento, passando pelas interfaces rugosas, é gradual e sem separação nítida. O projetista deve ficar atento para esse fato e, se julgar necessário, fazer verificações adicionais de forma a cobrir a incerteza do comportamento intermediário.

Uma das dimensões mais importantes desse tipo de ligação é o comprimento de embutimento do pilar. Os valores encontrados nas publicações sobre o assunto mostram certa discrepância. Por exemplo, no boletim 43 da fib (2008) são indicados os seguintes valores mínimos: 2h para grandes excentricidades ($M_d/(N_d h) \geq 2$) e 1,2h para pequenas excentricidades ($M_d/(N_d h) \leq 0{,}15$), sendo h a dimensão da seção transversal do pilar, paralela ao plano de ação do momento M_d. Esses valores poderiam ser reduzidos no caso de interface com chaves de cisalhamento, segundo ainda o mesmo boletim. Já em Leonhardt e Mönnig (1978b) recomendam-se os valores de 2,8h e 1,68h, no caso de interfaces lisas, e 2,0h e 1,2h, no caso de interfaces com chaves de cisalhamento, para grandes e pequenas excentricidades, respectivamente. O termo originalmente adotado por Leonhardt e Mönnig (1978b), "rugosas", foi ajustado para a definição das interfaces aqui utilizada.

Com base em indicações das publicações sobre o assunto e em estudo experimental apresentado em Jaguaribe Junior (2005) para grandes excentricidades, recomendam-se os valores da Tab. 3.7, que são os mesmos da NBR 9062 (ABNT, 2017a).

Tab. 3.7 COMPRIMENTOS MÍNIMOS DE EMBUTIMENTO DO PILAR

Interfaces	$\frac{M_d}{N_d h} \leq 0{,}15$	$\frac{M_d}{N_d h} \geq 2$
Lisas e rugosas	1,5h	2,0h
Com chaves de cisalhamento	1,2h	1,6h

Notas: 1) h é a dimensão da seção transversal do pilar, paralela ao plano de ação do momento M_d; 2) interpolar valores intermediários.

Cabe observar que, na situação de pequenas excentricidades ($M_d/(N_d h) \leq 0{,}15$), para pilar de seção retangular, a resultante estaria dentro do núcleo central da seção e, portanto, as tensões no pilar seriam apenas de compressão.

Interfaces lisas e rugosas

Com base em indicações das publicações sobre o assunto e nos estudos apresentados em Canha (2004), Canha et al. (2009) e Campos (2010), recomenda-se, para o caso de grandes excentricidades ($M_d/(N_d h) \geq 2$), o modelo exibido na Fig. 3.104.

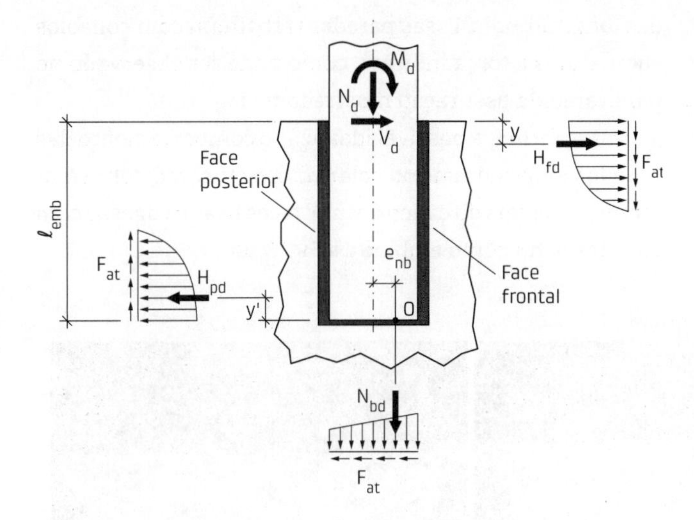

Fig. 3.104 Transferência dos esforços em cálice de interfaces lisas e rugosas com grande excentricidade

Considerando as forças de atrito como o produto do coeficiente de atrito μ pela resultante das pressões normais e fazendo o equilíbrio de momentos em relação ao ponto O, obtém-se a resultante:

$$H_{fd} = \frac{M_d - N_d\left(e_{nb} + \dfrac{\mu y' - \mu^2(0{,}5h + e_{nb})}{1+\mu^2}\right) + V_d\left(\ell_{emb} - \dfrac{y' - \mu(0{,}5h + e_{nb})}{1+\mu^2}\right)}{\ell_{emb} - y - y' + \mu h} \quad (3.61)$$

Do equilíbrio de forças na direção horizontal e vertical, pode-se obter as resultantes:

$$H_{pd} = H_{fd} - \frac{V_d + \mu N_d}{1+\mu^2} \quad (3.62)$$

$$N_{bd} = \frac{N_d - \mu V_d}{1+\mu^2} \quad (3.63)$$

Nas publicações sobre o assunto são encontradas indicações de valores de coeficientes de atrito e das posições das resultantes y e e_{nb}. Uma síntese do assunto, na qual é possível notar a discrepância desses valores, pode ser vista em Canha (2004).

Recomendam-se para cálices de interfaces lisas os seguintes valores: $e_{nb} = h/4$, $y = y' = \ell_{emb}/10$ e coeficiente de atrito na interface de 0,30. Esses valores são baseados em resultados experimentais em cálice com colarinho descritos em Canha (2004), em que se procurou destruir a adesão nas juntas do concreto de enchimento mediante desmoldante e força inicial cíclica, de forma a contar somente com atrito nas interfaces. Destaca-se que o atrito que se ajustou aos resultados experimentais foi de 0,6. No entanto, para o projeto está sendo recomendado metade desse valor, ou seja, 0,3. No caso de interfaces rugosas, conforme os valores mínimos indicados na seção anterior, sugere-se o valor de 0,6.

Considerando os valores de $e_{nb} = h/4$ e $y = y' = \ell_{emb}/10$, obtém-se a seguinte expressão da resultante H_{fd}, em função do coeficiente de atrito:

$$H_{fd} = \frac{M_d - N_d\left[0{,}25h + \mu\left(\dfrac{0{,}1\ell_{emb} - 0{,}75\mu h}{1+\mu^2}\right)\right] + V_d\left[\ell_{emb} - \left(\dfrac{0{,}1\ell_{emb} - 0{,}75\mu h}{1+\mu^2}\right)\right]}{0{,}8\ell_{emb} + \mu h} \quad (3.64)$$

À medida que a excentricidade da força normal for diminuindo, a distribuição das pressões horizontais na parede interna do cálice tenderá a ser de forma triangular, a excentricidade da resultante das pressões N_{bd} na base tenderá ao eixo do pilar e o sentido da força de atrito na parede posterior tenderá a se inverter. Para essa situação, as pressões nas paredes internas diminuem, mas, por outro lado, a resultante das pressões na base aumenta e se torna mais importante.

Em virtude do exposto, para pequenas excentricidades ($M_d/(N_d h) \le 0{,}15$), recomenda-se $e_{nb} = 0$, $y = y' = \ell_{emb}/6$ e coeficiente de atrito nulo. Empregando esses valores, as resultantes nas pressões e respectivos pontos de aplicação são os fornecidos no Quadro 3.5.

Quadro 3.5 RESULTANTES DAS PRESSÕES E RESPECTIVOS PONTOS DE APLICAÇÃO DE H_{fd} NO CÁLICE PARA PEQUENAS EXCENTRICIDADES ($M_d/(N_d h) \le 0{,}15$), COM $\mu = 0$

H_{fd}	H_{pd}	$y = y'$	N_{bf}	e_{nb}
$1{,}5\dfrac{M_d}{\ell_{emb}} + 1{,}25V_d$	$1{,}5\dfrac{M_d}{\ell_{emb}} + 0{,}25V_d$	$0{,}167\ell_{emb}$	N_d	0

Para excentricidades intermediárias ($0{,}15 < M_d/(N_d h) < 2$), pode-se fazer uma interpolação linear dos valores obtidos para grandes e pequenas excentricidades.

Para cálices com colarinho, as pressões do pilar, correspondentes à resultante H_{fd}, tendem a produzir flexão na parede frontal do colarinho. No entanto, à medida que os esforços aumentam, essa parede do colarinho se deforma e as pressões tendem a se concentrar nos cantos, reduzindo-se no meio da parede.

De fato, os resultados experimentais apresentados em Canha et al. (2009) mostram que a parede frontal do colarinho fica submetida a uma flexotração, com maior tração na face externa do colarinho. A Fig. 3.105 exibe o panorama da fissuração da parte superior do colarinho, no qual é possível observar que as fissuras iniciam na parte externa e a maior parte atravessa o colarinho.

A Fig. 3.106a mostra uma idealização da distribuição das pressões na parede frontal do cálice. Os valores experimentais das deformações das armaduras comprovam que a parede frontal do colarinho, nos estágios avançados de força, fica submetida a uma flexotração. Com base em simulações feitas com uma distribuição de pressões polinomial e assumindo que a parcela das pressões que se concentra no canto do pilar é transferida para o canto do colarinho com um ângulo de θ = 45°, o estudo desenvolvido em Canha et al. (2009) indica que 85% da tensão na armadura seria proveniente da tração e 15% da flexão no modelo da Fig. 3.106c. Para projetos, pode-se considerar apenas a tração, pois a diferença na área das armaduras é pequena, conforme exposto em Campos (2010).

As resultantes das pressões da parede frontal são transferidas para a fundação basicamente por meio das paredes longitudinais. Essas paredes trabalham com consolos submetidos a força indireta, como pode ser observado no panorama da fissuração mostrado na Fig. 3.107.

Dessa forma, é possível idealizar o comportamento das paredes longitudinais do colarinho, bem como das armaduras principais do cálice de interfaces lisas e rugosas com colarinho, tal como exibido na Fig. 3.108.

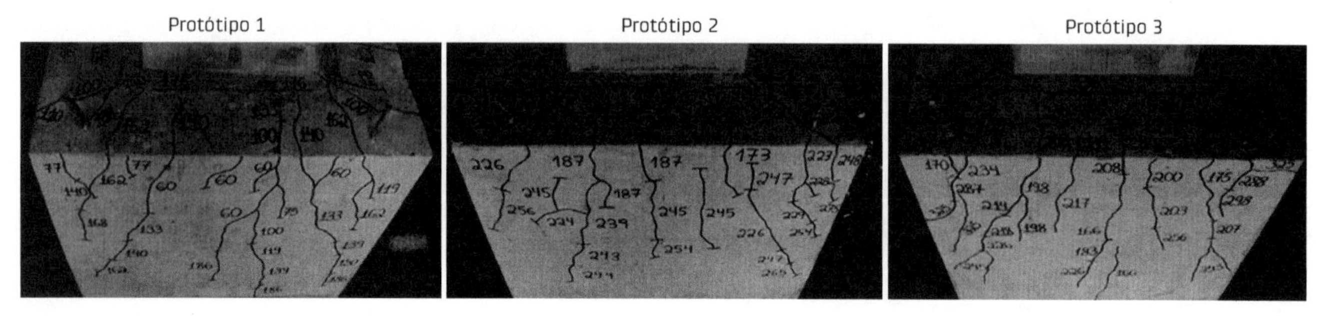

Fig. 3.105 Panorama da fissuração na parede frontal de protótipos com interfaces lisas

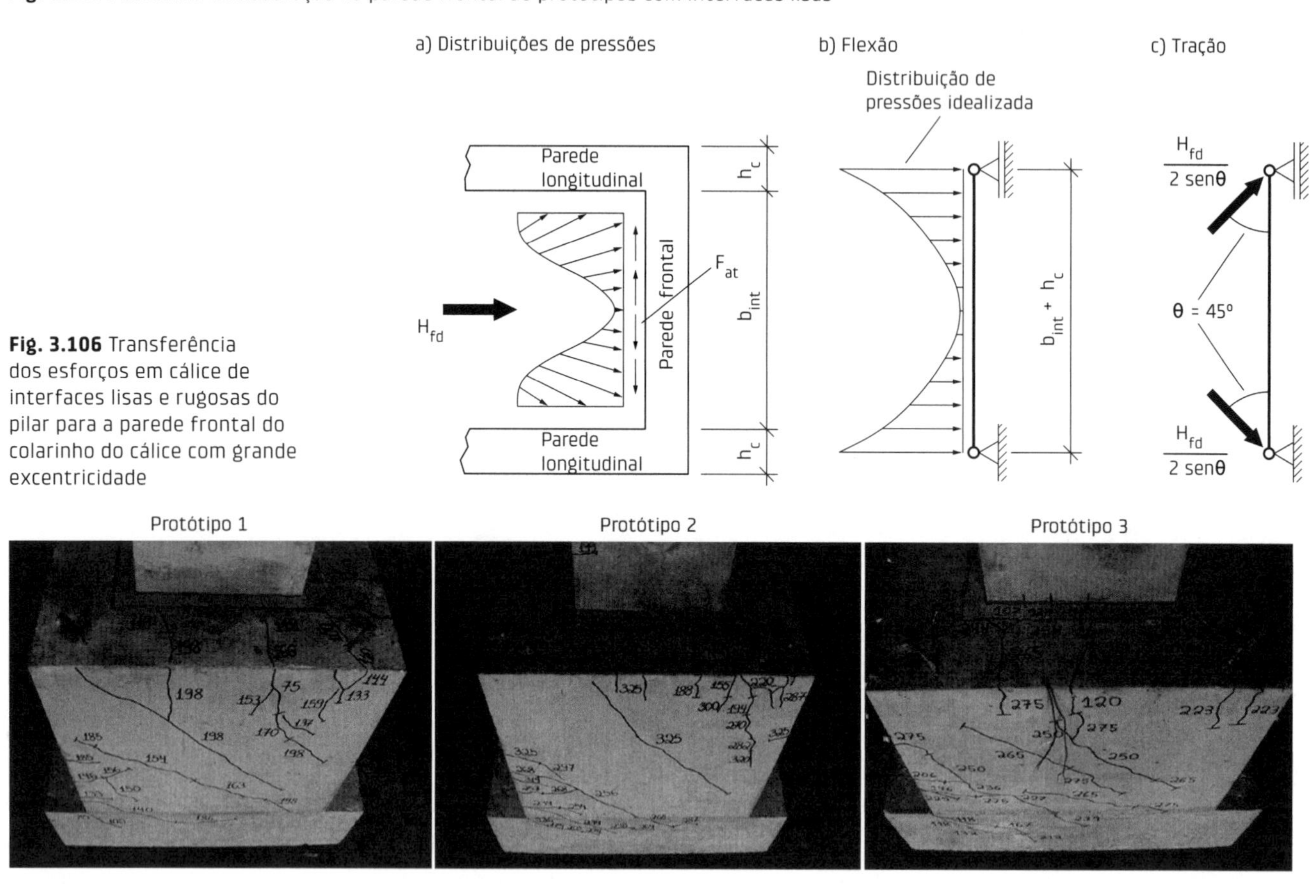

Fig. 3.106 Transferência dos esforços em cálice de interfaces lisas e rugosas do pilar para a parede frontal do colarinho do cálice com grande excentricidade

Fig. 3.107 Panorama da fissuração nas paredes longitudinais de protótipos com interfaces lisas

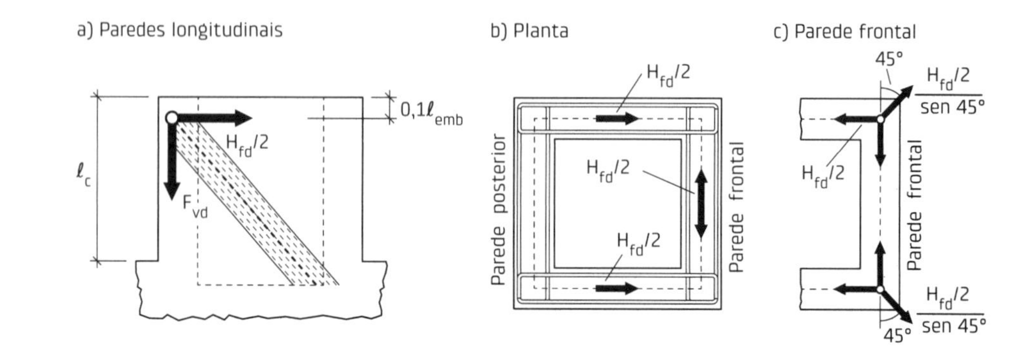

Fig. 3.108 Transferência dos esforços em cálice de interfaces lisas e rugosas da parede frontal para a fundação

As pressões na parede posterior tendem a ser transmitidas para a fundação sem introduzir esforços significativos nas paredes do colarinho. Para garantir que os esforços sejam desprezados, recomenda-se embutir um trecho de $0{,}1\ell_{emb}$ no elemento de fundação.

Em virtude do comportamento apresentado, o esquema da armadura do cálice com colarinho é exibido na Fig. 3.109 considerando que a armadura horizontal da parede frontal é igual à das paredes longitudinais.

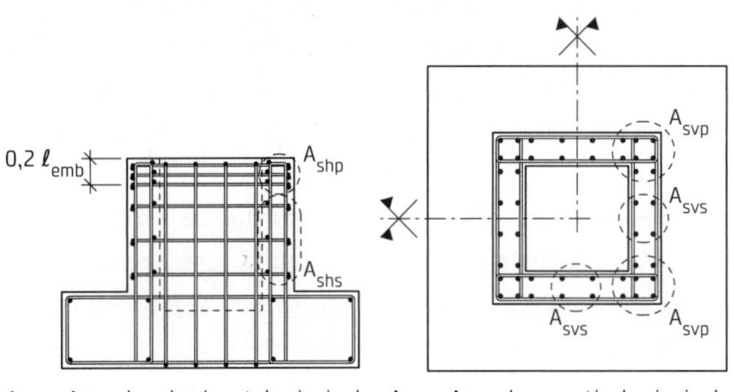

Fig. 3.109 Esquema da armadura do cálice com colarinho

Levando em conta a simetria na armação, a armadura horizontal principal, disposta em cada parede longitudinal e nas paredes transversais, no trecho $0{,}2\ell_{emb}$ vale:

$$A_{shp} = \frac{H_{fd}}{2f_{yd}} \quad (3.65)$$

em que f_{yd} é a resistência de cálculo da armadura.

O cálculo da armadura A_{svp} e a verificação do esmagamento do concreto podem ser feitos considerando as paredes longitudinais como consolos curtos, com comprimento ℓ_c e altura h_{ext}. Assim, conforme o modelo da Fig. 3.110:

$$A_{svp} = \frac{F_{vd}}{f_{yd}} \quad (3.66)$$

$$\sigma_c = \frac{R_c}{h_{bie}h_c} \leq 0{,}85f_{cd} \quad (3.67)$$

No caso de $tg\ \beta \leq 0{,}4$, esse cálculo deve ser alterado, passando a ser feito considerando as paredes longitudinais como consolos muito curtos, seguindo a recomendação presente na seção 3.5.1.

No caso de cálices sem colarinho, que poderiam ser utilizados em blocos sobre estacas ou em fundação com tubulões, é necessário empregar modelos de transferência que dependem de cada caso. Em geral, modelos de biela e tirante são bastante úteis para esses casos. Algumas situações de cálices sem colarinho em blocos sobre estacas podem ser vistas em Carvalho, Canha e El Debs (2013).

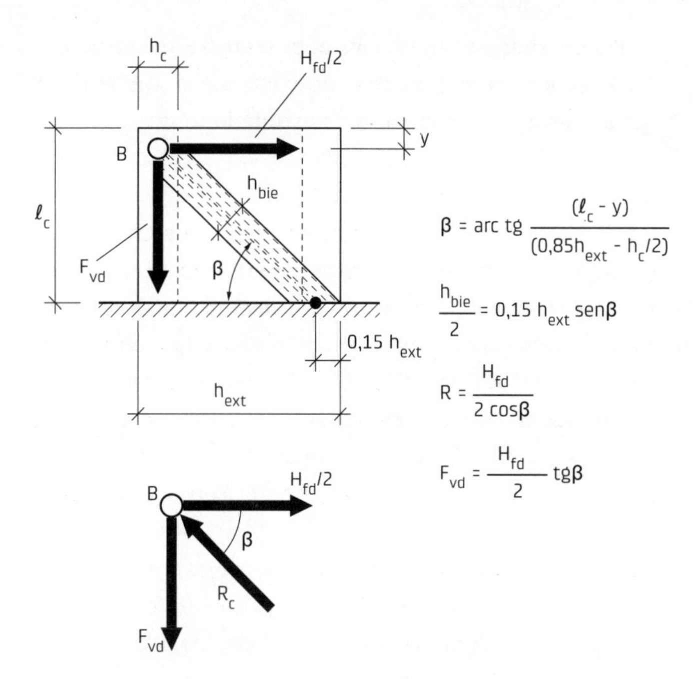

Fig. 3.110 Indicações para a verificação da parede como consolo curto

A resultante das pressões N_{bd}, calculada como já apresentado, aplicada pela base do pilar no fundo do cálice, deve ser transferida para a fundação. Essa resultante tende a produzir punção em fundação por sapatas e blocos sobre estacas com cálices embutidos. Para essa verificação, em geral a situação mais crítica corresponde à máxima força normal com menor momento fletor.

Para a verificação da punção da parte da fundação abaixo da base do pilar, pode-se contar com uma armadura de suspensão, que possibilita transferir a parcela α da resultante que chegaria à base, pelas paredes do cálice. No caso de cálice com colarinho mostrado na Fig. 3.111, a punção seria verificada para duas situações: a) com a parcela não suspendida e uma superfície potencial de separação partindo do pilar, e b) com a totalidade da força, com uma superfície potencial de separação ampliada. Essa armadura de suspensão, a ser acrescida à armadura vertical necessária para outras solicitações, é calculada por:

$$A_s = \alpha N_d / f_{yd} \quad (3.68)$$

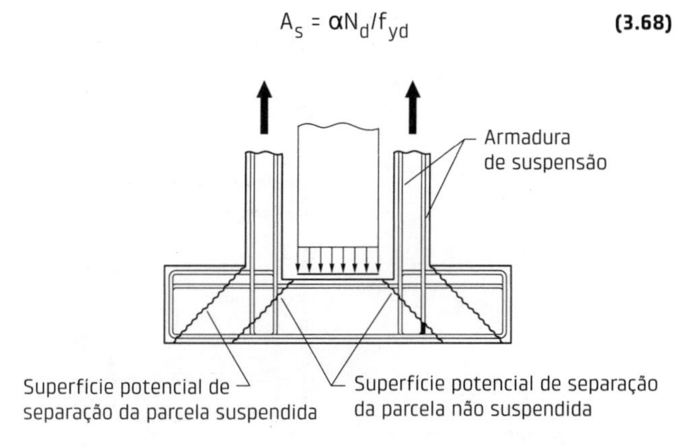

Fig. 3.111 Punção da base e armadura de suspensão do cálice com paredes lisas

Recomenda-se limitar o valor de α em 0,5, com base em publicações que tratam de punção em laje-cogumelo, nos quais o assunto está mais bem estudado.

Interfaces com chaves de cisalhamento

Conforme adiantado, considera-se que a transferência dos esforços do pilar para as paredes internas do cálice é feita por meio de bielas. Nesse caso, a transferência de cisalhamento se desenvolve praticamente em toda a altura das paredes frontal e posterior, bem como nas paredes longitudinais. Um estudo apresentado em Canha et al. (2009) com base em resultados experimentais de um cálice com grande excentricidade e colarinho indica que a transferência de cisalhamento foi integral do pilar para as paredes internas do cálice para um comprimento de embutimento de 1,6h. No entanto, quando o comprimento foi reduzido para 1,2h, já não houve a mesma eficiência. Portanto, as indicações aqui apresentadas aplicam-se aos comprimentos de embutimento de no mínimo 1,6h.

Embora possa existir transferência de tensões de compressão pela base do pilar e pelo concreto/graute de enchimento, propõe-se considerar, no caso de cálice com colarinho, que a seção resistente para o momento fletor e a força normal, na seção da base do pilar, é a seção transversal formada apenas pelo colarinho. Ainda que a parte interna da seção possa ter uma contribuição muito pequena, é mais prudente não levá-la em conta. Assim, a armadura vertical seria calculada conforme o modelo da Fig. 3.112.

Como pode ser observado, é possível contar com a armadura da parede posterior e parte da armadura das paredes longitudinais. Essas armaduras seriam calculadas com a formulação de flexocompressão para concreto armado, para a força normal $N_{bd} = N_d$ e $M_{bd} = M_d + V_d \ell_{emb}$, para uma seção resistente correspondente ao colarinho (Fig. 4.112a). Uma simplificação indicada para esse caso é considerar a armadura da parede posterior concentrada em um nível e utilizar um diagrama retangular para as tensões de compressão (Fig. 3.112c).

No caso de cálices sem colarinhos ou com colarinhos semiembutidos, pode-se, com os devidos cuidados, fazer adaptações dessas indicações para o cálculo da armadura vertical do cálice.

As bielas que fazem a transferência dos esforços do pilar para a parede interna do cálice produzem pressões horizontais. Conforme Canha et al. (2009), com base em resultados experimentais de cálices com colarinho, a inclinação das bielas não é constante e é menos inclinada em relação à vertical na parte tracionada do pilar que na parte comprimida. Além disso, as pressões na parte posterior do cálice tendem a concentrar-se na parte superior, ao passo que, na parte frontal do cálice, tendem a atuar ao longo de toda a parede. A Fig. 3.113 apresenta o modelo indicado para o cálculo, cujo detalhamento é mostrado em Canha et al. (2009).

As resultantes das pressões nas paredes frontal e posterior podem ser calculadas por meio das seguintes expressões:

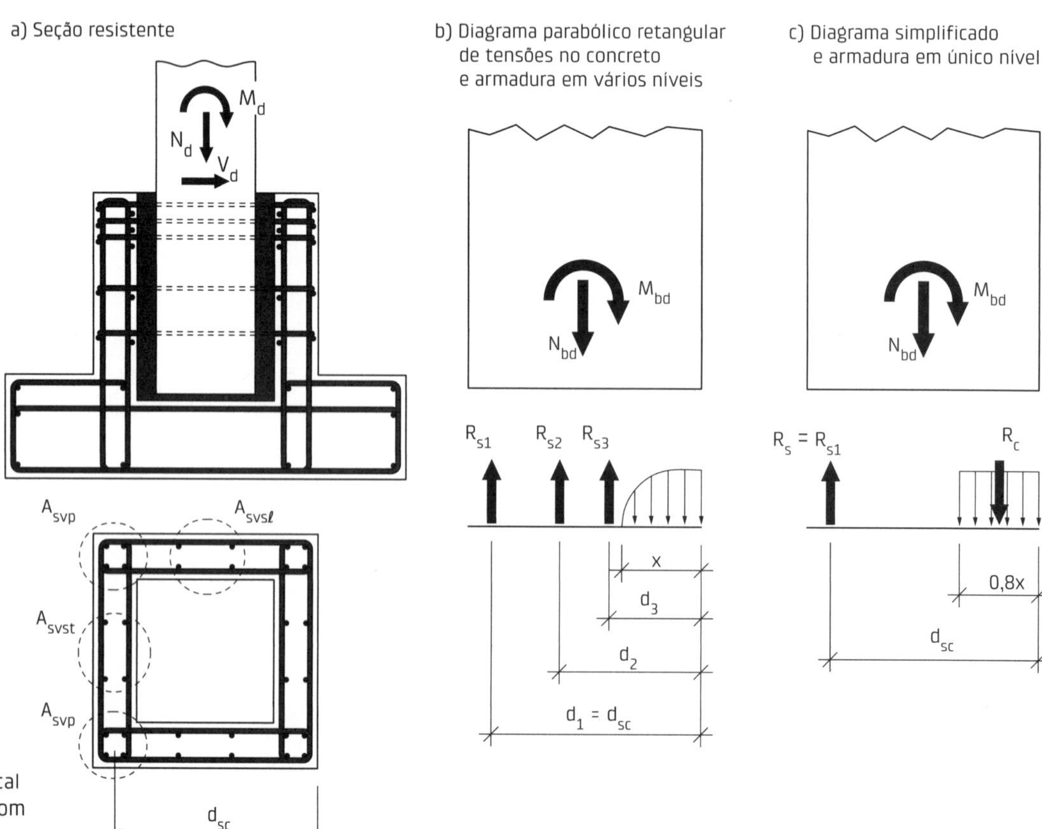

Fig. 3.112 Modelo para o cálculo da armadura vertical em cálices de interfaces com chaves de cisalhamento

$$H_{fd} = \frac{\left[M_d + V_d\ell_{emb} + N_d\left(0{,}5h_{ext} - 0{,}5h_c\right)\right]}{\tan\beta_f z_c} \quad (3.69)$$

$$H_{pd} = \frac{\left[M_d + V_d\ell_{emb} - N_d\left(z_c + 0{,}5h_c - 0{,}5h_{ext}\right)\right]}{\tan\beta_p z_c} \quad (3.70)$$

As pressões horizontais produzem consideráveis tensões de tração, como pode ser observado no panorama da fissuração, principalmente nas paredes frontal e posterior, mostrado na Fig. 3.114, para cálices com colarinho e grande excentricidade.

Para o trecho de $\ell_{emb}/3$, contado a partir do topo do cálice, no qual é disposta a armadura horizontal principal, as parcelas das resultantes horizontais $H_{fd,sup}$, na parte frontal, e $H_{pd,sup}$, na parte posterior, podem ser consideradas da seguinte forma: a) $H_{pd,sup} = H_{pd}$, ou seja, a resultante estaria concentrada no trecho em questão, e b) $H_{fd,sup} = 0{,}6H_{fd}$, o que corresponde, aproximadamente, à distribuição linear das pressões, do topo à base da parede.

Para fazer o ajuste dos resultados experimentais de medidas de deformações na armadura, são sugeridos os seguintes valores para a inclinação média das bielas em relação ao plano horizontal: a) para a parede frontal, 60°, e b) para a parede posterior, 35°. Substituindo esses valores, fazendo $d_c = h_{ext} - h_c$ e adotando $z_c = 0{,}9d_c$, chega-se às expressões a seguir para as parcelas das resultantes no trecho de $\ell_{emb}/3$, contado a partir do topo do cálice:

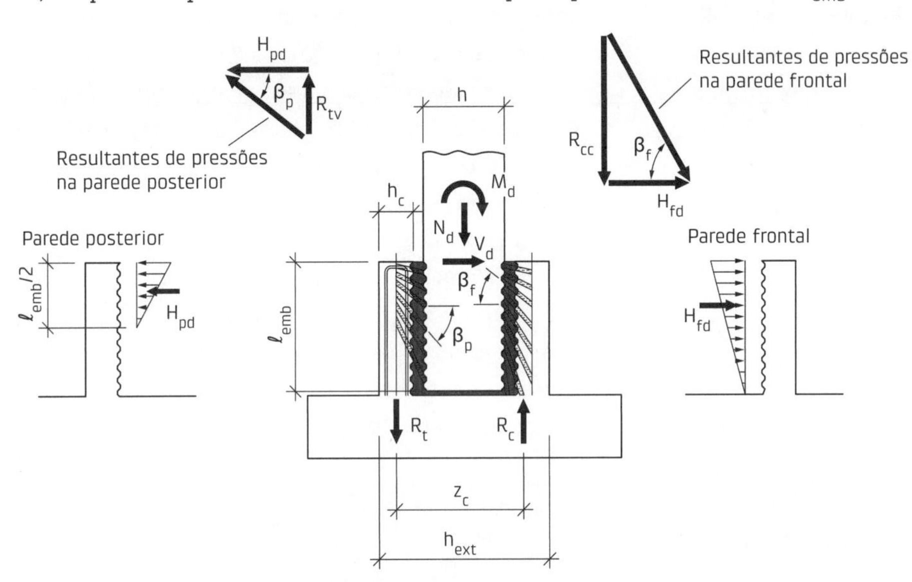

Fig. 3.113 Modelo para o cálculo das pressões horizontais em cálices de interfaces com chaves de cisalhamento

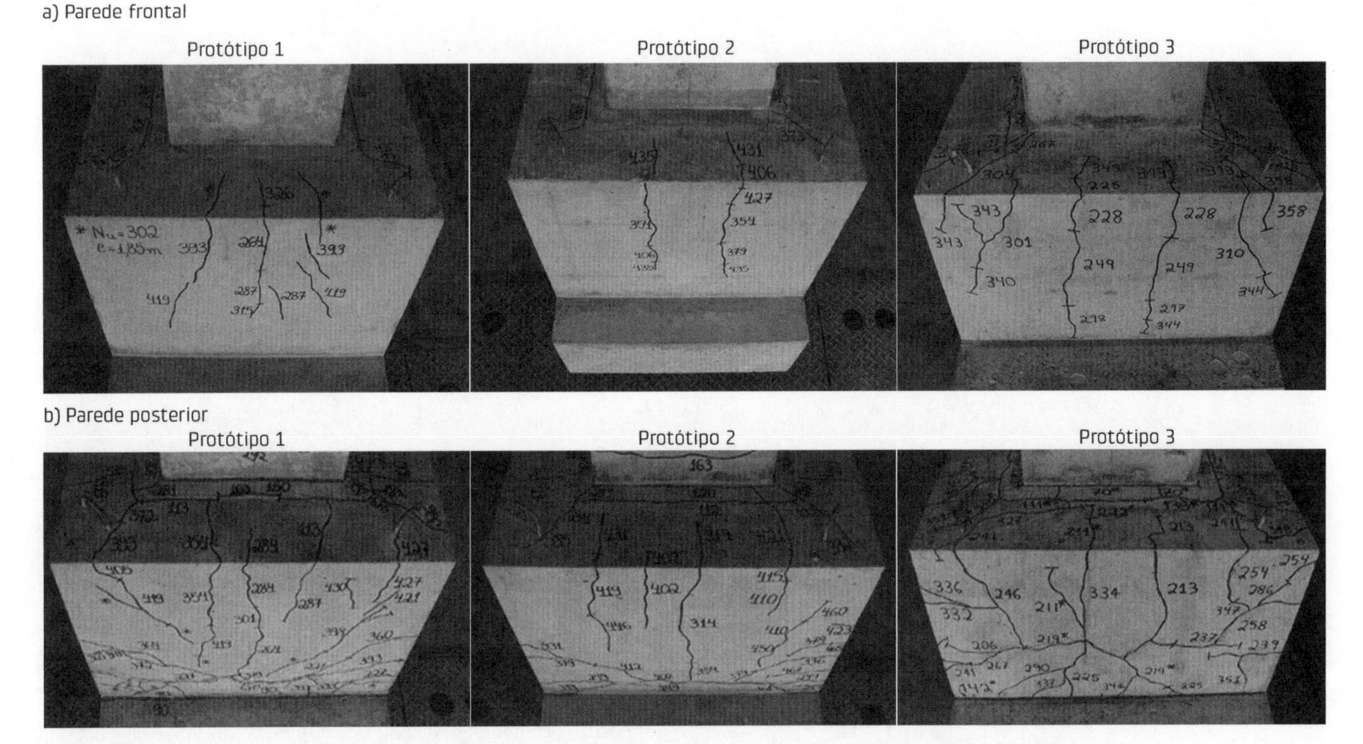

Fig. 3.114 Panorama da fissuração das paredes frontal e posterior do colarinho de cálices com chaves de cisalhamento

$$H_{fd,sup} = \frac{\left[M_d + V_d \ell_{emb} + N_d (0{,}5 \cdot d_c)\right]}{2{,}60 d_c} \quad (3.71)$$

$$H_{pd,sup} = \frac{\left[M_d + V_d \ell_{emb} - N_d \cdot (0{,}4 d_c)\right]}{0{,}63 d_c} \quad (3.72)$$

À medida que a excentricidade diminui, as forças horizontais também diminuem, e, a partir de um determinado ponto, quando a resultante H_{pd} se anula, a inclinação das bielas na parede posterior muda de direção e a análise deve ser limitada às pressões na parede frontal. Portanto, valores negativos de H_{pd} não devem ser utilizados.

Assim como no caso de interfaces lisas e rugosas, as pressões horizontais tendem a concentrar-se nos cantos, conforme o modelo da Fig. 3.108, produzindo flexotração nas paredes frontal e posterior. Como simplificação, para projeto pode-se considerar apenas a tração, o que torna o cálculo da armadura bastante simples. Por uma questão de simetria, as armaduras das paredes frontal e posterior seriam iguais, bem como em cada uma das paredes longitudinais, sendo calculadas por:

$$A_{shp} = \frac{H_{d,sup}}{2f_{yd}} \quad (3.73)$$

em que $H_{d,sup}$ é o maior valor entre $H_{fd,sup}$ e $H_{pd,sup}$.

Em relação à resultante no nível da base do cálice, é possível admitir que as solicitações sejam transmitidas pelo conjunto pilar mais colarinho. Assim, o dimensionamento da fundação é feito como se o pilar tivesse as dimensões externas do colarinho. Dessa maneira, no caso de sapata, a punção seria verificada como ilustrado na Fig. 3.115.

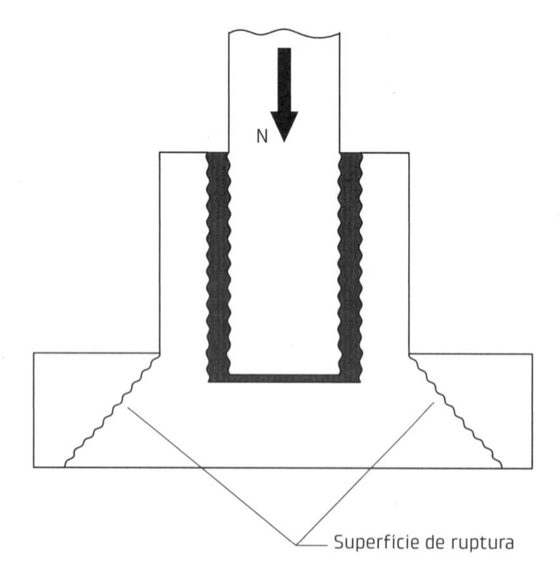

Fig. 3.115 Punção na base do cálice no caso de interfaces com chaves de cisalhamento

Caso necessário, a parcela da força normal que chega à base do pilar pode ser estimada em $0{,}21N_d$, conforme a indicação de Barros (2013), baseada em ensaios de cálices com colarinho, com colarinho semiembutido e sem colarinho, com chaves de cisalhamento.

Quando se tratar de cálices embutidos ou semiembutidos, aplicam-se com os devidos cuidados as indicações aqui apresentadas para o cálice com colarinho e pode-se recorrer a modelos de biela e tirante para o dimensionamento da fundação.

Outras indicações para o projeto

a. *Trecho do pilar embutido no cálice*

No dimensionamento do pilar pré-moldado, deve-se levar em conta a sua ligação com a fundação. O trecho do pilar que fica embutido no cálice tem um comportamento complexo, e a teoria técnica de flexão deixa de ser válida.

Para o cálculo da armadura longitudinal do pilar, recomenda-se considerar as solicitações normais na seção a $0{,}1\ell_{emb}$ abaixo do topo do cálice, independentemente do tipo de interfaces.

Em relação à armadura transversal, no caso de interfaces lisas e rugosas, pode-se recorrer ao modelo de biela e tirante proposto em Ebeling (2006), com base em resultados experimentais e em modelo numérico, e ajustado posteriormente em Campos, Canha e El Debs (2011) (Fig. 3.116).

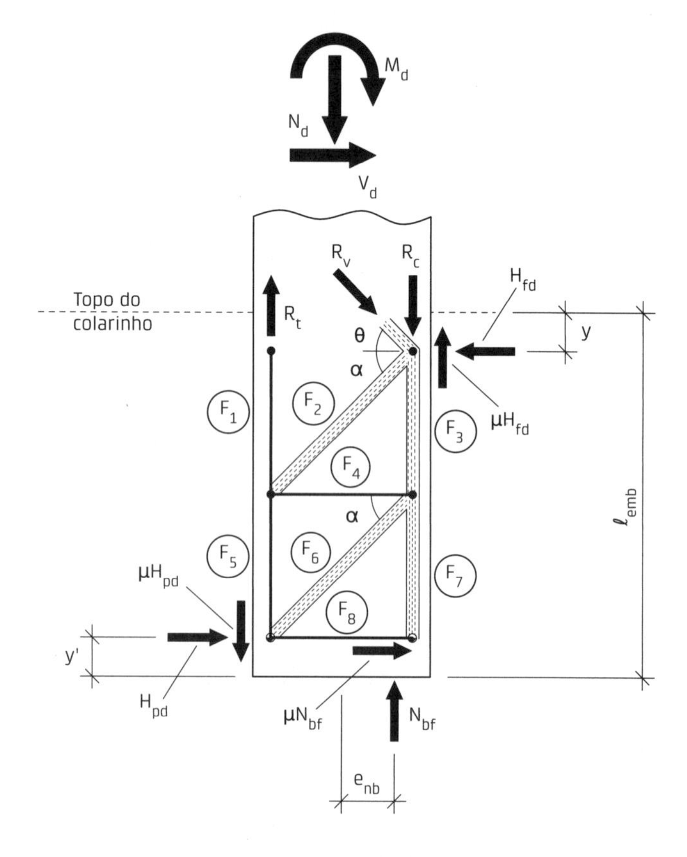

Fig. 3.116 Modelo para o trecho de embutimento de cálices com interfaces lisas e rugosas

As expressões para o cálculo das forças nas barras do modelo são apresentadas em Campos, Canha e El Debs (2011). A armadura transversal pode ser determinada com a força de tração das barras horizontais F4 e F8. Como a barra central F4 é mais solicitada, a armadura transversal do trecho pode ser calculada pela força dessa barra, que seria distribuída no trecho do pilar relativo à influência dessa barra. A força nessa barra é igual à resultante H_{pd} (Eq. 3.62). Assim, a área da armadura transversal, por unidade de comprimento, pode ser calculada por meio de:

$$A_{st} = \frac{2H_{pd}}{f_{yd}\ell_{emb}} \qquad (3.74)$$

Naturalmente, essa armadura não pode ser menor que a necessária no topo do cálice. Recomenda-se que seja atendida a armadura mínima transversal de vigas.

No caso de interfaces rugosas, em princípio ocorre um aumento da força cortante no trecho de embutimento, se o pilar for considerado isolado do restante do cálice. Mas, como as tensões vão sendo transferidas para o colarinho, a seção resistente vai sendo ampliada, o que torna o comportamento bastante complexo e de difícil adaptação para os modelos de vigas. Em princípio, o confinamento produzido pelo cálice e o aumento da seção resistente sobrepõem-se ao aumento da força cortante. Nesse caso, recomenda-se também que a armadura transversal não seja inferior à armadura mínima nem inferior à calculada com V_d no topo do cálice.

No caso de interfaces lisas e rugosas, o início da ancoragem da armadura longitudinal deve ser considerado no nível da barra horizontal central (F4 do modelo da Fig. 3.116). Para situações usuais, pode-se considerar esse ponto na metade da altura do embutimento.

Já para interfaces com chaves de cisalhamento, a ancoragem da armadura longitudinal deve ser verificada considerando a emenda por traspasse dessa armadura com a armadura vertical do cálice.

b. *Flexão composta oblíqua*

As situações abordadas até este ponto referem-se à flexão composta normal. Quando há combinações de forças que produzem momentos fletores atuantes ora em uma direção, ora na direção perpendicular, as armaduras, verticais e horizontais, são calculadas para cada combinação, considerando que as armaduras calculadas para uma situação possam atender a outra situação. Portanto, o detalhamento da armadura é realizado cobrindo as combinações analisadas.

Quando ocorrerem momentos fletores simultaneamente nas duas direções, com flexão composta oblíqua no pilar, deve-se fazer a superposição de armaduras. Na falta de critérios específicos, é possível calcular as armaduras levando em conta os momentos fletores atuando isoladamente e fazer a soma das armaduras verticais e horizontais.

c. *Situações transitórias*

Normalmente, o pilar é posicionado e fixado provisoriamente, por meio de cunhas de madeira, antes de preencher o espaço entre o cálice e o pilar. Na colocação dessas cunhas podem ocorrer significativos esforços nas paredes do cálice, conforme descrito em Nunes (2009). Os esforços dessa ação são de difícil quantificação, pois dependem, entre outros aspectos, do fato de a ação ser dinâmica, da inclinação e da posição das cunhas. Em virtude disso, a equipe de montagem deve ser orientada a tomar cuidado nessa operação.

Embora a fixação das cunhas possa introduzir alguma força normal no pilar, para projetos pode-se considerar que a força que chega à base do cálice corresponde à força normal no topo do colarinho. A transferência dessa força para a fundação deve ser verificada, apesar de, em geral, não introduzir esforços maiores que na situação definitiva.

d. *Disposições construtivas e arranjos da armadura*

No detalhamento do cálice, deve-se ater ainda às seguintes disposições construtivas:

- O preenchimento do espaço entre as paredes internas do cálice e o pilar pode ser feito com concreto ou com graute, de resistência igual ou superior à do pilar ou do colarinho.
- Esse espaço deve prever, levando em conta as tolerâncias envolvidas, a entrada do material de enchimento, e, no caso de concreto vibrado, do equipamento de vibração. Neste último caso, o espaço mínimo deve ser de 50 mm. Por outro lado, esse espaço não pode ser maior que 200 mm, conforme recomendado em Cerib (2001).
- A espessura mínima da parede do colarinho não deve ser inferior a um quarto da menor dimensão interna do colarinho nem inferior a 120 mm. O limite estabelecido pela NBR 9062 (ABNT, 2017a) é de 150 mm.
- O comprimento de embutimento não deve ser menor que 400 mm. Esse valor mínimo é prescrito pela NBR 9062 (ABNT, 2017a).
- O cobrimento das armaduras do cálice deve seguir os valores indicados na normalização vigente. Sa-

lienta-se que, em geral, o cálice é de CML e, portanto, o benefício da redução de cobrimento, discutido no capítulo anterior, não pode ser aplicado. O cobrimento das armaduras localizadas na face interna das paredes do cálice pode ser reduzido.

- A espessura da parte do cálice não deve ser inferior a 200 mm.

Os arranjos da armadura para situação geral e para pequenas excentricidades são mostrados nas Figs. 3.117 e 3.118, respectivamente. Cabe destacar os seguintes aspectos sobre eles:

- A armadura vertical principal A_{svp} deve estar disposta nos cantos, podendo contar com armadura disposta em até duas vezes a espessura do colarinho medida do canto externo, para cálice de interfaces lisas e rugosas com colarinho, conforme o estudo de Nunes (2009).
- A armadura horizontal principal A_{shp} deve estar concentrada na parte superior, a uma distância de $0{,}2\ell_{emb}$ para interfaces lisas e rugosas e de $\ell_{emb}/3$ para interfaces com chaves de cisalhamento. Ou seja, o valor de α nas Figs. 3.117 e 3.118 é de 0,2 para interfaces lisas e de 0,33 para interfaces com chaves de cisalhamento.
- Recomenda-se que o ramo externo da armadura horizontal seja da ordem do dobro do ramo interno, o que atende melhor à situação de montagem e ao fato de as paredes do colarinho estarem sujeitas a flexotração. Essa recomendação pode ser atendida com a alternativa 2 da armadura horizontal.
- A armadura vertical secundária A_{svs} deve ser disposta nas paredes do colarinho, com espaçamento de 150 mm a 300 mm. No caso de cálice de paredes lisas e rugosas, ela desempenha o papel de armadura de costura de consolos. Por essa razão, recomenda-se que ela corresponda a 50% da armadura vertical principal. Portanto, o valor de β nas Figs. 3.117 e 3.118 é de 0,5.
- A armadura horizontal secundária A_{shs}, também com espaçamento de 150 mm a 300 mm, completa o arranjo. Para cálices de interface com chaves de cisalhamento, essa armadura tem papel importante, pois a transferência dos esforços é feita ao longo do comprimento de embutimento. Nesse caso, recomenda-se também que essa armadura corresponda a 50% da armadura horizontal principal. Assim, o valor de γ nas Figs. 3.117 e 3.118 é de 0,5.
- Devem ser colocadas armaduras mínimas, vertical e horizontal, nos cálices, determinadas com algum critério consistente, como garantir que a ruína seja governada pela ruptura do pilar. A NBR 9062 (ABNT, 2017a) especifica a armadura mínima para o colarinho em função da sua espessura.

No Anexo A é apresentado um exemplo numérico de projeto de cálice de fundação com colarinho.

3.7.2 Ligação pilar × fundação por meio de chapa de base

A ligação pilar × fundação por meio de chapa de base consiste em fixar uma chapa metálica na extremidade do pilar, que por sua vez é conectada à fundação por meio de chumbadores e porcas. Essa ligação é similar àquela normalmente utilizada na fundação de pilares metálicos, sendo usualmente empregada nos Estados Unidos, principalmente, e na Europa, mas com uso relativamente restrito no Brasil.

Conforme adiantado, a chapa pode ter dimensões em planta maiores que as dimensões da seção transversal (Fig. 3.119a) ou ter as mesmas dimensões (Fig. 3.119b). O primeiro caso possibilita a transmissão de maiores momentos fletores, mas tem as desvantagens de o manuseio do pilar necessitar de cuidados adicionais, para não dani-

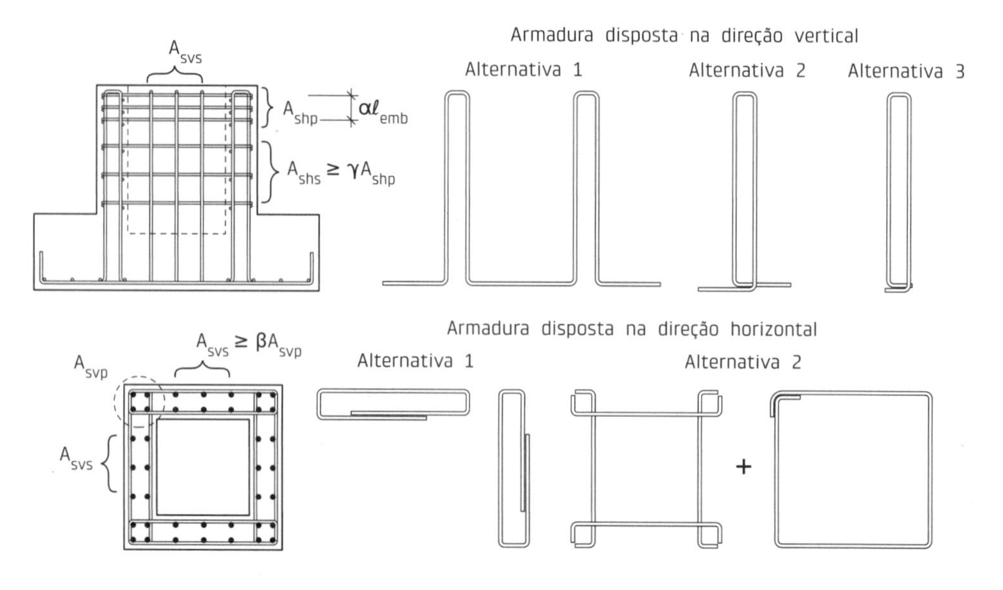

Fig. 3.117 Arranjo da armadura do cálice para situação geral ($M_d/(N_dh) > 0{,}15$)

ficar a chapa, e de a ligação ficar saliente. Por outro lado, a chapa com dimensões em planta iguais às da seção transversal do pilar possui, em princípio, menor capacidade de transmissão de momentos fletores, mas a ligação não fica saliente, o que é esteticamente melhor e permite o seu emprego em pilares encostados em divisas.

A chapa da ligação é soldada à armadura principal do pilar na fábrica. Na montagem, o pilar é posicionado de forma que os furos da chapa se encaixem nos chumbadores. Por meio de um sistema de porcas e contraporcas, pode-se fazer o ajuste no prumo e no nivelamento durante

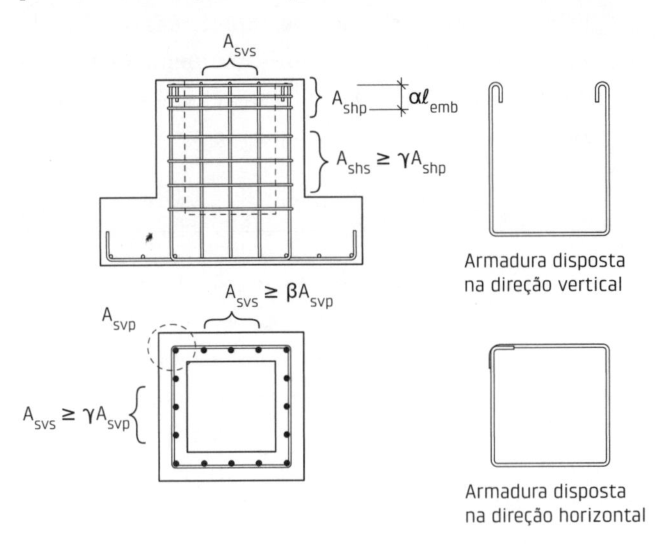

Fig. 3.118 Arranjo da armadura do cálice para pequena excentricidade ($M_d/(N_d h) \leq 0{,}15$)

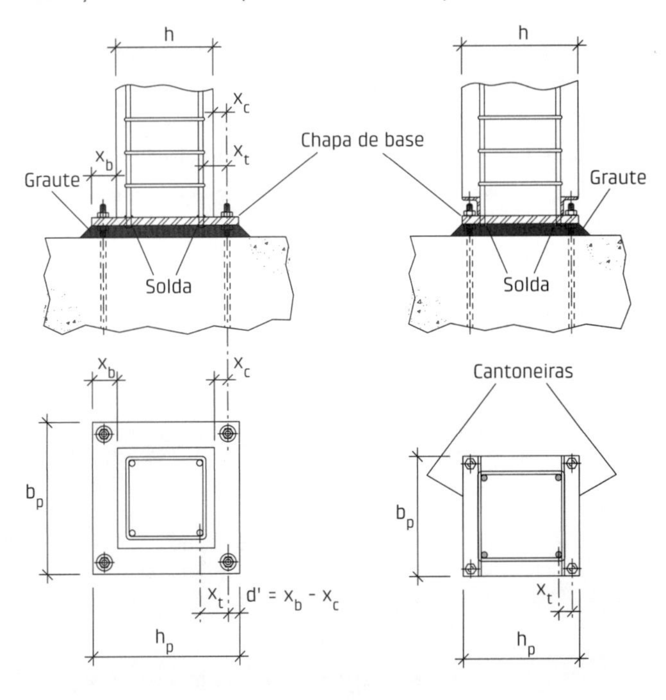

Fig. 3.119 Situações típicas de ligação pilar × fundação por meio de chapa de base e nomenclatura empregada

a montagem. Esse tipo de ligação propicia de imediato uma parcela da capacidade de transmissão de momentos.

O espaço entre o topo da fundação e a face inferior da chapa é, em geral, preenchido após a montagem da estrutura, para possibilitar eventuais ajustes. Esse preenchimento é feito com argamassa seca ou graute não retrátil. Após o endurecimento do material, a ligação desenvolve a sua total capacidade de transmitir as solicitações.

Em contrapartida às facilidades de execução da ligação no campo, cabe destacar dois aspectos que merecem atenção: a necessidade de precisão de execução e de montagem, para assegurar os encaixes das chapas nos chumbadores, e os cuidados para evitar a corrosão da chapa e dos chumbadores.

O comportamento da ligação em relação à transferência de força normal e de momento fletor consiste basicamente na transmissão das forças da armadura, por solda, e do concreto, por contato, para a chapa. Essas forças são transmitidas da chapa para os chumbadores ou para o material de enchimento mediante a flexão da chapa, e destes para a fundação.

No dimensionamento devem ser verificadas duas situações: a) a fase de montagem e b) a situação definitiva, quando o material de enchimento foi aplicado e possui capacidade de transmitir forças. O dimensionamento da ligação consiste na verificação da capacidade das soldas das barras com a chapa, na determinação da espessura da chapa e no estabelecimento dos diâmetros e da ancoragem dos chumbadores. Este livro limita-se a apresentar indicações para a determinação da espessura da chapa e para o cálculo da força nos chumbadores.

Na fase de montagem, em que atuam basicamente o peso próprio e o vento, a espessura da chapa pode ser dimensionada para resistir aos esforços de flexão, para a situação em que os chumbadores estão submetidos à compressão ou à tração. Dessa forma, pode-se determinar os esforços de flexão em uma placa submetida a forças parcialmente distribuídas das porcas e arruelas e dimensionar a espessura com base na resistência do aço.

Um cálculo expedito pode ser feito com as indicações do manual de ligações do PCI (1988), que fornece as expressões a seguir para o cálculo da espessura t da chapa, já adaptadas às condições de segurança das normas brasileiras, conforme a nomenclatura da Fig. 3.119. Se os chumbadores estiverem submetidos à compressão:

$$t = \sqrt{\frac{\left(\sum F_d\right) 4 x_c}{b_p f_{yd}}} \qquad \textbf{(3.75)}$$

Se os chumbadores de um dos lados estiverem tracionados:

$$t = \sqrt{\frac{\left(\sum F_d\right) 4x_t}{b_p f_{yd}}} \tag{3.76}$$

em que:

ΣF_d = maior soma das forças nos chumbadores de um dos lados, determinada com as solicitações de projeto;

f_{yd} = resistência de cálculo ao escoamento do aço da chapa;

x_c = distância do centro do chumbador até a face do pilar (Fig. 3.119);

x_t = distância do centro do chumbador até a armadura tracionada do pilar (Fig. 3.119).

Na situação definitiva, quando a transferência dos esforços é realizada também pelo material de preenchimento, pode-se considerar um comportamento análogo ao de flexão composta de seção de concreto armado, na qual a altura e a largura da seção corresponderiam às dimensões em planta da chapa e os chumbadores seriam a armadura.

Nos casos usuais, é possível admitir a distribuição de forças e tensões indicada na Fig. 3.120. Fazendo o equilíbrio de forças verticais e de momentos, têm-se:

$$N_d + F_d - y b_p \sigma_c = 0 \tag{3.77}$$

para equilíbrio de forças e

$$M_d - N_d\left(\frac{h_p - y}{2}\right) - F_d z = 0 \tag{3.78}$$

para equilíbrio de momentos.

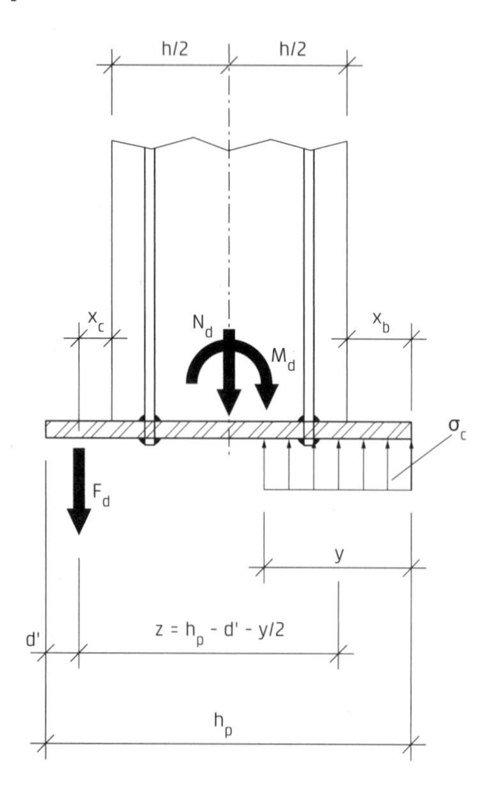

Fig. 3.120 Distribuição das tensões e das forças na ligação com a chapa de base

Conforme o boletim 43 da fib (2008), a tensão de compressão do graute vale:

$$\sigma_c = 0{,}85 \nu f_{cd} \text{ com } \nu = 1 - f_{ck}/250 \text{ com } f_{ck} \text{em MPa} \tag{3.79}$$

Fixadas as dimensões h_p, b_p, x_c e x_b, pode-se determinar a força F_d transmitida pelos chumbadores tracionados e, com base nessa força, determinar o número e a bitola dos chumbadores.

Uma simplificação que merece registro para o caso de placas salientes é apresentada em Santos (1985). Nessa simplificação, admite-se que a resultante das tensões de compressão sob a chapa atua no alinhamento da face do pilar. Dessa forma, a força de tração nos chumbadores pode ser explicitamente determinada por:

$$F_d = \frac{1}{h + x_c}\left(M_d - N_d \frac{h}{2}\right) \tag{3.80}$$

A espessura da chapa para a situação definitiva é calculada limitando a tensão causada pelo momento fletor ao valor da resistência de cálculo do aço da chapa, para o lado comprimido e para o lado tracionado. Para o lado comprimido, pode-se considerar uma distribuição uniforme de tensões sob a chapa. Para o lado tracionado, pode-se utilizar a mesma expressão da situação de montagem, mas com a força da situação definitiva.

A espessura da chapa e os chumbadores devem ser de forma a atender à fase de montagem e à situação definitiva. Cabe destacar que, no detalhamento dos chumbadores, deve-se tomar bastante cuidado em relação à sua ancoragem na fundação.

Quando a espessura da chapa for muito grande, pode-se recorrer à alternativa de chapa com nervuras, conforme mostrado na Fig. 3.121. Nesse caso, além de diminuir a espessura da chapa por redução da flexão que nela ocorre, existem melhores condições de soldagem da armadura do pilar.

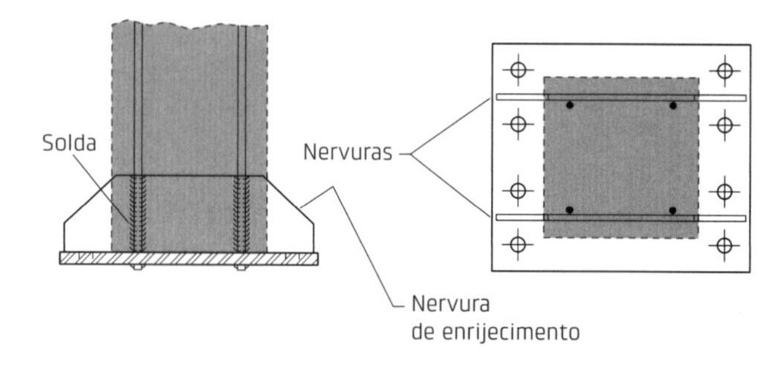

Fig. 3.121 Chapa de base com nervura de enrijecimento

Outro exemplo de chapa de base com nervuras, cuja ligação foi ensaiada no Laboratório de Estruturas da Escola de Engenharia de São Carlos da USP, é mostrado na

Fig. 3.122. Essas fotos mostram também a fabricação do pilar e a execução da ligação do protótipo ensaiado. Mais detalhes sobre o ensaio e os resultados podem ser vistos em El Debs et al. (2003).

Os arranjos da armadura desse tipo de ligação, para as duas situações, são mostrados na Fig. 3.123. Conforme pode ser observado nessa figura, é indicada uma armadura transversal mais concentrada junto ao pilar. Também, junto à base, quando os chumbadores estiverem próximos à borda da fundação, deve-se utilizar uma armadura de confinamento de no mínimo quatro estribos de 10 mm, espaçados de 75 mm.

Cabem ainda as seguintes observações sobre esse tipo de ligação:

a. as tensões nos chumbadores e na chapa podem ser reduzidas pelo uso adequado de cunhas metálicas durante a montagem; a consideração dessa redução no cálculo deve ser feita com base em hipóteses realistas;
b. para chapas de base maior que a seção do pilar, a dimensão da face do pilar à extremidade da chapa (dimensão x_b na Fig. 3.119a) é tipicamente de 100 mm;
c. a distância mínima do centro dos furos até a extremidade da chapa (dimensão d' na Fig. 3.119a) é de 50 mm;
d. o espaço entre a chapa e a base deve ser de no mínimo 50 mm;
e. para possibilitar um aperto mais efetivo dos chumbadores na fundação, é sugerido isolar a parte de cima do chumbador do contato com o concreto ou o graute, promovendo assim um efeito de mola.

3.7.3 Ligação viga × pilar por meio de almofadas de apoio e chumbadores

A ligação viga × pilar por meio de almofadas de apoio e chumbadores é de uso intensivo nas estruturas de CPM no Brasil e no exterior. Esse caso é de grande interesse por ser de execução bastante simples.

Esse tipo de ligação pode apresentar as seguintes possibilidades: a) ligação em ponto intermediário do pilar, com ou sem recorte na viga, e b) ligação na extremidade superior do pilar, com uma ou duas vigas concorrendo na ligação. Algumas dessas alternativas são mostradas na Fig. 3.124. Cabe registrar que podem também concorrer outras vigas na ligação, em plano perpendicular.

No caso de vigas muito altas, é possível também recorrer a chumbadores fixados lateralmente mediante nichos, conforme exibido na Fig. 3.125.

Esse tipo de ligação é composto geralmente de almofadas e chumbadores. As almofadas são normalmente de elastômero simples, mas outros tipos de almofada menos deformáveis também têm sido empregadas, conforme adiantado.

Numa primeira aproximação, os chumbadores teriam a finalidade de assegurar o equilíbrio da viga contra o tombamento e, eventualmente, contra a instabilidade lateral. De fato, se não houver risco de ocorrência desses fenômenos, como vigas baixas e largas, ou se houver outros meios de garantir a não ocorrência desses problemas, como os casos mostrados na Fig. 3.126, os chumbadores podem, em princípio, ser dispensados.

a) Chapa de base com nervuras

b) Chapa de base com armadura do pilar

c) Colocação do segmento de pilar em estrutura de reação

d) Detalhe da fixação do segmento de pilar

e) Grauteamento do espaço sob a chapa de base na estrutura

f) Protótipo posicionado para o ensaio

Fig. 3.122 Chapa de base com nervuras de enrijecimento e ensaio da respectiva ligação
Fonte: El Debs et al. (2003).

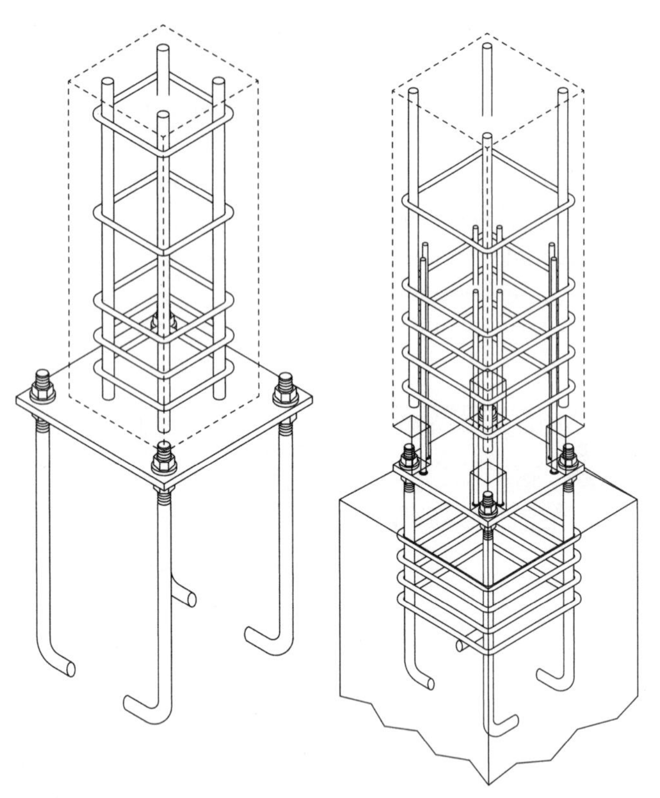

Fig. 3.123 Arranjos da armadura do pilar e da fundação em ligação com chapa de base
Fonte: adaptado de PCI (1988).

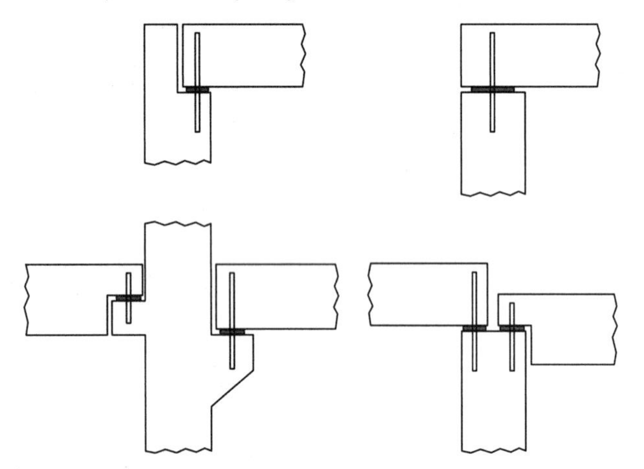

Fig. 3.124 Alternativas de ligação viga × pilar com almofadas de apoio e chumbadores

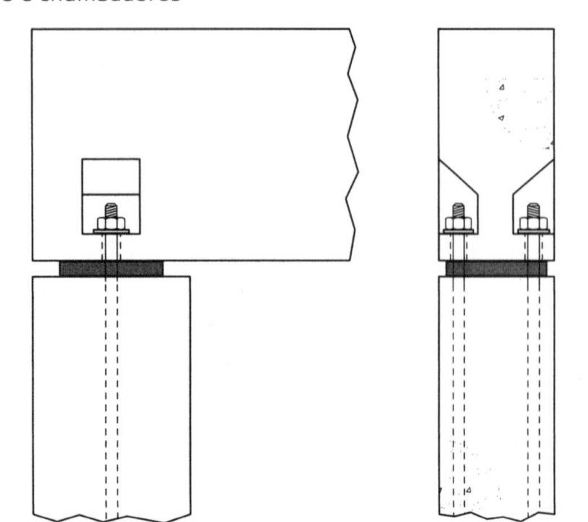

Fig. 3.125 Alternativa de ligação viga × pilar com almofada e chumbadores para uma viga muito alta

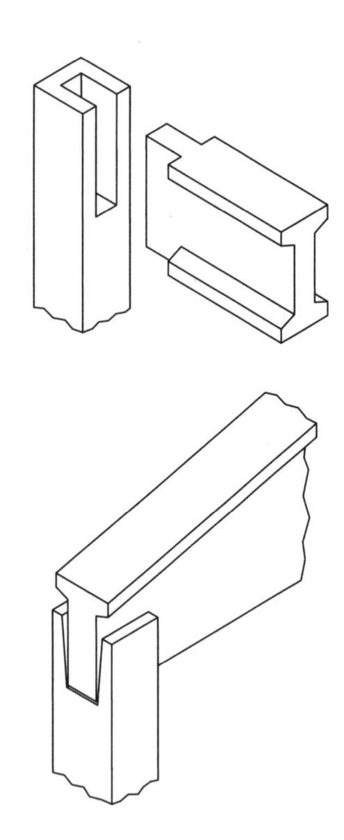

Fig. 3.126 Exemplo de ligação viga × pilar com almofada sem chumbador

Algumas formas dos chumbadores nas ligações viga × pilar são apresentadas na Fig. 3.127. Os chumbadores podem ser com rosca na extremidade, na qual a viga é fixada com arruela e porca (Fig. 3.127b,d). Esses elementos são chumbados no pilar ou no consolo ou então rosqueados em um dispositivo metálico fixado previamente no concreto (Fig. 3.127c). Neste último caso não existe risco de o chumbador ser danificado durante o transporte e a montagem dos pilares, pois a sua colocação é feita antes da montagem das vigas. Tendo em vista esse aspecto, pode-se também recorrer à colocação de parafusos no consolo na fase de montagem (Fig. 3.127d).

Em relação ao espaço entre o chumbador e o furo da viga, é possível empregar enchimento com material deformável, tipo asfalto ou mastique, ou graute autoadensável não retrátil. O não preenchimento do espaço também é uma possibilidade quando a fixação é realizada com porca e arruela, mas existe prejuízo, para situações definitivas, no que diz respeito à proteção do chumbador contra a corrosão.

O comportamento desse tipo de ligação pode ser entendido com base na análise separada dos seguintes tipos de ação: variação do comprimento da viga, transmissão de forças horizontais aplicadas nos pilares, momento fletor e momento de torção.

Negligenciando a existência do chumbador, a variação do comprimento da viga, como consequência da retração e da fluência do concreto ou da variação de temperatura, é basicamente absorvida pela camada de elastômero, quando se tratar desse tipo de almofada.

Se o chumbador tiver a capacidade de se deslocar, pelo não preenchimento do espaço ou pelo preenchimento com material deformável, a situação continua basicamente a mesma.

No caso de preenchimento do espaço com graute ou se forem utilizadas almofadas que não possuam capacidade de distorção, a variação de comprimento da viga será transmitida basicamente para o pilar, gerando uma força horizontal de coação.

Essa força de coação depende da capacidade de deformação do pilar e da ligação. Em se tratando de pilares usuais em que os deslocamentos são restringidos apenas pela sua ligação com a base, essas forças não são, em geral, de grande magnitude. No entanto, quando o topo do pilar for impedido de se deslocar e a ligação for pouco deformável à força horizontal, a magnitude das forças de coação passará a ser grande. Por exemplo, quando existe alvenaria de fechamento, mas nenhuma medida para acomodar a deformação da estrutura, pode haver danos na ligação (Fig. 3.128).

Em contrapartida, quando um pilar tende a transmitir forças horizontais para outro pilar e a almofada é de elastômero, sem preenchimento, as forças horizontais transmitidas são pequenas, de forma que o comportamento básico dos pilares é de elemento isolado. A não ser que a transmissão de forças horizontais seja feita de outra maneira, nesse caso ocorre um prejuízo no comportamento conjunto.

Com o preenchimento com graute ou o emprego de almofadas pouco deformáveis, ocorre a transmissão dessas forças, gerando um melhor comportamento com relação à estabilização da estrutura. Já o preenchimento com asfalto ou mastique produzirá uma razoável transmissão de esforços se as ações forem de aplicação rápida, como é o caso do vento, no caso de almofada de elastômero.

Quando uma força horizontal for aplicada diretamente na viga, como frenagem de ponte de rolamento, a transmissão pela ligação será feita proporcionalmente às rigidezes dos apoios da viga. Ou seja, se a situação for a mesma dos dois lados, a repartição da força para os apoios será igual, e, por outro lado, se existir chumbador com graute de um lado apenas, o esforço horizontal basicamente irá para esse apoio.

A transmissão de momento fletor pela ligação, como esperado, é bastante pequena, sendo em geral desprezada quando se tratar de almofada de elastômero. Já para almofadas pouco deformáveis e chumbadores, ocorre alguma transmissão de momento fletor, conforme pode ser visto na seção E.3 do Anexo E.

A transmissão de momento de torção, em virtude dos efeitos que tendem a girar a extremidade da viga junto ao apoio, é realizada das seguintes formas: a) apenas com placa de elastômero, com a torção correspondente à reação de apoio vezes o deslocamento lateral dessa reação (Fig. 3.129a); b) com um chumbador, que promove uma pequena capacidade de transmissão de momento de torção, devido, principalmente, à flexão do chumbador e ao binário da força de tração do chumbador e da resultante das tensões no elastômero (Fig. 3.129b); e c) com dois chumbadores preenchidos com graute, basicamente com o binário das forças transmitidas pelos chumbadores (Fig. 3.129c). Cabe destacar que nos dois últimos casos há um período durante a montagem em que não existe graute ou em que a resistência está sendo desenvolvida, o que torna necessária uma especial atenção nessa situação transitória.

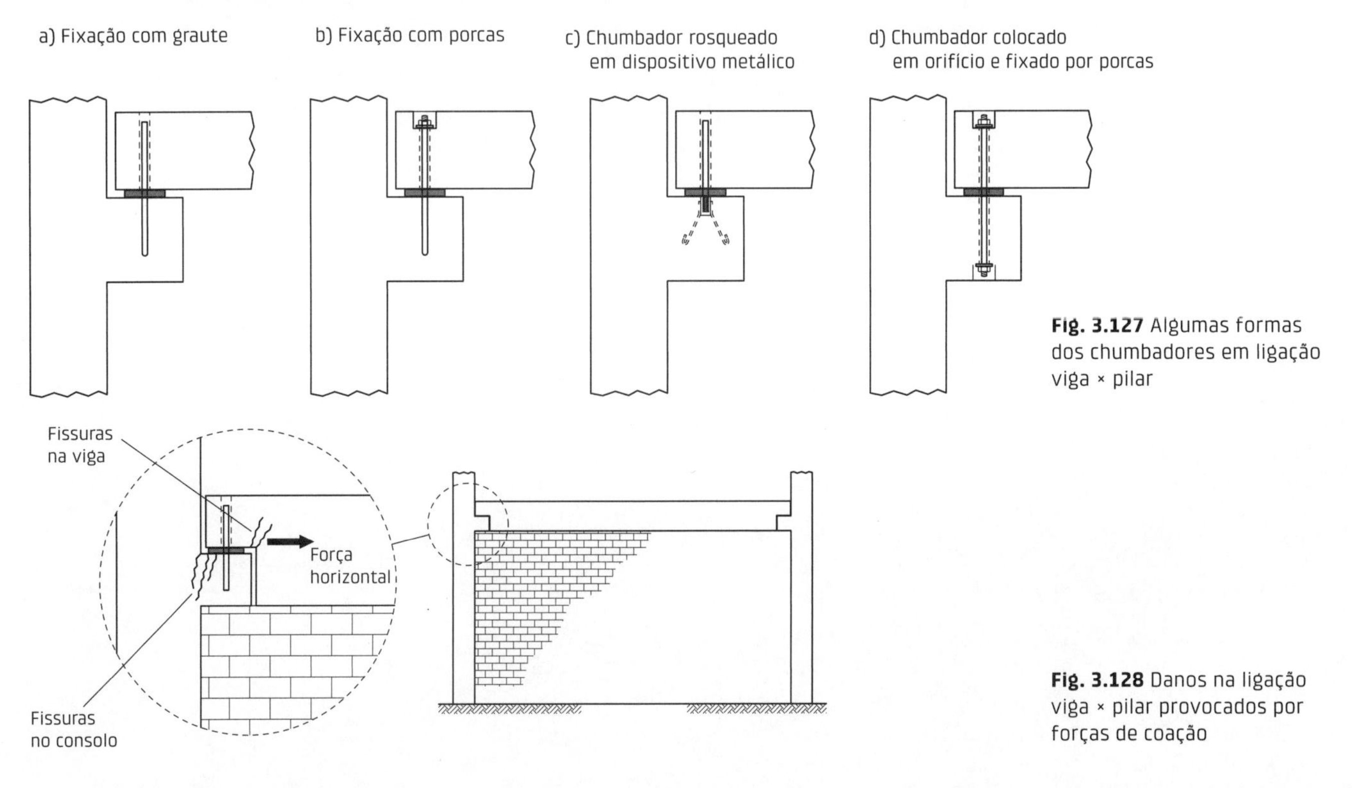

Fig. 3.127 Algumas formas dos chumbadores em ligação viga × pilar

Fig. 3.128 Danos na ligação viga × pilar provocados por forças de coação

Em relação ainda à torção que pode aparecer no apoio, por efeito de tombamento ou por instabilidade lateral, destaca-se que o peso próprio da viga produz momentos estabilizantes quando o apoio é feito acima do centro de gravidade da viga. Assim, quanto a esse aspecto, apoios com recorte da viga são melhores que apoios sem recorte.

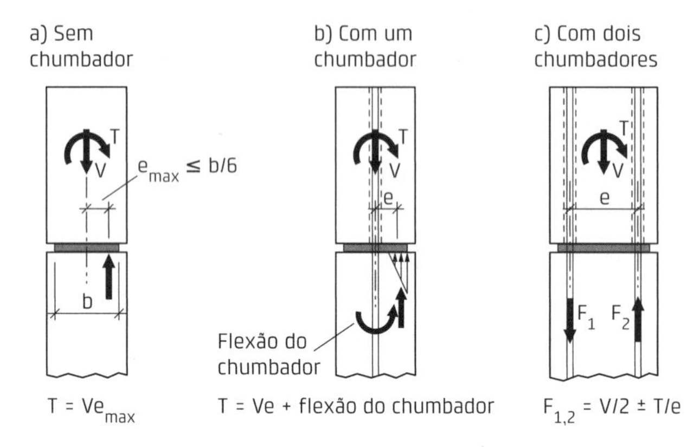

Fig. 3.129 Formas de transmissão de momentos de torção na ligação viga × pilar com almofada de apoio e chumbadores

O dimensionamento desse tipo de ligação pode ser realizado com base nos componentes básicos envolvidos na transferência das solicitações. Considerando a situação exibida na Fig. 3.130, é possível efetuar a análise apresentada nas linhas que se seguem.

As forças vertical e horizontal e o momento de torção são transferidos da viga para o dente e daí para o consolo através da almofada e do chumbador. Os componentes básicos são o dente de concreto e o consolo, submetidos às forças vertical e horizontal e ao momento de torção; o chumbador, submetido às forças vertical e horizontal; e a almofada, submetida às forças vertical e horizontal e à rotação. Quando houver laje sobre a viga, essa análise poderá valer apenas para a situação de montagem, pois os momentos de torção poderão deixar de ser importantes.

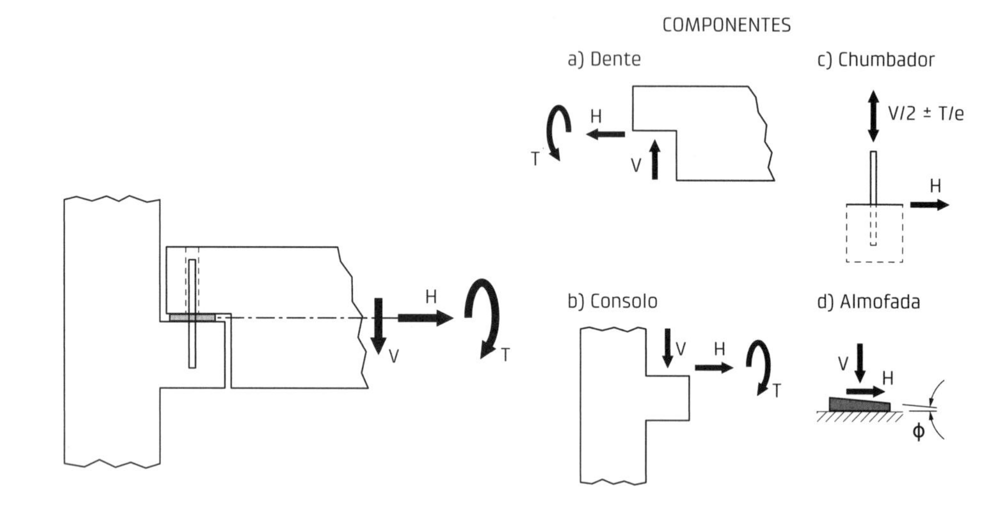

Fig. 3.130 Transmissão dos esforços em ligação de pilar com consolo e apoio em viga com recorte

4.1 Considerações iniciais

Conforme adiantado na seção I.2, os elementos compostos são aqueles executados com elementos pré-moldados de seção parcial, cuja seção resistente é completada com concreto moldado no local (CML). Exemplos de seções transversais em que essa ideia é utilizada são mostrados na Fig. 4.1.

Em geral, nesses casos o elemento pré-moldado serve de fôrma para o concreto lançado no local, dispensando ou reduzindo drasticamente o uso de fôrmas e cimbramento. Além disso, normalmente a armadura, ou pelo menos grande parte dela, está incorporada no elemento pré-moldado. Desse modo, os serviços de armação no local ficam praticamente eliminados. Mesmo em situações nas quais haja a colocação de armadura negativa para estabelecer continuidade entre vãos adjacentes, esses serviços serão também bastante reduzidos. Assim, a parte executada no local não traz grandes dificuldades e não reduz muito as vantagens do CPM.

Uma característica dos elementos compostos é a possibilidade de utilizar elementos pré-moldados mais leves em comparação com os de seção completa, uma vez que parte da seção é moldada no local.

Outra característica importante é a facilidade de realizar as ligações entre os elementos pré-moldados, devido ao CML. Esse concreto também confere aos elementos compostos um comportamento de conjunto mais efetivo em relação às soluções exclusivamente pré-moldadas, o que justifica a denominação de *estruturas monolíticas de elementos pré-moldados* também encontrada nas publicações sobre o assunto.

Assim, com o emprego dos elementos compostos, é possível se beneficiar de grande parte das vantagens do CPM, como as facilidades de execução dos elementos, e também das vantagens das soluções em CML, sem necessitar de maior trabalho envolvendo fôrmas, cimbramento e armação.

A associação de concreto pré-moldado (CPM) com CML tem sido bastante empregada em pavimentos de edificações e em tabuleiros de pontes. Cabe destacar que existem sistemas construtivos em que essa ideia é levada ao extremo, nos quais todos os componentes da estrutura são de seção parcial, mediante a utilização de pré-laje, pré-viga e pré-pilar.

Naturalmente, ocorrem alguns inconvenientes da execução das estruturas de CML, que devem ser levados em conta na escolha dessa forma de CPM. Em virtude disso, justificam-se alternativas de emprego de tabuleiro de

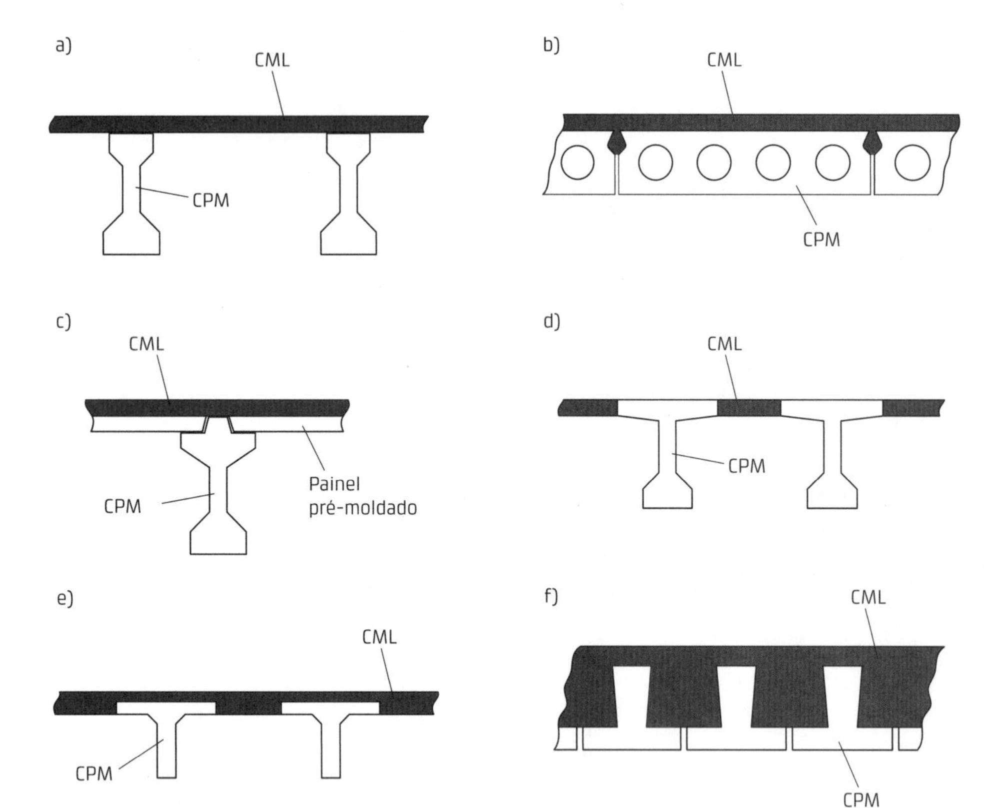

Fig. 4.1 Exemplos de seções transversais de elementos compostos

pontes com ligação da laje com a viga de forma descontínua, conforme mostra a Fig. 4.2, por meio de nichos que são preenchidos no local. Esse caso tem um tratamento à parte, pois a ligação é feita de forma discreta. Desse modo, os benefícios do CPM estariam sendo ampliados, mas a ligação entre a laje e a viga mereceria maior atenção. A análise desse caso pode ser vista em Araújo (2002).

4.2 Comportamento estrutural

O comportamento da seção composta é governado fundamentalmente pela transferência das tensões de cisalhamento na interface entre o CPM e o CML.

Caso não haja deslizamento na superfície da interface, o comportamento da seção corresponde ao de seção composta, com a seção integralizada pela parte pré-moldada com a parte moldada no local (Fig. 4.3). Como usualmente os dois concretos têm características mecânicas diferentes, na análise da seção composta deve ser considerada a ocorrência de materiais com módulos de elasticidade diferentes.

Em uma primeira aproximação, pode-se considerar, para situações usuais ($f_{ck,loc} \cong 0{,}7_{fck,pre}$), que o módulo de elasticidade do CML é 0,85 do módulo de elasticidade do CPM.

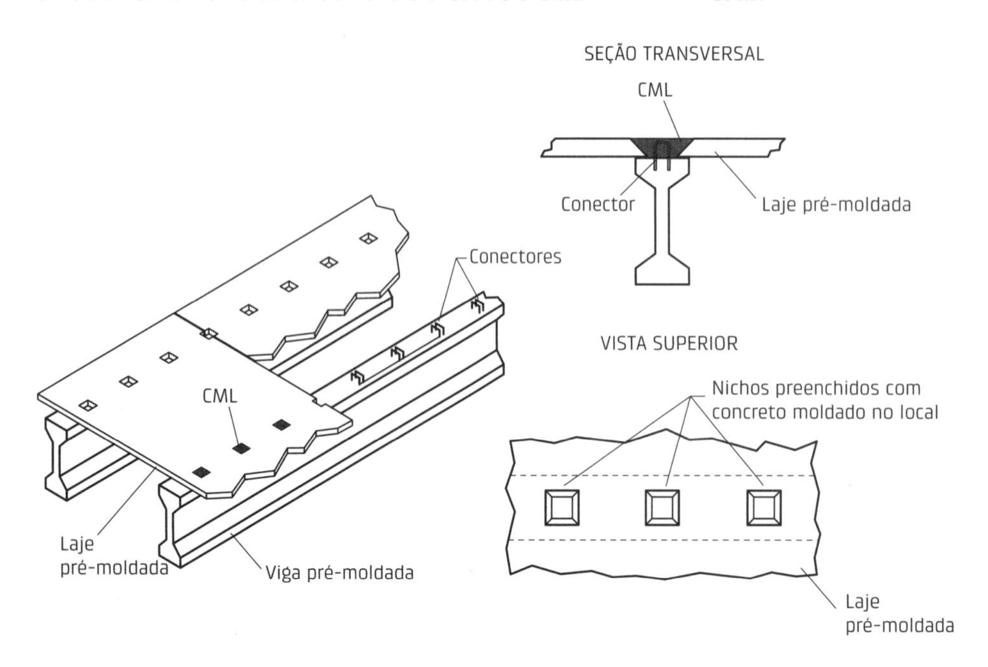

Fig. 4.2 Ligação laje × viga com nichos – alternativa com laje também de CPM para tabuleiros de pontes
Fonte: adaptado de Araújo (2002).

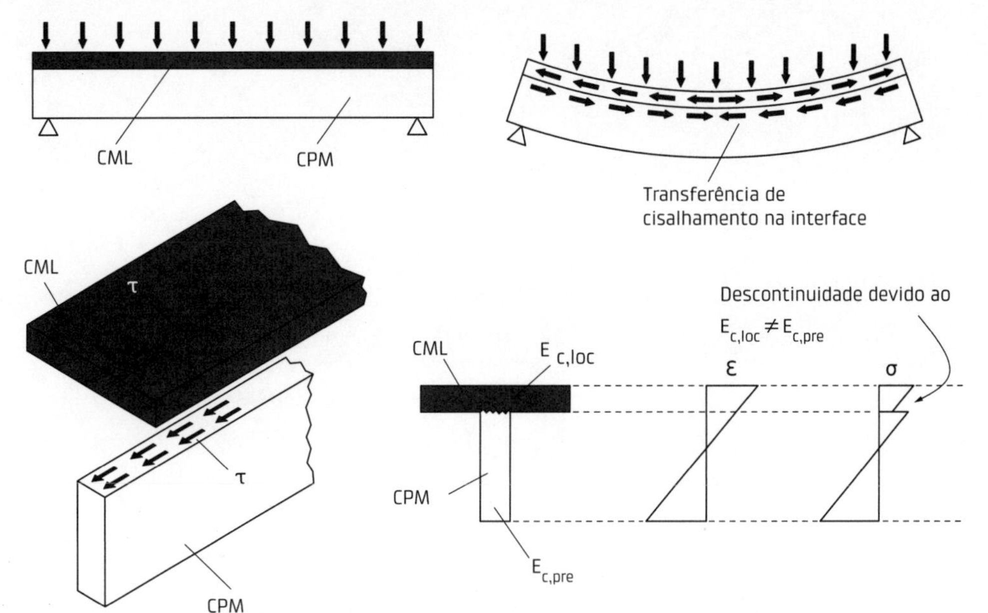

Fig. 4.3 Comportamento de uma seção composta sem deslizamento na interface entre concretos com características diferentes

No caso de haver deslizamento entre as superfícies na interface, conforme mostrado na Fig. 4.4, ocorre uma colaboração parcial do CML. A análise dessa situação é realizada considerando a deformação ao cisalhamento da ligação entre os dois concretos.

Normalmente, procura-se garantir a transferência total de cisalhamento pela ligação para se obter o comportamento de seção composta, tanto para o que se refere aos estados-limite últimos (ELU) como para o que se refere aos estados-limite de serviço (ELS).

Como, em geral, o elemento pré-moldado recebe o CML sem cimbramento, quando este último endurecer já haverá, no elemento pré-moldado, um estado de tensão inicial. A título de ilustração, é mostrado na Fig. 4.5 o aspecto das tensões normais no caso de um elemento composto de concreto protendido, sem a consideração de efeitos dependentes do tempo. Merece ser observado que a descontinuidade no último diagrama de tensões é devida à variação da altura da seção resistente.

Os elementos compostos de concretos com características reológicas diferentes, como as seções formadas por CPM e CML, estão sujeitos a efeitos dependentes do tempo. Esse assunto é de particular interesse nas estruturas hiperestáticas formadas por elementos pré-moldados, com a ocorrência de mudança de sistema estrutural em virtude da variação das solicitações com o tempo.

Por se tratar de concretos com características diferentes e também com idades distintas, ocorrem efeitos dependentes do tempo devidos à retração diferencial e à fluência.

O efeito da maior retração do CML na seção composta tende a introduzir tensões conforme indicado na Fig. 4.6. Em se tratando de viga ou laje simplesmente apoiada, a

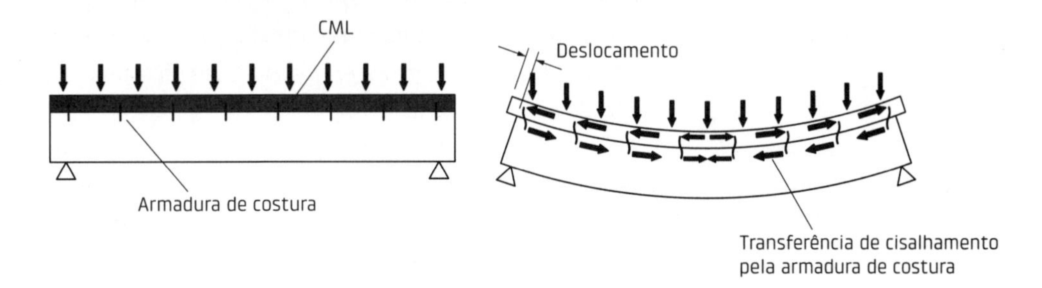

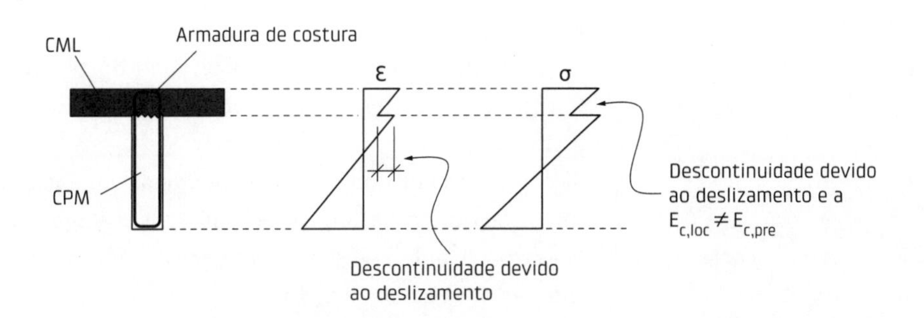

Fig. 4.4 Comportamento de uma seção composta com deslizamento na interface entre concretos com características diferentes

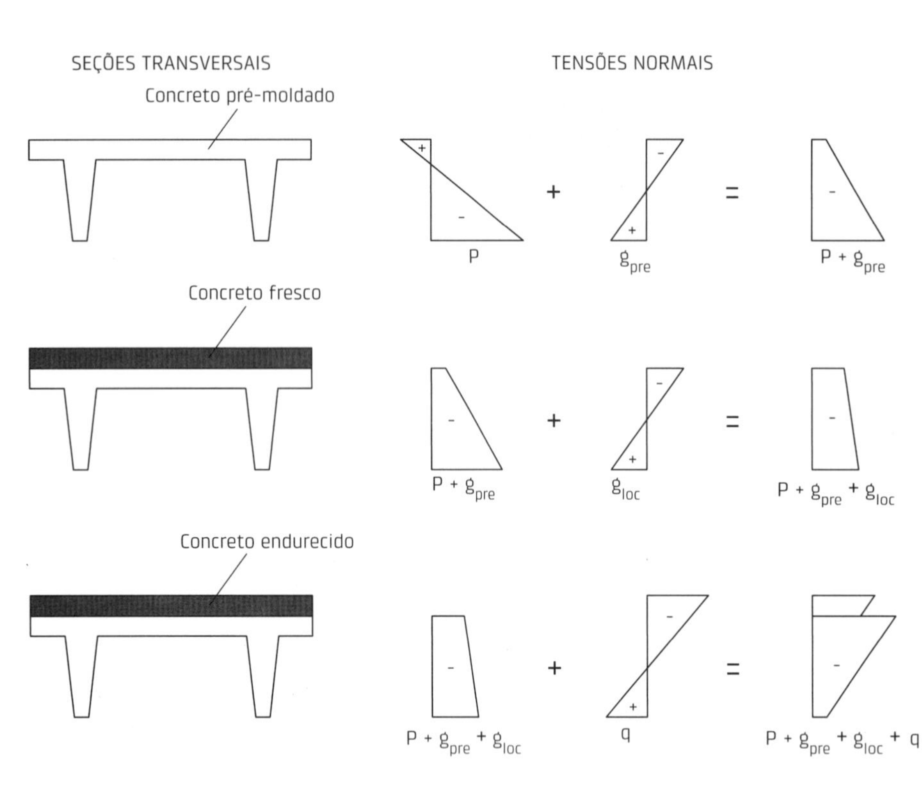

Fig. 4.5 Tensões normais em elemento composto de concreto protendido, sendo P = força de protensão, sem a representação, por comodidade, de sua variação com o tempo, g_{pre} = peso próprio do elemento pré-moldado, g_{loc} = peso próprio da parte de CML e q = força decorrente da ação variável aplicada após o endurecimento do CML

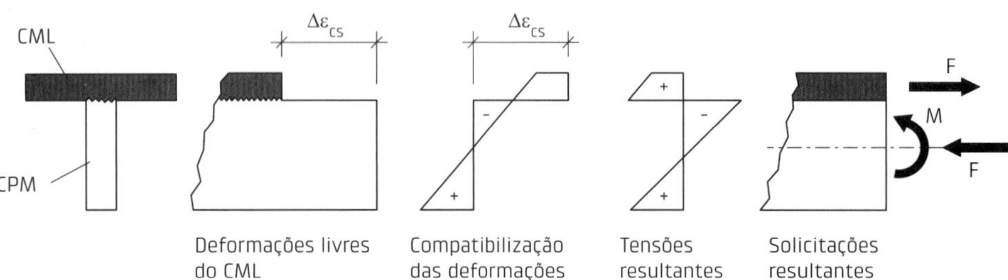

Fig. 4.6 Efeito da retração da capa de CML em elemento composto

retração do CML reduz as tensões de compressão na parte superior do elemento composto. Por outro lado, o efeito da fluência tende a reduzir a magnitude dos esforços de retração. Cabe destacar também que a retração tende a aumentar a flecha das vigas ou lajes simplesmente apoiadas, constituindo uma parcela a ser adicionada à flecha devida às outras ações.

Dos dois problemas que surgem ao projetar os elementos compostos, que são o cisalhamento na interface e os efeitos dependentes do tempo, o primeiro assume importância fundamental no dimensionamento desse tipo estrutural. Por essa razão, será tratado com mais detalhes a seguir.

4.3 Cisalhamento na interface entre concreto pré-moldado e concreto moldado no local em elementos fletidos

4.3.1 Cisalhamento na interface entre dois concretos

O cisalhamento na interface entre dois concretos ocorre sempre que existe tendência de deslizamento na superfície de contato. Esse fenômeno acontece quando os concretos são de idades diferentes, como é o caso da interface entre elemento pré-moldado e CML, e quando os concretos de mesma idade são separados por fissura, bem como nas ligações com CML e com graute.

Nesses casos, a transferência de cisalhamento pela interface pode ser dividida em transferência através da superfície de contato e transferência através da armadura cruzando a superfície de contato.

A transferência através da superfície de contato é similar àquela que ocorre na transferência de força de barras de aço para o concreto na ancoragem por aderência, podendo ser dividida em três parcelas:

- *adesão*: essa primeira parcela é bastante significativa, mas é destruída se há um deslizamento muito pequeno;
- *atrito*: essa parcela ocorre em virtude da tensão normal que atua na interface, conforme a teoria de atrito de Coulomb;
- *mecânica*: essa última parcela é devida às saliências na superfície e ao engrenamento dos agregados (*aggregate interlock*) e corresponderia ao efeito das mossas nas barras de aço.

O efeito da armadura cruzando a interface contribui para a resistência ao cisalhamento de duas formas:

- *pelo efeito de pino*: esse efeito corresponde à resistência ao corte direto da armadura, discutida na seção 3.5.4;
- *pela produção de tensão normal à interface*: esse efeito é indireto e é mobilizado pela tendência de deslocamento relativo entre as duas partes, conforme apresentado na seção "Modelo de atrito-cisalhamento", no Cap. 3 (ver Fig. 3.19).

Os principais fatores que influenciam a resistência ao cisalhamento na interface entre dois concretos são apresentados a seguir:

- *Resistência do concreto*: a resistência ao cisalhamento eleva-se com o aumento da resistência do concreto, principalmente em virtude da transferência mecânica e por efeito de pino. Esses dois efeitos estão mais diretamente relacionados com a resistência à tração do concreto. Como a resistência dos dois concretos que concorrem na interface pode ser diferente, a resistência ao cisalhamento é controlada pelo concreto menos resistente.
- *Rugosidade da superfície de contato*: como se pode concluir intuitivamente, a resistência ao cisalhamento aumenta com a rugosidade da superfície de contato, afetando basicamente a transferência pela superfície de contato.
- *Armadura que cruza a interface*: a taxa de armadura que cruza a interface e a sua resistência influem diretamente na resistência ao cisalhamento, mediante os mecanismos de transferência já comentados, principalmente em níveis elevados de solicitação. Destaca-se, no entanto, que uma taxa muito baixa de armadura praticamente não aumenta a resistência ao cisalhamento.
- *Tensão normal à interface*: a ocorrência de tensão normal de compressão aumenta a resistência ao cisalhamento, por mobilizar a transferência por atrito.
- *Ações cíclicas*: as ações repetitivas, em especial aquelas que produzem alternância de tensões de cisalhamento, reduzem a resistência ao cisalhamento, sobretudo a parcela correspondente à adesão.

Existe nas publicações sobre o assunto um grande número de expressões para avaliar a resistência ao cisalhamento na interface entre dois concretos, como pode ser visto em Araújo (1997). A título de ilustração apresenta-se a expressão proposta por Mattock (1988):

$$\tau_u = 0{,}467 f_{ck}^{0{,}545} + 0{,}8 \rho f_{yk} + 0{,}8 \sigma_n \leq 0{,}3 f_{ck} \text{ (em MPa)} \quad \textbf{(4.1)}$$

em que:

f_{ck} = resistência característica à compressão do concreto de menor resistência;

ρ = taxa de armadura que cruza a superfície de contato;

f_{yk} = resistência característica do aço;

σ_n = tensão normal à superfície de contato.

Nessa expressão está sendo considerada a maior parte dos fatores citados. No primeiro termo é levada em conta a resistência do concreto. O segundo termo inclui o efeito da taxa de armadura e a resistência do aço. No terceiro termo é considerado o efeito de tensão normal à superfície. A rugosidade é considerada nos coeficientes que afetam os três parâmetros.

Algumas indicações mais recentes, como as apresentadas no MC-10 (fib, 2013), procuram considerar que a superposição dos fatores que afetam a resistência ao cisalhamento deva levar em conta que eles variam com o deslizamento. Por exemplo, a adesão tem um valor alto, mas será nula assim que ocorrer um pequeno deslizamento. Ao contrário, o efeito de pino cresce com o deslizamento. Esse assunto é apresentado com mais detalhes e justificativas nas indicações do MC-10 apresentadas em Randl (2013).

Para levar em conta o comportamento distinto dos fatores em função do deslizamento, o MC-10 (fib, 2013) indica duas situações:

- *comportamento aderência × deslizamento rígido*: as parcelas da adesão e da mecânica são as mais importantes;
- *comportamento aderência × deslizamento não rígido*: o atrito e o efeito de pino são os fatores mais importantes.

Com isso, existem expressões para quantificar a resistência ao cisalhamento para cada caso, que são apresentadas na sequência deste capítulo.

4.3.2 Critérios de projeto

Para o projeto dos elementos compostos, as seções transversais dos elementos pré-moldados podem ser, segundo a FIP (1982), divididas nos três grupos listados a seguir:

- *Grupo 1 – Seções compostas de elementos de CPM com a superfície da interface plana e larga (Fig. 4.7)*: esse tipo de seção é utilizado, principalmente, em pisos de edificações. A característica comum desse grupo é que o CML está em contato uniforme com toda a área dos elementos pré-moldados, formando uma capa de espessura praticamente constante sobre esses elementos. Em geral, as tensões na interface são baixas e nenhuma armadura de cisalhamento é necessária.
- *Grupo 2 – Seções compostas de vigotas pré-moldadas e blocos de enchimento (Fig. 4.8)*: essas seções também são mais usadas na execução de pisos de edificações. Existem muitas variações, que dependem principalmente do tipo dos elementos pré-moldados e do tipo

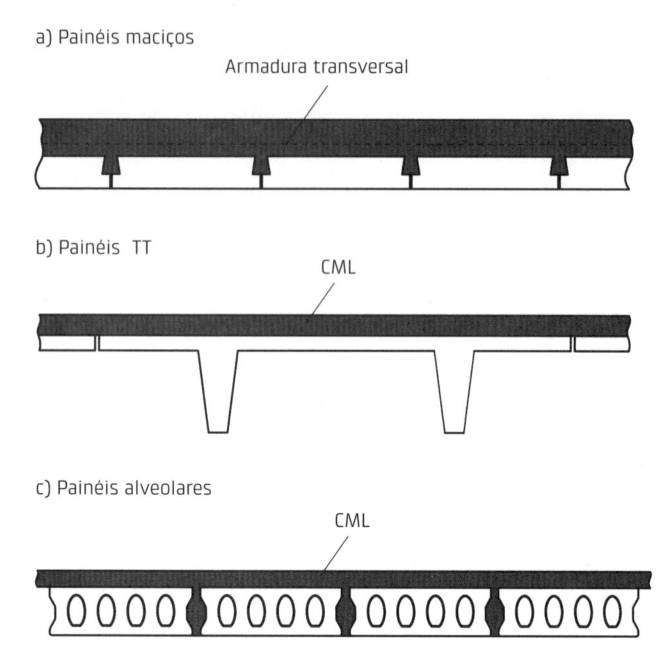

Fig. 4.7 Grupo 1 – Seções compostas de elementos de CPM com a superfície da interface plana e larga
Fonte: adaptado de FIP (1982).

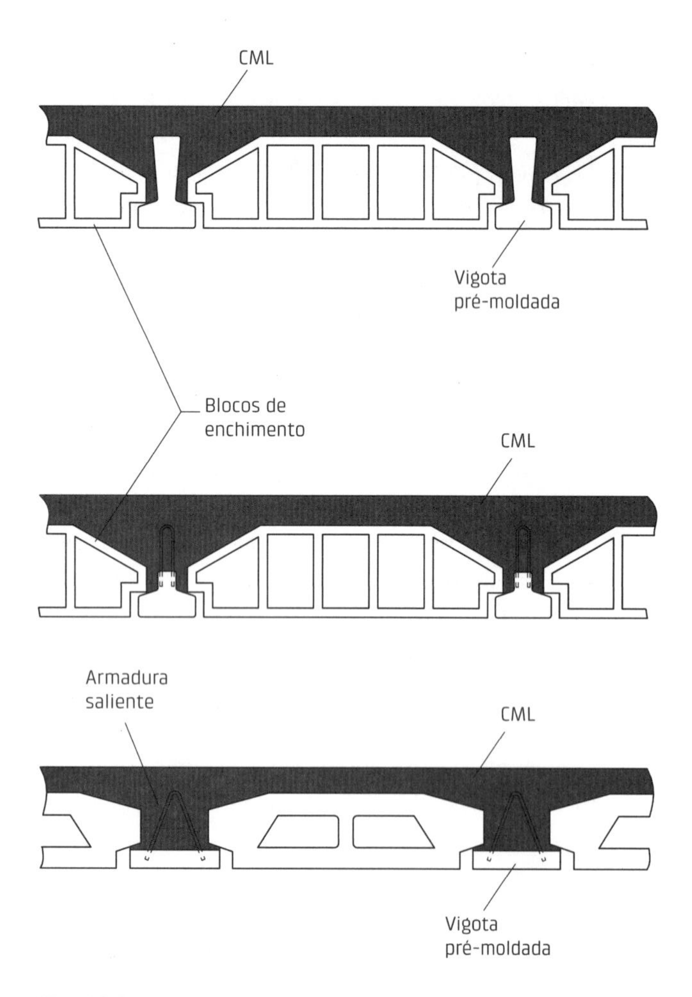

Fig. 4.8 Grupo 2 – Seções compostas de vigotas pré-moldadas e blocos de enchimento
Fonte: adaptado de FIP (1982).

dos blocos empregados. As especificações para os blocos utilizados nesses casos dependem do tipo de aplicação, dos vãos, da natureza do carregamento e se for contar, ou não, com a sua resistência no dimensionamento da seção composta. Normalmente, essas seções são objeto de recomendações específicas. No Cap. 13 serão apresentadas algumas recomendações para esse tipo de seção composta.

- *Grupo 3 – Seções compostas de elementos pré-moldados tipo viga (Fig. 4.9)*: em geral, para esse grupo a superfície de contato entre os elementos pré-moldados e o CML se restringe ao topo dos elementos pré-moldados, ou ao topo e aos lados. Como consequência disso, as tensões de cisalhamento são geralmente elevadas, tornando obrigatório o uso de armadura.

Os problemas de dimensionamento podem ser divididos em dois níveis:

- *Situações de baixa solicitação*: essas situações são encontradas nas estruturas com seções dos grupos 1 e 2. Salienta-se, no entanto, que as situações do grupo 2 necessitam de algumas exigências adicionais de projeto. As tensões de cisalhamento são normalmente baixas e nenhuma armadura transversal será necessária se essas tensões estiverem abaixo dos valores-limite estabelecidos pelas normas e regulamentos.
- *Situações de elevada solicitação*: esses casos correspondem ao grupo 3, para os quais se deve calcular a armadura cruzando a interface, sendo obrigatória a colocação de armadura mínima.

Em geral, a verificação e o dimensionamento da armadura para o cisalhamento na interface não são críticos. No entanto, quando ocorre estrangulamento na área da interface, por exemplo, com o emprego de painéis pré-moldados apoiados na viga pré-moldada, a resistência ao cisalhamento pela interface pode governar a ruína da viga.

Em Araújo (1997) é apresentado um estudo, com base em resultados experimentais, comparando o comportamento de uma viga de seção T, com seção transversal e armadura longitudinal iguais, mas com interface de 150 mm, que é a largura da viga, e com a interface reduzida a 90 mm, mediante o isolamento de parte da viga para representar o apoio de laje pré-moldada. A Fig. 4.10 mostra as seções transversais das vigas ensaiadas, em que se destaca a elevada armadura longitudinal (4 ϕ 25), para que a ruína fosse governada pela resistência ao cisalhamento pela interface. Além dessas vigas que representam o CPM, foi ensaiada uma viga correspondente ao CML. Esse estudo mostrou que a resistência e a configuração de fissuras das vigas de CML e de CPM com interface de 150 mm foram muito próximas. No entanto, na viga com interface reduzida, ocorreram fissuras horizontais entre a alma e a mesa, configurando

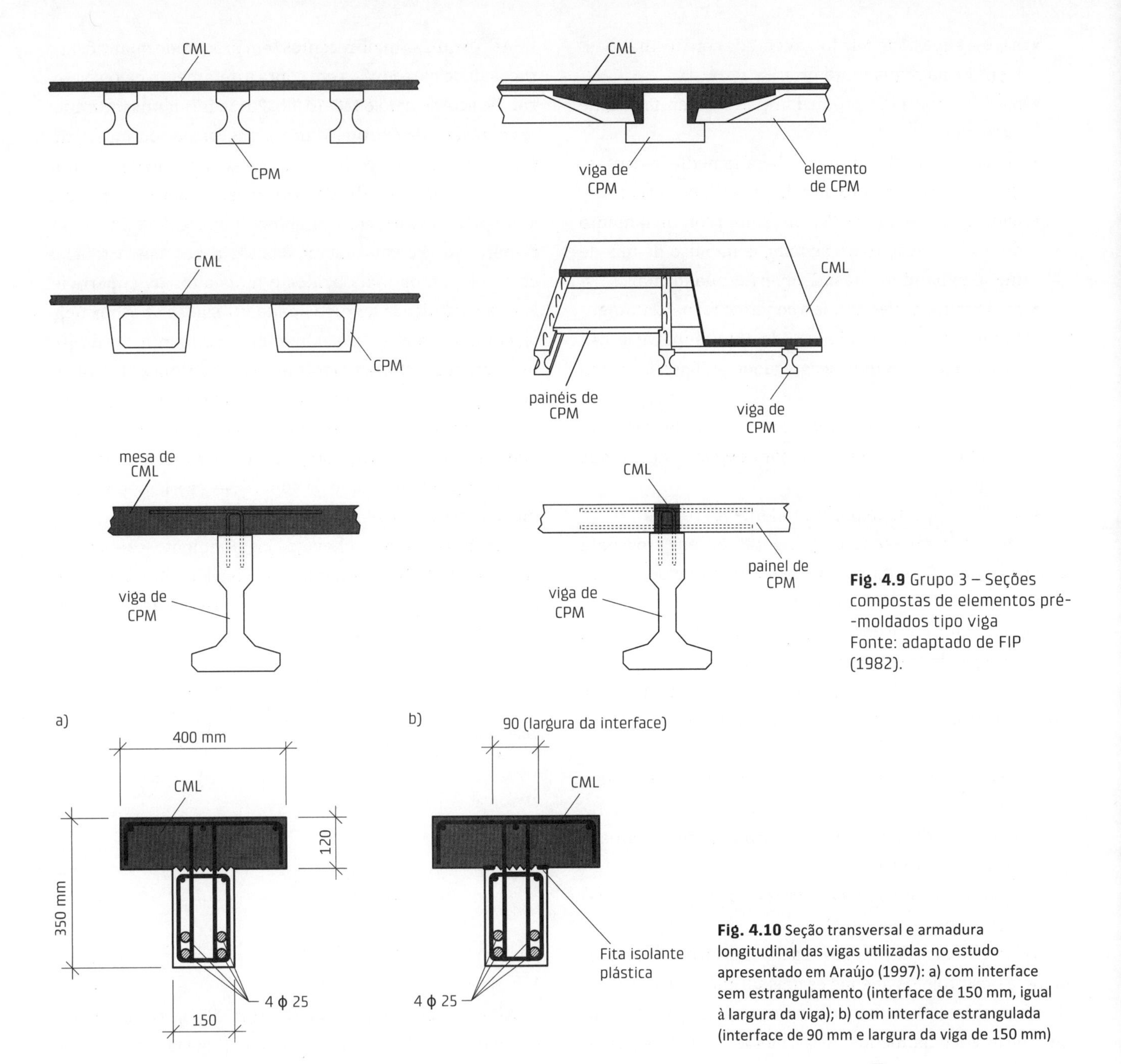

Fig. 4.9 Grupo 3 – Seções compostas de elementos pré-moldados tipo viga
Fonte: adaptado de FIP (1982).

Fig. 4.10 Seção transversal e armadura longitudinal das vigas utilizadas no estudo apresentado em Araújo (1997): a) com interface sem estrangulamento (interface de 150 mm, igual à largura da viga); b) com interface estrangulada (interface de 90 mm e largura da viga de 150 mm)

deslizamento entre essas partes, o que provocou uma força última menor que no caso da viga com interface de 150 mm. Informações mais completas sobre esse estudo podem ser vistas em Araújo (1997).

Conforme já foi apresentado, a rugosidade é um dos principais fatores que influem na resistência ao cisalhamento. A rugosidade superficial pode influenciar a aderência potencial a ser alcançada entre os dois concretos das seguintes formas:

- quanto maior a rugosidade da interface, maior a área superficial de contato entre os dois concretos;
- quanto maior a rugosidade da interface, menos susceptível ela fica à qualidade dos serviços de limpeza e preparo (pó, água e outras sujeiras concentram-se mais nas zonas baixas da superfície, fazendo com que os topos fiquem menos afetados, e o descascamento superficial é menor nas superfícies mais rugosas);
- o formato dos altos e baixos da rugosidade superficial promove um melhor embricamento entre as duas partes da estrutura composta.

No sentido de classificar as superfícies de contato do elemento pré-moldado em relação à rugosidade, na FIP (1982) são estabelecidos os seguintes níveis:

- *nível 1*: superfície bastante lisa, obtida com o uso de fôrmas metálicas ou de madeira plastificada;
- *nível 2*: superfície que foi alisada, chegando a níveis muito próximos aos dos casos do nível 1;
- *nível 3*: superfície que foi alisada (trazendo os finos do agregado à superfície), mas que ainda apresenta pequenas ondulações;

- *nível* 4: superfície que foi executada com fôrmas deslizantes ou régua vibratória;
- *nível* 5: superfície produzida por alguma forma de extrusão;
- *nível* 6: superfície que foi deliberadamente texturizada pelo escovamento do concreto ainda fresco;
- *nível* 7: como no nível 6, com maior pronunciamento da texturização (por exemplo, com o uso de tela de metal expandido presa à superfície da fôrma);
- *nível* 8: superfície em que o concreto foi perfeitamente vibrado, sem a intenção de obter superfície lisa ou de fazer com que os agregados graúdos ficassem expostos;
- *nível* 9: superfície em que o concreto ainda fresco foi jateado com água ou areia para expor os agregados graúdos;
- *nível* 10: superfície propositadamente rugosa.

Esses níveis apresentam, em geral, ordem crescente de rugosidade. No entanto, existem níveis que podem ter eficiência semelhante, como os níveis 7 e 9.

Ainda conforme a mesma publicação da FIP (1982), a quantificação do efeito da rugosidade para cada um desses níveis seria de difícil utilização no projeto. Por essa razão, normalmente as superfícies podem ser divididas em três casos básicos:

- *superfície lisa*: corresponde tipicamente aos níveis 1 e 2;
- *superfície naturalmente rugosa*: corresponde tipicamente aos níveis 3 a 6;
- *superfície intencionalmente rugosa*: corresponde tipicamente aos níveis 7 a 10.

O primeiro caso deve ser evitado. Dessa forma, recomendam-se nos projetos apenas os dois últimos casos: superfície naturalmente rugosa, denominada categoria 1, e superfície intencionalmente rugosa, denominada categoria 2.

Como pode ser observado, a rugosidade da superfície na interface desempenha um importante papel para garantir o comportamento de seção composta. No entanto, trabalhos experimentais revelaram que os cuidados de execução do CML, tais como o tratamento da superfície, o adensamento do concreto e a sua cura, são tão importantes quanto a rugosidade superficial. De fato, foi constatado que, tomando esses cuidados na execução do CML, pode-se, por exemplo, levar superfícies de nível 1 ou 2 (praticamente lisas) a ter um comportamento superior ao observado em superfícies de nível 7 ou 8 (bastante rugosas), nas quais pouca atenção se deu a esses aspectos.

Por essas razões, é necessário dar grande importância aos cuidados de execução do CML, que devem ser indicados no projeto. Esses cuidados serão vistos com mais detalhes na sequência deste capítulo.

As pesquisas mais recentes têm procurado quantificar a rugosidade para levá-la em conta diretamente na resistência. De acordo com o MC-10 (fib, 2013), há alguns indicadores para descrever e quantificar a rugosidade da superfície. O parâmetro mais comum é a rugosidade média, R_m, que constitui o valor médio das variações do perfil em relação a um plano médio, conforme mostra a Fig. 4.11. Outro parâmetro, R_z, é o valor médio das variações das distâncias entre os pontos mais baixos e mais altos da superfície. Para as definições de rugosidade utilizadas anteriormente, como as chaves de cisalhamento de 10 mm a cada 100 mm (ver seção 3.7.1), o parâmetro R_z tenderia a 10 mm, ao passo que a rugosidade média R_m tenderia à metade desse valor, ou seja, 5 mm. Chama-se a atenção para o fato de que esses parâmetros estariam associados apenas a variações da profundidade da superfície e seriam, portanto, independentes do espaçamento das chaves.

Em se tratando de chave de cisalhamento, esquematizada na Fig. 4.11b, recomenda-se, com base em Canha e El Debs (2005b), que a relação entre a base do dente e a sua altura (R_z) seja limitada a 6.

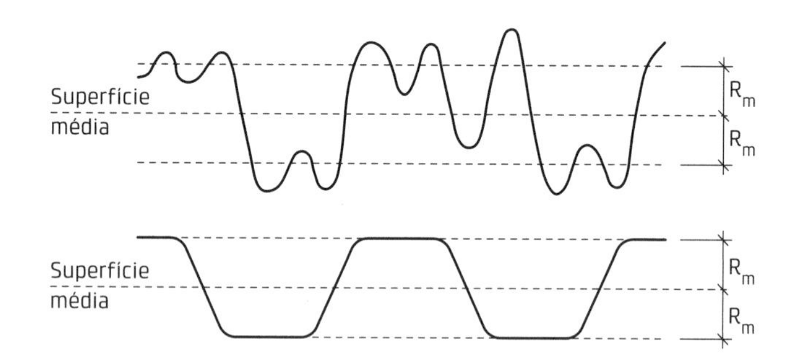

Fig. 4.11 Exemplo de medidas de rugosidade média R_a

Ainda de acordo com o MC-10 (fib, 2013), há vários métodos para medir os parâmetros de rugosidade da superfície. O mais simples, e mais usado, é feito pela medida do volume de areia fina que preencheria os vazios em um determinado diâmetro da superfície, possibilitando o cálculo da rugosidade média R_m. Outras formas de medir a rugosidade são: a) com dispositivo mecânico colocado diretamente na superfície, b) com triangulação com *laser* e c) com imagens digitais.

O MC-10 (fib, 2013) fornece a Tab. 4.1 para aplicações práticas, que relaciona a superfície da interface com a rugosidade média.

Existem estudos que procuram correlacionar parâmetros de rugosidade com parâmetros da resistência na interface, bem como estudos que indicam outras formas de quantificar a rugosidade. Mais informações sobre esse assunto podem ser encontradas em Lenz e Zilch (2010) e Santos e Júlio (2014).

Tab. 4.1 CLASSIFICAÇÃO DA SUPERFÍCIE EM FUNÇÃO DA RUGOSIDADE MÉDIA

Classificação da superfície	Rugosidade média (R_m)
Muito lisa (por exemplo, obtida com o uso de fôrmas metálicas)	Não mensurável
Lisa (por exemplo, não alisada, fôrma de madeira)	< 1,5 mm
Rugosa (por exemplo, obtida com o uso de jateamento de areia ou de água)	≥ 1,5 mm
Muito rugosa (por exemplo, obtida com o uso de jatos de água de alta pressão, chaves de cisalhamento)	≥ 3 mm

Fonte: fib (2013).

No dimensionamento ou na verificação dos elementos compostos, devem ser considerados os seguintes aspectos:

- o dimensionamento da estrutura composta deve ser feito de acordo com os princípios gerais do dimensionamento do concreto, incluindo as verificações dos estados-limite de serviço e dos estados-limite últimos;
- a armadura necessária para a transferência de cisalhamento na interface deve ser calculada para atender aos estados-limite últimos;
- deve-se ter especial atenção nos casos em que não há armadura, correspondentes às situações de baixa solicitação, pois, em geral, a resistência ao cisalhamento é promovida apenas pelo concreto e é fortemente influenciada pela execução, conforme comentado.

Ainda em termos de recomendações gerais, cabe registrar que é possível adotar as seguintes estratégias de projeto no dimensionamento:

- considerar a colaboração completa da parte moldada no local para os estados-limite de serviço e os estados-limite últimos, sendo necessário garantir a transferência integral das tensões de cisalhamento na interface para todos os níveis de solicitação;
- considerar a colaboração completa apenas para os estados-limite de serviço, devendo, para os estados-limite últimos, ser feita a verificação contando apenas com a parte do elemento pré-moldado.

4.3.3 Tensões de cisalhamento na interface em elementos fletidos

O cálculo das tensões de cisalhamento que atuam na interface entre CPM e CML em elementos fletidos pode ser feito levando em conta o estado não fissurado, correspondente ao estádio I, ou o estado fissurado, correspondente aos estádios II e III.

Estado não fissurado (Fig. 4.12)

A tensão de cisalhamento na interface pode ser calculada considerando o material homogêneo em regime elástico linear e desprezando os efeitos de retração e fluência:

$$\tau = \frac{V S_{c,loc}}{I_{com} b_{int}} \quad \textbf{(4.2)}$$

em que:

V = força cortante na seção;

$S_{c,loc}$ = momento estático de $A_{c,loc}$ em relação ao CG da seção;

I_{com} = momento de inércia da seção composta homogeneizada (considerando os diferentes módulos de elasticidade dos concretos);

b_{int} = largura da interface.

Essa expressão ainda pode ser apresentada da seguinte forma:

$$\tau = \frac{V}{z_{c,loc} b_{int}} \quad \textbf{(4.3)}$$

em que $z_{c,loc}$ é a distância da resultante das tensões normais em $A_{c,loc}$ até a resultante das tensões de tração, cujo valor vale:

$$z_{c,loc} = \frac{I_{com}}{S_{c,loc}} \quad \textbf{(4.4)}$$

Como a força cortante é a derivada primeira do momento fletor em relação a x, tem-se:

$$\tau = \frac{dM/dx}{z_{c,loc} b_{int}} \quad \textbf{(4.5)}$$

Utilizando valores médios em um trecho Δx, chega-se a:

$$\tau_m = \frac{\Delta M}{z_{c,loc} b_{int} \Delta x} \quad \textbf{(4.6)}$$

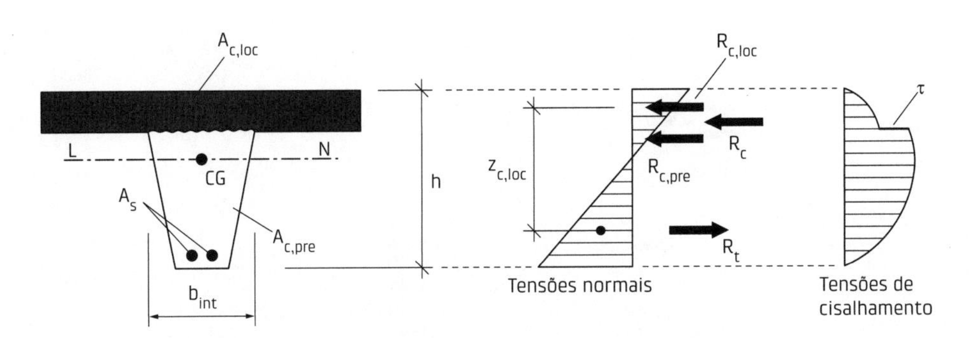

Fig. 4.12 Distribuição de tensões no estado não fissurado

Levando em conta que a parcela $\Delta M/z_{c,loc}$ representa a variação da força resultante $\Delta R_{c,loc}$ no trecho Δx, obtém-se a seguinte expressão:

$$\tau_m = \frac{\Delta R_{c,loc}}{b_{int}\Delta x} \qquad (4.7)$$

Estado fissurado (Fig. 4.13)

No caso em que as tensões de compressão estão na sua totalidade acima da interface, ou seja, a linha neutra está na parte de concreto moldada no local, conforme mostra a figura, a tensão de cisalhamento pode ser calculada por:

$$\tau = \frac{V}{zb_{int}} \qquad (4.8)$$

em que z pode ser estimado em 0,85d a 0,9d.

Quando a linha neutra se encontra abaixo da interface (Fig. 4.14), deve ser feita uma modificação na expressão anterior, que resulta em:

$$\tau = \frac{V}{zb_{int}}\left(\frac{R_{c,loc}}{R_c}\right) \qquad (4.9)$$

O cálculo das tensões médias de cisalhamento na interface, por meio da variação da resultante de compressão da parte de concreto moldada no local, pode ser feito com expressões simples. Um exemplo desse tipo de cálculo é apresentado na Fig. 4.15, na qual são considerados o diagrama retangular de tensões de compressão no concreto e a tensão média de cisalhamento entre o ponto de momento nulo e o ponto de momento máximo ou mínimo.

Vale mencionar que existem outras formas de calcular a tensão solicitante na interface, tais como as apresentadas em Gohnert (2000) e no boletim 43 da fib (2008).

As tensões solicitantes na interface dependem também da sequência construtiva. Assim, por exemplo, se a capa estrutural for moldada sem que haja cimbramento, o elemento pré-moldado vai se deformar livremente com o peso da capa e vai endurecer sem produzir cisalhamento na interface. Dessa forma, as ações que produzem cisalhamento na interface seriam aquelas que atuariam após o endurecimento da capa estrutural.

Quando houver cimbramento, a deformação do elemento não será livre. Nesse caso, se o cimbramento for colocado para suportar apenas o concreto da capa, o seu peso (concreto da capa) vai atuar quando o cimbramento for retirado. Por outro lado, se o cimbramento suportar uma parcela do peso próprio do elemento e o peso da capa, essas cargas atuarão após a retirada do cimbramento. Naturalmente, as demais ações que forem aplicadas também solicitarão o cisalhamento na interface.

Cabe destacar que as forças que ocorrem para situações com cimbramento dependem da forma como ele é usado. Na hipótese de o cimbramento ser contínuo, a força seria uniformemente distribuída. Como o cimbramento é normalmente discreto, o efeito da retirada do cimbramento corresponde a forças concentradas nos pontos de ação do cimbramento. Naturalmente, a situação mais crítica seria com um único cimbramento no meio do vão, pois o peso da capa atuaria como uma força concentrada no meio do vão.

4.3.4 Resistência ao cisalhamento na interface em elementos fletidos

Segundo a FIP

A FIP (1982) fornece indicações para a verificação da resistência ao cisalhamento na interface, as quais são válidas somente para elementos simplesmente apoiados, com seções dentro dos padrões mostrados nas Figs. 4.7 a 4.9.

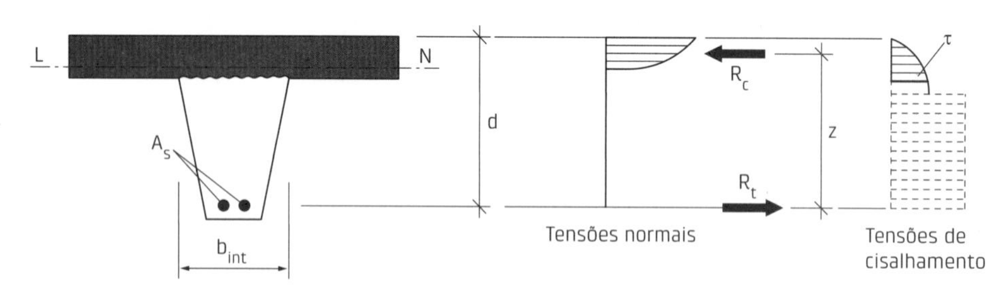

Fig. 4.13 Distribuição de tensões no estado fissurado com a linha neutra acima da interface

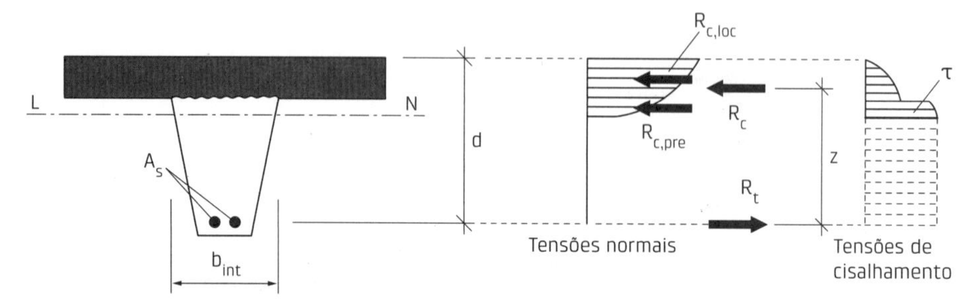

Fig. 4.14 Distribuição de tensões no estado fissurado com a linha neutra abaixo da interface

Com essas indicações é feita a verificação das seções apenas nos estados-limite últimos. Com base em resultados experimentais, pode-se admitir que as condições em serviço sejam automaticamente satisfeitas quando forem atendidos os estados-limite últimos.

A verificação é realizada comparando uma tensão solicitante de referência com a resistência ao cisalhamento de projeto, com a seguinte condição:

$$\tau_d \leq \tau_u \tag{4.10}$$

O cálculo da tensão solicitante de referência é feito com:

$$\tau_d = \frac{V_d}{b_{int} d} \tag{4.11}$$

em que:

V_d = força cortante de cálculo;

b_{int} = largura da interface;

d = altura útil da seção composta.

As resistências de projeto fornecidas pela FIP (1982) são baseadas em estudos experimentais realizados em mais de cem ensaios em vigas e lajes compostas. Os valores últimos foram obtidos multiplicando-se os valores médios de ensaio por 0,70, que leva em conta a dispersão dos resultados e fornece um valor característico de 5% da resistência de cisalhamento.

Tendo em vista ainda a precisão nas execuções em laboratório, esse valor característico é multiplicado por 0,50. Esse coeficiente tem sido usado com frequência em estudos desenvolvidos no Reino Unido, na Suécia e na Finlândia.

Os valores das resistências de projeto são fornecidos pelas expressões apresentadas a seguir, respectivamente para situações de alta e baixa solicitação de cisalhamento, com uma adaptação nas expressões originais de forma a levar em conta a relação de 1,25 entre a resistência do concreto à compressão medida em cubos de 150 mm de aresta e a resistência medida em cilindros de 150 mm de diâmetro e 300 mm de altura.

$$\tau_u = \beta_s \rho f_{yd} + \beta_c f_{ctd} < 0{,}31 f_{ck} \tag{4.12}$$

$$\tau_u = \beta_c f_{ctd} \tag{4.13}$$

sendo

$$\rho = \frac{A_{st}}{s b_{int}} \geq 0{,}001 \tag{4.14}$$

em que:

A_{st} = área de armadura transversal que atravessa a interface e se encontra efetivamente ancorada;

b_{int} = largura ou comprimento transversal à interface;

s = espaçamento da armadura transversal;

f_{yd} = resistência de cálculo do aço;

f_{ctd} = resistência de cálculo do concreto à tração;

β_s e β_c = coeficientes multiplicativos para as parcelas resistentes do aço e do concreto, com os valores da Tab. 4.2.

Tab. 4.2 COEFICIENTES MULTIPLICATIVOS PARA AS PARCELAS RESISTENTES DO AÇO E DO CONCRETO SEGUNDO A FIP

Coeficiente	Categoria da superfície	
	1	2
β_s	0,60	0,90
β_c	0,20	0,40

Fonte: FIP (1982).

A resistência de cálculo do concreto à tração pode ser estimada, segundo a FIP (1982), por meio de:

$$f_{ctd} = 0{,}28\sqrt{f_{ck}} \text{ (em MPa)} \tag{4.15}$$

Em relação à Tab. 4.2, cabe destacar que, para superfícies bastante lisas (níveis 1 e 2), é sugerido adotar $\beta_c = 0{,}10$, embora, conforme já mencionado, não seja recomendado utilizar esses níveis.

Ainda de acordo com a FIP (1982), na análise do efeito de cargas repetitivas, os valores obtidos para situações de baixa solicitação devem ser reduzidos em 50%. Nessa mesma publicação existe uma formulação alternativa, menos pessimista, porém mais trabalhosa que a fornecida anteriormente, para situações de baixa solicitação.

Segundo o PCI

No manual do PCI (2010) mencionam-se dois métodos apresentados no ACI 318-05 para a verificação do cisalhamento na interface entre o CML e o CPM e é feita a opção por um desses métodos, que é exposto a seguir.

Cabe destacar que o procedimento do PCI contempla tanto as situações de compressão quanto as de tração no CML, ao contrário do procedimento da FIP (1982).

A verificação da resistência ao cisalhamento é realizada com base na seguinte condição, ajustada à versão de 2011 do ACI 318 (ACI, 2011):

$$F_{hd} \leq \phi F_{hu} \tag{4.16}$$

em que:

F_{hd} = força horizontal solicitante de cálculo, conforme a Fig. 4.15;

F_{hu} = força última na interface;

ϕ = 0,75, fator de redução da resistência (ver Anexo B).

O valor da força solicitante é determinado considerando valores médios da tensão de cisalhamento e é calculado com a variação da resultante das tensões no CML, em um comprimento ℓ_0, como mostrado na Fig. 4.15.

No dimensionamento das seções compostas, podem ocorrer três casos, apresentados a seguir já com ajustes no sistema de unidades e na segurança.

- *Caso 1*

$$F_{hd} \leq 0{,}413 b_{int} \ell_0 \text{ (tensão de 0,413 em MPa)} \quad \textbf{(4.17)}$$

Nesse caso, não é necessário armadura se a superfície é intencionalmente rugosa. Essa condição vale também com superfície não intencionalmente rugosa, desde que haja uma armadura mínima. Conforme nota no manual do PCI (2010), a experiência e os ensaios indicam que os métodos de acabamentos normais empregados em CPM produziriam superfícies qualificadas como intencionalmente rugosas. Na falta de indicações mais objetivas, pode-se tomar a indicação fornecida anteriormente, baseada nos níveis da FIP (1982).

- *Caso 2*

$$0{,}413 b_{int} \ell_0 < F_{hd} \leq 2{,}58 b_{int} \ell_0 \quad \textbf{(4.18)}$$

(tensões de 0,413 e 2,58 em MPa)

Esse caso corresponde ao de superfície intencionalmente rugosa e com amplitude de rugosidade de aproximadamente 6,3 mm (1/4"), e é necessária a colocação de uma armadura cruzando a interface, calculada pela condição:

$$F_{hd} = \left(1{,}344 + 0{,}517 \rho_{st} f_{yd}\right) b_{int} \ell_0 \quad \textbf{(4.19)}$$

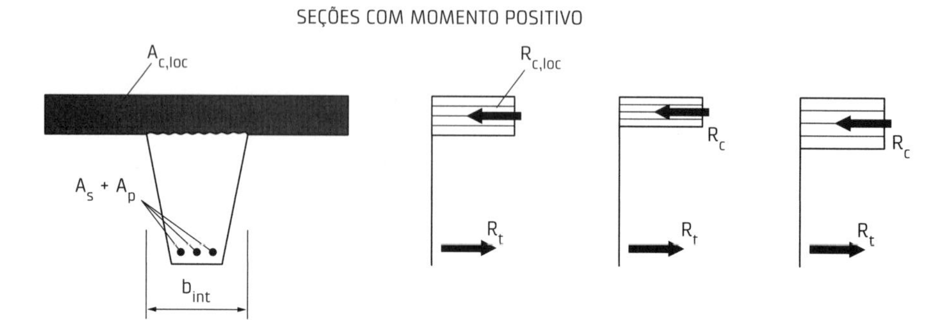

	Caso 1	Caso 2
	$R_t = R_c < R_{c,loc}$	$R_t = R_c > R_{c,loc}$
	$F_{hd} = R_c$	$F_{hd} = R_{c,loc}$

em que:

$A_{c,loc}$ = área da parte de CML;

$R_{c,loc}$ = valor de referência da resultante de compressão na parte do CML, que vale $0{,}85 f_{cd} A_{c,loc}$;

R_c = resultante de compressão;

R_t = resultante de tração (decorrente de As + Ap);

F_{hd} = força horizontal de cisalhamento.

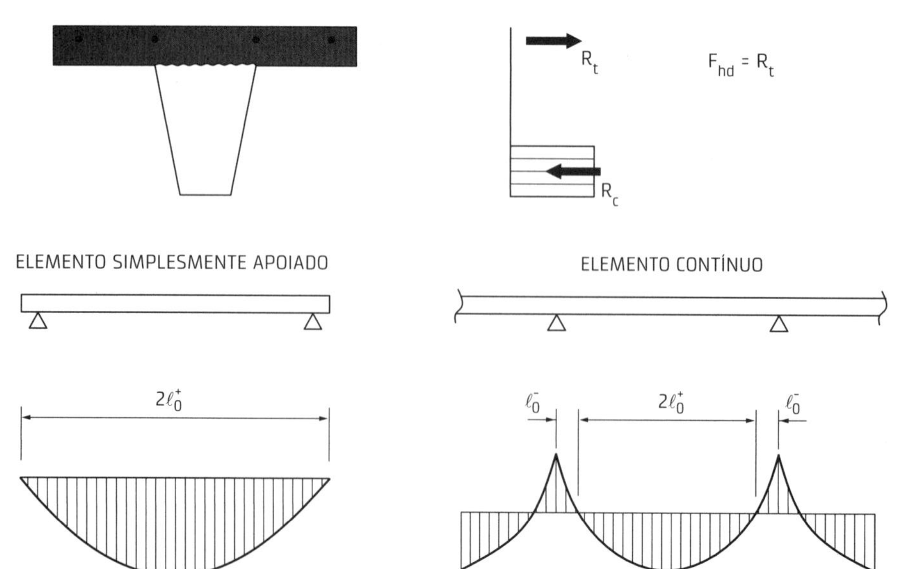

Fig. 4.15 Indicações para o cálculo da força horizontal de projeto e do comprimento dos trechos relativos ao cisalhamento na interface
Fonte: adaptado de PCI (1992).

sendo

$$\rho_{st} = \frac{A_{st}}{b_{int}\ell_0} \quad \textbf{(4.20)}$$

Essa armadura deve também atender ao seguinte valor mínimo:

$$\rho_{st,min} = \frac{A_{st,min}}{b_{int}\ell_0} = 0{,}0623\frac{\sqrt{f_{ck}}}{f_{yk}} \geq 0{,}345\frac{1}{f_{yk}} \text{ (MPa)} \quad \textbf{(4.21)}$$

- *Caso 3*

$$F_{hd} > 2{,}58 b_{int}\ell_0 \text{ (tensão de 2,58 em MPa)} \quad \textbf{(4.22)}$$

Nesse caso, deve ser colocada uma armadura calculada pelo modelo de atrito-cisalhamento (ver seção 3.3.2), com a força solicitante de F_{hd} em vez de V_d.

Cabe destacar que neste último caso toda a resistência ao cisalhamento fica sob responsabilidade apenas da armadura cruzando a interface, ao contrário do procedimento da FIP (1982).

Segundo a ABNT

Assim como nas indicações da FIP (1982), na NBR 9062 (ABNT, 2017a) a tensão solicitante de cálculo na interface é limitada aos valores da resistência de cálculo.

Essa norma indica o cálculo da tensão solicitante de cisalhamento na interface com base no valor médio da força de compressão ou de tração acima da ligação, ao longo do comprimento correspondente à distância entre os pontos de momentos nulo e máximo. Por uma questão de uniformidade, neste livro é indicada a tensão solicitante de cálculo com a seguinte expressão:

$$\tau_d = \frac{F_{hd}}{b_{int}\ell_0} \quad \textbf{(4.23)}$$

em que F_{hd} e ℓ_0 podem ser calculados com as indicações da Fig. 4.15, conforme recomendações do PCI (2010).

O valor último da tensão de cisalhamento é fornecido pela seguinte expressão:

$$\tau_u = \beta_s \rho f_{yd} + \beta_c f_{ctd} \leq 0{,}25 f_{cd} \quad \textbf{(4.24)}$$

sendo

$$\rho = \frac{A_{st}}{b_{int}s} \quad \textbf{(4.25)}$$

em que:

A_{st} = área da armadura atravessando perpendicularmente a interface e totalmente ancorada nos elementos;

f_{yd} = resistência de cálculo do aço;

s = espaçamento da armadura A_{st};

b_{int} = largura da interface;

f_{ctd} = resistência à tração de cálculo para o menos resistente dos concretos em contato (com valor inferior da resistência à tração, conforme indicado na NBR 6118 – ABNT, 2014a);

β_s e β_c = coeficientes multiplicativos para as parcelas do aço e do concreto, respectivamente, sendo os seus valores fornecidos na Tab. 4.3, válidos para superfícies com rugosidade mínima de 5 mm a cada 30 mm.

Tab. 4.3 COEFICIENTES MULTIPLICATIVOS PARA AS PARCELAS RESISTENTES DO AÇO E DO CONCRETO SEGUNDO A NBR 9062

ρ (%)	β_s	β_c
< 0,20	0	0,3
> 0,50	0,9	0,6

Fonte: ABNT (2017a).

Cabe salientar que está sendo feita uma adaptação da nomenclatura da NBR 9062 (ABNT, 2017a) por questão de padronização.

Segundo essa norma, somente se admite dispensar a armadura costurando a interface se forem satisfeitas simultaneamente as seguintes condições:

- $\tau_d < \beta_c\, f_{td}$, isto é, a resistência do concreto deve ser suficiente para transferir o cisalhamento solicitante;
- a interface deve ocorrer em uma região da peça na qual haja a predominância da largura sobre as outras dimensões da peça (mesa das vigas de seção T ou TT, lajes em geral, incluindo as alveolares), ou seja, os casos previstos no grupo 1 da FIP (1982);
- a superfície de ligação deve apresentar rugosidade com amplitude de no mínimo 5 mm a cada 30 mm;
- o plano de ligação não deve estar submetido a esforços normais de tração nem a tensões alternadas provenientes de carregamentos repetidos;
- a armadura da alma deve resistir à totalidade das forças de tração provenientes de esforços cortantes, sendo desprezada a contribuição do concreto na zona comprimida;
- a superfície de concreto já endurecido deve ser escovada para eliminar a nata de cimento superficial e a superfície que vai receber o novo concreto deve ser abundantemente molhada e encharcada com pelo menos duas horas de antecedência antes da nova concretagem.

Segundo o Eurocódigo 2

De acordo com o Eurocódigo 2, EN 1992-1-1 (CEN, 2004a), a verificação da resistência à força cortante inclui ainda a verificação do cisalhamento na interface entre concretos moldados em diferentes etapas. Essa verificação é feita com a condição de a tensão solicitante ser menor ou igual à tensão última, que corresponde à resistência expressa em tensão, como na FIP (1982).

A tensão solicitante é determinada por:

$$\tau_d = \frac{\beta V_d}{b_{int} z} \tag{4.26}$$

em que:

β = relação entre a resultante que é transferida ao concreto da segunda etapa e a resultante de compressão ou tração, na seção considerada;

V_d = força cortante de cálculo;

b_{int} = largura da interface;

z = braço de alavanca da seção composta.

Cabe esclarecer que o valor de β corresponde à relação $R_{c,loc}/R_c$ da expressão para o cálculo da tensão de cisalhamento em seção fissurada, conforme a seção 4.3.3.

A tensão última para uma armadura perpendicular à interface é calculada por:

$$\tau_u = cf_{ctd} + \mu\sigma_n + \rho f_{yd}\mu \leq 0{,}5\nu f_{cd} \tag{4.27}$$

em que:

c e μ = coeficientes que dependem da rugosidade da superfície, sendo os seus valores fornecidos na Tab. 4.4;

f_{ctd} = valor inferior da resistência à tração de cálculo para o menos resistente dos concretos em contato;

σ_n = tensão de compressão na interface causada por uma força externa que atua simultaneamente à força cortante, limitada ao valor de $0{,}6f_{cd}$;

ρ = taxa geométrica da armadura que cruza a interface, incluindo a armadura normal de cisalhamento;

ν = coeficiente redutor da resistência do concreto e que vale $0{,}6(1 - f_{ck}/250)$ em MPa.

A armadura pode ser distribuída conforme apresentado na Fig. 4.16. Como é possível observar, o escalonamento da armadura pode ser feito com valores médios nos trechos escalonados e pode-se interpretar que, na região da parcela resistida pelo concreto, deve haver armadura mínima.

Tab. 4.4 COEFICIENTES c E μ PARA AS PARCELAS RESISTENTES DO CONCRETO E DO AÇO SEGUNDO O EUROCÓDIGO 2

Superfície	c[c]	μ
Muito lisa (por exemplo, fôrma metálica)	0,25	0,5
Lisa (fôrma deslizante ou por extrusão)	0,35	0,6
Rugosa[a]	0,45	0,7
Com chaves de cisalhamento[b]	0,50	0,9

Notas: a) com rugosidade de no mínimo 3 mm, com picos espaçados da ordem de 40 mm, obtida com a exposição de agregados ou outros processos equivalentes; b) com profundidade de no mínimo 5 mm e espaçamento entre os dentes de menos de dez vezes a sua profundidade; c) no caso de ações repetidas, usar a metade do valor de c.
Fonte: CEN (2004a).

Segundo o MC-10

Assim como no Eurocódigo 2 (CEN, 2004a), tratado na seção anterior, a verificação da resistência à força cortante inclui ainda a verificação ao cisalhamento na interface entre concretos moldados em diferentes etapas. Essa verificação também é feita com a condição de a tensão solicitante ser menor ou igual à tensão última.

A forma de calcular a tensão solicitante pelo MC-10 (fib, 2013) é igual à do Eurocódigo. A resistência, expressa em termos de tensão, é calculada para duas situações (cenários): sem armadura na interface (comportamento rígido) e com armadura na interface. As expressões a seguir fornecem a resistência, respectivamente, para as situações sem armadura na interface (cenário 1) e com armadura na interface, sendo este último caso particularizado para armadura perpendicular à interface (cenário 2).

$$\tau_u = c_a f_{ctd} + \mu\sigma_n \leq 0{,}5\nu f_{cd} \tag{4.28}$$

$$\tau_u = c_r f_{ck}^{1/3} + \mu\sigma_n + \kappa_1 \rho f_{yd}\mu + \kappa_2 \rho\sqrt{f_{cd} f_{yd}} \leq \beta_{dc}\nu f_{cd} \text{ (em MPa)} \tag{4.29}$$

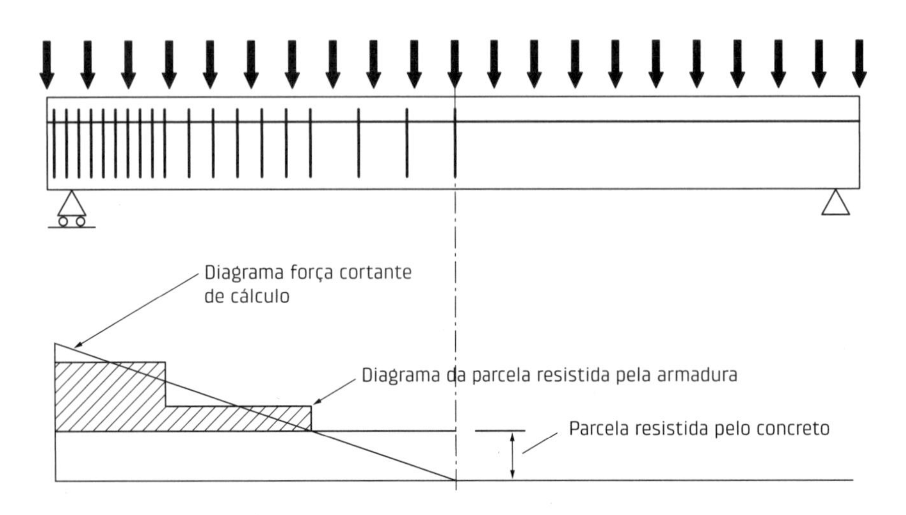

Fig. 4.16 Indicações para a distribuição da armadura
Fonte: CEN (2004a).

em que:

c_a = coeficiente para a parcela da adesão, cujos valores são apresentados na Tab. 4.5;

f_{ctd} = valor inferior da resistência à tração de cálculo para o menos resistente dos concretos em contato;

ν = coeficiente que depende da resistência do concreto e que vale $0{,}55(30/f_{ck})^{1/3} \leq 0{,}55$;

c_r = coeficiente que leva em conta o engrenamento dos agregados (*aggregate interlock*);

κ_1 e κ_2 = coeficientes relativos à contribuição da armadura;

μ = coeficiente de atrito;

ρ = taxa geométrica de armadura que cruza a interface;

β_{dc} = coeficiente que leva em conta o ângulo da diagonal.

Os valores de c_r, κ_1, κ_2, μ e β_{dc} em função da rugosidade da superfície são dados na Tab. 4.6.

De acordo com o MC-10, a armadura pode ser distribuída tal como exibido na Fig. 4.16, ou seja, da mesma maneira proposta no Eurocódigo 2.

Tab. 4.5 COEFICIENTE PARA A PARCELA DA ADESÃO (c_a) PARA O CENÁRIO 1 SEGUNDO O MC-10

Características da superfície da interface	c_a [b]
Muito lisa (por exemplo, fôrma metálica, plástico)	0,025
Lisa (superfície de concreto sem acabamento após a vibração ou levemente rugosa com acabamento de fôrma)	0,20
Rugosa, com $R_m \geq 1{,}5$ mm [a]	0,40
Muito rugosa, incluindo chaves de cisalhamento, com $R_m \geq 3{,}0$ mm [a]	0,50

Notas: a) R_m é a rugosidade média, conforme definido na seção 4.3.2; b) no caso de ações repetidas ou dinâmicas, usar a metade do valor de c_a.
Fonte: fib (2013).

4.3.5 Análise dos procedimentos e comparação das resistências

Como é possível observar, os procedimentos têm diferenças no que se refere à classificação das superfícies da interface, no cálculo da tensão solicitante e da resistência (tensão última). A diferença em relação à classificação da superfície da interface pode ser vista na comparação das rugosidades apresentada no Quadro 4.1, que toma como referência a classificação da interface indicada no MC-10 (fib, 2013).

Em relação ao cálculo da solicitação, cabe fazer uma diferenciação entre os procedimentos da FIP, do Eurocódigo 2 e do MC-10 e os do PCI e da ABNT. No primeiro grupo, o

Tab. 4.6 COEFICIENTES PARA O CENÁRIO 2 SEGUNDO O MC-10

Rugosidade da superfície	c_r	κ_1	κ_2	β_{dc}	μ para $f_{ck} \geq 20$	μ para $f_{ck} \geq 35$
Muito lisa	0	0	1,5	0,3	0,5	0,5
Lisa	0	0,5	1,1	0,4	0,6	0,6
Rugosa, com $R_m \geq 1{,}5$ mm [a]	0,1	0,5	0,9	0,5	0,7	0,7
Muito rugosa, com $R_m \geq 3{,}0$ mm [a]	0,2	0,5	0,9	0,5	0,8	1,0

Nota: a) R_m é a rugosidade média, conforme definido na seção 4.3.2.
Observações:
1) Outros detalhes e exemplos de rugosidade podem ser encontrados na Tab. 4.1.
2) No caso de ações repetidas ou dinâmicas, reduzir os valores para 40%.
Fonte: fib (2013).

Quadro 4.1 COMPARAÇÃO DAS RUGOSIDADES

MC-10 [a]	Muito lisa	Lisa (R_m < 1,5 mm)	Rugosa ($R_m \geq 1{,}5$ mm)	Muito rugosa ($R_m \geq 3$ mm)
FIP	Lisa	Naturalmente rugosa (categoria 1)	Intencionalmente rugosa (categoria 2)	Intencionalmente rugosa (categoria 2)
ABNT			Rugosidade mínima de 3 mm a cada 30 mm	
PCI			Rugosidade com amplitude menor que 6,3 mm	Rugosidade com amplitude de 6,3 mm
Eurocódigo 2	Muito lisa	Lisa	Rugosa, com rugosidade de no mínimo 3 mm, com picos espaçados da ordem de 40 mm, obtida com a exposição de agregados ou outros processos equivalentes	Com chaves de cisalhamento com profundidade de no mínimo 5 mm e espaçamento entre os dentes de menos de dez vezes a sua profundidade

Nota: a) outros detalhes e exemplos de rugosidade podem ser encontrados na Tab. 4.1.

cálculo é feito com base na força cortante, estando, portanto, relacionado com uma seção, como a seção junto ao apoio. No segundo grupo, a solicitação (força ou tensão) é um valor médio. Assim, no caso de uma carga uniformemente distribuída, o valor da solicitação calculado junto ao apoio conforme o primeiro grupo equivale ao dobro do valor calculado de acordo com o segundo grupo.

No que diz respeito à resistência, pode-se fazer uma análise comparativa considerando a resistência apenas do concreto e a resistência do concreto com a armadura. Para realizar essa comparação, é considerada a situação do concreto da capa C-25 (25 MPa) com armadura CA-50 (500 MPa). Na Tab. 4.7 apresenta-se a comparação das resistências sem a contribuição da armadura.

Tab. 4.7 COMPARAÇÃO DAS RESISTÊNCIAS SEM A CONTRIBUIÇÃO DA ARMADURA PARA C-25 (TENSÕES EM MPa)

	Lisa	Rugosa	Muito rugosa
FIP	0,280 (0,311)	0,560 (0,622)	
PCI		0,413 (0,826)	
ABNT		0,385 (0,770)	
Eurocódigo 2	0,450	0,579	0,643
MC-10	0,256	0,513	0,641

Observações:

1) Foi utilizada a denominação do MC-10.

2) A interface *muito lisa* foi retirada da comparação, pois o seu emprego não seria recomendável.

3) Os valores da FIP, do PCI e da ABNT são as resistências conforme a formulação apresentada. Entre parênteses, o valor da FIP está dividido por 0,9, que corresponde a uma avaliação da relação *z/d*, e os valores do PCI e da ABNT estão multiplicados por 2. Assim, esses valores entre parênteses seriam melhores para efeito de comparação, pois a tensão solicitante é calculada com a tensão de referência, no caso da FIP, e com valores médios, nos casos do PCI e da ABNT.

4) Foi utilizado γ_c de 1,4 para a ABNT, o Eurocódigo 2 e o MC-10, para que a comparação ficasse mais representativa.

Na Tab. 4.8 é exibida uma comparação das resistências com as parcelas do concreto e da armadura, sem a contribuição da tensão normal de compressão externa.

4.4 Recomendações para o projeto e a execução

No projeto dos elementos compostos, deve-se levar em conta as recomendações construtivas comentadas nas linhas seguintes. Cabe salientar que há recomendações específicas para alguns tipos de elemento, como as lajes de vigotas pré-moldadas e de painéis alveolares, tratadas nos Caps. 13 e 14, respectivamente.

a. *Espessura da capa de concreto*

A espessura da capa de concreto para situações de baixa solicitação deve ser, em média, superior a 50 mm, admitindo-se valores mínimos, em pontos localizados, de 30 mm. Quando há armadura de costura, situação que corresponde ao grupo 3, a espessura da capa não deve ser inferior a 80 mm, sendo preferencialmente não menor que 100 mm. Nesse caso, deve-se ater também aos limites para a ancoragem da armadura, indicados ainda nesta seção.

b. *Qualidade do concreto da capa*

O concreto da capa deve ser dosado para ter pouca retração. A sua consistência precisa ser compatível com os equipamentos usados no transporte e na vibração. O diâmetro máximo do agregado não deve ser superior a um terço da espessura da capa.

c. *Ancoragem da armadura de costura*

A armadura de costura deve ser em forma de estribos fechados que se estendam do elemento pré-moldado até a face superior da capa. Desse modo, pode-se mobilizar os dois mecanismos de transmissão de cisalhamento pela armadura, o efeito de pino e o de produzir tensão normal à interface. Quando essa armadura é ancorada próxima ao

Tab. 4.8 COMPARAÇÃO DAS RESISTÊNCIAS COM AS PARCELAS DO CONCRETO E DA ARMADURA PARA C-25 E ARMADURA CA-50 (COM ρ EM % E TENSÕES EM MPa)

	Lisa (pouco rugosa)	Rugosa	Muito rugosa
FIP	$2,61\rho + 0,280 \le 7,75$ $(2,90\rho + 0,311 \le 8,61)$	$3,91\rho + 0,560 \le 7,75$ $(4,34\rho + 0,622 \le 8,61)$	
PCI		$2,25\rho + 1,344$ e $3,75\rho$[a] ($4,50\rho + 2,69$ e $7,50\rho$[a])	
ABNT		$3,91\rho + 0,385 \le 4,46$ $(7,82\rho + 0,750 \le 8,92)$	
Eurocódigo 2	$2,61\rho + 0,450 \le 4,82$	$3,04\rho + 0,579 \le 4,82$	$3,91\rho + 0,646 \le 4,82$
MC-10	$2,27\rho \le 3,93$	$2,31\rho + 0,292 \le 4,91$	$2,53\rho + 0,585 \le 4,91$

Nota: a) corresponde ao modelo de atrito-cisalhamento, a ser utilizado para tensão de cisalhamento maior que 2,58 MPa.

Observações:

1) A interface *muito lisa* foi retirada da comparação, pois o seu emprego não seria recomendável.

2) Os valores da FIP, do PCI e da ABNT são as resistências conforme a formulação apresentada. Portanto, para a comparação entre os valores, deve-se levar em conta a forma com que é calculada a tensão solicitante, conforme a observação 3 da Tab. 4.7.

3) Na resistência pela ABNT só foi considerada a situação com $\rho \ge 0,5\%$.

4) Foi utilizado γ_c de 1,4 para a ABNT, o Eurocódigo 2 e o MC-10, para que a comparação ficasse mais representativa.

elemento pré-moldado, ocorre uma redução de resistência. Medidas experimentais mostram que a armadura ancorada junto à parte superior da capa é 35% mais resistente que a armadura ancorada junto ao CPM (Fig. 4.17).

Com base em resultados experimentais, Mattock (1987) recomenda que a espessura da capa, para uma adequada ancoragem da armadura, seja superior a 75 mm, 90 mm e 105 mm para armaduras com diâmetro de 10 mm, 12,5 mm e 16 mm, respectivamente, considerando um cobrimento da armadura de 20 mm. Se for utilizado cobrimento maior, deve-se somar a diferença à espessura mínima.

d. *Armadura mínima*

A armadura mínima indicada pela FIP (1982), já apresentada na Eq. 4.14, é aquela que corresponde à taxa geométrica de 0,1%. A necessidade de armadura mínima do PCI (2010) já foi também abordada.

O MC-10 (fib, 2013) indica a necessidade de armadura mínima para evitar a ruptura frágil por perda de adesão, com os seguintes valores, respectivamente para vigas e para lajes:

$$\rho_{min} = \frac{A_{st,min}}{A_c} = 0{,}20\frac{f_{ctm}}{f_{yk}} \geq 0{,}001 \quad \textbf{(4.30)}$$

$$\rho_{min} = \frac{A_{st,min}}{A_c} = 0{,}12\frac{f_{ctm}}{f_{yk}} \geq 0{,}0005 \quad \textbf{(4.31)}$$

em que:

f_{ctm} = resistência média à tração do concreto.

e. *Espaçamento máximo da armadura*

O espaçamento máximo da armadura de costura indicado pelo PCI (2010) é de quatro vezes a espessura da capa, com limite absoluto de 610 mm (24"). Recomenda-se, entretanto, que esse espaçamento não ultrapasse duas vezes a espessura da capa.

f. *Distribuição da armadura*

Quando o cálculo é feito considerando os valores médios das tensões, em princípio a armadura pode ser uniformemente distribuída. No entanto, é recomendada a realização de um escalonamento proporcional à força cortante, conforme indicado na Fig. 4.16.

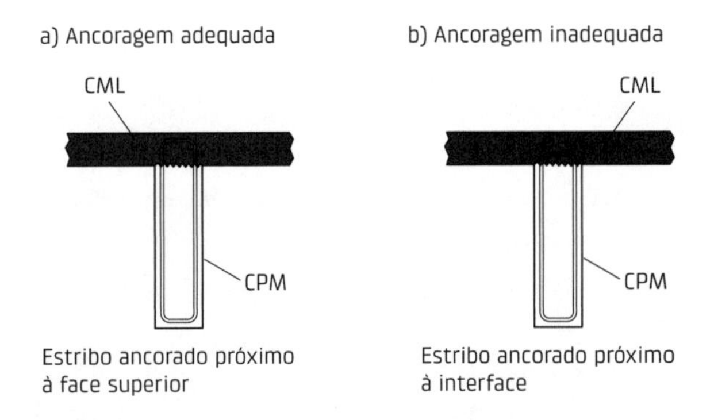

Fig. 4.17 Detalhes da ancoragem da armadura de costura

Cabe registrar ainda que, nas proximidades dos apoios extremos, da ordem de uma a duas vezes a altura do elemento, a armadura praticamente não é solicitada ao cisalhamento devido à força cortante, como pode ser observado na Fig. 4.18a. Contudo, ocorre cisalhamento devido à retração diferenciada entre os dois concretos, o que torna necessária a colocação de armadura, conforme será visto no final deste capítulo. Dessa forma, em geral, a armadura não sofre redução junto aos apoios.

g. *Armadura transversal na capa*

Deve ser prevista uma armadura transversal para desviar o fluxo de tensões da capa, comportando-se como mesa de compressão ou de tração, para a alma do elemento pré-moldado, como mostra a Fig. 4.18b. O cálculo e o detalhamento dessa armadura de costura podem ser vistos nos livros sobre concreto armado.

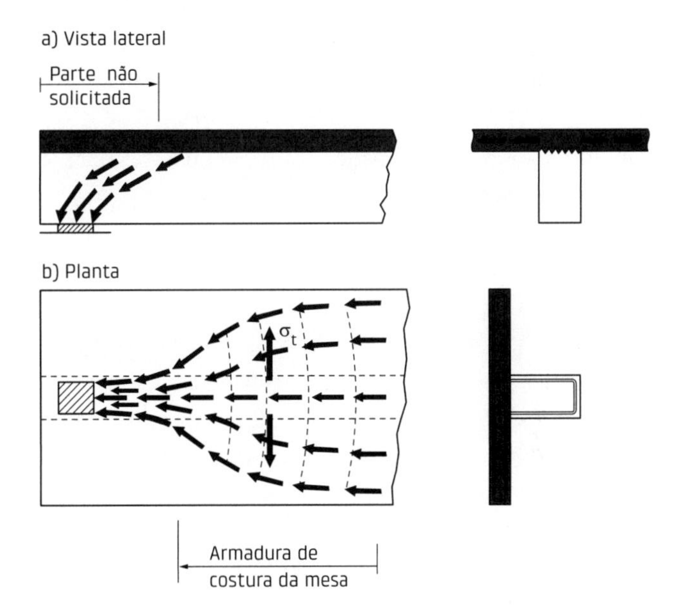

Fig. 4.18 Transmissão das forças da mesa para a alma junto ao apoio

Para obter um comportamento conjunto dos dois concretos, em elemento composto, é fundamental que se garanta a transferência de cisalhamento pela superfície de contato. Nas situações de baixa solicitação cisalhante, na maioria das vezes, somente a adesão entre os dois concretos é suficiente para transferir o esforço cisalhante, conforme apresentado.

Também nas situações de alta solicitação cisalhante, a contribuição da parcela transferida pela superfície de contato é importante. Mesmo quando não seja considerada diretamente no cálculo, como no procedimento do PCI (2010), ela é importante para as situações em serviço.

Por ser uma forma de transferência de grande importância, o projetista deve sempre estudá-la em detalhe, indicando o nível de rugosidade requerido e fornecendo, se possível, padrões e sugestões quanto à forma de obtenção da rugosidade.

Cuidados especiais devem ser tomados com determinadas formas de obtenção de rugosidade, que podem fornecer resultados bastante dispersos. Alguns desses cuidados estão indicados a seguir:

- em superfícies em que o concreto foi perfeitamente vibrado, porém sem alisamento posterior, deve-se cuidar para que a vibração não seja excessiva, para evitar a produção de uma fina camada superficial frágil devida ao excesso de pasta;
- em superfícies em que o concreto ainda fresco foi jateado (com água ou areia), escovado ou ranhurado mecanicamente (níveis 6 a 10), é sempre aconselhável executar testes preliminares para a aferição dos padrões desejados, em virtude da variação de padrões dentro de um mesmo processo de obtenção de rugosidade.

Os cuidados práticos na execução das capas dos elementos compostos são de fundamental importância. Segundo a FIP (1982), os cuidados práticos envolvidos nesse trabalho podem ser agrupados em três itens: tratamento da interface, adensamento do concreto da capa e cura do concreto da capa.

O tratamento da interface engloba os seguintes cuidados:

- *Limpeza*: a interface deve ser cuidadosamente inspecionada quanto à presença de pó, areia, terra, óleo e outras substâncias que possam prejudicar a transferência de cisalhamento pela superfície de contato. Contaminações de grande impregnação devem ser eliminadas com lavagem mecânica.
- *Umedecimento da interface*: deve sempre ser feito antes da concretagem da capa. Esse umedecimento pode se estender por um dia para elementos pré-moldados com espessuras inferiores a 150 mm. Para elementos com espessuras superiores a 150 mm, o tratamento deve ser mais prolongado. É fundamental que a interface esteja superficialmente úmida, mas não com água livre no instante da concretagem. A presença de água livre na interface nessa ocasião pode acarretar perdas de até 50% na resistência.
- *Pré-tratamento da interface com graute*: esse tratamento é pouco recomendado, pois nem sempre é executado corretamente. O graute deve ter traço 1:1 ou 1:2 e uma relação água/cimento inferior à utilizada no concreto da capa. Deve ser evitado em elementos compostos com interface armada.

O adensamento do concreto da capa deve ser feito com cuidado. Quando a capa é de pequena espessura, o adensamento por meio de vibrador de agulha é pouco adequado. Dependendo do caso, pode-se recorrer a equipamento apropriado para efetuá-lo.

Outro fator de grande importância é a cura do concreto da capa, principalmente quando esta é de pequena espessura. Em climas secos, quentes ou com a presença acentuada de ventos, após a concretagem a capa deve ser protegida por lonas, uma pequena camada de água ou areia, membranas de cura etc. A cura deve iniciar-se tão logo seja possível e prolongar-se até que o concreto atinja 50% da resistência de projeto.

A necessidade de fazer a cura cuidadosa decorre do fato de a retração diferencial entre os concretos de idades diferentes, a fluência e a temperatura poderem causar tensões de cisalhamento e de tração na interface. Esses efeitos podem produzir danos à capa em virtude da sua tendência de se descolar da parte de CPM.

As extremidades dos elementos compostos são locais mais susceptíveis a danos devidos à retração diferenciada, que poderiam provocar uma delaminação nessa região. Recomenda-se a colocação de uma armadura nessas regiões fornecida pela seguinte expressão, segundo a FIP (1982):

$$A_{st} = \frac{\eta F_{sd} - \beta_c f_{td} A_{ext}}{\beta_s f_{yd}} \quad (4.32)$$

em que:

F_{sd} = força aplicada na interface decorrente da retração, tracionando a capa de CML;

η = coeficiente que leva em conta a fluência devida à retração;

A_{ext} = área da interface na extremidade da viga na qual as tensões de cisalhamento, devido à retração diferenciada, são distribuídas, conforme mostrado na Fig. 4.19;

β_s e β_c = coeficientes multiplicativos para as parcelas do aço e do concreto, sendo os seus valores fornecidos na Tab. 4.2.

Pode-se calcular F_{sd} por meio de:

$$F_{sd} = \Delta\varepsilon_{cs} E_{c,loc} A_{c,loc} \left[\frac{A_{c,pre}}{A_{com}} - y_{loc} \frac{S_{c,loc}}{I_{com}} \right] \quad (4.33)$$

em que:

$\Delta\varepsilon_{cs}$ = deformação diferencial por retração;

$E_{c,loc}$ = módulo de elasticidade do CML;

$A_{c,loc}$ = área da seção transversal da parte de CML;

$S_{c,loc}$ = momento estático da parte de CML em relação ao CG da seção composta;

y_{loc} = distância do CG da parte de CML ao CG da seção composta;

$A_{c,pre}$ = área da seção de CPM;

A_{com} e I_{com} = características geométricas da seção composta.

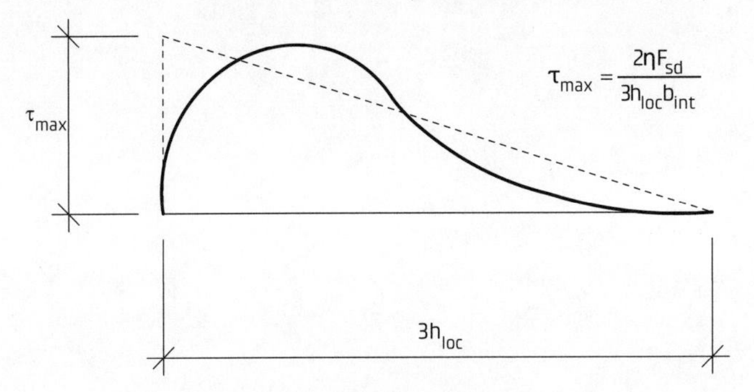

h_{loc} = espessura da mesa de concreto moldada no local

Fig. 4.19 Distribuição das tensões de cisalhamento devida à retração diferenciada
Fonte: adaptado de FIP (1982).

Por sua vez, o valor de η vale:

$$\eta = \frac{1 - e^{-\phi}}{\phi} \tag{4.34}$$

em que:

ϕ = coeficiente de fluência do CML.

Nessa mesma linha, mas com uma expressão bem mais simples, o MC-10 (fib, 2013) recomenda a colocação de armadura e conectores nas extremidades dos elementos para resistir a uma força calculada por:

$$F_d = h_{loc} b_{int} f_{ctd} \tag{4.35}$$

Neste capítulo serão abordados alguns assuntos específicos de interesse no projeto das estruturas de concreto pré-moldado (CPM), no sentido de complementar as informações fornecidas anteriormente. Serão tratados de forma mais detalhada os seguintes tópicos: colapso progressivo, análise de estruturas com ligações semirrígidas, e estabilidade lateral. Outros assuntos a serem vistos de modo mais geral são o comportamento do sistema de pavimento como diafragma e o dimensionamento de vigas delgadas de seção L. Apresenta-se ainda uma seção com outros tópicos de interesse.

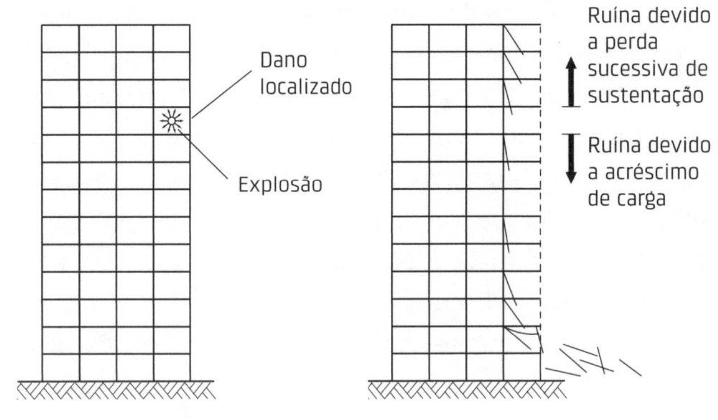

Fig. 5.1 Exemplo de colapso progressivo em uma estrutura de painéis portantes

5.1 Colapso progressivo

5.1.1 Conceituação

O colapso progressivo, também chamado de ruína em cadeia, pode ser caracterizado como um tipo de ruína incremental, que se propaga a partir de um dano localizado e provoca danos na estrutura que não são proporcionais à causa inicial.

Na Fig. 5.1 é ilustrada a ocorrência desse fenômeno em uma estrutura de painéis portantes. Uma explosão produz um dano localizado na estrutura, com a ruína de um painel portante. Essa ruína faz com que os outros painéis por ele sustentados caiam sobre a parte da estrutura abaixo da parede, por perdas sucessivas de sustentação. Por outro lado, as paredes abaixo do local do dano sofrem um acréscimo de carga que produz a ruptura dessas paredes. Essa ruptura também se propaga de forma incremental, resultando no colapso da estrutura ou de parte dela.

O National Institute of Standards and Technology (Nist, 2007) descreve o colapso progressivo como a propagação de um dano local de um elemento para outro, causando eventualmente o colapso da estrutura ou de uma parte desproporcionadamente grande dela. Nessa publicação, tomando emprestada a definição da ASCE Standards 7-05, o colapso progressivo é também denominado colapso desproporcional.

Embora esse tipo de colapso possa ocorrer em estruturas de concreto moldado no local (CML), como no caso de pavimentos de laje-cogumelo com ruína por punção, ou mesmo em outros tipos de material, ele tem sido constantemente relacionado com as estruturas de CPM.

Essa associação deve-se à polêmica que se seguiu ao acidente em 1968 no edifício Ronan Point, na Inglaterra, quando uma explosão localizada no 18° andar destruiu uma ala do edifício de 22 andares de CPM. Ele havia sido construído com um sistema estrutural de parede portante com ligações que não propiciavam a redistribuição dos esforços, acarretando o colapso por efeito dominó. Esse tipo de construção acabou sendo denominado *castelo de cartas*, pela forma com que ocorreu o colapso.

Esse tipo de construção é particularmente susceptível ao colapso progressivo. No entanto, se forem tomadas as devidas providências no projeto, pode-se evitar a sua ocorrência. De fato, existe um exemplo de edifício também com sistema estrutural de parede portante no qual a explosão de uma bomba em um andar inferior provocou apenas danos localizados, conforme apresentado em Lewicki (1982). Outro exemplo citado como resposta adequada ao colapso progressivo é o das Khobar Towers, na Arábia Saudita (Nist, 2007). Esse edifício, com estrutura de CPM de paredes portantes e projetado com base na norma inglesa CP-110, foi alvo de um ataque terrorista em 1996, com a explosão de uma bomba na sua frente. Ainda que a bomba tenha sido de grande potência, o colapso ficou restrito à sua fachada.

Os estudos e discussões sobre esse assunto aumentaram principalmente após a queda das Torres Gêmeas (World Trade Center), em Nova York, nos atentados de 11 de setembro de 2001. Outros casos relatados na publicação do Nist (2007) também justificam incrementar as pesquisas e discussões sobre o assunto e trazer a discussão para o plano nacional, como é possível observar em Laranjeiras (2013) e no seminário sobre colapso progressivo promovido pela Associação Brasileira de Engenharia e Consultoria Estrutural (Abece, 2012).

Na presente edição deste livro, esse assunto foi revisado com base no boletim 63 da fib (2012), por ser bem recente e estar direcionado para o caso de CPM. Uma síntese desse boletim, que é fundamentado na experiência de países da Europa Ocidental, bem como uma síntese das recomendações de códigos dos Estados Unidos sobre o assunto, é apresentada em duas partes nas publicações de Acker e Ghosh (2014) e Ghosh (2014).

De acordo com o boletim 63 da fib (2012, p. 9, tradução livre), o colapso progressivo "é um evento relativamente raro, pois a sua ocorrência é resultado de uma ação acidental que produz um dano local e do fato de a estrutura não possuir adequada continuidade, ductilidade e redundância para prevenir a propagação do dano".

Segundo o mesmo boletim, como seria inviável economicamente construir estruturas com segurança absoluta, deve-se procurar projetar as estruturas de CPM com um aceitável nível de segurança contra o colapso progressivo.

Para isso, é necessário ter em conta até que ponto o dano pode ser considerado localizado. A Fig. 5.2 fornece uma indicação da extensão que um dano deve apresentar para ser caracterizado como localizado. A área em planta seria de 15% da área do pavimento e não maior que 70 m^2, e, na direção vertical, não maior que os dois andares adjacentes, conforme a atual norma britânica, citada em Miratashiyazdi (2014).

Cabe destacar que projetar estruturas para ações de sismo resulta, em geral, em um acréscimo não intencional na resistência ao colapso progressivo. Portanto, quando as estruturas não são projetadas para ações de sismo, como é o caso no Brasil, não se tem esse benefício indireto.

Ao tratar desse assunto, têm sido empregados os termos *robustez* e *integridade estrutural* para a capacidade de resistência da estrutura em face do colapso progressivo. Adotam-se aqui as definições do MC-10 (fib, 2013), segundo o qual, *grosso modo*, a robustez é a capacidade da estrutura de suportar um dano localizado quando submetida a uma ação acidental ou excepcional, e a integridade estrutural é a capacidade dos elementos estruturais de atuar em conjunto.

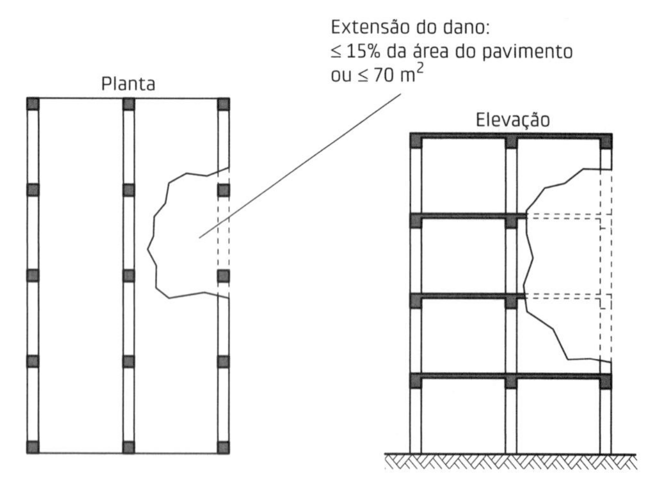

Fig. 5.2 Caracterização do dano localizado

5.1.2 Ações

A ocorrência do colapso progressivo está associada às *ações anormais*, que seriam aquelas em que a estrutura estaria sujeita a condições excepcionais. Cabe destacar que a denominação *ações anormais* é uma tradução livre do inglês *abnormal loadings*; essas ações não estão relacionadas com as cargas acidentais e não são sinônimo de ações excepcionais, definidas na NBR 8681 (ABNT, 2003).

Entre outras, as ações associadas ao colapso progressivo são as seguintes:

- violentas mudanças de pressão do ar provenientes de explosões por falha na unidade ou no sistema de gás ou explosões decorrentes de atos de sabotagem ou bombardeios;
- choques de automóveis, caminhões, aeronaves etc.;
- ações devidas a práticas impróprias, como erros de construção, alterações não autorizadas, falhas de manutenção etc.

Um levantamento da ocorrência dessas ações em edificações feito nos Estados Unidos nos anos 1960 e 1970 mostrou que explosões em virtude de vazamento de gás, explosão de bombas e choque de veículos são relativamente frequentes em determinados tipos de construção, conforme mostram os valores da Tab. 5.1.

Cabe destacar que essas ações são de natureza dinâmica, o que acarreta uma análise mais complexa em comparação com o projeto de estruturas usuais, em que tanto as ações como a resistência dos materiais são consideradas estáticas.

5.1.3 Características estruturais importantes para a resistência ao colapso progressivo

As principais características estruturais para a resistência ao colapso progressivo, de acordo com o boletim 63 da fib (2012), são as relacionadas a seguir:

- *Integridade estrutural*: como já definido, refere-se à capacidade dos elementos estruturais de atuar em conjunto. A principal forma de prover a integridade estrutural é com a colocação de tirantes, também chamados de amarrações, em várias direções.
- *Redundância*: refere-se à possibilidade de existir mais de um caminho para a transferência das forças. Por exemplo, em uma treliça isostática, em princípio, a ruptura de uma barra poderia causar o colapso parcial ou total da estrutura, como mostra a Fig. 5.3, pois a treliça não tem essa característica.
- *Continuidade*: refere-se à ligação dos elementos estruturais como ocorre usualmente nas estruturas de CML, proporcionando redistribuição de esforços.
- *Reserva de ancoragem*: refere-se a uma maior segurança na ancoragem das armaduras e insertos metálicos, para garantir que a ruína seja pelo aço.
- *Ductilidade*: conforme visto na seção 3.2, a ductilidade é caracterizada como a capacidade de sustentar grandes deformações inelásticas, o que promove a redistribuição das solicitações na estrutura.
- *Absorção de energia*: refere-se à capacidade dos elementos e ligações de absorver a energia da deformação, que pode ser quantificada conforme as indicações do boletim 63 da fib (2012).

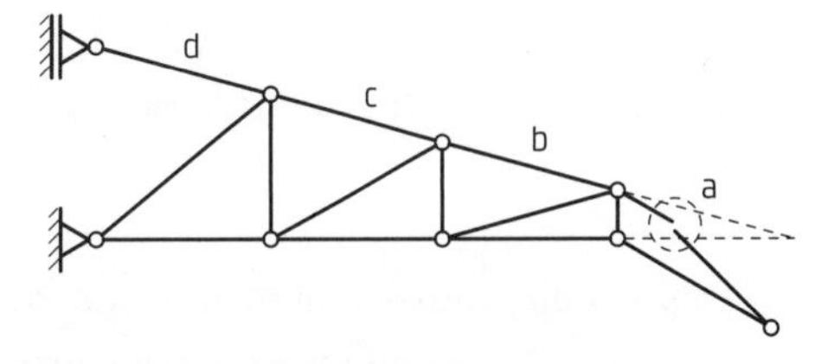

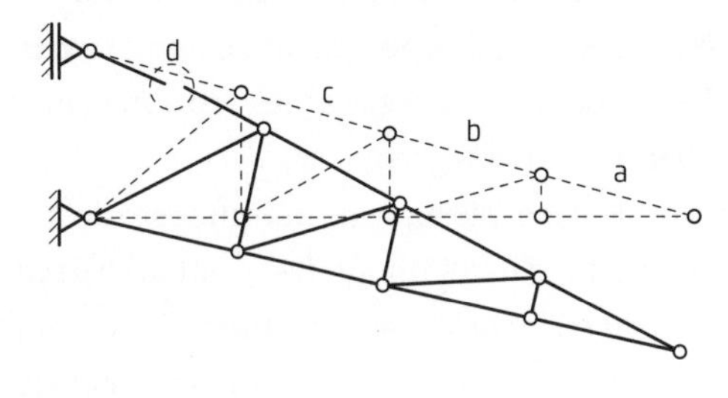

Fig. 5.3 Exemplo de estrutura sem redundância

Tab. 5.1 AÇÕES ANORMAIS EM HABITAÇÕES

	Frequência anual de acidente (valores × 10^{-6})			Probabilidade de ocorrência de acidente durante a vida útil, estimada em 50 anos (valores × 10^{-6})		
Tipo de ação	Unidade habitacional isolada	Unidade em edifício habitacional	Edifício com mais de cinco unidades	Unidade habitacional isolada	Edifício com mais de cinco unidades	Edifício com mais de cem unidades
Explosão devida a vazamento de gás	2	3	60	100	3.000	10.000
Explosão de bombas	0,25	0,33	4	12,5	200	1.250
Impacto de veículos	-	70	< 70	-	< 3.500	1.000

Fonte: adaptado de Burnett (1975).

5.1.4 Estratégias e métodos para combater o colapso progressivo

As estratégias e os métodos dependem das consequências do colapso. Nesse sentido, os edifícios podem ser classificados segundo classes de consequência:

- *classe* 1: com consequências limitadas, como edifícios habitacionais de até quatro andares;
- *classes 2a e 2b*: com consequências médias, como edifícios habitacionais com número de andares entre 5 e 15;
- *classe* 3: com consequências altas, como edifícios habitacionais acima de 16 andares e edifícios públicos com grande concentração de pessoas.

A diferença entre as classes 2a, de menor risco, e 2b, de maior risco, é detalhada no boletim 63 da fib (2012), e contempla não só o tipo de edifício, mas também o nível de aproximação nas recomendações de projeto.

Para reduzir o risco de ocorrência do colapso progressivo são empregados normalmente três procedimentos, que podem ser combinados entre si:

- reduzir o risco de ocorrência de ações anormais;
- prevenir a propagação de uma possível ruína localizada;
- projetar a estrutura ou os elementos para suportar as ações anormais.

O primeiro procedimento é uma medida que deve evidentemente ser tomada. No entanto, o seu alcance é limitado, pois não se elimina a possibilidade de ocorrência das ações anormais. Algumas recomendações para minimizar a ocorrência e os efeitos dessas ações são apresentadas nas publicações sobre o assunto.

No segundo caso, parte-se do pressuposto de que a ruptura dos elementos não é impossível e então se deve prover a estrutura de reforços capazes de propiciar caminhos alternativos para a transferência das forças. Por exemplo, no caso mostrado na Fig. 5.4 pode-se evitar a propagação dos danos devidos à ruptura de um painel mediante tirantes estrategicamente colocados, nos quais ocorrem as forças de tração, e contar com diagonais de compressão promovidas por outros painéis.

Já o terceiro procedimento é empregado em determinados casos, para elementos de maior responsabilidade estrutural. De qualquer forma, a previsão e a quantificação dessas ações apresentam certas dificuldades.

Os métodos ou alternativas para a prevenção do colapso progressivo são os seguintes:

- método indireto;
- método direto;
- análise do risco sistemático.

O método indireto consiste, em linhas gerais, na colocação de tirantes (amarrações) para prover caminhos alternativos de forças (Fig. 5.4). Assim, para mobilizar os caminhos alternativos de transferência das forças, devem ser utilizadas armaduras adicionais, não previstas no cálculo normal das estruturas. Essas armaduras são tirantes dispostos, em linhas gerais, conforme mostrado na Fig. 5.5. A resistência é considerada indiretamente mediante indicações normativas. O boletim 63 da fib (2012) apresenta uma visão geral das principais recomendações normativas sobre o assunto.

O método direto é com a análise da estrutura para o efeito da ação acidental e pode ter duas alternativas: com a consideração de caminhos alternativos de transferência de forças ou com o cálculo de determinados elementos para a ação acidental. A primeira alternativa será tratada na seção seguinte. A segunda consiste em dimensionar todos os elementos críticos, chamados de elementos-chave, para a ação da carga acidental.

A última alternativa é uma abordagem holística do assunto. O seu propósito é detectar e avaliar o risco potencial de ocorrência de ações anormais e seus efeitos relacionados. Ela deve ser feita nos estágios iniciais do projeto, como na definição da forma da construção, pois existem formas em que o efeito da explosão é amplificado. Essa alternativa é indicada para estruturas nas quais o colapso teria alta consequência.

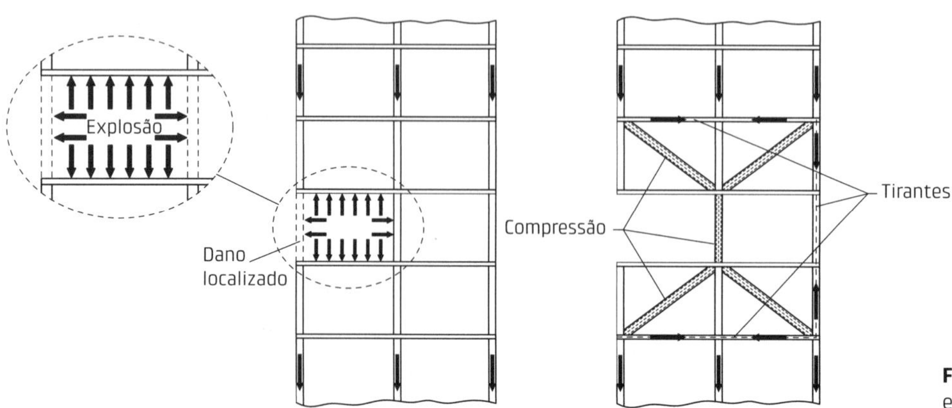

Fig. 5.4 Exemplo de redistribuição de esforços devido a dano localizado

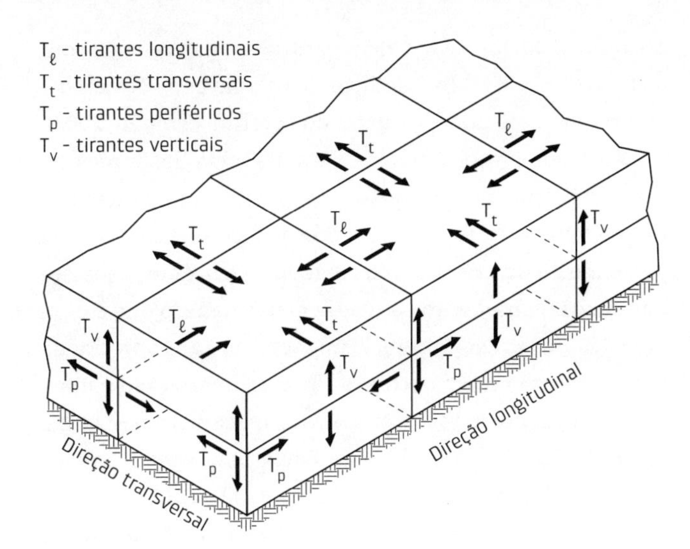

Fig. 5.5 Arranjo dos tirantes para proporcionar segurança contra o colapso progressivo

5.1.5 Caminhos alternativos de transferência de forças

Nesta seção é abordada uma das alternativas do método direto, chamada de *alternative load path method* no boletim 63 da fib (2012).

Para fazer essa análise, emprega-se uma combinação de ações que leva em conta a probabilidade de ocorrência simultânea da ação acidental com outras ações. O boletim mencionado recomenda, com base nos Eurocódigos EN 1990 (CEN, 2002) e EN 1991-1-7 (CEN, 2006), a seguinte combinação de ações:

$$\sum_{j\geq 1} G_{kj} + P + A_d + (\psi_1 \text{ou} \psi_2) Q_{k1} + \sum_{i>1} \psi_{2i} Q_{ki} \quad (5.1)$$

em que:

G_{kj} = valor característico da ação permanente j;

P = valor representativo da força de protensão;

A_d = valor de projeto da ação acidental, que nesse caso seria a ação de uma ruína brusca de um elemento estrutural, causando uma ação dinâmica nos elementos adjacentes;

ψ_1 e ψ_2 = coeficientes para a combinação frequente e quase permanente das ações variáveis;

Q_{k1} = valor característico da ação variável principal;

ψ_{2i} = coeficiente para a combinação quase permanente das outras ações variáveis;

Q_{ki} = valor característico da ação variável i.

O mesmo boletim propõe um coeficiente de ponderação das ações igual a 1,0. Recomenda ainda empregar γ_m, o coeficiente de minoração da resistência dos materiais, igual a 1,0.

Como seria de esperar, as forças que resultam da combinação são bem menores que as utilizadas no dimensionamento para os estados-limite últimos (ELU) para combinações normais.

Na análise em questão, adotam-se mecanismos alternativos para a transferência das forças. Alguns mecanismos com que se pode contar no caso da estrutura de paredes portantes são:

- ação de balanço dos painéis portantes;
- ação de viga e de arco dos painéis portantes;
- ação de membrana ou cabo em vãos sucessivos de lajes ou vigas.

A Fig. 5.6 mostra como a ação de balanço de painéis portantes pode ocorrer. Nesse caso, deve-se ter segurança contra o colapso para duas situações: do conjunto de painéis (Fig. 5.6a) e do painel isolado acima do acidente (Fig. 5.6b). Essa figura também exibe como pode ser considerada a transferência dos esforços para o restante da estrutura principal, com ou sem cisalhamento entre os painéis. Pode-se observar que a transferência com cisalhamento é bem mais favorável.

a) Colapso de conjunto de painéis

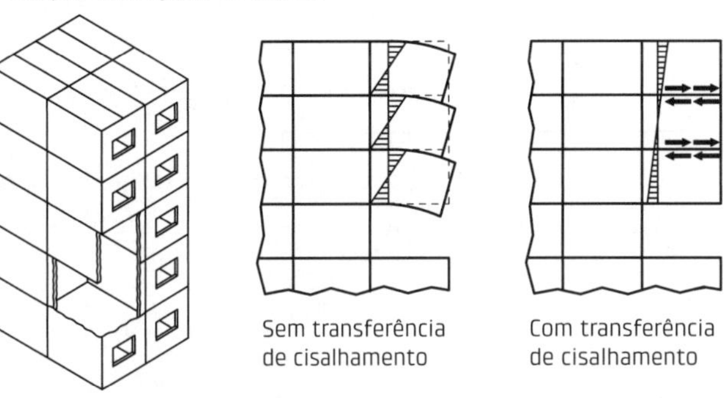

b) Colapso de painel isolado

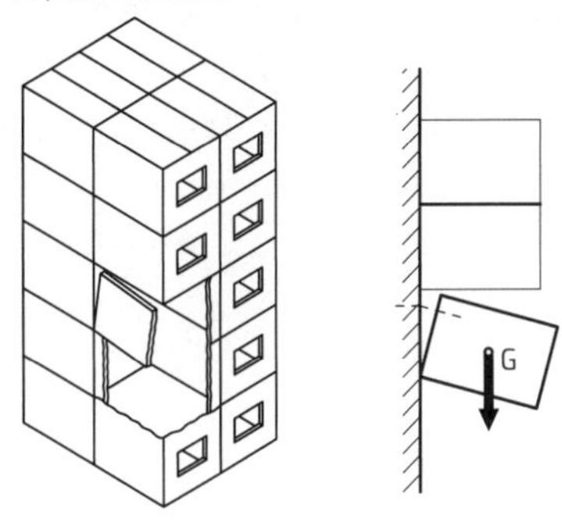

Fig. 5.6 Ação de balanço e formas de transferência dos esforços para o restante da estrutura

A ação de viga e de arco é similar à comentada anteriormente, com a particularidade de o dano estar localizado na parte interna da estrutura. A transferência de esforços ocorre da maneira indicada na Fig. 5.7.

A ação de membrana ou cabo é um mecanismo com que se pode contar para evitar o colapso de lajes ou vigas que percam o apoio, como mostrado na Fig. 5.8a. Nesse caso, observa-se que é necessária a continuidade da armadura pelos apoios, a fim de evitar o colapso dos painéis adjacentes. Essa armadura pode ser calculada para a situação-limite considerando a posição deformada dos painéis

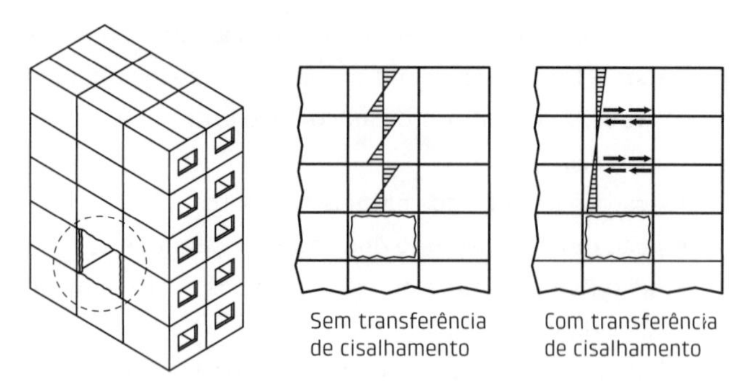

Fig. 5.7 Ação de viga e formas de transferência das cargas para o restante da estrutura

adjacentes como uma parábola do segundo grau ou então simplesmente assumindo um comportamento rígido dos elementos e perfeitamente plástico das ligações (Fig. 5.8b).

Considerando os dois vãos ℓ_1 e ℓ_2 iguais a ℓ e fazendo simplificações correspondentes a ângulos pequenos, chega-se para as duas suposições à mesma força de:

$$F_t = \frac{p\ell^2}{2a} \quad (5.2)$$

em que o valor de p a ser considerado é calculado pela combinação de ações apresentada.

Adotando o deslocamento a de 15% da soma dos vãos, é possível calcular a força como tendo o seguinte valor:

$$F_t = 1{,}667p\ell \quad (5.3)$$

Com base nessa formulação, pode-se calcular a armadura a ser colocada na região do apoio da laje.

O cálculo dessas armaduras é feito com base nos mecanismos de transferência exibidos. Destaca-se, no entanto, que há algumas dificuldades para realizar o cálculo, referentes aos dois seguintes aspectos: a) avaliar a extensão do dano localizado e b) calcular essas transferências com o efeito dinâmico. Um exemplo de cálculo considerando o efeito dinâmico pode ser visto no boletim 43 da fib (2008).

O caminho alternativo de transferência das forças no caso da estrutura de esqueleto pode ocorrer de duas formas: a) quando não existe parede de fechamento com capacidade de transferir forças diagonais e b) quando existe parede de fechamento com essa capacidade, o que é bem mais favorável. Esta última forma recai no caso anterior de estrutura de painéis portantes. Já o primeiro caso é mais difícil, devendo-se recorrer a outros mecanismos. Alguns exemplos de forma de transferência para essa primeira forma são fornecidos no boletim 63 da fib (2012).

A Fig. 5.9 mostra um exemplo do comportamento de parte da estrutura devido à ruptura de um pilar de canto,

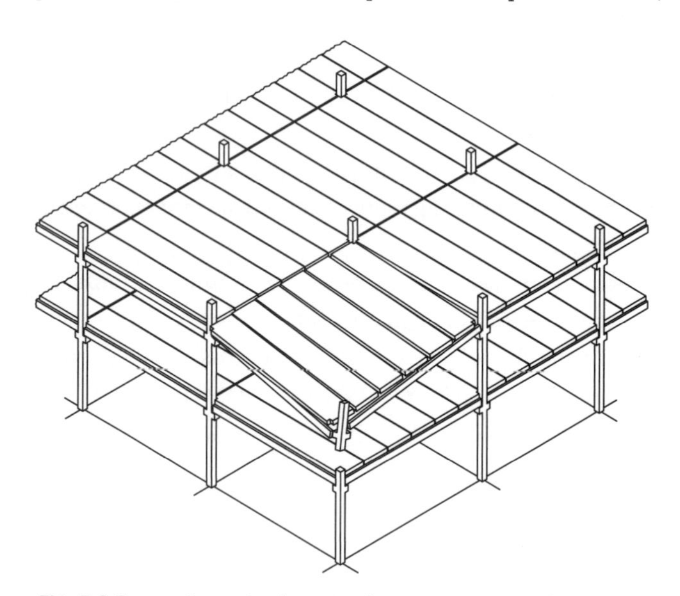

Fig. 5.9 Comportamento de parte da estrutura causado por ruptura de pilar de canto
Fonte: adaptado de fib (2012).

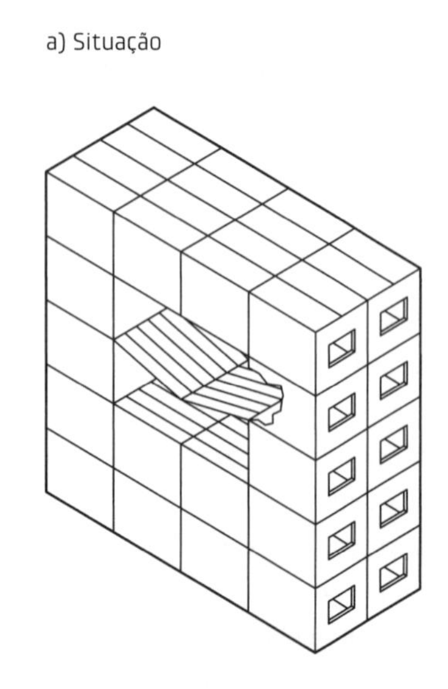

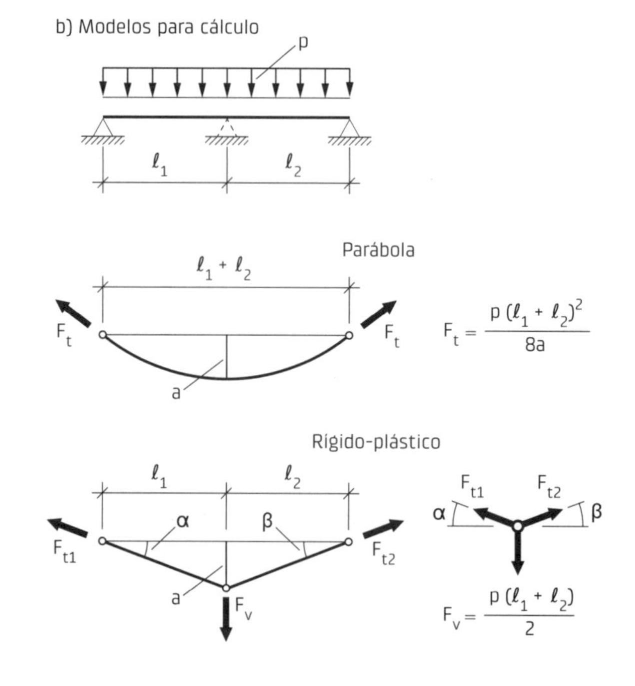

Fig. 5.8 Ação de membrana e modelos para o cálculo da força de tração

sendo possível notar a dificuldade de fazer a transferência das forças.

5.1.6 Recomendações para o projeto

Nas seções anteriores apresentaram-se os principais fatores a serem considerados ao projetar estruturas para prevenir a ocorrência do colapso progressivo. Cabe agora reforçar e destacar alguns pontos para finalizar o assunto.

Um aspecto importante para prover a estrutura de caminhos alternativos para as cargas é considerar o comportamento tridimensional da estrutura e posições de equilíbrio com grandes deformações. Um interessante exemplo de como um dano local em elementos isostáticos foi estancado mediante a ação de uma membrana na direção perpendicular da cobertura metálica pode ser visto no citado boletim 63 da fib (2012).

O detalhamento das ligações e da armadura que desempenha o papel dos tirantes deve ser feito levando em conta as características estruturais importantes discutidas na seção 5.1.3.

Em relação às ligações, recomenda-se uma maior segurança nas ancoragens e emendas das armaduras, bem como armaduras adicionais que promovam o confinamento nas regiões das ligações e próximas a elas. No já citado boletim da fib são fornecidas algumas recomendações específicas para o detalhamento das ligações. A Fig. 5.10 mostra o detalhamento de tirantes para a prevenção do colapso progressivo em uma ligação laje × laje sobre viga.

Cabe destacar que a grande capacidade de redistribuição de solicitações que ocorre nas estruturas de CML é resultante do emprego de especificações de arranjos de armadura, como a especificação de armadura positiva em apoios de viga contínua, nos quais só ocorrem momentos negativos. Assim, uma possibilidade de aumentar a capacidade de redistribuição de solicitações é empregar esses princípios para as ligações.

O detalhamento da armadura dos tirantes que faz a amarração dos elementos pré-moldados deve ser objeto de especial atenção. As emendas das barras devem ser superdimensionadas. No boletim 63 da fib (2012) é sugerido aumentar em 50% o traspasse das barras.

Salienta-se que prover um aumento na redistribuição dos esforços por meio de tirantes para as estruturas de painéis portantes representa um aumento nos custos de 0 a 10%, segundo Breen (1980), o que é muito pouco em face das consequências de um colapso progressivo.

5.2 Análise de estruturas com ligações semirrígidas

5.2.1 Conceituação

Conforme apresentado na seção 3.2, as ligações podem se deformar quando solicitadas por momento fletor, acarretando um comportamento intermediário entre a ligação rígida e a ligação articulada. As ligações com esse efeito recebem a denominação de *ligações semirrígidas*. Elas também são chamadas de *ligações deformáveis*, uma vez que são resultado de uma deformação da ligação.

As ligações semirrígidas já eram estudadas para a análise de estruturas metálicas desde o início do século XX. Posteriormente, o conceito foi também aplicado às estruturas mistas aço-concreto.

Pelo que se tem conhecimento, os primeiros trabalhos publicados sobre o assunto para estruturas de CPM foram aqueles nos anais do Congresso da Rilem-CEB-CIB, realizado em Atenas em 1978 (Rilem-CEB-CIB, 1978). Vale destacar que o Bulletin d'Information 169, do CEB (1985), já mostrava a análise de ligações semirrígidas em estruturas de painéis portantes.

Já no final do século XX, merece destaque nesse campo o programa da comunidade europeia Control of the Semi-Rigid Behaviour of Civil Engineering Structural Connections (COST C1), desenvolvido entre 1991 e 1998 com o objetivo de fomentar a criação de grupos de pesquisa na área de ligações semirrígidas. Esse programa reuniu sete grupos de trabalho nos seguintes assuntos: ligações em estruturas

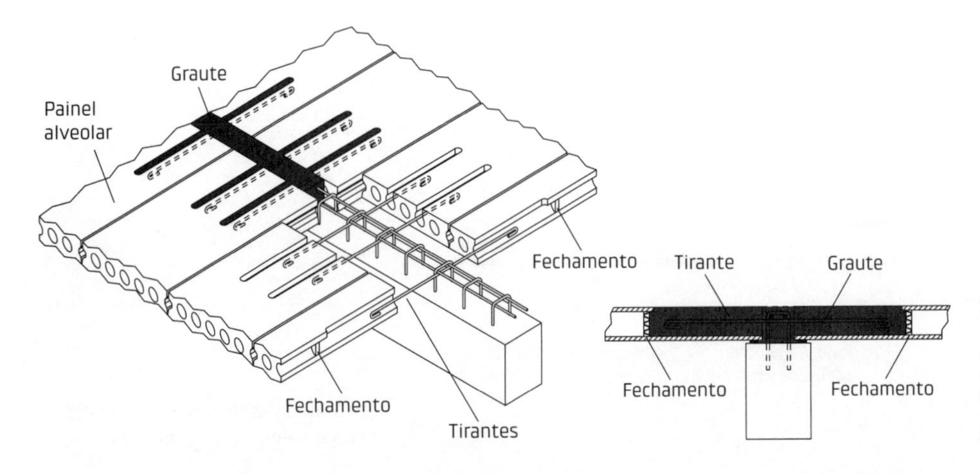

Fig. 5.10 Tirantes ancorados por graute no interior dos alvéolos em uma ligação laje × laje sobre viga em pavimentos com painéis alveolares para a prevenção do colapso progressivo
Fonte: adaptado de fib (2012).

de concreto armado e protendido, ligações em estruturas de aço e mistas aço-concreto, ligações em estruturas de madeira, base de dados de resultados, ação sísmica, simulações numéricas para análise de comportamento e ligações em estruturas de compósitos de polímeros. A grande maioria dos trabalhos dentro desse programa relacionados com ligações em estruturas de concreto armado e protendido é relativa às ligações entre elementos pré-moldados. Essas pesquisas estão reunidas em quatro anais de congressos. Alguns dos principais trabalhos desse programa estão citados em El Debs (2000) e em Miotto (2002).

A rigidez de uma ligação é definida como a relação do esforço solicitante com o deslocamento relativo entre os elementos que compõem a ligação, ou seja, a deformação da ligação, na direção desse esforço. A deformabilidade da ligação pode ser definida como o inverso dessa relação, ou seja, possui o mesmo significado da flexibilidade do processo dos esforços e dos deslocamentos da análise das estruturas e, portanto, corresponde ao inverso da rigidez.

Assim, por exemplo, a deformação em relação ao momento fletor da ligação de uma viga em um pilar contínuo é mostrada na Fig. 5.11. A rigidez K_m da ligação ao momento fletor é calculada pela relação entre o momento fletor transferido M e a rotação ϕ, que corresponde à deformação da ligação.

De forma análoga, a rigidez à força normal da viga em relação ao pilar K_n está associada ao deslocamento horizontal relativo a em relação ao nó, mostrado na Fig. 5.12, que corresponde à deformação da ligação.

A forma usual de representar o comportamento semirrígido dessas ligações é com esquema de molas, conforme apresentado na Fig. 5.13.

Na Fig. 5.14 são mostradas as curvas momento fletor × deformação da ligação e força normal × deformação da ligação. Considerando o trecho linear dos diagramas, a rigidez e a deformabilidade das ligações semirrígidas podem ser expressas da maneira exposta no Quadro 5.1.

Cabe destacar que as rigidezes ou as deformabilidades podem ser também referidas às tensões. Assim, por exemplo, a rigidez ou deformabilidade à força normal podem ser colocadas em termos de deformabilidade à tensão normal.

A rigidez das ligações entre elementos pré-moldados pode ser considerada para os elementos tipo folha (chapas, placas e cascas) e para os elementos tipo barra (pórticos e grelhas).

A associação de elementos pré-moldados sujeitos a forças no plano definido por esses elementos, característica do comportamento de chapa, com a representação das rigidezes das ligações, é mostrada na Fig. 5.15. Como se pode observar, nesse caso podem ser consideradas a rigidez na direção da força normal e a rigidez na direção das forças de cisalhamento. Destaca-se que esse tipo de associação ocorre em várias situações de emprego de CPM, como em ação de diafragma (comportamento do sistema de pavimento com diafragma), estruturas de parede portante e paredes de contraventamento.

As rigidezes que podem ocorrer na associação de elementos sujeitos a forças perpendiculares ao plano desses elementos, que é o caso das placas, estão representadas na Fig. 5.16. Nesses casos, pode acontecer deformação da ligação na direção do cisalhamento perpendicular ao plano, na direção do momento fletor e na direção do momento de torção. Essas situações são de interesse na análise de pavimentos de edifícios e de tabuleiros de pontes.

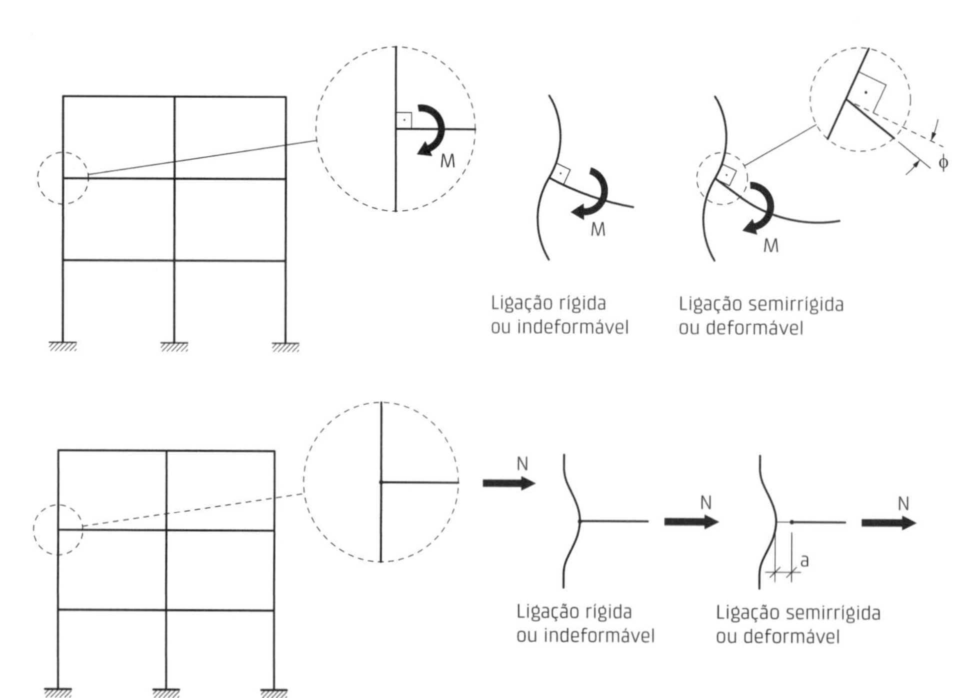

Fig. 5.11 Caracterização das ligações rígida e semirrígida ao momento fletor

Fig. 5.12 Caracterização das ligações rígida e semirrígida à força normal

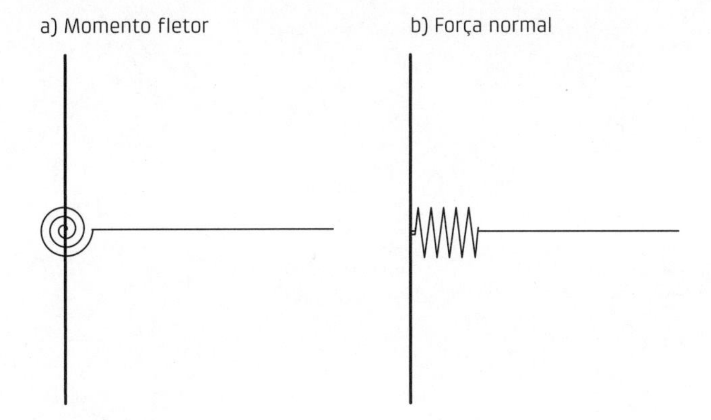

Fig. 5.13 Representação do comportamento semirrígido por meio de esquema de molas

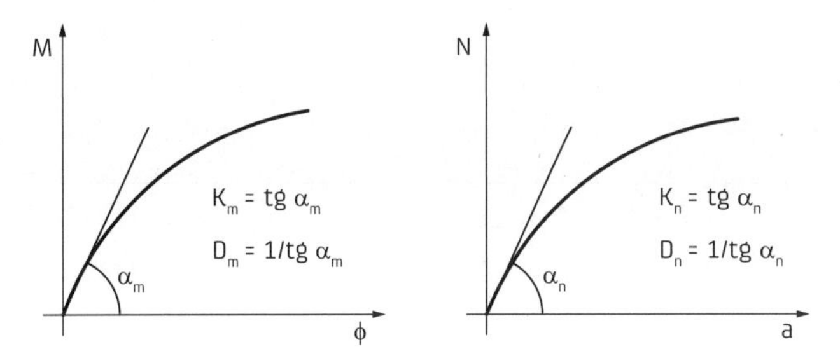

Fig. 5.14 Rigidez e deformabilidade medidas em curvas solicitação × deformação de ligações semirrígidas

Quadro 5.1 RIGIDEZ E DEFORMABILIDADE DE LIGAÇÕES SEMIRRÍGIDAS

	Momento fletor	Força normal
Rigidez	$K_m = M/\phi$	$K_n = N/a$
Deformabilidade	$D_m = \phi/M$	$D_n = a/N$

Também é possível a consideração da deformação das ligações nas cascas. Para isso, deve-se fazer a combinação das deformabilidades das duas situações apresentadas anteriormente.

As rigidezes das ligações podem ser incorporadas aos métodos de análise estrutural empregados, como na aná-

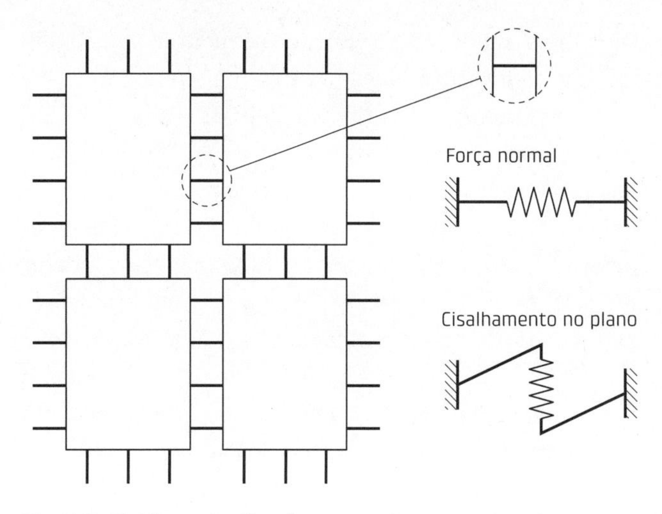

Fig. 5.15 Rigidezes das ligações entre elementos tipo chapa

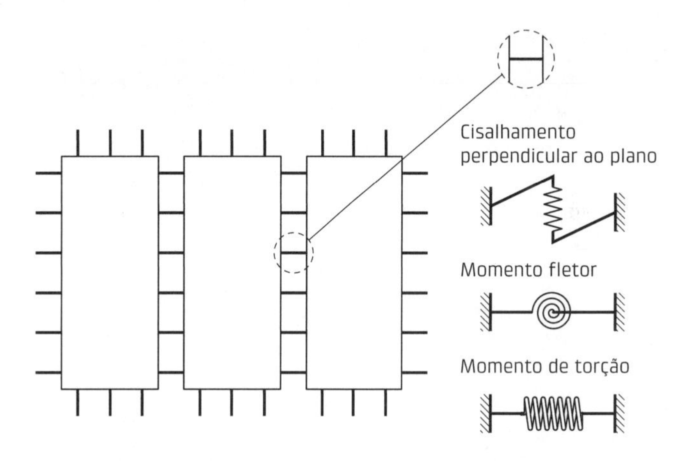

Fig. 5.16 Rigidezes das ligações entre elementos tipo placa

lise de placas por métodos numéricos (elementos finitos, analogia de grelha e faixas finitas). Dependendo do tipo de ligações e do método de análise, as rigidezes podem ser consideradas de forma discreta ou contínua. Assim, por exemplo, quando se utilizam conectores, como mostrado na Fig. 5.17, é possível fazer a modelagem levando em conta a rigidez concentrada nos pontos nos quais existem os

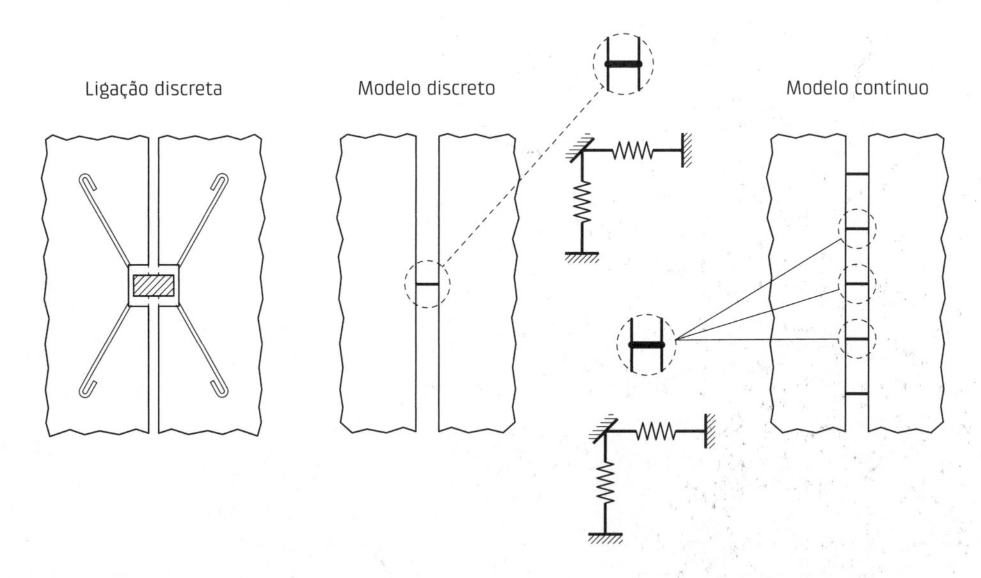

Fig. 5.17 Formas de considerar a rigidez de ligações discretas em elementos tipo folha

conectores (modelo discreto) ou considerá-la distribuída ao longo da ligação (modelo contínuo).

No caso geral de estruturas de barras, pode haver até seis rigidezes na ligação. Nos dois casos de estruturas de barras que são de maior interesse prático, os pórticos planos e as grelhas, podem existir até três rigidezes, conforme exibido na Fig. 5.18. Geralmente, pode-se considerar apenas uma das rigidezes, por exemplo, somente a rigidez ao momento fletor nas grelhas.

A título de ilustração, é apresentado na Fig. 5.19 como os momentos fletores são modificados em uma viga em função das rigidezes das ligações nos apoios.

Dependendo dos valores das rigidezes das ligações nos apoios, é possível desprezar o seu efeito e tratar as ligações considerando a vinculação ideal (articulada ou rígida, que neste caso coincide com o engastamento).

De acordo com a recomendação europeia para estruturas de aço apresentada no Eurocódigo 3 (CEN, 2005b), as ligações podem ser classificadas como exibido a seguir.

- Ligação nominalmente rígida para:

$$K_m \geq 8\frac{EI}{\ell} \text{ (no caso de estrutura contraventada)} \tag{5.4}$$

e

$$K_m \geq 25\frac{EI}{\ell} \text{ (em outros casos)} \tag{5.5}$$

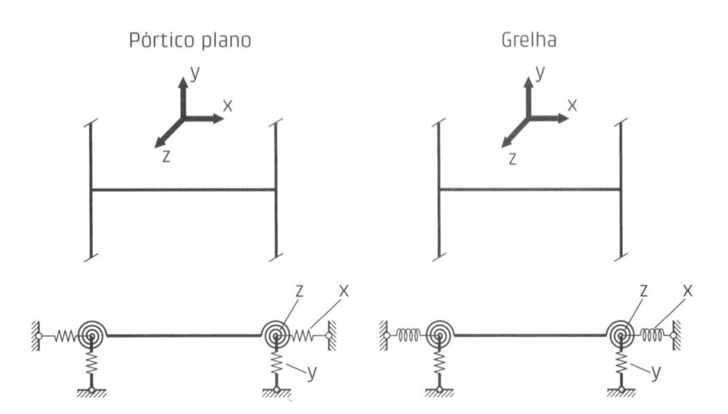

Fig. 5.18 Rigidezes das ligações em elementos de pórticos planos e de grelhas

- Ligação semirrígida para:

$$8\frac{EI}{\ell} \geq K_m \geq 0{,}5\frac{EI}{\ell} \tag{5.6}$$

- Ligação nominalmente articulada para:

$$K_m \leq 0{,}5\frac{EI}{\ell} \tag{5.7}$$

em que:

EI = rigidez à flexão da viga;

ℓ = vão da viga.

No caso de estrutura contraventada, os momentos fletores nos apoios nos limites das condições de ligação nominalmente rígida e articulada corresponderiam, respectivamente, a 80% e 20% do momento de engastamento. O momento fletor positivo no meio do vão passaria de $0{,}125p\ell^2$ para $0{,}108p\ell^2$ quando a ligação passasse de articulada para o limite da ligação nominalmente articulada ($K_m = 0{,}5EI/\ell$), ou seja, haveria uma redução no momento fletor de 13,6%. Assim, rigidezes abaixo desse limite produzem pouca redução no momento fletor positivo e o seu efeito pode ser desprezado.

Na Fig. 5.20 é mostrada a extensão da análise anterior para um pórtico simples. Esse pórtico já foi objeto de discussão na seção I.4, considerando as ligações viga × pilar articuladas (situação típica de estruturas de CPM) e rígidas (situação típica de estruturas de CML).

Para a análise foram consideradas as seguintes condições: pilar de 400 mm × 400 mm, viga de seção retangular com 400 mm de largura e 800 mm de altura, vão ℓ de 10 m, altura h de 5 m, módulo de elasticidade do concreto E de 30,0 GPa e momentos de inércia considerando seção íntegra e material elástico linear. Nessa análise considerou-se a variação da rigidez da ligação da viga com o pilar, partindo da articulação até a ligação rígida, tomando como referência o parâmetro EI_{vig}/ℓ = 51,2 MN/rad, sendo I_{vig} o momento de inércia da viga.

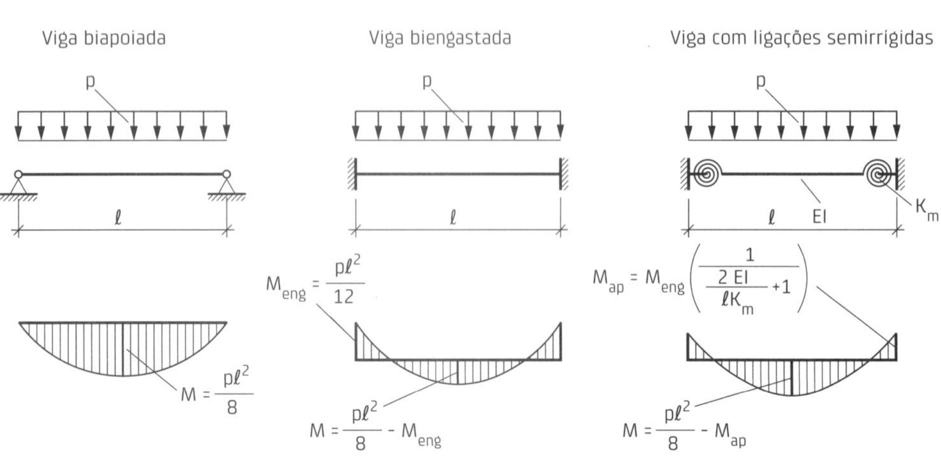

Fig. 5.19 Variação dos momentos fletores de uma viga em função das rigidezes ao momento fletor das ligações nos apoios

Foram levadas em conta duas situações (Fig. 5.20a,b): a) força vertical unitária uniformemente distribuída somente na viga e b) força horizontal unitária concentrada no topo do pilar. Para a primeira situação foram comparados o deslocamento e o momento fletor positivo da seção central da viga e, para a segunda, o deslocamento horizontal no topo dos pilares e a média dos momentos fletores na base dos pilares.

Na Tab. 5.2 é apresentada a redução dos deslocamentos e dos momentos fletores quando se passa de ligação articulada para ligação rígida. Já a Fig. 5.20c exibe a redução desses parâmetros em função da rigidez da ligação em termos do parâmetro EI_{vig}/ℓ da viga para as duas situações. Para essas análises foi empregado o programa de computador para ligações semirrígidas de Reis (2012) e *softwares* para saída de resultados ACADview frame, disponível no site do SET/EESC-USP (http://www.set.eesc.usp.br/portal/pt/softwares).

Com base nos resultados da Tab. 5.2 e da Fig. 5.20, nota-se que: a) ocorre uma diferença significativa entre as duas situações (força vertical unitária uniformemente distribuída somente na viga e força horizontal unitária concentrada no topo do pilar), b) o efeito da rigidez da ligação é maior para a força horizontal que para a força vertical, e c) embora a variação da rigidez tenha a mesma forma para os deslocamentos e os momentos fletores, a influência nos deslocamentos é maior, principalmente para a força horizontal.

Tab. 5.2 REDUÇÃO DOS DESLOCAMENTOS E DOS MOMENTOS FLETORES AO PASSAR DE LIGAÇÃO ARTICULADA PARA LIGAÇÃO RÍGIDA

	Deslocamento	Momento fletor
Força vertical unitária uniformemente distribuída somente na viga	25,6%[a]	22,0%[a]
Força horizontal unitária concentrada no topo do pilar	71,6%[b]	47,9%[c]

Notas: a) na seção central da viga, b) no topo dos pilares e c) média dos momentos na base dos pilares.

Cabe destacar que a redução do deslocamento no topo dos pilares e do momento fletor médio na base dos pilares quando a rigidez da ligação é de $0{,}1EI_{vig}/\ell$ vale 29,4% para a força horizontal e 13,1% para a força vertical, o que aponta que pequenos valores de rigidez já diminuem significativamente a deformação em relação à força horizontal.

Foi feita ainda uma variação da altura do pilar para 10 m e 15 m. Para uma rigidez da ligação igual a $1{,}0EI_{vig}/\ell$, a redução dos deslocamentos no topo dos pilares e dos momentos fletores médios na base dos pilares para a força horizontal equivale a 80,6%, 89,1% e 92,4% para alturas de pilares de 5 m, 10 m e 15 m, respectivamente. Como seria de esperar, a altura dos pilares e, portanto, as suas rigidezes têm influência no comportamento em relação à força horizontal, tornando-se mais importantes à medida que os pilares ficam menos rígidos. Portanto, ainda que útil, o parâmetro EI_{vig}/ℓ somente não é suficiente para a análise de ligações semirrígidas em pórticos sujeitos a forças horizontais, ao contrário do que ocorre para a viga da Fig. 5.19.

Algumas comparações apresentadas no Anexo E servem para complementar essa análise, para uma estrutura representativa de CPM.

Normalmente, as rigidezes são consideradas elásticas e lineares, conforme indicado anteriormente, não só por essa ser uma primeira aproximação, mas também pelas incertezas que se têm na sua quantificação. No entanto, cabe destacar que podem ser utilizadas outras formas de modelar. Algumas possibilidades são mostradas na Fig. 5.21. No Anexo E são exibidos resultados e referência de valores experimentais, bem como uma proposta de modelagem da rigidez de uma ligação viga × pilar.

a) Força vertical unitária uniformemente distribuída somente na viga – parâmetros analisados: redução no deslocamento e no momento fletor positivo da seção central da viga

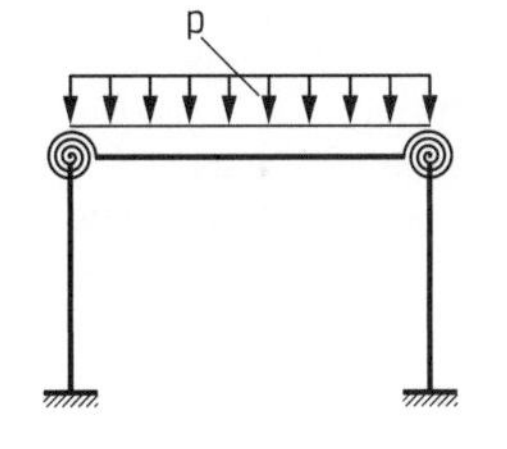

b) Força horizontal unitária concentrada no topo do pilar – parâmetros analisados: redução no deslocamento horizontal no topo dos pilares e na média dos momentos fletores na base dos pilares

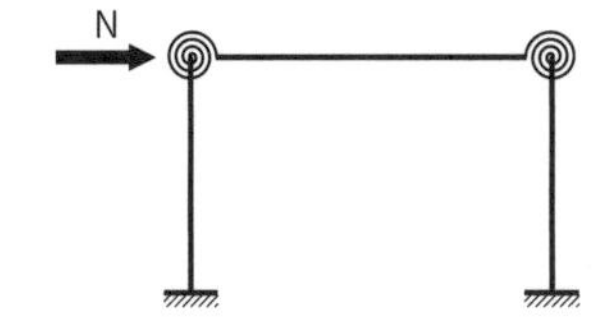

c) Variação da redução dos parâmetros analisados

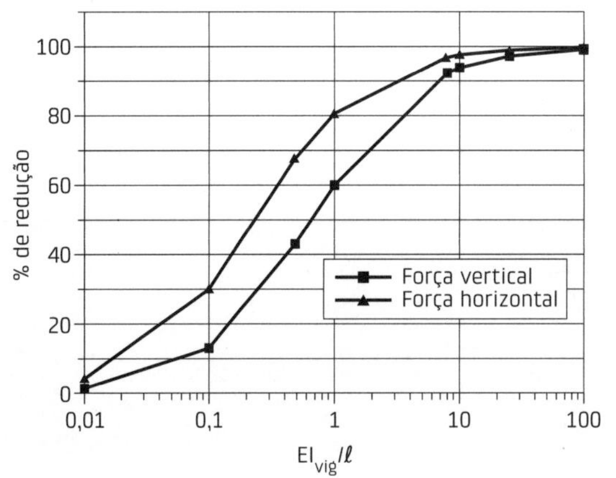

Fig. 5.20 Variação da redução dos deslocamentos e dos momentos fletores em função da rigidez da ligação

5.2.2 Formas de considerar o comportamento semirrígido

A consideração do comportamento semirrígido da ligação na análise estrutural pode ser feita das seguintes formas: a) com a introdução de elementos fictícios e b) com a consideração da deformação da ligação diretamente na formulação.

Na primeira alternativa, a ligação é idealizada a partir da associação de barras reais ou fictícias, como aquela sugerida pelo PCI (1992) para modelar a ligação viga × pilar para uma estrutura de esqueleto submetida às ações laterais (Fig. 5.22).

A segunda forma é mais comum em virtude do desenvolvimento dos programas de análise estrutural. Existem diferentes maneiras de considerar a rigidez da ligação na formulação.

Nas primeiras formulações, a rigidez da ligação era considerada modificando a matriz de rigidez dos elementos que concorrem às ligações. Uma formulação desse tipo pode ser vista em Ferreira (1993), feita com base na apresentada em Monforton e Wu (1963).

Essa formulação é fundamentada nos parâmetros de restrição listados a seguir, tomando como base o sistema de referência e a nomenclatura da Fig. 5.23. Cabe destacar que a formulação original era somente para a rigidez ao momento fletor. Realizando a adaptação da nomenclatura de Ferreira (1993) para aquela da Fig. 5.23, têm-se as expressões exibidas na sequência.

- *Parâmetros relativos à rigidez ao momento fletor*

$$\gamma_i = \left[1 + \frac{3EI}{K_{mi}\ell}\right]^{-1} \quad (5.8)$$

$$\gamma_j = \left[1 + \frac{3EI}{K_{mj}\ell}\right]^{-1} \quad (5.9)$$

- *Parâmetros relativos à rigidez à força normal*

$$\beta_i = \beta_j = \left[1 + \frac{EA}{\left(K_{ni} + K_{nj}\right)\ell}\right]^{-1} \quad (5.10)$$

Com essas definições, pode-se observar as situações-limite a seguir no que se refere ao momento fletor.

- *Para ligação rígida*

$$K_m \to \infty \quad D_m \to 0 \quad \gamma_{i,j} \to 1$$

- *Para ligação articulada*

$$K_m \to 0 \quad D_m \to \infty \quad \gamma_{i,j} \to 0$$

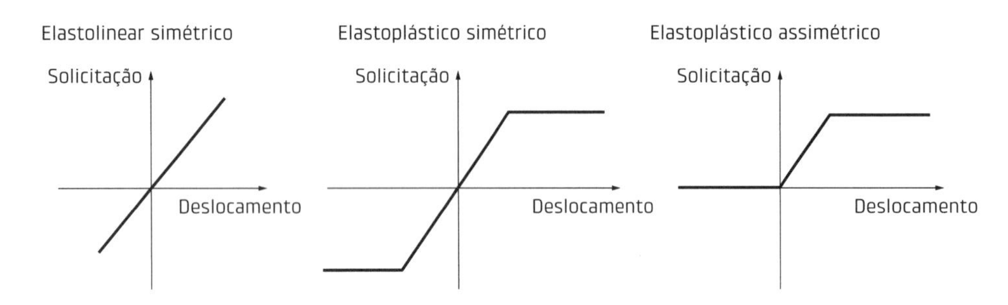

Fig. 5.21 Algumas formas de modelar as rigidezes das ligações

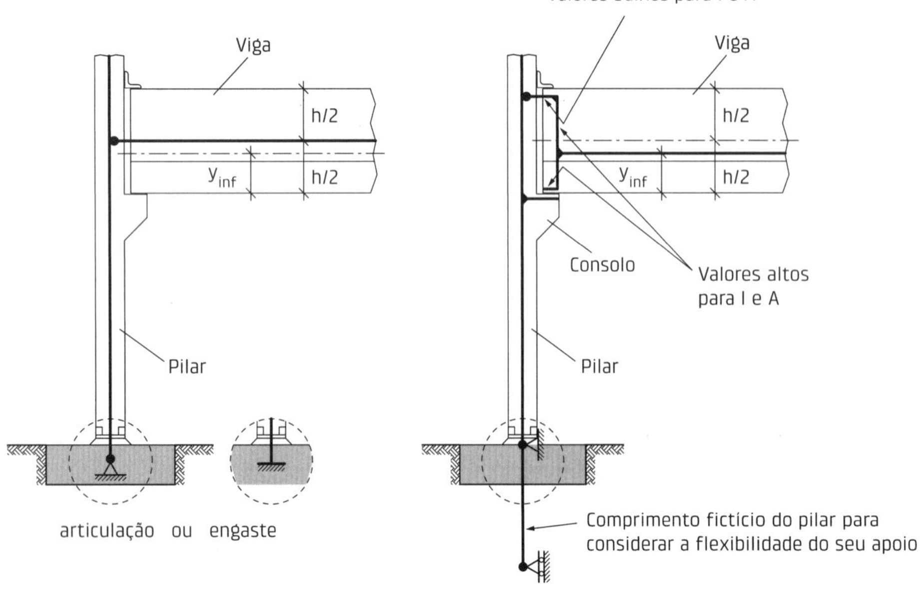

Fig. 5.22 Exemplo de modelagem da estrutura para considerar a deformação da ligação
Fonte: adaptado de PCI (1992).

a) Rigidez ao momento fletor

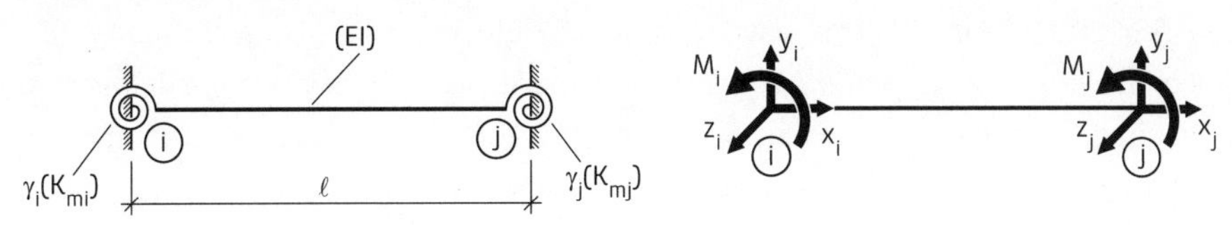

b) Rigidez à força normal

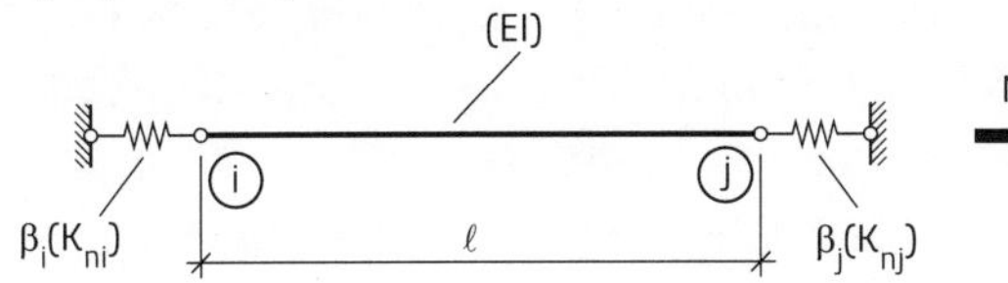

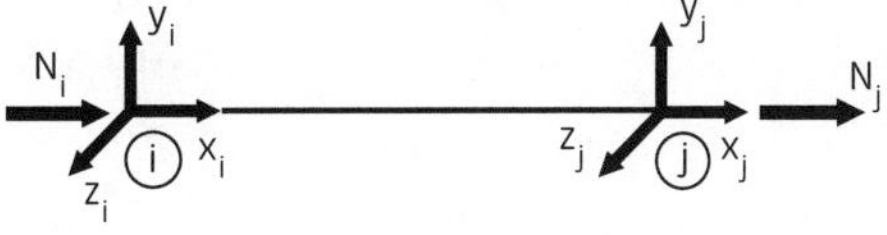

Fig. 5.23 Nomenclatura para a análise da ligação semirrígida em um elemento de pórtico plano

Existem formulações mais recentes nas publicações sobre o assunto que consideram a rigidez da ligação mediante um elemento híbrido, com uma ou duas molas em cada extremidade da barra. Uma formulação desse tipo, direcionada a estruturas de CPM, pode ser vista em Meireles Neto (2012). Outra forma de considerar a rigidez da ligação é apresentada em Reis (2012). Nesse caso, a análise pode ser feita levando em conta ligações semirrígidas com comportamento elastoplástico.

5.2.3 Avaliação da rigidez das ligações

A Fig. 5.24 mostra uma idealização das deformações que poderiam ocorrer na região da ligação de uma viga com um pilar, em um ponto intermediário do pilar, que é uma situação típica de sistemas estruturais de múltiplos pavimentos.

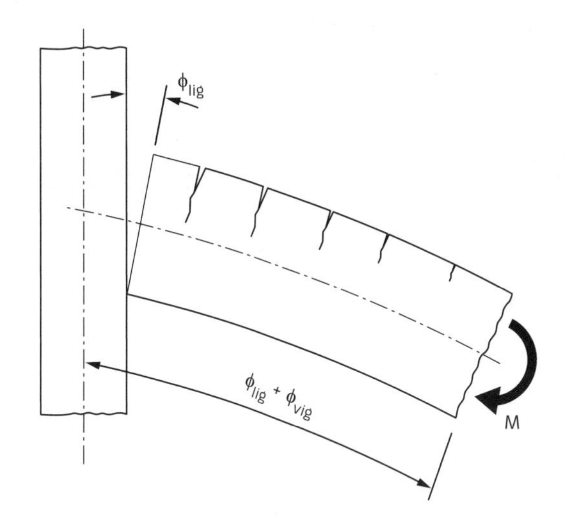

Fig. 5.24 Deformações na região da ligação de uma viga com um pilar contínuo

Como se pode observar, as deformações que ocorrem na região da ligação podem ser divididas em: a) deformação concentrada junto ao pilar (ϕ_{lig}) e b) deformação da viga em um trecho próximo da ligação (ϕ_{vig}).

Em se tratando de ligação articulada, seria considerada apenas a deformação junto ao apoio. À medida que ocorrer alguma transferência de momento fletor negativo, haverá uma tendência de formação de fissuras na viga. Se a capacidade de transferir momento é baixa ou o mecanismo de transferência de tração tem grande deformação, a deformação da viga no trecho próximo da ligação (ϕ_{vig}) pode ser desprezada. Nesses casos, a ligação teria baixa rigidez ao momento fletor negativo.

Por outro lado, conforme aumenta a capacidade de transferir momento e considerando que o mecanismo de transferência de tração tem pouca deformação, a deformação da viga no trecho próximo da ligação (ϕ_{vig}) cresce e passa a ser considerável, devido à não linearidade do concreto. Nesses casos, a rigidez da ligação ao momento fletor negativo seria alta.

O limite seria o caso de ligação de estrutura de CML. Embora existam estudos, já há bastante tempo, que mostram uma deformação junto ao pilar de estruturas monolíticas, produzida por deformação à força cortante e deslizamento de armadura junto ao nó, normalmente essa deformação não é considerada.

Algumas ligações classificadas como rígidas, apresentadas na seção 3.6, tendem a exibir deformações junto ao pilar maiores que as das estruturas de CML, devido à junta ou à maior deformação do mecanismo de transferência da tração. Em geral, a deformação da ligação junto ao pilar (ϕ_{lig}) ainda é baixa e o seu efeito nas deformações da estrutura em relação às forças verticais e horizontais é pequeno. Esses casos enquadram-se nas ligações nominalmente rígidas, conforme os critérios de classificação apresentados, não se justificando, normalmente, a sua consideração em estruturais usuais.

De acordo com a definição de ligação semirrígida apresentada, a deformação a ser considerada na rigidez da ligação é aquela junto ao pilar (ϕ_{lig}). A consideração da deformação da viga no trecho próximo da ligação é um artifício empregado para levar em conta a não linearidade física do concreto. Pode-se realizar a superposição das deformações no cálculo da rigidez da ligação para simplificar a análise estrutural, mas deve-se tomar cuidado para não superestimar a deformação da viga, seja mediante a consideração em coeficientes de redução de rigidez, seja mediante a análise não linear física mais completa.

É possível determinar a rigidez das ligações por meio de ensaios ou de modelos matemáticos. Por sua vez, os modelos matemáticos são, em geral, os calibrados por ensaios. Esses modelos matemáticos podem ser classificados em: a) modelo numérico, no qual a curva momento fletor × deformação é definida por meio de modelagem numérica, em geral com o método dos elementos finitos, e b) modelo mecânico, no qual a ligação é representada por um modelo baseado na associação de componentes que seriam identificados nas ligações.

Conforme descrito em Miotto (2002), com base nas publicações sobre o assunto, podem ser ainda incluídos dois modelos: c) aproximação por curva, em que a curva momento fletor × deformação é determinada por meio do ajuste de resultados experimentais ou numéricos, e d) modelo analítico aproximado, que é uma simplificação do modelo mecânico.

O modelo mecânico, incluindo as suas simplificações, é baseado no chamado método dos componentes, que em linhas gerais corresponde a idealizar a ligação mediante mecanismos básicos de deformação, que equivalem à deformação de cada um dos componentes da ligação.

O primeiro passo para avaliar a rigidez de uma ligação é idealizar a sua posição deformada, como, por exemplo, nas ligações submetidas a momento fletor mostradas na Fig. 5.25, nas quais a deformação da ligação está de acordo com a definição apresentada. Com base nessa idealização,

Ligação viga x pilar com chapa soldada

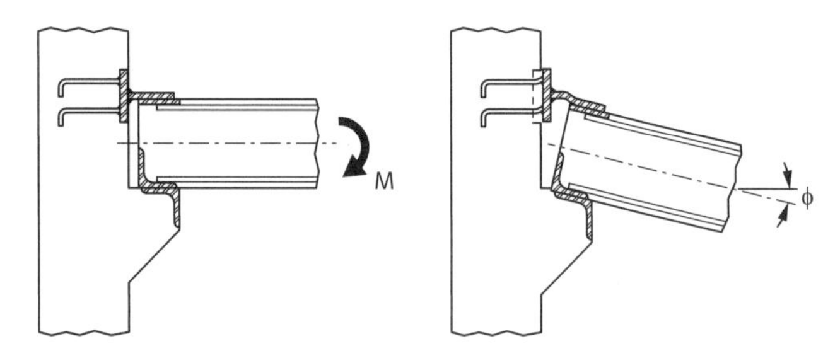

Ligação pilar x fundação com chapa de base

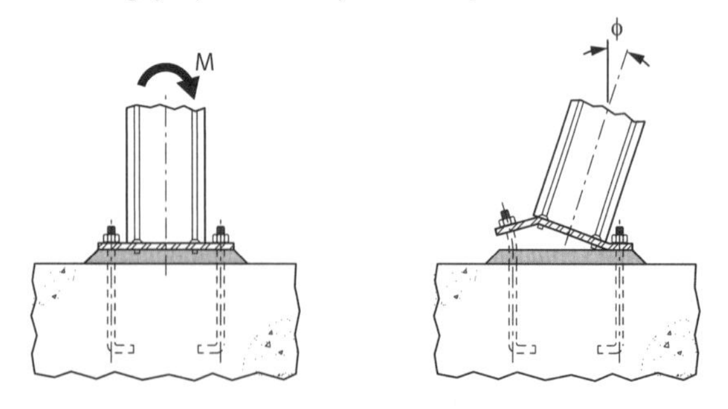

Fig. 5.25 Exemplos de posição deformada de algumas ligações submetidas a momento fletor

passa-se à identificação de cada mecanismo básico de deformação, ou seja, da deformação de cada componente. O passo seguinte é conhecer as características de deformação e resistência de cada componente. Com a consideração da associação dos componentes (arranjo das molas), pode-se obter o comportamento da ligação em relação à deformação e à resistência.

Com esse procedimento, é possível recorrer aos mais variados níveis de refinamento, como o número de componentes a considerar, o comportamento de cada um dos componentes, com análise linear ou não linear etc.

A associação dos mecanismos para determinar a rigidez pode ser feita automaticamente, como proposto em Mota (2009) (ver também Anexo E).

Por outro lado, pode-se realizar análises mais simples, que possibilitem a dedução de expressões para o cálculo da rigidez. Por exemplo, considerando a ligação viga × pilar mostrada na Fig. 5.26a, é possível determinar a rigidez à força normal dividindo a ligação em três mecanismos básicos: a) cisalhamento do elastômero, com a rigidez $K_{ela} = 1/D_{ela}$, b) deformação de um pino inserido no concreto sujeito à força paralela à superfície, com a rigidez $K_{p1} = 1/D_{p1}$, e c) deformação de um pino entre a viga e o pilar, com a rigidez $K_{p2} = 1/D_{p2}$.

Os dois últimos mecanismos estão associados em série, ou seja, as suas deformações são somadas diretamente. Por sua vez, o primeiro mecanismo associa-se em paralelo com a soma dos dois últimos, conforme esquematizado na Fig. 5.26b.

A rigidez à força normal dessa ligação, indicada na Fig. 5.17c, pode então ser determinada com a seguinte sequência:

- *Deformabilidade dos dois mecanismos, correspondentes às deformações do pino*

$$D_p = D_{p1} + D_{p2} \quad \textbf{(5.11)}$$

- *Deformabilidade e rigidez considerando o chumbador e o elastômero*

$$\frac{1}{D_n} = \frac{1}{D_p} + \frac{1}{D_{ela}} \quad \textbf{(5.12)}$$

ou

$$K_n = K_p + K_{ela} \quad \textbf{(5.13)}$$

- *Rigidez da ligação considerando os três mecanismos básicos*

$$K_n = \left[K_{ela} + \frac{1}{D_{p1} + D_{p2}}\right] \quad \textbf{(5.14)}$$

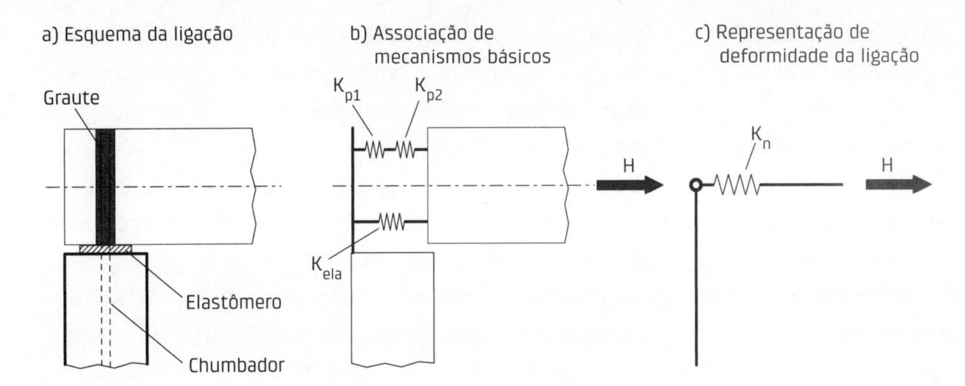

Fig. 5.26 Exemplo de modelo para calcular a rigidez de uma ligação a partir de mecanismos básicos

Essa formulação pode ser bem mais simplificada, uma vez que, para as situações usuais, a deformabilidade do elastômero é muito grande e a segunda parcela da deformabilidade do pino é pequena. Uma apresentação mais detalhada da rigidez desse tipo de ligação está em Ferreira (1999).

Conforme visto, para aplicar o chamado *método dos componentes* é necessário conhecer a deformação dos mecanismos básicos, que pode ser encontrada, em grande parte, nas publicações sobre o assunto.

Por exemplo, na Tab. 5.3 é apresentada, com base nas indicações de Bljuger (1988), a deformabilidade de ligações com juntas de argamassa em alguns elementos comprimidos.

Uma importante fonte de informações para determinar os mecanismos básicos de deformação é o boletim 43 da fib (2008). Nesse boletim podem ser encontradas indicações para vários mecanismos, como a deformação na extremidade de barras tracionadas no concreto e a deformação de chumbadores sujeitos à força lateral.

No Anexo E, e principalmente nas referências nele incluídas, são apresentados vários modelos de mecanismo básico de deformação.

Na quantificação da rigidez de certos tipos de ligação, pode ser necessário calcular deformações em elementos metálicos, como chapas e abas de cantoneira. Essas deformações podem ser calculadas por meio de expressões correntemente encontradas nas publicações sobre o assunto.

5.2.4 Recomendações para o projeto

O comportamento semirrígido das ligações pode ser levado em conta para uma série de situações no projeto de estruturas de CPM.

Assim como em outras análises, o efeito favorável do comportamento semirrígido pode ser considerado somente para estados-limite de serviço (ELS), tais como o de deformações excessivas e de vibrações.

A consideração de efeito favorável do comportamento semirrígido pode também fazer parte da estratégia de

Tab. 5.3 DEFORMABILIDADE DE LIGAÇÕES COM JUNTAS DE ARGAMASSA EM ALGUNS ELEMENTOS COMPRIMIDOS

Tipo de ligação	Resistência da argamassa		
	Até 1 MPa	5 MPa	10 MPa
Painéis pré-moldados; Argamassa	1×10^{-4} m/MPa	$0,6 \times 10^{-4}$ m/MPa	$0,4 \times 10^{-4}$ m/MPa
Argamassa; Pilar pré-moldado	–	–	$0,2 \times 10^{-4}$ m/MPa

minimizar o risco de colapso progressivo, com a mobilização de mecanismos alternativos que podem ocorrer com grandes deformações da estrutura.

O comportamento semirrígido é de interesse também na análise de distribuição de forças nos elementos estruturais, como a distribuição de forças horizontais em tabuleiros de pontes. Nesse sentido, merece ser citado o estudo de Dotreppe, Colinet e Kaiser (2006) para a análise estrutural de galpões com ligação semirrígida à força normal.

Outra linha de interesse é na avaliação da redistribuição de momentos fletores em lajes pré-moldadas devido a possíveis rotações nos apoios. No boletim 43 da fib (2008) são apresentadas expressões que possibilitam calcular a rigidez da ligação junto ao apoio de lajes com elementos de CPM.

De forma geral, a consideração do comportamento semirrígido na análise das estruturas de CPM possibilita uma análise mais realística, mas é na análise da estabilidade de edifícios de CPM que ela se torna bastante importante.

Por um lado, a consideração de pequenas rigidezes em ligações normalmente consideradas articuladas pode contribuir bastante para reduzir a deformação da estrutura decorrente das ações laterais; por outro lado, alguma deformação da ligação considerada rígida pode aumentar a deformação da estrutura decorrente das ações laterais.

Na NBR 9062 (ABNT, 2017a), a consideração das ligações semirrígidas é direcionada à análise da estabilidade global, mediante um fator de restrição à rotação. A ligação pode ser considerada rígida se o fator de restrição for superior a 0,85 e atender aos quesitos estabelecidos no texto da norma. Para alguns tipos de ligação, o mesmo documento fornece expressões para o cálculo da rigidez secante.

Uma das principais dificuldades na consideração do comportamento semirrígido das ligações é a determinação da sua rigidez ou, generalizando, a curva esforço solicitante × deformação, mesmo em ensaios. Em geral, existem incertezas maiores que na determinação das resistências. Em razão disso, uma estratégia que pode ser utilizada em projetos é fazer cenários com a variação desse parâmetro, como, por exemplo, apresentado no Anexo E.

5.3 Estabilidade lateral de elementos pré-moldados

5.3.1 Considerações iniciais

Em geral, as estruturas de concreto não apresentam problemas relacionados à estabilidade lateral. No entanto, em se tratando de CPM, deve-se tomar cuidados com a possibilidade desse fenômeno, pois os elementos podem ter seções transversais de dimensões menores que as correspondentes das estruturas de CML, como consequência do uso de seções de maiores rendimentos mecânicos e de concreto de resistências mais elevadas, e estão sujeitos a situações transitórias com vinculações provisórias. Esse assunto foi introduzido na seção 2.7 e é aqui tratado de forma mais profunda.

As vigas longas e altas, com pouca rigidez lateral, em especial nas situações transitórias, são mais susceptíveis à perda de estabilidade lateral. Essa perda pode ocorrer nas situações definitivas. No entanto, como nesse caso normalmente existem vínculos que restringem a rotação dos elementos nos apoios, esse fenômeno não apresenta, via de regra, maiores problemas. Entretanto, não pode ser descartada *a priori* a necessidade de proceder à verificação da sua ocorrência. Já nas situações transitórias, em que normalmente não existem vínculos que produzem esse tipo de restrição, a possibilidade de perda de estabilidade lateral é bem maior.

Embora esse assunto não seja novo, vários acidentes, alguns recentes, indicam que o assunto merece atenção. Uma série de nove acidentes relacionados com esse assunto estão relatados em Krahl (2014).

Na análise da estabilidade lateral para as etapas transitórias, podem-se distinguir as seguintes situações: a) elemento sendo içado, b) elemento sendo transportado, c) montagem do elemento sobre apoio provisório e d) com contraventamento nos apoios.

A primeira situação, também chamada de suspensão, acontece no manuseio do elemento de forma geral, assim como na desmoldagem, no carregamento e no descarregamento do elemento no veículo de transporte ou na montagem. A segunda equivale ao transporte, que ocorre quando a superfície da via é inclinada em relação ao plano horizontal. Na terceira situação, correspondente à fase de montagem, deve ser verificada, além da possibilidade de perda de estabilidade lateral, a possibilidade de perda de equilíbrio da viga como corpo rígido. A última situação corresponde a vigas de tabuleiro de pontes em que foi feito um contraventamento nos apoios, mas ainda não foi realizada a concretagem das lajes.

A análise mais rigorosa da estabilidade lateral de vigas de concreto envolve a consideração da não linearidade geométrica e da não linearidade física, para momentos fletores e momentos de torção, o que a torna relativamente complexa. Assim, muitas vezes a análise é feita com métodos numéricos, como pode ser visto em Lima e El Debs (2005). Também os ensaios têm particularidades em função dos grandes deslocamentos e da vinculação. Na Fig. 5.27 é mostrado o ensaio de uma viga para um estudo dessa natureza.

Na prática, recorre-se, em geral, a dois procedimentos para efetuar a verificação da segurança em relação à estabilidade lateral: a) verificação da segurança com base na

Fig. 5.27 Ensaio de viga para estudo da estabilidade lateral
Fonte: Lima (2002).

comparação das ações com a força crítica de flambagem e b) verificação da segurança baseada na comparação entre momentos atuantes e estabilizantes, avaliados simplificadamente.

O primeiro procedimento é baseado na resolução de sistema de equações diferenciais, o que normalmente não é simples. Para as aplicações práticas, podem ser empregadas expressões deduzidas para alguns tipos de carregamento e de vinculação, considerando o comportamento elástico linear do material. Ainda nesse caso, incluem-se também métodos numéricos, como o método dos elementos finitos.

O segundo procedimento provém de recomendações americanas e é direcionado às verificações nas situações transitórias, sendo com ele determinados coeficientes de segurança contra a perda da estabilidade lateral.

As análises mais realísticas do problema levam em consideração as imperfeições iniciais e as deformações do apoio. Outro aspecto que tem merecido atenção é a deformação em virtude da variação de temperatura de vigas de pontes, como pode ser visto no relatório feito para o Departamento de Transporte da Geórgia, nos Estados Unidos (Zureick et al, 2009).

5.3.2 Situações definitivas

Conforme adiantado, as situações definitivas, correspondentes à estrutura montada, não são, em geral, críticas. Na verificação da perda da estabilidade lateral para essa fase, normalmente se recorre a expressões para o cálculo da força crítica de flambagem, que podem ser encontradas nas publicações sobre o assunto para vigas e arcos. Outra possibilidade é recorrer a *softwares* com modelagem numérica.

No caso de análise considerando comportamento elástico linear do material, a força crítica em vigas de seção retangular e I duplamente simétrica pode ser determinada por meio da seguinte expressão:

$$p_{crit} = \frac{k\sqrt{BC}}{\ell^3} \tag{5.15}$$

em que:
k = coeficiente fornecido na Tab. 5.4;
ℓ = vão da viga;
B = rigidez lateral da viga, que vale EI_y, sendo E o módulo de elasticidade longitudinal e I_y o momento de inércia em relação ao eixo vertical;
C = rigidez à torção, que vale GI_t, sendo G o módulo de elasticidade transversal e I_t o momento de inércia à torção.

Tab. 5.4 VALORES DO COEFICIENTE k PARA VIGA COM VÁRIOS TIPOS DE VINCULAÇÃO

Vínculos nas extremidades			
À torção	À flexão vertical	À flexão lateral	k
Engaste	Articulação/ articulação	Articulação/ articulação	28,4
	Engaste/ extremidade livre	Engaste/ extremidade livre	12,8
	Engaste/engaste	Articulação/ articulação	98,0
	Engaste/ articulação	Articulação/ articulação	54,0
	Articulação/ articulação	Engaste/engaste	50,0
	Engaste/engaste	Engaste/engaste	137,0

Fonte: adaptado de Lima (1995).

Os estudos para elementos de concreto com a consideração da não linearidade física são mais complexos, conforme mostrado em Krahl (2014). A respeito desse tema, merecem ser citados os trabalhos de Revathi e Menon (2006, 2007), bem como trabalhos mais recentes, nos quais se procura levar em conta as imperfeições iniciais (Hurff; Khan, 2012; Kalkan, 2014).

5.3.3 Situações transitórias

Como mencionado, nas etapas transitórias podem ocorrer as seguintes situações críticas: a) elemento sendo içado, b) elemento sendo transportado, c) montagem do elemento sobre apoio provisório e d) com contraventamento nos apoios. A última situação não é aqui abordada, pois, em princípio, pode ser aplicado o que foi visto na seção anterior.

No içamento de vigas de seção retangular mediante cabos verticais, pode-se calcular a força crítica de flambagem, considerando material elástico linear, pela expressão:

$$p_{crit} = \frac{16\sqrt{BC}}{\ell^3}\sqrt{\alpha_{crit}} \tag{5.16}$$

em que:

B e C = mesmo significado da Eq. 5.15;

α_{crit} = coeficiente fornecido na Fig. 5.28.

Essa formulação é geralmente atribuída a Lebelle (1959), que ampliou o estudo existente apenas para seção retangular.

Conforme se pode observar no diagrama da Fig. 5.28, o valor de α_{crit} aumenta com a relação ρ de 1,0 até 0,5 e diminui para valores mais baixos de ρ. Isso significa que é possível aumentar a força crítica colocando os cabos mais distantes das extremidades, ou seja, aumentando os balanços, até que o posicionamento dos pontos de içamento seja da ordem de um quarto do comprimento da viga, medido a partir das extremidades. A partir desse ponto ocorre uma diminuição da força crítica até o limite em que os dois cabos coincidem, ou seja, o levantamento é feito por um único ponto central (ρ = 0). Assim, uma forma de aumentar a segurança relativa à estabilidade lateral de vigas durante o içamento é posicionar os cabos de forma a ter balanços. Entretanto, essa medida possui alcance limitado no caso de vigas de concreto protendido, devido à necessidade de haver momentos fletores positivos mínimos para equilibrar os momentos da força de protensão.

Para seções I, H ou T com mesa inferior (seções com mesas superior e inferior), pode-se introduzir um coeficiente corretivo na expressão apresentada, como pode ser visto em Krahl (2014). Contudo, em se tratando de vigas com pequenas espessuras de mesas e alma em comparação com as outras dimensões, como geralmente ocorre em elementos de concreto protendido pré-moldados, o coeficiente de correção é bem próximo da unidade, recaindo assim na mesma expressão das vigas de seção retangular.

Recomenda-se que seja feita a verificação da segurança relativa à estabilidade lateral com a seguinte condição:

$$g \leq \frac{p_{crit}}{4} \tag{5.17}$$

Na expressão da força crítica apresentada, não estão sendo levados em conta alguns fatores que reduzem o seu valor, como os desvios de linearidade e forças laterais em decorrência do vento. Para situações em que essas ações são baixas, pode-se considerar que esses efeitos estão cobertos pelo coeficiente de segurança.

Deve-se ater também ao fato de que o içamento com cabos inclinados leva a valores menores de força crítica que os correspondentes ao içamento com cabos verticais, devido à existência de força normal de compressão.

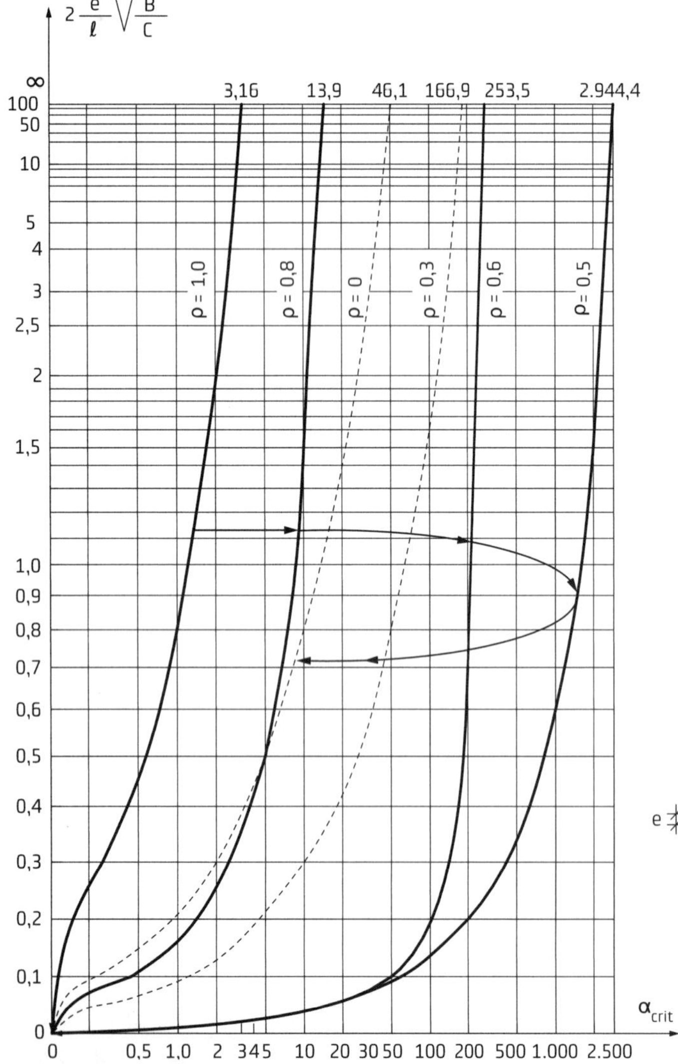

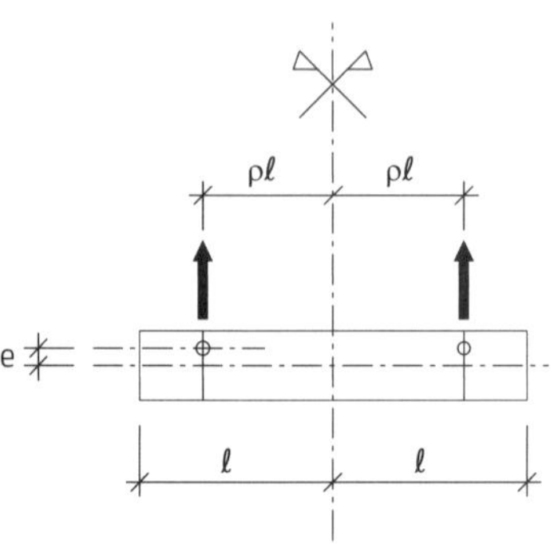

Fig. 5.28 Valores de α_{crit} para içamento de viga com cabos verticais
Fonte: adaptado de Koncz (1966).

Essa formulação pode ser estendida à situação de viga com apoio elástico, com uma rigidez à torção K_θ. Com isso, a formulação de Lebelle pode ser empregada também para as situações de transporte e de montagem de apoio provisório – ver formulação em Krahl (2014) e indicações de K_θ para o transporte na formulação de Mast (1993), na sequência desta seção.

Ainda na linha de cálculo de carga crítica, merece destaque o trabalho de Stratford, Burgoyne e Taylor (1999), no qual são apresentadas expressões para a verificação de vigas de CPM para as situações de içamento e transporte, incluindo a possibilidade de levar em conta as imperfeições iniciais.

Conforme foi adiantado, outra forma de verificação da segurança relativa à estabilidade lateral, apresentada por Mast (1993), é realizada com base no estabelecimento de coeficientes de segurança. Essa forma de proceder à verificação tem um caráter bastante prático e permite a consideração da excentricidade lateral por imperfeições construtivas.

Nas Figs. 5.29 e 5.30 são mostradas, respectivamente, as duas situações de interesse: quando o elemento pré-moldado está sendo içado e quando o elemento está sobre apoio elástico.

Da Fig. 5.29 pode-se observar que, com o surgimento de um deslocamento lateral da viga, aparece a componente da força G sen θ, que tende a aumentar esse deslocamento. Assim, o aumento do ângulo θ provoca um acréscimo dessa componente, que por sua vez aumenta o ângulo θ. Dependendo da rigidez lateral da viga, pode-se atingir uma situação de equilíbrio com um ângulo θ, ou, se não for atingida essa situação, ocorre a perda da estabilidade lateral.

A verificação da estabilidade lateral é feita comparando o momento atuante com o momento estabilizante, estabelecendo um coeficiente de segurança expresso por:

$$\gamma = \frac{M_{est}}{M_{atu}} \tag{5.18}$$

Como esses momentos, tanto o atuante como o estabilizante, resultam do produto do peso próprio do elemento pelos braços de alavanca, o coeficiente de segurança pode ser colocado na forma:

$$\gamma = \frac{z_{est}}{z_{atu}} \tag{5.19}$$

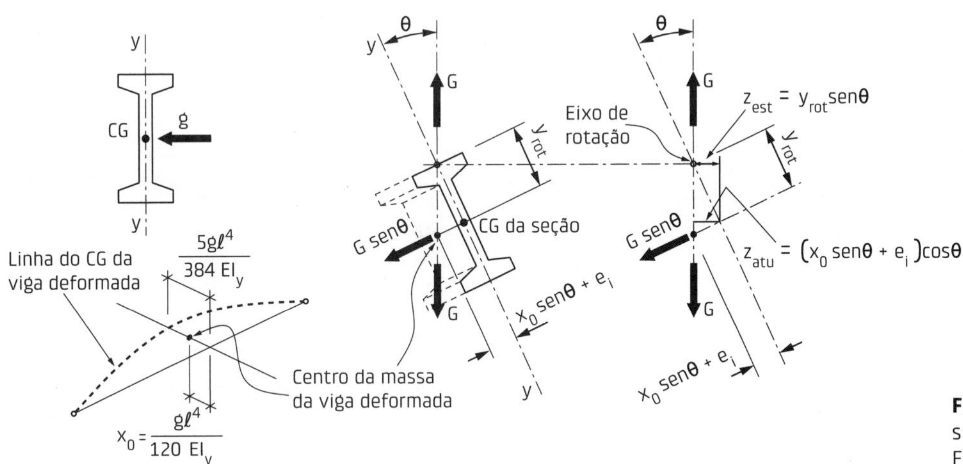

Fig. 5.29 Equilíbrio da viga durante a suspensão
Fonte: adaptado de Mast (1993).

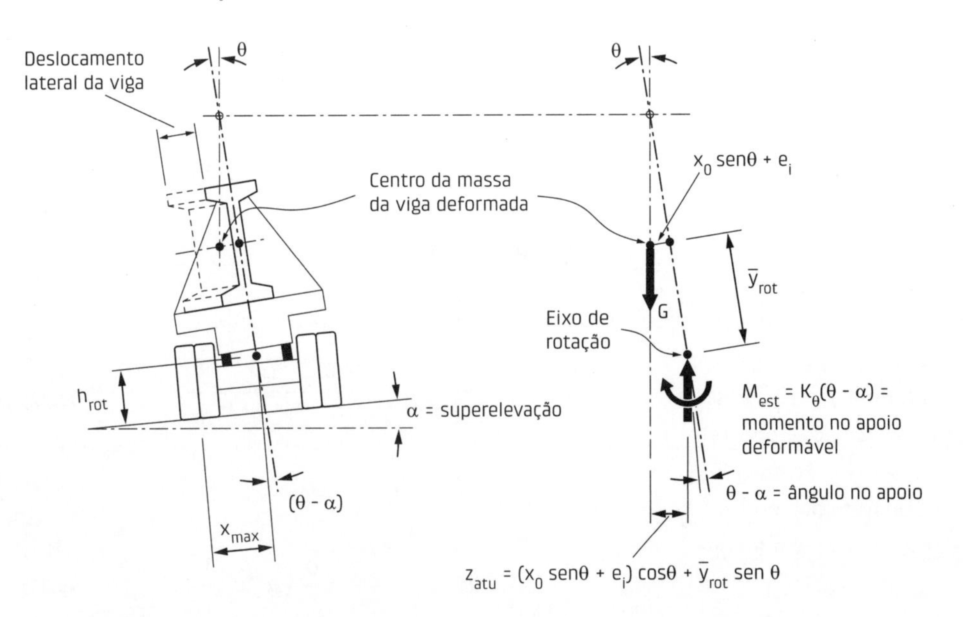

Fig. 5.30 Equilíbrio da viga sobre apoio elástico
Fonte: adaptado de Mast (1993).

em que:

$z_{est} = M_{est}/G$ = braço de alavanca do momento estabilizante, sendo G o peso próprio da viga;

$z_{atu} = M_{atu}/G$ = braço de alavanca do momento atuante.

De acordo com as Figs. 5.33 e 5.34, os braços de alavanca valem:

a. *Quando a viga está sendo içada*

$$z_{atu} = (x_0 \text{ sen } \theta + e_i)\cos\theta \quad \textbf{(5.20)}$$

e

$$z_{est} = y_{rot} \text{ sen } \theta \quad \textbf{(5.21)}$$

em que:

x_0 = deslocamento lateral teórico do centro de massa da viga com totalidade do peso próprio aplicado lateralmente;

y_{rot} = distância do centro de massa da viga ao eixo de rotação;

e_i = excentricidade inicial do centro de massa da viga em relação ao eixo de rotação.

b. *Quando a viga está sobre apoios elásticos*

$$z_{atu} = (x_0 \text{sen}\theta + e_i)\cos\theta + \bar{y}_{rot}\text{sen}\theta \quad \textbf{(5.22)}$$

e

$$z_{est} = r(\theta - \alpha) \quad \textbf{(5.23)}$$

em que:

x_0 = conforme definido anteriormente;

$\bar{y}_{rot}$ = distância do centro de massa da viga ao eixo de rotação que passa pelos apoios;

α = inclinação do apoio (superelevação da pista no caso de transporte).

Sendo ainda:

$$r = \frac{K_\theta}{G} \quad \textbf{(5.24)}$$

em que:

K_θ = rigidez à torção do apoio elástico (momento que produz uma rotação unitária).

O ângulo de equilíbrio θ pode ser obtido pelas equações de z_{atu} e z_{est} por meio de iteração numérica ou então graficamente, pelo fato de essas equações não serem lineares. Nessa análise, deve ser considerada a variação da rigidez lateral no cálculo desses braços, que pode ocorrer devido à fissuração do material. Com base em resultados experimentais em vigas de ponte de concreto protendido, recomenda-se considerar os valores a seguir para a rigidez lateral.

Se não for ultrapassada a resistência à tração do concreto:

$$I_{ef} = I \quad \textbf{(5.25)}$$

Caso contrário:

$$I_{ef} = I/(1 + 2{,}5\theta) \quad \textbf{(5.26)}$$

em que I é o momento de inércia da seção geométrica.

Levando em conta essa variação de rigidez e fazendo simplificações correspondentes a ângulos pequenos, têm-se:

a. *Quando a viga está sendo içada*

Coeficiente de segurança contra a fissuração

$$\gamma_r = \frac{1}{\dfrac{x_0}{y_{rot}} + \dfrac{\theta_i}{\theta_r}} \quad \textbf{(5.27)}$$

em que:

θ_i = rotação inicial, que vale e_i/y_{rot};

θ_r = rotação que inicia a fissuração, que vale M_r/M_g, sendo M_r o momento de fissuração em relação à flexão lateral.

Coeficiente de segurança contra a ruptura

$$\gamma_{rup} = \frac{y_{rot}\theta_{rup}}{x_{0,rup}\theta_{rup} + e_i} \quad \textbf{(5.28)}$$

em que:

$$\theta_{rup} = \sqrt{\frac{e_i}{2{,}5x_0}} < 0{,}4\text{rad} \quad \textbf{(5.29)}$$

$$x_{0,rup} = x_0(1 + 2{,}5\theta_{rup}) \quad \textbf{(5.30)}$$

b. *Quando a viga está sobre apoios elásticos*

Coeficiente de segurança contra a fissuração

$$\gamma_r = \frac{r(\theta_r - \alpha)}{x_0\theta_r + e_i + \bar{y}_{rot}\theta_r} \quad \textbf{(5.31)}$$

em que θ_r é a rotação que inicia a fissuração, conforme visto para o caso a, também tendo sido definidos anteriormente os demais parâmetros.

Coeficiente de segurança contra a ruptura

$$\gamma_{rup} = \frac{r(\theta_{rup} - \alpha)}{x_{0,rup}\theta_{rup} + e_i + \bar{y}_{rot}\theta_{rup}} \quad \textbf{(5.32)}$$

em que:

$$\theta_{rup} = \frac{x_{max} - h_{rot}\alpha}{r} + \alpha < 0{,}4\text{rad} \quad \textbf{(5.33)}$$

sendo x_{max} e h_{rot} características geométricas do eixo do veículo (Fig. 5.30), que usualmente têm os valores:

- x_{max} = 915 mm (semidistância entre o centro dos pneus do eixo de apoio);
- h_{rot} = 600 mm (altura do centro de rotação em relação à superfície de rolamento).

No caso do içamento, a estabilidade lateral é governada fundamentalmente pela rigidez lateral. Já para elementos em apoio elástico, a rigidez à torção dos apoios é o parâmetro mais importante.

No caso de apoio elástico de caminhões para o transporte, a rigidez à torção é bastante variável. A sua avaliação deve ser feita diretamente nos veículos empregados no transporte. Os valores de K_θ variam de 340 a 680 kNm/rad para eixos de duas rodas e de 1.500 a 3.000 kNm/rad para eixos duplos com quatro rodas, conforme Mast (1993).

Em relação ao procedimento apresentado, cabe destacar ainda dois aspectos: a) a incorporação do vento nessa formulação pode ser feita adicionando o seu efeito na excentricidade inicial e b) o deslocamento dos apoios ou dos pontos de içamento, com a criação de balanços, influi nos giros correspondentes à fissuração e, principalmente, reduz o termo x_0, que afeta a segurança quando a viga é içada.

Os coeficientes de segurança indicados por Mast (1993) são 1,0 para a segurança contra a fissuração e 1,5 para a segurança contra a ruptura.

Em se tratando de situação de montagem de viga sobre apoio de elastômero, pode-se avaliar a rigidez à torção com expressões encontradas nas publicações sobre o assunto, que dependem da geometria e do módulo de elasticidade transversal do elastômero.

Uma análise dos procedimentos de Lebelle (1959), Stratford, Burgoyne e Taylor (1999) e Mast (1993) para uma viga de concreto protendido de ponte rodoviária, na qual é feita uma comparação dessas formulações para as situações de içamento, de transporte e de montagem sobre apoio de elastômero, pode ser vista em Krahl (2014).

5.3.4 Recomendações para o projeto

Em geral, a verificação da estabilidade lateral é feita de forma expedita, com base em indicações de normas e códigos. No Quadro 5.2 estão reunidas algumas das principais recomendações dessa natureza. Como se pode notar, ocorrem discrepâncias significativas nessas recomendações e nem sempre é estabelecida a diferença entre situações definitivas e transitórias.

Uma análise paramétrica apresentada em Krahl, Lima e El Debs (2015) mostra que existe significativa diferença entre os limites de esbeltez para vigas de seção retangular e seção I. Além disso, algumas normas, como o Eurocódigo 2

Quadro 5.2 SÍNTESE DAS RECOMENDAÇÕES DE NORMAS E CÓDIGOS PARA A VERIFICAÇÃO EXPEDITA DA ESTABILIDADE LATERAL DE UMA VIGA DE CONCRETO

Norma/código	Limite de esbeltez	
	Situação definitiva	Situação transitória
Eurocódigo 2 - EN 1992-1-1 (CEN, 2004a)	$\ell_{0f}\, h^{1/3}/b_f^{\,4/3} < 50$ $h/b_f < 2{,}5$	$\ell_{0f}\, h^{1/3}/b_f^{\,4/3} < 70$ $h/b_f < 3{,}5$
MC-10 (fib, 2013)[a]	$\ell_{0f}\, h^{1/3}/b_f^{\,4/3} < 50$	
NBR 9062 (ABNT, 2017a)		$\ell_{0f}\, h/b_f^{\,2} \leq 500$ $\ell_{0f}/b_f \leq 50$
NBR 6118 (ABNT, 2014a)[b]	$h/b_f < 2{,}5$ $\ell_{0f}/b_f < 50$	

em que:
ℓ_{0f} = vão teórico ou espaçamento entre contraventamentos ou, para o caso da NBR 9062, distância entre as alças de içamento;
h = altura da seção;
b_f = largura da mesa comprimida – para seção retangular, trocar b_f por b_w.
Notas: a) não há distinção entre situação transitória e definitiva; b) na falta de informação explícita, está sendo assumido que a recomendação é para situação definitiva.

(CEN, 2004a), não estariam dentro de limites seguros para algumas situações transitórias. Com base nessa análise paramétrica, dentro dos limites estabelecidos no estudo apresentado em Krahl, Lima e El Debs (2015), recomenda-se que para seções I seja seguido o que reza o MC-10 (fib, 2013). Já para seções retangulares, o limite do MC-10 poderia ser ampliado de 50 para 85.

Caso seja necessário fazer a verificação da estabilidade, pode-se empregar os procedimentos apresentados. Outra abordagem seria com o emprego de *softwares* feitos com métodos numéricos, como o mostrado em Lima (2002).

5.4 Comportamento do sistema de pavimento como diafragma

A transferência das forças horizontais atuando na construção para os elementos de contraventamento da estrutura é feita através das lajes mediante esforços atuando no plano do pavimento, com um comportamento de chapa.

Essa transferência de forças tem um importante papel na resistência da estrutura em face das ações laterais nos edifícios de múltiplos pavimentos, conforme adiantado no Cap. 2.

Como também já apresentado neste capítulo, essa transferência de forças no plano do pavimento é importante para garantir a integridade estrutural contra o colapso progressivo.

Normalmente, o pavimento é considerado indeformável no plano horizontal, ou seja, perfeitamente rígido. Com base nessa hipótese, pode-se determinar a distribuição das forças em cada um dos elementos do sistema de contraventamento. Na Fig. 5.31 é mostrado um exemplo de pavimento com os elementos de contraventamento. A resultante da força horizontal atuando pode ser considerada no centro elástico (CE) das rigidezes em relação às forças horizontais, gerando um movimento de translação, produzido pela força, e um movimento de rotação, produzido pelo momento dessa força em relação ao CE. Considerando o pavimento indeformável, a parcela da resultante das forças horizontais que vai para o elemento de contraventamento é determinada conforme a formulação disponível nas publicações sobre o assunto.

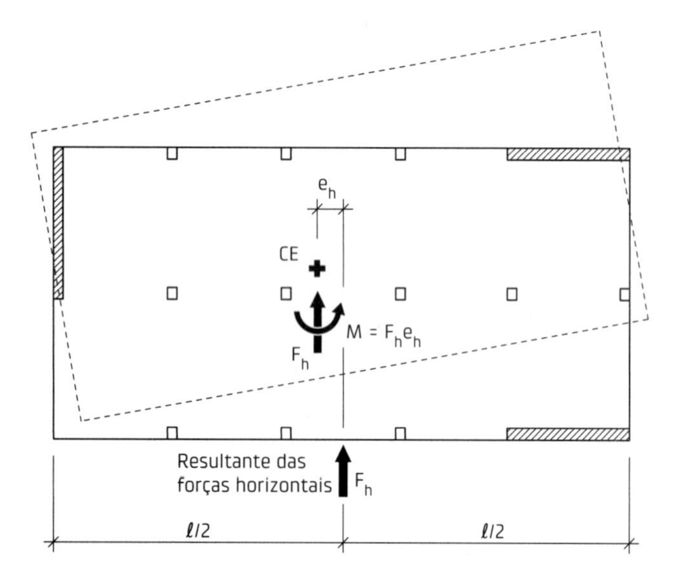

Fig. 5.31 Exemplo de esquema para determinar a distribuição de forças horizontais nos elementos de contraventamento com diafragma rígido

Para estruturas de CML com lajes maciças, essa hipótese é normalmente aceita. Já para sistemas de pavimentos de CPM, para que essa hipótese possa também ser admitida, é necessário ter certa precaução, como alertado no manual do PCI (2010).

Em geral, quando as forças horizontais forem baixas, houver uma capa de concreto estrutural e o arranjo de armadura for adequado, pode-se aceitar a hipótese de o sistema de pavimento ser indeformável, com algumas ressalvas apontadas no final da seção.

Na análise do sistema de pavimento atuando como diafragma, este pode ser considerado como vigas de grande altura, como na situação mostrada na Fig. 5.32. Os esforços principais que aparecem são forças de tração e compressão nos banzos e o cisalhamento entre os elementos.

Na determinação dos esforços devidos a essa transferência de forças, pode-se recorrer a um processo simplificado em que o sistema de pavimento é considerado como uma viga em regime elástico linear. Dessa forma, calculam-se os esforços de cisalhamento e os esforços de tração e compressão com a teoria técnica de flexão.

É possível também recorrer ao método dos elementos finitos, mediante análise linear ou análise não linear, bem como considerar o comportamento semirrígido das ligações, conforme adiantado em seção anterior deste capítulo.

O dimensionamento do sistema de pavimento para garantir esse comportamento corresponde ao cálculo da armadura dos banzos tracionados e à verificação da transferência de cisalhamento entre os elementos de laje entre si e entre os elementos de laje e os elementos de contraventamento da estrutura.

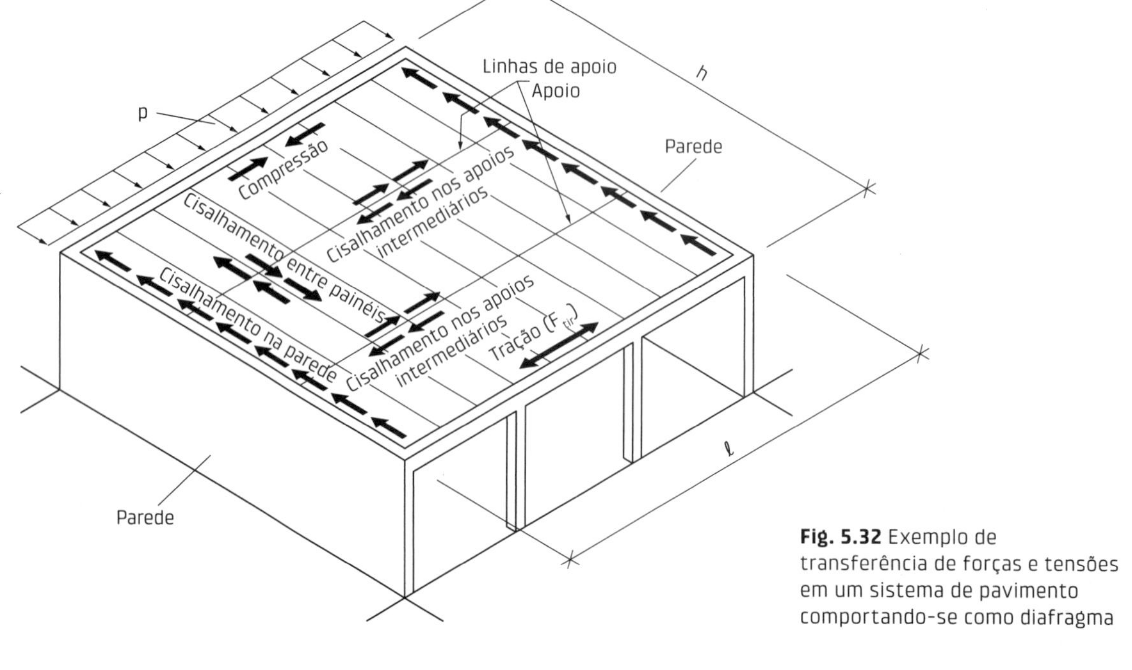

Fig. 5.32 Exemplo de transferência de forças e tensões em um sistema de pavimento comportando-se como diafragma

No caso de elementos com capa de CML incorporada à seção resistente, formando seções compostas, normalmente a capa de concreto, com alguma armadura adicional, fica com a responsabilidade de efetuar a transferência do cisalhamento.

Por outro lado, quando não existir a capa com concreto estrutural, as ligações entre os elementos devem resistir ao cisalhamento, calculado conforme comentado anteriormente.

Nas lajes alveolares, a transferência nas ligações é feita por meio de graute, mobilizando a resistência ao cisalhamento ao longo da ligação (Fig. 5.33a).

Para melhorar essa transferência pode-se, eventualmente, recorrer a chaves de cisalhamento na direção longitudinal, como mostrado na Fig. 5.33b. Essa possibilidade, direcionada para situações de elevada ação sísmica, é pouco empregada, pois depende do equipamento de execução da laje.

Nas ligações dos elementos de laje com vigas de apoio, a transmissão do cisalhamento é feita com barras de aço colocadas nas juntas entre os elementos de laje ou nos alvéolos da laje, como indicado na Fig. 5.33c.

Na transferência do cisalhamento para elementos maciços ou painéis TT, recorre-se normalmente a conectores metálicos ou à capa de CML. Na Fig. 5.34a são mostradas algumas formas de propiciar essa transferência entre as mesas, sem a capa de concreto. A ligação dos elementos de laje com as vigas de apoio também deve ser objeto desse tipo de procedimento (Fig. 5.34b).

A armadura no banzo tracionado é calculada com a força de tração que resulta da análise da ação de diafragma.

Uma simplificação possível é calcular as forças de tração com as indicações de vigas-paredes. Assim, por exemplo, na situação de viga simplesmente apoiada da Fig. 5.32, a força do banzo tracionado pode ser determinada com a seguinte expressão:

$$F_{tir} = \frac{1}{8}\frac{p\ell^2}{z} \quad (5.34)$$

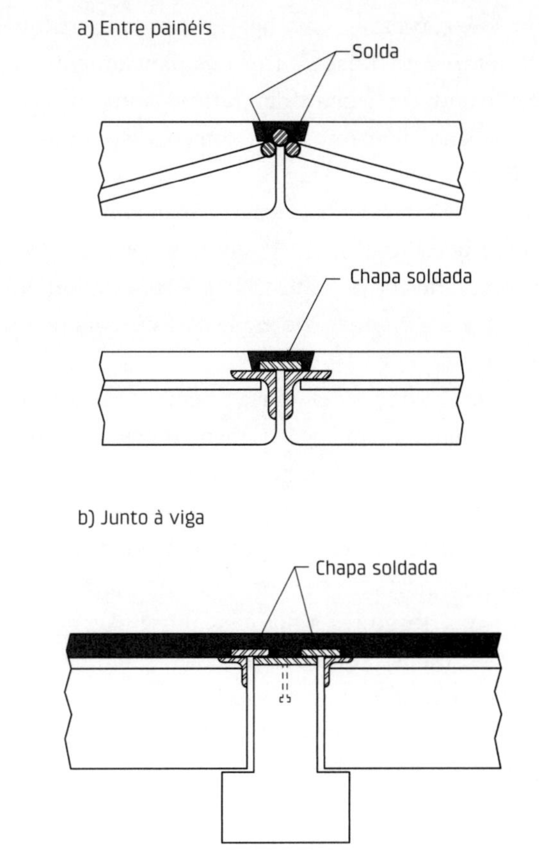

Fig. 5.34 Detalhes das ligações entre os elementos de laje TT tendo em vista o comportamento de diafragma

em que o valor do braço de alavanca de z pode ser estimado com:

$$z = 0{,}8h < 0{,}5\ell \quad (5.35)$$

A armadura correspondente ao banzo tracionado deve ser disposta em todo o contorno do pavimento, devido ao fato de as ações laterais poderem atuar em várias direções, e estar devidamente ancorada. A título de ilustração, é mostrado na Fig. 5.35a como deve ser disposta essa armadura em um edifício com planta composta de retângulos, e na Fig. 5.35b mostram-se detalhes do arranjo dessa armadura no caso de lajes alveolares, na qual se procura

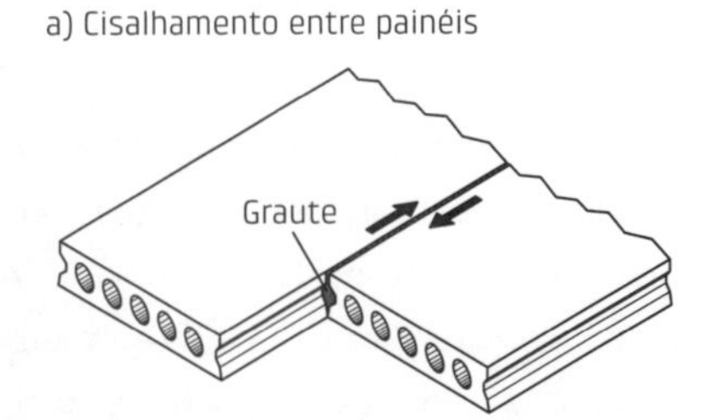

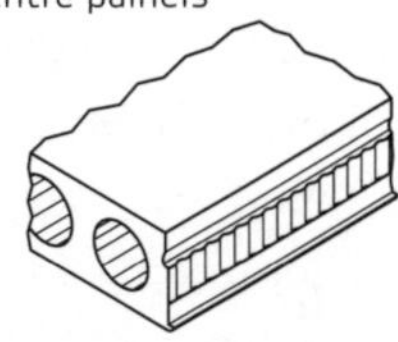

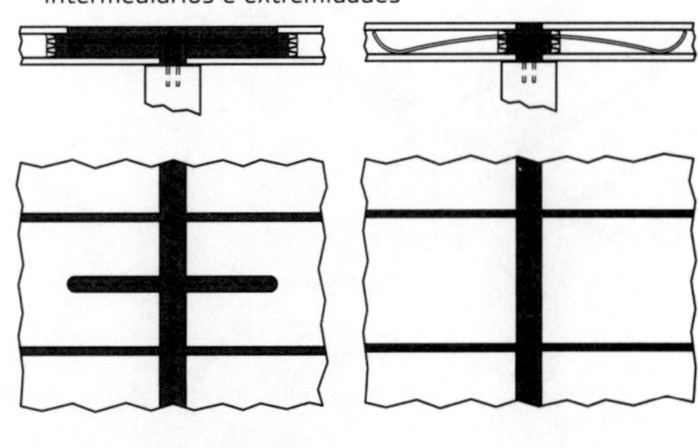

Fig. 5.33 Detalhes das ligações entre os elementos de laje alveolar tendo em vista o comportamento de diafragma
Fonte: adaptado de FIP (1988).

chamar atenção para a sua ligação com a estrutura de contraventamento. Desde que esteja devidamente ancorada e que tenha continuidade, essa armadura pode estar incorporada nos elementos de laje ou vigas de borda, como na situação mostrada na Fig. 5.35c.

Outra possibilidade de calcular a armadura é recorrer ao modelo de biela e tirante. Alguns exemplos ilustrativos são apresentados no boletim 43 da fib (2008), nos quais se pode observar o interesse do modelo no detalhamento da armadura.

Como esse tipo de armadura também faz parte da estratégia da resistência contra o colapso progressivo, deve-se colocar armadura para cobrir a situação mais desfavorável.

Conforme o manual da fib (2014), a hipótese de o pavimento ser indeformável, na análise estrutural relacionada a esse comportamento, deve ser vista com cuidados especiais nas seguintes situações: a) grandes aberturas no pavimento nas proximidades dos elementos de contraventamento; b) mudanças significativas na rigidez de um pavimento para o próximo e c) edifícios com plantas alongadas, em que o comprimento é maior que quatro vezes a largura.

Já o manual do PCI (2010) indica que a hipótese de o diafragma ser rígido não vale para quando a máxima deformação do pavimento a_{max} decorrente de ação lateral for maior que duas vezes a deformação horizontal média entre dois pavimentos consecutivos. Conforme a Fig. 5.36, a hipótese de diafragma rígido valeria para a seguinte condição:

$$a_{max} \leq 2\frac{a_1 + a_2}{2} = a_1 + a_2 \quad \textbf{(5.36)}$$

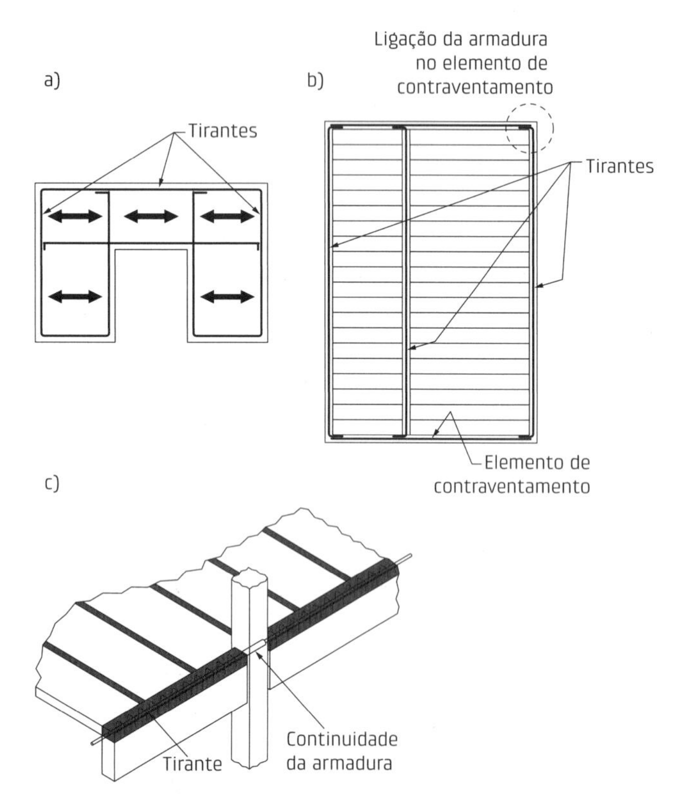

Fig. 5.35 Detalhes da armadura do banzo tracionado tendo em vista a ação de diafragma
Fonte: adaptado de FIP (1988).

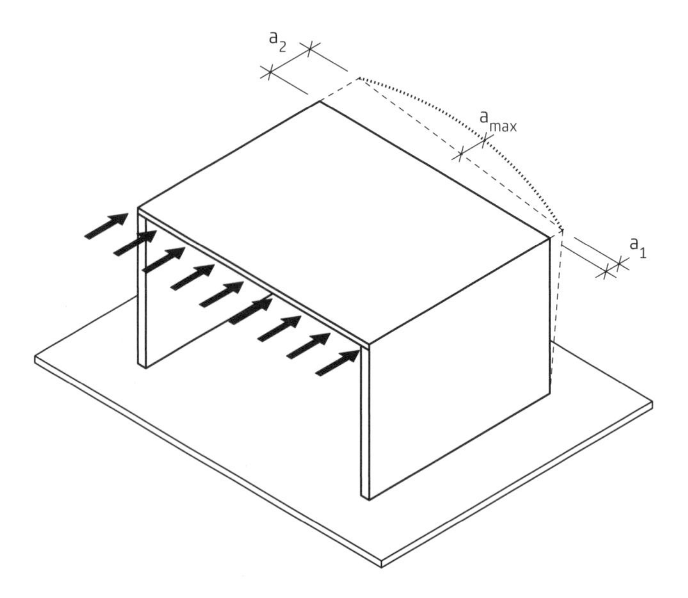

Fig. 5.36 Deformações do pavimento para a análise da condição de diafragma rígido ou flexível

O comportamento de pavimentos de elementos pré-moldados em relação à ação de diafragma tem sido objeto de estudos recentes. Nesse sentido, merece destaque o estudo de Tena-Colunga, Chinchilla-Portillo e Juárez-Luna (2015), para alguns tipos de laje empregados no México, apontando que os sistemas de pavimento, incluindo aqueles de lajes com vigotas pré-moldadas, projetados de acordo com os códigos e recomendações dos fabricantes, levando em conta a experiência dos projetistas, comportam-se como rígidos para vãos de laje de até 6,0 m.

Também merece destaque o recente relatório de um extenso projeto de pesquisa patrocinado pelo PCI e pela fundação Charles Pankow (DSDM Consortium, 2014), com uma abordagem bastante completa para ações sísmicas.

5.5 Dimensionamento de vigas delgadas de seção L

As vigas delgadas de seção transversal em L de CPM são normalmente empregadas nas laterais dos edifícios, servindo de apoio para elementos pré-moldados de laje e servindo para compor as fachadas. Esses tipos de elemento têm sido chamados no Brasil de vigas-suporte peitoril, vigas de platibanda ou ainda vigas de fechamento de fachada. Nas publicações em língua inglesa, têm recebido as denominações de *Spandrel beams, Ledger beams* e *L-shaped edge beams*.

Esse tipo de viga é comumente empregado em edifícios de estacionamento de veículos de CPM com múltiplos pavimentos, como o sistema estrutura mostrado na Fig. I.5. Nesses casos de edifícios de estacionamento, essas vigas servem, em geral, também como barreira para suportar o choque de veículos.

Na Fig. 5.37 estão mostradas duas possibilidades desse tipo de viga. Naturalmente, a alternativa da parte superior da figura seria específica para apoio de painéis T, em que as almas do painel se apoiariam nos dentes da viga.

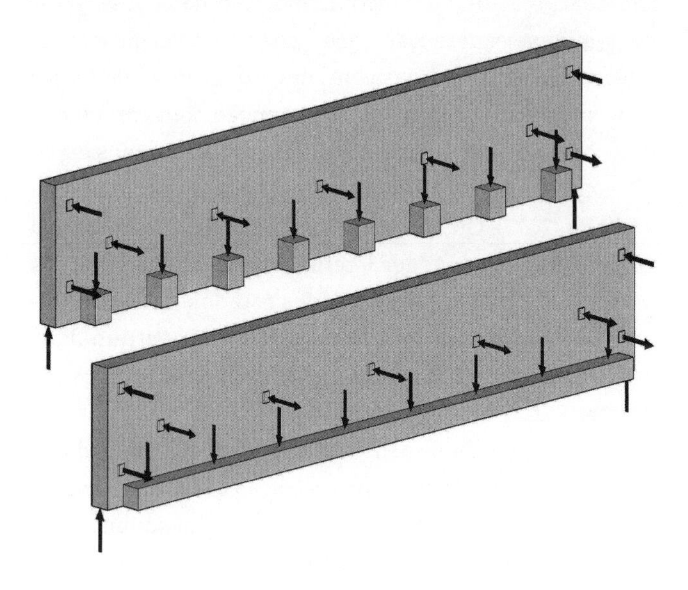

Fig. 5.37 Exemplos de formas de vigas delgadas de seção L
Fonte: adaptado de Rizkalla (2013).

De acordo com Pastore (2015), os três tipos mais comuns de viga de seção L de CPM são aqueles mostrados na Fig. 5.38.

As principais dimensões são: b_w – largura do peitoril/alma, b_1 – largura da aba/mesa de apoio inferior, h – altura da viga, h_1 – altura da aba/mesa inferior de apoio, h_{1min} – altura mínima da aba/mesa inferior de apoio, h_{1m} – altura média da aba/mesa inferior de apoio, b_2 – largura da seção no recorte e h_2 – altura do recorte.

Os valores típicos para cada dimensão e para o vão das vigas de seção L de CPM são: vãos de 6 m a 20 m; largura da alma/peitoril (b_w) de 150 mm a 300 mm; largura da aba/mesa de apoio inferior (b_1) de 150 mm a 200 mm; altura da viga (h) de 1,00 m a 2,50 m; altura da aba/mesa inferior (h_1) de 200 mm a 600 mm; e altura mínima do consolo inferior de apoio (h_{1min}) maior que $h_1/2$. A largura da seção no recorte (b_2) e a altura do recorte (h_2) dependem das características dos elementos de piso junto ao apoio.

A principal característica favorável desse tipo de viga seria reunir em um tipo de elemento as funções de estrutura, barreira de proteção e fechamento e uma parte importante da fachada do edifício. Por outro lado, o dimensionamento desse tipo de elemento tem particularidades que acarretam certas especificidades de projeto. Os colapsos de três edifícios-garagem devidos à deficiência do projeto ou da execução de ligação entre viga e pilar, conforme pode ser visto em Pastore (2015), indicam que, de fato, o projeto desses elementos merece bastante atenção.

O emprego desse tipo de elemento não tem sido usual no Brasil. A sua apresentação neste livro visa destacar algumas particularidades do seu dimensionamento para o meio técnico nacional, com base em pesquisas feitas principalmente nos Estados Unidos. Essa preocupação já havia sido demonstrada em Pereira e El Debs (2008), sendo aqui retomada com informações mais recentes.

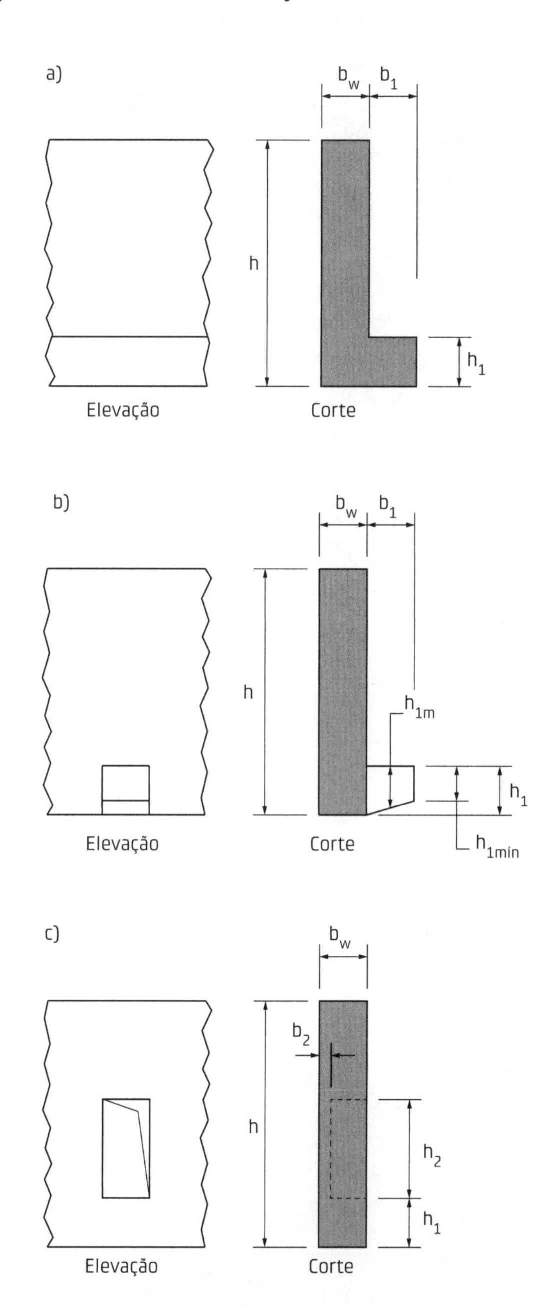

Fig. 5.38 Dimensões características de vigas de seção L de peitoril alto e delgado. Tipo de apoio para laje: a) mesa inferior contínua, b) consolos individuais, c) recortes
Fonte: adaptado de Pastore (2015).

As principais particularidades do dimensionamento desse tipo de elemento podem ser colocadas da seguinte forma:

- *Ações*: deve-se prever a ação de choques de veículos, no caso geral de edifícios de estacionamento que não têm previsão de sistema de proteção.
- *Solicitações*: como a seção não tem eixo de simetria, as forças aplicadas produzem flexão oblíqua, o que torna necessário calcular a flexão seguindo os eixos principais de inércia. Além disso, ocorre momento de torção, pois as forças são excêntricas ao centro de cisalhamento da seção.
- *Esforços localizados*: devem ser verificados os esforços localizados na região da ligação da viga com o pilar, na mesa inferior que recebe as forças verticais das nervuras da seção T, bem como a flexão da alma decorrente da excentricidade das mesmas forças verticais.
- *Outros aspectos*: instabilidade lateral, formação de fissuras nas extremidades e deformação lateral excessiva.

Esses aspectos são discutidos com detalhes na dissertação de Pastore (2015). Apresenta-se a seguir uma síntese desses aspectos baseada nessa dissertação.

Em relação à determinação da força de impacto, é recomendável utilizar os critérios definidos na EN 1991-1-7 (CEN, 2006), que são mais específicos para impacto de veículos em barreiras de estacionamento.

Quando a questão da flexão de vigas de seção L necessitar considerar a flexão segundo os eixos principais de inércia, o estudo apresentado em Pastore (2015) mostra que os eixos principais de inércia são levemente rotacionados na direção anti-horária a partir dos eixos vertical e horizontal e que a influência dessa rotação não é significativa e pode ser desprezada para vigas altas e delgadas com relações altura da viga/largura da mesa inferior maiores que 2,5. Ainda segundo esse estudo, o centro de cisalhamento, utilizado na determinação do momento de torção, pode ser considerado situado na linha de centro da alma para grandes relações altura da viga/altura da aba.

Conforme Rizkalla (2013), as seções delgadas com relação altura/largura maior que 3 têm um comportamento distinto em comparação com as seções compactas com relação altura/largura menor que 3, em relação ao momento de torção.

O modelo de treliça espacial, normalmente utilizado para a verificação da resistência ao momento de torção, não é apropriado para vigas delgadas de seção L. Para o caso em questão, são recomendáveis os critérios indicados em Lucier et al. (2011b), com base nos resultados observados no programa experimental de Lucier et al. (2011a), válidos para: a) rotação da alma restringida em dois pontos na extremidade, b) relação altura/largura (h/b_w) maior que 4,6 e c) cargas aplicadas distribuídas igualmente ao longo da mesa inferior.

A abordagem em relação aos esforços localizados, devido às forças das almas dos painéis TT, é similar ao caso particular de dentes de concreto visto na seção 3.5.2, na parte sobre apoios nas mesas de vigas de seção L e T invertido. Além da verificação do esmagamento da biela e do cálculo das armaduras do tirante e de suspensão, é necessário calcular a armadura longitudinal. Por se tratar de pequenas espessuras, recomenda-se a verificação da resistência à punção das abas, devido ao efeito de forças concentradas. Como se trata de punção com características particulares, é recomendado utilizar estudos específicos sobre o assunto, como a proposta apresentada em Rizkalla (2013). Quanto aos outros aspectos, a segurança em relação à estabilidade lateral de vigas altas foi tratada na seção 5.3 e as verificações dos estados-limite de serviço, associados à formação de fissuras na extremidade e de deformação lateral excessiva, são apresentadas em Pastore (2015).

Um exemplo de dimensionamento de viga delgada de seção L de acordo com a normalização brasileira, mas levando em conta as recomendações internacionais, pode também ser vista em Pastore (2015).

5.6 Outros tópicos de interesse

Apresenta-se nesta seção uma relação de tópicos de interesse para o CPM que não foram tratados com detalhes anteriormente. Os objetivos dessa apresentação são: a) mostrar o interesse desses tópicos ou reforçar a importância de assuntos já apresentados e b) recomendar algumas publicações para o leitor.

5.6.1 Comportamento em relação a situações de incêndio

A importância de analisar as estruturas de concreto em situações de incêndio tem merecido cada vez mais atenção, como parte das demandas da sociedade em relação à segurança a eventos extremos, já registrada na seção I.6. Embora as estruturas de concreto tenham uma natural resistência em relação a situações de incêndio, como pode ser visto na Fig. 5.39, é necessário projetar as estruturas levando em conta os critérios que têm sido introduzidos mais recentemente.

As linhas gerais da verificação da segurança das estruturas de concreto em situação de incêndio são apresentadas no MC-10 (fib, 2013). No Brasil, esse assunto é objeto da NBR 15200 (ABNT, 2012).

Fig. 5.39 Viga de CPM após incêndio
Foto: cortesia de Gustavo M. B. Chodraui.

As principais entidades internacionais relacionadas com o CPM, a Comissão 6 da fib e o PCI, têm publicações com abordagens distintas. Enquanto o PCI possui uma publicação específica (PCI, 2011a), a Comissão 6 da fib trata o assunto em um capítulo do seu manual (fib, 2014). Cabe também destacar que a resistência a situações de incêndio das ligações é contemplada, com parte de um capítulo do boletim 43 (fib, 2008).

A nova versão da NBR 9062 (2017a) fornece indicações sobre o assunto, particularmente em relação aos painéis alveolares.

5.6.2 Dimensionamento de fixadores no concreto

Nas estruturas de concreto, é empregada uma série de dispositivos, em geral metálicos, tais como chumbadores, parafusos e canaletas, chamados aqui de fixadores, com base na publicação do CEB (1997). Esses elementos podem ser instalados na fase de moldagem ou instalados pós-moldagem, com o concreto endurecido.

Esses dispositivos são utilizados com as mais diversas funções no CPM, como nas ligações, em dispositivos no içamento e em amarração de alvenaria.

Grande parte deles é comercializada e objeto de recomendações técnicas fornecidas pelos fabricantes.

Em Eligehausen, Mallée e Silva (2006), reúne-se grande parte dos dispositivos dessa natureza, bem como recomendações para o projeto levando em conta diversos aspectos.

5.6.3 Análise de estruturas de paredes portantes

A maior parte deste livro é voltada às indicações para o projeto de estruturas de esqueleto, uma vez que a maioria das estruturas é com esse tipo de sistema e também porque nos cursos de Engenharia Civil é abordado praticamente apenas esse sistema estrutural.

A inclusão da análise de estruturas de paredes portantes se justifica por ser um tipo estrutural empregado com CPM com certa frequência, conforme pode visto ao longo deste livro, particularmente na seção 8.3.

Cabe também registrar a introdução no Brasil de normalização do assunto mediante a NBR 16475 (ABNT, 2017b).

Indicações para o projeto desse sistema estrutural podem ser encontradas em Bljuger (1988) e Lewicki (1982), bem como em Tomo (2013).

5.6.4 Processo construtivo *tilt-up*

Esse tópico merece ser aqui incluído pelas suas características próprias e sua importância na construção de CPM de canteiro.

Para os leitores interessados no assunto, recomenda-se a publicação da Associação Americana de Fomento do Processo Construtivo (Tilt-Up Concrete Association, 2011) e a publicação do Comitê 551 do ACI (2015).

Na Fig. 5.40 é mostrado um exemplo de aplicação apresentado no 2PPP. Informações adicionais sobre essa obra podem ser encontradas em Vendramini (2009).

Fig. 5.40 Exemplo de aplicação do processo construtivo *tilt-up* em edifícios de múltiplos pavimentos
Fonte: Vendramini (2009).

Fig. 5.40 (continuação)
Fonte: Vendramini (2009).

Parte II

APLICAÇÕES

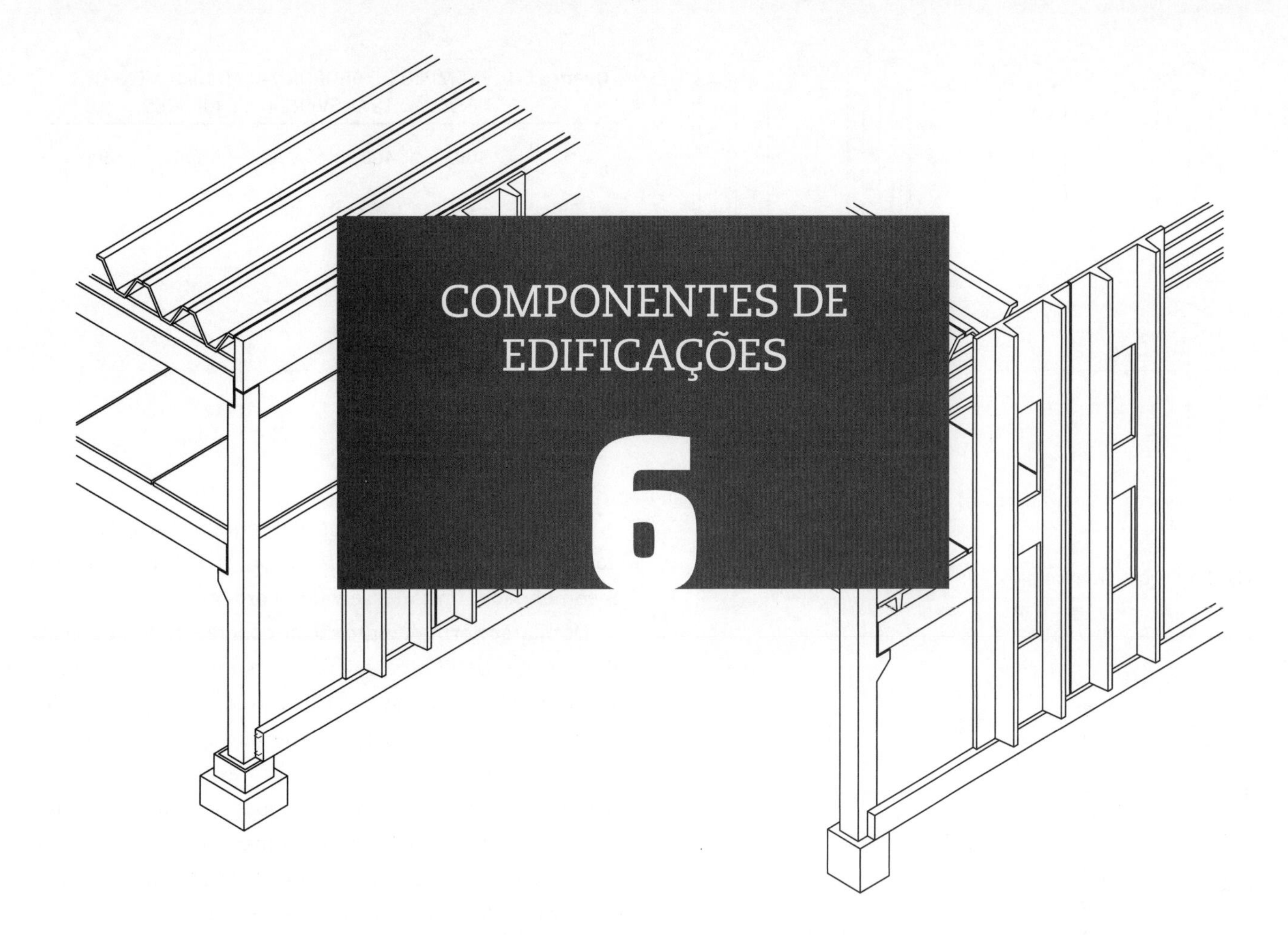

COMPONENTES DE EDIFICAÇÕES

6

Este capítulo trata dos componentes utilizados em edificações. Esse assunto está diretamente relacionado com os dois capítulos seguintes, que abordam respectivamente a aplicação do concreto pré-moldado (CPM) em edificações de um pavimento, também chamados de galpões, e em edificações de múltiplos pavimentos.

Tendo em vista a grande diversidade dos elementos, são enfatizados os tipos mais comuns, normalmente objeto de produção padronizada, sem, contudo, deixar de apresentar alguns outros elementos de maior interesse.

Destaca-se ainda que algumas indicações de seções padronizadas podem não ser atuais, pois elas podem variar pelas mais diversas causas. Portanto, os valores indicados aqui servem de referência, recomendando-se que, na elaboração de projetos, sejam consultados os catálogos atualizados dos fabricantes, mesmo porque parte das indicações é proveniente de referências estrangeiras.

Cabe salientar que a apresentação das características principais dos componentes é limitada neste capítulo, não sendo abordados o dimensionamento e o detalhamento. No que se refere a esses assuntos, recomendam-se as seguintes publicações: Sheppard e Phillips (1989), Fernández Ordóñez (1974), Koncz (1966) e o manual Munte (Melo, 2007).

6.1 Componentes de sistemas de esqueleto

Os componentes básicos empregados nos sistemas de esqueleto são os pilares e as vigas. Embora sejam também utilizados elementos com outras formas, os pilares e as vigas são de uso mais intensivo e não específico, o que justifica limitar a apresentação a esses dois tipos de elemento.

6.1.1 Pilares

A Fig. 6.1 mostra as seções transversais utilizadas nos pilares. As mais adotadas são as quadradas e as retangulares. Essas seções podem ou não ser vazadas.

Em geral, a dimensão mínima da seção transversal do pilar é de 300 mm. Via de regra, as seções tipo I e tipo Vierendeel são usadas em galpões. O Quadro 6.1 exibe um exemplo de padronização de dimensões da seção transversal de pilares conforme o manual da fib (2014).

A Fig. 6.2 apresenta as formas de pilares mais utilizadas. Em geral, os pilares possuem seções transversais constantes. A variação contínua de seção pode ser empregada, mas é incomum. Por sua vez, na Fig. 6.3 são mostrados, a título de ilustração, os pilares padronizados para galpões com pontes rolantes de 100 kN a 300 kN utilizados na ex-União Soviética.

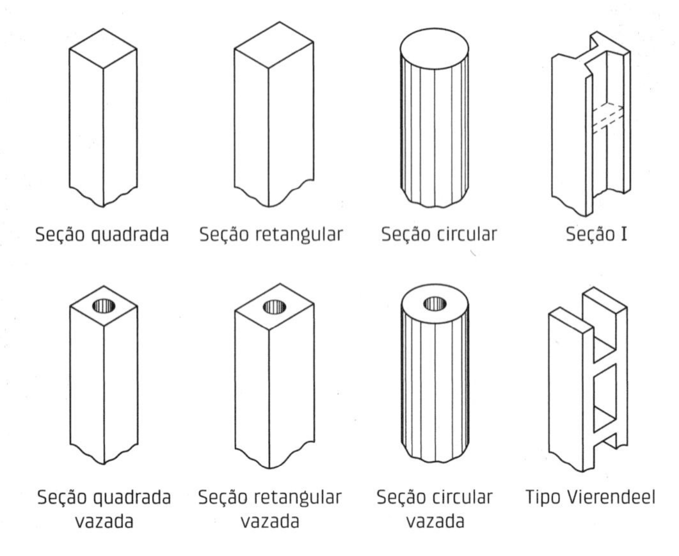

Fig. 6.1 Seções transversais utilizadas nos pilares

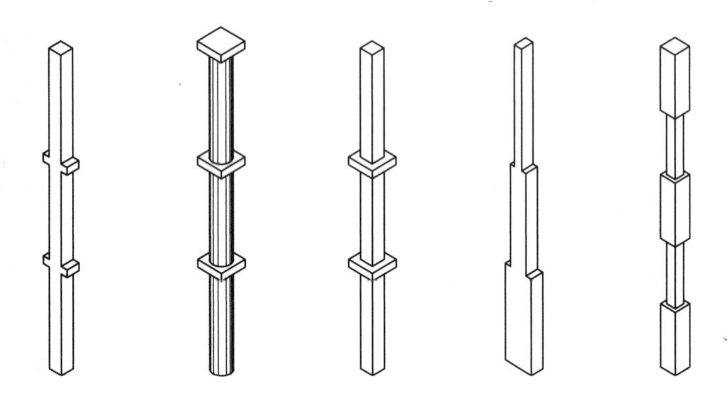

Fig. 6.2 Formas de pilares mais utilizadas ao longo do seu comprimento

Quadro 6.1 EXEMPLO DE PADRONIZAÇÃO DE DIMENSÕES DE SEÇÃO TRANSVERSAL DE PILARES

b \ h	300	400	500	600	800
300	X	X	X	X	
400		X	X	X	
500			X	X	X
600			X	X	X
Circular	X	X	X	X	

Nota: medidas em mm.
Fonte: fib (2014).

O comprimento dos pilares pode atingir a casa dos 30 m, como pode ser visto no exemplo da Fig. I.6. No entanto, é recomendado limitar esse valor à ordem de 20 m.

Os pilares normalmente são de concreto armado. Quando se tratar de pilares sujeitos a momentos fletores elevados, também é possível utilizar o concreto protendido.

O cálculo estrutural dos pilares envolve o dimensionamento de seções à flexão composta e à flexocompressão oblíqua. Esse dimensionamento pode ser visto nos livros de concreto armado. Pode-se também recorrer a ábacos, como os apresentados no manual do PCI (2010), nos quais são fornecidos diagramas para o dimensionamento de pilares de concreto armado e de concreto protendido com seções variando de 305 mm × 305 mm a 610 mm × 610 mm.

Na Fig. 6.4 são mostradas as características e os elementos acessórios dos pilares de seções quadrada e retangular empregados no Brasil, basicamente em galpões.

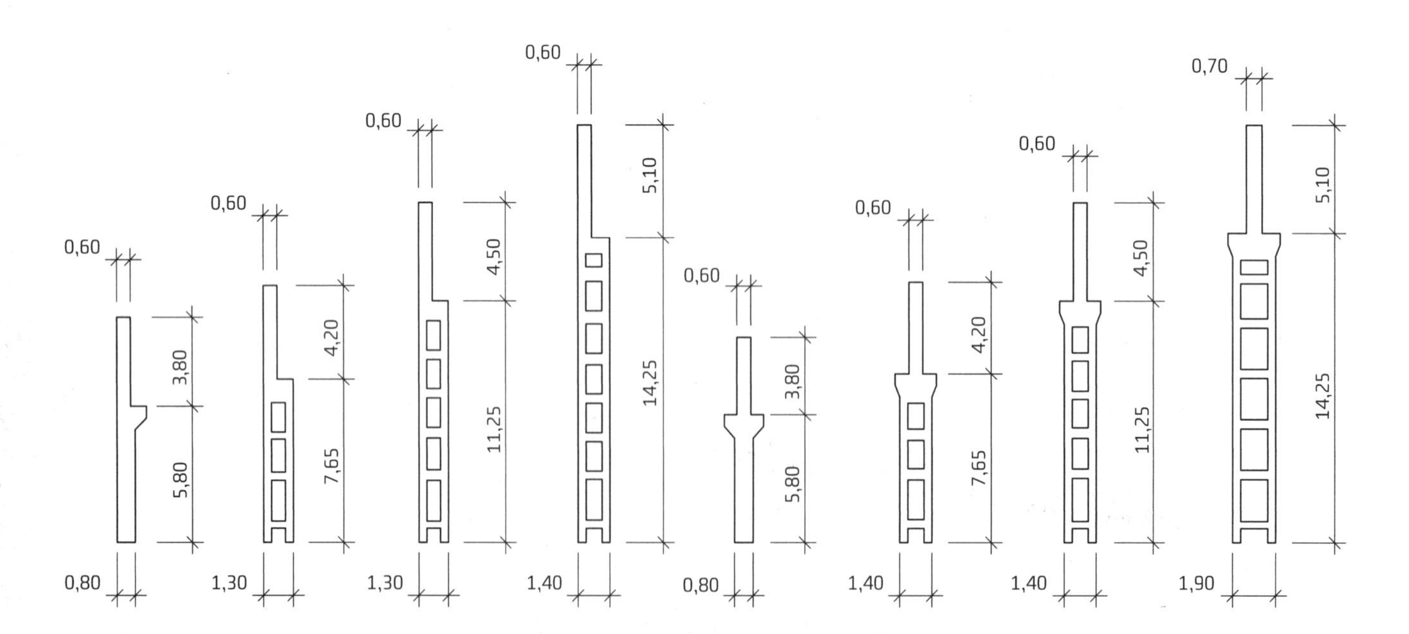

Fig. 6.3 Pilares padronizados para galpões com pontes rolantes de 100 kN a 300 kN utilizados na ex-União Soviética (medidas em metros)
Fonte: adaptado de Dyachenko e Mirotvorsky (s.d.).

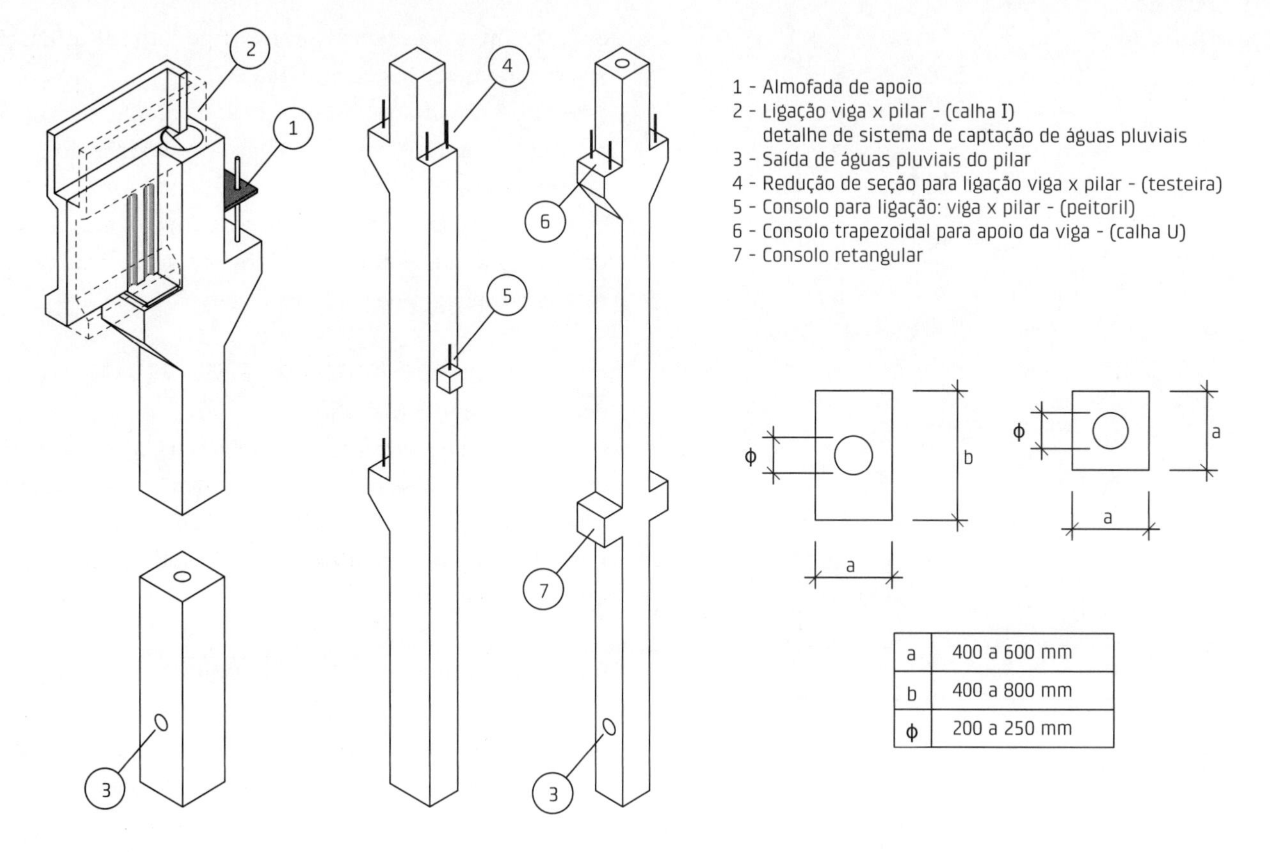

a	400 a 600 mm
b	400 a 800 mm
ϕ	200 a 250 mm

Fig. 6.4 Características e elementos acessórios dos pilares de seções quadrada e retangular empregados no Brasil, basicamente em galpões
Fonte: adaptado de ABCI (1986).

6.1.2 Vigas

As seções transversais mais utilizadas nas vigas estão apresentadas na Fig. 6.5. Outras formas de seção transversal utilizadas estão mostradas na Fig. 6.6.

Existe uma diferença considerável na forma da seção transversal e na esbeltez da viga quando houver ou não laje. Por exemplo, quando se tratar de vigas de cobertura, sem laje, empregadas em galpões, a seção I é a mais comumente usada. Já para situações com laje, as seções retangular e T invertido são mais apropriadas.

Fig. 6.6 Outras formas de seção transversal utilizadas nas vigas

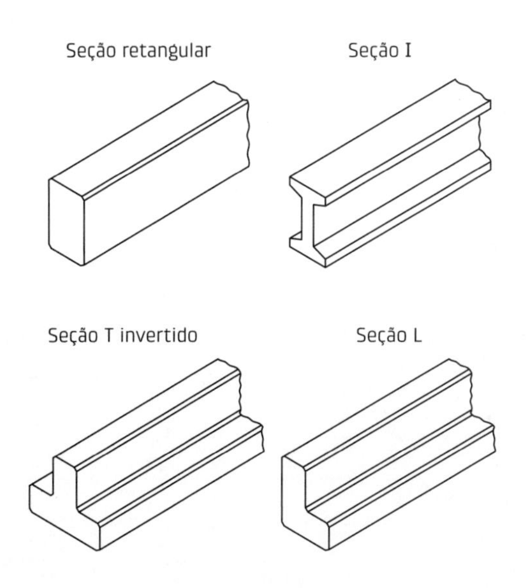

Fig. 6.5 Seções transversais mais utilizadas nas vigas

Para vigas que recebem laje, as seções transversais adotadas são, conforme o manual da fib (2014), as apresentadas na Fig. 6.7.

Por uma questão de utilização, as vigas dos pisos nos edifícios são de altura constante. No caso de cobertura, pode-se recorrer à variação da altura ao longo do vão. Este caso é tratado na seção 6.4.

As vigas de seção retangular atingem vãos da ordem de 10 m. Já as vigas de seção I, adotadas normalmente nas coberturas, são empregadas na faixa de 10 m a 40 m. Em princípio, o concreto protendido é mais apropriado para as vigas, a não ser para vãos pequenos.

O dimensionamento das vigas tanto em concreto armado como em concreto protendido é encontrado nas

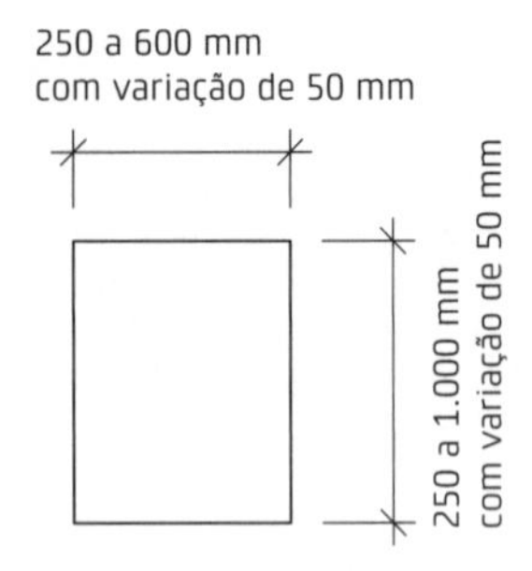

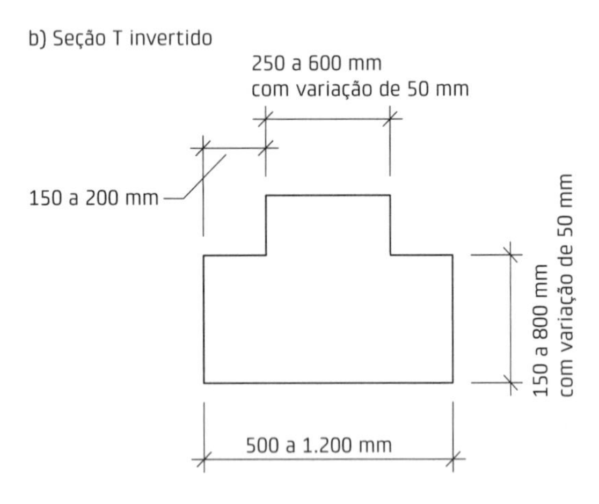

Fig. 6.7 Seção transversal de vigas empregadas em estruturas de múltiplos pavimentos
Fonte: fib (2014).

publicações sobre o assunto. Pode-se também recorrer a tabelas, como as fornecidas no manual do PCI (2010) para alguns casos de seção retangular, L e T invertido. Em geral, os fabricantes possuem diagramas tipo carga de utilização × vão para as seções padronizadas.

A título de ilustração, estão apresentadas na Fig. 6.8 algumas características das vigas I produzidas no Brasil, utilizadas em coberturas.

A Fig. 6.9 mostra dois componentes típicos empregados em sistemas de esqueleto: pilares de seção transversal retangular e vigas de seção transversal I.

6.2 Componentes de sistemas de pavimentos

Os sistemas de pavimentos englobam as lajes e as vigas, quando estas existirem. Como as vigas foram tratadas anteriormente, limita-se aqui aos elementos de laje. Os tipos de componentes de laje mais difundidos estão apresentados a seguir.

6.2.1 Elemento de seção TT (painéis TT ou π)

Os elementos de seção TT podem ser empregados sem ou com capa de concreto moldado no local (CML), formando elemento composto. Na Fig. 6.10 são mostrados esses casos, bem como as formas dos elementos junto ao apoio. Esse tipo de elemento varre uma gama grande de vãos, sendo particularmente interessante para grandes vãos.

Salvo casos excepcionais de pequenos vãos, esses elementos são executados em concreto protendido. A sua produção normalmente é feita em pistas de protensão.

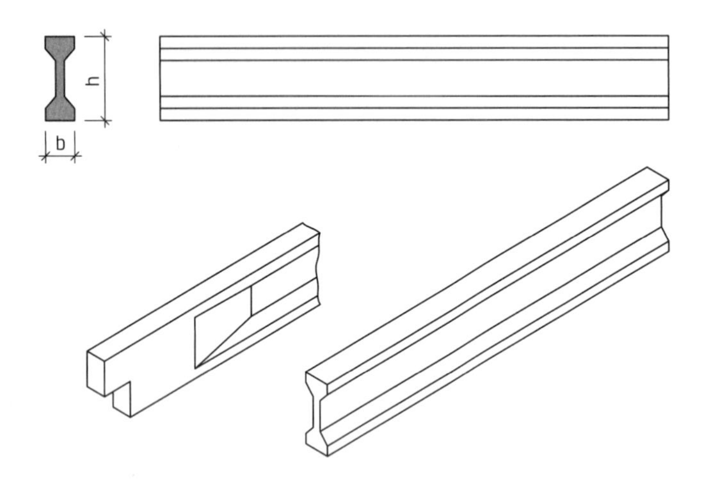

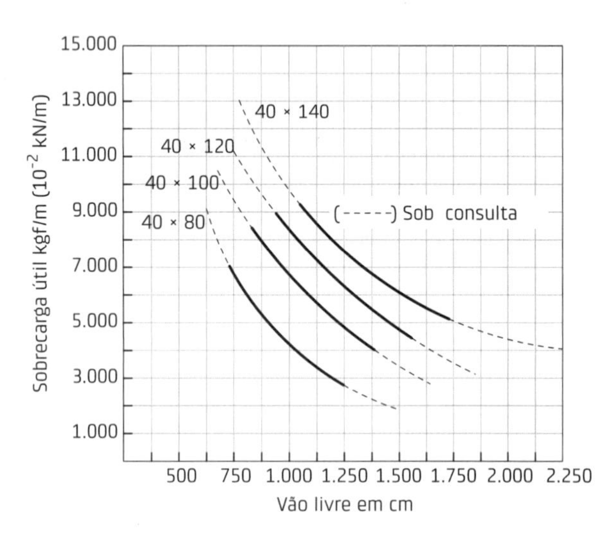

Tipo	Dimensões da seção (cm)		Comprimentos (cm)			Peso (kgf/m)
	b	h	comprimento máximo	vão livre máximo	balanço máximo	(10^{-2} kN/m)
40 × 80	40	80	1.750	1.500	500	550
40 × 100	40	100	2.000	1.750	500	650
40 × 120	40	120	2.250	2.000	525	750
40 × 140	40	140	2.500	2.250	625	850

Fig. 6.8 Características das vigas de seção transversal I empregadas no Brasil em galpões
Fonte: adaptado de ABCI (1986).

Fig. 6.9 Componentes típicos empregados em sistemas de esqueleto: a) pilares de seção transversal retangular e b) vigas de seção transversal I

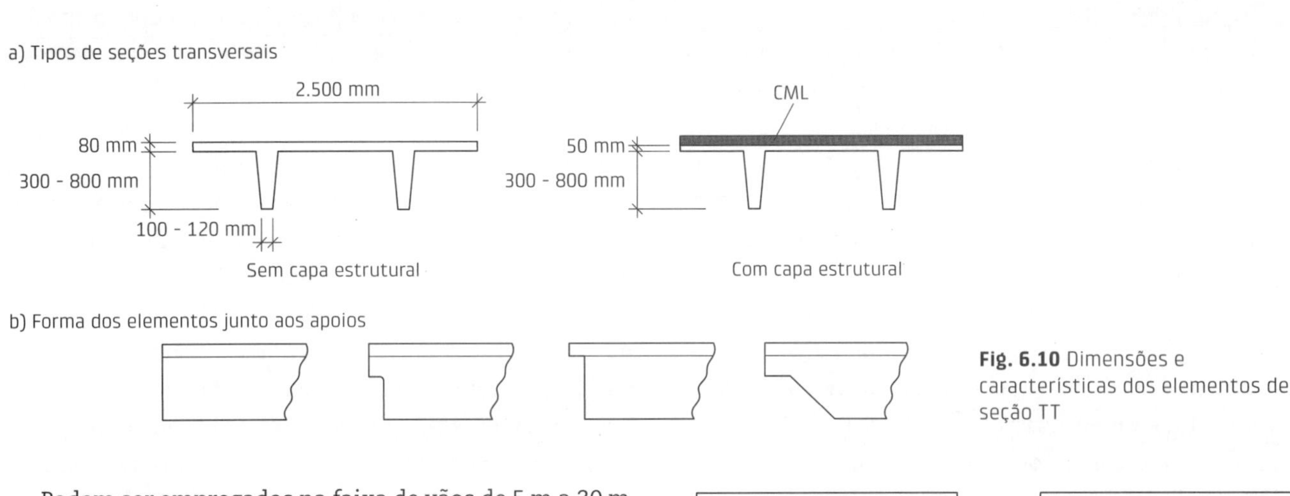

Fig. 6.10 Dimensões e características dos elementos de seção TT

Podem ser empregados na faixa de vãos de 5 m a 30 m, chegando excepcionalmente até 40 m. Segundo o manual do PCI (2010), a relação vão/altura é da ordem de 25-30 para pisos e de 30-35 para coberturas. As seções padronizadas na América do Norte podem ser encontradas no mesmo manual.

Assim como nas vigas, para o cálculo desse tipo de elemento pode-se recorrer às publicações sobre o assunto, juntamente com as indicações relativas às ligações apresentadas anteriormente.

6.2.2 Elementos de seção alveolar (painéis alveolares)

Os painéis alveolares utilizados nas lajes podem ser sem ou com previsão de capa de CML, formando seção composta. Os vazamentos dos elementos podem ser com seção transversal de forma circular, oval, pseudoelipse, retangular etc. Algumas formas de seção transversal dos painéis alveolares estão mostradas na Fig. 6.11.

Embora possa ser produzido em fôrmas fixas, esse tipo de elemento é normalmente executado por extrusão ou por fôrma deslizante, em pista de concretagem. Os painéis

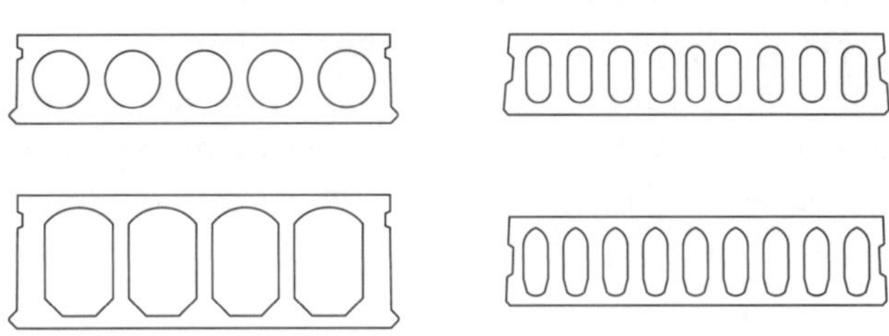

Fig. 6.11 Formas usuais de seção transversal dos painéis alveolares

são produzidos no comprimento da pista e posteriormente serrados nos comprimentos desejados. Assim como os painéis TT, normalmente esses elementos são de concreto protendido.

A faixa de vãos em que esse tipo de elemento é empregado vai até a casa dos 20 m. A largura dos painéis é normalmente de 1,0 m e 1,20 m, mas pode chegar a 2,50 m. A altura varia normalmente de 150 mm a 450 mm, embora possa atingir excepcionalmente valores de até 700 mm. Conforme o manual do PCI (2010), a relação vão/altura é de 30-40 para pisos e de 40-50 para coberturas. Também para esse caso, as seções padronizadas na América do Norte podem ser encontradas no manual já mencionado.

O dimensionamento dos painéis de seção alveolar apresenta algumas particularidades que merecem ser destacadas. A armadura dos painéis de concreto protendido é constituída, em geral, apenas por armadura ativa, na parte inferior e também na mesa superior. Em geral, não existe armadura para resistir à força cortante, até alturas da ordem de 500 mm, nem para solicitações na direção transversal, o que obriga a contar com a resistência à tração do concreto para resistir a essas solicitações. Destaca-se também que, devido ao processo de execução, a colocação de armaduras adicionais é bastante incomum e a colocação de conectores metálicos é utilizada em situações particulares. Informações adicionais sobre o dimensionamento de lajes com painéis alveolares são apresentadas no Cap. 14.

6.2.3 Vigotas pré-moldadas (nervuras pré-moldadas)

As lajes formadas por vigotas pré-moldadas, chamadas comumente de *lajes pré-moldadas* ou *lajes pré-fabricadas*, são muito empregadas no país na faixa de vãos relativamente pequenos. Como os elementos pré-moldados são montados manualmente ou com equipamentos de pequeno porte, elas praticamente não fazem parte de sistemas construtivos de CPM.

Esse tipo de laje é constituído por vigotas pré-moldadas e elementos de enchimento, como blocos vazados ou de poliestireno expandido, que recebem uma camada de CML.

As vigotas empregadas no Brasil são de seção T invertido, em concreto armado ou em concreto protendido, ou de seção retangular com uma armadura em forma de treliça que se projeta para fora da seção. As lajes formadas por este último tipo de nervura têm recebido a denominação de *laje-treliça* ou *laje com armação treliçada*. Na Fig. 6.12 são exibidos esses tipos de nervura.

Normalmente, esse tipo de laje atinge vãos da ordem de 5 m com nervuras em concreto armado, da ordem de 10 m com nervuras em concreto protendido e da ordem de 10 m com nervuras com armação treliçada.

Assim como as lajes de painéis alveolares, as lajes formadas por vigotas pré-moldadas são normalmente objeto de recomendações específicas. No Cap. 13 são apresentados mais detalhes sobre o seu dimensionamento.

6.2.4 Elementos de pré-laje

Os elementos de pré-laje correspondem a painéis pré-moldados completados com concreto no local. Nesse tipo de laje, a parte que recebe o CML pode ser sem ou com elementos de enchimento, formando seções maciças ou vazadas, respectivamente.

Os painéis podem ser do tipo unidirecionais, correspondentes a elementos em forma de faixas que se apoiam em dois lados, ou do tipo bidirecionais, correspondentes a elementos de forma quadrada ou retangular, normalmente apoiados em quatro lados. Os elementos unidirecionais podem ser de largura padronizada, ao passo que os elementos bidirecionais são executados para aplicações específicas.

Os elementos pré-moldados unidirecionais podem ser em concreto armado ou em concreto protendido. Já os elementos bidirecionais são de concreto armado. Nos elementos unidirecionais é normalmente colocada armadura na direção transversal, propiciando um comportamento que tende ao das lajes de CML, na medida em que diminui a relação entre as espessuras da parte pré-moldada e as espessuras da parte moldada no local. Na Fig. 6.13 estão mostrados alguns casos desse tipo de laje. Os elementos de seção completa, sem a capa de concreto, constituem uma particularidade desse caso. Essa alternativa é, em geral, utilizada em elementos bidirecionais.

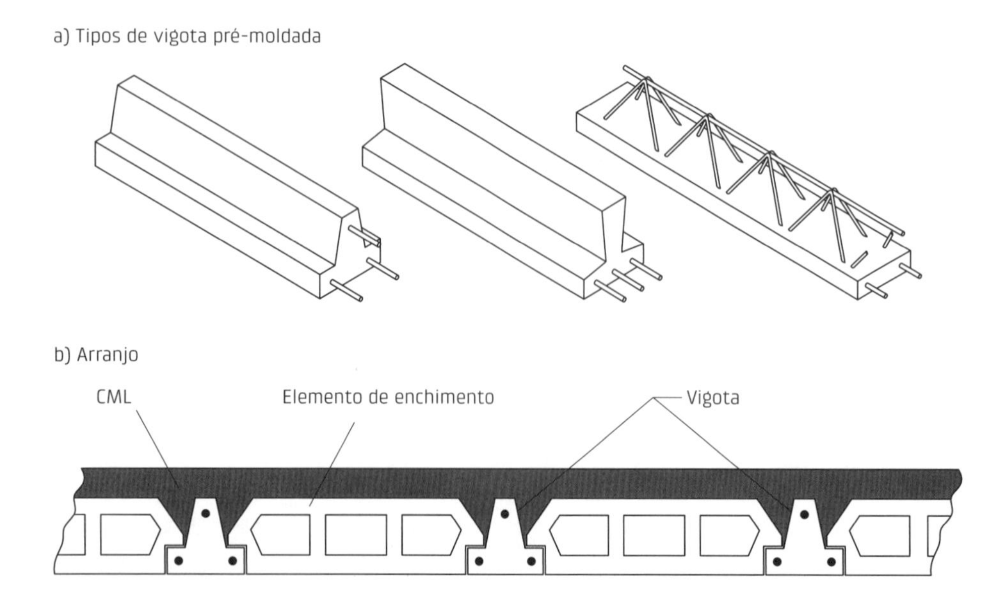

Fig. 6.12 Lajes formadas por vigotas pré-moldadas

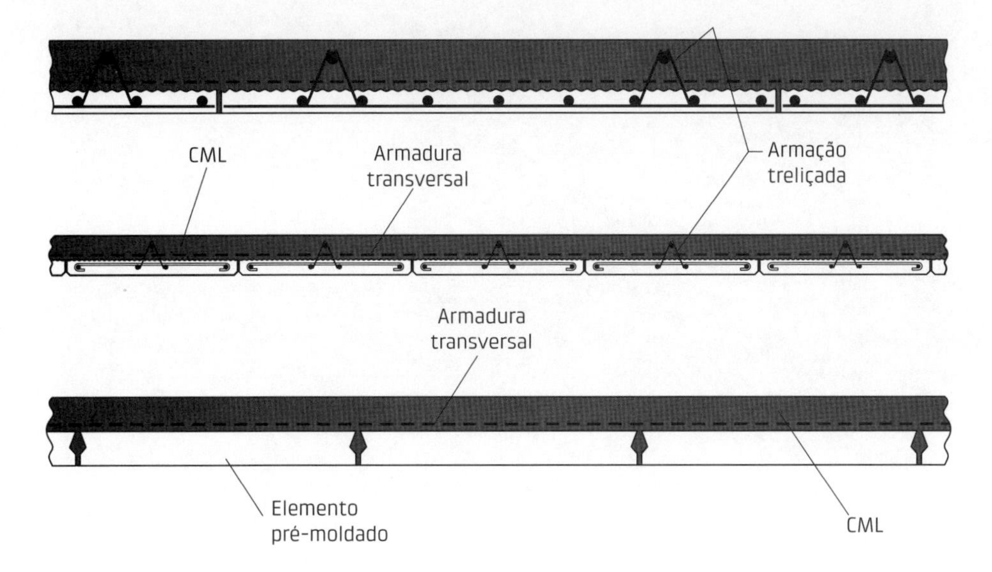

Fig. 6.13 Lajes formadas por elementos de pré-laje

Uma variação do elemento de pré-laje é com elementos de enchimento, já incorporados nos elementos pré-moldados. Nesse caso, também as lajes podem ser projetadas para comportamento unidirecional ou bidirecional.

Outros tipos de laje, menos utilizados que os apresentados anteriormente, são com o emprego de elementos de seção T, múltiplos T, U, TT invertido, e painéis nervurados. Alguns desses tipos estão mostrados na Fig. 6.14.

Na Tab. 6.1 estão reunidas, com base no manual da fib (2014), algumas características dos tipos de elemento mais comuns de laje.

A Fig. 6.15 mostra os dois componentes de uso mais comum em pavimento de estruturas de CPM: a) painel TT e b) painel alveolar.

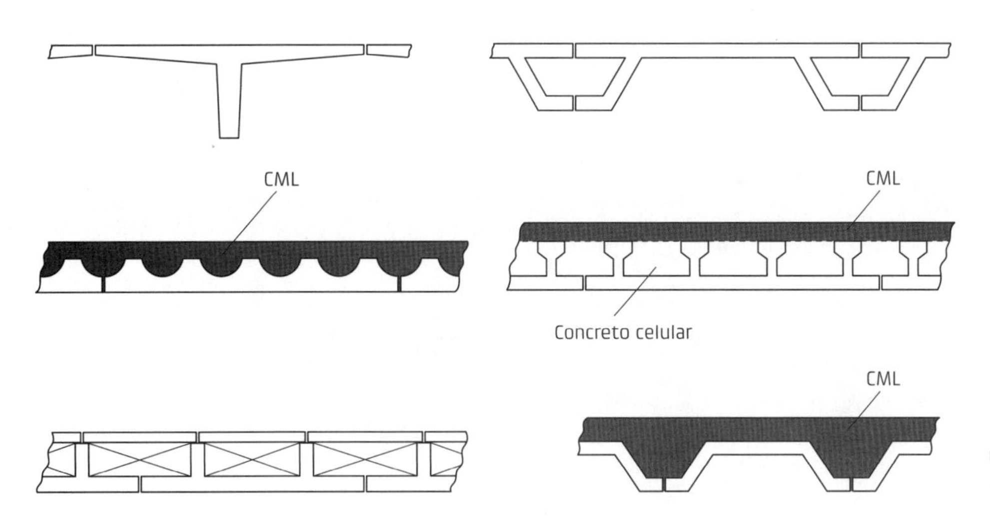

Fig. 6.14 Outros tipos de elemento utilizados nas lajes

Tab. 6.1 CARACTERÍSTICAS DOS ELEMENTOS DE LAJE

Tipo de elemento	Vão máximo (m)	Altura (mm)	Larguras mais comuns (mm)	Peso por unidade de área (kN/m²)
Painéis alveolares	±20	120-500	600-2.400	2,2-5,2
Painéis TT ou π	±30	200-800	2.400	2,0-5,0
Elementos de pré-laje	±10	100-400	600-2.400	2,4-4,8

Fonte: adaptado de fib (2014).

Fig. 6.15 Componentes de uso mais comum em pavimento de estruturas de CPM: a) painel TT e b) painel alveolar

6.3 Componentes de sistemas de paredes

Os elementos dos sistemas de paredes podem fazer parte dos sistemas estruturais de parede portante, de sistema de contraventamento como núcleos e paredes, ou como elementos de fechamento.

Em relação à seção transversal, os elementos pré-moldados podem ser maciços, vazados, nervurados ou sanduíche. Os painéis maciços podem ser de concreto simples (embora alguma armadura seja colocada), de concreto armado e de concreto protendido, com pré-tração ou pós-tração. Este último caso é empregado quando os esforços solicitantes nas situações transitórias são críticos. Os painéis vazados correspondem basicamente aos painéis alveolares já apresentados. Também os painéis nervurados são basicamente os tipos de elementos de seção TT, T ou U, utilizados nas lajes. Na Fig. 6.16 estão ilustrados dois exemplos de aplicação dos painéis de seção TT como elementos de fechamento. Os painéis-sanduíche são constituídos por duas camadas de concreto intercaladas com material de enchimento, com o importante papel de isolamento térmico. Normalmente, apenas uma camada é estrutural. Na Fig. 6.17 estão mostradas algumas formas desses painéis, bem como alguns tipos de conectores que unem as duas camadas.

Ainda em relação à seção transversal, o elemento pré-moldado pode ser com parede dupla, sendo essas paredes unidas por armação treliçada. O painel é produzido com as paredes moldadas em etapas distintas, em geral com equipamentos de produção automatizada. A Fig. 6.18 ilustra esse tipo de painel. O espaço entre as paredes é preenchido após a montagem dos painéis.

No caso das paredes externas, a proteção contra a umidade deve ser objeto de cuidados especiais. Também o isolamento térmico deve ser equacionado.

Normalmente, os painéis externos são utilizados para compor as fachadas da edificação, nos quais se pode utilizar os recursos do concreto arquitetônico, como pode ser visto na publicação do PCI sobre o assunto (PCI, 2007).

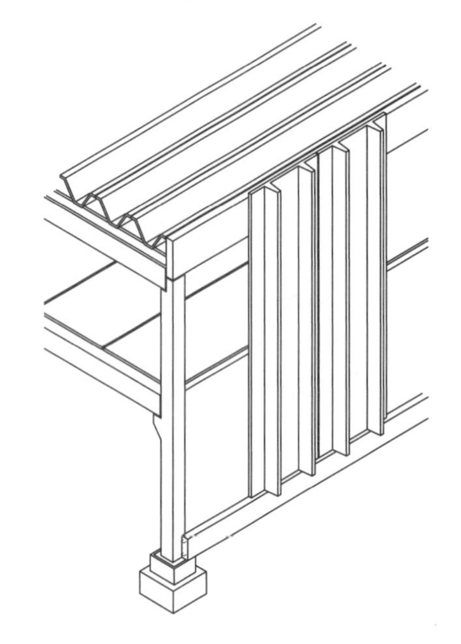

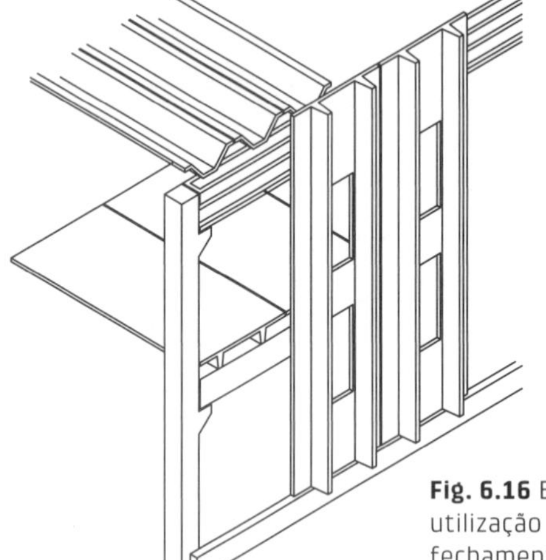

Fig. 6.16 Exemplos de utilização de painel TT em fechamento
Fonte: adaptado de ABCI (1986).

Nas aplicações de CPM em fachadas, destacam-se as aplicações com GRC, já apresentadas no capítulo introdutório.

O dimensionamento dos painéis dos sistemas estruturais de parede portante ou de estrutura de contraventamento é feito a partir dos esforços de compressão e de flexão da análise estrutural.

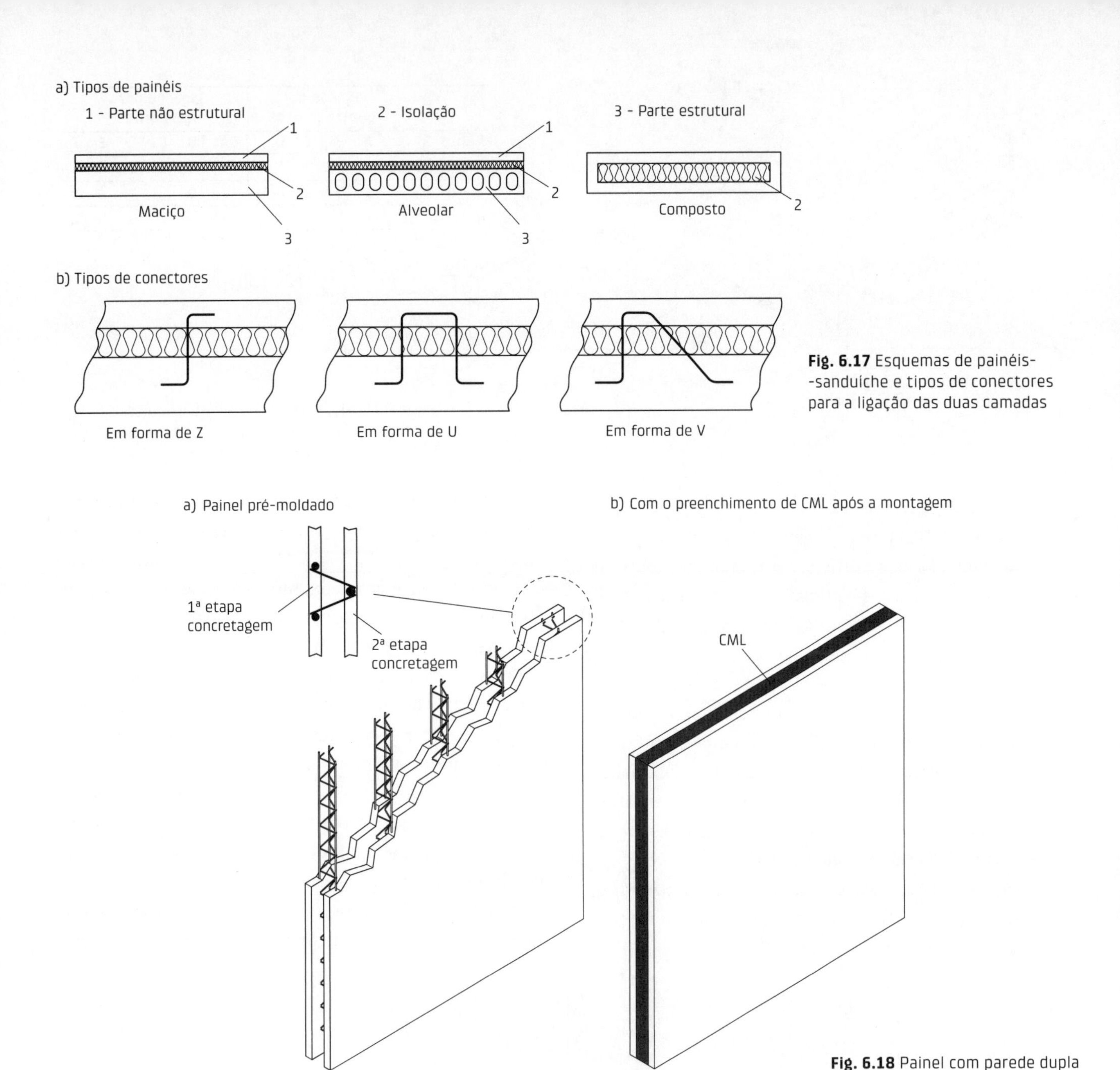

Fig. 6.17 Esquemas de painéis--sanduíche e tipos de conectores para a ligação das duas camadas

Fig. 6.18 Painel com parede dupla

Os painéis de fechamento são projetados para transferir o seu peso próprio e a ação do vento para a estrutura principal. Para que isso ocorra, a escolha dos movimentos liberados e o posicionamento das ligações entre o elemento de fechamento e a estrutura principal são de fundamental importância no comportamento tanto dos painéis como da estrutura. Nesse sentido, procura-se projetar as ligações tendo em vista as seguintes recomendações: a) o sistema de ligações deve ser de forma a resultar em sistema estaticamente determinado e b) as ligações devem acomodar as variações volumétricas e as deformações da estrutura principal.

Na Fig. 6.19 estão mostradas algumas formas de vinculação dos painéis de fechamento. Cabe lembrar que algumas formas de executar as ligações estão mostradas na seção 3.6.3. Merece salientar que, via de regra, as ligações, mesmo quando projetadas para permitir movimentos, podem introduzir certas restrições. Com isso, ocorrem solicitações adicionais nos painéis, mas, por outro lado, há um enrijecimento na estrutura principal. Em geral, esse enrijecimento não tem sido levado em conta nos projetos, mas a sua consideração pode ser traduzida em economia para a estrutura, conforme é mostrado em um estudo de caso apresentado em Castilho (1998).

Mais informações para o projeto de painéis pré-moldados para paredes podem ser encontradas na publicação do ACI sobre o assunto (ACI, 2012a) e, especificamente para painéis arquitetônicos, em El Debs e Ferreira (2014). Merece ainda registrar que esse assunto é objeto da NBR 16475 (ABNT, 2017b).

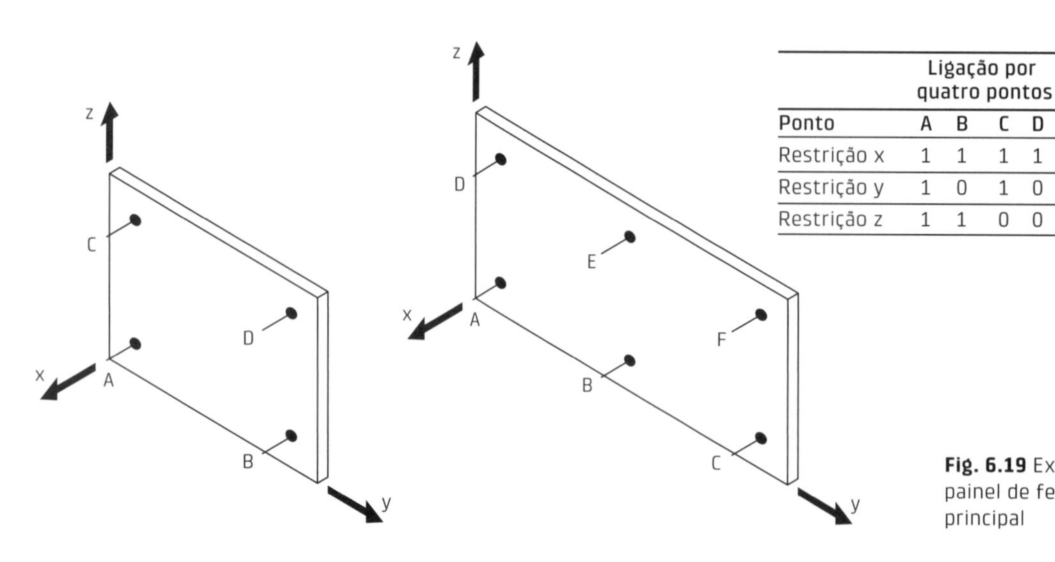

	Ligação por quatro pontos				Ligação por seis pontos					
Ponto	A	B	C	D	A	B	C	D	E	F
Restrição x	1	1	1	1	1	1	1	1	1	1
Restrição y	1	0	1	0	1	0	0	1	0	0
Restrição z	1	1	0	0	1	0	1	0	0	0

Fig. 6.19 Exemplos de vinculação de painel de fechamento com a estrutura principal

6.4 Componentes de cobertura

Nas coberturas dos edifícios, principalmente os de planta retangular, pode-se utilizar o CPM de duas formas: a) com elementos que cobrem os vãos principais da estrutura ou b) com vigamento secundário.

O primeiro caso corresponde ao emprego dos mesmos elementos dos sistemas de pavimentos, como elementos de seção TT, T, U, alveolar, ou elementos com forma apropriada para escoamento de águas pluviais, chamados genericamente de telhas de CPM. A primeira alternativa não é normalmente empregada no Brasil. As telhas mais difundidas no país serão tratadas no Cap. 9.

No segundo caso, recorre-se a vigamento secundário, mediante terças de concreto, e cobertura inclinada com telhas de pequenas dimensões.

Conforme adiantado, na cobertura podem ser utilizadas vigas de forma especial. Assim, por exemplo, é possível empregar vigas-calhas (Fig. 6.20) e vigas com altura variável (Fig. 6.21). As vigas I com altura variável são bastante empregadas nas coberturas, cobrindo vão de 10 m a 40 m, com altura de 0,8 m a 2,0 m.

As terças são usadas geralmente em galpões, associadas com telhas de fibrocimento ou telhas metálicas. Os vãos usuais das terças de concreto variam de 5,0 m a 10 m, com espaçamento de 1,5 m a 3 m. Via de regra, as terças são simplesmente apoiadas na estrutura principal, no entanto, o esquema de viga Gerber também pode ser empregado (Fig. 6.22). As seções transversais adotadas nas terças estão mostradas na Fig. 6.23.

Em relação à forma das terças ao longo do vão, merece ser destacado que não é incomum fazer variação na seção

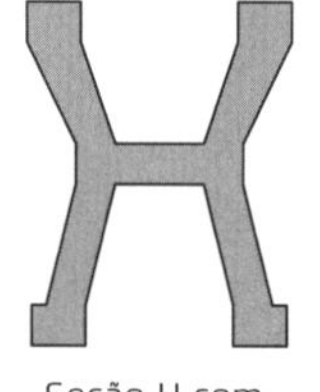
Seção H com pernas inclinadas

Seção H

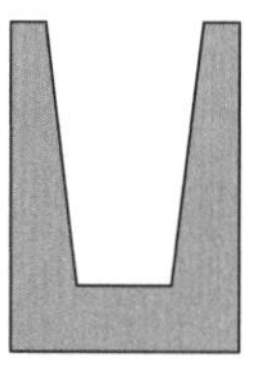
Seção U

Seção I

Fig. 6.20 Formas de seção transversal de vigas-calhas

Fig. 6.21 Exemplo de vigas de cobertura com altura variável

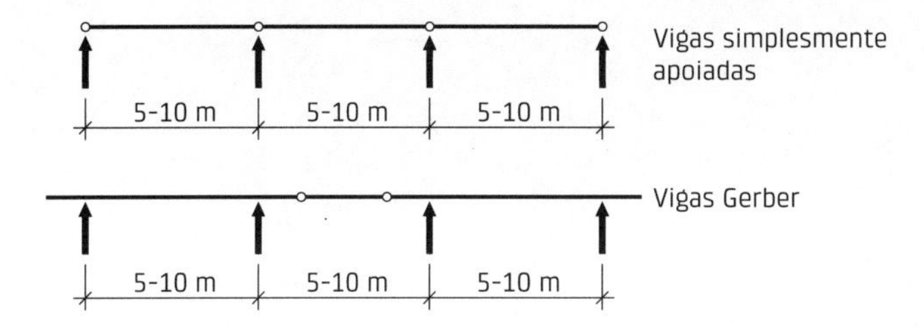

Fig. 6.22 Esquemas estáticos e vãos usuais das terças

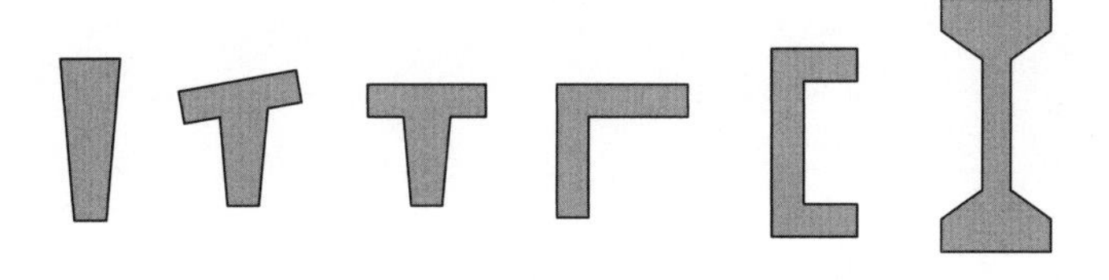

Fig. 6.23 Seções transversais utilizadas nas terças

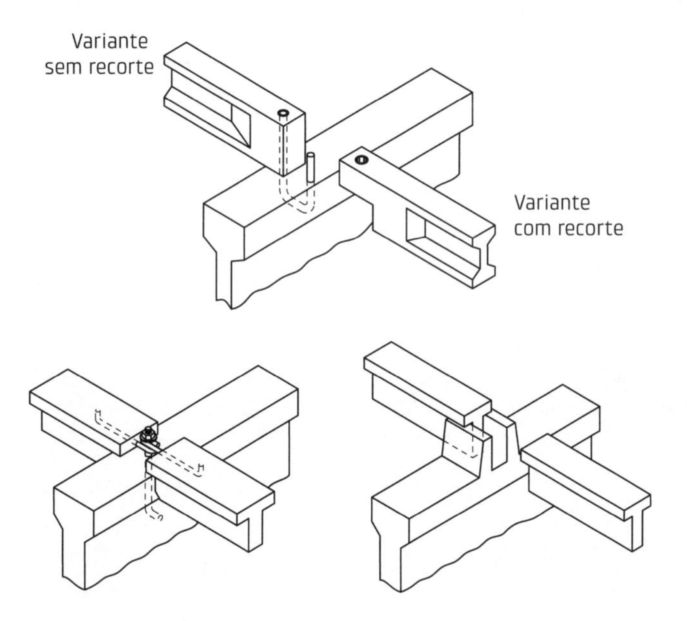

Fig. 6.24 Exemplos de ligação das terças com a estrutura principal

transversal ao longo do vão e empregar o esquema de viga armada ou viga Vierendeel.

Algumas possibilidades e detalhes da ligação das terças na estrutura principal podem ser vistos na Fig. 6.24.

6.5 Outros componentes

Nos edifícios, podem ser empregados ainda outros tipos de elemento não enquadrados nos casos apresentados. Esses elementos podem ser os mais diversos, tendo em vista as mais variadas finalidades. Alguns deles, de maior interesse, estão apresentados a seguir.

6.5.1 Escadas

As escadas de CPM são a alternativa natural quando se emprega o CPM na estrutura, em razão do transtorno de executá-las no local. Mesmo quando não se empregar o CPM na estrutura principal, as escadas pré-moldadas não deixam de ser uma solução a ser considerada, em razão do citado transtorno.

Os elementos pré-moldados de escada podem incluir ou não o patamar de descanso. Na Fig. 6.25 são mostrados esses dois casos.

A forma da escada nos degraus pode ser: a) tipo placa maciça, o que resulta em elemento relativamente pesado (Fig. 6.26a), b) com paramento inferior acompanhando os degraus (Fig. 6.26b) ou c) com vigas laterais ou com viga central (Fig. 6.26c). A Fig. 6.27 exibe o caso mais comum, que é o tipo placa maciça.

As escadas ainda podem ser feitas com degraus independentes fixados em estrutura lateral, como em vigas tipo jacaré. A seção transversal pode ser retangular ou em forma de L e Z etc. (Fig. 6.28).

a) Elemento sem incluir patamar

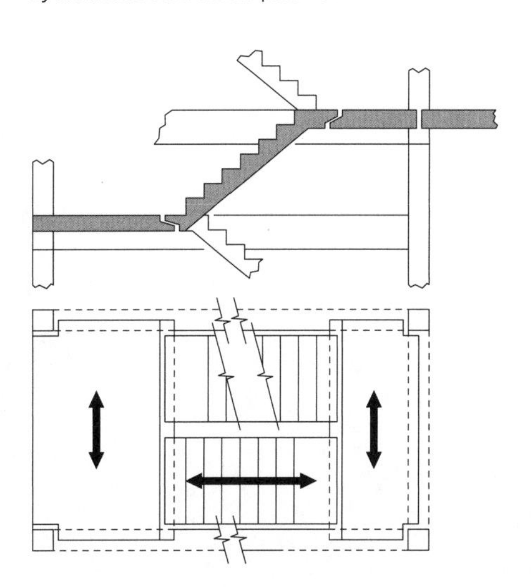

b) Elemento incluindo patamar

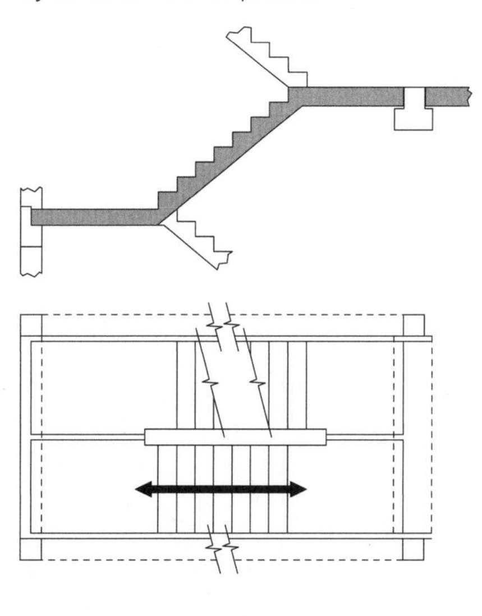

Fig. 6.25 Esquemas construtivos das escadas de CPM

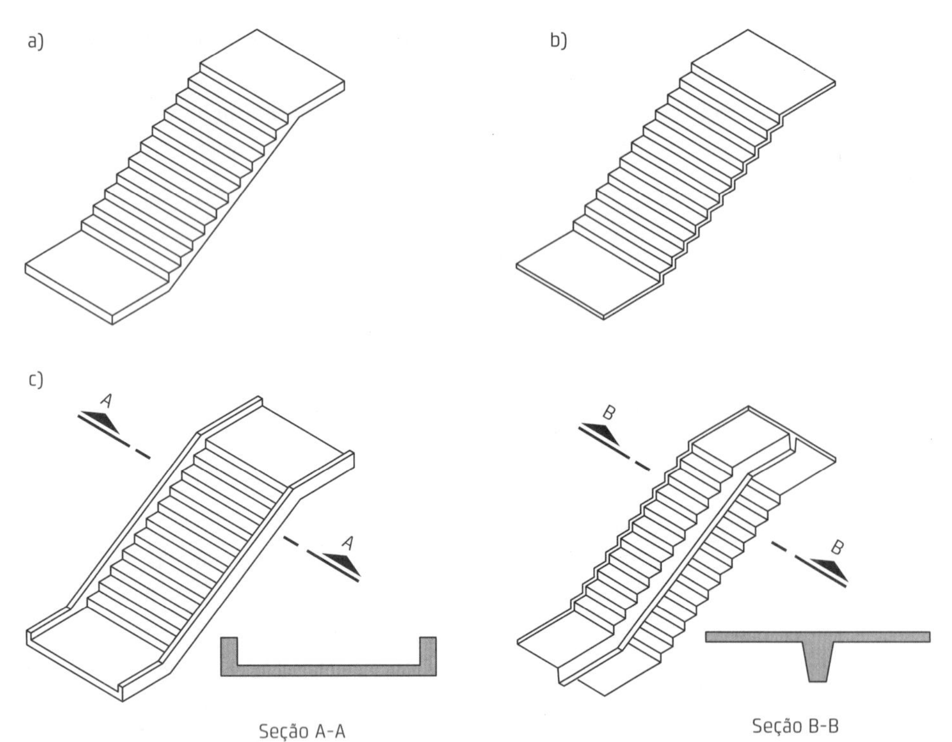

Fig. 6.26 Formas das escadas de CPM
Fonte: adaptado de Koncz (1966).

Fig. 6.27 Exemplos de escadas de CPM tipo placa maciça

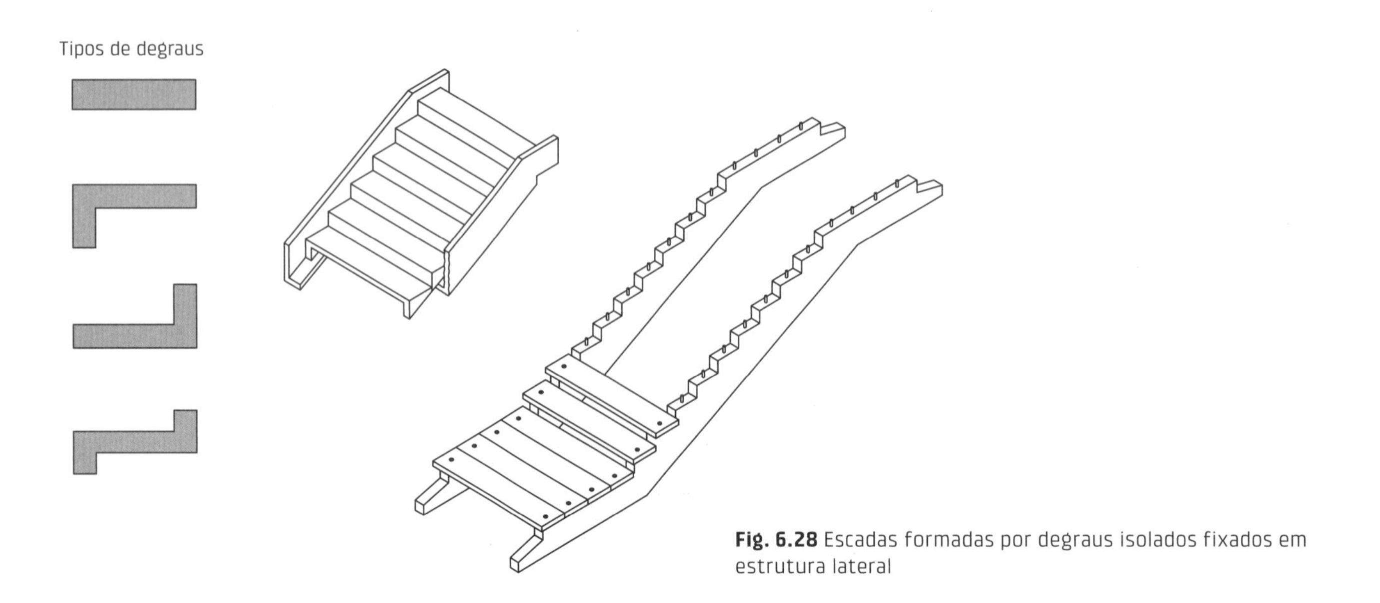

Fig. 6.28 Escadas formadas por degraus isolados fixados em estrutura lateral

Elas podem também ser em forma helicoidal, conforme indicado na Fig. 6.29, com elemento único ou formadas de pequenos elementos.

6.5.2 Outros elementos de fachadas

O emprego do CPM para formar as fachadas dos edifícios é uma das aplicações de maior interesse, pelo fato de os recursos do concreto arquitetônico poderem ser utilizados, conforme já mencionado.

Além dos painéis de fechamento apresentados anteriormente, podem ser destacados os elementos de sacadas, elementos de *brise-soleil* e outros elementos de acabamento.

6.5.3 Elementos de fundação

O CPM pode ser utilizado em vigas baldrames e em elementos para a ligação de pilares por meio de cálice.

Os elementos pré-moldados para este último caso podem ser tanto com o cálice completo, com o colarinho e a sapata, como somente com o colarinho (Fig. 6.30a,b). A primeira alternativa é aplicada quando o peso e as dimensões forem adequados ao transporte e ao equipamento de montagem. Já na segunda alternativa, o elemento é relativamente leve e simplifica bastante a execução da fundação.

Pode-se também utilizar nervuras ligando o colarinho diretamente na base. Essa alternativa pode ser de duas formas: com elemento pré-moldado englobando todo o cálice, o que reduz consideravelmente o peso comparativamente à primeira alternativa do caso anterior (Fig. 6.30c), ou com a base moldada no local, que pode ser com sapata ou sobre estacas (Fig. 6.30d).

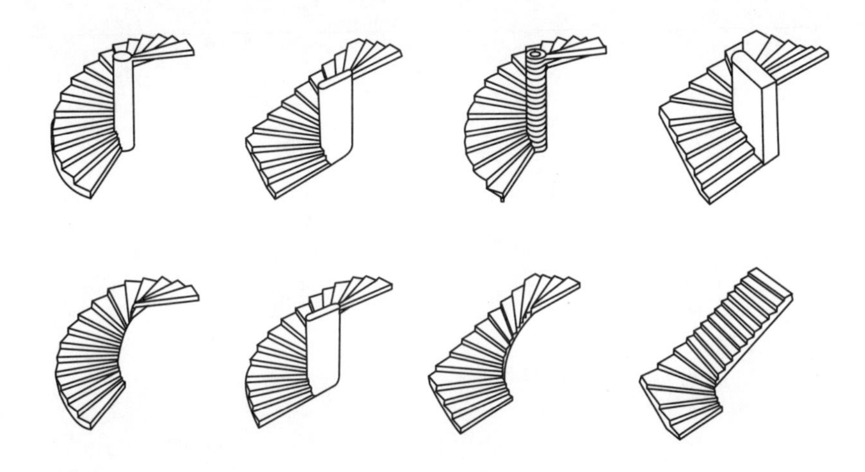

Fig. 6.29 Formas de escadas helicoidais de CPM
Fonte: FIP (1994).

a) Colarinho e sapata pré-moldados

b) Colarinho pré-moldado e sapata moldada no local

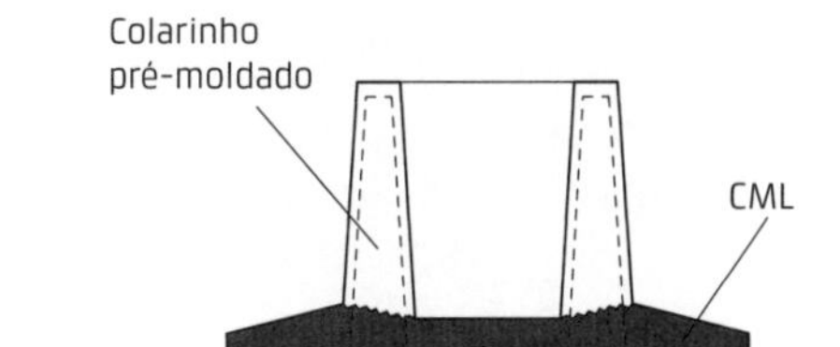

c) Colarinho, sapata e nervuras pré-moldados

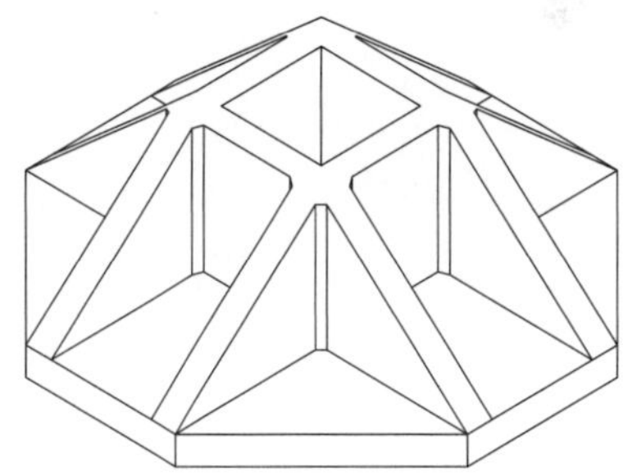

d) Elemento pré-moldado (colarinho e nervuras) e sapata moldada no local

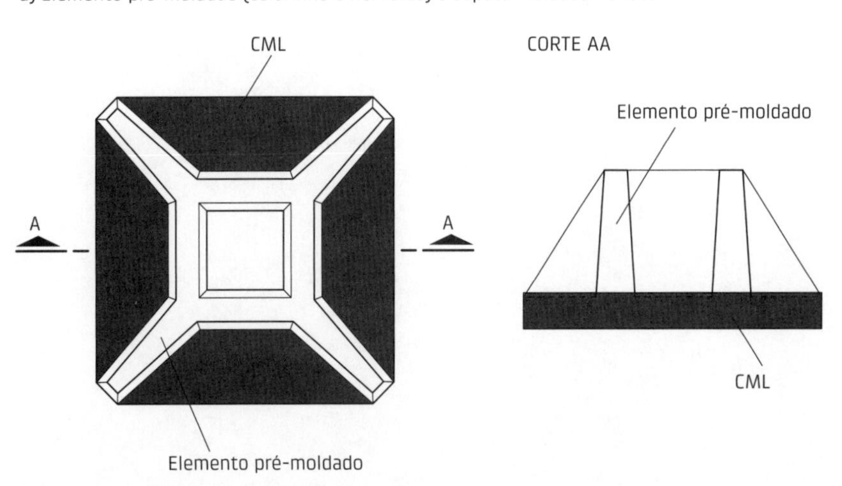

Fig. 6.30 Alternativas de cálice de fundação com elementos pré-moldados

A aplicação do concreto pré-moldado (CPM) em edifícios de um pavimento, abordada neste capítulo, está estreitamente relacionada com o assunto do capítulo anterior e também com as coberturas, tratadas no Cap. 9. Esse assunto ainda está relacionado com o capítulo seguinte, que trata de edifícios de múltiplos pavimentos, pois em alguns casos pode haver parte do edifício com um pavimento e outras partes com dois. Esses casos ocorrem quando se empregam mezaninos, como também nos casos em que a cobertura tem as mesmas características das coberturas dos edifícios de um pavimento.

7.1 Considerações iniciais

O emprego do CPM em edifícios de um pavimento é bastante comum no mundo todo. Também no Brasil, ele tem se notabilizado como um dos maiores, em termos de quantidade de obras.

As edificações de um pavimento são, em geral, construções de vãos relativamente grandes e comumente recebem a denominação de galpão. Cabe destacar que no manual da fib (2014), bem como em outras publicações de origem europeia, o assunto é tratado como *portal frame*.

Esse tipo de construção é, normalmente, destinado à indústria, ao comércio, aos depósitos em geral, às oficinas etc. Podem também ser incluídos nesse tipo de edificação os estábulos e as granjas. As aplicações habitacionais, ou casos similares, apresentam características próprias, de forma que essas aplicações se distanciam do que é aqui tratado.

Destaca-se ainda que são abordados basicamente apenas os sistemas estruturais. Os aspectos relativos ao projeto dessas edificações, tais como dimensões em planta, altura, instalações em geral, incluindo pontes rolantes, iluminação etc., não são objeto dessa apresentação.

Embora sejam tratadas apenas as alternativas exclusivamente com CPM, é interessante lembrar a possibilidade de alternativas híbridas, como pilares de CPM e cobertura com estrutura metálica ou de madeira, ou parte de vigamento secundário de cobertura com elementos metálicos.

Esse assunto está sendo aqui desenvolvido com a divisão apresentada no Quadro 7.1. A divisão dos sistemas estruturais de esqueleto é baseada na discussão apresentada na seção 2.4.

Para efeito dessa divisão, ainda são enquadrados como elementos de eixo reto os elementos com altura da seção transversal variável, que, a rigor, deixam de ter eixo reto.

Existe ainda a divisão dos sistemas estruturais de esqueleto, em relação à forma dos elementos, em elementos de forma normal e elementos com abertura entre os banzos.

Quadro 7.1 SISTEMAS ESTRUTURAIS EM CPM PARA EDIFÍCIOS DE UM PAVIMENTO

Sistemas estruturais de esqueleto	• Com elementos de eixo reto • Com elementos compostos de trechos de eixo reto
Sistemas estruturais de parede portante	

Nota: Os sistemas estruturais de esqueleto com elementos curvos, que constavam aqui na versão anterior do livro, foram deslocados para o Cap. 9.

O primeiro caso corresponde aos elementos de seção constante ou variável, sem aberturas significativas entre os banzos, que recebem também a denominação de elementos de alma cheia, derivada da nomenclatura das estruturas metálicas.

Os elementos com abertura entre os banzos (elementos em forma de treliça, viga Vierendeel ou viga armada), por suas particularidades, são apresentados em seção específica (seção 7.2.3).

7.2 Sistemas estruturais de esqueleto

7.2.1 Sistemas estruturais com elementos de eixo reto

Os elementos de eixo reto apresentam facilidade em todas as fases compreendidas pela produção das estruturas de CPM. Outra característica importante é que a protensão com aderência inicial pode ser naturalmente aplicada. Essas duas características fazem com que os sistemas estruturais em questão sejam, em princípio, mais adequados para pré-moldados de fábrica. Destaca-se, no entanto, que os sistemas estruturais com elementos de eixo reto, em geral, são pouco favoráveis em relação à distribuição dos esforços solicitantes.

Os sistemas estruturais usualmente empregados podem ser colocados nas formas básicas apresentadas a seguir:

- *Pilares engastados na fundação e viga articulada nos pilares (Fig. 7.1a)*: essa forma básica é uma das mais empregadas pelas facilidades de montagem e de realização das ligações.
- *Pilares engastados na fundação e viga ligada rigidamente aos pilares (Fig. 7.1b)*: esse caso é reservado para situações em que a flexão nos pilares atinge momentos fletores de níveis elevados. Essa situação ocorre quando os pilares são muito altos, em conjunto ou não, com o uso de pontes rolantes de grande capacidade de carga.
- *Pilares engastados na fundação e dois elementos de cobertura articulados (Fig. 7.1c)*: essa forma básica é empregada em coberturas inclinadas, geralmente com tirante no topo dos pilares. Esses casos têm sido

a) Pilares engastados na fundação e viga articulada nos pilares

b) Pilares engastados na fundação e viga ligada rígidamente aos pilares

c) Pilares engastados na fundação e dois elementos de coberturas articulados

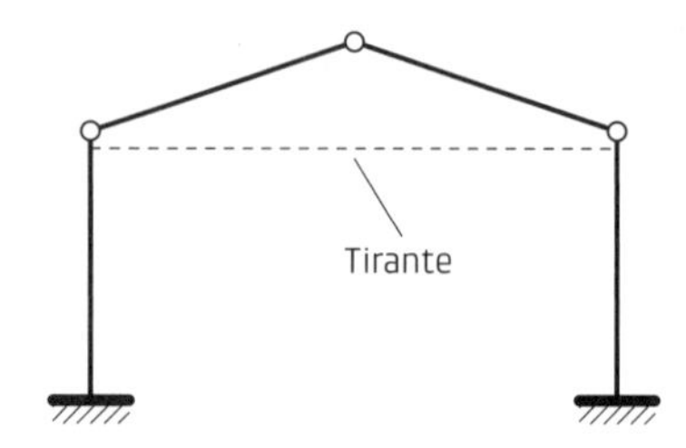

d) Com ligação rígida entre os pilares e os dois elementos de coberturas

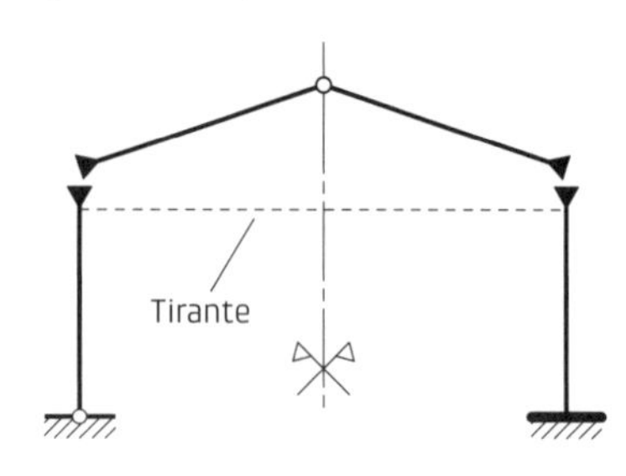

Fig. 7.1 Formas básicas dos sistemas estruturais com elementos de eixo reto

bastante utilizados no país como uma forma de pré-moldagem leve.

- *Com ligação rígida entre os pilares e dois elementos de cobertura (Fig. 7.1d)*: essa forma básica é, em geral, adotada em coberturas inclinadas, com ou sem tirante no topo dos pilares. Essa forma é menos empregada que a anterior devido à necessidade de realizar a ligação rígida entre os pilares e os elementos de cobertura. As ligações dos pilares com a fundação podem ser duas articulações ou dois engastes.

Essas formas básicas podem ser empregadas para galpões de um vão ou de múltiplos vãos. As duas últimas formas são utilizadas praticamente apenas em coberturas inclinadas, ainda que a última forma básica possa, excepcionalmente, ser usada em cobertura plana.

Na Fig. 7.2 estão reunidos os principais esquemas construtivos derivados das formas básicas apresentadas, na qual podem ser observadas alternativas com vigas em balanço, esquema de viga Gerber, vãos com alturas diferentes para propiciar iluminação lateral, viga inclinada em relação à horizontal para formar uma cobertura em dente de serra etc.

Merece ser registrada a possibilidade de variações de altura da seção transversal dos elementos, que pode ser empregada tendo em vista um ou mais dos seguintes aspectos: funcionalidade, estética e otimização estrutural.

Cabe mencionar ainda alternativas utilizadas em situações circunstanciais, com a execução da viga a partir de segmentos pré-moldados, que são montados na obra e unidos mediante protensão posterior. Ainda nessa linha de situações especiais, salienta-se a possibilidade de executar os pilares com segmentos para edifícios de grande altura.

Na Fig. 7.3 estão mostrados alguns exemplos de galpões com sistema estrutural com elementos de eixo reto.

Em função da disponibilidade dos elementos ou por questões funcionais, como a necessidade de maiores aberturas, pode-se recorrer a vigamento secundário na cobertura. Na Fig. 7.4 estão apresentadas possibilidades desse caso.

As dimensões indicadas no manual da fib (2014) para os galpões com a primeira forma básica são exibidas na Fig. 7.5.

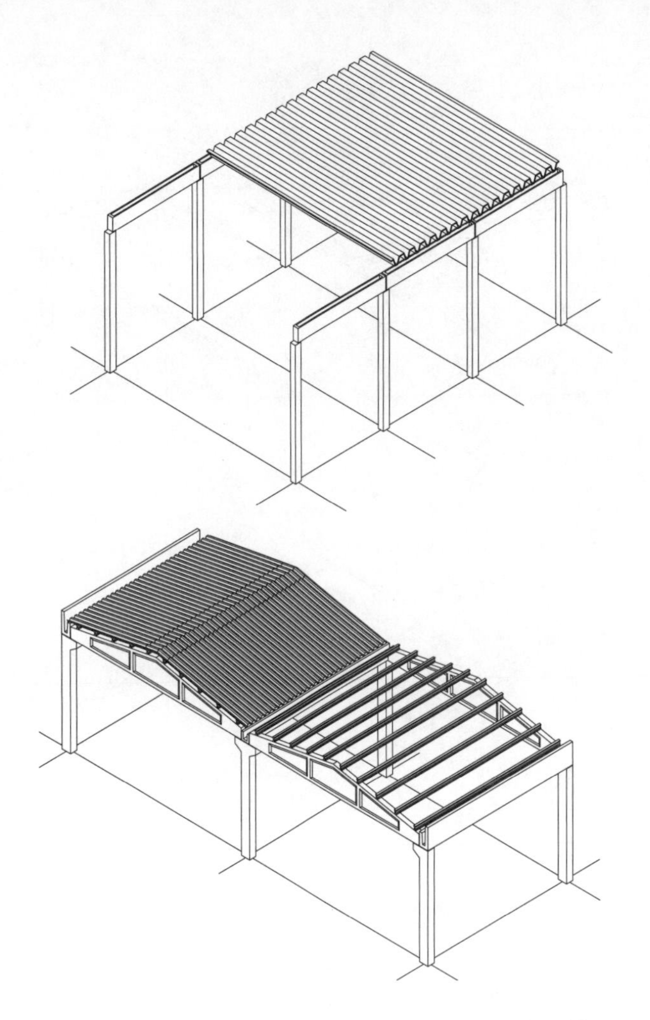

Fig. 7.3 Exemplos de sistemas estruturais com elementos de eixo reto
Fonte: adaptado de ABCI (1986).

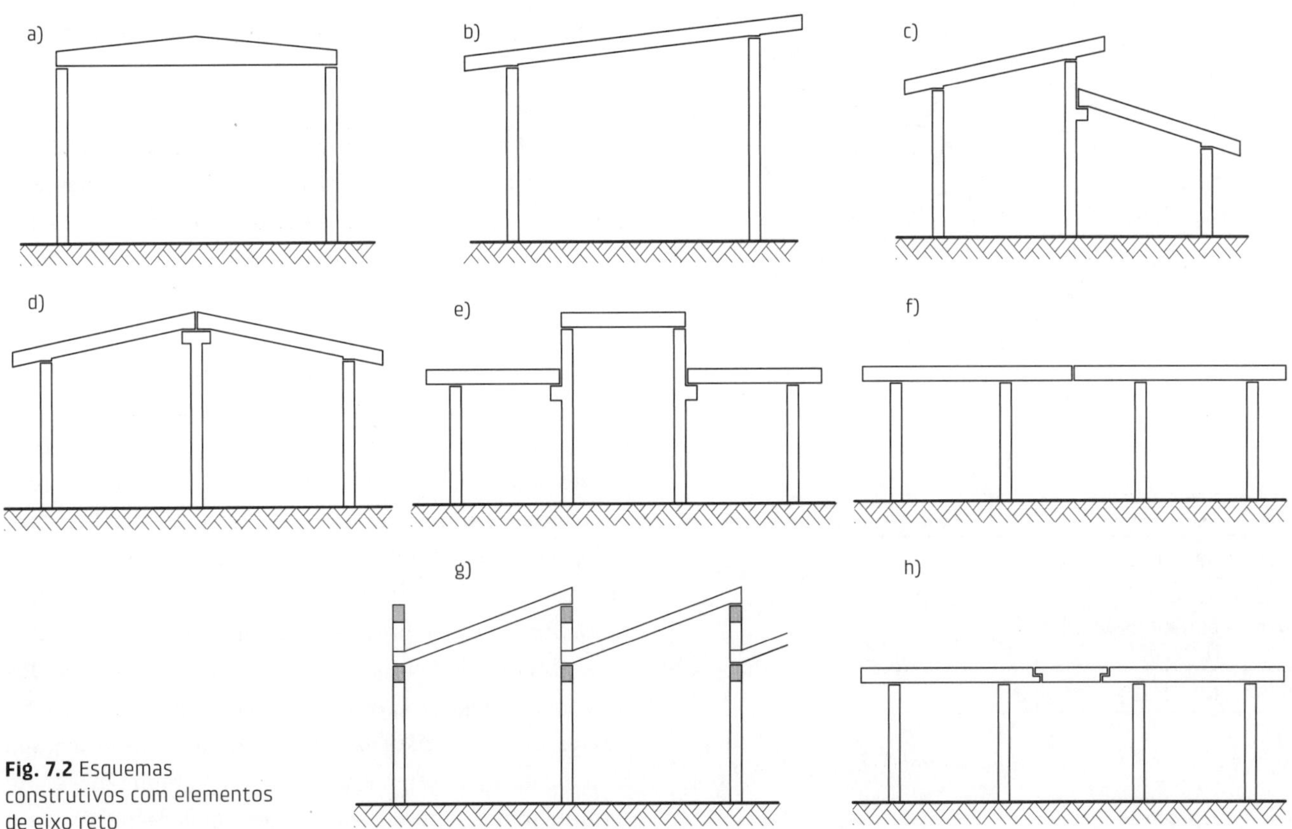

Fig. 7.2 Esquemas construtivos com elementos de eixo reto

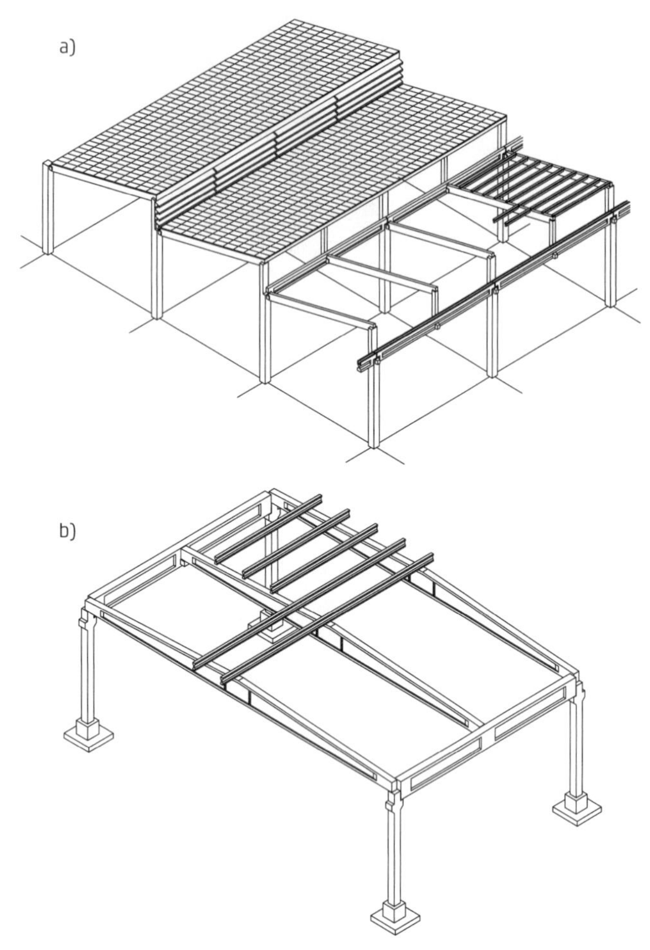

Fig. 7.4 Exemplos de sistemas estruturais com vigas mestras e vigamento secundário
Fonte: adaptado de a) ABCI (1986) e b) FIP (1994).

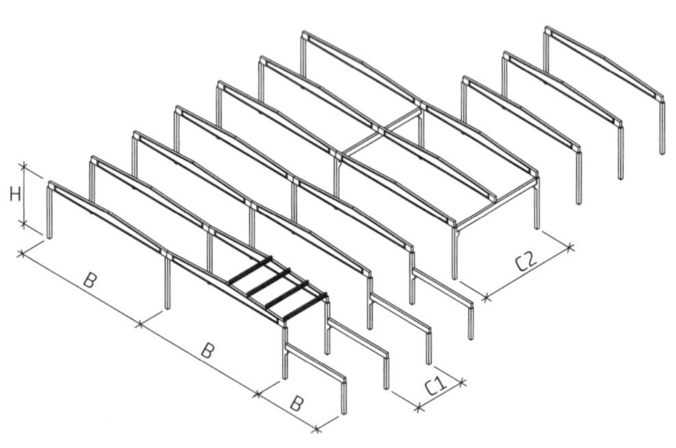

	Mínimo	Ótimo	Máximo
Vão da viga de cobertura (B)	12	15-30	50
Vão na outra direção, com terças (C1)	4	6-9	12
Vão na outra direção, com viga (C2)	12	12-18	24
Altura do pilar (H)	4	12	20

Fig. 7.5 Indicação de vãos e altura de galpões com elementos de eixo reto (valores em metros)
Fonte: adaptado de fib (2014).

Na análise dos sistemas estruturais apresentados, merecem destaque algumas particularidades, comentadas a seguir.

Naturalmente, a análise estrutural deve ser feita nas duas direções, podendo lançar mão da ação de diafragma da cobertura, desde que seja devidamente detalhada.

Pode-se recorrer a contravento metálico para a estabilização da estrutura na direção perpendicular aos sistemas estruturais apresentados. A Fig. 7.6 mostra um exemplo desse recurso, que é bastante utilizado.

Nos galpões com pontes rolantes de grande capacidade de carga, é necessário tomar cuidado, além dos esforços horizontais de frenagem, com deformações e vibrações excessivas.

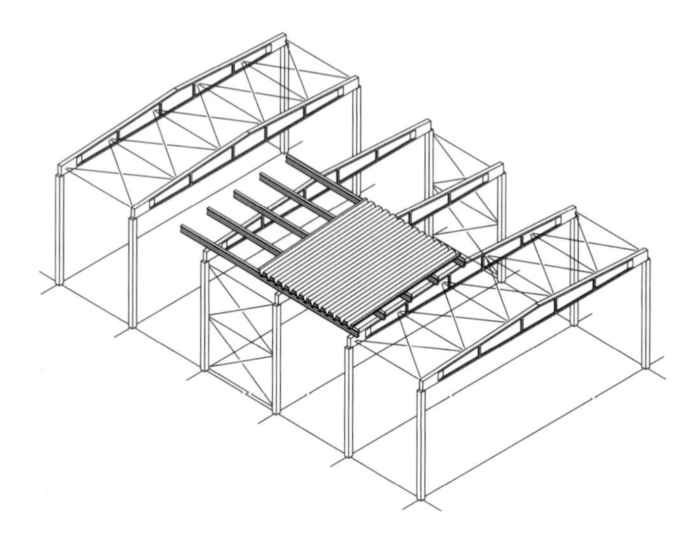

Fig. 7.6 Exemplo de contraventamento com elementos metálicos

A Fig. 7.7 exibe um exemplo de aplicação de galpão de sistema estrutural com elementos de eixo reto. Trata-se da construção do galpão de ensaios do Laboratório de Estruturas da Escola de Engenharia de São Carlos da USP, local de vários ensaios mostrados ao longo do livro.

7.2.2 Sistemas estruturais com elementos compostos de trechos de eixo reto

O emprego de elementos compostos de trechos de eixo reto, via de regra, resulta em melhor distribuição de esforços solicitantes, comparativamente ao caso anterior. Por outro lado, esses elementos são, em geral, mais trabalhosos de serem executados, transportados e montados. Também o uso de pré-tração é praticamente inviável nesses casos.

Assim, os elementos dos sistemas aqui enquadrados são, em princípio, apropriados para produção em canteiro, devido às características citadas. Algumas exceções são destacadas oportunamente. Salienta-se ainda que estão aqui incluídos alguns casos de sistemas estruturais em

Fig. 7.7 Exemplo de aplicação de sistema estrutural com elementos de eixo reto

que apenas parte dos elementos é composta de trechos de eixo reto, de forma que a observação anterior vale apenas para essa parte dos elementos.

Os sistemas estruturais com elementos compostos de trechos de eixo reto usualmente empregados podem ser colocados nas formas básicas apresentadas a seguir:

- *Com elementos engastados na fundação e duas articulações na trave (Fig. 7.8a)*: essa forma básica é constituída de dois elementos engastados na fundação, que basicamente desempenham o papel dos pilares, e um elemento com o papel de trave, articulado nos dois anteriores. Essas duas articulações são dispostas próximas à posição do momento fletor nulo devido à carga permanente, em estrutura monolítica equivalente. Os sistemas estruturais que empregam essa ideia aparecem em publicações sobre o assunto com a denominação de sistema lambda. O uso de tirante no topo dos pilares é bastante comum, principalmente quando se deseja reduzir o peso dos elementos. Sistemas estruturais com essa forma básica, com tirante no topo dos pilares, têm sido largamente utilizados no país como uma forma de aplicação do CPM "leve". Para os vãos e as alturas dos pórticos em que o sistema é empregado, o manuseio e o transporte dos elementos podem ser feitos sem grandes dificuldades, possibilitando a sua execução em fábricas.
- *Com elementos em forma de U (Fig. 7.8b)*: nesse caso, a forma básica corresponde ao emprego de elementos que englobam os pilares e a trave. As aplicações práticas desse caso se restringem a pré-moldados de canteiro, com a moldagem dos elementos na posição horizontal. Além da forma de U, os elementos podem ser na forma de TT, quando se deseja criar balanços. A vinculação desses elementos com a fundação pode ser com duas articulações.
- *Com elementos em forma de L ou T (Fig. 7.8c)*: nessa forma básica, o elemento equivale à metade do caso anterior. Esse caso é de particular interesse em galpões altos e estreitos de um só vão, formando pórticos triarticulados, evitando assim o engastamento na fundação, para a situação final.

Assim como no caso anterior, essas formas básicas podem ser empregadas para galpões de um vão ou de múltiplos vãos e as coberturas podem ser planas ou inclinadas. Na Fig. 7.9 estão ilustrados os esquemas construtivos derivados das três formas básicas.

Cabe destacar ainda os seguintes aspectos: a) pode-se também nesses casos recorrer a sistema de vigas mestras e vigas secundárias; b) pode ser empregado sistema estrutural com parte dos elementos com eixo reto, como os pilares, e parte com elementos compostos de trechos de eixo reto.

Este último caso, que pode ser utilizado com vigas mestras, possibilita utilizar pré-moldados de fábrica em grande parte da construção, ou mesmo em toda a construção se o elemento composto de trechos de eixo reto for relativamente pequeno.

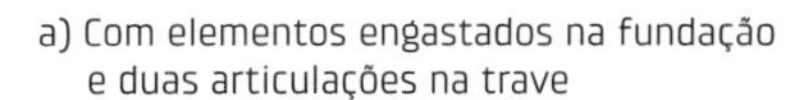
a) Com elementos engastados na fundação e duas articulações na trave

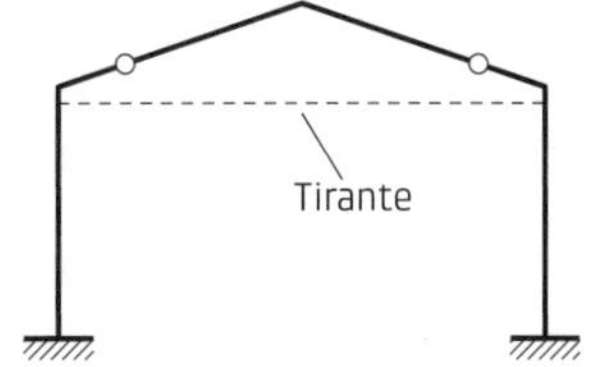

b) Com elementos em forma de U

c) Com elementos em forma de L ou T

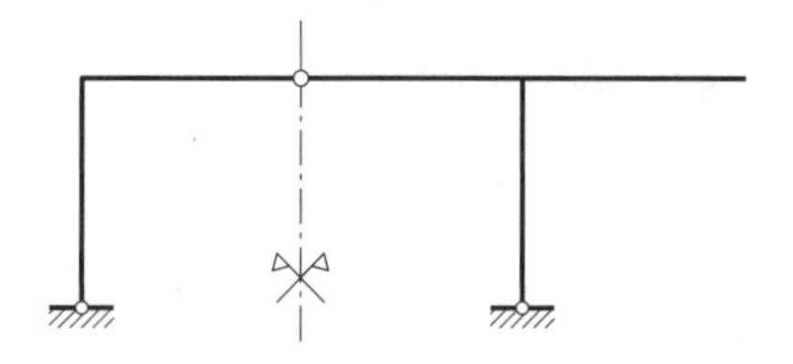

Fig. 7.8 Formas básicas dos sistemas estruturais com elementos compostos de trechos de eixo reto

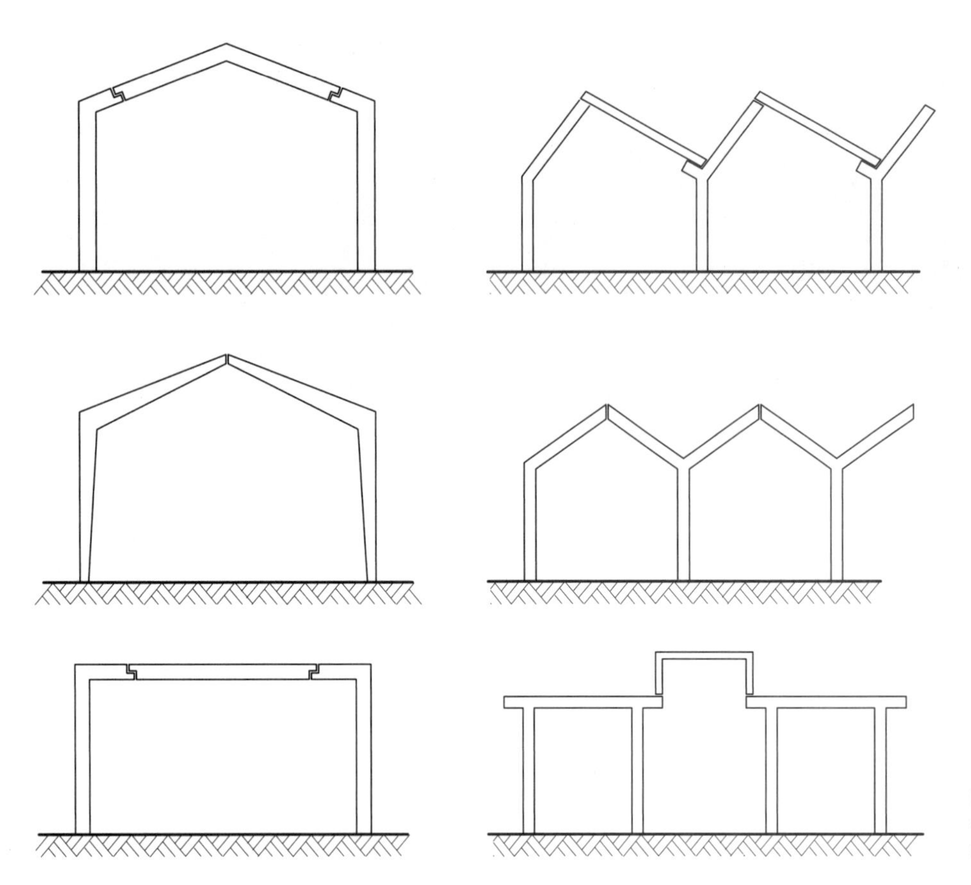

Fig. 7.9 Esquemas construtivos com elementos compostos de trechos de eixo reto

Em relação à análise estrutural, vale, em princípio, o que foi comentado para o caso anterior.

7.2.3 Sistemas estruturais com elementos com abertura entre os banzos

Os sistemas estruturais aqui enquadrados correspondem a alternativas da forma dos elementos, que podem ser em treliça, viga Vierendeel ou viga armada. Em princípio, essas formas de elementos se aplicam a quaisquer dos sistemas estruturais derivados das formas básicas apresentadas anteriormente. Assim, os elementos com abertura entre os banzos podem ser empregados em vigas, em pilares ou em elementos compostos de trechos de eixo reto.

A característica principal dessas formas de elementos é a redução do consumo de materiais e, consequentemente, do peso dos elementos.

Alguns exemplos dos elementos em questão estão indicados na Fig. 7.10. Na Fig. 7.11 são mostradas algumas possibilidades com o esquema de viga armada e na Fig. 7.12 são apresentadas algumas formas de treliça. Um estudo de aplicação de viga Vierendeel em galpão com cobertura em "dente de serra" é exibido na Fig. 7.13.

Cabe destacar ainda que as treliças podem ser também espaciais. Entretanto, pelo que se tem conhecimento, essa alternativa foi empregada apenas na cobertura de hangar de um aeroporto na Inglaterra.

O uso de elementos dessa forma foi bastante intensivo no início do CPM. Atualmente a sua utilização tem sido menor, em particular as treliças, por não apresentarem facilidades de execução. Na verdade, a execução desses elementos, que normalmente são moldados na posição horizontal, não apresenta grandes dificuldades, mas também não facilita a mecanização da execução.

Atualmente existe maior disponibilidade de equipamentos de montagem de grande capacidade de carga, o que acarretou a redução do uso dessas formas. Entretanto, essas alternativas não deixam de ser viáveis em certas circunstâncias, principalmente em pré-moldados de canteiro.

A Fig. 7.14 mostra um notável exemplo de aplicação de elementos com abertura entre os banzos. Trata-se do Estaleiro Enseada do Paraguaçu, com vãos atingindo 41 m e pilares que chegam a 35 m de altura.

7.3 Sistemas estruturais de parede portante

A característica principal desses sistemas é que as paredes, além de prover o fechamento de galpões, servem de apoio para a cobertura.

Em geral, apenas paredes externas são portantes. Quando as dimensões em planta do edifício são grandes, a parte interna é constituída de sistema de esqueleto, conforme

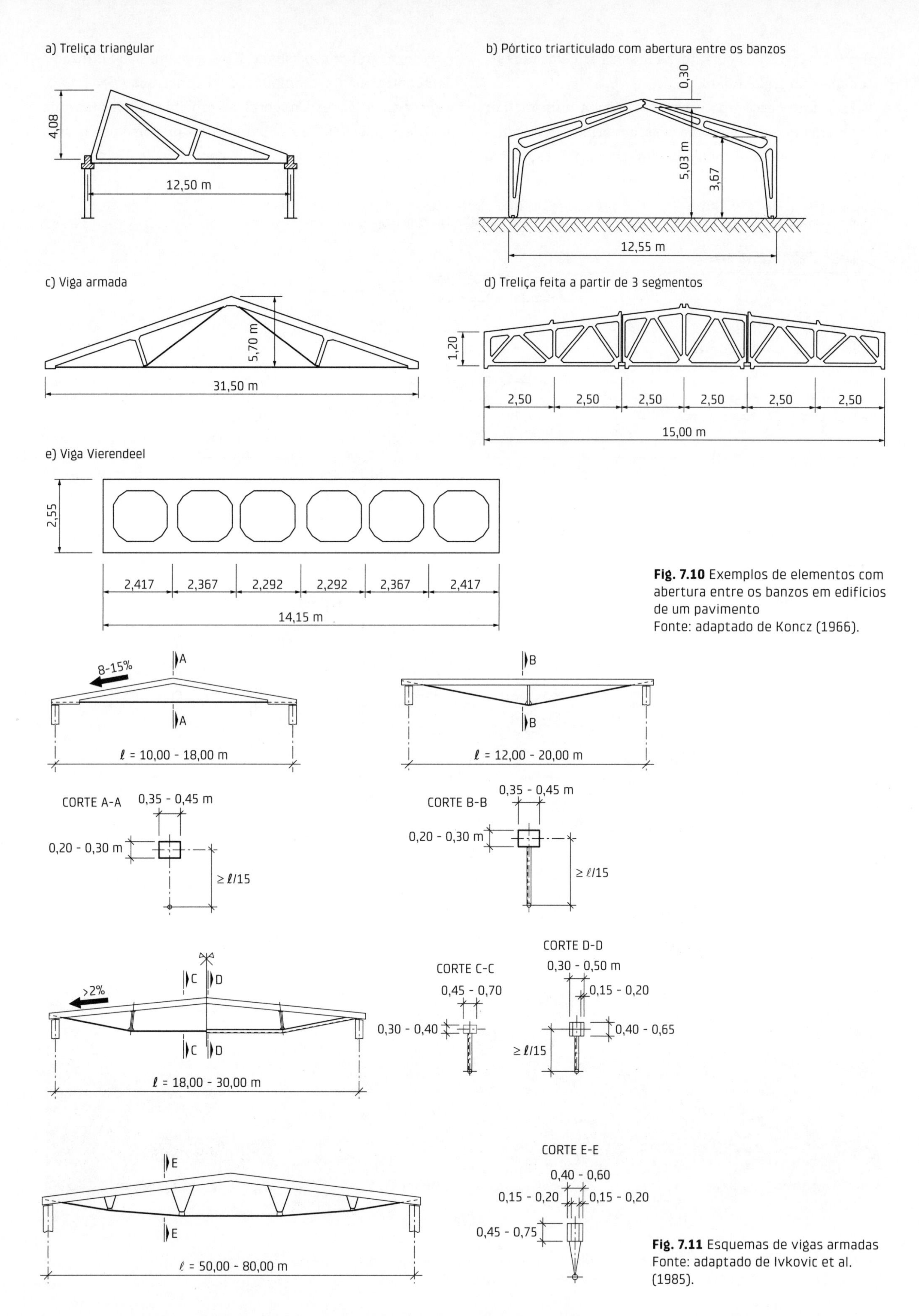

Fig. 7.10 Exemplos de elementos com abertura entre os banzos em edifícios de um pavimento
Fonte: adaptado de Koncz (1966).

Fig. 7.11 Esquemas de vigas armadas
Fonte: adaptado de Ivkovic et al. (1985).

indicado na Fig. 7.15. Portanto, na maior parte das vezes o sistema estrutural é misto.

A aplicação desse tipo estrutural resulta num melhor aproveitamento dos materiais, pois, em princípio, o fechamento com painéis pré-moldados em sistemas de esqueleto apresenta grande capacidade de suporte que não é utilizada. Em contrapartida, a ampliação da construção pode apresentar dificuldades. Em geral, ao projetar galpões fazendo uso dessa ideia, utiliza-se parede portante em apenas uma direção, possibilitando a ampliação na outra direção.

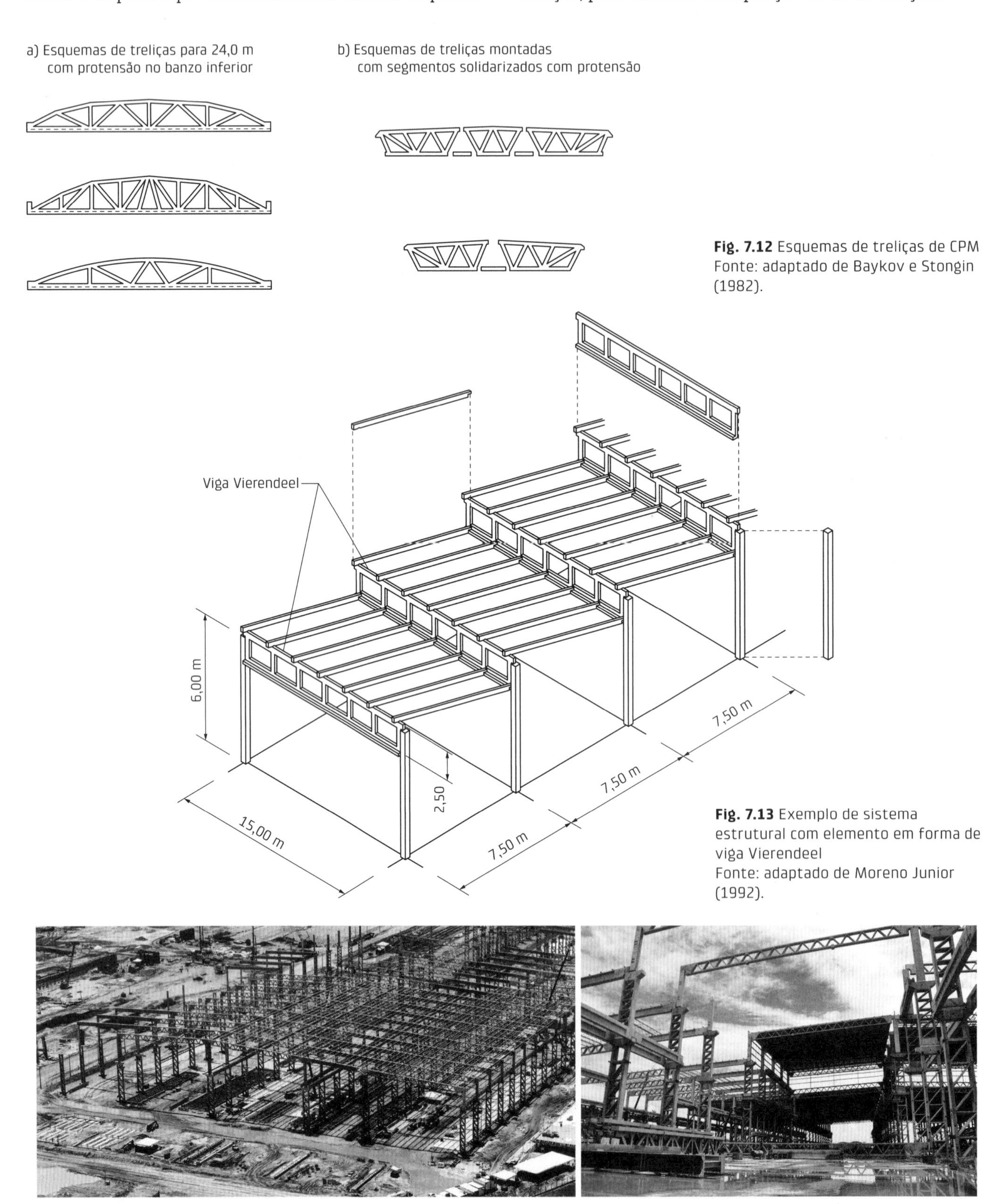

Fig. 7.12 Esquemas de treliças de CPM
Fonte: adaptado de Baykov e Stongin (1982).

Fig. 7.13 Exemplo de sistema estrutural com elemento em forma de viga Vierendeel
Fonte: adaptado de Moreno Junior (1992).

Fig. 7.14 Exemplo de aplicação de sistema estrutural com elemento com abertura entre os banzos
Fotos: cortesia de George Maranhão Engenharia e Consultoria Estrutural.

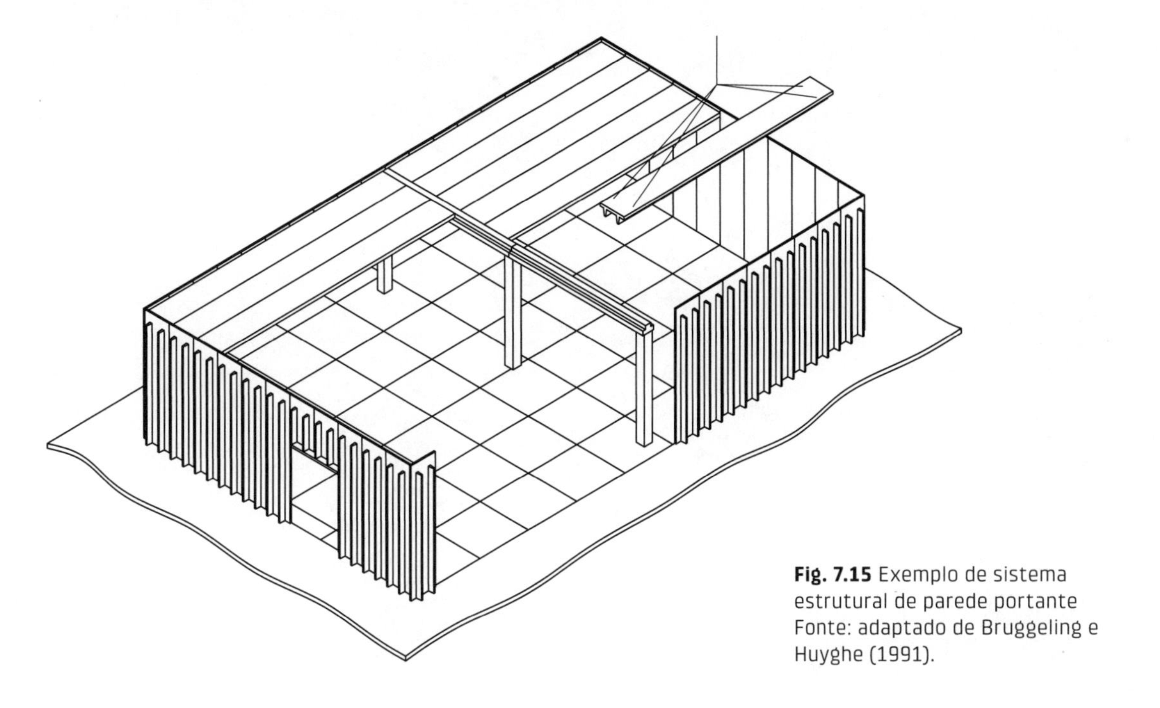

Fig. 7.15 Exemplo de sistema estrutural de parede portante
Fonte: adaptado de Bruggeling e Huyghe (1991).

Cabe destacar que um levantamento da FIP feito no início da década de 1970 visando à tipificação da construção de galpões em vários países apontou essa alternativa construtiva como uma forma de maior interesse no futuro. De fato, esses sistemas estruturais têm sido largamente empregados nos Estados Unidos. Já a sua utilização na Europa é relativamente limitada.

Nesses sistemas estruturais, as paredes podem ser engastadas na fundação e os elementos de cobertura apoiados sobre elas, utilizando a primeira forma básica dos sistemas de esqueleto com elementos de eixo reto. Assim, a estabilidade da estrutura em relação às ações laterais seria garantida pela parede engastada na fundação.

No entanto, a forma mais comum de estabilizar a estrutura é contar com a cobertura para transferir as forças laterais para as paredes da direção dessas forças, com a ação de diafragma. Dessa forma, desde que o arranjo das paredes, da cobertura e das ligações entre elas propicie o comportamento de caixa, indicado na Fig. 7.16, as paredes podem ser simplesmente apoiadas na fundação.

As paredes podem ser constituídas com os vários tipos de painéis apresentados no capítulo anterior. No entanto, destaca-se que a maior parte das aplicações tem sido feita com os painéis TT e os painéis alveolares.

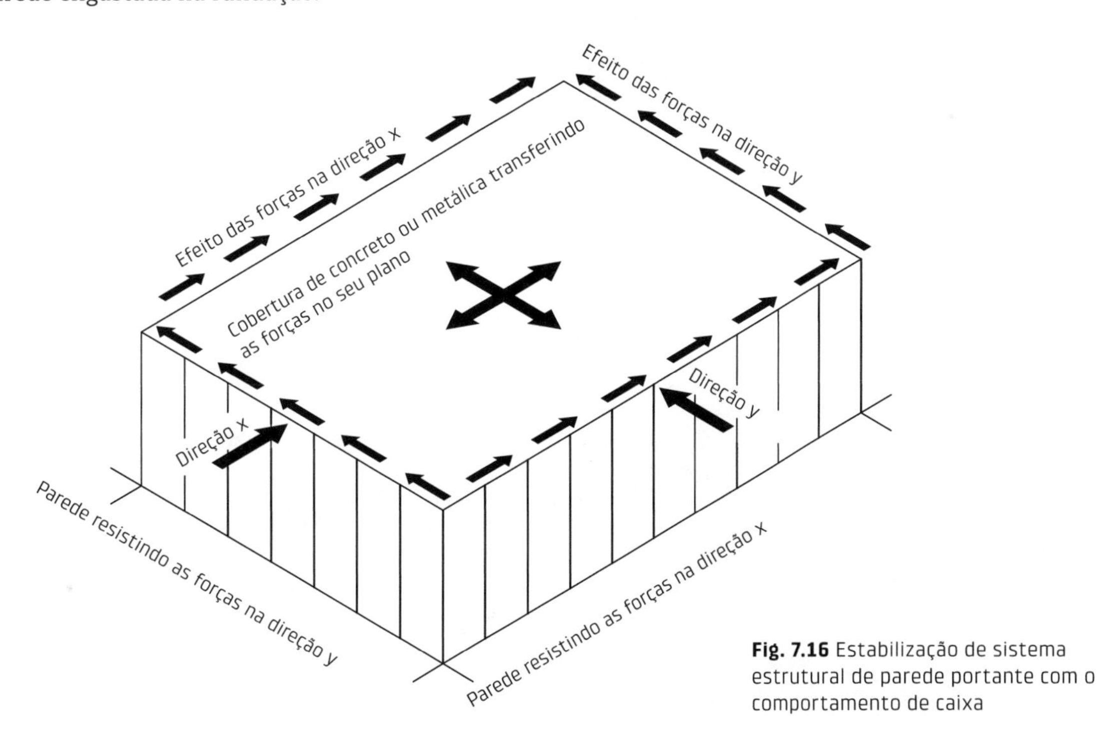

Fig. 7.16 Estabilização de sistema estrutural de parede portante com o comportamento de caixa

8 EDIFÍCIOS DE MÚLTIPLOS PAVIMENTOS

Conforme adiantado, a apresentação do emprego do concreto pré-moldado (CPM) em edifícios com mais de um pavimento, denominados aqui edifícios de múltiplos pavimentos, está relacionada de forma mais estreita com os capítulos sobre componentes de edifícios e sobre edifícios de um pavimento.

8.1 Considerações iniciais

Os edifícios de múltiplos pavimentos, quando comparados com os edifícios de um pavimento, apresentam, em princípio, algumas características adequadas para o emprego do CPM, tais como elementos de menor peso e maior número de elementos. Por outro lado, em geral, existe grande número de ligações, eventualmente com múltiplos elementos concorrendo ao mesmo nó, e a garantia da estabilidade global passa a ser mais dispendiosa.

Essa comparação, ainda que geral e que não leve em consideração os aspectos particulares de cada sistema, fornece uma primeira ideia da problemática do emprego do CPM nos edifícios de múltiplos pavimentos.

Os sistemas estruturais dos edifícios de múltiplos pavimentos são classificados conforme apresentado no Quadro 8.1.

Cabe registrar a possibilidade de utilizar sistema estrutural resultante da combinação de característica de um

Quadro 8.1 SISTEMAS ESTRUTURAIS EM CPM PARA EDIFÍCIOS DE MÚLTIPLOS PAVIMENTOS

Sistemas estruturais de esqueleto	• Com elementos de eixo reto (elementos tipo pilar e tipo viga) • Com elementos compostos de trechos de eixo reto (elementos que incluem parte do pilar e parte da viga) • Em pavimentos sem vigas (elementos tipo pilar e tipo laje)
Sistemas estruturais de parede portante	• Com grandes painéis de fachada • Com painéis da altura do pavimento • Com elementos tridimensionais
Sistemas mistos	• Combinações de sistemas de esqueleto e de parede portante

pavimento com a de múltiplos pavimentos. Essa possibilidade não recebe tratamento à parte.

Tendo em vista a funcionalidade, que tem reflexos no sistema estrutural, os edifícios de múltiplos pavimentos podem ser divididos em três grupos, conforme exposto a seguir, com base em Bruggeling e Huyghe (1991):

- *Grupo 1 – edifícios industriais, comerciais e de estacionamento*: as características deste grupo são grandes vãos e cargas de utilização relativamente elevadas. A flexibilidade de *lay-out* e a possibilidade de ampliações são importantes. Os sistemas estruturais mais indicados são os de esqueleto.
- *Grupo 2 – edifícios de escritório, escolas e hospitais*: nesse caso, são importantes a flexibilidade do *lay-out* e a estética. Os vãos e cargas de utilização são menores que no caso anterior. Para esse grupo, os sistemas estruturais mais adequados são os de esqueleto e os mistos, com paredes portantes nas fachadas.
- *Grupo 3 – hotéis e edifícios residenciais*: os vãos e cargas de utilização desse caso são menores que nos dois primeiros grupos. A flexibilidade do *lay-out* não é importante, e a estética é relativamente importante. Os sistemas estruturais de parede portante são, em princípio, mais apropriados.

Em relação à altura, esse tipo de construção pode ser classificado em edifícios de pequena altura e edifícios de grande altura. Como valor da altura de referência, para diferenciar os dois casos, pode-se adotar 12 m. Para os edifícios de pequena altura, o efeito das ações laterais devido ao vento é pequeno, o que possibilita o emprego de sistemas estruturais com ligações mais simples entre os elementos.

Além da apresentação dos sistemas estruturais, na qual é abordada basicamente a estrutura principal de sustentação dos edifícios, estão incluídas uma seção dedicada especialmente aos pavimentos dos sistemas estruturais de esqueleto e outra seção dedicada aos sistemas de contraventamento.

8.2 Sistemas estruturais de esqueleto

8.2.1 Sistemas estruturais com elementos de eixo reto

Os sistemas de esqueleto com elementos de eixo reto são constituídos basicamente de pilares e vigas. Dessa forma, como ideia geral, vale o que foi dito para o caso dos galpões. Os elementos são apropriados para execução em fábrica, devido às facilidades de manuseio e à possibilidade de emprego da pré-tração, mas, por outro lado, os sistemas estruturais apresentam distribuição de esforços solicitantes mais desfavorável, quando a ligação das vigas nos pilares for articulação.

Os sistemas estruturais resultantes da aplicação desses elementos exibem as seguintes formas básicas:

- *Pilares engastados na fundação e vigas articuladas (Fig. 8.1a)*: assim como nos galpões, essa forma básica é uma das mais empregadas pelas facilidades de produção e de realização das ligações.
- *Pilares engastados na fundação e vigas rigidamente ligadas aos pilares (Fig. 8.1b)*: em geral, esse caso é utilizado para edifícios altos, com mais de 12 m, como uma alternativa da forma anterior. Esse caso tem uma grande semelhança de comportamento com as estruturas de concreto moldado no local (CML), à custa da realização de ligações mais dispendiosas.
- *Com elementos de viga e pilar formando T (Fig. 8.1c)*: nesse caso, utilizam-se elementos de pilares com a mesma altura dos pavimentos, que recebem vigas passando sobre eles. A ligação entre o topo do pilar e a viga deve ser rígida, de forma a reproduzir a forma básica de T.

Cabe destacar que o emprego de ligação viga × pilar semirrígida, apresentada na seção 5.2 e no Anexo E, teria uma situação intermediária às duas primeiras formas básicas.

Com as duas primeiras formas básicas, os pilares pré-moldados têm, normalmente, a altura da edificação, ou seja, não existem emendas nos pilares. Nesses casos, a altura atingida é da casa dos 20 m, excepcionalmente chegando à casa dos 30 m, conforme adiantado no Cap. 6. Para maiores alturas, pode-se fazer os pilares a partir de mais de um elemento, como dois elementos de 20 m para

a) Pilares engastados na fundação e vigas articuladas

b) Pilares engastados na fundação e vigas rigidamente ligadas aos pilares

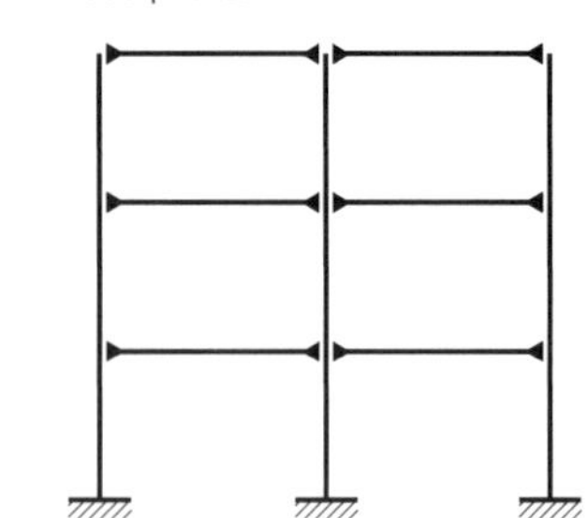

c) Com elementos em forma de T

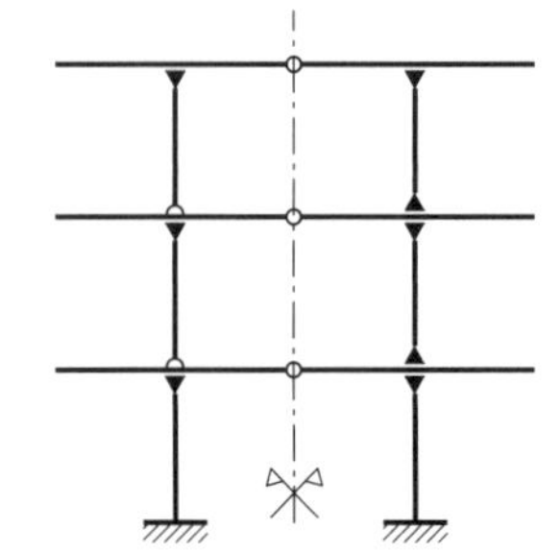

Fig. 8.1 Formas básicas dos sistemas estruturais com elementos de eixo reto

um pilar com altura de 40 m. Nessas situações, procura-se realizar as emendas nos terços médios entre dois pavimentos e defasar as ligações em pavimentos diferentes. Eventualmente, pode-se dividir os pilares em maior número de elementos, portanto maior número de ligações, até o caso extremo dos segmentos serem da altura do pavimento ou de dois pavimentos.

O manual da fib (2014) fornece a recomendação para os vãos das vigas e das lajes, bem como para a altura de pilares, reproduzida na Tab. 8.1.

Tab. 8.1 RECOMENDAÇÃO DO MANUAL DA fib (2014) PARA VÃO DE VIGAS, VÃO DE LAJES E ALTURA DE PILARES PARA EDIFÍCIOS DE MÚLTIPLOS PAVIMENTOS (VALORES EM METROS)

	Mínimo	Ótimo	Máximo
Vão da viga	5	6-10	15
Vão da laje	6	7-16	18-20
Altura do pilar	3-4	6-12	20-25

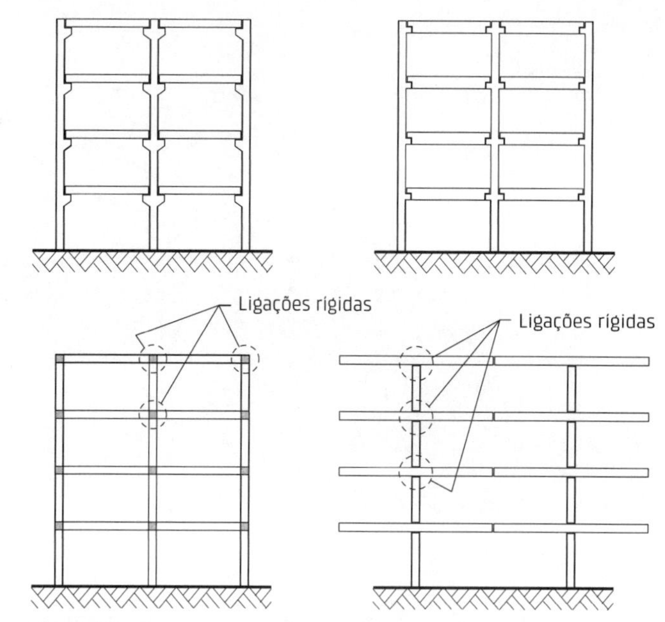

Fig. 8.2 Esquemas construtivos com elementos de eixo reto

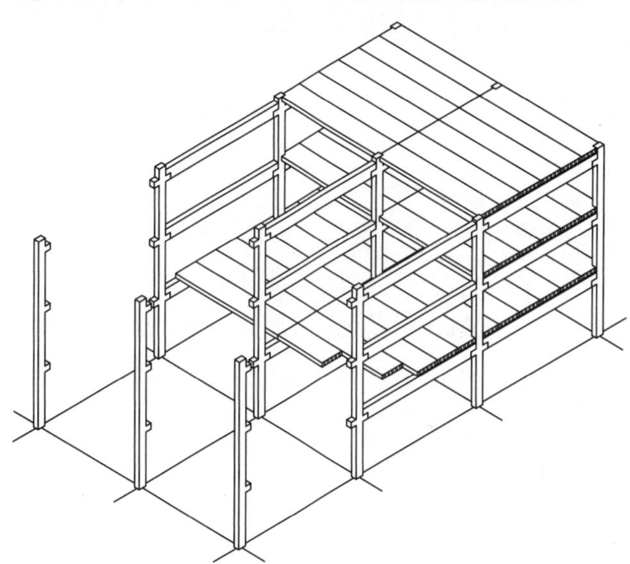

Fig. 8.3 Exemplo de sistemas estruturais com elementos de eixo reto para edifícios de múltiplos pavimentos

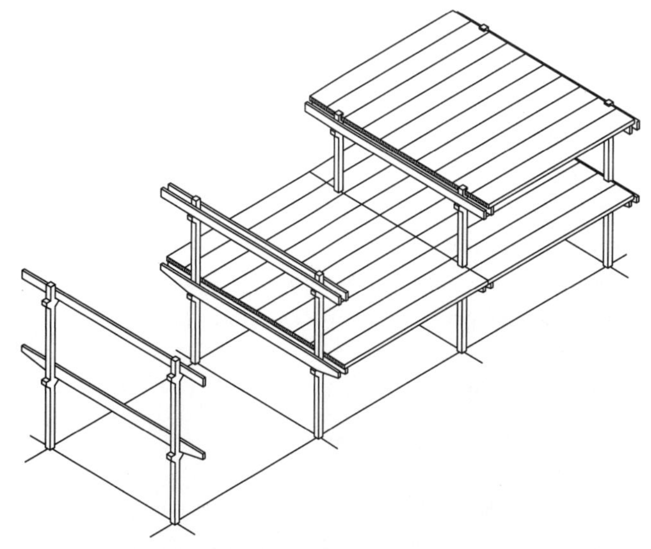

Fig. 8.4 Exemplo de sistema estrutural derivado da primeira forma básica com vigas paralelas e balanço
Fonte: adaptado de ABCI (1986).

A estabilização dos edifícios está diretamente relacionada com as formas básicas. Na primeira forma básica, a estabilidade da estrutura para alturas até a ordem de 12 m fica a cargo dos pilares engastados na fundação. A segunda forma básica é, em geral, utilizada quando a primeira forma básica deixa de ser interessante devido às elevadas solicitações provenientes das ações laterais. Outra possibilidade é manter a primeira forma básica e recorrer a sistema de contraventamento (painéis ou núcleos de contraventamento) para promover a estabilização, conforme adiantado na seção 2.4. A combinação de formas de estabilização com vigas rigidamente ligadas aos pilares e sistema de contraventamento pode também ser empregada. Informações adicionais em relação aos elementos para formar os sistemas de contraventamento são apresentadas na seção 8.2.5. No terceiro caso, a forma T, constituída pelos elementos de pilares e de vigas, possibilita a estabilização da estrutura para edifícios relativamente altos. Na verdade, essa forma básica resulta, mediante a montagem na construção de dois elementos, na forma básica correspondente a elementos pré-moldados em forma de T, já apresentados no capítulo anterior e que tornam a aparecer na seção seguinte.

Alguns esquemas construtivos desse tipo estrutural estão mostrados na Fig. 8.2. Nas Figs. 8.3 e 8.4 são apresentadas duas ilustrações de sistemas estruturais para edifícios de pequena altura.

A Fig. 8.5 exibe uma aplicação de CPM em um edifício de múltiplos pavimentos com elementos de eixo reto construído na Itália. Já a Fig. 8.6 mostra a ampliação do Aeroporto Internacional de Brasília, em que as vigas de piso passam

Fig. 8.5 Aplicação de CPM em sistemas estruturais com elementos de eixo reto para edifícios de múltiplos pavimentos: Europarco Business Park (Itália)

Fig. 8.6 Aplicação de CPM em sistemas estruturais com elementos de eixo reto para edifícios de múltiplos pavimentos: ampliação do Aeroporto Internacional de Brasília
Fonte: Tomazoni (2014).

ao lado dos pilares, com característica similar ao exemplo da Fig. 8.4. Mais informações e detalhes dessa aplicação de CPM podem ser encontrados em Tomazoni (2014).

Na Fig. 8.7 é apresentada a possibilidade para edifícios de pequena altura, mas com diferente estrutura para a cobertura.

A Fig. 8.8 exibe a aplicação do CPM de uma obra já citada no capítulo introdutório, apresentada no 3PPP (Doniak, 2013). Parte da estrutura dessa obra corresponde à aplicação de elementos de eixo reto em edifícios de múltiplos pavimentos.

A utilização de elementos com abertura entre os banzos é bem menos comum nos edifícios de múltiplos pavimentos que nos galpões. Contudo, existem exemplos de aplicação em coberturas e no sistema de pavimentos, nos quais as aberturas são aproveitadas para a passagem de instalações, como a aplicação apresentada em Levy e Yoshizawa (1992).

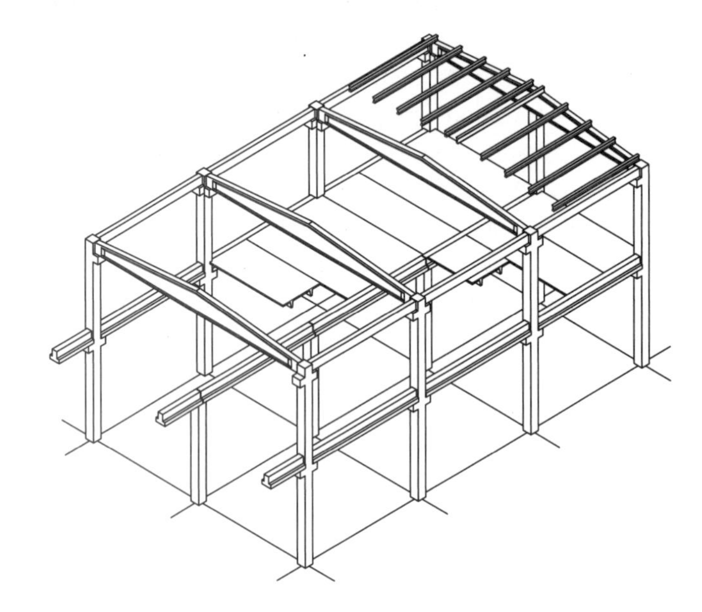

Fig. 8.7 Exemplo de sistema estrutural derivado da primeira forma básica para edifícios de pequena altura com vãos maiores no último pavimento

8.2.2 Sistemas estruturais com elementos compostos de trechos de eixo reto

Os elementos empregados nesses sistemas estruturais correspondem àqueles que incluem parte dos pilares e parte das vigas. Por se tratar de elementos compostos de trechos de eixo reto, aplicam-se a eles, em princípio, as mesmas considerações relativas à sua adoção em edifícios de um pavimento. No entanto, como em geral os elemen-

Fig. 8.8 Aplicação de elementos de eixo reto em um estádio com parte do sistema estrutural correspondente a múltiplos pavimentos

tos são menores que os utilizados nos galpões, aumenta a possibilidade de executar elementos com eixo composto de trechos retos em fábricas e transportá-los para a obra.

A utilização desses sistemas estruturais tem-se tornado escassa atualmente. Alguns exemplos atuais são de estruturas resistentes a sismo.

Esses sistemas estruturais podem ser derivados das seguintes formas básicas:

- *Com elementos verticais engastados na fundação e articulações nas traves (Fig. 8.9a,b)*: essa forma básica corresponde à composição de elementos com articulações dispostas próximas à posição do momento fletor nulo devido à carga permanente, em estrutura monolítica equivalente. Dessa forma, resultam dois tipos de elemento: pilares com parte da viga (elemento composto de trechos de eixo reto) e vigas. Assim como nos galpões, esse caso recebe a denominação de sistema lambda. A eliminação do segmento central é uma variante dessa forma básica (Fig. 8.9b). Nesse caso, os vãos são bem menores, mas o comportamento em relação às ações laterais passa a ser bem mais favorável.
- *Com elementos em forma de U, H, T e similares (Fig. 8.9c-e)*: nessa forma básica, são empregados elementos correspondentes à parte do pilar e à parte da viga. Com esses elementos, que são compostos de trechos de eixo reto, pode-se obter estruturas que resistem bem às ações laterais, sem necessitar de ligações rígidas a momento fletor. Esses elementos podem ser combinados com elementos tipo viga nos sistemas estruturais.

Em relação à estabilização da estrutura, valem ser destacadas as seguintes particularidades: a) a primeira forma básica (Fig. 8.9a), com o segmento central, corresponde a uma alternativa da primeira forma básica do caso anterior (pilares engastados na fundação e vigas articuladas), portanto se aplicam aos sistemas estruturais derivados dessa forma as mesmas considerações apresentadas na seção anterior; e b) com os elementos das demais formas básicas (Fig. 8.9b-e), pode-se por si só garantir a estabiliza-

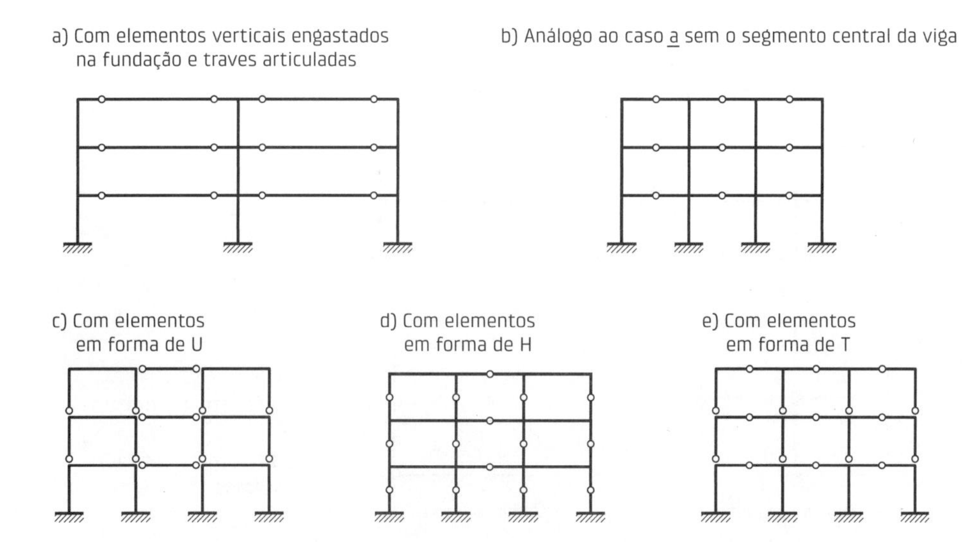

Fig. 8.9 Formas básicas dos sistemas estruturais com elementos compostos de trechos de eixo reto

ção da estrutura para edifícios relativamente altos, pois os momentos fletores nos pilares devidos às ações laterais aumentam bem menos que a primeira forma básica (Fig. 8.9a).

Alguns esquemas construtivos derivados das formas básicas apresentadas estão mostrados na Fig. 8.10. Exemplos de aplicações com esses esquemas podem ser vistos em Koncz (1966).

8.2.3 Sistemas estruturais em pavimentos sem vigas

Esse caso corresponde ao emprego de sistemas tipo laje-cogumelo, também chamados de sistemas pilar-laje, e os elementos estruturais são os pilares e as lajes. Esses sistemas apresentam uma importante característica em relação à utilização do edifício, que é a flexibilidade do *lay-out*. Por outro lado, as dimensões dos elementos dificultam ou inviabilizam a produção dos componentes em fábricas. O uso desses sistemas estruturais é, atualmente, bastante limitado.

Esses sistemas estruturais podem ser derivados das formas básicas descritas a seguir:

- *Com elementos tipo pilar-laje e tipo laje (Fig. 8.11a)*: nesse caso, usam-se elementos correspondentes ao pilar com parte da laje. Em geral, para completar os pavimentos são utilizados mais outros elementos tipo laje. Quando a parte da laje junto ao pilar é relativamente pequena, formando basicamente um capitel, o pilar pode ser da altura de vários andares. Caso contrário, os elementos pilar-laje têm altura de um pavimento, obrigando assim a realização de emenda nos pilares em todos os pavimentos.
- *Com elementos tipo pilar e tipo laje (Fig. 8.11b)*: esse caso equivale ao emprego de dois tipos de elemento, pilar e laje. Os elementos tipo laje podem ter as dimensões ajustadas para as dimensões do pavimento ou para se apoiarem em quatro pilares. A segunda alternativa corresponde à utilização do processo de execução denominado *placas ascendentes* ou *lift-slab*, no qual todos os pavimentos são moldados no nível do solo, uns sobre os outros, sendo posteriormente levantados e colocados nas suas posições de utilização definitiva.

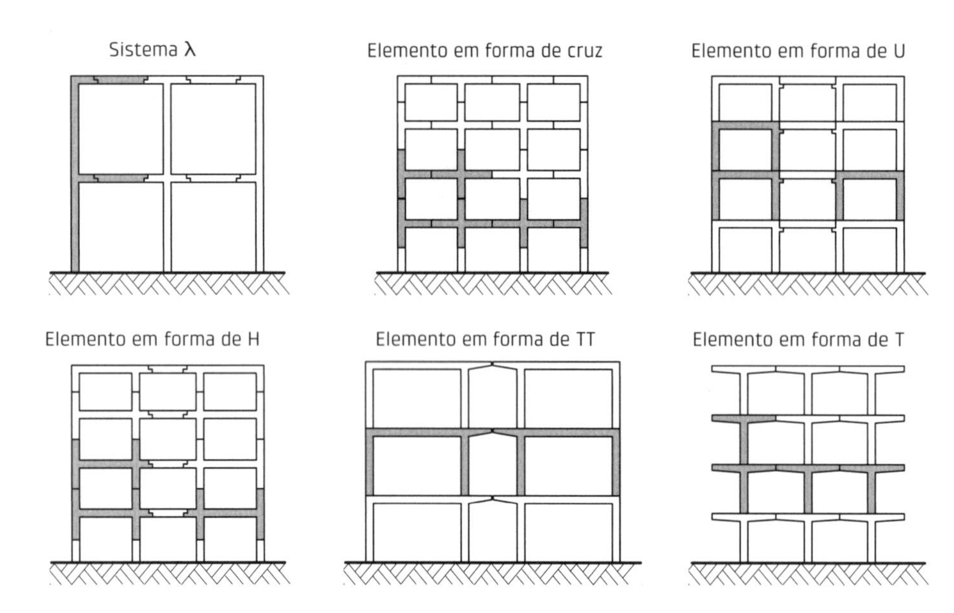

Fig. 8.10 Esquemas construtivos com elementos compostos de trechos de eixo reto

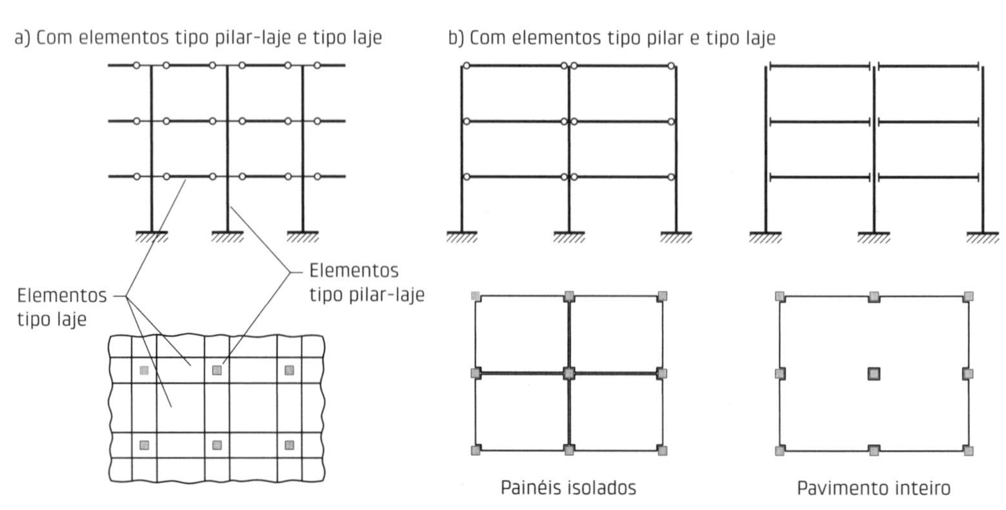

Fig. 8.11 Formas básicas dos sistemas estruturais em pavimentos sem vigas

Um esquema construtivo com a primeira forma básica é apresentado na Fig. 8.12a. Na Fig. 8.12b é mostrado um esquema construtivo com a primeira alternativa da segunda forma básica. O esquema de execução com placas ascendentes é exibido na Fig. 8.13.

Na Fig. 8.14 é ilustrado um sistema construtivo chamado de IMS, em que o sistema estrutural é formado com base na primeira alternativa da segunda forma básica. A laje pode ser nervurada ou vazada ou ainda maciça com nervura na linha dos apoios. Neste último caso, as nervuras, em

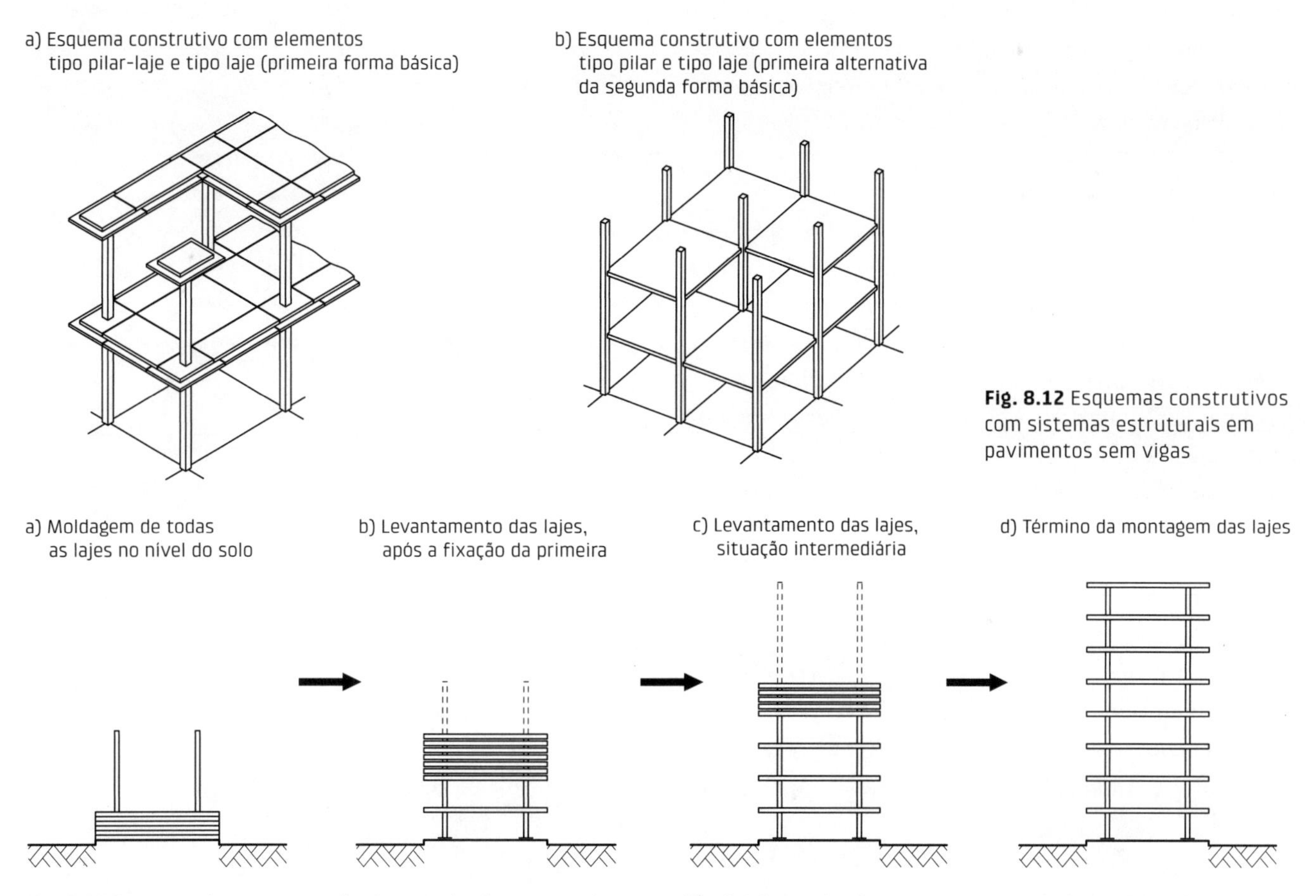

Fig. 8.12 Esquemas construtivos com sistemas estruturais em pavimentos sem vigas

Fig. 8.13 Esquema de montagem do sistema de *placas ascendentes* ou *lift-slab* (segunda alternativa da segunda forma básica)

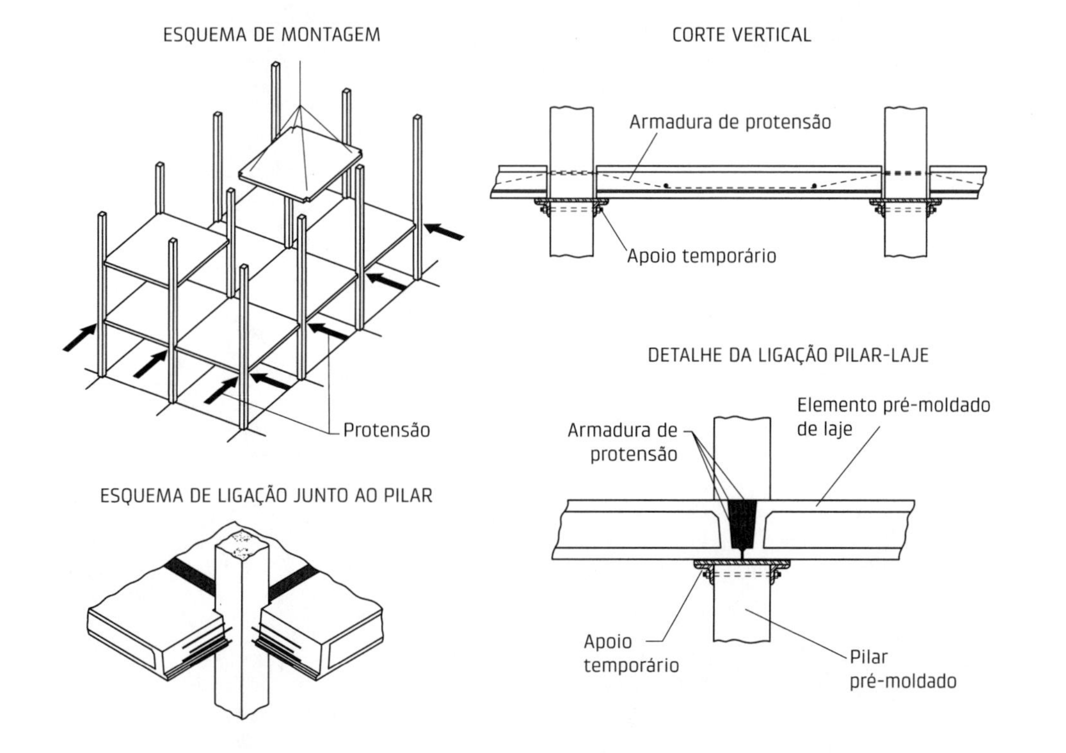

Fig. 8.14 Sistema IMS para edifícios de múltiplos pavimentos

geral, não têm rigidez para desempenhar o papel de viga, o que justifica o seu enquadramento no sistema pilar-laje.

Para a primeira forma básica, com emenda de pilares nos vários pavimentos, a estabilização da estrutura é garantida, normalmente, por meio de sistema de contraventamento. Para a primeira forma básica com pilares contínuos e para a segunda forma básica, aplicam-se as mesmas considerações feitas para o caso dos pilares engastados na fundação e vigas articuladas nos pilares.

8.2.4 Sistemas de pavimentos

Os pavimentos são constituídos de lajes e vigas, ou somente lajes, como é o caso das lajes-cogumelo.

Os sistemas de pavimentos integram os sistemas estruturais de esqueleto de edifícios em geral, recebendo as cargas verticais e transmitindo-as para os pilares. Eles desempenham importante papel na estabilização da estrutura, mediante a ação de diafragma.

Essa parte dos sistemas estruturais de esqueleto merece destaque porque representa, normalmente, a maior parte dos custos da estrutura. Salienta-se ainda que é nessa parte que podem ocorrer maiores conflitos com os sistemas de instalações.

Esse assunto é tratado em Albuquerque e El Debs (2005), em que é apresentada uma síntese de sistemas de pavimentos encontrados nas publicações sobre o assunto, bem como um levantamento dos sistemas empregados no Brasil.

Os elementos que compõem os pavimentos, as vigas e as lajes, foram apresentados no Cap. 6. No entanto, os sistemas de pavimentos dependem também das características dos pilares, tais como disposição, espaçamento, e detalhes das ligações, resultando assim numa diversidade de alternativas.

No sentido de mostrar essas alternativas, estão reunidos nas Figs. 8.15 a 8.19 alguns casos de sistemas de pavimentos.

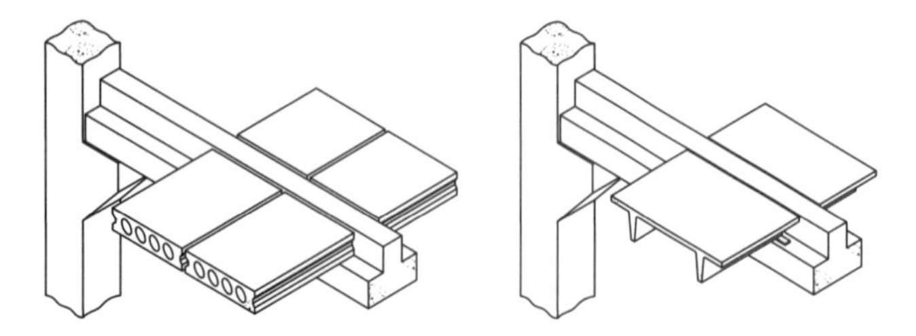

Esse caso, que já vem sendo mostrado ao longo do texto, corresponde ao emprego de vigas, em geral de seção T invertido ou L, e lajes de painéis alveolares ou TT, que podem ou não receber capa de concreto estrutural. Esse sistema é um dos mais utilizados em todo o mundo

Fig. 8.15 Sistema de pavimentos com vigas e painéis alveolares ou TT

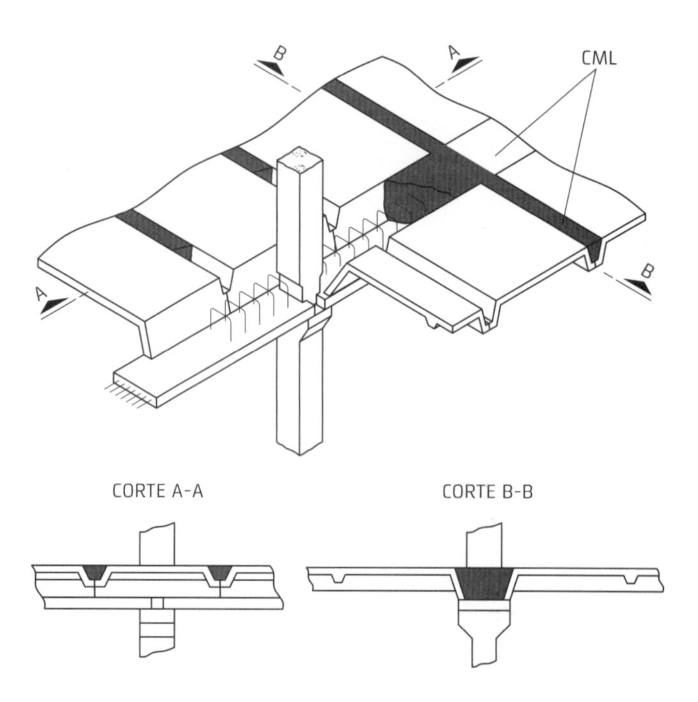

Esse sistema, bastante utilizado na ex-União Soviética, tem como características a pequena altura da viga e o emprego de elementos pré-moldados em forma de U invertido

Fig. 8.16 Sistema de pavimentos com viga baixa e painéis em forma de U invertido
Fonte: adaptado de Baykov (1978).

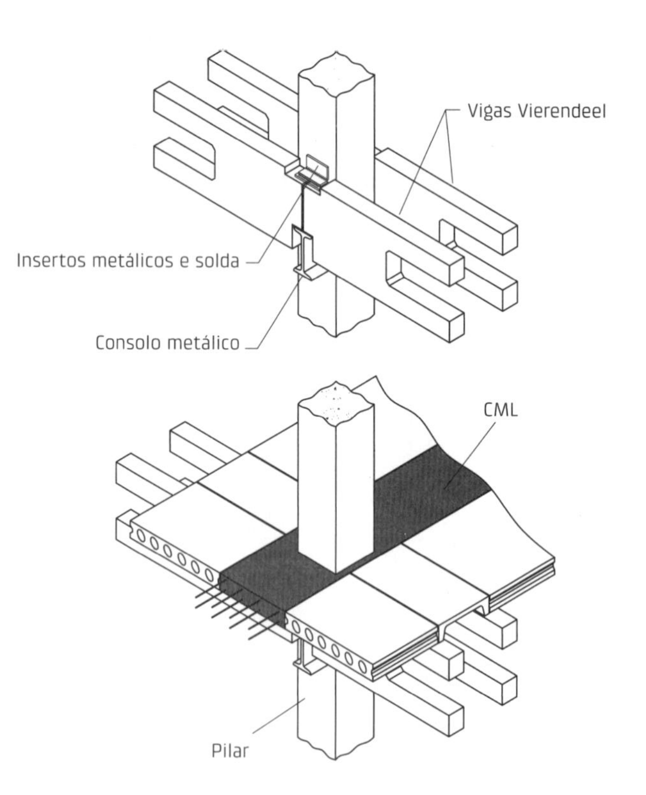

Esse sistema de pavimentos é parte do sistema construtivo Censa. Ele é baseado no emprego de duas vigas Vierendeel dispostas paralelamente que se apoiam em consolos metálicos nos pilares. O pavimento é completado com um elemento especial em forma de U, painéis alveolares e CML

Fig. 8.17 Sistema de pavimentos do sistema construtivo Censa
Fonte: adaptado de Medina Sánchez e Rodríguez García (1986).

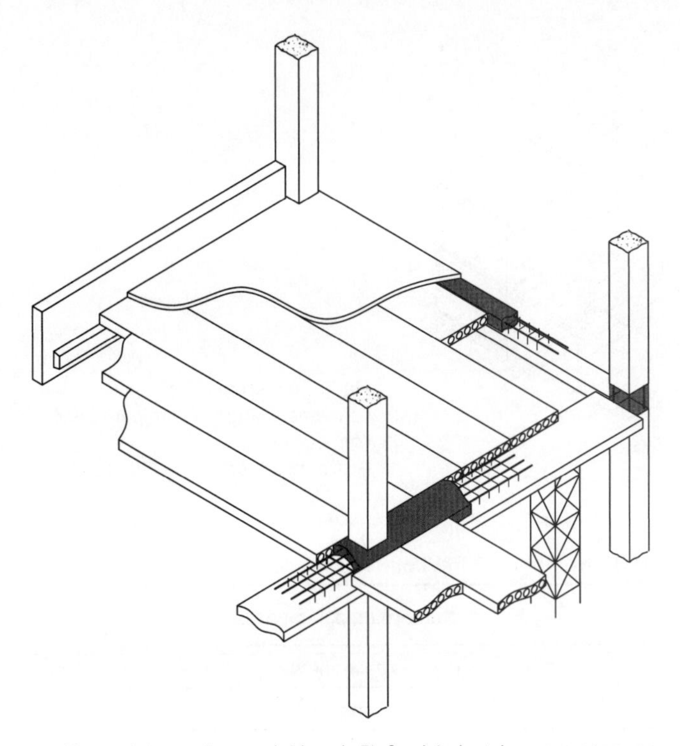

Nesse sistema, desenvolvido pela Finfrock Industries, empregam-se painéis alveolares e vigas de pequena altura, que se apoiam em cimbramento. No nível do pavimento, os pilares ficam sem concreto, com armadura exposta nessa região. Nas faixas sobre as vigas é feita uma concretagem no local de forma a promover as ligações e ampliar a seção resistente da viga

Fig. 8.18 Sistema de pavimentos Dycore
Fonte: adaptado de Prior et al. (1993).

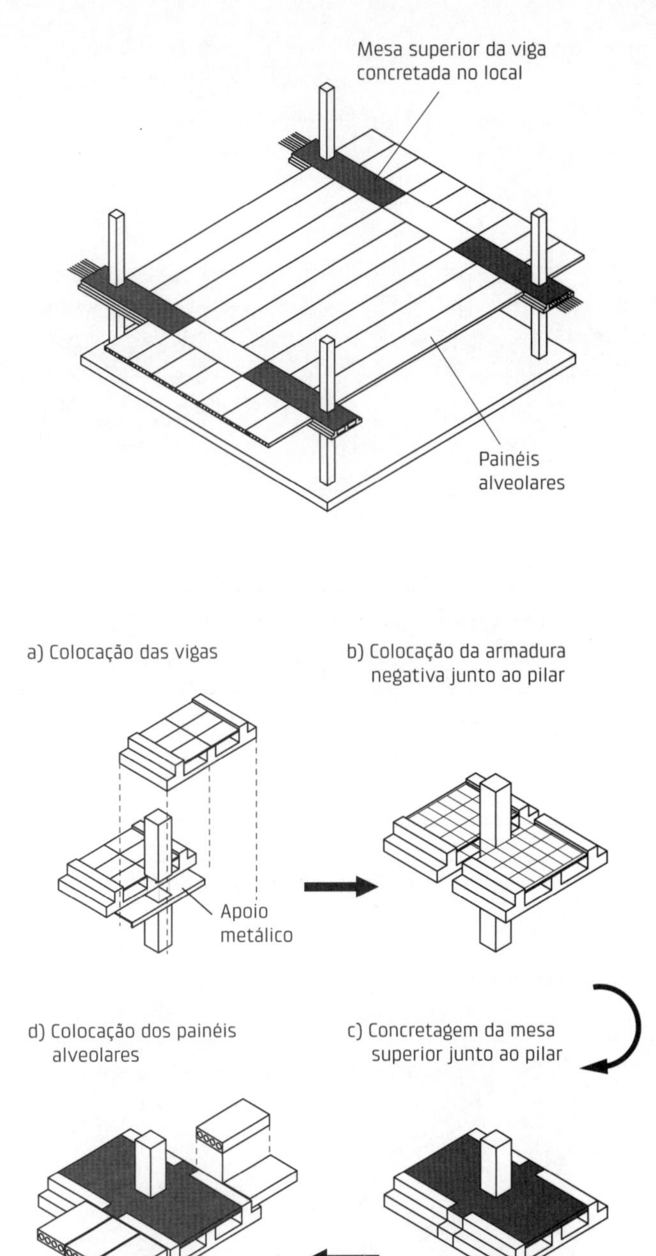

Os pilares desse caso são basicamente iguais aos do caso anterior, mas com apoios metálicos diretamente fixados neles, possibilitando a eliminação do cimbramento. A viga, também de pequena altura, com pré-tração, recebe CML, que amplia a sua seção resistente e promove as ligações

Fig. 8.19 Sistema de pavimentos da Universidade Nebraska
Fonte: adaptado de Low, Tadros e Nijhawan (1991).

Uma versão mais recente do sistema de pavimentos mostrado na Fig. 8.19 é apresentada em Morcous et al. (2014), em que também o enfoque é reduzir a altura do pavimento.

8.2.5 Elementos dos sistemas de contraventamento

Conforme foi apresentado, a estabilização dos edifícios de esqueleto pode ser feita com sistema de contraventamento, combinado ou não com os elementos estruturais destinados a suportar as ações verticais.

Os sistemas de contraventamento podem ser em forma de barras cruzadas, paredes de contraventamento (Fig. 8.20a) e núcleos de contraventamento (Fig. 8.20b). Esses sistemas são, em geral, empregados para edificações com mais de 12 m de altura, o que corresponde normalmente a edificações de mais de três ou quatro pavimentos.

Na Tab. 8.2 apresentam-se os tipos de elemento para formar os sistemas de contraventamento de estruturas de esqueleto sugeridos em função do número de pavimentos.

Cabe registrar que pode ser realizado um contraventamento parcial, com a utilização de paredes de contraventamento até o antepenúltimo ou o penúltimo andar.

O uso de painéis pré-moldados vazados ou maciços para formar as paredes de contraventamento é esquematizado na Fig. 8.21. Além das formas de ligação com CML, também existe a alternativa de fazer a ligação dos painéis com os pilares mediante conectores metálicos e solda.

Cabe lembrar a possibilidade de estabilização de estruturas por meio de sistema misto, com parte interna em estrutura de esqueleto e parede externa com painéis portantes, formando uma caixa externa de grande rigidez em face das ações laterais, tratada na seção 8.4.

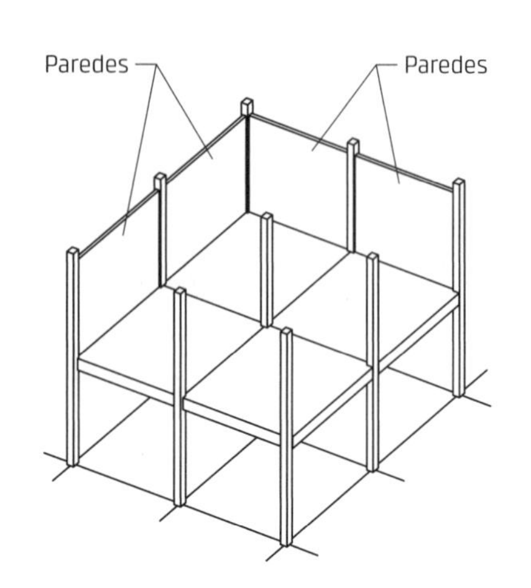

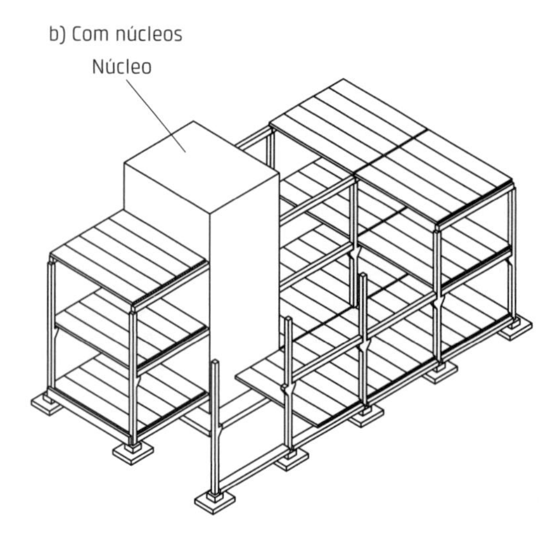

Fig. 8.20 Sistemas de contraventamento com paredes e com núcleo
Fonte: b) adaptado de FIP (1994).

Tab. 8.2 ELEMENTOS DE CONTRAVENTAMENTO EM FUNÇÃO DO NÚMERO DE PAVIMENTOS

Elemento de contraventamento	Número de pavimentos
Barras metálicas cruzadas	Abaixo de 4
Paredes resultantes do preenchimento com alvenaria	Acima de 5
Paredes de contraventamento feitas com painéis pré-moldados	3 a 10
Núcleos feitos com painéis de CPM	10 a 15
Núcleo de CML	15 a 20

Fonte: adaptado de Elliott e Tovey (1992).

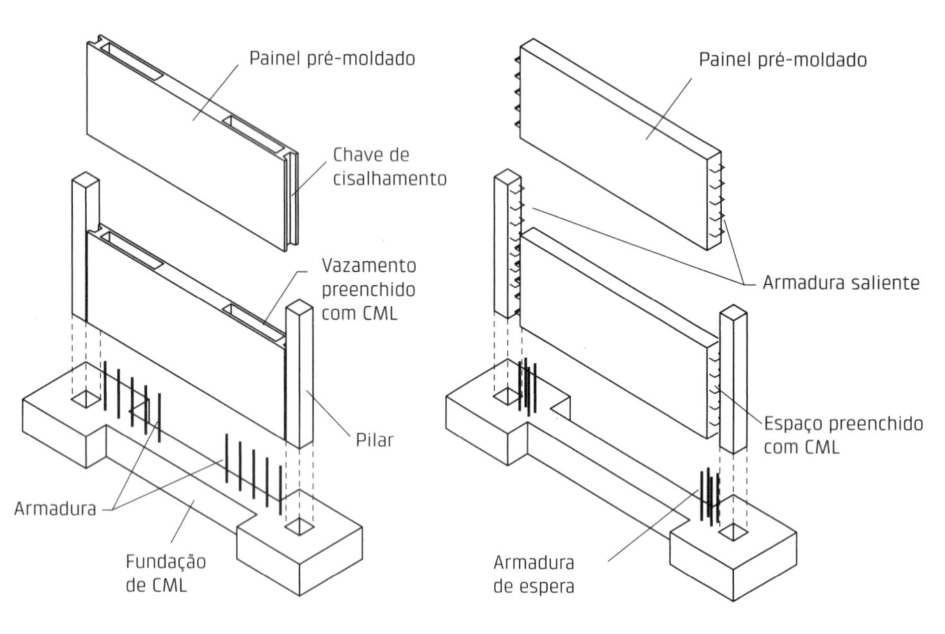

Fig. 8.21 Paredes de contraventamento com painéis pré-moldados em estrutura de esqueleto
Fonte: adaptado de Elliott e Tovey (1992).

8.3 Sistemas estruturais de parede portante

8.3.1 Sistemas estruturais com grandes painéis de fachada

Esse caso compreende o emprego de grandes painéis com a altura da edificação que formam as fachadas. Por se tratar de elementos muito pesados, em geral, são executados pelo processo *tilt-up*.

As formas básicas adotadas são com os elementos do pavimento articulados nos elementos de parede, que é a forma mais comum. Em situações especiais, essas ligações podem ser rígidas. Esses casos, mostrados na Fig. 8.22a, são derivados das duas formas básicas de sistemas de

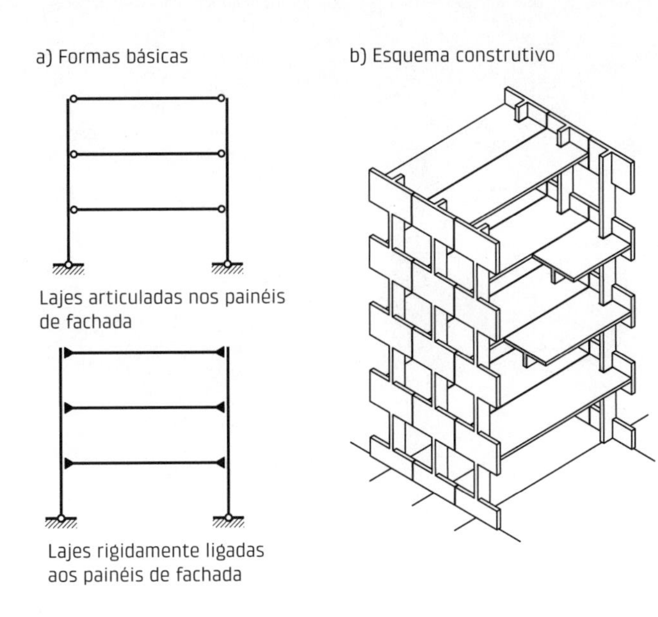

Fig. 8.22 Formas básicas e esquema construtivo com grandes painéis de fachada
Fonte: adaptado de Koncz (1966).

esqueleto com elementos de pilar e viga. Na Fig. 8.22b é ilustrado um esquema construtivo com esse tipo de sistema estrutural.

Para a estabilização desse tipo estrutural, aplicam-se as mesmas considerações do caso de estrutura de esqueleto. No entanto, por se tratar de paredes portantes, pode-se também recorrer ao comportamento de caixa, citado no capítulo anterior.

8.3.2 Sistemas estruturais com painéis da altura do andar

Os painéis da altura dos andares, ou seja, da altura correspondente à distância entre dois pavimentos, podem ser divididos em pequenos painéis e em grandes painéis. Não existe uma distinção clara entre eles. Em geral, grandes painéis são aqueles com larguras iguais às divisões de ambiente da disposição em planta.

Os sistemas estruturais com pequenos painéis se caracterizam por grande número de ligações e elementos de pequeno peso, possibilitando empregar equipamentos de elevação de baixa capacidade de carga.

Em contrapartida, com os grandes painéis o número de ligações se reduz significativamente à custa de um maior peso dos elementos. Os esquemas construtivos desse caso, mostrados na Fig. 8.23, podem ser com as três seguintes alternativas: com as paredes dispostas na direção da fachada, na direção perpendicular à fachada e nas duas direções.

Na Fig. 8.24 é ilustrado um sistema construtivo em que se emprega o sistema estrutural de parede portante com grandes elementos.

Na Fig. 8.25 é mostrado um exemplo de aplicação de painéis de CPM da altura do pavimento em estruturas de

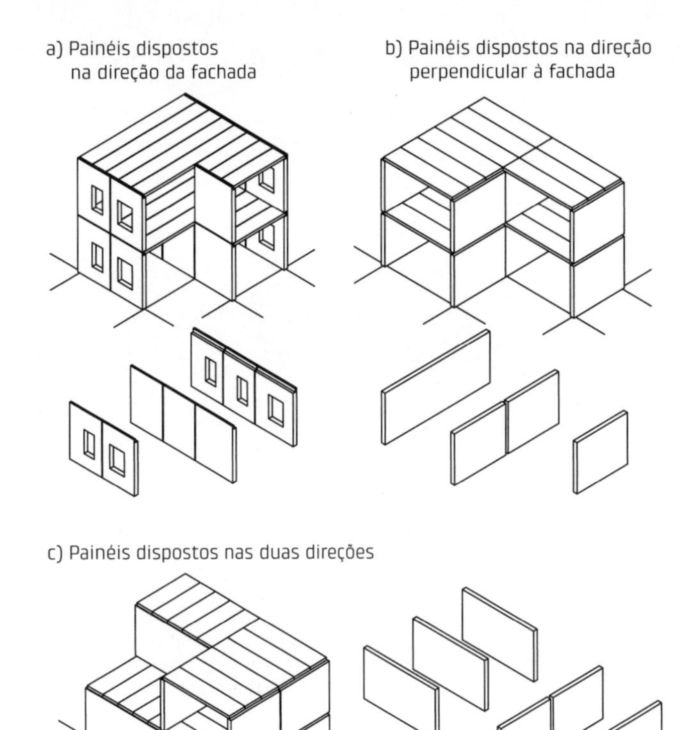

Fig. 8.23 Esquemas construtivos com grandes painéis da altura do pavimento

parede portante. Trata-se dos conjuntos residenciais Encantos do Bosque e Vivendas no Bosque, construídos em Aracaju, com dez andares.

8.3.3 Sistemas estruturais com elementos tridimensionais

Esse caso, também denominado sistema com células tridimensionais ou elementos volumétricos, corresponde ao emprego de elementos dispostos em dois ou mais planos, de forma que o elemento compreende partes da parede e partes da laje ou somente partes da parede, mas em dois planos.

Esses elementos podem ser monolíticos, quando se moldam todas as faces numa única etapa ou em etapas próximas, ou realizados por ligação de dois ou mais elementos que são unidos normalmente na própria fábrica.

Os elementos tridimensionais de concreto se caracterizam por apresentar elevado peso e por incluir, em geral, o seu acabamento na fase de execução. Na verdade, o uso de elementos tridimensionais não se limita a uma forma estrutural, mas trata sim de uma alternativa direcionada à industrialização da construção.

Na Fig. 8.26 são mostradas algumas formas de elementos tridimensionais, ao passo que a Fig. 8.27 exibe alguns esquemas construtivos.

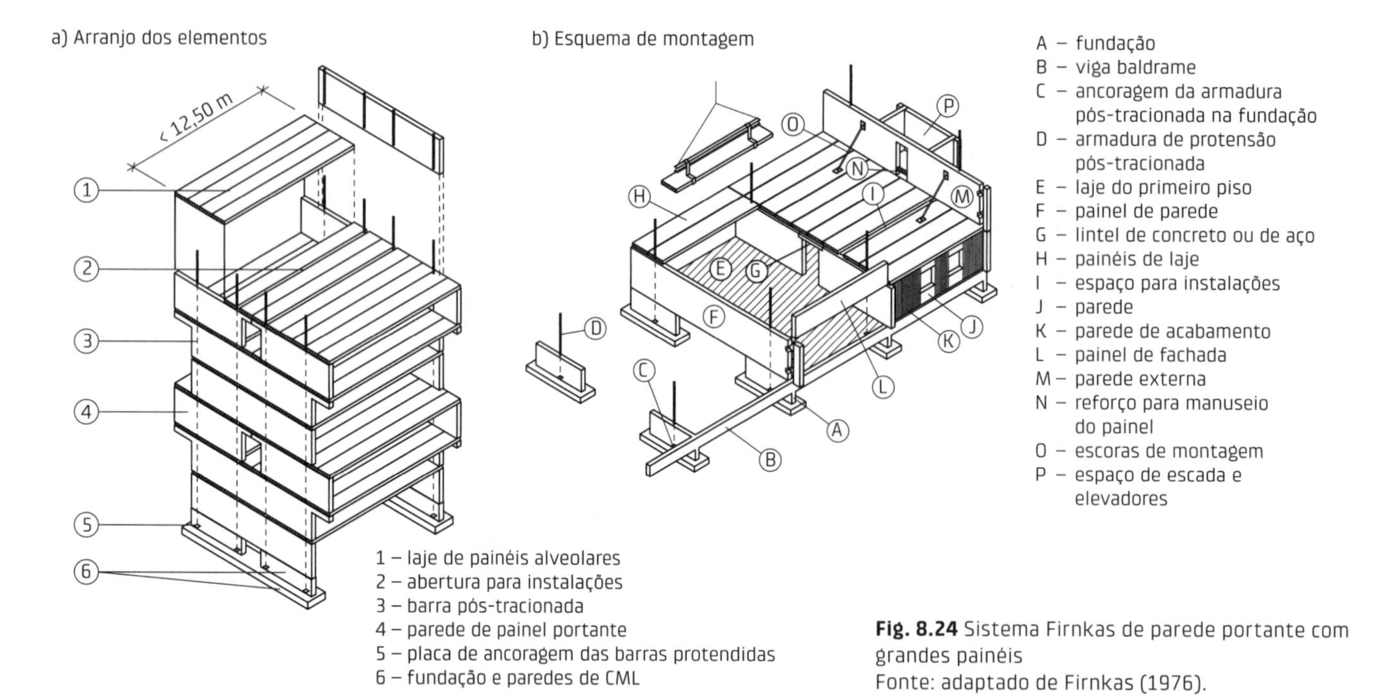

Fig. 8.24 Sistema Firnkas de parede portante com grandes painéis
Fonte: adaptado de Firnkas (1976).

Fig. 8.25 Exemplo de aplicação de CPM em estruturas de parede portante: a) montagem dos painéis e b) obra acabada
Fotos: cortesia de Pedreira de Freitas.

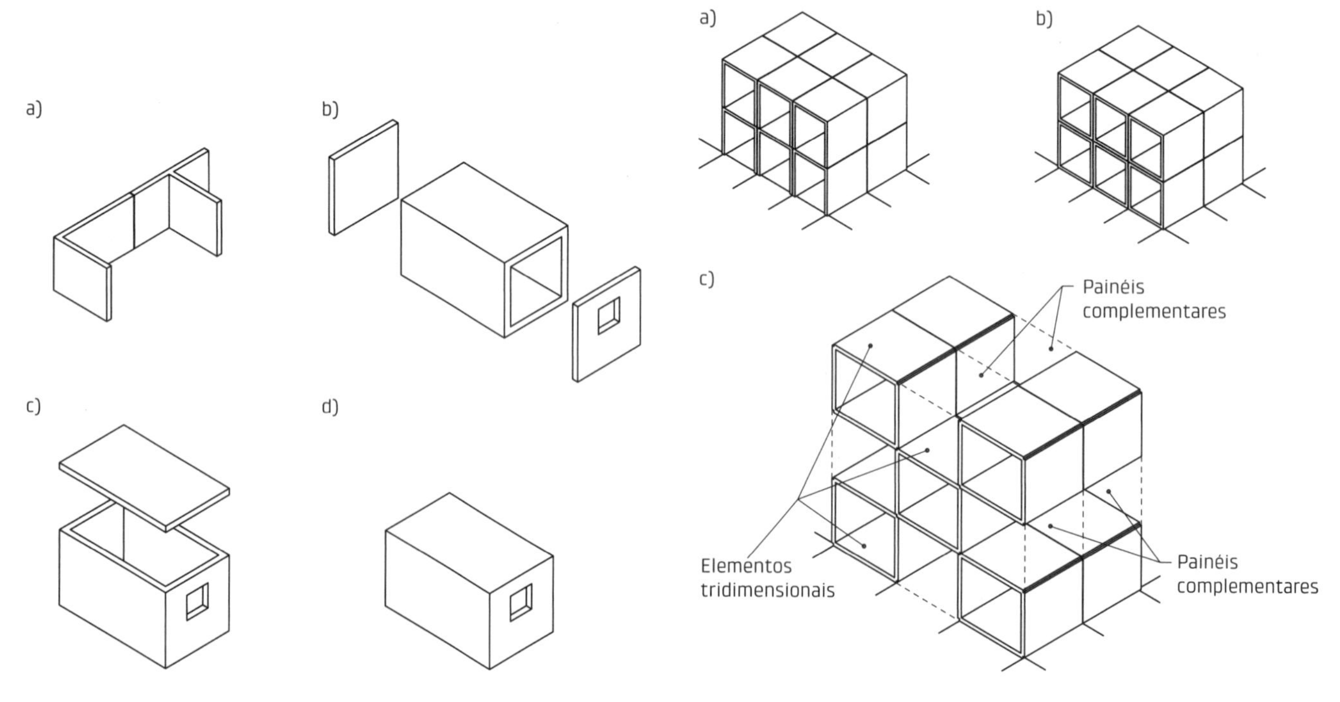

Fig. 8.26 Exemplos de elementos tridimensionais

Fig. 8.27 Esquemas construtivos com elementos tridimensionais

Fig. 8.28 Exemplo emblemático de aplicação de elementos tridimensionais: Habitat 67

Na Fig. 8.28 é apresentado um exemplo emblemático de aplicação de elementos tridimensionais. Trata-se do chamado Habitat 67, construído na cidade de Montreal, no Canadá.

8.4 Sistemas estruturais mistos

Os sistemas mistos correspondem a combinações de sistemas de esqueleto e de parede portante. A situação de maior interesse é com o sistema estrutural com paredes externas estruturais e a parte interna com estrutura de esqueleto, conforme mostrado na Fig. 8.29.

Os painéis podem ser de diversos formatos, como na forma de caixa, empregados na construção de Brasília, como pode ser visto em Latorraca (1999).

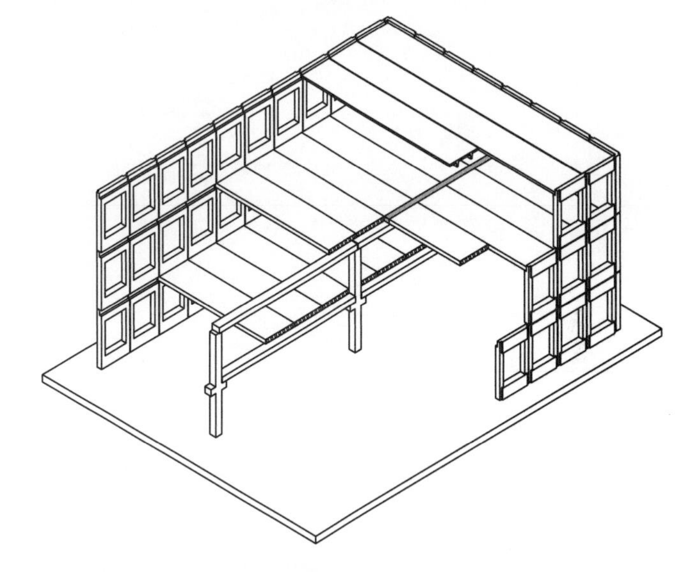

Fig. 8.29 Exemplo de sistema estrutural com paredes portantes na fachada
Fonte: adaptado de Bruggeling e Huyghe (1991).

9 Coberturas em cascas, folhas poliédricas e similares

Este capítulo é dedicado ao emprego do concreto pré-moldado (CPM) em coberturas de construções em geral. Estão incluídas as estruturas em cascas e as folhas poliédricas, bem como elementos lineares. Neste último caso, o emprego pode ser com duas características distintas: a) com elementos que formam cobertura semelhante à das cascas e folhas poliédricas e b) com elementos que formam arcos ou pórticos, que necessitam ainda de estrutura secundária e telhas ou outro material de vedação. Incluem-se ainda as coberturas com cabos de aço associadas com elementos pré-moldados.

Embora o que seja visto neste capítulo se aplique à cobertura de qualquer tipo de construção, como edifícios de múltiplos pavimentos e reservatórios, existe uma relação mais forte com as construções de um pavimento com grandes vãos, como galpões, auditórios e ginásios de esporte.

9.1 Considerações iniciais

Tendo em vista que as estruturas em cascas não são tão conhecidas como os outros casos, apresentam-se inicialmente algumas considerações em relação às formas e ao seu comportamento estrutural.

Um aspecto relevante das cascas, bem como das folhas poliédricas, é a riqueza de formas. Esse aspecto pode ser observado na Fig. 9.1, na qual é apresentada a classificação das superfícies das cascas e folhas poliédricas, feita com base em Ramaswamy (1968). Essa riqueza de formas pode ser explorada, principalmente em relação à estética da construção, tanto com as formas básicas mostradas na Fig. 9.1 como mediante a combinação dessas formas.

Uma das qualidades do concreto armado e suas variações, que é a adaptabilidade às mais diversas formas, faz com que esse material seja bastante apropriado para os tipos estruturais em questão, principalmente nos casos de curvatura dupla. No entanto, essas estruturas necessitam, via de regra, de fôrmas mais trabalhosas quando comparadas com outros tipos de estrutura. Em face disso, o emprego do CPM constitui uma importante alternativa construtiva para as cascas e folhas poliédricas. Destaca-se que outra forma de execução que tem sido explorada é com o uso de fôrmas infláveis e concreto projetado, também podendo incluir elementos pré-moldados, como pode ser visto em Kromoser e Kollegger (2015).

O potencial de aplicação do CPM nessas estruturas tem sido explorado por vários engenheiros e arquitetos no mundo inteiro. Merecem destaque especial os trabalhos do engenheiro italiano Pier Luigi Nervi, que empregou elementos pré-moldados com um tipo particular de concreto armado. Esse tipo particular de concreto armado,

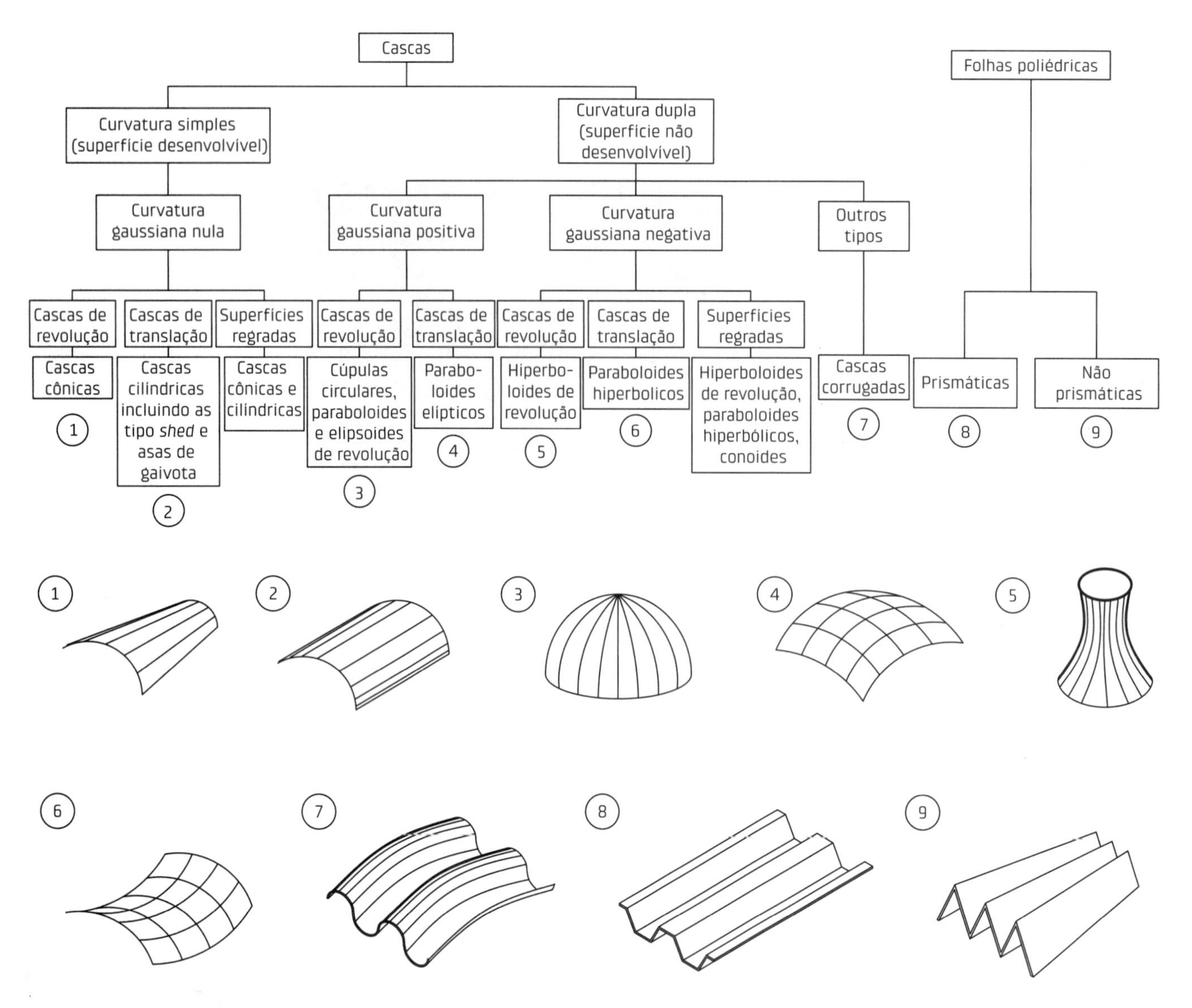

Fig. 9.1 Formas básicas das estruturas em cascas e folhas poliédricas

que consistia de argamassa armada com telas de pequenas aberturas, com elevadas taxas de cimento e de armadura, foi chamado por ele de *ferrocemento* e corresponde aproximadamente à argamassa armada apresentada no capítulo introdutório. Utilizando elementos pré-moldados desse material associados, em geral, com CML, esse engenheiro construiu obras notáveis com estruturas em cascas, como a cobertura do Palácio de Exposição de Turim e as coberturas do Palacete e do Palácio de Esportes de Roma, como pode ser visto em Nervi (1963). Ainda sobre esse assunto, mais informações podem ser encontradas em Teixeira (1994).

A possibilidade de utilizar o CPM em elementos de curvatura dupla com sistemas de fôrmas, conforme a proposta apresentada em Janssen (2011) e Schipper e Janssen (2011), mostra que o assunto tem ainda merecido atenção.

Algumas obras emblemáticas, como a Sydney Opera House, em Sydney, e a Igreja do Jubileu, em Roma, citadas no capítulo introdutório, estão relacionadas com esse tema.

As estruturas em casca e em folhas poliédricas apresentam, em geral, um comportamento estrutural bastante apropriado quando se deseja empregar pequenas espessuras. Essa afirmação é decorrente do fato de que as solicitações de flexão são bastante reduzidas e muitas vezes praticamente desprezíveis, com ressalvas em relação às forças localizadas normalmente aplicadas nas extremidades da casca.

Dito de outra forma, nesses tipos estruturais faz-se o *uso da forma* para possibilitar o emprego de espessuras bastante reduzidas, quando comparadas com outros tipos estruturais com esforços de flexão preponderantes, nos quais se torna necessário o *uso da massa*. Em razão do exposto, as variações do concreto armado indicadas para elementos de pequena espessura, discutidas na seção I.3, estão diretamente relacionadas com as aplicações em questão.

A análise estrutural das cascas e das folhas poliédricas é tratada na bibliografia específica sobre o assunto, como Ramaswamy (1968) e Billington (1982). Destaca-se também que grande parte dos *softwares* disponíveis comercialmente possibilitam a análise desse tipo estrutural.

Para uma primeira noção sobre o comportamento estrutural das cascas, pode-se imaginar esse comportamento dividido em duas parcelas. Na primeira, é considerado o mecanismo resistente de membrana (teoria de membrana), que resulta nas solicitações por força normal e cisalhamento (análogas às das chapas). Em um grande número de aplicações, esse mecanismo fornece uma boa aproximação do comportamento global da casca. Na segunda parcela, são consideradas as flexões (teoria de flexão), que correspondem às solicitações de flexão (análogas às das placas). Tendo em vista a redução de materiais, quanto menores forem os esforços de flexão, ou seja, quanto maior for a predominância do comportamento de membrana, mais interessante será a forma de casca.

No projeto das cascas, deve-se ter especial atenção nas regiões dos apoios, pois, conforme foi dito, nessas regiões podem ocorrer solicitações de flexão significativas.

Na aplicação do CPM nas cascas, merecem ser destacados ainda três aspectos: a) os elementos podem ser nervurados, b) o comportamento de casca monolítica pode não ser alcançado e c) podem ser utilizados elementos planos formando folhas poliédricas, mas praticamente com características de casca.

Em relação ao primeiro aspecto, o emprego de nervuras pode ser interessante para facilitar as ligações entre os elementos e também para atender às situações transitórias, no caso de elementos muito delgados. No entanto, deve-se estar atento ao fato de que elas podem causar excentricidades na transmissão de forças normais.

O segundo aspecto está relacionado com a forma das ligações, que podem não transmitir eficientemente todos os esforços, o que teoricamente ocorreria se a casca fosse monolítica. Portanto, é necessário estar atento também a esse aspecto ao projetar as cascas com elementos pré-moldados.

Quanto ao terceiro aspecto, cabe destacar que, em determinadas situações, podem ser empregados pequenos elementos planos cujas dimensões fazem com que a estrutura formada tenha praticamente a forma e o comportamento de casca, embora se trate de folha poliédrica.

Na divisão das cascas em elementos pré-moldados, é possível utilizar elementos completos, que basicamente correspondem às formas básicas apresentadas na Fig. 9.1, ou elementos que, montados, resultam nas formas básicas. Neste último caso, deve-se procurar, na medida do possível, realizar as emendas nas regiões de compressão e ao longo de linhas retas, para facilitar a montagem.

9.2 Coberturas em casca

9.2.1 Cascas com curvatura simples

Os tipos de casca que se enquadram nessa categoria são as cascas cilíndricas e as cascas cônicas, que podem ser usadas nas formas indicadas na Fig. 9.2.

Por se tratar de elementos que possuem superfícies desenvolvíveis, esses tipos de casca apresentam maiores facilidades de execução quando comparados com cascas que têm superfícies de curvatura dupla, tanto para o CML como para o CPM.

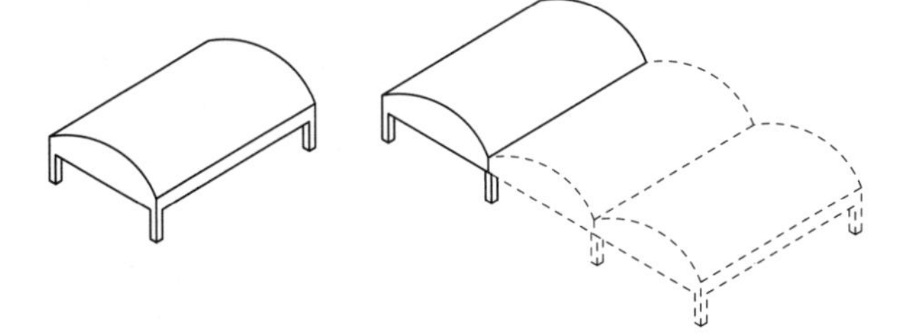

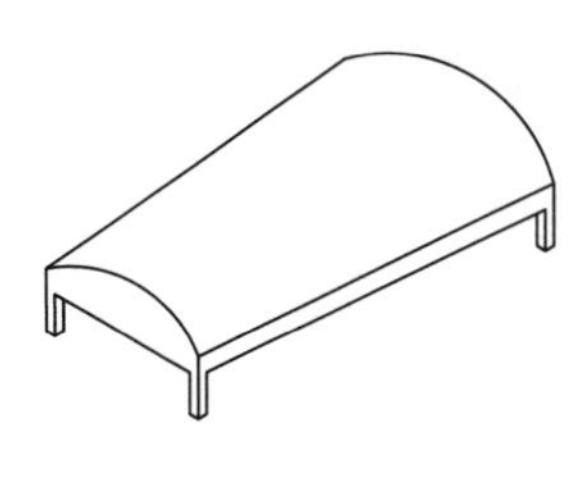

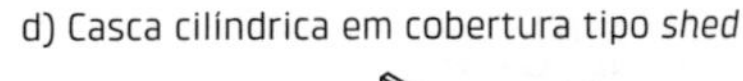

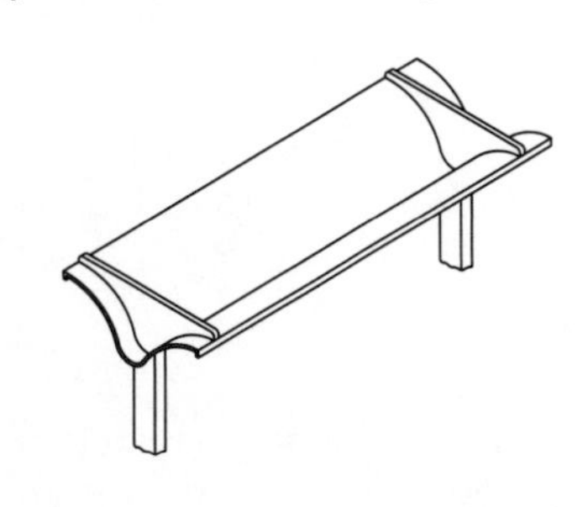

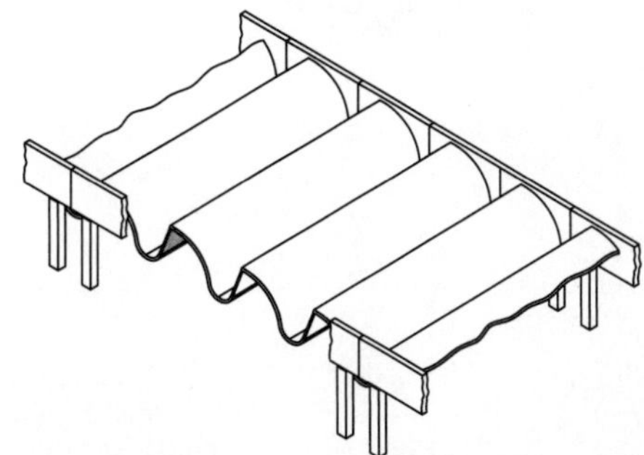

Fig. 9.2 Exemplos de cascas com curvatura simples

Em relação às formas de compor as cascas a partir de elementos pré-moldados, podem ser utilizadas as alternativas comentadas a seguir:

- *Cascas formadas por elementos correspondentes à unidade básica*: esse caso equivale ao emprego de elementos, em geral de grandes dimensões, que correspondem à forma básica de casca. Na Fig. 9.3 é mostrado um sistema para construção de coberturas com essa possibilidade.
- *Cascas formadas por aduelas*: nesse caso, as cascas são realizadas a partir da montagem de aduelas pré-moldadas que equivalem à seção transversal da casca. O emprego de pós-tensão para solidarizar as várias aduelas é praticamente obrigatório. Destaca-se também que é necessário cimbramento quando a montagem da casca é feita no local definitivo. Na Fig. 9.4 é ilustrada essa alternativa para uma variante em que, em vez de os elementos pré-moldados corresponderem à seção transversal, equivalem à metade dela.
- *Cascas formadas por aduelas e vigas de borda*: esse caso diferencia-se do anterior pela existência de um elemento pré-moldado que corresponde à viga de borda. Nessa alternativa, a pós-tensão passa a não ser obrigatória e também não é necessário cimbramento. Na Fig. 9.5 é apresentado um esquema para cobertura em casca cilíndrica, e na Fig. 9.6, um esquema para cobertura em casca cônica, com múltiplos vãos.

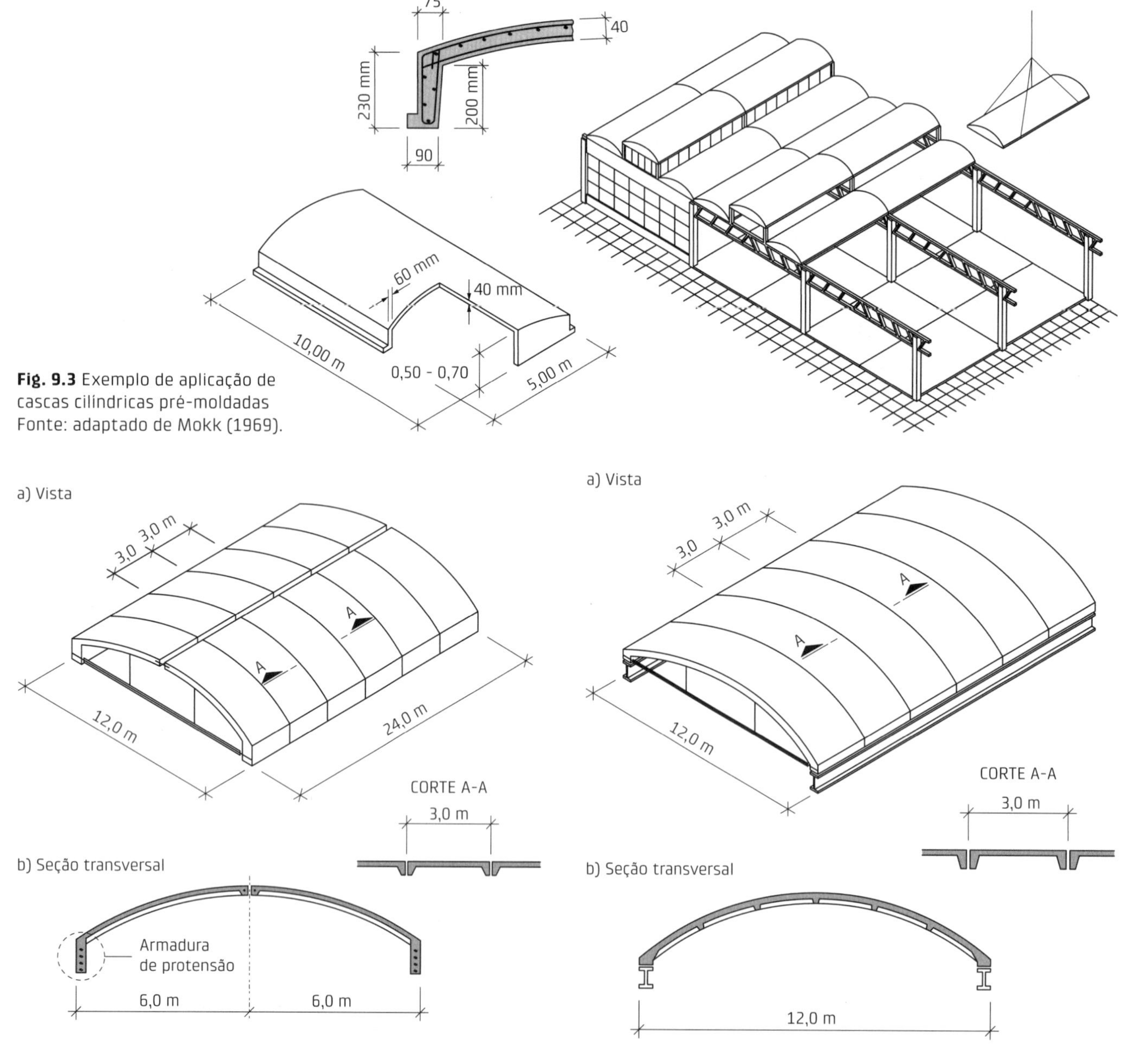

Fig. 9.3 Exemplo de aplicação de cascas cilíndricas pré-moldadas
Fonte: adaptado de Mokk (1969).

Fig. 9.4 Esquema de casca cilíndrica formada por aduelas pré-moldadas
Fonte: adaptado de Baykov (1978).

Fig. 9.5 Esquema de casca cilíndrica formada por elementos pré-moldados apoiados em viga de borda
Fonte: adaptado de Baykov (1978).

- *Cascas formadas por elementos de eixo reto*: nesse caso, a casca é formada por elementos retos, como no esquema mostrado na Fig. 9.7. Essa alternativa é, em princípio, indicada para cascas curtas.

9.2.2 Cascas com curvatura dupla

Cascas de revolução

As cascas de revolução são aquelas que apresentam superfície gerada pela rotação de uma curva ou reta em relação a um eixo. No caso de reta, resultam as superfícies correspondentes às cascas cilíndricas e cônicas, vistas anteriormente. No caso de curvas, resultam as superfícies esféricas, elipsoidais, parabólicas etc., que exibem curvatura gaussiana positiva, vistas nesta seção, e superfície hiperbólica (hiperboloide de revolução), que apresenta curvatura gaussiana negativa.

Em geral, a estrutura é apoiada em todo o contorno, formando cúpulas. Na Fig. 9.8 estão esquematizadas as normais do comportamento de membrana para uma casca esférica submetida à carga uniformemente distribuída e apoiada ao longo da borda. Como pode ser observado, só existem esforços de compressão ao longo dos meridianos, ao passo que na direção dos paralelos ocorrem esforços de tração apenas na parte inferior, quando ela existir.

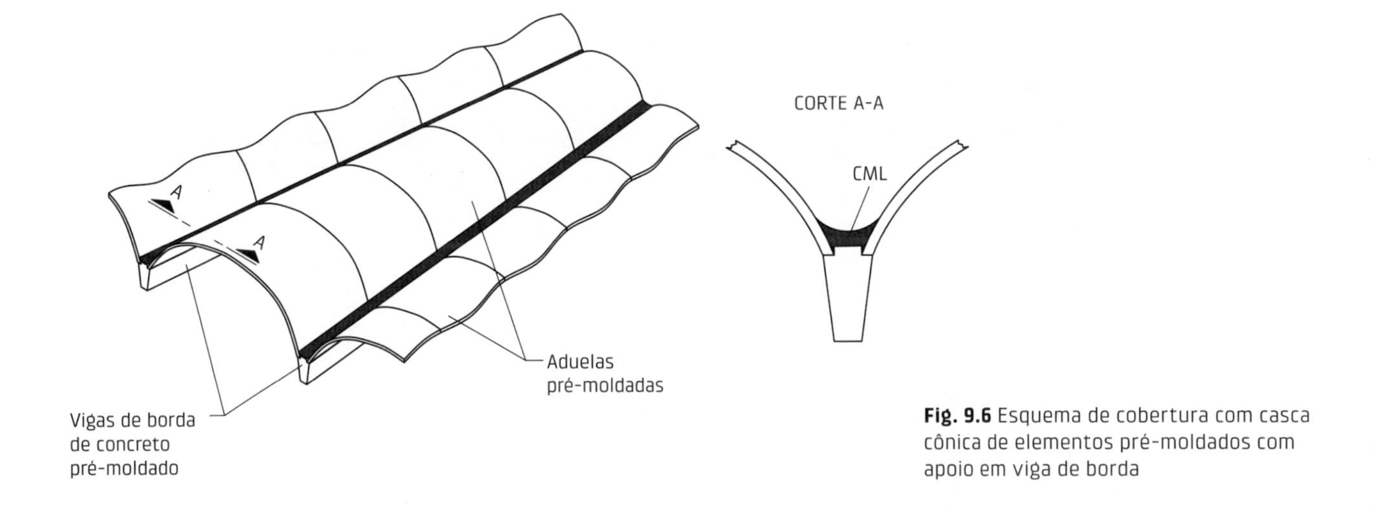

Fig. 9.6 Esquema de cobertura com casca cônica de elementos pré-moldados com apoio em viga de borda

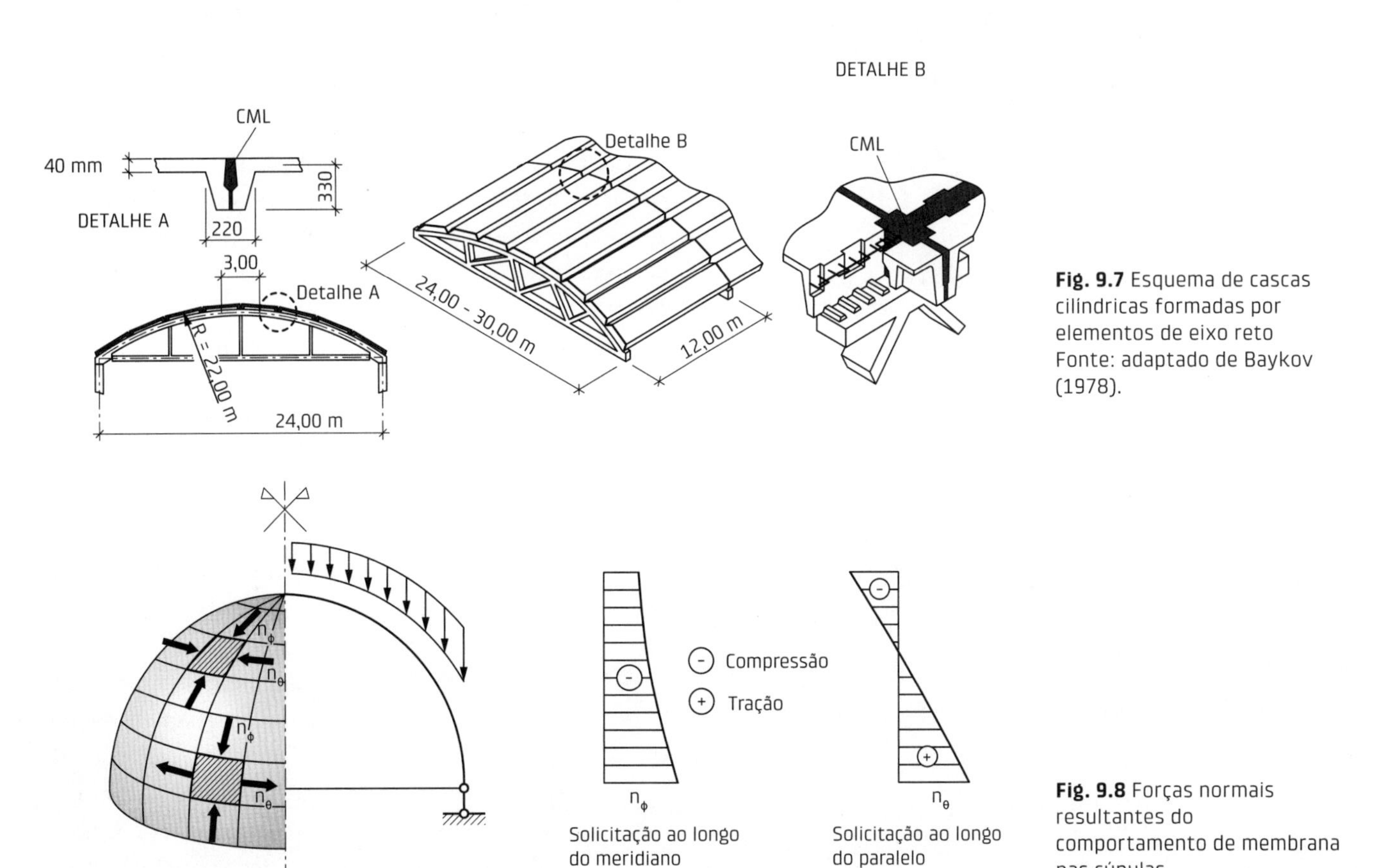

Fig. 9.7 Esquema de cascas cilíndricas formadas por elementos de eixo reto
Fonte: adaptado de Baykov (1978).

Fig. 9.8 Forças normais resultantes do comportamento de membrana nas cúpulas

As formas de compor as cúpulas com elementos pré-moldados estão apresentadas a seguir:

- *Com grandes elementos (Fig. 9.9a)*: nesse caso, os elementos correspondem à divisão da casca segundo os meridianos. Na montagem, é necessário apenas o cimbramento do centro da cúpula. Na Fig. 9.10 é mostrado um esquema com essa alternativa de divisão em cobertura com casca elipsoidal (elipsoide de revolução) feito com base na construção descrita em Haas (1983).
- *Com pequenos elementos (Fig. 9.9b,c)*: nessa alternativa, têm-se, em geral, a variante com as emendas ao longo dos meridianos e paralelos (Fig. 9.9b) e a variante em que se faz uma defasagem nos meridianos (Fig. 9.9c). Nesses casos, deve-se executar o cimbramento ao longo da área a ser coberta ou lançar mão de uma montagem tipo balanços sucessivos, empregado nas pontes. Nesta última variante, a montagem parte da borda e avança em um sentido circunferencial, conforme apresentado no exemplo da Fig. 9.11, da cobertura do Mercado de Sidi-Bel-Abbes, na Argélia, com 40 m de vão.

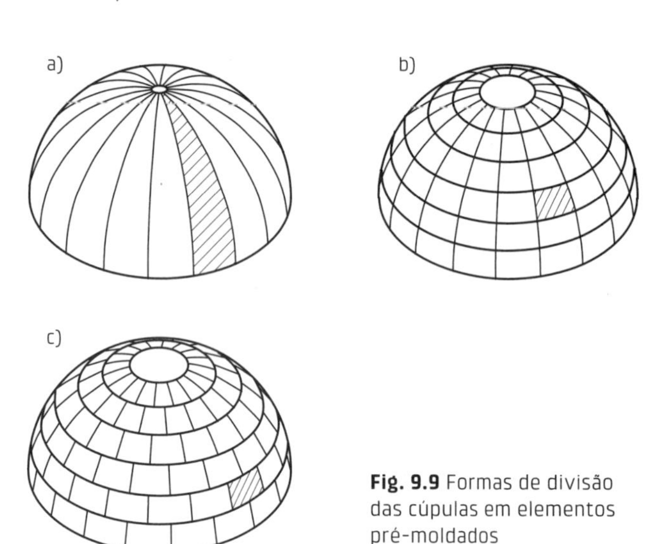

Fig. 9.9 Formas de divisão das cúpulas em elementos pré-moldados

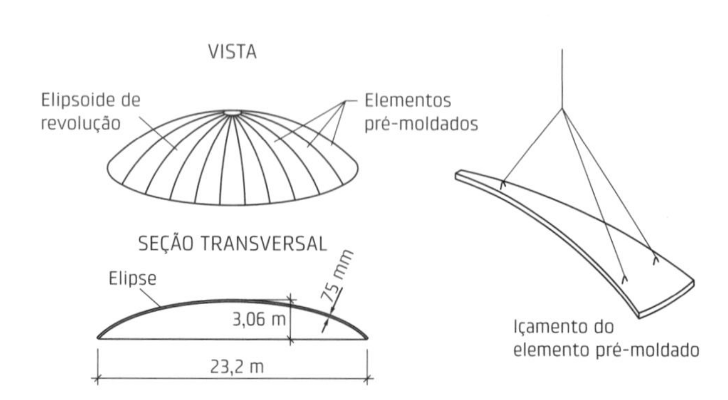

Fig. 9.10 Esquema de cobertura formada com grandes elementos pré-moldados

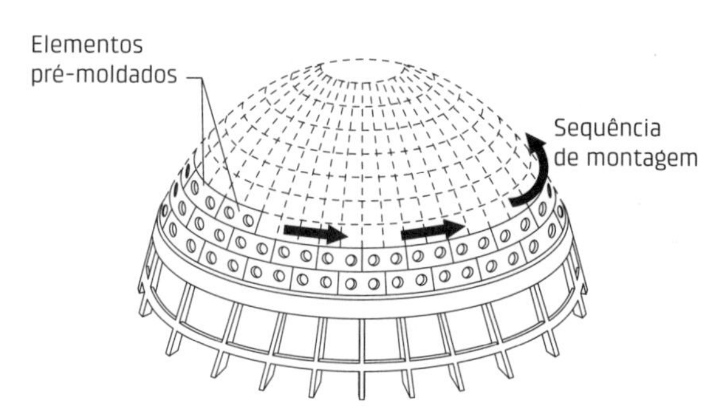

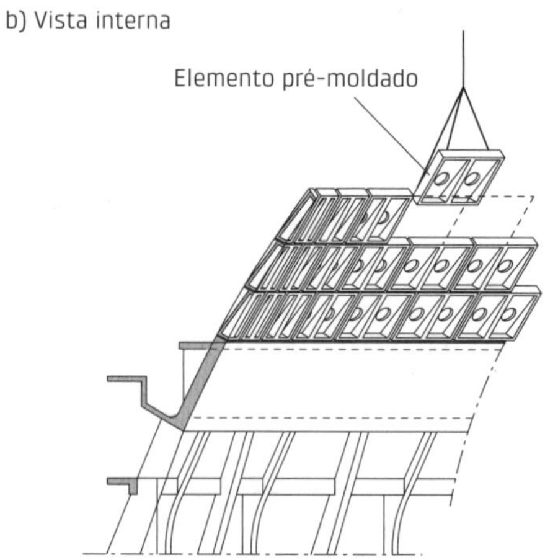

Fig. 9.11 Exemplo de cúpula formada com pequenos elementos pré-moldados: Mercado de Sidi-Bel-Abbes, na Argélia
Fonte: adaptado de Mokk (1969).

Existe ainda outra variante, usada na citada cobertura do Palacete de Esportes de Roma, em que a divisão não foi feita ao longo de paralelos e meridianos. Na Fig. 9.12 é mostrado o esquema dessa cúpula.

Cascas de translação e de superfícies regradas

As cascas de translação são aquelas com superfície média gerada pela translação de uma curva sobre outra. Os tipos de casca comumente empregados são os paraboloides elípticos, que têm curvatura gaussiana positiva, e os paraboloides hiperbólicos, que têm curvatura gaussiana negativa.

Já as superfícies regradas são aquelas geradas pelo deslocamento de uma reta ao longo de uma curva. Os casos mais comuns em coberturas são os citados paraboloides hiperbólicos, que também são superfícies de translação, e os conoides.

Em relação às maneiras de utilizar esses tipos de casca e à forma de divisão em elementos, merece ser destacado o que é exposto a seguir:

- *Paraboloides elípticos*: nesse tipo de casca, pode ser empregada a divisão em elementos quadrados e retangulares, conforme exibido na Fig. 9.13a. Em geral, utilizam-se elementos de apoio ao longo das bordas. Com essa variante, podem ser atingidas grandes aberturas, com exemplo de aplicação em cobertura

a) Vista

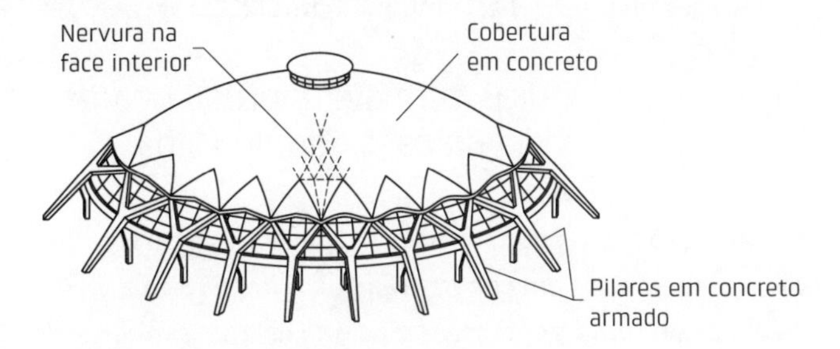

b) Seção da cúpula com elemento pré-moldado típico

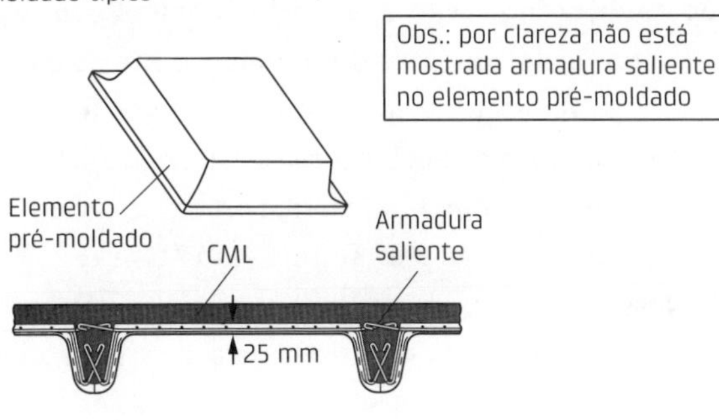

c) Principais medidas

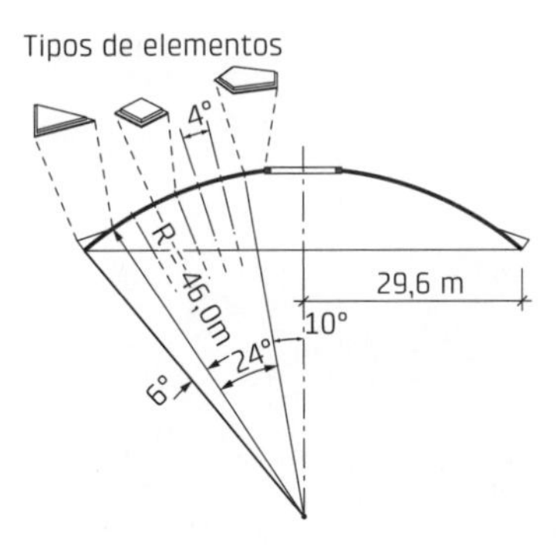

Fig. 9.12 Exemplo de cúpula formada com pequenos elementos pré-moldados: Palacete de Esportes de Roma
Fonte: adaptado de Teixeira (1994).

de área de 100 m × 100 m. Cabe destacar que existem também exemplos de aplicação desse tipo de divisão para cascas com superfícies esféricas com planta retangular, cujas aplicações se assemelham às desse caso. Outra forma de divisão é com elementos com dimensão preponderante em uma direção, como mostrado na Fig. 9.13b.

- *Paraboloides hiperbólicos*: também chamados de *hyper-shell* ou *HP*, podem ser empregados com elementos completos utilizados na forma de paraboloides hiperbólicos isolados ou associados para formar cascas compostas, como aquela apresentada na Fig. I.26c. Existem poucos exemplos de aplicação do CPM nesse tipo de casca.
- *Conoides*: esse tipo de casca tem a característica de possibilitar a iluminação lateral de forma natural. Existem aplicações com elementos completos ou formados a partir de vários elementos (Fig. 9.14).

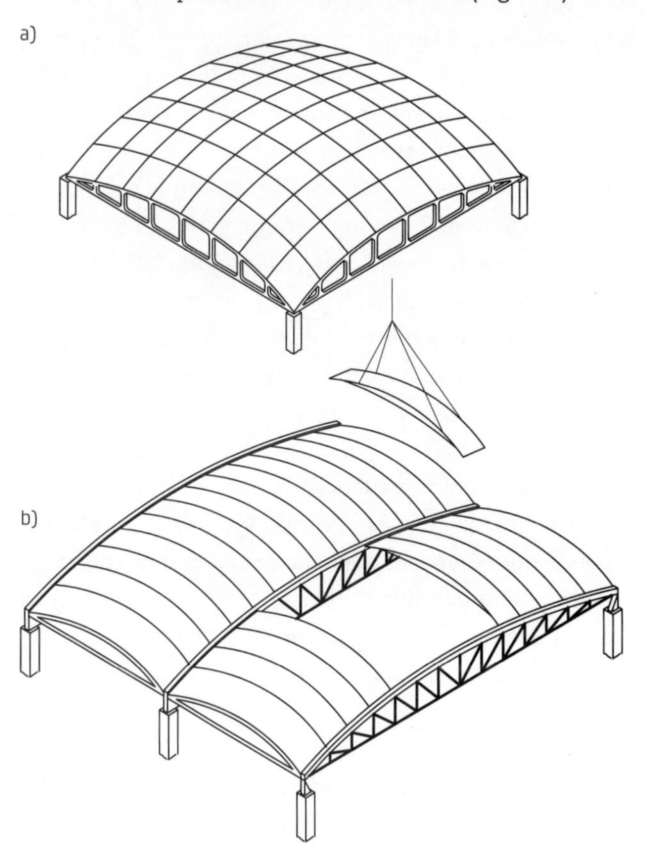

Fig. 9.13 Formas de divisão de paraboloides elípticos em elementos pré-moldados

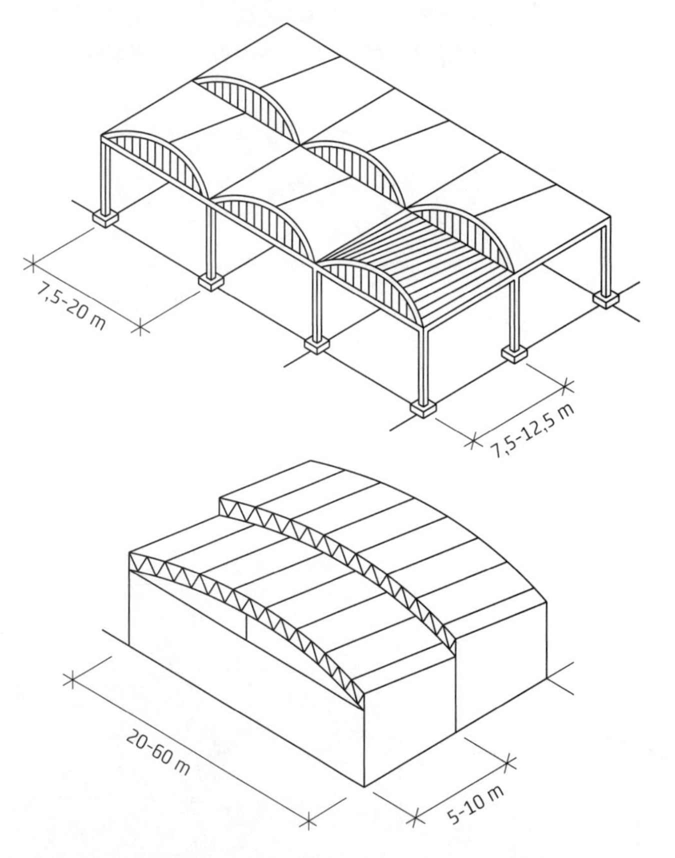

Fig. 9.14 Possibilidades de cobertura em casca conoidal
Fonte: adaptado de Mokk (1969).

9.3 Coberturas em folha poliédrica

Comparativamente às cascas, as folhas poliédricas podem, em princípio, apresentar maiores facilidades de produção, sobretudo no que se refere aos trabalhos de armação, pelo fato de serem compostas de partes planas. Por outro lado, podem ocorrer maiores esforços de flexão que nas cascas.

Algumas possibilidades de emprego das folhas poliédricas em coberturas são mostradas na Fig. 9.15.

As folhas prismáticas e quase prismáticas, apoiadas em estruturas de suporte, conforme esquematizado na Fig. 9.16, têm sido mais exploradas nas coberturas.

Para esses casos, é possível formar a cobertura com elementos com as formas indicadas na Fig. 9.17a. Na execução dos elementos, pode-se recorrer à chamada técnica da dobradura, que consiste, em linhas gerais, em moldar as placas que compõem os elementos na posição horizontal, sem concreto na junta, e posteriormente conformar os elementos e concretar as juntas (Fig. 9.17b). Nesse caso, os elementos podem ser protendidos longitudinalmente com cabos retos, com pré-tração, conforme ilustrado na Fig. 9.17c. Na Fig. 9.17d são indicadas as faixas de vãos, espessuras e inclinações. Por sua vez, na Fig. 9.17e são mostradas algumas formas de realizar as ligações entre os elementos.

A Fig. 9.18 apresenta um exemplo de aplicação de CPM em folhas poliédricas em um ginásio de esportes na Suíça, onde foi utilizado concreto autoadensável e ligações com pós-tração. Mais detalhes dessa notável aplicação de CPM podem ser vistos em Laffranchi e Fürst (2011).

a) Circular

b) Tronco piramidal

c) Piramidal invertida

CORTE A-A

Pilar

PLANTA

A A

d) Segmento de circunferência inclinada

B B

Elevação

CORTE B-B

Fig. 9.15 Exemplos de coberturas com folhas poliédricas

9.4 Coberturas com elementos lineares em forma de casca ou de folha poliédrica

Nesta seção estão enquadradas as aplicações com elementos pré-moldados em coberturas que apresentam a forma de casca ou folha poliédrica, mas que estruturalmente se comportam, basicamente, como elementos lineares, tais como vigas, arcos ou pórticos. As ligações entre os elementos na direção do vão principal são feitas com o intuito de evitar deslocamentos diferenciais entre os elementos.

Em geral, os elementos são empregados apenas justapostos para formar a cobertura. Assim, não existem outros elementos na cobertura, salvo elementos para fechar as pequenas aberturas para iluminação natural.

Nesses casos, pode ser feita uma distinção entre aplicações como viga (sistema estrutural de viga) e aplicações como arco ou pórtico (sistema estrutural de arco ou de pórtico).

9.4.1 Aplicações como viga

Nesse caso, os elementos pré-moldados são apoiados em estrutura de suporte, com ou sem balanços. Em geral, esses

a) Folhas prismáticas

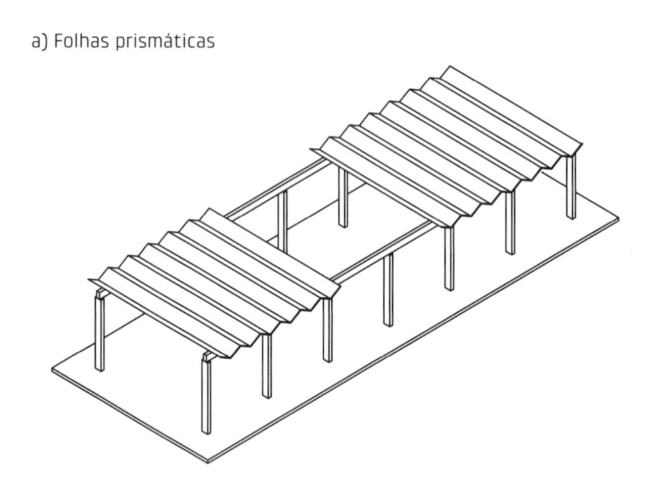

b) Folhas quase prismáticas (desenvolvimento em planta)

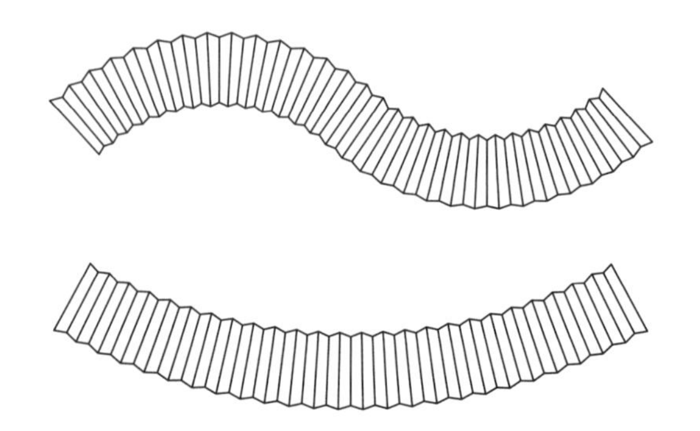

Fig. 9.16 Folhas prismáticas e quase prismáticas apoiadas em estruturas de suporte

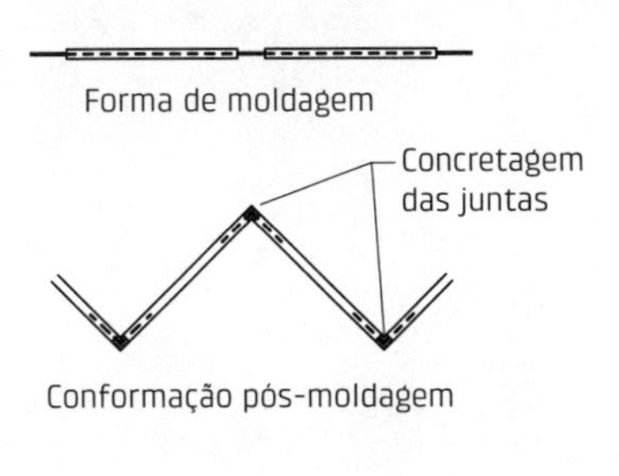

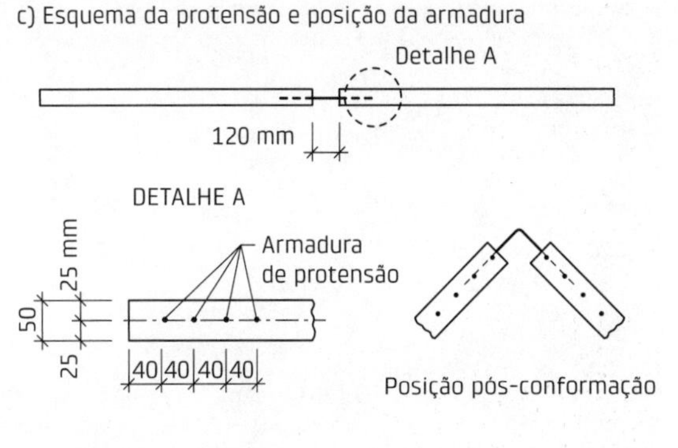

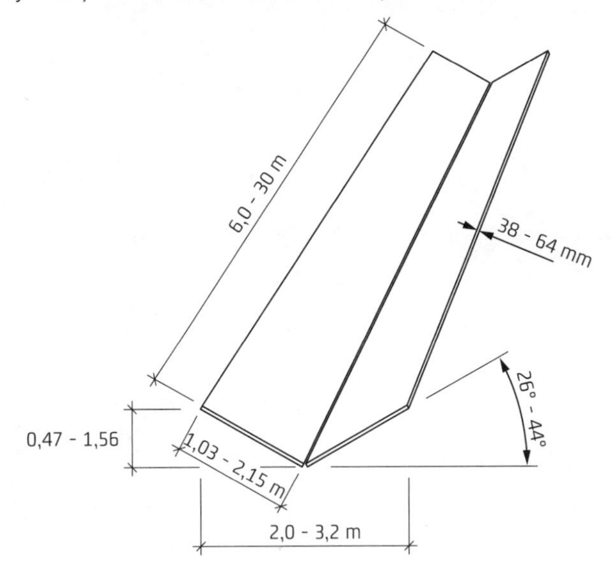

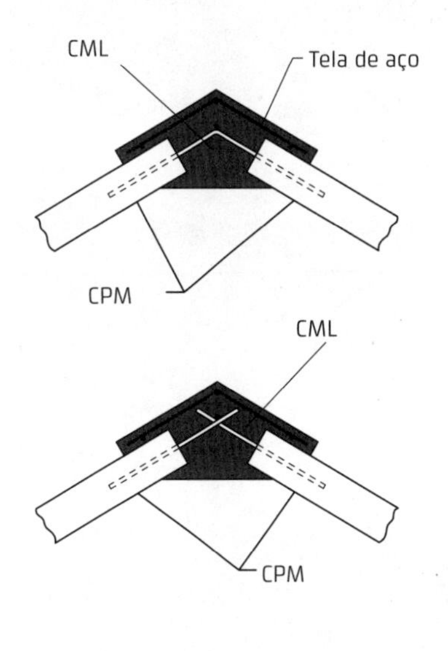

Fig. 9.17 Detalhes e possibilidades das folhas prismáticas e quase prismáticas
Fonte: adaptado de Zhenqiang e Arguello-Carasco (1991).

elementos são denominados telhas de CPM. Algumas das formas de seção transversal empregadas estão mostradas na Fig. 9.19.

Os elementos HP (elementos em forma de paraboloides hiperbólicos), bastante utilizados no passado, são executados com uma espécie de contraflecha, decorrente da própria forma, que possibilita o fácil escoamento de águas pluviais. Outra característica favorável desse tipo de elemento é que, aproveitando o fato de a superfície ser regrada, os cabos de protensão têm desenvolvimento retilíneo e produzem efeito de excentricidade variável ao longo do vão. Nos demais casos, para proporcionar o escoamento de águas pluviais, os elementos podem ser dispostos inclinados na direção do vão ou então deve ser prevista uma contraflecha bastante pronunciada, na fôrma ou mediante protensão. Muitas vezes, a protensão é dimensionada tendo em vista esse efeito.

As características dos elementos utilizados, ou que já foram utilizados, como telha no Brasil estão agrupadas na Tab. 9.1. Atualmente, as aplicações têm-se limitado às telhas de seção W.

Embora os elementos apresentem, em geral, seção constante ao longo do vão, a variação de seção, em função da distribuição dos momentos fletores ou por questão de funcionalidade, é também utilizada. Na Fig. 9.20 mostra-se um exemplo desse caso.

Merecem destaque as aplicações feitas na Itália com esses tipos de elemento de cobertura, que podem ser vistas em Dassori (2001).

9.4.2 Aplicações como arco ou pórtico

Esses casos podem ser com arranques na fundação ou a partir de estrutura de suporte e podem ter ou não tirante. Podem ainda ser com elementos de eixo reto, em geral vários, formando estrutura em pórtico, ou com elementos de eixo curvo, em geral poucos, formando estrutura em arco.

Na Fig. 9.21a apresenta-se o esquema de uma cobertura com tirante apoiada em uma estrutura de suporte, formada por vários pequenos elementos de eixo reto, que pode atingir a casa dos 100 m de vão. Por sua vez, na Fig. 9.21b ilustra-se o esquema de uma cobertura com arranque no

Fig. 9.18 Aplicação de CPM em folhas poliédricas em um ginásio de esportes na Suíça: a) içamento e rotação de elemento pré-moldado; b) finalização da montagem dos elementos; c) construção pronta; d) detalhe da construção pronta
Fotos: cortesia de Fürst Laffranchi Bauingenieure GmbH, CH-Aarwangen.

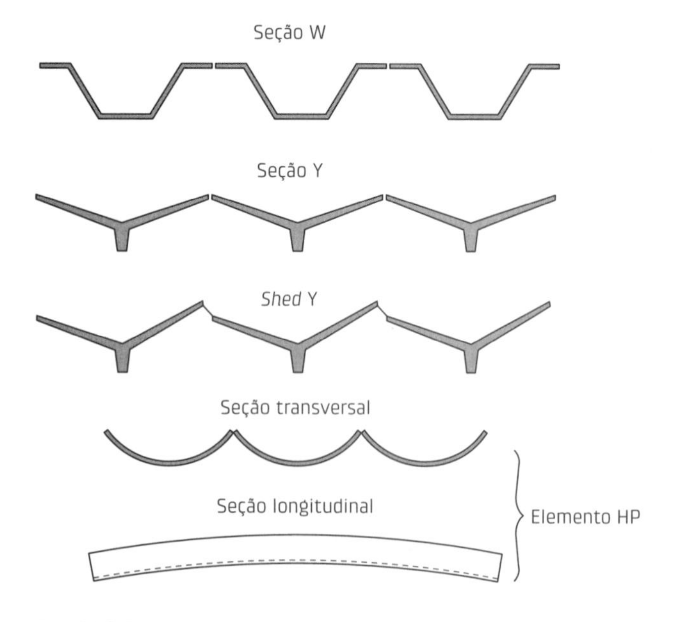

Fig. 9.19 Exemplos de elementos lineares em forma de casca ou de folha poliédrica

Tab. 9.1 CARACTERÍSTICAS DAS TELHAS PRÉ-MOLDADAS UTILIZADAS NO BRASIL

Seção	Largura (m)	Altura (m)	Vão (m)
W	1,25	0,35-0,60	15-30,0
Y	2,50	0,61-0,91	18-25,0
Shed Y	2,50	0,61-0,81	20-25,0
HP	2,5-3,0	0,60-0,90	Até 30

Fonte das informações: ABCI (1986).

Vista lateral

Seção junto ao apoio

Seção no meio do vão

Fig. 9.20 Exemplo de elemento linear em forma de folha poliédrica com seção variável ao longo do vão

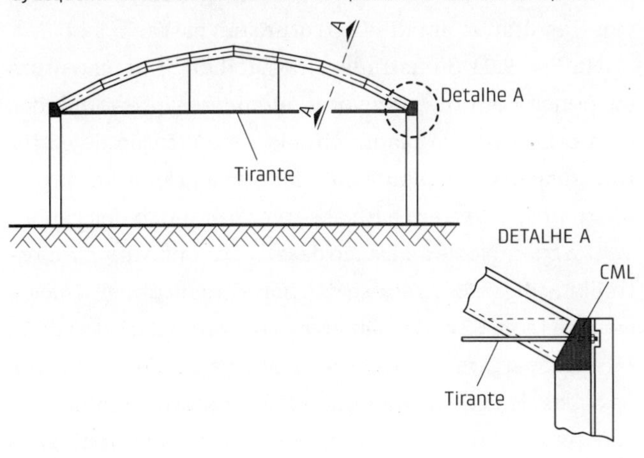

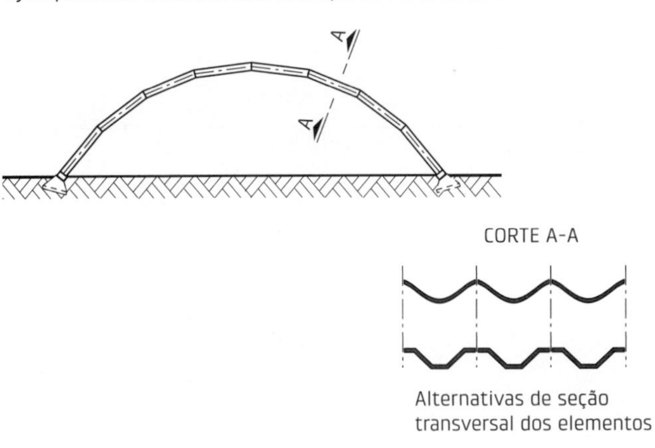

Fig. 9.21 Esquemas de coberturas formadas por elementos lineares em forma de casca ou de folha poliédrica
Fonte: a) adaptado de Baykov (1978).

nível do solo, também formada por vários elementos de eixo reto.

9.5 Coberturas em pórticos e arcos

As coberturas enquadradas nesta seção são aquelas formadas por estrutura principal em arco ou em pórtico e que suportam elementos de fechamento, com ou sem estrutura secundária e telhas pequenas ou material de fechamento. Destaca-se que esses casos podem ter características semelhantes às de coberturas de galpões, apresentadas no Cap. 7. Cabe lembrar que as estruturas secundárias constituídas por terças de concreto foram abordadas no Cap. 6.

As formas básicas dessas coberturas são mostradas na Fig. 9.22a. Na aplicação desse tipo de cobertura, pode ser feita a separação em arcos ou pórticos formando estrutura principal bidimensional e formando estrutura principal tridimensional, com as características comentadas a seguir:

- *Formando estrutura principal bidimensional (Fig. 9.22b)*: nesse caso, os arcos e pórticos são dispostos, geralmente, em planos paralelos com um espaçamento constante, formando uma cobertura com planta retangular. A estrutura principal pode ser formada com um, dois ou vários segmentos. Essas alternativas podem também ser estendidas para uma cobertura em planta não retangular, variando a forma ou o tamanho dos segmentos de arco que compõem a cobertura.

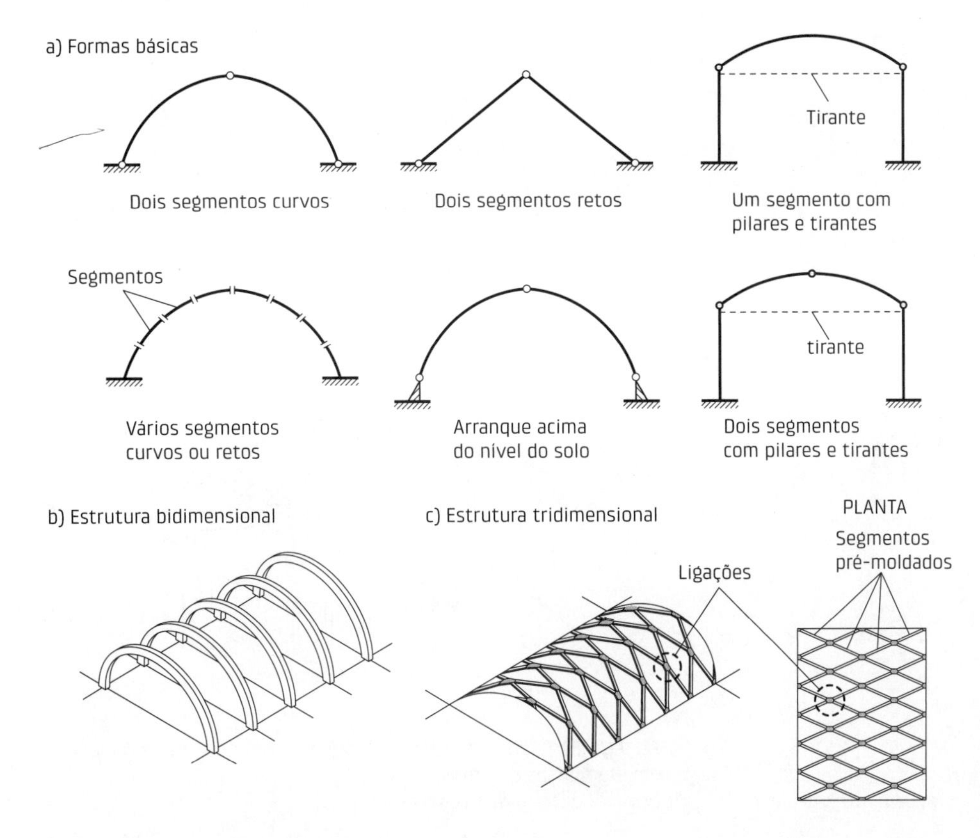

Fig. 9.22 Formas básicas e esquemas de arcos e pórticos formando estruturas bidimensional e tridimensional

- *Formando estrutura principal tridimensional (Fig. 9.22c)*: nesse caso, os arcos ou pórticos são dispostos de forma a se interceptarem em um ou vários pontos, resultando em uma estrutura tridimensional. Um exemplo representativo desse caso é a cobertura de um ginásio de esportes construído em Calgary, no Canadá, em meados da década de 1980, que pode ser visto em Lester e Armitage (1987).

Ainda com o emprego de arcos ou pórticos, existe uma possibilidade bastante interessante, que é combinar a utilização de elementos de casca entre os elementos lineares, conforme mostrado na Fig. 9.23.

Outras formas de cobertura que merecem registro são aquelas mostradas na seção 7.2.3, tais como treliças, vigas Vierendeel e vigas armadas.

9.6 Coberturas com cabos de aço e elementos pré-moldados

As estruturas suspensas, feitas à base de cabos de aço, são normalmente empregadas para cobrir grandes vãos. Nesse caso, utilizam-se elementos pré-moldados, em geral de pequenas dimensões, como elementos de vedação, mas que podem ser incorporados à estrutura através de artifícios, resultando em uma estrutura em casca.

Na Fig. 9.24 é ilustrada a possibilidade de estrutura suspensa com o emprego de elementos pré-moldados com cobertura em planta circular. A aplicação de estrutura suspensa em planta circular tem a grande vantagem de os anéis servirem para absorver o empuxo dos cabos.

Um exemplo de aplicação desse tipo construtivo é mostrado na Fig. 9.25. Trata-se da cobertura de um ginásio de esportes com 62 m de diâmetro descrita em Barbato (1975). Nessa cobertura, as placas de CPM foram colocadas sobre os cabos de aço ancorados em anéis externo e interno. A concretagem da ligação entre essas placas foi feita após estirar os cabos com cargas adicionais colocadas sobre as

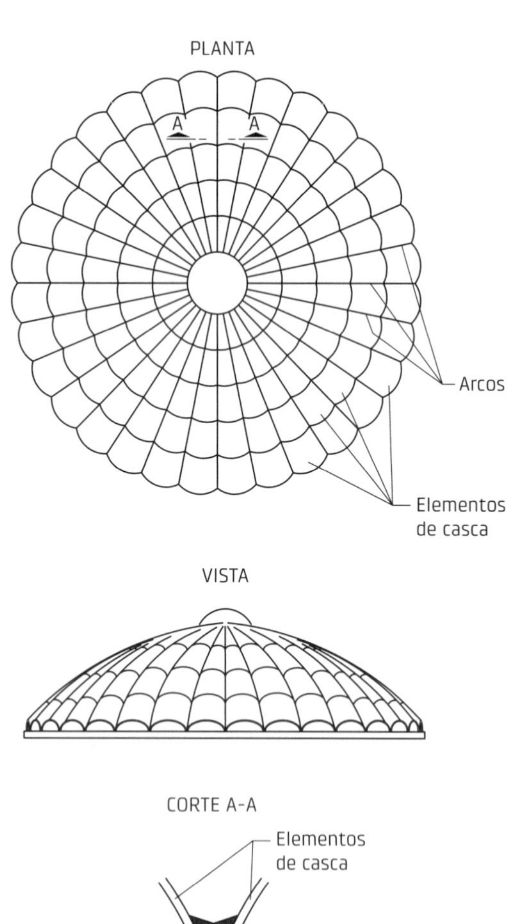

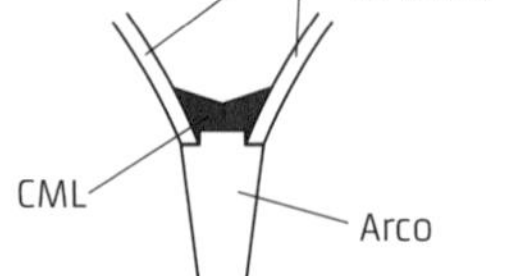

Fig. 9.23 Esquema de cobertura com arcos e elementos de casca

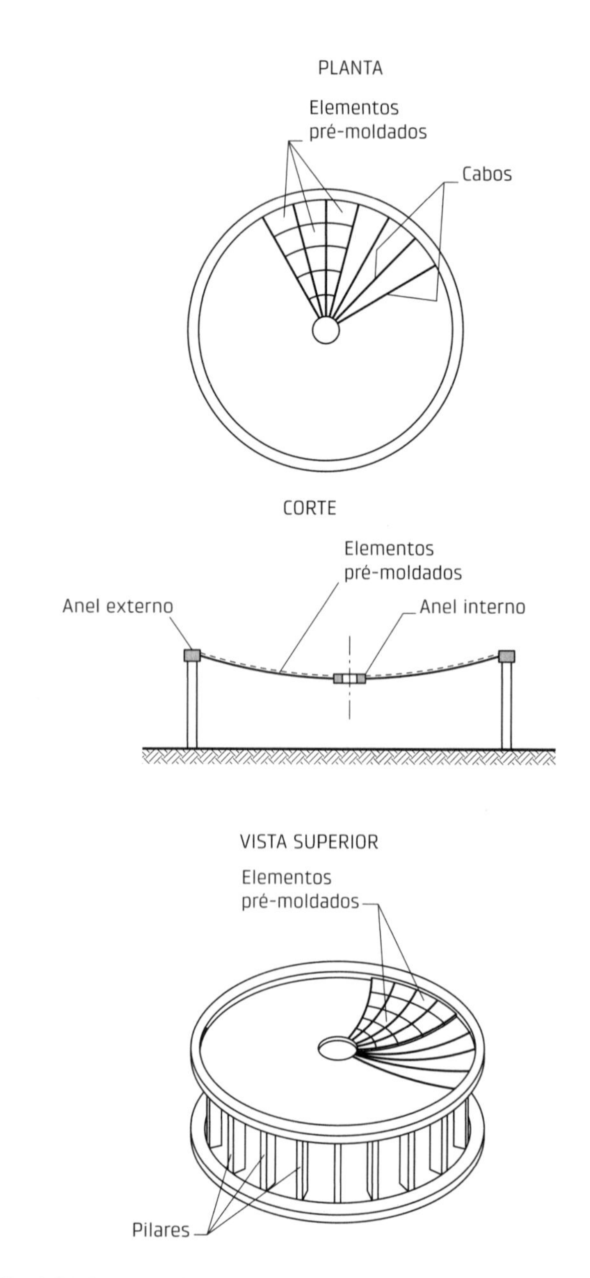

Fig. 9.24 Esquema de coberturas suspensas em planta circular com elementos pré-moldados
Fonte: adaptado de Promyslov (1986).

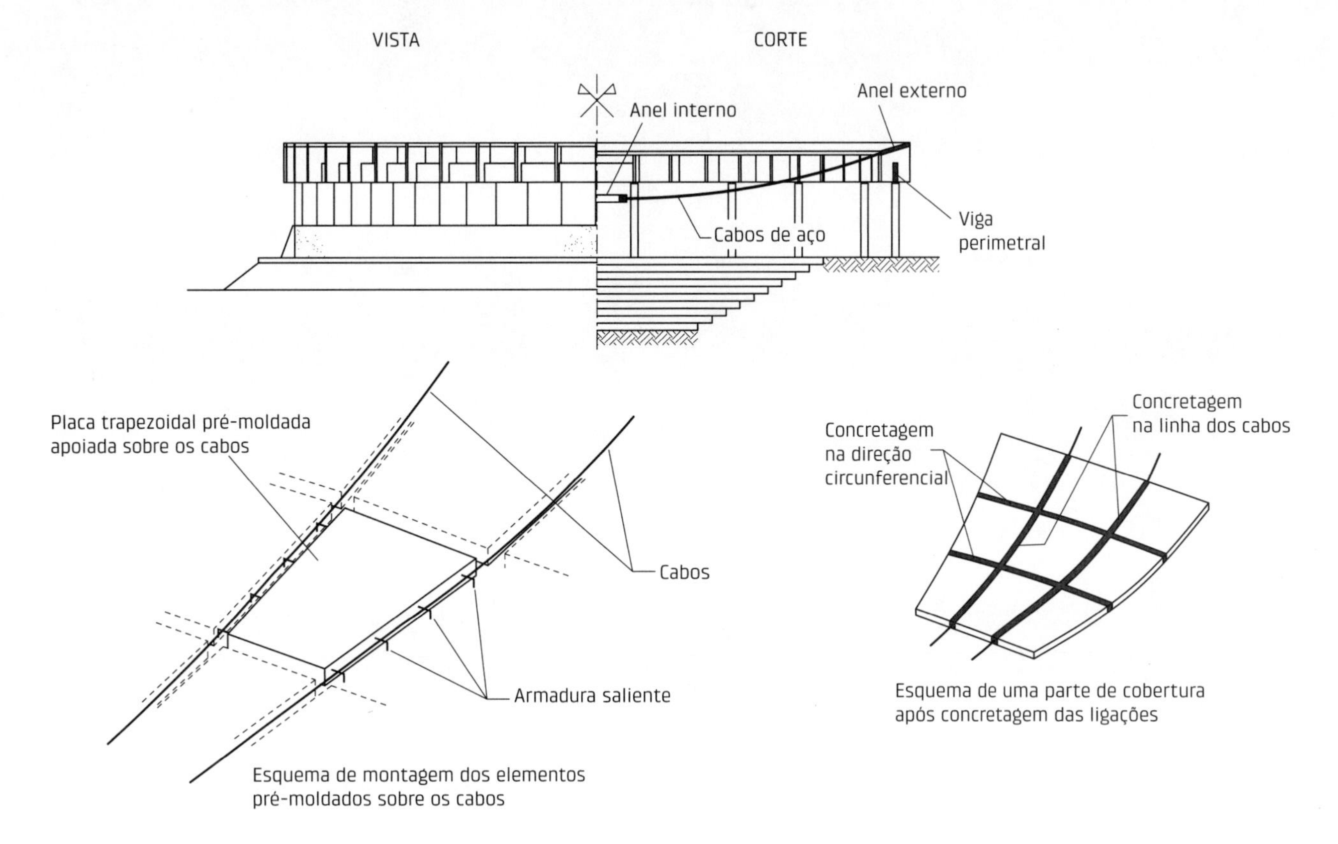

Fig. 9.25 Exemplo de cobertura suspensa em planta circular com elementos pré-moldados
Fonte: adaptado de Barbato (1975).

placas. Após o endurecimento do concreto dessas ligações, foram retiradas as cargas adicionais, fazendo com que as ligações ficassem comprimidas e promovendo, assim, um comportamento de casca na cobertura.

Com a utilização de cabos de aço e elementos pré-moldados em grande parte da estrutura, merece registro a cobertura do Suncoast Dome, nos Estados Unidos, com 210 m de diâmetro e 69 m de altura, apresentada em D'Arcy, Goettsche e Pickell (1990).

Embora seja menos comum, esse sistema estrutural também pode ser empregado em cobertura em planta retangular, como mostrado na Fig. 9.26.

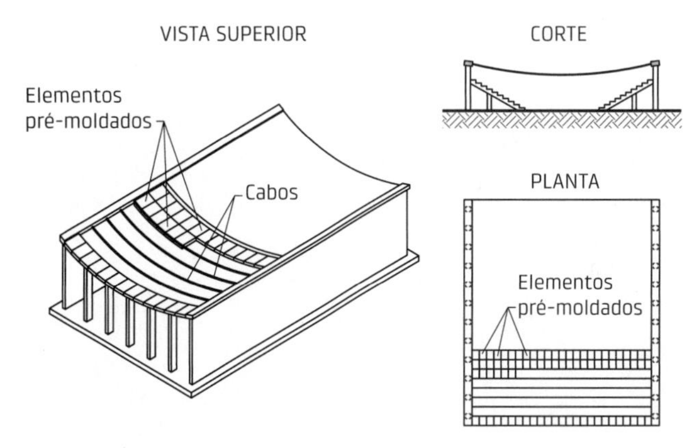

Fig. 9.26 Esquema de coberturas suspensas em planta retangular com elementos pré-moldados
Fonte: adaptado de Promyslov (1986).

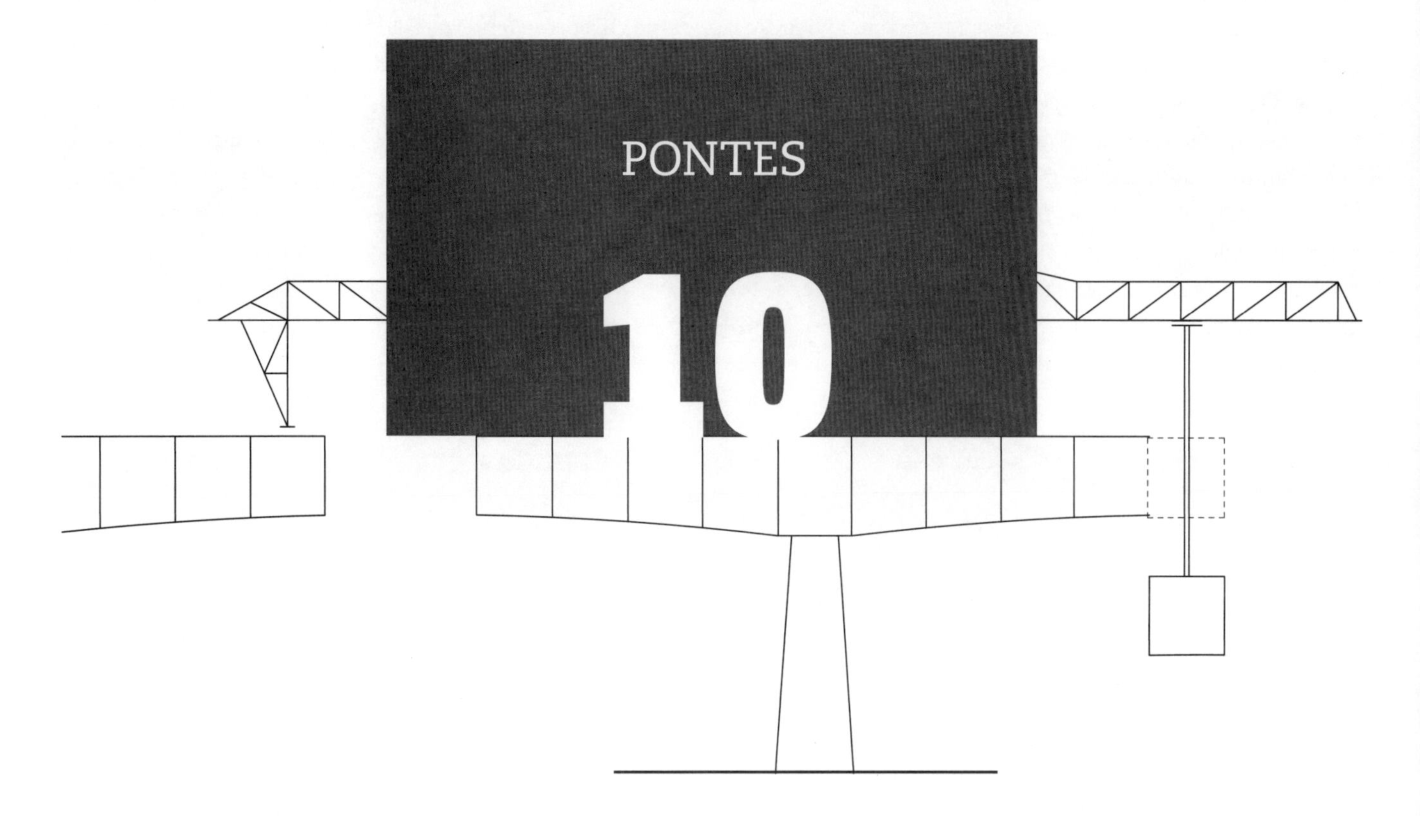

As pontes, assim como outros tipos de construção tratados no capítulo seguinte (galerias, canais de drenagem, muros de arrimo e reservatórios de água), são construções que fazem parte da infraestrutura urbana e de estradas e constituem obras com características distintas em relação às edificações, abordadas nos capítulos anteriores.

Comparativamente às edificações, essas construções apresentam as seguintes características favoráveis à aplicação do concreto pré-moldado (CPM): a) a construção se resume praticamente à estrutura, b) existem condições mais favoráveis de empregar uma padronização para essas obras e c) em geral são obras que têm uma aplicação em grande escala.

Como a construção toda praticamente se resume à estrutura, nesses tipos de obra não ocorre interação da estrutura com as outras partes da construção, ao contrário do que acontece nas edificações. Assim, o projeto estrutural assume importância relativamente maior em comparação com as edificações, pois normalmente a construção é definida por esse projeto.

Outro aspecto relevante, mais especificamente para as pontes, é que em geral existem condições de acesso de equipamentos de montagem. Destaca-se também o fato de o cimbramento ser geralmente oneroso nas pontes, seja pela presença de lâmina de água, seja pela grande altura da estrutura principal em relação ao nível do solo.

Em razão das suas características e da sua importância na construção civil, as aplicações do CPM nas pontes podem receber um tratamento à parte. Nesse sentido, o PCI tem um manual de CPM, citado em várias partes deste livro, e outro manual específico para as pontes, que é o *Manual de projeto de pontes* (PCI, 2011b).

A rapidez da construção nesse tipo de obra já foi apontada na seção I.5 como uma característica importante para minimizar as perturbações ao meio ambiente. Cabe reforçar aqui o citado programa Accelerated Bridge Construction (ABC), do Departamento de Transporte dos Estados Unidos, para a redução do tempo de construção de pontes. Com isso, as pesquisas e aplicações do CPM têm sido direcionadas também à infraestrutura da ponte, como se pode notar em Khaleghi et al. (2012) e no manual do programa ABC (Culmo, 2011).

10.1 Considerações iniciais

A aplicação do CPM nas pontes concentra-se na superestrutura, na qual podem ser empregadas duas formas básicas de divisão em elementos pré-moldados: com elementos dispostos na direção do eixo da ponte e com elementos dispostos na direção transversal ao eixo da ponte.

Na primeira forma de divisão, ilustrada na Fig. 10.1, em geral os elementos pré-moldados cobrem o vão ou os vãos da ponte, conforme o caso. Com essa forma de aplicação, podem ser vencidos vãos até da ordem de 50 m.

A segunda forma pode ser dividida em três variantes: a) balanços sucessivos com aduelas pré-moldadas; b) apoiando as aduelas pré-moldadas em estruturas provisórias, em geral metálicas fixadas nos apoios da ponte e c) por meio de deslocamentos progressivos. Via de regra, a primeira variante é aplicada para vãos relativamente grandes, com o esquema de viga ou pórticos ou, para vãos maiores, com emprego de cabos formando esquema de viga com estais (Fig. 10.2). A segunda variante é empregada para vãos menores que os da variante anterior, em geral menores que os 50 m da primeira forma básica. Essa variante é de uso relativamente limitado. A terceira variante corresponde a moldar a ponte, em segmentos, em uma das margens do obstáculo e empurrar, após atingida a resistência, para a posição definitiva progressivamente.

Algumas aplicações recentes podem não se enquadrar nas formas de divisão apresentada. Na Fig. 10.3 estão mostrados dois exemplos representativos de novas tendências na construção de pontes, apresentados em palestra no 2PPP por Corres Peiretti (2009).

Essa apresentação é, basicamente, limitada às pontes construídas com elementos pré-moldados dispostos na di-

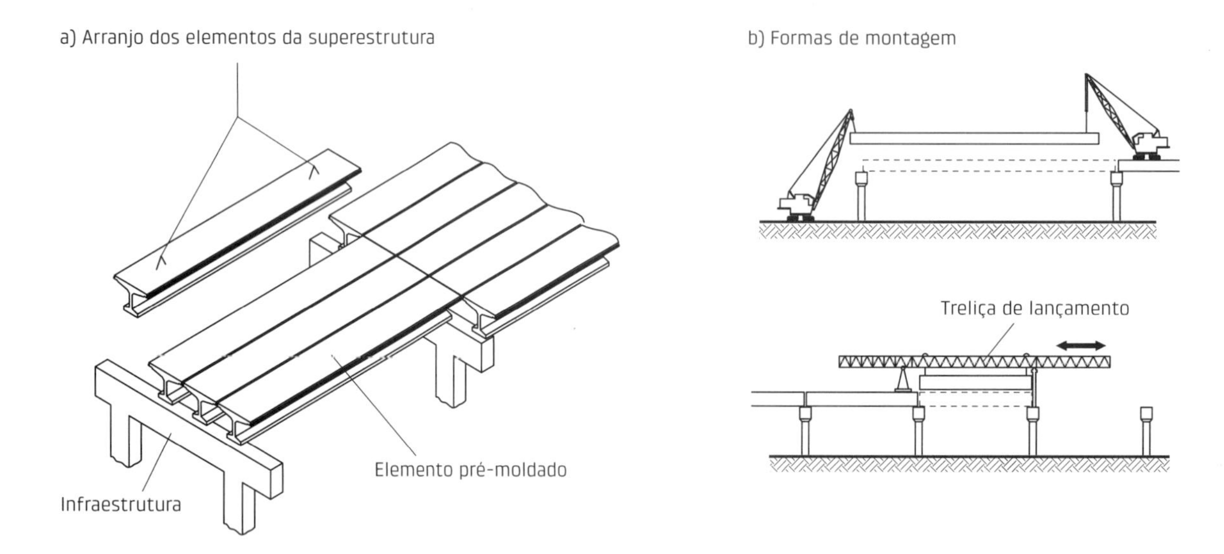

Fig. 10.1 Superestrutura de pontes com elementos pré-moldados dispostos na direção do eixo da ponte

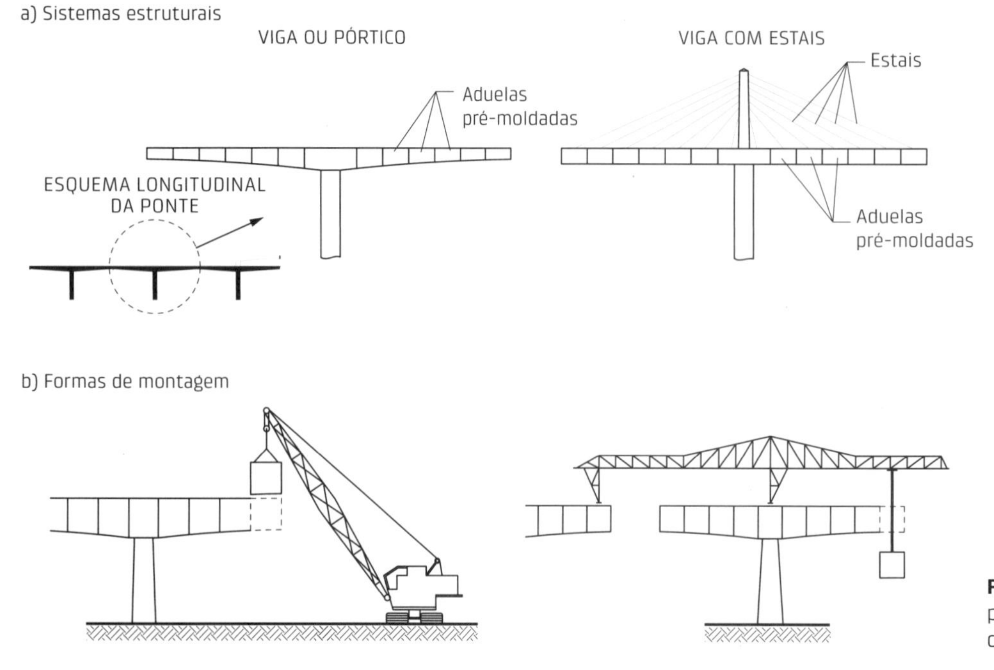

Fig. 10.2 Superestrutura de pontes com aduelas pré-moldadas com balanços sucessivos

(a)

(b)

Fig. 10.3 Aplicações recentes com variações na forma de decomposição das anteriores
Fonte: Corres Peiretti (2009).

reção do eixo da ponte, pelo fato de essa forma de CPM ser disparadamente a mais empregada em número de obras.

Salvo algumas exceções, as aduelas pré-moldadas são empregadas para grandes vãos e têm características próprias. Esse tipo de aplicação de CPM é, praticamente, limitado à construção pesada e encontra-se nas publicações sobre pontes.

Dessa forma, o que é aqui visto está direcionado às pontes de pequenos vãos e de médios vãos. Pontes de pequenos vãos são aqui definidas como aquelas com vãos até o limite convencional de 30 m (aproximadamente 100 pés). Esse limite está sendo fixado com base em indicação do PCI e corresponde a vãos de pontes construídas com elementos pré-moldados que podem ser produzidos em fábricas e transportados para o local de implantação da obra, em situações consideradas normais (PCI, 1975). As pontes de médios vãos correspondem à situação entre esse limite e os vãos cobertos com os balanços sucessivos, que estaria na casa dos 60 m.

As pontes de pequenos vãos estão merecendo um tratamento especial, não só pelo fato que ocorrem em maior número, mas também por poder empregar pré-moldados de fábricas. De fato, levantamentos feitos nos Estados Unidos indicam que essa faixa reúne 90% das pontes existentes, sendo que dois terços situam-se abaixo dos 18 m.

Cabe salientar que na faixa de vãos pequenos estão incluídos vãos que correspondem às aberturas das galerias de grande porte, apresentadas no capítulo seguinte. Assim é conveniente verificar, para faixa dos vãos pequenos, também a possibilidade de alternativa em galeria.

Em geral, os elementos pré-moldados são feitos de concreto protendido. O emprego de concreto armado se limita a situações especiais, para pequenos vãos. Em relação aos materiais, merecem ser registradas também aplicações com concreto leve e a tendência de emprego de concreto de alta resistência e, mais recentemente, com aplicação do UHPC.

Conforme foi antecipado, o emprego do CPM se concentra na superestrutura, com o uso de elementos pré-moldados dispostos ao longo do vão, com os comprimentos dos vãos. Por essa razão, esse assunto está apresentado em primeiro plano. Está apresentado ainda o emprego do CPM na infraestrutura e, ao final, tópicos adicionais sobre o assunto.

Em relação à superestrutura, cabe registrar que na grande maioria das aplicações em CPM se utiliza o sistema estrutural de ponte em viga simplesmente apoiada, com um ou mais vãos.

As pontes são normalmente classificadas, quanto à seção transversal, em pontes de laje e pontes de vigas, com o que estaria caracterizado o fato de a distribuição transversal dos esforços localizados ser mais efetiva (pontes de laje) ou menos efetiva (pontes de viga). Quando se utiliza o CPM, essa classificação perde bastante o sentido, pois a distribuição transversal dos esforços está mais relacionada com a forma das ligações transversais da ponte, a qual pode conferir comportamento estrutural variando do das pontes de laje ao do das pontes de vigas.

Para a análise estrutural das pontes formadas por elementos pré-moldados pode-se recorrer a processos de análise de placa ortotrópica ou de grelha, encontrados nas publicações sobre o assunto, ou a processos numéricos, mediante *softwares*, empregando os métodos de grelha, dos elementos finitos e das faixas finitas.

10.2 Superestrutura

10.2.1 Tipos de elementos e arranjos na seção transversal

As alternativas construtivas existentes correspondem basicamente aos tipos de seções transversais dos elementos e na forma de ligações transversais entre eles. Apresentam-se a seguir as alternativas, enquadrando-as em grupos de características similares.

a. *Tipo painel (Fig. 10.4)*
   Esses tipos de elementos são empregados para vãos pequenos. As variantes são painéis maciços, painéis alveolares e painéis tipo pré-laje. Os dois primeiros casos são padronizados pelo PCI (2011b) com vãos de até 9,1 m para seção maciça e de 7,6 m a 15,2 m para seção alveolar. Comumente, esses dois tipos não recebem concreto moldado no local (CML). Já na terceira variante é prevista uma concretagem no local, tendo em vista a ampliação da seção resistente, que por sua vez propicia uma distribuição transversal mais efetiva das forças parcialmente distribuídas dos veículos.
b. *Seção caixão (Fig. 10.5)*
   A seção caixão, definida como seção retangular com vazamento retangular, apresenta elevados valores de rendimento mecânico e elevada rigidez à torção, que é interessante para melhorar a distribuição transversal dos esforços. No entanto, ela não favorece a racionalização da execução. O vazamento é feito com fôrmas perdidas, ou por procedimentos com fôrma recuperável com significativos trabalhos adicionais, e, além disso, necessita de duas etapas de concretagem. Com o emprego de concreto autoadensável melhoram as condições de execução, com a concretagem podendo ser feita em uma única etapa. Com esse tipo de seção, atingem-se vãos até a casa dos 50 m.

   Ainda que não usualmente empregadas, existem duas variações desse tipo de seção, a seção trape-

a) Seção alveolar padrão PCI

SEÇÕES TRANSVERSAIS DOS ELEMENTOS

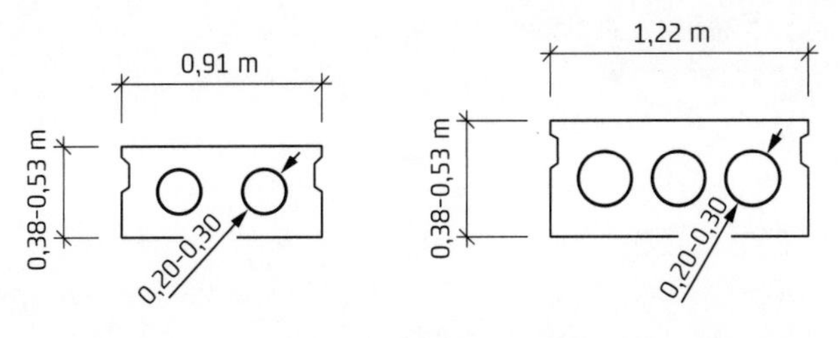

ARRANJO DOS ELEMENTOS

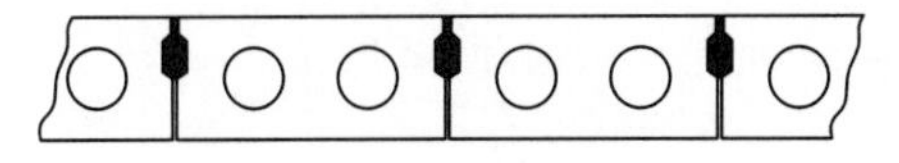

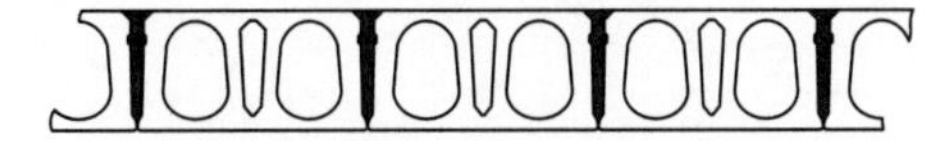

b) Tipo pré-laje

SEÇÃO

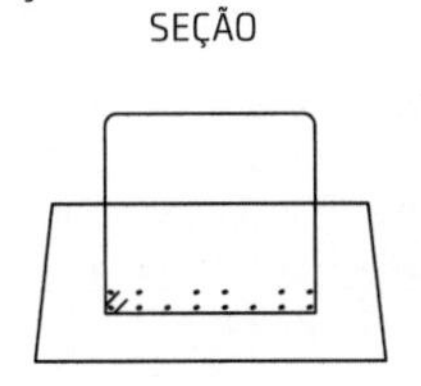

ARRANJO

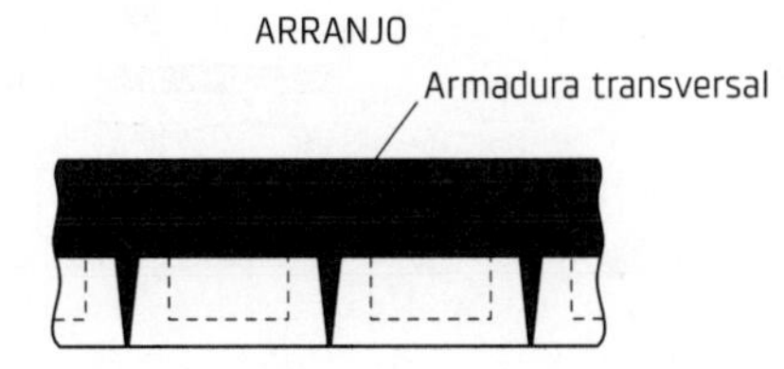

Fig. 10.4 Aplicação de elementos tipo painel em superestrutura de pontes

a) Tipos de elementos

MEDIDAS DE SEÇÕES PADRONIZADAS AASHTO/PCI

140 mm
76
76 mm
127 mm
140 mm
0,68-1,07m
0,91-1,22 m

OUTROS TIPOS

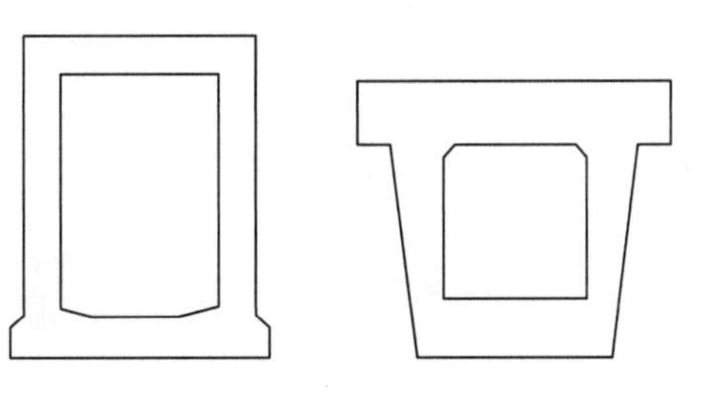

b) Arranjo dos elementos

JUSTAPOSTOS

CML

DISPOSTOS ESPAÇADAMENTE

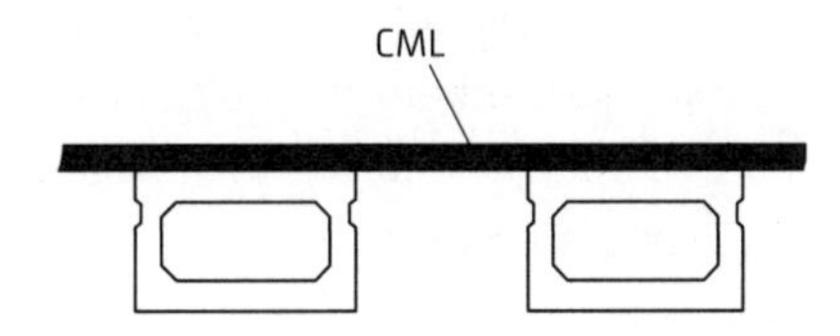

Fig. 10.5 Aplicação de elementos de seção caixão em superestrutura de pontes – seções padronizadas AASHTO/PCI, conforme o PCI (2011b)

zoidal vazada e a seção caixão com mais de um vazamento.

Os elementos podem formar o tabuleiro da ponte dispondo-os de maneira justaposta ou com certo espaçamento entre eles.

c. *Seção I e similares (Fig. 10.6)*

A seção I, por possuir mesa superior e inferior, apresenta um bom rendimento mecânico. Esse tipo de seção é bastante empregado e varre uma faixa bastante grande de vãos.

Existem variações quanto à largura da mesa superior e quanto à largura da mesa inferior, que, dependendo da geometria, recebem as denominações de seção I, seção T com mesa inferior e de seção *bulb tee* (denominação americana para seção com a mesa superior mais larga e a mesa inferior compacta em forma de bulbo).

Esses elementos podem ser colocados justapostos, como é o caso das seções T com mesa inferior e *bulb tee*, ou com espaçamento apropriado, como é o caso da seção I.

d. *Seção T invertido (Fig. 10.7)*

Esse tipo de seção não apresenta as mesmas facilidades para a execução da seção T normal em relação à desmoldagem, mas apresenta facilidades para realizar a ligação transversal entre os elementos,

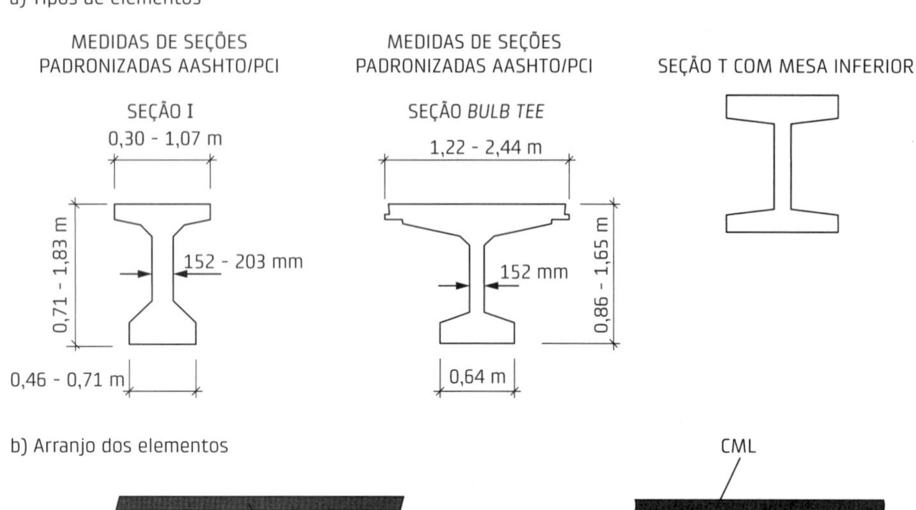

b) Arranjo dos elementos

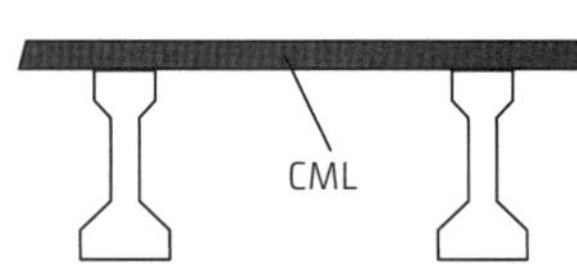

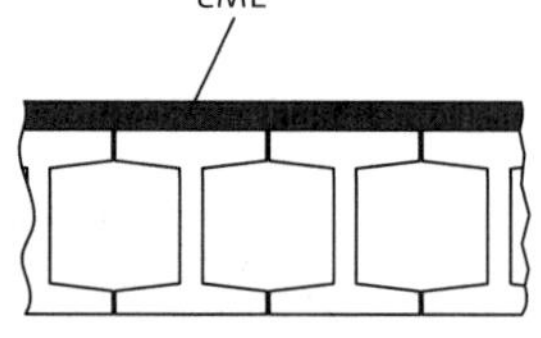

Fig. 10.6 Aplicação de elementos seção I e similares em superestrutura de pontes –seções padronizadas AAHTO/PCI, conforme o PCI (2011b)

de forma a resultar em uma eficiente distribuição transversal de esforços.

Esse tipo de seção é empregado na Europa, em particular na Inglaterra, onde as suas variantes podem receber denominações específicas como vigas M e vigas Y.

Contando com as suas várias possibilidades de vazamentos, esse tipo de seção pode ser empregado para uma faixa grande de vãos, atingindo até a casa dos 45 m.

e. *Seção trapezoidal e U (Fig. 10.8)*

A seção trapezoidal e a seção U podem ser vistas como variações da seção T invertido. Desde que adequadamente projetadas essas seções têm a vantagem, quanto à execução, de poderem ser desmoldadas sem desmontar a fôrma. Destaca-se também que esses tipos de seções, após a concretagem do tabuleiro, apresentam grande rigidez à torção, o que promove uma boa distribuição transversal de esforços. Os elementos podem ser justapostos ou dispostos com certa separação.

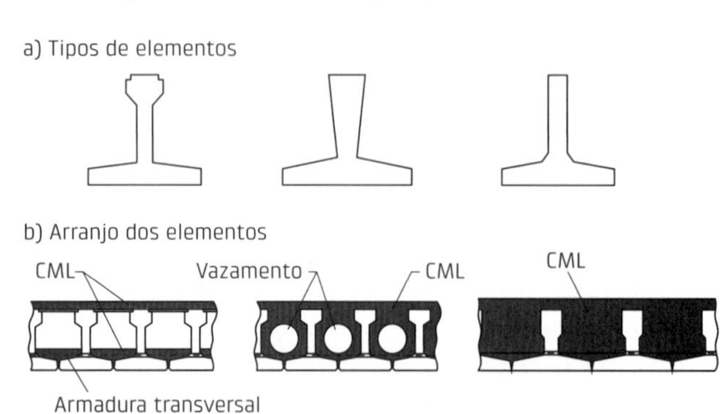

Fig. 10.7 Aplicação de elementos de seção T invertido em superestrutura de pontes

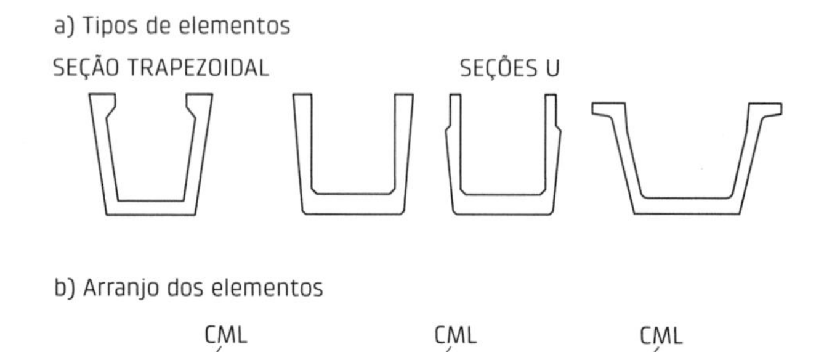

Fig. 10.8 Aplicação de elementos de seções trapezoidal e U em superestrutura de pontes

Uma variação do último caso é a seção monocaixão, denominação usada no boletim 29 da fib (2004) sobre aplicação do CPM em pontes. A Fig. 10.9 mostra esse tipo de elemento aplicado na seção da ponte, o que justifica o seu nome.

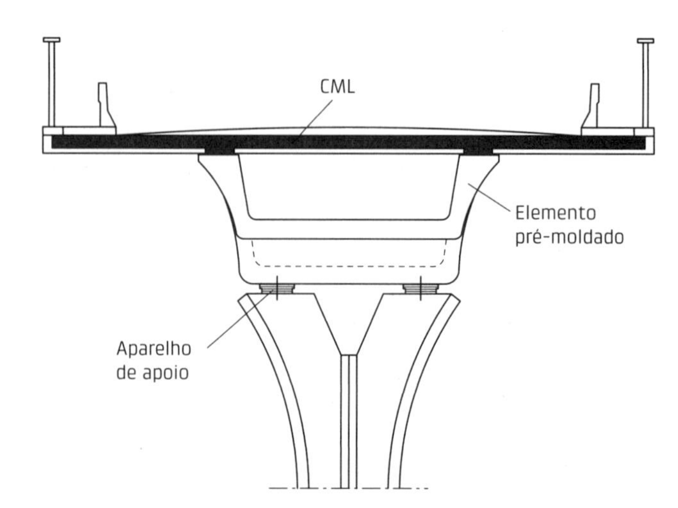

Fig. 10.9 Aplicação de elementos seção monocaixão em superestrutura de pontes
Fonte: adaptado de fib (2004).

Conforme o boletim mencionado, esse tipo de aplicação foi desenvolvido principalmente na Espanha. O elemento pré-moldado é basicamente limitado a 45 m de comprimento, mas, com emendas dos elementos, as aplicações desse sistema chegam a atingir 90 m de vão. No entanto, a rigor, as aplicações com emendas devem ser enquadradas na categoria da seção 10.4.3, a ser tratada na sequência deste capítulo.

Outras formas, pouco empregadas, são variações dos elementos de seção T. A Fig. 10.10 mostra exemplos desse caso, sendo que a seção U invertido (Fig. 10.10e) já é uma variação com características mais distantes das demais.

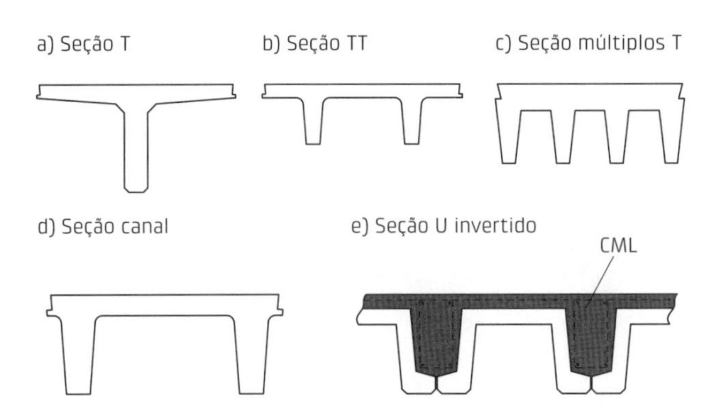

Fig. 10.10 Aplicação de elementos seção T e suas variações em superestrutura de pontes

Na Fig. 10.11 podem ser vistos exemplos de vigas empregadas em pontes, na área de armazenamento. Já a Fig. 10.12 mostra a construção de pontes com vigas de seção I, que foi objeto de apresentação no *Painel dos Projetistas* no 2PPP (Bentes, 2009). Mais informações e detalhes podem ser encontrados no site do 2PPP.

A análise comparativa dos vários tipos de elementos tem sido objeto de publicações, como em Yamane et al. (1994) e no boletim 29 da fib (2004). A Fig. 10.13 mostra as faixas de vãos de alguns tipos de elementos.

10.2.2 Particularidades relativas à direção transversal

Nessa parte, são apresentadas algumas particularidades relativas à direção transversal, ou seja aquelas relativas à seção transversal das pontes. Estão sendo abordados os seguintes assuntos: a) formas de melhorar a distribuição transversal de esforços, b) a formação do tabuleiro com

Fig. 10.11 Exemplos de vigas empregadas em pontes: a) e b) seção I; c) seção T invertido; d) seção trapezoidal

Fig. 10.12 Construção de pontes com vigas I
Fonte: Bentes (2009).

elementos complementares e c) detalhes das bordas do tabuleiro.

As ligações entre os elementos dispostos na direção do eixo da ponte devem ser de forma a, no mínimo, impedir os deslocamentos verticais relativos. Essas ligações podem ser apenas por meio de capa de CML, que formam a laje, ou, quando não houver capa de concreto, com chaves de cisalhamento ou conectores metálicos. Com essas formas de ligação, a distribuição transversal dos esforços é pouco efetiva.

As formas de melhorar a distribuição transversal de esforços são: a) com protensão transversal (Fig. 10.14a); b) com ligação transversal pela mesa inferior, além da

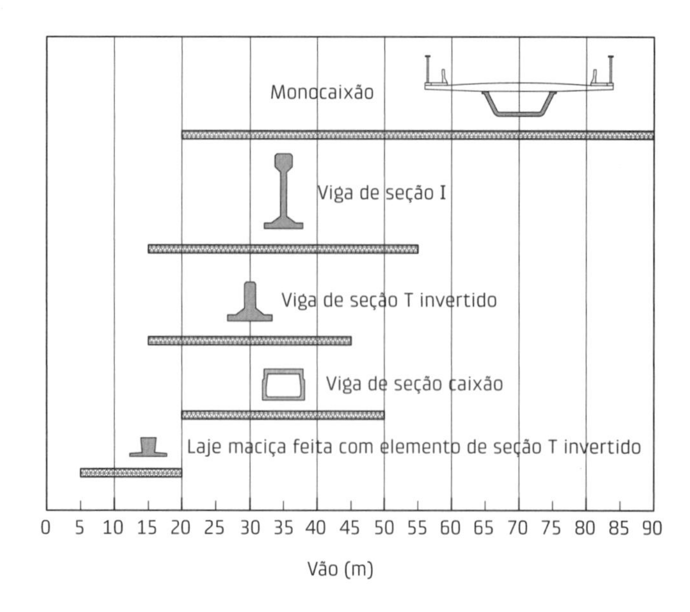

Fig. 10.13 Faixas de vão de alguns tipos de elementos, conforme o boletim 29 da fib (2004)

ligação pela mesa superior (Fig. 10.14b) e c) com transversinas ou diafragmas, em geral protendidos (Fig. 10.14c). A ligação pela mesa inferior só é possível para alguns tipos de seção, como no caso mostrado na Fig. 10.14b e na seção T invertido. As transversinas ou diafragmas podem ser empregados na maior parte das seções. Em se tratando de transversinas ou diafragmas intermediários, pode ser interessante separá-los das lajes.

Merece registrar também a possibilidade de utilizar barras metálicas cruzadas, no papel das transversinas para melhorar a distribuição transversal. Nesse caso, deve-se dar maior atenção ao monitoramento e à manutenção em função da parte metálica que fica exposta.

A melhor distribuição transversal de esforços resulta em elementos com menor solicitação devida à carga móvel, com consequência direta no custo dos elementos pré-moldados. Por outro lado, as medidas para efetuar uma melhor distribuição transversal dos esforços envolvem serviços em campo, como execução de fôrmas, serviços de armação e protensão, e portanto um custo considerável. Assim, a ponderação desses fatores no projeto pode conduzir, em função das circunstâncias, à melhor solução.

Em função do exposto, estudos de novas formas de ligações entre os elementos, buscando aliar eficiência estrutural com os aspectos construtivos, têm sido desenvolvidos, como a proposta de Hanna et al. (2011) para tabuleiro de elementos de seção caixão.

Conforme foi visto, em determinados tipos de seção transversal é prevista a concretagem no local, que pode aumentar ou não a altura da seção resistente. Este último caso ocorre quando se concreta o tabuleiro nas partes entre as mesas das vigas, de forma que o nível desse concreto seja o mesmo das vigas pré-moldadas.

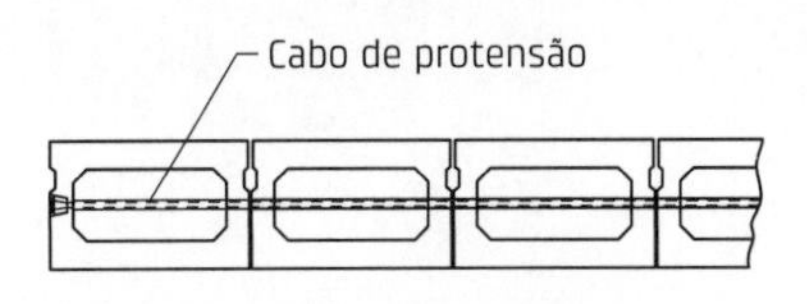

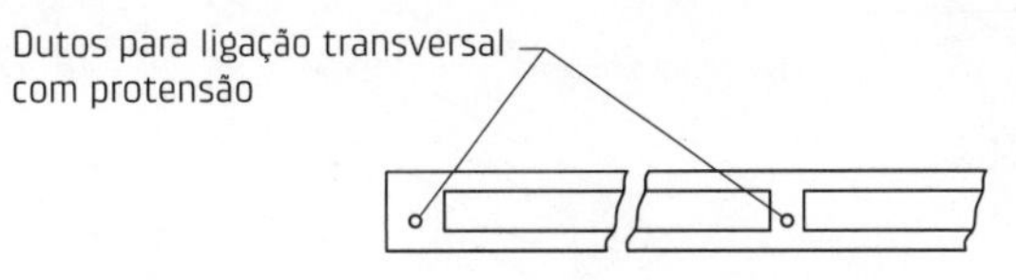

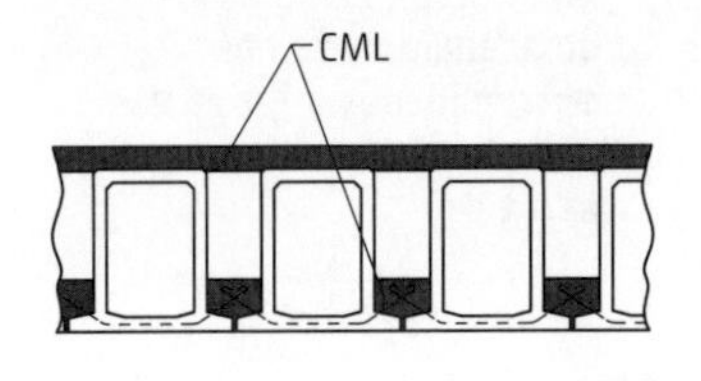

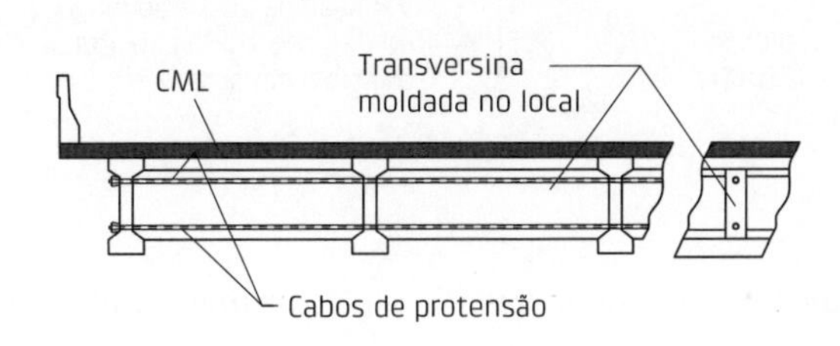

Fig. 10.14 Formas de ligação entre os elementos ao longo do vão para melhorar a distribuição transversal dos esforços

O aumento da altura da seção resistente, que é mais usual, ocorre com CML sobre o nível superior dos elementos. Para isso, em alguns casos, como o da seção I, deve-se recorrer a fôrmas de madeira ou utilizar elementos pré-moldados entre os elementos principais. Neste último caso podem ser empregados elementos pré-moldados que servem somente de fôrma, ou então que são incorporados à seção resistente da laje (elemento pré-moldado de seção parcial), ou ainda elementos pré-moldados com CML apenas em algumas partes que formam as ligações com os outros elementos. Na Fig. 10.15 estão mostrados alguns esquemas de formação de tabuleiro com emprego de elementos pré-moldados sobre as vigas principais.

Cabe observar que no caso de a ligação ser realizada por meio de nichos preenchidos de CML (Fig. 10.15c), a garantia de que a laje e a viga formam uma seção composta, com colaboração total ou parcial, depende da transferência de cisalhamento na região dos conectores.

Esse caso pode ser empregado com elemento único, mostrado na Fig. 10.15c, ou com dois elementos emendados ao longo do eixo da ponte. Destaca-se ainda que o caso em questão é também bastante empregado com vigas metálicas.

Ainda em relação à seção transversal, merecem atenção os seguintes aspectos: a) as extremidades laterais contêm dispositivos de proteção, como barreira e guarda-corpo, que podem ser com elementos pré-moldados e b) essas partes da ponte são fundamentais para um aspecto muito importante nas pontes, principalmente urbanas, que é a estética. Na Fig. 10.16 estão mostradas duas possibilidades

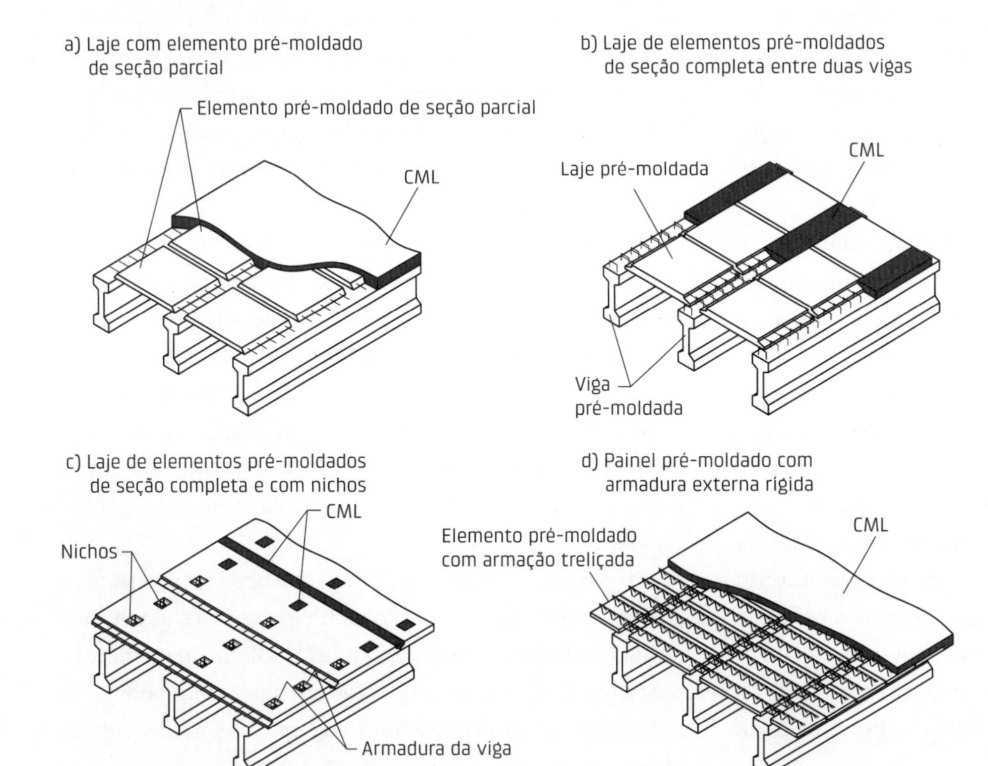

Fig. 10.15 Formação de tabuleiro com elementos pré-moldados dispostos sobre vigas principais

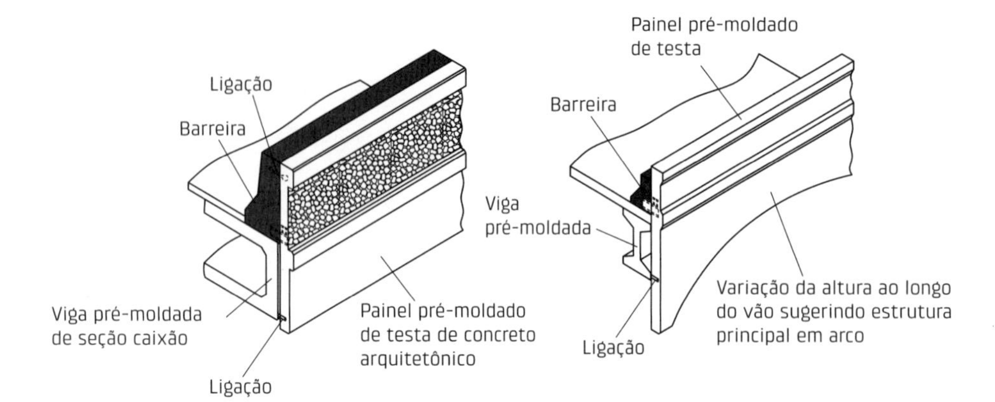

Fig. 10.16 Exemplos de acabamentos nas extremidades laterais das pontes para melhorar a estética

de elementos pré-moldados especiais para as bordas das pontes, tendo em vista este último aspecto.

10.2.3 Particularidades relativas à direção longitudinal

Dois aspectos em relação ao que ocorre ao longo do vão, ou vãos das pontes, são aqui comentados: a) a possibilidade de variação de seção transversal dos elementos e b) as ligações nas extremidades dos elementos.

A variação da seção transversal não é, via de regra, empregada nos elementos pré-moldados em fábricas. Nos elementos pré-moldados em canteiro podem ser empregadas variações da largura da alma junto aos apoios. Já a variação da altura da seção ao longo do vão é raramente empregada, pois, em se tratando de vãos simplesmente apoiados, a necessidade de maior altura no meio do vão conduz a forma pouco apreciada do ponto de vista da estética das pontes, uma vez que o aumento da altura ocorre no meio do vão, na face inferior da viga.

Normalmente, as ligações nas extremidades dos elementos têm sido feitas simplesmente apoiando os elementos em travessas ou muros, sobre aparelhos de apoio de elastômero, resultando em juntas no tabuleiro.

Embora largamente empregada, essa alternativa tem acarretado problemas relacionados com a manutenção. Atualmente, essa forma de ligação tem sido evitada pela necessidade de projetar obras mais duráveis e com menor custo de manutenção. Assim, têm-se procurado projetar as pontes sem juntas, as quais têm recebido a denominação de pontes integrais.

As formas de realizar as ligações sem juntas, ou pelo menos com menor número de juntas quando se tratar de pontes de grande comprimento, são: a) estabelecimento parcial da continuidade, fazendo ligação apenas pela laje do tabuleiro (Fig. 10.17a) e b) estabelecimento de continuidade estrutural para momentos fletores (Fig. 10.17b). Outras possibilidades podem ser vistas no boletim 29 da fib (2004).

No primeiro caso existe continuidade apenas para força normal. A distribuição de momentos não é praticamente afetada. Para isso, a laje da ligação deve ser projetada para possibilitar as rotações correspondentes das vigas. Além da redução das juntas, essa alternativa traz benefícios também à distribuição dos esforços horizontais na infraestrutura.

Ainda que sempre seja interessante para a distribuição dos esforços solicitantes, o estabelecimento da continuidade com transmissão de momentos fletores introduz maiores flutuações e alternâncias de sentido dos momentos fletores, o que é inconveniente em concreto protendido. Outro aspecto que merece ser destacado nesse caso é a dificuldade na avaliação da distribuição dos momentos fletores devido a efeitos dependentes do tempo. Um estudo sobre esse assunto pode ser visto em Andrade (1994).

Uma alternativa para pontes de vãos pequenos de acordo com a ideia das pontes integrais está mostrada na Fig. 10.18. Essa alternativa, pouco explorada, corresponde ao emprego de elementos pré-moldados para a superestrutura, com posterior execução de ligação rígida, com CML, entre ela e o encontro, resultando assim em sistema estrutural de ponte em pórtico.

Essa alternativa é, em princípio, apropriada quando for empregado pré-moldado de seção parcial, como o indicado na figura, devido à maior facilidade de realização da ligação rígida, e tem maior interesse nos casos de vãos pequenos e altura elevada de encontro. Um estudo de caso, apresentado em Pretti (1995), mostrou que, além da vantagem da eliminação da junta, ocorre pequena redução dos materiais em relação à alternativa de ponte em viga, usualmente empregada.

Algumas alternativas empregadas nos Estados Unidos para a eliminação da junta no tabuleiro na extremidade das pontes podem ser vistas em Burke (1990). Também merece destaque nesse assunto o citado manual sobre pontes do PCI (2011b), em que podem ser encontradas várias indicações para o projeto de pontes integrais.

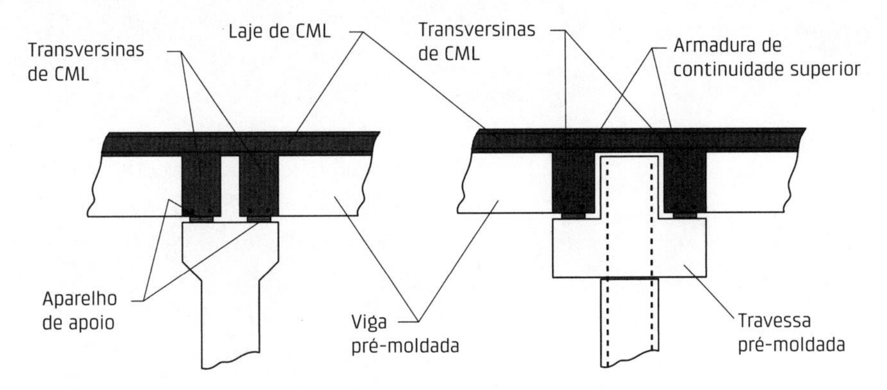

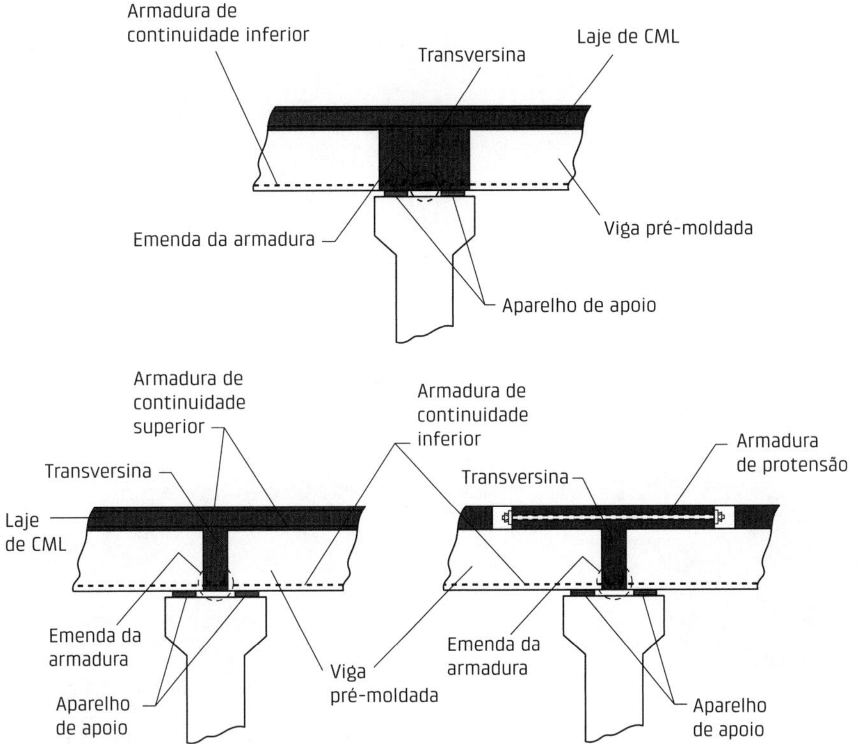

Fig. 10.17 Alternativas para estabelecer a continuidade estrutural para pontes com sucessão de tramos

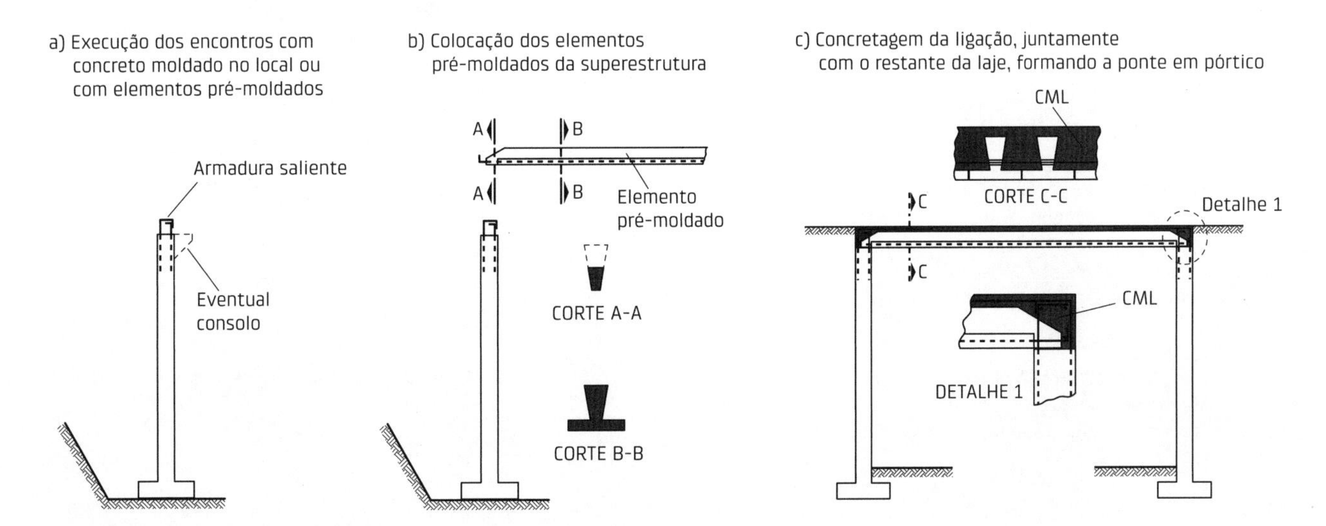

Fig. 10.18 Esquema de ponte em pórtico com emprego de elementos pré-moldados na superestrutura

10.3 Infraestrutura

O emprego do CPM na infraestrutura das pontes é mais restrito do que na superestrutura, conforme já havia sido adiantado.

Um exemplo de encontro executado com elementos pré-moldados já foi mostrado em sistema construtivo apresentado no capítulo introdutório (Fig. I.16). Outra alternativa para construção de encontros e muros de ala com elementos pré-moldados está ilustrada na Fig. 10.19.

Os encontros com emprego do CPM podem também ser feitos com os vários tipos de muros de arrimo, apresentados no capítulo seguinte.

Além dos encontros, o CPM pode ser empregado em travessa e em pilares. Na Fig. 10.20 está mostrado um esquema de ponte com três tramos com pilares e travessas pré-moldadas.

Merece destacar aqui novamente o incremento dos estudos e aplicações do CPM na infraestrutura alavancado pelo citado programa ABC, do Departamento de Transporte dos Estados Unidos. Assim, esse assunto tem sido objeto de publicações recentes, como o relatório do Departamento de Transporte do Arizona (EUA) (Hewes, 2013).

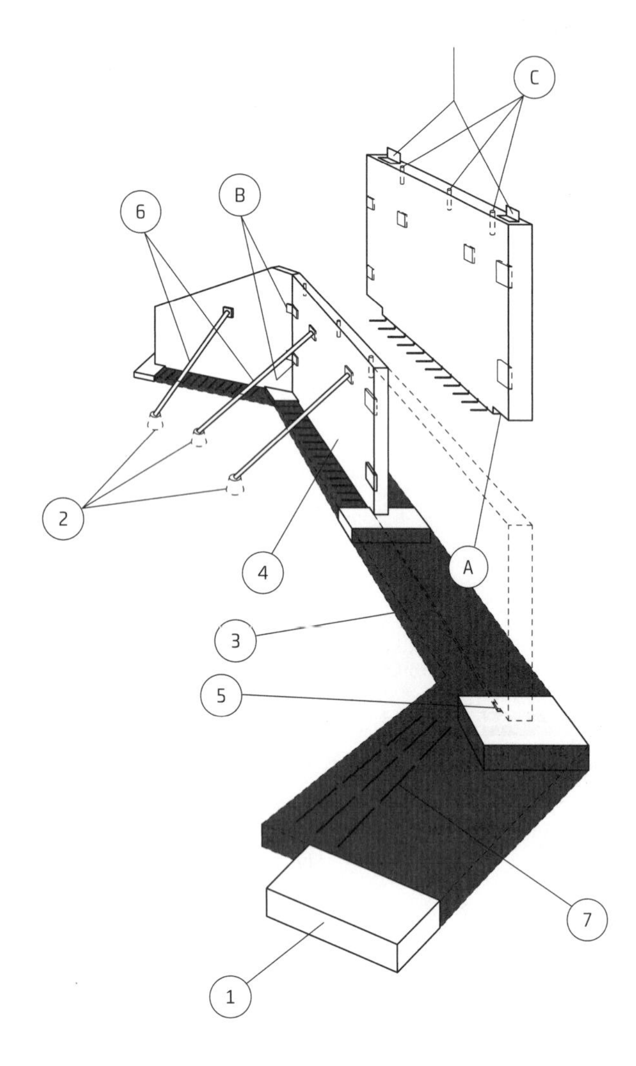

Sequência de execução
1 - execução de placas de apoio com CML para colocação dos elementos pré-moldados
2 - fundação para apoio das escoras de montagem
3 - colocação das fôrmas da sapata de fundação
4 - montagem dos painéis sobre as placas de apoio
5 - nivelamento dos painéis pré-moldados com cunhas de aço
6 - ajuste dos painéis mediante as escoras
7 - colocação da armadura complementar e concretagem da sapata

Notas
A - recorte nos elementos pré-moldados para apoio nas placas e armadura saliente dos painéis
B - ligação entre os painéis mediante solda nos conectores metálicos
C - furos para ligação dos elementos pré-moldados da superestrutura

Fig. 10.19 Aplicação do CPM em encontro de ponte
Fonte: adaptado de PCI (1975).

a) Execução da fundação

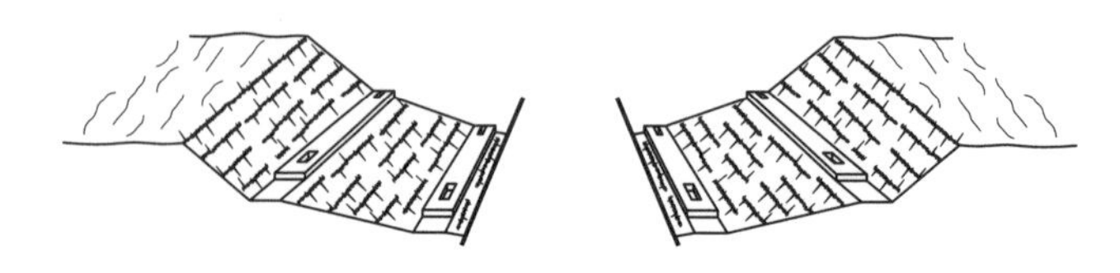

b) Montagem dos pilares pré-moldados

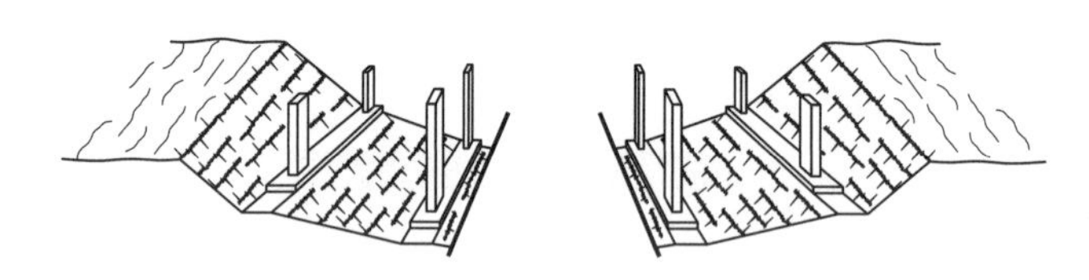

c) Montagem das travessas pré-moldadas

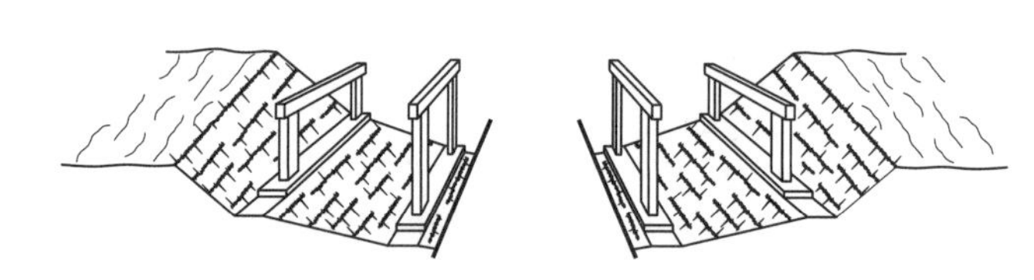

d) Colocação das vigas da superestrutura

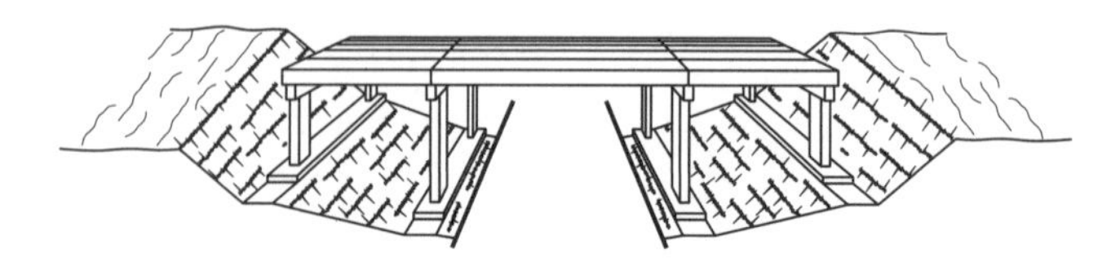

e) Acabamento e terraplenagem final

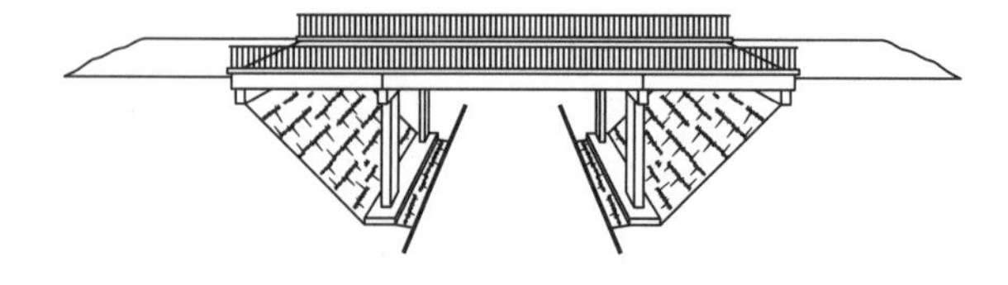

Fig. 10.20 Exemplo de aplicação do CPM na superestrutura e na infraestrutura
Fonte: adaptado de Fernández Ordóñez (1974).

10.4 Tópicos adicionais sobre o assunto

10.4.1 Pontes esconsas e pontes curvas

Em geral, os elementos pré-moldados, com as variadas formas de seção transversal apresentadas, podem ser empregados em pontes quando o grau de esconsidade não for alto, normalmente abaixo dos 45° de esconsidade (Fig. 10.21a). Para graus de esconsidade maiores, é necessário verificar a exequibilidade e mesmo se soluções em CML não seriam mais apropriadas.

Em relação às pontes em curvas no plano horizontal, deve ser feita uma distinção entre curvas com grandes raios, nas quais podem ser empregados elementos retos, e curvas de pequenos raios, nas quais é necessário utilizar elementos curvos.

No primeiro caso, pequenos alargamentos do tabuleiro, acompanhados ou não de alargamento da travessa de apoio, possibilitam o emprego de elementos retos, sem grandes prejuízos estéticos, recaindo portanto no que foi apresentado (Fig. 10.21b).

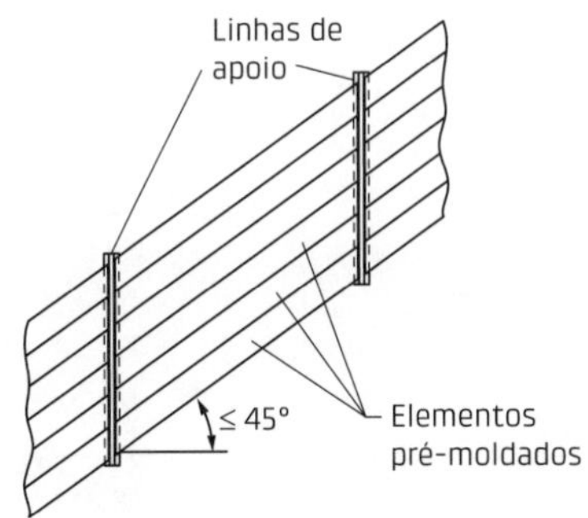

b) Pontes curvas com grande raio

ALTERNATIVA COM ALARGAMENTO DA LAJE

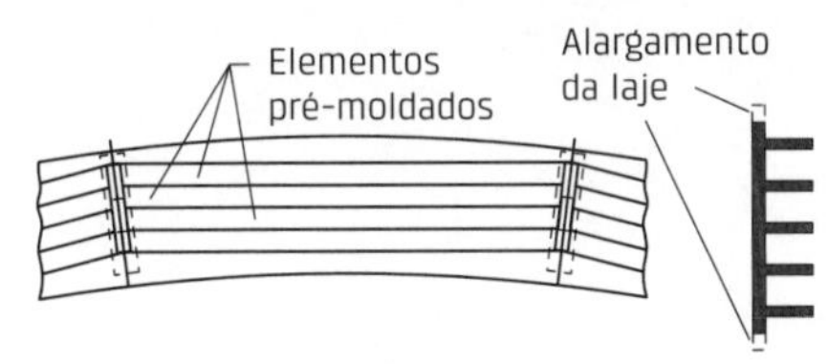

ALTERNATIVA COM ALARGAMENTO DA TRAVESSA

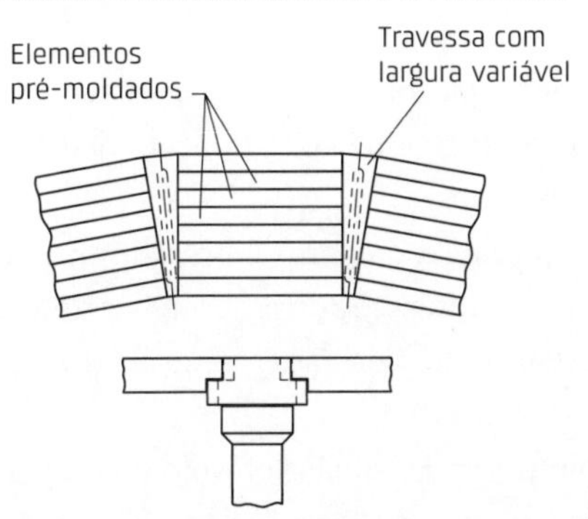

Fig. 10.21 Esquemas construtivos para pontes esconsas e curvas com grande raio

O segundo caso, em que os elementos pré-moldados teriam que ser curvos, é bastante incomum. O emprego de concreto protendido com pré-tração acarretaria um grande trabalho adicional para desviar a trajetória dos cabos de protensão. Assim, a alternativa com concreto protendido com pós-tração torna-se praticamente a única viável nesses casos.

10.4.2 Pontes não rodoviárias

Além das pontes rodoviárias, basicamente tratadas até aqui, o CPM pode ser utilizado ainda em pontes para pedestres e pontes ferroviárias.

Em princípio, aplicam-se a esses tipos de pontes as mesmas considerações vistas aqui. Na Fig. 10.22 estão mostrados alguns esquemas de pontes ferroviárias. Destaca-se que o emprego de tabuleiro rebaixado, pouco comum nas pontes rodoviárias por restrições de ordem estática e de funcionalidade, são usuais nas pontes ferroviárias.

Um exemplo notável de ponte ferroviária, com tabuleiro rebaixado, mas com estética bastante agradável pode ser vista em Rosignoli (2012).

10.4.3 Elementos de comprimento menor que o vão

Conforme foi adiantado, na maior parte das aplicações são empregados elementos pré-moldados que cobrem o vão ou os vãos da ponte. Para ampliar os vãos, utilizando ainda os mesmos tipos de elementos, podem ser empregados dois recursos.

O primeiro caso corresponde ao emprego de tramo suspenso, em que os elementos são colocados sobre trecho moldado no local, ou com CPM, que se projeta em balanço sobre os pilares, formando esquema de viga Gerber.

O outro recurso, que tem sido empregado na América do Norte, consiste em vencer o vão emendando segmentos de vigas pré-moldadas, em geral, executadas em fábricas. Essa possibilidade já foi adiantada na apresentação da seção monocaixão. Nesses casos, faz-se uso da pré-tração, para as fases de transporte e montagem, e da pós-tração para realizar as emendas e para o atendimento dos estados-limite últimos e de serviço nas várias seções ao longo do vão. Nas Figs. 10.23 e 10.24 estão mostradas duas aplicações dessa alternativa.

Outros exemplos recentes podem ser vistos em Ma (2011), no qual é previsto um aumento desse recurso nas próximas décadas nos Estados Unidos.

10.4.4 Outras formas empregadas

Além das alternativas de elementos pré-moldados dispostos na direção do eixo da ponte com esquemas de vigas,

a) Duas vigas de seção I com tabuleiro rebaixado

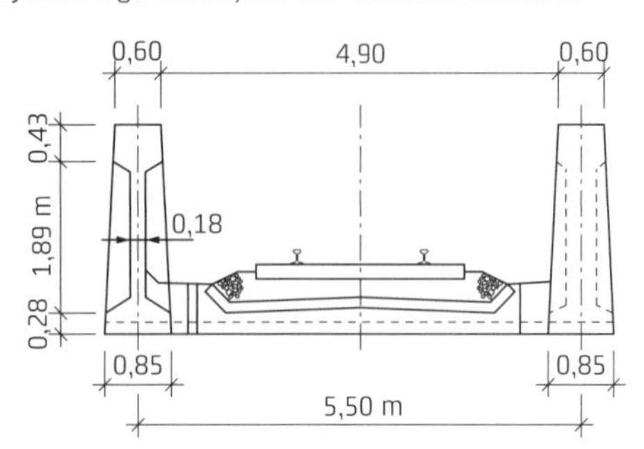

b) Duas vigas de seção caixão

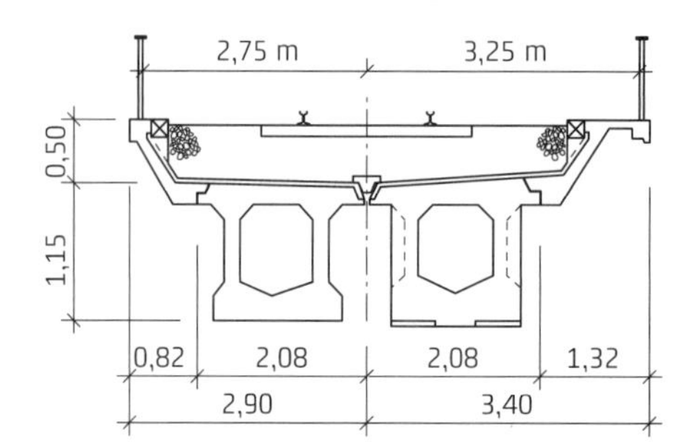

c) Uma viga de seção caixão

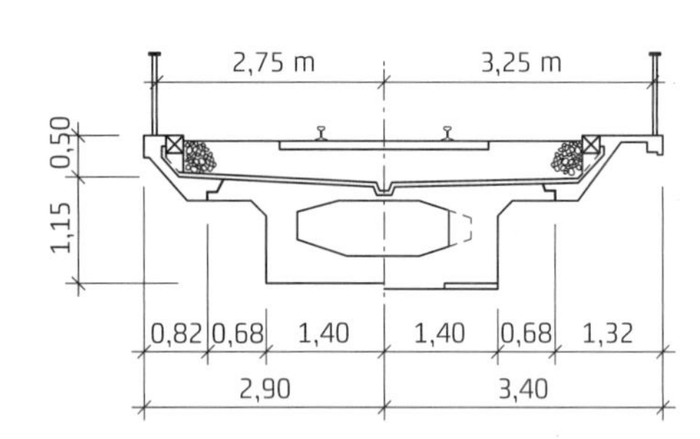

d) Duas vigas de seção I

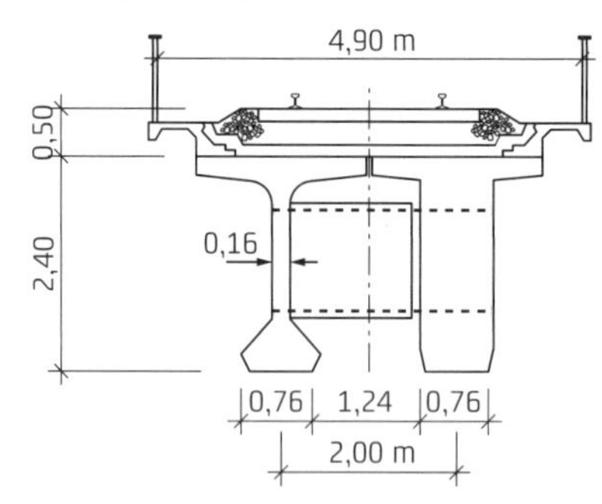

Fig. 10.22 Exemplos de aplicação em pontes ferroviárias
Fonte: adaptado de Fernández Ordóñez (1974).

a) Planta

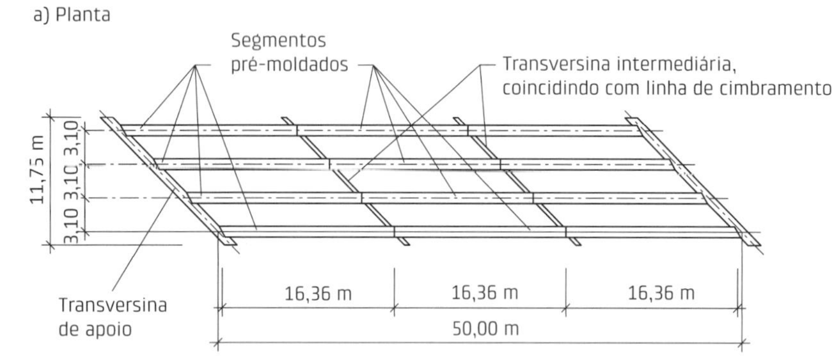

b) Seção da viga

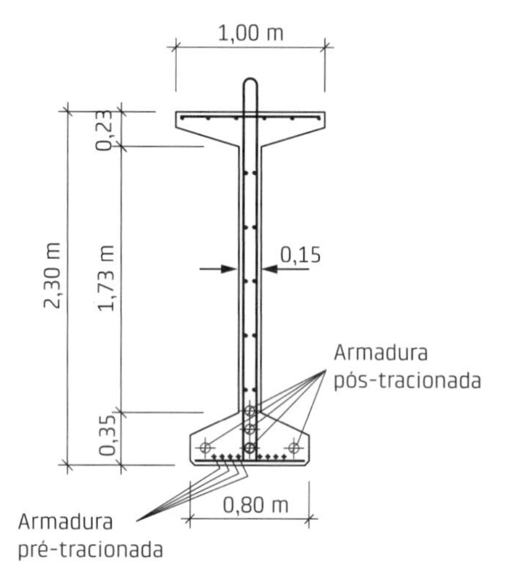

c) Detalhe das ligações

TRANSVERSINA INTERMEDIÁRIA

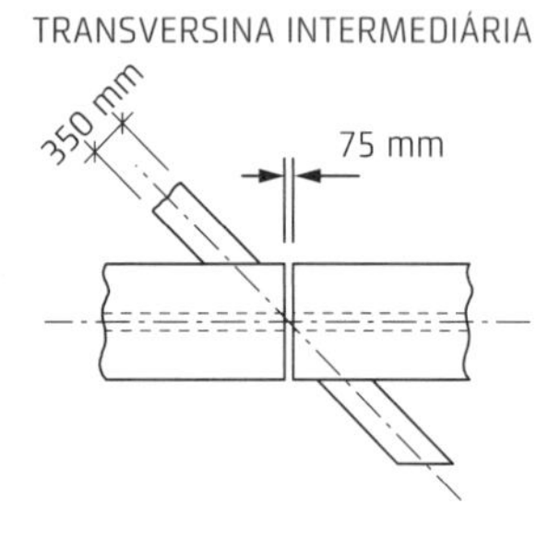

TRANSVERSINA DE APOIO

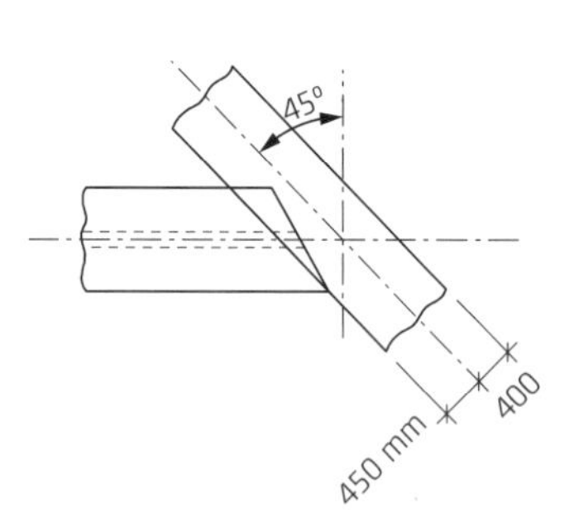

Fig. 10.23 Exemplo de aplicação de elementos menores que o vão em ponte esconsa em viga simplesmente apoiada
Fonte: adaptado de Mills et al. (1991).

tratadas anteriormente, existem outras formas que foram empregadas que merecem ser apresentadas.

Nesse sentido, apresenta-se na Fig. 10.25 um exemplo de emprego de sistema estrutural em arco. A forma desse viaduto, construído em Milwaukee, nos Estados Unidos, foi adotada devido à necessidade de reconstituir um viaduto antigo. O arco foi dividido em dois segmentos pré-moldados, com seção transversal em forma de U, que foi preenchido com CML, formando seção retangular, ou seja, a mesma concepção da construção mostrada na Fig. I.32. A emenda entre os dois segmentos foi executada por meio de pós-tração. No tabuleiro foram empregadas vigas I também pré-moldadas.

Outros exemplos recentes com sistema estrutural em arco mostram o interesse do emprego do CPM para pontes para pequenos e médios vãos, como em Tan et al. (2014) e Yousefpour et al. (2015).

Com o emprego de aduelas pré-moldadas para pequenos e médios vãos, merece destaque também o sistema construtivo desenvolvido na França e apresentado em Causse

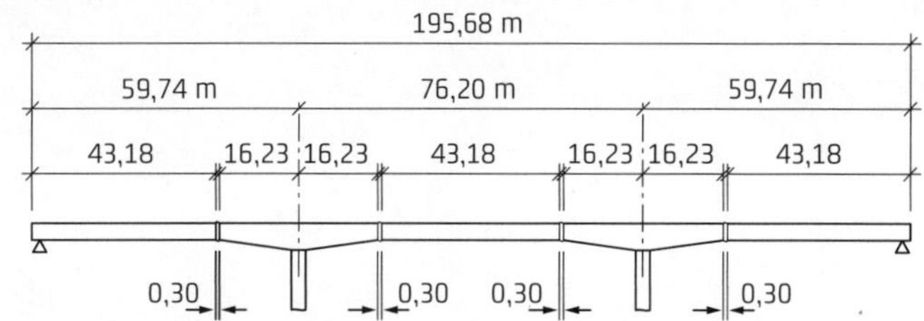

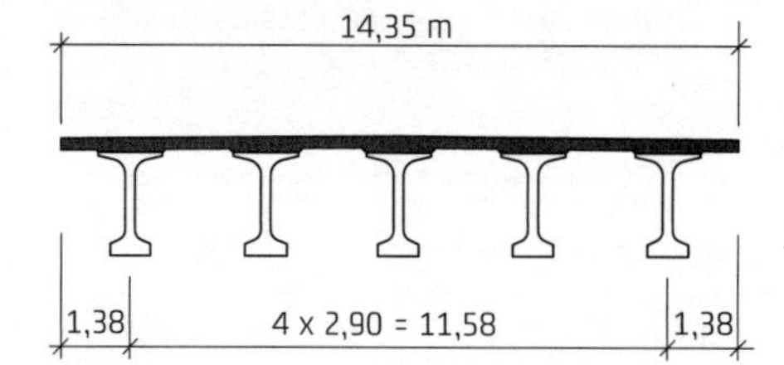

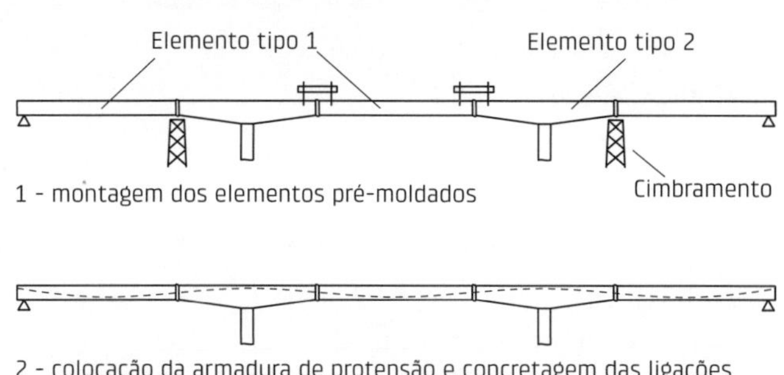

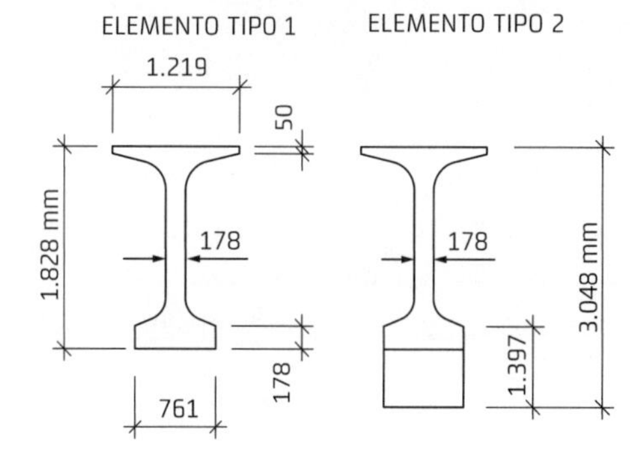

Fig. 10.24 Exemplo de aplicação de elementos menores que o vão em ponte em viga contínua
Fonte: adaptado de Janssen e Spaans (1994).

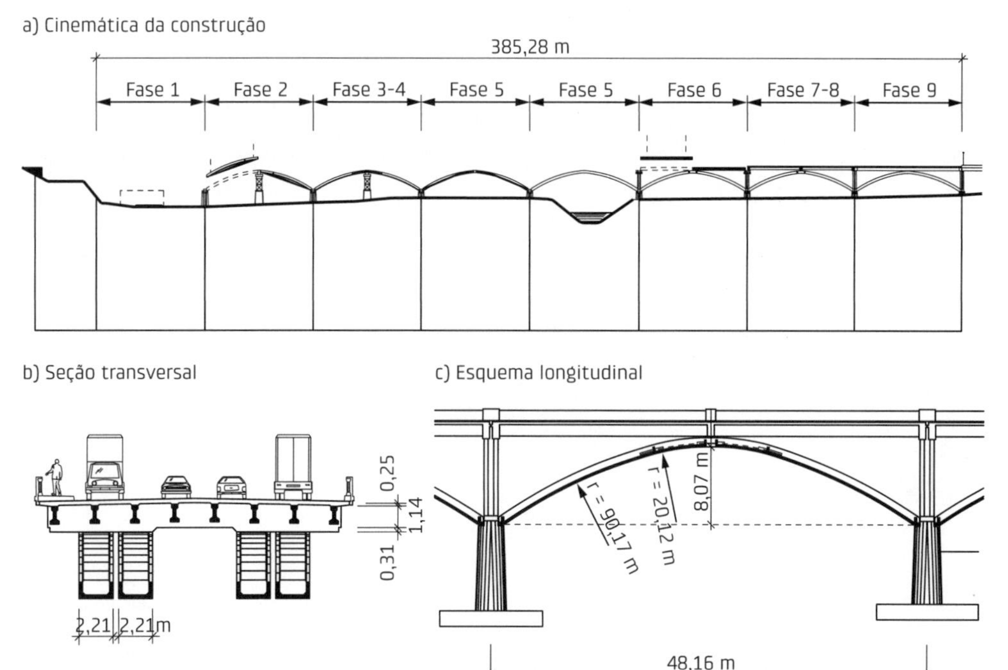

Fig. 10.25 Exemplo de aplicação em ponte em arco
Fonte: adaptado de Wanders et al. (1994).

(1994). Nesse sistema, empregam-se aduelas pré-moldadas montadas com auxílio de estrutura metálica provisória, apoiada nos pilares. As aduelas solidarizadas mediante protensão formam o tabuleiro rebaixado mostrado na Fig. 10.26. Segundo a citada referência, esse sistema seria apropriado para faixa de vãos de 15 m a 35 m.

Embora tenha sido empregado também para faixa de vão acima da aqui enfocada, merece registro o sistema utilizado na construção de passarela com cabos de aço e aduelas pré-moldadas, similar aos das coberturas suspensas. Nesse tipo construtivo, as aduelas são montadas a partir de uma das cabeceiras da ponte, deslizando-as sobre os cabos já colocados. Após a montagem de todas as aduelas é feita uma protensão longitudinal, dando forma final à estrutura e promovendo a sua rigidez. Esse tipo construtivo, descrito em Strasky (1987), foi empregado na

a) Esquema de montagem

Dispositivo auxiliar para suspensão e deslizamento das aduelas

Consolo metálico

Estrutura metálica de montagem

b) Seção transversal típica

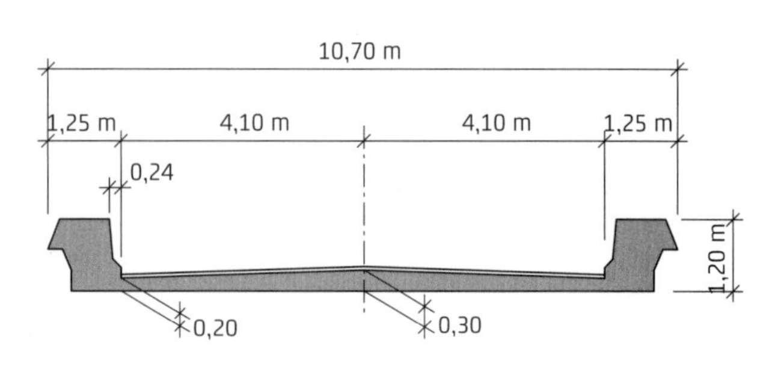

Fig. 10.26 Exemplo de pontes com aduelas pré-moldadas em tabuleiro rebaixado
Fonte: Causse (1994).

ex-Tchecoslováquia, para vãos variando de 63 m a 144 m, com vão único e até quatro vãos. Na Fig. 10.27 está ilustrada em linhas gerais a forma de sua execução.

Mais informações e detalhes desse tipo construtivo, bem como uma abordagem da análise estrutural, podem ser vistos em Ferreira (2001) e Ferreira et al. (2002).

Algumas variações desse tipo construtivo, associando com arcos de CPM, podem ser vistas em Strasky (2010).

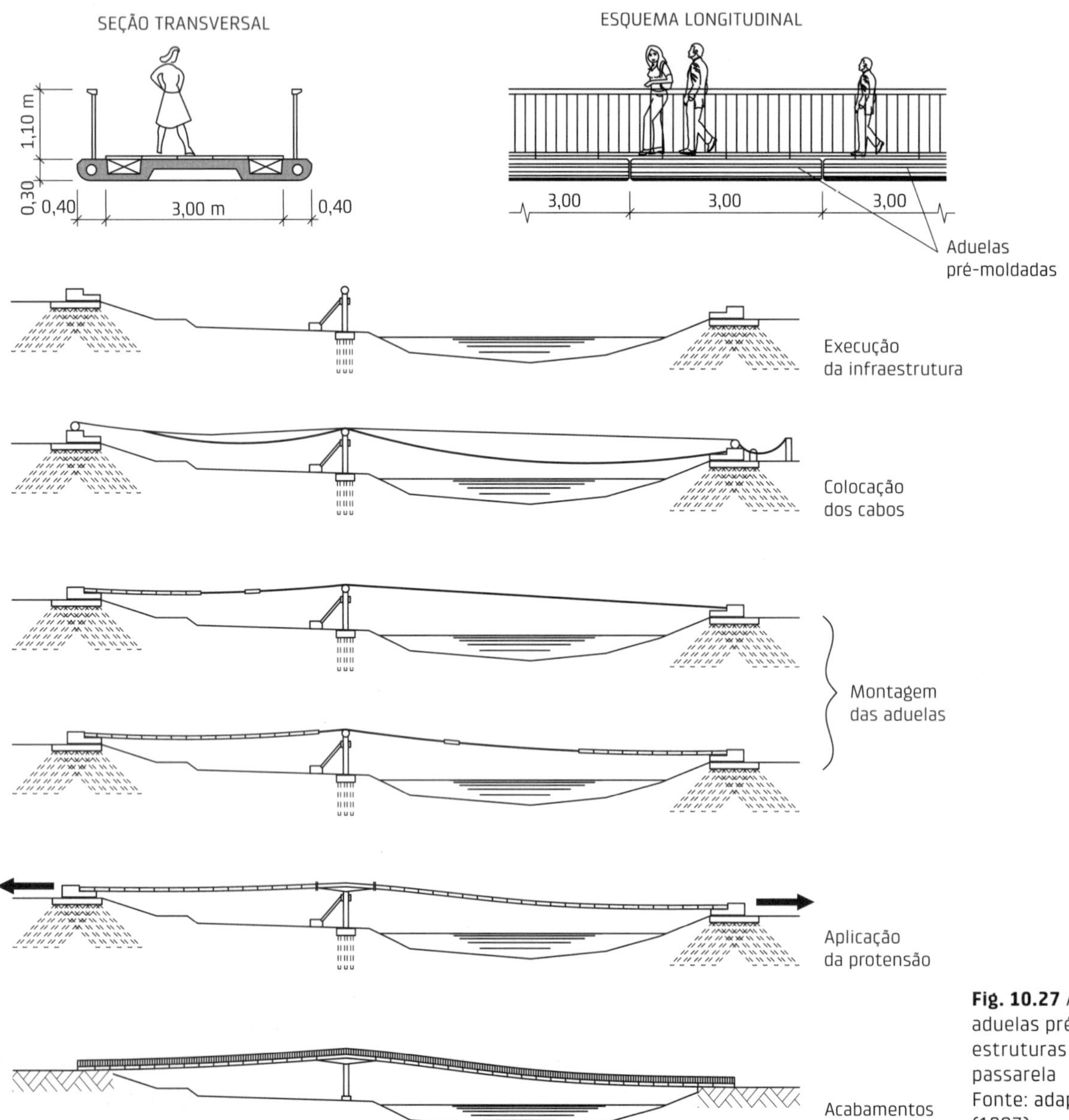

Fig. 10.27 Aplicação de aduelas pré-moldadas em estruturas de cabo para passarela
Fonte: adaptado de Strasky (1987).

11 GALERIAS, CANAIS, MUROS DE ARRIMO E RESERVATÓRIOS

Na infraestrutura urbana e de estradas existe uma série de tipos construtivos nos quais o concreto pré-moldado (CPM) apresenta grande interesse. Os tipos construtivos em questão são as galerias, os canais, os muros de arrimo e os reservatórios, que, conforme adiantado, têm características distintas das edificações.

As galerias, também chamadas de bueiros, são obras que fazem parte de sistemas de drenagem urbana e de estradas, ou então que funcionam como passagens inferiores, viárias ou de serviços. Os muros de arrimo são obras destinadas à contenção do solo, que podem se apresentar isoladamente ou então fazer parte de outro tipo de obra, como é o caso de encontros e muros de ala das pontes. Os canais fazem parte de sistemas de drenagem a céu aberto. Os reservatórios fazem parte de sistemas de abastecimento de água. Também se enquadram neste último caso outras construções para armazenamento de água e esgoto que são empregados no tratamento destes.

Cabe destacar que esses tipos construtivos têm em comum o fato de estarem, em geral, sujeitos a consideráveis empuxos de terra ou de água.

Conforme visto no capítulo anterior, existe grande interesse no emprego do CPM nesses tipos de obra, pois a construção praticamente se resume à estrutura, além de condições favoráveis de se empregar uma padronização.

Em relação à quantidade de aplicação, cabe registrar que existem indicações, no caso de construção de estradas, de que as galerias e os muros representam cerca de 10% a 15% do custo de implantação de uma rodovia, devido ao grande número de ocorrência desses tipos de obra. Por outro lado, em obras urbanas, as galerias e os canais são, devido ao grande comprimento, obras bastante dispendiosas.

Como em toda construção, as condições de acesso são de fundamental importância para a opção pelo CPM. Na maioria dos casos, esse fator é o condicionante principal. Esse tipo de restrição pode ocorrer no caso das obras urbanas, em que a falta de condições de acesso de equipamentos de montagem, praticamente inviabiliza o emprego do CPM. Por outro lado, as galerias e os canais são normalmente implantados em locais com grande risco de inundações. Dessa forma, a redução do tempo de execução da construção propiciada pelo emprego do CPM constitui-se, normalmente, em um fator decisivo na escolha do processo de construção.

Cabe observar ainda que as empresas que trabalham com esses tipos de obra possuem equipamentos, tais como retroescavadeiras, dragas etc., que podem ser improvisados para a montagem dos elementos pré-moldados. Isso significa que, se o peso dos elementos for adequado para que a sua montagem seja feita contando com a disponibilidade desses equipamentos, maiores são suas chances de serem viabilizados, para uma determinada obra.

11.1 Galerias

As galerias apresentam porte que varia do correspondente às tubulações de pequenas dimensões até o correspondente às pontes de pequenos vãos.

A distinção entre galerias e pontes em função do vão, encontrada nas publicações sobre o assunto, não é adequada, pois as galerias, como pode ser visto a seguir, podem atingir vãos da ordem de 20 m. Embora exista certa indefinição na zona de transição, a diferença entre galerias e pontes é aqui feita considerando como galerias as obras colocadas abaixo, completamente ou parcialmente, do terrapleno, independente do vão.

Em geral, as galerias de CPM são executadas colocando os elementos em vala aberta. Cabe registrar a possibilidade de construção sem abrir a vala, como túnel. Esse procedimento é utilizado quando não se deseja perturbar o tráfego sobre o obstáculo. Normalmente, ele é empregado para pequenos diâmetros.

A análise estrutural das galerias é fortemente dependente das ações do solo sobre a estrutura. Assim, essa análise deveria ser feita considerando a interação solo × estrutura, que depende das deformações do solo e das paredes da galeria. No entanto, em face das incertezas nos parâmetros do solo, esse tipo de análise só é feito em situações especiais, em função do porte da obra. Em geral, empregam-se procedimentos tradicionais encontrados nas publicações sobre o assunto. Uma noção do comportamento de condutos enterrados, para os tubos circulares e galerias celulares, é apresentada no Cap. 15.

Em relação à forma da estrutura, as galerias podem ser divididas em galerias de seção transversal fechada, quando a estrutura contorna toda a abertura, e galerias de seção transversal aberta, caso contrário.

Tendo em vista o emprego do CPM, pode-se dividir a estrutura das galerias nas seguintes formas básicas:

- *Seção transversal fechada formada com elemento único (Fig. 11.1a)*: esse é o caso em que o elemento pré-moldado forma a seção transversal da galeria, de maneira que não existem emendas na direção paralela ao eixo da galeria. A abertura é limitada, para os elementos pré-fabricados, aos gabaritos de transporte.
- *Seção transversal fechada formada por mais de um elemento (Fig. 11.1b)*: nesse caso, a seção transversal da galeria é composta de segmentos pré-moldados, com emendas ao longo do eixo da galeria. Essa alternativa é, em geral, indicada para aberturas maiores que o caso anterior.
- *Seção transversal aberta formada por elemento único (Fig. 11.1c)*: nesse caso, a estrutura não contorna a abertura e é formada por um único tipo de elemento. Via de regra, esse caso é empregado para vãos maiores que os dois casos anteriores.
- *Seção transversal aberta formada por mais de um elemento (Fig. 11.1d)*: esse caso corresponde a formar estrutura aberta com mais de um elemento na seção transversal, de forma que existem ligações ao longo do eixo das galerias. Isso pode ser realizado dividindo em mais de uma parte o elemento tipo do caso anterior ou empregar elementos dispostos ao longo do comprimento. Em princípio, esse caso corresponde aos maiores vãos atingidos com galerias.

a) Seção transversal fechada formada por elemento único

b) Seção transversal fechada formada por mais de um elemento

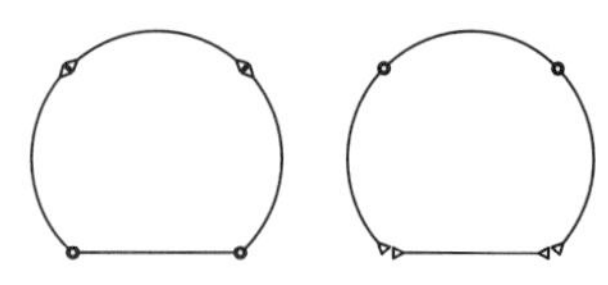

c) Seção transversal aberta formada por elemento único

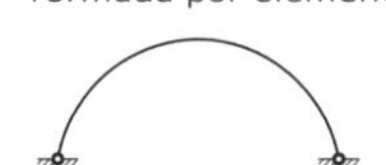

d) Seção transversal aberta formada por mais de um elemento

Fig. 11.1 Formas básicas da estrutura das galerias formadas por elementos pré-moldados

A seguir são apresentadas as características principais de cada um desses casos e mostrados exemplos de aplicação.

A forma mais comum de galeria de seção transversal fechada formada por elemento único é com o emprego de tubos de concreto de seção circular. Os tubos de seção circular, ou simplesmente tubos circulares, de concreto podem ser de concreto simples, em geral, para diâmetros de até 0,8 m e de concreto armado, de 0,6 m a 1,5 m.

Na Fig. 11.2 são mostradas a geometria de tubos circulares e, a título de ilustração, o peso aproximado dos tubos

a) Tubo com junta tipo ponta e bolsa

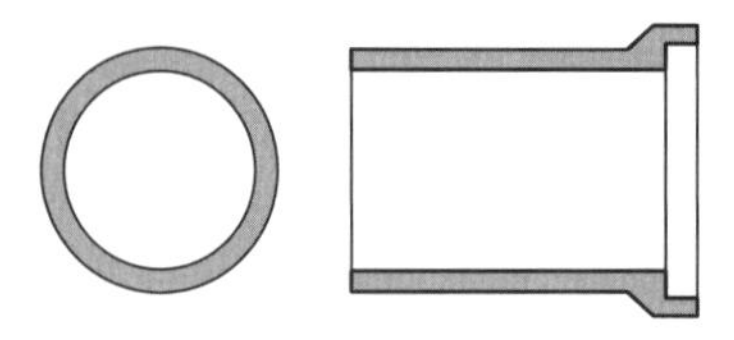

b) Tubo com encaixe de meia espessura

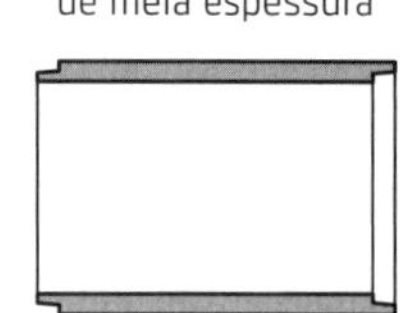

Diâmetros comerciais (m)	Peso por metro kN (tf)
0,6	3,2 (0,32)
0,8	5,6 (0,56)
1,0	8,7 (0,87)
1,2	12,5 (1,25)
1,5	19,4 (1,94)

Fig. 11.2 Tubos de seção circular de concreto

de concreto armado, para os diâmetros encontrados comercialmente. O peso foi estimado considerando-se para as espessuras normalmente utilizadas de um décimo dos diâmetros internos. No Cap. 15 são apresentadas informações adicionais sobre esse tipo de aplicação de CPM.

Outras formas de seções transversais de tubos de concreto encontradas nas publicações sobre o assunto estão reproduzidas na Fig. 11.3.

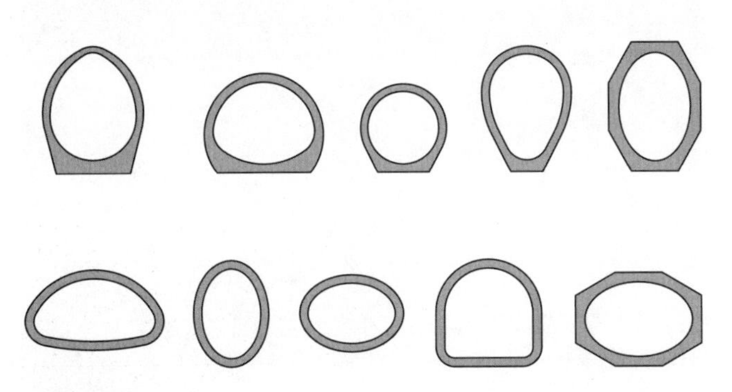

Fig. 11.3 Outras formas de seções transversais de tubos de concreto

Outro tipo de elemento pré-moldado, com a primeira forma básica, é com a seção retangular, mostrado na Fig. 11.4. Esse tipo de elemento tem sido bastante empregado, em geral, para aberturas maiores que as obtidas com os tubos circulares, atingindo aberturas comerciais da ordem de 3,5 m × 3,5 m. Esses tubos, também chamados de aduelas, são tratados com mais detalhes no Cap. 15.

Para se aumentar a capacidade de vazão de água dos tubos de concreto, pode-se recorrer ao uso de linhas duplas, triplas, ou mais. No entanto, ao se utilizarem tais associações, devem ser levados em conta certos aspectos

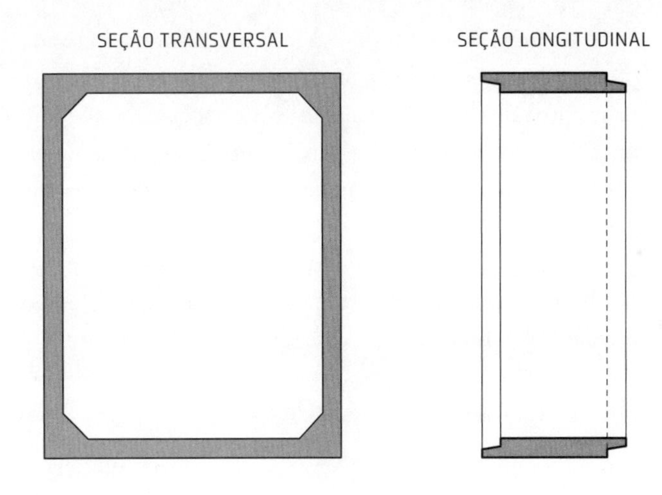

Fig. 11.4 Tubos de concreto de seção transversal retangular (aduelas)

desfavoráveis, como a diminuição do rendimento hidráulico, o aumento da perda de carga na entrada da galeria e também a maior probabilidade de entupimentos.

Embora se utilizem os tubos pré-moldados nas galerias, os muros de testa e de ala são normalmente executados com concreto moldado no local (CML). Com o objetivo de mostrar que se pode utilizar o CPM para essas partes, é apresentada na Fig. 11.5 uma alternativa para galerias com tubos circulares. Nessa possibilidade somente a base é moldada no local, mas que praticamente não necessita de fôrmas. Os pesos dos elementos pré-moldados são da mesma ordem do peso dos tubos circulares de concreto. No caso de se empregar mais de uma linha de tubos, esses elementos pré-moldados ainda podem ser utilizados, com algumas adaptações.

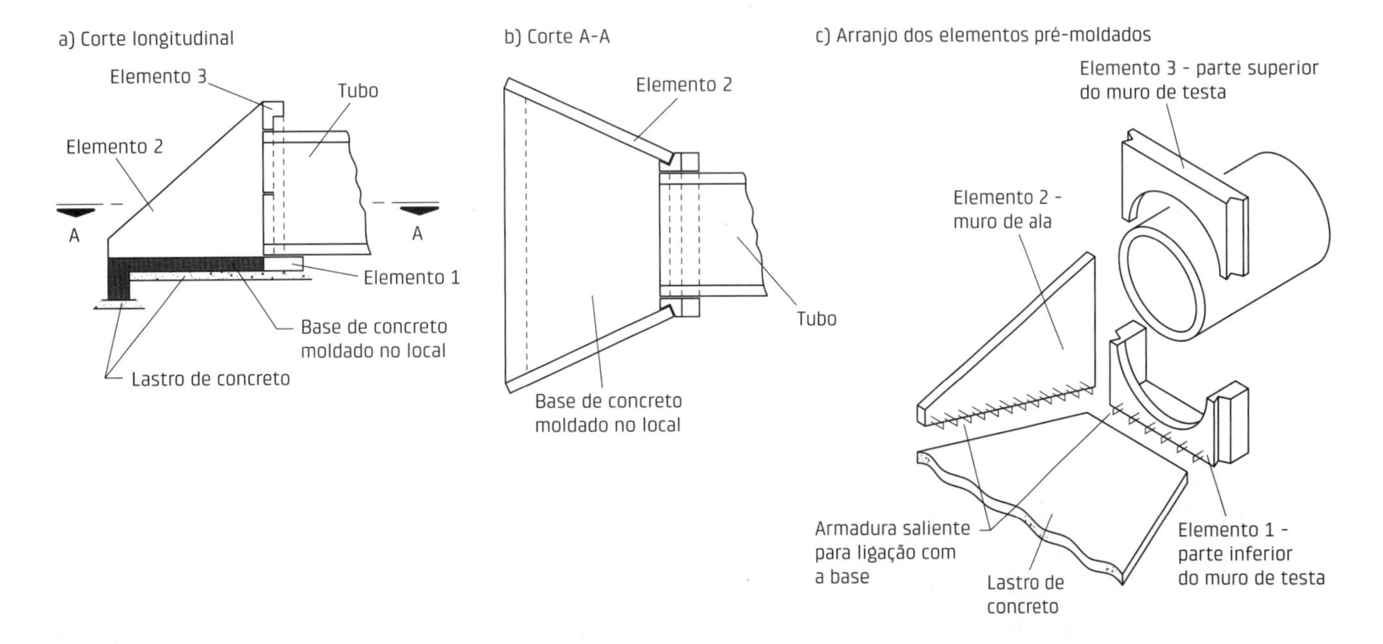

Fig. 11.5 Emprego de CPM em muros de ala e de testa na construção de galerias de tubos circulares
Fonte: El Debs (1991).

Conforme foi adiantado, em princípio, a construção de galerias de seção fechada formada a partir da emenda de segmentos de CPM é indicada para situações em que não seria viável o emprego de tubos, em linhas simples ou múltipla, devido principalmente às restrições relativas aos gabaritos de transporte.

Algumas alternativas construtivas de seção retangular destinadas basicamente para galerias de serviço estão apresentadas na Fig. 11.6.

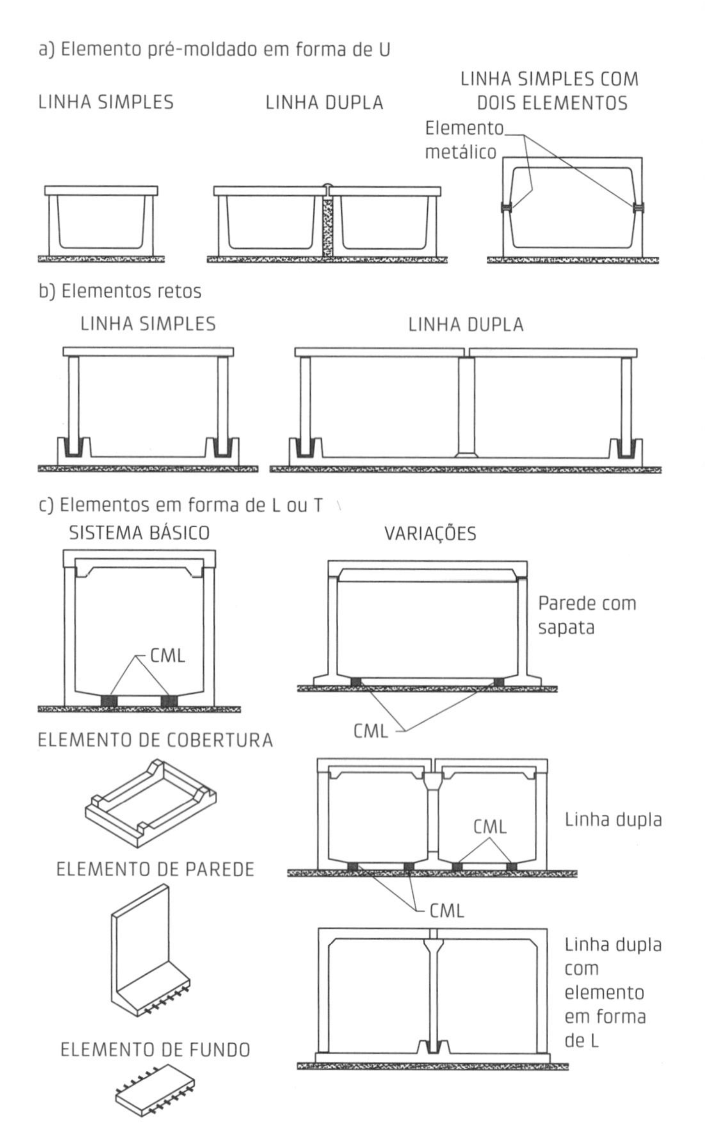

Fig. 11.6 Esquemas construtivos para galerias de seção retangular empregados na ex-União Soviética
Fonte: adaptado de Baykov e Sigalov (1980).

Fig. 11.7 Exemplo de galeria de seção retangular feita com segmentos: a) na área de armazenamento e b) montagem na obra
Fotos: cortesia de Fermix.

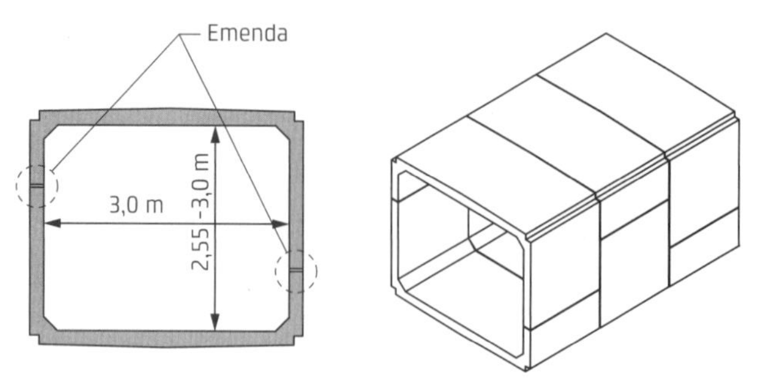

Fig. 11.8 Esquema construtivo para galeria de seção retangular empregado na Noruega
Fonte: adaptado de El Debs (1991).

A Fig. 11.7 mostra um exemplo de aplicação de galeria de seção retangular feita a partir de dois segmentos, com emenda no meio das paredes, feita no Brasil, para grande abertura.

Ainda com o emprego de seção retangular, está ilustrada na Fig. 11.8 uma aplicação desse tipo construtivo para passagens inferiores urbanas, como parte de sistemas pré-fabricados padronizados empregados na Noruega. Nesse caso, os elementos têm a forma de U com pernas desiguais para defasar as emendas e existe protensão longitudinal para solidarizar as aduelas.

Outras possibilidades de galerias de seção retangular com emendas na seção transversal são tratadas no manual do concreto pré-moldado da Austrália e mostradas na Fig. 11.9.

Na Fig. 11.10 está mostrado um esquema construtivo para grandes aberturas em que são empregados quatro

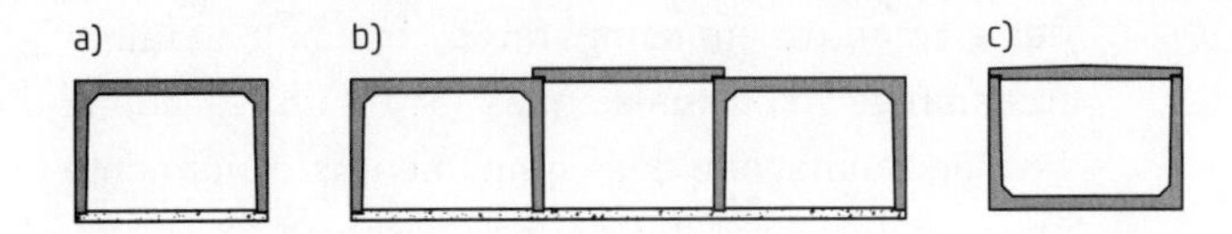

Fig. 11.9 Esquema construtivo para galeria de seção retangular empregada na Austrália
Fonte: adaptado de NPCAA (2002).

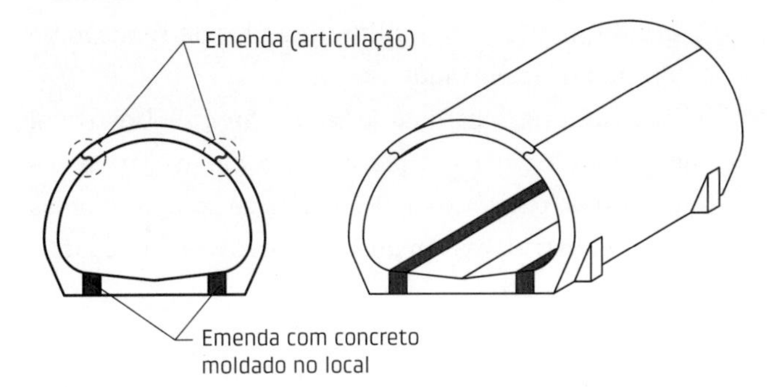

Fig. 11.10 Esquema do sistema Mathière para construção de galerias
Fonte: adaptado de El Debs (1991)

elementos pré-moldados para formar a seção transversal, chamado de sistema Mathière (Mathivat; Kirschner, 1987). Com esse sistema, pode-se atingir o porte que permite o seu uso para passagens inferiores com duas faixas de tráfego rodoviário, o que corresponde à largura da ordem de 10 m.

Existem ainda as possibilidades construtivas para as galerias de seção fechada formada por segmentos mostradas na Fig. 11.11.

Merece registrar também a proposta construtiva para galerias desenvolvida pelo autor, que está mostrada em linhas gerais na Fig. 11.12, com base em El Debs (1984, 1991).

Essa proposta engloba os seguintes aspectos: a) redução das espessuras usualmente empregadas, b) uso de formas de seções transversais compostas de arcos de circunferência e c) emprego do processo de execução que facilita a instalação da estrutura no local de implantação, quando se utiliza o CPM com seção fechada formada por segmentos. Embora os dois primeiros aspectos possam ser empregados para seção fechada formada por elemento único, essa proposta é particularmente interessante para seção fechada formada por mais de um elemento.

Em relação às espessuras, quanto menores elas forem, maior é a interação entre a estrutura e o solo, e consequentemente menores são os esforços de flexão, devido à maior participação do solo no mecanismo resistente.

Outro aspecto importante é que a redução das espessuras, com o consequente aumento da flexibilidade do conduto, tende a melhorar o seu comportamento em face do efeito de arqueamento do solo devido à forma de instalação da galeria. Esse aspecto, que pode ser visto no Cap. 15, é particularmente significativo quando a altura do

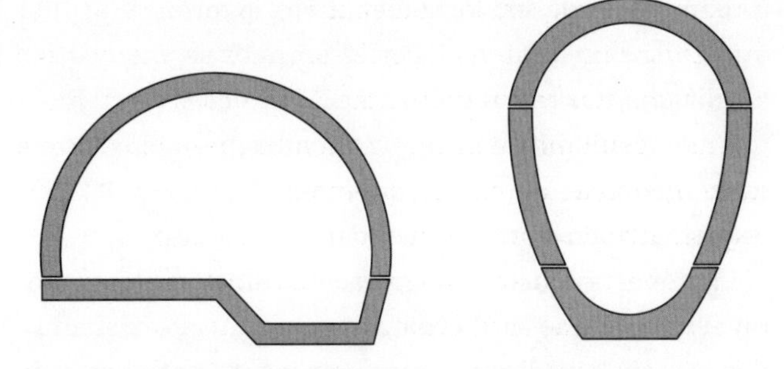

Fig. 11.11 Outras alternativas com seção transversal fechada formada por segmentos
Fonte: adaptado de El Debs (1991).

solo é elevada. Cabe destacar, no entanto, que ao se reduzir a espessura torna-se mais difícil resistir aos esforços produzidos por altas pressões localizadas. Essas pressões podem ocorrer na base do conduto, devido à forma do seu assentamento, ou no coroamento, por efeito de cargas concentradas na superfície de rolamento proveniente dos veículos, quando a altura de aterro é nula ou muito pequena. Portanto, ao fazer essa redução, deve-se ater a essas questões. Para o coroamento pode-se contornar esse problema lançando mão de pré-moldado de seção parcial e concretagem no local, de forma a, além de ampliar a seção resistente, melhorar a distribuição transversal.

As formas de seções transversais previstas na proposta construtiva estão mostradas na Fig. 11.12a. Essas seções transversais apresentam a peculiaridade de serem formadas a partir de segmentos de circunferência, com uma base praticamente plana.

Como as pressões verticais tendem a ser maiores que as pressões horizontais, a vantagem em relação ao comportamento estrutural é maior na seção *elipse*, diminuindo gradativamente para a seção *lenticular*.

Pelo fato de a parte inferior da base ser plana, a possibilidade de pressões concentradas na base fica praticamente contornada, no entanto, a espessura nessas partes deve ser aumentada devido aos maiores esforços de flexão que vão aí ocorrer.

Conforme foi dito, as formas de seções indicadas, com espessuras reduzidas nas partes correspondentes às laterais e ao coroamento, podem ser executadas com seção fechada com elemento único ou mais de um elemento, sendo que, em princípio, as maiores vantagens seriam com a última alternativa.

A construção da galeria com seção inteira, que seria em princípio indicada para situações nas quais não houvesse problemas de transporte, corresponde àquela empregada nos tubos de concreto usuais.

Para situações em que a abertura necessária é maior que as cobertas pelo caso anterior, o processo de construção previsto consiste em formar a maior parte da seção nas proximidades do seu local definitivo, de forma a facilitar os serviços no local. As ligações entre os segmentos são localizadas nas regiões próximas às posições de momento nulo, resultando em três segmentos pré-moldados e a base, que pode ou não ser pré-moldada. Na Fig. 11.12c é esquematizado o procedimento para esse caso.

A proposta construtiva apresenta características favoráveis em relação às alternativas construtivas existentes, que se refletem direta ou indiretamente nos custos da construção.

As características favoráveis podem ser agrupadas na forma descrita a seguir:

- *Elementos pré-moldados "leves"*: com a redução do peso, devida, principalmente, à redução das espessuras dos elementos, em comparação com as usualmente empregadas, torna-se mais fácil a utilização, na fase de montagem, dos equipamentos usualmente empregados nesse tipo de construção.
- *Facilidades de transporte*: o emprego de elementos mais leves resulta em facilidades de transporte, e o que é mais importante, no caso de seção formada por segmentos, possibilita uma grande redução do volume transportado.
- *Facilidades na construção do berço*: o berço sobre o qual se apoia a galeria é plano em todas as situações previstas, portanto mais simples se comparado aos tipos construtivos em que é necessário fazer conformação do solo.

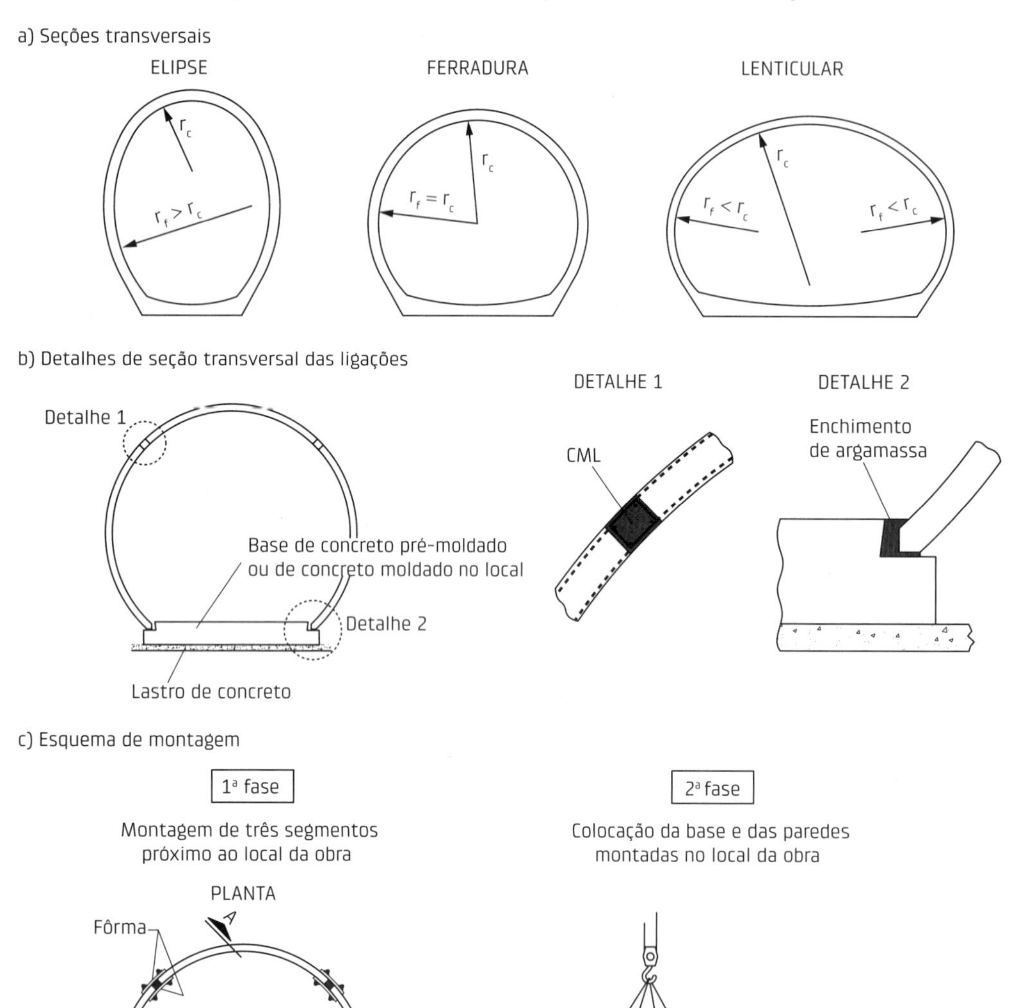

Fig. 11.12 Proposta construtiva para galerias de seção transversal fechada

Fig. 11.13 Exemplo de aplicação de proposta construtiva para galerias de seção transversal fechada: a) moldagem das emendas entre segmentos (fase 1); b) rotação do elemento após endurecimento do concreto da emenda (fase 1); c) montagem do elemento (fase 2); d) montagem do elemento na base de CML (fase 2)

- *Facilidades de execução do aterro lateral*: as formas da seção transversal permitem a execução do aterro lateral junto à base sem grandes dificuldades, o que não ocorre, por exemplo, numa seção circular.

Para facilitar o entendimento das duas últimas características, pode-se consultar a seção 15.2.

As características desfavoráveis da proposta construtiva seriam as apresentadas a seguir:

- *Maior controle na execução do aterro*: existe a necessidade de um adequado controle na execução do aterro, mas não maior que o usualmente empregado nos aterros viários.
- *Necessidade de instalações próximas ao local da obra*: no caso de se empregar seção formada por segmentos, é necessário dispor de instalações para montar as aduelas e estocá-las para a colocação no local definitivo.

A Fig. 11.13 mostra um exemplo de aplicação da proposta construtiva com as seguintes caraterísticas: largura da abertura de 2,44 m, altura da abertura de 2,13 m e altura de terra sobre a galerias de 2,2 m. A espessura da parede é 70 mm. Outras informações sobre esse exemplo podem ser vistas em El Debs (1989). O emprego de pequenas espessuras para esse tipo construtivo pode ser mais bem explorado com o desenvolvimento atual do UHPC.

Conforme foi adiantado, as galerias de seção transversal aberta são empregadas na faixa de vãos maiores que os casos anteriores, e correspondem às situações tradicionalmente reservadas às pontes. Nesse caso, as galerias podem ser alternativas para as pontes de pequenos vãos e vice-versa.

Na Fig. 11.14 está mostrado um esquema do emprego de um único elemento pré-moldado de desenvolvimento circular para formar a seção transversal da galeria. Essa alternativa, indicada para faixa de vãos de 9 m a 12 m, tem sido utilizada nos Estados Unidos, de acordo com Hill e Shirole (1984).

Também com o emprego de um único elemento, mas com partes compostas de trechos reto e curvo, existe a alternativa indicada na Fig. 11.15, para a faixa de 5 m a 12 m, conforme Hurd (1990).

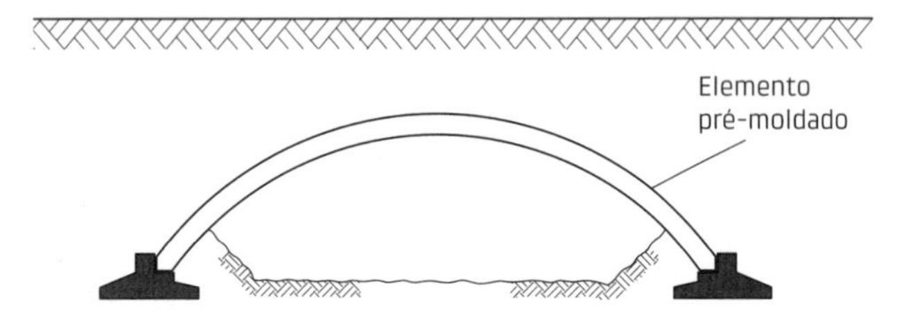

Fig. 11.14 Esquema de galeria em arco com seção formada por um único segmento

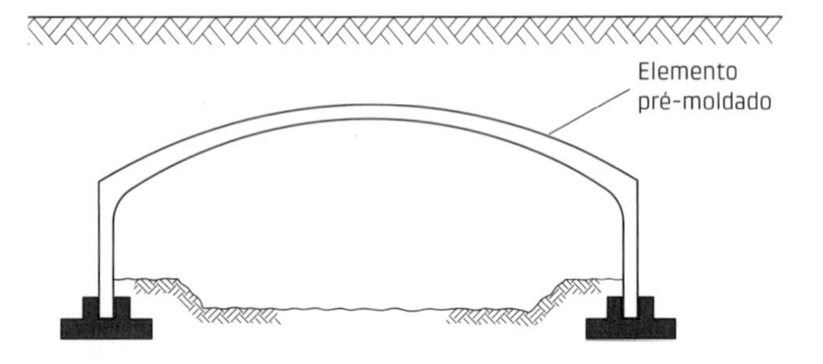

Fig. 11.15 Esquema de galeria com seção tipo pseudopórtico

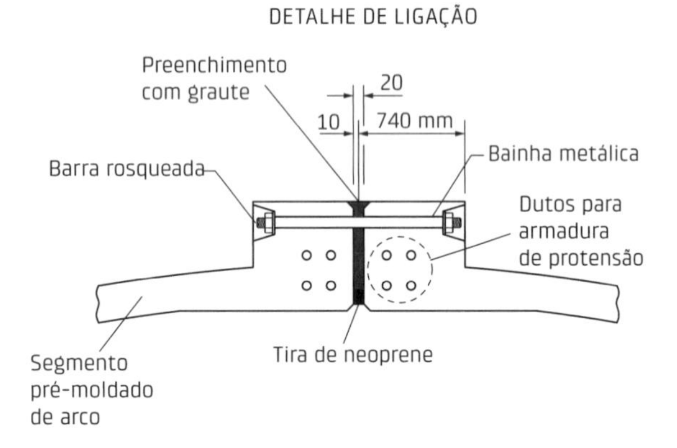

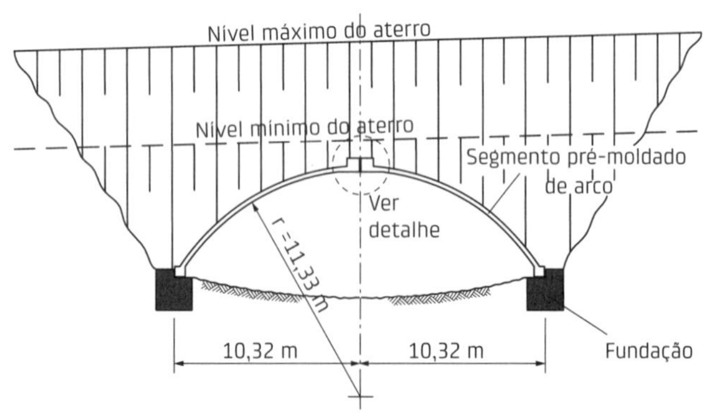

Fig. 11.16 Exemplo de galeria em arco com seção formada por dois segmentos
Fonte: adaptado de Hebden (1986).

Um exemplo de aplicação, para situações de aberturas maiores, com o emprego de dois elementos pré-moldados para formar a seção transversal, está apresentado na Fig. 11.16. Esse tipo construtivo foi utilizado em três galerias no Canadá com vãos da ordem de 20 m (Hebden, 1986).

Outro exemplo notável dessa forma de aplicação do CPM é apresentado em Chiou e Slaw (1998), em que se destaca a estética da construção.

Cabe registrar que as aplicações de elementos em arco fazem parte de soluções padronizadas na Austrália, conforme o citado manual do concreto pré-moldado da Austrália, no qual são indicadas características geométricas, com um elemento e dois elementos, para a faixa de vão de 4,5 m a 21,0 m.

Na Fig. 11.17 é mostrado um exemplo de aplicação de galeria em arco com seção formada por dois segmentos.

Fig. 11.17 Exemplo de galeria em arco com seção formada por dois segmentos

Uma proposta construtiva desenvolvida pelo autor com o emprego de abóbadas pré-moldadas associadas a muros de testa e de ala também pré-moldados, solidarizados com CML está delineada na Fig. 11.18, para um único segmento. A Fig. 11.19 mostra a sequência construtiva dessa proposta, com algumas variações, e a Fig. 11.20 exibe a possibilidade de usar dois segmentos, que seria indicada para maiores vãos.

Merece destacar que nesse caso pode-se fazer uso, sem grandes dificuldades, dos recursos do concreto arquitetônico nos muros de testa e de ala, propiciando alternativas de grande interesse em relação à estética, que é particularmente importante em obras desse gênero no meio urbano.

Como pode ser observado, as abóbadas têm uma armadura saliente na região do coroamento para receber um CML e as abóbadas de extremidade têm também armadura saliente para propiciar a ligação com os muros de testa. A parte moldada no local no coroamento objetiva: a) aumentar a altura da seção transversal resistente, na qual ocorrem elevados momentos fletores provenientes das forças concentradas, e b) melhorar a distribuição transversal dos esforços entre as abóbodas. Dessa forma, o pavimento pode ser feito diretamente sobre a galeria. Se houver uma altura de terra significativa sobre a galeria, essa parte moldada no local passa a ser desnecessária. Mais detalhes da proposta podem ser vistos em El Debs (2003a).

Um exemplo de aplicação dessa proposta construtiva, com a espessura da abóbada pré-moldada de 180 mm para um vão de aproximadamente 11 m, é mostrado nas Figs. 11.21 e 11.22. Mais detalhes desse exemplo podem ser vistos em Teixeira e Gonçalves (2005) e El Debs et al. (2014).

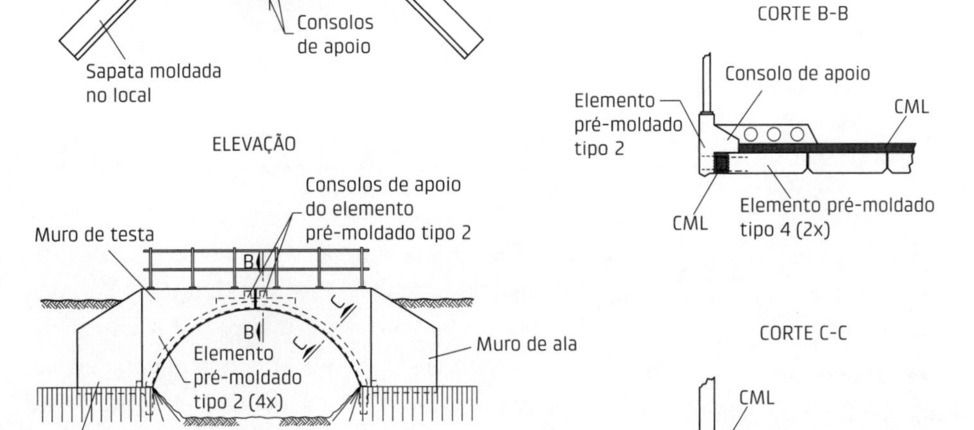

Fig. 11.18 Proposta para construção de galerias de seção transversal aberta com abóbadas pré-moldadas
Fonte: adaptado de El Debs (2003a).

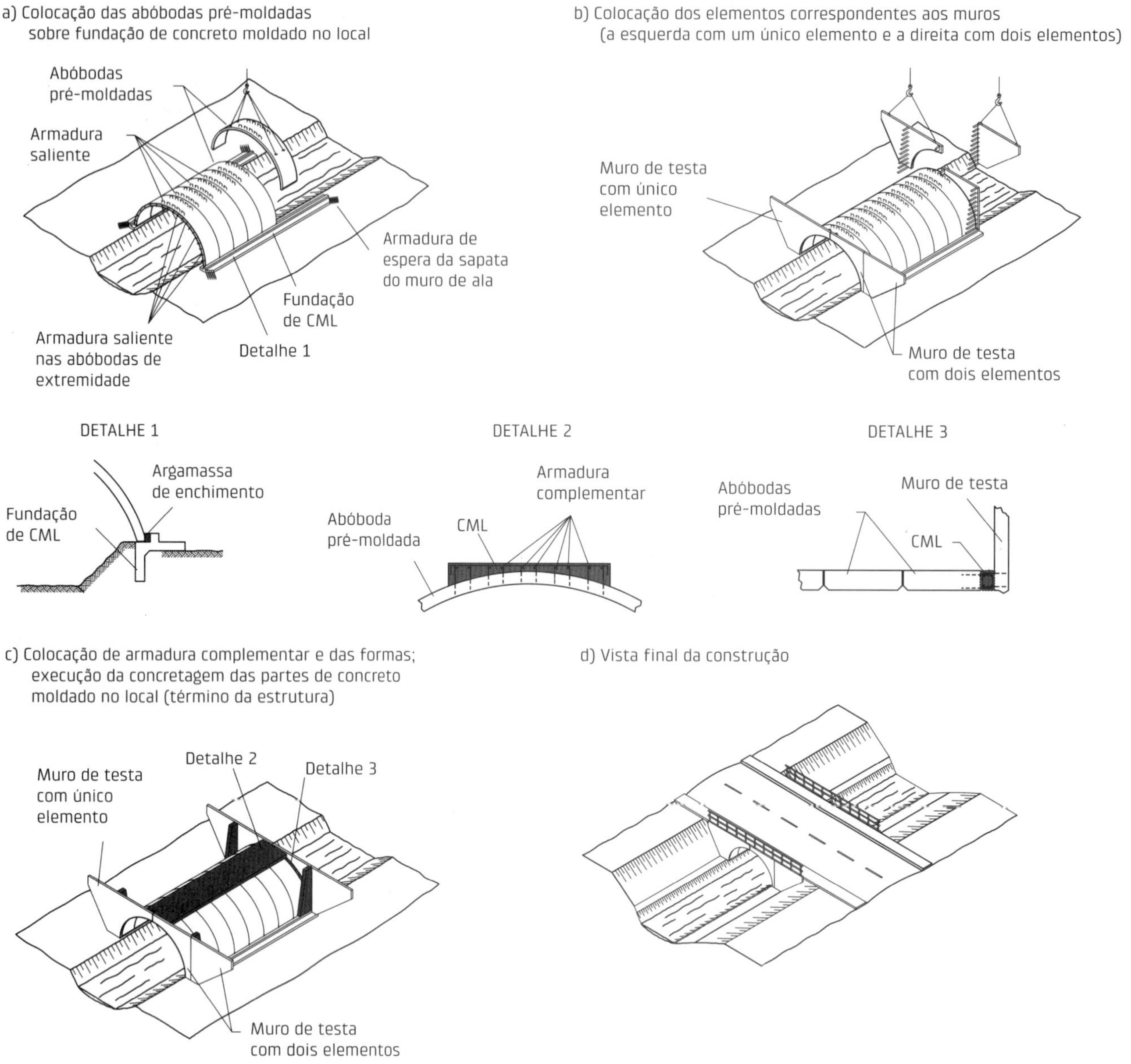

a) Colocação das abóbodas pré-moldadas sobre fundação de concreto moldado no local
Abóbodas pré-moldadas
Armadura saliente
Armadura de espera da sapata do muro de ala
Fundação de CML
Armadura saliente nas abóbodas de extremidade
Detalhe 1
b) Colocação dos elementos correspondentes aos muros (a esquerda com um único elemento e a direita com dois elementos)
Muro de testa com único elemento
Muro de testa com dois elementos
DETALHE 1
Argamassa de enchimento
Fundação de CML
DETALHE 2
Armadura complementar
Abóboda pré-moldada
CML
DETALHE 3
Abóbodas pré-moldadas
Muro de testa
CML
c) Colocação de armadura complementar e das formas; execução da concretagem das partes de concreto moldado no local (término da estrutura)
Muro de testa com único elemento
Detalhe 2
Detalhe 3
Muro de testa com dois elementos
d) Vista final da construção

Fig. 11.19 Sequência construtiva da proposta para construção de galerias de seção transversal aberta

SEÇÃO TRANSVERSAL
Abóboda pré-moldada
Coroamento de CML
Abóboda pré-moldada
Ligação entre as abóbodas
Fundação de CML
MONTAGEM COM CIMBRAMENTO
Abóboda pré-moldada
Armadura saliente
Cimbramento

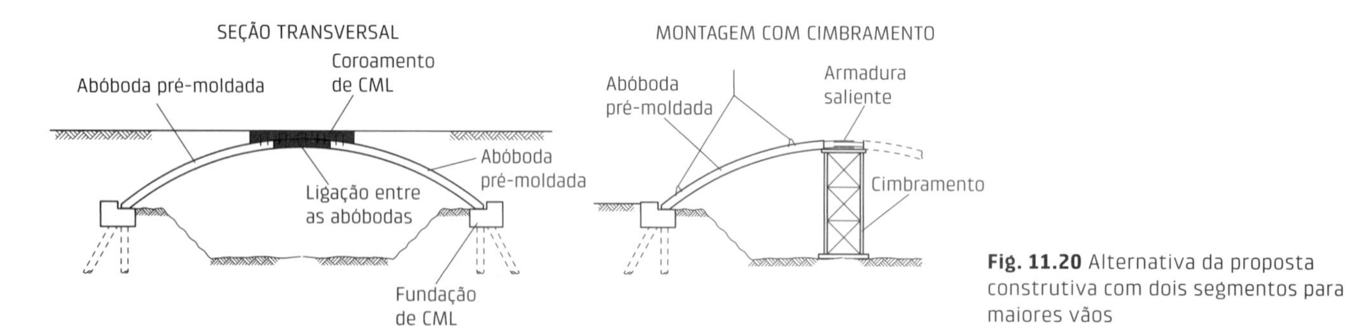

Fig. 11.20 Alternativa da proposta construtiva com dois segmentos para maiores vãos

11.2 Canais de drenagem

Embora estejam sendo enfocados os canais de drenagem, normalmente destinados à canalização de córregos, o que é visto aqui pode também ser aplicado a outros tipos de canais.

Os canais de drenagem são divididos em canais de seção retangular e canais de seção não retangular, que na maioria das vezes são de seção trapezoidal. Os canais de seção retangular estão recebendo uma maior atenção nessa apresentação em razão da maior diversidade de alternativas construtivas.

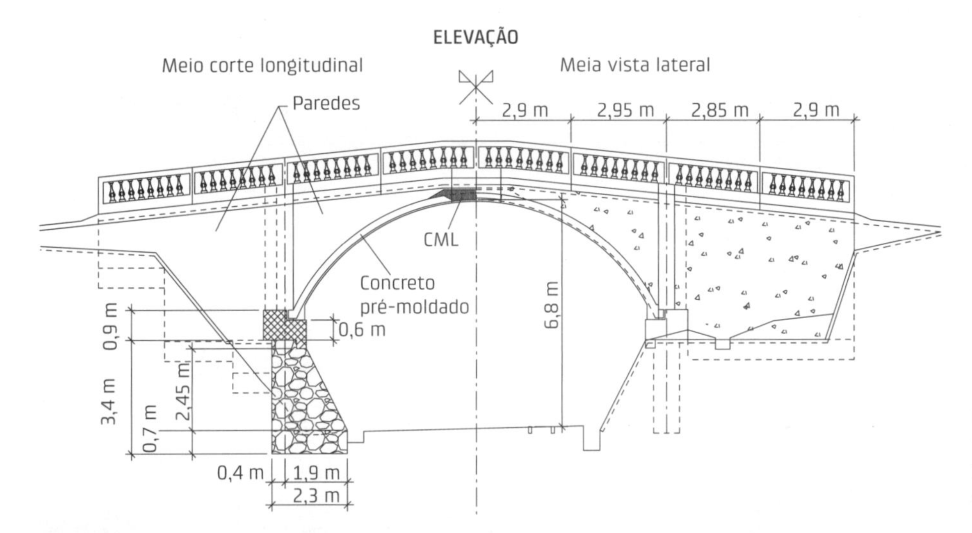

Fig. 11.21 Exemplo de aplicação da proposta construtiva para galerias de seção transversal aberta: geometria e detalhes

Fig. 11.22 Exemplo de aplicação da proposta construtiva para galerias de seção transversal aberta: a) montagem das abóbadas; b) montagem dos muros de testa; c) colocação da armadura adicional no coroamento; d) obra acabada

Os tipos construtivos empregados nos canais de seção retangular podem ou não ter a parte do fundo ligada estruturalmente às paredes, conforme se mostra na Fig. 11.23. Os canais em que a parte do fundo não está ligada estruturalmente às paredes, são, em princípio, apropriados para canais mais largos e correspondem a alternativas também

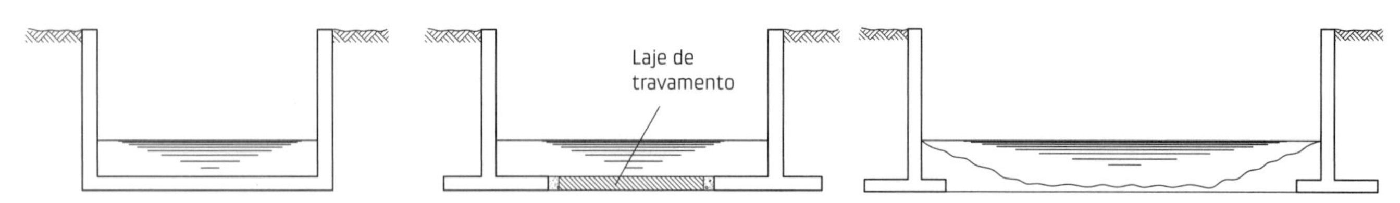

Fig. 11.23 Tipos estruturais utilizados nos canais de seção retangular

empregadas em muros de arrimo, que são tratados na seção seguinte.

Os esquemas construtivos com o emprego do CPM para canais de seção retangular com a parte do fundo ligada estruturalmente às paredes são os seguintes (Fig. 11.24):

- com elementos pré-moldados retos ligados rigidamente ao fundo;
- com elementos pré-moldados em forma de L;
- com elementos pré-moldados em forma de U, correspondentes à seção integral do canal.

As alternativas com elementos pré-moldados retos unidos ao fundo, na posição de momento fletor máximo, estão mostradas na Fig. 11.25a. Nessas alternativas, normalmente o fundo, ou a maior parte dele, é de CML.

O emprego de elemento pré-moldado em forma de L unido ao fundo, ilustrado na Fig. 11.25b, tem como característica o fato da ligação ficar fora da posição de momento fletor máximo. Também nesse caso, a maior parte do fundo é normalmente de CML.

Conforme foi comentado, as condições de acesso aos equipamentos de montagem são em geral determinantes para a opção pelo CPM. Cabe registrar, no entanto, um exemplo de como essa limitação pode ser contornada. Trata-se de sistema para construção de canais de seção retangular desenvolvido para a urbanização de favelas em Salvador (BA), em que, além da impossibilidade de acesso de equipamento, o solo apresentava capacidade de suporte muito baixa. O esquema construtivo em questão está mostrado na Fig. 11.26, em que foram empregados elementos retos de argamassa armada, tanto para a parede como para o fundo, e as ligações entre esses elementos foram feitas por encaixe. Em que pese às restrições em relação à durabilidade da argamassa armada para esse tipo de

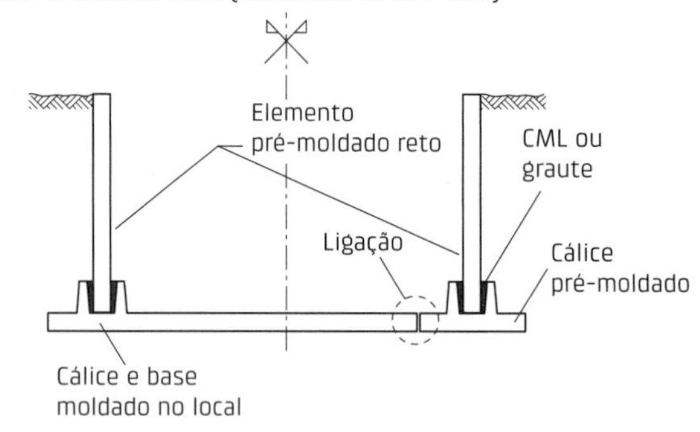

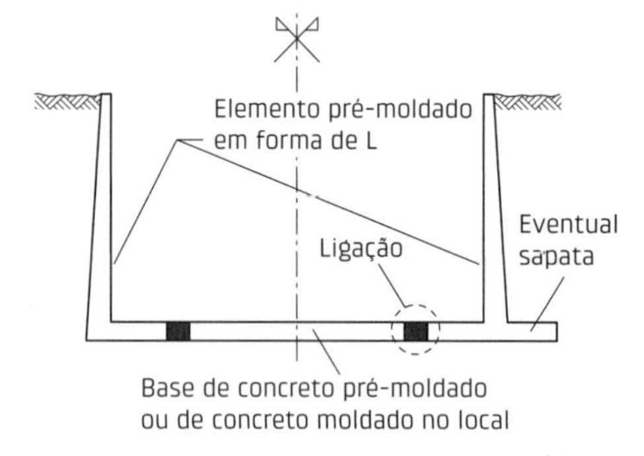

Fig. 11.25 Possibilidades de aplicação do CPM em canais de seção retangular com mais de um elemento

aplicação, a solução foi bastante apropriada em função das circunstâncias.

A alternativa com elemento pré-moldado em forma de U tem sido empregada na faixa de abertura equivalente ao das galerias de seção retangular. A Fig. 11.27 mostra o caso em questão.

Considerando que em grande parte dos tipos construtivos aqui abordados existem paredes sujeitas a consideráveis esforços de flexão oriundos de pressões do solo ou de água, e considerando ainda que nas paredes moldadas

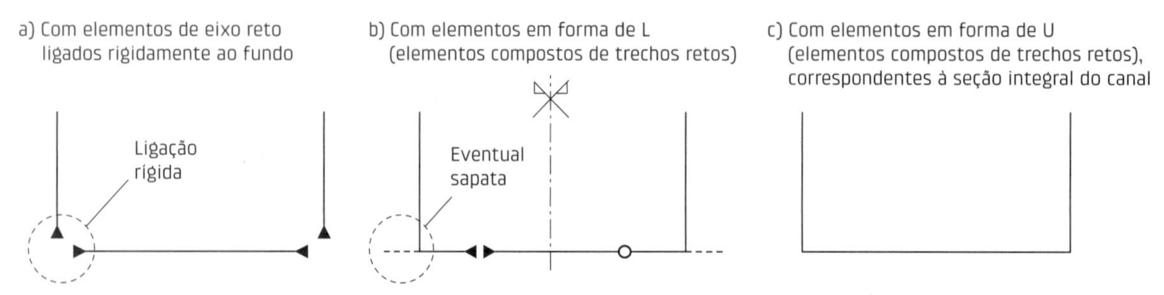

Fig. 11.24 Esquemas construtivos de canais retangulares com as paredes unidas ao fundo com ligação rígida

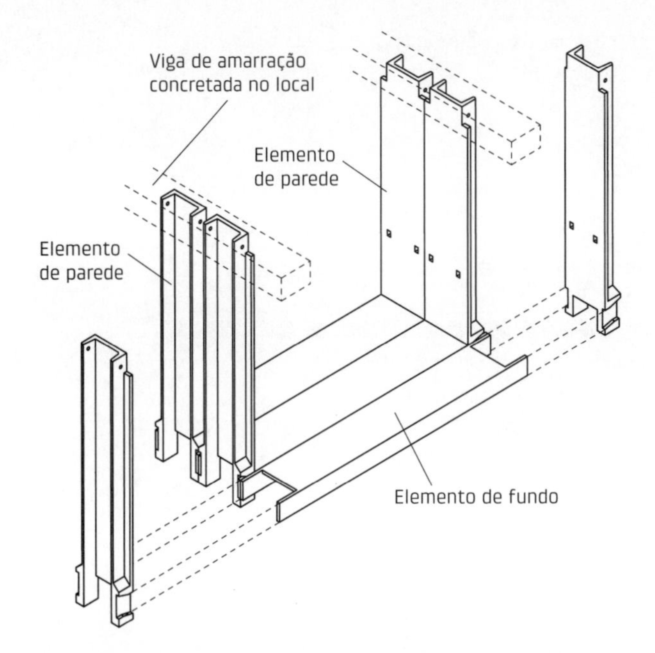

Fig. 11.26 Exemplo de aplicação de elementos pré-moldados retos de argamassa armada em canais de seção retangular
Fonte: adaptado de Bezerra (1980).

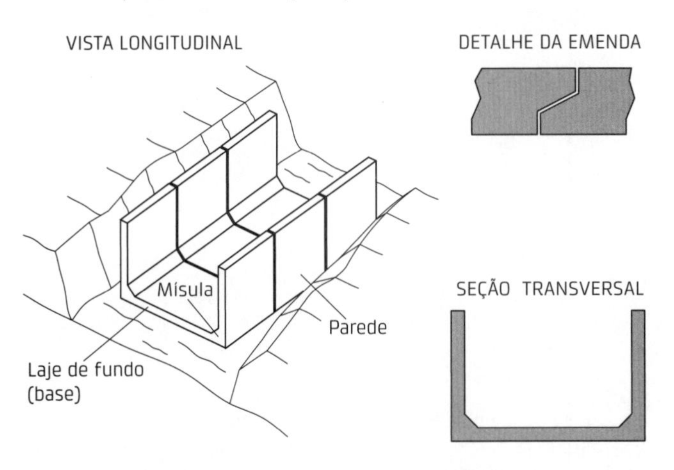

Fig. 11.27 Aplicação de elemento pré-moldado em forma de U em canais de seção retangular

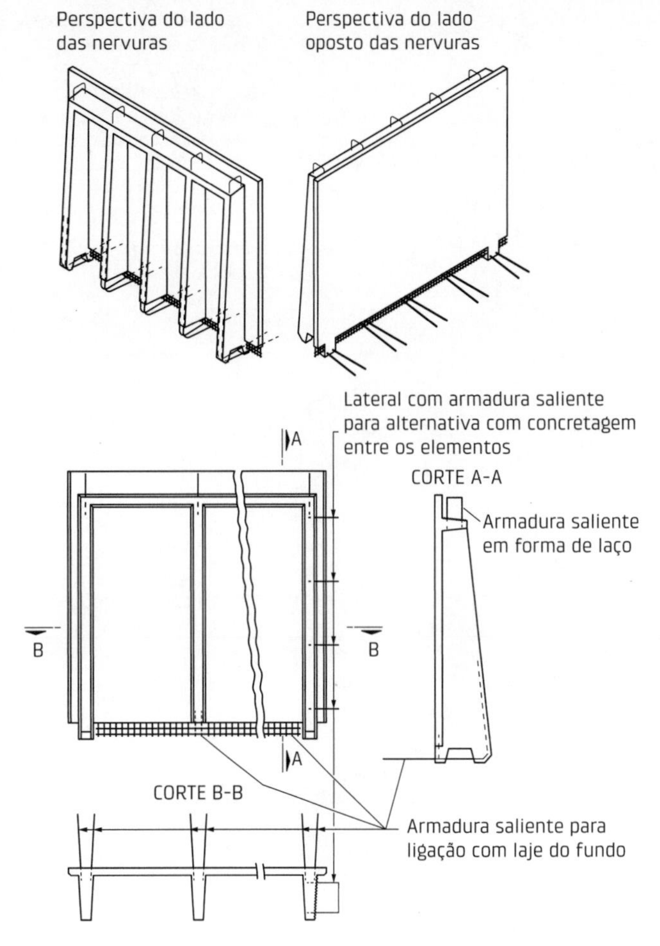

Fig. 11.28 Elemento pré-moldado da proposta construtiva de parede estrutural
Fonte: adaptado de El Debs (1998).

no local ocorre um grande consumo de fôrmas, foi desenvolvido pelo autor uma proposta construtiva, na qual procurou atender, com pequenas variações, à maior parte das obras em questão.

Trata-se de um sistema para construção de paredes estruturais em geral, com o elemento mostrado na Fig. 11.28 e a sequência de montagem na Fig. 11.29. O elemento pré-moldado é reto, apresentando assim vantagens quanto ao transporte e à montagem, comparado aos elementos pré-moldados em forma de L empregados em canais e muros de arrimo. Nesse caso, as ligações feitas com CML conferem um comportamento estrutural praticamente igual ao das estruturas de CML, e a seção transversal nervurada possibilita redução de materiais e de peso, comparada com as seções retangulares maciças, de uso corrente nas alternativas existentes.

Esse tipo de elemento poderia, em princípio, ser empregado em canais de drenagem de seção retangular, reservatórios enterrados ou de superfície, galerias de seção retangular, muros de arrimo e até encontros de pontes. Também é possível prever o seu emprego em outros tipos de obra, tais como piscinas, silos etc., nos quais ocorrem paredes do mesmo gênero.

A título de ilustração estão apresentadas na Fig. 11.30 algumas possibilidades de emprego desse tipo de elemento para canais de drenagem.

Uma característica importante desse elemento pré-moldado é a possibilidade, sem grandes dificuldades, de se fazer elementos com várias alturas utilizando a mesma fôrma, ou mesmo elementos com altura variável, devido à sua moldagem ser feita na posição horizontal. Isso confere a esse tipo de elemento uma grande versatilidade, e indica um grande potencial para ser produzido em larga escala.

Poucas são as alternativas em CPM encontradas nas publicações sobre canais de seção não retangular. Algumas aplicações encontradas envolvem o emprego de pesados painéis de concreto protendido nas laterais de canal de se-

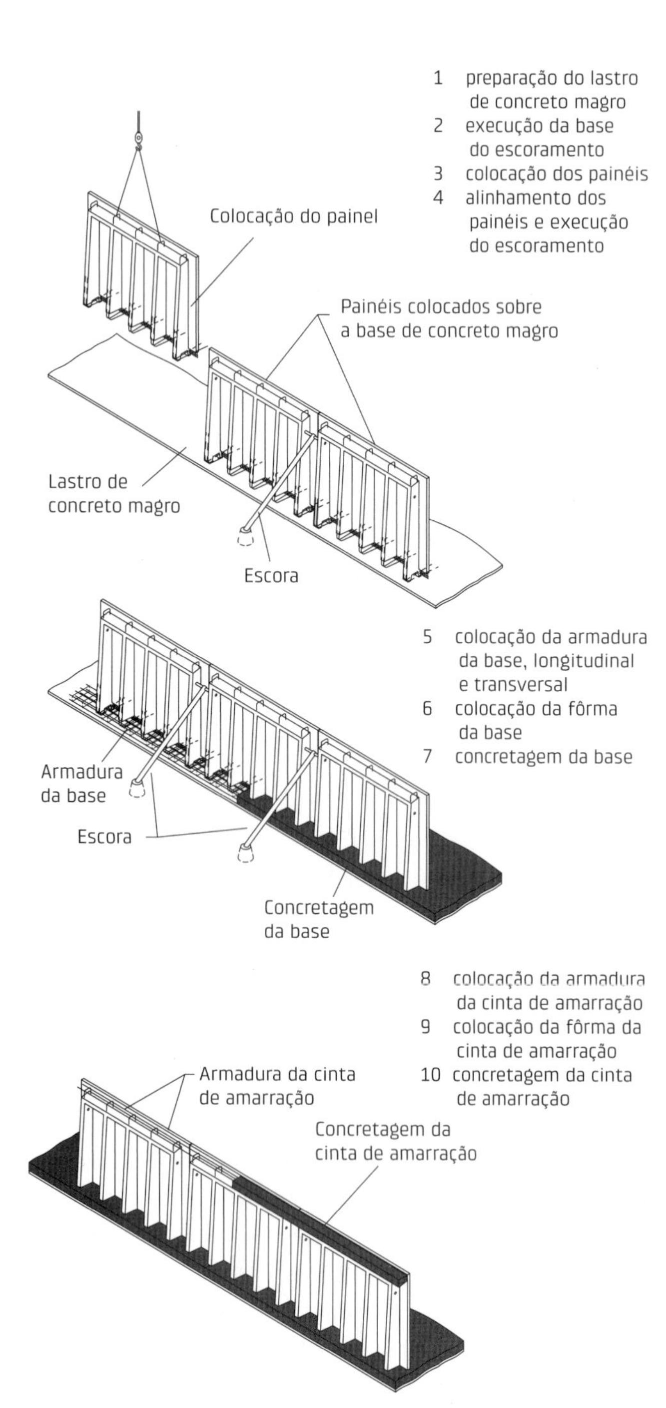

Fig. 11.29 Sequência construtiva da proposta construtiva de parede estrutural

ção trapezoidal (Fig. 11.31). Nesses casos, o CPM é utilizado, basicamente, como revestimento. Cabe registrar também o emprego de pré-moldados leves, associados com CML, conforme mostrado na Fig. 11.32.

11.3 Muros de arrimo

Conforme foi comentado, os muros de arrimo podem se apresentar isoladamente ou então fazer parte de um outro tipo de obra, como é o caso de encontros e muros de ala das pontes.

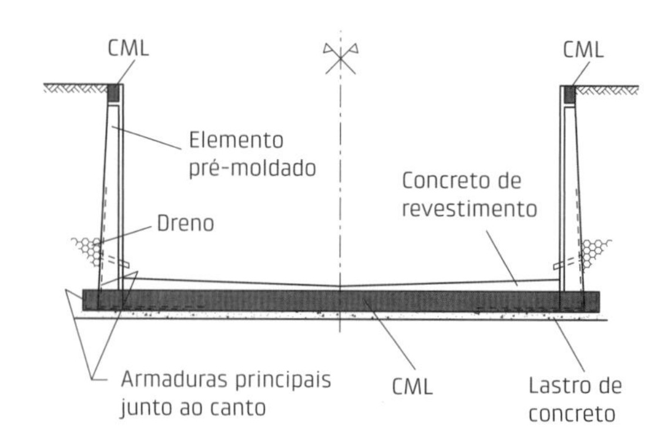

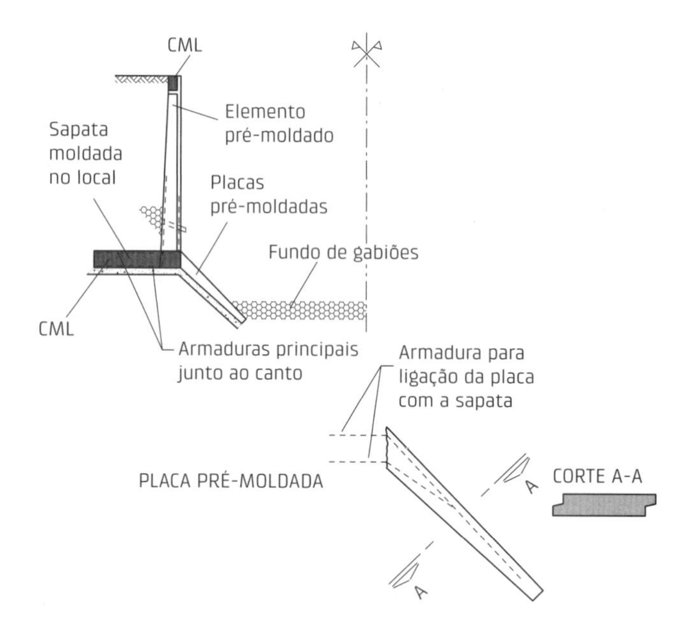

Fig. 11.30 Possibilidades de utilização de elemento pré-moldado proposto para parede de canais de drenagem
Fonte: adaptado de El Debs (1991).

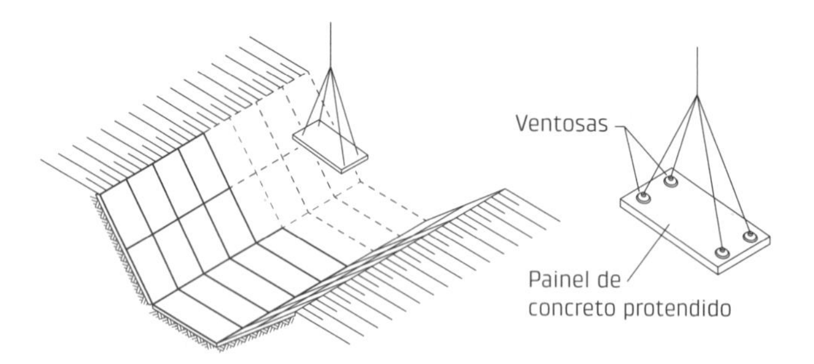

Fig. 11.31 Aplicação de elementos pré-moldados pesados em canal de seção trapezoidal

Os muros de arrimo podem ser divididos nos seguintes tipos estruturais (Fig. 11.33):

- muros em L e suas variações;
- muros de gravidade;
- muros com estabilização do solo;
- muros com estacas-pranchas.

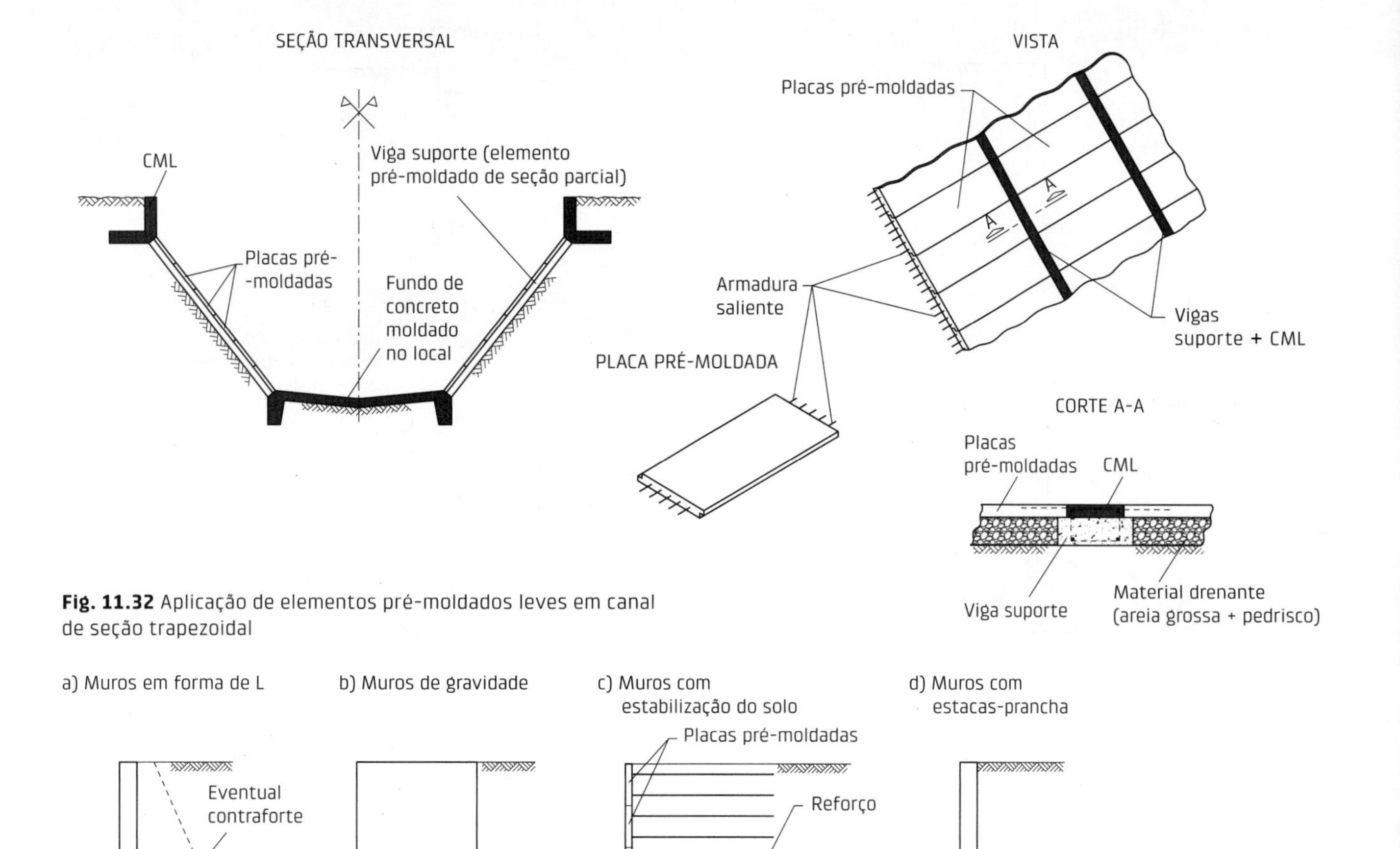

Fig. 11.32 Aplicação de elementos pré-moldados leves em canal de seção trapezoidal

Fig. 11.33 Tipos estruturais utilizados em muros de arrimo

As principais alternativas de emprego da pré-moldagem para os muros em forma de L, e sua variação com contrafortes, são apresentados a seguir:

- *Com um único tipo de elemento (Fig. 11.34a)*: esse caso resulta em elementos relativamente pesados e de manuseio trabalhoso, mas por outro lado só existem emendas na direção longitudinal.
- *Com dois tipos de elementos (Fig. 11.34b)*: com essa forma de divisão, resultam elementos de execução e manuseio mais simples, porém a ligação na região de momento máximo reduz significativamente essas vantagens. Uma variante seria com a parte correspondente ao elemento da base em CML.
- *Com elementos em forma de contraforte e placas na direção longitudinal (Fig. 11.34c)*: nesse caso, são empregados elementos pré-moldados para execução de contraforte, e de placas pré-moldadas dispostas entre esses contrafortes. Eventualmente, pode-se empregar um único elemento como placa entre contrafortes.
- *Com pórtico de sustentação (Fig. 11.34d)*: esse caso corresponde a uma variação do anterior, com elemento pré-moldado em forma triangular, correspondente ao contraforte sem a parte interna.

Uma variação bastante empregada desse tipo de muro de arrimo é com o emprego de pré-moldado na parede e CML na base, que já foi adiantada na apresentação da proposta construtiva para parede estrutural (Figs. 11.28 e 11.29).

As alternativas do emprego do CPM em muros de arrimo com o segundo tipo estrutural (muros de gravidade) se baseiam na montagem dos elementos formando células, que são preenchidas com terra, resultando em muros de gravidade. Um exemplo desse tipo é o muro denominado *crib-wall* ou fogueira. Nesse caso, são empregados elementos pré-moldados que são arranjados, mediante intertravamento, formando células que são preenchidas de terra ou pedra, formando muro de gravidade (Fig. 11.35). Existe ainda alternativa dessa forma básica com elementos pré-moldados em forma de caixa e em forma de escada, que dispostos de maneira intertravada e preenchidos com terra formam muro de arrimo de gravidade.

O terceiro tipo estrutural (muros com estabilização do solo) corresponde a reforçar o solo com armadura, de tal forma que ele fique estabilizado. Nesse tipo de muro, os elementos pré-moldados funcionam basicamente como revestimento. O emprego desse tipo de muro foi desenvolvido na França no final da década de 1970 e ficou popularizado em

a) Elemento único

b) Dois elementos

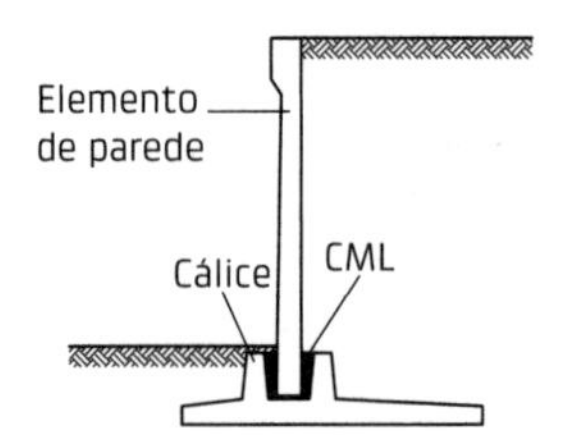

c) Com contraforte

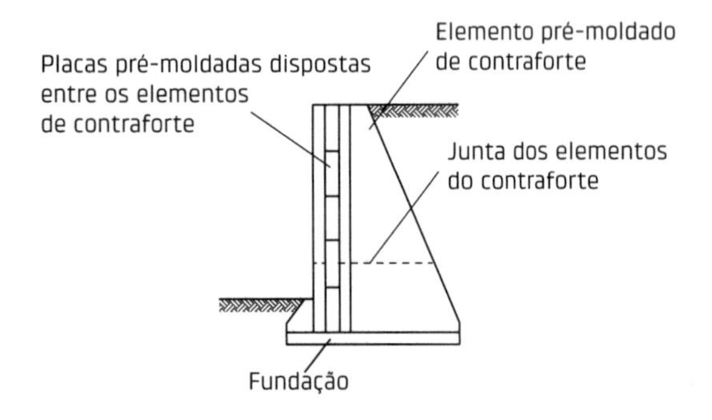

d) Com pórtico de sustentação

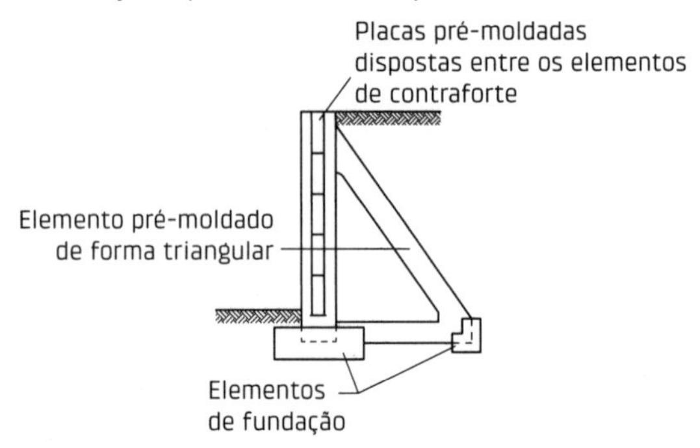

PERSPECTIVA CASO C

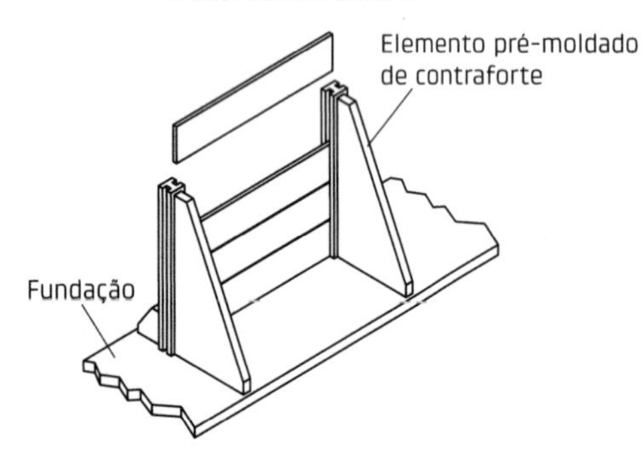

PERSPECTIVA CASO D

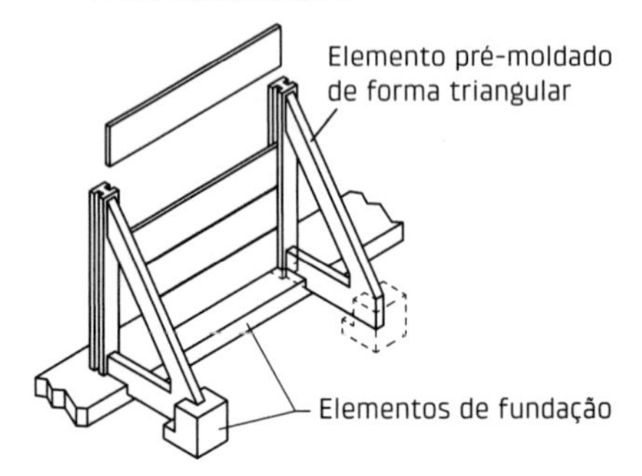

Fig. 11.34 Aplicação do CPM em muros de arrimo em L e com contrafortes
Fonte: adaptado de Baykov e Sigalov (1980).

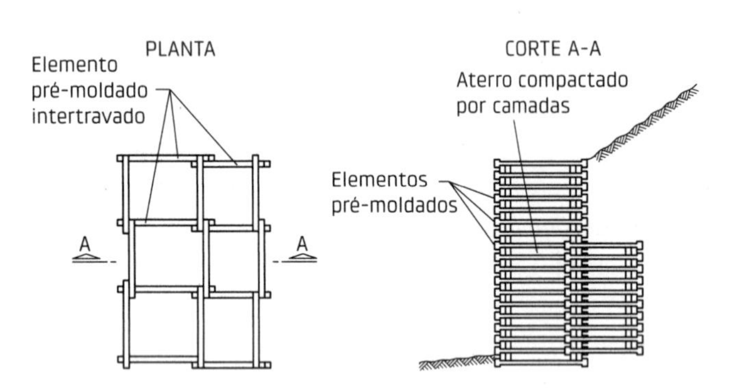

Fig. 11.35 Aplicação do CPM em muros de arrimo de gravidade

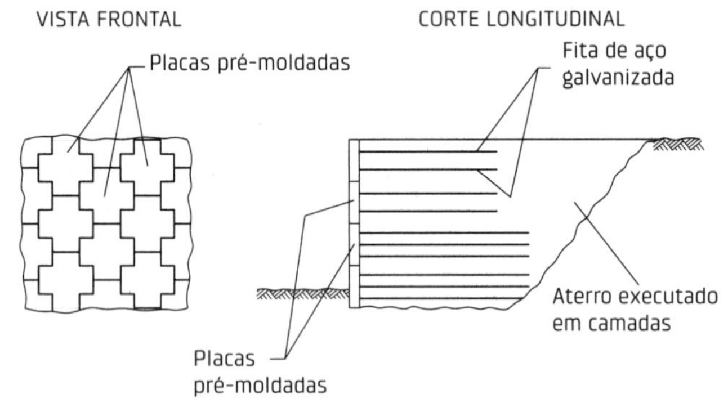

Fig. 11.36 Aplicação do CPM em muros de arrimo com solo estabilizado

todo mundo, com a denominação comercial de *terra armada*. Nesse tipo de muro são empregadas tiras de aço galvanizado e a couraça com elementos pré-moldados em forma de cruz (Fig. 11.36). Partindo dessa mesma ideia, outros tipos de arrimo foram desenvolvidos com diferentes formas de elementos pré-moldados e de armadura, tanto em aço como em plástico.

O último tipo estrutural, que são os muros com estacas-pranchas, é reservado para situações particulares, em geral, quando existem limitações de escavações. As estacas podem ser de concreto armado ou protendido, e ser cravadas ou instaladas de forma especial. Na Fig. 11.37 estão mostradas algumas possibilidades de aplicação dessa alternativa. Cabe lembrar a possibilidade de emprego de UHPC nesse caso, conforme adiantado na seção I.3 (Jansze; Peters; Van der Veen, 2002).

Cabe registrar ainda a possibilidade de se utilizar tirantes em algumas das alternativas mostradas, em particular nas estacas-pranchas, conforme mostrado na Fig. 11.38.

11.4 Reservatórios

Os reservatórios são normalmente divididos em reservatórios no nível do solo, englobando os enterrados, os semienterrados e os de superfície, e reservatórios elevados.

Em relação aos reservatórios no nível do solo, é enfocado apenas o emprego do CPM nas paredes, uma vez que o fundo é normalmente de CML, e na cobertura frequentemente se empregam adaptações de alternativas usuais das coberturas apresentadas anteriormente.

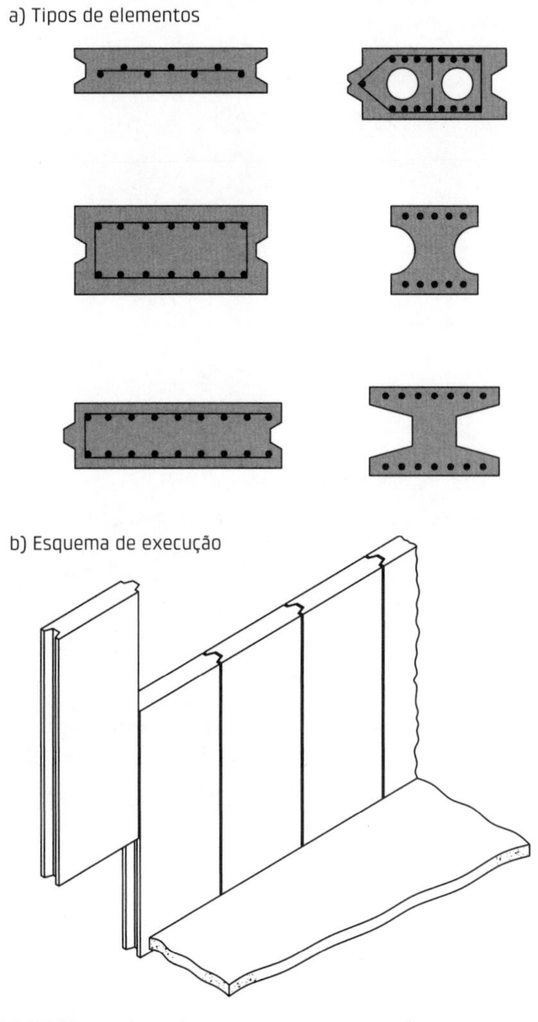

a) Tipos de elementos

b) Esquema de execução

Fig. 11.37 Muros de arrimos com estacas-pranchas

Via de regra, no emprego do CPM nas paredes utilizam-se elementos com a altura do reservatório, reduzindo assim ao mínimo as emendas entre os elementos.

Uma alternativa para a parede de reservatórios de superfície em planta circular está mostrada na Fig. 11.39. Para essa alternativa, os elementos pré-moldados podem ser de concreto armado ou de concreto protendido. Uma protensão circunferencial com cabos colocados internamente aos elementos pré-moldados é necessária para garantir a estanqueidade das paredes, além, naturalmente, da segurança estrutural. Para realizar a protensão, são utilizados elementos especiais para a ancoragem dos cabos, em número de pelo menos 4, para permitir a defasagem dos cabos de protensão. A ligação da parede no fundo pode ser rígida, articulada ou deslizante. Estas duas últimas alternativas, em especial a ligação deslizante, são empregadas para reduzir os esforços de flexão ao longo da parede. O cálculo dos esforços solicitantes nesse tipo de estrutura é feito com a teoria das cascas. Detalhes construtivos dessa alternativa podem ser vistos na publicação do PCI (1987). Uma variante desse caso, com elementos planos e esquema igual ao de silos a ser abordado no próximo capítulo, pode ser vista em Seruga e Faustmann (2010).

Alternativa similar ao caso anterior, com a particularidade de a armadura de protensão ser colocada externamente, que depois recebe uma camada de concreto projetado, está esquematizada na Fig. 11.40. Para a ligação da parede com o fundo, valem as mesmas considerações da alternativa anterior.

Outra alternativa para reservatórios em planta circular é com o emprego de elementos pré-moldados em forma de abóbada (Fig. 11.41a,b). Essas abóbadas são ligadas às vigas verticais moldadas no local, que por sua vez transmitem, por flexão, as forças horizontais para dois anéis, um superior e outro inferior, também moldados no local. Assim, as ligações das abóbadas com as vigas verticais e com os anéis ficam basicamente comprimidas. Aplicações dessa alternativa com abóbadas em argamassa armada,

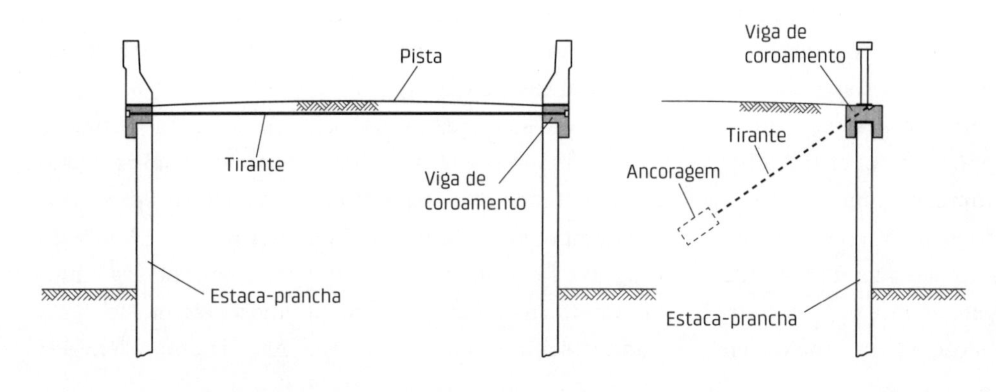

Fig. 11.38 Esquemas de muros de arrimos com estacas-pranchas e tirantes

a) Arranjo dos elementos de parede

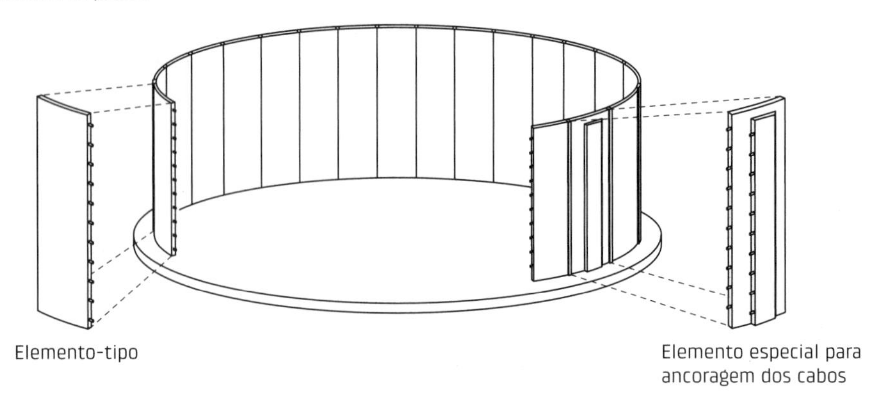

b) Emenda típica

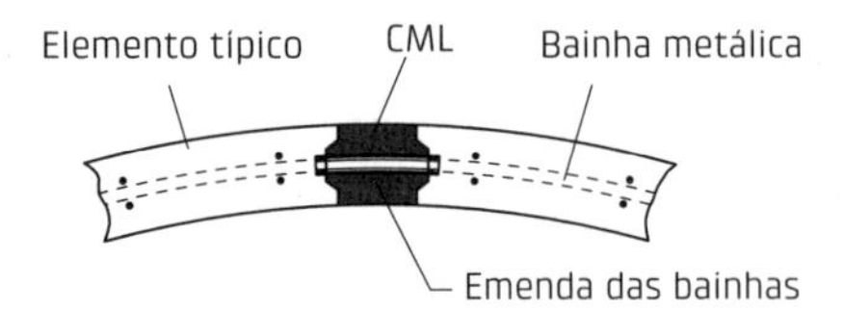

c) Esquema de disposição dos cabos com seis elementos de ancoragem

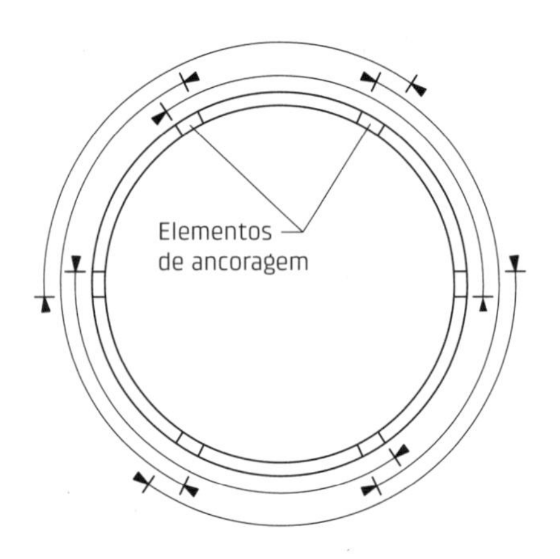

d) Detalhe da ancoragem dos cabos

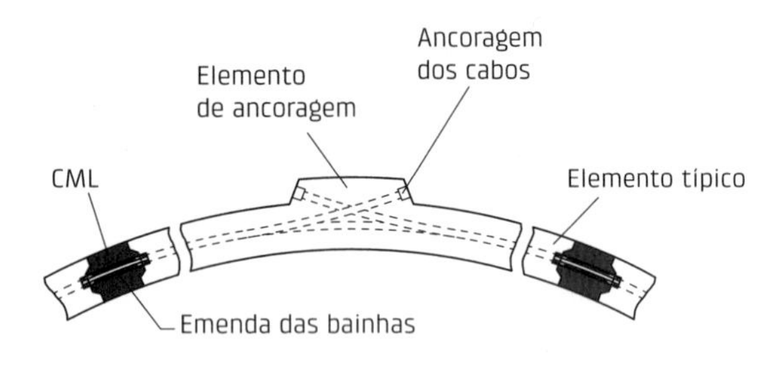

e) Ligação da parede com a base

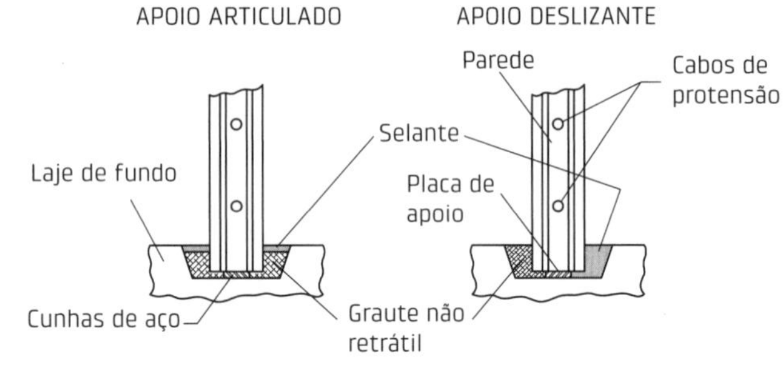

Fig. 11.39 Reservatório em planta circular com parede de elementos pré-moldados e protensão circunferencial com cabos internos

para reservatórios com 3.200 m³ e 900 m³, estão descritas em Hanai (1992).

Na Fig. 11.41c é mostrada também uma variante dessa forma, na qual estão incorporadas algumas alterações visando facilitar a construção. Essas modificações englobam: a) a eliminação dos septos inclinados nas extremidades dos elementos visando facilitar, principalmente, sua armação com o uso de telas soldadas; b) a incorporação de parte da viga no elemento pré-moldado, para facilitar os trabalhos de sua execução no local; c) o emprego de uma parte saliente na extremidade inferior do elemento pré-moldado para que ele possa se apoiar no lastro de concreto do fundo, sem necessidade de escoramento imediato e sem acarretar maiores dificuldades para a armação e para a moldagem do anel inferior e da laje de fundo do reservatório; e d) o uso de diafragma na extremidade superior que irá servir de fôrma para o anel superior.

Ainda em planta circular merece registrar a possibilidade de se empregar elementos de seção T nas paredes, que são travados por anéis superior e inferior moldados no local. Um exemplo de aplicação dessa alternativa é apresentado em Raymod e Prussack (1993), no qual se destaca o uso de elementos pré-moldados de concreto com agregado exposto, tendo em vista a estética da construção.

O emprego do CPM em reservatórios com planta retangular é bem menos comum que os com planta circular. Conforme foi dito, o elemento mostrado na Fig. 11.28 poderia ser aplicado para outros tipos de obra, além dos

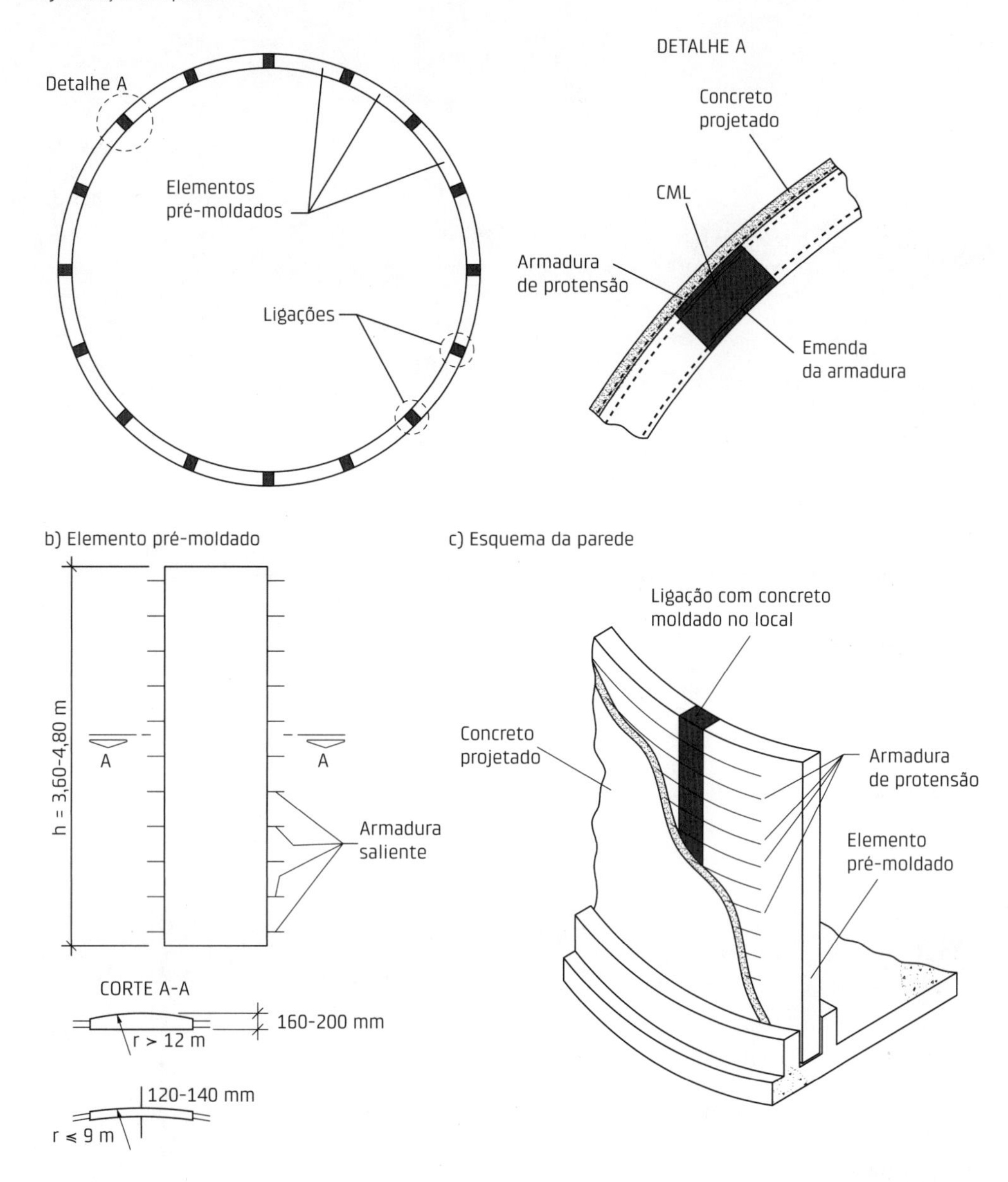

Fig. 11.40 Reservatório em planta circular com parede de elementos pré-moldados e protensão circunferencial externa
Fonte: adaptado de Baykov (1978).

canais. Na Fig. 11.42 está mostrada a sua aplicação em reservatório com planta retangular, que pode ser enterrado ou de superfície.

Nos reservatórios elevados de grande porte, a aplicação do CPM se concentra em alternativa apresentada no capítulo introdutório, que consiste em se moldar o reservatório no nível do solo e posteriormente levantá-lo até sua posição definitiva. Uma variação dessa alternativa é com o emprego de elementos pré-moldados para executar o reservatório no nível do solo e depois içá-lo à sua posição definitiva. Na Fig. 11.43 está ilustrada essa possibilidade. Essa mesma forma de divisão em elementos é também empregada com a montagem do reservatório na posição definitiva.

Em se tratando de reservatórios elevados de pequena capacidade, existe a alternativa com anéis pré-moldados, que montados justapostos, formam reservatório cilíndrico elevado de planta circular. Esse caso está esquematizado na Fig. 11.44.

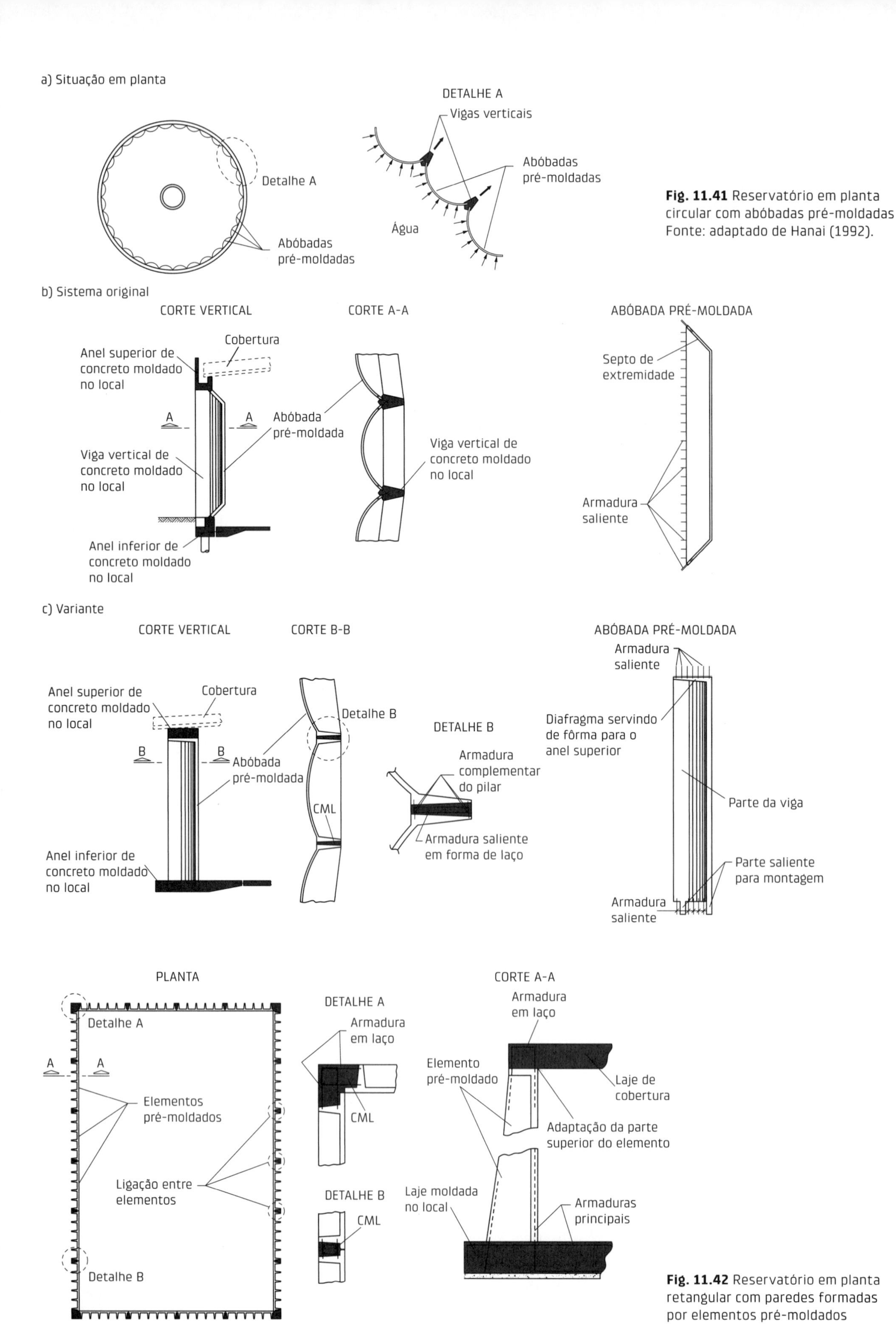

Fig. 11.41 Reservatório em planta circular com abóbadas pré-moldadas
Fonte: adaptado de Hanai (1992).

Fig. 11.42 Reservatório em planta retangular com paredes formadas por elementos pré-moldados

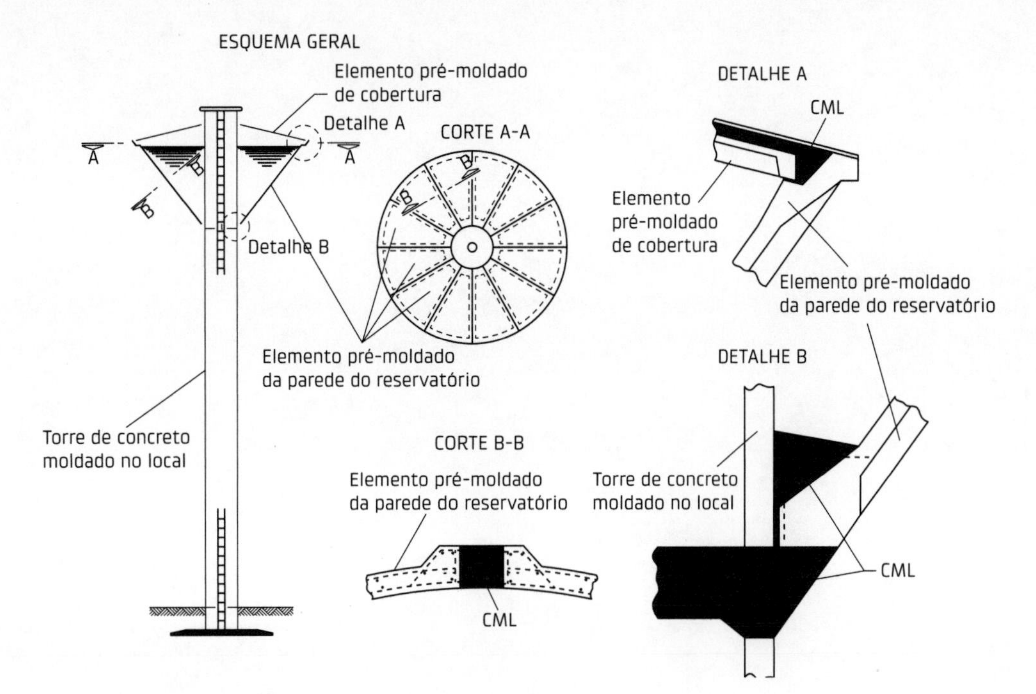

Fig. 11.43 Reservatório elevado com elementos pré-moldados montados no nível do solo
Fonte: adaptado de Baykov (1978).

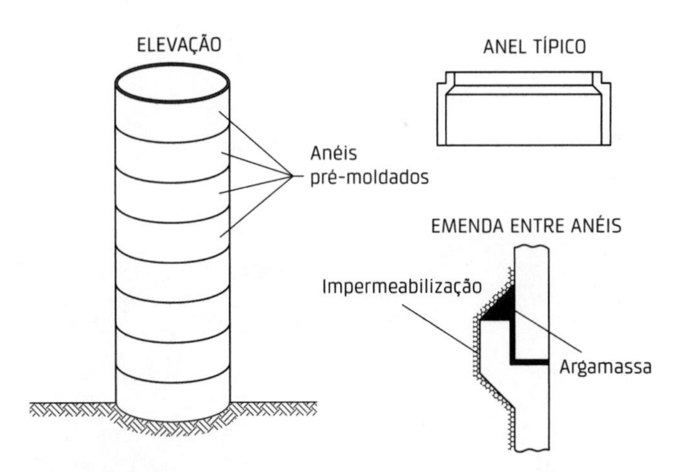

Fig. 11.44 Reservatório elevado formado por anéis pré-moldados

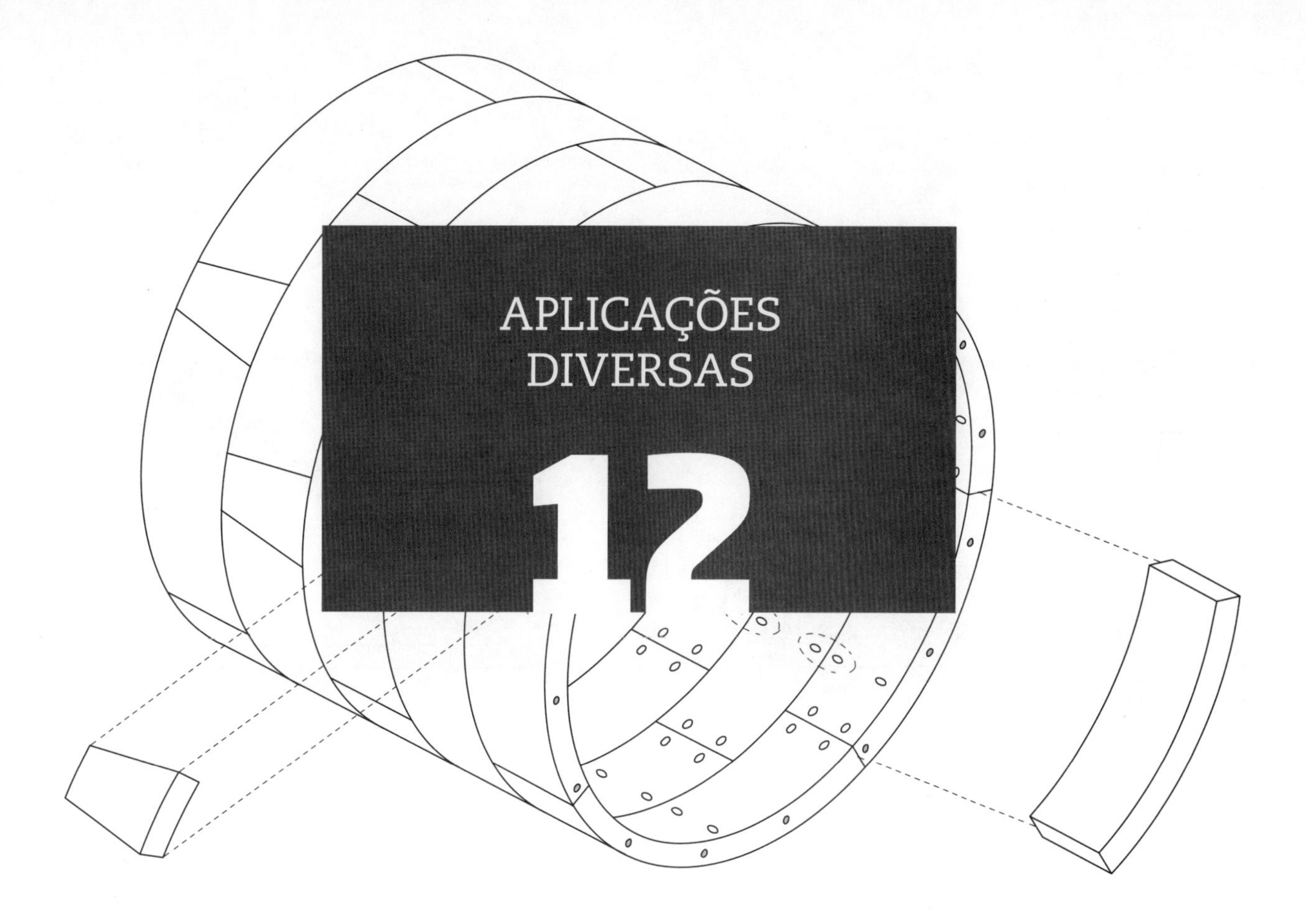

12 APLICAÇÕES DIVERSAS

Neste capítulo é enfocada a aplicação do concreto pré-moldado (CPM) em outros tipos de construção não tratados anteriormente.

As aplicações em arquibancadas e estádios, silos e torres são tratadas com mais detalhes. Outros tipos de construção – revestimento de túneis, metrôs e similares, obras hidráulicas, obras industriais, elementos complementares de estradas, construções habitacionais, mobiliário urbano e construções rurais – são tratados de forma mais superficial.

12.1 Arquibancadas e estádios

Na construção de arquibancadas definitivas com as mais diversas finalidades, como estádios, ginásios e outras obras do gênero para facilitar a visibilidade dos assistentes, é geralmente empregado o concreto armado.

Nesse tipo de construção, a aplicação do CPM é particularmente interessante devido ao fato de que na alternativa em concreto moldado no local (CML) os trabalhos relativos à execução da fôrma, da armação e da concretagem não são simples e apresentam um alto grau de repetição.

Uma vez que o CPM é bastante interessante para a construção das arquibancadas, por uma questão de extensão do processo de execução, ele também passa a ficar interessante para o restante da estrutura.

Nos estádios e ginásios cobertos, o CPM pode ser empregado, além das arquibancadas, na estrutura de suporte das arquibancadas, na cobertura da construção ou das arquibancadas, nas áreas de acesso e em elementos de fachadas. Cabe registrar que muitas vezes é utilizada alternativa intermediária, entre as extremas com emprego exclusivo do CPM e com CML, mas sempre com tendência de utilizar o CPM pelo menos nas arquibancadas.

As principais formas da seção transversal dos elementos pré-moldados utilizados nas arquibancadas estão indicadas na Fig. 12.1. Esses elementos têm sido executados em concreto armado e concreto protendido. A forma em L pode ser repetida duas ou três vezes em um mesmo elemento, compondo seções transversais com duplo ou triplo L. O elemento com seção triplo L, desde que equacionadas as condições de transporte e montagem, é mais adequado de acordo com o princípio de minimizar o número de ligações, além de ser menos susceptível a vibrações, cuja importância de ser considerada nos estádios tem recebido maior atenção, conforme salientado em Martin e Kowall (1994). Na Fig. 12.1c está mostrada a seção transversal desse tipo de elemento, com a armadura principal de protensão disposta para atender à flexão que ocorre segundo os eixos principais de inércia.

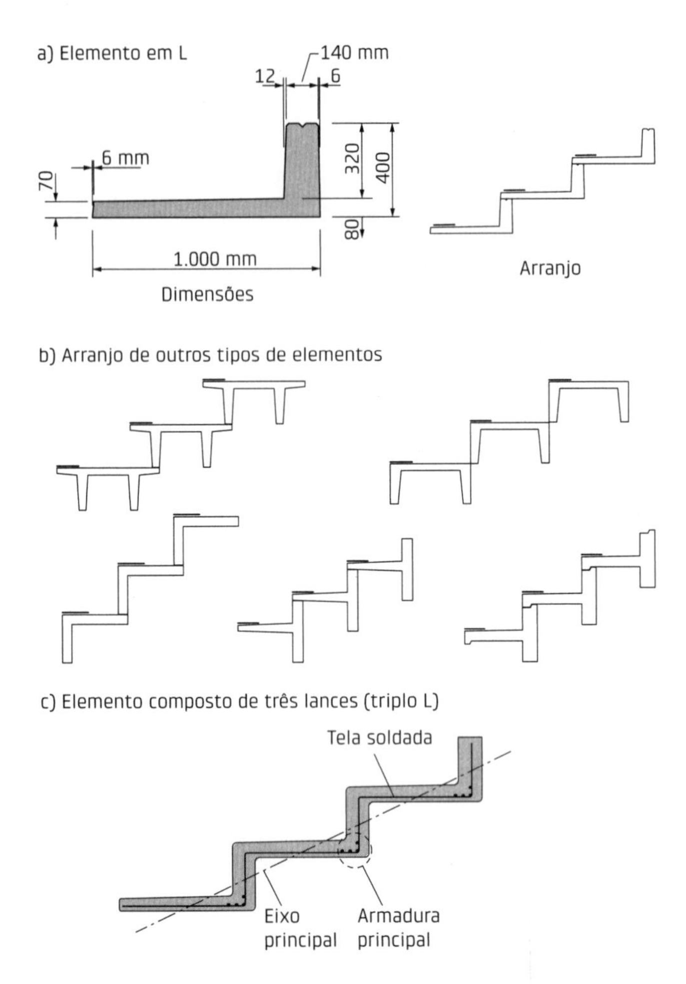

Fig. 12.1 Elementos pré-moldados empregados nas arquibancadas

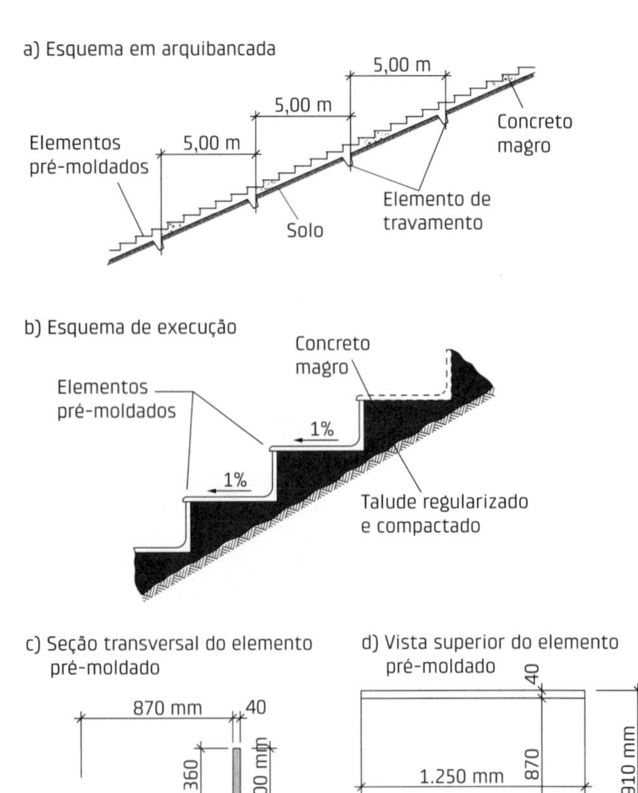

Fig. 12.2 Exemplo de aplicação do CPM em arquibancada apoiada sobre o solo

Em determinadas situações, as arquibancadas podem ser apoiadas diretamente no solo. Essa alternativa é bastante interessante quando houver condições topográficas adequadas. Nesses casos, os elementos das arquibancadas não ficarão submetidos a solicitações importantes na situação definitiva. O emprego do CPM é justificado pela possibilidade de racionalizar a construção e propiciar grande durabilidade a ela. Na Fig. 12.2 está mostrada uma aplicação do caso em questão, em que foi empregada a argamassa armada para possibilitar a montagem manual.

Em relação à estrutura de suporte das arquibancadas, aplicam-se as formas básicas dos edifícios apresentadas anteriormente. Um exemplo de estrutura de apoio simples está mostrado na Fig. 12.3a. Outra parte que merece destaque nesse tipo de construção é a cobertura. No caso em que a construção toda é coberta, como ginásios, aplica-se o que foi apresentado sobre as coberturas. Em outros casos, a cobertura alcança apenas as arquibancadas ou parte delas, obrigando-se a recorrer à estrutura com grandes balanços (Fig. 12.3b). Em determinadas situações foram empregados apoios para reduzir os balanços, no entanto, essa alternativa não tem sido usada devido ao prejuízo na visibilidade.

Um exemplo expressivo da aplicação do CPM em estádios é no Connecticut Tennis Center, em New Haven, nos Estados Unidos, descrito em Weiss et al. (1992), cuja estrutura principal de suporte está mostrada na Fig. 12.4.

O emprego do CPM em estádios foi bastante intensivo recentemente no Brasil em função da realização da Copa do Mundo Fifa de 2014, conforme já tratado no capítulo introdutório, e das Olimpíadas de 2016. Exemplos dessas obras podem ser vistos na Fig. 12.5, cujos detalhes podem ser encontrados em Pré-fabricados... (2015).

12.2 Silos

O projeto desse tipo de construção recebe um tratamento à parte, em função das suas características específicas, como pode ser visto em Safarian e Harris (1985). Cabe destacar que nesse tipo construtivo deve ser dispensada especial atenção aos efeitos dinâmicos no carregamento e, principalmente, no descarregamento do material, que é função, entre outros fatores, da geometria do silo e do produto armazenado.

No entanto, como pode ser visto nessa apresentação e conforme adiantado na seção 11.4, os silos têm uma relação próxima com os reservatórios em termos de alternativas construtivas. Portanto, as alternativas aqui apresentadas podem complementar as alternativas para reservatórios e vice-versa.

Os silos podem ser divididos em horizontais e verticais. Os silos horizontais, como o próprio nome diz, apresen-

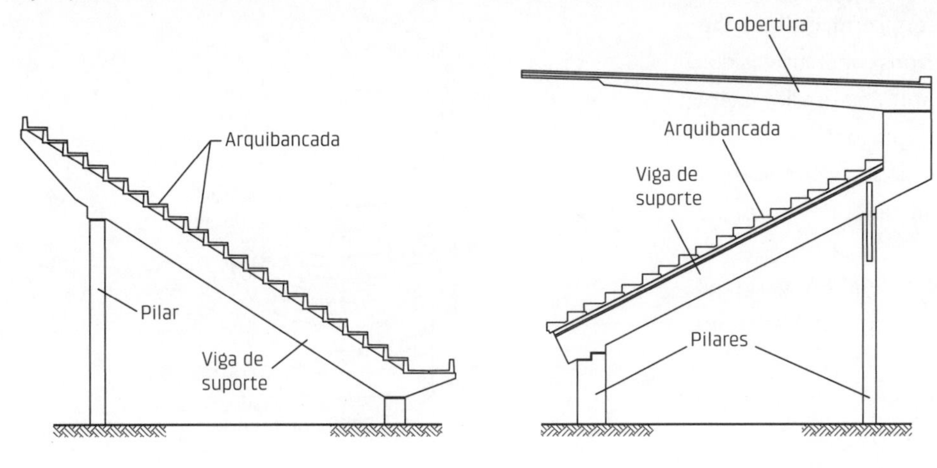

Fig. 12.3 Exemplos de estruturas suporte da arquibancada e da cobertura de estádios
Fonte: adaptado de FIP (1994).

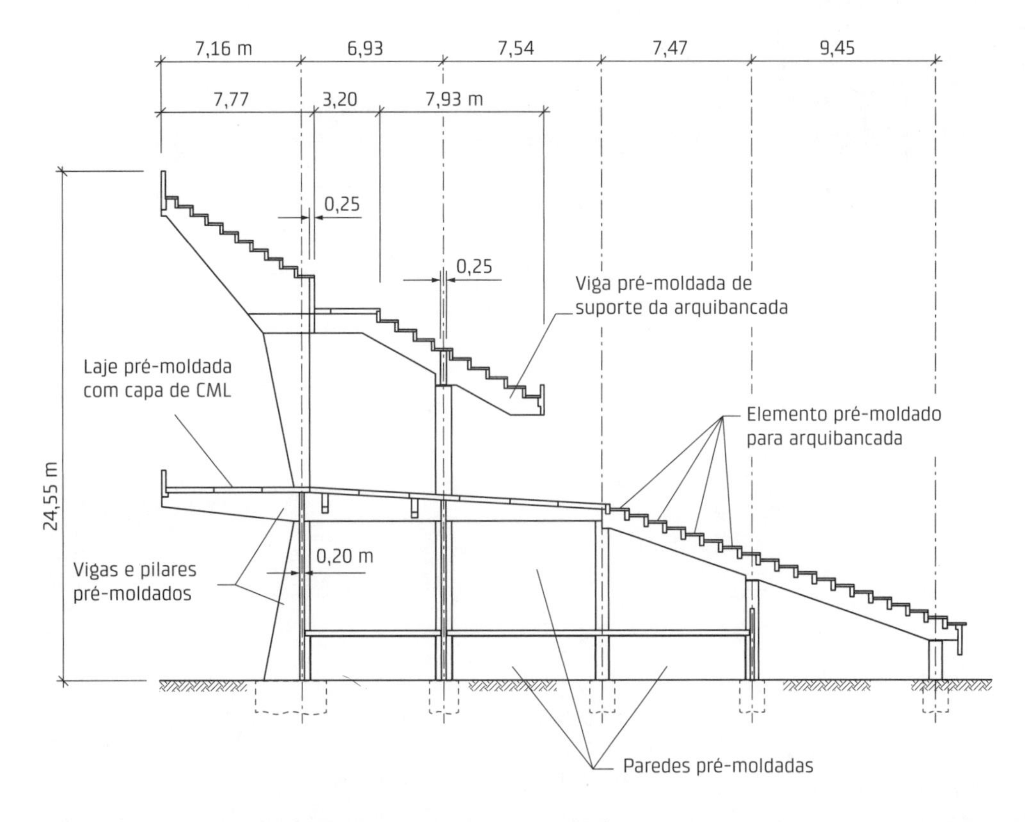

Fig. 12.4 Exemplo de estruturas suporte da arquibancada: Connecticut Tennis Center
Fonte: adaptado de Weiss et al. (1992).

Fig. 12.5 Exemplos de aplicação de CPM em estádios: obras para as Olimpíadas de 2016
Fonte: Pré-fabricados... (2015).

tam elevada relação área/altura, de forma que a altura da estrutura de armazenamento não é, em geral, grande. Em princípio, podem ser empregados os tipos construtivos dos muros de arrimo apresentados no capítulo anterior, além dos reservatórios, com as devidas adaptações.

Um esquema estrutural de silo horizontal, com paredes inclinadas, correspondente a uma variante de muros de arrimo em L, está mostrado na Fig. 12.6.

Em se tratando de silos cobertos, valem, em geral, as indicações dos sistemas de coberturas apresentados no Cap. 9.

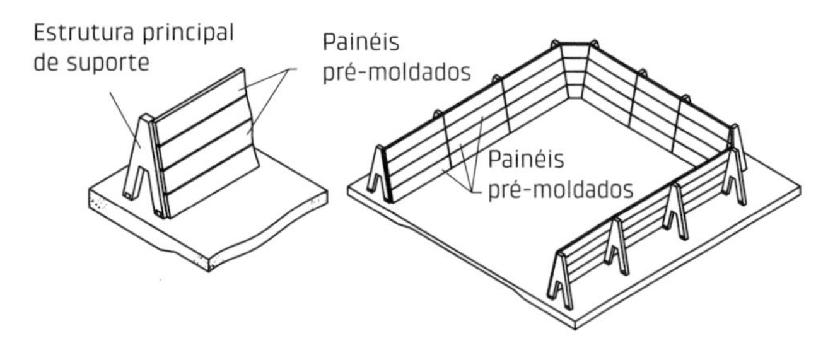

Fig. 12.6 Exemplo de aplicação do CPM em silos horizontais

Os silos verticais podem apresentar diversas formas de seção transversal, conforme ilustrado na Fig. 12.7.

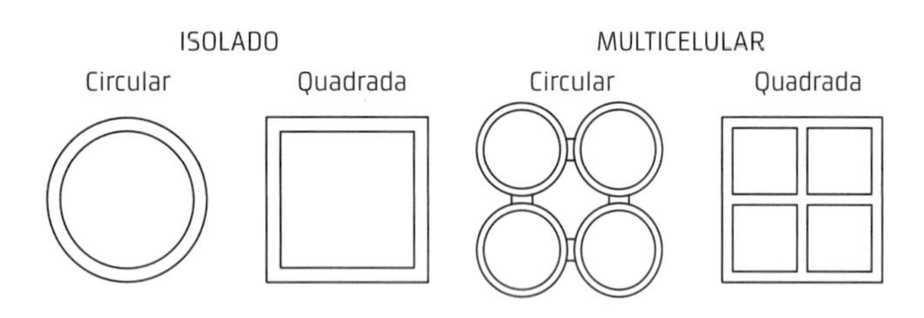

Fig. 12.7 Formas de seção transversal dos silos verticais

No corpo principal dos silos verticais podem ser utilizadas as seguintes formas de divisão da estrutura em elementos:

- com divisão em elementos na direção da altura e na direção perpendicular à altura;
- com divisão em elementos na direção perpendicular à altura;
- com divisão em elementos na direção da altura.

Além do corpo principal, o CPM pode ser empregado na cobertura, mais comumente, e na base, mais raramente.

Na Fig. 12.8 está mostrada uma forma de aplicação do CPM com divisão da estrutura nas duas direções. Nesse caso, são utilizados pequenos elementos resultando em silo isolado com planta circular. Esses elementos são unidos mediante cabos externos dispostos circunferencialmente.

Outro exemplo de emprego de divisão da estrutura nas duas direções, em elementos com nervuras, formando silos com planta poligonal, está mostrado na Fig. 12.9.

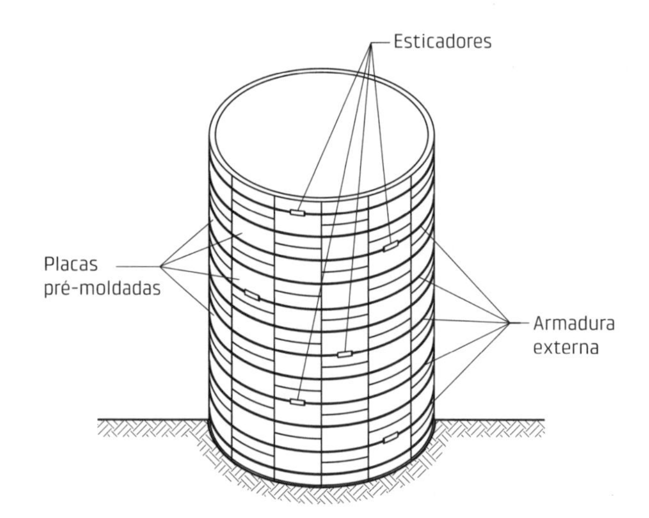

Fig. 12.8 Esquema de silos verticais com pequenos elementos e armadura externa

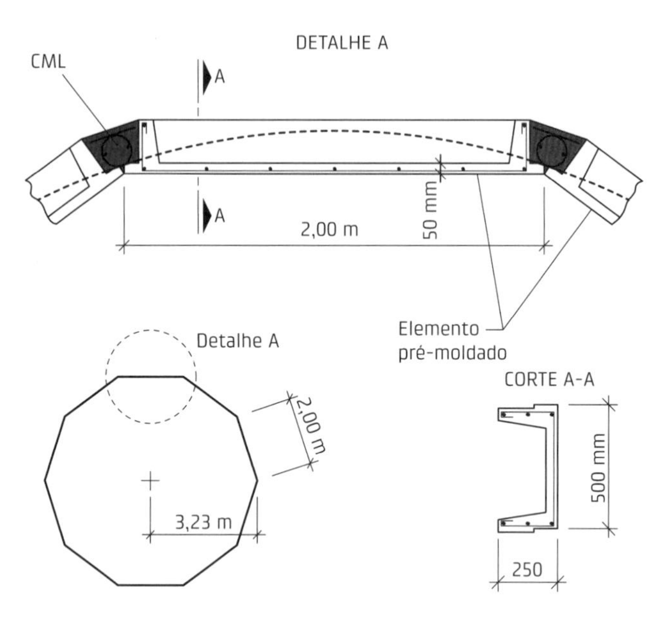

Fig. 12.9 Exemplo de aplicação em silo vertical com planta poligonal
Fonte: adaptado de Mokk (1969).

Ainda com a divisão da estrutura nas duas direções, mas com elementos em forma de abóbada, merece registrar a alternativa ilustrada na Fig. 12.10. Nesse caso, é feita a montagem de anéis a partir dos pequenos elementos pré-moldados, junto ao local de utilização definitivo, mediante protensão circunferencial. Essa protensão é feita por meio de pressão interna. Após o endurecimento do concreto da ligação a pressão é liberada, fazendo com que ocorra uma compressão nas ligações na direção circunferencial. Uma vez feitos os anéis, procede-se à montagem do silo com a superposição dos anéis.

Com elementos dispostos ao longo da altura são empregados arranjos similares aos dos reservatórios vistos no capítulo anterior.

Os silos em planta circular podem ser construídos com elementos pré-moldados em forma de anel, que corresponde à divisão da estrutura na direção perpendicular à altura, ou com mais de um elemento pré-moldado para formar o anel, que corresponde à divisão da estrutura nas duas direções. Na Fig. 12.11 estão mostrados esquemas de silos em planta circular com mais de um elemento, tanto o caso de silo unicelular como o multicelular.

Um sistema para construção de silos largamente empregado na ex-União Soviética, para silos multicelulares de forma quadrada, está ilustrado na Fig. 12.12. Esse sistema é composto de elementos básicos de planta quadrada e de outros dois elementos especiais para completar algumas partes, além dos elementos do fundo. Os elementos básicos são dispostos alternadamente nas várias fiadas, podendo formar silos de várias dimensões, para as mais variadas capacidades de armazenamento.

Merecem ainda ser registrados dois sistemas para os silos multicelulares de seção quadrada: a) o sistema Laumer, descrito em Vilagut (1975), com duas versões, em geral restrito para pequenas dimensões, e b) o sistema Schiebroek, apresentado em Ronde e Schiebroek (1986), no qual é empregado elemento básico em forma de cruz, com a ligação entre os elementos feita mediante pós-tração nas duas direções em planta e na direção vertical.

12.3 Torres

A construção de torres em CML, com sistema tradicional de execução, apresenta grande área de fôrmas e cimbramento trabalhoso, além de dificuldades de concretagem.

Uma possibilidade de contornar essas dificuldades, ainda com CML, é com a técnica de fôrmas deslizantes, limitada praticamente às torres de seção constante. Ainda com emprego de CML existe a alternativa da chamada fôrma trepante, em que o deslocamento da forma não é contínuo.

Outra possibilidade é com o emprego de CPM. Esse tipo de aplicação do CPM tem sido relativamente frequente na Europa e nos Estados Unidos.

O CPM tem sido utilizado nos seguintes tipos de torres: torres de refrigeração, chaminés, torres de controle de tráfego de aeroportos, torres de transmissão, torres de reservatórios elevados, faróis e, mais recentemente, torres para geração de energia eólica.

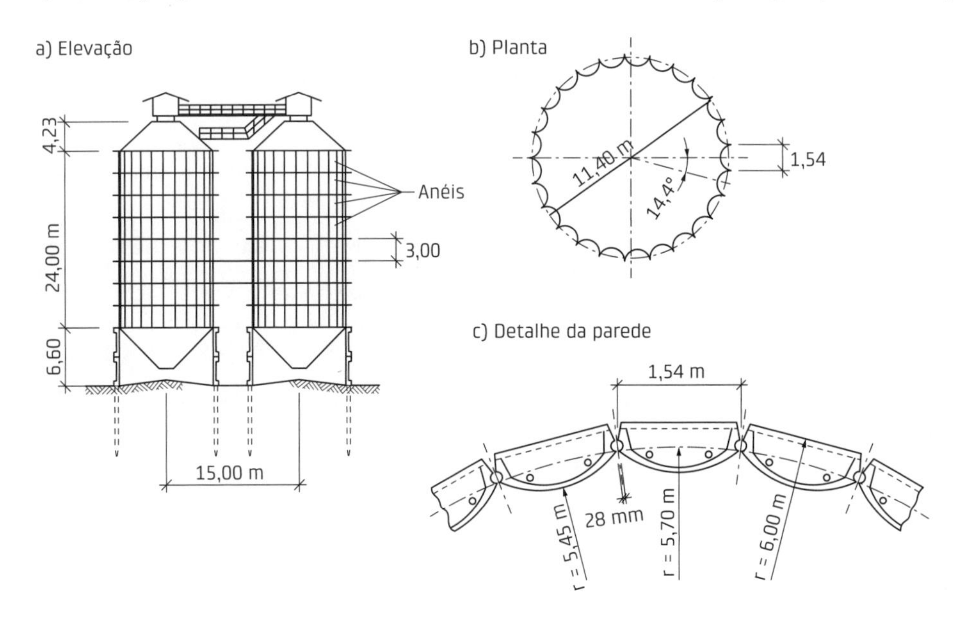

Fig. 12.10 Exemplo de aplicação em silo vertical com elementos em forma de abóbada
Fonte: adaptado de Baykov e Sigalov (1980).

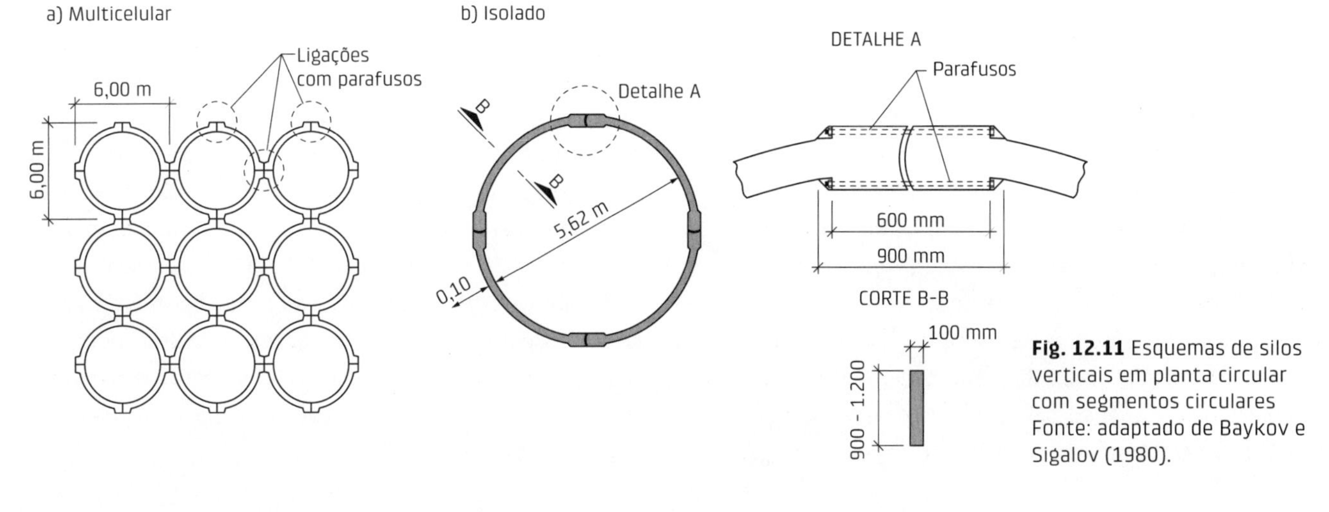

Fig. 12.11 Esquemas de silos verticais em planta circular com segmentos circulares
Fonte: adaptado de Baykov e Sigalov (1980).

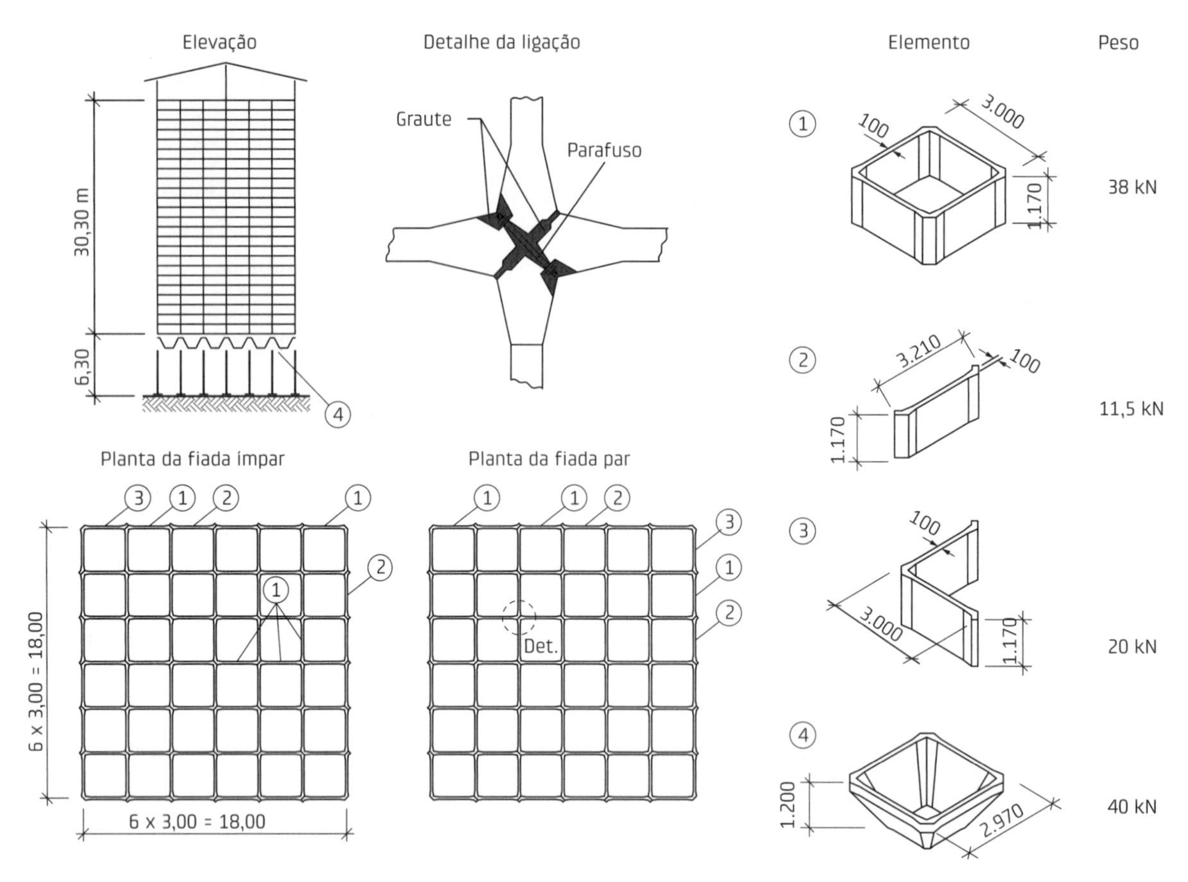

Fig. 12.12 Esquema de silo vertical multicelular
Fonte: adaptado de Baykov e Sigalov (1980).

As formas de dividir a estrutura em elementos dependem do tipo de torre, mas em geral é feita a divisão em aduelas de um único elemento, no caso de pequenas dimensões em planta, ou mais de um, caso contrário. Essas formas podem ser observadas em alguns exemplos de aplicação comentados a seguir.

Um exemplo notável de aplicação em torre de transmissão é a obra construída na Bélgica, em 1995, com 171 m de altura (163 m de estrutura + 8 m de antena). Essa torre, em forma de foguete, é composta de uma parte inferior, com três pernas dispostas com inclinação de 5% em relação à vertical, e uma parte superior, conforme mostrado na Fig. 12.13.

As chaminés constituem outro tipo de torre em que o CPM tem sido aplicado com frequência. Mediante aduelas pré-moldadas de 1 m a 1,5 m de comprimento, têm sido construídas chaminés com alturas de até 76 m, com uma a quatro linhas de escoamento de gases, conforme apresentado em Pierce (1987).

A maior parte das aplicações em torres de refrigeração é em forma de hiperboloides de revolução. Nesse caso, já foram empregadas divisões da estrutura com as seguintes variações: a) com elementos de forma losangular (Fig. 12.14a), b) com elementos de forma triangular, com nervuras nas bordas (Fig. 12.14b) e c) com elementos de forma trapezoidal, de dimensões diversas, com nervuras nas bordas (Fig. 12.14c). Ainda em relação às torres de refrigeração, está mostrado na Fig. 12.15 um exemplo de aplicação com forma cilíndrica.

Um exemplo da aplicação de CPM em torres de controle de tráfego aéreo, com a utilização de recursos do concreto arquitetônico, está mostrado na Fig. 12.16. Essa obra, construída no Aeroporto Metropolitano de Detroit, com 71 m de altura, conjugou elementos pré-moldados com CML de forma bastante interessante dos pontos de vista construtivo e estético.

Ainda em relação às torres de controle de tráfego aéreo, merecem destaque as construídas na Espanha, apresentadas em Fairbanks (2004).

Um tipo de torre que tem recebido bastante atenção ultimamente são as torres para suporte de turbinas eólicas, em função da importância atual e das perspectivas desse tipo de geração de energia. Esse assunto já recebia atenção desde 2002, conforme mostra artigo publicado no primeiro congresso da fib (Shinagawa et al., 2002). O interesse atual do assunto pode ser sentido pelo número de patentes. Uma discussão do assunto bem como exemplo de aplicação pode ser visto em Chastre e Lúcio (2012). Cabe destacar que a aplicação do CPM está sendo estendida também para a fundação desse tipo de construção, como pode se notar em Eneland e Mållberg (2013). A Fig. 12.17 mostra a construção desse tipo de torre no Brasil, cujas informações podem ser encontradas em Inovação... (2016).

12.4 Revestimento de túneis

O CPM vem sendo cada vez mais empregado na execução de revestimento de túneis, em substituição aos revestimentos de ferro fundido que eram usualmente utilizados em metrôs. Esse sistema foi empregado inicialmente no Brasil em um trecho do metrô de São Paulo, cujos detalhes podem ser vistos em Amaral Filho (1987).

De fato, como já foi dito na introdução, em alguns dos principais túneis construídos, como o túnel sobre o Canal da Mancha, ligando a Inglaterra à França, e o Great Belt Tunnel, sob o mar Báltico, foi utilizado o CPM.

O revestimento dos túneis é composto de aduelas formadas por vários segmentos pré-moldados emendados na direção transversal e longitudinal ao eixo do túnel, conforme mostrado na Fig. 12.18. Essas emendas devem garantir não só a resistência e rigidez do revestimento, mas também a durabilidade e estanqueidade.

12.5 Metrôs e similares

Os tipos de obras aqui enquadrados são os metrôs e outras obras do gênero para o transporte de passageiros. O CPM tem sido aplicado em diversas partes desses tipos de obra, relacionados a seguir:

- *Túneis*: conforme apresentado na seção anterior, uma das principais formas de execução de revestimento de túneis é com segmentos de CPM.
- *Elevados*: as formas básicas de aplicação do CPM nas estruturas dos elevados são, em linhas gerais, aquelas apresentadas nas pontes. No entanto, algumas particularidades em função dos dispositivos de fixação e sustentação das composições podem conduzir a formas próprias.
- *Estações de metrô*: no caso de estações de superfície, podem, em princípio, ser empregadas as formas básicas de edifícios de um ou múltiplos pavimentos e das coberturas. No caso de estações subterrâneas, pode ter também interesse a aplicação do CPM em partes da construção.

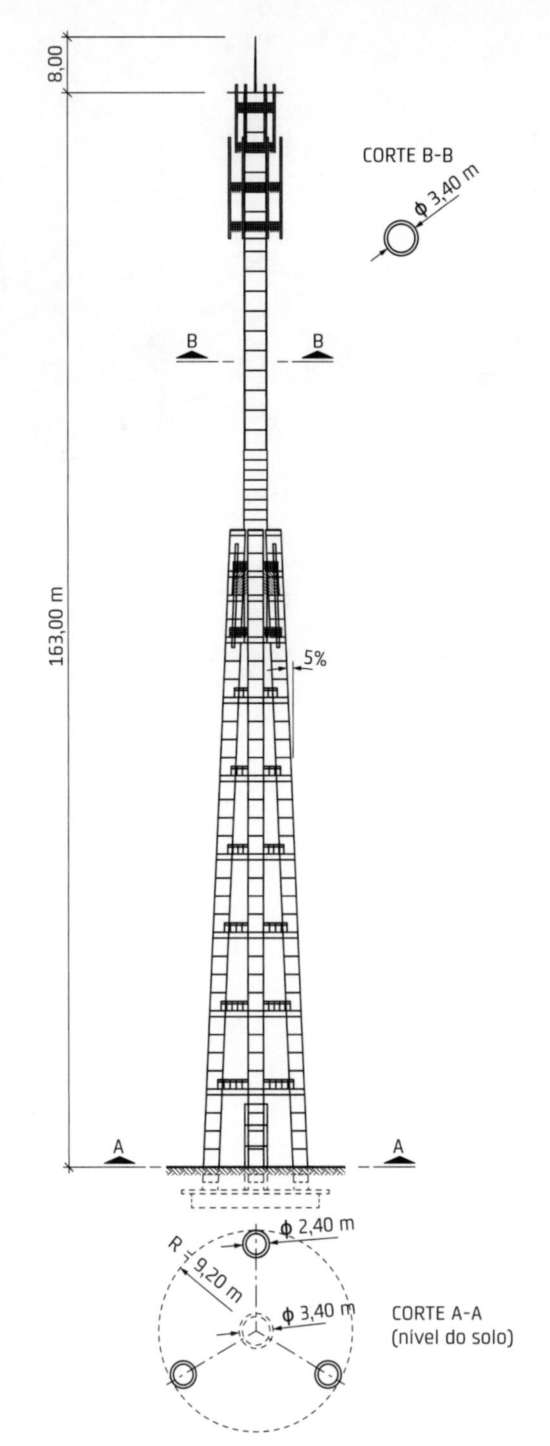

Fig. 12.13 Exemplo de aplicação em torre de transmissão – Telecommunication Tower of Verdin (Bélgica)

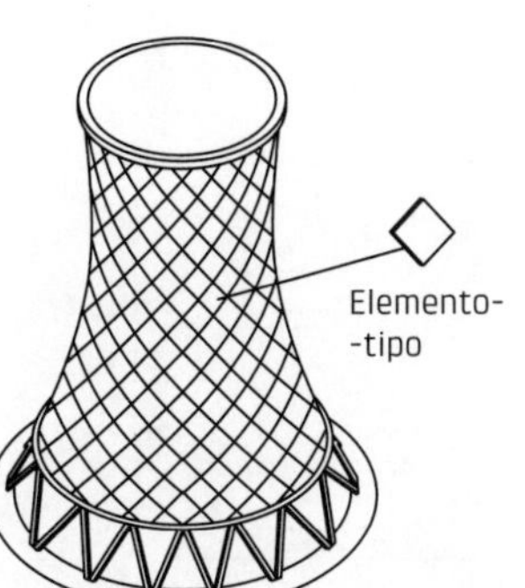

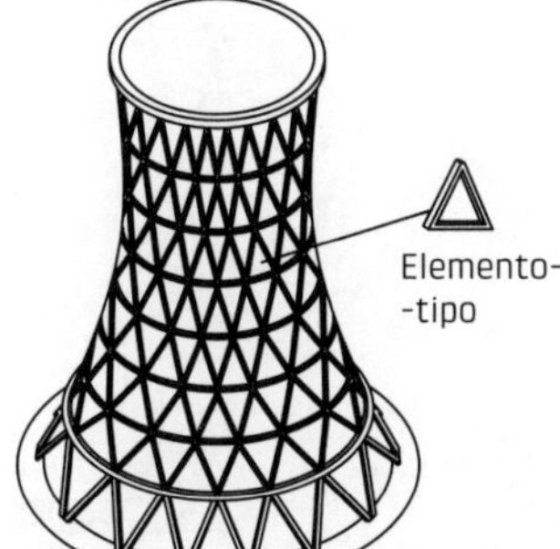

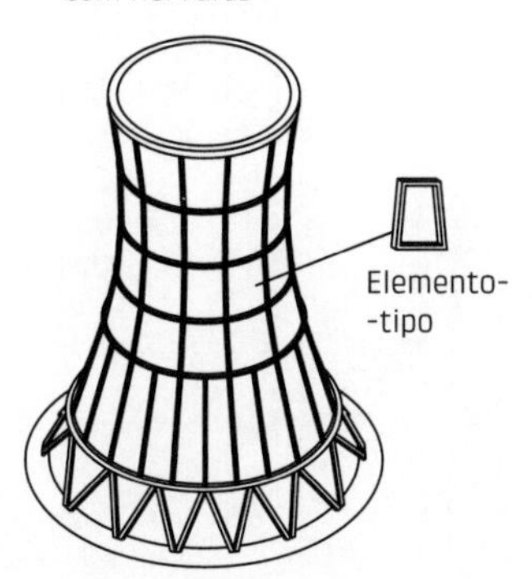

Fig. 12.14 Aplicação em torres de refrigeração em forma de hiperboloides de revolução

Painéis pré-moldados 5,26 m x 2,50 m x 0,07 m
com nervuras perimetrais e uma no meio do vão
Anel de apoio feito de
elementos pré-moldados
22,00 m
3,00
2,50 m
0,20
0,20
2,50 m
Elemento pré-moldado de apoio
Elementos
pré-moldados
14,00 m
5,20
Planta

Fig. 12.15 Exemplo de aplicação em torre de refrigeração de forma cilíndrica
Fonte: adaptado de Baykov e Sigalov (1980).

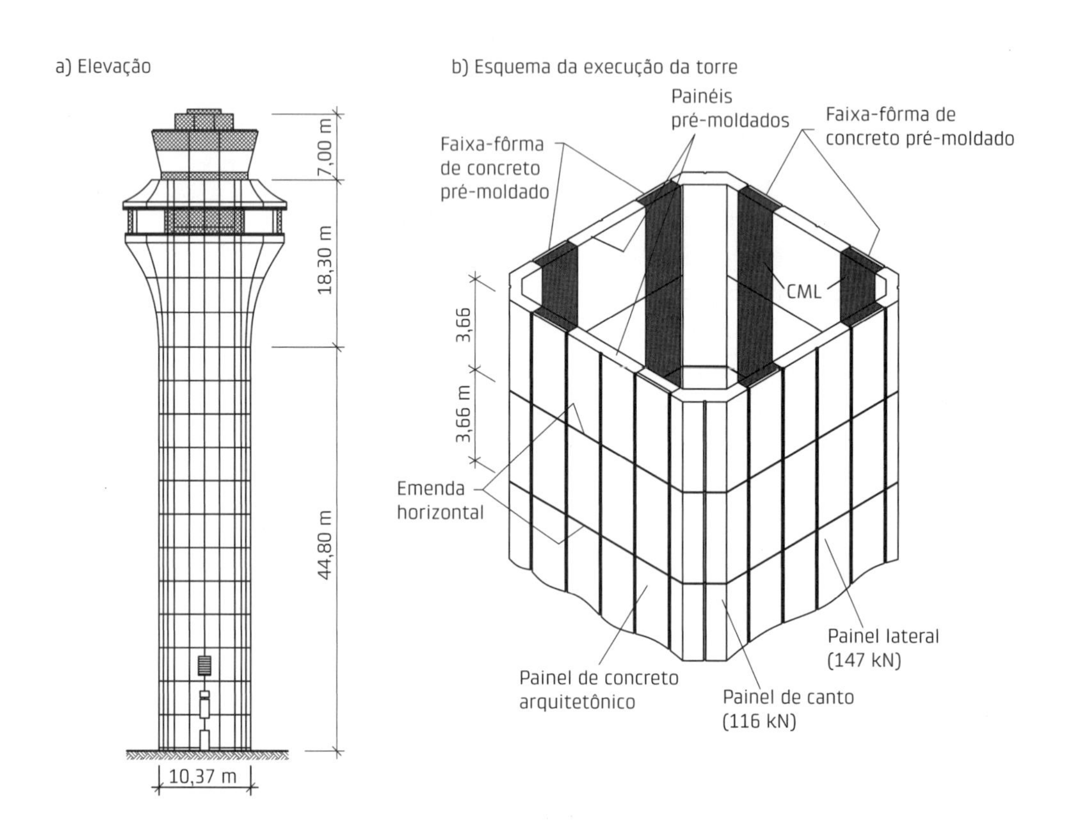

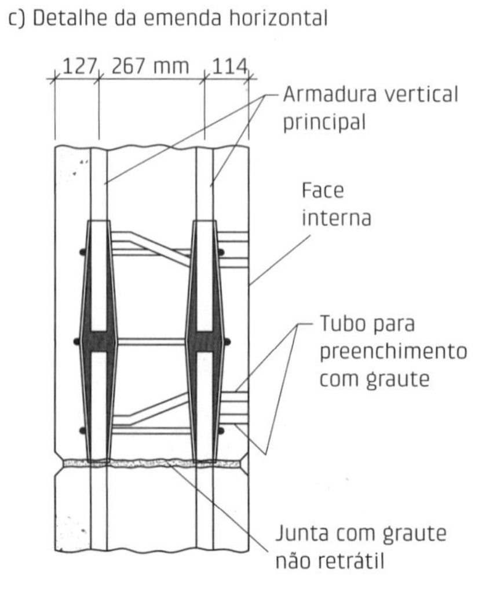

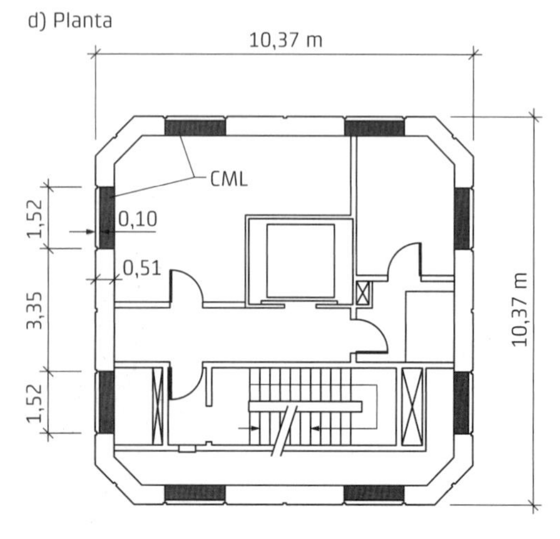

Fig. 12.16 Exemplo de aplicação em torre de controle de tráfego aéreo
Fonte: adaptado de McGuire et al. (1991).

Fig. 12.17 Exemplo de aplicação de torre eólica
Fonte: Inovação... (2016).

12.6 Obras hidráulicas

Existe uma série de construções hidráulicas, em particular as obras marítimas, em que o CPM tem sido empregado.

Em parte dessas obras, tais como ancoradouros e terminais de carga, são empregados componentes pré-moldados, como estacas, vigas e lajes.

Em outro grupo de construções, estão aqueles em forma de caixões com diversas finalidades (plataformas *off-shore*, estruturas de quebra onda, elementos de fundação, barragens, portos flutuantes, pontes flutuantes etc.), nas quais a estrutura ou a maior parte dela é moldada em local apropriado e depois rebocada até o local de utilização definitivo. Ainda nessa linha, merece registro a construção recente de túneis submersos com elementos pré-moldados, como para o metrô de Istambul sob o estreito de Bósforo. Um exemplo representativo de aplicação do CPM em obra marítima pode ser vista em Lanier et al. (2005).

O CPM também tem sido empregado na construção de barragens para geração de energia elétrica. No sentido de racionalizar a construção, o CPM é utilizado como fôrma apenas, por exemplo, em galerias e paramentos de barragens de concreto rolado, ou como elemento estrutural, principalmente com elementos pré-moldados de seção parcial. Exemplos de aplicação do CPM em algumas barragens no Brasil, como em Itaipu, podem ser vistos em Scandiuzzi (1987).

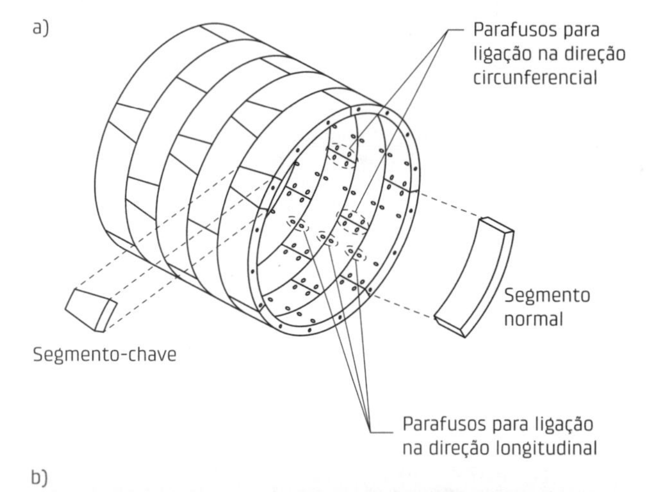

b)

Fig. 12.18 Esquema de revestimento de túnel com elementos pré-moldados: a) esquema da montagem e b) estrutura acabada

12.7 Obras Industriais

O CPM é aplicado em uma série de construções, que são enquadradas como obras industriais. Em geral, aplica-se o que já foi tratado nos Caps. 7 e 8.

Uma aplicação que merece destaque é a construção de estruturas de suporte de tubulações, chamadas de *pipe rack*. O CPM tem apresentado um significativo incremento nesse tipo de construção, que era praticamente exclusividade das estruturas metálicas.

12.8 Elementos complementares de estradas

O CPM é empregado em alguns elementos que fazem parte das estradas ou calçamento urbano, além das aplicações já citadas.

Os elementos que podem ser enquadrados nesses casos são os muros e paredes corta-som, pavimentos de concreto, barreiras e, no caso de ferrovias, os dormentes.

O CPM tem sido largamente empregado no país na execução de muros feitos com pilares e placas dispostas na direção horizontal entre eles. Nos Estados Unidos e na Europa, em áreas residenciais próximas a avenidas, rodovias, ou ferrovias, o CPM tem sido empregado na construção de paredes corta-som. Em um recente relatório publicado nos Estados Unidos é apresentada uma comparação de alternativas para paredes corta-som, no qual o potencial do CPM é evidenciado (Li et al., 2013).

O emprego de placas de CPM para construção de novas rodovias ou reparos é considerado uma tecnologia emergente nos Estados Unidos, conforme pode ser visto em Tayabji et al. (2013).

Embora as barreiras e os dormentes estejam enquadrados nesse caso, esses dois elementos são tratados no Cap. 16.

12.9 Construções habitacionais

Essa seção refere-se à aplicação do CPM em construção habitacional com um ou dois pavimentos. Para os casos de mais pavimentos aplica-se o que foi apresentado no Cap. 8.

Os sistemas estruturais empregados nesse caso também podem ser de esqueleto ou de paredes portantes.

Os sistemas de esqueleto são, em geral, empregados raramente, pois, em princípio, são mais indicados para vãos maiores que os usualmente empregados nesse tipo de construção. Destaca-se, no entanto, que existem no país alguns poucos exemplos de aplicações de sistemas desenvolvidos para galpões em construções residenciais de alto padrão.

Os sistemas estruturais em paredes portantes têm maior interesse. Embora possam, em princípio, ser empregadas as variantes dos edifícios de múltiplos pavimentos (pequenos painéis, grandes painéis e células tridimensionais), o primeiro caso é o que tem sido mais empregado.

A utilização de pequenos painéis pré-moldados, com peso compatível com montagem manual, é particularmente importante para a construção habitacional de interesse social.

Os painéis pré-moldados podem ser dispostos na direção vertical ou na direção horizontal. Neste último caso, os painéis são colocados entre pilaretes também pré-moldados.

Os vários sistemas construtivos que empregam painéis pré-moldados diferenciam-se entre si basicamente pelo tipo de painel e forma de suas ligações.

Os painéis apresentam uma diversidade muito grande em relação aos materiais (tais como concreto celular, argamassa armada, concreto com fibras e ainda, outras vezes, fugindo até dos tipos de associações apresentados no capítulo introdutório) e em relação à forma (como painéis nervurados, sanduíches, alveolares). Em El Debs et al. (2000) é apresentado um estudo direcionado a painéis-sanduíche com camadas de pequena espessura. Cabe destacar também que os painéis e a sua forma de associação são de fundamental importância para um requisito básico desde tipo de construção, que é o atendimento de condições mínimas de conforto térmico.

Uma parte considerável dos sistemas construtivos empregados para o caso em questão é apresentada nas seguintes publicações: a) no catálogo do programa Cyted – Proyecto Cyted XIV.2 (Cyted, 2001), b) no catálogo do Instituto de Pesquisas Tecnológicas de São Paulo (IPT) (Zenha et al., 1998) e c) no boletim 60 da fib (2011).

Merece registro também o emprego e estudos de painéis pré-moldados com alvenaria, incluindo a possibilidade de protensão, como pode ser visto em Souza (2008).

As alternativas construtivas para o caso em questão têm sido constantemente procuradas. Uma proposta que merece registro é apresentada em Holmes et al. (2005), na qual o emprego do CPM é feito com alta eficiência de energia, nos Estados Unidos, onde existe uma tradição muito forte de emprego de painéis de madeira.

12.10 Mobiliário urbano

O CPM pode ser empregado em uma série de construções que fazem parte do mobiliário urbano. Os principais atrativos do emprego do CPM são a durabilidade, a resistência a atos de vandalismo e a possibilidade de uso dos recursos do concreto arquitetônico.

Algumas das principais aplicações, divididas em blocos de características similares, estão comentadas a seguir:

- *Abrigo de parada de ônibus e coberturas de passarelas*: os abrigos de paradas de ônibus em CPM têm sido largamente empregados no país com diversas formas, em concreto armado e em argamassa armada. Em relação às coberturas de passarelas, merecem destaque algumas obras com estrutura metálica cobertas com placas de argamassa armada feitas no Brasil, conforme pode ser visto em Hanai (1992).
- *Lixeiras, vasos, bancos e placas de sinalização*: esses tipos de elementos, em geral sem responsabilidade estrutural, podem ser executados em concreto armado, argamassa armada e até em concreto simples. Destaca-se ainda que as placas de sinalização são também empregadas em rodovias.
- *Guaritas e cabines telefônicas*: a aplicação do CPM nesses tipos de elementos, com características de células tridimensionais, possibilita alternativas de grande durabilidade e, no caso de cabines telefônicas, resistência ao vandalismo.

- *Obeliscos, monumentos e obras do gênero*: nesses tipos de aplicação, é particularmente interessante o uso de concreto arquitetônico, possibilitando a criação de verdadeiras obras de arte, com as mais diversas formas.

12.11 Construções rurais

Nas construções rurais, o CPM é empregado em galpões para os mais variados tipos de criação, tais como aves, suínos e bovinos.

Nesses galpões empregam-se as formas básicas apresentadas no Cap. 7, em particular aquelas com coberturas inclinadas. As alturas e os vãos devem atender às condições apropriadas para cada tipo de criação.

Além da construção de galpões, outras aplicações do CPM são pequenos silos, bebedouros, cochos e mourões de cerca, conforme pode ser visto em Vilagut (1975).

Parte III

ELEMENTOS DE PRODUÇÃO ESPECIALIZADA

13 LAJES FORMADAS POR VIGOTAS PRÉ-MOLDADAS

13.1 Considerações iniciais

As lajes nervuradas formadas por elementos pré-moldados correspondentes às nervuras, as chamadas vigotas pré-moldadas, são, conforme ilustrado na Fig. 13.1, constituídas basicamente de: a) elementos lineares pré-moldados, que correspondem às nervuras, dispostos espaçadamente em uma direção; b) elementos de enchimento, colocados sobre os elementos pré-moldados, e c) concreto moldado no local (CML).

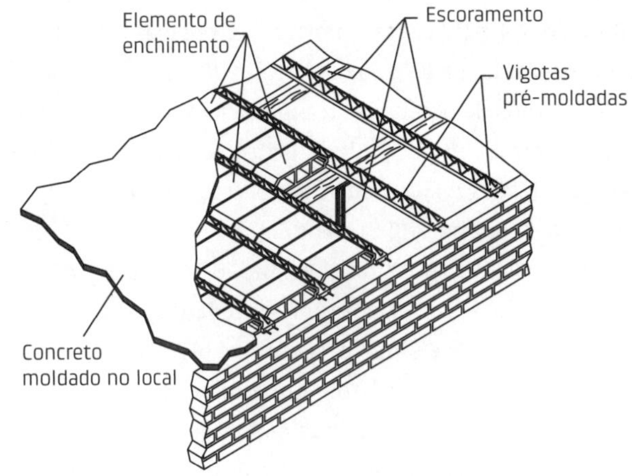

Fig. 13.1 Esquema construtivo de laje formada com vigotas pré-moldadas

Em relação às seções transversais, os elementos pré-moldados podem ser com ou sem armadura saliente, em forma de T invertido ou I. Os materiais de enchimento normalmente utilizados são blocos vazados de material cerâmico ou concreto, ou ainda blocos de poliestireno expandido, conhecidos pela sigla EPS. Na Fig. 13.2 estão mostradas algumas alternativas.

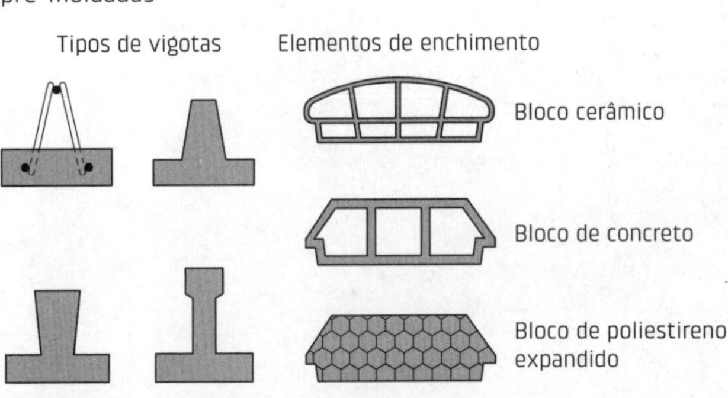

Fig. 13.2 Tipos de vigotas e de elementos de enchimento empregados nas lajes

Conforme adiantado no Cap. 6, no Brasil têm sido bastante empregadas as vigotas de concreto armado de seção T invertido, as vigotas de concreto protendido de seção T invertido e as vigotas de seção retangular com armadura saliente, em forma de treliça.

As vigotas pré-moldadas de concreto armado de seção T invertido são executadas em fôrmas metálicas simples, em pequenas unidades de produção, com instalações físicas bastante modestas. Com esse tipo de vigotas são feitas lajes com vão da ordem de até 5 m. Trata-se de alternativa que tem sido cada vez menos utilizada, comparada com as outras duas.

As vigotas de concreto protendido (VP) são executadas em pistas de protensão em fôrmas fixas ou com fôrmas deslizantes, como os painéis alveolares. Com esse tipo de elemento pré-moldado podem ser atingidos vãos bastante elevados, mas por questões de manuseio, em geral, os vãos não ultrapassam a casa dos 10 m.

As vigotas com armadura em forma de treliça (VT) são executadas, em linhas gerais, como as vigotas de concreto armado de seção T invertido. Embora seja necessária armadura especial em forma de treliça, chamada de armação treliçada, os elementos pré-moldados são bem mais leves que os anteriormente citados e na sua aplicação passa a ser possível obter um travamento transversal mais efetivo, com nervuras transversais moldadas no local. Assim como no caso anterior, pode-se atingir vãos bastante elevados, mas, normalmente, não se ultrapassa a casa dos 10 m.

A Fig. 13.3 mostra etapas de fabricação e montagem desse tipo de componente pré-moldado.

As lajes formadas pelas vigotas pré-moldadas são objeto de normalização pela ABNT, mediante a NBR 14859-1 (ABNT, 2016a), a NBR 14859-2 (ABNT, 20016b) e a NBR 14859-3 (ABNT, 2016c). No entanto, essas normas remetem o projeto estrutural para a NBR 6118 (ABNT, 2014a) e a NBR 9062 (ABNT, 2017a). Além dessas normas, para fases transitórias, inclui-se ainda a NBR 15522 (ABNT, 2007d).

Em termos de normas estrangeiras, merecem destaque a espanhola EF-96, intitulada *Instruções para o projeto e a execução de lajes unidirecionais de concreto armado e concreto protendido* (España, 1997), e as EN 15037-1 (CEN, 2008) e EN 15037-2 (CEN, 2009), da comunidade europeia, para os sistemas de lajes com vigotas pré-moldadas, sendo a parte 1 sobre as vigotas e a parte 2 sobre os blocos.

A abordagem do assunto aqui apresentada é baseada, em grande parte, nas normas estrangeiras e nos trabalhos acadêmicos realizados sob orientação do autor, relacionados a seguir, em ordem cronológica: Droppa Junior (1999) – *Análise estrutural de lajes formadas por elementos pré-moldados tipo vigota com armação treliçada*; Magalhães (2001) – *Estudo dos momentos fletores negativos nos apoios de lajes formadas por elementos pré-moldados tipo nervuras com armação treliçada*; Merlin (2002) – *Momentos fletores negativos nos apoios de lajes formadas por vigotas de concreto protendido*; Merlin (2006) – *Análise probabilística do comportamento ao longo do tempo de elementos parcialmente pré-moldados com ênfase em flechas de lajes com armação treliçada*; e Cunha (2012) – *Recomendações para projeto de lajes formadas por vigotas com armação treliçada*.

Merece destacar que uma quantidade razoável de publicações sobre o assunto encontra-se disponível nos anais dos encontros sobre concreto pré-moldado (1PPP, 2PPP e 3PPP), sendo que nos dois primeiros encontros essas publicações estão em seções específicas.

Na primeira parte dessa apresentação do assunto são tratados os aspectos comuns. Posteriormente, são apresentadas separadamente as particularidades das lajes com vigotas de armação treliçada (VT) e as particularidades das lajes com vigotas de concreto protendido (VP). Ao final do capitulo, são tecidas algumas considerações adicionais.

13.2 Comportamento estrutural e indicações para o projeto

O comportamento estrutural das lajes formadas pelas vigotas pré-moldadas corresponde, em termos gerais, ao das lajes armadas em uma direção, também chamadas de lajes unidirecionais, com seção resistente composta da parte pré-moldada e do CML.

A contribuição do material de enchimento na seção resistente não é, em geral, considerada. Segundo o MC-CEB/90 (CEB, 1991), a consideração dos blocos como parte resistente da seção só pode ser feita quando o módulo de elasticidade do bloco for superior a 8,0 GPa.

Essa apresentação está direcionada às chamadas lajes unidirecionais, uma vez que as lajes bidirecionais são basicamente objeto de recomendações de estruturas de CML.

Fig. 13.3 Vigotas para lajes: a) moldagem de vigotas VP, b) montagem de vigotas VT e c) montagem de VT com elementos de enchimento

O campo de aplicação da norma espanhola EF-96 (España, 1997) é limitado às seguintes situações: a) altura da laje igual ou inferior a 500 mm; b) vão de cada tramo igual ou inferior a 10,0 m e c) distância entre os eixos das nervuras menor que 1,0 m. Já as indicações da EN 15037-1 (CEN, 2008) são para alturas das vigotas até 300 mm e distância entre eixos até 1,0 m.

As principais dimensões mínimas das partes que compõem as lajes, de acordo com a citada norma espanhola EF-96, estão indicadas na Fig. 13.4. Na EN 15037-1, a espessura mínima da capa aumenta para 50 mm quando a distância entre eixos da nervura ultrapassar 0,7 m.

No projeto estrutural desse tipo de laje, o cálculo das solicitações é normalmente feito considerando a laje como viga, simplesmente apoiada ou contínua, conforme o caso, mediante análise linear, com momento de inércia constante.

No entanto, merecem ser destacados alguns aspectos. A consideração da continuidade com transferência de momentos fletores nos projetos das lajes contínuas pode ser feita, mas se deve estar atento ao fato de que, para os momentos fletores negativos, a parte comprimida é a base da nervura, e não a mesa. Assim, a seção é mais favorável à resistência aos momentos fletores positivos do que à resistência aos momentos fletores negativos que ocorrem nos apoios, o que tem importante implicação quanto à consideração da continuidade, quando houver mais de um vão. Um outro complicador na consideração da continuidade é que as direções das vigotas em lajes contíguas podem ser perpendiculares.

Cabe destacar que a consideração da continuidade favorece a diminuição das flechas e da vibração. Nesse sentido, cabe lembrar a estratégia de projeto indicada pelo boletim 43 da fib (2008), recomendando, quando existirem incertezas no comportamento das ligações, levar em conta os efeitos favoráveis apenas para os estados-limite de serviço (ELS) e garantir os estados-limite últimos (ELU) sem considerar a continuidade.

Independentemente da forma de considerar os momentos fletores devidos à continuidade, é sempre recomendável a colocação de armadura negativa, mesmo nos apoios externos. Nesse caso, a consideração de efeitos favoráveis dos momentos fletores negativos é mais problemática, pois, além do fato da seção não ser apropriada para resistir aos momentos negativos, ela depende ainda da rigidez à torção do apoio. Uma indicação prática para a consideração desse momento fletor é apresentada na norma espanhola EF-96, na qual é recomendado considerar nos apoios externos um momento fletor negativo não menor que um quarto do máximo momento fletor positivo do tramo adjacente. Já a EN 51037-1, no seu anexo D que trata dos momentos negativos nos apoios, aponta que a armação negativa deve absorver um momento fletor arbitrário de 15% do momento fletor positivo máximo do vão, adotado como bi-apoiado. No entanto, esse arranjo não é obrigatório para lajes com vãos menores que 4,5 m e carga total aplicada não maior que 2,5 kN/m^2.

Quando ocorrem forças concentradas ou forças distribuídas em linha, como, por exemplo, paredes, a avaliação da distribuição transversal dos esforços entre as nervuras pode ser feita, para as situações usuais e na falta de outras indicações mais específicas, utilizando-se os valores fornecidos na Tab. 13.1.

A seção resistente das nervuras pode ser considerada como a da parte pré-moldada somada à da parte moldada no local, se for garantida a transferência de cisalhamento pela interface, conforme discutido no Cap. 4 sobre o comportamento de elementos compostos. No entanto, não se deve incluir na seção resistente as partes de CML, nas quais esse concreto teria que passar por locais com dimensão menor que 20 mm (ver Fig. 13.10). Outras limitações relacionadas à passagem do concreto estão indicadas na EN 15037-1 (CEN, 2008).

Para proceder a essa verificação, pode-se recorrer às expressões fornecidas no Cap. 4. Cabe destacar que existe uma significativa diferença entre as lajes de VT e as lajes de VP, que será tratada nas particularidades de cada caso na sequência deste capitulo.

Conforme antecipado, para a resistência aos momentos fletores positivos pode-se contar com a colaboração da mesa formada pela capa estrutural na parte comprimida. Já para o momento fletores negativos, em princípio, seria possível contar apenas com a nervura para a parte comprimida da vigota.

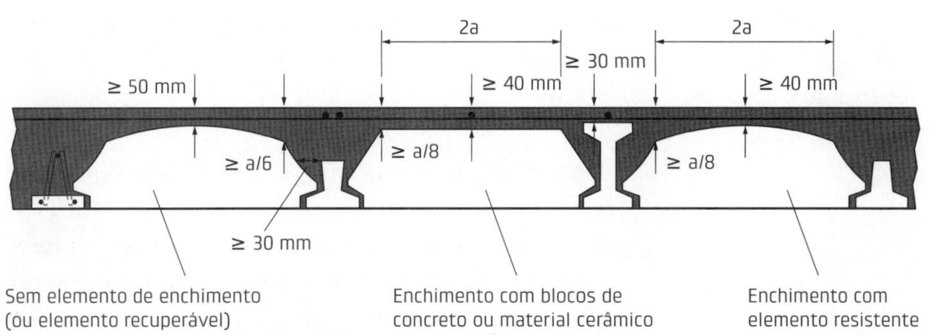

Fig. 13.4 Espessuras mínimas nas lajes formadas com vigotas pré-moldadas
Fonte: adaptado de EF-96 (España, 1997).

Tab. 13.1 COEFICIENTES DE DISTRIBUIÇÃO DE FORÇAS CONCENTRADAS EM LAJES FORMADAS POR NERVURAS

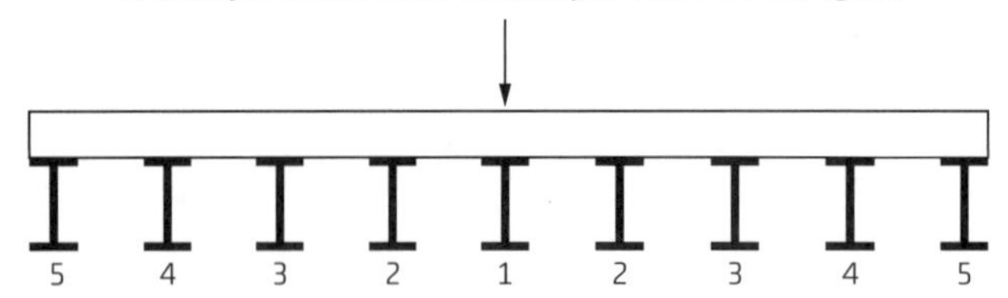

Número de nervuras de cada lado da força	1	2	3	4	5	6	7
2	0,26	0,22	0,15	0			
3	0,24	0,19	0,13	0,06	0		
4	0,22	0,17	0,12	0,07	0,03	0	
>5	0,21	0,17	0,12	0,07	0,03	0,01	0

Observações:
1) Forças concentradas aplicadas na parte central da laje;
2) Valores válidos para uma distância entre nervuras menor que 0,8 m.

Fonte: adaptado de FIP (1994).

A resistência à força cortante da laje depende do tipo de vigota. Por isso, esse assunto é tratado nas seções seguintes.

Na verificação dos estados-limite de serviço deve-se ater aos dois seguintes aspectos, comuns às estruturas compostas: a) fazer a homogeneização da seção considerando concretos com diferentes módulos de elasticidade e b) levar em conta os efeitos dependentes do tempo devidos à retração e à fluência diferenciadas. O último desses aspectos afeta principalmente o estado-limite de deformações excessivas, pois é um dos aspectos que deve receber grande atenção nesse tipo de laje, principalmente quando recebem paredes sensíveis a deslocamentos do apoio.

De fato, as verificações ao estado-limite de deformações excessivas e ao estado-limite de vibrações excessivas são importantes, principalmente, nas lajes de VT, conforme resultados apresentados em Cunha (2012).

Nesse tipo de laje, é recomendado utilizar uma armadura na capa de concreto disposta nas duas direções, denominada de armadura de distribuição. Essa armadura tem as seguintes finalidades: a) promover um comportamento conjunto mais efetivo da laje com a estrutura; b) reduzir os efeitos da retração diferencial entre o CML e o CPM; c) reduzir a abertura de fissuras devidas à retração e aos efeitos térmicos; d) propiciar melhor distribuição transversal de cargas localizadas e e) propiciar um comportamento de diafragma mais efetivo.

Conforme a EF-96, a armadura de distribuição, colocada na capa de CML, deve ter diâmetro não inferior a 4 mm, com espaçamento nas duas direções não superior a 350 mm e área da seção transversal satisfazendo aos seguintes valores:

- *Na direção perpendicular às nervuras*

$$A_s \geq 50\frac{h_{f,min}}{f_{yd}} \quad \textbf{(13.1)}$$

- *Na direção paralela às nervuras*

$$A_s \geq 25\frac{h_{f,min}}{f_{yd}} \quad \textbf{(13.2)}$$

em que:

$h_{f,min}$ = espessura mínima da capa em cm;
f_{yd} = em MPa;
A_s = em cm^2/m.

No detalhamento da armadura longitudinal deve-se dedicar especial atenção à ancoragem da armadura junto aos apoios, principalmente nos apoios externos. Na falta de estudos e resultados experimentais, devem, em princípio, ser atendidas as indicações das correspondentes estruturas de CML.

Para possibilitar melhores condições de ancoragem da armadura são utilizados os recursos de tornar maciça a laje junto ao apoio, com a retirada do material de enchimento, e de colocar armadura adicional traspassando a armadura longitudinal. Outras indicações sobre esse assunto são ainda apresentadas na EN 15037 1 (CEN, 2008).

Em se tratando de pavimentos sem alternância significativa de cargas, como é o caso de edifícios residenciais e comerciais, a armadura negativa pode ser detalhada com base nas indicações apresentadas na Fig. 13.5a.

Quando ocorrer ligação de tramos adjacentes de laje com nervuras concorrendo no apoio em direções perpendiculares, o detalhamento da armadura negativa pode ser feito conforme as indicações da Fig. 13.5b.

Salvo casos especiais ou de elementos de grande comprimento, o manuseio é feito sem auxílio de equipamentos. O transporte é realizado por caminhões. A montagem é realizada manualmente, excetuando as mesmas situações de casos especiais ou de elementos de grande comprimento. Em geral, utiliza-se cimbramento para receber as vigotas, que permanece até o CML atingir resistência adequada. De fato, para obter elementos pré-moldados bastante leves, recorre-se normalmente a uma quantidade razoável de cimbramento. Em geral, o número de linhas de escoras do cimbramento é maior paras as lajes de VT e menor para lajes de VP.

Em relação às situações transitórias, em geral, a situação mais desfavorável é a fase de colocação da capa de concreto no local. Nessa fase, devem ser considerados o peso dos elementos da laje, do CML e ainda uma sobrecarga de construção de pelo menos 1,0 kN/m². Quando for o caso, deve ainda ser prevista a passagem de equipamento de distribuição do concreto.

Cabe registrar ainda que se pode considerar o coeficiente de ação dinâmica igual a 1, para os casos de movimentação manual dos elementos. Também vale lembrar que, por se tratar de situações transitórias, o coeficiente de ponderação das ações pode ser considerado igual a 1,2.

Ainda em relação às verificações das situações transitórias, é recomendado limitar as flechas das nervuras entre as linhas de escoramento na fase de colocação da capa de concreto. O valor indicado pela EF-96 é de 1/1.000 da distância entre linhas de escoras e não superior a 3 mm.

Merece ser destacado que, por se tratar de elementos compostos, aplicam-se em geral, nesse tipo construtivo, as recomendações de execução da capa de concreto apresentadas no Cap. 4.

13.3 Particularidades das lajes com vigotas treliçadas

Com a utilização de vigotas com armação treliçada, pode-se obter efetivamente lajes armadas nas duas direções. Nesse tipo de laje, aplicam-se às indicações de projeto das lajes nervuradas ou mistas das estruturas de CML, com as particularidades do CPM apenas no que se refere às situações transitórias. Essa possibilidade de laje armada em duas direções tem sido explorada no país já há algum tempo, em pavimentos, com ou sem vigas, principalmente utilizando enchimento, recuperado ou não, de EPS. Um exemplo de aplicação de laje armada nas duas direções pode ser visto em Cunha (2012).

A análise dos momentos fletores negativos nos apoios foi objeto da dissertação de Magalhães (2001). Com base em resultados experimentais e teóricos concluiu-se que: a) as lajes apresentam boa capacidade de rotação plástica, b) com alta taxa de armadura negativa não ocorre

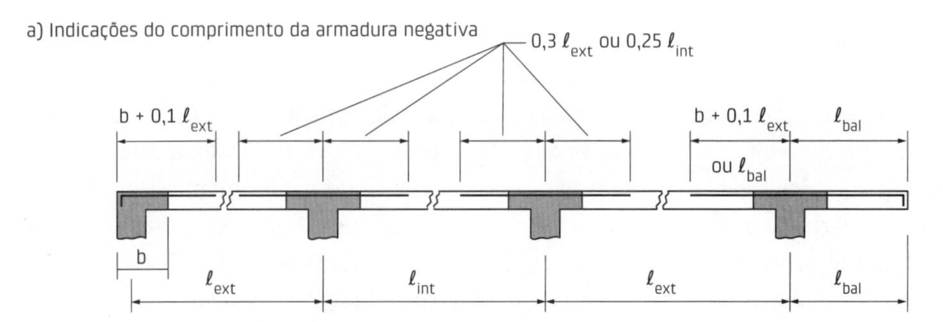

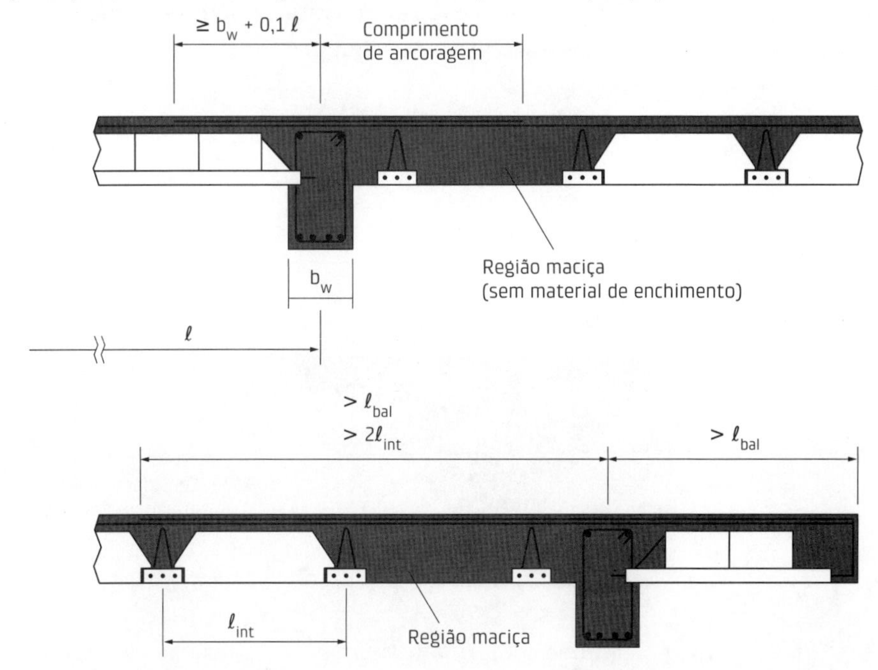

Fig. 13.5 Detalhes da armadura negativa nas lajes formadas com vigotas pré-moldadas
Fonte: adaptado da EF-96 (España, 1997).

redistribuição de esforços, c) as flechas praticamente independem da taxa de armadura negativa e d) a resistência das lajes é praticamente independente do grau de redistribuição adotado no dimensionamento. Nesse estudo, ainda é sugerido que as lajes contínuas que apresentariam o melhor comportamento, nos estados-limite últimos e de serviço, seriam aquelas nas quais fosse considerado no dimensionamento um grau de redistribuição dos momentos fletores negativos compreendido entre os limites de 15% e 40%. Por outro lado, há de considerar as práticas construtivas que não garantem o posicionamento da armadura de continuidade, o que leva a uma estratégia de projeto, muito comum, de considerar as lajes simplesmente apoiadas.

Uma possibilidade de melhorar e garantir as transferências dos momentos fletores negativos, com trabalho adicional e maior consumo de concreto, é recorrer ao "maciçamento" da região próxima aos apoios, que corresponde a retirada dos elementos de enchimento. A extensão dessa região pode ser determinada igualando o momento fletor máximo resistente da nervura com o momento fletor negativo solicitante. Como é visto na continuidade, esse "maciçamento" é também benéfico para a resistência à força cortante.

Para nervuras com armação treliçada, considera-se que a armadura transversal é efetiva, com uma ancoragem apropriada, a partir de uma distância de 20 mm abaixo do ferro longitudinal da parte superior, que por sua vez deve estar a não menos de 40 mm da borda superior. Dessa forma, devem ser feitas verificações considerando a armadura de cisalhamento nas seções abaixo desse limite e sem considerar a armadura de cisalhamento acima desse limite, conforme está mostrado na Fig. 13.6.

Com base em estudo especifico de lajes feitas com vigotas treliçadas, voltado para os efeitos dependentes do tempo, Merlin (2006) indica o cálculo das flechas multiplicando o seu valor inicial pelo coeficiente:

$$\alpha = \alpha_{básico}\,\alpha_{U,T} \qquad (13.3)$$

O multiplicador $\alpha_{básico}$ é calculado através de um coeficiente κ, função da armadura, carregamento, altura e vão da laje, com:

$$\alpha_{básico} = 3{,}73\kappa + 0{,}18 \qquad (13.4)$$

sendo

$$\kappa = \frac{A_s h^{2,05}}{p^{1,5} \ell^3} 10^3 \qquad (13.5)$$

em que:

A_s = área de armadura (em cm²);

h = altura da laje (em cm);

p = carga aplicada (em kN/m);

ℓ = vão da laje (em m).

Essas indicações valem para lajes biapoiadas. Para as lajes contínuas, podem-se utilizar essas expressões desde que o nível de fissuração delas seja compatível com o das lajes biapoiadas, tanto no apoio quanto no vão.

O coeficiente $\alpha_{U,T}$, determinado com uma análise probabilística, com 85% de probabilidade, vale:

$$\alpha_{U,T} = 0{,}016T - 0{,}012U + 1{,}84 \qquad (13.6)$$

em que:

U = umidade relativa do ambiente (em %);

T = temperatura média do ambiente (em °C).

Cabe destacar que se recorre, em geral, à contraflecha nesse tipo de laje, através do cimbramento. No entanto, esse artifício não ajuda quando os problemas são oriundos da pouca rigidez da laje, como deformações devidas à ação variável e a questão de vibração excessiva.

De acordo com a EF-96 o detalhamento da armadura longitudinal deve ser constituída com pelo menos dois ferros e satisfazer às seguintes condições:

$$A_s \geq 0{,}08 \frac{b_{w,min} h f_{cd}}{f_{yd}} \qquad (13.7)$$

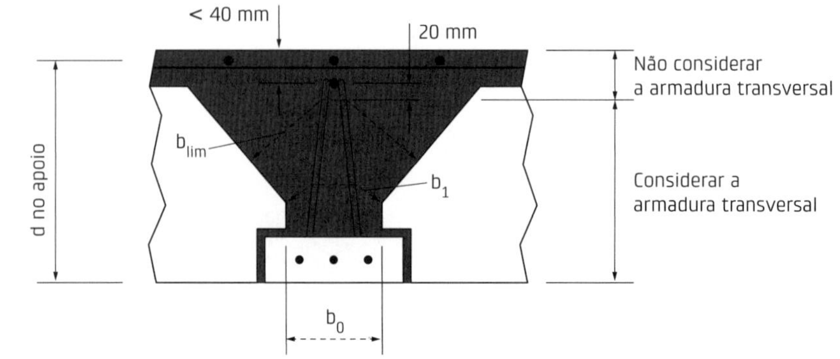

Fig. 13.6 Larguras para verificação da resistência à força cortante para VT moldadas
Fonte: adaptado da EF-96 (España, 1997).

e

$$A_s \geq \beta b_{w,min} h \quad \textbf{(13.8)}$$

em que:

$b_{w,min}$ = largura mínima da nervura;

h = altura da seção composta;

β = coeficiente que vale 0,003 para aço equivalente ao CA-50 (que pode ser estendido para o CA-60, por falta de correspondência desse aço na EF-96).

A segurança na fase de montagem das vigotas treliçadas requer cuidados, pois parte da armadura não está envolvida pelo concreto. A verificação da segurança é afetada principalmente pelas linhas de escoras do cimbramento.

Conforme mostrado na Fig. 13.7, para a situação em que a vigota está sobre dois apoios extremos e um apoio interno do cimbramento, pode-se observar que os momentos fletores são bem distintos dos correspondentes da situação definitiva. Para os momentos fletores positivos, a armadura superior é solicitada à compressão e a sua resistência é governada pela flambagem (Fig. 13.8). A força cortante solicita as diagonais à tração e à compressão, que também ficariam sujeitas à flambagem. No entanto, em função da relação de bitolas das diagonais e do banzo normalmente empregada nas armações treliçadas, a resistência das diagonais não é, em geral, crítica, para treliças não muito altas. A força cortante é também responsável pelo cisalhamento entre os banzos e as diagonais, o que torna necessário verificar a resistência da solda entre essas partes, mas que em geral também não é crítica, para treliças não muito altas. De qualquer forma, as armações treliçadas são objeto de normalizações e controle de qualidade específicos. Mais informações sobre o assunto podem ser encontradas em El Debs e Droppa (2000).

13.4 Particularidades das lajes com vigotas protendidas

Em Merlin (2002) são apresentados os critérios para o projeto das vigotas de concreto protendido e das lajes formadas por essas vigotas, focando principalmente o efeito de momentos fletores negativos nos apoios. Nessa dissertação é também apresentado exemplo numérico, o que facilita o entendimento do projeto desse tipo de vigota.

Uma das particularidades do projeto para esse tipo de vigota é o cisalhamento na interface vigota e do CML. Para essa verificação, pode-se recorrer à norma espanhola EF-96, que indica a seguinte limitação da força cortante de cálculo:

$$V_d \leq \beta u d f_{cv} \quad \textbf{(13.9)}$$

em que:

β = coeficiente relativo à rugosidade da superfície de contato, com os valores de 1,2 para superfície rugosa e de 0,6 para parede lisa;

u = perímetro, conforme indicado na Fig. 13.9;

d = altura útil da seção composta;

f_{cv} = resistência de referência ao cisalhamento do CML, calculada por:

$$f_{cv} = 0{,}13\sqrt{f_{cd}} \quad \text{(em MPa)} \quad \textbf{(13.10)}$$

Como, em geral, não existe armadura na interface, essa verificação é muito importante para a VP e ainda é objeto de atenção pelos pesquisadores, como se pode ver em Ribas e Cladera (2013).

Assim como para as lajes de VT, a resistência à força cortante tem também que ser verificada para várias seções

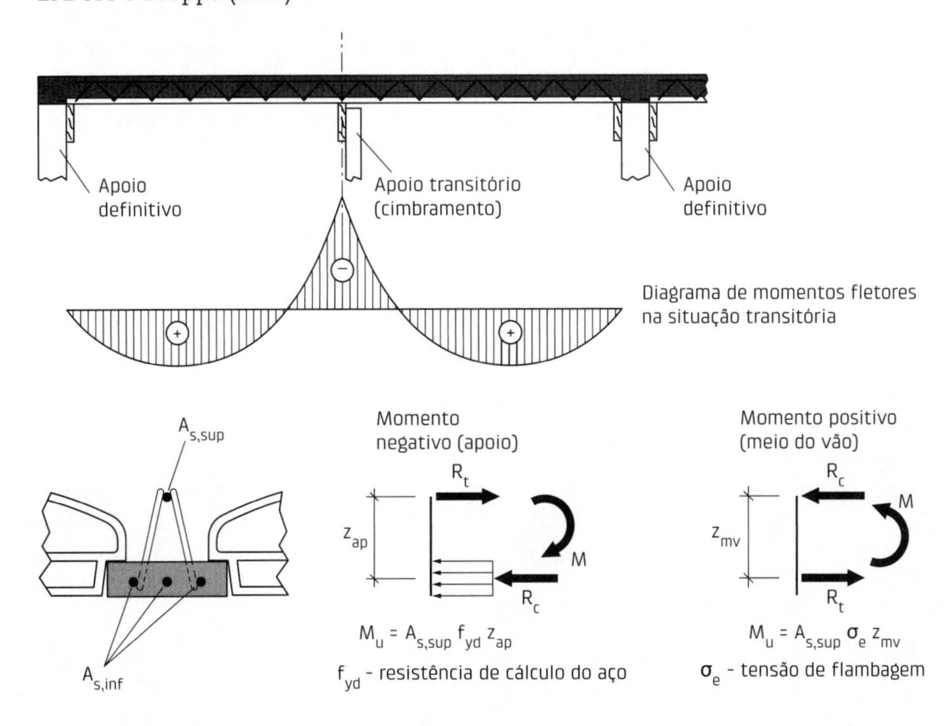

Fig. 13.7 Momentos fletores em situação transitória

Fig. 13.8 Diagrama de equilíbrio de forças devidas a momento fletor em nervuras com armação treliçada em situação transitória

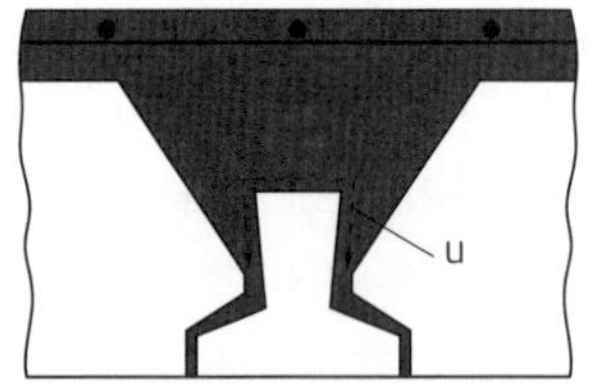

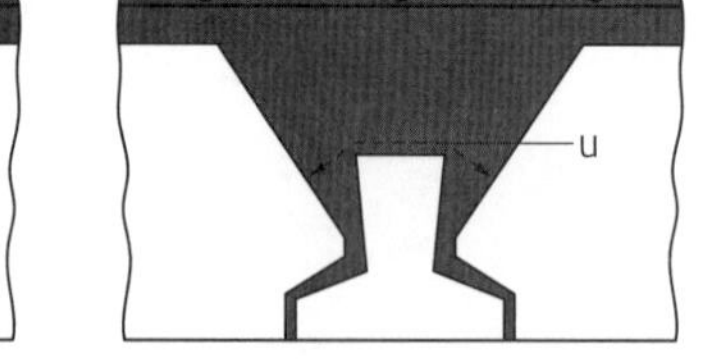

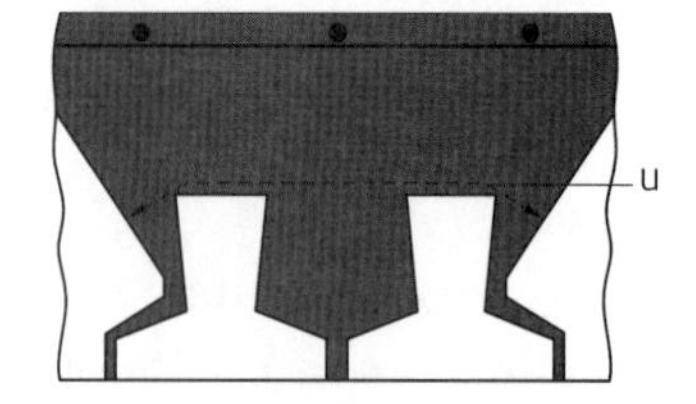

Fig. 13.9 Perímetro para a verificação do cisalhamento na interface
Fonte: adaptado da EF-96 (España, 1997).

de referência. Na Fig. 13.10 estão mostradas as seções nas quais se deveria verificar a resistência à força cortante, levando em conta as resistências dos concretos dessas seções.

Em função do processo de fabricação, normalmente as vigotas são serradas, o que faz que a ancoragem da armadura junto aos apoios mereça atenção especial. Algumas indicações para garantir a ancoragem estão apresentadas no anexo D da EN 15037-1 (CEN, 2008).

Em relação a esse assunto, merece registrar os estudos com armadura saliente apresentados em Neves et al. (2000), nos quais se concluiu que havia vantagem desse tipo de ancoragem em relação à vigota serrada.

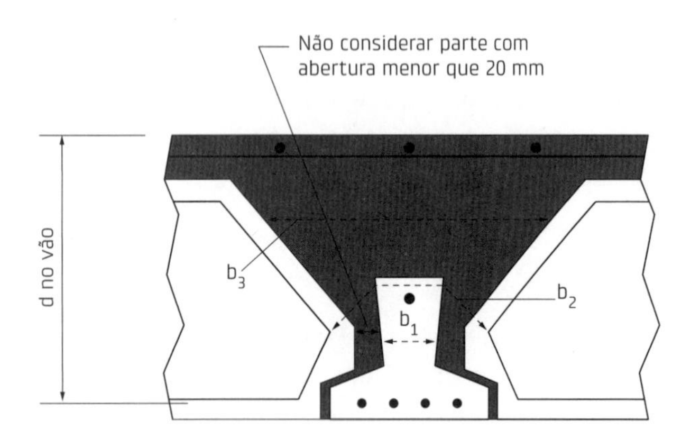

Fig. 13.10 Larguras para verificação da resistência à força cortante para vigota protendida
Fonte: adaptado de EF-96 (España, 1997).

13.5 Considerações adicionais

Embora não seja um problema específico desse sistema construtivo, a responsabilidade da construção desse caso assume grande importância. Como a estrutura é formada por elementos fornecidos pelo fabricante (vigotas e material de enchimento) e nas outras partes (CML e armaduras adicionais) há outros profissionais envolvidos, o projeto e a construção, em geral, nem sempre têm contornos definidos em relação às responsabilidades.

Em geral, os fabricantes fornecem as informações gerais sobre o produto e recomendações para a sua aplicação, que são tratados como produtos tipo catálogo. Por outro lado, o potencial e as particularidades de cada aplicação estariam ao alcance do projetista da construção, que pode recorrer, no caso de lajes de VT, a *softwares* existentes para projeto de lajes unidirecionais, bem como à possibilidade de emprego de lajes bidirecionais.

Como parte do detalhamento do projeto das lajes, o responsável pelo projeto estrutural deveria levar em conta, em função da importância, que depende do tipo e da altura da construção, as verificações em relação a: a) colapso progressivo, b) ação diafragma e c) situação de incêndio. Os dois primeiros aspectos estão bastante relacionados ao detalhamento das ancoragens junto aos apoios, conforme já destacado no Cap. 5. No caso do colapso progressivo, merece destacar o citado exemplo apresentado em Cunha (2012), para laje bidirecional, no qual se concluiu que a armadura para esse tipo de colapso seria da ordem de 5%, o que seria plenamente justificável diante da consequência do risco do fenômeno.

Outro aspecto importante é o controle de qualidade do elementos pré-moldado e da sua aplicação. Nesse sentido, a EN 15037-1 fornece diretrizes para a verificação da conformidade das vigotas e ensaio padronizado para a determinação do espaçamento de escoras. A NBR 15522 (ABNT, 2007d) fornece um método de ensaio para a verificação de vigotas e pré-lajes somente para atender à segurança durante a etapa de concretagem.

As lajes de VT tendem a apresentar maiores deformações que as equivalentes maciças moldadas no local. Uma quantificação dessa tendência pode ser vista no citado exemplo apresentado por Cunha (2012). No sentido de fornecer uma alternativa construtiva com menor deformação, mas mantendo algumas características favoráveis das lajes de VT, foi desenvolvida uma vigota protendida com armação treliçada. Em Merlin et al. (2005) são apresentados valores experimentais comprovando uma significativa redução de flecha da alternativa proposta em comparação com a VT normal.

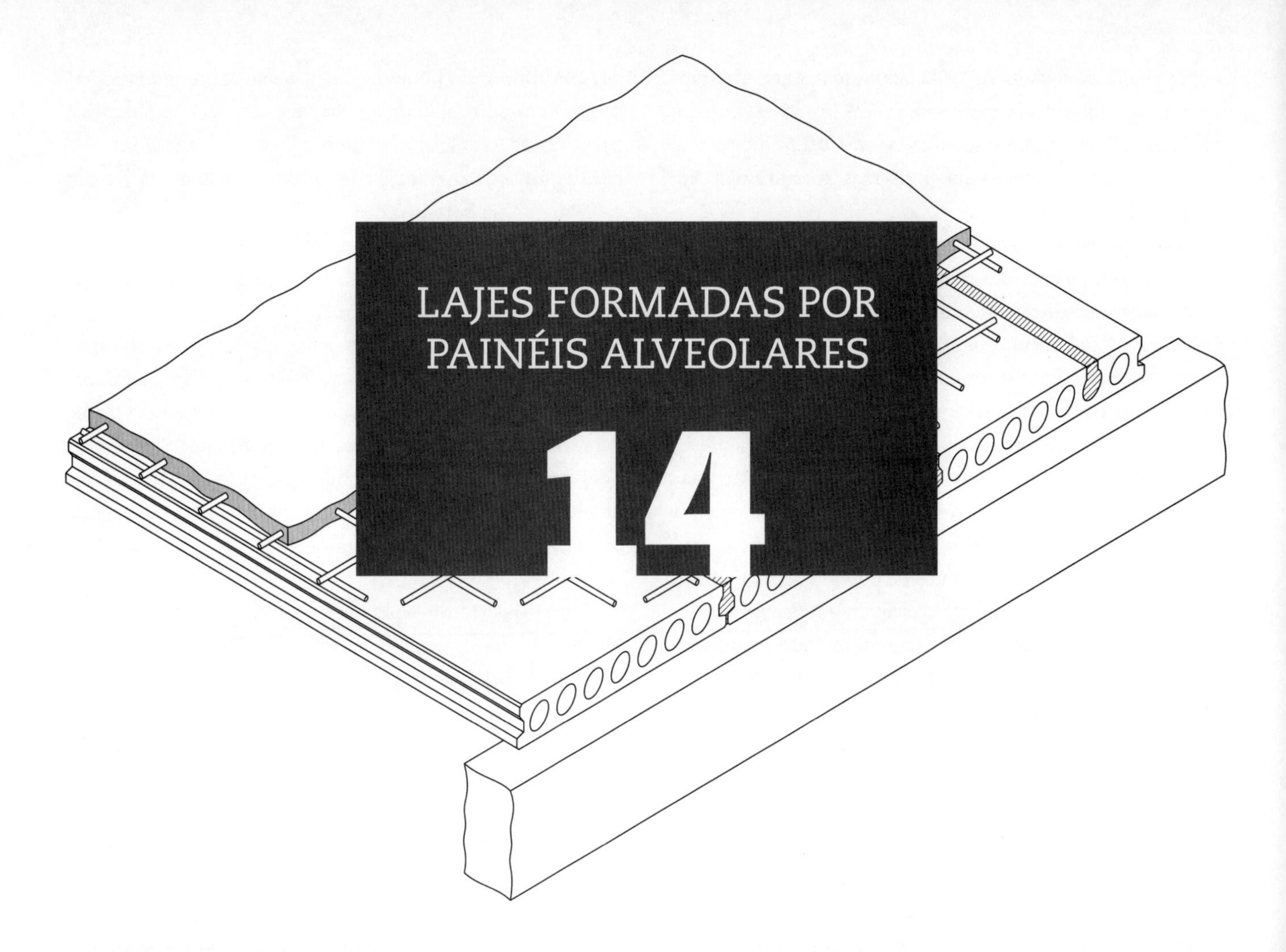

LAJES FORMADAS POR PAINÉIS ALVEOLARES

14

14.1 Considerações iniciais

Os painéis alveolares constituem-se em um dos mais populares elementos pré-moldados empregados no mundo, em especial na América do Norte e Europa Ocidental. Já em 1990, a produção mundial desse tipo de elemento era estimada em 150 milhões de metros cúbicos por ano, conforme Acker (1990). Ainda nesse sentido, são ilustrativos os indicadores de produção anual por habitante de alguns países da Europa, apresentados na Fig. 14.1.

Fig. 14.1 Produção anual de painéis alveolares em países da Europa em 1990
Fonte: adaptado de Acker (1990).

Em razão do emprego em grande escala em nível mundial, existem associações internacionais somente para esse tipo de elemento pré-moldado, como a International Prestressed Hollowcore Association (IPHA) e a The Association of Manufacturers of Prestressed Hollow Core Floors (Assap).

Esse tipo de elemento tem continuamente evoluído ao longo dos anos, em termos de altura e de vão, conforme mostrado na Fig. 14.2.

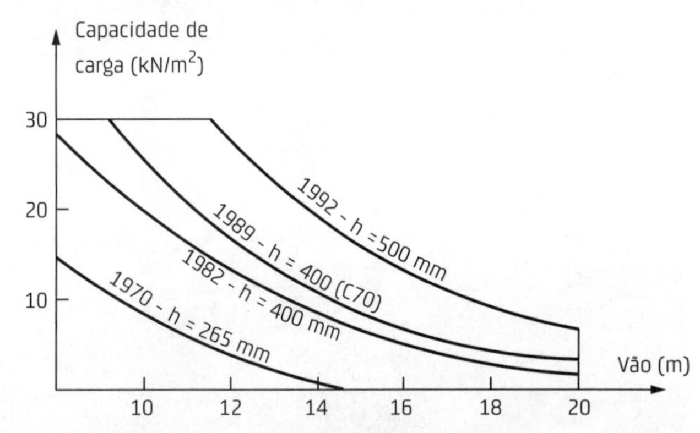

Fig. 14.2 Evolução dos painéis alveolares empregados nas lajes
Fonte: adaptado de Janhunem (1996).

Os painéis alveolares tiveram origem na Alemanha e hoje a sua técnica de execução é bastante desenvolvida na Europa e na América do Norte.

No início da década de 1980, os painéis alveolares tornaram-se disponíveis comercialmente no Brasil por um fabricante. Posteriormente, foram sendo difundidos e hoje existem várias empresas que produzem e comercializam esse produto no Brasil.

Esse tipo de elemento pode ser empregado tanto para lajes, que é mais comum, como para paredes. No caso das lajes, esses elementos podem receber uma capa de concreto para formar seção composta e, no caso das paredes, eles podem ter camada adicional formando painel-sanduíche, conforme mostrado anteriormente.

Embora possa ser moldado em fôrmas estacionárias, esse tipo de elemento é normalmente executado por extrusão ou por fôrma deslizante (*slip-forming*), em pistas longas de concretagem, em concreto protendido. Nessa forma de execução, os painéis são produzidos no comprimento da pista e posteriormente cortados nos comprimentos desejados.

Para que seja possível a moldagem por processos mecanizados, a consistência do concreto é bastante seca, o que torna necessário um rigoroso controle da mistura do concreto, conforme pode ser visto em Mizumoto et al. (2013). Na Fig. 14.3 estão mostradas fotos da moldagem, nas quais pode-se observar esse aspecto, bem como de outras etapas envolvidas na aplicação desse componente.

Os painéis alveolares variam basicamente em relação à forma do vazamento, que pode ser circular, ovalado, retangular etc. As principais formas de seções transversais dos processos mecanizados foram adiantadas na seção 6.2 (Fig. 6.11).

O formato das seções transversais, com mesas superior e inferior, é apropriado ao emprego de concreto protendido, possibilitando pequenas alturas de seção transversal, o que conduz a elevadas relações vão da laje/altura da seção transversal. Conforme adiantado, o manual do PCI (2010) indica que a relação vão/altura é de 30-40 para pisos e 40-50 para cobertura.

A normalização brasileira sobre o assunto é feita pela ABNT através da NBR 14861 (ABNT, 2011e) e complementada pela NBR 9062 (ABNT, 2017a).

Na comunidade europeia, esse assunto é tratado pela EN 1168 (CEN, 2005a). A aplicação desse código é limitada a: a) elementos de concreto protendido, com seção transversal de altura até 450 mm e de largura até 1.200 mm, e b) elementos de concreto armado, com seção transversal de altura até 300 mm e largura até 1.200 mm, sem armadura transversal, e largura até 2.400 mm, com armadura transversal.

Embora não tenha o papel de norma, a publicação do PCI *Manual for the design of hollowcore slabs* (Ghosh; Householder, 2015) norteia o projeto do emprego desse componente nos Estados Unidos. Merece registrar que o foco dessa publicação é a aplicação nas lajes, mas também engloba a aplicação em paredes.

Em geral, os painéis alveolares são tratados como produtos de catálogo. Os fabricantes fornecem as informações gerais sobre o produto e recomendações para a sua aplicação. O projeto do produto e o controle da qualidade são responsabilidade do fabricante. Por outro lado, esse componente é de grande interesse para ser empregado não só em estruturas de concreto pré-moldado (CPM), mas também associado a concreto moldado no local (CML) e a elementos metálicos. Nesses casos, as responsabilidades

Fig. 14.3 Fabricação de painéis alveolares: a) moldagem; b) detalhe do acabamento superficial; c) corte após o endurecimento do concreto; d) içamento para remoção da pista; e) armazenamento; f) detalhe da seção transversal

do fabricante e do projetista da estrutura devem estar devidamente estabelecidas.

Neste livro, apresenta-se uma visão geral do assunto, direcionada aos painéis de concreto protendido com aderência inicial, remetendo o aprofundamento dos aspectos envolvidos para textos específicos e indicações normativas, bem como outras partes do livro. As publicações recomendadas para o assunto, por apresentar uma abordagem mais completa, são o manual publicado pela Assap (2002), o livro de Elliott e Jolly (2013) e o manual do PCI (Ghosh; Householder, 2015).

14.2 Comportamento estrutural e diretrizes de projeto

Na Fig. 14.4 apresenta-se a nomenclatura do painel alveolar e de sua aplicação em laje. Trata-se de situação hipotética para introduzir a denominação de partes constituintes do painel e de sua aplicação em lajes. A Fig. 14.5 mostra as etapas de montagem e de execução da capa estrutural.

Nos painéis de concreto protendido, a armadura é constituída de fios ou cordoalhas de protensão dispostos na mesa inferior, podendo também ocorrer na mesa superior.

Os painéis podem ter parte dos alvéolos preenchidos de graute antes da liberação da força de protensão na pista ou após a liberação da protensão, portanto com o concreto endurecido.

Uma das partes críticas do projeto dos painéis alveolares é a sua resistência à força cortante, pois, via de regra, não se coloca armadura transversal na alma. Assim, o preenchimento de parte dos alvéolos serve para aumentar a resistência à força cortante. O preenchimento de alvéolos no local definitivo serve também para melhorar a

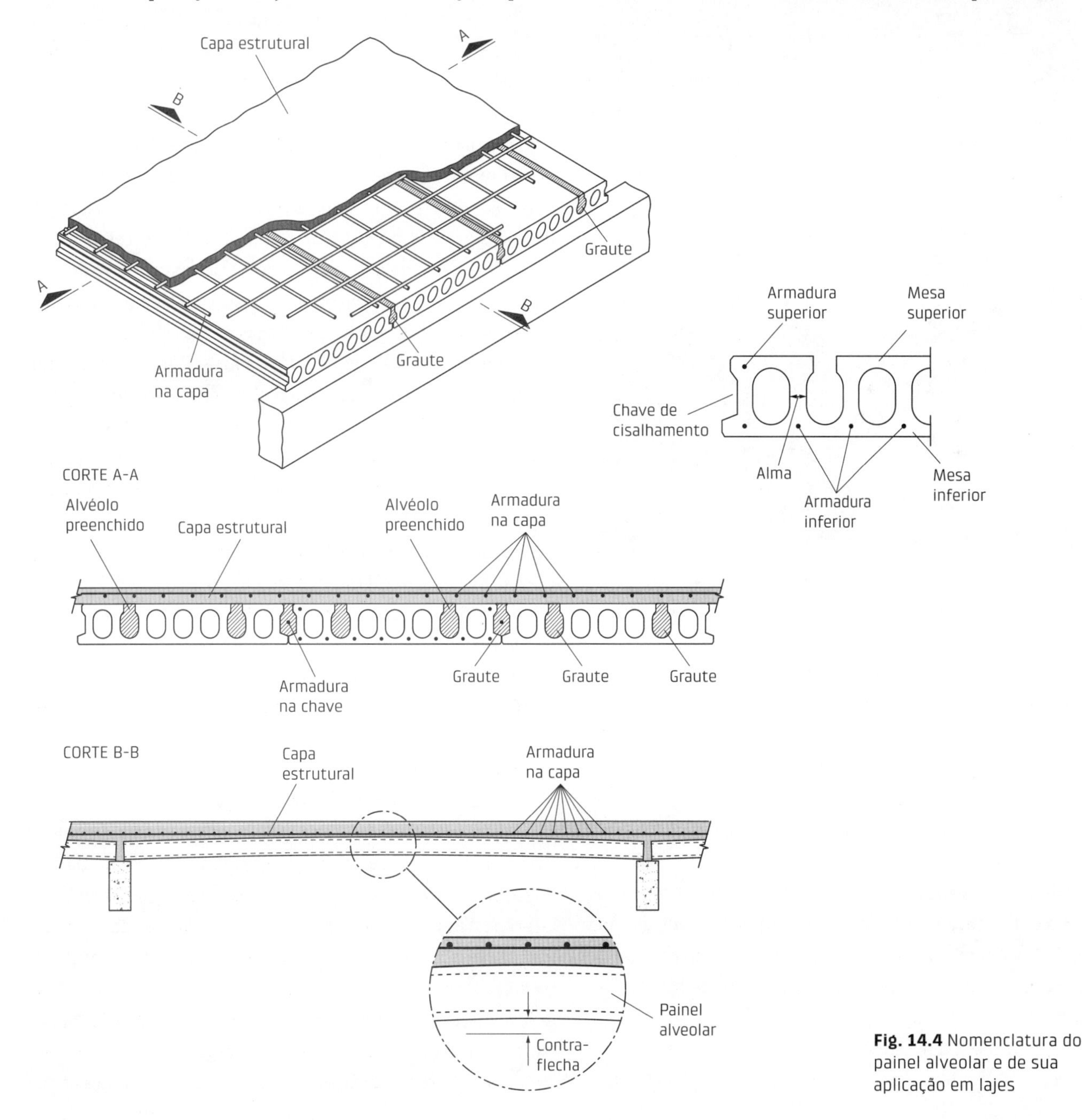

Fig. 14.4 Nomenclatura do painel alveolar e de sua aplicação em lajes

Fig. 14.5 Painel alveolar: a) montagem; b) após grauteamento das chaves de cisalhamento; c) concretagem da capa estrutural – parte depois da concretagem e parte antes da concretagem

transferência de momentos fletores negativos nos apoios e, associado à armadura passiva colocada no seu interior, serve, conforme adiantado nas seções 5.1 e 5.4, para combater o colapso progressivo e propiciar ação de diafragma para o pavimento, respectivamente.

A chave de cisalhamento é uma conformação na lateral do painel que, associada com o graute aplicado no local definitivo, tem a finalidade de impedir o deslocamento relativo entre painéis adjacentes, conforme adiantado na seção 3.1. A eventual armadura colocada dentro da chave de cisalhamento tem papel similar ao da armadura colocada dentro dos alvéolos.

A capa de CML tem a finalidade de nivelar a superfície superior. Ela tem uma espessura variável pois os painéis, geralmente apresentam uma contraflecha pronunciada. Essa capa pode ser estrutural ampliando a seção resistente, conforme visto no Cap. 4.

A armadura colocada na capa tem um papel similar àquela recomendada para lajes com vigotas pré-moldadas, que foi denominada de armadura de distribuição (seção 13.2) e para transferência de momentos fletores negativos pelos apoios.

Outras armaduras e detalhes podem fazer parte das ligações da laje com as demais partes da estrutura.

Na análise estrutural das lajes executadas com painéis alveolares admite-se que o comportamento do elemento corresponda ao de laje armada em uma direção.

Os painéis alveolares de concreto protendido são normalmente projetados para funcionar como elementos simplesmente apoiados, eventualmente com pequenos balanços. No entanto, existe a possibilidade de estabelecer a continuidade com a colocação de armadura na capa estrutural eventualmente associada com o preenchimento de alvéolos. Nesse sentido, merece registrar os estudos apresentados em Tan et al. (1996) e Santos (2014), em que são apontados os benefícios da consideração da continuidade. Por outro lado, na resistência aos momentos fletores deve-se levar em conta que a continuidade resulta em armadura passiva sobre os apoios, cuja resistência do aço é bem menor que a do aço da armadura ativa do painel.

O dimensionamento dos painéis passa inicialmente pelas seguintes etapas: a) cálculo da armadura longitudinal de protensão, tendo em vista a resistência aos momentos fletores, b) verificação dos limites de contraflecha e flecha e c) verificação da resistência à força cortante. O manual do PCI (2010) fornece tabelas para alguns tipos de painéis que podem ser usadas para o pré-dimensionamento.

O dimensionamento é feito com base nas recomendações para o projeto de elementos de concreto protendido com aderência inicial, apresentado, em linhas gerais, no Anexo F.

Na resistência aos momentos fletores devem ser feitas as verificações para os estados-limite de serviço (ELS), conforme o projeto de elementos de concreto protendido, para as várias situações (tais como a liberação da força de protensão, transporte, montagem e situação final), levando em conta as respectivas força de protensão e resistência do concreto. O estado-limite último por solicitações normais deve ser atendido com a armadura ativa calculada.

Como nos demais casos de concreto protendido com aderência inicial, a força de protensão é transferida gradualmente para o concreto no trecho denominado comprimento de transferência. Existem indicações para a determinação desse valor nas publicações sobre o assunto. A NBR 14861 (ABNT, 2011e) fixa, para os painéis alveolares, o valor de 85ϕ, sendo ϕ o diâmetro do fio ou da cordoalha da armadura ativa.

Outro aspecto a ser considerado na determinação da força de protensão ao longo do vão é o possível escorregamento da armadura ativa em relação à seção da extremidade do elemento, normalmente realizada por meio de serra. Esse escorregamento pode ser calculado conforme indicações da NBR 14861 (ABNT, 2011e). O limite desse escorregamento é também fixado pela mesma norma e faz parte do controle de qualidade dos painéis.

Normalmente, a protensão produz uma deformação que acarreta uma significativa contraflecha, também chamada de flecha negativa, no sentido contrário à deformação produzida pelas cargas. Em uma primeira aproximação, a contraflecha pode ser calculada, considerando material elástico linear e força de protensão reduzida pelas perdas. Devido aos efeitos dependentes do tempo (retração e fluência do concreto e relaxação do aço de protensão), as deformações sofrem variações com o tempo, cuja determinação envolve significativas incertezas. Para estimar as deformações ao longo do tempo, pode-se recorrer a coeficientes que multiplicam as deformações iniciais, por exemplo, as fornecidas no manual do PCI (Ghosh; Householder, 2015). Os limites das deformações das lajes de painéis alveolares são estabelecidos pela NBR 9062 (ABNT, 2017a). Recomenda-se também a abordagem de Elliott e Jolly (2013) para o cálculo e os limites para a verificação das deformações dos painéis alveolares.

Se, por um lado, os alvéolos acarretam seção transversal de elevado rendimento mecânico (conforme apresentado na seção 2.2) adequada para a protensão, por outro lado, a resistência à força cortante passa a ser um dos aspectos mais delicados do projeto das lajes de painéis alveolares, conforme antecipado. Esse assunto tem sido largamente estudado. Alguns estudos recentes com expressivo número de ensaios podem ser encontrados nas publicações sobre o assunto, como Pajari (2005), Palmer e Schultz (2011) e, em nível nacional, Catoia (2011).

O assunto envolve as incertezas da avaliação da resistência à força cortante sem armadura transversal, em trecho em que ocorre a transmissão da força de protensão para o concreto, com possível escorregamento de fios ou cordoalhas de protensão, como pode visto em Elliott (2014).

Existem nas publicações sobre o assunto diversos estudos e propostas. No entanto, em função das variáveis envolvidas e de suas incertezas, o assunto ainda é objeto de discussão. Merece destaque a abordagem de Araujo (2011), baseada na *modified compression field theory* (MCFT), com resultado bastante satisfatório na comparação com valores experimentais. Também merece ressaltar a análise numérica nas pesquisas sobre o assunto, cujo potencial pode ser visto em Brunesi e Nascimbene (2015).

A avaliação da resistência à força cortante sem armadura transversal é tratada nas normas, códigos e similares. O Eurocódigo EN 1992-1-1 (CEN, 2004a) apresenta formulação para região fissurada e, por se tratar de elemento de concreto protendido, para região não fissurada. O manual do PCI (Ghosh; Householder, 2015), baseado no ACI 318 (ACI, 2011), fornece duas expressões para a verificação da resistência, uma mais simples para região não fissurada e outra para região fissurada. No MC-10 (fib, 2013) o assunto tem abordagem geral, mas existe uma seção específica para as lajes alveolares. A EN 1168 (CEN, 2005a) aborda o assunto com base na EN 1992-1-1, com detalhamento de contribuição da capa estrutural e do preenchimento de alvéolos.

A NBR 14861 (ABNT, 2011e) fornece indicações para determinação da resistência à força cortante com detalhamento da contribuição do preenchimento dos alvéolos. Essa norma possibilita considerar a contribuição do preenchimento ocorrer antes da liberação da protensão e depois da liberação da protensão. O procedimento da verificação da resistência contempla os dois casos, mas é limitado à contribuição do preenchimento de dois alvéolos. Merece destacar que o preenchimento dos alvéolos é uma forma interessante de aumentar a resistência à força cortante, mas é bastante sensível à sua execução, principalmente quando o preenchimento é feito após liberação da força de protensão na obra.

Conforme adiantado, a capa estrutural amplia a seção resistente, para momento fletor e para força cortante. No entanto, conforme visto no Cap. 4, é necessário transferir o cisalhamento pela interface entre o elemento pré-moldado e o CML. Os procedimentos para verificação desse cisalhamento, bem como os cuidados construtivos que se aplicam nesse caso, foram tratados no Cap. 4. Como se trata de seção com interface plana e larga, as tensões solicitantes são baixas e a transferência do cisalhamento tende a não ser problema nas situações normais. Entretanto, uma rugosidade mínima da superfície da interface resultante do processo construtivo deve ser garantida, como pode ser visto em Adawi et al. (2015).

Ao empregar a possibilidade de considerar a continuidade, com a colocação de armaduras negativas na capa estrutural, aplicam-se as indicações sobre mudança de esquema estático, apresentadas na seção 2.3, bem como a questão dos efeitos ao longo do tempo, apontada na seção 4.2. Em Araujo (2011) é apresentada uma análise desse aspecto dirigida especificamente para o caso em questão.

14.3 Outros aspectos específicos

Quando a laje é solicitada por forças concentradas ou distribuídas em linha, como é o caso de paredes, é necessário fazer a análise da distribuição transversal entre vários painéis. Essa distribuição transversal pode ser avaliada por meio de processos analíticos, admitindo que a ligação ao longo do eixo do elemento comporta-se como articulação (ou próximo disso), ou com indicações baseadas em resultados experimentais. Para aplicações práticas, pode-se recorrer a diagramas, como os indicados na Fig. 14.6 para laje formada por elementos com 1,2 m de largura. Outra possibilidade é recorrer às indicações práticas indicadas no manual do PCI (Ghosh; Householder, 2015).

O detalhamento das lajes alveolares depende do equipamento de moldagem. No entanto, esse detalhamento deve levar em conta as várias disposições construtivas que são encontradas nas normas, códigos e manuais, tais como o manual da Assap (2002), a EN 1168 (CEN, 2005a) e, naturalmente, a NBR 14861 (ABNT, 2011e).

Assim, por exemplo, existem indicações para a espessura mínima das mesas. Outras indicações importantes em relação aos cabos de protensão são o cobrimento e o espaçamento. Conforme adiantado na seção 2.6, o cobrimento deve visar, além do atendimento aos limites para a proteção contra a corrosão e a segurança em situação de incêndio, ao atendimento da capacidade de transferência dos esforços da armadura para o concreto.

A conformação da lateral do painel alveolar deve ser de forma que a abertura da junta na parte superior seja suficiente para permitir o seu preenchimento. Algumas indicações da FIP (1988) são apresentadas a seguir. O mínimo valor da abertura na parte superior é de 30 mm (Fig. 14.7a). Na parte inferior, a junta deve ser a mais fechada possível, de forma a impedir fuga do graute. Se for colocada barra na junta, a sua abertura deve ser de forma a deixar espaço livre de pelo menos duas vezes o diâmetro da barra ou 25 mm (Fig. 14.7b). A chave de cisalhamento deve ter profundidade de pelo menos 10 mm com altura da ordem de 40 mm (Fig. 14.7c).

A resistência da chave de cisalhamento pode ser calculada em função da resistência do concreto do painel, do graute e, se for o caso, do concreto da capa estrutural, conforme apresentado na NBR 14861 (ABNT, 2011e).

Para evitar a fissuração longitudinal na região de transferência da força de protensão durante a liberação dos cabos de protensão, a tensão de tração deve ser menor que a resistência à tração do concreto na data correspondente. O procedimento para fazer essa verificação está apresentado na NBR 14861 (ABNT, 2011e).

O comprimento do apoio dos painéis pode ser calculado conforme apresentado na seção 3.4.3, levando em conta as tolerâncias envolvidas e a resistência da transferência de contato. Conforme a NBR 14861 (ABNT, 2011e), o valor do comprimento do apoio (a1 – mostrado na Fig. 3.34) não pode ser inferior a 40 mm e o comprimento mínimo não pode ser inferior à metade da altura da seção transversal do painel.

Em relação às tolerâncias apresentadas na seção 2.5, a fabricação dos painéis tem um maior detalhamento na NBR 14861 (ABNT, 2011e), na qual são especificadas, além da tolerância de comprimento e de linearidade apresentadas na Tab. 2.3, as tolerâncias: a) da altura da seção transversal, b) da espessura da alma, c) dos recortes/vazios, d) da posição de chapas metálicas ou furos de fixação, e) da

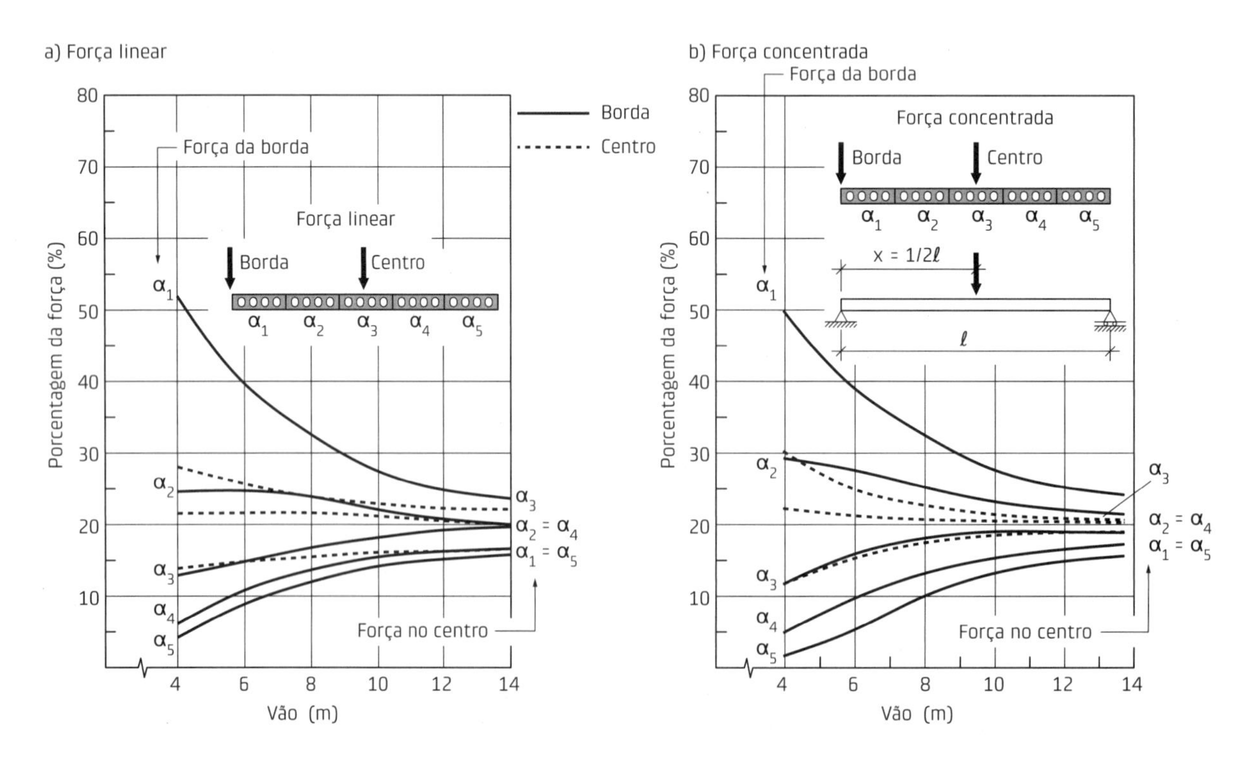

Fig. 14.6 Distribuição transversal dos esforços em lajes formadas de painéis alveolares de 1,20 m de largura
Fonte: adaptado de FIP (1988).

posição de cabos de protensão, f) de esquadro dos cantos, g) de esquadro diagonal, h) de planicidade e i) de distorção.

O projeto das lajes de painéis alveolares deve ainda contemplar as situações de incêndio. As recomendações para a elaboração do projeto tendo em vista esse aspecto são apresentadas na NBR 9062 (ABNT, 2017a), para situação de lajes biapoiadas e lajes contínuas e confinadas, incluindo as indicações para a redução da resistência à força cortante.

Como as lajes podem apresentar elevadas relações vão/altura, elas são mais susceptíveis a vibrações excessivas. Indicações para a verificação do estado-limite de serviço por vibrações excessivas podem ser encontradas no manual do PCI (Ghosh; Householder, 2015). Mais informações sobre o assunto podem ser vistas em Marcos (2015), em que é apresentado um estudo envolvendo resultados experimentais e formulação teórica.

As ligações comumente utilizadas nesse tipo de elemento empregado nas lajes, bem como nas paredes, foram apresentadas no Cap. 3. Destaca-se ainda que as ligações das lajes com as demais partes estruturais são fundamentalmente importantes para a resistência ao colapso progressivo e ao comportamento do pavimento como diafragma, conforme já apresentado nas seções 5.1 e 5.4. As várias figuras apresentadas nessas seções auxiliam no detalhamento das armaduras das ligações, ressaltando mais uma vez a importância das ancoragens e emendas das barras nessas regiões. Mais informações sobre o assunto podem ser obtidas no manual da Assap (2002) e no manual do PCI (Ghosh; Householder, 2015).

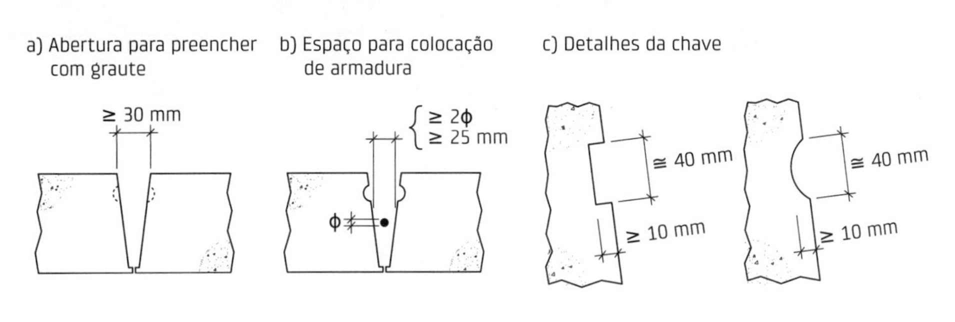

Fig. 14.7 Indicações de disposições construtivas em painéis alveolares
Fonte: adaptado de FIP (1988).

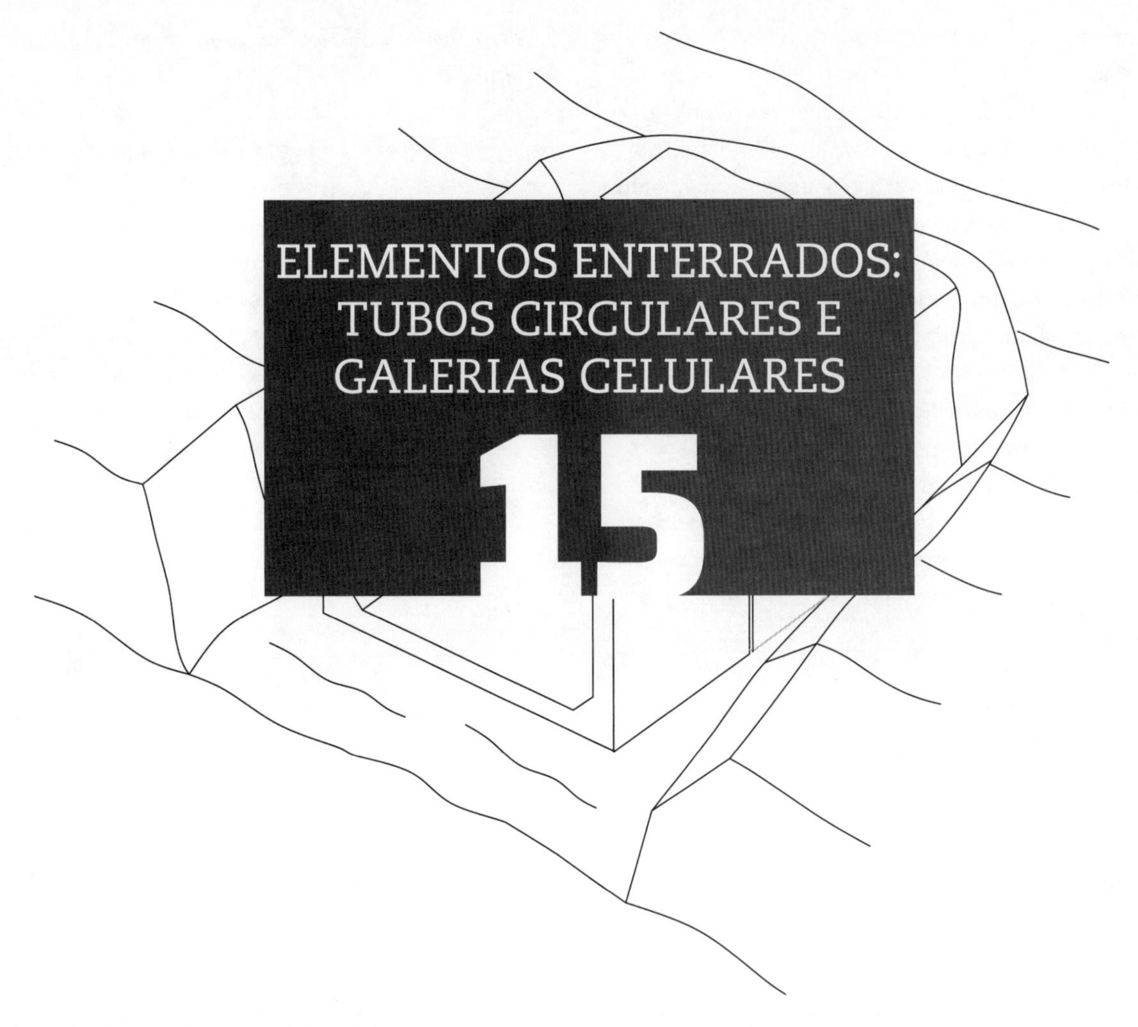

ELEMENTOS ENTERRADOS: TUBOS CIRCULARES E GALERIAS CELULARES

15

15.1 Considerações iniciais

Dois tipos de elementos tratados no Cap. 11 se destacam e são objeto de produção especializada e de normalização: os tubos circulares de concreto e as galerias celulares, que são galerias de seção retangular, também chamadas de aduelas.

Assim como nos painéis alveolares, também existem associações de produtores. Destaca-se entre elas a American Concrete Pipe Association (ACPA), que engloba os dois tipos de elementos e edita um importante manual sobre os tubos de concreto (ACPA, 2007). No Brasil, a Associação Brasileira de Tubos de Concreto (ABTC) também atua nos dois tipos de elementos e publicou também um manual técnico abordando ambos (Chama Neto, 2008).

Esses dois elementos possuem algumas características em comum, mas a distribuição das pressões do solo tende a apresentar diferenças significativas, o que acarreta critérios diferentes para o projeto estrutural. Normalmente, os tubos circulares são projetados para classes padronizadas de resistência definidas a partir de um ensaio de compressão diametral chamado de método indireto de projeto. Já as galerias celulares são projetadas de forma tradicional.

A apresentação desse assunto é baseada nas seguintes publicações do autor: El Debs (2003b), que trata do projeto estrutural de tubos circulares, e El Debs (2008), que constitui um capítulo do citado manual da ABTC.

15.2 Tubos circulares

Os tubos circulares de concreto constituem-se na principal alternativa construtiva para galerias de drenagem e para esgotos urbanos, no mundo todo. Empregados na forma de linha simples e, com certo prejuízo de funcionalidade, em associações de mais de uma linha, eles varrem uma faixa relativamente grande de capacidade de escoamento.

Os tubos circulares de concreto podem ser de concreto simples ou de concreto armado. Os tubos de concreto simples são produzidos para pequenos diâmetros, normalmente até 0,8 m. Os tubos de concreto armado, produzidos regularmente, apresentam diâmetro variando de 0,6 m a 1,5 m.

Em relação à geometria para fazer a ligação entre eles, os tubos podem ser com *ponta e bolsa* ou *meio encaixe*. A estimativa do peso dos tubos de concreto está apresentada no Cap. 11.

Os tubos circulares são normalmente executados em fábricas, com os mais variados graus de sofisticação. Em relação à execução, os tubos de concreto diferem entre si basicamente quanto à forma de adensamento, que pode ser por vibração, centrifugação ou prensagem. O primeiro caso é bastante utilizado por não necessitar de grandes recursos. O tubo é moldado na posição vertical com fôrmas metálicas interna e externa, e o concreto é adensado por vibradores acoplados às fôrmas. A desmoldagem dos tubos é feita logo após a moldagem, o que possibilita uma produção continuada com poucas fôrmas. Por utilizar equipamentos mais sofisticados, as outras duas formas de execução necessitam de maiores investimentos na produção.

Normalmente, não são necessários dispositivos especiais para o manuseio desses elementos. Em geral, o transporte é feito por caminhões normais. Na montagem, é comum a improvisação de equipamentos, como retroescavadeiras.

A ligação entre os elementos, que ocorre na direção transversal ao eixo, praticamente não influencia o desempenho estrutural dos tubos, pois eles comportam-se basicamente como anéis.

Os tubos de concreto são objeto de normalização pela ABNT mediante a NBR 8890 (ABNT, 2007a). Em termos de normalização internacional, destacam-se a ASTM C176-15 (ASTM, 2015a) e o eurocódigo UNE-EN 1916, cuja referência aqui usada é publicada por associação espanhola (UNE-EN, 2008).

Assim como em outros tipos de estruturas de concreto, o projeto estrutural de tubos deve ser feito de forma a atender aos estados-limite últimos e de serviço. As verificações desses estados-limite seriam realizadas a partir de esforços solicitantes (momento fletor, força cortante, força normal).

No caso dos tubos de concreto, existe certa dificuldade no cálculo dos esforços solicitantes, devido à complexidade na determinação das pressões do solo contra suas paredes.

As pressões do solo contra as paredes dos condutos enterrados dependem fundamentalmente da forma da sua instalação e do seu assentamento. O assentamento inclui a forma da base e condições de execução do aterro lateral junto à base.

Para se ter uma primeira noção da distribuição das pressões do solo sobre o tubo, pode-se dividir a forma de instalação em vala (ou trincheira) e em aterro (ou saliência).

Nos tubos instalados em vala, a tendência de deslocamento do solo da vala mobiliza forças de atrito que reduzem a carga que atua sobre o topo do tubo, o que corresponde a desviar a carga sobre o conduto para as suas laterais, como se mostra na Fig. 15.1a.

Nos tubos instalados em aterro, pode ocorrer um aumento ou uma redução das forças atuantes sobre eles, em função da tendência de deslocamentos verticais relativos entre uma linha vertical que passa pelo seu centro e uma linha vertical que passa pelas suas laterais. Na linha que passa pelo tubo, o deslocamento resulta da superposição das deformações da fundação, do tubo e do aterro sobre o tubo. Já na linha que passa pelas laterais, o deslocamento resulta da superposição das deformações da fundação e do aterro lateral. Pode ocorrer um aumento da resultante da carga sobre o coroamento do tubo, se nas suas laterais houver uma tendência de deslocamento maior que na linha que passa pelo centro do tubo (Fig. 15.1b), ou uma redução, se ocorrer o contrário (Fig. 15.1c). Neste último caso, que normalmente acontece em tubos mais flexíveis, seria como se ocorresse um arqueamento desviando as pressões do solo para as laterais do tubo.

A forma do assentamento do tubo tem um papel fundamental na distribuição das pressões que atuam nele. Quando o tubo for assentado de forma a se promover um contato efetivo em uma grande região, a distribuição das pressões sob a base será mais favorável (Fig. 15.2a). Caso contrário, ocorre tendência de concentrações de pressões e consequentemente de aumento significativo de momentos fletores na base do tubo (Fig. 15.2b).

Outro aspecto importante é a compactação do solo junto à base do tubo. Dependendo do tipo de assentamento, pode-se ter melhores condições de realizar a compactação, como se observa na Fig. 15.2a, e, portanto, maior confinamento lateral e consequentemente melhor distribuição de momentos fletores no tubo. Já no caso da Fig. 15.2b, pode-se notar que praticamente não existem condições de compactar o solo junto à base. Assim, a distribuição dos momentos fletores será ainda mais desfavorável, devido à menor pressão lateral nas paredes do tubo.

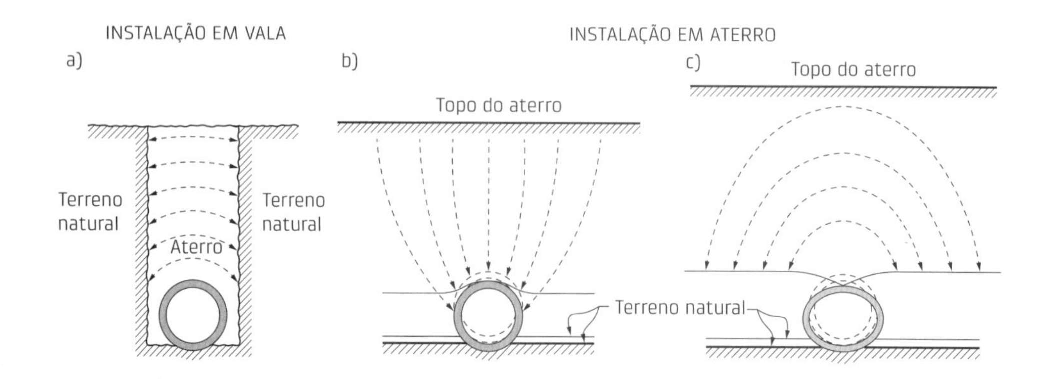

Fig. 15.1 Forma de instalação e fluxo das pressões do solo em condutos enterrados

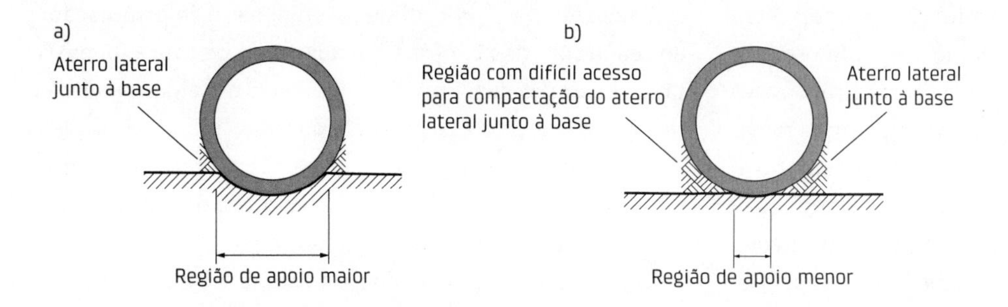

Fig. 15.2 Influência da forma de assentamento na distribuição das pressões junto à base

A Fig. 15.3 mostra a distribuição de pressões que ocorre no tubo em aterro. Essa distribuição foi feita a partir de medidas experimentais, com um tratamento dos valores de forma a tornar simétrica a distribuição das pressões. Com base nessa figura e na Fig. 15.2 fica mais fácil notar o efeito do assentamento do tubo na distribuição das pressões.

No caso mostrado na Fig. 15.2a, as pressões na base são distribuídas em uma região maior e, naturalmente, de menor intensidade. Também as pressões agindo na lateral do tubo são maiores devido às melhores condições de compactação do solo. Por outro lado, no caso da Fig. 15.2b, as pressões na base são distribuídas numa região menor e, portanto, de maior intensidade. Além disso, as pressões laterais são menores devido à dificuldade de compactação do aterro lateral junto à base. Portanto, os momentos fletores no tubo são mais desfavoráveis no caso da Fig. 15.2b que no caso da Fig. 15.2a.

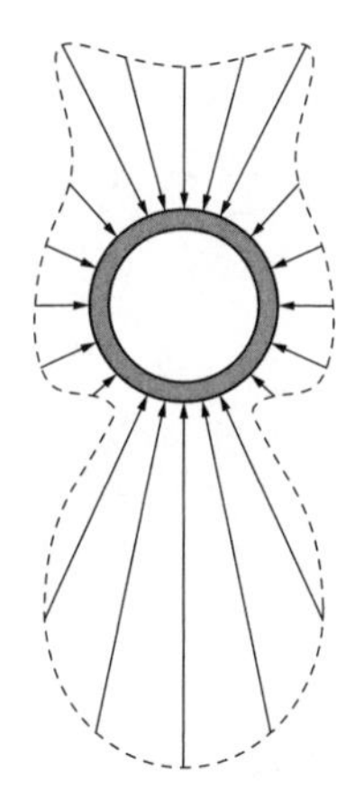

Fig. 15.3 Distribuição de pressões nos tubos de concreto feita a partir de medidas de campo

Conhecida a distribuição de pressões nas paredes do tubo, o cálculo das solicitações (momentos fletores, força cortante e força normal) pode ser feito considerando o tubo como um anel. Por comodidade, procura-se trabalhar com distribuições de pressões que facilitem os cálculos. Existem nas publicações sobre o assunto algumas indicações de distribuições idealizadas para cálculo. Uma dessas distribuições é apresentada na Fig. 15.4a. Mais uma vez, é possível observar, por essa distribuição, que os valores e a extensão das pressões na base são dependentes da região de contato da base no apoio, relacionado com o ângulo ϕ_b e analogamente, as pressões laterais, relacionadas com o ângulo ϕ_a. Já na Fig. 15.4b é mostrada a proposta de Joppert da Silva (El Debs, 2003b), que indica uma pressão lateral que diminui à medida que se aproxima da base do tubo, como consequência da dificuldade de compactação do solo na lateral do tubo, junto à base.

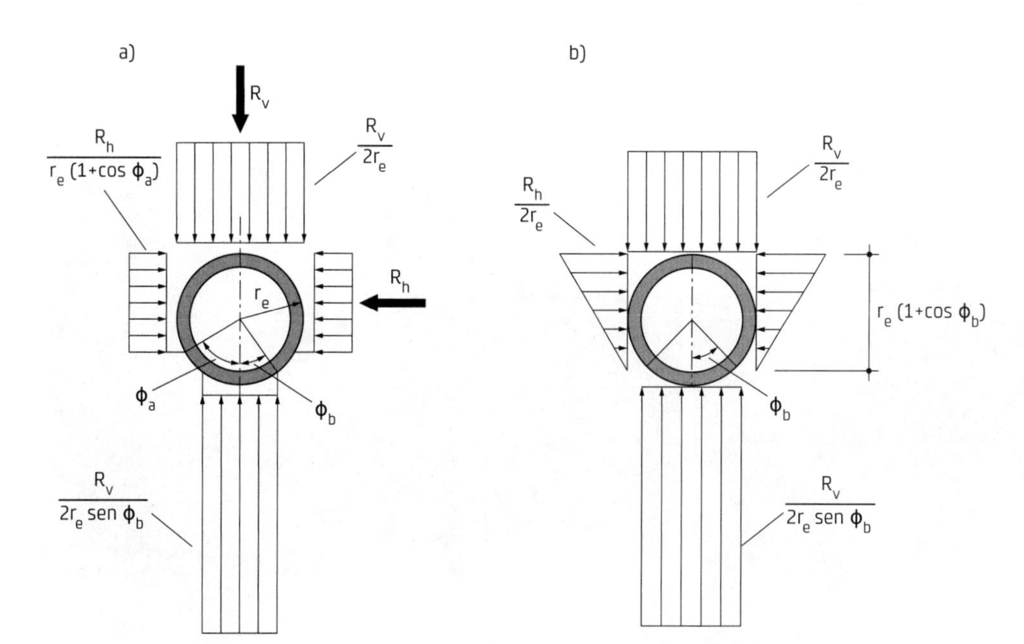

Fig. 15.4 Exemplo de distribuições de pressões idealizadas para cálculo dos esforços solicitantes

Como se pode observar, a determinação das pressões sobre os tubos de concreto depende de vários fatores. A consideração de todos esses fatores de forma razoavelmente precisa seria extremamente complexa. Ainda mais quando se considerar a possível interação da estrutura com o solo. A análise considerando todos esses efeitos só é possível, praticamente, com base em métodos numéricos, como pelo método dos elementos finitos. Isso tornaria o projeto de tubos bastante complexo e pouco prático.

Normalmente, emprega-se um procedimento de projeto denominado de procedimento de Marston-Spangler. O desenvolvimento desse procedimento se iniciou com a publicação da primeira teoria para avaliação das ações do solo sobre condutos enterrados, por Marston, em 1913. Apesar de existirem estudos anteriores sobre tubos de concreto, esta é considerada a primeira publicação com uma teoria sobre o assunto. Marston desenvolveu um modelo teórico para a avaliação das ações em tubos instalados em vala, e também um método de ensaio para testar a resistência dos tubos de concreto. Posteriormente, ele, Spangler e Schlick, formularam uma extensão dessa teoria, que deu origem ao procedimento Marston–Spangler, correntemente empregado até o presente.

Basicamente, o procedimento engloba: a) determinação da resultante das cargas verticais sobre os tubos, b) emprego de um coeficiente de equivalência e c) ensaio padronizado para medir a resistência do tubo.

A determinação da resultante das cargas verticais sobre o tubo é feita a partir de formulação que depende basicamente do tipo de instalação do tubo.

Para o ensaio da resistência do tubo, normalmente se emprega o ensaio de compressão diametral, conforme indicado na Fig. 15.5 e mostrado na Fig. 15.6.

O coeficiente de equivalência é a relação entre o máximo momento fletor resultante do ensaio de compressão diametral e o máximo momento fletor da situação real. Para algumas situações, o coeficiente de equivalência é determinado empiricamente, para outras, ele é determinado a partir do cálculo do momento fletor com a distribuição de esforços idealizada, apresentada na Fig. 15.4a. Esse coeficiente leva em conta, principalmente, a forma de assentamento do tubo, que inclui os procedimentos de execução da base e de compactação lateral adjacente ao tubo.

Assim, em linhas gerais, o tubo deve ser projetado para suportar uma situação prevista no ensaio de compressão diametral para uma força correspondente à resultante das

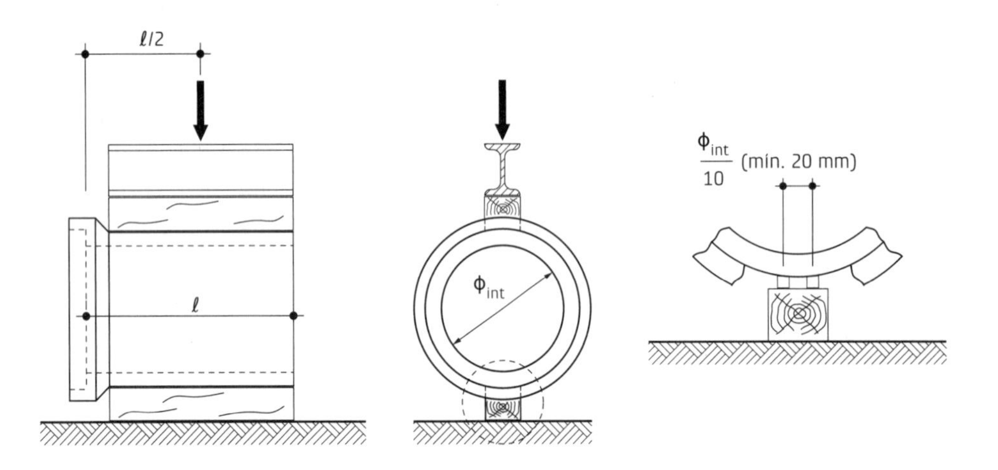

Fig. 15.5 Esquema de ensaio de compressão diametral de tubos de concreto

Fig. 15.6 Ensaio de compressão diametral de tubos

cargas verticais sobre o tubo, dividida pelo coeficiente de equivalência.

A especificação dos tubos é feita com o enquadramento destes em classes resistentes, com base na força a ser resistida no ensaio de compressão diametral.

As ações que podem atuar nos tubos enterrados são: a) peso próprio, b) carga do solo, c) pressões do fluido dentro do tubo, d) cargas produzidas por sobrecargas na superfície, em função da natureza do tráfego (rodoviário, ferroviário, aeroviário ou especial), e) ações por sobrecargas de construção, f) empuxos laterais produzidas pelo solo, g) ações produzidas por equipamento de compactação durante a execução do aterro, h) ações produzidas por cravação e i) ações produzidas durante o manuseio, o transporte e a montagem do tubo.

Nas situações definitivas, as ações normalmente consideradas são: a) carga do solo sobre o tubo, que depende do tipo de instalação, conforme foi comentado; b) as cargas produzidas por sobrecargas de tráfego e c) empuxo lateral, que depende do tipo de instalação e do assentamento.

Durante as situações transitórias ou de construção consideram-se também as ações do equipamento de compactação, para determinadas situações, e as forças de instalação no caso de tubos cravados. As demais ações são normalmente desprezadas nos projetos usuais.

As instalações podem ser enquadradas nos seguintes tipos básicos: a) vala (ou trincheira), b) aterro com projeção positiva, c) aterro com projeção negativa e d) cravação. As características desses tipos de instalações são apresentadas a seguir:

- *Instalação em vala (ou trincheira)*: o tubo é instalado em uma vala aberta no terreno natural e posteriormente aterrada até o nível original (Fig. 15.7a).
- *Instalação em aterro com projeção positiva*: o tubo é instalado sobre a base e aterrado de forma que a sua geratriz superior esteja acima do nível natural do solo (Fig. 15.7b).
- *Instalação em aterro com projeção negativa*: o tubo é instalado em vala estreita e pouco profunda, com o topo do conduto abaixo da superfície natural do terreno (Fig. 15.7c).
- *Instalação por cravação (jacking pipe)*: o tubo é instalado por cravação, mediante macacos hidráulicos. Detalhes do processo de instalação são encontrados nas publicações sobre o assunto, como no manual da ACPA (2007), e recomendações específicas são fornecidas na NBR 15319 (ABNT, 2007b) (Fig. 15.7d).

Cabe destacar que existem variações dessas formas básicas e que existe ainda a instalação em vala induzida ou imperfeita. A instalação em vala induzida ou imperfeita é aquela em que o tubo começa a ser instalado como tubo

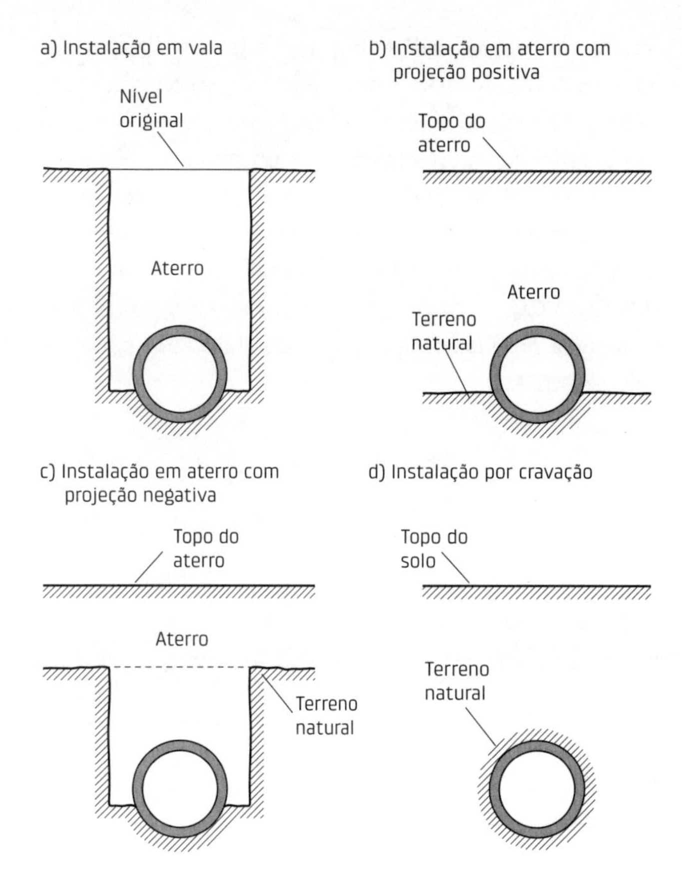

Fig. 15.7 Tipos básicos de instalação

em aterro com projeção positiva. Após a colocação de parte do aterro, é escavada uma vala da largura do conduto e enchida com material bastante compressível (Fig. 15.8). Devido à alta compressibilidade dessa camada, haverá uma tendência de desvio das cargas sobre o tubo para as laterais, de forma a reduzir a resultante das pressões sobre o tubo. Esse tipo de instalação é, normalmente, reservado para grandes alturas de aterro sobre o tubo.

O cálculo das cargas produzidas pelo solo depende do tipo de instalação, que pode ser encontrado nas publicações sobre o assunto. O cálculo das cargas produzidas por sobrecargas na superfície dependem do tipo da ação, como carga rodoviária. Normalmente, o efeito da sobrecarga só é significativo para pequena altura de terra. Em El Debs (2008) estão apresentadas indicações para os cálculos das cargas produzidas pelo solo e por sobrecargas na superfície.

Os coeficientes de equivalência, conforme adiantado, correspondem à relação entre o máximo momento fletor na base do tubo e o máximo momento fletor do ensaio de compressão diametral.

Esses coeficientes, usualmente chamados também de fatores, são encontrados nas publicações sobre o assunto para instalações em vala e instalações em aterro, em função do tipo de base. Considerando, por exemplo, o caso de instalação em aterro. Quando o tubo for assentado através de berço de concreto ou fazendo uma conformação do solo (Fig. 15.9a,b), de forma a promover um contato efetivo em uma grande região, a distribuição das pressões é mais favorável. Caso contrário, ocorre tendência de concentrações de pressões (Fig. 15.9c,d) e consequentemente de aumento significativo de momentos fletores na base.

Com os valores das cargas sobre o tubo e dos coeficientes de equivalência, pode-se determinar a classe de resistência do tubo, conforme estabelecidas na NBR 8890 (ABNT, 2007a).

A força no ensaio de compressão diametral pode ser colocada na forma:

$$F_{ens} = \frac{(R_v + R_{vm})}{\alpha_{eq}} \gamma \quad (15.1)$$

em que:

R_v = resultante das cargas verticais do solo;

R_{vm} = resultante das sobrecargas, em geral de tráfego, multiplicadas pelo coeficiente de impacto, quando for o caso;

α_{eq} = coeficiente de equivalência

γ = coeficiente de segurança, que vale 1,0 para a carga de fissura (trinca) e 1,5 para a carga de ruptura.

A *carga de fissura (trinca)* corresponde à força no ensaio de compressão diametral que causa uma ou mais fissuras com abertura de 0,25 mm e comprimento de 300 mm, ou mais. Essa condição equivale ao estado-limite de fissuração inaceitável.

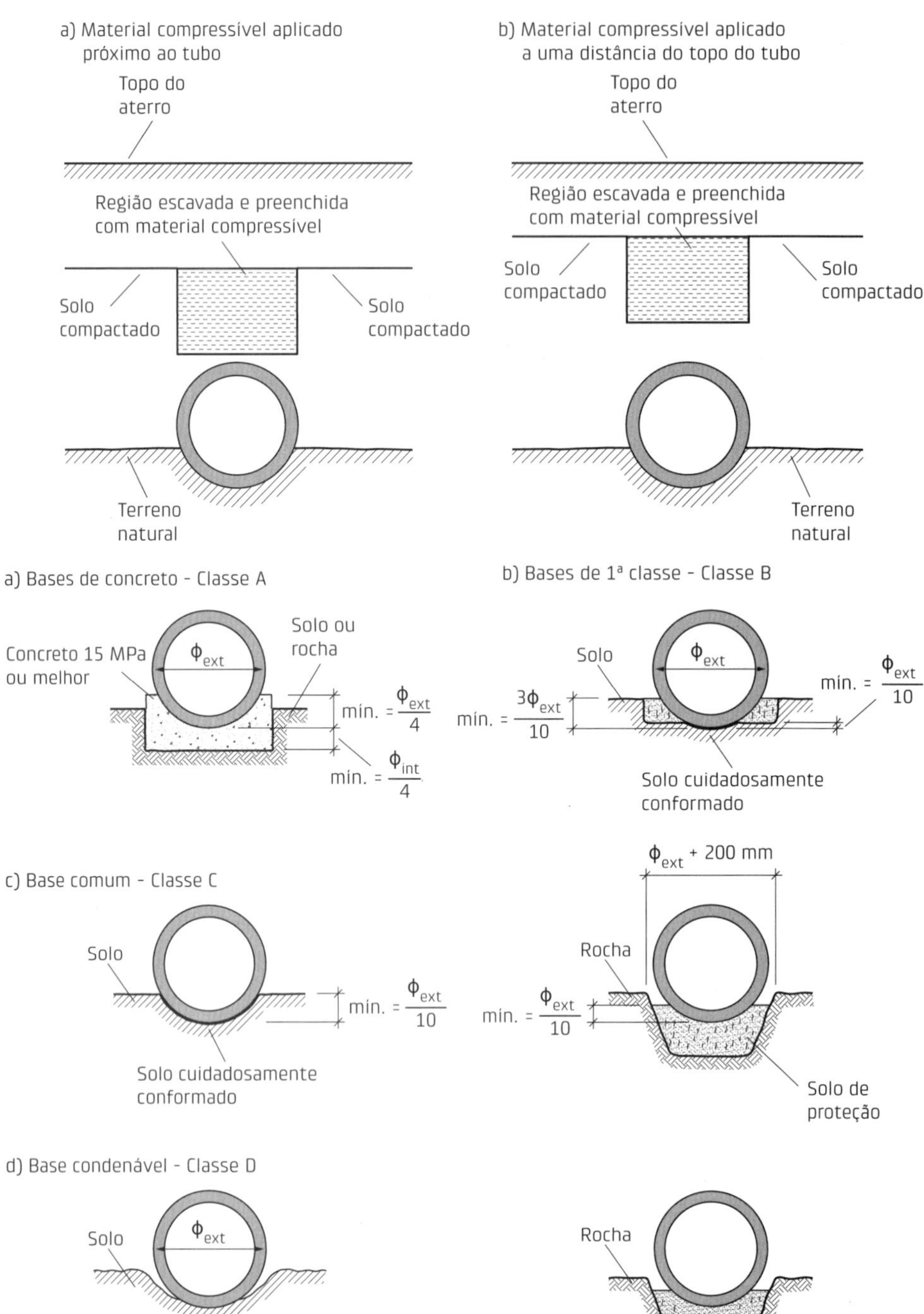

Fig. 15.8 Instalação em vala induzida

Fig. 15.9 Formas básicas de assentamento de tubo de concreto para a instalação em aterro

A *carga de ruptura* corresponde à máxima força que se consegue atingir no ensaio de compressão diametral. Essa condição equivale ao estado-limite último de ruína do tubo.

Com base no valor da carga de fissura (trinca) e da carga de ruptura no ensaio de compressão diametral, pode-se especificar o tubo a partir da Tab. 15.1 com as classes dos tubos em função das forças.

Para a determinação da classe de tubos, pode-se recorrer a *softwares*, como o disponível no site da ABTC, chamado *de Software da Classe de Resistência para Tubos de Concreto – 2010*.

O dimensionamento dos tubos para atender aos valores mínimos no ensaios de compressão diametral, conforme a classe indicada na Tab. 15.1, é de responsabilidade do fabricante. As diretrizes para o dimensionamento de tubos de concreto armado podem ser vistas em El Debs (2008). Cabe destacar que existem vários fatores que influenciam a resistência e fazem parte do controle de execução, com os quais os fabricantes ajustam a armadura dos tubos para atingir a resistência no ensaio padronizado.

Detalhes do controle de qualidade e critérios de aceitação e rejeição são estabelecidos na NBR 8890 (ABNT, 2007a).

A Fig. 15.10 mostra etapas da montagem de linha de tubos circulares de concreto.

Tab. 15.1 CARGAS MÍNIMAS DE TRINCA E DE RUPTURA, CONFORME A NBR 8890

DN [a]	Água pluvial								Esgoto sanitário					
	Carga mín. fissura kN/m				Carga mín. ruptura kN/m				Carga mín. fissura kN/m			Carga mín. ruptura kN/m		
Classe	PA1	PA2	PA3	PA4	PA1	PA2	PA3	PA4	EA2	EA3	EA4	EA2	EA3	EA4
300	12	18	27	36	18	27	41	54	18	27	36	27	41	54
400	16	24	36	48	24	36	54	72	24	36	48	36	54	72
500	20	30	45	60	30	45	68	90	30	45	60	45	68	90
600	24	36	54	72	36	54	81	108	36	54	72	54	81	108
700	28	42	63	84	42	63	95	126	42	63	84	63	95	126
800	32	48	72	96	48	72	108	144	48	72	96	72	108	144
900	36	54	81	108	54	81	122	162	54	81	108	81	122	162
1.000	40	60	90	120	60	90	135	180	60	90	120	90	135	180
1.100	44	66	99	132	66	99	149	198	66	99	132	99	149	198
1.200	48	72	108	144	72	108	162	216	72	108	144	108	162	216
1.500	60	90	135	180	90	135	203	270	90	135	180	135	203	270
1.750	70	105	158	210	105	158	237	315	105	158	210	158	237	315
2.000	80	120	180	240	120	180	270	360	120	180	240	180	270	360
Carga diametral de fissura/ruptura kN/m														
	40	60	90	120	60	90	135	180	60	90	120	90	135	180

Nota: a) diâmetro nominal em mm.
Observações:
1) Carga diametral de fissura (trinca) ou ruptura é a relação entre a carga de fissura (trinca) ou ruptura e o diâmetro nominal do tubo.
2) Outras classes podem ser admitidas mediante acordo entre fabricante e comprador, devendo ser satisfeitas as condições estabelecidas nessa norma para tubos de classe normal. Para tubos armados, a carga mínima de ruptura deve corresponder a 1,5 da carga mínima de fissura (trinca).
Fonte: ABNT (2007a).

Fig. 15.10 Montagem de linha de tubos circulares de concreto

15.3 Galerias celulares

As galerias celulares, também chamadas de aduelas, são elementos pré-moldados cuja abertura tem forma retangular ou quadrada, com ou sem mísulas internas nos cantos.

Esses elementos são colocados justapostos formando galerias para a canalização de córregos ou a drenagem de águas pluviais, bem como para a construção de galerias de serviços, também chamadas de galerias técnicas.

Na Fig. 15.11 estão apresentadas as principais características geométricas dos tubos de seção retangular, com a nomenclatura empregada. Nessa figura estão definidas as seguintes partes: laje de cobertura, laje de fundo (ou base), paredes laterais e mísulas.

As galerias celulares são também chamadas de tubos de seção retangular. Nas publicações em língua inglesa, recebem a denominação de *box culverts*. Têm sido empregadas a partir de aberturas de 1,0 m × 1,5 m até aberturas de 3,5 m × 3,5 m.

Esses elementos têm sido utilizados em linhas simples, conforme mostra a Fig. 15.11, ou múltiplas, com o preenchimento de um pequeno espaço, normalmente de concreto magro, entre elas, formando linhas duplas, triplas etc.

Esse tipo de elemento é objeto de especificação da NBR 15396 (ABNT, 2006a). Em termos de normalização internacional, destacam-se a ASTM C1577-15 (ASTM, 2015b) e o eurocódigo UNE-EN 14844 (UNE-EN, 2007), bem como a norma australiana AS 1597.2 (AS, 2013), na qual o assunto está bem detalhado.

Conforme antecipado na seção 11.1, as seções transversais de galerias podem ser formadas por mais de um elemento pré-moldado. Alguns exemplos foram apresentados naquela seção. Esse tipo de galeria celular é também objeto de normalização. Na ASTM C1786-14 (ASTM, 2014) abordam-se as alternativas mostradas na Fig. 15.12.

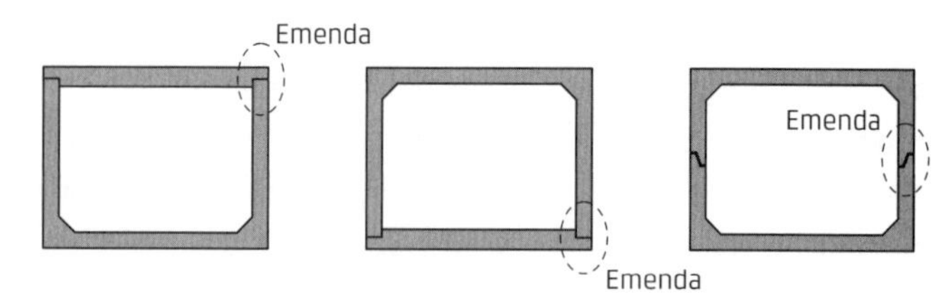

Fig. 15.12 Formas de galerias celulares formadas por mais de um elemento, tratadas na ASTM C1786-14 (ASTM, 2014)

A norma australiana AS 1597.2 (AS, 2013) também trata desse assunto.

De forma geral, as galerias celulares estão sujeitas a pressões verticais, como o peso do solo sobre a laje de cobertura, e horizontais, como o empuxo do solo nas paredes laterais. As pressões verticais são equilibradas pela reação do solo na laje de fundo. Na Fig. 15.13 estão representadas essas pressões, bem como a reação do solo na laje de fundo.

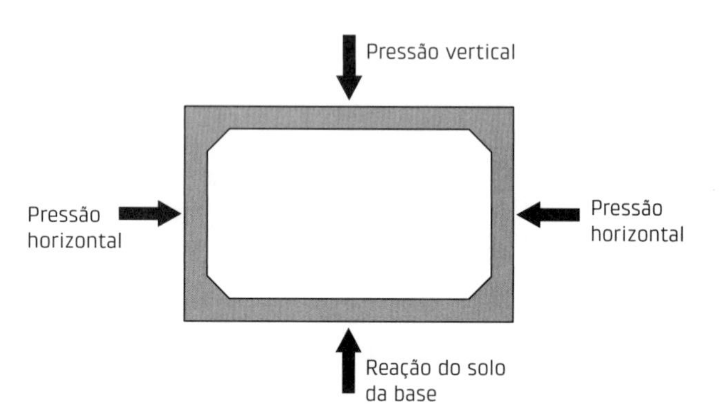

Fig. 15.13 Pressões sobre as galerias celulares

À medida que a altura de solo sobre a galeria for diminuindo, o seu comportamento passa ser próximo de uma ponte. O efeito da sobrecarga torna-se preponderante e o seu projeto possui a mesma característica do projeto das pontes. Por exemplo, as armaduras devem ser verificadas em relação ao estado-limite de fadiga.

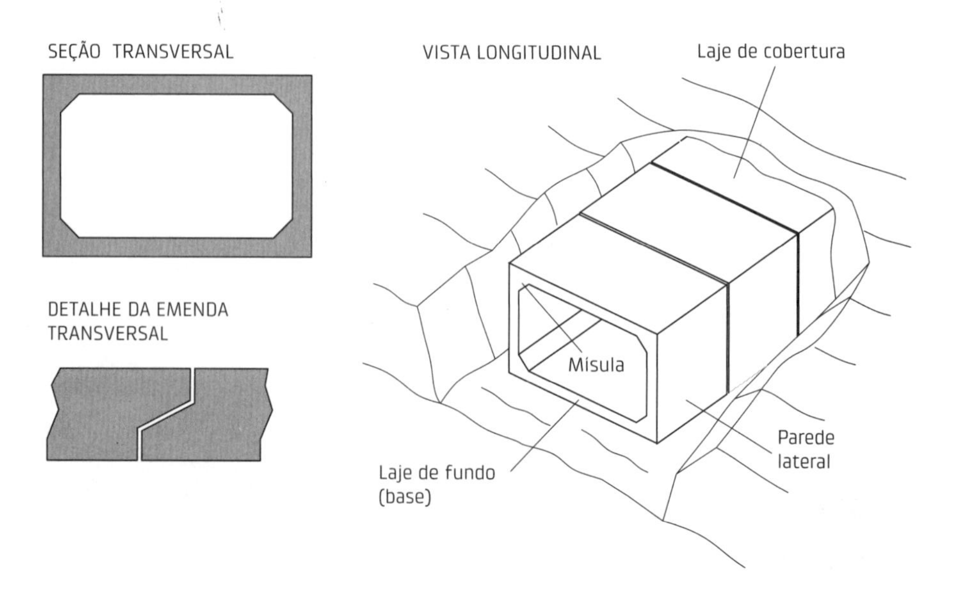

Fig. 15.11 Galerias celulares

Por outro lado, à medida que a altura de solo sobre a galeria for aumentando, o efeito da sobrecarga de veículos vai diminuindo, mas pode aparecer efeito significativo de arqueamento do solo, geralmente considerado no projeto de tubos circulares. Conforme apresentado, dependendo da forma que o tubo for instalado, pode haver um decréscimo do peso do solo sobre o tubo, no caso de tubo em vala, ou um acréscimo do peso do solo sobre o tubo, no caso de tubo em aterro. Na Fig. 15.14 está representado esse efeito. Esse efeito começa a ser significativo quando a altura de solo sobre o tubo for maior que a sua largura externa.

As ações a considerar são basicamente as mesmas apresentadas para os tubos circulares, na seção anterior.

Nas situações definitivas, as ações normalmente consideradas são: a) peso próprio, b) carga do solo sobre o tubo (pressões verticais do solo), c) cargas produzidas por sobrecarga de tráfego (pressões verticais da sobrecarga), d) empuxo horizontal produzido pelo solo (pressões horizontais do solo), e) empuxo horizontal produzido pelo solo devido à sobrecarga na superfície (pressões horizontais da sobrecarga) e f) empuxo horizontal de água dentro da galeria, quando for o caso.

Durante as situações transitórias ou de construção consideram-se também as ações do equipamento de compactação. Também devem ser consideradas as situações de manuseio do tubo, nas quais só atua o peso próprio do galeria.

A determinação das pressões é feita empregando os princípios da mecânica dos solos. Em El Debs (2008) estão apresentadas possíveis formas de considerar essas pressões, incluído o efeito de sobrecargas aplicadas na superfície.

O cálculo da galeria celular pode ser feito considerando um pórtico plano com n elementos finitos. A reação do solo na base do tubo é modelada considerando apoio elástico, mediante elementos simuladores, que correspondem a molas fictícias, conforme mostrado na Fig. 15.15. O cálculo da estrutura deve ser iterativo, pois, se houver tração nas molas, o cálculo deve ser refeito retirando aquelas que estiverem tracionadas, uma vez que o solo não poderá comportar-se como tal.

Critérios e detalhes para o dimensionamento das galerias celulares podem ser vistos em El Debs (2008).

Na Fig. 15.16 estão mostrados os elementos pré-moldados armazenados na fábrica e dois exemplos de montagem.

15.4 Considerações adicionais

Nesta seção discorre-se sobre algumas publicações relacionadas com pesquisas mais recentes sobre o assunto, focando inicialmente os tubos circulares e depois as galerias celulares.

Conforme apresentado, o tubo é geralmente dimensionado para atender à classe de resistência baseada no ensaio de compressão diametral, com o chamado método indireto. Em função desse critério de projeto estrutural, os fabricantes de tubos podem otimizar o dimensionamento assumindo um risco calculado de os tubos atenderem à classe de resis-

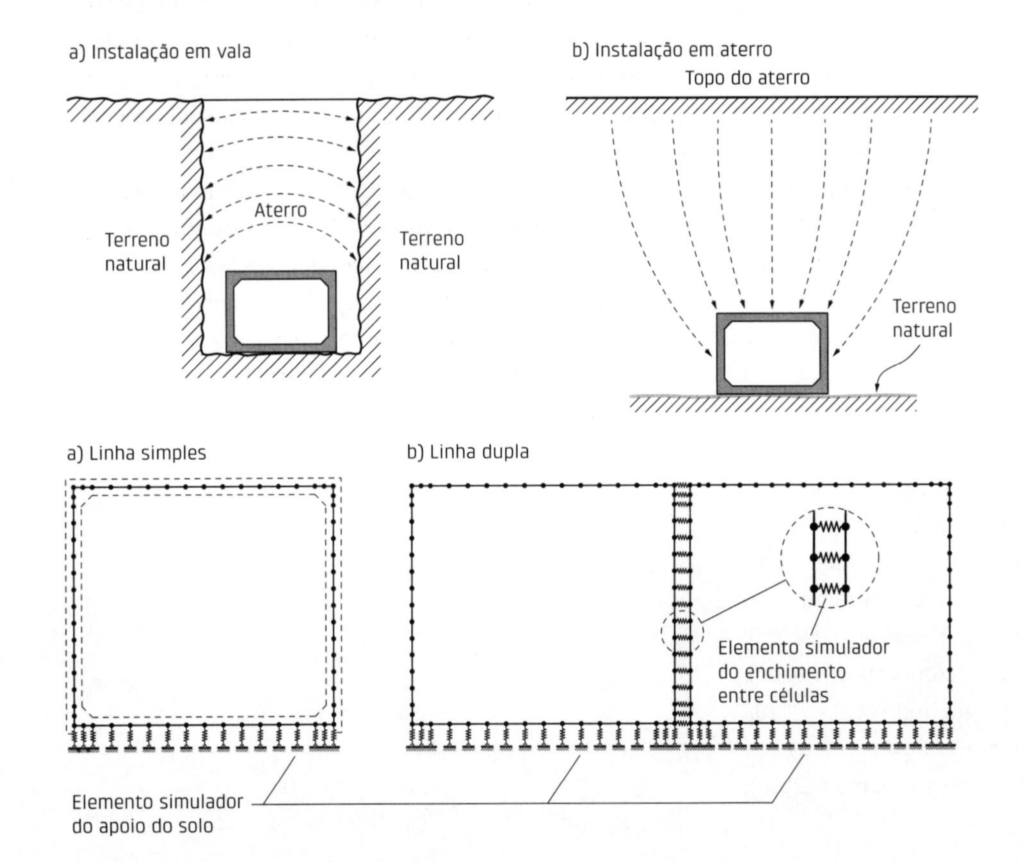

Fig. 15.14 Efeito de arqueamento em galerias celulares instaladas em vala e em aterro

Fig. 15.15 Modelagem recomendada para análise estrutural de galeria celular

Fig. 15.16 Galerias de seção retangular: a) armazenamento na fábrica; b) montagem de linha simples; c) montagem de linha tripla
Fonte: cortesia de Fermix.

tência. Esse tema foi objeto da tese de Silva (2011), na qual podem ser encontrados resultados experimentais de tubos com bolsa e sem bolsa, com armaduras simples e dupla. O estudo foi feito com base na teoria de confiabilidade, considerando as principais variáveis que afetam as incertezas na resistência medida com ensaios de compressão diametral.

Em Fioranelli Junior (2005) apresenta-se um estudo com modelagem numérica analisando novos procedimentos de tubos circulares, proposto pela American Society of Civil Engineers (Asce, 1994). Esse procedimento envolve novos tipos de assentamento, a proposta de distribuição de pressões do solo e o dimensionamento do tubo feito com base nos esforços solicitantes. O projeto estrutural do tubo feito com base nos esforços solicitantes é denominado método direto. Os resultados encontrados indicam que seria possível uma significativa economia com o procedimento proposto pela Asce.

Naturalmente, é de esperar que o método direto, mais trabalhoso, resulte em economia, comparado com o método indireto, mais simples. Na procura de estabelecer recomendações para o emprego de método direto e indireto, Moore et al. (2014) elaboraram recentemente um relatório para a American Association of State Highway and Transportation Officials (AASHTO) comparando os dois métodos e apontando temas para pesquisa no assunto.

Outra linha de desenvolvimento dos tubos circulares de concreto é o emprego de fibras curtas, associadas ou não com a armadura de tela soldada.

O emprego de fibras de aço já é objeto de normalização tanto pela UNE-EN 1916 (UNE-EN, 2008), na Europa, como pela norma brasileira NBR 8890 (ABNT, 2007).

Resultados de ensaios de tubos com várias taxas volumétricas de fibras e uma comparação com armadura em forma de telas podem ser vistos em Figueiredo et al. (2012a), bem como um modelo numérico para o comportamento dos tubos com fibras pode ser visto em Figueiredo et al. (2012b).

Um estudo de associação de armadura com tela de aço com fibras de PVA é apresentado em Peyvandi et al. (2014), em que são apontados os benefícios, principalmente em relação à durabilidade.

Já o estudo apresentado em Nehdi et al. (2016) foca o comportamento em campo de tubos com fibras de aço, procurando tirar proveito dos benefícios das fibras de forma direta. Ainda nessa linha, mas buscando tirar proveito da flexilidade das paredes do tubo, encontra-se a pesquisa apresentada em Park et al. (2015). Merece destacar que a ideia de empregar paredes de pequenas espessuras em galerias foi apresentada na seção 11.1 para galerias de grandes diâmetros, bem como o potencial da proposta com o desenvolvimento do UHPC.

Em relação às galerias celulares, os estudos recentes destacados aqui são os direcionados à avaliação das pressões do solo, mediante modelagem numérica para grandes alturas de cobrimento de terra.

O estudo de Kim e Yoo (2005) apresenta os resultados de simulações para várias profundidades, considerando as instalações em aterro, em vala e em vala induzida, com a qual se pode obter uma significativa redução das pressões sobre a galeria.

Mediante análise numérica e a sua comparação com resultados experimentais, a análise apresentada em Pimentel et al. (2009) mostra que as pressões sobre a laje de cobertura podem ser maiores que a correspondente altura de solo e destaca a importância de evitar a ruína por força cortante e por esmagamento do concreto, para que a propiciar elevada ductilidade às paredes da galeria.

OUTROS ELEMENTOS: ESTACAS, POSTES, DORMENTES E BARREIRAS

16

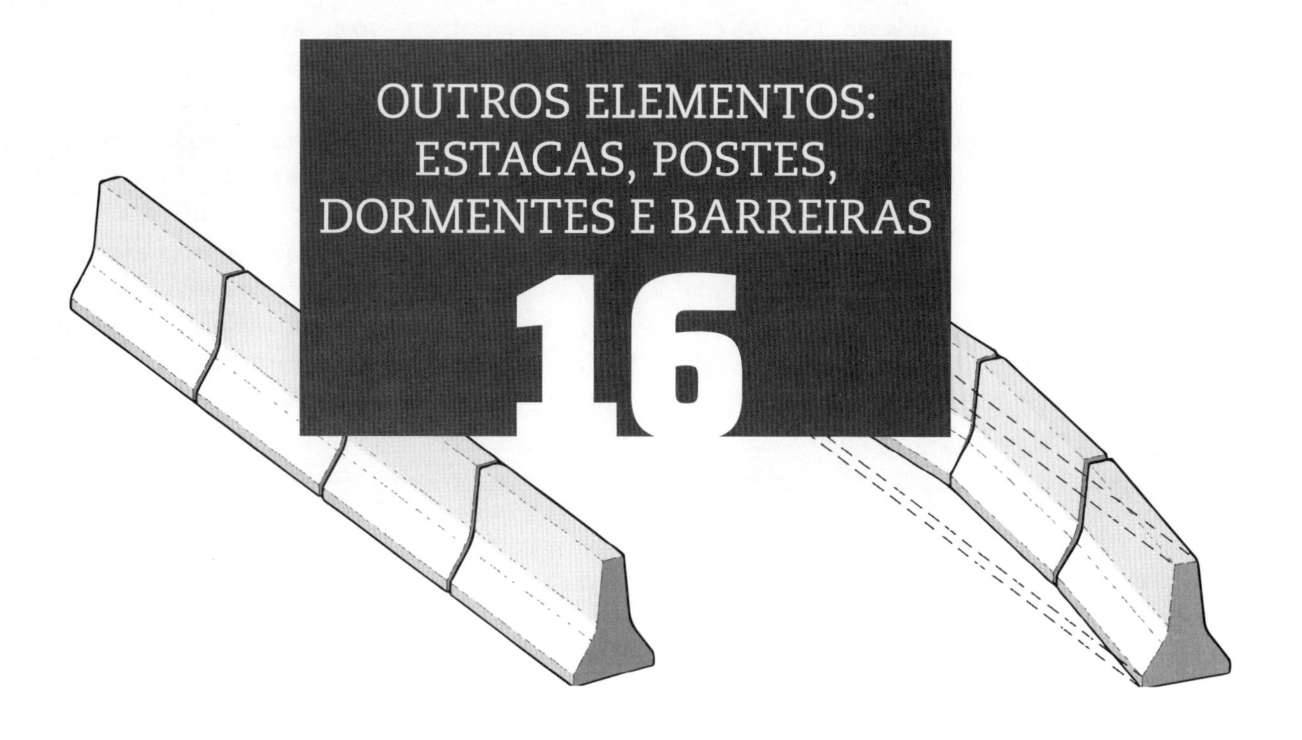

16.1 Considerações iniciais

Neste capítulo são tratados quatro tipos de elementos de concreto pré-moldado (CPM) de uso intensivo e especializado: a) estacas, b) postes, c) dormentes de ferrovias e d) barreiras rodoviárias.

Apresenta-se uma visão geral dos assuntos e são fornecidas as principais normas e códigos relacionados aos elementos. Quando possível, foram indicadas publicações sobre aspectos específicos, bem como sobre pesquisas mais recentes a respeito dos assuntos em questão.

16.2 Estacas

As estacas de CPM constituem-se em uma importante alternativa construtiva para fundações profundas e para estruturas de arrimo.

Tendo em vista a sua função principal, as estacas podem ser divididas em estacas normais e estacas-pranchas, já tratadas no Cap. 11.

As estacas normais podem ser executadas em concreto armado ou concreto protendido. Na Fig. 16.1 estão mostradas as seções transversais mais empregadas nas estacas normais.

As dimensões das estacas variam desde 0,15 m de lado de seção quadrada até diâmetros da ordem de 1,60 m em obras marítimas e pontes.

A execução das estacas pode ser no canteiro, normalmente em concreto armado, ou nas fábricas, em concreto armado ou protendido. Na execução em fábricas, o concreto pode ser adensado por vibração ou centrifugação. A fabricação das estacas pode ser por extrusão, de forma similar à empregada nos painéis alveolares.

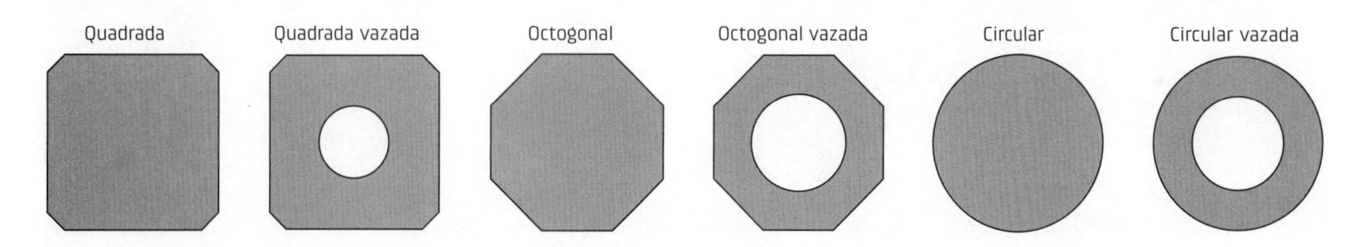

Fig. 16.1 Seções transversais das estacas de CPM

Quanto aos equipamentos para transporte e montagem, as particularidades desse tipo de elemento são o emprego de caminhões especiais para o transporte de estacas muito longas e a necessidade de equipamento para a sua instalação. Normalmente as estacas são cravadas, de forma que o equipamento necessário para a sua instalação é o bate-estaca.

A Fig. 16.2a mostra a etapa final de fabricação de estacas com concreto adensado por centrifugação, denominadas estacas de concreto centrifugado, e a Fig. 16.2b exibe a cravação de estacas de CPM.

A norma brasileira sobre o assunto é a NBR 16258 (ABNT, 2014b). Na comunidade europeia, o assunto é objeto da EN 12794, de 2005. Nos Estados Unidos, o assunto é tratado por publicação do comitê 543 do ACI, a ACI 543R-12 (ACI, 2012b), embora não tenha caráter normativo.

A NBR 16258 (ABNT, 2014b) prescreve as tolerâncias de fabricação das estacas, em relação a geometria e elementos para emenda de segmentos. As tolerâncias de execução das estacas pré-moldadas de concreto protendido, de acordo com o PCI, mostradas na Tab. 16.1, englobam a geometria e a posição da armadura.

A obediência à tolerância de não linearidade deve ser objeto de especial atenção, devido à possível introdução de elevados momentos fletores na cravação.

Nas situações transitórias, o manuseio das estacas introduz momentos fletores que podem governar o dimensionamento das estacas. De fato, isso ocorre na grande parte das vezes em que, na situação definitiva, as estacas estão submetidas basicamente à força normal. As formas de manuseio das estacas e os momentos fletores máximos correspondentes estão mostrados na Fig. 16.3.

Outra fase crítica nas situações transitórias é durante a cravação. Para essa situação, recorre-se a arranjo de armadura, junto à cabeça e ao pé da estaca, com reduzido espaçamento da armadura transversal (ver Fig. 16.4), com base normalmente em indicações empíricas.

Em função da profundidade que as estacas devem atingir, pode haver a necessidade de fazer ligação entre segmentos de estacas. Algumas formas de executar essas ligações nas estacas podem ser vistas na citada publicação do PCI (1993). Esse assunto, bem como outros relacionados ao tema, pode ser também visto em Gonçalves et al. (2007).

Para as estacas sujeitas basicamente à força normal na situação definitiva, a capacidade é avaliada considerando compressão centrada. No entanto, em geral, a capacidade de carga das estacas é governada pela resistência do solo.

No caso de estacas de concreto protendido, a carga de serviço da estaca deve levar em conta as tensões de compressão introduzidas pela protensão, que pode ser avaliada de acordo com o PCI (1993) para estacas pouco esbeltas:

$$N = (0{,}33f_{ck} - 0{,}27\sigma_{cp})A_c \quad \textbf{(16.1)}$$

Tab. 16.1 TOLERÂNCIAS DE DIMENSÕES DAS ESTACAS

Comprimento	25 mm	Espessura das paredes	−6 mm +12 mm
Largura ou diâmetro	10 mm	Esquadro da extremidade	1/50 máximo 12 mm
Não linearidade	1/1.000	Afundamento local da superfície	1/500
Posição da armadura	6 mm	Espaçamento da armadura transversal	20 mm
Posição dos dispositivos de içamento	152 mm		

Fonte: PCI (1993).

Fig. 16.2 Estacas de CPM: a) fabricação por centrifugação e b) cravação
Fotos: b) cortesia de Mario Medrano.

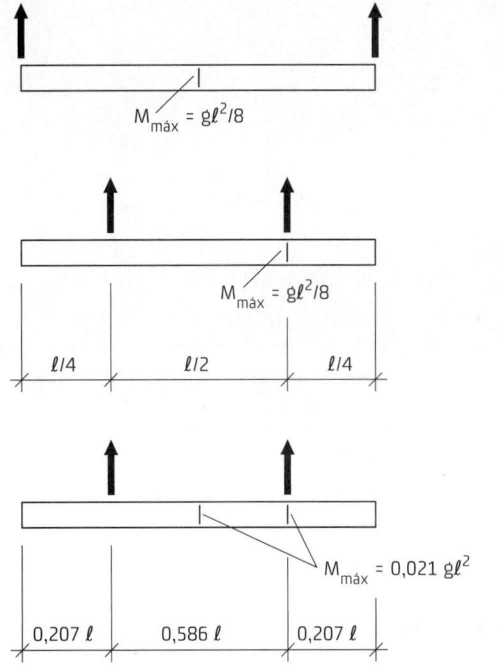

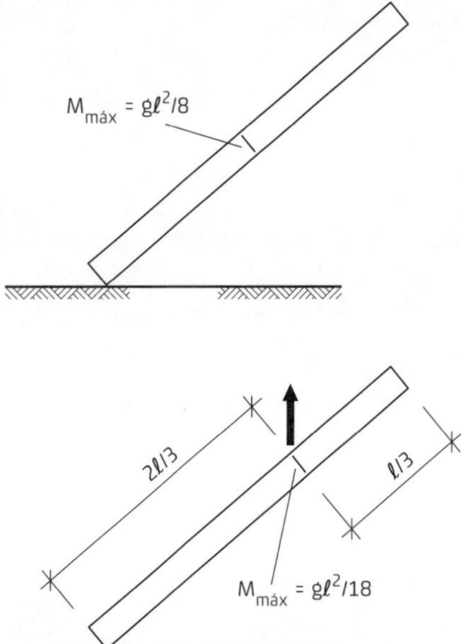

Fig. 16.3 Alternativas de manuseio das estacas e os respectivos momentos fletores máximos

em que:

f_{ck} = resistência característica do concreto à compressão;

σ_{cp} = tensão do concreto devido à protensão;

A_c = área da seção transversal.

Para as estacas sujeitas à flexão na situação definitiva, seja por ocorrência de força horizontal, seja devido a empuxos, o dimensionamento é feito com a seção resistente submetida à flexocompressão, com os esforços solicitantes calculados a partir das ações determinadas, geralmente, levando em conta a interação solo × estrutura. Para as estacas de concreto protendido, pode-se recorrer às indicações da citada publicação do PCI (1993) para os limites de tensão do concreto e da armadura, bem como às indicações de Grewick Junior (1997).

O arranjo da armadura segue em geral o detalhamento de elementos comprimidos ou fletidos, conforme o caso, com a particularidade da armadura transversal com espaçamento reduzido nas extremidades da estaca. A armadura longitudinal para estacas de concreto armado deve ser de no mínimo 1% da área da seção transversal.

Indicações para os arranjos da armadura das estacas de concreto armado e de concreto protendido estão mostradas na Fig. 16.4.

As estacas podem apresentar fissuras relacionadas a execução, manuseio, transporte e durante a cravação. A NBR 16258 (ABNT, 2014) fornece critérios para tratar essa questão.

16.3 Postes

Os postes de concreto têm sido largamente empregados com as seguintes finalidades: a) iluminação urbana, b) distribuição de energia, c) transmissão de energia elétrica, d) elementos de suporte de sinalização e e) elemento de suporte de antenas de comunicações e telefonia.

Uma noção geral sobre os postes de concreto pode ser vista em Vilagut (1975) e o desenvolvimento dos postes de concreto protendido pode ser encontrado em Rodgers Jr. (1984).

As formas de seções transversais mais comuns são a circular vazada e a seção I ou H. Via de regra, os postes apresentam variação linear de seção aumentando as dimensões do topo para o pé. Esse tipo de variação acarreta redução dos materiais e peso, e é também importante do ponto de vista estético. Na Fig. 16.5 estão mostradas as formas usuais dos postes empregados no Brasil.

Em relação à configuração estrutural, os postes podem ser: a) em balanço, b) aporticados, c) atirantados e d) combinação dos casos anteriores. Na Fig. 16.6 estão representados exemplos dessas configurações.

Os postes são executados em fábricas, em geral de produção especializada, em concreto armado ou concreto protendido. O adensamento pode ser por vibração ou centrifugação. Em geral, o manuseio dos postes de distribuição nas fases de transporte e montagem é feito por meio de guindastes acoplados a caminhões ou guindastes sobre plataforma móvel.

Os postes de concreto são objeto da NBR 8451, que engloba seis partes:

- NBR 8451-1 (ABNT, 2011a) – *Parte 1: Requisitos;*
- NBR 8451-2 (ABNT, 2013a) – *Parte 2: Padronização de postes para redes de distribuição de energia elétrica;*
- NBR 8451-3 (ABNT, 2011b) – *Parte 3: Ensaios mecânicos, cobrimento da armadura e inspeção geral;*

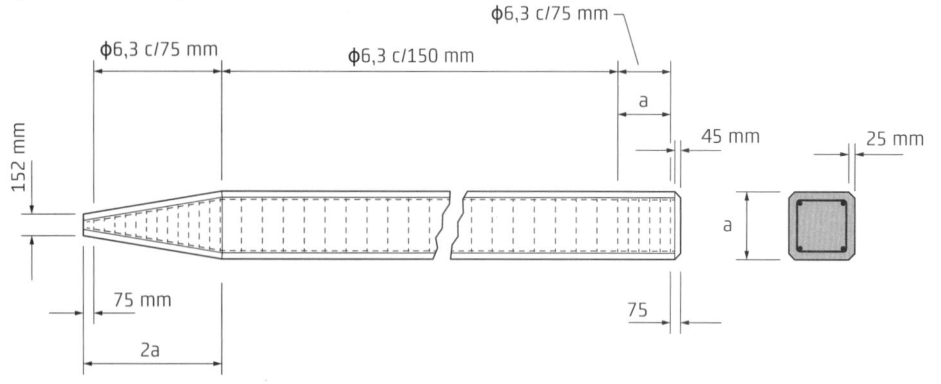

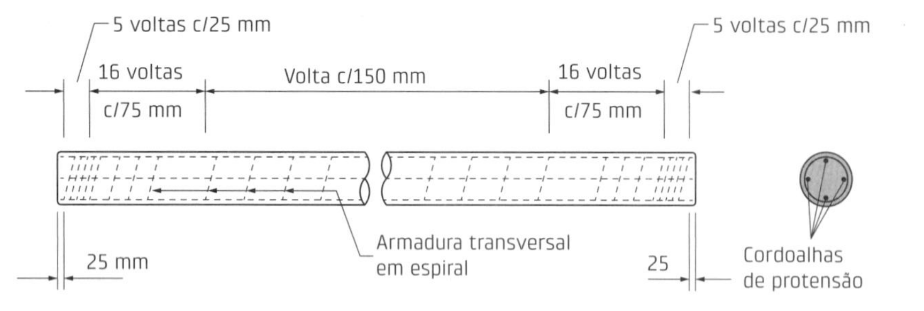

Fig. 16.4 Exemplo de arranjos da armadura das estacas

- NBR 8451-4 (ABNT, 2011c) – *Parte 4: Determinação da absorção de água;*
- NBR 8451-5 (ABNT, 2011d) – *Parte 5: Postes de concreto para entrada de serviço até 1 kV;*
- NBR 8451-6 (ABNT, 2013b) – *Parte 6: Postes de concreto armado e protendido para linhas de transmissão e subestações de energia elétrica – Requisitos, padronização e ensaios.*

A mais relacionada com a abordagem do livro é a parte 3, a NBR 8451-3 (ABNT, 2011b).

Na comunidade europeia, o assunto é tratado pela EN 12843, de 2004, como parte dos produtos de CPM, e nos Estados Unidos pela ASTM C935-13 e pela ASTM C1089-13, para o caso de postes de concreto protendido.

Embora direcionadas ao caso de concreto protendido, as publicações do PCI preparadas pelo comitê de postes de concreto protendido são bastante importantes e englobam vários aspectos da aplicação. A principal delas é um guia de projeto feito em conjunto com a Asce (PCI, 1997). Existem ainda outras duas publicações: uma é voltada para a especificação (PCI, 1999c), e a outra, para o manuseio, o transporte e a montagem dos postes (PCI, 2002).

Recomendações para o projeto de postes de concreto podem ser encontradas nas publicações sobre o assunto, como Bolander Jr. et al. (1988) e Kuebler e Polak (2014).

Em situações especiais, os postes podem ser emendados. Algumas formas de realizar as emendas podem ser encontradas na citada publicação do PCI (1997).

Em relação à análise estrutural dos postes, merecem ser destacados os seguintes aspectos:

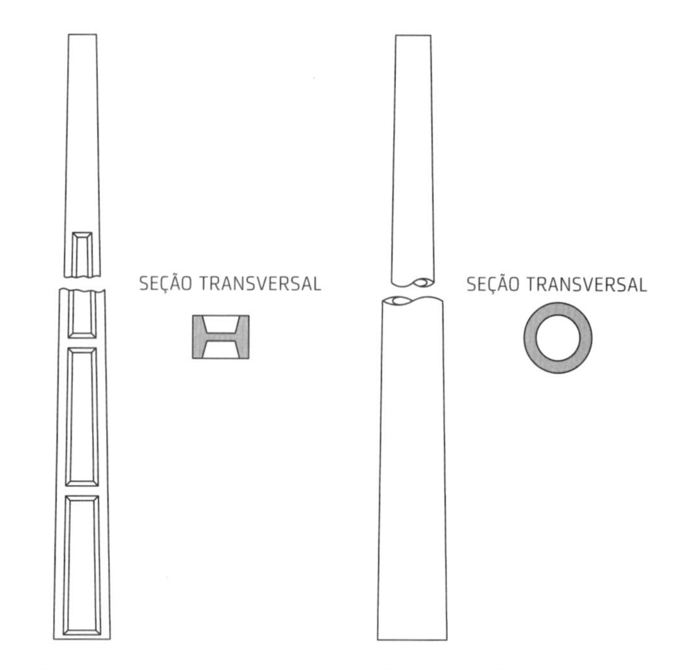

Fig. 16.5 Formas usuais dos postes de distribuição de energia

- as ações a serem consideradas na situação final são as verticais devidas ao peso próprio e dos elementos suportados, e as horizontais devidas ao vento e ao desaprumo, com a consideração de efeito de segunda ordem;
- em geral, os postes são dimensionados para passar em ensaio padronizado, em que é aplicada uma força no topo, perpendicular ao eixo do poste, como mostra a Fig. 16.7, na qual são verificados os limites de flecha imediata, flecha residual e de fechamento de fissuras, e as forças de ruptura.

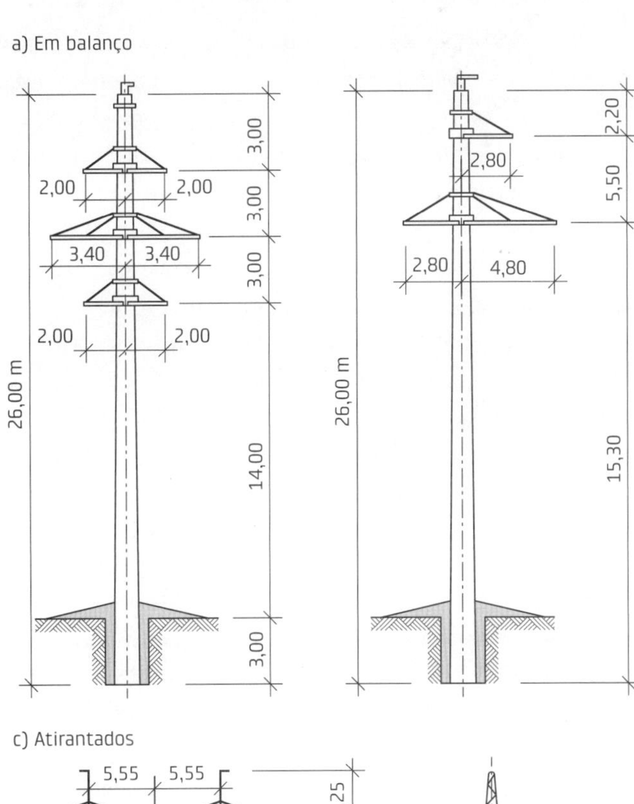

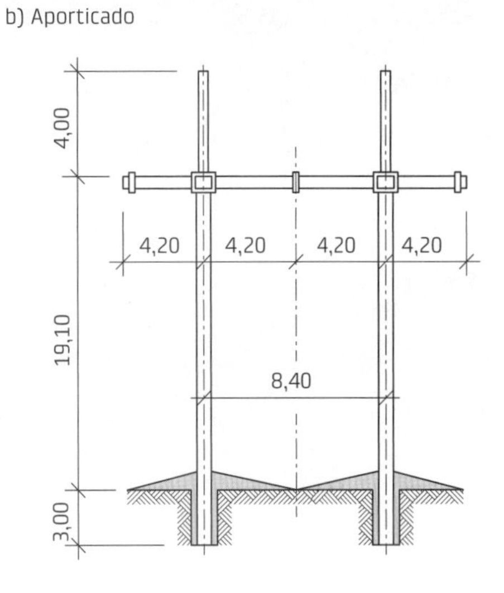

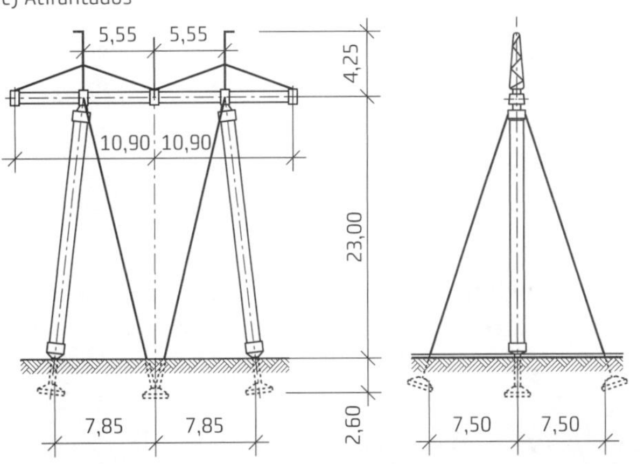

Fig. 16.6 Exemplos de postes de transmissão de energia empregados
Fonte: adaptado de Baykov (1978).

Fig. 16.7 Ensaio de postes de concreto

Os arranjos da armadura principal para os postes em seção I ou H e os postes circulares estão mostrados na Fig. 16.8.

Como forma de prever uma das patologias mais comum dos postes de concreto, que é a corrosão de armadura, merece registro a proposta de postes com tubo de GFRP (*glass-fiber-reinforced polymer*) apresentada em Fam (2008). Nessa proposta, o tubo de GFRP serve de fôrma e de armadura e o adensamento é feito por centrifugação (concreto centrifugado).

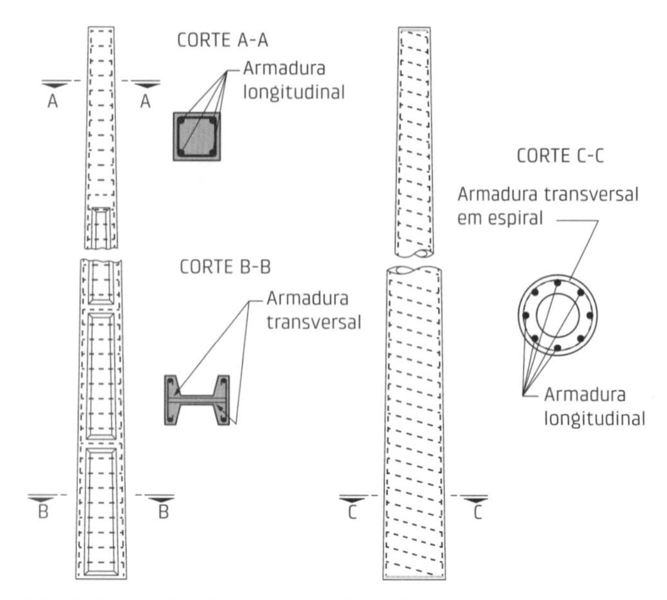

Fig. 16.8 Arranjos da armadura principal dos postes

16.4 Dormentes

Os dormentes fazem parte da chamada via permanente ferroviária, que é o sistema de sustentação e rolamento das composições.

Os dormentes de concreto podem ser monobloco ou bibloco. A Fig. 16.9 mostra esses dois tipos de dormentes de concreto. O dormente bibloco é composto de dois blocos de concreto unidos por barra metálica flexível. Os dormentes monobloco podem ser de concreto protendido com pré-tração ou com pós-tração.

A Fig. 16.10 mostra as etapas da fabricação de dormentes monobloco em pista de protensão e o seu armazenamento.

Comparado com dormentes de outros materiais, os dormentes de concreto têm como característica principal favorável a sua durabilidade.

O comportamento estrutural dos dormentes pode ser idealizado como uma viga sobre apoio elástico sujeita à força concentrada das rodas da composição ferroviária transmitida pelos trilhos. A Fig. 16.11 mostra, de forma simplista, as forças concentradas e a distribuição das reações do lastro, bem como o diagrama de momentos fletores, para dormente monobloco. Com base nessa figura, pode-se perceber o interesse da forma do dormente bibloco, na qual a transmissão das forças dos trilhos para o lastro se torna mais bem definida e, em tese, teria um melhor aproveitamento dos materiais. Dessa figura, pode-se também compreender a variação da seção dos dormentes monobloco.

Em Bastos (1999) pode ser vista uma resenha do desenvolvimento desse componente, bem como indicações para o seu projeto.

A aceitação dos dormentes, bem como dos elementos a eles relacionados, é baseada em ensaios estáticos e dinâmicos. Normalmente, esses ensaios são definidos pela publicação da American Railway Engineering and Maintenance-of-Way Association (Arema, 2010).

Os trilhos da ferrovia são ligados aos dormentes mediante os fixadores, que são dispositivos metálicos embu-

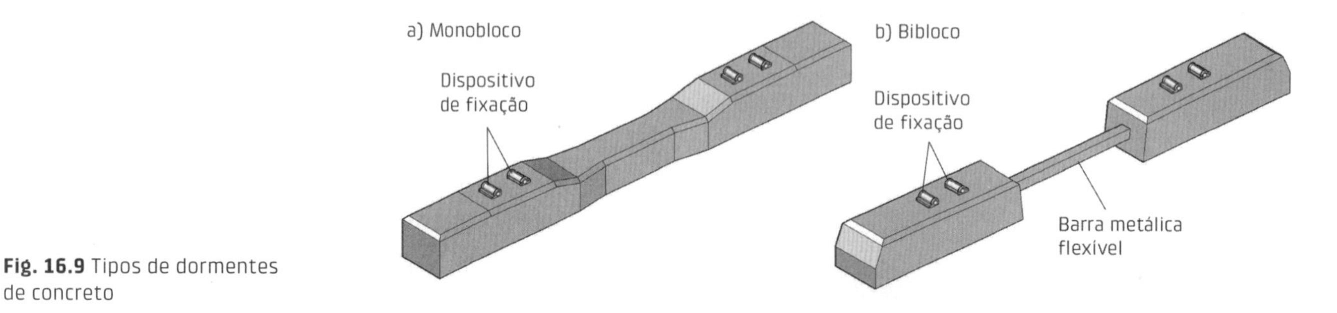

Fig. 16.9 Tipos de dormentes de concreto

Fig. 16.10 Execução e armazenamento de dormentes monobloco

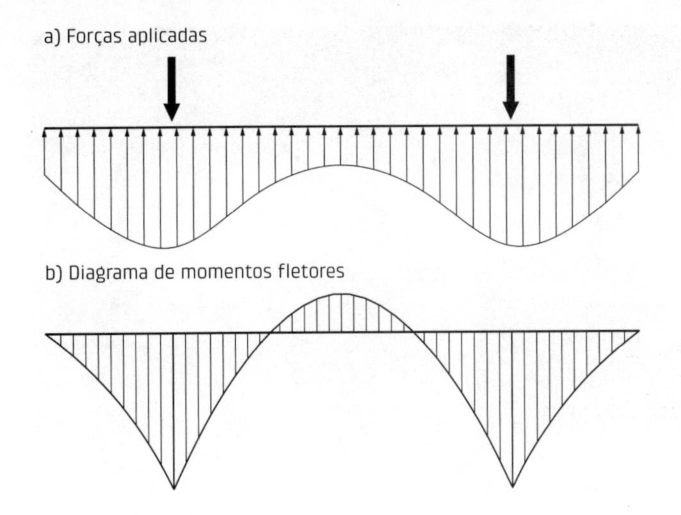

Fig. 16.11 Comportamento estrutural dos dormentes

tidos no concreto. Esse tipo de elemento tem uma correspondência grande com dispositivos metálicos das ligações entre elementos de CPM, e a sua aceitação também está sujeita aos ensaios estabelecidos no manual da Arema.

Como os dormentes estão sujeitos a ações dinâmicas de grande magnitude, o emprego de fibras, particularmente as fibras de aços, associadas com armadura contínua, tem um grande interesse, conforme pode ser visto em Bastos (1999).

16.5 Barreiras de obras rodoviárias

Um dos principais dispositivos de segurança do tráfego rodoviário são as barreiras, cuja finalidade é proteger os passageiros dos veículos de impactos com obstáculos no entorno das vias de tráfego. Segundo a American Association of State Highway and Transportation Officials (AASHTO, 2011), o objetivo principal das barreiras de segurança de tráfego é reduzir a probabilidade de um veículo desgovernado atingir um objeto fora das vias de tráfego, que causaria mais danos ao veículo e ocupantes do que a própria barreira de tráfego.

As barreiras também podem ser empregadas para proteger de pedestres, ciclistas e edificações dos veículos que trafegam nas vias. Elas também protegem o tráfego dos veículos contra corpos estranhos externos, como pedra de encostas.

As barreiras de segurança de tráfego podem ser constituídas de cabos, perfis metálicos ou elementos de concreto. Esses tipos de barreiras estão, em linhas gerais, relacionados com o seu comportamento, que podem ser enquadradas em: barreiras flexíveis, barreiras semirrígidas e barreiras rígidas.

As barreiras de concreto fixadas na base, que praticamente não se deformam com o impacto, são barreiras rígidas. Esse tipo de barreira é útil quando o obstáculo a ser protegido está muito próximo da via e, portanto, grandes deformações da barreira não são aceitáveis.

Barreiras constituídas por elementos de concreto podem também ser semirrígidas ou flexíveis, dependendo das ligações entre os elementos pré-moldados e entre eles e a base. Nesse caso, as barreiras conseguem absorver boa parte da energia de impacto por meio de sua deformação, causando danos menores aos veículos e aos ocupantes, conforme a Fig. 16.12.

As características favoráveis das barreiras de CPM, além das gerais do CPM discutidas na seção I.5, são: a) menor risco dos operários trabalhando na obra, b) facilidade de desmontagem e reutilização e c) o emprego da barreira semirrígida possibilita melhor absorção do impacto.

A Fig. 16.13 mostra o armazenamento dos elementos na fábrica e um elemento isolado em campo.

As normas da ABNT sobre o assunto são a NBR 14885 (ABNT, 2004b) e a NBR 15486 (ABNT, 2007c). Outro documento regulatório em nível nacional é a DNIT 109 (DNIT, 2009).

Nos Estados Unidos, o assunto é objeto da ASTM por meio da C825-06 (ASTM, 2006). No entanto, as diretrizes para o projeto e os ensaios são apresentadas em duas publicações da AASHTO (2009, 2011). Na comunidade europeia, o assunto é coberto pela EN 1317, que é composta de seis partes, EN 1317-1 a EN 1317-6.

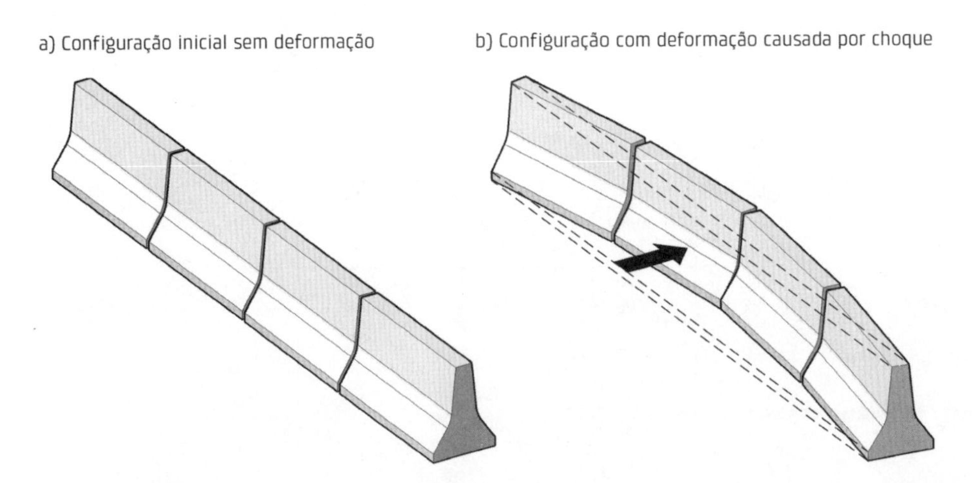

Fig. 16.12 Barreiras de comportamento semirrígido

Fig. 16.13 Barreiras de CPM: a) armazenamento na fábrica e b) elemento isolado

Vários sistemas de barreiras rígidas de concreto armado foram desenvolvidos com formas e alturas variáveis, de 457 mm a 2.290 mm, conforme apresentado em AASHTO (2011). Entretanto, as mais comuns (New Jersey, F-Shape e Vertical Single Slope) possuem alturas de 810 mm e 1.070 mm.

A geometria da barreira de concreto tipo New Jersey, definida na NBR 14885 (ABNT, 2004b), é mostrada na Fig. 16.14.

A avaliação do comportamento de barreiras de concreto é um assunto bastante complexo, pois diversas variáveis estão envolvidas em um problema dinâmico, com muitas incertezas.

No projeto e desenvolvimento das barreiras podem ser empregadas as ferramentas, preferencialmente integradas e associadas relacionadas a seguir: a) determinação das solicitações com a mecânica das estruturas e verificação da resistência, b) ensaios estáticos, c) ensaios dinâmicos, d) simulação numérica e e) ensaios de colisão de veículos.

Os ensaios estáticos fornecem informações sobre a resistência dos materiais empregados, resistência das ligações e características força-deformação. Já os ensaios dinâmicos são utilizados para avaliar a absorção de energia de protótipos nas condições de impacto. A Fig. 16.15 mostra ensaios de barreira feita no Laboratório de Estruturas da Escola de Engenharia de São Carlos da USP, como parte da pesquisa realizada por Queiroz (2016).

Naturalmente, o método mais preciso para avaliar o comportamento de barreiras de concreto é o ensaio de colisão, no qual um veículo real é impulsionado sobre uma

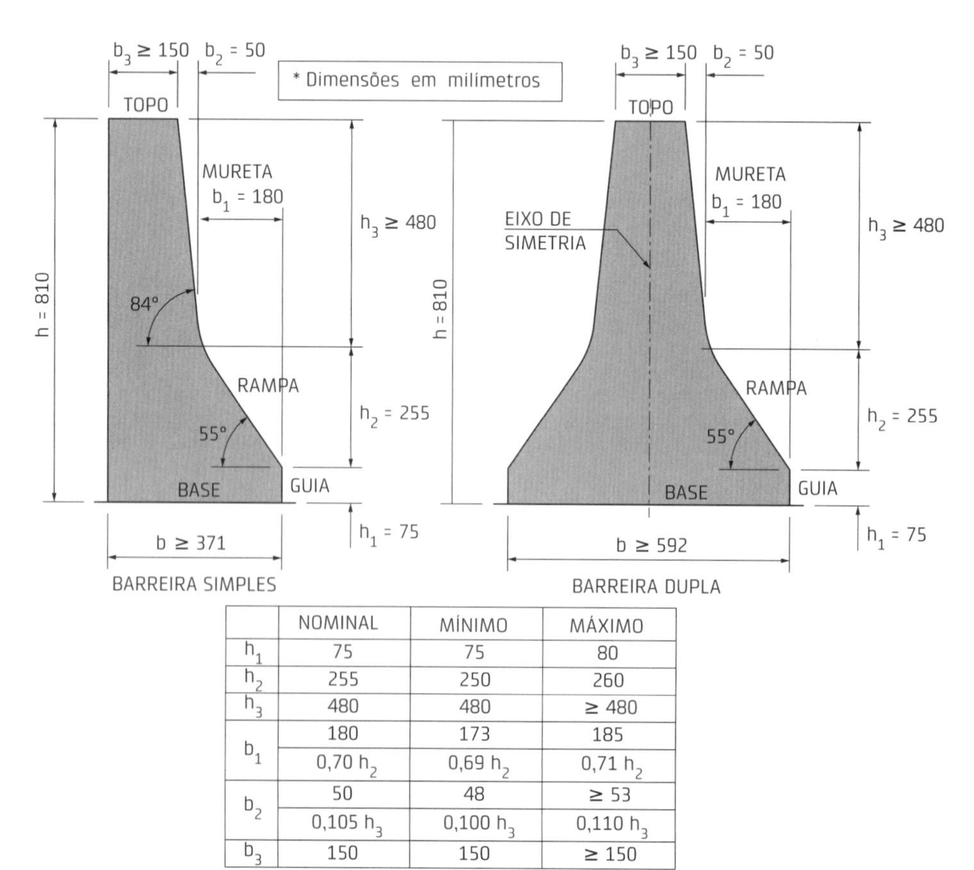

	NOMINAL	MÍNIMO	MÁXIMO
h_1	75	75	80
h_2	255	250	260
h_3	480	480	≥ 480
b_1	180	173	185
	$0{,}70\ h_2$	$0{,}69\ h_2$	$0{,}71\ h_2$
b_2	50	48	≥ 53
	$0{,}105\ h_3$	$0{,}100\ h_3$	$0{,}110\ h_3$
b_3	150	150	≥ 150

Fig. 16.14 Geometria da barreira de concreto tipo New Jersey, conforme a NBR 14885 (ABNT, 2004b)

Fig. 16.15 Ensaio de barreira de concreto
Fonte: Queiroz (2016).

barreira com velocidade e ângulo de impacto pré-definidos. Esse tipo de ensaio simula uma condição real de impacto e fornece resultados de imagens, nível de deformações no veículo e na barreira e acelerações.

Nas ligações entre os elementos pré-moldados, para formar as barreiras são geralmente empregados dispositivos metálicos que, além da transferência dos esforços, têm função de amortecimento. Normalmente, esses dispositivos são patenteados.

No caso de barreiras em pontes, a ligação do elemento pré-moldado com a estrutura deve garantir a resistência ao choque de veículos. Um exemplo de ligação desse tipo empregado em armadura saliente e graute pode ser visto em Jeon et al. (2011).

Merece também registro, na linha de emprego de UHPC, a proposta de barreira de CPM integrada com o passeio apresentada em Thiaw et al. (2016). Novamente, destaca-se o interesse do emprego de fibras em elementos sujeitos à ação dinâmica importante.

Este anexo tem por objetivo ajudar no entendimento dos conceitos apresentados, mediante exemplos numéricos, dos seguintes assuntos: a) tolerâncias e folgas, b) estabilidade global, c) consolos e dentes de concreto e d) cálice de fundação.

Os exemplos foram escolhidos para propiciar o cálculo manual, para facilitar a compreensão e procurar fornecer a ordem de grandeza dos valores envolvidos. No entanto, algumas situações podem extrapolar as aplicações reais para poder realçar determinados aspectos envolvidos, o que se justifica pelo caráter didático dos exemplos.

A.1 Tolerâncias e folgas

Calcular o comprimento nominal da viga e o comprimento do consolo do pilar para a situação mostrada na Fig. A.1.

Dados:

- *distância entre eixos dos pilares* $\ell_m = 15{,}0$ *m;*
- *largura do pilar* $b = 0{,}50$ *m;*
- *distância da fundação até o consolo* $h_{ap} = 6{,}50$ *m.*

Considerar:

- *espaço mínimo para a montagem = 5 mm;*
- *comprimento mínimo do apoio = 250 mm;*
- *viga de concreto armado;*
- *tolerâncias indicadas na NBR 9062 (ABNT, 2017a).*

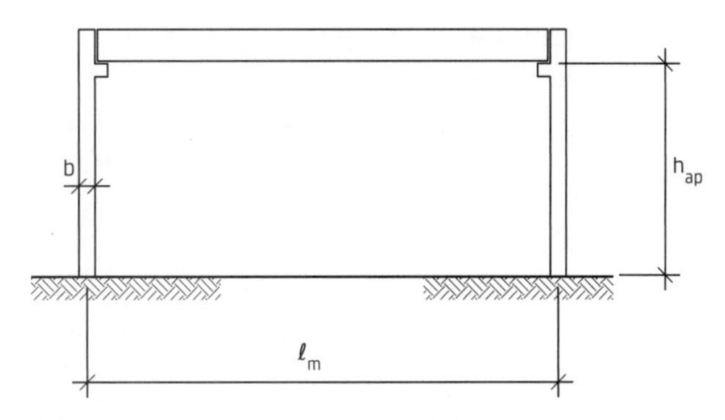

Fig. A.1 Esquema da estrutura

Observações:

- *o comprimento mínimo de apoio inclui a almofada de apoio e as distâncias livres até as extremidades (ver seção 3.4.3);*
- *para o vão de 15,0 m, seria mais indicado CP, conforme adiantado; por questões didáticas, está sendo considerada uma viga de concreto armado.*

A.1.1 Cálculo das variações volumétricas

Na avaliação das variações volumétricas, que seriam o alongamento ($\Delta\ell^+$) e o encurtamento máximo ($\Delta\ell^-$), pode-se considerar:

$$\Delta\ell \cong (\ell_m - b)(\epsilon_{cs} + \epsilon_{cc} + \epsilon_{te})$$

em que ε_{cs}, ε_{cc} e ε_{te} são as deformações por retração, por fluência e por temperatura, respectivamente.

A deformação por retração do concreto armado, para um tempo muito grande, pode ser estimada como uma queda de temperatura de 15 °C. Na avaliação da variação do comprimento, pode-se considerar a retração de um terço desse valor para um tempo curto entre a moldagem e a montagem (que seria a menor retração) e de dois terços desse valor para um tempo longo entre a moldagem e a montagem (que seria a maior retração).

A deformação por fluência não afeta a variação de comprimento para uma viga de CA.

A deformação por variação uniforme de temperatura pode ser estimada para a montagem como uma variação de ±15 °C em relação à temperatura da data de moldagem.

O alongamento é calculado, considerando coeficiente de dilatação térmica 10^{-5}, por:

$$\Delta\ell_c^+ \cong (15.000-500)\left(-(1/3)\times150\times10^{-6}+0+150\times10^{-6}\right)=1{,}450 \text{ mm}$$

O menor encurtamento é calculado por:

$$\Delta\ell_c^- \cong (15.000-500)\left((2/3)\times150\times10^{-6}+0+150\times10^{-6}\right)=3{,}63 \text{ mm}$$

Chama-se a atenção para o fato de que os valores são positivos, conforme considerado na formulação apresentada.

A.1.2 Cálculo considerando as superposições das tolerâncias dos pilares e da viga de forma determinística

Os valores das tolerâncias envolvidas na posição do pilar, conforme a Fig. 2.28 e as Tabs. 2.3 e 2.5, são: a) tolerância de locação, b) tolerância de verticalidade e c) tolerância de fabricação, referente à seção transversal.

A tolerância de locação do pilar corresponde à sua locação em planta entre apoios consecutivos, fornecida na Tab. 2.5. Portanto, $t_{pil,loc}$ = 10 mm.

A tolerância de verticalidade do pilar é também fornecida na Tab. 2.5, valendo 1/300 da altura e não maior que 25 mm, ou seja, 6.500/300 ≤ 25 mm. Portanto, o seu valor é $t_{pil,loc}$ = 21,7 mm.

A tolerância da fabricação dos pilares para seção transversal é fornecida na Tab. 2.3, valendo –5 mm/+10 mm. Como a tolerância da seção transversal para a redução da seção é diferente da tolerância do sentido inverso, deve-se considerar 10 mm para o cálculo do comprimento nominal da viga e 5 mm para o comprimento do consolo. Assim, para o cálculo do comprimento nominal da viga $t_{pil,t}$ = 10 mm, e, para o cálculo do comprimento do consolo, $t_{pil,t}$ = 5 mm.

Fazendo a superposição estatística para o cálculo da tolerância do pilar, tem-se, para o cálculo do comprimento nominal da viga:

$$t_{pil}=\sqrt{t_{pil,loc}^2+t_{pil,v}^2+\left(\frac{t_{pil,t}}{2}\right)^2}=\sqrt{10^2+21{,}7^2+\left(\frac{10}{2}\right)^2}=24{,}4 \text{ mm}$$

E, para o cálculo do comprimento mínimo do consolo:

$$t_{pil}=\sqrt{t_{pil,loc}^2+t_{pil,v}^2+\left(\frac{t_{pil,t}}{2}\right)^2}=\sqrt{10^2+21{,}7^2+\left(\frac{5}{2}\right)^2}=24{,}0 \text{ mm}$$

Os valores das tolerâncias envolvidas na posição da viga, conforme a Fig. 2.28 e a Tab. 2.3, são: a) tolerância de fabricação, referente ao comprimento, e b) tolerância de esquadro.

A tolerância da viga, para comprimento maior que 10 m, vale ±20 mm. Portanto, o seu valor é $t_{vig,com}$ = 20 mm.

A tolerância da viga em relação ao esquadro vale ±5 mm. Portanto, o seu valor é $t_{vig,,esq}$ = 5 mm.

Fazendo a superposição estatística das tolerâncias da viga, tem-se:

$$t_{vig}=\sqrt{t_{vig,com}^2+t_{vig,esq}^2}=\sqrt{20^2+5^2}=20{,}6 \text{ mm}$$

Como se pode notar, o efeito da tolerância de esquadro para vigas compridas é muito pequeno. Nesse caso, pode-se desprezar o seu efeito. Assim, a tolerância da viga passaria para:

$$t_{vig}=\sqrt{t_{vig,com}^2+t_{vig,esq}^2}\cong t_{vig,comp}=20 \text{ mm}$$

O comprimento nominal da viga é calculado por:

$$\ell_{vig,nom}=\ell_m-b-2t_{pil}-2e_{min}-\Delta\ell^+-t_{vig}=$$
$$=15.000-500-2\times24{,}4-2\times5-1{,}450-20=14.420 \text{ mm}$$

o que corresponde a uma folga de 40,0 mm de cada lado.

O comprimento mínimo do consolo vale:

$$\ell_c=2t_{pil}+e_{min}+\frac{\Delta\ell^+}{2}+\frac{\Delta\ell^-}{2}+t_{vig}+a_{ap,min}=$$
$$=2\times24{,}0+5+\frac{1{,}450}{2}+\frac{3{,}63}{2}+20+250=325 \text{ mm}$$

Caso tivesse sido considerado apenas o valor maior da tolerância da seção transversal de 10 mm, o comprimento do consolo passaria a 326 mm. Portanto, para efeito prático, poderia se considerar para esse tipo de análise apenas o valor maior da tolerância da seção transversal.

A.1.3 Cálculo considerando as tolerâncias dos pilares e da viga de forma estatística

Considerando a tolerância global, que envolve duas vezes a tolerância do pilar e uma vez a tolerância da viga, e levando em conta apenas o maior valor da tolerância da seção transversal, tem-se:

$$t_g = \sqrt{t_{vig,com}^2 + 2\left(\frac{t_{pil,t}}{2}\right)^2 + 2(t_{pil,loc})^2 + 2(t_{pil,v})^2} =$$

$$= \sqrt{20^2 + 2\left(\frac{10}{2}\right)^2 + 2(10)^2 + 2(21,7)^2} = 39,9 \text{ mm}$$

O comprimento nominal da viga resulta em:

$$\ell_{vig,nom} = \ell_m - b - 2e_{min} - t_g - \Delta\ell^+ =$$
$$= 15.000 - 500 - 2 \times 5 - 39,9 - 1,450 = 14.448 \text{ mm}$$

o que corresponde a uma folga de 25,6 mm de cada lado.

Já o comprimento mínimo do consolo resulta em:

$$\ell_c = a_{ap,min} + e_{min} + \frac{\Delta\ell^+}{2} + \frac{\Delta\ell^-}{2} + t_g =$$
$$= 250 + 5 + \frac{1,45}{2} + \frac{3,63}{2} + 39,9 = 297 \text{ mm}$$

Como seria de esperar, os resultados com a soma estatística das tolerâncias dos pilares e da viga resultam em valores com abordagem menos pessimista, passando o comprimento nominal da viga e folgas de 14.420 mm e 40,0 mm para 14.448 mm e 25,6 mm, respectivamente. Já o comprimento mínimo do consolo passaria de 325 mm para 297 mm, para garantir o comprimento mínimo de apoio de 250 mm.

A.1.4 Análise dos resultados

Da análise dos resultados pode-se observar os seguintes aspectos:

- A consideração das tolerâncias dos pilares e da viga de forma determinística facilita o entendimento e o seu resultado serve apenas como referência. Naturalmente, as medidas dos elementos devem ser fixadas com base na soma estatística das tolerâncias dos pilares e da viga.
- Se for considerado um espaço mínimo para montagem nulo em vez de 5 mm, a folga para determinação do comprimento da viga passaria a, praticamente, 20 mm de cada lado. Conforme adiantado na seção 2.5, não estão sendo consideradas medidas de autoajuste, intencionais e não intencionais, que são feitas durante a montagem, que poderiam, com base na experiência, reduzir ainda mais a folga no comprimento da viga.
- Como foi considerada viga de CA, as variações volumétricas tiveram pouca influência no resultado, podendo para vãos menores serem desprezadas nessa análise. Por outro lado, em se tratando de viga de CP, teria, além da deformação inicial devido à retração, o efeito da fluência. Em uma estimativa para a mesma viga em CP, as variações volumétricas passariam de um alongamento da ordem de 1,5 mm para um encurtamento mínimo de 3 mm, e o encurtamento máximo passaria de 3,6 mm para 12 mm. Assim, em se tratando de viga de CP, o comprimento mínimo do consolo deve ser aumentado para compensar o maior encurtamento da viga.

A.2 Estabilidade global

Calcular os momentos fletores na base e no topo dos pilares, considerando os efeitos de primeira ordem e os de segunda ordem globais pelo método do γ_z, para a estrutura da Fig. A.2.

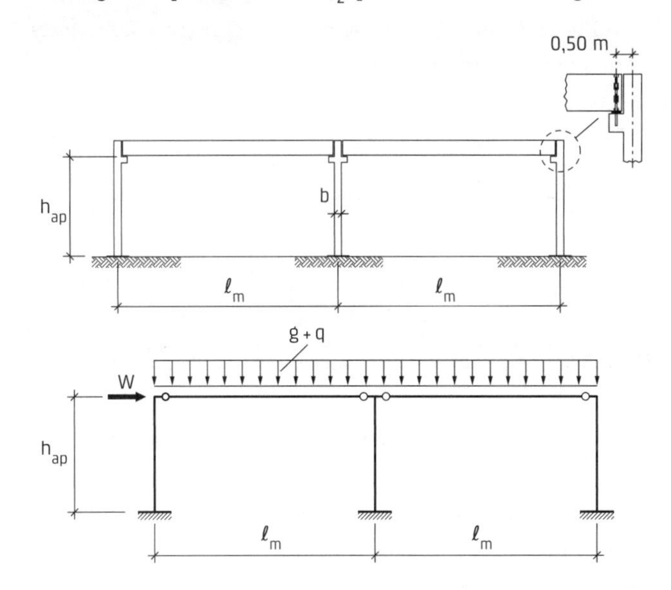

Fig. A.2 Esquema da estrutura e das ligações viga × pilar

Dados:

- *distância entre eixos dos pilares ℓ_m = 15,0 m;*
- *seção transversal dos pilares de 0,4 m × 0,4 m;*
- *distância da fundação até o consolo h_{ap} = 6,50 m;*
- *ações (valores característicos): g = 13 kN/m, q = 7 kN/m e W = 80 kN;*
- *módulo de elasticidade do concreto E_c = 30 GPa.*

Considerar:

- *a ligação da viga nos pilares como articulação perfeita;*
- *desaprumo (a_d) de 21,7 mm no topo dos pilares;*
- *ligações dos pilares na fundação perfeitamente rígidas (engastamento perfeito);*
- *três situações: a) ações verticais permanentes e variáveis (G e Q); b) ações verticais e ações laterais (G, Q e W + desaprumo); e c) ações verticais permanentes e ações laterais G e W (+ desaprumo).*

Analisar:

- *os efeitos da ligação do pilar com a fundação com uma rigidez K_f = 80 MNm (cada pilar);*
- *as diferenças em relação ao procedimento apresentado em Hogeslag (1990).*

A.2.1 Considerações iniciais

Ações que produzem momentos fletores de primeira ordem e tombamento da estrutura equivalente são as ações laterais: vento (W) e o desaprumo. Em galpões, quando houver pontes rolantes, deve ser também prevista a ação de frenagem.

Adota-se a situação extrema de todos os desaprumos serem na mesma direção. Uma avaliação mais realista seria com uma redução que leve em conta a baixa probabilidade ocorrer desaprumos máximos em todos os pilares na mesma direção.

A Fig. A.3 mostra o esquema da estrutura equivalente para a análise em questão.

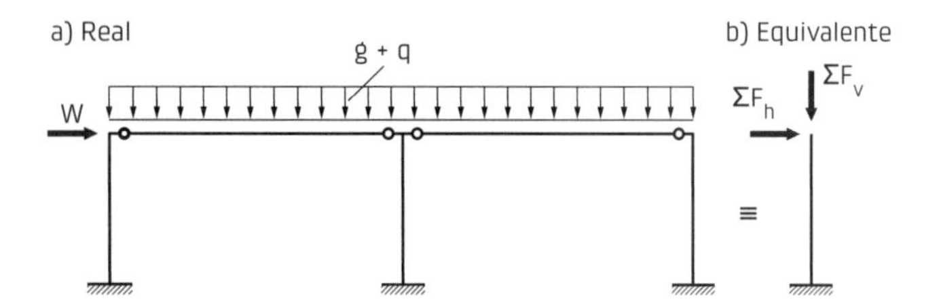

Fig. A.3 Estrutura equivalente para a análise da estabilidade global

De forma simplificada, os coeficientes de combinações das ações são considerados com o valor de 1,4 para todas as ações. Quando houver mais de uma ação variável, pode-se considerar uma das ações como principal e as outras como secundárias, com coeficiente de ponderação reduzido.

Ações que produzem momentos fletores de 1ª ordem, mas não produzem tombamento na estrutura equivalente são a carga permanente (G) e a carga variável (Q) das vigas.

Apenas os momentos fletores nos pilares são de interesse para esse exemplo e podem ser determinados de forma expedita, com uma pequena aproximação, considerando, em função do carregamento e simetria, o modelo da Fig. A.4a. Assim, tem-se:

a. O momento fletor no topo vale:

$$M_{topo} = \frac{1,4(7+13)\times 14,0}{2}\times 0,5 + \frac{1,4(7+13)\times 0,5}{2}\times 0,5 = 101,5 \text{ kNm}$$

b. O momento fletor na base, igual à metade do momento aplicado no topo, vale:

$$M_{base} = 50,7 \text{ kNm}$$

Na Fig. A.4b está mostrado o diagrama de momentos fletores de cálculo na estrutura, no qual apenas os valores nos pilares que interessam nessa análise são fornecidos.

A.2.2 Considerando a ligação do pilar com a fundação perfeitamente rígida (engastamento)

a. *Combinação de ações G e Q*

Nesse caso, só ocorre M_{1d}, pois essas ações não produzem tombamento na estrutura equivalente e, portanto, não produzem efeito de segunda ordem global.

b. *Combinação da ações G, Q e W + desaprumo*

Na estrutura equivalente, tem-se:

- *Força horizontal de cálculo*

$$\Sigma F_{hd} = 1,4 \times 80 = 112 \text{ kNm}$$

- *Força vertical de cálculo*

$$\Sigma F_{vd} = (1,4 \times 13 + 1,4 \times 7) \times 15,0 \times 2 = 840 \text{ kNm}$$

O momento de inércia da estrutura equivalente para esse caso é a soma das inércias de cada pilar:

$$I_{eq} = 3Ip = (3 \times 0,40 \times 0,40^3)/12 = 6,4 \times 10^{-3} \text{ m}^4$$

Levando em conta a redução da inércia de 0,4 (indicada para ligação viga × pilar articulada), têm-se:

$$EI_{eq,\,red} = 0,4EI_{eq} = (0,4 \times 30,0 \times 10^6)(6,4 \times 10^{-3}) = 76,8 \times 10^3 \text{ kNm}^2$$

$M_{1d,t}$ = 1,4 × 80 × 6,5 (efeito de W) + 840 × 0,0217 (efeito do desaprumo)

$$M_{1d,t} = 728 + 18 = 746 \text{ kNm}$$

Como se pode notar, o efeito do desaprumo é muito baixo nesse caso.

A flecha no topo da estrutura equivalente, calculada como viga em balanço sujeita a forças na sua extremidade devidas à ação horizontal e à componente da força vertical produzida pelo desaprumo a_d, vale:

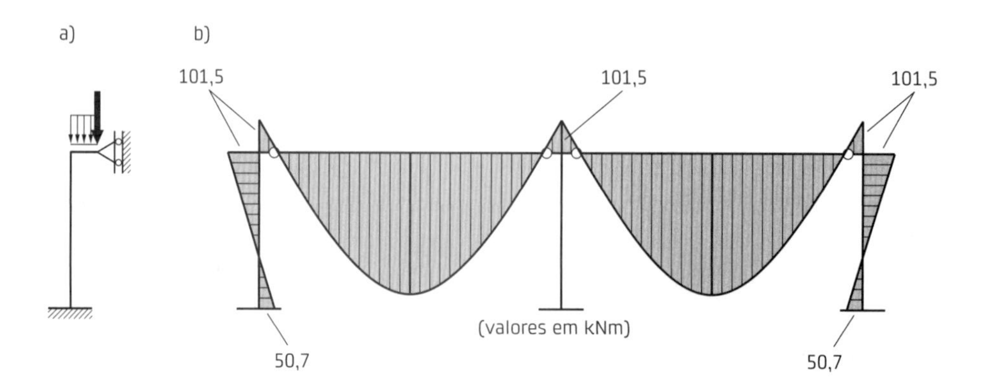

Fig. A.4 Modelo simplificado e diagrama de momentos fletores na estrutura

$$a = \frac{F_{hd}h_a^3}{3(EI)_{eq,red}} + \frac{F_{vd}\frac{a_d}{h_a}h_a^3}{3(EI)_{eq,red}} = \frac{112 \times 6{,}5^3}{3 \times 76{,}8 \times 10^3} + \frac{840 \times \frac{2{,}17}{650} \times 6{,}5^3}{3 \times 76{,}8 \times 10^3} =$$
$$= (135{,}5 + 3{,}3) \times 10^{-3} \text{m} = 136{,}8 \text{ mm}$$

A primeira avaliação do momento de segunda ordem, calculada com a estrutura deslocada pelo momento de primeira ordem, vale:

$$\Delta M_d = F_{vd}a = 840 \times 0{,}1368 = 114{,}9 \text{ kNm}$$

Com base nesses valores, tem-se:

$$\gamma_z = \frac{1}{1 - \frac{\Delta M_d}{M_{1d}}} = \frac{1}{1 - \frac{114{,}9}{746}} = 1{,}182$$

Como γ_z é maior que 1,1 e menor que 1,3, pode-se considerar o efeito de segunda ordem utilizando esse parâmetro. Como o seu valor está entre 1,2 e 1,1, multiplicam-se os esforços devidos aos momentos fletores de primeira ordem por $0{,}95\gamma_z$, conforme a NBR 9062 (ABNT, 2017a). Portanto:

$$M_{1d,t} = 0{,}95 \times 1{,}182 \times 746 = 838 \text{ kNm}$$

A Fig. A.5 mostra a superposição dos momentos fletores em cada um dos pilares. Essa superposição é feita somando os momentos fletores de primeira ordem, que não produzem tombamento, com os momentos fletores que produzem tombamento, já corrigidos, $M_{1d,t}$. Observar que o momento $M_{1d,t}$ foi dividido por 3, que é o número de pilares, resultando em 279 kNm em cada um dos pilares.

Utilizando um *software* de análise estrutural que considera a não linearidade geométrica, os momentos fletores na base dos pilares passariam de 228, 279 e 330 kNm, para os pilares da esquerda, central e da direita, respectivamente, para 250, 292 e 350 kNm. Como o γ_z foi multiplicado por 0,95, é de esperar que os momentos fletores fossem menores. Se for considerado o valor integral de γ_z na correção, os momentos fletores na base dos pilares passariam para 243, 294 e 345 kNm, para os pilares da esquerda, central e da direita, respectivamente. Dessa forma, a comparação seria mais representativa e a diferença entre a aproximação do coeficiente γ_z e o cálculo considerando a não linearidade geométrica mais precisa, feita com o *software* de análise estrutural, seria de no máximo (pilar da esquerda) 7 kNm, o que corresponderia a aproximadamente 3%.

c. *Ações G, W e desaprumo*

Nesse caso, têm-se os seguintes resultados:

$$F_{vd} = (1{,}4 \times 13) \times 15{,}0 \times 2 = 546 \text{ kNm}$$

$$M_{1d,t} = 1{,}4 \times 80 \times 6{,}5 \text{ (W)} + 546 \times 0{,}0217 \text{ (desaprumo)} = 740 \text{ kNm}$$

$$a = \frac{F_{hd}h_a^3}{3(EI)_{eq,red}} + \frac{F_{vd}\frac{a_d}{h_a}h_a^3}{3(EI)_{eq,red}} = \frac{112 \times 6{,}5^3}{3 \times 76{,}8 \times 10^3} + \frac{546 \times \frac{2{,}17}{650} \times 6{,}5^3}{3 \times 76{,}8 \times 10^3} =$$
$$= (133{,}5 + 2{,}2) \times 10^{-3} \text{ m} = 135{,}6 \text{ mm}$$

$$\Delta M_d = F_{vd}a = 546 \times 0{,}1356 = 74{,}0 \text{ kNm}$$

$$\gamma_z = \frac{1}{1 - \frac{\Delta M_d}{M_{1d}}} = \frac{1}{1 - \frac{74{,}0}{740}} = 1{,}111$$

$$M_{1d,t} = 0{,}95 \times 1{,}111 \times 740 = 781 \text{ kNm}$$

Com base nesses resultados, pode-se determinar os momentos fletores nos pilares. Como é de esperar, os efeitos de segunda ordem são menores e os momentos fletores nos pilares são menores que no caso anterior. No entanto, essa combinação de ações pode ser crítica quando se considera no dimensionamento dos pilares a força normal, o que está fora do objetivo desse exemplo.

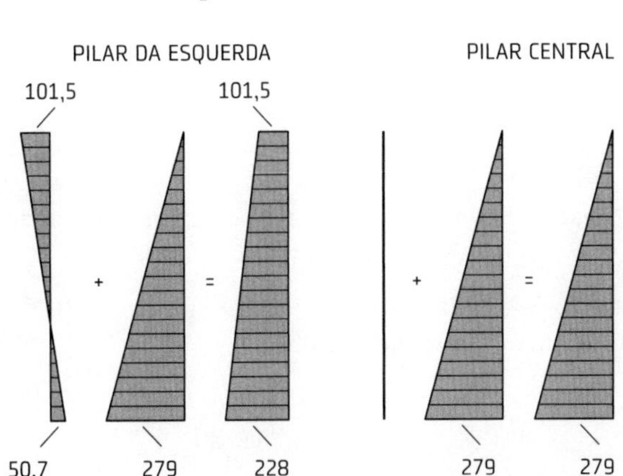

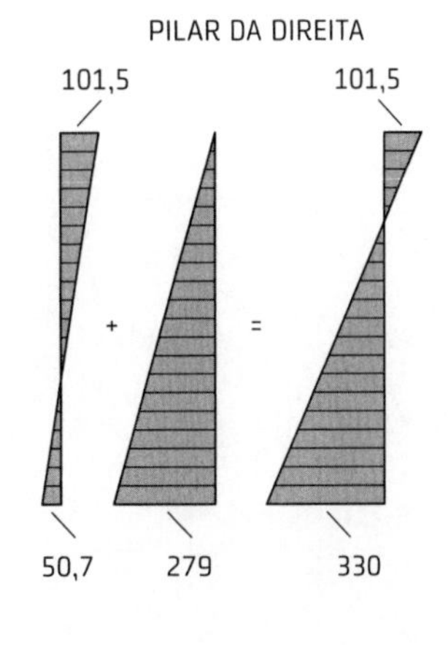

Fig. A.5 Superposição de momentos fletores nos pilares

A.2.3 Considerando as deformações das ligações dos pilares com a fundação

Essa análise é feita apenas para a combinação de ações G Q e W + desaprumo, por ser a situação em que os efeitos de segunda ordem são maiores.

Nesse caso, a flecha na extremidade é afetada pela deformação da ligação dos pilares na base, conforme mostra a Fig. A.6, para a estrutura equivalente.

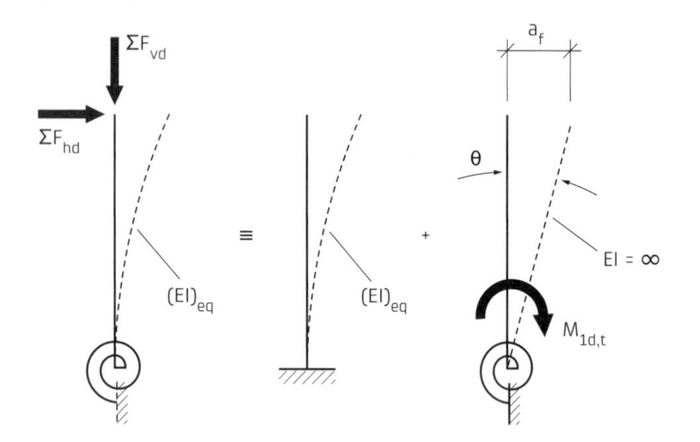

Fig. A.6 Consideração da deformação da fundação

Assim, à deformação do pilar na estrutura equivalente considerada engastada na base, deve-se acrescentar o deslocamento devido à deformação da ligação. Para o cálculo dessa parcela, determina-se a rotação na base com:

$$\theta = \frac{M}{K_f}$$

em que K_f corresponde, na estrutura equivalente, à soma das rigidezes de cada ligação do pilar na fundação.

Assim, têm-se:

$$K_f = 3 \times 80 = 240 \text{ MNm}$$

$$M_{1d,t} = 746 \text{ kNm}$$

$$\theta = \frac{M_{1dt}}{K_f} = \frac{746}{240 \times 10^3} = 3{,}11 \times 10^{-3} \text{rad}$$

$$a_f = h_{ap}\theta = 6{,}5 \times 10^3 \times 3{,}11 \times 10^{-3} = 20{,}2 \text{ mm}$$

O efeito da deformação da fundação é somado ao efeito de G, Q e W + desaprumo, determinado no ΔM_d, calculado na seção anterior:

$$\Delta M_d = (\Delta M_d)_{ant} + 840 \times 20{,}2 \times 10^{-3} = 114{,}9 + 16{,}97 = 131{,}9 \text{ kNm}$$

$$\gamma_z = \frac{1}{1 - \dfrac{\Delta M_d}{M_{1d}}} = \frac{1}{1 - \dfrac{131{,}8}{746}} = 1{,}215$$

Como é de esperar, o efeito de segunda ordem é maior, amplificando os momentos fletores que produzem tombamento na proporção de 1,182 para 1,215, para esse caso.

Os momentos fletores nos pilares podem ser determinados como no caso anterior. No entanto, deve-se destacar que os momentos fletores que não produzem tombamento na estrutura não são os mesmos do caso anterior, devido à deformação da ligação dos pilares na fundação.

A.2.4 Comparação com o procedimento apresentado em Hogeslag

Essa comparação é limitada à comparação dos coeficientes que multiplicam os momentos fletores que produzem tombamento, para a combinação de ações G, Q e W + desaprumo.

a. *Para fundação indeformável*

Empregando a redução de rigidez dos pilares conforme o procedimento proposto, tem-se:

$$EI_{eq,\,red} = EI_{eq}/3 = (30{,}0 \times 10^6 \times 6{,}4 \times 10^{-3})/3 = 64{,}0 \times 10^{-3} \text{ kNm}^2$$

O valor da força F_e calculada considerando o comprimento de flambagem da Tab. 2.15 com dois vãos é de:

$$F_e = \frac{\pi^2 (EI)_{eq}}{\ell_e^2} = \frac{\pi^2 \cdot 64{,}0 \times 10^3}{(1{,}6 \times 6{,}5)^2} = 5{,}84 \text{ MN}$$

Como a fundação é considerada indeformável ($F_f = \infty$), tem-se:

$$\frac{1}{F_{ref}} = \frac{1}{F_e} + \frac{1}{F_f}$$

E, assim:

$$F_{ref} = 5{,}84 \text{ MN}$$

Portanto, o parâmetro β e o coeficiente γ valem:

$$\beta = \frac{F_{ref}}{\sum F_{vd}} = \frac{5{,}84 \times 10^3}{840} = 6{,}95$$

$$\gamma = \frac{1}{1 - 1/\beta} = \frac{1}{1 - 1/6{,}95} = 1{,}168$$

Esse valor pode ser comparado com o valor de $0{,}95 \times 1{,}182 = 1{,}123$ do coeficiente γ_z.

b. *Com ligação deformável*

Nesse caso, o valor de F_f vale:

$$F_f = \frac{K}{h_a} = \frac{3 \times 80 \times 10^3}{6 \times 5} = 36{,}9 \text{ MN}$$

Portanto:

$$\frac{1}{F_{ref}} = \frac{1}{F_e} + \frac{1}{F_f} = \frac{1}{5{,}84} + \frac{1}{36{,}9} \quad \text{resultando em } F_{ref} = 5{,}04 \text{ MN}$$

$$\beta = \frac{5{,}04 \times 10^3}{840} = 6{,}00$$

$$\gamma = \frac{1}{1 - 1/\beta} = \frac{1}{1 - 1/6{,}00} = 1{,}200, \text{ contra o valor de } 1{,}0 \times 1{,}214$$
$$= 1{,}214 \text{ do coeficiente } \gamma_z$$

Nota: está sendo utilizada a recomendação da NBR 9062 (ABNT, 2017a), que indica a correção dos momentos fletores de primeira ordem com γ_z para $1{,}20 \leq \gamma_z \leq 1{,}30$. Caso fosse aplicada a NBR 6118 (ABNT, 2014a), a correção seria feita com 0,95 × 1,214 = 1,152.

A.2.5 Análise dos resultados e considerações finais

O exemplo foi propositadamente desenvolvido para ser feito sem necessitar de *softwares* de análise estrutural e com simplificações que podem não ser aceitáveis em projetos reais, uma vez que o objetivo principal é a fixação dos conceitos.

Para fazer uma combinação de ações referente a esse assunto, recomenda-se ver a análise desenvolvida em Marin (2009), voltada para edifícios de múltiplos pavimentos, na qual se pode notar a importância de fazer as várias combinações na análise da estabilidade global e no dimensionamento dos elementos estruturais.

Nesse exemplo, o efeito da deformação da fundação não foi significativo. No entanto, a rigidez da ligação do pilar na base varia bastante em função do tipo de fundação e das características do solo. Se a rigidez da ligação for, por exemplo, 20% da empregada, o que não seria incomum, o valor do γ_z passaria de 1,214 para 1,365, o que extrapolaria o seu campo de validade de processo aproximado.

Os efeitos de segunda ordem avaliados com o coeficiente γ_z com o procedimento apresentado em Hogeslag (1990) são relativamente próximos, principalmente se levar o valor integral de γ_z. Cabe também registrar que o coeficiente γ_z. é de entendimento mais fácil e não necessita do cálculo da força de flambagem, que pode exigir um cálculo mais trabalhoso. Cabe registrar, conforme adiantado na seção 3.8, que a tendência é de considerar a não linearidade geométrica de forma mais precisa diretamente nos *softwares*, o que tornaria desnecessária a utilização desses processos aproximados.

A.3 Consolo e dente de concreto

Calcular e esquematizar a armadura para o consolo e para o dente de concreto da situação da Fig. A.7, para a transferência da máxima força vertical pela ligação.

Dados:

- *dimensões do pilar de 500 mm × 500 mm;*
- *dimensões da almofada de apoio de 330 mm × 230 mm × 20 mm;*
- *dimensões do consolo: altura do consolo h_c = 350 mm, largura do consolo b_c = 400 mm, comprimento do consolo ℓ_c = 300 mm;*
- *dimensões do dente e da viga: altura do dente h_d = 380 mm, altura da viga h_{vig} = 750 mm, comprimento do dente ℓ_d = 300 mm, largura do dente = largura da viga b_{vig} = 400 mm;*
- *materiais: concreto C40 (f_{ck} = 40 MPa) e aço CA-50 (f_{yk} = 500 MPa).*

Considerar:

- *relação entre ações permanentes e ações variáveis igual a 1,0;*
- *elementos com controle de produção que justifica serem enquadrados como concreto pré-fabricado segundo a NBR 9062 (ABNT, 2017a);*
- *máxima força horizontal transferida pela ligação é de 20% da força vertical.*

A.3.1 Resistência de cálculo dos materiais

Considerando os elementos de concreto pré-fabricado, têm-se:

$$f_{cd} = 40/1{,}3 = 30{,}8 \text{ MPa}$$

$$f_{yd} = 500/1{,}1 = 454 \text{ MPa}$$

No entanto, as tensões na armadura do consolo e, por extensão, nos dentes de concreto devem ser limitadas a 435 MPa, conforme adiantado no Cap. 3.

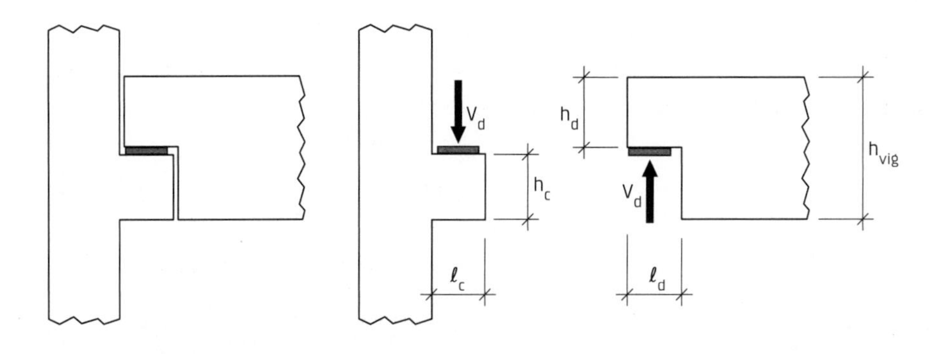

Fig. A.7 Esquema de ligação e nomenclatura empregada

A.3.2 Cálculo das relações a/d para classificação dos consolos

Para o consolo, a distância da força vertical até a face do pilar a é considerada, conforme recomendação da seção 3.4.3 (Fig. 3.37), três quartos do comprimento do consolo.

$$a = 3/4\,\ell_c = 3/4\ 300\ \text{mm} = 225\ \text{mm}$$

Para o dente, a distância da força vertical até o CG da armadura de suspensão (seção 3.5.2, Fig. 3.48), adotando a alternativa A para o arranjo da armadura do dente, pode ser avaliada em:

$$a_{ref} = \ell_d/2 + c + \phi/2 + d_{vig}/8 = 300/2 + 30 + 5 + (750-50)/8 = 272{,}5\ \text{mm}$$

com a estimativa do CG da armadura tracionada até a borda mais próxima em 50 mm.

Como se pode notar, não está sendo considerado o efeito benéfico da posição da força vertical ser deslocada pela rotação da viga para uma posição mais próxima do canto reentrante.

Estimando também a distância da posição do CG da armadura tracionada até a borda mais próxima em 50 mm, para o consolo e para o dente, têm-se:

- *Para o consolo*

$$d_c = 350 - 50 = 300\ \text{mm}$$

Assim, $a/d_c = 225/300 = 0{,}75$ e, portanto, consolo curto.

- *Para o dente*

$$d_d = 380 - 50 = 330\ \text{mm}$$

Assim, $a_{ref}/d_d = 272{,}5/330 = 0{,}826$ e, portanto, consolo curto.

A.3.3 Cálculo da máxima força vertical transferida

Supondo que o dente seja mais crítico e levando em conta a redução da tensão na biela de 0,85, tem-se:

$$V_d = 0{,}85 \times 0{,}2f_{cd}\,b_{vig}\,d_d = 0{,}85 \times 0{,}2 \times 30{,}8 \times 0{,}4 \times 0{,}33 = 0{,}691\ \text{MN} = 691\ \text{kN}$$

Supondo que o consolo seja mais crítico, tem-se:

$$V_d = 0{,}2f_{cd}\,b_c\,d_c = 0{,}2 \times 30{,}8 \times 0{,}4 \times 0{,}3 = 0{,}739\ \text{MN} = 739\ \text{kN}$$

Portanto, a máxima força vertical que pode ser transferida pela ligação vale:

$$V_d = 691\ \text{kN}$$

E a máxima força horizontal a ser considerada:

$$H_d = 0{,}2V_d = 138{,}2\ \text{kN}$$

A.3.4 Cálculo e esquematização da armadura do consolo

As armaduras dos consolos são calculadas conforme segue.

- *Armadura do tirante*

$$A_{s,tir} = \frac{1}{f_{yd}}\left(\frac{V_d a}{0{,}9d_c} + 1{,}2H_d\right) = \frac{1}{435}\left(\frac{0{,}691 \times 0{,}225}{0{,}9 \times 0{,}3} + 1{,}2 \times 0{,}1382\right) =$$
$$= 17{,}05 \times 10^{-4}\text{m}^2 = 17{,}05\ \text{cm}^2$$

- *Armadura de costura, a ser disposta em dois terços da altura (200 mm), a partir da armadura do tirante, considerando apenas a parcela da armadura do tirante devida à força vertical*

$$A_{sh} \geq 0{,}5\frac{1}{f_{yd}}\left(\frac{V_d a}{0{,}9d}\right) = 0{,}5\frac{1}{435}\left(\frac{0{,}691 \times 0{,}225}{0{,}9 \times 0{,}3}\right) =$$
$$= 6{,}62 \times 10^{-4}\text{m}^2 = 6{,}62\ \text{cm}^2$$

- *Armadura vertical (estribos)*

$$A_{sv} \geq 0{,}2A_{s,tir} = 0{,}2 \times 17{,}05 = 3{,}41\ \text{cm}^2$$

Armadura vertical mínima de viga conforme a NBR 6118 (ABNT, 2014a), considerando a resistência dos materiais, vale 1,70 cm^2. Portanto, $A_{sv} = 3{,}41\ \text{cm}^2$.

Levando em conta as condições de alojamento e os espaçamentos entre as barras, os seguintes números e bitolas de barras são sugeridos:

- $A_{s,tir}$ – 4ϕ25 (19,63 cm^2), ancorados com barra transversal soldada de 25 mm;
- A_{sh} – 10ϕ10 (7,85 cm^2), o que corresponde a cinco grampos horizontais;
- A_{sv} – 6ϕ10 (4,71 cm^2), o que corresponde a três estribos.

A Fig. A.8 mostra o esquema da armadura do consolo, cabendo destacar que: a) foi adotado cobrimento nominal da armadura de 30 mm, b) o detalhamento foi feito considerando espaçamento livre entre as barras da armadura de 30 mm, o que já estaria atingindo limites construtivos, c) foi empregado estribo adicional construtivo na extremidade do consolo, d) foi empregada armadura construtiva de 2ϕ12,5 na parte inferior da viga e e) o detalhamento deve ser feito em conjunto com a armadura do pilar para evitar possíveis conflitos.

A.3.5 Cálculo e esquematização da armadura do dente

Conforme adiantado, foi adotada a alternativa A para o arranjo da armadura do dente. Assim, o cálculo da armadura do dente é feito como segue.

- *Armadura de suspensão*

$$A_{s,sus} = \frac{V_d}{f_{yd}} = \frac{0{,}691}{435} = 15{,}88 \times 10^{-4}\ \text{m}^2 =$$
$$= 15{,}88\ \text{cm}^2 = 15{,}88 \times 10^{-4}\text{m}^2 = 15{,}88\ \text{cm}^2$$

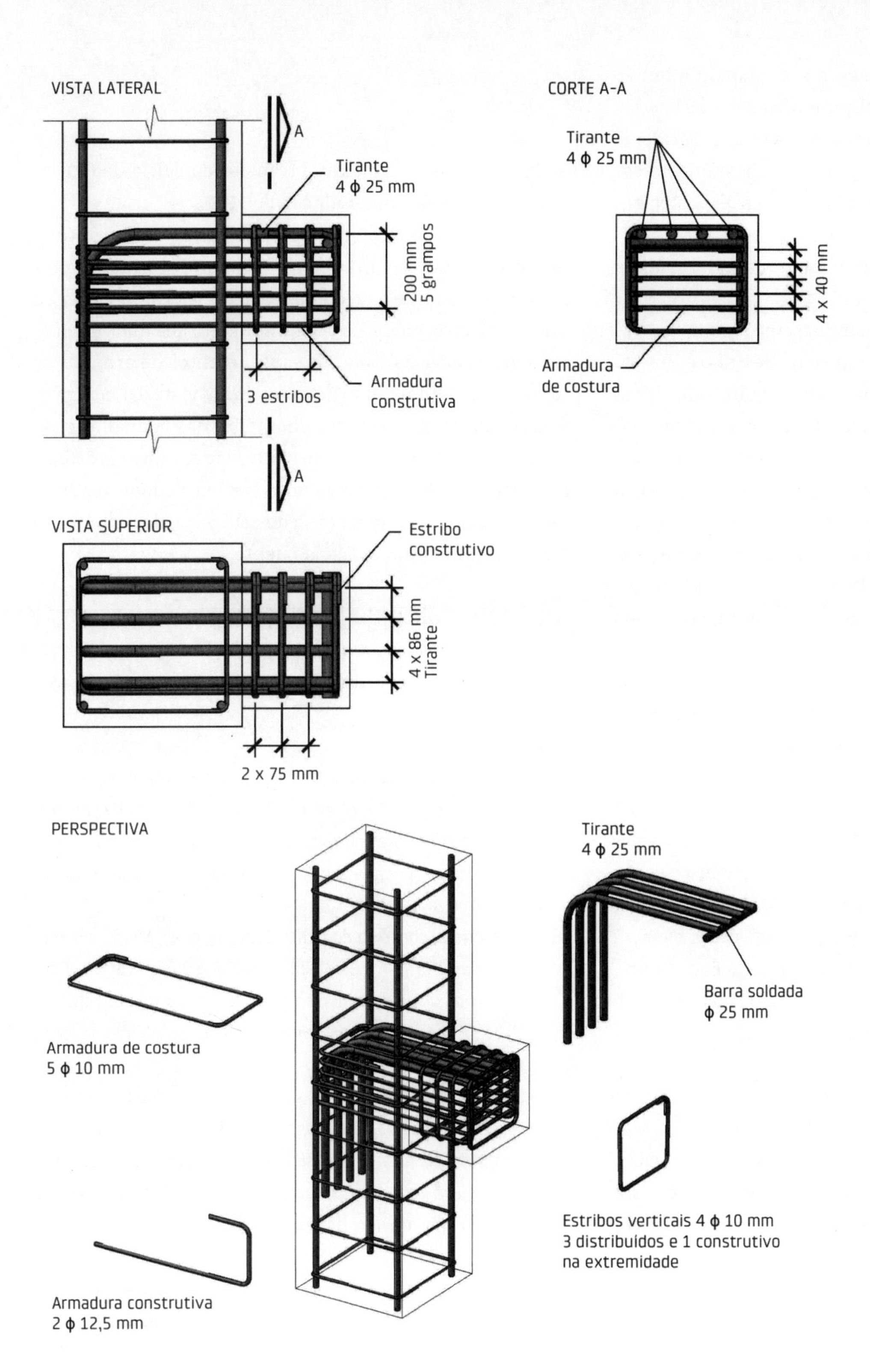

Fig. A.8 Esquema da armadura do consolo

- *Armadura do tirante*

$$A_{s,tir} = \frac{1}{f_{yd}}\left(\frac{V_d a_{ref}}{0{,}85 d_d} + 1{,}2 H_d\right) = \frac{1}{435}\left(\frac{0{,}691 \times 0{,}273}{0{,}85 \times 0{,}33} + 1{,}2 \times 0{,}1382\right) =$$

$$= 19{,}27 \times 10^{-4}\ \text{m}^2 = 19{,}27\ \text{cm}^2$$

- *Armadura de costura, a ser disposta em dois terços da altura (220 mm), a partir da armadura do tirante, considerando apenas a parcela da armadura do tirante devida à força vertical*

$$A_{sh} \geq 0{,}5\frac{1}{f_{yd}}\left(\frac{V_d a_{ref}}{0{,}85 d_d}\right) = 0{,}5\frac{1}{435}\left(\frac{0{,}691 \times 0{,}273}{0{,}85 \times 0{,}33}\right) =$$

$$= 7{,}73 \times 10^{-4}\text{m}^2 = 7{,}73\ \text{cm}^2$$

- *Armadura vertical (estribos)*

$$A_{sv} \geq 0{,}25 A_{s,tir} = 0{,}25 \times 19{,}27 = 4{,}82\ \text{cm}^2$$

que é maior que a armadura mínima de viga, conforme verificação equivalente para consolo.

Como no caso anterior, devem ser consideradas as condições de alojamento e espaçamentos entre as barras. Os seguintes números e bitolas de barras são sugeridos:

- $A_{s,sus}$ – 2 × 5φ10 (15,7 cm²), o que corresponde a estribos de quatro ramos que devem ser dispostos em $d_{vig}/4$ = (750 – 50)/4 = 175 mm;
- $A_{s,tir}$ – 4φ25 ancorados com barra transversal soldada de 25 mm;
- A_{sh} – 10φ10, o que corresponde a cinco grampos;
- A_{sv} – 6φ10, o que corresponde a três estribos.

A Fig. A.9 mostra o esquema da armadura do dente cabendo destacar que: a) foi adotado cobrimento nominal da armadura de 30 mm, b) o detalhamento foi feito considerando espaçamento livre entre as barras da amadura de 30 mm, o que já estaria atingindo limites construtivos, c) foi empregado um estribo adicional construtivo na extremidade do dente e d) o detalhamento deve ser feito em conjunto com o restante da armadura da viga, com mais razão que no caso do consolo.

Cabe destacar que o espaçamento livre teórico da armadura de suspensão é de 33 mm, sendo que o espaçamento mínimo adotado somente não é atingido na região de traspasse, em que o seu valor se reduziria a 23 mm.

A.3.6 Análise dos resultados e considerações finais

Esse exemplo não seria o padrão de projeto, pois o cálculo e o detalhamento da armadura são feitos a partir das forças transmitidas pela ligação, determinadas com base na análise estrutural com as combinações de ações. Assim, as forças aplicadas no consolo e no dente são conhecidas e o cálculo é feito verificando a ruptura do concreto da biela e calculando a armadura.

Conforme apresentado, a verificação da resistência do concreto nos consolos curtos resulta em diferenças significativas, conforme o procedimento empregado. Assim, por exemplo, se fosse considerada a formulação proposta em Leonhardt e Mönnig (1978b), desenvolvida no texto principal, o resultado seria:

- *Para o consolo* ($a/d_c = 0{,}75$)

$$\tau_{wu} = \frac{0{,}18 \times 3{,}08}{\sqrt{(0{,}9)^2 + (0{,}75)^2}} = 0{,}473 \text{ kN/cm}^2 = 4{,}73 \text{ MPa}$$

e

$$V_d = \tau_{wu} b_c d_c = 0{,}473 \times 40 \times 30 = 568 \text{ kN}$$

- *Para o dente* ($a_{ref}/d_d = 0{,}826$)

$$\tau_{wu} = \frac{0{,}18 \times 0{,}85 \times 3{,}08}{\sqrt{(0{,}9)^2 + (0{,}826)^2}} = 0{,}386 \text{ kN/cm}^2 = 3{,}86 \text{ MPa}$$

e

$$V_d = \tau_{wu} b_d d_d = 0{,}386 \times 40 \times 33 = 510 \text{ kN}$$

Portanto, a força máxima transferida cairia de 691 kN para 510 kN, com uma redução de 26,3%.

Considerando a força de projeto como a força última referente à ruptura da biela do concreto, a armadura resultante é bastante alta, como seria de esperar. Com isso, a importância do cuidadoso detalhamento fica mais explícita, pois, como se viu, alguns espaçamentos de armaduras estariam no limite construtivo tendo em vista a moldagem.

Cabe destacar que o detalhamento das armaduras, do consolo e, principalmente do dente, são apenas sugestões, pois esse detalhamento deveria ser feito com o restante da armadura do pilar, no caso de consolo, e do restante da armadura da viga, no caso do dente.

A.4 Cálice de fundação

Projetar um cálice de fundação para um pilar pré-moldado, incluindo o esboço das armaduras, para a situação mostrada na Fig. A.10.

Dados:

- *seção transversal do pilar de 400 mm × 400 mm;*
- *solicitações no pilar correspondentes ao ELU ao nível do topo do colarinho: força normal N_d = 300 kN, forças cortantes nas direções x e y V_d = 75 kN, e momento fletor nas direções x e y M_d = 400 kNm;*
- *materiais: concreto do cálice C25 (f_{ck} = 25 MPa), concreto do pilar C35 (f_{ck} = 35 MPa) e aço CA-50 (f_{yk} = 500 MPa). Nota: a classe do concreto do cálice, mais baixa, reflete o fato de se tratar de elemento de concreto moldado no local.*

Considerar:

- *as solicitações nas direções x e y não atuam simultaneamente;*
- *paredes internas do cálice e do pilar com interfaces lisas;*
- *eventual coeficiente de ajustamento, indicado para sistema estrutural com pilares engastados e vigas articuladas, já incluído nos valores das solicitações.*

Analisar:

- *o efeito de não levar em conta o atrito e a posição da resultante das pressões da base no eixo do pilar (e_{nb} = 0), conforme a Fig. 3.104;*
- *o efeito do emprego de interface com chaves de cisalhamento no cálice e no pilar.*

A.4.1 Considerações iniciais

Os seguintes parâmetros são adotados:

- *cobrimento nominal da armadura*: na face externa, 35 mm, e na face interna, 20 mm;
- *espaço (nominal) previsto para preenchimento*: 50 mm;
- *concreto de enchimento*: C35 (igual ao do pilar pré-moldado).

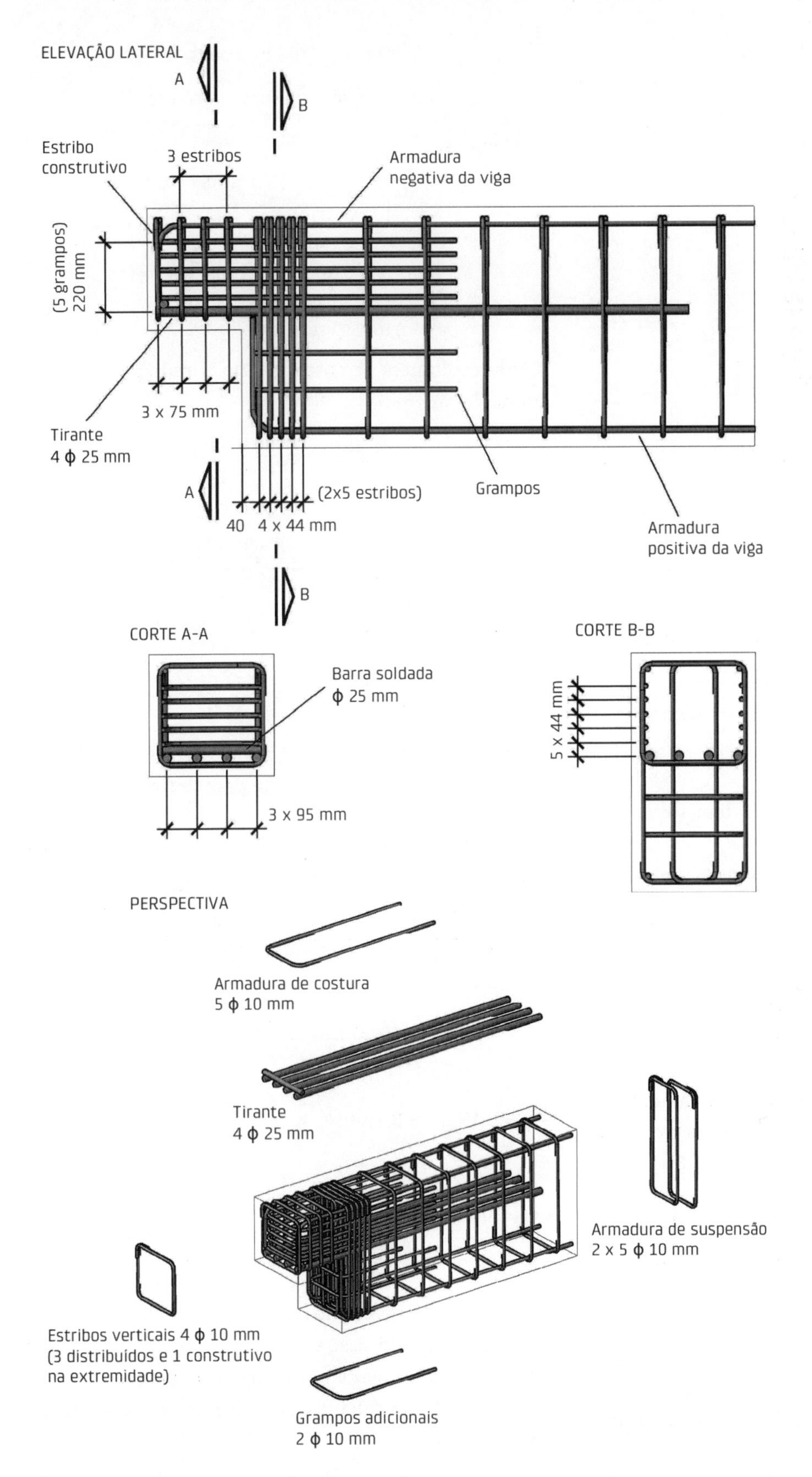

Fig. A.9 Esquema da armadura do dente

As resistências de projeto dos materiais são:

$$f_{cd} = f_{ck}/1,4 = 25/1,4 = 17,86 \text{ MPa}$$

$$f_{yd} = f_{yk}/1,15 = 500/1,15 = 435 \text{ MPa}$$

A.4.2 Dimensões geométricas iniciais

O comprimento de embutimento do pilar adotado, com base na Tab. 3.7, para o caso de interfaces lisas e rugosas, é:

$$\frac{M_d}{N_d h} = \frac{400}{300 \times 0,4} = 3,33 \geq 2$$

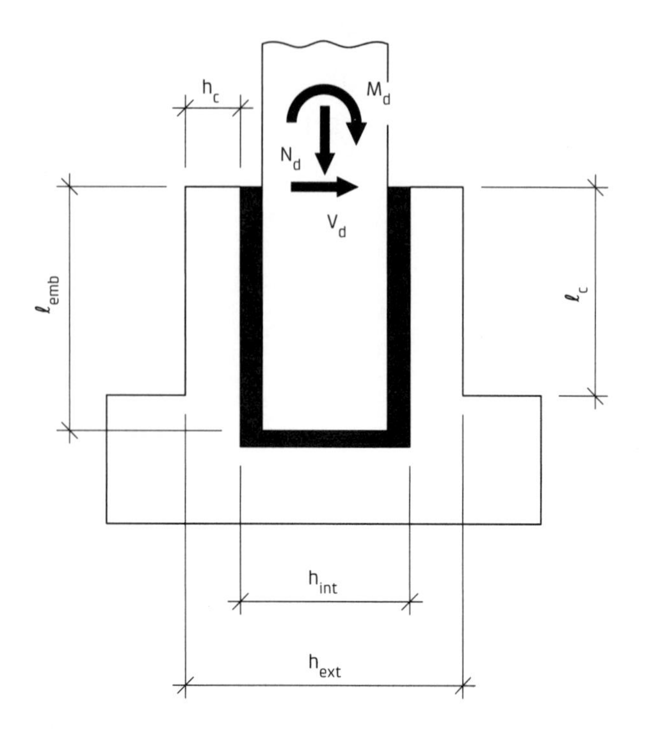

Fig. A.10 Nomenclatura empregada para o cálice de fundação

Assim, o comprimento mínimo de embutimento deve ser 2h = 2 × 0,4 = 0,8 m. Adota-se esse valor. Portanto:

$$\ell_{emb} = 0,80 \text{ m}$$

Conforme a nomenclatura da Fig. A.10, tem-se:

h_{int} = 0,4 + 2 × 0,05 = 0,5 m (que também vale para a direção perpendicular)

A espessura mínima do colarinho deve ser $h_{int}/4 = 0,5/4 = 0,125$ m. Adota-se a espessura do colarinho $h_c = 0,15$ m.

A dimensão externa do colarinho vale:

$h_{ext} = b_{int}$ + duas vezes o espaço para preenchimento = 0,50 + 2 × 0,15 = 0,80 m (que também vale para a direção perpendicular)

Adotando o embutimento do pilar na fundação de $0,1\ell_{emb}$, o comprimento do colarinho vale $\ell_c = 0,9\ell_{emb}$. Portanto:

$$\ell_c = 0,72 \text{ m}$$

A.4.3 Cálculo das armaduras e verificações

A resultante das pressões na parede frontal do colarinho vale:

$$H_{fd} = \frac{M_d - N_d\left[0,25h + \mu\left(\dfrac{0,1\ell_{emb} - 0,75\mu h}{1+\mu^2}\right)\right] + V_d\left[\ell_{emb} - \left(\dfrac{0,1\ell_{emb} - 0,75\mu h}{1+\mu^2}\right)\right]}{0,8\ell_{emb} + \mu h}$$

Utilizando os valores recomendados de:

$$e_{nb} = h/4 = 0,4/4 = 0,10 \text{ m}$$

$$y = y' = \ell_{emb}/10 = 0,8/10 = 0,08 \text{ m}$$

coeficiente de atrito nas interfaces = 0,3

Chega-se a:

$$H_{fd} = \frac{400 - 300 \times \left[0,25 \times 0,4 + 0,3\left(\dfrac{0,1 \times 0,8 - 0,75 \times 0,3 \times 0,4}{1+0,3^2}\right)\right] +}{0,8 \times 0,8 + 0,3 \times 0,4}$$

$$\frac{+75\left[0,8 - \left(\dfrac{0,1 \times 0,8 - 0,75 \times 0,3 \times 0,4}{1+0,3^2}\right)\right]}{0,8 \times 0,8 + 0,3 \times 0,4} = 568 \text{ kN}$$

As resultantes das pressões na parede posterior e na fundação valem:

$$H_{pd} = H_{fd} - \frac{V_d + \mu N_d}{1+\mu^2} = 568 - \frac{75 + 0,3 \times 300}{1+0,3^2} = 416 \text{ kN}$$

$$N_{bd} = \frac{N_d - \mu V_d}{1+\mu^2} = \frac{300 - 0,3 \times 75}{1+0,3^2} = 255 \text{ kN}$$

A armadura horizontal principal é determinada com:

$$A_{shp} = \frac{H_{fd}}{2f_{yd}} = \frac{568 \times 10^{-3}}{2 \times 435} = 6,53 \times 10^{-4} \text{m}^2 = 6,53 \text{ cm}^2$$

a ser colocada em cada uma das paredes longitudinais e, considerando apenas tração na parede frontal, nas paredes transversais.

A verificação da parede longitudinal comportando-se como consolo curto é feita com (ver Fig. 3.110):

$$tg\beta = \frac{(\ell_c - y)}{(0,85h_{ext} - h_c/2)} = \frac{(0,72 - 0,08)}{(0,85 \times 0,80 - 0,15/2)} = 1,06 \text{ e, portanto, } \beta = 46,6°$$

$$R = \frac{H_{fd}}{2\cos\beta} = \frac{568}{2\cos 46,6} = 413 \text{ kN}$$

$$\frac{h_{bie}}{2} = 0,15h_{ext}\text{sen}\beta \text{ e, assim, } h_{bie} = 2 \times 0,15 \times 0,8\text{sen}46,6° = 0,1744 \text{ m}$$

$$\sigma_{cd} = \frac{R}{b_{bie}h_c} = \frac{413}{0,1744 \times 0,15} \times 10^{-3}$$
$$= 15,78\text{MPa} > 0,85f_{cd} = 0,85 \times 17,86 = 15,18 \text{ MPa}$$

Portanto, deve-se aumentar a espessura da parede do colarinho. Em função disso e já levando em conta o alojamento da armadura, aumentou-se a espessura para $h_c = 0,18$ m.

Refazendo os cálculos para essa nova espessura do colarinho, tem-se:

$$\beta = 45°, \; R = \frac{568}{2\cos 45} = 401 \text{ kN e } \sigma_{cd} = 12,2 \text{ MPa} < 15,18 \text{ MPa}$$

E o cálculo da armadura vertical principal é feito com:

$$F_{vd} = \frac{R}{2}tg\beta = \frac{568}{2}tg45 = 284 \text{ kN}$$

$$A_{svp} = \frac{F_{vd}}{f_{yd}} = \frac{284 \times 10^{-3}}{435} = 6{,}53 \times 10^{-4} m^2 = 6{,}53\ cm^2$$, a ser disposta em cada canto do colarinho

Cabe observar que a coincidência dos valores das armaduras horizontal principal e vertical principal se deve ao fato de β ser 45°.

As armaduras secundárias são determinadas com:

- *Horizontal*

$$A_{shs} = 0{,}5A_{shp} = 0{,}5 \times 6{,}53 = 3{,}26\ cm^2$$

- *Vertical*

$$A_{svs} = 0{,}5A_{svp} = 0{,}5 \times 6{,}53 = 3{,}26\ cm^2$$

A escolha das bitolas e barras deve ser feita por tentativas e ajustes. Começando pela armadura horizontal principal e procurando atender à recomendação de a parte externa ser o dobro da interna, tem-se: parte externa 4ϕ12,5 (A_s = 5,0 cm²) e parte interna 4ϕ10 (A_s = 3,14 cm²), totalizando 8,14 cm², que devem ser colocadas no topo do colarinho a $0{,}2\ell_{emb} = 0{,}2 \times 0{,}8 = 0{,}16$ m, o que levaria a um espaçamento da ordem de 40 mm.

Tendo em vista que a armadura escolhida (8,14 cm²) é bem maior que a necessária (6,53 cm²) e que o espaçamento das barras é baixo, adotou-se um aumento do comprimento de embutimento de 0,80 m para 0,90 m. Para propiciar condições de alojar as armaduras principais, a espessura das paredes do colarinho foi aumentada para 0,22 m.

Refazendo os cálculos da armadura, com essa nova altura de embutimento tem-se:

$$A_{shp} = 5{,}99\ cm^2$$

$$A_{svp} = 6{,}82\ cm^2$$

$$A_{shs} = 3{,}00\ cm^2$$

$$A_{svs} = 3{,}41\ cm^2$$

As bitolas e as barras para cada caso, bem como as dimensões adotadas do cálice, estão apresentadas a seguir:

- *armadura horizontal principal*: parte externa 3ϕ12,5 (A_s = 3,75 cm²) e parte interna 3ϕ10 (A_s = 2,36 cm²), totalizando 6,11 cm²;
- *armadura vertical principal (em cada canto)*: três grampos de 12,5 (6ϕ12,5) (A_s = 7,50 cm²);
- *armadura horizontal secundária*: parte externa e parte interna 3ϕ8 (A_s = 1,50 m²), totalizando 3,00 cm²;
- *armadura vertical secundária*: três grampos de 10 (6ϕ10) (A_s = 4,71 cm²);
- *comprimento de embutimento*: ℓ_{emb} = 0,90 m;
- *dimensão externa do colarinho*: h_{ext} = 0,94 m (nas duas direções);
- *dimensão interna do colarinho*: h_{int} = 0,50 m (nas duas direções);
- *espessura do colarinho*: h_c = 220 mm;
- *embutimento do cálice na fundação*: 90 mm.

A Fig. A.11 mostra o esquema da armadura sugerida para o cálice.

Nessa situação, a armadura horizontal principal tem espaçamento entre barras de 60 mm, bem como a armadura vertical nos cantos, o que resulta em espaço livre entre barras da ordem de 50 mm. Os espaçamentos livres entre barras é relativamente pequeno, mas reforça a necessidade de detalhar cuidadosamente a armadura, que é um dos objetivos do exemplo.

Uma alternativa para o detalhamento da armadura é contar com a armadura vertical próxima do canto, conforme estudo de Nunes (2009). Contando com essa armadura, a armadura vertical nos cantos passaria para dois grampos de 12,5, que, somada aos outros dois grampos de 10 da parede próximos do canto, resultaria em A_s = 8,14 cm². Com isso, melhoram as condições de alojamento da armadura nos cantos, podendo inclusive reduzir a espessura das paredes do colarinho para 0,20 m.

A.4.4 Comparação com outros tipos de interfaces e procedimentos

Com o objetivo de analisar os resultados, faz-se aqui uma comparação com outros tipos de interfaces e procedimentos.

Uma comparação importante é com o procedimento apresentado em Leonhardt e Mönnig (1978b), que constava nas antigas versões deste livro e da NBR 9062 (ABNT, 2017a). Esse procedimento consiste em não levar em conta o atrito e o deslocamento da resultante das pressões na base do pilar do seu eixo para a distância de h/4, ou seja, considerar $e_{nb} = 0$.

Outra comparação aqui incluída é com a interface rugosa, conforme o padrão definido na seção 3.7.1. Nesse caso, o coeficiente de atrito utilizado é de 0,6 e o deslocamento da resultante das pressões da base do pilar (e_{nb}) é igual a h/4.

Essa comparação é feita considerando o comprimento de embutimento de 0,80 m, adotado inicialmente. A Tab. A.1, apresenta a comparação das armaduras principais, bem como a resultante H_{fd}, em que os valores determinados na seção anterior são usados como referência.

Como seria de esperar, não levar em conta o atrito e o deslocamento da resultante das pressões da base do pilar aumenta significativamente as armaduras verticais e horizontais. Nesse caso, o aumento das armaduras principais foi da ordem de 50%.

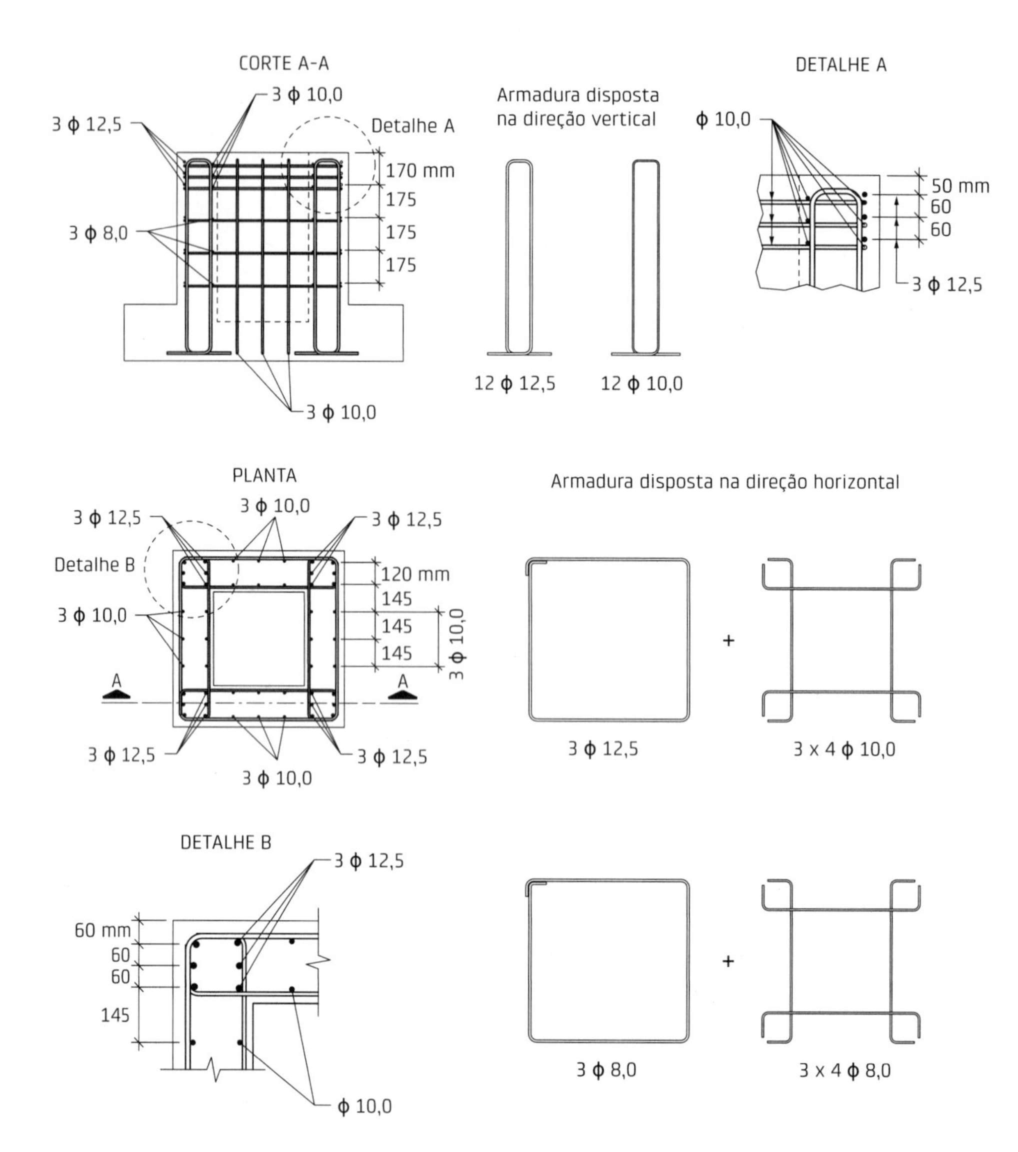

Fig A.11 Esquema da armadura sugerida

Tab. A.1 COMPARAÇÃO DAS ARMADURAS PRINCIPAIS PARA OUTROS TIPOS DE INTERFACES E PROCEDIMENTOS

	H_{fd} (kN)	A_{shp} (cm²)	A_{svp} (cm²)
Sem considerar o atrito e $e_{nb} = 0$	844	9,70	10,3
Coeficiente de atrito = 0,3 e $e_{nb} = h/4$ (referência)	568	6,53	6,53
Coeficiente de atrito = 0,6 e $e_{nb} = h/4$ (interface rugosa)	510	5,86	5,86

Merece ainda observar que esse aumento acarretaria uma maior dificuldade para alojar a armadura, pois as solicitações na base do pilar foram adotadas propositalmente elevadas para evidenciar aspectos críticos do projeto.

Já o emprego de interfaces rugosas, com o dobro do coeficiente de atrito, mas mantendo $e_{nb} = h/4$ reduz pouco as armaduras vertical e horizontal, da ordem de 10%, nesse caso.

É também interessante a comparação das áreas das armaduras principais determinadas na seção anterior com aquelas determinadas com o emprego de interfaces com chaves de cisalhamento.

Considerando as chaves de cisalhamento atendendo às condições indicadas na seção 3.7.1 e $M_d/(N_d h) > 2$, o comprimento mínimo de embutimento resulta em:

$$\ell_{emb} = 1{,}6h = 1{,}6 \times 0{,}40 = 0{,}64 \text{ m}$$

Portanto, o comprimento de embutimento pode ser reduzido de 0,8 m para 0,64 m.

Utilizando as mesmas dimensões iniciais empregadas na seção A.4.3, inclusive a espessura da parede do colarinho de 150 mm, tem-se:

$$d_c = h_{ext} - h_c = 0{,}80 - 0{,}15 = 0{,}65 \text{ m}$$

A armadura horizontal principal é calculada com base nas seguintes resultantes:

$$H_{fd,sup} = \frac{\left[M_d + V_d \ell_{emb} + N_d\left(0{,}5d_c\right)\right]}{2{,}60d_c}$$

$$= \frac{\left[400 + 75 \times 0{,}64 + 300\left(0{,}5 \times 0{,}65\right)\right]}{2{,}60 \times 0{,}65} = 323 \text{ kN}$$

$$H_{pd,sup}=\frac{\left[M_d+V_d\ell_{emb}+N_d\left(0{,}4d_c\right)\right]}{0{,}63d_c}$$

$$=\frac{\left[400+75\times0{,}64-300\times\left(0{,}4\times0{,}65\right)\right]}{0{,}63\times0{,}65}=903\ \text{kN}$$

A armadura horizontal principal é determinada com a maior das resultantes, valendo:

$$A_{shp}=\frac{H_{d,sup}}{2f_{yd}}=\frac{903\times10^{-3}}{2\times435}=10{,}4\times10^{-4}\ \text{m}^2=10{,}4\ \text{cm}^2$$

A armadura vertical com o diagrama simplificado e em um único nível, conforme modelo da Fig. 3.112c, resulta em 11,44 cm². Essa armadura corresponde a duas vezes a armadura principal vertical colocada em cada canto, e a armadura vertical secundária é igual a 0,5 vez a principal. Portanto, a armadura vertical principal em cada canto, para comparar com o cálculo anterior, valeria 11,44/2,5 = 4,58 cm².

Assim, a armadura vertical principal seria reduzida de 6,53 cm² para 4,58 cm², o que corresponde a uma diminuição da ordem de 30%, para esse caso. No entanto, a armadura horizontal principal aumentaria de 6,53 cm² para 10,4 cm², que seria da ordem de 60%, para esse caso.

As interfaces com chave de cisalhamento acarretam uma redução no comprimento de embutimento e na armadura vertical, bem como outros benefícios que não foram incluídos nessa análise (tais como na transferência das pressões do colarinho pra a fundação). No entanto, ocorre um aumento na armadura horizontal, bastante significativo nesse caso.

A.4.5 Considerações finais

Naturalmente, o detalhamento das armaduras deve ser feito com o projeto da fundação, levando em conta as demais armaduras da fundação, para prever eventuais conflitos. Merece também destacar que o projeto estaria sujeito a outras implicações quando se levasse em conta a padronização com os outros cálices de uma obra.

Ao comparar os resultados da armadura horizontal principal das várias formas de interfaces, nota-se certa inconsistência. A armadura com interface rugosa é menor que com a interface lisa, ao passo que a interface com chaves de cisalhamento é bem maior. Naturalmente, essa inconsistência deveria ser objeto de pesquisa. Os estudos encontrados nas publicações sobre o assunto não tratam dessa questão. Pode haver a formação de bielas na transferência dos esforços em cálices com interface rugosa, como mostrado na Fig. 3.103. Na falta de estudos focando esse assunto, recomenda-se, para interfaces rugosas, aumentar a armadura horizontal principal em relação àquela determinada com a formulação apresentada no Cap. 3.

PRINCÍPIOS E VALORES DA CONSIDERAÇÃO DA SEGURANÇA DO PCI

anexo B

O objetivo deste anexo é auxiliar no entendimento e no uso de parte da formulação apresentada no texto principal em relação à consideração da segurança.

Os motivos dessa apresentação são: a) a segurança, nas formulações do PCI, apresentadas em várias oportunidades ao longo do texto principal, é considerada de forma diferente das normas brasileiras, b) por razões circunstanciais, em algumas situações foi feita a adaptação para a forma de considerar a segurança das normas brasileiras, mas em outras partes não foi feita essa adaptação, principalmente em relação ao projeto das ligações.

Com este anexo, pretende-se alertar para a diferença na forma de considerar a segurança, bem como auxiliar na formulação de juízos e de emprego das expressões apresentadas.

Para facilitar a leitura, foi feita uma adaptação da nomenclatura original do PCI, procurando usar os símbolos o mais próximo possível dos utilizados no texto principal.

A ideia é fornecer uma visão geral sobre o assunto, limitando-se ao fornecimento de valores básicos.

A consideração da segurança apresentada no manual do PCI (2010) é baseada no ACI 318 (ACI, 2011). Nesse documento é feita referência às exigências de resistência (correspondentes aos estados-limite últimos) e de serviço (correspondentes aos estados-limite de serviço). No entanto, é realizado um detalhamento apenas quanto às exigências de resistência.

A condição básica de resistência é colocada na seguinte forma:

$$\phi R_{nom} \geq U \quad \textbf{(B.1)}$$

em que:

R_{nom} = grandeza corresponde à resistência nominal;
U = grandeza correspondente ao efeito das ações;
ϕ = coeficiente de redução da resistência.

A capacidade resistente é calculada com as resistências nominais dos materiais. Assim, por exemplo, o momento fletor resistente em uma seção retangular, sem armadura de compressão e com a ruína governada pela resistência da armadura, pode ser determinada por:

$$M_{nom} = A_s f_y (d - y/2) \quad \textbf{(B.2)}$$

em que:

A_s = área da armadura de tração;
f_y = resistência nominal do aço da armadura;
d = altura útil;
y = altura do bloco de compressão.

As resistências nominais dos materiais podem ser consideradas as resistências características. Assim, a resistência f_y corresponde ao f_{yk} das normas brasileiras. Também, para efeitos práticos, a resistência à compressão do concreto, representada por f_c, pode ser considerada igual ao f_{ck} das normas brasileiras.

Os coeficientes de redução de resistência, chamados nas publicações de língua inglesa de fatores de redução de resistência, são estabelecidos em função do tipo de solicitação. Em linhas gerais, os valores desses coeficientes estão indicados na Tab. B.1, conforme o capítulo sobre o projeto de ligações do manual do PCI (2010).

A grandeza correspondente ao efeito das ações é calculada multiplicando as ações por coeficientes que dependem das combinações de ações.

Assim, por exemplo, a capacidade resistente a momento fletor em uma seção transversal governada pela resistência à flexão, conforme o manual do PCI (2010), é expressa com a seguinte condição:

$$\phi M_{nom} \geq 1{,}2M_g + 1{,}6M_q \tag{B.3}$$

em que:

M_{nom} = momento nominal resistente;

M_g = momento fletor devido às ações permanentes;

M_q = momento fletor devido às ações variáveis.

Estabelecendo uma comparação entre os princípios e os valores da consideração da segurança entre o PCI e as normas brasileiras, merecem ser destacados os seguintes pontos:

- a redução da resistência pelo PCI é feita de forma global na resistência nominal, com o coeficiente ϕ em função do tipo de solicitação, ao passo que pelas normas brasileiras é feita com coeficiente de ponderação nos materiais, cujos valores básicos são de 1,4 para o concreto e 1,15 para o aço, que passariam a 1,3 para o concreto e 1,1 para o aço, quando houvesse rigoroso controle de fabricação do componente, conforme discutido no Cap. 2;
- os coeficientes que afetam as ações são significativamente diferentes dos empregados nas normas brasileiras.

Portanto, ao empregar as recomendações do PCI para o projeto de ligações, as quais foram tratadas neste livro, deve-se levar em conta as diferenças na introdução da segurança.

As combinações de ações que devem ser consideradas com os coeficientes das ações, bem como os coeficientes de redução da resistência ϕ, podem ser encontradas no ACI 318 (ACI, 2011), voltado para edifícios. Já para as pontes, os coeficientes das ações são apresentados no manual de pontes do PCI (2011b), citado no Cap. 10.

Tab. B.1 VALORES DOS COEFICIENTES DE REDUÇÃO DE RESISTÊNCIA (Φ) EM FUNÇÃO DO TIPO DE SOLICITAÇÃO

Tipo de solicitação	Coeficientes de redução de resistência (ϕ)
Tração axial ou tração por flexão (ruína governada pela tração do aço)	0,90
Compressão axial ou compressão por flexão, em geral (ruína governada pela resistência à compressão do concreto) – com armadura em espiral adequada	0,70
Compressão axial ou compressão por flexão – outros casos	0,65
Cisalhamento e torção	0,75

DIMENSIONAMENTO DE APOIO DE ELASTÔMERO

anexo C

Esse assunto foi introduzido na seção 3.5.5 como o tipo de almofada mais empregado nos apoios de elementos fletidos. Este anexo objetiva fornecer os critérios para o dimensionamento desse componente.

Conforme visto naquela seção, o dimensionamento das almofadas é feito a partir de um pré-dimensionamento em que são determinadas as dimensões em planta (a na direção do eixo longitudinal do elemento apoiado e b na direção perpendicular), sendo h a espessura da almofada (ver Fig. 3.69).

As almofadas podem ser com camada simples, empregadas quando as reações de apoio são de pequena intensidade. Esse caso é típico de aplicações em edificações. Quando as reações forem de grande intensidade, como em geral ocorre nas pontes, emprega-se apoio com múltiplas camadas intercaladas com chapas de aço, formando o chamado aparelho de apoio cintado, conforme adiantado. Essa apresentação é direcionada às almofadas simples, ou seja, com um única camada, pois cobrem praticamente todas as situações em edificações.

Como o material é muito deformável, a análise das tensões e deformações das almofadas de elastômero não é simples, pois as deformações são da mesma ordem de grandeza das dimensões iniciais. Em geral, as expressões para a determinação das tensões e deformações não são baseadas apenas em análise teórica, pois é necessário fazer ajustes com resultados experimentais. Esse assunto pode ser visto com maiores detalhes no relatório apresentado em Stanton et al. (2006).

As verificações que compõem o dimensionamento do apoio de elastômero são:

- *Verificações de limites de tensão:*
  - limite de tensão de compressão;
  - limite de tensão de cisalhamento.
- *Verificações de limites de deformação:*
  - limite de deformação de compressão (afundamento);
  - limite de deformação por cisalhamento.
- *Verificações de descolamentos:*
  - segurança contra o deslizamento;
  - segurança contra o levantamento da borda menos comprimida.
- *Outras verificações:*
  - condição de estabilidade;
  - espessura da chapa de aço, no caso de apoio cintado.

Essas verificações para o elastômero simples (não cintado) podem ser feitas com as indicações apresentadas nas linhas que se seguem, conforme a nomenclatura da Fig. C.1, utilizando os subscritos "lon" para longa duração e "cur" para curta duração, e a aproximação $tg\,\theta = \theta$.

a) Afundamento

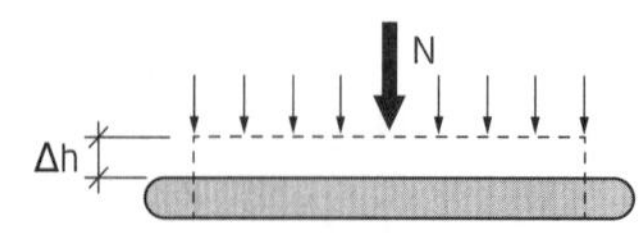

b) Deslocamento horizontal

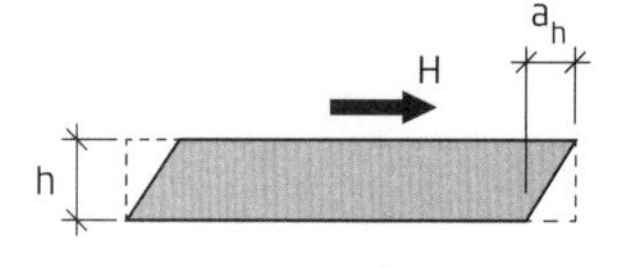

c) Rotação

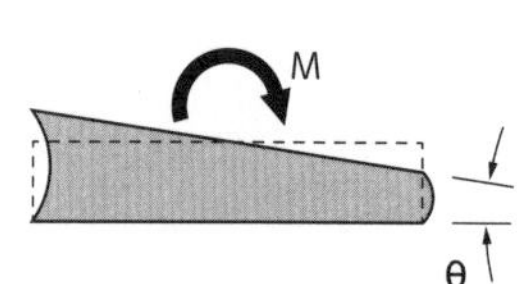

Fig. C.1 Deformações nas almofadas de elastômero

C.1 Limite de tensão de compressão

Essa verificação é feita limitando a tensão de compressão, calculada com a máxima componente vertical da reação, ao valor de 7,0 MPa para elastômero simples, conforme a NBR 9062 (ABNT, 2017a). Portanto, uma vez feito o pré-dimensionamento apresentado anteriormente, essa verificação já está efetuada.

C.2 Limite de tensão de cisalhamento

Deve ser satisfeita a seguinte condição:

$$\tau_n + \tau_h + \tau_\theta \leq 5G \quad \text{(C.1)}$$

em que:

τ_n = tensão devida à força normal de compressão;

τ_h = tensão devida às ações horizontais;

τ_θ = tensão devida às rotações.

Essas tensões podem ser calculadas com as seguintes expressões:

- *Ações de longa duração*

$$\tau_n = \frac{1,5N_{lon}}{\beta A} \quad \text{(C.2)}$$

$$\tau_h = \frac{Ga_{h,lon}}{h} = \frac{H_{lon}}{A} \quad \text{(C.3)}$$

$$\tau_\theta = \frac{Ga^2}{2h^2}\theta_{lon} \quad \text{(C.4)}$$

- *Ações totais (de longa e de curta duração)*

$$\tau_n = \frac{1,5\,(N_{lon} + 1,5N_{cur})}{\beta A} \quad \text{(C.5)}$$

$$\tau_h = \frac{H_{lon} + 0,5H_{cur}}{A} \quad \text{(C.6)}$$

$$\tau_\theta = \frac{Ga^2}{2h^2}(\theta_{lon} + 1,5\theta_{cur}) \quad \text{(C.7)}$$

sendo β o fator de forma, que vale:

$$\beta = \frac{A}{2h(a+b)} \quad \text{(C.8)}$$

em que:

A = área do apoio de elastômero, igual a a multiplicado por b;

G = módulo de elasticidade transversal;

h = espessura da almofada.

Por se tratar de elementos pré-moldados, é indicado adotar uma rotação inicial devida à imprecisão de montagem, $\theta_0 = 0,01$ rad, que se soma à parcela θ_{lon} para o cálculo de τ_θ.

Apresentam-se, no final deste anexo, os valores de G em função da dureza do elastômero.

C.3 Limite de deformação de compressão (afundamento)

A deformação por compressão deve ser limitada a 15% da altura, ou seja:

$$\Delta h \leq 0,15h \quad \text{(C.9)}$$

A variação da altura Δh da almofada pode ser determinada por:

$$\Delta h = \frac{\sigma_{max}h}{k_1 G\beta + k_2\sigma_{max}} \quad \text{(C.10)}$$

sendo

$$\sigma_{max} = \frac{N_{max}}{A} \quad \text{(C.11)}$$

e k_1 e k_2 coeficientes empíricos.

Na falta de valores experimentais, pode-se utilizar os valores $k_1 = 4$ e $k_2 = 3$.

C.4 Verificação da deformação por cisalhamento

A verificação da deformação por cisalhamento consiste em limitar o ângulo de distorção do aparelho de apoio, o que corresponde a limitar os deslocamentos horizontais ao valor indicado a seguir:

$$tg\,\gamma = \frac{a_h}{h} \leq 0,7 \quad \text{(C.12)}$$

ou

$$a_h = a_{h,lon} + a_{h,cur} \leq 0,7h \quad \text{(C.13)}$$

em que $a_{h,cur}$ é o deslocamento horizontal devido a ações acidentais de curta duração, sendo:

$$a_{h,cur} = \frac{H_{cur}}{2GA}h \quad \text{(C.14)}$$

em que é empregado o valor de 2G em vez de G, por se tratar de forças aplicadas instantaneamente.

Cabe destacar que o limite aqui indicado está baseado no manual do PCI (2010), para almofada simples.

C.5 Verificação da segurança contra o deslizamento

Devem ser satisfeitas as seguintes condições de atrito de Coulomb e de tensão mínima:

- *Atrito de Coulomb*

$$H \leq \mu N \tag{C.15}$$

em que:

$$\mu = 0,1 + \frac{0,6}{\sigma} \text{(em MPa)} \tag{C.16}$$

Essa verificação deve ser feita com as forças H e N concomitantes, para pelo menos as duas seguintes situações:

$$H = H_{lon} \text{ e } \sigma = \frac{N_{lon}}{A}$$

$$H = H_{lon} + H_{cur} \text{ e } \sigma = \frac{N_{lon} + N_{cur}}{A}$$

- *Tensão mínima*

$$\frac{N_{mim}}{A} \geq (1 + \frac{a}{b}) \text{(em MPa)} \tag{C.17}$$

Se esses limites não forem obedecidos, deve-se empregar dispositivos que impeçam o deslocamento da almofada.

C.6 Verificação da condição de não levantamento da borda menos comprimida

Esse caso é dividido em duas situações, conforme apresentado a seguir:

- *Almofada simples com ações de longa duração*

$$\theta_{lon} \leq \frac{2h\varepsilon}{a} \tag{C.18}$$

com

$$\varepsilon = \frac{\sigma_{lon}}{k_1 G\beta + k_2 \sigma_{lon}} \tag{C.19}$$

- *Almofada simples com ações de longa e curta duração*

$$\theta_{lon} + 1,5\theta_{cur} \leq \frac{2h\varepsilon}{a} \tag{C.20}$$

com

$$\varepsilon = \frac{\sigma_{lon} + \sigma_{cur}}{k_1 G\beta + k_2(\sigma_{lon} + \sigma_{cur})} \tag{C.21}$$

em que, segundo a NBR 9062 (ABNT, 2017a), os coeficientes k_1 e k_2 valem 10 e 2, respectivamente.

Uma verificação mais expedita, indicada no manual do PCI (2010), corresponde a limitar a máxima rotação ao valor de 0,3h/a (a = dimensão da almofada na direção em que ocorre a rotação).

C.7 Verificação da estabilidade

Dispensa-se a verificação da estabilidade da almofada se:

$$h \leq \frac{a}{5} \tag{C.22}$$

Se essa condição não for satisfeita, a verificação pode ser feita com:

$$\sigma_{max} \leq \frac{2a}{3h} G\beta \tag{C.23}$$

C.8 Outras recomendações

Na falta de ensaios, o valor do módulo de elasticidade transversal G pode ser adotado em função da dureza Shore A, de acordo com a Tab. C.1.

Tab. C.1 MÓDULO DE ELASTICIDADE TRANSVERSAL DO ELASTÔMERO

Dureza	Shore A	50	60	70
Módulo	G (MPa)	0,8	1,0	1,2

Ainda como parte das indicações para o dimensionamento dos apoios de elastômeros, são recomendados os seguintes valores mínimos, conforme o manual do PCI (2010):

- espessura mínima de 10 mm em geral, exceto no caso de lajes macias e de painéis alveolares;
- espessura deve resultar em fator de forma (conforme a Eq. C.8) maior que 2, para apoio de nervuras de painéis TT, e de 3, para apoio de vigas.

Uma abordagem diferente baseada em Vinje (1985), incluindo exemplo numérico, para o dimensionamento das almofadas simples de elastômetros é apresentada no boletim 43 da fib (2008).

Informações adicionais e critérios para almofadas cintadas, normalmente usadas nas pontes, podem ser encontrados em Braga (1986), no manual de pontes do PCI (2011b) e no relatório citado no início deste anexo (Stanton et al., 2006).

ALMOFADAS DE ARGAMASSA MODIFICADA

anexo D

D.1 Considerações iniciais

Neste anexo são fornecidos mais detalhes sobre as almofadas de argamassa modificada (AAM), que foram apresentadas na seção 3.5.5.

Esse tipo de almofada poderia ainda ser empregado nas ligações pilar × pilar e parede × parede na direção horizontal, ou em outras situações em que ocorrerem juntas submetidas predominantemente a tensões de compressão relativamente elevadas.

Assim, pode-se caracterizar duas formas de aplicação das AAM: a) nos apoios de elementos fletidos nos quais as tensões de compressão transferidas são relativamente baixas e b) em ligações submetidas predominantemente a tensões de compressão relativamente elevadas.

Em relação à primeira forma de aplicação, como apoio de elementos fletidos, as AAM seriam uma alternativa às outras apresentadas na seção 3.5.5, principalmente para as almofadas de elastômero.

Conforme adiantado, as almofadas de elastômero possibilitam acomodar as imperfeições na superfície de contato e permitem, com pouca restrição, a rotação e a translação em relação ao eixo longitudinal dos elementos apoiados (ver Anexo C). A rotação permitida faz com que o comportamento da ligação seja bem próximo ao da ligação articulada. A translação horizontal possibilita o alívio de tensões que seriam introduzidas pela variação de comprimento dos elementos horizontais apoiados. Esta última característica representa uma grande vantagem desse tipo de material, especialmente quando tais variações de comprimento introduzem na estrutura esforços de grande magnitude. Já as AAM acomodariam imperfeições de forma menos eficiente, pois o material seria menos deformável. Além disso, as AAM não possibilitam movimentos horizontais e a capacidade de rotação é bem mais limitada. Portanto, os efeitos de variações volumétricas precisam ser levados em conta com mais cuidado. Por outro lado, por serem bem mais rígidas que as almofadas de elastômero, elas resultam em ligações mais rígidas e, portanto, estruturas menos deformáveis.

Para a segunda forma de aplicação, em ligacões submetidas predominamente a tensões de compressão relativamente elevadas, as AAM seriam uma alternativa para juntas de argamassa ou graute. As almofadas de elastômero não são empregadas nessas situações devido ao fato de o material ser bastante deformável e de resistência relativamente baixa. Nessa forma de aplicação, as almofadas teriam a finalidade de acomodar as imperfeições, minimizando os efeitos desfavoráveis da concentração de tensões, e acomodar pequenas excentricidades da força de compreessão.

As AAM foram propostas pelo autor e começaram a ser desenvolvidas com pesquisas em nível de iniciação científica no final da década de 1990, sendo a primeira publicação importante sobre o assunto de Barboza et al. (2001).

D.2 Composição do material

Para o material empregado nas almofadas, buscou-se uma argamassa que tivesse menor módulo de elasticidade e maior tenacidade que as argamassas normais de cimento e areia. Essas características seriam importantes para que a almofada pudesse transmitir de forma mais apropriada as tensões de contato, acomodando as irregularidades das superfícies e promovendo uma distribuição mais uniforme das tensões.

O material para essas almofadas pode ser obtido da argamassa de cimento Portland e areia, incorporando os seguintes ingredientes: a) agregado leve ou aditivos incorporadores de ar na mistura, b) látex e c) fibras curtas.

O agregado leve, como a vermiculita termoexpandida, ou o agente incorporador de ar aumenta a capacidade de deformação do material no estado endurecido. Devido à presença de estabilizadores utilizados na produção do látex, uma quantidade significativa de ar é incorporada na mistura, aumentando também a capacidade de deformação do material. A adição de fibras curtas ao concreto aumenta a tenacidade do material. Em grandes quantidades, as fibras reduzem a trabalhabilidade da mistura e podem incorporar ar no material endurecido, reduzindo o módulo de elasticidade.

Vários estudos foram realizados para obter misturas com módulo de elasticidade reduzido, mas com uma resistência à compressão aceitável (Barboza et al., 2001; Montedor, 2004; El Debs et al., 2006; Siqueira, 2007). Os primeiros estudos conduziram a uma mistura básica com uma relação agregado/cimento de 0,3 e uma relação água/cimento de 0,4, que foram fixadas para obter uma resistência à compressão mínima de 20 MPa.

Em El Debs et al. (2006) é apresentado um estudo com várias misturas. Nesse estudo foram utilizados cimento de alta resistência inicial (ARI) e areia com diâmetro máximo de 2,4 mm. O agregado leve foi a vermiculita termoexpandida com diâmetro máximo de 2,4 mm. O látex foi o estireno-butadieno com 50% de sólidos. Foram empregados dois tipos de fibras curtas: a) fibra de PVA (*polyvinyl-alcohol*) e b) fibras de vidro resistentes a álcalis. As fibras de PVA tinham 12 mm de comprimento e diâmetro equivalente de 0,2 mm. As fibras de vidro possuíam comprimento de 12 mm e diâmetro de 0,014 mm. Nas misturas com grande quantidade de vermiculita, foi usado superplastificante.

Nesse estudo foram utilizadas 19 misturas. A determinação da resistência à compressão e do módulo de elasticidade foi feita com corpos de prova cilíndricos de 50 mm de diâmetro e 100 mm de altura. A resistência à compressão determinada com a média de quatro corpos de prova está apresentada na Fig. D.1. A Fig. D.2 mostra os módulos de elasticidade determinados com a média de três corpos de prova. A notação empregada nessas figuras e nas outras partes do texto é VaBcLd, na qual V significa vermiculita, a é a quantidade de vermiculita em porcentagem do total da massa de agregados, B é o tipo de fibra (P para PVA e G para vidro), c é a taxa volumétrica de fibras em porcentagem, L equivale a látex e d é a quantidade de látex em porcentagem da massa de cimento. O termo REF significa a mistura de referência, que corresponde a uma mistura sem vermiculita, fibras e látex.

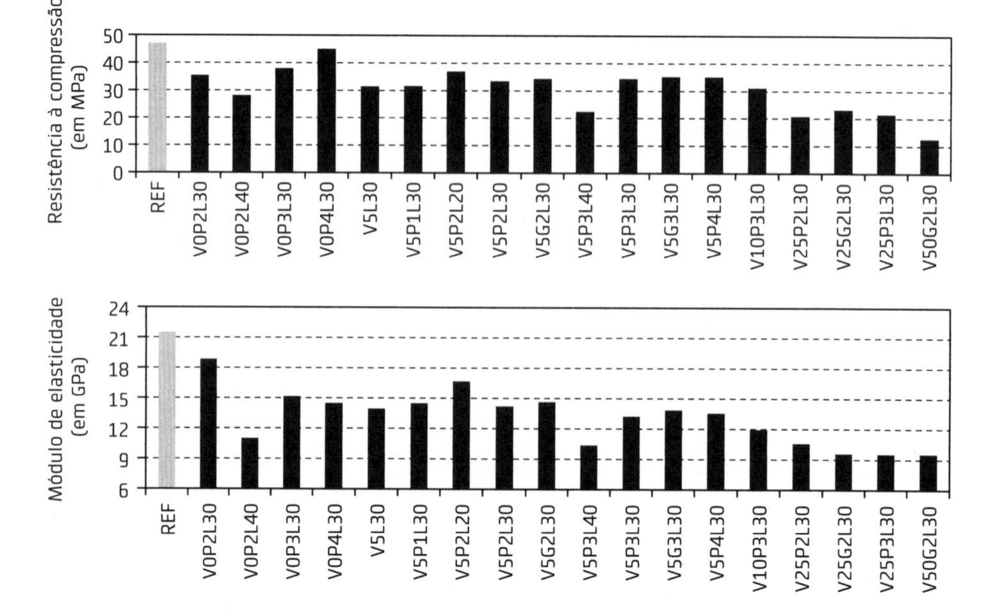

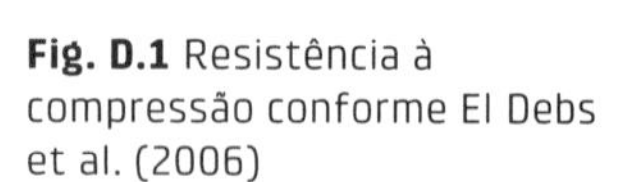
Fig. D.1 Resistência à compressão conforme El Debs et al. (2006)

Fig. D.2 Módulo de elasticidade conforme El Debs et al. (2006)

Essas misturas foram escolhidas levando em conta os seguintes aspectos: a) a mistura com 5% de vermiculita, 3% de fibras de PVA e 30% de látex foi fixada como mistura básica e as demais misturas foram variações dela; b) a relação entre vermiculita e areia foi praticamente limitada a 25%, sendo que uma mistura com 50% foi incluída para permitir uma melhor análise da influência da vermiculita; c) em princípio, quanto maior for a quantidade de fibras, melhor será o comportamento do material em relação às características nele procuradas; os estudos anteriores indicaram que se podia atingir taxas volumétricas de 3% a 4% para fibras de PVA; outros valores servem para completar a análise; d) a quantidade de 30% de látex foi definida com base nas publicações sobre o assunto, segundo as quais, para valores mais altos, a redução da resistência à compressão ficaria acentuada; os valores de 20% e 40% servem para completar a análise dessa variável.

Os valores da resistência à compressão e do módulo de elasticidade mostram que: a) aumentando a quantidade de vermiculita, diminui o módulo de elasticidade, mas também se reduz a resistência do material; b) caso se limite a resistência à compressão a um valor mínimo de 20 MPa, a quantidade de vermiculita não pode exceder 25%; c) a redução da resistência à compressão se torna expressiva quando a quantidade de látex atinge 40%, confirmando as informações de não se ultrapassar o limite de 30%; e d) a quantidade de fibras teve pouca influência no módulo de elasticidade e foi insignificante na resistência à compressão.

Em Siqueira (2007) é apresentado outro estudo mantendo basicamente os mesmos materiais, mas usando uma fibra fibrilada de polipropileno com comprimento de 6,0 mm e diâmetro de 0,02 mm.

Empregando as mesmas quantidades e procedimentos, foram determinados a resistência à compressão e o módulo de elasticidade. As Figs. D.3 e D.4 mostram os resultados obtidos. A notação é análoga à do estudo anterior. Nesse caso, as fibras eram de polipropileno e a sua notação é PP. A quantidade de látex foi fixada em 30%. Por ser constante, a notação das misturas não inclui o látex.

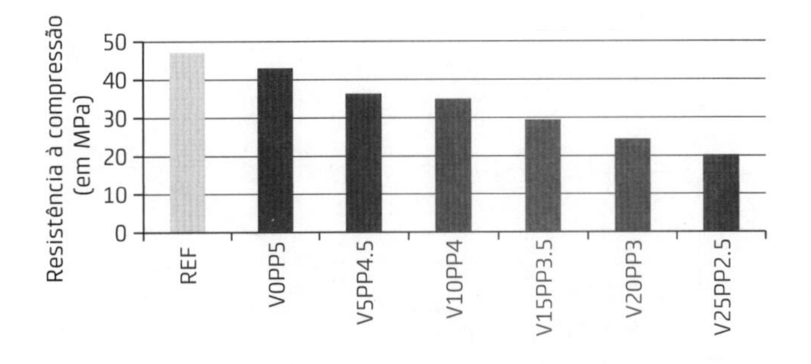

Fig. D.3 Resistência à compressão conforme Siqueira (2007)

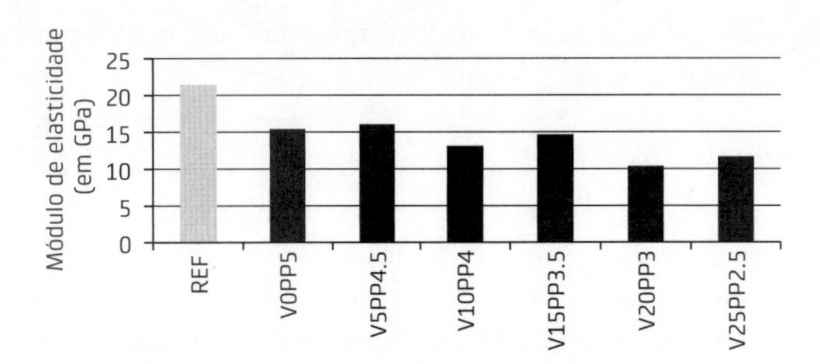

Fig. D.4 Módulo de elasticidade conforme Siqueira (2007)

Os resultados obtidos indicam que, ao aumentar a quantidade de vermiculita e, consequentemente, diminuir a quantidade de fibras para conseguir a trabalhabilidade da mistura, ocorre uma tendência de diminuir o módulo de elasticidade e a resistência à compressão. Esses resultados estão em concordância com a pesquisa anterior, apesar de alguns valores incoerentes, que podem ser atribuídos a diferentes lotes de cimento.

Se as misturas sem vermiculita, com 50% de vermiculita, com 40% de látex e com 20% de látex forem descartadas, os seguintes valores podem ser considerados representativos do material: resistência à compressão de 20 MPa a 45 MPa e módulo de elasticidade de 10 GPa a 15 GPa.

Novos estudos sobre o material foram realizados e estão apresentados em Belluccio (2010). O foco dessa pesquisa foi a introdução de rugosidades superficiais na almofada, para ampliar a sua capacidade de deformar-se quando sujeita a força uniformemente distribuída. Em função da disponibilidade de materiais e da mudança da forma de moldagem, com fôrmas tipo bateria (ver Fig. D.8), a composição do material foi ajustada.

Na pesquisa de Belluccio (2010) foi utilizada a composição em massa, 1,0 de cimento ARI, 0,285 de areia, 0,015 de vermiculita, 0,20 de látex e 0,25 de água. Foram adotados dois tipos de fibras de polipropileno, mas aqui é feita a apresentação apenas dos resultados do emprego da fibra com comprimento de 10 mm e diâmetro de 0,012 mm, denominada PP12. A taxa volumétrica para a fibra em questão foi de 2%, com superplastificante na proporção de 1% do peso do cimento. Os resultados – resistência à compressão de 40,9 MPa e módulo de elasticidade de 12,8 GPa – ficaram dentro dos valores representativos apresentados.

Ainda como parte da caracterização do material dessa pesquisa, foram realizados ensaios de flexão em faixas de almofadas, com o objetivo de determinar a tenacidade do material. A Fig. D.5 mostra parte dos resultados. Os detalhes desse ensaio, bem como outros resultados, estão em Bellucio (2010) e El Debs e Belluccio (2012).

Outros resultados experimentais foram obtidos por Ditz (2015), cujo objetivo da pesquisa foi analisar o desempenho das AAM na transferência de elevadas tensões de compressão em ligações de concreto pré-moldado, ou seja, visando à segunda forma de aplicações das almofadas.

A composição da argamassa foi ajustada em função do emprego de outro tipo de látex, pois não havia disponibildade comercial desse componente (látex) usado nas pesquisas anteriores. Os valores médios – resistência à compressão de 27,6 MPa e módulo de elasticidade de 11,53 GPa – estão dentro dos limites estabelecidos como referência para a argamassa modificada.

D.3 Comportamento em relação à força uniformemente distribuída

Com base no estudo das misturas, as AAM foram moldadas e submetidas à força de compressão em uma máquina universal de ensaio. O objetivo desse ensaio foi analisar a capacidade de deformação das almofadas quando submetidas à compressão uniforme.

Além dos resultados das AAM, em El Debs et al. (2006) são apresentados os resultados de almofadas de elastômero e de dois tipos de madeira. A inclusão da madeira nesse estudo se deve ao fato de ela ser normalmente empregada no armazenamento de elementos de concreto pré-moldado. A madeira 1 (*Pinus taeda*) é considerada uma madeira bastante mole, ao passo que a madeira 2 (*Eucalyptus citriodora*) é considerada uma madeira de características intermediárias. As almofadas de elastômero e de madeira servem como referência para a análise das AAM.

As principais variáveis dos ensaios de compressão uniforme foram as misturas, a espessura das almofadas e a área da almofada. As espessuras empregadas foram 5 mm, 10 mm e 20 mm. As áreas foram de 100 mm × 100 mm e de 150 mm × 150 mm. Apenas os resultados das almofadas de 150 mm × 150 mm são aqui apresentados.

Os ensaios foram feitos em uma máquina universal de ensaios com capacidade de aplicar uma força de compressão de 2.500 kN. A força foi aplicada com uma taxa de 5 kN/s.

A Fig. D.6 mostra uma curva típica tensão × deformação (específica). Como a parte inicial da curva inclui uma acomodação inicial da almofada, a rigidez da almofada foi determinada com a expressão:

$$K = \sigma / (\Delta h / h) \tag{D.1}$$

em que:

σ = tensão aplicada;

Δh = deformação da almofada;

h = espessura da almofada.

Conforme se pode notar, a rigidez da almofada está sendo calculada com a deformação (específica) da almofada e, portanto, em função da espessura da almofada. Nota: a deformação está recebendo o complemento "específica" para que se diferencie quando se trata da relação $\Delta h/h$ e quando se trata daquela correspondente ao afundamento.

a) Ensaio em andamento

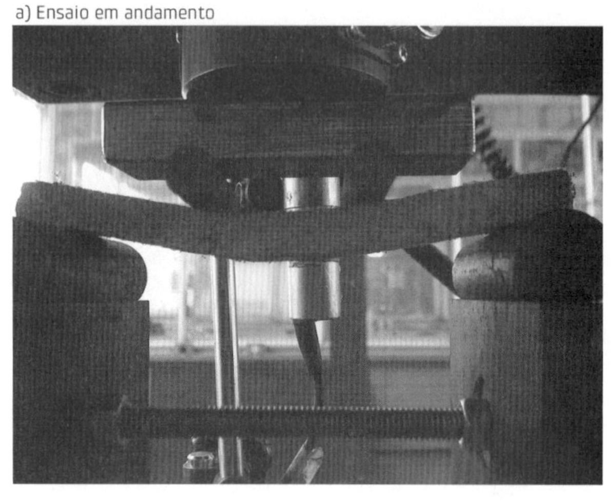

b) Exemplo de curvas força × deslocamento vertical no centro da amostra

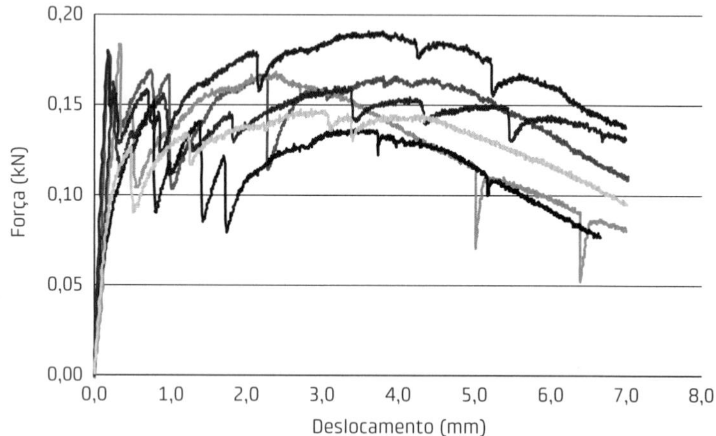

Fig. D.5 Ensaio de flexão em faixa de placa para a determinação dos índices de tenacidade do material: a) ensaio em andamento; b) exemplo de curvas força × deslocamento vertical no centro da amostra
Fonte: El Debs e Belluccio (2012).

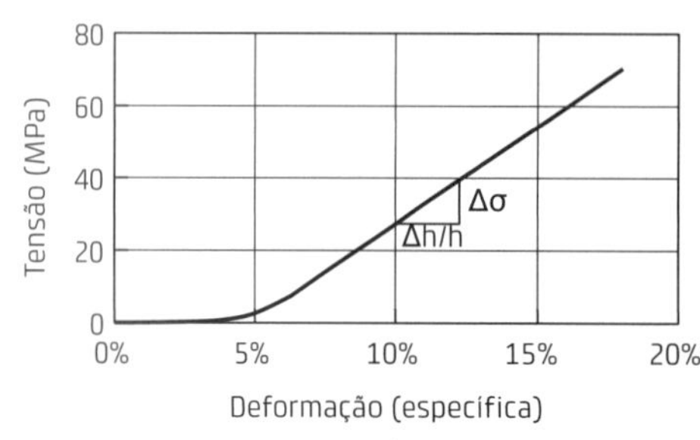

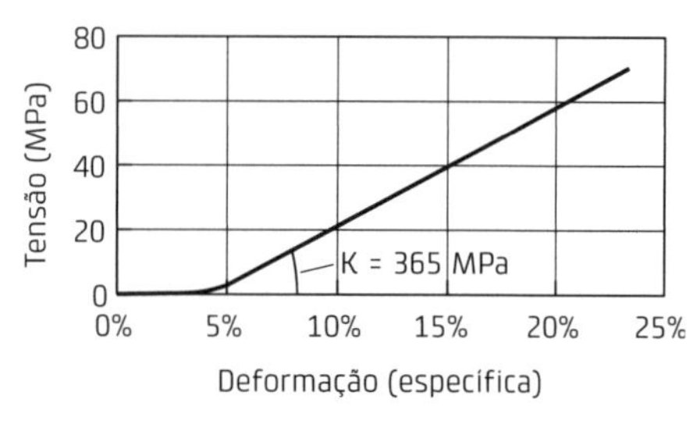

Fig. D.6 Determinação da rigidez da almofada com mistura V5P3L30 e dimensões 150 mm × 150 mm × 20 mm: a) curva típica tensão × deformação (específica); b) medida da rigidez

A Tab. D.1 apresenta a rigidez das almofadas e a sua deformação (afundamento) correspondente à tensão de 25 MPa, obtida com a média de duas amostras. Cabe destacar que: a) a força foi aplicada até 1.800 kN para as almofadas de 150 mm × 150 mm, o que corresponde a uma tensão de 80 MPa, e b) a tensão de 25 MPa foi fixada para comparar as deformações, observando que essas deformações incluem a parte inicial das curvas, conforme mostrado na Fig. D.6.

Com base nos resultados da Tab. D.1, pode-se observar que: a) conforme esperado, a rigidez da almofada decresce com o aumento da quantidade de vermiculita, e b) quando aumenta a espessura da almofada, aumenta a sua rigidez, no caso de argamassa modificada e madeira, mas na almofada de elastômero ocorre o contrário. De fato, as almofadas de elastômero têm um comportamento peculiar, associado ao fator de forma, que é a relação entre a área em planta e a área lateral (ver Anexo C).

O estudo desenvolvido por Siqueira (2007) tratou apenas de almofadas de 150 mm × 150 mm e espessuras de 10 mm, com fibras de polipropileno. As demais condições foram as mesmas do estudo anterior. Por outro lado, esse estudo inclui também carregamento cíclico.

A Tab. D.2 mostra os resultados da rigidez e da deformação (afundamento) correspondentes à tensão de 25 MPa.

Os resultados dos ensaios com carregamento monotônico mostram que a rigidez da almofada diminui à medida que aumenta a quantidade de fibras, como no caso do estudo anterior.

Para o carregamento cíclico, a força foi aplicada com a mesma taxa de deslocamento do pistão da máquina, com 300 ciclos para tensões de 2,5 MPa, 5,0 MPa, 10,0 MPa e 20,0 MPa.

Os resultados dos ensaios com carregamento cíclico mostram que a almofada apresenta deformação plástica para o primeiro ciclo com tensão de 2,5 MPa. Depois dessa deformação plástica, a rigidez da almofada permanece praticamente constante. Observa-se também, nas curvas do último ciclo de 20 MPa, que não ocorre deformação plástica significativa ou mudanças significativas da rigidez.

Tab. D.2 RIGIDEZ E DEFORMAÇÃO (AFUNDAMENTO) DOS ENSAIOS MONOTÔNICOS

Mistura	Rigidez (MPa)	Deformação (mm)
V5PP4.5	388	1.255
V10PP4	351	1.535
V15PP3.5	335	1.305

Fonte: Siqueira (2007).

Depois dos ensaios com carregamento cíclico, foi feita uma inspeção visual de cada almofada ensaiada. As almofadas não apresentaram danos aparentes para uma tensão de 20 MPa, que é da ordem de duas vezes a tensão de trabalho das almofadas de elastômero. Foram observados apenas esmagamentos nas imperfeições superficiais devido ao processo de fabricação e algumas fissuras junto aos cantos. Portanto, pode-se concluir que as AAM com as misturas estudadas são adequadas para níveis de tensão de até 20 MPa.

Outra forma de calcular a rigidez da almofada seria utilizando a deformação (afundamento) que ela sofre, e, portanto, independente da sua espessura. Essa rigidez seria calculada por:

$$K_d = \sigma / \Delta h \quad \textbf{(D.2)}$$

em que:

σ = tensão aplicada;

Δh = deformação (afundamento) da almofada.

Tab. D.1 RIGIDEZ E DEFORMAÇÃO (AFUNDAMENTO) DAS ALMOFADAS DE 150 mm × 150 mm

Mistura	h = 5 mm	h = 10 mm	h = 20 mm	Mistura	h = 5 mm	h = 10 mm	h = 20 mm
	Rigidez (MPa)				Deformação (mm) para tensão de 25 MPa		
V5P2L30	224	442	724	V5P2L30	1,360	1,490	1,760
V5G2L30	228	440	731	V5G2L30	1,350	1,470	1,780
V5P3L30	240	447	728	V5P3L30	1,390	1,540	1,800
V5G3L30	244	453	734	V5G3L30	1,410	1,550	1,790
V5P4L30	256	461	750	V5P4L30	1,440	1,650	1,840
V10P3L30	202	337	531	V10P3L30	1,690	1,840	2,000
V25P2L30	165	226	402	V25P2L30	1,850	2,390	3,970
V25G2L30	169	224	410				
Cloropreno	-	73	38				
Madeira 1	-	68	126				
Madeira 2	-	144	283				

A rigidez calculada dessa forma é aqui chamada de rigidez relativa à deformação e pode ser relacionada com a rigidez da almofada do seguinte modo:

$$K_d = K / h \tag{D.3}$$

Assim, a rigidez da almofada de 400 MPa corresponde, para a almofada de 10 mm, à rigidez relativa à deformação de 40 MPa/mm, ou seja, aplicando uma tensão de 40 MPa, a almofada vai deformar (afundar) 1 mm.

Como adiantado, em Belluccio (2010) foi analisado o efeito do emprego de rugosidade superficial para ampliar a capacidade de deformação da almofada. Na Fig. D.7 é mostrada a forma de moldagem e detalhes da rugosidade da almofada.

Conforme a dosagem já apresentada, foram obtidos, para a fibra PP12, os seguintes valores médios de rigidez: a) 449 MPa para superfície lisa nas duas faces (LL), b) 372 MPa para superfície lisa numa face e rugosa na outra (LR) e c) 307 MPa para superfície rugosa nas duas faces (RR).

Nota-se assim que, ao passar de duas superfícies lisas para duas superfícies rugosas, a rigidez da almofada é reduzida em aproximadamente 32%. Outra importante observação é o aspecto visual da almofada com rugosidade nas duas faces antes e depois do ensaio, como mostrado na Fig. D.8, destacando o amassamento do material na superfície.

O valor médio da rigidez da almofada obtido por Ditz (2015), cuja dosagem já foi apresentada na seção D.2, foi de 273 MPa, quando se considera o deslocamento do pistão da máquina de ensaio, procedimento empregado nas pesquisas anteriores. Nesse caso, foram também feitas medidas de deformação (afundamento) da almofada com transdutores, de forma a considerar a deformação efetiva da almofada. Com esse novo procedimento, o valor médio passou a ser de 366 MPa, portanto 34% maior que o afundamento medido com o pistão da máquina de ensaio.

D.4 Outros ensaios da almofada

Nos vários estudos desenvolvidos, foram realizados outros tipos de ensaio para caracterizar o material

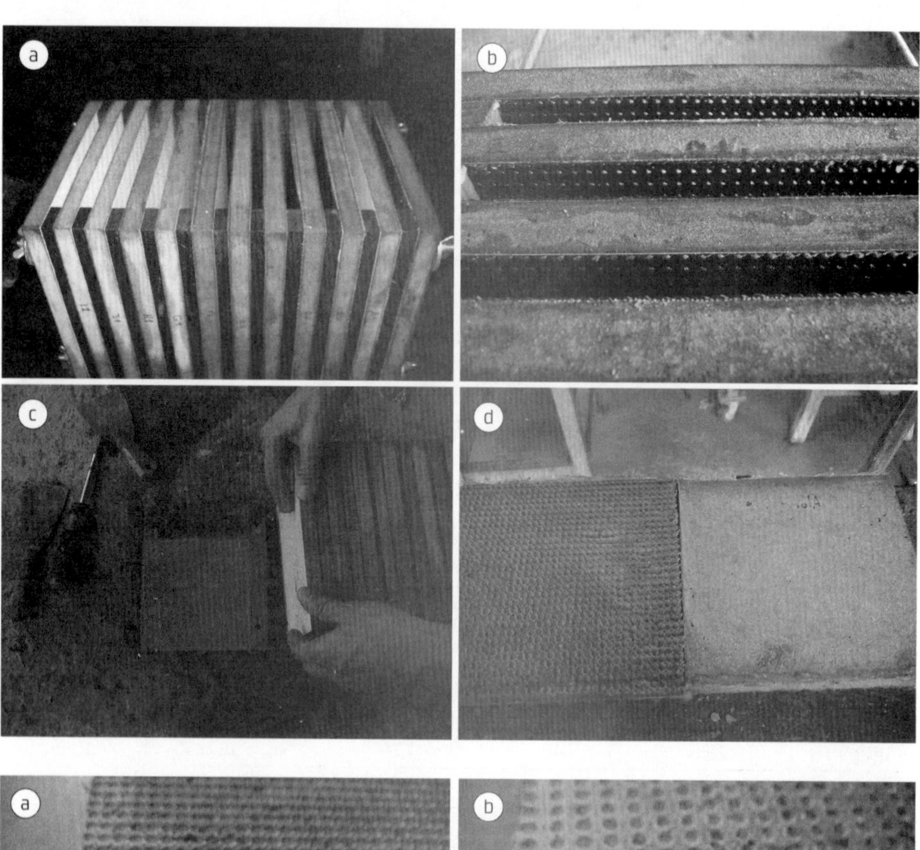

Fig. D.7 Detalhes da moldagem e da rugosidade da AAM: a) fôrma montada; b) detalhe da manta colada à fôrma; c) desmoldagem das almofadas; d) almofadas com superfície rugosa e superfície lisa
Fonte: Bellucio (2010).

Fig. D.8 Detalhes da AAM com rugosidade nas duas faces a) antes e b) depois do ensaio
Fonte: Bellucio (2010).

e as almofadas do material, assim como simulações do comportamento da almofada nas ligações.

Assim, em Montedor (2004) foram também feitos ensaios para determinar a resistência e a deformação da almofada submetida à força concentrada, bem como ensaios de compressão em blocos de concreto com almofada.

Em Siqueira (2007) foram efetuados outros ensaios de força concentrada, novos ensaios de ligação de blocos, ensaios de rotação nos apoios, ensaios de tenacidade ao fraturamento e análise com microscopia óptica. Parte desses ensaios está apresentada em Siqueira e El Debs (2013).

Na pesquisa de Bellucio (2010) foram realizados, além do ensaio de caracterização do material (incluindo o já citado ensaio de flexão em faixas de almofada), ensaios em AAM submetidas à força uniformemente distribuída, com carregamento monotônico e cíclico, bem como ensaios para determinar a resistência e a deformação da almofada submetida à força concentrada.

Já a pesquisa realizada por Ditz (2015) teve como foco o comportamento de AAM na transferência de tensões de compressão, abordada em pesquisas anteriores, mas com nova abordagem. A síntese dos principais resultados dos ensaios de caracterização do material e dos ensaios de almofada submetida à compressão uniforme já foi apresentada. O programa experimental foi concentrado nos ensaios de blocos de concreto com almofada, portanto visando a aplicações em ligações sujeitas predominantemente à compressão com tensões relativamente elevadas, que seria a segunda forma de aplicação das almofadas. A Fig. D.9 exibe o corpo de prova empregado na pesquisa.

Os blocos de concreto empregados no corpo de prova que representava a ligação eram cúbicos, com arestas de 150 mm. O bloco superior de concreto possuía quatro ou nove saliências na face ligada com espessura variável entre 0,0 mm (face lisa), 0,50 mm, 1,0 mm e 1,50 mm. Essas saliências tinham a finalidade de simular imperfeições das superfícies de contato. Além da espessura das saliências, variou-se também a classe de resistência média à compressão dos concretos, procurando-se atingir os valores de 40 MPa, 65 MPa e 90 MPa. Foram também analisados os efeitos da excentricidade da resultante de compressão e do carregamento cíclico.

Foi ainda incluída a análise de moldagem no bloco já com a almofada, o que corresponde a incorporar as almofadas nas extremidades dos elementos pré-moldados, por ocasião de sua moldagem. Com isso, na montagem, a ligação entre os elementos equivaleria a contato direto.

A Fig. D.10 apresenta os resultados dos ensaios de transferência de tensões de compressão em função da espessura das saliências dos blocos que simulavam as imperfeições superficiais dos blocos de concreto, bem como a ausência ou a presença da almofada de apoio para concreto da classe de resistência de 65 MPa.

Os principais resultados são exibidos em Ditz et al. (2016) e estão sintetizados a seguir: a) a eficiência da almofada na ligação sujeita ao carregamento de compressão centrada

Fig. D.9 Corpo de prova dos ensaios de ligação: a) AAM; b) blocos de concreto com e sem saliência superficial; c) processo de ligação entre blocos de concreto sem almofada de apoio; d) processo de ligação entre blocos de concreto com almofada de apoio; e) ligação com almofada de apoio; f) ensaio do corpo de prova
Fonte: Ditz (2015).

é maior para as rugosidades de 0,5 mm e 1,0 mm, sendo que para saliências com 0,5 mm de espessura a melhora da resistência do conjunto foi de cerca de 24%, e, no caso de rugosidade nula (faces em contato lisas), a melhora no desempenho da ligação foi de aproximadamente 12%; b) para níveis de saliências acima de 1,0 mm de espessura, os resultados obtidos apresentaram grande variabilidade, o que demostra a necessidade da realização de um número maior de ensaios, mas, de qualquer forma, houve uma tendência de melhoria nos resultados experimentais quando utilizada ligação com almofada de apoio; c) nota-se uma tendência de melhor desempenho da ligação com almofada de apoio para concretos com resistência à compressão abaixo de 50 MPa; e d) a aplicação do carregamento cíclico reduziu a resistência da ligação em valores da ordem de 33% para corpos de prova sem AAM e 16% para modelos com AAM.

D.5 Considerações finais

As misturas recomendadas para o material das almofadas têm relação agregado/cimento de 0,3, relação água/cimento de 0,4, porcentagem de vermiculita, em relação à massa total de agregados, de 5% a 15%, taxa volumétrica de fibras de 2% e quantidade de látex de 20% a 30% da massa de cimento. Os valores representativos do material com essas misturas seriam: a) resistência à compressão média de 20 MPa a 45 MPa e b) módulo de elasticidade de 10 GPa a 15 GPa.

A espessura recomendada para AAM é de 10 mm a 15 mm, com o emprego de rugosidade dos dois lados. A rigidez das almofadas com 10 mm de espessura feitas com essa misturas seria da ordem de 300 MPa a 500 MPa, o que corresponde a almofadas com rigidez relativa à deformação de 30 MPa/mm a 50 MPa/mm. Fazendo uma comparação com a deformabilidade das juntas de argamassa apresentada na seção 5.2.3 (Tab. 5.3) para pilares pré-moldados, com resistência da argamassa de 10 MPa, tem-se que a rigidez da junta seria $K_d = 1/(0{,}2 \times 10^{-4}\text{m/MPa}) = 50$ MPa/mm, ou seja, equivale ao valor superior da faixa sugerida para a AAM. A rigidez relativa à deformação tem a vantagem de poder ser empregada diretamente em modelagem em que a AAM seria elemento da ligação.

Naturalmente, a proposta merece mais estudos, principalmente na procura de uma dosagem que leve à redução do módulo de elasticidade do material ou outras conformações para reduzir a rigidez da almofada. Mas o seu potencial está evidenciado pelos estudos feitos e pelas aplicações realizadas já há algum tempo.

Além das aplicações nas ligações apresentadas na parte inicial deste anexo, merece destacar o seu potencial como elemento incorporado nas extremidades de componentes pré-moldados de modo a tornar a montagem equivalente a ligações com contato direto, cujos benefícios construtivos de ligação com junta seca podem ser vistos em Theiler et al. (2015) e Jiang et al. (2016).

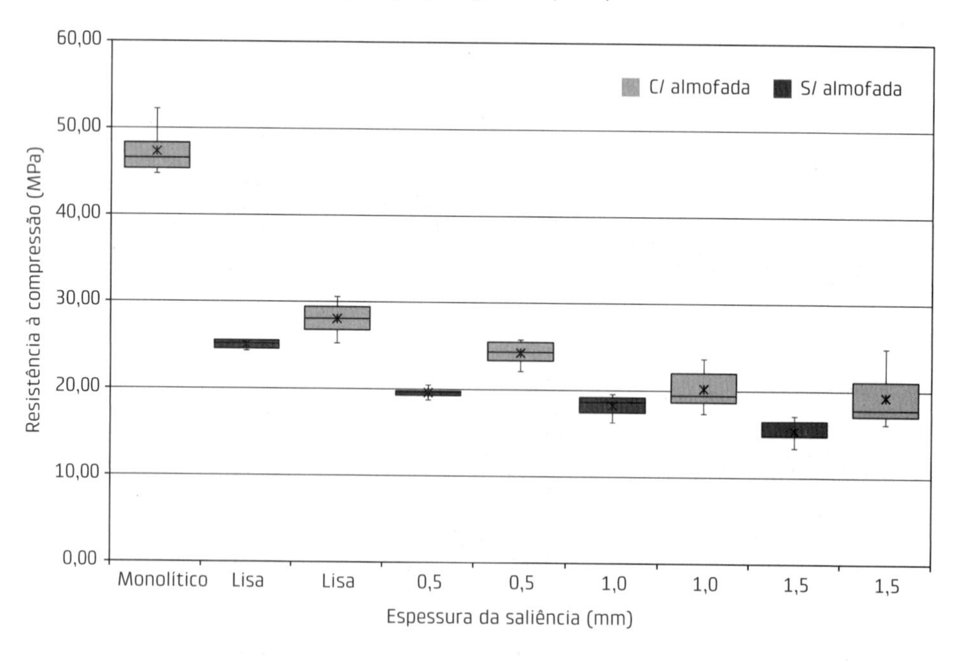

Fig. D.10 Resistência à compressão das ligações, com e sem almofada de apoio, em função das espessuras das saliências na face do bloco, para concreto de resistência à compressão média de 65 MPa
Fonte: Ditz et al. (2016).

LIGAÇÕES SEMIRRÍGIDAS: DESENVOLVIMENTO E PESQUISAS

anexo E

E.1 Considerações iniciais

O objetivo deste anexo é apresentar o desenvolvimento de ligações semirrígidas feito mediante vários trabalhos acadêmicos realizados sob a orientação do autor.

Nesses estudos buscaram-se: a) alternativas para prover rigidez e resistência a uma ligação, usualmente considerada articulação, e b) melhora do conhecimento do comportamento das ligações existentes ou propostas.

Em primeiro plano, aborda-se a ligação viga × pilar para edifícios de múltiplos pavimentos, denominada aqui de ligação CAS (com armadura superior) que seria constituída pela armadura de continuidade, passando pelo pilar e pela laje, no caso de pilar interno com laje, ou somente pelo pilar, no caso de pilar externo ou quando não houver laje.

Outra ligação tratada neste anexo, chamada aqui de SAS (sem armadura superior), é usualmente empregada em galpões com trave inclinada, ou não, e estruturas de múltiplos pavimentos, mas sem armadura de continuidade.

Essas pesquisas estão relacionadas também com o desenvolvimento das almofadas de apoio, apresentadas no Anexo D e o emprego de concreto de alto desempenho nas ligações, como o caso de consolo com fibras de aço, apresentado na seção 3.1.

Parte dos resultados das pesquisas aqui relacionadas foi tratada no texto principal. Pretende-se aqui apresentar, de forma sintética, mais resultados e, principalmente, como essas pesquisas estão integradas e contribuíram para o desenvolvimento das ligações em questão.

Essas pesquisas resultaram em trabalhos acadêmicos do programa de pós-graduação em Engenharia Civil – Estruturas do Departamento de Engenharia de Estruturas da Escola de Engenharia de São Carlos da Universidade de São Paulo. Uma parte considerável da pesquisa recebeu apoio da Fundação de Amparo à Pesquisa do Estado de São Paulo (Fapesp), com o projeto temático de pesquisa "Nucleação e Incremento da Pesquisa, Inovação e Difusão em Concreto Pré-Moldado e Estruturas Mistas para a Modernização da Construção Civil", e do Conselho Nacional de Desenvolvimento Científico e Tecnológico (CNPq).

No final deste anexo está apresentada uma síntese dessas pesquisas, com a relação das teses e dissertações envolvidas.

E.2 Ligação CAS (com armadura superior)

A ligação desenvolvida para aplicação em edifícios de múltiplos pavimentos está mostrada na Fig. E.1. Essa ligação é derivação de ligações utilizadas em estruturas de esqueleto para pequenas alturas de edifícios de múltiplos pavimentos com laje.

A ligação normalmente utilizada é com almofadas de elastômero e sem o preenchimento do espaço entre a viga e o pilar abaixo da laje. Esse tipo de ligação é, geralmente, considerada articulação no projeto estrutural.

Com a ideia de propiciar à ligação normalmente utilizada certa resistência e rigidez ao momento fletor, a ligação desenvolvida incorpora o preenchimento do espaço entre a parte superior da viga e o pilar com graute e substituição da almofada de elastômero por almofada de argamassa modificada (AAM).

As mudanças em relação à forma usual não alteram a ligação em relação à estética e às tolerâncias envolvidas. Em relação à sua execução, existe um trabalho adicional em campo para preencher o espaço entre a viga e o pilar com graute.

Em relação ao comportamento estrutural, vai ocorrer uma transmissão parcial de momento fletor, que deverá ser maior para momentos negativos e menor para momentos positivos. Para a viga, a transmissão de momento fletor pela ligação produziria a redução dos momentos positivos no meio do vão, para as forças verticais aplicadas após a ligação se tornar efetiva. A transmissão dos momentos fletores, mesmo que parcial, reduziria os momentos fletores nos pilares para as ações laterais, em comparação com o caso de articulações. A redução dos momentos nos pilares possibilitaria uma redução da seção transversal dos mesmos ou, mantendo a seção transversal, poder-se-ia aumentar a altura da construção.

A partir da proposta foi realizado um programa experimental, como parte da tese de doutorado de Miotto (2002), englobando dois protótipos da ligação. O protótipo 1 corres-

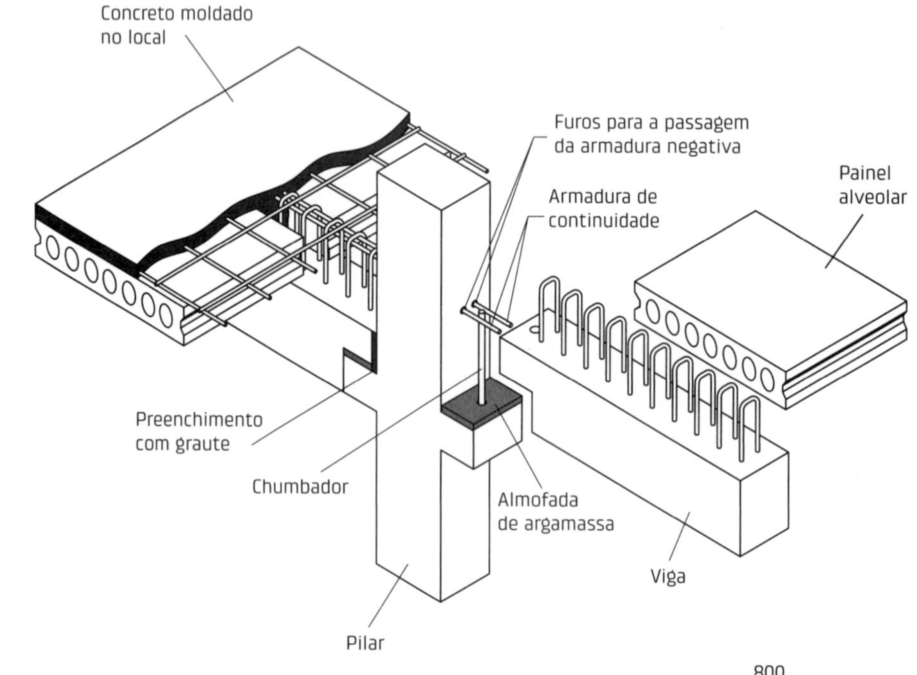

Fig. E.1 Ligação viga × pilar desenvolvida

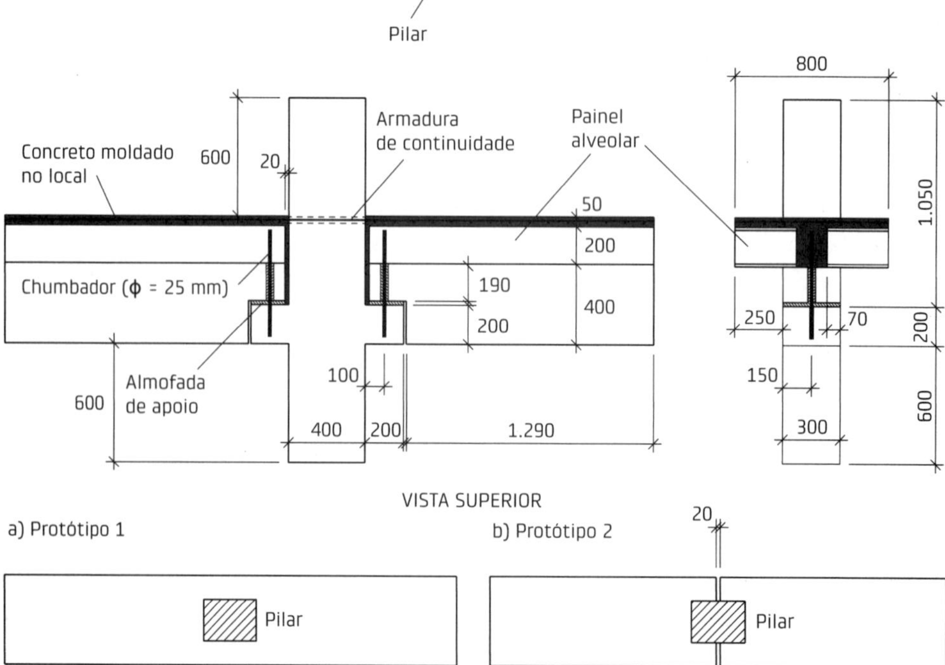

Fig. E.2 Geometria e detalhes dos protótipos ensaiados (medidas em mm)

ponde à ligação em pilar interno e o protótipo 2 representa a ligação no caso de pilar externo. A Fig. E.2 apresenta a geometria e detalhes e a Fig. E.3 mostra o esquema dos ensaios nos dois protótipos. Cabe observar que a aplicação de força para cima produz momento fletor negativo na ligação e a aplicação da força para baixo produz momento fletor positivo na ligação.

Dessa forma, os ensaios cobrem a situação de pilar interno, com viga em dois lados opostos, e de pilar externo, com viga em apenas um lado do pilar, sujeitos a momentos fletores negativos e positivos, o que possibilita a análise da ligação da estrutura submetida a forças gravitacionais e forças laterais.

As Figs. E.4 a E.8 mostram as etapas da construção dos protótipos e dos ensaios.

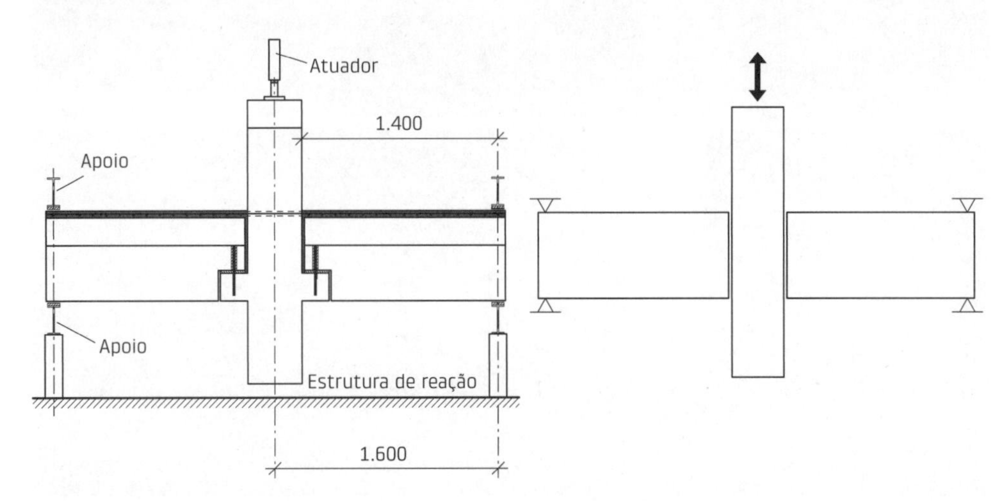

Fig. E.3 Esquema do ensaio dos protótipos (medidas em mm)

Fig. E.4 Primeiro estágio da montagem da ligação

Fig. E.5 Preenchimento do espaço entre o pilar e a viga com graute

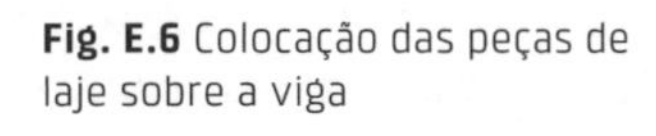

Fig. E.6 Colocação das peças de laje sobre a viga

Fig. E.7 Colocação das armaduras de continuidade pelo pilar e pelas laterais e detalhes da abertura para interromper a continuidade no protótipo 2

Fig. E.8 Protótipos 1 e 2 prontos

Os protótipos foram ensaiados com carregamento cíclico, com forças em faixas correspondentes à situação de serviço. Após essa etapa, o protótipo 1 foi carregado procurando atingir a ruína por momento fletor negativo e o protótipo 2 procurando a ruína por momento fletor positivo. Cabe destacar que os ensaios foram interrompidos quando os modelos apresentaram elevadas deformações que comprometiam a segurança dos equipamentos.

A Fig. E.9 mostra a envoltória das curvas momentos fletores × rotação, medida a partir das leituras de transdutores de deslocamento também junto à face do pilar, o que corresponde aos momentos fletores e às deformações da ligação junto às faces dos pilares.

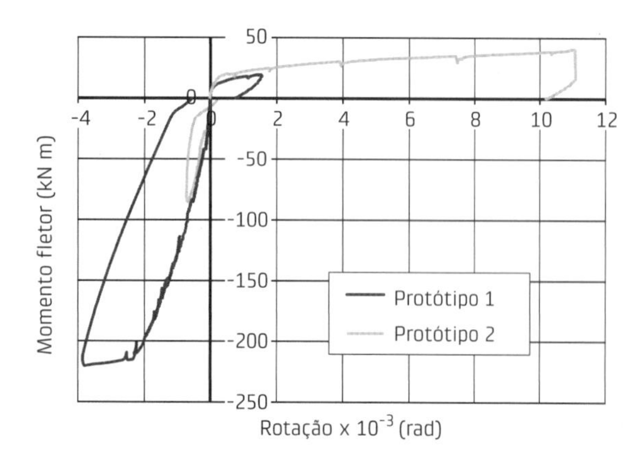

Fig. E.9 Envoltória das curvas momentos fletores × rotação

As curvas experimentais indicam que os dois protótipos apresentaram comportamento similar, com rigidez aos momentos fletores positivos e negativos. Como esperado, a resistência e a rigidez para os momentos fletores positivos, nos dois protótipos, foram bem menores que para os momentos fletores negativos. Chama-se também a atenção para o fato de que a ligação apresenta um comportamento bastante dúctil em relação ao momento positivo, o que, conforme visto no Cap. 3, é bastante desejável.

Com base nas envoltórias das curvas experimentais foram desenvolvidas aproximações trilineares, mas posteriormente foi julgado mais apropriado uma aproximação bilinear mostrada na Fig. E.10, que seria melhor para o projeto, conforme El Debs et al. (2010). Cabe destacar que essa parte deste anexo é apresentada com base nessa publicação, que constitui uma forma consolidada dos resultados da tese de Miotto (2002).

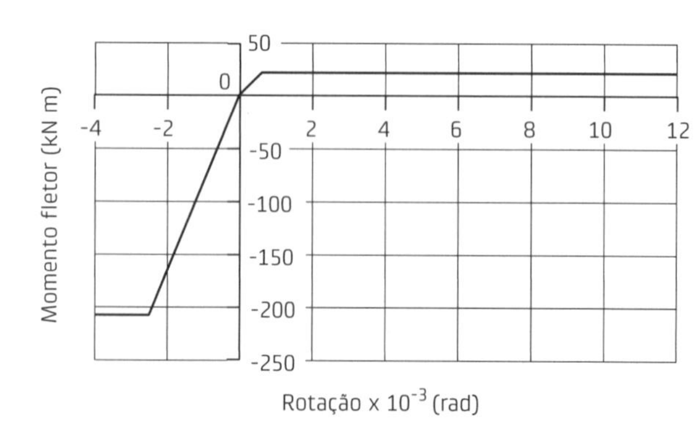

Fig. E.10 Aproximação bilinear sugerida para projeto

Dessa forma, o comportamento da ligação poderia ser descrito com dois parâmetros para cada sentido de momento fletor: o momento de escoamento M_y (M_{yp} para momento positivo e M_{yn} para momento negativo) e a rigidez K_ϕ ($K_{\phi p}$ para momento positivo e $K_{\phi n}$ para momento negativo).

Caso a análise envolva a capacidade de rotação plástica ou a determinação de índices de ductilidade, haveria a necessidade de mais um parâmetro: a rotação última ϕ_u (ϕ_{up} para momento positivo e ϕ_{un} para momento negativo). As rotações últimas para momento fletor positivo podem ser estimadas com base nos resultados experimentais. Conforme pode ser observado nas Figs. E.9 e E.10, a relação entre a rotação última e a rotação de escoamento (rotação correspondente ao momento de escoamento) é bastante grande, indicando uma grande ductilidade da ligação para esse sentido de momento fletor. Sugere-se para projetos considerar a rotação última igual a 5,0 vezes a rotação de escoamento, o que cobre com folga o resultado experimental. Já para momento fletor negativo, o valor dessa relação é menor. Embora já ocorresse o escoamento da armadura negativa, como se pode observar na Fig. E.9, o protótipo 1 não atingiu a ruína para esse sentido de momento fletor. Dessa forma, essa relação não pode ser analisada apenas com resultados experimentais. No entanto, pode-se fazer uma estimativa com base na deformação da armadura negativa correspondente ao escoamento e com o limite convencional de 1,0%. Essa estimativa para o aço CA-50 empregado resulta na relação entre a rotação última e a rotação de escoamento de aproximadamente 2,5 para momento fletor negativo. A Fig. E.11 apresenta os parâmetros propostos para o projeto com a ligação em questão.

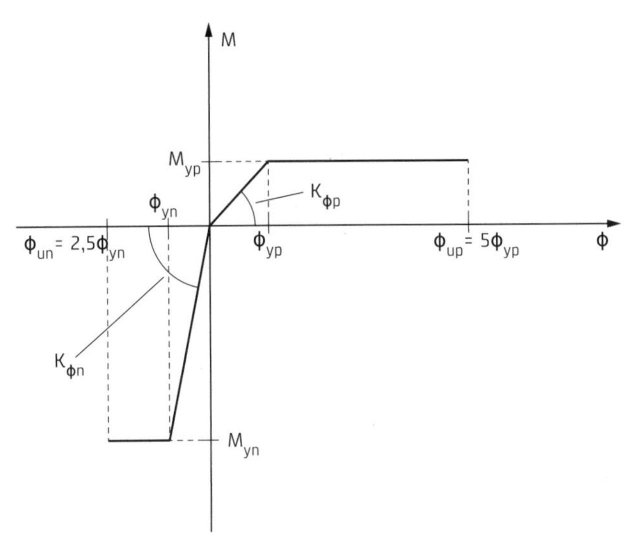

Fig. E.11 Parâmetros para projeto

Para momentos fletores negativos, o momento de cálculo (M_{ynd}) pode ser calculado com base na Fig. E.12, com as condições de equilíbrio de forças e momento em relação ao ponto C alinhado com R_{al}:

$$M_{ynd} = A_s f_{yd} z_n \quad \text{(E.1)}$$

com

$$z_n = h_d - d'_d - \frac{y_{cn}}{2} \quad \text{(E.2)}$$

e

$$y_{cn} = \frac{A_s f_{yd}}{f_{cgd} b_w} \quad \text{(E.3)}$$

em que:

A_s = seção transversal da área da armadura de continuidade;
f_{yd} = resistência de cálculo da armadura de continuidade;
d'_d = distância do CG da armadura de continuidade à borda superior;
y_{cn} = altura do bloco de compressão na parte inferior do dente;
f_{cgd} = resistência de cálculo à compressão do graute;
b_w = largura da viga.

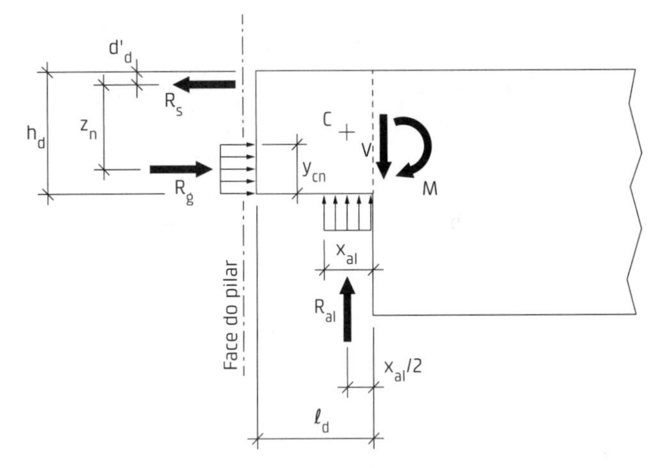

Fig. E.12 Diagrama de forças na ligação para momento fletor negativo

O comprimento do bloco de compressão sob a almofada (x_{al}), que permite determinar a posição de C, varia com a rigidez da almofada. Se a almofada é muito deformável, o seu valor tende ao comprimento do dente. Se for adotado um diagrama triangular de tensões, a posição da resultante x_{al} vale $2\ell_d/3$.

O dente está sendo considerado infinitamente rígido. Dessa forma, a deformação da ligação seria considerada pelas parcelas: a) deformação da armadura devido à fissura pronunciada que forma junto ao pilar (K_s), b) deformação da junta de graute (K_g) e c) deformação da almofada (K_{al}). A Fig. E.13 mostra a posição deformada do dente e os mecanismos de deformações considerados.

A rigidez da parcela relativa à deformação da armadura de continuidade vale:

$$K_s = \frac{\sigma_s A_s}{w_y} \quad \text{(E.4)}$$

em que w_y é a abertura da fissura pronunciada junto à face do pilar, que pode ser estimada pela expressão:

$$w_y = 2\left[\frac{(1+\alpha_w) s_1^{\alpha_w} \phi_m}{8\,(1+\alpha_e \rho_{s,ef})} \cdot \frac{\sigma_s^2}{\tau_{max} E_s}\right]^{\frac{1}{1+\alpha_w}} + \frac{\sigma_s}{E_s} 4\phi_m \quad \text{(E.5)}$$

Sendo

$$\alpha_e = \frac{E_s}{E_{c,top}} \quad \text{(E.6)}$$

$$\tau_{max} = 2{,}5\sqrt{f_{c,top}} \quad \text{(E.7)}$$

$$\rho_{s,ef} = \frac{A_s}{A_{c,ef}} \quad \text{(E.8)}$$

em que:

A_s = área da armadura de continuidade;

$A_{c,ef}$ = área de envolvimento da armadura de continuidade;

σ_s = tensão da armadura de continuidade;

ϕ_m = diâmetro médio da armadura de continuidade;

E_s = módulo de elasticidade do aço;

$E_{c,top}$ = módulo de elasticidade do concreto da capa;

$f_{c,top}$ = resistência à compressão do concreto da capa.

E, ainda, pode-se adotar $\alpha_w = 0{,}4$ e $s_1 = 1$.

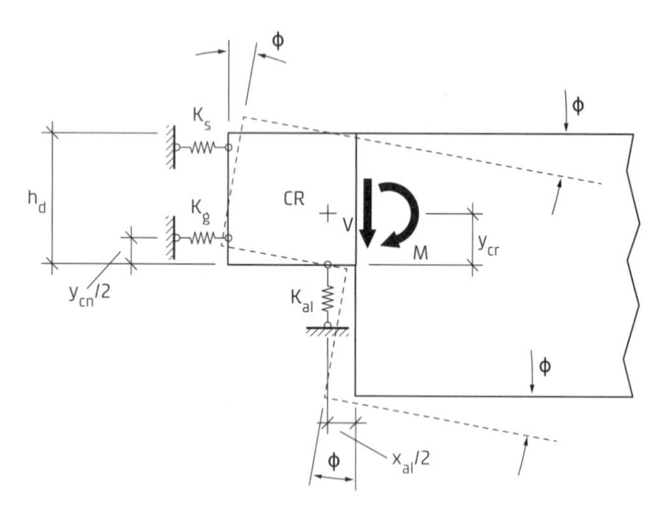

Fig. E.13 Deformação da extremidade da viga e os mecanismos de deformações para momento fletor negativo

Para a ligação analisada, em que a armadura de continuidade é colocada na capa de concreto, $A_{c,ef}$ pode ser calculada com o produto da espessura da capa pela distância de influência das barras tracionadas. Como o objetivo é determinar a rigidez da armadura associada a seu escoamento, a tensão da armadura σ_s é a sua resistência característica de escoamento f_{yk}.

A rigidez da parcela correspondente ao da junta preenchida com graute pode ser calculada com:

$$K_g = \frac{y_{cn} b_w}{D_g} \quad \text{(E.9)}$$

em que:

b_w = largura da viga;

D_g = deformabilidade da junta de graute, que nesse caso pode ser estimada em $0{,}1 \times 10^{-4}$ m/MPa.

Fazendo o equilíbrio de momento em relação ao centro de rotação CR, a rigidez da ligação para momento fletor negativo vale:

$$K_{\phi n} = [K_s(h_d - y_{cr} - d'_d)^2 + K_g(y_{cr} - \frac{y_{cn}}{2})^2] \quad \text{(E.10)}$$

em que:

y_{cr} = distância do centro de rotação CR à face inferior do dente, calculada por:

$$y_{cr} = \frac{K_s(h_d - d'_d) + K_g \frac{y_{cn}}{2}}{K_s + K_g} \quad \text{(E.11)}$$

No caso de momento fletor positivo, o momento de escoamento da ligação pode ser calculado com base na Fig. E.14. A possível compressão da almofada junto ao pilar está sendo desprezada e as tensões de compressão são consideradas na capa de concreto.

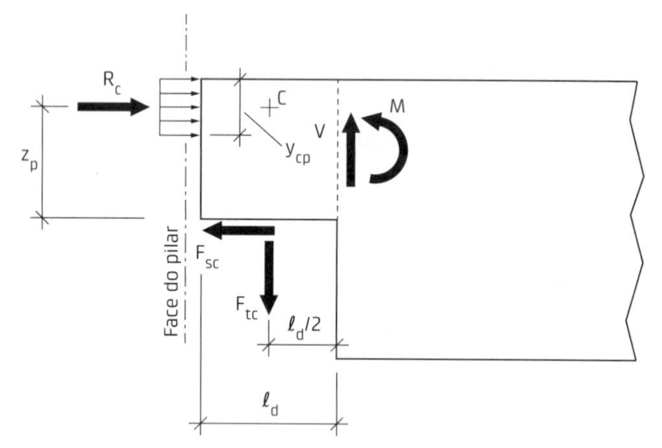

Fig. E.14 Diagrama de forças na ligação para momento fletor positivo

A partir do equilíbrio de forças verticais e horizontais e de momentos, o momento de cálculo (M_{ypd}) na seção do ponto C, que corresponde à posição do chumbador, vale:

$$M_{ypd} = F_{sc} z_p \quad \text{(E.12)}$$

com

$$z_p = h_d - \frac{y_{cp}}{2} \quad \text{(E.13)}$$

e

$$F_{sc} = \alpha \phi_c^2 \sqrt{f_{yd} f_{cd,max}} \quad \text{(E.14)}$$

em que:

y_{cp} = altura do bloco de compressão no dente, calculado com $y_{cp} = F_{sc}/f_{cd,max}\, b_f$ (b_f é a largura da seção transversal com capa de concreto);

ϕ_c = diâmetro do chumbador;

f_{yd} = resistência de cálculo da armadura do chumbador;

$f_{cd,max}$ = maior resistência de cálculo à compressão entre o concreto e o graute de preenchimento;

α = coeficiente conforme apresentado no Cap. 3, na Eq. 3.48.

O valor do coeficiente α varia conforme a referência. Nos estudos aqui apresentados, foi empregado o valor de 1,2.

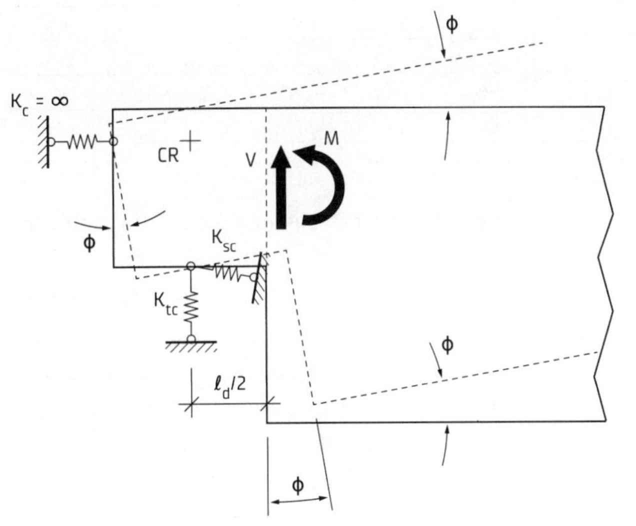

Fig. E.15 Deformação da extremidade da viga e os mecanismos de deformações para momento fletor positivo

A posição deformada do dente é mostrada na Fig. E.15. Os componentes de deformação associados à rigidez da ligação são: a) concreto comprimido (K_c), b) tração no chumbador (K_{tc}) e c) deformação transversal ao chumbador (K_{sc}).

Como o valor de K_c tende a ser muito alto, o centro de rotação CR estaria definido pelo cruzamento das direções de K_c e K_{tc}. Assim, a rigidez da ligação pode ser determinada com apenas a rigidez na direção transversal do chumbador, com:

$$K_{sc} = \frac{F_{sc}}{a_{vy}} \qquad \textbf{(E.15)}$$

em que a_{vy} é o deslocamento transversal do chumbador correspondente à força última do chumbador, sendo normalmente fixado em 0,10 do diâmetro do chumbador.

A rigidez da ligação para momento fletor positivo em relação a seção CR, é determinada com:

$$K_{\phi p} = K_{sc}(h_d - \frac{y_{cp}}{2})^2 \qquad \textbf{(E.16)}$$

Com o objetivo de avaliar o efeito da ligação proposta em uma estrutura representativa, foi desenvolvida uma simulação numérica para situação típica de múltiplos pavimentos, comparando o parâmetro de estabilidade γ_z, os momentos fletores na base dos pilares e os momentos fletores positivos na viga junto à ligação.

A Fig. E.16 apresenta a estrutura analisada e as forças atuantes de cálculo, ou seja, já afetadas pelos coeficientes de ponderação das ações.

A Fig. E.17 mostra o modelo estrutural: a) com articulação antes da ligação ser efetivada e b) com comportamento semirrígido após a efetivação da ligação. Para a carga permanente (g), a ligação funciona como articulação, enquanto para a carga variável (q) a ligação trabalha com comportamento semirrígido.

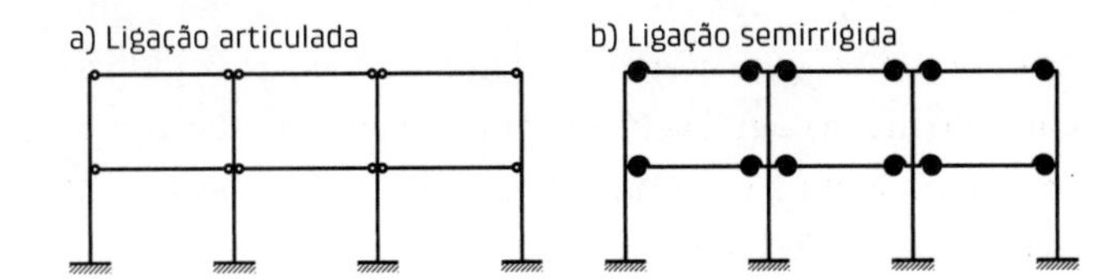

Fig. E.17 Modelo estrutural a) antes de a ligação ser efetivada e b) depois de a ligação ser efetivada

Conforme apresentado na seção 2.8, no cálculo dos deslocamentos da estrutura deve-se levar em conta a não linearidade física. Para as simulações feitas, foram empregados os seguintes valores para a redução da rigidez dos elementos: 0,4 para modelos com ligação articulada e 0,6 para ligação semirrígida.

Nessa análise foram consideradas as seguintes situações: a) ligação articulada b) ligação semirrígida com os valores apresentados na Tab. E.1 para o comportamento bilinear da Fig. E.11, e c) ligações rígidas.

Os resultados da Tab. E.1 foram calculados considerando os seguintes valores: a) concreto pré-moldado de classe C35 (35 MPa), b) concreto moldado no local C25 (25 MPa), c) armadura de continuidade CA-50 (500 MPa), d) 2 chumbadores com aço CA-25 (250 MPa) e diâmetro de 20 mm e e) módulo de elasticidade de 30 GPa, o que corresponderia aproximadamente à média dos dois concretos. No cálculo dos momentos de escoamento foram considerados os

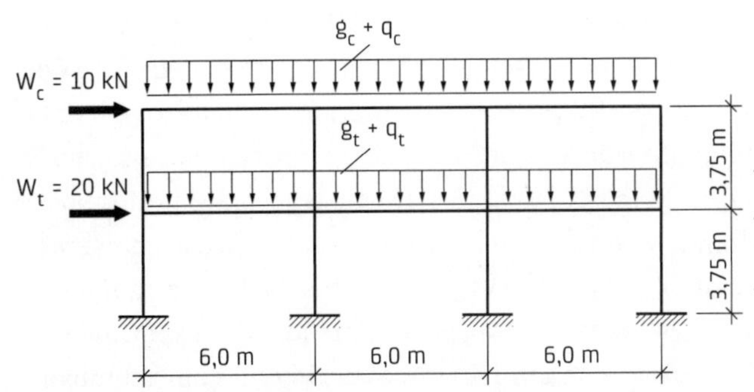

	g (kN/m)	q (kN/m)	W (kN)
Cobertura	20	10	10
Andar tipo	26	14	20

Vigas : 300 mm × 650 mm

Pilares: 300 mm × 400 mm

Fig. E.16 Estrutura analisada e forças atuantes

coeficientes de minoração da resistência dos materiais, de 1,4 para o concreto e 1,15 para o aço.

Tab. E.1 VALORES DAS RIGIDEZES E DOS MOMENTOS FLETORES ÚLTIMOS

	Pilar interno		Pilar externo	
	Momento negativo	Momento positivo	Momento negativo	Momento positivo
Rigidez (MNm/rad)	63,5	5,4	26,4	5,4
Momento de escoamento (kNm)	147,5	24,2	70,2	24,2

A Tab. E.2 apresenta os principais resultados obtidos para as situações analisadas. Esses resultados mostram que: a) o deslocamento no topo da estrutura com ligação semirrígida é 13,7% do valor da estrutura com ligação articulada, b) o coeficiente γ_z é também reduzido significativamente, c) o momento fletor na base dos pilares para estrutura com ligações semirrígidas é 41,9% do valor correspondente à estrutura com ligação articulada, para a combinação de ações G + Q + W e d) o momento positivo que ocorre na ligação, na situação mais crítica, que é com a combinação de ações G + W, é menor que o momento último da ligação.

Tab. E.2 PRINCIPAIS RESULTADOS PARA AS SITUAÇÕES ANALISADAS

	Combinação de ações G + Q + W			Combinação de ações G + W		
Ligação	a[a] (mm)	γ_z	$M_b\,\gamma_z$[b] (kNm)	a[a] (mm)	γ_z	$M_{vig}\,\gamma_z$[c] (kNm)
Articulada	29,77	1,19	44,65	29,77	1,12	0
Semirrígida	4,07	1,03	18,72	4,07	1,02	3,99
Rígida	1,99	1,01	15,27	1,99	1,01	15,00

Notas: a) a = deslocamento do topo da estrutura, b) M_b = momento fletor na base dos pilares e c) M_{vig} = momento fletor positivo na ligação viga × pilar.

Com base nos resultados encontrados, foi feita uma nova simulação numérica, aumentando o número de andares. As forças verticais e horizontais foram repetidas para os andares intermediários. A Tab. E.3 apresenta os principais resultados, na qual se pode observar que é possível aumentar o número de andares de dois, no caso de ligação articulada, para quatro, com a ligação semirrígida, pois o deslocamento no topo da estrutura é menor e o momento fletor no pé do pilar é apenas um pouco maior, passando de 44,65 kNm para 49,29 kNm, e poderia ser atendido com um pequeno acréscimo na armadura. Outra importante constatação é que, passando para cinco andares, o momento fletor positivo na ligação ainda é menor que o momento último. No entanto, nesse caso o momento fletor na base do pilar é bem maior que o momento fletor da estrutura com dois andares e ligação articulada.

Tab. E.3 RESULTADOS COM AUMENTO DO NÚMERO DE ANDARES

		Combinação de ações G + Q + W			Combinação de ações G + W		
Ligação	n[a]	a (mm)	γ_z	$M_b\,\gamma_z$ (kNm)	a (mm)	γ_z	$M_{vig}\,\gamma_z$ (kNm)
Articulação	2	29,77	1,19	44,65	29,77	1,12	0
Semirrígida	2	4,07	1,03	18,73	4,07	1,02	3,99
	3	11,30	1,05	33,94	11,30	1,03	8,52
	4	21,81	1,07	49,29	21,81	1,05	13,13
	5	36,30	1,10	66,26	36,30	1,06	17,00

Nota: a) n = número de andares.

Tendo em vista as incertezas no cálculo das rigidezes da ligação, foi realizada uma simulação numérica para analisar a sensibilidade desse parâmetro. Assim, foram consideradas três diferentes rigidezes: 0,5, 1,0 e 2,0 vezes as rigidezes da Tab. E.1 e mantidos os mesmos momentos de escoamento. A Tab. E.4 mostra os resultados para a combinação de ações G + Q + W.

Os resultados da Tab. E.4 indicam que o efeito da rigidez da ligação é mais importante quando a estrutura tende a ser mais deformável, com o aumento do número de andares. Pode-se também observar que a rigidez da ligação afeta mais os deslocamentos que os momentos fletores na base do pilar. Assim, por exemplo, para quatro andares, quando se considera 0,5 vez a rigidez da ligação, o deslocamento do topo da estrutura aumenta 36,8% ao passo que o momento fletor na base do pilar aumenta 14,4%. Essa simulação numérica mostra que os momentos fletores na base não foram muito sensíveis à rigidez da ligação, nesse caso.

De qualquer forma, em função das incertezas no cálculo da rigidez das ligações, é recomendável que a análise da estrutura leve em conta variações desse parâmetro para obter envoltória de esforços solicitantes nos pilares e vigas.

Com a finalidade de aumentar a transmissão de momentos fletores positivos, bem como a rigidez da ligação para essa solicitação, foi desenvolvida a alternativa à proposta original mostrada na Fig. E.1. Nessa alternativa, apresentada na Fig. E.18, foi modificada a forma dos chumbadores, passando a ser inclinado e ancorado à viga através de chapa metálica (fixados com porcas e arruelas) e a colocação da armadura negativa que passa pelo pilar em dois níveis, com o objetivo de promover momento fletor negativo a partir da colocação da capa de concreto sobre os painéis alveolares.

Para estudar essa alternativa, foram construídos dois protótipos, como no caso anterior, um para representar pilar interno e outro para representar pilar externo. A Fig. E.19 mostra detalhes da construção dos protótipos.

Como seria de esperar, essa alternativa apresentou melhor comportamento quando solicitada a momentos fletores positivos. Com base nos resultados experimentais e analíticos, na comparação com a ligação com chumbado-

Tab. E.4 ANÁLISE COM 0,5, 1,0 E 2,0 VEZES A RIGIDEZ DA LIGAÇÃO PARA A COMBINAÇÃO DE AÇÕES G + Q + W

	a (mm)			γ_z			$M_b\ \gamma_z$ (kNm)		
n[a]	0,5	1,0	2,0	0,5	1,0	2,0	0,5	1,0	2,0
2	5,20[b] (27,6%)	4,07	3,33 (-18,2%)	1,03	1,03	1,02	20,40 (9,3%)	18,65	17,44 (-6,5%)
3	15,21 (34,6%)	11,30	8,75 (-22,6%)	1,06	1,05	1,04	38,18 (12,8%)	33,86	30,76 (-9,2%)
4	29,82 (36,8%)	21,81	16,89 (-22,6%)	1,10	1,07	1,06	56,42 (14,4%)	49,34	44,72 (-9,4%)
5	50,44 (39,0%)	36,30	27,78 (-23,5%)	1,14	1,10	1,07	77,08 (16,6%)	66,11	59,22 (-10,4%)

Notas:a) n = número de andares; b) os números entre parênteses correspondem à variação, em porcentagem, em relação a 1,0 vez a rigidez.

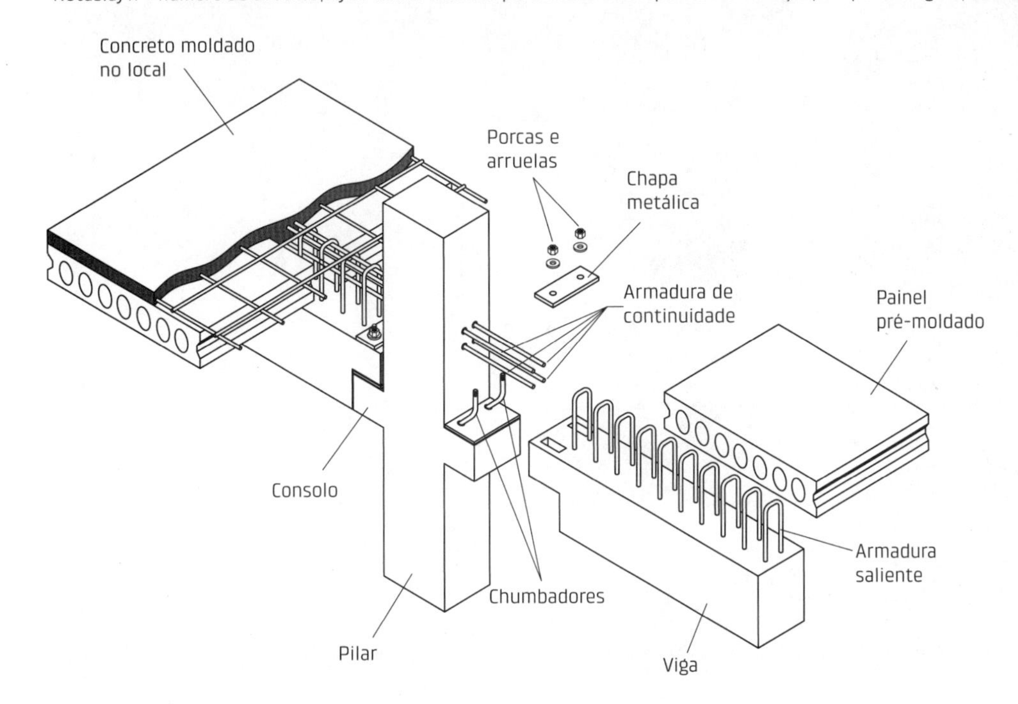

Fig. E.18 Alternativa com chumbadores inclinados

res perpendiculares, da proposta original, essa alternativa apresenta um acréscimo superior a 3,5 vezes nos momentos de escoamento e da ordem de 2,5 vezes na rigidez, para momento fletor positivo.

O comportamento ao momento fletor negativo é praticamente igual, como também seria de esperar. A colocação de armadura de continuidade em dois níveis e a concretagem da parte da viga em uma primeira etapa teriam influência apenas na mudança do comportamento da ligação para o restante da carga permanente, que passaria a ser semirrígido. Com isso, a ocorrência de momento fletores positivos nos apoios devidos às forças laterais seria retardada, quando se analisa o aumento do número de andares. Naturalmente, esse recurso poderia ser também usado para chumbadores perpendiculares.

Como o emprego de chumbadores inclinados é mais trabalhoso, em princípio, o seu emprego seria viável para situações em que a alternativa original, com chumbadores perpendiculares, não atenderia às necessidades de rigidez e resistência, com o maior número de pavimentos. Para essas situações, seria possível utilizar essa alternativa com chumbadores inclinados para os primeiros pavimentos e a alternativa com chumbadores perpendiculares para os demais pavimentos.

A ligação proposta foi também estudada com foco principal no projeto da estrutura por Mota (2009). Entre as várias contribuições ao projeto de estruturas de múltiplos pavimentos dessa pesquisa, merecem ser citadas as seguintes: a) um modelo para cálculo automatizado da rigidez da ligação a partir dos mecanismos de deformação, b) análises de não linearidade geométrica e não linearidade física para situações representativas, c) análise da estabilidade na fase construtiva, d) efeitos dependentes do tempo nos momentos fletores das vigas e e) análise de exemplos e recomendações para o projeto.

Com o foco principal na análise da estabilidade global, a ligação foi também objeto de estudo feito por Marin (2009). Uma das principais contribuições desse estudo foi o fornecimento de valores de reduções de rigidez de pilares em função da força normal, com base em análise de situações típicas de estruturas de CPM. Também merecem registro as contribuições relacionadas à análise dos efeitos de vários parâmetros e situações, entre elas: a) combinações de ações para estados-limite últimos (ELU) e verificações para estados-limite de serviço (ELS), b) concretagem da viga e da capa em duas etapas, conforme justificativa apresentada, e c) consideração de deformação da fundação. Em El Debs et al. (2015) estão apresentados dois exemplos de construções projetadas utilizando o estudo de Marin (2009) (Fig. E.20).

Em função dos resultados experimentais e teóricos, pode-se observar que os fatores mais importantes no comportamento da ligação em relação a momentos fletores positivos são a resistência e o deslocamento transversal dos chumbadores. Com o objetivo de contribuir para a quantificação desse componente da ligação proposta, com chumbadores perpendiculares e inclinados, foi realizada a pesquisa de Aguiar (2010). Essa pesquisa englobou um programa experimental com 15 modelos, variando o diâmetro e a inclinação dos chumbadores. O principal resultado foi a proposta de modelo analítico para o comportamento de

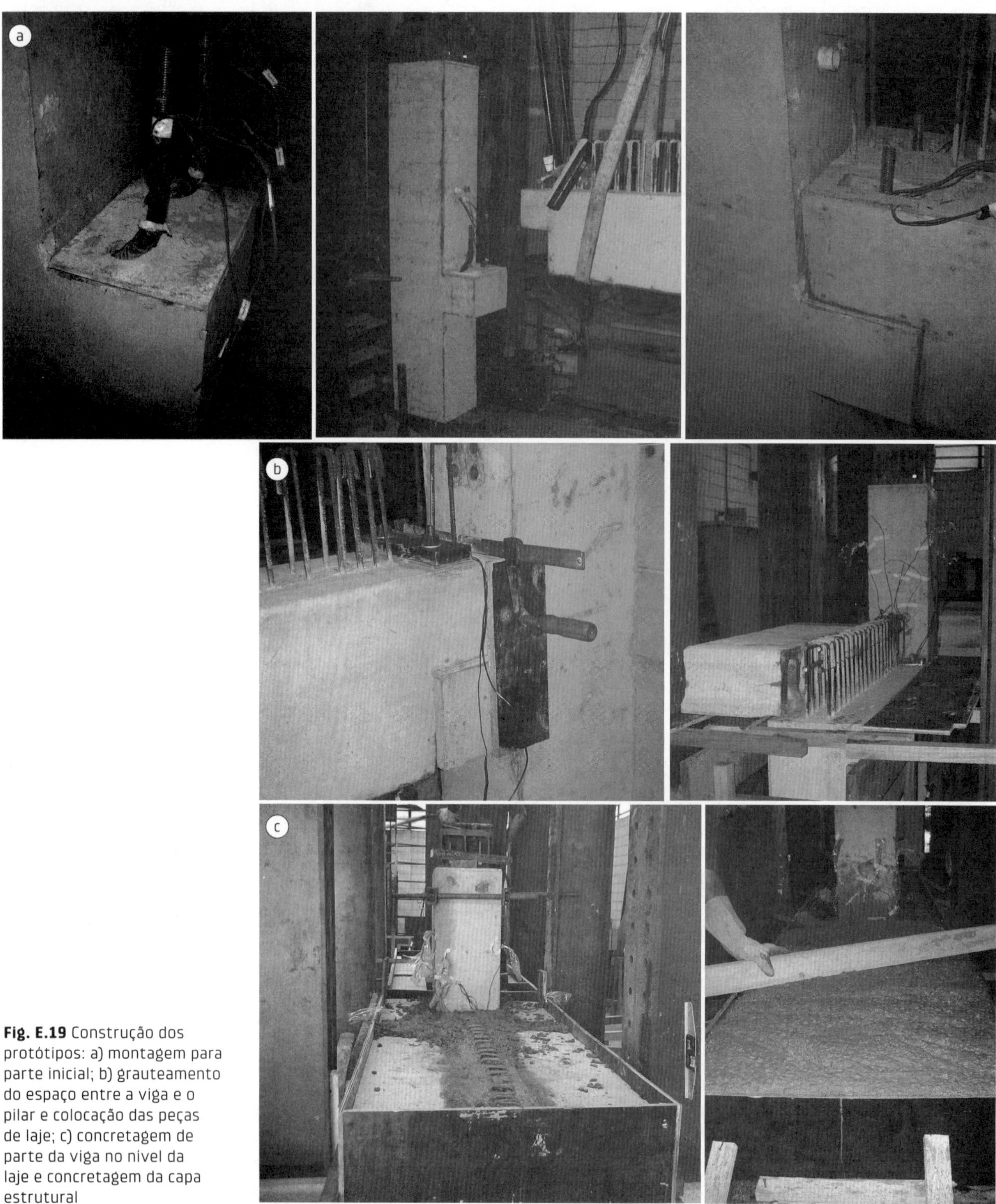

Fig. E.19 Construção dos protótipos: a) montagem para parte inicial; b) grauteamento do espaço entre a viga e o pilar e colocação das peças de laje; c) concretagem de parte da viga no nível da laje e concretagem da capa estrutural

Fig. E.20 Exemplos de aplicação da pesquisa desenvolvida (El Debs et al., 2015): a) BR-Parking (informações adicionais dessa obra podem ser acessadas no *Painel dos Projetistas* no site do 3PPP); b) Plaza Shopping Carapicuíba
Fotos: b) cortesia de Marcelo Cuadrado Marin/Leonardi Construção Industrializada.

chumbadores grautedos, com uma formulação geral, com um comportamento trilinear que inclui a sua inclinação inicial, ou seja, serve para chumbadores perpendiculares e inclinados.

No caso de chumbadores perpendiculares, a força correspondente ao escoamento do aço, cujo deslocamento transversal seria da ordem de 0,10ϕ, é fornecida pela seguinte expressão:

$$F = 0{,}157\phi_c^{2.083} f_y f_c^{0{,}125} \tag{E.17}$$

em que:

F = força do chumbador em N;

ϕ_c = diâmetro do chumbador em mm;

f_y = resistência ao escoamento do aço do chumbador em MPa;

f_c = resistência à compressão do concreto em MPa.

Cabe observar que essa expressão fornece resultados bastante próximos dos experimentais, para a faixa de diâmetros e resistência que seriam utilizadas na ligação proposta, embora seja diferente das tradicionalmente utilizadas, que são expressões apresentadas na seção 3.5.4. Naturalmente, em sua utilização para projeto, deve-se introduzir os coeficiente relativos à segurança.

A pesquisa desenvolvida por Soares (2011) abordou os efeitos dependentes do tempo nas vigas compostas com a ligação proposta. O estudo foi realizado utilizando o *software* baseado em elementos finitos intitulado CONS, próprio para análise não linear de estruturas de concreto construídas evolutivamente, aplicada a situações representativas. Entre os vários resultados dessa pesquisa, merece destacar a ocorrência de momentos fletores nos apoios decorrente de cargas permanentes, no caso de vigas de concreto protendido. Portanto, no caso de vigas de concreto protendido é necessário tomar cuidado ao contar com momentos fletores da carga permanente para contrabalançar os momentos fletores das ações laterais, na análise da estabilidade global.

A dissertação de Lins (2013) teve o objetivo de contribuir também para o projeto de edifícios de múltiplos pavimentos empregando a ligação proposta. As principais contribuições foram: a) o fornecimento da expressão para o limite do parâmetro de estabilidade α, já citado na seção 2.8, e b) o desenvolvimento do *software* Programa de Avaliação da Estabilidade Global e Pré-Dimensionamento de Pórticos Planos em Concreto Pré-Moldado, denominado PRE-MOLDIM. Esse *software* engloba quatro módulos e auxilia: a) na definição das dimensões mínimas dos pilares, b) na análise da estabilidade global, c) na determinação do valor da rigidez das ligações e d) no dimensionamento da armadura de continuidade da ligação viga-pilar.

A mais recente pesquisa sobre a ligação CAS foi desenvolvida por Bellucio (2016) focando o emprego de concreto de alto desempenho. A ideia foi explorar o emprego de concreto reforçado com altas taxas de fibras de aço apenas em partes de componentes da ligação, conforme pode ser visto na Fig. E.21. A pesquisa englobou um programa experimental envolvendo modelos para análise do comportamento de chumbadores grauteados similares aos realizados em Aguiar (2010) e um protótipo de ligação, correspondente a um pilar interno, mas sem a laje. As principais contribuições foram: a) mostrou-se a viabilidade construtiva de alternativa da ligação com componentes de alto desempenho em partes limitadas e diretamente responsáveis pela transferência do momento fletor positivo; b) o graute tem um papel fundamental no comportamento dos chumbadores, e o benefício das fibras de aço ficou destacado, em termos de resistência, quando o chumbador não foi grauteado, sugerindo que, para aproveitar os benefícios do concreto de alto desempenho, deve-se utilizar também um graute de alto desempenho; e c) comparada com a formulação apresentada anteriormente, com base nos resultados de Mioto (2002), o momento fletor positivo transferido é menor, recomendando uma redução na força transferida conforme a equação a seguir, com base em Eligehausen et al. (2006):

$$F_{sc,red} = F_{sd} \frac{A_{c,v}}{A^0_{c,v}} \psi_{s,v} \psi_{h,v} \quad \textbf{(E.18)}$$

em que:

F_{sd} = conforme a Eq. E.14;

$\frac{A_{c,v}}{A^0_{c,v}}$ = parcela de redução devida ao efeito de grupo, que foi de 0,81, no caso do protótipo;

$\psi_{s,v}$ = parcela de redução devida ao efeito de borda, que foi de 0,86, no caso do protótipo;

$\psi_{h,v}$ = parcela de redução devida à excentricidade da força, que foi de 0,90, no caso do protótipo.

Em função dos resultados obtidos nessa pesquisa e na falta de outros ensaios, recomenda-se fazer o projeto da ligação proposta com momento fletor positivo resistente com as reduções recomendadas em Bellucio (2016).

E.3 Ligação SAS (sem armadura superior)

Na citada pesquisa de Miotto (2002) foi também estudada a ligação denominada aqui de SAS (sem armadura superior). O estudo focou a aplicação em pórticos com trave inclinada, comumente empregada em galpões, e englobou um programa experimental com dois modelos, bem como análise teórica e numérica. A principal contribuição da pesquisa foi a apresentação de modelo de projeto para determinação da resistência e rigidez da ligação.

A continuidade do estudo da ligação SAS foi realizada por Sawasaki (2010). Na Fig. E.22 estão mostradas algumas situações abrangidas pelo estudo, que englobou um programa experimental com quatro modelos em escala 1:2 e foi apresentado um modelo para determinação da resistência e da rigidez da ligação. Apesar de a resistência e a rigidez da ligação serem bem menores que as equivalentes na ligação CAS, os benefícios de levar em conta são significativos quando se compara os deslocamentos e momentos fletores na base dos pilares com correspondentes aos encontrados com a ligação com comportamen-

a)

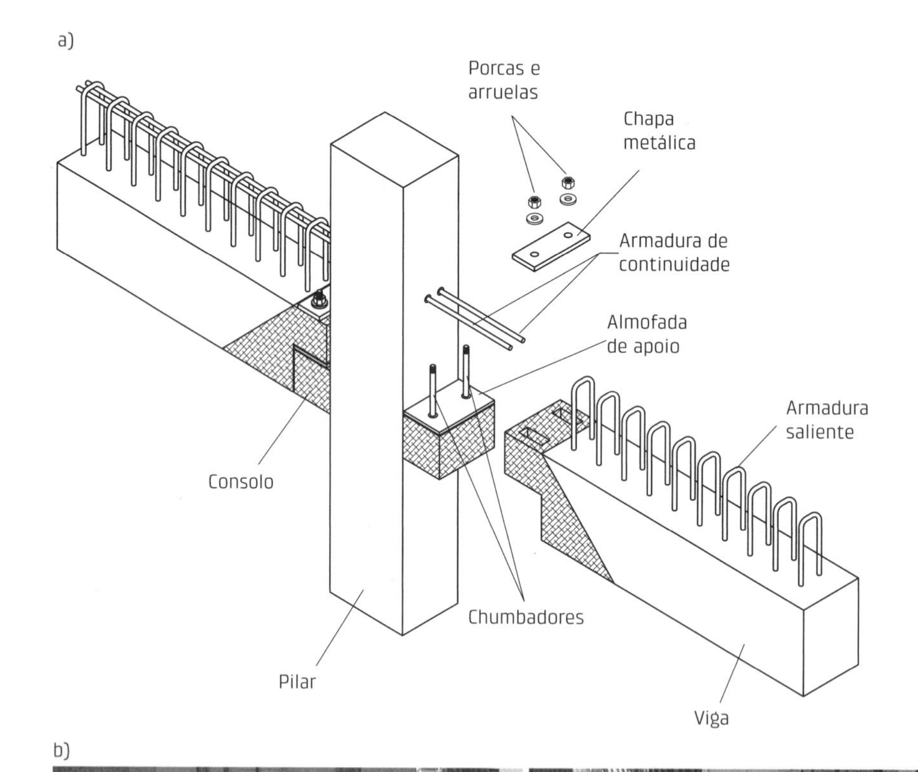

b)

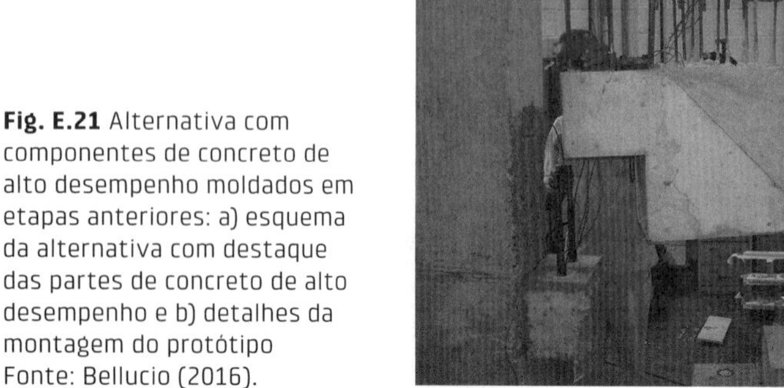

Fig. E.21 Alternativa com componentes de concreto de alto desempenho moldados em etapas anteriores: a) esquema da alternativa com destaque das partes de concreto de alto desempenho e b) detalhes da montagem do protótipo
Fonte: Bellucio (2016).

to articulado, conforme os resultados de simulações de estruturas representativas apresentadas na dissertação em questão.

E.4 Quadro-síntese das pesquisas

O Quadro E.1 apresenta uma síntese das pesquisas desenvolvidas.

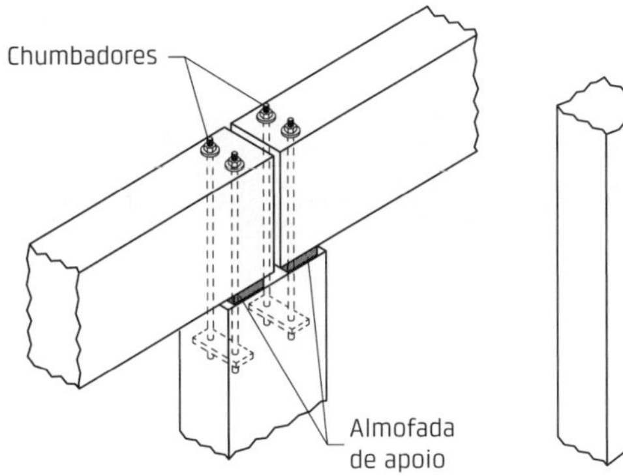

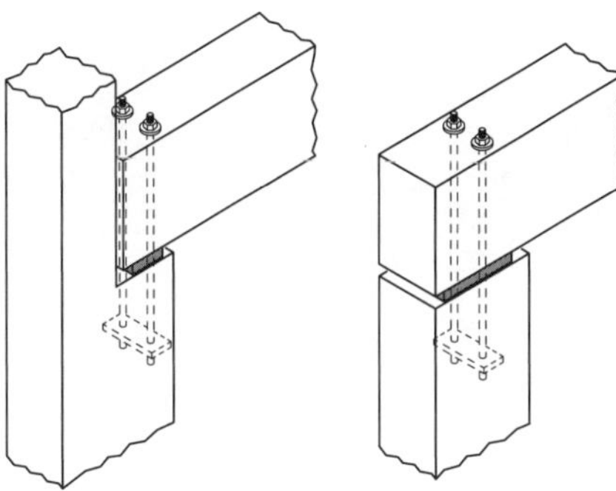

Fig. E.22 Exemplos de ligações cobertas pelo estudo de Sawasaki (2010)

Quadro E.1 SÍNTESE DAS PESQUISAS DESENVOLVIDAS

Trabalho acadêmico[a]	Período	Características principais da pesquisa
Miotto (2002)	1999-2002	Contribuição para determinação das resistências e das rigidezes de ligação CAS e SAS, mediante ensaios, modelagem numérica e proposta de modelos analíticos.
Baldissera (2006)	2004-2006	Resultados experimentais de variante de ligação CAS, com chumbadores inclinados, que possibilitam aumento da resistência e da rigidez da ligação original em relação ao momento fletor positivo.
Mota (2009)	2005-2009	Contribuições diversas, incluindo exemplos numéricos, para o projeto de ligação semirrígida tipo CAS, tais como: automatização da determinação da rigidez de ligação com base em mecanismos resistentes, efeito da não linearidade geométrica e física na estabilidade global, estabilidade na fase construtiva e efeitos dependentes do tempo.
Marin (2009)	2007-2009	Contribuição à análise da estabilidade global de estruturas de CPM com ligações semirrígidas tipo CAS, em particular para a consideração da não linearidade física, com indicações para redução de rigidez de pilares e vigas, e geométrica, incluindo avaliação de vários parâmetros de projeto.
Aguiar (2010)	2007-2010	Contribuição à previsão do comportamento de chumbadores grauteados, perpendiculares e inclinados, previstos na ligação CAS, mediante ensaios, modelagem numérica e proposta de modelo analítico. Essa pesquisa está diretamente relacionada com a resistência e rigidez da ligação CAS ao momento fletor positivo.
Sawasaki (2010)	2008-2010	Contribuição para determinação de rigidez de ligação SAS, mediante ensaios e proposta de modelo analítico, bem como do comportamento de estruturas típicas.
Soares (2011)	2009-2011	Contribuição à análise dos efeitos dependentes do tempo em vigas de CPM, protendidas ou não, com concretagem posterior formando um conjunto de seção composta com lajes alveolares, com ligação CAS, na qual, mediante exemplos de situações típicas, mostra-se como ocorrem as variações dos momentos fletores, das deformações e das tensões normais ao longo do tempo.
Lins (2013)	2011-2013	Contribuição à análise da estabilidade global de estruturas de CPM com ligação CAS, com o fornecimento de formulações e *softwares* para ajudar no projeto.
Bellucio (2016)	2010-2016	Contribuição ao desenvolvimento de ligação CAS com concreto de alto desempenho, com a recomendação de utilizar um graute de alto desempenho para aproveitar os benefícios do concreto com fibras de aço e a indicação de considerar redução do momento fletor positivo levando em conta os efeitos de grupo na resistência dos chumbadores, de borda e de excentricidade da força.

Observação: a) trabalhos acadêmicos do programa de pós-graduação em Engenharia Civil – Estruturas do Departamento de Engenharia de Estruturas da Escola de Engenharia de São Carlos da Universidade de São Paulo, disponíveis no site <http://web.set.eesc.usp.br/producao/>.

INTRODUÇÃO AO DIMENSIONAMENTO DE ELEMENTOS DE CONCRETO PROTENDIDO COM PRÉ-TRAÇÃO

anexo F

F.1 Considerações iniciais

Com este anexo objetiva-se apresentar as diretrizes gerais para o dimensionamento de elementos de concreto protendido, mais especificamente, concreto protendido com pré-tração, conforme apresentado na seção "Armadura protendida", no Cap. 1 (p. 40).

Esse tipo de concreto protendido é muito empregado em elementos pré-moldados, sujeitos predominantemente à flexão, como painéis TT e alveolares, usados em lajes. O interesse do emprego de concreto protendido em elementos pré-moldados fletidos está apresentado na seção 2.4.

Aqui também se considera que o leitor já tenha os conhecimentos da resistência do concreto armado (CA). Assim, procura-se, neste anexo, concentrar-se no fornecimento das particularidades do concreto protendido (CP) em relação ao CA.

A ideia de aplicar um esforço prévio de compressão é bastante antiga. Um exemplo clássico da aplicação dessa ideia é na fabricação de barris de madeira feitos em pedaços, que depois são unidos por cintas metálicas. Essas cintas são colocadas forçando-as mecanicamente, devido à inclinação dos meridianos, para serem alongadas e produzir uma compressão, nas ligações das faixas de madeira, superior à tração produzida pela pressão do líquido armazenado, conforme mostrado em Hanai (2005). Outros exemplos da aplicação de protensão em ferramentas e produtos podem ser encontrados nas publicações sobre o assunto.

A aplicação dessa ideia em estruturas pode ser vista em várias situações. Utilizando apenas exemplos de estruturas de concreto pré-moldado (CPM) descritos neste livro, pode ser citado o emprego da protensão na construção de pontes com aduelas pré-moldadas (seção 10.1), na estabilização de estrutura de cabos (seção 9.6) e na construção de reservatórios (seção 11.4).

A ideia de aplicar a protensão em elementos de concreto é quase tão antiga quanto o concreto armado. Segundo Naaman (1982), a primeira aplicação da protensão em concreto foi feita por P.H. Jackson, na década de 1880, nos Estados Unidos. No entanto, esses elementos não tiveram um desempenho adequado, pois após algum tempo o efeito da protensão tornava-se pouco efetivo.

Embora tenham ocorrido várias outras tentativas para tornar o emprego da protensão nos elementos de concreto efetivo, foi E. Freyssinet, nas décadas iniciais do século XX, que conseguiu explicar a importância das perdas de protensão e aplicar com sucesso a ideia, o que o levou a ser considerado o pai do CP.

No início, o CP era considerado separadamente do CA. A protensão necessária para um elemento ser considerado de CP tinha que atender a determinados limites de tensões de tração. Mas, a partir da segunda metade do século XX, houve um movimento no sentido de unificar os critérios de projeto do CP e do CA. Com essa mudança de filosofia, a protensão poderia, em princípio, ter os mais variados níveis, sendo que o limite inferior correspondente à protensão nula seria o caso do CA. De fato, já no código-modelo do CEB de 1970, essa unificação foi efetivada. No Brasil, essa unificação ocorreu mais recentemente, e, na atual NBR 6118 (ABNT, 2014a), o CA e o CP estão integrados. Assim, em tese, pode-se considerar uma continuidade desde o CA até os níveis mais elevados de protensão, o que leva a estender os princípios de resistência do CA para o CP.

Fazendo uma adaptação da definição da NBR 6118 (ABNT, 2014a), elementos de CP são aqueles nos quais parte da armadura é previamente alongada, com a finalidade de impedir ou limitar a fissuração e a deformação dos elementos, bem como propiciar melhor aproveitamento de aços de alta resistência nos estados-limite últimos (ELU).

Como se depreende dessa definição, nos elementos de CP, a protensão é produzida por uma armadura previamente alongada. Essa armadura recebe o nome de armadura ativa, ao passo que outra armadura empregada seria chamada de armadura passiva. A armadura passiva corresponde àquela empregada no CA, ou seja, barras, fios e telas soldadas.

Conforme adiantado na seção "Armadura protendida", no Cap. 1 (p. 40), o CP pode ser feito com armadura pré-tracionada, no qual o alongamento da armadura é realizado utilizando apoios independentes dos elementos, antes do lançamento do concreto. Quando o concreto atinge uma determinada resistência, a armadura ativa é separada dos apoios e a protensão é transferida para o elemento de concreto somente pela aderência da armadura ativa com o concerto endurecido. Esse caso é denominado concreto protendido com aderência inicial (CPAI).

Outra forma de protensão é fazer o estiramento da armadura ativa, após o endurecimento do concreto, utilizando o próprio elemento estrutural como apoio para o equipamento. Diz-se que, nesse caso, a armadura ativa é pós-tracionada, em contrapartida ao caso anterior (CPAI), em que a armadura ativa é pré-tracionada.

Com a pós-tração, pode-se ter o CP com aderência posterior (protensão com aderência posterior) e o CP sem aderência (protensão sem aderência). Na protensão com aderência, a armadura ativa é colocada em bainha, isolando-a do concreto. Após o estiramento da armadura e realizada sua ancoragem, é criada uma aderência com o concreto mediante a injeção das bainhas. Já na protensão sem aderência, como o próprio nome diz, não existe aderência entre a armadura ativa e o concreto, e a interação entre a armadura ativa e o concreto é feita somente nas ancoragens e em outros pontos previamente localizados.

Nos elementos pré-moldados nas fábricas, emprega-se praticamente apenas o CPAI, ou seja, a protensão com pré-tração. A protensão com pós-tração é utilizada no CPM em alguns casos de ligações, conforme visto no Cap. 3, e em outras aplicações em estruturas, como adiantado no início desta seção. A protensão com pós-tração com aderência é também usada em pré-moldados de canteiro, nos quais não se pode contar com pista de protensão ou fôrmas que possam servir de estrutura de reação, chamadas aqui de fôrmas estruturadas.

O CPAI reúne as caraterísticas favoráveis do CP, como eliminação ou redução da fissuração, melhor controle da deformação e possibilidade do emprego de aços de alta resistência, com as seguintes características específicas: garantia da aderência (entre a armadura ativa e o concreto) e não necessidade de dispositivos de ancoragem que permanecem nos elementos.

Apesar de os conceitos abordados serem gerais, o escopo dessa apresentação é o CPAI, pois é a forma usual dos elementos pré-moldados de fábrica.

F.2 Materiais e processos

Os materiais empregados no CPAI são basicamente aqueles usados no CA, o concreto e a armadura passiva, juntamente com a armadura ativa, com a qual é produzida a protensão.

Em relação ao concreto, merece destacar a tendência de utilizar resistências mais altas que aquelas adotadas em elementos fletidos de CA, conforme discussão apresentada na seção 2.4. Embora sejam características que acompanham o aumento da resistência, cabe destacar que é de interesse que o concreto tenha maior módulo de elasticidade, menores deformações por retração e fluência e maior compacidade para proporcionar melhor proteção química para a armadura.

Os aços para armadura ativa caracterizam-se pela elevada resistência e pela ausência de patamar de escoamento. No caso de CPAI, a armadura ativa se apresenta na forma de fios, especificados pela NBR 7482 (ABNT, 1991) e pela NBR 7483 (ABNT, 2004a).

Os aços da armadura ativa podem ser: a) de relaxação normal (RN), que são trefilados por tratamento térmico que alivia as tensões internas de trefilação, e b) de relaxação baixa (RB), que recebem um tratamento que reduz a relaxação. Nota: A relaxação da armadura ativa produz redução da força de protensão e é tratada na próxima seção.

Os aços da armadura ativa são designados com formato específico. Por exemplo, no aço especificado com CP-190

(RB) 12,7, CP refere-se a concreto protendido, 190 é associado à resistência mínima de ruptura à tração, no caso 1.900 MPa, RB refere-se a aço de relaxação baixa e 12,7 refere-se a diâmetro nominal da cordoalha em milímetros. Chama-se a atenção para o fato de que, nesse caso, o primeiro número (190) é associado à resistência à ruptura, ao passo que, nos aços de CA, o número correspondente é associado à resistência de escoamento. Por exemplo, no aço CA-50, a resistência de 500 MPa, associada ao número 50, é a resistência de escoamento da armadura à tração. A unidade da armadura ativa é chamada de cabo de protensão.

A Fig. F.1 mostra um diagrama típico de tensão × deformação de aço de protensão. Nesse digrama, destacam-se os seguintes valores de propriedades mecânicas:

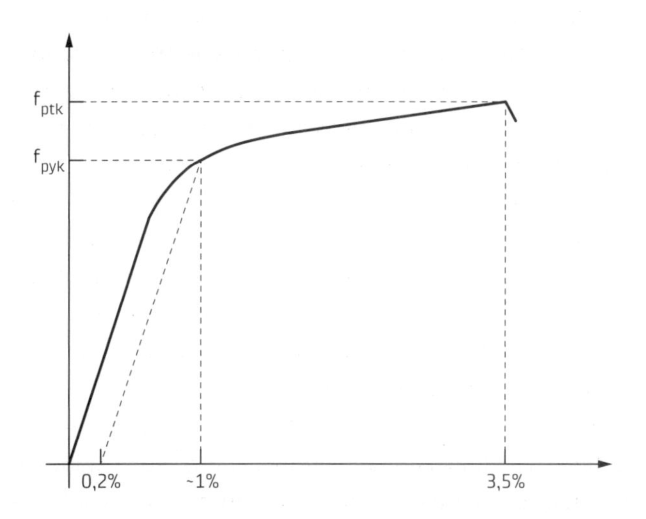

Fig. F.1 Curva típica tensão × deformação de aço de protensão

- f_{ptk} = resistência característica à ruptura por tração do aço de protensão;
- f_{pyk} = limite de escoamento convencional do aço de protensão para deformação residual de 0,2% (o limite de escoamento convencional é aproximadamente igual à tensão correspondente à deformação de 1%);
- E_p = valor médio do módulo de elasticidade do aço de protensão, que, de acordo com a NBR 6118 (ABNT, 2014a), deve ser obtido em ensaios ou fornecido pelo fabricante. Na falta de dados específicos, pode-se considerar 200 GPa para fios e cordoalhas.

Para a execução dos elementos de CPAI, são necessários: a) pista de protensão ou fôrma estruturada para servir de reação e b) equipamentos e dispositivos para protensão e ancoragem da armadura ativa, constituídos basicamente de macacos de protensão e desprotensão, sistema de fixação da armadura e respectivas ancoragens. Na Fig. F.2 são mostrados exemplos desses equipamentos e dispositivos.

F.3 Critérios de projeto

O projeto dos elementos estruturais deve atender aos estados-limite últimos (ELU) e de serviço (ELS). Em se tratando de elementos de CPM, essa condição deve ser feita para a situação definitiva e estendida para as situações transitórias, conforme apresentado ao longo do texto principal deste livro.

A determinação das armaduras poderia ser feita para o atendimento dos ELU, passando depois para as verificações dos ELS, como é geralmente realizado no dimensionamento de elementos de CA.

Fig. F.2 Detalhes dos equipamentos e dispositivos para protensão para CPAI: a) ancoragem e sistema de proteção de pista de painel alveolar; b) bloco de ancoragem para vigas; c) protensão de cordoalha; d) vista de pista e sistema de ancoragem

No entanto, no CP normalmente se faz o contrário. A armadura ativa é determinada para atender aos ELS, e as verificações dos ELU são feitas posteriormente.

A força de protensão produzida pela armadura ativa sofre reduções de várias naturezas, acarretando as denominadas perdas de protensão. Essas perdas podem ser colocadas na forma apresentada na Fig. F.3, divididas em perdas imediatas e progressivas. As chamadas perdas progressivas são aquelas que ocorrem com o tempo, em contrapartida às perdas imediatas.

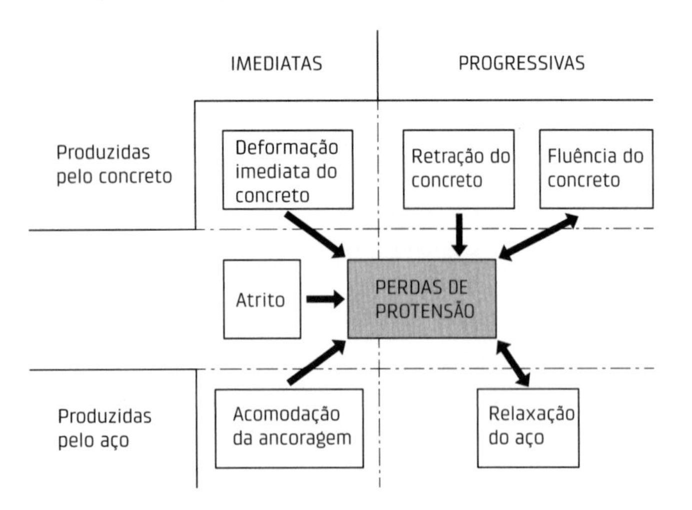

Fig. F.3 Perdas de protensão

A perda de protensão por deformação imediata corresponde à redução da força de protensão produzida pelo encurtamento do concreto, assim que a força de protensão é transferida para o concreto. Considerando que as deformações específicas do concreto e do aço são iguais, pode-se calcular essa redução da força de protensão.

A perda de protensão por atrito ocorre nos contatos da armadura ativa com alguma superfície, quando a armadura é estirada. Normalmente, essa perda é importante em CP com pós-tração, nos contatos da armadura com a bainha. No caso de CPAI, essa perda de protensão só existe quando os cabos são desviados, chamados de cabos com traçado poligonal, vistos na sequência. No caso de cabos retos, situação mais comum, não ocorre esse tipo de perda.

A perda por acomodação da ancoragem é causada pela deformação dessa ancoragem do lado em que o cabo é estirado. Após ser alongado, o cabo é ancorado e parte da força de protensão se perde com a diminuição do seu alongamento na acomodação da ancoragem. A acomodação da ancoragem depende do sistema de ancoragem e, basicamente, da força ancorada. O seu valor é da ordem de 4 mm a 6 mm.

Para ter uma ordem de grandeza da perda de protensão causada pela acomodação da ancoragem, considere-se o caso de uma pista de protensão de 150 m. Assumindo acomodação da ancoragem de 5 mm, tensão de estiramento de 1.500 MPa e módulo de elasticidade de 200 GPa, o alongamento da armadura ativa vale:

$$\Delta\ell = \ell\epsilon = \ell\frac{\sigma_{pi}}{E_p} = 150\frac{1.500}{200\times10^3} = 1{,}125 \text{ m}$$

A perda de protensão é determinada com:

$$\frac{\Delta\sigma_{pi}}{\sigma_{pi}} = \frac{\Delta P_{anc}}{\Delta\ell} = \frac{5}{1{,}125\times10^3} = 4{,}44\times10^{-3} = 0{,}444\%$$

Portanto, nesse caso a perda de protensão é praticamente desprezível, pois o alongamento da armadura é da ordem de metros e a acomodação da ancoragem é da ordem de milímetros. Naturalmente, quando o comprimento do cabo de protensão for pequeno, como no caso de fôrmas estruturadas, a queda de protensão pode se tornar significativa.

A retração do concreto produz perda de protensão, uma vez que a deformação específica da armadura ativa acompanha a deformação específica do concreto. Esse fenômeno depende de vários fatores e varia com o tempo.

Assim como a retração, a fluência do concreto produz perda de protensão que varia com o tempo. Essa perda inicia logo após a aplicação da força de protensão. Como a força de protensão varia com o tempo, ocorre uma interação entre a fluência e a perda da protensão causada por ela, conforme indicado na Fig. F.3.

A relaxação da armadura ativa corresponde à queda da tensão ao longo do tempo quando um cabo é mantido estirado com um determinado comprimento. Nos aços de relaxação baixa (RB), essa queda de tensão é menor que nos aços de relaxação normal (RN). Como o comprimento da armadura ativa sofre variação devido às perdas de protensão, acontece uma interação entre a relaxação do aço e a perda de protensão causada por ela, assim como na fluência do concreto, também mostrada na Fig. F.3.

A variação da força de protensão pode ser representada pelos seguintes valores:

- P_i = força aplicada à armadura ativa pelo equipamento de protensão; corresponde à máxima força aplicada;
- P_a = força na armadura ativa no instante anterior à liberação das ancoragens externas, ou seja, da transferência da força de protensão para o concreto;
- P_0 = força de protensão no instante posterior à liberação das ancoragens externas, ou seja, o valor da protensão transferida para o concreto;
- P_t = força de protensão no tempo t;
- P_∞ = força de protensão após todas as perdas; é o menor valor da força de protensão.

A Fig. F.4 mostra a variação da força de protensão no CPAI com cabo reto, portanto, sem perdas de protensão por atrito.

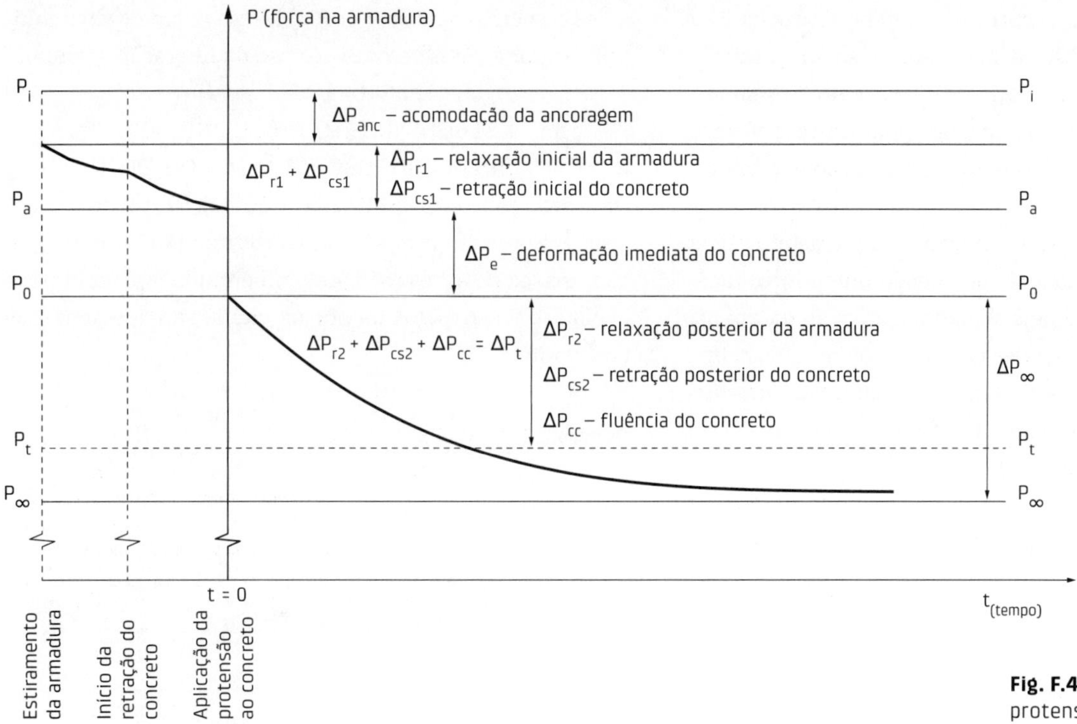

Fig. F.4 Variação da força de protensão com cabo reto

As quantificações da retração e da fluência do concreto podem ser feitas com base nas recomendações da NBR 6118 (ABNT, 2014a). Nessa mesma norma, são apresentadas indicações para a quantificação da relaxação da armadura. As perdas progressivas de protensão são calculadas levando em conta interações entre as deformações específicas desses fenômenos com a própria variação da força de protensão, com um grau de incerteza relativamente alto.

Por ocasião da protensão, a tensão na armadura ativa precisa ser limitada. A NBR 6118 (ABNT, 2014a) estabelece para a armadura pré-tracionada, ou seja, para o caso do CPAI, os seguintes limites por ocasião da aplicação da força P_i: $0{,}77f_{ptk}$ e $0{,}90f_{pyk}$ para aços RN e $0{,}77f_{ptk}$ e $0{,}85f_{pyk}$ para aços RB.

No caso dos elementos simplesmente apoiados, a força de protensão é determinada em função dos momentos fletores no meio do vão.

Quando ocorrer o máximo momento fletor positivo, a força de protensão deve neutralizar ou limitar as tensões de tração que esse momento produz na borda inferior da seção. Por outro lado, quando atuar o mínimo momento fletor positivo, a força de protensão não pode produzir tensões normais de tração na borda superior ou, se produzir, a tração deve ser limitada. Portanto, a força de protensão deve ser adotada de forma a atender às tensões normais do máximo momento fletor, mas também deve ser adequada quando atuar o mínimo momento fletor. De outra forma, para uma dada força de protensão, o máximo momento fletor não pode ultrapassar o valor com o qual a força de protensão foi determinada, para atender à tendência de tração na borda inferior, e o momento fletor mínimo não pode ser menor que determinado limite, para atender à tendência de tração na borda superior. Portanto, uma força de protensão excessiva ou momentos fletores mínimos abaixo de determinados limites podem trazer problemas de resistências relacionados à tendência de tração na borda superior.

As verificações das tensões normais produzidas pela força de protensão e momentos fletores devem ser estendidas para outras seções transversais. Naturalmente, à medida que se aproximam dos apoios, os momentos fletores diminuem e, portanto, pode ser necessário reduzir o efeito da protensão.

No caso de CPAI, a redução do efeito da protensão pode ser feita, conforme adiantado no Cap. 1, mediante o isolamento de parte dos cabos com mangueira de plástico ou utilizando cabos poligonais, como exibido na Fig. F.5.

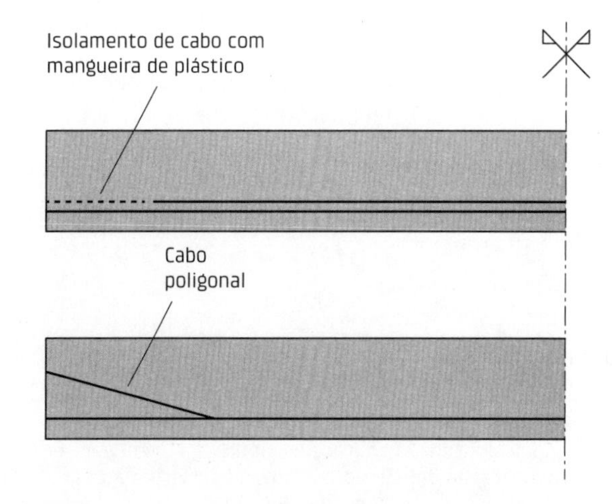

Fig. F.5 Possibilidade de reduzir o efeito da protensão nas proximidades dos apoios

Cabe destacar uma importante diferença entre o CP e o CA em relação à disposição da armadura ao longo no vão. No caso do CA, a redução da armadura, com o escalonamento das barras, pode ser realizada por razão econômica. Já para o CP, a redução do efeito da protensão é feita para atender à segurança.

Ainda no que se refere à variação do efeito da protensão ao longo do vão, merece ser destacado que a introdução da força de protensão pela armadura ativa se dá apenas por aderência. Assim, a força de protensão de cada cabo é introduzida gradualmente, em trecho chamado de comprimento de transferência, até atingir o valor máximo, conforme mostrado na Fig. F.6.

Segundo a NBR 6118 (ABNT, 2014a), quando a liberação dos cabos de sua fixação provisória for feita de forma gradual, o comprimento de transferência (ℓ_{bpt}) valerá:

- *Para fios dentados ou lisos*

$$\ell_{bpt} = 0{,}7\ell_{bp}\frac{\sigma_{pi}}{f_{pyd}} \quad \textbf{(F.1)}$$

- *Para cordoalhas de três ou sete fios*

$$\ell_{bpt} = 0{,}5\ell_{bp}\frac{\sigma_{pi}}{f_{pyd}} \quad \textbf{(F.2)}$$

em que ℓ_{bp} é o comprimento básico de ancoragem, também indicado na NBR 6118 (ABNT, 2014a).

Se a liberação não for gradual, essa norma indica multiplicar por 1,25 os valores do caso da liberação gradual.

F.4 Estados-limite de serviço e determinação da força de protensão

De acordo com a NBR 6118 (ABNT, 2014a), o nível de protensão deve atender às exigências de durabilidade em função das classes de agressividade ambiental (CAA_m), conforme o Quadro F.1. As CAA da norma citada são apresentadas no Quadro F.2.

Quadro F.2 CLASSES DE AGRESSIVIDADE AMBIENTAL (CAA_m)

Classe de agressividade ambiental	Agressividade	Classificação geral do tipo de ambiente para efeito do projeto	Risco de deterioração da estrutura ou do elemento
I	Fraca	Rural Submerso	Insignificante
II	Moderada	Urbano	Pequeno
III	Forte	Marinho Industrial	Grande
IV	Muito forte	Industrial Respingos de maré	Elevado

Observações:
1) Ver outras particularidades na NBR 6118.
2) Ver também os cobrimentos mínimos da seção 2.6.

Fonte: adaptado de ABNT (2014a).

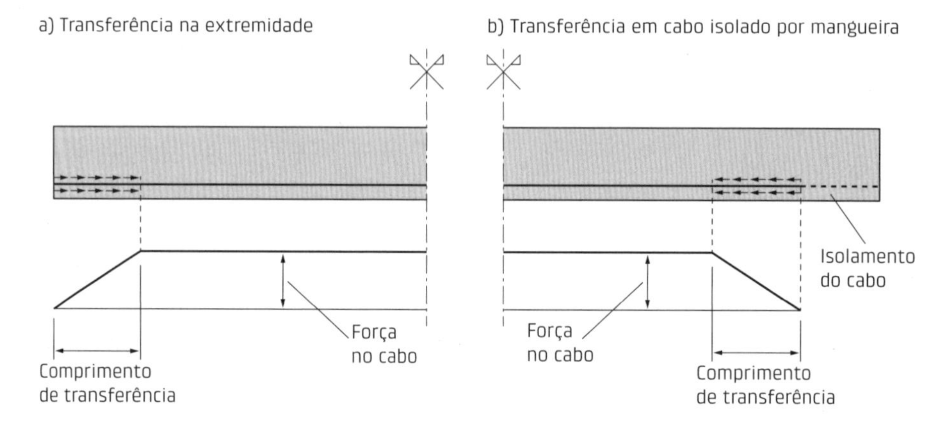

Fig. F.6 Transferência da força de protensão para o concreto

Quadro F.1 EXIGÊNCIAS DE DURABILIDADE DO CPAI RELACIONADAS À FISSURAÇÃO E À PROTEÇÃO DA ARMADURA EM FUNÇÃO DAS CLASSES DE AGRESSIVIDADE AMBIENTAL (CAA_m)

Tipo de concreto estrutural	Classe de agressividade ambiental	Exigências relativas à fissuração	Combinação de ações de serviço a utilizar
Concreto protendido nível 1 (protensão parcial)	CAA_m I	ELS-W, $W_k \leq 0{,}2$ mm	Combinação frequente
Concreto protendido nível 2 (protensão limitada)	CAA_m II	ELS-F ELS-D	Combinação frequente Combinação quase permanente
Concreto protendido nível 3 (protensão completa)	CAA_m III	ELS-F ELS-D	Combinação rara Combinação frequente

Observações:
1) No caso de protensão limitada e completa, devem ser verificadas as duas condições.
2) A caracterização dos estados-limite de serviço é apresentada no Quadro F.3.
3) Ver outras particularidades na NBR 6118.

Fonte: adaptado de ABNT (2014a).

Os ELS relacionados com o atendimento das exigências do Quadro F.1 estão mostrados no Quadro F.3.

As combinações de ações relacionadas aos ELS são estabelecidas na NBR 6118 (ABNT, 2014a), como exibido no Quadro F.4.

Uma vez definido o nível de protensão, pode-se calcular a força de protensão tendo em vista as exigências estabelecidas no Quadro F.1.

Considere-se o caso de elementos simplesmente apoiados e nível de protensão completa, com as seguin-

Quadro F.3 CARACTERIZAÇÃO DOS ESTADOS-LIMITE DE SERVIÇO

	Estado-limite	Caracterização	Diagrama de tensões normais representativo
ELS-W	Estado-limite de abertura de fissuras	Estado em que as fissuras se apresentam com aberturas iguais aos máximos especificados na própria NBR 6118. No caso do concreto protendido nível 1 (protensão parcial), o limite vale 0,2 mm	(-)
ELS- F	Estado-limite de formação de fissuras	Estado em que se inicia a formação de fissuras. Admite-se que esse estado-limite é atingido quando a tensão normal de tração máxima na seção transversal é igual a $\alpha f_{ctk,inf}$ [(a)]	(-) (+) $\alpha f_{ctk,inf}$
ELS-D	Estado-limite de descompressão	Estado no qual se garante que em um ou mais pontos da seção transversal a tensão normal é nula, não havendo tração no restante da seção	(-)

Nota: (a) α depende da seção transversal dos elementos estruturais, sendo que o seu valor vale 1,2 para seções T ou duplo T, 1,3 para seções I e T invertido e 1,5 para seções retangulares.

Quadro F.4 COMBINAÇÕES DE AÇÕES RELACIONADAS AOS ESTADOS-LIMITES DE SERVIÇO CONFORME A NBR 6118

Combinações de ações	Descrição	Valor de cálculo das ações para combinações de serviço
Combinações quase permanentes de serviço (CQP)	Nas combinações quase permanentes de serviço, todas as ações variáveis são consideradas com seus valores quase permanentes $\psi_2 F_{qk}$	$F_{d,sev} = \Sigma F_{gi,k} + \Sigma \psi_{2j} F_{qj,k}$
Combinações frequentes de serviço (CF)	Nas combinações frequentes de serviço, a ação variável principal F_{q1} é tomada com o seu valor $\psi_1 F_{q1k}$ e todas as demais ações são tomadas com os seus valores quase permanentes $\psi_2 F_{qk}$	$F_{d,sev} = \Sigma F_{gi,k} + \psi_1 F_{q1,k} + \Sigma \psi_{2j} F_{qj,k}$
Combinações raras de serviço (CR)	Nas combinações raras de serviço, a ação variável principal F_{q1} é tomada com o seu valor característico $F_{q1,k}$ e todas as demais ações são tomadas com os seus valores frequentes $\psi_1 F_{qk}$	$F_{d,sev} = \Sigma F_{gi,k} + F_{q1,k} + \Sigma \psi_{1j} F_{qj,k}$

em que:
$F_{q1,k}$ = valor característico das ações variáveis principais diretas.
ψ_1 = fator de redução de combinação frequente para ELS.
ψ_2 = fator de redução de combinação quase permanente para ELS.

Observação:
1) Os valores dos fatores de redução ψ_1 e ψ_2 de combinações frequentes e quase permanentes são fornecidos na NBR 6118.

Fonte: adaptado de ABNT (2014a).

tes ações, conforme a nomenclatura utilizada em Hanai (2005):

g_1 = peso próprio do elemento pré-moldado;

g_2 = carga permanente adicional;

q_1 = carga variável principal;

q_2 = carga variável secundária;

$P_{\infty,est}$ = força de protensão estimada, após todas as perdas de protensão.

A força de protensão $P_{\infty,est}$ pode ser determinada com as seguintes condições:

a. *Atendimento do ELS-F para a combinação rara de ações, conforme a Fig. F.7, para as tensões normais na borda inferior*

$$\sigma_{inf\,p\infty} + \sigma_{inf\,g1} + \sigma_{inf\,g2} + \sigma_{inf\,q1} + \psi_1 \sigma_{inf\,q2} = \alpha f_{ctk} \quad \textbf{(F.3)}$$

em que α depende da forma da seção transversal, conforme o Quadro F.3.

Com a Eq. F.3, calcula-se o valor de $\sigma_{inf\,p\infty}$, tensão na borda inferior produzida pela protensão. Em seguida, pode-se determinar $P_{\infty,est}$ com a seguinte expressão:

$$\sigma_{inf\,p\infty} = \frac{P_{\infty,est}}{A_c} + \frac{P_{\infty,est} e_p}{W_{inf}} \quad \textbf{(F.4)}$$

em que:

A_c = área de seção transversal;

$W_{inf} = I_c/y_{inf}$, sendo I_c o momento de inércia em relação ao CG e y_{inf} a distância do CG em relação à borda inferior.

e_p = excentricidade da armadura ativa.

b. *Atendimento do ELS-D para a combinação frequente de ações, conforme a Fig. F.8*

$$\sigma_{inf\,p\infty} + \sigma_{inf\,g1} + \sigma_{inf\,g2} + \psi_1 \sigma_{inf\,q1} + \psi_2 \sigma_{inf\,q2} = 0 \quad \textbf{(F.5)}$$

Assim, é possível determinar outro valor de $P_{\infty,est}$ com a Eq. F.4 do caso anterior.

Portanto, a força de protensão, após todas as perdas de protensão, deve ser o maior valor em módulo, para atender às duas condições estabelecidas no Quadro F.1.

Em geral, a estimativa das perdas de protensão para CPAI é de 20% a 30%. Sugere-se estimar a força de protensão inicial P_i com perdas totais em 25%. Portanto:

$$P_{i,est} = \frac{P_{\infty,est}}{(1-0{,}25)} = 1{,}33 P_{\infty,est} \quad \textbf{(F.6)}$$

A área da armadura de protensão é determinada com:

$$A_{p,est} = \frac{P_{i,est}}{\sigma_{pi,lim}} \quad \textbf{(F.7)}$$

em que $\sigma_{pi,lim}$ é a tensão-limite estabelecida pela NBR 6118 (ABNT, 2014a), para o CPAI por ocasião da aplicação da força P_i, apresentada na seção anterior.

Em seguida, escolhe-se a armadura efetiva ($A_{s,ef}$) com base nas tabelas de fios e cordoalhas disponíveis comercialmente. Assim, o valor de P_i é determinado, considerando o aproveitamento máximo da armadura, com:

$$P_{i,ef} = \sigma_{pi,lim} A_{p,ef} \quad \textbf{(F.8)}$$

Os demais valores representativos da força de protensão P_a, P_0 e P_∞ são calculados considerando as perdas de protensão, conforme apresentado. A maior dificuldade é o cálculo das perdas progressivas. Na NBR 6118 (ABNT, 2014a) é apresentada uma indicação para o cálculo das perdas progressivas para determinadas condições. Encontram-se disponíveis *softwares* e planilhas eletrônicas para o cálculo das perdas, com diversos graus de aproximação.

Se a força de protensão P_∞ for menor que a estimada, deve-se aumentar a área da armadura de protensão e refazer os cálculos, para que P_∞ atenda às duas condições relativas ao nível de protensão.

Com as forças de protensão representativas determinadas para o meio do vão, deve-se verificar as tensões normais no meio do vão para as diversas combinações de ações, considerando as situações transitórias e definitivas, com as resistências correspondentes do concreto, como apresentado no Cap. 2.

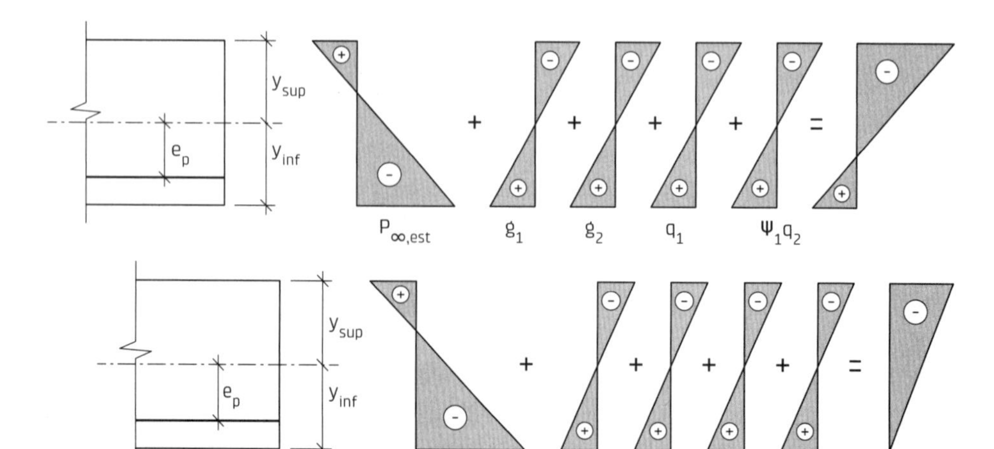

Fig. F.7 Tensões normais para a combinação rara de serviço

Fig. F.8 Tensões normais para a combinação frequente de serviço

Em princípio, as seguintes situações deveriam ser verificadas: a) transferência da força de protensão para o concreto, b) transporte interno, c) armazenamento, d) transporte externo, e) montagem, f) início de funcionamento (quando o elemento entra em serviço) e g) funcionamento após todas as perdas de protensão. Nas situações que envolvem a movimentação do elemento, deve-se levar em conta o coeficiente dinâmico, tal como visto na seção 2.7.

Em geral, a situação mais crítica é a movimentação para a retirada do elemento da fôrma, pois: a) a força de protensão (P_0) é a máxima após a liberação, b) a resistência do concreto é, para a desmoldagem, a menor de toda a existência do elemento, c) o peso próprio deve ser reduzido pelo coeficiente 0,8, conforme discutido na seção 2.7, e d) a posição dos pontos de içamento está, em geral, a uma distância da extremidade maior do que a do apoio da situação definitiva.

Nessa situação, em que o momento fletor é mínimo, ocorre a tendência de tração na fibra superior, pois a força de protensão pode ser excessiva. Quando essa situação é crítica, pode-se recorrer à protensão na parte superior, ou seja, em dois níveis. Outra possibilidade seria modificar a seção, aumentando o seu momento de inércia.

As verificações das tensões normais devem englobar o estado-limite de compressão excessiva. A NBR 6118 (ABNT, 2014a) fornece indicações relacionadas a esse estado-limite para o instante da transferência da força de protensão para o concreto, limitando a máxima tensão normal de compressão em $0{,}7f_{ckj}$. No entanto, recomenda-se para as situações definitivas que a tensão na borda mais comprimida não ultrapasse $0{,}5f_{ck}$.

As tensões normais devem também ser verificadas ao longo do vão, como adiantado. Pode-se recorrer a processos gráficos indicados nas publicações sobre o assunto, mas, com o emprego de *softwares*, essa verificação pode ser feita de forma mais automatizada.

F.5 Estados-limite últimos

Os estados-limite últimos (ELU) aqui tratados são os correspondentes às solicitações normais por momento fletor e tangenciais por força cortante. Essa limitação está relacionada ao caráter introdutório do assunto neste anexo.

Para a verificação do estado-limite último por momento fletor, aplicam-se as mesmas hipóteses do CA, com a particularidade de a armadura ativa estar com um alongamento inicial, chamado de pré-alongamento. Enquanto no CA, no estado inicial, antes da solicitação do momento fletor na seção, as deformações específicas do concreto e da armadura são nulas, no CP, conforme mostra a Fig. F.9, antes da aplicação do momento fletor já existe uma compressão no concreto e uma tração na armadura ativa. Para que essas tensões e as respectivas deformações específicas correspondessem ao CA, seria necessário alongar a armadura ativa com o chamado pré-alongamento.

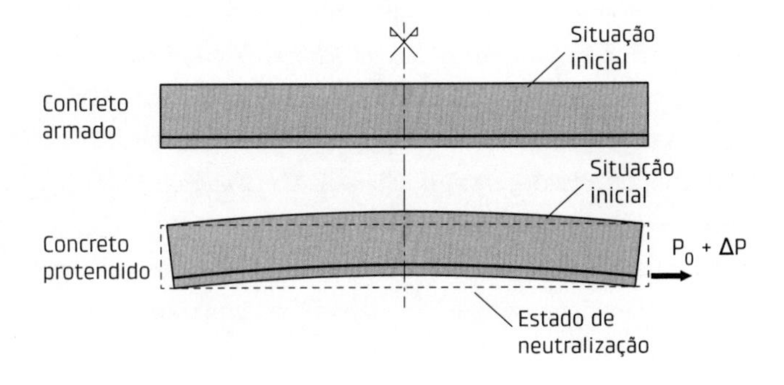

Fig. F.9 Situações iniciais de CA e CP e estado de neutralização do CP

Essa situação corresponde ao inverso da transferência da força de protensão para o concreto, em que a força passa do valor de P_a para P_0. Assim, o pré-alogamento equivaleria a alongar a armadura ativa para que o seu valor passasse de P_0 para P_a. Desse modo, as tensões e deformações específicas nas seções transversais estariam anuladas, antes da aplicação do momento fletor. Essa condição é denominada estado de neutralização.

Como a verificação é feita após as perdas de protensão, o cálculo do pré-alongamento é realizado considerando a redução de 0,9 devido ao efeito benéfico da protensão, com:

$$\varepsilon_{pnd} = \frac{P_{nd}}{A_p E_p} \quad \text{(F.9)}$$

sendo

$$P_{nd} = 0{,}9P_\infty + \alpha_p A_p |\sigma_{cpd}| \quad \text{(F.10)}$$

com

$$\sigma_{cpd} = 0{,}9P_\infty\left(\frac{1}{A_c} + \frac{e_p^2}{I_c}\right) \quad \text{(F.11)}$$

em que:

A_c e I_c = área de seção transversal e momento de inércia em relação ao CG, respectivamente;

e_p = excentricidade da armadura ativa;

A_p = área da armadura ativa;

$\alpha_p = E_p/E_c$ = relação entre os módulos de elasticidade da armadura ativa e do concreto.

Com base na hipótese de cálculo para o estado-limite por solicitações normais, pode-se calcular as tensões, as deformações específicas, as resultantes de tração e compressão e o momento fletor resistente com a presença apenas da armadura ativa. A particularidade do CP em relação ao CA é que a deformação específica da armadura ativa é a soma da deformação específica, determinada como no CA, com o pré-alongamento. Portanto, as deformações específicas da armadura ativa seriam maiores que as correspondentes do CA.

Se o momento fletor resistente com a armadura ativa for superior ao momento fletor solicitante calculado para a combinação última das ações, considera-se que a verificação está atendida.

Caso contrário, é necessário, entre outras medidas, aumentar a resultante de tração. Esse aumento poderia ser feito na armadura ativa, mas seria necessário refazer as verificações do estado-limite de serviço. Normalmente, o aumento da resultante de tração é realizado com a colocação, ou o aumento, de armadura passiva, com o consequente aumento do momento resistente.

A verificação do estado-limite último por solicitações normais deve ser também feita para as situações após a transferência da força de protensão para o concreto. Conforme adiantado, nessas situações transitórias, como a força de protensão é alta e o momento fletor devido ao peso próprio mobilizado é baixo, haveria uma tendência de tração na borda superior. Para essas situações, deve-se determinar uma armadura para a tração que poderia ocorrer na borda superior. A NBR 6118 (ABNT, 2014a) fornece indicações gerais e simplificadas para o cálculo dessa armadura.

O comportamento resistente à força cortante pode ser analisado com base no panorama da fissuração indicado na Fig. F.10. Cabe destacar que no ensaio as forças estão aplicadas de baixo para cima.

a)

b)

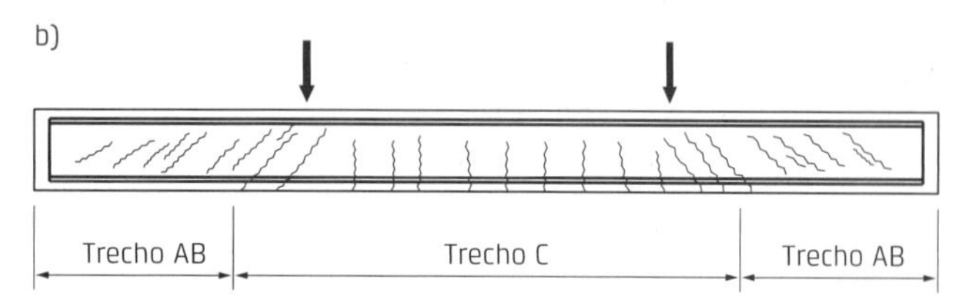

Fig. F.10 Panorama da fissuração em viga de CPAI: a) ensaio (feito com as forças aplicadas de baixo para cima) e b) fissuras correspondentes ao sentido natural das forças verticais

No trecho central (trecho C), os momentos fletores são altos e as fissuras originam-se na borda inferior e sobem para a alma. No trecho AB, as fissuras ocorrem somente na alma, com inclinações bem menores em relação ao eixo da viga. Nas proximidades do apoio, pode não haver fissuras. Essa região próxima ao apoio é de comportamento complexo, em função da introdução da reação de apoio e da realização da transferência da força de protensão da armadura para o concreto.

Assim, algumas particularidades do CP em relação ao CA podem ser destacadas: a) existe uma força de compressão produzindo flexocompressão que reduz as tensões principais de tração, melhorando a resistência, em comparação ao CA, e b) a inclinação das fissuras em relação ao eixo da viga é menor que no CA, da ordem de 25° a 35°, segundo Leonhardt e Mönnig (1978c), o que aumentaria a parcela da resistência à força cortante devida ao concreto.

A Fig. F.11 mostra a ruína de viga de CPAI produzida pela força cortante, na qual se pode observar no detalhe a ruptura e a inclinação da biela.

Outra particularidade do CP ocorre com o emprego de cabos inclinados, que no caso de CPAI corresponde ao traçado poligonal. Nesse caso, a inclinação da força de protensão em relação ao eixo da viga produz uma componente vertical de sentido contrário ao da força cortante das cargas aplicadas.

Basicamente, as indicações da NBR 6118 (ABNT, 2014a) em relação às resistências à força cortante são iguais para o CP e o CA, em que o efeito da protensão corresponde à força de compressão, produzindo flexocompressão. Assim, o modelo de comportamento resistente é o de treliça clássica, equivalente à parcela do aço V_{sw}, com os mecanismos resistentes complementares, correspondentes à parcela do concreto V_c, permitindo o emprego de dois modelos de cálculo (modelo I e modelo II).

A flexocompressão produzida pela protensão é considerada na parcela V_c, com o seguinte coeficiente que multiplica a resistência do caso de flexão simples:

$$\beta = \left(1 + \frac{M_0}{M_{d,max}}\right) \quad \textbf{(F.12)}$$

em que:

M_0 = valor do momento fletor que anula a tensão normal de compressão da borda da seção tracionada por $M_{d,max}$;

$M_{d,max}$ = momento fletor de cálculo máximo no trecho em análise, que por simplicidade pode ser tomado como igual ao de maior valor no semitramo considerado.

O valor de M_0, no caso de flexão simples, sem força normal externa, pode ser determinado, considerando a redução de 0,9 devida ao efeito benéfico da protensão, com:

$$M_0 = 0{,}9P_\infty\left(e_p + \frac{W_{inf}}{A_c}\right) \quad \textbf{(F.13)}$$

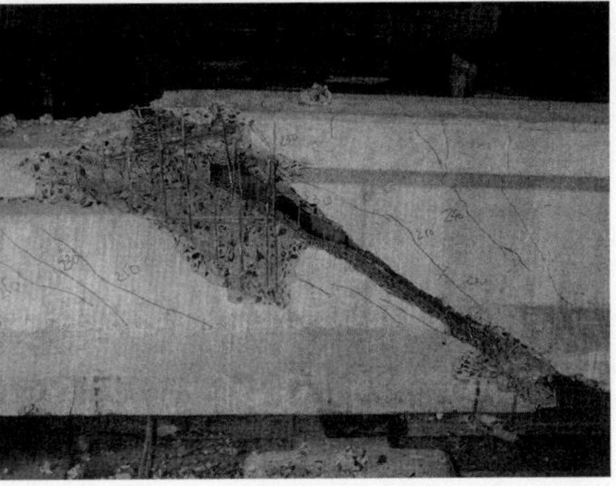

Fig. F.11 Ruína de viga de CPAI com escoamento e ruptura da armadura transversal (ensaio feito com as forças de baixo para cima)

em que:

A_c = área de seção transversal;

$W_{inf} = I_c/y_{inf}$, sendo I_c o momento de inércia em relação ao CG e y_{inf} a distância do CG em relação à borda inferior;

e_p = excentricidade da armadura ativa.

Cabe observar que a relação $M_0/M_{d,max}$ próxima de 1 corresponderia à região não fissurada, ou seja, do trecho AB. Por outro lado, quando M_0 fosse baixo em relação a $M_{d,max}$, o trecho estaria fissurado, o que corresponderia ao trecho C.

O efeito benéfico da protensão na resistência à força cortante também ocorre em lajes. A NBR 6118 (ABNT, 2014a) indica, para as lajes e os elementos lineares em que a largura é maior ou igual a cinco vezes a altura útil, que o efeito da protensão equivale a uma força de compressão, que seria levada em conta na resistência com a parcela $0{,}15\sigma_{cp}b_w d$, em que σ_{cp} é a tensão normal de compressão no CG da seção calculada com a força de protensão.

F.6 Outros aspectos e considerações finais

No detalhamento das armaduras ativa e passiva, devem ser levadas em conta as indicações de armadura mínima, os espaçamentos máximos e mínimos e os cobrimentos, entre outros.

Na região dos apoios, deve-se analisar a necessidade de armaduras passivas adicionais para combater o fendilhamento devido à introdução da força de protensão. Ainda nessa região há de se verificar a ancoragem da força de tração que ocorre junto ao apoio correspondente ao equilíbrio das forças que chegam ao apoio. No caso de CA, a armadura passiva normalmente tem ancoragem mecânica com ganchos. Já no caso de CP, com ancoragem da armadura ativa só por aderência, pode ser necessário armadura passiva complementar.

A protensão pode ser feita em mais de um nível na seção transversal. Foi adiantada a possibilidade de protensão junto à borda superior, além da principal junto à borda inferior, quando a situação em que atua o mínimo momento fletor produz tração excessiva na borda superior. Pode-se também utilizar mais de um nível de protensão, por razões construtivas. O detalhamento da posição dos cabos é condicionado à furação dos blocos de ancoragens.

No caso de elementos pré-moldados de seção parcial, nos quais a seção resistente é completada com a incorporação de camada de concreto moldado no local, ocorre uma maior dificuldade no dimensionamento. Conforme apresentado no Cap. 4, deve-se analisar a transferência de cisalhamento pela interface. Além disso, as situações transitórias envolvem a mudança de seção, com concreto de idades diferentes. Indicações para o projeto de vigas de seção parcial para edifícios podem ser vistas em Migliore Junior (2013).

Outro aspecto a ser destacado é o estabelecimento de continuidade mediante ligações para a transmissão de momentos negativos junto aos apoios. Esse assunto, abordado conceitualmente no Cap. 2, acarreta mais dificuldades no cálculo, particularmente, nos efeitos dependentes do tempo e, em consequência, na determinação das perdas de protensão. Em Soares (2011) pode-se encontrar mais detalhes sobre essa situação.

Nesta lista estão apresentados a base da formação dos símbolos que representam as grandezas empregadas, os símbolos mais utilizados, as siglas usadas e o sistema de unidades.

1 Base da formação dos símbolos

Letras romanas maiúsculas

- A área, ação
- B rigidez à flexão lateral (EI)
- C rigidez à torção (GJ_t), classe de concreto
- D deformabilidade de ligação ou de mecanismo básico
- F ação, força
- E módulo de elasticidade longitudinal
- G ação permanente, módulo de elasticidade transversal
- H força ou componente horizontal de força, resultante em direção ou plano horizontal
- I momento de inércia
- K rigidez, rigidez de ligação
- M momento fletor, módulo
- N força normal
- P força de protensão
- Q ação variável
- R reação de apoio, resultante de forças ou de tensões, rugosidade
- S momento estático
- T momento de torção, tirante,tração
- V força cortante, componente vertical de força
- W vento

Letras romanas minúsculas

- a comprimento, deslocamento, dimensão, direção, distância, flecha
- b direção, largura
- c cobrimento, coeficiente
- d altura útil
- e desalinhamento, excentricidade, espaço
- f folga, resistência
- g força por unidade de comprimento devida à ação permanente
- h altura de pilar ou de edifício, altura de seção, espessura
- j abertura de junta
- k coeficiente, distância da extremidade do núcleo central ao centroide da seção
- ℓ comprimento, vão
- m parâmetro de Basler
- n número inteiro, número de andares
- q força por unidade de comprimento devida à ação variável
- p força por unidade de comprimento
- r raio, rigidez
- s espaçamento
- t espessura, tolerância
- u perímetro
- x deslocamento, distância, direção
- y altura de bloco de compressão, direção, distância do CG à fibra mais afastada da seção transversal, posição de resultante
- z braço de alavanca, direção

Letras gregas minúsculas

- α ângulo, coeficiente, coeficiente de redução, parâmetro relacionado à estabilidade
- β ângulo, coeficiente, fator de forma

γ peso específico, ângulo, coeficiente
δ coeficiente, relação
ε deformação especifica
η coeficiente, relação
θ ângulo
κ coeficiente de rendimento mecânico da seção, coeficientes, relação
λ coeficiente
μ coeficiente de atrito, coeficiente
ν coeficiente redutor da resistência do concreto, força normal adimensional
ρ taxa geométrica de armadura
σ tensão normal
τ tensão tangencial
χ relação
ν coeficiente de redução de resitência do concreto, força normal adimensional
ψ coeficiente de combinação de ações
ω taxa mecânica de armadura

Letras gregas maiúsculas

ϕ ângulo, diâmetro de barra, coeficiente de ação dinâmica, coeficiente de minoração de resistência do PCI, coeficiente de fluência, deformação

Índices

a acidental, direção, adesão
adj adjacente
adm admissível
al alça, almofada
anc ancoragem
ap apoio
at atrito
atu atuante
b aderência, borda, direção, base
bal balanço
bar barra
bie biela
blo bloco
c colarinho, concreto, compressão, consolo, chumbador, cobertura
cc fluência do concreto
cin cinta
com composta, comprimento
crit crítico
cs retração do concreto
cur curta duração
d de cálculo, efeito de fluência, dente de concreto, deformação
e de flambagem, encurtamento
ef efetivo
ela elastômero
emb embutimneto
eng engastamento
ens ensaio
eq equivalente
esq esquadro
est estabilizante, estimado
exe execução
ext externo, extremidade
f fundação, mesa, frontal
fic fictício
g ação permanente, global
h horizontal
i inclinada, inicial, variável inteira
iça içamento
inf inferior
int interface, interno
j dias, junta
k característico
ℓ lisa, longitudinal, livre
lig ligação
lim limite
loc locação, moldado no local
lon longa duração
m argamassa, modular, momento fletor, médio
max máximo
min mínimo
mv meio do vão
n normal, força normal, neutralização, negativo
nom nominal
p periférico, pino, placa, principal, protensão, punção, positivo, posterior
pil pilar
pre pré-moldado
r raio, fissuração, relaxação
red reduzido
ref referência
res resistente
rot rotação
rup ruptura
s aço, retração, sapata, solicitante
sev serviço
sup superior
sus suspensão
t torção, tração, transversal, tempo
te temperatura
tir tirante
tra traspasse
u último
v vertical, verticalidade
var variável

vig viga

w alma, vento

x direção

y direção, escoamento

z direção

0 área reduzida, inicial, momento nulo

1 primeira ordem

θ rotação

Outros símbolos

∞ infinito

Δ variação

$\sum$ somatório

CG centro de gravidade

CR centro de rotação

CML concreto moldado no local

CPM concreto pré-moldado

EI rigidez à flexão

LN linha neutra

M^- momento fletor negativo

M^+ momento fletor positivo

2 Símbolos compostos das grandezas mais empregadas

Letras romanas maiúsculas

A_0 área reduzida

A_p área de armadura de protensão

A_s área de aço

$A_{s,tir}$ área de armadura de tirante

A_{sh} área de armadura disposta na direção horizontal

A_{st} área de armadura transversal

A_{sv} área de armadura disposta na direção vertical

D_m deformabilidade ao momento fletor

D_n deformabilidade à força normal

E_c módulo de elasticidade longitudinal do concreto

E_s módulo de elasticidade longitudinal do aço

F_{at} força de atrito

F_d força de cálculo

H_d força de cálculo ou componente horizontal de força de cálculo

K_θ rigidez à torção de apoio elástico

K_f rigidez à flexão da fundação

M_{eng} momento de engastamento

M_r momento de fissuração

M_{res} momento resistente

N_d força normal de cálculo

R_c rugosidade média

R_c resultante de compressão

R_t resultante de tração

V_d força cortante de cálculo ou componente vertical de força de cálculo

Letras romanas minúsculas

a_{ap} comprimento de apoio

a_{pil} ajuste de pilar

a_{vig} ajuste de viga

b_f largura de mesa

b_{int} largura de interface

b_w largura de alma

e_{min} espaçamento mínimo para montagem

f_{cd} resistência de cálculo do concreto à compressão

f_{mcj} resistência à compressão de junta de argamassa

f_{ck} resistência característica do concreto à compressão

f_{mck} resistência característica da argamassa à compressão

f_{ctd} resistência de cálculo do concreto à tração

f_{ctk} resistência característica do concreto à tração

f_{yd} resistência de cálculo do aço à tração

f_{yk} resistência característica do aço à tração

g_{eq} carga permanente equivalente

h_f altura de mesa

ℓ_0 distância entre pontos de momento fletor nulo

ℓ_b comprimento de ancoragem

ℓ_c comprimento de consolo

ℓ_e comprimento de flambagem

ℓ_{emb} comprimento de embutimento

ℓ_{eng} comprimento de engastamento

t_g tolerância global

t_{pil} tolerância de pilar

t_{vig} tolerância de viga

Letras gregas minúsculas

α_{lim} valor-limite do coeficiente de estabilidade

β_s fator multiplicativo da parcela do aço

β_c fator multiplicativo da parcela do concreto

γ_c coeficiente de minoração da resistência do concreto

γ_s coeficiente de minoração da resistência do aço

γ_g coeficiente de ponderação das ações permanentes

γ_q coeficiente de ponderação das ações variáveis

γ_n coeficiente de ajustamento

γ_z parâmetro de estabilidade

γ_f coeficiente de ponderação das ações

η_b coeficiente de conformação superficial de barra de aço

μ coeficiente de atrito

μ_{ef} coeficiente de atrito efetivo

σ_t tensão normal de tração

σ_c tensão normal de compressão

σ_{adm} tensão admissível

τ_{wd} tensão convencional de cisalhamento

τ_{wu} valor último da tensão de cisalhamento

3 Siglas mais utilizadas ou empregadas em citação bibliográfica

AAM almofada de argamassa modificada
AASHTO American Association of State Highway and Transportation Officials
ABC *acellerated bridge construction*
ABCI Associação Brasileira da Construção Industrializada (extinta)
Abcic Associação Brasileira da Construção Industrializada de Concreto
ABCP Associação Brasileira de Cimento Portland
Abece Associação Brasileira de Engenharia e Consultoria Estrutural
ABNT Associação Brasileira de Normas Técnicas
ABTC Associação Brasileira de Tubos de Concreto
ACI American Concrete Institute
ACPA American Concrete Pipe Association
Arema American Railway Engineering and Maintenance-of--Way Association
AS refere-se à norma australiana
Asce American Society of Civil Engineers
Assap Association of Manufacturers of Prestressed Hollow Core Floors
ASTM American Society for Testing and Materials
BIM Building Information Modeling
CA concreto armado
CAA concreto autoadensável
CAA_m classe de agressividade ambiental
CAS com armadura superior (de ligação do Anexo E)
CEB Comité Euro-International du Béton
Cerib Centre d'Études et de Recherches de l'Industrie du Béton (França)
CML concreto moldado no local
CEN European Committee for Standardization
CP concreto protendido
CPAI concreto protendido com aderência inicial
CPCI Canadian Prestresssed/Precast Concrete Institute
CPM concreto pré-moldado
DNIT Departamento Nacional de Infraestrutura de Transportes
DOT Department of Transportation (Estados Unidos)
EESC Escola de Engenharia de São Carlos
ELS estados-limite de serviço
ELU estados-limite últimos
EN refere-se à norma europeia
ES European Standard
fib International Federation for Structural Concrete (Fédération Internationale du Béton) – essa federação, cuja sigla resultou do seu nome inicial, Fédération Internationale du Béton, nasceu em 1998 da fusão do Comité Euro-International du Béton (CEB) com a Fédération Internationale de la Précontrainte (FIP)
FIP Fédération Internationale de la Précontrainte
FRP *fiber reinforced polymer*
GRC *glass reinforced cement/concrete*
MC-CEB/90 Código-modelo do CEB-FIP de 1990
MC-10 Código-modelo da fib de 2010
NBR Norma Brasileira Registrada
Nist National Institute of Standards and Technology (Estados Unidos)
NPCAA National Precast Concrete Association of Australia
PCI Prestresssed/Precast Concrete Institute
PPP refere-se aos três encontros sobre Pesquisa-Projeto-Produção (Encontro Nacional de Pesquisa-Projeto-Produção em Concreto Pré-Moldado), realizados em 2005 (1PPP), 2009 (2PPP) e 2013 (3PPP) na Escola de Engenharia de São Carlos da USP
SCS sem armadura superior (de ligação do Anexo E)
Stupré Society for Studies on the Use of Precast Concrete
TRC *textile reinforced concrete*
UHPC *ultra high performance concrete*
UNE-EN refere-se à norma europeia (EN) publicada pela Associação Espanhola de Normas Técnicas
USP Universidade de São Paulo
VP vigota protendida
VT vigota treliçada

4 Sistema de unidades

Salvo indicação explícita, o sistema de unidades é o Sistema Internacional (SI). Ainda que usual nos projetos, a unidade centímetro (cm) é usada excepcionalmente, como no caso de área de armadura.

5 Outros símbolos

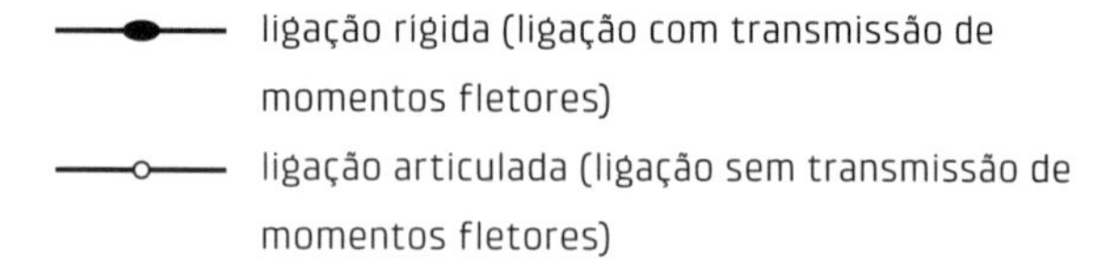
ligação rigida (ligação com transmissão de momentos fletores)
ligação articulada (ligação sem transmissão de momentos fletores)

REFERÊNCIAS BIBLIOGRÁFICAS

1PPP – PRIMEIRO ENCONTRO NACIONAL DE PESQUISA-PROJETO-PRODUÇÃO EM CONCRETO PRÉ-MOLDADO. *Anais*... São Carlos: EESC/USP, 2005. Disponível em: <http://www.set.eesc.usp.br/1enpppcpm/>.

2PPP – SEGUNDO ENCONTRO NACIONAL DE PESQUISA-PROJETO-PRODUÇÃO EM CONCRETO PRÉ-MOLDADO. *Anais*... São Carlos: EESC/USP, 2009. Disponível em: <http://www.set.eesc.usp.br/2enpppcpm/>.

3PPP – TERCEIRO ENCONTRO NACIONAL DE PESQUISA-PROJETO-PRODUÇÃO EM CONCRETO PRÉ-MOLDADO. *Anais*... São Carlos: EESC/USP, 2013. Disponível em: <http://www.set.eesc.usp.br/3enpppcpm/>.

AASHTO – AMERICAN ASSOCIATION OF STATE AND HIGHWAY TRANSPORTATION OFFICIALS. *Manual for assessing safety hardware*. 1st ed. [S.l.], 2009. 259 p.

AASHTO – AMERICAN ASSOCIATION OF STATE HIGHWAY AND TRANSPORTATION OFFICIALS. *Roadside design guide*. 4th ed. Washington, 2011. Paginação irregular.

ABCI – ASSOCIAÇÃO BRASILEIRA DA CONSTRUÇÃO INDUSTRIALIZADA. *Manual técnico de pré-fabricados de concreto*. São Paulo, 1986.

ABCIC – ASSOCIAÇÃO BRASILEIRA DA CONSTRUÇÃO INDUSTRIALIZADA DE CONCRETO. *Pré-moldados de concreto*: coletânea de obras brasileiras. São Paulo, 2008. 151 p.

ABECE – ASSOCIAÇÃO BRASILEIRA DE ENGENHARIA E CONSULTORIA ESTRUTURAL. Seminário colapso progressivo em edifícios. In: ENCONTRO MENSAL ABECE. *Seminários*... 2012.

ABNT – ASSOCIAÇÃO BRASILEIRA DE NORMAS TÉCNICAS. *NBR 7482*: fios de aço para concreto protendido. Rio de Janeiro, 1991. 6 p.

ABNT – ASSOCIAÇÃO BRASILEIRA DE NORMAS TÉCNICAS. *NBR 8681*: ações e segurança nas estruturas: procedimento. Rio de Janeiro, 2003. 15 p.

ABNT – ASSOCIAÇÃO BRASILEIRA DE NORMAS TÉCNICAS. *NBR 7483*: cordoalhas de aço para concreto protendido: requisitos. Rio de Janeiro, 2004a. 8 p.

ABNT – ASSOCIAÇÃO BRASILEIRA DE NORMAS TÉCNICAS. *NBR 14885*: segurança no tráfego: barreiras de concreto. Rio de Janeiro, 2004b. 12 p. Última versão de 2016.

ABNT – ASSOCIAÇÃO BRASILEIRA DE NORMAS TÉCNICAS. *NBR 15396*: aduelas (galerias celulares) de concreto armado pré-fabricadas: requisitos e métodos de ensaios. Rio de Janeiro, 2006a. 12 p.

ABNT – ASSOCIAÇÃO BRASILEIRA DE NORMAS TÉCNICAS. *NBR 15421*: projeto de estruturas resistentes a sismos: procedimento. Rio de Janeiro, 2006b.

ABNT – ASSOCIAÇÃO BRASILEIRA DE NORMAS TÉCNICAS. *NBR 8890*: tubo de concreto de seção circular para águas pluviais e esgotos sanitários: requisitos e métodos de ensaios. Rio de Janeiro, 2007a. 30 p.

ABNT – ASSOCIAÇÃO BRASILEIRA DE NORMAS TÉCNICAS. *NBR 15319*: tubos de concreto, de seção circular, para cravação: requisitos e métodos de ensaios. Rio de Janeiro, 2007b. 36 p.

ABNT – ASSOCIAÇÃO BRASILEIRA DE NORMAS TÉCNICAS. *NBR 15486*: segurança no tráfego: dispositivos de contenção viária: diretrizes. Rio de Janeiro, 2007c. 27 p. Nota: existe versão mais recente, de 2016.

ABNT – ASSOCIAÇÃO BRASILEIRA DE NORMAS TÉCNICAS. *NBR 15522*: laje pré-fabricada: avaliação do desempenho de vigotas e pré-lajes sob carga de trabalho. Rio de Janeiro, 2007d. 12 p.

ABNT – ASSOCIAÇÃO BRASILEIRA DE NORMAS TÉCNICAS. *NBR 8451-1*: postes de concreto armado e protendido para redes de distribuição e de transmissão de energia elétrica. Parte 1: requisitos. Rio de Janeiro, 2011a.

ABNT – ASSOCIAÇÃO BRASILEIRA DE NORMAS TÉCNICAS. *NBR 8451-3*: postes de concreto armado e protendido para redes de distribuição e de transmissão de energia elétrica. Parte 3: ensaios mecânicos, cobrimento da armadura e inspeção geral. Rio de Janeiro, 2011b.

ABNT – ASSOCIAÇÃO BRASILEIRA DE NORMAS TÉCNICAS. *NBR 8451-4*: postes de concreto armado e protendido para redes de distribuição e de transmissão de energia elétrica. Parte 4: determinação da absorção de água. Rio de Janeiro, 2011c.

ABNT – ASSOCIAÇÃO BRASILEIRA DE NORMAS TÉCNICAS. *NBR 8451-5*: postes de concreto armado e protendido para redes de distribuição e de transmissão de energia elétrica. Parte 5: postes de concreto para entrada de serviço até 1 kV. Rio de Janeiro, 2011d.

ABNT – ASSOCIAÇÃO BRASILEIRA DE NORMAS TÉCNICAS. *NBR 14861*: lajes alveolares pré-moldadas de concreto protendido: requisitos e procedimentos. Rio de Janeiro, 2011e. 36 p.

ABNT – ASSOCIAÇÃO BRASILEIRA DE NORMAS TÉCNICAS. *NBR 15200*: projeto de estruturas de concreto em situação de incêndio. Rio de Janeiro, 2012. 48 p.

ABNT – ASSOCIAÇÃO BRASILEIRA DE NORMAS TÉCNICAS. *NBR 8451-2*: postes de concreto armado e protendido para redes de distribuição e de transmissão de energia elétrica. Parte 2: padronização de postes para redes de distribuição de energia elétrica. Rio de Janeiro, 2013a.

ABNT – ASSOCIAÇÃO BRASILEIRA DE NORMAS TÉCNICAS. *NBR 8451-6*: postes de concreto armado e protendido para redes de distribuição e de transmissão de energia elétrica. Parte 6: postes de concreto armado e protendido para linhas de transmissão e subestações de energia elétrica: requisitos, padronização e ensaios. Rio de Janeiro, 2013b.

ABNT – ASSOCIAÇÃO BRASILEIRA DE NORMAS TÉCNICAS. *NBR 6118*: projeto de estruturas de concreto: procedimento. Rio de Janeiro, 2014a. 238 p.

ABNT – ASSOCIAÇÃO BRASILEIRA DE NORMAS TÉCNICAS. *NBR 16258*: estacas pré-fabricadas de concreto: Requisitos. Rio de Janeiro, 2014b. 30 p.

ABNT – ASSOCIAÇÃO BRASILEIRA DE NORMAS TÉCNICAS. *NBR 14859-1*: lajes pré-fabricadas de concreto. Parte 1: vigotas, minipainéis e painéis: requisitos. Rio de Janeiro, 2016a. 9 p.

ABNT – ASSOCIAÇÃO BRASILEIRA DE NORMAS TÉCNICAS. *NBR 14859-2*: lajes pré-fabricadas de concreto. Parte 2: elementos inertes para enchimento e fôrma: requisitos. Rio de Janeiro, 2016b. 18 p.

ABNT – ASSOCIAÇÃO BRASILEIRA DE NORMAS TÉCNICAS. *NBR 14859-3*: lajes pré-fabricadas de concreto. Parte 3: armadura treliçada eletrossoldadas para lajes pré-fabricadas: requisitos. Rio de Janeiro, 2016c. 12 p.

ABNT – ASSOCIAÇÃO BRASILEIRA DE NORMAS TÉCNICAS. *NBR 9062*: Projeto e execução de estruturas de concreto pré-moldado. Rio de Janeiro, 2017a.

ABNT – ASSOCIAÇÃO BRASILEIRA DE NORMAS TÉCNICAS. *NBR 16475*: painéis de parede de concreto pré-moldado: requisitos e procedimentos. Rio de Janeiro, 2017b.

ACI – AMERICAN CONCRETE INSTITUTE. *Building code requirements for structural concrete (ACI 318M-11) and commentary*. Farmington Hills, 2011. 503 p. (ACI Committee 318, Structural Building Code). Nota: existe versão mais recente, de 2014.

ACI – AMERICAN CONCRETE INSTITUTE. *Guide for precast concrete wall panel – ACI 533R-11*. 1. ed. Farmington Hills, 2012a. 48 p.

ACI – AMERICAN CONCRETE INSTITUTE. *ACI 543R-12 Guide to Design, Manufacture, and Installation of Concrete Piles*. 1. ed. Farmington Hills, 2012b. 3 p.

ACI – AMERICAN CONCRETE INSTITUTE. *Design guide for tilt-up concrete panesl*: reported by ACI Committee 551. Farmington Hills, 2015. 72 p.

ACKER, A. Van. General introduction. In: HOGESLAG, A. J.; VAMBERSKY, J. N. J. A.; WALRAVEN, J. C. *Prefabrication of concrete structures* (Proc. Int. Seminar Delft, The Netherlands, October 25-26, 1990). Delft: Delft University Press, 1990. p. 7-12.

ACKER, A. Van; GHOSH, S. K. Design of precast concrete structures with regard to accidental loading (Part 1/2): An overview about fib and PCI strategies). *Concrete Plant International (CPI)*, Cologne, v. 3, p. 164-174, 2014.

ACPA – AMERICAN CONCRETE PIPE ASSOCIATION. *Concrete pipe design manual*. [S.l.], 2007. 540 p.

ADAWI, A.; YOUSSEF, M. A.; MESHALY, M. E. Experimental investigation of the composite action between hollowcore slabs with machine-cast finish and concrete topping. *Engineering Structures*, [S.l.], v. 91, p. 1-15, 2015.

AGUIAR, E. A. B. *Comportamento de chumbadores grauteados de ligações viga-pilar parcialmente resistentes a momento fletor*. 2010. 218 f. Tese (Doutorado em Engenharia de Estruturas) – Escola de Engenharia de São Carlos, Universidade de São Paulo, São Carlos, 2010.

AGUIAR, E. A. B.; BELLUCIO, E. K.; EL DEBS, M. K. Behaviour of grouted dowels used in precast concrete connections. *Structural Concrete*, Berlin, v. 13, n. 2, p. 84-94, 2012.

ALBUQUERQUE, A. T. *Otimização de pavimentos de edifícios com estruturas de concreto pré-moldado utilizando algoritmos genéticos*. 2007. 249 f. Tese (Doutorado em Engenharia de Estruturas) – Escola de Engenharia de São Carlos, Universidade de São Paulo, São Carlos, 2007.

ALBUQUERQUE, A. T.; EL DEBS, M. K. Levantamento dos sistemas estruturais em concreto pré-moldado para edifícios no Brasil. In: ENCONTRO NACIONAL DE PESQUISA-PROJETO-PRODUÇÃO EM CONCRETO PRÉ-MOLDADO, 1., 2005, São Carlos (SP). *Palestras*... São Carlos: EESC/USP, 2005. p. 1-13.

AMARAL FILHO, E. M. Pré-moldados em estruturas subterrâneas. In: COLÓQUIO SOBRE INDUSTRIALIZAÇÃO DAS CONSTRUÇÕES DE CONCRETO, 1987, São Paulo. *Anais*... São Paulo: Ibracon, 1987.

ANDRADE, J. M. M. *Contribuição ao cálculo dos momentos fletores dependentes do tempo em vigas de pontes pré-moldadas protendidas com a continuidade estabelecida no local*. 1994. 161 f. Dissertação (Mestre em Engenharia de Estruturas) – Escola de Engenharia de São Carlos, Universidade de São Paulo, São Carlos, 1994.

ARAUJO, C. A. M. *Contribuições para projeto de lajes alveolares protendidas*. 2011. 222 f. Tese (Doutorado em Engenharia

Civil) – Universidade Federal de Santa Catarina, Florianópolis, 2011.

ARAÚJO, D. L. *Cisalhamento na interface entre concreto pré-moldado e concreto moldado no local em elementos submetidos à flexão.* São Carlos, 1997. Dissertação (Mestrado) – Escola de Engenharia de São Carlos, Universidade de São Paulo.

ARAÚJO, D. L. *Cisalhamento entre viga e laje pré-moldadas ligadas mediante nichos preenchidos com concreto de alto desempenho.* 2002. 319 f. Tese (Doutorado em Engenharia de Estruturas) – Escola de Engenharia de São Carlos, Universidade de São Paulo, São Carlos, 2002.

ARAÚJO, D. L.; CURADO, M. C.; RODRIGUES, P. F. Loop connection with fibre-reinforced precast concrete components in tension. *Engineering Structures*, [S.l.], v. 72, p. 140-151, 2014.

AREMA – AMERICAN RAILWAY ENGINEERING AND MAINTENANCE-OF-WAY ASSOCIATION. Chapter 30: ties. In: *Manual for Railway Engineering.* [S.l.], 2010. v. 1.

AS – AUSTRALIAN STANDARD. *AS 1597.2 Precast reinforced concrete box culverts.* Part 2: Large culverts (exceeding 1200 mm span or 1200 mm height and up to and including 4200 mm span and 4200 mm height). [S.l.], 2013. 68 p.

ASCE – AMERICAN SOCIETY OF CIVIL ENGINEERS. *Standard practice for direct design of buried precast concrete pipe using standard installations (SIDD).* New York, 1994. 50 p.

ASSAP – ASSOCIATION OF MANUFACTURERS OF PRESTRESSED HOLLOW CORE FLOORS. *The Hollow Core Floor Design and Applications.* 1. ed. Verona: Offset Print Veneta, 2002. 220 p.

ASTM – AMERICAN SOCIETY FOR TESTING AND MATERIALS. *C825-06 (Reapproved 2011) Standard Specification for Precast Concrete Barriers1.* West Conshohocken, 2006. 3 p.

ASTM – AMERICAN SOCIETY FOR TESTING AND MATERIALS. *ASTM C1786-14 standard specification for segmental precast reinforced concrete box sections for culverts, storm drains, and sewers designed according to AASHTO LRFD.* West Conshohocken, 2014. 11 p.

ASTM – AMERICAN SOCIETY FOR TESTING AND MATERIALS. *C176-15 standard specification for reinforced concrete culvert, storm drain, and sewer pipe.* West Conshohocken, 2015a. 11 p.

ASTM – AMERICAN SOCIETY FOR TESTING AND MATERIALS. *ASTM C1577-15b standard specification for precast reinforced concrete monolithic box sections for culverts, storm drains, and sewers designed according to AASHTO LRFD.* West Conshohocken, 2015b. 21 p.

ATAEV, S. S. (Ed.). *Construction technology.* Moscow: Mir, 1980.

BACHEGA, L. A.; JEREMIAS Jr., A. C.; FERREIRA, M. A. Estudo teórico-experimental de ligação viga-pilar com consolo metálico embutido: desenvolvimento na pesquisa, projeto e produção. In: ENCONTRO NACIONAL DE PESQUISA-PROJETO-PRODUÇÃO EM CONCRETO PRÉ-MOLDADO, 3., 2013, São Carlos (SP). *Anais...* São Carlos: EESC/USP, 2013. p. 1 -14.

BACHMANN, H.; STEINLE, A. *Precast Concrete Structures.* Berlin: Wilhelm Ernst & Sohn, 2011. 260 p.

BALDISSERA, A. *Estudo experimental de uma ligação vigapilar de concreto pré-moldado parcialmente resistente a momento fletor.* 2006. 149 f. Dissertação (Mestrado em Engenharia de Estruturas) – Escola de Engenharia de São Carlos, Universidade de São Paulo, 2006.

BARBATO, R. L. A. *Contribuição ao estudo das coberturas pênseis em casca protendida de revolução.* São Carlos, 1975. Tese (Doutorado) – Escola de Engenharia de São Carlos, Universidade de São Paulo.

BARBOZA, A. S. R. *Comportamento de juntas de argamassa solicitadas à compressão na ligação entre elementos pré-moldados.* 2002. 154 f. Tese (Doutorado em Engenharia de Estruturas) – Escola de Engenharia de São Carlos, Universidade de São Paulo, São Carlos, 2002.

BARBOZA, A. S. R.; EL DEBS, M. K. Load-bearing capacity of mortar joints between precast elements. *Magazine of Concrete Research*, [S.l.], v. 58, n. 9, p. 589-599, 2006.

BARBOZA, A. S. R.; SOARES, A. M. M.; EL DEBS, M. K. A new material to be used as bearing pad in precast concrete connections. In: INTERNATIONAL CONFERENCE ON INNOVATION IN ARCHITECTURE, ENGINEERING AND CONSTRUCTION, 1., 2001, Loughborough, UK. *Proceedings...* Loughborough: CICE, 2001. p. 81-91.

BARROS, R. *Análise numérica e experimental de blocos de concreto armado sobre duas estacas com cálice externo, parcialmente embutido e embutido utilizado na ligação pilar-fundação.* 2013. 306 f. Tese (Doutorado em Engenharia de Estruturas) – Escola de Engenharia de São Carlos, Universidade de São Paulo, São Carlos, 2013.

BARTH, F.; VEFAGO, L. H. M. *Tecnologia de fachadas pré-fabricadas.* [S.l.]: Letras Contemporâneas, 2008. 259 p.

BASSO, A. Produção de Elementos Exclusivos de Concreto Pré-moldado na Itália. *Fábrica de Concreto Internacional – FCI*, [S.l.], n. 1, 2011. p. 118-125.

BASTOS, P. S. S. *Análise experimental de dormentes de concreto protendido reforçados com fibras de aço.* 1999, 256 f. Tese (Doutorado em Engenharia de Estruturas). Escola de Engenharia de São Carlos, Universidade de São Paulo, São Carlos, 1999.

BAYKOV, V. N. (Ed.). *Reinforced concrete structures.* Moscow: Mir, 1978.

BAYKOV, V. N.; SIGALOV, E. E. *Estructuras de hormigón armado.* Moscow: Mir, 1980.

BAYKOV, V. N.; STONGIN, S. G. *Structural design.* Moscow: Mir, 1982.

BELLUCIO, E. K. *Influência da rugosidade superficial e o uso de novos tipos de fibras em almofadas de argamassa para ligações de concreto pré-moldado.* 2010. 106 f. Dissertação (Mestrado em Engenharia de Estruturas) – Escola de Engenharia de São Carlos, Universidade de São Paulo, São Carlos, 2010.

BELLUCIO, E. K. *Comportamento de chumbadores embutidos em concreto com fibras de aço para ligações viga-pilar de concreto pré-moldado.* 2016. 153 f. Tese (Doutorado em Engenharia de Estruturas) – Escola de Engenharia de São Carlos, Universidade de São Paulo, São Carlos, 2016.

BENNETT, D. *The art of precast concrete*: colour texture expression. Basel: Birkhäuser, 2005. 160 p.

BENTES, R. F. Viaduto Av. T-63 x Av. S-85, Goiânia. In: ENCONTRO NACIONAL DE PESQUISA-PROJETO-PRODUÇÃO EM CONCRETO PRÉ-MOLDADO, 2., 2009, São Carlos (SP). *Palestras...* São Carlos: EESC/USP, 2009.

BEZERRA, L. M.; EL DEBS, A. L. H.; EL DEBS, M. K. Precast concrete beam and concrete-filled steel tube column connection by steel corbel. *Concrete Plant International (CPI)*, Cologne, n. 6, p. 156-160, 2011.

BEZERRA, R. R. *Canal pré-moldado de argamassa armada. Salvador.* Prefeitura Municipal, 1980.

BILLINGTON, D. P. *Thin shell concrete structures.* 2.ed. New York: McGraw-Hill, 1982. 373 p.

BLAIS, P. Y.; COUTURE, M. Precast, prestressed pedestrian bridge: world's first reactive powder concrete structure. *PCI Journal*, Chicago, v. 44, n. 5, p. 60-71, 1999.

BLJUGER, F. E. *Design of precast concrete structures.* Chichester: Ellis Horwood; New York: John Wiley, 1988. 296 p.

BOLANDER JUNIOR, J.; SOWLAT, K.; NAAMAN, A. E. Design considerations for tapered prestressed concrete poles. *PCI Journal*, Chicago, v. 33, n. 1, p. 44-66, 1988.

BRAGA, W. A. *Aparelhos de apoio das estruturas.* São Paulo: Edgard Blücher, 1986.

BREEN, J. E. Developing structural integrity in bearing wall buildings. *PCI Journal*, v. 25, n. 1, p. 42-73, 1980.

BRUGGELING, A. S. G.; HUYGHE, G. F. *Prefabrication with concrete.* Rotterdam: A.A. Balkema, 1991.

BRUNA, P. J. V. *Arquitetura, industrialização e desenvolvimento.* 2. ed. São Paulo: Editora Perspectiva, 2002. 183 p. (Coleção Debates).

BRUNESI, E.; NASCIMBENE, R. Numerical web-shear strength assessment of precast prestressed hollow core slab units. *Engineering Structures*, [S.l.], v. 102, p. 13-30, 2015.

BURKE, M. P. Integral bridges. *Transportation Research Record*, n. 1275, p. 53-61, 1990.

BURNETT, E. F. P. Abnormal loading and building safety. In: AMERICAN CONCRETE INSTITUTE. *Industrialization in concrete building construction.* Detroit: ACI, 1975. p. 141-175. (ACI SP-48).

CAMPOS, G. M. *Recomendações para o projeto de cálices de fundação.* 2010. 183 f. Dissertação (Mestrado em Engenharia de Estruturas) – Escola de Engenharia de São Carlos, Universidade de São Paulo, São Carlos, 2010.

CAMPOS, G. M.; CANHA, R. M. F.; EL DEBS, M. K. Design of precast columns bases embedded in socket foundations with smooth interfaces. *Revista Ibracon de Estruturas e Materiais*, [S.l.], v. 4, n. 2, p. 304-323, 2011.

CANHA, R. M. F. *Estudo teórico-experimental da ligação pilar-fundação por meio de cálice em estruturas de concreto pré-moldado.* 2004. 274 f. Tese (Doutorado em Engenharia de Estruturas) – Escola de Engenharia de São Carlos, Universidade de São Paulo, São Carlos, 2004.

CANHA, R. M. F.; EL DEBS, M. K. Análise da capacidade resistente de consolos de concreto armado considerando a contribuição da armadura de costura. *Cadernos de Engenharia de Estruturas (USP)*, São Carlos, v. 7, n. 25, p. 101-124, 2005a.

CANHA, R. M. F.; EL DEBS, M. K. Influência da forma das chaves de cisalhamento no comportamento de ligações entre elementos pré-moldados compostos. In: CONCRETO BRASILEIRO DE CONCRETO, 47., 2005, Recife. *Anais...*São Paulo: Ibracon, 2005b. p. 1-16.

CANHA, R. M. F.; EL DEBS, M. K.; JAGUARIBE JUNIOR, K. B.; EL DEBS, A. L. H. Behavior of socket base connections emphasizing pedestal walls. *ACI Structural Journal*, Detroit, v. 106, n. 3, p. 268-278, 2009.

CANHA, R. M. F.; KUCHMA, D. A.; EL DEBS, M. K.; SOUZA, R. A. Numerical analysis of reinforced high strength concrete corbels. *Engineering Structures*, v. 74, p. 130-144, 2014.

CARVALHO, R. R.; CANHA, R. M. F.; EL DEBS, M. K. Propostas de modelos de bielas e tirantes para a ligação do cálice totalmente embutido em bloco de fundação. In: ENCONTRO NACIONAL DE PESQUISA-PROJETO-PRODUÇÃO EM CONCRETO PRÉ-MOLDADO, 3. 2013, São Carlos (SP). *Anais...* São Carlos: EESC/USP, 2013. p. 1-12.

CASTILHO, V. C. *Análise estrutural de painéis de concreto pré-moldado considerando a interação com a estrutura principal.* São Carlos, 1998. Dissertação (Mestrado) – Escola de Engenharia de São Carlos, Universidade de São Paulo, 1998.

CASTILHO, V. C. *Otimização de componentes de concreto pré-moldado protendidos mediante algoritmos genéticos.* 2003. 283 f. Tese (Doutorado em Engenharia de Estruturas) – Escola de Engenharia de São Carlos, Universidade de São Paulo, São Carlos, 2003.

CATOIA, B. *Lajes alveolares protendidas*: cisalhamento em região fissurada por flexão. 2011. 325 f. Tese (Doutorado em Engenharia de Estruturas) – Escola de Engenharia de São Carlos, Universidade de São Paulo, São Carlos, 2011.

CAUSSE, G. Industrialised prestressed overpasses. In: INTERNATIONAL CONGRESS OF FÉDÉRATION INTERNATIONALE DE LA PRÉCONTRAINTE, 12., Washington, May 29 – June 02, 1994. p. F36-F42.

CEB – COMITÉ EURO-INTERNATIONAL DU BÉTON. Draft guide for the design of precast wall connections. *Bulletin d'Information*, [S.l.], n. 169, 1985. 90 p.

CEB – COMITÉ EURO-INTERNATIONAL DU BÉTON. CEB-FIP model code 1990 (MC-CEB/90). *Bulletin d'Information*, n. 203-205, 1991.

CEB – COMITÉ EURO-INTERNATIONAL DU BÉTON. *Design of fastenings in concrete.* London: Comité Euro-International du Béton, 1997. 196 p. n. 233.

CEBIB – CENTRE D'ÉTUDES ET DE RECHERCHES DE L'INDUSTRIE DU BÉTON. *Recommandations professionnelles pour les assemblages entre* éléments. [S.l.], 2001. 109 p.

CEN – EUROPEAN COMMITTEE FOR STANDARDIZATION. *EN 1990 – Eurocode – basis of structural design.* Brussels, 2002. 50 p.

CEN – EUROPEAN COMMITTEE FOR STANDARDIZATION. *EN 1992-1-1 – Eurocode 2*: Design of concrete structures: General rules and rules for buildings. Brussels, 2004a. 225 p.

CEN – EUROPEAN COMMITTEE FOR STANDARDIZATION. EN 13369: Common rules for precast concrete product. Brussels, 2004b. 64 p. Existe uma atualização de 2013. Em tradução livre: Regras comuns para produtos de concreto pré-moldado.

CEN – EUROPEAN COMMITTEE FOR STANDARDIZATION. *EN 1168*: Precast Concrete Products Hollow Core Slabs. Brussels, 2005a. 58 p. Nota: existe versão mais recente, de 2011.

CEN – EUROPEAN COMMITTEE FOR STANDARDIZATION. *EN 1993-1-8 – Eurocode 3*: design of steel structures, Part 1-8: design of joints. Brussels, 2005b. 133 p.

CEN – EUROPEAN COMMITTEE FOR STANDARDIZATION. *EN 1991-1-7 – Eurocode 1*: Actions on structures, General actions: Accidental actions due to impact and explosions. Brussels, 2006. 66 p.

CEN – EUROPEAN COMMITTEE FOR STANDARDIZATION. *EN 15037-1*: Precast concrete products, beam-and-block floor systems, Part 1: Beams. Brussels, 2008.

CEN – EUROPEAN COMMITTEE FOR STANDARDIZATION. *EN 15037-2*: Precast concrete products, beam-and-block floor systems, Part 2: Blocks. Brussels, 2009.

CHAMA NETO, P. J. (Coord.). *Manual técnico de drenagem e esgoto sanitário*: tubos e aduelas de concreto, projetos, especificações e controle de qualidade. Ribeirão Preto: Associação Brasileira dos Fabricantes de Tubos de Concreto, 2008. 332 p.

CHASTRE, C.; VALTER, L. Torres pré-fabricadas de betão para suporte de turbinas eólicas. In: CHASTRE, C.; VALTER, L. (Org.); EL DEBS, M. K. (Colab.). *Estruturas pré-moldadas no mundo*: aplicações e comportamento estrutural. 1. ed. Guarulhos: Parma, 2012. p. 91-105.

CHIOU, W. J.; SLAW, R. A. Somerset county bridge: a precast replacement solution. *PCI Journal*, Chicago, v. 43, n. 2, p. 62-71, 1998.

CORRES PEIRETTI, H. O projeto estrutural e o marco da vida útil das estruturas: uma visão ampliada da engenharia estructural e sua correlação com a pré-fabricação. In: ENCONTRO NACIONAL DE PESQUISA-PROJETO-PRODUÇÃO EM CONCRETO PRÉ-MOLDADO, 2., 2009, São Carlos (SP). *Palestras*... São Carlos: EESC/USP, 2009.

COSTA, J. B. A. *Estudo experimental de consolos de concreto com fibras moldados em etapas distintas dos pilares*. 2009. 124 f. Dissertação (Mestrado em Engenharia de Estruturas) – Escola de Engenharia de São Carlos, Universidade de São Paulo, São Carlos, 2009.

CPCI – CANADIAN PRECAST/PRESTRESSED CONCRETE INSTITUTE. *Design manual*: precast and prestressed concrete. 4. ed. Ottawa, 2007. 1 v.

CULMO, M. P. *Accelerated Bridge Construction*: Experience in Design, Fabrication and Erection of Prefabricated Bridge Elements and Systems. Publication HIF-12-013. [S.l.]: Federal Highway Administration, 2011. 346 p.

CUNHA, M. O. *Recomendações para projeto de lajes formadas por vigotas com armação treliçada*. 2012. 119 f. Dissertação (Mestrado em Engenharia de Estruturas) – Escola de Engenharia de São Carlos, Universidade de São Carlos, São Carlos, 2012.

CYTED. *Catálogo iberoamericano de técnicas constructivas industrializadas para vivienda de interés social*. [S.l.], 2001. Proyecto Cyted XIV.2.

D'ARCY, T. J.; GOETTSCHE, G. E.; PICKELL, M. A. The Florida Suncoast Dome. *PCI Journal*, v. 35, n. 1, p. 76-94, 1990.

DASSORI, E. *La prefabricazione in calcestruzzo*: guida all'utilizzo nella progettazione. 1. ed. Milano: Assobeton, 2001. 238 p.

DITZ, J. D. *Desempenho de almofadas de argamassa modificada na transferência de tensões de compressão em ligações de concreto pré-moldado*. 2015. 142 f. Dissertação (Mestrado em Engenharia de Estruturas) – Escola de Engenharia de São Carlos, Universidade de São Paulo. São Carlos, 2015.

DITZ, J. D.; EL DEBS, M. K.; SIQUEIRA, G. H. Modified mortar pad behavior in the transfer of compressive stresses. *Revista Ibracon de Estruturas e Materiais*, São Paulo, v. 9, n. 3, p. 435-455, 2016.

DNIT – DEPARTAMENTO NACIONAL DE INFRAESTRUTURA DE TRANSPORTES. *DNIT 109/2009 PRO*: Obras complementares. Segurança no tráfego rodoviário. Projeto de barreiras de concreto: procedimento. Rio de Janeiro, 2009. 16 p.

DONIAK, S. Obra Arena Corinthians. In: ENCONTRO NACIONAL DE PESQUISA-PROJETO-PRODUÇÃO EM CONCRETO PRÉ-MOLDADO, 3., 2013, São Carlos (SP). *Palestras*... São Carlos: EESC/USP, 2013.

DOT – US DEPARTMENT OF TRANSPORTATION. *Ultra-High Performance Concrete*: A State-of-the-Art Report for the Bridge Community. Virginia, 2013. 163 p. Publication No. FHWA-HRT-13-060.

DOTREPPE, J. C.; COLINET, G.; KAISER, F. Influence of the deformability of connections in the analysis of precast concrete frames. In: INTERNATIONAL fib CONGRESS, 2., 2006, Naples (Italy). *Proceedings*... Naples: Fédération Internationale du Béton (fib), 2006. p. 1-12.

DROPPA JUNIOR, A. *Análise estrutural de lajes formadas por elementos pré-moldados tipo vigota com armação treliçada*. 1999. 177 f. São Carlos. Dissertação (Mestrado em Engenharia de Estruturas) – Escola de Engenharia de São Carlos, Universidade de São Paulo, São Carlos, 1999.

DSDM CONSORTIUM. *Seismic Design Methodology Document for Precast Concrete Diaphragms*. Arizona, 2014. Paginação irregular.

DURNING, T. A.; REAR, K. B. Braker Lane Bridge – high strength concrete in prestressed bridge girders. *PCI Journal*, v. 38, n. 3, p. 46-51, 1993.

DYACHENKO, P.; MIROTVORSKY, S. *Prefabrication of reinforced concrete*. Moscow: Peace, [s.d.].

EBELING, E. B. *Análise da base de pilares pré-moldados na ligação com cálice de fundação*. 2006. 103 f. Dissertação (Mestrado em Engenharia de Estruturas) – Escola de Engenharia de São Carlos, Universidade de São Paulo, São Carlos, 2006.

EL DEBS, L. C.; FERREIRA, S. L. Análise do potencial da utilização de aplicativos BIM para projetos com elementos pré-fabricados. In: ENCONTRO NACIONAL DE PESQUISA-PROJETO-PRODUÇÃO EM CONCRETO PRÉ-MOLDADO, 3., 2013, São Carlos (SP). *Anais*... São Carlos: EESC/USP, 2013. 10 p.

EL DEBS, L. C.; FERREIRA, S. L. Diretrizes para processo de projeto de fachadas com painéis pré-fabricados de concreto em ambiente BIM. *Ambiente Construído*, Porto Alegre, v. 14, n. 2, p. 41-60, 2014.

EL DEBS, M. K. *Contribuição ao projeto de galerias enterradas*: alternativas em argamassa armada. São Carlos, 1984. Tese (Doutorado) – Escola de Engenharia de São Carlos, Universidade de São Paulo, 1984.

EL DEBS, M. K. Application of ferrocement in culverts construction. *Journal of Ferrocement*, [S.l.], v. 19, n. 4, p. 323-329, 1989.

EL DEBS, M. K. *Contribuição ao emprego de pré-moldados de concreto em infraestrutura urbana e de estradas*. São Carlos, 1991. Tese (Livre-docência) -Escola de Engenharia de São Carlos, Universidade de São Paulo, 1991.

EL DEBS, M. K. *Paredes estruturais parcialmente pré-moldadas*. Carta patente PI 9.001.785-4, expedida em 21/1/1998.

EL DEBS, M. K. Ligações entre elementos pré-moldados. In: SIMPÓSIO EPUSP SOBRE ESTRUTURAS DE CONCRETO, 4., 2000, São Paulo. *Resumos*... São Paulo: USP, 2000. p. 1-5.

EL DEBS, M. K. Pontilhões em abóbodas e muros pré-moldados solidarizados com concreto moldado no local. In: CONGRESSO BRASILEIRO DE CONCRETO, 45., 2003, São Paulo. *Anais*... São Paulo: [s.n.], 2003a. p. 1-16.

EL DEBS, M. K. *Projeto estrutural de tubos circulares de concreto armado*. São Paulo: IBTS/ABTC, 2003b. 71 p.

EL DEBS, M. K. Emprego de compósitos de cimento reforçados com fibras nas ligações de concreto pré-moldado. *Revista Concreto*, São Paulo, v. 34, n. 43, p. 48-54, 2006.

El DEBS, M. K. Projeto estrutural. In: CHAMA NETO, P. J. (Coord.). *Manual técnico de drenagem e esgoto sanitário*. Ribeirão Preto: Associação Brasileira dos Fabricantes de tubos de Concreto, 2008. p. 107-158.

EL DEBS, M. K. Large culverts made with precast concrete arch-shape elements connected with cast in place concrete. In: IABSE SYMPOSIUM, 37., 2014, Zurich. *Proceedings*... Zurich: IABSE, 2014. p. 1-8.

EL DEBS, M. K.; NAAMAN, A. E. Bending behavior of mortar reinforced with steel meshes and polymeric fibers. *Cement and Concrete Composites*, v. 17, n. 4, p. 327-338, 1995.

EL DEBS, M. K.; DROPPA JUNIOR, A. Um estudo teórico-experimental do comportamento estrutural de vigotas e painéis com armação treliçada na fase de construção In: CONGRESSO BRASILEIRO DO CONCRETO, 42., 2000, Fortaleza. *Anais*... São Paulo: Ibracon, 2000. p. 1-15.

EL DEBS, M. K.; COSTA, J. B. A. Consolos de alta performance concretados em diferentes estágios da coluna. *Fábrica de Concreto Pré-moldado (FCI)*, [S.l.], v. 5, p. 126-133, 2010.

EL DEBS, M. K.; BELLUCIO, E, K. Cement-base bearing pads mortar for connections in the precast concrete: study of surface roughness *Revista Ibracon de Estruturas e Materiais*, São Paulo, v. 5, n. 1, p. 54-67, 2012.

EL DEBS, M. K.; MONTEDOR, L. C.; HANAI, J. B. Compression tests of cement-composite bearing pads for precast concrete connections. *Cement and Concrete Composites*, [S.l.], v. 28, n. 7, p. 621-629, 2006.

EL DEBS, M. K.; MIOTTO, A. M.; EL DEBS, A. L. H. C. Analysis of a semi-rigid connection for precast concrete. *Proceedings of the Institution of Civil Engineers: Structures and Buildings*, [S.l.], v. 163, n. 1, p. 41-51, 2010.

EL DEBS, M. K.; MARIN, M. C.; EL DEBS, A. L. H. C. Design parameters for multi-storey precast concrete structures with semi-rigid connection. In: fib SYMPOSIUM, 1., 2015, Copenhagen. *Proceedings*... Copenhagen: fib, 2015. p. 1-11.

EL DEBS, M. K.; MACHADO, E. F.; HANAI, J. B.; TAKEYA, T. Ferrocement sandwich walls. *Journal of Ferrocement*, [s.l.], v. 30, n. 1, p. 45-58, 2000.

EL DEBS, M. K.; TAKEYA, T.; CANHA, R. J. F.; CHOLFE, L.; UEDA, W.; BONILHA, L. A. S. Ensaio de ligação pilar pré-moldado × fundação mediante chapa de base. In: CONGRESSO BRASILEIRO DO CONCRETO, 45, 2003, Vitória (ES). *Anais*... Vitória (ES): Ibracon, 2003. p. 1-15.

EL-GHAZALY, H. A.; AL-ZAMEL, H. S. An innovative detail for precast concrete beam-column moment connections. *Canadian Journal of Civil Engineering*, v. 18, n. 4, p. 690-710, 1991.

ELIGEHAUSEN, R.; MALLÉE, R.; SILVA, J. F. *Anchorage in Concrete Construction*. Berlin, Germany: Ernst & Sohn, 2006. 378 p.

ELLIOTT, K. S. *Multi-storey precast concrete framed structures*. Oxford: Blackwell Science, 1996.

ELLIOTT, K. S. Modern trends in the design of precast concrete framed structures. In: Universidade Federal de São Carlo, 2007, São Carlos. *Palestras*... São Carlos: 2007.

ELLIOTT, K. S. Transmission length and shear capacity in prestressed concrete hollow core slabs. *Magazine of Concrete Research*, London, v. 66, n. 12, p. 585-602, 2014.

ELLIOTT, K. S.; TOVEY, A. K. *Precast concrete frame buildings*: design guide. Crowthorne, Berkshire: British Cement Association, 1992.

ELLIOTT, K. S.; JOLLY, C. K. *Multi-storey precast concrete framed structures*. 2. ed. Chichester: Wiley Blackwell, 2013. 741 p.

ENELAND, E.; MÅLLBERG, L. *Prefabricated foundation for wind power plants*: a conceptual design study. 2013. 255 p. Master of Science Thesis (Master's Programme Structural Engineering and Building Technology) – Chalmers University of Technology, Sweden, 2013.

ENGLEKIRK, R. E. Development and testing of a ductile connector for assembling precast concrete beams and columns. *PCI Journal*, Chicago, v. 40, n. 2, p. 36-51, 1995.

ENGSTRÖM, B. Structural connections for precast concrete buildings. In: ESCOLA DE ENGENHARIA DE SÃO CARLOS, 2008, São Carlos. *Palestras*... São Carlos, 2008.

ESPAÑA. MINISTERIO DE FOMENTO. *EF-96*: instrucción para el proyecto y la ejecución de forjados unidireccionales de hormigón armado o pretensado. Madrid: Ministerio de Fomento, Centro de Publicaciones, 1997. (Series normativas: Instrucciones de construcción).

EUROPEAN research precast concrete safety factors: contract SMT4 CT98 2276, final report. 2002. 90 p.

FAIRBANKS, B. Obras Aeroportuárias espanholas: torres aeroportuárias. In: SEMINÁRIO NACIONAL DE PRÉ-FABRICADOS EM CONCRETO, 2., 2004, São Paulo. *Palestras*... São Paulo: ABCIC; ABCP, 2004.

FAM, A. Development of a novel pole using spun-cast concrete inside glass-fiber-reinforced polymer tubes. *PCI Journal*, Chicago, v. 53, n. 3, p. 100-113, 2008.

FASTAG, A. Design and manufacture of translucent architectural precast panels. In: fib SYMPOSIUM, Prague, 2011. *Proceedings*... Prague: Czech Concrete Society, 2011. p. 1-10.

FERNÁNDEZ ORDÓÑEZ, J. A. (Ed.). *Prefabricación*: teoria y práctica. Barcelona: Editores Técnicos Asociados, 1974. 2 v.

FERREIRA, L. M. *Passarela pênsil protendida formada por Elementos pré-moldados de concreto*. 2001. 110 f. Dissertação (Mestre em Engenharia de Estruturas) – Escola de Engenharia de São Carlos, Universidade de São Paulo, São Carlos, 2001.

FERREIRA, L. M.; EL DEBS, M. K.; BARBATO, L. R. A. Estudo do comportamento estrutural de passarelas pênseis protendidas formadas por elementos pré-moldados de concreto. In: JORNADAS SUL-AMERICANAS DE ENGENHARIA ESTRUTURAL, 2002, 30., Brasília. *Anais*... Brasília: ASAEE, 2002. p. 1-17.

FERREIRA, M. A. *Estudo de deformabilidades de ligações para análise linear em pórticos planos de elementos pré-moldados de concreto*. 1993. 166 f. Dissertação (Mestrado em Engenharia de Estruturas) – Escola de Engenharia de São Carlos, Universidade de São Paulo, São Carlos, 1993.

FERREIRA, M. A. *Deformabilidade de ligações viga-pilar de concreto pré-moldado*. São Carlos, 1999. 232 f. Tese (Doutorado) – Escola de Engenharia de São Carlos, Universidade de São Paulo, São Carlos, 1999.

FGV – FUNDAÇÃO GETULIO VARGAS. *Tributação, industrialização e inovação tecnológica na construção civil*. [S.l.], 2013. 41 p.

fib – INTERNATIONAL FEDERATION FOR STRUCTURAL CONCRETE. *fib Bulletin 19*: Precast concrete in mixed construction (state-of-art report). Switzerland, 2002. 63 p.

fib – INTERNATIONAL FEDERATION FOR STRUCTURAL CONCRETE. *fib Bulletin 29*: Precast concrete bridges (state-of-art report). Switzerland, 2004. 81 p.

fib – INTERNATIONAL FEDERATION FOR STRUCTURAL CONCRETE. *fib Bulletin 41*: treatment of imperfections in precast structural elements. State-of-art report. Switzerland, 2007. 69 p.

fib – INTERNATIONAL FEDERATION FOR STRUCTURAL CONCRETE. *fib Bulletin 43*: structural connections for precast concrete buildings (guide to good practice). Switzerland, 2008. 360 p.

fib – INTERNATIONAL FEDERATION FOR STRUCTURAL CONCRETE. *fib Bulletin 60*: Prefabrication for affordable housing (state-of-art report). Switzerland, 2011. 130 p.

fib – INTERNATIONAL FEDERATION FOR STRUCTURAL CONCRETE. *fib Bulletin 63*: Design of precast concrete structures against accidental actions (guide to good practice). Switzerland, 2012. 78 p.

fib – INTERNATIONAL FEDERATION FOR STRUCTURAL CONCRETE. *fib model code for concrete structures 2010 (MC-10)*. 1. ed. Berlin: Ernst & Sohn, 2013. 434 p. Corresponde aos boletins 65 e 66 da fib.

fib – INTERNATIONAL FEDERATION FOR STRUCTURAL CONCRETE. *fib Bulletin 74*: Planning and design handbook on precast building structure (manual textbook). Switzerland, 2014. 299 p.

fib – INTERNATIONAL FEDERATION FOR STRUCTURAL CONCRETE. *fib Bulletin 78*: Precast-concrete buildings in seismic areas (state-of-arte report). Switzerland, 2016. 273 p.

FIGUEIREDO, A. D.; LA FUENTE, A.; AGUADO, A.; MOLINS, C.; CHAMA NETO, P. J. Steel fiber reinforced concrete pipes. Part 1: technological analysis of the mechanical behaviour. *Revista Ibracon de Estruturas e Materiais*, [S.l.], v. 5, n. 1, p. 1-11, 2012a.

FIGUEIREDO, A. D.; LA FUENTE, A.; AGUADO, A.; MOLINS, C.; CHAMA NETO, P. J. Steel fiber reinforced concrete pipes. Part 2: numerical model to simulate the crushing test. *Revista Ibracon de Estruturas e Materiais*, [S.l.], v. 5, n. 1, p. 12-25, 2012b.

FIORANELLI JUNIOR, A. *Análise de novo procedimento para o projeto estrutural de tubos de concreto enterrados*. 2005. 100 f. Dissertação (Mestre e Engenharia de Estruturas) – Escola de Engenharia de São Carlos, Universidade de São Paulo, 2005.

FIP – FÉDÉRATION INTERNATIONALE DE LA PRÉCONTRAINTE. *Shear at the interface of precast and in- situ concrete*: FIP guide to good practice. Wexham Springs: Cement and Concrete Association, 1982. Nota: existe publicação da FIP de 1998 sobre o assunto, mas, por se tratar de importante referência sobre o assunto, foi mantida esta publicação.

FIP – FÉDÉRATION INTERNATIONALE DE LA PRÉCONTRAINTE. *Precast prestressed hollow core floors*. London: Thomas Telford, 1988. Nota: existe versão mais recente publicada pela fib, de 2000 (Boletim 6), e uma atualização em andamento na Comissão de Pré-Fabricação (Comissão 6) da fib.

FIP – FÉDÉRATION INTERNATIONALE DE LA PRÉCONTRAINTE. *Planning and design handbook on precast building structures*. London: Seto, 1994.

FIRNKAS, S. The Baton Rouge Hilton Tower: an all-precast prestressed system building. *PCI Journal*, v. 21, n. 4, p. 96-110, 1976.

FOGARASI, G. J.; NIJHAWAN, J. C.; TADROS, M. K. World overview of flow line pretensioning method. *PCI Journal*, v. 36, n. 2, p. 38-55, 1991.

FRANCO, M.; VASCONCELOS, A. C. Practical assessment of second order effects in tall buildings. In: COLLOQUIUM ON THE CEB-FIP MC90, Rio de Janeiro, 28-30 Aug. 1991. Rio de Janeiro: Department of Civil Engineering, COPPE/UFRJ, 1991. p. 307-323.

GAION, F. P. Le Saint Jude Residence: um edifício totalmente pré-moldado. *Revista estrutura*. n. 2, p. 22-25, 2016.

GHOSH, S. K. Treatment of Progressive Collaps in US Codes and Standards (Part 2/2: An overview about fib and PCI strategies). *Concrete Plant International (CPI)*, Cologne, v. 4, p. 178-187, 2014.

GHOSH, S. K.; HOUSEHOLDER, G. A. (Ed.). *PCI manual for the design of hollow core slabs and walls*. 3. ed. Chicago: Precast/Prestressed Concrete Institute, 2015.

GOHNERT, M. Proposed theory to determine the horizontal shear between composite precast and in situ concrete. *Cement and Concrete Composites*, [S.l.], v. 22, p. 469-476, 2000.

GONÇALVES, C.; BERNARDES, G. P.; NEVES, L. F. S. *Estacas pré-fabricadas de concreto*: teoria e prática. [S.l.: s.n.]. 2007. 590 p.

GREWICK JUNIOR., B. C. *Construction of prestressed concrete structures*. 2. ed. New York: John Wiley & Sons, 1997. 616 p.

HAAS, A. M. *Precast concrete*: design and applications. London: Applied Science, 1983.

HALÁSZ, R. von. *La prefabbricazione nella edilizia industrializzata*: construire e construzioni in prefabbricati di cemento armato. Tradução de Renato Mariani. Milano: Fabbri, 1969. 269 p.

HANAI, J. B. *Construções de argamassa armada*: fundamentos tecnológicos para o projeto e execução. São Paulo: Pini, 1992.

HANAI, J. B. *Fundamentos do concreto protendido*. São Carlos: EESC/USP, 2005. 110 p. Ebook.

HANNA, K.; MORCOUS, G.; TADROS, M. K. Adjacent box girders without internal diaphragms or post-tensioned joints. *PCI Journal*, Chicago, v. 56, n. 4, p. 51-64, 2011.

HEBDEN, R. H. Giant segmental precast prestressed concrete culverts. *PCI Journal*, v. 31, n. 6, p. 60-73, 1986.

HEWES, J. T. *Analysis of the state of the art of precast concrete bridge substructure systems (Final Report 687)*. Arizona: Arizona Department of Transportation, 2013. 118 p.

HIETANEN, T. The relationship between material safety factors and quality control. In: INTERNATIONAL CONGRESS OF THE PRECAST CONCRETE INDUSTRY, 15., Paris, 1-5 July 1996. *Proceedings*. Montrouge: Federation de l'Industrie du Beton, 1996. p. I-33-I-38.

HILL, J. J.; SHIROLE, A. M. Economic and performance considerations for short-span bridge replacement structures. *Transportation Research Record*, n. 950, p. 33-38, 1984. (Second Bridge Engineering Conference, Minneapolis, v. 1).

HOGESLAG, A. J. Stability of precast concrete structures. In: HOGESLAG, A. J.; VAMBERSKY, J. N. J. A.; WALRAVEN, J. C. *Prefabrication of concrete structures* (Proc. Int. Seminar Delft, The Netherlands, October, 25-26, 1990). Delft: Delft University Press, 1990. p. 29-40.

HOLMES, W. W.; KUSOLTHAMARAT, D.; TADROS, M. K. NU precast concrete house provides spacious and energy efficient solution for residential construction. *PCI Journal*, Chicago, v. 50, n. 3, p. 16-25, 2005.

HURD, M. K. Short-span arch bridges. *Concrete Construction*, v. 35, n. 7, p. 38-45, 1990.

HURFF, J. B.; KAHN, L. F. Lateral-Torsional Buckling of Structural Concrete Beams: Experimental and Analytical Study. *Journal of Structural Engineering*, v. 138, p. 1138-1148, 2012.

IMPORTÂNCIA social do pré-fabricado de concreto. *Industrializar em concreto*, São Paulo, n. 6, p. 12-20, 2015.

INOVAÇÃO e sustentabilidade caracterizam a adoção de pré-fabricado em segmentos que avançam no país. *Industrializar em concreto*, n. 7, p. 13-20, 2016.

ISOZAKI, A.; SCOTT, J.; DOYLE, T.; CUMMINGS, J. Uniquely curved precast concrete panels define new Center of Science & Industry (COSI). *PCI Journal*, Chicago, v. 44, n. 5, p. 48-59, 1999.

IVKOVIC, M.; ACIC, M.; PERISIC, Z.; PAKVOR, A. Demountable concrete structures with steel elements outside the concrete section. In: REINHARDT, H. W.; BOUVY, J. J. B. J. J. (Ed.). *Demountable concrete structures*: a challenge for precast concrete (Int. Symp., Rotterdam, The Netherlands, May 30-31, 1985). Delft: Delft University Press, 1985. p. 95-105.

JAGUARIBE JUNIOR, K. B. *Ligação pilar-fundação por meio de cálice em estruturas de concreto pré-moldado com profundidade de embutimento reduzida*. 2005. 165 f. Dissertação (Mestrado em Engenharia de Estruturas) – Escola de Engenharia de São Carlos, Universidade de São Paulo, São Carlos, 2005.

JANHUNEN, P. Finnish precast concrete technology. *Betoni*, n. 3, p. 18-23, 1996.

JANSSEN, B. *Double curved precast load bearing concrete elements*. 2011. 167 p. (Master track Building Engineering) – Delft University of Technology, Netherlands, 2011.

JANSSEN, H. H.; SPAANS, L. Record span splice bulb-tee girders used in Highland View Bridge. *PCI Journal*, v. 39, n. 1, p. 12-19, 1994.

JANSZE, W.; PETERS, M.; VAN DER VEEN, C. Application of high strength fibre reinforced self compacting concrete in prefabricated prestressed concrete sheet piles. In: fib CONGRESS, 1., Osaka. *Proceedings*... Osaka: [s.n.], 2002. p. 19-28.

JEON, S.-J.; CHOI, M.-S.; KIM, Y.-J. Failure mode and ultimate strength of precast concrete barrier. *ACI Structural Journal*, Detroit, v. 108, n. 1, p. 99, 2011.

JIANG, H.; CAO, Q.; LIU, A.; WANG, T.; QIU, Y. Flexural behavior of precast concrete segmental beams with hybrid tendons and dry joints. *Construction and Building Materials*, v. 110, p. 1-7, 2016.

JOY, W. T.; DOLAN, C. W.; MEINHEIT, D. F. Concrete capacity design of Cazaly hangers in shallow members. *PCI Journal*, Chicago, v. 55, n. 4, p. 100-125, 2010.

KALKAN, I. Lateral Torsional Buckling of Rectangular Reinforced Concrete Beams. *ACI Structural Journal*, Detroit, v. 111, n. 1, p. 71-82, 2014.

KHALEGHI, B.; SHULTZ, E.; SEGUIRANT, S.; MARSH, L.; HARALDSSON, O.; EBERHARD, M.; STANTON, J. Accelerated bridge construction in Washington State: From research to practice. *PCI Journal*, Chicago, v. 57, n. 4, p. 34-49, 2012.

KIM, K.; YOO, C. H. Design Loading on Deeply Buried Box Culverts. *Journal of Geotechnical and Geoenvironmental Engineering*, New York, v. 131, n. 1, p. 20-27, 2005.

KIMURA, H.; UEDA, T.; MITSUNI, K. Application of 150 MPa ultra-high-strength concrete for a 59-story RC building in a seismic region. In: fib INTERNATIONAL CONGRESS, 3., Washington, 2010. *Proceedings*... Lausanne: Precast/Prestressed Concrete Institute (PCI), 2010. p. 1-15

KOMAR, A. *Building materials and components*. Moscow: Mir, 1979.

KONCZ, T. *Handbuch der fertigteilbauweise*. 2. ed. Berlin: Bauverlag GmbH, 1966. 3 v.

KONCZ, T. *Manual de la construcción prefabricada*. 2.ed. Madrid: Hermann Blume, 1975. 3 v.

KRAHL, P. A. *Instabilidade lateral de vigas pré-moldadas em situações transitórias*. 2014. 208 f. Dissertação (Mestrado em Engenharia de Estruturas) – Escola de Engenharia de São Carlos, Universidade de São Paulo, São Carlos, 2014.

KRAHL, P. A.; LIMA, M. C. V.; EL DEBS, M. K. Recomendações para verificação da estabilidade lateral de vigas pré-moldadas em fases transitórias. *Revista Ibracon de Estruturas e Materiais*, [S.l.], v. 8, n. 6, p. 763-786, 2015.

KROMOSER, B.; KOLLEGGER, J. Pneumatic forming of hardened concrete – building shells in the 21st century. *Structural Concrete*, Berlin, n. 2, p. 161-171, 2015.

KUCH, H.; SCHWABE, J. H.; PALZER, U. *Manufacturing of concrete products and precast elements*: processes and equipment. Düsseldorf: Verlag Bau + Technik, 2010. 267 p.

KUEBLER, M.; POLAK, M. A. Critical review of the CSA A14-07 design provisions for torsion in prestressed concrete poles. *Canadian Journal of Civil Engineering*, Ottawa, v. 41, n. 4, p. 304-314, 2014.

LA VARGA, I.; GRAYBEAL, B. A. Dimensional stability of grout-type materials used as connections between prefabricated concrete elements. *Journal of Materials in Civil Engineering*, [S.l.], v. 27, n. 9, 2015.

LAFFRANCHI, M.; FÜRST, A. Innovative large span structure in precast concrete with folded plates for a sports hall. In: fib SYMPOSIUM, 1. Prague, 2011. *Proceedings*... Prague: Czech Concrete Society, 2011. p. 1-8.

LANIER, M. W.; WERNLI, M.; EASLEY, R.; SPRINGSTON, P. S. New technologies proven in precast concrete modular floating pier for U.S. Navy. *PCI Journal*, Chicago, v. 50, n. 4, p. 76-99, 2005.

LARANJEIRAS, A. C. R. Colapso progressivo dos edifícios. *ABCE Informa*, [S.l.], n. 96, p. 10-23, 2013.

LATORRACA, G. (Org.). *João Figueiras Lima, Lelé*. São Paulo: Instituto Lina Bo e PM Bardi; Lisboa: Editorial Blau, 1999. 264 p. (Arquitetos brasileiros = Brazilian architects).

LEBELLE, P. Stabilité élastique des poutres en béton précontraint a l'égard de déversement latéral. Ann. Batiment et des Travaux Publics, v. 141, p. 780-830, 1959.

LENZ, P.; ZILCH, K. Concrete-to-concrete bonds – potentials for new structures and rehabilitation. In: fib INTERNATIONAL CONGRESS, 3., Washington, 2010. *Proceedings*... Lausanne: The Precast/Prestressed Concrete Institute (PCI), 2010. p 1-11.

LEONHARDT, F.; MÖNNIG, E. *Construções de concreto*: casos especiais de dimensionamento de estruturas de concreto armado. Rio de Janeiro: Interciência, 1978a. v. 2.

LEONHARDT, F.; MÖNNIG, E. *Construções de concreto*: princípios básicos sobre a armação de estruturas de concreto armado. Rio de Janeiro: Interciência, 1978b. v. 3.

LEONHARDT, F.; MÖNNIG, E. *Construções de concreto*: concreto protendido. Rio de Janeiro: Interciência, 1978c. v. 5, 316 p.

LESTER, B.; ARMITAGE, H. Olympic Oval roof structure: design, production, erection highlights. *PCI Journal*, v. 32, n. 6, p. 50-59, 1987.

LEVESQUE, J. T. Skyline Drive Pedestrian Bridge. *PCI Journal*, v. 32, n. 4, p. 38-45, 1987.

LEVY, M. P.; YOSHIZAWA, T. Interstitial precast prestressed concrete trusses for ciba-geigy life science building. *PCI Journal*, Chicago, v. 37, n. 6, p. 34-42, 1992.

LEWICKI, B. *Progettazione di edifici multipiano industrializzati*. Milano: Itec, 1982.

LI, S.; DU, Y.; GUAN, B.; BEALE, M. P. *Evaluation of Alternatives to Sound Barrier Walls*: Publication FHWA/IN/JTRP-2013/07. Indiana: Department of Transportation and Purdue University, 2013. 93 p.

LIMA, M. C. V. *Instabilidade lateral das vigas pré-moldadas em serviço e durante a fase transitória*. 1995. 146 f. Dissertação (Mestrado em Engenharia de Estruturas) – Escola de Engenharia de São Carlos, Universidade de São Paulo, São Carlos, 1995.

LIMA, M. C. V. *Contribuição ao estudo da instabilidade lateral de vigas pré-moldadas*. 2002. 170 f. Tese (Doutorado em Engenharia de Estruturas) – Escola de Engenharia de São Carlos, Universidade de São Paulo, São Carlos, 2002.

LIMA, M. C. V.; EL DEBS, M. K. Numerical and experimental analysis of lateral stability in precast concrete beams. *Magazine of Concrete Research*, Londres, v. 57, n. 10, p. 635-647, 2005.

LINS, F. F. V. *Contribuição à avaliação da estabilidade global e pré-dimensionamento de pórticos planos em concreto pré-moldado*. 2013. 203 f. Dissertação (Mestrado em Engenharia de Estruturas) – Escola de Engenharia de São Carlos, Universidade de São Paulo, São Carlos, 2013.

LOW, S. G.; TADROS, M. K.; NIJHAWAN, J. C. Minimization of floor thickness in precast prestressed concrete multistory buildings. *PCI Journal*, v. 36, n. 4, p. 74-92, 1991.

LUCIER, G.; WALTER, C.; RIZKALLA, S.; ZIA, P.; KLEIN, G. Development of a rational design methodology for precast concrete slender spandrel beams: Part 1, experimental results. *PCI Journal*, Chicago, v. 56, n. 2, p. 88-112, 2011a.

LUCIER, G.; WALTER, C.; RIZKALLA, S.; ZIA, P.; KLEIN, G. Development of a rational design methodology for precast concrete slender spandrel beams: Part 2, analysis and design guidelines. *PCI Journal*, Chicago, v. 56, n. 4, p. 106-133, 2011b.

MA, J. Post-tensioned spliced girder bridges in California. In: PCI ANNUAL CONVENTION AND NATIONAL BRIDGE CONFERENCE, 57., 2011, Salt Lake City (USA). *Proceedings*... Salt Lake City: [s.n.], 2011. p. 1-18.MA, Z. J.; HANKS, A. Design guidelines of CIP joints with accelerated construction features. In: PCI ANNUAL CONVENTION AND NATIONAL BRIDGE CONGERENCE, 57., 2011, Salt Lake City. Proceedings... Salt Lake City: [s.n.], 2011. p. 1-15.

MA, Z. J.; CAO, Q.; CHAPMAN, C. E.; BURDETTE, E. G.; FRENCH, C. E. W. Longitudinal Joint Details with Tight Bend

Diameter U-Bars. *ACI Structural Journal*, Detroit, v. 109, n. 6, p. 815-824, 2012.

MAGALHÃES, F. L. *Estudo dos momentos fletores negativos nos apoios de lajes formadas por elementos pré-moldados tipo nervuras com armação treliçada*. 2001. 135 f. + apêndice. Dissertação (Mestrado em Engenharia de Estruturas) – Escola de Engenharia de São Carlos, Universidade de São Paulo, São Carlos, 2001.

MARANHÃO, G. Bacharelado Ciências e Tecnologia – Natal/RN. In: ENCONTRO NACIONAL DE PESQUISA-PROJETO-PRODUÇÃO EM CONCRETO PRÉ-MOLDADO, 2., 2009, São Carlos (SP). *Palestras*... São Carlos: EESC/USP, 2009.

MARCOS, L. K. *Sensibilidade a vibrações de pavimentos com lajes alveolares*. 2015. 136 f. Dissertação (Mestrado em Engenharia de Estruturas) – Escola de Engenharia de São Carlos, Universidade de São Paulo, 2015.

MARIN, M. C. *Contribuição à análise da estabilidade global de estruturas em concreto pré-moldado de múltiplos pavimentos*. 2009. 213 f. Dissertação (Mestrado em Engenharia de Estruturas) – Escola de Engenharia de São Carlos, Universidade de São Paulo, São Carlos, 2009.

MARTIN, L. D.; KOWALL, K. R. Concrete sports facilities. In: INTERNATIONAL CONGRESS OF FÉDÉRATION INTERNATIONALE DE LA PRÉCONTRAINTE, 12., Washington, May 29-June 2, 1994. p. J51-J55.

MAST, R. F. Lateral stability of long prestressed concrete beam – part 2. *PCI Journal*, Chicago, v. 38, n. 1, p. 70-88, 1993.

MATHIVAT, J.; KIRSCHNER, P. A new method for the construction of buried structures: the "Mathière Method". *Travaux*, n.620, 1987.

MATSUMOTO, E. E.; WAGGONER, M. C.; KREGER, M. E.; VOGEL, J.; WOLF, L. Development of a precast concrete bent-cap system. *PCI Journal*, Chicago, v. 53, n. 3, p. 74-99, 2008.

MATTOCK, A. H. Anchorage of stirrups in a thin cast-in-place topping. *PCI Journal*, v. 32, n. 6, p. 70-85, 1987.

MATTOCK, A. H. Comments of "Influence of concrete strength and load history on the shear friction capacity of concrete members". *PCI Journal*, Chicago, v. 33, n. 1, p. 166-168, 1988.

MATTOCK, A. H. Strut-and-tie models for dapped-end beams: proposed model is consistent with observations of test beams. *Concrete International*, [S.l.], v. 34, n. 2, p. 35-40, 2012.

McGUIRE, P.; YOUNG, D.; CIULIS, J.; MAYER, C. E. Design-construction of Detroit Metropolitan Airport Air Traffic Control Tower. *PCI Journal*, v. 36, n. 6, p. 38-50, 1991.

MEDINA SÁNCHEZ, L.; RODRÍGUEZ GARCÍA, R. *Sistemas constructivos utilizados en Cuba*. La Habana: ISJAE, 1986. Tomo1, pt.2.

MEIRELES NETO, M. *Estabilidade de edifícios de concreto pré-moldado com ligações semirrígidas*. 2012. 121 f. Dissertação (Mestrado em Engenharia Civil) – Universidade Federal do Ceará, Fortaleza, 2012.

MELO, C. E. E. *Manual Munte de projetos em pré-fabricados de concreto*. 2. ed. São Paulo: Pini, 2007. 534 p.

MERLIN, A. J. *Momentos fletores negativos nos apoios de lajes formadas por vigotas de concreto protendido*. São Carlos, 2002. 134 f. Dissertação (Mestrado em Engenharia de Estruturas) – Escola de Engenharia de São Carlos, Universidade de São Paulo, São Carlos, 2002.

MERLIN, A. J. *Análise probabilística do comportamento ao longo do tempo de elementos parcialmente pré-moldados com ênfase em flechas de lajes com armação treliçada*. 2006. 212 f. + apêndice. Tese (Doutorado em Engenharia de Estruturas) – Escola de Engenharia de São Carlos, Universidade de São Paulo, São Carlos, 2006.

MERLIN, A. J.; EL DEBS, M. K.; TAKEYA, T.; MARCOS NETO, N. Análise do efeito da protensão em lajes pré-moldadas com armação treliçada. In: ENCONTRO NACIONAL DE PESQUISA-PROJETO-PRODUÇÃO EM CONCRETO PRÉ-MOLDADO, 1., 2005, São Carlos (SP). *Anais*... São Carlos: EESC/USP, 2005. p. 1-11.

MIGLIORE JUNIOR, A. R. Estratégias para definição da seção resistente de vigas pré-fabricadas de edifícios com pré-tração. In: ENCONTRO NACIONAL DE PESQUISA-PROJETO-PRODUÇÃO EM CONCRETO PRÉ-MOLDADO, 3., 2013, São Carlos (SP). *Anais*... São Carlos: EESC/USP, 2013. p. 1-15.

MILLS, D.; CHOW, K. T.; MARSHALL, S. L. Design-construction of esker overhead. *PCI Journal*, v. 36, n. 5, p. 44-51, 1991.

MIOTTO, A. M. *Ligações viga-pilar de estruturas de concreto pré-moldado*: análise com ênfase na deformabilidade ao momento fletor. 2001. 234 f. Tese (Doutorado em Engenharia de Estruturas) – Escola de Engenharia de São Carlos, Universidade de São Paulo, 2002.

MIRATASHIYAZDI, S. M. *Robustness of steel framed buildings with pre-cast concrete floor slabs*. 2014. 203 f. Tese (Doutorado e Filosofia) – Faculty of Engineering and Physical Sciences, University of Manchester, Manchester, 2014.

MIZUMOTO, C.; MARIN, M. C.; SILVA, M. C. Aspectos técnicos referente a sistemática de controle e produção da laje alveolar de concreto pré-fabricado. In: ENCONTRO NACIONAL DE PESQUISA-PROJETO-PRODUÇÃO EM CONCRETO PRÉ-MOLDADO, 3., 2013, São Carlos (SP). *Anais*... São Carlos: EESC/USP, 2013. p. 1-16.

MOHAMED, S. A. M. Analysis and design of sleeve-bolted connections in precast concrete frames. *Australian Civil Engineering Transactions*, v. 37, n. 4, p. 293-301, 1995.

MOKK, L. *Construcciones con materiales prefabricados de hormigón armado*. Bilbao: Urmo, 1969.

MONFORTON, G. R.; WU, T. S. Matrix analysis of semi-rigidly connected frames. *Journal of the structural division (ASCE)*, [s.l.], v. 89, p. 13-42, 1963.

MONTEDOR, L. C. *Desenvolvimento de compósito a ser utilizado como almofada de apoio nas ligações entre elementos pré-moldados*. 2004. 144 f. Dissertação (Mestrado em engenharia de Estruturas) – Escola de Engenharia de São Carlos, Universidade de São Paulo, São Carlos, 2004.

MOORE, I. D.; HOULT, N. A.; MACDOUGALL, K. *Establishment of appropriate guidelines for use of the direct and indirect design methods for reinforced concrete pipe*. Canada: Queen's University Department of Civil Engineering, 2014. 110 p. + appendices.

MORCOUS, G.; HENIN, E.; FAWZY, F.; LAFFERTY, M.; TADROS, M. K. A new shallow precast/prestressed concrete floor system for multi-story buildings in low seismic zones. *Engineering Structures*, [S.l.], v. 60, p. 287-299, 2014.

MORENO JUNIOR, A. L. *Aplicação da pré-moldagem na construção de galpão em concreto*: exemplo de um galpão com cobertura em dente de serra. São Carlos, 1992. Dissertação (Mestrado) - Escola de Engenharia de São Carlos, Universidade de São Paulo.

MOTA, J. E. *Contribuição ao projeto de estruturas multi-piso reticuladas em concreto moldado*. 2009. 246 f. Tese (Doutorado em Engenharia de Estruturas) - Escola de Engenharia de São Carlos, Universidade de São Paulo, São Carlos, 2009.

MOTA, J. E.; MOTA, M. C. Análise de estruturas de concreto pré-moldado de um pavimento submetidas à ação de sismo. In: ENCONTRO NACIONAL DE PESQUISA-PROJETO-PRODUÇÃO EM CONCRETO PRÉ-MOLDADO, 3., 2013, São Carlos (SP). *Anais*... São Carlos: EESC/USP, 2013. p. 1-12.

NAAMAN, A. E. *Prestressed concrete analysis and design*: fundamentals. New York: McGraw-Hill, 1982. 670 p.

NAAMAN, A. E. *Ferrocement and laminated cementitious composites*. 1st ed. Michigan: Techno Press, 2000. 372 p.

NEGRO, P.; BOURNAS, D. A.; MOLINA, F. J. Seismic testing of the SAFECAST three-storey precast building. In: WORLD CONFERENCE ON EARTHQUAKE ENGINEERING, 15., Lisboa, 2012. *Proceedings*... Lisboa: [s.n.], 2012. p. 1-10.

NEHDI, M. L.; MOHAMED, N.; SOLIMAN, A. M. Investigation of buried full-scale SFRC pipes under live loads. *Construction and Building Materials*, [S.l.], v. 102, p. 733-742, 2016.

NERVI, P. L. *Nuevas estructuras*. Barcelona: Gustavo Gili, 1963.

NEVES, A. S.; ROLO, P. B.; FIGUEIRAS, J. A. *O uso de vigotas pré-esforçadas com aços à vista*: Nota técnica. Porto: Universidade do Porto, 2000.

NIST - NATIONAL INSTITUTE OF STANDARDS AND TECHNOLOGY. *Best Practices for Reducing the Potential for Progressive Collapse in Buildings (NISTIR 7396)*. [S.l.: s.n.], 2007. 194 p.

NPCAA - NATIONAL PRECAST CONCRETE ASSOCIATION AUSTRALIA. *Precast concrete handbook*. [S.l.]: National Precast Concrete Association Australia; [S.l.]: Concrete Institute of Australia, 2002. Paginação irregular. Nota: existe versão mais recente, de 2009.

NUNES, V. C. P. *Estudo de cálice de fundação com ênfase nos esforços nas paredes transversais do colarinho*. 2009. 132 f. Dissertação (Mestrado em Engenharia de Estruturas) - Escola de Engenharia de São Carlos, Universidade de São Paulo, São Carlos, 2009.

OLIN, J.; HAKKARAINEN, T.; RÄMÄ, M. *Connections and joints between precast concrete units*. Espoo: VTT, 1985.

OSBORN, A. E. N.; HONG, S. Lessons learned from investigations of parking garage collapses. In: ANNUAL INTERNATIONAL fib SYMPOSIUM, 11, 2009, London. *Proceedings*... London: Papers, 2009. p. 1-8

PAJARI, M. *Resistance of prestressed hollow core slabs against web shear failure*. Espoo (Finland): VTT, 2005. 47 p. + apêndice. VTT Research Notes, 2292.

PALMER, K. D.; SHULTZ, A. E. Experimental investigation of the web-shear strength of deep hollow-core units. *PCI Journal*, Chicago, v. 56, n. 4, p. 83-104, 2011.

PARK, Y.; ABOLMAALI, A.; BEAKLEY, J.; ATTIOGBE, E. Thin-walled flexible concrete pipes with synthetic fibers and reduced traditional steel cage. *Engineering Structures*, [S.l.], v. 100, p. 731-741, 2015.

PASTORE, M. V. F. *Contribuição ao projeto de vigas delgadas de seção "L" de concreto pré-moldado*. 2015. 180 f. Dissertação (Mestrado em Engenharia de Estruturas) - Escola de Engenharia de São Carlos, Universidade de São Paulo, São Carlos, 2015.

PCI - PRESTRESSED CONCRETE INSTITUTE. *Precast prestressed concrete short span bridges*: spans to 100 feet. Chicago, 1975.

PCI - PRECAST/PRESTRESSED CONCRETE INSTITUTE. Erectors Committee. *Erection safety for precast and prestressed concrete*. [S.l.], 1985. 126 p. Nota: existe uma versão mais recente, de 2012.

PCI - PRECAST/PRESTRESSED CONCRETE INSTITUTE. PCI Committee on Precast, Prestressed Concrete Storage Tanks. Recommended practice for precast prestressed concrete circular storage tanks. *PCI Journal*, v. 32, n. 4, p. 80-125, 1987.

PCI - PRESTRESSED CONCRETE INSTITUTE. *Design and typical details of connections for precast and prestressed concrete*. 2.ed. Chicago, 1988.

PCI - PRECAST/PRESTRESSED CONCRETE INSTITUTE. *Architectural precast concrete*. 2. ed. Chicago, 1989.

PCI - PRECAST/PRESTRESSED CONCRETE INSTITUTE. *PCI design handbook*: precast and prestressed concrete. 4. ed. Chicago, 1992.

PCI - PRECAST/PRESTRESSED CONCRETE INSTITUTE. PCI Committee on Prestressed Concrete Piling. Recommended practice for design, manufacture and installation of prestressed concrete piling. *PCI Journal*, Chicago, v. 34, n. 3, p. 14-41, 1993.

PCI - PRECAST/PRESTRESSED CONCRETE INSTITUTE. PCI Committee on Prestressed Concrete Poles. Guide for the design of prestressed concrete poles. *PCI Journal*, Chicago, v. 42, n. 6, p. 94-134, 1997.

PCI - PRECAST/PRESTRESSED CONCRETE INSTITUTE. *Manual for quality control for plants and production of structural precast concrete products*. 4. ed. [S.l.], 1999a. Paginação irregular.

PCI - PRECAST/PRESTRESSED CONCRETE INSTITUTE. Erectors Committee. *Erector's manual*: standards and guidelines for the erection of precast concrete products. 2. ed. [S.l.], 1999b. 158 p.

PCI - PRECAST/PRESTRESSED CONCRETE INSTITUTE. PCI Committee on Prestressed Concrete Poles. Specification guide for prestressed concrete poles. *PCI Journal*, Chicago, v. 29, n. 5, p. 52-103, 1999c.

PCI - PRECAST/PRESTRESSED CONCRETE INSTITUTE. PCI COMMITTEE ON TOLERANCES. *Tolerances for precast and prestressed concrete construction*. [S.l.], 2000. 181 p.

PCI - PRECAST/PRESTRESSED CONCRETE INSTITUTE. PCI Committee on Prestressed Concrete Poles. User´s guide for handling, storage, and erection of prestressed concrete poles. *PCI Journal*, Chicago, v. 47, p. 14-19, 2002.

PCI – PRECAST/PRESTRESSED CONCRETE INSTITUTE. *Architectural precast concrete*. 3. ed. Chicago, 2007. 588 p.

PCI – PRECAST/PRESTRESSED CONCRETE INSTITUTE. PCI Connection Details Committee. *PCI Connections Manual for precast and prestressed concrete construction*. 1 ed. [S.l.]: Precast/Prestressed Concrete Institute, 2008. 1 v. Trata-se de uma terceira versão de publicação de PCI com detalhes de ligações, mas com outro título, o que explica a primeira edição desta.

PCI – PRECAST/PRESTRESSED CONCRETE INSTITUTE. *PCI design handbook*: precast and prestressed concrete. 7.ed. Chicago, 2010. Paginação irregular.

PCI – PRECAST/PRESTRESSED CONCRETE INSTITUTE. *Design for Fire Resistance of Precast and Prestressed Concrete*. 3. ed. Chicago, ILLINOIS, 2011a. 85 p.

PCI – PRECAST/PRESTRESSED CONCRETE INSTITUTE. Bridge Design Manual. 3. ed. Chicago, 2011b. 40 p.

PEREIRA, T. A. C.; EL DEBS, M. K. Análise de critérios de dimensionamento de vigas pré-moldadas de seção L. In: CONGRESSO BRASILEIRO DO CONCRETO, 50, 2008, Salvador. *Anais*... Salvador; Ibracon, 2008. p. 1-16.

PERRY, V. H.; SEIBERT, P. J. Fifteen years of UHPC construction experience in precast bridges in North America. In: RILEM-fib-AFGC INTERNATIONAL SYMPOSIUM ON ULTRA-HIGH PERFORMANCE FIBRE-REINFORCED CONCRETE, Marseille (France) 2013. *Proceedings*... Marseille (France): Rilem, 2013. p. 229-238.

PEYVANDI, A.; SOROUSHIAN, P.; JAHANGIRNEJAD, S. Structural design methodologies for concrete pipes with steel and synthetic fiber reinforcement. *ACI Structural Journal*, Detroit, v. 111, n. 1, p. 83, 2014.

PIERCE, R. R. Lining a chimney. *Concrete International*, v. 9, n. 11, p. 44-48, 1987.

PIMENTEL, M.; COSTA, P.; FÉLIX, C.; FIGUEIRAS, J. Behavior of reinforced concrete box culverts under high embankments. *Journal of structural engineering*, [S.l.], v. 135, n. 4, p. 366-375, 2009.

PRADO, L. P. *Ligações de montagem viga-pilar para estruturas de concreto pré-moldado*: estudo de caso. 2014. 234 f. Dissertação (Mestrado em Engenharia de Estruturas) – Escola de Engenharia de São Carlos, Universidade de São Paulo, São Carlos, 2014.

PRÉ-FABRICADOS viabiliza obras para olimpíadas 2016. *Industrializar em concreto*, n. 5, p. 10-15, 2015.

PRELORENTZOU, P. Efeito de sistema pré-fabricado no gerenciamento e nos custos de um empreendimento. In: SEMINÁRIO NACIONAL DE PRÉ-FABRICADOS EM CONCRETO, 2., 2004, São Paulo. *Palestras*... São Paulo: ABCIC; ABCP, 2004.

PRETTI, B. M. *Pontes em pórtico de pequenos vãos com superestrutura formada de elementos pré-moldados*: estudo de caso. São Carlos, 1995. Dissertação (Mestrado) – Escola de Engenharia de São Carlos, Universidade de São Paulo.

PRIOR, R.; PESSIKI, S.; SAUSE, R.; SLAUGHTER, S. van; ZYVERDEN, W. *Identification and preliminary assessment of existing precast concrete floor framing systems*. Bethlehem: Lehigh University, 1993. (ATLSS Report 93-07).

PROMYSLOV, V. (Ed.). *Design and erection of reinforced concrete structures*. Moscow: Mir, 1986.

QUEIROZ, P. C. O. *Avaliação do desempenho estrutural de barreiras de segurança de concreto armado para uso em rodovias*. 2016. 203 f. Tese (Doutorado em Engenharia de Estruturas) – Escola de Engenharia de São Carlos, Universidade de São Paulo, são Carlos, 2016.

RAMASWAMY, G. S. *Design and construction of concrete shell roof*. New York: McGraw-Hill, 1968.

RANDL, N. Design recommendations for interface shear transfer in fib Model Code 2010. *Structural Concrete*, Berlin, v. 14, n. 3, p. 230-241, 2013.

RAYMOND, R. E.; PRUSSACK, C. Design-construction of Glennaire Water Tank No.2. *PCI Journal*, v. 38, n. 1, p. 28-39, 1993.

REINHARDT, H. W.; STROBAND, J. Load deformation behaviour of the cutting dowel connection. In: LEWICKI, B.; ZARZYCHI, A. (Ed.). *Mechanical & insulating properties of joints of precast reinforced concrete elements* (Proc. Symp. RILEM-CEB-CIB, Athens, September 28-30, 1978). 1978. v. 1, p. 197-208.

REINHARDT, H. W.; BOUVY, J. J. B. J. J. (Ed.). *Demountable concrete structures*: a challenge for precast concrete (Proc. Int. Symp., Rotterdam, The Netherlands, May 30-31, 1985). Delft: Delft University Press, 1985.

REIS, M. C. J. *Análise não linear geométrica de pórticos planos considerando ligações semirrígidas elastoplásticas*. 2012. 118 f. Dissertação (Mestrado em Engenharia de Estruturas) – Escola de Engenharia de São Carlos, Universidade de São Paulo, São Carlos, 2012.

RESPLENDINO, J.; TOUTLEMONDE, F. The UHPFRC revolution in structural design and construction. In: RILEM-fib-AFGC INTERNATIONAL SYMPOSIUM ON ULTRA-HIGH PERFORMANCE FIBRE-REINFORCED CONCRETE, Marseille (France) 2013. *Proceedings*... Marseille (France): Rilem, 2013. p. 791-804.

REVATHI, P.; MENON, D. Estimation of critical buckling moments in slender reinforced concrete beams. *ACI Structural Journal*, Detroit, v. 103, n. 2, p. 296-303, 2006.

REVATHI, P.; MENON, D. Slenderness effects in reinforced concrete beams. *ACI Structural Journal*, Detroit, v. 104, n. 4, p. 412-419, 2007.

RIBAS, C.; CLADERA, A. Experimental study on shear strength of beam-and-block floors. *Engineering Structures*, [S.l.], v. 57, p. 428-442, 2013.

RICHARDSON, J. G. *Quality in precast concrete*: design, production, supervision. Harlow, UK: Scientific & Techical, 1991.

RILEM-CEB-CIB SYMPOSIUM MECHANICAL AND INSULATING PROPERTIES OF JOINTS OF PRECAST REINFORCED CONCRETE ELEMENTS, 1978, Atenas. *Proceedings*... Atenas:

Ministry for Culture and Sciences; National Technical University Athens, 1978.

RIZKALLA, S. Analytical and rational design of precast slender spandrel beams. In: DEPARTAMENTO DE ENGENHARIA DE ESTRUTURAS (SET/EESC/USP), 2013, São Carlos (SP). *Palestras*... São Carlos: SET/EESC/USP, 2013.

ROCHA, F. C. S. Obra: terminais rodoviários urbanos de integração do BRT de BH. *Industrializar em concreto*, São Paulo, n. 3, p. 14-19, 2014.

RODGERS Jr., T. E. Prestressed concrete poles: state-of-the-art. *PCI Journal*, Chicago, v. 29, n. 5, p. 52-103, 1984.

RONDE, M. H. M. G.; SCHIEBROEK, C. J. M. A new approach in silo design. *Bulk Solids Handling*, v. 6, n. 3, p. 529-534, 1986.

ROSIGNOLI, M. Modena viaducts for Milan-Naples high-speed railway in Italy. *PCI Journal*, Chicago, v. 57, n. 4, p. 50-61, 2012.

SACKS, R.; EASTMAN, C. M.; LEE, G.; ORNDORFF, D. A target benchmark of the impact of three-dimensional parametric modeling in precast construction. *PCI Journal*, Chicago, v. 50, n. 4, p. 126-139, 2005.

SAFARIAN, S. S.; HARRIS, E. C. *Design and construction of silos and bunkers*. New York: Van Nostrand Reinhold, 1985. 468 p.

SALAS SERRANO, J. *Construção industrializada*: pré-fabricação. São Paulo: IPT, 1988.

SANTOH, N.; KIMURA, H.; ENOMOTO, T.; KIUCHI, T.; KUZUBA, Y. Report on the use of CFCC in prestressed concrete bridges in Japan. In: NANNI, A.; DOLAN, C. W. (Ed.). *Fiber-reinforced-plastics reinforcement for concrete structures* (Int. Symp., Detroit, 1993). Detroit: ACI, 1993. (ACI SP-138). p. 895-912.

SANTOS, A. P. *Análise da continuidade em lajes alveolares*: estudo teórico e experimental. 2014. 370 f. Tese (Doutorado em Engenharia de Estruturas) – Escola de Engenharia de São Carlos, Universidade de São Paulo, São Carlos, 2014.

SANTOS, P. M. D.; JÚLIO, E. N. B. S. Interface Shear Transfer on Composite Concrete Members. *ACI Structural Journal*, Detroit, v. 111, n. 1, p. 113-122, 2014.

SANTOS, R. B. T. Boulevard Shopping. In: ENCONTRO NACIONAL DE PESQUISA-PROJETO-PRODUÇÃO EM CONCRETO PRÉ-MOLDADO, 2., 2009, São Carlos (SP). *Palestras*... São Carlos: EESC/USP, 2009.

SANTOS, S. P. *Ligações de estruturas prefabricadas de betão*. Lisboa: Laboratório Nacional de Engenharia Civil, 1985.

SAWASAKI, F. Y. *Estudo teórico-experimental de ligação viga-pilar com almofada de argamassa e chumbador para estruturas de concreto pré-moldado*. 2010. 188 f. Dissertação (Mestrado em Engenharia de Estruturas) – Escola de Engenharia de São Carlos, São Carlos, 2010.

SCANDIUZZI, L. Pré-moldados em barragens. In: COLÓQUIO SOBRE INDUSTRIALIZAÇÃO DAS CONSTRUÇÕES DE CONCRETO, 1987, São Paulo. *Anais*... São Paulo: Ibracon, 1987.

SCHIPPER, R.; JANSSEN, B. Manufacturing double-curved elements in precast concrete using a flexible mould -first experimental results. In: fib SYMPOSIUM, 1. Prague, 2011. *Proceedings*... Prague: Czech Concrete Society, 2011. p. 1-11.

SCHMIDT, M.; JEREBIC, D. UHPC: basis for sustainable structures: the Gaertnerplatz Bridge in Kassel. In: INTERNATIONAL SYMPOSIUM ON ULTRA HIGH PERFORMANCE CONCRETE, 2., 2008, Germany. *Proceedings*... Germany: Kassel University, 2008. p. 619-626.

SCHOLLER, A. J. (Ed.). *The sustainable concrete guide*: applications. 1. ed. Farmington Hill: U.S. Green Concrete Council, 2010a. 177 p.

SCHOLLER, A. J. (Ed.). *The sustainable concrete guide*: strategies and examples. 1. ed. Farmington Hill: U.S. Green Concrete Council, 2010b. 96 p.

SERUGA, A. S.; FAUSTMANN, D. H. Experimental investigation of precast concrete ribbed wall water tanks prestressed with external unbonded tendons. In: INTERNATIONAL fib CONGRESS, 3., 2010, Washington. *Proceedings*... Lausanne: The Precast/Prestressed Concrete Institute (PCI), 2010. p. 1-15.

SHEPPARD, D. A.; PHILLIPS, W. R. *Plant-cast precast and prestressed concrete*. New York: McGraw-Hill, 1989. 791 p.

SHINAGAWA, K.; IKEGAMI, K.; FUKAYAMA, K. Development of the prestressed concrete tower for large-scale wind energy system using precast segment method. In: fib CONGRESS, 1., 2002. *Proceedings*... Osaka: Japan Prestressed Concrete Engineering Association/Japan Concrete Institute, 2002. p. 233-238.

SHIRAI, K.; MATSUDA, K.; TANAKA, S. Durability of UFC Formwork left in-place and its application. In: INTERNATIONAL SYMPOSIUM ON UTILIZATION OF HIGH-STRENGH AND HIGH-PERFORMANCE CONCRETE, 8., Tokyo. *Proceedings*... Tokyo: [s.n.], 2008. p. 870-875.

SILVA, J. L. *Análise de tubos circulares de concreto armado para o ensaio de compressão diametral com base na teoria de confiabilidade*. 2011. 154 f. Tese (Doutorado em Engenharia de Estruturas) – Escola de Engenharia doe São Carlos, Universidade de São Paulo, 2011.

SILVA, K. C. *Estudo experimental de uma emenda de barra para concreto armado com tubo de aço e graute*. 2008. 102 f. Dissertação (Mestrado em Engenharia Estruturas) – Escola de Engenharia de São Carlos, Universidade de São Paulo, São Carlos, 2008.

SIQUEIRA, G. H. *Almofada de apoio de compósito de cimento para ligações em concreto pré-moldado*. 2007. 169 f. Dissertação (Mestrado em Engenharia de Estruturas) – Escola de Engenharia de São Carlos, Universidade de São Paulo, São Carlos, 2007.

SIQUEIRA, G. H.; EL DEBS, M. K. Cement-based bearing pads for precast concrete connections. *Construction Materials (Institution of Civil Engineers)*, [S.l.], v. 166, n. 5, p. 286-294, 2013.

SOARES, L. F. S. *Efeitos dependentes do tempo em vigas pré-moldadas compostas com lajes alveolares e vinculações semi-rígidas*. 2011. 179 f. Dissertação (Mestrado em Engenharia de Estruturas) – Escola de Engenharia de São Carlos, São Carlos, 2011.

SOUZA, P. R. A. *Desenvolvimento de painel pré-fabricado em alvenaria protendida*. 2008. 90 f. Dissertação (Mestrado em

Engenharia Civil) – Universidade Federal de São Carlos, São Carlos, 2008.

STANTON, J. F.; ROEDER, J. F.; MACKENZIE-HELNWEIN, P. *Rotation limits for elastomeric bearings*: final report (Project No. 12-68). Seattle: University of Washington, 2006. 84 p.

STRASKY, J. Precast stress ribbon pedestrian bridges in Czechoslovakia. *PCI Journal*, v. 32, n. 3, p. 52-73, 1987.

STRASKY, J. Recent development in design of stress ribbon bridges. In: INTERNATIONAL fib CONGRESS, 3., 2010, Washington. *Proceedings*... Lausanne: The Precast/Prestressed Concrete Institute (PCI), 2010. p. 1-15.

STRATFORD, T. J.; BURGOYNE, C. J.; TAYLOR, H. P. J. Stability design of long precast concrete beams. *Proc. Instn Civ. Engrs Structs & Bldgs*, [S.l.], v. 134, p. 159-168, 1999.

STUPRÉ – SOCIETY FOR STUDIES ON THE USE OF PRECAST CONCRETE. *Precast concrete connection details*. Dusseldorf: Beton-Verlag, 1978. 191 p.

TADROS, M. K. Past, present and future of precast prestressed concrete bridges in U. S. In: ENCONTRO NACIONAL DE PESQUISA-PROJETO-PRODUÇÃO EM CONCRETO PRÉ-MOLDADO, 1., 2005, São Carlos (SP). *Palestras*... São Carlos: EESC/USP, 2005.

TAN, G. E.; ONG, T. B.; ONG, C. Y.; CHOONG, K. K. Development and standardization of new precast concrete open spandrel arch bridge system. In: IABSE SYMPOSIUM, 37., 2014, Madrid. *Proceedings*... Madrid: IABSE Symposium Report, 2014. p. 799-806. Volume 102.

TAN, K. H.; ZHENG, L. X.; PARAMASIVAM, P. Design hollowcore slabs for continuity. *PCI Journal*, Chicago, v. 41, n. 1, p. 82-91, 1996.

TANAKA, Y.; MURAKOSHI, J. Reexamination of Dowel Behavior of Steel Bars Embedded in Concrete. *ACI Structural Journal*, Detroit, v. 108, n. 6, p. 659-668, 2011.

TAYABJI, S.; YE, D.; BUCH, N. Precast concrete pavements: technology overview and technical considerations. *PCI Journal*, Chicago, v. 58, n. 1, p. 112-128, 2013.

TEIXEIRA, P. W. G. N. *Estruturas espaciais de elementos pré-moldados delgados de concreto*. São Carlos, 1994. Dissertação (Mestrado) – Escola de Engenharia de São Carlos, Universidade de São Paulo.

TEIXEIRA, P. W. G. N.; GONÇALVES, F. D. R. Pontilhão rodoviário com sistema construtivo em arco pré-moldado. In: ENCONTRO NACIONAL DE PESQUISA-PROJETO-PRODUÇÃO EM CONCRETO PRÉ-MOLDADO, 2., 2005, São Carlos (SP). *Anais*... São Carlos: EESC/USP, 2005. p. 1-13.

TENA-COLUNGA, A.; CHINCHILLA-PORTILLO, K. L.; JUÁREZ -LUNA, G. Assessment of the diaphragm condition for floor systems used in urban buildings. *Engineering Structures*, [S.l.], v. 93, p. 70-84, 2015.

TESHIMA, K.; MATSUSHITA, H.; SHINWASHI, M.; FUKADA, K. Design and construction of the kobaru valley bridge by lowering method. In: fib CONGRESS, 1., 2002. *Proceedings*... Osaka: Japan Prestressed Concrete Engineering Association/Japan Concrete Institute, 2002. p. 591-598.

THEILER, W.; REICHT, O.; NGUYEN, V. T. Effect of the inaccuracy on the stress distribution in dry connections of modular constructions. In: fib SYMPOSIUM, 1., 2015, Copenhagen. *Proceedings*... Copenhagen: fib, 2015. p. 1-8.

THIAW, A.; CHARRON, J.-P.; MASSICOTTE, B. Precast Fiber -Reinforced Concrete Barriers with Integrated Sidewalk. *ACI Structural Journal*, Detroit, v. 113, n. 1, 2016.

TILT-UP CONCRETE ASSOCIATION. *The Construction of Tilt-Up*. 1. ed. Iowa, 2011. 219 p.

TOMAZONI, L. A. Obra: ampliação do Aeroporto Internacional de Brasília. *Industrializar em concreto*, n. 2, p. 14-19, 2014.

TOMO, F. C. *Critérios para projeto de edifícios com paredes portantes de concreto pré-moldado*. 2013. 117 f. Dissertação (Mestrado em Engenharia de Estruturas) – Escola de Engenharia de São Carlos, Universidade de São Paulo, São Carlos, 2013.

TUE, N. V. Precast elements made of UHPC: from research to application. In: ENCONTRO NACIONAL DE PESQUISA-PROJETO-PRODUÇÃO EM CONCRETO PRÉ-MOLDADO, 2., 2009, São Carlos (SP). *Palestras*... São Carlos: EESC/USP, 2009.

TUPAMAKI, O. Moving towards components system building (CSB). In: HOGESLAG, A. J.; VAMBERSKY, J. N. J. A.; WALRAVEN, J. C. (Ed.). *Automation and logistics in precast concrete* (Proc. Int. Symp. of Delft Precast Concrete Institute, Delft, The Netherlands, October 22-23, 1992.). Delft: Delft University Press, 1992. p. 67-80.

UNE-EN – ASOCIACIÓN ESPAÑOLA DE NORMALIZACIÓN Y CERTIFICACIÓN. *UNE EN 14844*: Products prefabricados de hormigón. España, 2007.

UNE-EN – ASOCIACIÓN ESPAÑOLA DE NORMALIZACIÓN Y CERTIFICACIÓN. *UNE-EN 1916*: Tubos y piezas complemenarias de hormigón em massa, hormigón armado y hormigón com fibra de acero. España, 2008.

VAMBERSKY, J. N. J. A. Mortar joints loaded in compression. In: HOGESLAG, A. J.; VAMBERSKY, J. N. J. A.; WALRAVEN, J. C. *Prefabrication of concrete structures* (Proc. Int. Seminar Delft, The Netherlands, October, 25-26, 1990). Delft: Delft University Press, 1990. p. 167-180.

VASCONCELOS, A. C. O desenvolvimento da pré-fabricação no Brasil. *Revista Politécnica*, n. 200, p. 44-60, 1988.

VASCONCELOS, A. C. *O concreto no Brasil*: pré-fabricação, monumentos, fundações. Vol. III. São Paulo: Studio Nobel, 2002. 350 p.

VENDRAMINI, J. A. A. Sede da Vivo (SP). In: ENCONTRO NACIONAL DE PESQUISA-PROJETO-PRODUÇÃO EM CONCRETO PRÉ-MOLDADO, 2., 2009, São Carlos (SP). *Palestras*... São Carlos: EESC/USP, 2009.

VERTICALIZAÇÃO em pré-fabricado de concreto. *Industrializar em concreto*, São Paulo, n. 1, p. 12-31, 2014.

VICENZINO, E.; CULHAM, G.; PERRY, V. H.; ZAKARIASEN, D.; CHOW, T. S. First use of UHPFRC in thin precast concrete roof shell for Canadian LRT station. *PCI Journal*, Chicago, v. 50, n. 5, p. 50-67, 2005.

VILAGUT, F. *Prefabricados de hormigón*. Barcelona: Gustavo Gili, 1975. v. 2.

VINJE, L. Behavior and design of plain elastomeric bearing pads in precast structures. *PCI Journal*, v. 30, n. 6, p. 120-146, 1985

WADDELL, J. J. *Precast concrete*: handling and erection. Detroit: ACI, 1974. (Monograph, 8).

WALRAVEN, J. C. Hidden corbels. *Betonwerk + Fertigteil-Technik* (Concrete Precasting Plant and Technology), v. 57, n. 4, p. 52-56, 1991.

WANDERS, S. P.; MADAY, M. A.; REDFIELD, C. M.; STRASKY, J. Wisconsin Avenue Viaduct: design- construction highlights. *PCI Journal*, v. 39, n. 5, p. 20-34, 1994.

WEISS, J. H.; ZAMECNIK, F.; MARTIN, L. D.; BERTOLINI, M. J. Design-construction of Connecticut Tennis Center. *PCI Journal*, v. 37, n. 1, p. 22-36, 1992.

YAMADA, M.; SUMI, A.; KIMURA, H.; MIYAUTCHI, Y. The development of a new lap splice with headed anchor by gas pressure welding for precast beams. In: fib CONGRESS, 1., 2002. *Proceedings*... Osaka: Japan Prestressed Concrete Engineering Association/Japan Concrete Institute, 2002. p. 151-156.

YAMANE, T.; TADROS, M. K.; ARUMUGASAAMY, P. Short to medium span precast prestressed concrete bridges in Japan. *PCI Journal*, Chicago, v. 39, n. 2, p. 74-100, 1994.

YOUSEFPOUR, H.; HELWIG, T. A.; BAYRAK, O. Construction stresses in the world's first precast concrete network arch bridge. *PCI Journal*, Chicago, v. 60, n. 5, p. 30-47, 2015.

ZENHA, R. M.; MITTIDIERI FILHO, C. V.; AMATO, F. B.; VITRORINO, A. *Catálogo de processos e sistemas construtivos para habitação*. São Paulo: Instituto de Pesquisas Tecnológicas, 1998. 167 p.

ZHENQIANG, L.; ARGUELLO-CARASCO, X. Construction of the precast prestressed folded plates structures in Honduras. *PCI Journal*, v. 36, n.1, p. 46-61, 1991.

ZUREICK, A. H.; KAHN, L. F.; WILL, K. M.; KALKAN, I.; HURFF, J.; LEE, J. H. *Stability of precast prestressed concrete bridge girders considering sweep and thermal effects*: final report. Georgia: Georgia Institute of Technology, 2009. 115 p. GTRC Project No. E-20-860; GDOT Project No. 05-15, Task Order No. 02-21.

ÍNDICE REMISSIVO

A

AAM *Ver* almofada de argamassa modificada
AASHTO – American Association of State Highway and Transportation Officials 279, 352, 359, 360
ABC – Accelerated Bridge Construction (programa) 43, 275, 286
ABCI – Associação Brasileira da Construção Industrializada (extinta) 19, 21, 27, 225, 226, 230, 239, 240, 249, 270
Abcic – Associação Brasileira da Construção Industrializada de Concreto 30, 47, 62
ABCP – Associação Brasileira de Cimento Portland 30
Abece – Associação Brasileira de Engenharia e Consultoria Estrutural 194
abertura
    de fissuras *Ver* fissura
    entre os banzos 77, 237, 238, 242, 243, 244, 250
abóbada 299, 307, 316, 317
absorção
    de água 96, 356
    de energia 360
ABTC – Associação Brasileira de Tubos de Concreto 343, 349
acabamento superficial 60, 62, 336
ação
    acidental 194, 196, 197, 382
    anormal 194, 195, 196
    carregamento cíclico 389, 391, 392, 396
    cíclica 177
    de balanço 197
    de curta duração 98, 382
    de diafragma 83, 200, 215, 216, 240, 245, 254, 338
    de longa duração 98, 141, 383
    de membrana 197
    de sismo, sísmica 83, 108, 194, 200, 215, 216
    dinâmica 63, 97, 98, 101, 197, 331, 359, 361
    do vento 101, 156, 231
    excepcional 195
    lateral (= horizontal) 38, 39, 86, 87, 102, 204, 208, 213, 215, 216, 245, 248, 249, 251, 252, 255, 365, 366, 382, 394, 403
    mecânica 95
    permanente 81, 89, 98, 112, 197, 369, 380
    repetição de ações 118
    repetitiva 177
aceleração do endurecimento 55
ACI 318 120, 126, 128, 131, 183, 339, 379, 380
ACI 543R-12 354
ACI – American Concrete Institute 120, 126, 128, 131, 183, 219, 231, 339, 354, 379, 380
acidente 101, 194, 195, 197, 208
aço
    CA-50 120, 369, 372, 397, 409
    de alta resistência 87, 408
    de relaxação baixa (RB) 408, 410
    de relaxação normal (RN) 408, 410
    escoamento do 115, 116, 120, 138, 168, 403
    inoxidável 32, 37
    perfil de 32, 111
ações
    combinação de *Ver* combinação de ações
acomodação da ancoragem *Ver* ancoragem, acomodação da
ACPA – American Concrete Pipe Association 343, 347
adaptações de componentes 75
adensamento
    com vibradores de agulha 55
    com vibradores de fôrma 55
    por centrifugação 55, 56
    por prensagem 55, 344
    por vibração 55, 63, 344, 353, 355
    vibrolaminação 55
aderência 52, 54, 57, 97, 100, 108, 111, 135, 176, 177, 179, 238, 337, 338, 408, 412, 417
aderência entre o concreto e a fôrma 57
adesão 111, 118, 159, 176, 177, 187, 189
aditivos 37, 56, 386
aduelas 68, 150, 264, 276, 278, 288, 289, 290, 293, 294, 297, 318, 319, 343, 350, 407
Aeroporto Internacional de Brasília 249, 250
aeroporto Madrid-Barajas 28
Aeroporto Metropolitano de Detroit 318
aglomerado cimentício 32, 33, 35
agregado
    exposto 30, 308
    graúdo 180

leve 37, 142, 386
águas pluviais 72, 74, 232, 269, 350
alças de içamento 58, 59, 100, 101, 213
almofada
de argamassa modificada (AAM) 142, 385, 386, 387, 388, 389, 390, 391, 392, 394
de elastômero 110, 171, 381, 382, 385, 388, 389, 394
fator de forma 382, 383, 389
alternativas construtivas 29, 41, 278, 294, 296, 300, 314, 322
altura mínima 128, 217
alvenaria de enchimento 86
alvéolos preenchidos 337
análise de consistência 90
análise estrutural
bidimensional 90, 113
linear 206, 214, 329
numérica 339, 352
simplificada 103
tridimensional 90
analogia de grelha 201
ancoragem (da armadura)
acomodação da 410
de barras 119, 120, 121
detalhe da 119, 129, 334, 341, 410
dos tirantes 115, 129, 132, 197, 199
mecânica 54, 119, 121, 122
por meio de laços 119
anel 272, 307, 308, 309, 311, 316, 317, 344, 345
aparelho de apoio
cintado 141, 381
apoio
de elastômero *Ver* almofada de elastômero
elástico 137, 211, 212, 213, 351, 358
externo 329, 330
lateral 156
região de 124
vertical 156
ar comprimido 57, 63
arco (sistema estrutural) 26, 39, 40, 45, 84, 197, 269, 271, 288, 289, 298
Arema- American Railway Engineering and Maintenance Association 358, 359
Arena Corinthians 22, 24
arenas esportivas 24
argamassa
armada 32, 33, 34, 35, 262, 302, 303, 307, 314, 322
de assentamento 111, 140
de enchimento 86, 111, 146, 157, 159, 162, 165, 167, 177, 178, 228, 229, 230, 327, 328, 330, 332, 334, 372
seca 143, 144, 146, 167
armação treliçada, laje-treliça 228, 230, 328, 331, 332, 333, 334
armadura
adicional 116, 124, 132, 134, 196, 199, 215, 228, 301, 330, 334
ancoragem da *Ver* ancoragem (da armadura)
arranjo da 113, 123, 127, 129, 132, 355, 370
ativa 32, 87, 228, 338, 339, 408, 409, 410, 411, 412, 414, 415, 416, 417
concentração de 117, 118, 130
congestionamento da 117
de cintamento 113, 114, 135
de costura 126, 129, 132, 166, 188, 189
de distribuição 330, 338
deficiência de ancoragem da 112, 130
de protensão 54, 95, 307, 414
de suspensão 111, 131, 132, 161, 370, 372
detalhamento da 115, 120, 124, 165, 199, 216, 330, 332, 341, 372, 375, 377, 417
distribuição da 116, 186
do tirante 125, 126, 127, 128, 129, 130, 132, 370, 371
especial 132, 328
esquema da 126, 147, 161, 370, 372, 375. *Ver também* armadura, arranjo da
estribos 82, 113, 125, 129, 135, 137, 169, 188, 370, 371, 372
externa rígida 78, 79
horizontal 128, 129, 161, 163, 166, 374, 375, 376, 377
longitudinal 82, 104, 132, 137, 148, 164, 165, 178, 179, 218, 330, 332, 338, 355
mínima 82, 129, 165, 166, 178, 184, 186, 189, 371, 417
montagem da 49, 50, 54, 84, 132
na interface 186, 333
não metálica 35. *Ver também* FRP (*fiber reinforced polymer*)
negativa 173, 329, 330, 331, 332, 339, 397, 400
passiva 32, 91, 338, 408, 416, 417
posição da 81, 95, 96, 116, 354
posicionamento da 62, 96, 332
principal 54, 108, 118, 125, 126, 128, 129, 131, 132, 146, 160, 167, 313, 357, 358, 375, 376, 377
relaxação da 408, 410, 411
resistente à corrosão 35
saliente 108, 146, 286, 299, 327, 334, 361
secundária 126, 129, 375
taxa de 177, 331, 332
taxa geométrica de 187
transversal 37, 82, 116, 119, 122, 129, 164, 165, 169, 178, 183, 189, 332, 336, 337, 339, 354, 355, 417
treliçada *Ver* armação treliçada, laje-treliça
vertical 128, 136, 161, 162, 165, 166, 360, 370, 371, 374, 375, 377
armazenamento 37, 49, 50, 54, 60, 61, 62, 63, 83, 84, 90, 101, 118, 281, 291, 294, 316, 317, 336, 352, 358, 359, 360, 388, 415
arqueamento do solo 295, 351
arquibancadas 90, 313, 314
arranjo dos elementos 83
articulação *Ver* ligação articulada
AS 1597.2 350
Asce – American Society of Civil Engineers 352, 356
ASCE Standards 7-05 194
asfalto 170, 171
aspectos
construtivos 38, 282
desfavoráveis 293
estruturais 38
Assap – Association of Manufacturers of Prestressed Hollow Core Floors assentamento (de tubos) 335, 337, 340, 341
ASTM C176-15 344
ASTM C825-06 359
ASTM C935-13 356
ASTM C1577-15 350

ASTM C1786-14 350
atrito 111, 115, 116, 117, 126, 128, 137, 139, 144, 157, 158, 159, 176, 177, 185, 187, 188, 344, 372, 374, 375, 376, 383, 410
de Coulomb 116, 144, 176, 383
auditórios 261
autogrua (guindaste sobre plataforma móvel) *Ver* **gruas e guindantes**
automação 52, 84
automatização 45, 54, 405

B

bacharelado em Ciências e Tecnologia (UFRN, Natal/RN) 19, 22
bainha 108, 121, 146, 147, 408, 410
metálica 121
balancins 59
balanços 76, 125, 150, 210, 213, 241, 266, 268, 276, 278, 314, 338
sucessivos 150, 266, 276, 278
banzo tracionado 214, 215, 216
barra transversal soldada 119, 120, 129, 370, 372
barreirabarreira (= barreira rodoviária) 217, 283, 359, 360, 361
barreira (= barreira rodoviária) 217, 218, 321, 322, 353, 359, 360, 361
Bella Sky Comwell Hotel 41
benefício indireto 41, 194
BIBM – Bureau International du Béton Manufacturé 47
biela de compressão 125, 128, 130, 158
BIM – Building Information Modeling 42, 45, 63, 90, 118
bloco
de ancoragem 120
de compressão 128, 379, 397, 398
de enchimento 177, 178
parcialmente carregado 113, 115, 120, 135, 142
sobre estacas 161
vazado 228, 327
boletins da fib
boletim 19 76
boletim 29 280, 281, 282, 284
boletim 43 88, 107, 113, 114, 117, 138, 139, 140, 141, 158, 168, 182, 198, 207, 208, 216, 219, 329, 383
boletim 60 322
boletim 63 194, 195, 196, 197, 198, 199
boletim 78 (manual da fib) 83
Boulevard Shopping 19, 22
box culverts *Ver* **galeria de seção retangular 350**
braço de alavanca 186, 211, 212, 215
braços mecânicos 59
brise-soleil **35, 235**
Brodie, J., arquiteto John Brodie 44
BR-Parking 403
bueiro *Ver* **galeria**

C

CAA_m *Ver* **classe de agressividade ambiental**
CAA *Ver* **concreto autoadensável**
cabo de protensão 92, 150, 409, 410
não aderentes 108
cabos de aço 68, 100, 261, 272, 273, 289
Caic – Centros de Atenção Integral à Criança e ao Adolescente (anteriormente conhecidos pela sigla Ciac) 19
cálculo estrutural 39, 224
cálice (= cálice de fundação)
colarinho do 160
comprimento de embutimento 158, 162, 165, 166, 373, 375, 376, 377
embutido 161, 164
parede longitudinal 374
parede transversal frontal (= parede frontal) 159, 160, 161, 163, 164, 374
parede transversal posterior (= parede posterior) 158, 159, 161, 162, 163, 164, 374
semiembutido 162, 164
caminho das forças 83, 111
caminhos de rolamento 92
campo de aplicação 18, 329
canal 24, 302, 303, 304, 305
da Mancha 24
de drenagem 275, 300, 303, 304
canalização de córregos 300, 350
canteiro de obras 17, 43
capacidade
de deformação 171, 386, 388, 390
de redistribuição 38, 112, 199
de rotação 142, 331, 385, 397
do chumbador 138, 139
resistente 76, 115, 132, 134, 138, 139, 144, 379, 380
capa de concreto 188, 214, 215, 226, 228, 254, 282, 330, 331, 336, 398, 400
capitel 252
características
desfavoráveis 35, 297
favoráveis 38, 51, 62, 72, 76, 142, 146, 275, 296, 334, 359
reológicas 175
carga por eixo 64, 65
carrinho de rolamento 60, 61
casca
cilíndrica 263, 264, 265
com curvatura dupla 265
com curvatura simples 263
cônica 263, 264, 265
conoides 266
hiperboloide de revolução 265, 318, 319
paraboloides elípticos 266, 267
paraboloides hiperbólicos 34, 266, 267, 269
Catedral da Sé 33, 35
Cazaly Hanger 135, 136, 137
CEB – Comité Euro-International du Béton 46
centro
de cisalhamento 218
de gravidade 69, 131, 172
de massa 212
elástico 214
centroide da seção 77
Cerib – Centre d'Études et de Recherches de l'Industrie du Béton (França) 165
CEUs – Centros Educacionais Unificados 19
chapa 54, 119, 120, 142, 146, 147, 148, 166, 167, 168, 169, 170, 200, 201, 213, 381, 400
de aço (= chapa metálica) 54, 108, 115, 140, 141, 148, 151, 166, 340, 381, 400

de aço (= chapa metálica) 381
de base 146, 148, 166, 167, 168, 169, 170
chave de cisalhamento 157, 180, 338, 340, 377
choque de veículos 195, 217, 218, 361
chumbador
grauteado 139, 140, 403, 405
inclinado 139, 401, 405
perpendicular 139, 140, 400, 401, 402, 403
sujeito a força transversal 138
chumbadores
sujeito a força transversal 125, 137
CIEPs - Centros Integrados de Educação Pública 19
cimbramento 26, 28, 38, 39, 40, 68, 76, 86, 101, 173, 175, 182, 255, 264, 266, 275, 317, 330, 331, 332, 333
cimento
de alta resistência inicial (ARI) 386
Portland 386
cinta metálica 136, 137, 407
cisalhamento na interface (= cisalhamento pela interface) 174, 176, 177, 178, 181, 182, 183, 184, 185, 186, 329, 333, 334, 339, 417
classe de agressividade ambiental (CAA_m) 412
classe de tubos (de concreto) 349
cobertura 19, 37, 63, 76, 89, 150, 199, 225, 232, 237, 238, 239, 240, 242, 245, 250, 261, 262, 264, 265, 266, 267, 268, 269, 271, 272, 273, 307, 313, 314, 315, 316, 336, 350, 352
metálica 76, 199
cobrimento (= cobrimento da armadura)
mínimo 95, 96, 119, 121, 412
nominal 96, 370, 372
coeficiente
de ação dinâmica (= coeficiente dinâmico) 97, 100, 331, 415
de equivalência (tubos de concreto) 346, 347, 348
de rendimento mecânico 77
redutor 102, 103, 104, 138, 186
γ_z 103, 104, 105, 365, 367, 368, 369, 399, 400, 401
coeficientes relacionados com a segurança
coeficiente de ajustamento 82, 112, 127, 372
coeficiente de ponderação 25, 81, 82, 98, 100, 127, 197, 331, 366, 380, 399
coeficiente de ponderação das ações 399
coeficiente de ponderação dos materiais 82
coeficiente de ponderação para no peso próprio 81, 82
coeficiente de ponderação para o peso próprio 81
coeficiente de redução da resistência 100, 116, 380
coeficiente de segurança 79, 98, 100, 114, 144, 209, 210, 211, 213, 348
coeficientes de combinações das ações 366
coeficientes de minoração 81, 197, 400
coeficientes parciais 81
colaboração
completa 181
parcial 175
colapso
da estrutura 193, 194
progressivo 83, 193, 194, 195, 196, 197, 199, 208, 213, 216, 334, 338, 341
colarinho 145, 159, 160, 161, 162, 163, 164, 165, 166, 235, 372, 374, 375, 376, 377. *Ver também* cálice, colarinho do
Comissão 6 (da fib) 46, 107, 219
comportamento
da estrutura (= comportamento estrutural) 79, 83, 84, 90, 107, 110, 261, 262, 263, 278, 295, 303, 328, 358, 394
de caixa 245, 257
de chumbadores *Ver* chumbadores, comportamento de
de membrana 263, 265
elástico linear 76, 79, 209
elastoplástico 144, 205
noção do 84, 125, 292
semirrígido 103, 148, 200, 201, 204, 207, 208, 214, 359, 399
tridimensional 199
trilinear 139, 403
compósitos cimentícios 37
comprimento
de ancoragem 120
de apoio 122, 123, 128, 340
mínimo 93, 94, 136, 158, 340, 363, 364, 365, 374, 376
mínimo do apoio 94, 363
mínimo do consolo 93, 94, 364, 365
nominal 122, 124
nominal da viga 93, 94, 363, 364, 365
comunidade europeia 81, 107, 199, 328, 336, 354, 356, 359
concentração
de pressões *Ver* pressões, concentração de
de tensões *Ver* tensão, concentração de
concepção 38, 39, 71, 72, 73, 83, 86, 288
concreto
aparente 98
armado (CA) 31, 32, 33, 34, 35, 44, 57, 87, 90, 96, 104, 107, 111, 112, 113, 119, 123, 162, 168, 189, 200, 224, 225, 228, 230, 261, 262, 278, 292, 293, 306, 307, 313, 322, 327, 328, 336, 343, 349, 353, 355, 356, 360, 363, 364, 407
arquitetônico 30, 46, 93, 156, 230, 235, 299, 318, 322, 323
autoadensável (CAA) 36, 50, 55, 77, 117, 268, 278
celular 37, 56, 322
centrifugado 354, 357
com fibras 33, 34, 110, 322, 405
da capa 182, 188, 190, 340, 398
de alta resistência 35, 278
de altíssimo desempenho (*ultra-high performance concrete*, UHPC) 37
de alto desempenho (= concreto de elevado desempenho) 35, 36, 122, 393, 403, 404, 405
de elevadas resistências 87
de granulometria fina 35, 110
esmagamento do 126, 127, 128, 138, 161, 352
leve (= argamassa leve = aglomerado de baixa densidade) 37, 278
pré-fabricado 22, 25, 62, 369
projetado 261, 307
protendido com aderência inicial (CPAI) 54, 337, 338, 408
protendido (CP) 32, 42, 44, 46, 51, 54, 57, 76, 82, 83, 87, 88, 96, 97, 104, 124, 175, 176, 210, 212, 213, 224, 225, 226, 227, 228, 230, 278, 284, 287, 303, 307, 313, 327, 328, 333, 336, 337, 338, 339, 353, 354, 355, 356, 358, 403, 407, 408, 409
qualidade do 55, 95
rolado 321
translúcido 31
vibrado 50, 53, 55, 165
condições de acesso 40, 42, 65, 275, 291, 302

condutos enterrados (tubos de concreto) 292, 344, 346
conectores
mecânicos 121
metálicos 108, 111, 113, 146, 147, 148, 149, 150, 215, 228, 255, 282, 286
configuração das chaves 157, 158
configuração estrutural 355
conformação por encaixes 108
Connecticut Tennis Center 314, 315
conoides *Ver* casca, conoides
consolo
metálico 134, 135, 152, 254
muito curto 126, 128, 161
construção
civil 17, 18, 26, 27, 28, 31, 32, 44, 275
escolar 19, 34
habitacional (= edifício habitacional = edifício residencial) 27, 29, 43, 196, 248, 313, 322, 330
rural 313, 323
consumo
de cimento 18, 37
de concreto pré-moldado 18
de energia 43, 52
de materiais 18, 32, 38, 42, 53, 76, 77, 78, 79, 242
contato direto 111, 125, 140, 141, 391, 392
continuidade 38, 82, 83, 150, 173, 194, 195, 197, 216, 284, 285, 329, 332, 338, 339, 393, 396, 397, 398, 399, 401, 403, 417
estrutural 82, 150, 284, 285
contraflecha *Ver* flecha, contraflecha
contraventamento
núcleos de 249, 255
painel de 249
paredes de 86, 200, 255
provisório 68
sistema de 86, 213, 230, 248, 249, 254, 255
controle
da execução (= controle na execução) 81, 297
de qualidade 17, 25, 29, 43, 45, 62, 63, 81, 96, 107, 144, 333, 334, 339, 349
dimensional 25, 42, 62
tecnológico 62
coordenação modular 74, 75
Copa do Mundo Fifa 24, 314
cordoalha (de protensão) 36, 52, 58, 96, 100, 337, 338, 339, 409, 412, 414
corpo de prova 81, 96, 100, 119, 144, 386, 391, 392
corrosão (da armadura) 35, 56, 95, 357
COST C1 (programa) 199
CPAI *Ver* concreto protendido com aderência inicial
CPCI - Canadian Precast/Prestressed Concrete Institute 47, 65
critérios
de aceitação 349
específicos 165
cunhas de madeira 145, 165
cúpula 266, 267
cura
com película impermeabilizante 56
com vapor 56
por aspersão 56, 63
por imersão 56
curvas
momentos fletores × rotação 396
tensão × deformação 35, 36
curvatura
dupla *Ver* casca com curvatura dupla
simples *Ver* casca com curvatura simples
custo
da armadura 78
da estrutura 38, 78, 254
da execução 78
de manutenção 41, 52, 284
direto 79
Cyted (programa) 322

D

dano localizado 193, 194, 196, 198
de embutimento *Ver* cálice, comprimento de embutimento
de flambagem (= força crítica de flambagem) *Ver* flambagem, força de
de flambagem *Ver* flambagem, comprimento de
deformação
axial 139
da fundação 86, 104, 105, 344, 368, 369, 402
das ligações 80, 112, 201, 368
de compressão 381, 382
do apoio (= deslocamento do apoio) 213
excessiva 42, 126
inicial 365
delaminação 190
demolição 76
dente
de concreto (= dente Gerber) 111, 118, 125, 127, 130, 131, 132, 133, 135, 172, 218, 363, 369
metálico 125, 134
desaprumo 86, 356, 365, 366, 367, 368
desativação da construção 41
deslizamento 141, 174, 175, 176, 177, 179, 205, 381, 383
deslocamento
do apoio (= deformação) 111
horizontal 110, 141, 200, 203, 382
progressivo 276
desmoldagem 37, 50, 52, 56, 57, 58, 60, 61, 83, 84, 90, 97, 100, 101, 118, 208, 279, 344, 390, 415
desmoldante 49, 57, 97, 159
desmontabilidade 43, 76
desvios
da geometria 80
de linearidade 99, 210
detalhes construtivos 83
diafragma (ação de diafragma)
comportamento como 154
rígido 214, 216
diagonais de compressão 196
diâmetro
da cordoalha 96
máximo do agregado 32, 188
dilatação térmica 119
dimensão
básica 74, 91
da construção 74

de projeto 94
dos elementos 52, 62, 74, 95, 252
mínima 223
dimensionamento
das ligações *Ver* ligações, dimensionamento das
do apoio 381
dos elementos 80, 369
estrutural 25, 82, 83, 90
dinâmica das estruturas 97
diretrizes 26, 71, 117, 334, 337, 349, 359, 407
gerais 71, 407
disposição construtiva 136
dispositivo
auxiliar 69
de içamento 57, 59, 97, 100, 354
mecânico 180
metálico 111, 117, 119, 156, 170, 358, 359, 361
distância nominal 94
distribuição
das pressões 159, 343, 344, 345, 348
dos momentos fletores *Ver* momentos fletores, distribuição dos
normal 92
transversal 278, 280, 281, 282, 283, 295, 299, 329, 330, 339
DNIT – Departamento Nacional de Infraestrutura de Transportes 359
documentação 62, 90
dormente
bibloco 358
monobloco 358
DOT – Department of Transportation (Estados Unidos) 37
ductilidade 34, 35, 100, 112, 119, 122, 129, 139, 144, 194, 195, 352, 397
durabilidade 25, 31, 35, 37, 43, 95, 112, 113, 141, 142, 302, 314, 319, 322, 352, 358, 412

E

edifício
comercial 18, 19, 248, 292, 293, 330
de escritório 43, 248
de estacionamento 217, 218
de múltiplos pavimentos 19, 69, 101, 104, 150, 213, 219, 237, 247, 248, 249, 250, 253, 261, 322, 369, 393, 394, 403
de pequena altura 20, 86, 248, 249, 250
de um pavimento 19, 20, 237, 238, 243, 247, 250
escolar 19, 34, 43, 248
escolar (= escola) 22
habitacional (= edifício residencial) 196, 248, 330
hospitalar (= hospital) 18, 248
industrial (= obra industrial) 18, 75, 248, 313, 321
para estacionamentos de veículos 20
Ronan Point 194
EESC – Escola de Engenharia de São Carlos 142, 203
EF-96 328, 329, 330, 331, 332, 333, 334
efeito
ao longo do tempo 89, 339
dependente do tempo 175, 176, 284, 330, 332, 339, 401, 403, 405, 417
de pino 114, 137, 177, 188
de primeira ordem 365
de segunda ordem 86, 102, 103, 104, 367, 368, 369
dinâmico 314
favorável 79, 207
P – Δ 105
eficiência estrutural 282
eixo de rotação 212
eixos principais de inércia 218, 313
elaboração do projeto *Ver* projeto, elaboração do
elastômero 110, 111, 141, 169, 170, 171, 206, 207, 213, 284, 381, 382, 383, 385, 388, 389, 394
policloropreno 110, 141
elemento
composto 30, 37, 175, 176, 189, 226, 241, 251
composto de trechos de eixo reto 241, 251
de contraventamento 214, 256
de enchimento (= bloco de enchimento) 177, 178, 228, 229, 327, 328, 332
delgado de concreto 32, 34, 37
em forma de L 84, 241
em forma de U 241, 251
execução do 25, 49, 118
fictício 204
finito *Ver* método dos elementos finitos
fletido 35, 87, 110, 124, 140, 141, 181, 182, 381, 385, 408
HP 269
linear 270
metálico 68, 76, 86, 108, 111, 119, 135, 136, 207, 237, 240, 336
misto 32, 76, 77, 78
não estrutural 145, 156
peso do 29, 30, 37, 53, 63, 64, 76, 77, 83, 95, 241, 242, 257, 291, 331
pilar-laje 252
posicionamento do 63
pré-fabricado 25, 44, 62, 81, 96
pré-moldado de seção parcial 30, 76, 283, 284, 295
pré-moldado leve 30
tipo barra 144, 145, 200
tipo folha 145, 152, 153, 200, 201
tipos de 25, 57, 60, 71, 74, 82, 90, 92, 96, 135, 188, 216, 223, 229, 233, 251, 252, 255, 269
tridimensional 247, 257, 258, 259
elevado (viaduto) (= ponte) 23, 26, 35, 44, 45, 142, 171, 212, 213, 275, 276, 278, 279, 280, 282, 283, 284, 285, 286, 287, 288, 289, 350
ELS *Ver* estado-limite de serviço
ELU *Ver* estado-limite último
emenda
com solda 121
da armadura 111, 147, 148, 149
das barras 112, 146, 147, 148, 150, 199, 341
EN 1168 336, 339, 340
EN 1317 359
EN 1916 *Ver* UNE-EN 1916
EN 1990 81, 197
EN 1991-1-7 197, 218
EN 1992-1-1 47, 96, 120, 122, 126, 185, 213, 339
EN 12794 354
EN 12843 356
EN 13369 25, 47, 81, 96
EN 14844 *Ver* UNE-EN 14844

EN 15037-1 328, 329, 334
EN 15037-2 328
Encantos do Bosque 257
encontro (de ponte) 286
energia da deformação 195
engaste 135, 209
engrenamento dos agregados (aggregate interlock) 176, 187
ensaio
de colisão 360
de compressão diametral 343, 346, 347, 348, 349, 351, 352
de fotoelasticidade 113
de protótipos 117
dinâmico 360
estático 358, 360
não destrutivo 45
padronizado 90, 334, 346, 349, 356
equilíbrio de corpo rígido 99, 100
equipamento
de montagem 42, 65, 66, 67, 73, 84, 119, 235, 242, 275, 291, 302. *Ver também* gruas e guindastes
de transporte 30, 60
erros de construção 195
escada 233, 305
escoamento do aço *Ver* aço, escoamento do
escora rosqueada 68
esforços
localizados 113, 114, 117, 218, 278
principais 214
redistribuição dos 38, 112, 194, 195, 196, 199, 332
esmagamento do concreto *Ver* concreto, esmagamento do
espaçamento
de escoras 334
máximo 88, 189, 370
máximo da armadura 189
mínimo 372
mínimo da armadura 82
espaço mínimo para montagem *Ver* montagem, espaço mínimo para
especificação dos tubos (de concreto) 347
espessura
da capa 188, 189, 398
mínima 121, 165, 189, 329, 330, 340, 374, 383
esquema
construtivo 239, 241, 249, 252, 253, 257, 294, 302
estático 79, 82, 83, 127, 233, 339
estabilidade
global 71, 86, 102, 103, 111, 208, 247, 363, 366, 369, 401, 403, 405
lateral 80, 97, 99, 149, 193, 208, 209, 210, 211, 213, 218
volumétrica 31, 52
estabilização 83, 87, 88, 171, 240, 249, 251, 254, 255, 257, 304, 305, 407
estaca 37, 93, 354, 355
estaca-prancha 37, 304, 306, 307, 353
estações de metrô 319
estádios 22, 24, 90, 181, 313, 314, 315
estádios de comportamento
estádio I 181
estádio II 181
estádio III 181
estado da arte 76
estado-limite
de abertura de fissuras 97
de deformações excessivas 78, 87, 89, 97, 330
de formação de fissuras 97
de serviço (ELS) 341, 413, 416
de serviço por vibrações excessivas 341
último (ELU) 90, 97, 98, 111, 112, 115, 175, 181, 183, 197, 287, 329, 332, 338, 344, 349, 379, 402, 408, 409, 415, 416
Estaleiro Enseada do Paraguaçu 242
estética 45, 91, 152, 239, 248, 261, 283, 284, 287, 298, 299, 308, 394
estribos (verticais) *Ver* armadura, estribos 370
estrutura
de aço 200, 202
de arrimo *Ver* muros de arrimo
de contraventamento 86, 153, 216, 230
de esqueleto 19, 20, 21, 22, 87, 198, 204, 255, 256, 257, 259
de suporte 268, 269, 313, 314, 321
metálica 44, 108, 134, 199, 237, 238, 289, 321, 322
mista 76, 152, 199
mista aço-concreto 199
principal 18, 39, 86, 145, 150, 156, 197, 231, 232, 233, 248, 271, 272, 275, 314
provisória 276
secundária 261, 271
suspensa 272
etapas construtivas 90
Eurocódigo 2 47, 96, 120, 122, 126, 185, 186, 187, 188, 213
Eurocódigo 3 202
Europarco Business Park 250
Eurotúnel 24
excentricidade
inicial 127, 212, 213
lateral 211
execução do elemento *Ver* elemento, execução do
explosão 193, 194, 195, 196
extrusão 51, 53, 59, 69, 180, 186, 227, 336, 353

F

Fábrica de Escolas do Amanhã Governador Leonel Brizola 19, 22
fachada 30, 33, 194, 216, 217, 230, 235, 247, 248, 256, 257, 259, 313
fadiga 34, 350
Faec – Fábrica de Equipamentos Comunitários 19, 34
faixa de vãos 227, 228, 268, 278, 281, 282, 289, 297, 298
faixas finitas 201, 278
fator de restrição 208
fechamento 18, 19, 20, 25, 26, 28, 31, 37, 49, 66, 171, 198, 216, 217, 230, 231, 232, 235, 242, 244, 271, 356
***ferrocemento* 262**
FGV – Fundação Getulio Vargas 29
fib – International Federation for Structural Concrete 30, 33, 35, 36, 46, 47, 62, 75, 76, 81, 83, 88, 89, 90, 107, 113, 114, 117, 124, 126, 138, 139, 140, 141, 158, 168, 177, 180, 181, 182, 186, 187, 189, 191, 194, 195, 196, 197, 198, 199, 207, 208, 213, 216, 218, 219, 223, 224, 225, 226, 229, 237, 239, 240, 249, 280, 281, 282, 284, 318, 322, 329, 339, 383

fibras curtas
fibras de aço 32, 352, 393, 403, 405
fibras de PVA (álcool de polivinila) 386
fibras fibriladas (= fibras de polipropileno) 32, 387, 389
taxa volumétrica de 37, 386, 392
fibras longas 35. ***Ver também*** **FRP**
fibras de aramida (AFRP) (armadura não metálica) 35
fibras de carbono (CFRP) (armadura não metálica) 35
fibras de vidro (*glass-fiber-reinforced polymer*, GFRP) (armadura não metálica) 35, 357
fibras poliméricas 34
FIP – Fédération Internationale de la Précontrainte 20, 46, 47, 177, 178, 179, 180, 182, 183, 184, 185, 186, 187, 188, 189, 190, 191, 215, 216, 235, 240, 245, 256, 315, 330, 340, 341
fissura
abertura de 87, 97, 129, 330, 413
fissuração diagonal 126
fissuração longitudinal 340
fissuração prematura 57
microfissuração 56
panorama da fissuração 159, 160, 163, 416
potencial 115, 116, 132
principal 130
superficial 62
fixação provisória (= fixação temporária) 68, 145, 412
fixadores 111, 219, 358
flambagem
comprimento de 105, 368
força de (= força crítica de flambagem) 105, 209, 210, 369
flecha
contraflecha 269, 332, 338, 339
limitação de 78
flexão
composta oblíqua 165
oblíqua 218
flexibilidade do conduto 295
fluência (do concreto) 62, 88, 101, 104, 113, 170, 339, 410, 411
folga 39, 71, 90, 93, 94, 95, 363, 364, 365, 397
folha poliédrica 263, 268, 270, 271
força
concentrada 358, 391
cortante 78, 137, 165, 181, 183, 186, 188, 189, 205, 228, 333, 339, 344, 345, 352, 415, 416
cortante, resistência à *Ver* resistência à força cortante
de atrito 116, 158, 159
de coação 171
de compressão 125, 185, 388, 416, 417
de contato 115
de protensão, liberação da *Ver* protensão, liberação da força de
de protensão *Ver* protensão, força de
de ruptura 114
de tração 111, 116, 126, 165, 168, 171, 185, 196, 198, 214, 215, 417
distribuída em linha 329
horizontal 355
lateral (= força horizontal) 207
localizada 262
normal 104, 116, 141, 152, 157, 158, 159, 161, 162, 164, 165, 167, 200, 204, 206, 208, 210, 263, 284, 344, 345, 354, 367, 372, 382, 401, 416
transversal 125, 137, 138
vertical 124, 126, 127, 134, 203, 366, 369, 370, 371
forma
básica 110, 238, 239, 241, 242, 245, 248, 249, 250, 251, 252, 253, 254, 256, 261, 263, 264, 271, 275, 276, 292, 293, 305, 314, 319, 323, 347
da seção transversal 38, 76, 225, 297, 313, 414
de execução 84, 261, 319, 336, 344
de ruína 112, 126
de ruptura 101, 130
do elemento 51, 76, 77, 78, 84, 97, 226
fôrma
deslizante 51, 53, 59, 69, 186, 227, 336
estacionária (execução com) 50, 336
estruturada 408, 409, 410
incorporada 37
inflável 261
móvel (carrossel) (execução com) 50, 51, 52, 54, 57
perdida 34, 53, 278
recuperável 53, 278
tipo bateria 56, 387
fragilidade 35, 37
Freyssinet, E. 407
FRP – ***fiber reinforced polymer Ver também*** **armadura não metálica**
funcionalidade 76, 239, 248, 269, 287, 343
fundação 19, 20, 27, 44, 65, 68, 83, 85, 86, 91, 92, 101, 102, 103, 104, 105, 117, 145, 146, 147, 150, 152, 153, 154, 157, 160, 161, 164, 165, 166, 167, 168, 169, 170, 216, 235, 238, 241, 245, 248, 249, 251, 254, 269, 286, 318, 321, 344, 363, 365, 366, 368, 369, 372, 374, 375, 377, 402
direta 145
pilar × pilar 145, 147, 148, 385

G

gabaritos de transporte 29, 40, 42, 63, 85, 292, 294
galeria
celular 350, 351
de seção transversal aberta 292, 297, 299, 300, 301
de seção transversal fechada 292, 296, 297
técnica 350
galpão (= edifício de um pavimento) 19, 43, 44, 63, 72, 75, 76, 104, 150, 208, 223, 224, 225, 226, 232, 237, 238, 239, 240, 241, 242, 244, 245, 248, 250, 251, 261, 271, 322, 323, 366, 393, 404
garantia da qualidade 62, 81
ginásio (=ginásio de esportes) 268, 270, 272
gradientes térmicos 56
grampos (= estribos horizontais) 68, 370, 372, 375
graute 68, 110, 118, 119, 120, 121, 122, 134, 138, 139, 140, 141, 143, 144, 145, 146, 147, 162, 165, 167, 168, 169, 170, 171, 176, 190, 199, 215, 337, 338, 340, 361, 385, 394, 395, 397, 398, 399, 403, 405
GRC – ***glass reinforced cement/concrete*** **33, 34, 35, 230**
Great Belt Tunnel 24, 319
grelhas 200, 202
gruas e guindastes
autogrua (guindaste sobre plataforma móvel) 65, 66, 67
derrick (guindaste *derrick*) 65
grua de pórtico (guindaste de pórtico) 65, 66, 67
grua de torre (guindaste de torre) 66, 67

guindaste acoplado a caminhão 67
guarda-corpo 283

H

Habitat 67 259
hiperboloide de revolução *Ver* casca
hospital (= edifício hospitalar) 18, 248
hotel 41

I

içamento 26, 57, 58, 59, 69, 90, 97, 98, 99, 100, 101, 111, 210, 211, 213, 219, 270, 336, 354, 415
IETcc – Instituto Eduardo Torroja de la Construcción y del Cemento 25
Igreja do Jubileu 31, 262
iluminação zenital 72
imagens digitais 180
imperfeições
construtivas 211
iniciais 209, 211
impermeabilização 72
incertezas geométricas 81
indicação
de vãos 240
empírica 354
normativa 91, 196, 337
prática 340
índices
de pré-fabricação 28
de tenacidade 388
industrialização da construção 22, 25, 26, 28, 29, 41, 43, 71, 75, 257
infraestrutura 18, 22, 24, 43, 275, 278, 284, 286, 291
injeção das bainhas 408
inserto metálico 136, 137
inspeção 50, 62, 355, 389
instabilidade lateral 90, 169, 172, 218. *Ver também* estabilidade lateral
instalação
de águas pluviais 72, 74, 232, 269, 350
de ar condicionado 72
elétrica 72
em aterro (tubos de concreto) 344, 347
em vala (tubos de concreto) 292, 344, 346, 347, 348, 351, 352
hidráulicas 72, 313, 321
sanitária 72
integridade estrutural 194, 195, 213
interação solo × estrutura 292
interface
lisa 128, 377
rugosa 375, 376, 377
tratamento da 190
umedecimento da 190
investimento 43, 52, 63
isolamento térmico 43, 72, 230

J

Jackson, P. H. 407
junta
conjugada 150
de argamassa 125, 141, 142, 143, 144, 145, 207, 385, 392
de dilatação 88
no tabuleiro 284

K

Khobar Towers 194
Koncz, T. 25, 47

L

laços 59, 119, 120, 121, 122, 124, 129, 132, 146, 147
laje
bidirecional 328, 334
-cogumelo (= pavimento sem vigas) 162, 194, 247, 252, 253, 254
contígua 329
de cobertura 350, 352
de fundo 308, 350
de pontes 35
do tabuleiro 284
macia 383
unidirecional 328, 334
largura
da alma 132, 136, 217, 284
da interface 181, 183, 185, 186
de apoio 93
efetiva do apoio 122
látex 142, 386, 387, 388, 392
Le Saint Jude Residence 41
ligação
articulada (= articulação) 38, 83, 102, 107, 146, 150, 199, 202, 203, 204, 205, 209, 248, 340, 365, 385, 393, 394, 399, 400
de alinhamento 156
definitiva 37, 49, 79, 83, 97
deformabilidade da 200
deformação da 199, 200, 204, 205, 206, 208, 368, 397
deformável 368
desempenho da 392
detalhamento da 49, 118
dimensionamento da 111, 167
ductilidade da 112, 122, 397
dura 108
laje × laje 150, 152, 153, 154, 155, 199
laje × parede 122, 152, 153, 155
macia 108
modelagem da 79
parede × fundação 152, 153, 154
parede × parede 152, 153, 154, 156, 385
pilar × fundação 145, 146, 147, 150, 157, 166, 167
pilar × pilar 145, 147, 148, 385
projeto da 404
provisória 65, 83, 101
rígida 38, 39, 107, 150, 199, 202, 203, 204, 238, 284, 302
rigidez da 103, 202, 203, 204, 205, 208, 369, 398, 399, 400, 401, 404, 405
seca 108
semirrígida 45, 108, 205, 208, 393, 399, 400, 405
sensibilidade da 112
tipos de 80, 107, 108, 111, 117, 150, 152, 153, 157, 207, 208
úmida 108
viga × pilar 103, 104, 140, 145, 148, 149, 150, 152, 169, 170, 171, 172, 202, 203, 204, 206, 248, 365, 366, 393, 394, 400

viga principal × viga secundária 145, 150, 151
viga × viga 145, 148, 150, 151
Lima, J. F., arquiteto João Figueiras Lima (Lelé) 32
limite
de deformação 381
de esbeltez 213
de tensão 131, 381
linha neutra 182
Loov Hanger 135, 137

M

macacos hidráulicos 57, 347
malha de projeto 74, 75
manual
da fib (= boletim 74 da fib) 75, 216, 223, 225, 229, 237, 239, 249
de projeto de pontes (do PCI) 275, 380, 383
do PCI 29, 62, 90, 92, 97, 98, 100, 101, 112, 117, 120, 126, 129, 134, 135, 141, 183, 184, 214, 216, 224, 226, 227, 336, 337, 338, 339, 340, 341, 379, 380, 383
manuseio 38, 52, 54, 57, 58, 59, 60, 68, 69, 84, 85, 90, 98, 100, 118, 146, 166, 208, 241, 248, 305, 328, 330, 344, 347, 351, 354, 355, 356
manutenção 31, 41, 43, 52, 72, 107, 195, 282, 284
mão de obra 17, 35, 37, 42, 43, 44, 52, 55, 63
mastique 170, 171
material
de alto desempenho 110
de amortecimento 108
de enchimento 165, 167, 230, 328, 330, 334
MC-10 – código-modelo da fib de 2010 33, 35, 47, 81, 90, 114, 126, 177, 180, 186, 187, 188, 189, 191, 194, 213, 218, 339
MC -CEB/90 – código-modelo do CEB-FIP de 1990 328
MCFT – *modified compression field theory* 339
mecanismos
de transferência 177, 198
resistentes 126, 405, 416
mecanização 26, 45, 63, 84, 242
Mercado de Sidi-Bel-Abbes 266
mesa
de protensão *Ver* protensão, mesa de
de tombamento 57
inferior 210, 217, 218, 279, 282, 337
superior 228, 279, 282, 337
método
da amplificação dos momentos 104
de ensaio 334, 346
dos componentes 206, 207
dos elementos finitos 113, 201, 206, 209, 214, 278, 346, 351, 403
numérico 113, 201, 208, 209, 213, 346
metrô de São Paulo 319
metrôs e similares 313, 319
modelagem 79, 201, 203, 204, 206, 209, 352, 392, 405
da ligação *Ver* ligação, modelagem da
modelo
contínuo 202
de atrito-cisalhamento 115, 116, 117, 126, 128, 137, 139, 177, 185, 188
de biela e tirante (= modelo de treliça = modelo de escora e tirante = *strut-and-tie model*) 114, 115, 117, 125, 126, 127, 128, 129, 164, 216
de transferência 113, 161
discreto 202
físico 117
matemático 206
mecânico 206
numérico 164, 206, 352
módulo
de elasticidade longitudinal 209
de elasticidade transversal 209, 213, 382, 383
módulo (coordenação modular) 74
moldagem 25, 36, 37, 40, 45, 49, 50, 53, 57, 58, 62, 63, 77, 84, 142, 145, 219, 238, 241, 297, 303, 305, 308, 328, 336, 340, 344, 364, 372, 387, 390, 391
momento
de fissuração 98, 212
de inércia 104, 105, 181, 202, 209, 212, 329, 366, 414, 415, 417
de primeira ordem 103, 105, 367
de torção 80, 88, 89, 108, 127, 170, 171, 172, 200, 218
estático 181, 190
momentos fletores
distribuição dos 38, 39, 269, 284, 344
redistribuição dos 332
monitoramento 282
monolitismo 30, 40
monotrilho 66
montagem
da armadura *Ver* armadura, montagem da
de painéis de laje 68, 102
de painéis de parede 68
de pilares 68
de vigas e arcos 68
espaço mínimo para 94, 365
plano de 65
segurança de 65
movimentação dos elementos 60, 83
movimentos horizontais 142, 385
muro
de ala 286, 291, 293, 304
de testa 293, 299, 301
muros de arrimo
crib-wall ou fogueira 305
muro de gravidade 305
muro de terra armada 306
muros de gravidade 304, 305
muros em L 304

N

não linearidade
física 79, 102, 104, 105, 205, 208, 209, 399, 401, 405
geométrica 102, 208, 367, 369, 401, 405
Nervi, P. L., engenheiro Pier Luigi Nervi 261
nervura de enrijecimento 168
nichos preenchidos 283
Nist – National Institute of Standards and Technology (Estados Unidos) 193, 194
noção do comportamento *Ver* comportamento, noção do
nomenclatura 93, 94, 103, 119, 137, 167, 185, 204, 238, 337, 350, 369, 374, 379, 381, 414
norma britânica 194

Normas Brasileiras
NBR 6118 32, 78, 96, 100, 103, 104, 128, 185, 213, 328, 369, 370, 408, 409, 411, 412, 413, 414, 415, 416, 417
NBR 7482 408
NBR 7483 408
NBR 8451 355, 356
NBR 8681 81, 82, 98, 195
NBR 8890 344, 348, 349, 352
NBR 9062 25, 29, 47, 56, 57, 62, 63, 65, 81, 82, 89, 90, 91, 93, 94, 96, 97, 98, 100, 103, 104, 112, 126, 127, 128, 129, 130, 131, 132, 140, 141, 158, 165, 166, 185, 208, 213, 219, 328, 336, 339, 341, 363, 367, 369, 375, 382, 383
NBR 14859 328
NBR 14861 336, 338, 339, 340
NBR 14885 359
NBR 15200 218
NBR 15319 347
NBR 15396 350
NBR 15421 83
NBR 15486 359
NBR 15522 328, 334
NBR 16258 354, 355
NBR 16475 219, 231
NPCAA - National Precast Concrete Association of Australia 29, 47, 295
NPCA - National Precast Concrete Association (Estados Unidos) 47
núcleo central 77, 158
núcleos de contraventamento *Ver* contraventamento, núcleos de 249

O

obra
civil 18, 22, 24, 68
hidráulica 313
industrial (= edifício industrial) 313, 321
marítima 321
Olimpíadas de 2016 314, 315
organização
das fábricas 63
dos trabalhos 63
otimização
estrutural 78, 239

P

padronização 45, 74, 75, 117, 185, 223, 224, 275, 291, 356, 377
painel
alveolar 19, 338
arquitetônico 93
de contraventamento *Ver* contraventamento, painel de
de fachada 247, 257
de fechamento 28, 37, 66, 231, 232, 235
maciço 230, 278
nervurado 93, 229, 230, 322
portante 86, 193, 197, 198, 199, 255
-sanduíche 93, 230, 231, 322
T 217
TT (= painel de seção TT = painel pi) 96, 215, 218, 226, 227, 245, 383, 407
U 19
vazado 230
Painel dos Projetistas *Ver* PPP, Painel dos Projetistas
Palacete de Esportes de Roma 266, 267
Palácio
de Esportes de Roma 262
de Exposição de Turim 262
paraboloides
elípticos *Ver* casca, paraboloides elípticos
hiperbólicos *Ver* casca, paraboloides hiperbólicos
parafusos 45, 68, 108, 109, 111, 147, 148, 151, 170, 219
de nivelamento 68
parâmetro
α 103
de restrição 204
m 76, 78, 87
parede
corta-som 321, 322
de contraventamento *Ver* contraventamento, paredes de
dupla 230, 231
estrutural 303, 304, 305
externa 255
portante 20, 21, 44, 69, 194, 200, 230, 238, 242, 244, 245, 247, 248, 257, 258, 259
passagens inferiores 24, 291, 294, 295
passarela 37, 39, 40, 289, 290, 322
pasta 32
pavimento
sem vigas (= laje-cogumelo) 247, 252, 253
slim-floor 76, 77
PCI - Precast/Prestressed Concrete Institute (Estados Unidos) 20, 21, 22, 24, 29, 30, 31, 46, 47, 62, 65, 90, 91, 92, 93, 97, 98, 99, 100, 101, 107, 112, 116, 117, 120, 121, 126, 129, 132, 134, 135, 136, 137, 141, 156, 167, 170, 183, 184, 185, 187, 188, 189, 204, 214, 216, 219, 224, 226, 227, 230, 275, 278, 279, 280, 284, 286, 307, 336, 337, 338, 339, 340, 341, 354, 355, 356, 379, 380, 383
perfil de aço *Ver* aço, perfil de
perturbação ao meio ambiente 43
peso
do elemento *Ver* elemento, peso do
específico 37, 76, 77
próprio 76, 81, 82, 97, 98, 156, 167, 172, 176, 182, 211, 212, 231, 347, 351, 356, 414, 415, 416
pilar
seção transversal do 39, 146, 158, 167, 223, 224, 372
pipe rack 321
pista
de concretagem 50, 51, 52, 227
de protensão *Ver* protensão, pista de
placas ascendentes (*lift-slab*) 252, 253
planejamento
da construção 42, 72
da produção 60
planilhas eletrônicas 414
plano de montagem *Ver* montagem, plano de
planta
poligonal 316
retangular 85, 232, 267, 271, 273, 308, 309, 310
poliestireno expandido (EPS) 53
poliuretano expandido 53

ponte
em arco 45, 289
em pórtico 284, 285
flutuante 321
pequenos vãos 85, 226, 278, 292, 297
rolante 61, 142
pórtico
de sustentação 305
rolante 61, 63, 66
posição deformada 99, 102, 197, 206, 397, 399
posicionamento do elemento *Ver* elemento, posicionamento do
postes 35, 54, 55, 82, 353, 355, 356, 357, 358
pós-tração (protensão) *Ver* protensão, pós-tração
PPP – Encontro Nacional de Pesquisa-Projeto-Produção em Concreto Pré-Moldado
1PPP 36, 43, 46, 328
2PPP 19, 22, 26, 37, 46, 219, 276, 281, 328
3PPP 22, 46, 83, 250, 328, 403
Painel dos Projetistas 19, 22, 281, 403
práticas
construtivas 332
impróprias 195
precisão dimensional 45, 52, 65
pré-dimensionamento *Ver* dimensionamento
preenchimento de junta 143
pré-fabricação 25, 28, 75, 88
pré-laje 173, 228, 229, 278
pré-moldado
arquitetônico 30
de canteiro 29, 63
de fábrica 29, 49
de seção completa 30
de seção parcial 30, 76, 283, 284, 295
segmento 54, 86, 144, 239, 288, 292, 296, 319
prensador transversal 59, 60
pré-pilar 173
pressões
concentração de 344, 348
do solo 302, 343, 344, 352
horizontais 158, 159, 162, 163, 164, 295, 351
localizadas 295
PRESSS – Precast Seismic Structural System 45
pré-tração (protensão) *Ver* protensão, pré-tração
prevenção 63, 196, 199
pré-viga 173
princípios gerais 71, 111, 181
procedimento
de Marston-Spangler 346
de projeto *Ver* projeto, procedimento de
processo de execução 50, 51, 54, 228, 252, 295, 313
produção especializada 45, 343, 355
produtividade 17, 25, 27, 29, 43, 51, 52, 53, 55, 63, 65, 118, 119
produto
de catálogo 25, 26, 29, 336
produtos
pré-moldados 25, 96
profundidade mínima 157
projeto
concepção do 71
da ligação *Ver* ligação, projeto da
de menor custo 78
de menor peso 78, 88, 247
elaboração de 39, 45, 72, 223
elaboração do 39, 42, 49, 52, 72, 76, 341
estrutural (= projeto das estruturas) 38, 39, 49, 71, 83, 88, 90, 107, 193
indicações para o 71, 125, 146, 164, 219, 284, 328
método direto 196, 197
método indireto 196
procedimento de 346
recomendações para o 71, 126, 219, 338, 401
resistência de *Ver* resistência de projeto
propagação do dano 194
proposta construtiva 295, 296, 297, 299, 300, 301, 303, 304, 305
protensão
circunferencial 24, 307, 308, 309, 316
comprimento de transferência 338, 412
força de 50, 54, 57, 62, 83, 97, 113, 124, 176, 197, 210, 337, 338, 339, 340, 408, 410, 411, 412, 413, 414, 415, 416, 417
liberação da força de 50, 337, 338, 339
mesa de 54
perda de 410
perdas imediatas de 410
perdas progressivas de 411
pista de 42, 50, 54, 358, 408, 409, 410
pós-tração 54, 86, 268, 287, 288, 317, 358, 408, 410
pré-alongamento 415, 416
pré-tração 49, 51, 54, 87, 88, 124, 230, 240, 248, 255, 268, 287, 358, 407, 408
protótipo 152, 169, 394, 395, 396, 397, 403, 404
prumo 145, 146, 147, 148, 167
punção
resistência à 218
ruína por 194
superfície de controle 114

Q

qualidade do concreto *Ver* concreto, qualidade do

R

racionalização 26, 45, 46, 53, 54, 63, 74, 278
raio de dobramento 119, 124, 129
rapidez da construção 38, 43, 275
reação
de apoio 80, 124, 171, 416
vertical 125, 127, 131
recomendações
construtivas 188
de execução 331
específicas 29, 82, 178, 188, 199, 228, 347
para o projeto *Ver* projeto, recomendações para o
técnicas 219
redistribuição
dos momentos fletores *Ver* momentos fletores, redistribuição dos
redistribuição
dos esforços *Ver* esforços, redistribuição dos
redução
de desperdícios 42, 43
de materiais 77, 263, 303

de resistência 108, 116, 143, 189, 380
do peso 37, 77, 296
redução

de consumo 18, 146
redundância 194, 195
reforço para manuseio 60, 258
região de apoio *Ver* apoio, região de 124
relação
agregado/cimento 386, 392
água/cimento 95, 96, 190, 386, 392
vão/altura 227, 336
vão da laje/altura da seção transversal 336
relaxação da armadura *Ver* armadura, relaxação da
rendimento mecânico 77, 87, 278, 279, 339
repetição de ações *Ver* ações, repetição de
reservatório 24, 26, 39, 40, 63, 307, 308, 309
elevado 26, 311
resistência
à compressão 35, 37, 57, 62, 115, 120, 121, 138, 144, 380, 386, 387, 388, 392, 398, 403
à flambagem 134
à força cortante 82, 116, 124, 185, 186, 330, 332, 333, 334, 337, 338, 339, 341, 416, 417
ao cisalhamento 144, 177, 178, 179, 181, 182, 183, 185, 215
a sismos 45
à tração 37, 111, 112, 114, 177, 185, 186, 187, 212, 228, 340
característica 35, 98, 119, 144, 177, 355, 398, 409
da solda 333
de cálculo 114, 138, 140, 161, 168, 183, 185, 397, 398, 399
de projeto 57, 60, 83, 97, 136, 190
do concreto 57, 60, 62, 77, 81, 87, 90, 95, 97, 98, 100, 119, 120, 123, 128, 134, 144, 177, 183, 185, 186, 187, 188, 338, 340, 372, 407, 415
dos materiais 38, 81, 195, 197, 360, 370, 400
elétrica 56
em situações de incêndio 31
mínima 87, 96, 409
perda de 56, 57
responsabilidade 29, 91, 110, 112, 185, 196, 215, 322, 334, 336, 349
restrição
ao movimento 80
de rotação 89
resultados experimentais 90, 121, 131, 132, 135, 139, 144, 159, 162, 163, 164, 178, 183, 189, 206, 212, 330, 331, 340, 341, 351, 352, 381, 387, 392, 397, 400, 402
retração (do concreto)
autógena 63
diferenciada 189, 190, 191
revestimento de túnel *Ver* túnel, revestimento de
rigidez
à flexão 42, 103, 104, 105, 202
à torção 90, 209, 211, 212, 213, 278, 280, 329
da almofada 388, 389, 390, 392, 397
da fundação 105
lateral 90, 99, 208, 209, 211, 212, 213
robôs (= robótica) 63
robustez 194
rotação
de apoio 99
de escoamento 397
nos apoios 391
plástica 331, 397
restrição à 80, 208
rótula plástica 138, 139
RPC – *reactive powder concrete* 37
rugosidade da superfície (= rugosidade superficial) 177, 180, 186, 187, 333
média 180, 181, 187
ruína
tipos básicos de 126
ruptura
força de 114
formas de 101
frágil 82, 112, 189
localizada 101, 126

S

sacadas 76, 235
Safecast (programa) 46
sapata 164, 235, 286
seção
composta 104, 174, 175, 178, 180, 181, 183, 186, 190, 227, 283, 333, 336, 405
estrangulamento da 142, 146
parcial (elementos pré-moldados de seção parcial) 30, 76, 78, 173, 283, 284, 295, 321, 417
resistente 29, 30, 76, 82, 162, 165, 173, 175, 215, 255, 278, 282, 283, 295, 328, 329, 338, 339, 355, 417
seções transversais
altura da seção transversal 39, 76, 81, 144, 237, 239, 299, 336, 340
seção alveolar 227, 228, 278
seção caixão 53, 93, 278, 279, 282
seção I 26, 42, 44, 55, 76, 124, 173, 202, 213, 218, 225, 262, 275, 279, 280, 281, 283, 306, 355, 357, 359
seção L 89, 132, 133, 193, 216, 217, 218
seção monocaixão 280, 287
seção retangular 158, 202, 209, 210, 213, 225, 226, 228, 278, 288, 293, 294, 295, 300, 301, 302, 303, 327, 343, 350, 352, 379
seção T 77, 78, 93, 132, 178, 185, 218, 228, 229, 254, 279, 280, 281, 282, 308, 327, 328
seção T invertido 78, 228, 254, 280, 281, 282, 327, 328
seção trapezoidal 37, 278, 280, 281, 300, 303, 304, 305
seção TT 52, 53, 65, 74, 93, 226, 227, 230, 232
seção U 74, 280, 281
seção U invertido 281
variação da seção transversal 284
segmento pré-moldado *Ver* pré-moldado, segmento
segurança
do trabalho 65
verificação da 97, 208, 209, 210, 211, 218, 333
segurança estrutural
coeficiente de ajustamento 82, 112, 127, 372
coeficiente de minoração da resistência 81, 197
coeficiente de nponderação para o peso próprio 81, 82
coeficiente de ponderação 81, 82, 98, 100, 127, 197, 331, 366, 380

coeficiente de ponderação das ações 82, 98, 127, 197, 331
coeficiente de ponderação dos materiais 82
coeficiente de redução da resistência 100
coeficientes de combinações das ações 366
coeficientes parciais 81
coeficientes parciais de segurança 81
introdução da segurança 81, 116, 380
níveis de segurança 76, 81
segurança contra sismos 42
segurança na fase de montagem 65, 333
sensibilidade da ligação *Ver* ligação, sensibilidade da
sequência construtiva 182, 299
silo
horizontal 316
vertical 316, 317, 318
simulação numérica 360, 399, 400
síndrome dos três Ds 17, 43
sismos *Ver* ação de sismo, sísmica
sistema
de ancoragem 410
de contraventamento *Ver* contraventamento, sistema de
de esqueleto 223, 226, 227, 244, 245, 247, 248, 256, 259, 322
de esqueleto (= sistema estrutural de esqueleto) 22, 242
de estabilização 87, 88
de grampos 68
de içamento 90
de instalações 254
de paredes 230
de pavimento 193, 200, 214, 216
estrutural 19, 22, 38, 39, 86, 103, 175, 194, 219, 239, 240, 241, 244, 245, 247, 248, 249, 250, 251, 253, 257, 259, 268, 273, 278, 284, 288, 372
estrutural misto 22
sistema (construtivo)
Censa 254
de pavimentos Dycore 255
IMS 253
lambda 241, 251
Laumer 317
Mathière 295
Schiebroek 317
situação
definitiva 37, 97, 165, 167, 168, 213, 314, 333, 354, 355, 409, 415
de incêndio 142, 218, 334, 340
específica 52, 71
transitória 171, 213, 333
sobrecarga de construção 331
***software* 349, 367, 403**
solda (soldagem)
de campo 54, 119, 146, 148
resistência da *Ver* resistência da solda
***Spandrel beams* (= *Ledger beams* = vigas-suporte peitoril = *L-shaped edge beams*) 216**
Stupré – Society for Studies on the Use of Precast Concrete 107, 117, 144
Suncoast Dome 273
superelevação da pista (de rolamento) 99, 212
superestrutura de pontes 279, 280, 281
superfície
desenvolvível 263
intencionalmente rugosa 180, 184
lisa 180, 390
naturalmente rugosa 180
superposição da tolerância *Ver* tolerância, superposição da
susceptibilidade 83, 118, 146
suspensão 90, 111, 131, 132, 135, 136, 161, 208, 211, 218, 370, 372
sustentabilidade 18, 43, 45, 53, 79
Sydney Opera House 25, 262

T

tabuleiro rebaixado (de pontes) 287, 289, 290
técnica da dobradura 268
tela
de metal expandido 32, 180
soldada 352
telha 269
temperatura
variação de 60, 80, 93, 94, 170, 209
variação uniforme de 364
tempo da construção 84
tensão
admissível 76, 77, 114, 141, 144
concentração de 110, 385
convencional 114
de cisalhamento 140, 181, 182, 184, 185, 186, 188, 381, 382
de compressão 113, 114, 127, 131, 139, 140, 141, 144, 168, 186, 381, 382
de contato 136, 140
de fendilhamento 113
de referência 114, 128, 131, 188
de tração 114, 340
-limite 122, 414
normal 141, 176, 177, 188, 200, 413, 415, 416, 417
principal 113, 125, 416
solicitante 182, 183, 185, 186, 187, 188
última 135, 186, 187
teoria
da elasticidade 113
de atrito de Coulomb 116, 144, 176
de membrana 263
técnica de flexão 113, 125, 164, 214
terças 96, 150, 232, 233, 240, 271
terminais rodoviários
e ferroviários 18
urbanos de integração do BRT-BH 19, 23
terra armada *Ver* muros de arrimo de terra armada
teste de laboratório 120
***tilt-up* 29, 44, 63, 219, 256**
tipo construtivo 272, 289, 290, 294, 297, 298, 314, 331
tipos de
elemento *Ver* elemento, tipos de
ligação *Ver* ligação, tipos de
tirante 85, 114, 115, 116, 117, 125, 126, 127, 128, 129, 130, 131, 132, 161, 164, 216, 218, 238, 241, 269, 370, 371
tolerância
superposição da 94
tolerância *Ver também* folga
de fabricação 94, 364
de locação 93, 364

de verticalidade 93, 364
global 94, 364
superposição da 94
tombamento 56, 57, 99, 103, 104, 105, 108, 169, 172, 365, 366, 367, 368
torção
de compatibilidade 88, 89
momento de *Ver* momento de torção
necessária ao equilíbrio 88
rigidez à *Ver* rigidez à torção 90
torre
de controle de tráfego de aeroportos 317, 320
de refrigeração 317, 318, 319, 320
de reservatórios elevados 317
para geração de energia eólica 317
trabalhabilidade 62, 386, 387
tráfego rodoviário 295, 359
transferência
de esforços 86, 113, 117, 197
de forças 84, 110, 111, 142, 196, 213, 214
transmissão de forças 79, 80, 111, 113, 115, 170, 171, 263
transporte interno 60, 61, 415
transversinas (de pontes) 282
tratamento
da interface 190
de imperfeições 62
travamento transversal 76, 328
travessa de apoio 287
TRC – textile reinforced concrete 35
trechos de descontinuidade 115
treliça
de lançamento (equipamento de montagem) 68
espacial 218
triangulação com *laser* 180
tributação 29
tubos
de aço preenchidos 76, 151, 152
de papelão 53
infláveis 53
preenchido 121, 122, 134
tubos de concreto
carga de fissura (trinca) 348, 349
carga de ruptura 348, 349
cravação (*jacking pipe*) 347, 354, 355
tubos circulares 292, 293, 343, 349, 351, 352
túnel 292, 319, 321
revestimento de 321

U

UHPC – *ultra-high performance concrete* Ver concreto de altíssimo desempenho
UHPFRC – *ultra-high performance fiber reinforced concrete* 37
umedecimento da interface Ver interface, umedecimento da
UNE-EN 1916 344, 352
UNE-EN 14844 350
USP – Universidade de São Paulo 46, 117, 142, 168, 203, 240, 360

V

valores específicos 93, 97
vapor e pressão (autoclave) *Ver* cura com vapor
variação
de temperatura *Ver* temperatura, variação de
uniforme de temperatura *Ver* temperatura, variação uniforme de
volumétrica 127
vazios 52, 53, 180, 340
vedação 261, 272
veículo de transporte 101, 208
ventosas 59
vento *Ver* ação do vento
verificação
da segurança *Ver* segurança, verificação da
experimental 90
vermiculita termoexpandida 386
vibração
adensamento por *Ver* adensamento por vibração
excessiva 332
vibradores
de agulha *Ver* adensamento com vibradores de agulha
de fôrma *Ver* adensamento com vibradores de fôrma
vibrolaminação *Ver* adensamento, vibrolaminação
viga
armada 233, 238, 242
baldrame 235
-calha 78, 232
com grandes aberturas 90
de borda 216, 264
de grande altura 214
delgada de seção L 89, 193, 216, 217, 218
de rolamento 142
de seção caixão 93
de seção T 78, 178, 185
em balanço 86, 104, 126, 128, 239, 366
esbelta 90
Gerber 232, 239, 287
mestra 240, 241
-parede 113, 215
seção transversal de 226, 232
secundária 93, 145, 150, 151, 241
Vierendeel 233, 238, 242, 244
vigamento secundário 232, 237, 239, 240
vigotas pré-moldadas
com armadura em forma de treliça (VT) 328
de concreto armado 327, 328
de concreto protendido (VP) 327, 328, 333
vinculação (= vínculos) 79, 80, 86, 97, 99, 107, 127, 202, 208, 209, 231, 232, 241
provisória 208
Vivendas no Bosque 257

W

World Trade Center 194

AGRADECIMENTOS E CRÉDITOS

O autor expressa aqui os seus sinceros agradecimentos às inúmeras pessoas e entidades que colaboraram na elaboração deste livro, bem como registra os créditos de parte das fotos utilizadas.

Apresentam-se a seguir os agradecimentos àquelas pessoas que tiveram uma participação mais direta, tanto na primeira como nesta edição.

Aos alunos de pós-graduação e de graduação, que utilizaram o texto ainda em forma de notas de aula, pelas críticas e sugestões.

Aos orientados de doutorado, mestrado e iniciação científica, mesmo aqueles que não foram explicitamente citados, por ter sido utilizada, direta ou indiretamente, parte do trabalho acadêmico por eles desenvolvido.

Às seguintes pessoas, que leram, criticaram, apresentaram sugestões ou que incentivaram a realização da primeira edição do livro: Ana Lúcia Honce de Cresce El Debs, Ângelo Rubens Migliori Júnior, Daniel de Lima Araújo, Dante Ângelo Osvaldo Martinelli, João Carlos Antunes de Oliveira e Souza, Maria Cristina Vidigal Lima, Paulo Eduardo Fonseca Campos e, em particular, Augusto Carlos de Vasconcelos, que ainda escreveu a apresentação do livro. Somam-se àqueles que colaboram com críticas e sugestões a esta segunda edição: Aline Bensi Domingues, Daniel de Lima Araújo, Ellen Kellen Bellucio, Gabriela Mazureki Campos, Gustavo Henrique Siqueira, Jackson Deliz Ditz, Marcelo Cuadrado Marim, Marcus Vinícius Filiagi Pastore, Maria Cristina Vidigal Lima e Pablo Augusto Krahl.

A Humberto Coda, professor do SET, e Dorival Piedade, funcionário do SET, pelos processamentos com programas computacionais do SET/EESC-USP, cujos resultados foram apresentados nas seções 5.2 e A.2, respectivamente.

Às pessoas e empresas que colaboraram com o fornecimento de fotos e informações ou auxiliaram na sua obtenção, bem como colaboraram com outras formas de apoio: Alírio Brasil Gimenes (Fermix e ABTC), Alonso Droppa Junior, Augusto Teixeira de Albuquerque, Carlos José Tavares e Noé Marcos Neto (Marka Pré-Fabricados), Cristina de Hollanda Cavalcanti Tsuha, Fabricio da Cruz Tomo (Pedreira de Freitas), Fernando de Faria Vecchio Lins, Íria Lícia Oliva Doniak (Abcic), João Batista Rodrigues da Silva (IBTS), Luiz Vicente Vareda, Marcelo Cuadrado Marin e Daniel Sabino (Leonardi Pré-Fabricados), Masaki Kawabata Neto, Nelson Covas (TQS) e Rodrigo Pagnussat.

Ao funcionário do Departamento de Engenharia de Estruturas da Escola de Engenharia de São Carlos Francisco Carlos Guete de Brito, pela dedicação e paciência na execução dos desenhos tanto da primeira quanto da segunda edição.

À Universidade de São Paulo, por fornecer as condições para desenvolver o trabalho.

Ao CNPq, pelo apoio financeiro em geral e pela concessão de bolsa de produtividade de pesquisa, que auxiliaram de diversas formas a realização e, principalmente, a revisão deste livro.

À Fapesp, pelo apoio financeiro aos projetos de pesquisa relacionados ao assunto e, em particular, pela bolsa de pós-doutorado nos Estados Unidos, em 1994 e 1995, e pelo Auxílio à Pesquisa – Projeto Temático intitulado "Nucleação e incremento da pesquisa, inovação e difusão em concreto pré-moldado e estruturas mistas para a modernização da construção civil" (Processo Fapesp 05/53141-4), de 2006 a 2010, que contribuíram de maneira decisiva para a elaboração do livro e para a sua revisão ampliada desta segunda edição, respectivamente.

Às seguintes empresas e pessoas, pelo fornecimento ou permissão de reprodução das fotos, de forma a tornar explícitos os créditos dessas fotos:

- *Associação Brasileira da Construção Industrializada de Concreto (Abcic)*

Fotos das Figs. I.10, I.11, 8.6, 12.5 e 12.17.

- *Associação Brasileira de Tubos de Concreto (ABTC)/Alírio Brasil Gimenez*

Fotos das Figs. I.13, 15.6 e 15.10.

- *Adriana Rabello Filgueiras Lima/Instituto Lina Bo Bardi*

Fotos da Fig. I.25.

- *Alírio Brasil Gimenes/Fermix Indústria e Comércio Ltda.*

Fotos das Figs. 11.7 e 15.16.

- *Augusto Guimarães Pedreira de Freitas/Pedreira de Freitas Ltda.*

Fotos da Fig. 8.25.

- *Construtora Norberto Odebrecht (CNO) (execução da obra), Consórcio EGT Engenharia – Fhecor do Brasil (Projeto Estrutural) e CPI Engenharia (estrutura pré-fabricada)/ Sergio Doniak*

Fotos da Fig. I.14a.

- *Fernando Barth*

Fotos da Fig. I.27.

- *Fhecor Ingenieros Consultores S.A./Hugo Corres Peiretti*

Desenhos e fotos das Figs. I.18 e 10.3.

- *Fürst Laffranchi Bauingenieure GmbH, CH-Aarwangen*

Fotos da Fig. 9.18.

- *George Maranhão Engenharia e Consultoria Estrutural*

Fotos das Figs. I.9b e 7.14.

- *Gustavo Monteiro de Barros Chodraui*

Fotos da Fig. 5.39.

- *Ramboll/Kaare K.B. Dahl*

Foto da Fig. I.33a.

- *Nguyen Viet Tue*

Foto da Fig. 2.13.

- *Mario Medrano*

Fotos da Fig. 16.2b.

- *Marcelo Cuadrado Marin/Leonardi Construção Industrializada*

Fotos da Fig. E.20.

- *Pierre A. Prelorentzou*

Maquete eletrônica da Fig. 2.1 e fotos da Fig. 2.3.

- *Premo Construções e Empreendimentos/Lívia C. do Vale Dourado*

Foto da Fig. I.20a.

- *Ruy Franco Bentes/Ruy Bentes Engenharia de Estruturas*

Fotos da Fig. 10.12.

- *Stamp Painéis Arquitetônicos/Fernando Paligi Gaion*

Foto da Fig. I.33b.

- *Vendramini Engenharia/João Alberto de Abreu Vendramini*

Fotos das Figs. I.20b e 5.40.

Às seguintes empresas e pessoas, pela permissão de adaptação ou reprodução de figuras e tabelas no texto para a segunda edição do livro:

- *International Federation for Structural Concrete (fib)*

Figs. 6.7 e 7.5 e Tabs. 6.1 e 8.1.

De: fib – INTERNATIONAL FEDERATION FOR STRUCTURAL CONCRETE. *fib Bulletin 74*: Planning and design handbook on precast building structure (manual textbook). Switzerland, 2014.

Tabs. 4.1, 4.5 e 4.6.

De: fib – INTERNATIONAL FEDERATION FOR STRUCTURAL CONCRETE. *fib Model Code for Concrete Structures 2010 (MC-10)*. 1. ed. Berlin, Germany: Ernst & Sohn, 2013. 434 p.

Figs. 2.23, 2.24, 2.25, 3.36 e 3.65.

De: fib – INTERNATIONAL FEDERATION FOR STRUCTURAL CONCRETE. *fib Bulletin 43*: Structural connections for precast concrete buildings (guide to good practice). Switzerland, 2008.

Figs. 10.9 e 10.13.

De: fib – INTERNATIONAL FEDERATION FOR STRUCTURAL CONCRETE. *fib Bulletin 29*: Precast concrete bridges (state-of-art report). Switzerland, 2004. 81 p.

- *Nguyen Viet Tue*

Figs. I.35 e 2.13a.

De: TUE, N. V. Precast elements made of UHPC: from research to application. In: ENCONTRO NACIONAL DE PESQUISA-PROJETO-PRODUÇÃO EM CONCRETO PRÉ-MOLDADO, 2., 2009, São Carlos (SP). *Palestras*... São Carlos: EESC/USP, 2009.

- *Pierre A. Prelorentzou*

Fig. 2.2.

De: PRELORENTZOU, P. Efeito de sistema pré-fabricado no gerenciamento e nos custos de um empreendimento. In: SEMINÁRIO NACIONAL DE PRÉ-FABRICADOS EM CON-

CRETO, 2., 2004, São Paulo. *Palestras*... São Paulo: Abcic; ABCP, 2004.

Às seguintes empresas, pela permissão de adaptação ou reprodução de figuras e tabelas no texto que já faziam parte da primeira edição do livro:

- *A.A. Balkema*

Figs. 7.15 e 8.27a.

De: BRUGGELING, A. S. G.; HUYGHE, G. F. *Prefabrication with concrete*. Rotterdam: A.A. Balkema, 1991.

- *American Concrete Institute*

Fig. I.22b.

De: WADDELL, J. J. *Precast concrete*: handling and erection. Detroit: ACI, 1974. (Monograph 8).

Fig. I.28b.

De: SANTOH, N.; KIMURA, H.; ENOMOTO, T.; KIUCHI, T.; KUZUBA, Y. Report on the use of CFCC in prestressed concrete bridges in Japan. In: NANNI, A.; DOLAN, C. W. (Ed.). *Fiber-reinforced-plastics reinforcement for concrete structures (Int. Symp., Detroit, 1993)*. Detroit: ACI, 1993. p. 895-912. (ACI SP-138).

Tab. 5.1.

De: BURNETT, E. F. P. Abnormal loading and building safety. In: AMERICAN CONCRETE INSTITUTE. *Industrialization in concrete building construction*. Detroit: ACI, 1975. p. 141-175. (ACI SP-48).

- *ATLSS Engineering Research Center – Lehigh University*

Fig. 8.18.

De: PRIOR, R.; PESSIKI, S.; SAUSE, R.; SLAUGHTER, S.; VAN ZYVERDEN, W. *Identification and preliminary assessment of existing precast concrete floor framing systems*. Bethlehem: Lehigh University, 1993. (ATLSS Report 93-07).

- *Bauverlag GmbH*

Figs. 2.11, 5.28, 6.26, 7.10 e 8.22 e Quadro I.2.

De: KONCZ, T. *Handbuch der fertigteilbauweise*. 2. ed. Berlin: Bauverlag GmbH, 1966. 3 v.

- *British Cement Association*

Fig. 8.21 e Tab. 8.2.

De: ELLIOTT, K. S.; TOVEY, A. K. *Precast concrete frame buildings*: design guide. Crowthorne, Berkshire: British Cement Association, 1992.

- *Concrete Association of Finland*

Fig. 14.2.

De: JANHUNEN, P. Finnish precast concrete technology. *Betoni*, n. 3, p. 18-23, 1996.

- *Delft University Press*

Fig. 7.11.

De: IVKOVIC, M.; ACIC, M.; PERISIC, Z.; PAKVOR, A. Demountable concrete structures with steel elements outside the concrete section. In: REINHARDT, H. W.; BOUVY, J. J. B. J. J. (Ed.). *Demountable concrete structures*: a challenge for precast concrete (Int. Symp., Rotterdam, The Netherlands, May 30-31, 1985). Delft: Delft University Press, 1985. p. 95-105.

- *Ediciones Urmo*

Figs. 9.3, 9.11, 9.14 e 12.9.

De: MOKK, L. *Construcciones con materiales prefabricados de hormigón armado*. Bilbao: Urmo, 1969.

- *Editora Interciência*

Fig. 3.38.

De: LEONHARDT, F.; MÖNNIG, E. *Construções de concreto*: casos especiais de dimensionamento de estruturas de concreto armado. Rio de Janeiro: Interciência, 1978. v. 2.

Figs. 3.24, 3.33, 3.44 e 3.47.

De: LEONHARDT, F.; MÖNNIG, E. *Construções de concreto*: princípios básicos sobre a armação de estruturas de concreto armado. Rio de Janeiro: Interciência, 1978. v. 3.

- *Editora Pini*

Figs. I.24 e 11.41 (em parte).

De: HANAI, J. B. *Construções de argamassa armada*: fundamentos tecnológicos para o projeto e execução. São Paulo: Pini, 1992.

- *Editores Técnicos Associados*

Figs. I.16, 10.20 e 10.22 e Quadros 1.2 e 1.3.

De: FERNÁNDEZ ORDÓÑEZ, J. A. (Ed.). *Prefabricación*: teoria y práctica. Barcelona: Editores Técnicos Associados, 1974. 2 v.

- *Ets. E. Ronveaux*

Fig. 12.13.

De: material de divulgação da empresa.

- *Fédération Internationale de la Précontrainte*

Figs. 4.7, 4.8, 4.9 e 4.19.

De: FIP – FÉDÉRATION INTERNATIONALE DE LA PRÉCONTRAINTE. *Shear at the interface of precast and in-situ concrete*: FIP guide to good practice. Wexham Springs: Cement and Concrete Association, 1982.

Figs. I.5a, 6.29, 7.5b, 8.20b e 12.3, Quadro 6.1 e Tab. 13.1.

De: FIP – FÉDÉRATION INTERNATIONALE DE LA PRÉCONTRAINTE. *Planning and design handbook on precast building structures*. London: Seto, 1994.

- *Ministerio de Fomento da Espanha*

Figs. 13.4, 13.5, 13.6, 13.9 e 13.10.

De: ESPAÑA. Ministerio de Fomento. *EF-96 – Instrucción para el proyecto y la ejecución de forjados unidireccionales de hormigón armado o pretensado*. Instrucciones de construcción. Madrid: Centro de Publicaciones, 1997. (Serie normativas).

- *Prestressed/Precast Concrete Intitute*

Figs. I.4, I.5 (em parte), I.7, I.8, 2.31, 4.15 e 5.22.

De: PCI – PRECAST/PRESTRESSED CONCRETE INSTITUTE. *PCI design handbook*: precast and prestressed concrete. 4. ed. Chicago, 1992.

Fig. I.13b.

De: PCI COMMITTEE ON PRECAST PRESTRESSED CONCRETE STORAGE TANKS. Recommended practice for precast prestressed concrete circular storage tanks. *PCI Journal*, v. 32, n. 4, p. 80-125, 1987.

Fig. I.22c.

De: PCI – PRECAST/PRESTRESSED CONCRETE INSTITUTE. *Architectural precast concrete*. 2. ed. Chicago, 1989.

Fig. I.29.

De: DURNING, T. A.; REAR, K. B. Braker Lane Bridge – high strength concrete in prestressed bridge girders. *PCI Journal*, v. 38, n. 3, p. 46-51, 1993.

Fig. I.32.

De: LEVESQUE, J. T. Skyline Drive Pedestrian Bridge. *PCI Journal*, v. 32, n. 4, p. 38-45, 1987.

Figs. 3.29, 3.57, 3.59, 3.61, 3.99 e 3.123.

De: PCI – PRECAST/PRESTRESSED CONCRETE INSTITUTE. *Design and typical details of connections for precast and prestressed concrete*. 2. ed. Chicago, 1988.

Figs. 5.29 e 5.30.

De: MAST, R. F. Lateral stability of long prestressed concrete beam – part 2. *PCI Journal*, v. 38, n. 1, p. 70-88, 1993.

Fig. 8.19.

De: LOW, S. G.; TADROS, M. K.; NIJHAWAN, J. C. Minimization of floor thickness in precast prestressed concrete multistory buildings. *PCI Journal*, v. 36, n. 4, p. 74-92, 1991.

Fig. 8.24.

De: FIRNKAS, S. The Baton Rouge Hilton Tower: an all -precast prestressed systems building. *PCI Journal*, v. 21, n. 4, p. 96-110, 1976.

Fig. 9.17 (em parte).

De: ZHENQIANG, L.; ARGUELLO-CARASCO, X. Construction of the precast prestressed folded plates structures in Honduras. *PCI Journal*, v. 36, n. 1, p. 46-61, 1991.

Fig. 10.19.

De: PCI – PRECAST/PRESTRESSED CONCRETE INSTITUTE. *Precast prestressed concrete short span bridges*: spans to 100 feet. Chicago, 1975.

Fig. 10.23.

De: MILLS, D.; CHOW, K. T.; MARSHALL, S. L. Design--construction of esker overhead. *PCI Journal*, v. 36, n. 5, p. 44-51, 1991.

Fig. 10.24.

De: JANSSEN, H. H.; SPAANS, L. Record span splice bulb--tee girders used in Highland View Bridge. *PCI Journal*, v. 39, n. 1, p. 12-19, 1994.

Fig. 10.25.

De: WANDERS, S. P.; MADAY, M. A.; REDFIELD, C. M.; STRASKY, J. Wisconsin Avenue Viaduct: design-construction highlights. *PCI Journal*, v. 39, n. 5, p. 20-34, 1994.

Fig. 10.26.

De: CAUSSE, G. Industrialised prestressed overpasses. In: INTERNATIONAL CONGRESS OF FÉDÉRATION INTERNATIONALE DE LA PRÉCONTRAINTE, 12., Washington, May 29-June 2, 1994. p. F36-F42.

Fig. 10.27.

De: STRASKY, J. Precast stress ribbon pedestrian bridges in Czechoslovakia. *PCI Journal*, v. 32, n. 3, p. 52-73, 1987.

Fig. 11.16.

De: HEBDEN, R. H. Giant segmental precast prestressed concrete culverts. *PCI Journal*, v. 31, n. 6, p. 60-73, 1986.

Fig. 12.4.

De: WEISS, J. H.; ZAMECNIK, F.; MARTIN, L. D.; BERTOLINI, M. J. Design-construction of Connecticut Tennis Center. *PCI Journal*, v. 37, n. 1, p. 22-36, 1992.

Fig. 12.16.

De: McGUIRE, P.; YOUNG, D.; CIULIS, J.; MAYER, C. E. Design-construction of Detroit Metropolitan Airport Air Traffic Control Tower. *PCI Journal*, v. 36, n. 6, p. 38-50, 1991.

Tab. 16.1.

De: PCI COMMITTEE ON PRESTRESSED CONCRETE PILING. Recommended practice for design, manufacture and installation of prestressed concrete piling. *PCI Journal*, v. 38, n. 2, p. 14-41, 1993.

- *Proeditores Associados*

Figs. I.3, I.6, I.17, 6.4, 6.8, 6.16, 7.3, 7.4 (em parte) e 8.4.

De: ABCI – ASSOCIAÇÃO BRASILEIRA DA CONSTRUÇÃO INDUSTRIALIZADA. *Manual técnico de pré-fabricados de concreto*. São Paulo, 1986.

- *Thomas Telford Publishing*

Figs. 5.33, 5.35, 14.6 e 14.7.

De: FIP – FÉDÉRATION INTERNATIONALE DE LA PRÉCONTRAINTE. *Precast prestressed hollow core floors*. London: Thomas Telford, 1988.